Stefan Winkler

Frührezente und rezente Gletscherstandsschwankungen in Ostalpen und West-/Zentralnorwegen

Ein regionaler Vergleich von Chronologie, Ursachen und glazialmorphologischen Auswirkungen

TRIERER GEOGRAPHISCHE STUDIEN

Herausgegeben von der Geographischen Gesellschaft Trier in Zusammenarbeit mit dem Fachbereich VI Geographie/Geowissenschaften der Universität Trier

Herausgeber: Roland Baumhauer

Schriftleitung: Reinhard-G. Schmidt

TRIERER GEOGRAPHISCHE STUDIEN

Herausgeber: Roland Baumhauer

Schriftleitung: Reinhard-G. Schmidt

HEFT 15

Stefan Winkler

Frührezente und rezente Gletscherstandsschwankungen in Ostalpen und West-/Zentralnorwegen

Ein regionaler Vergleich von Chronologie, Ursachen und glazialmorphologischen Auswirkungen

1996

Im Selbstverlag der Geographischen Gesellschaft Trier in Zusammenarbeit mit dem Fachbereich VI Geographie/Geowissenschaften der Universität Trier

Zuschriften, die die Trierer Geographischen Studien betreffen, sind zu richten an:

Geographische Gesellschaft Trier

Universität Trier

D-54286 Trier

Schriftleitung: Reinhard-G. Schmidt

ISBN: 3-921 599-26-1

Alle Rechte vorbehalten
Copyright © 1996 by Geographische Gesellschaft Trier
Computersatz und Layout: Erwin Lutz, Kartographisches Labor des Fachbereichs VI
                               Geographie/Geowissenschaften, Universität Trier
Offsetdruck: Paulinus-Druckerei GmbH, Trier

VORWORT

Hochgebirgsgletscher werden häufig als sensitive Klimaindikatoren betrachtet, die durch sie gestalteten Gletschervorfelder zur Rekonstruktion der Gletscherstandsschwankungsgeschichte herangezogen. Mit Recht kann jedoch kritisch hinterfragt werden, ob die Beziehung Klima - Gletscher - Gletschervorfeld wirklich so einfach zu interpretieren ist und alle vorhandenen Zusammenhänge ausreichend bekannt sind. Des weiteren bedarf es intensiver Prüfung, ob sich die Morphologie der Gletschervorfelder und deren Formenelemente tatsächlich ohne detaillierte genetische Untersuchungen zur direkten oder indirekten Datierung und Charakterisierung von Gletscherständen bzw. zur Rekonstruktion von Gletscherstandsschwankungen eignen. Da nicht zuletzt im Rahmen der aktuellen Diskussion prognostizierter zukünftiger Klimaänderungen oftmals als Grundlage Gletscherstandsschwankungsdaten bzw. aus diesen entwickelte Klimarekonstruktionen Anwendung finden, erwächst die Notwendigkeit, jene einer intensiven Überprüfung ihres tasächlichen Aussagepotentials zu unterziehen.

Ziel der vorliegenden Arbeit ist es, das klimageschichtliche Potential der Hochgebirgsgletscher und ihrer Gletschervorfelder aufzuzeigen, kritisch zu analysieren und in bezug auf weiterführende Anwendung zu interpretieren. Es soll überprüft werden, ob die häufig angewendete weiträumige Korrelation von Daten des Gletscherstands mit Klimaelementen der komplizierten Beziehung Klima - Gletscher mit allen auftretenden Einflußfaktoren gerecht wird bzw., im anderen Extrem, die Beschränkung entsprechender Untersuchungen auf einzelne Gletscher das vorhandene klimageschichtliche Potential voll ausschöpft. Als Ergebnis dieser Arbeit sollen neben einer Charakterisierung der in den letzten Jahrhunderten aufgetretenen Gletscherstandsschwankungen zusätzlich die Faktoren ausgewiesen werden, die zum einen Gletscherstandsschwankungen maßgeblich beeinflussen, zum anderen für die Ausgestaltung der Gletschervorfelder verantwortlich zeichnen.

Um dieses Ziel zu erreichen, werden Gletscher unterschiedlicher Gletscherregionen mit ihren differenten natürlichen Rahmenbedingungen einer eingehenden Analyse unterworfen, wobei die Untersuchungen neben den Gletscherstandsschwankungen und Gletschervorfeldern auch die Ergebnisse glaziologischer Studien berücksichtigen, da nur durch möglichst komplexe Betrachtungsweise der Komplexität des dynamischen Systems Klima - Gletscher - Gletschervorfeld ausreichend Rechnung getragen werden kann.

Die für die Zielsetzung der vorliegenden Arbeit ausgewählten Untersuchungsgebiete mußten verschiedenen Kriterien genügen, z.B. unterschiedliche morphologische Gletschertypen, Klima- und Reliefverhältnisse repräsentieren, um dadurch eine möglichst hohe Anzahl differenter Einflußfaktoren in ihrer Ausprägung und Wirksamkeit studieren und vergleichen zu können. Ferner sollten notwendige Grundlagen in Form glaziologischer, gletschergeschichtlicher und meteorologischer Daten als Voraussetzung der Analysen und Interpretationen vorliegen. Die Wahl der Untersuchungsgebiete fiel daher auf das Rofental in den inneren Ötztaler Alpen und West-/Zentralnorwegen (Jostedalsbreen und Jotunheimen). Manche Fragestellungen erforderten eine partielle Ausweitung der Untersuchungsgebiete auf Ostalpen bzw. Gesamtalpenraum und Gesamtskandinavien.

Die Komplexität der Fragestellung und Wahl der Untersuchungsgebiete machte es notwendig, daß neben einem umfassenden Überblick insbesonders zur detaillierten Darstellung des glazialmorphologischen Formenschatzes der Gletschervorfelder einzelne, möglichst repräsentative Gletscher als Beispiele ausgewählt werden mußten. Der Verfasser möchte in diesem Zusammenhang daher betonen, daß diese Arbeit sich nicht als komplette Monographie der Gletscherstandsschwankungsgeschichte bzw. Glazialmorphologie der Gletschervorfelder sämtlicher Gletscher der Untersuchungsgebiete versteht. Stattdessen soll als Resultat dieser zielgerichteten Untersuchung die Möglichkeit bestehen, verschiedene Einflußfaktoren in ihrer unterschiedlichen Wirkung auf die frührezenten und rezenten Gletscherstandsschwankungen bzw. die Gestaltung der Gletschervorfelder ausweisen und charakterisieren zu können. Das Beziehungsmuster Klima - Gletscher - Gletschervorfeld in seiner Vielschichtigkeit soll als Ergebnis dieser Arbeit einer umfassenden Charakterisierung unterzogen und die Frage nach Eignung von

Hochgebirgsgletschern als Klimazeugen differenziert beantwortet werden können.

Bei der vorliegenden Arbeit handelt es sich um die gekürzte Fassung der im Rahmen des Anfang 1995 an der Universität Würzburg erfolgreich abgeschlossenen Promotionsverfahren des Verfassers erarbeiteten Dissertation. Die Kürzungen beschränken sich im wesentlichen auf den Wegfall zahlreicher Figuren und Abbildungen. Ferner konnten aus technischen Gründen die im Rahmen dieser Arbeit angefertigten geomorphologischen Detailkarten verschiedener Gletschervorfelder nicht in die vorliegende Arbeit übernommen werden. In diesem Zusammenhang sei auf die im Dezember 1994 fertiggestellte Originaldissertation verwiesen, die unter ähnlichem Titel auf Mikrofiche bereits veröffentlicht wurde und in der diese Karten aufgenommen wurden. Andere Änderungen beschränken sich auf eine geringfügige Überarbeitung des Textes, verbunden mit einer Aktualisierung der Gletscherstandsschwankungsdaten und der entsprechenden Figuren und Abbildungen.

Die vorliegende Arbeit gliedert sich thematisch in drei Teilabschnitte. Im einführenden Teil (Kapitel 1 bis 3) sollen die natürlichen Rahmenfaktoren der Untersuchungsgebiete aus den Bereichen Topographie, Geologie, Reliefgenese, Quartärgeologie und Klimatologie aufgezeigt werden, als unverzichtbare Grundlagen zu Verständnis und Interpretation der regionalen Verhältnisse. Diese einleitenden Ausführungen konzentrieren sich zielgerichtet auf direkte und indirekte Zusammenhänge mit den später eingehend untersuchten Gletscherstandsschwankungen, glaziologischen Sachverhalten und Gletschervorfeldern der Untersuchungsgebiete. Zusätzlich war es notwendig, die Definitionen, Terminologie und konkrete Anwendung bestimmter Fachtermini aufzuzeigen, um Mißverständnissen durch uneinheitliche und sich häufig widersprechende Anwendung in der Fachliteratur vorzubeugen.

Im zweiten, regionalen Teilabschnitt erfolgt nach der Darstellung der hier nicht explizit untersuchten holozänen Gletscherstandsschwankungen (Kapitel 4) die ausführliche Darstellung der frührezenten und rezenten Gletscherstandsschwankungen (Kapitel 5). Aufgrund der v.a. in West-/Zentralnorwegen durchgeführten Datierungen mittels Lichenometrie und deren enger Beziehung zur Morphologie der Gletschervorfelder erfolgt eine zusätzliche Diskussion der Gletscherstandsschwankungen fallweise auch in Kapitel 7 (s.u.). Im Kapitel 6 werden die glaziologischen Untersuchungsergebnisse analysiert und versucht, in einen Zusammenhang sowohl mit beobachteten rezenten Klimaschwankungen, als auch mit frührezenten und rezenten Gletscherstandsschwankungen zu bringen. In Kapitel 7 erfolgt die Interpretation der Gletschervorfelder der Untersuchungsgebiete, wobei sich diese glazialmorphologischen Studien im wesentlichen auf ausgewählte Beispielgletscher konzentrieren. Darüber hinaus wird versucht, die regionalspezifischen Verhältnisse der Gletschervorfelder anhand verschiedener Gletscher im Überblick darzustellen. Die Untersuchungen der Gletschervorfelder zielen dabei v.a. auf Ausweisung prägender Einflußfaktoren für deren Ausgestaltung sowie genetische Zusammenhänge zu Gletscherstandsschwankungschronologie und glaziologischen Verhältnissen.

Im abschließenden zusammenfassenden Teil (Kapitel 8 und 9) werden aus den vorausgegangenen regionalen Studien allgemeine Schlußfolgerungen bezüglich der Vergleichbarkeit von Gletscherstandsschwankungschronologie, glaziologischen Eigenschaften und Gletschervorfeldern der beiden Untersuchungsgebiete gezogen. Es werden die Einflußfaktoren aufgezeigt, analysiert und interpretiert, die zum einen für die Gletscherstandsschwankungen verantwortlich zeichnen, zum anderen die Ausgestaltung der Gletschervorfelder maßgeblich beeinflussen. Neben allgemeiner Charakterisierung der Beziehung Klima - Gletscher - Gletschervorfeld erfolgt ferner die Beantwortung der im Vorwort aufgeworfenen Frage, ob sich Hochgebirgsgletscher als Klimaindikatoren eignen und wenn ja, welche Faktoren bei der Anwendung von Gletscherdaten für Klimarekonstruktionen und verwandte Aufgabenstellungen zu beachten sind.

Die im Zuge der Bearbeitung der vorliegenden Arbeit notwendigen Geländearbeiten wurden in den Sommern 1992, 1993, 1994 und (ergänzend) 1995 jeweils in beiden Untersuchungsgebieten durchgeführt. Zusätzlich konnte der Verfasser, ebenfalls aus beiden Untersuchungsgebieten, auf Ergebnisse von Geländearbeiten im Rahmen der Bearbeitung der Diplomarbeit (1991) und Beobachtungen während privater Exkursionen 1988, 1989 und 1990 zurückgreifen. Zusätzlich wurden in beiden Untersuchungsgebieten umfassende Luftbildanalysen in Kombination mit den Geländearbeiten durchgeführt. Die sedimentologischen Untersuchungen wurden ausschließlich vom Verfasser ausgeführt: Zurundungs-, Orientierungs- und morphometrische Messungen direkt im Gelände, Korngrößenanalysen im Geomorphologischen Labor des Geographischen Instituts der Universität Würzburg. Die Sammlung der glaziologischen und meteorologischen Rohdaten geschah ebenfalls ausschließlich durch den Verfasser, ebenso deren statistische Aufarbeitung und Interpretation.

Sämtliche aktuellen Photographien (Abbildungen) stammen vom Verfasser. Zur Ausweisung von Gletscherstandsschwankungen und Interpretation glazialmorphologischer Prozesse wurden zahlreiche historische Photographien verwendet. Die jeweiligen Photographen sind (neben Datum der Aufnahme und jeweiliger Archivnummer) in der Bildunterschrift aufgeführt. Die Reproduktion der historischen Photographien wurde dem Verfasser von Norges Geologiske Undersøkelse (Trondheim) bzw. Bildsamlinga Universitetsbiloteket i Bergen ausdrücklich gestattet. Die zur geomorphologischen Untersuchung der Gletschervorfelder verwendeten Luftbilder sind im Anhang separat aufgelistet, die im Text reproduzierten Luftbilder wurden mit Genehmigung von Fjellanger Widerøe A/S (Norsk Luftfoto- og Fjernmåling) abgebildet. Sämtliche Textfiguren stammen aus der Hand des Verfassers. Wurden entsprechende Vorlagen neugezeichnet, ist dies mit der entsprechenden Quellenangabe in der Figurunterschrift indiziert.

Bei den zahlreichen norwegischen Ortsnamen ergab sich das Problem, daß eine deutschen Gepflogenheiten entsprechende Verwendung als grammatikalisch inkorrekt gelten muß. Um diesen Widerspruch bestmöglich zu lösen, gebraucht der Verfasser eine der norwegischen Grammatik genügende Schreibweise. Steht vor dem Ortnamen ein bestimmter Artikel, wird die entsprechende (norwegische) Form des Ortsnamens verwendet, fehlt dieser, die abweichende (grammatikalisch korrekte) Schreibweise (z.B. der Jostedalsbre - am Jostedalsbreen). Selbst auf offiziellen Karten existieren in Norwegen oftmals aus lokalen Dialekten resultierende unterschiedliche Schreibweisen für Ortsnamen. Der Verfasser verwendet i.d.R. die Schreibweise der aktuellsten topographischen Karte. Nur bei völliger Umbenennung (z.B. Åbrekkebreen - Brenndalsbreen) werden unterschiedliche Namen angeführt, nicht jedoch bei nur geringfügigen Differenzen der Schreibweise (z.B. Brigsdalsbreen - Briksdalsbreen). Werden fremdsprachige Fachtermini unübersetzt im Text verwendet, ist dies durch Kursivdruck hervorgehoben.

Düsseldorf, im Februar 1996

Stefan Winkler

DANK

Zahlreiche Personen haben dazu beigetragen, daß die vorliegende Arbeit in dieser Form entstehen konnte. Zuerst gebührt dabei Herrn Prof.Dr.R.BAUMHAUER (Universität Trier) als Herausgeber der Trierer Geographischen Studien der herzliche Dank des Verfassers für die Möglichkeit der Veröffentlichung seiner Dissertation in nur geringfügig veränderter Form. Ihm gilt als Zweitgutachter ferner Dank für seine Unterstützung während der gesamten Bearbeitungsphase und Diskussion verschiedener Problemstellungen. Weiterhin möchte der Verfasser erneut Herrn Prof.Dr.H.HAGEDORN (Universität Würzburg) den aufrichtigen Dank für die engagierte Betreuung, wertvolle Anregungen zur Themenstellung und seine Bemühungen um finanzielle Unterstützung der ursprünglichen Dissertation aussprechen. Herrn E.LUTZ (Universität Trier) gilt der besondere Dank für die großartige technische Hilfe bei der Erstellung der vorliegenden Arbeit.

Herrn Prof.J.L.SOLLID (Avdeling for naturgeografi, Universitetet i Oslo) gebührt aufrichtiger Dank für die Möglichkeit, 1993, 1994 und 1995 zusammen mehrere Wochen als Gastwissenschaftler an seinem Institut arbeiten zu können, sowie für die freundliche Bereitstellung wertvoller Literatur und Materialien. Dank für Organisation und uneingeschränkte Unterstützung während dieser Arbeitsaufenthalte gilt allen Mitarbeitern des Instituts (insbesondere Herrn Dr. B.ETZELMÜLLER und Dr.R.ØDEGÅRD). Für die Übermittlung umfangreicher glaziologischer Daten und die Möglichkeit der Benutzung der Pegelstation Vernagtbach als Basisquartier schuldet der Verfasser Herrn Dr.O.REINWARTH (Kommission für Glaziologie, Bayerische Akademie der Wissenschaften/München) großen Dank, ebenso Herrn Dipl.-Ing.E.HEUCKE und anderen Mitarbeitern für logistisch/technische Unterstützung dieser Geländeaufenthalte. DET KONGELIGE MILJØVERNDEPARTEMENTET (Oslo) gab die freundliche Erlaubnis zur Durchführung der Geländearbeiten im Jostedalsbreen und Jotunheimen Nasjonalpark, wofür der Verfasser seinen ausdrücklichen Dank aussprechen möchte. Die Zusammenarbeit mit Herrn Dr.R.A.SHAKESBY (University of Wales/Swansea) gab der vorliegenden Arbeit wertvolle Impulse, ebenso gemeinsame Arbeiten im Rahmen der Betreuung von Geländepraktika der University of Wales/Swansea in Vent 1993 und 1994. Zusammen mit Herrn Dr.R.P.D.WALSH (University of Wales/Swansea) gilt ihm ferner Dank für Hilfe bei der Beschaffung von Literatur bzw. Übermittlung z.T. unveröffentlichter Untersuchungsergebnisse. In diesem Zusammenhang möchte der Verfasser auch den Teilnehmern eines Geländepraktikums der Universität Trier im September 1993 im Ötztal für manche anregende Diskussion danken.

Zahlreiche Personen gaben in der langen Phase der Bearbeitung der vorliegenden Arbeit wertvolle Hilfe, insbesondere durch die Unterstützung bei der Suche nach Literatur oder Daten, aber ebenso durch ergiebige Diskussionen zahlreicher Problemstellungen bzw. vorläufiger Arbeitsergebnisse. Den nachfolgend aufgezählten Personen gilt daher der aufrichtige Dank des Verfassers: A.R.AA (Sogn og Fjordane Distriktshøgskule/Sogndal), J.BOGEN (Norges Vassdrags- og Energiverk/Oslo), H.ELVEHØY (Norges Vassdrags- og Energiverk/Oslo), L.ERIKSTAD (Norsk institutt for naturforskning/Oslo), Prof.Dr.K.FÆGRI (Botanisk institutt/Universitetet i Bergen), Dr.W.HAEBERLI (WGMS/Zürich), Dr.J.O.HAGEN (Avdeling for naturgeografi/Universitetet i Oslo), Dr.G.KASER (Universität Innsbruck), O.M.KORSEN (Norsk Bremuseum/Fjærland), K.KRISTENSEN (Norges Geotekniske Institutt/Stryn), S.KRISTIANSEN (Det Norske Meteorologiske Institutt/Oslo), Prof.Dr.J.MATTHEWS (University of Wales/Swansea), Dr.A.NESJE (Geografisk institutt, Universitetet i Bergen/NHH), Dr.K.NICOLUSSI (Universität Innsbruck), Prof.Dr.G.PATZELT (Universität Innsbruck), N.RYE (Geologisk institutt/Universitetet i Bergen), E.SØNSTEGAARD (Sogn og Fjordane Distriktshøgskule/Sogndal), A.Tvede (Norges Vassdrags- og Energiverk/Oslo).

Einen überaus wertvollen Beitrag für die Untersuchungen lieferte Herr E.SØRENSEN (Norges Geologiske Undersøkelse/Trondheim) durch die Bereitstellung zahlreicher historischer Photographien, ebenso Frau S.GREVE (Bildsamlinga Universitetsbiblioteket i Bergen). S.O.DAHL (Geologisk institutt/Universitetet i Bergen) ermöglichte die Einsicht in unveröffentlichte Abschlußarbeiten an der Universität Bergen, wofür auch ihm herzlich gedankt sei.

An der Universität Würzburg möchte der Verfasser neben Herrn Dr.R.Glaser für zahlreiche anregende Diskussionen auch Frau Dr.B.Sponholz für die Möglichkeit der Durchführung der sedimentologischen Untersuchungen im Geomorphologischen Labor des Geographischen Instituts danken. Ein ausdrücklicher Dank geht an Herrn M.Schiener (Universität Würzburg) für Bereitstellung und Überprüfung der Arbeitsgeräte und Meßinstrumente der Geländeuntersuchungen sowie andere technische Hilfestellungen.

Die Geländearbeiten in Norwegen wurden durch wertvolle Hinweise und regionalbezogene Informationen von T.Dybwad (Miljøvernavdelinga Fylkesmannen i Sogn og Fjordane/Hermansverk), J.K.Halset (Statkraft/Bærum), Jostedalen Breførarlag (Gjerde), N.Kjærvik (Statkraft-Breheimverkene/Gaupne), P.Kjærvik (Breheimsenteret), A.Kjos-Wenjum (Jostedalsbreen Nasjonalparksenteret) und N.E.Yndesdal (Miljøvernavdelinga Fylkesmannen i Sogn og Fjordane/Hermansverk) sehr erleichtert, wofür ihnen der Verfasser danken möchte.

Für die Unterstützung der Geländearbeit durch Gastfreundschaft gebührt den Familien Næss (Høyheimsvik), Scheiber (besonders Monika; Vent) und Tjugen (Loen) der herzliche Dank des Verfassers. Organisatorische Hilfe bei der Durchführung der Aufenthalte in Norwegen leisteten außerdem K.Buvig (Oslo), R.Eik (Ålesund) und G.-A.Søvik-Lezzi (Søvik). Aufgrund der Wahl der Untersuchungsgebiete und der spezieller Thematik der vorliegenden Arbeit erwies sich die Suche nach entsprechender Fachliteratur und Datenmaterial als ausgesprochen schwierig. Für wertvolle Hilfestellung bei diesem Unterfangen gilt der Dank des Verfassers den Mitarbeitern der Universitätsbibliotheken in Bergen, Düsseldorf, Innsbruck (Erdwissenschaftliche Fachbibliothek) und Oslo (Bibliothek des Geographischen Instituts). Die Zusammenarbeit des Verfassers mit dem Norsk Bremuseum (Fjærland), dem Breheimsenteret (Gjerde/Jostedalen) und dem Jostedalsbreen Nasjonalparksenteret (Oppstryn) lieferte ebenfalls wertvolle Impulse.

Die Promotion des Verfassers wurde von August 1992 bis Juli 1994 durch ein Graduierten-Stipendium der Universität Würzburg unterstützt, der Deutsche Akademische Austauschdienst unterstützte teilweise die Geländearbeiten im Sommer 1993 durch einen Reise- und Materialkostenzuschuß. Den Eltern des Verfassers gebührt zuletzt besonderer Dank für deren selbstlose finanzielle und materielle Unterstützung, ohne die weder Promotion, noch Fertigstellung der vorliegenden Arbeit möglich gewesen wäre.

Anstelle einer Widmung möchte der Verfasser auf diesem Weg auch seinen guten Freunden danken, die auf ihre Weise durch Verständnis und Geduld während der langen Bearbeitungsphase der vorliegenden Arbeit unbemerkt viel zu deren erfolgreichem Abschluß beigetragen haben.

INHALTSVERZEICHNIS

1.	Einleitung	27
1.1	Die Untersuchungsgebiete - Lage und Abgrenzung	27
1.1.1	Ostalpen (Rofental)	27
1.1.2	West-/Zentralnorwegen	28
1.2	Geologie	31
1.2.1	Ostalpen (Rofental)	31
1.2.2	West-/Zentralnorwegen	33
1.3	Präquartäre Reliefgenese	36
1.3.1	Ostalpen (Rofental)	36
1.3.2	West-/Zentralnorwegen	38
1.4	Pleistozäne Vereisungsgeschichte	40
1.4.1	Ostalpen (Rofental)	40
1.4.2	West-/Zentralnorwegen	44
2.	Glaziologie und Klima - Grundbegriffe und Einführung	52
2.1	Glaziologische Grundbegriffe	52
2.1.1	Gletscher und Klima - der Massenhaushalt	52
2.1.2	Gletscherbewegung	58
2.1.3	Morphologie der Gletscher - Gletschertypen	61
2.2	Die Gletscher der Untersuchungsgebiete	62
2.2.1	Rofental	62
2.2.2	West-/Zentralnorwegen	63
2.3	Grundzüge des Klimas der Untersuchungsgebiete	75
2.3.1	Überblick	66
2.3.2	Rofental (Ostalpen)	70
2.3.3	West-/Zentralnorwegen	72
3.	Glazialmorphologie von Hochgebirgsgletschern	75
3.1	Das Gletschertransportsystem	75
3.2	Glaziale Erosions- und Akkumulationsprozesse - eine kurze Einführung	77
3.3	Definition, Klassifikation und Charakteristik glazialer Sedimente	83
3.4	Glaziale Erosions- und Akkumulationsformen im Gletschervorfeld	90
3.4.1	Einführung	90
3.4.2	Glaziale Erosionsformen	90
3.4.3	Supraglaziale Moränen	92
3.4.4	Endmoränen	95
3.4.5	Lateralmoränen	97
3.4.6	Andere glaziale und glazifluviale Formen im Gletschervorfeld	100
4.	Holozäne Gletscherstandsschwankungen	104
4.1	Einführung und Methodik	104
4.2	Holozäne Gletscherstandsschwankungen im Alpenraum	107
4.3	Holozäne Gletscherstandsschwankungen in Skandinavien	113
4.4	Zusammenfassung und Überblick	120

5.	Frührezente und rezente Gletscherstandsschwankungen	124
5.1	Einführung und Methodik	124
5.1.1	Frührezente und rezente Gletscherstandsschwankungen - Einführung und Terminologie	124
5.1.2	Lichenometrie	125
5.1.3	Historische Quellen und ihre Verwendung bezüglich frührezenter Gletscherstandsschwankungen	129
5.1.4	Unterschiede in Verfahren zur Rekonstruktion von Gleichgewichtslinien	130
5.2	Frührezente und rezente Gletscherstandsschwankungen im Ostalpenraum	132
5.2.1	Vernagtferner/Guslarferner	132
5.2.2	Andere Gletscher im Rofental	138
5.2.3	Ötztaler Alpen	143
5.2.4	Ostalpen	147
5.2.5	Westalpen	149
5.3	Frührezente und rezente Gletscherstandsschwankungen in West-/Zentralnorwegen	154
5.3.1	Vorbemerkung	154
5.3.2	Jostedalen (südöstlicher Jostedalsbreen)	155
5.3.3	Veitastrond und Fjærland (südlicher Jostedalsbreen)	167
5.3.4	Indre Nordfjord/Olde- und Lodalen (nordwestlicher Jostedalsbreen)	173
5.3.5	Jotunheimen	181
5.3.6	Übriges Südnorwegen	187
5.3.7	Vergleich mit Nordskandinavien	192
5.4	Frührezente und rezente Gletscherstandsschwankungen im Überblick	194
6.	Massenhaushalt, Glaziologie und Klimabeziehung	198
6.1	Einführung	198
6.1.1	Vorbemerkung	198
6.1.2	Problematik der Methodik der Massenhaushaltsberechnung und deren Korrelation mit Klimaparametern	198
6.2	Aktuelle glaziologische Untersuchungen im Ostalpenraum	201
6.2.1	Aktuelle Massenbilanzstudien	201
6.2.2	Energiebilanzstudien	208
6.2.3	Abflußmessungen	211
6.2.4	Die schnellen frührezenten Vorstöße des Vernagtferners	213
6.3	Aktuelle glaziologische Untersuchungen in West-/Zentralnorwegen	215
6.3.1	Aktuelle Massenbilanzstudien	215
6.3.2	Energiebilanzstudien	226
6.4	Die Beziehung Massenhaushalt - Klima	229
6.4.1	Vorbemerkung	229
6.4.2	Ostalpen/Alpenraum	229
6.4.3	Skandinavien	234
6.4.4	Vergleich	246
6.5	Die frührezenten und rezenten Gletscherstandsschwankungen in ihrer Beziehung zu Klima bzw. Massenhaushalt	251
6.5.1	Vorbemerkung	251

6.5.2	Rezente Gletscherstandsschwankungen in ihrer Beziehung zu Schwankungen des Klimas	252
6.5.3	Frührezente Gletscherstandsschwankungen in ihrer Beziehung zu Schwankungen des Klimas	262
6.5.4	Rekonstruktionen des Massenhaushalts/Gletscherstandsschwankungsverhaltens	266
7.	Glazialmorphologie der Gletschervorfelder	271
7.1	Einführung und Methodik	271
7.1.1	Vorbemerkung	271
7.1.2	Sedimentologische Untersuchungen	272
7.2	Die morphologischen Großformen der Untersuchungsgebiete	274
7.2.1	Rofental	274
7.2.2	West-/Zentralnorwegen	277
7.3	Gletschervorfelder im Rofental	281
7.3.1	Vernagtferner	281
7.3.2	Guslarferner	308
7.3.3	Hintereis-, Kesselwand- und Hochjochferner	313
7.3.4	Mitterkar-, Rofenkar- und Taufkarferner	321
7.4	Gletschervorfelder in West-/Zentralnorwegen	328
7.4.1	Vorbemerkung	328
7.4.2	Bergsetbreen	329
7.4.3	Tuftebreen	343
7.4.4	Fåbergstølsbreen	348
7.4.5	Nigardsbreen	365
7.4.6	Lodalsbreen	377
7.4.7	Stegholtbreen	380
7.4.8	Tunsbergdalsbreen	381
7.4.9	Austerdalsbreen	382
7.4.10	Bøyabreen	390
7.4.11	Supphellebreen	394
7.4.12	Brigsdalsbreen	401
7.4.13	Brenndalsbreen	411
7.4.14	Melkevollbreen	413
7.4.15	Bødalsbreen	414
7.4.16	Kjenndalsbreen	422
7.4.17	Erdalsbreen	426
7.4.18	Styggedalsbreen	427
7.4.19	Gletschervorfelder im Jotunheimen -Vorbemerkung	444
7.4.20	Storbreen	444
7.4.21	Veslebreen, Hurrbreen und Høgskridubreen (Leirdalen)	451
7.4.22	Heimre, Nordre und Søre Illåbre	453
7.4.23	Storjuvbreen	456
7.4.24	Visbreen	458
7.4.25	Bukkeholsbreen	460
7.4.26	Hellstugubreen	462

7.4.27	Smørstabbreen	466
7.4.28	Veobreen	468
7.4.29	Vestre und Østre Grjotbre	471
7.4.30	Gråsubreen	473
7.4.31	Vestre und Østre Nautgardsbre	474
7.4.32	Andere Gletscher des Jotunheim im Überblick	476
8.	Zusammenfassung und Schlußfolgerungen	480
8.1	Vorbemerkung	480
8.2	Frührezente Gletscherstandsschwankungen - Magnitude und Chronologie	480
8.3	Rezente Gletscherstandsschwankungen und aktuelle Massenbilanzen	483
8.4	Massenbilanzdeterminierende Klimafaktoren	485
8.5	Beziehung Massenbilanz - Gletscherstandsschwankung	490
8.6	Klimarekonstruktion mit Hilfe von Gletscherstandsschwankungsdaten	493
8.7	Voraussetzung zur Ursachenforschung von Gletscherstandsschwankungen	494
8.8	Glazialmorphologie der frührezenten Gletschervorfelder und ihr Potential bezüglich der Charakterisierung von Gletscherstandsschwankungen	496
8.9	Aktuelle glaziale Sedimentationsmilieus in ihrer Beziehung zum Gletscherstandsschwankungsverhalten, glazialer Dynamik bzw. Glaziologie	497
8.10	Morphologie, Genese, Klassifizierung und gletscherstandsschwankungschronologisches Aussagepotential von Formenelementen und deren Konfiguration in frührezenten Gletschervorfeldern	501
9.	Resümee	508
	LITERATUR	510
	KARTEN	557
	LUFTBILDER	559
	KORNGRÖSSENANALYSEN UND SEDIMENTOLOGISCHE PARAMATER	560
	ZURUNDUNGSMESSUNGEN	577

FIGURENVERZEICHNIS

Fig.1	Lage der Untersuchungsgebiete	27
Fig.2	Übersichtskarte Rofental	28
Fig.3	Übersichtskarte Jostedalsbreen	29
Fig.4	Übersichtskarte Jotunheimen	30
Fig.5	Geologische Übersichtskarte Jostedalsbreen/Jotunheimen	35
Fig.6	Spätglaziale Gletscherstände West-/Ostalpen	43
Fig.7	Stratigraphie Weichsel-Glazial Westnorwegen	45
Fig.8	Eisausdehnung Jüngere Dryas/Präboreal Sogn og Fjordane	48
Fig.9	Räumliches Schema Massenbilanz	53
Fig.10	Schema Jahresgang Massenbilanz	53
Fig.11	Beziehung Sommertemperatur/Winterniederschlag in Südnorwegen	55
Fig.12	Gang der Ablationsfaktoren in Ablationssaison Nigardsbreen	56
Fig.13	Ablationsfaktoren im Vergleich	56
Fig.14	Beziehung Gleichgewichtslinie/Massenbilanz Nigardsbreen	58
Fig.15	Schema der Gletscherbewegung	59
Fig.16	Vergleich Niederschlag Ålfot-/Gråsubreen	73
Fig.17	Schematische Darstellung Gletschertransportsystem	75
Fig.18	Schema *lodgement*-Prozesse	80
Fig.19	Schema supraglaziale Medialmoräne	93
Fig.20	Schema Akkretion/Superposition bei Lateralmoränen	98
Fig.21	Schema „geschichtete" Lateralmoräne	98
Fig.22	Übersichtsskizze Ötztaler/Österreichische Alpen	108
Fig.23	Stratigraphie Holozän Ostalpen	110
Fig.24	Übersichtsskizze Schweizer Alpen/Mont Blanc-Region	111
Fig.25	Stratigraphie Holozän Westnorwegen	114
Fig.26	Holozäne Schwankungen der Gleichgewichtslinie Westnorwegen	116
Fig.27	Frührezente Gletscherstandschwankungen Vernagtferner	133
Fig.28	Spiegelhöhe und Volumen Rofener Eisstausee	134
Fig.29	Rezente Gletscherstandsschwankungskurve (kumulativ) Guslar-/Vernagtferner	137
Fig.30	Rezente Gletscherstandsschwankungskurve (jährlich) Guslar-/Vernagtferner	138
Fig.31	Rezente Gletscherstandsschwankungskurve (kum.) Mitterkar-/Rofenkar-/Taufkarferner	140
Fig.32	Rezente Gletscherstandsschwankungskurve (jährl.) Mitterkar-/Rofenkar-/Taufkarferner	141
Fig.33	Rezente Gletscherstandsschwankungskurve (kum.) Hintereis-/Hochjoch-/Kesselwandf.	141
Fig.34	Rezente Gletscherstandsschwankungskurve (jährl.) Hintereis-/Hochjoch-/Kesselwandf.	142
Fig.35	Rezente Gletscherstandsschwankungskurve (kum.) Langtaler/Rotmoos-/Spiegelferner	145
Fig.36	Rezente Gletscherstandsschwankungskurve (kum.) Diem-/Marzell-/Niederjoch-/Schalff.	145

Fig.37	Rezente Gletscherstandsschwankungskurve (kum.) Gepatsch-/Mittelberg-/Taschach-/Weißseeferner	146
Fig.38	Vergleich Gletscher Schweizer/Österreichische Alpen 1890 - 1983	149
Fig.39	Frührezente Gletscherstandsschwankungen Unterer Grindelwaldgletscher	150
Fig.40	Frührezente/rezente Gletscherstandsschwankungen Mont Blanc-Region	152
Fig.41	Rezente Gletscherstandsschwankungen Schweizer Alpen	153
Fig.42	Wintervorstöße Glacier des Bossons/Rhônegletscher	154
Fig.43	Frührezente/rezente Höhenerstreckung Jostedalsbreen-Outlets	156
Fig.44	Frührezente Gletscherstandsschwankungen Nigardsbreen	157
Fig.45	Lichenometrische Moränendatierung Nigardsbreen	158
Fig.46	Rezente Gletscherstandsschwankungen (jährl.) Nigardsbreen	160
Fig.47	Rezente Gletscherstandsschwankungen (kum.) Nigardsbreen	160
Fig.48	Lichenometrische Moränendatierung Bergsetbreen	161
Fig.49	Lichenometrische Moränendatierung Tuftebreen	161
Fig.50	Rezente Gletscherstandsschwankungen (jährl.) Bergsetbreen	162
Fig.51	Rezente Gletscherstandsschwankungen (kum.) Bergsetbreen	162
Fig.52	Lichenometrische Moränendatierung Fåbergstølsbreen	165
Fig.53	Rezente Gletscherstandsschwankungen (kum.) Fåbergstølsbreen	166
Fig.54	Rezente Gletscherstandsschwankungen (jährl.) Fåbergstølsbreen	166
Fig.55	Lichenometrische Moränendatierung Stegholtbreen	167
Fig.56	Rezente Gletscherstandsschwankungen (kum.) Stegholtbreen	167
Fig.57	Rezente Gletscherstandsschwankungen (jährl.) Stegholtbreen	168
Fig.58	Rezente Gletscherstandsschwankungen (kum.) Lodalsbreen	168
Fig.59	Rezente Gletscherstandsschwankungen (jährl.) Lodalsbreen	168
Fig.60	Rezente Gletscherstandsschwankungen (kum.) Tunsbergdalsbreen	169
Fig.61	Rezente Gletscherstandsschwankungen (jährl.) Tunsbergdalsbreen	169
Fig.62	Lichenometrische Moränendatierung Austerdalsbreen	169
Fig.63	Rezente Gletscherstandsschwankungen (vor 1920) Austerdalsbreen	170
Fig.64	Rezente Gletscherstandsschwankungen (jährl.) Austerdalsbreen	170
Fig.65	Rezente Gletscherstandsschwankungen (kum.) Austerdalsbreen	171
Fig.66	Rezente Gletscherstandsschwankungen (kum.) Bøyabreen	171
Fig.67	Rezente Gletscherstandsschwankungen (jährl.) Bøyabreen	173
Fig.68	Rezente Gletscherstandsschwankungen (kum.) Supphellebreen	174
Fig.69	Rezente Gletscherstandsschwankungen (jährl.) Supphellebreen	174
Fig.70	Rezente Gletscherstandsschwankungen (kum.) Vesle Supphellebreen	176
Fig.71	Rezente Gletscherstandsschwankungen (jährl.) Vesle Supphellebreen	176
Fig.72	Rezente Gletscherstandsschwankungen (kum.) Brenndalsbreen	177
Fig.73	Rezente Gletscherstandsschwankungen (jährl.) Brenndalsbreen	178
Fig.74	Rezente Gletscherstandsschwankungen (kum.) Brigsdalsbreen	179
Fig.75	Rezente Gletscherstandsschwankungen (jährl.) Brigsdalsbreen	180
Fig.76	Rezente Gletscherstandsschwankungen (kum.) Melkevollbreen	181
Fig.77	Rezente Gletscherstandsschwankungen (jährl.) Melkevollbreen	182
Fig.78	Rezente Gletscherstandsschwankungen (jährl.) Kjenndalsbreen	184
Fig.79	Rezente Gletscherstandsschwankungen (kum.) Kjenndalsbreen	184

Fig.80	Lichenometrische Moränendatierung Bødalsbreen	186
Fig.81	Rezente Gletscherstandsschwankungen (jährl.) Bødalsbreen	186
Fig.82	Rezente Gletscherstandsschwankungen (kum.) Bødalsbreen	187
Fig.83	Lichenometrische Moränendatierung Storbreen	187
Fig.84	Lichenometrische Moränendatierung Styggedalsbreen	187
Fig.85	Rezente Gletscherstandsschwankungen (jährl.) Stor-/Styggedalsbreen	188
Fig.86	Rezente Gletscherstandsschwankungen (kum.) Styggedalsbreen	188
Fig.87	Lichenometrische Moränendatierung Søndre Høgvagl-/Vestre Memuru-/Svartdalsbreen	188
Fig.88	Rezente Gletscherstandsschwankungen (kum.) Hellstugu-/Storbreen	189
Fig.89	Rezente Gletscherstandsschwankungen (kum.) Bøver-/Leir-/Vesle-/Veslejuvbreen	189
Fig.90	Rezente Gletscherstandsschwankungen (kum.) Heimre Illå-/Nordre Illå-/Søre Illå-/Storjuvbreen	189
Fig.91	Rezente Gletscherstandsschwankungen (kum.) Austre Memuru-/Vestre Memuru-/Tverråbreen	190
Fig.92	Rezente Gletscherstandsschwankungen (kum.) Langedals-/Sandelv-/Slettmarkbreen	190
Fig.93	Übersichtskarte Südnorwegen	191
Fig.94	Rezente Gletscherstandsschwankungen (kum.) Bondhus-/Buarbreen	192
Fig.95	Lichenometrische Moränendatierung Nordvestlandet	192
Fig.96	Vergleich frührezenter Maximal-/Hochstände Alpen/Skandinavien	196
Fig.97	Nettobilanzen (jährl.) Hintereis-/Kesselwand-/Vernagtferner	202
Fig.98	Nettobilanzen (kum.) Hintereis-/Kesselwand-/Vernagtferner	203
Fig.99	Flächen-Höhen-Verteilung Hintereis-/Kesselwand-/Vernagtferner	205
Fig.100	Abflußkurve/Klima Ablationssaison 1976 Pegelstation Vernagtbach	213
Fig.101	Abflußkurve/Klima Ablationssaison 1981 Pegelstation Vernagtbach	214
Fig.102	Abflußkurve/Klima Ablationssaison 1983 Pegelstation Vernagtbach	215
Fig.103	Vergleich Teil-/ Nettobilanzen Südnorwegen	216
Fig.104	Nettobilanzen (kum.) Südnorwegen	217
Fig.105	Massenbilanzen 1988/89 Südnorwegen	220
Fig.106	Massenbilanzen (jährl.) Ålfotbreen	220
Fig.107	Massenbilanzen (jährl.) Nigardsbreen	221
Fig.108	Massenbilanzen (jährl.) Hardangerjøkulen	222
Fig.109	Massenbilanzen (jährl.) Storbreen	222
Fig.110	Massenbilanzen (jährl.) Hellstugubreen	222
Fig.111	Massenbilanzen (jährl.) Gråsubreen	222
Fig.112	Schema Ablationsfaktoren Südnorwegen	226
Fig.113	Energiebilanz Ablationssaison 1971 Ålfotbreen	228
Fig.114	Energiebilanz Ablationssaison 1971 Austre Memurubre	229
Fig.115	Energiebilanz Ablationssaison 1972 Nigardsbreen	229
Fig.116	Tage mit sommerlicher Schneedecke 1895 - 1990 Ostalpen	233
Fig.117	Abweichung vom Mittelwert (kum.) Sommertemperatur (1851 - 1930) Innsbruck	253
Fig.118	Sommertemperaturen (1851 - 1965) Vent	253
Fig.119	Sommertemperaturen (1816 - 1993) Bergen	256
Fig.120	Winterniederschläge (1862 - 1993) Bergen	257

Fig.121	Abweichungen vom Mittelwert (kum.) Sommertemperaturen (1795 - 1839) Ullensvang	257
Fig.122	Sommertemperaturen (1869 - 1920) Balestrand	258
Fig.123	Winterniederschläge (1903 - 1972) Luster	259
Fig.124	Sommertemperaturen (fünfjähriges gewichtetes Mittel - 1905 - 1970) Luster	259
Fig.125	Abweichungen vom Mittelwert (kum.) Sommertemperaturen/Winterniederschläge (1903 - 1972) Luster	260
Fig.126	Abweichungen vom Mittelwert (kum.) Winterniederschläge (1898 - 1986) Jostedal	260
Fig.127	Abweichungen vom Mittelwert (kum.) Winterniederschläge (1898 - 1991) Oppstryn	261
Fig.128	Abweichungen vom Mittelwert (kum.) Sommertemperaturen (1898 - 1991) Oppstryn	261
Fig.129	Korngrößenklassifikation	272
Fig.130	Talquerprofile Rofental	276
Fig.131	Zurundungsmessung VR 15	286
Fig.132	Aufschlußprofil Ablationstal östliche Lateralmoräne, Vernagtferner	288
Fig.133	Dreiecksdiagramm Vernagtferner	289
Fig.134	Zurundungsquerprofil Lateralmoräne, Vernagtferner	291
Fig.135	Zurundungslängsprofil Basis Lateralmoräne, Vernagtferner	292
Fig.136	Versatz markierter Steine in Nivationsnische 1992-94, Vernagtferner	293
Fig.137a	Orientierungsmessung VO 2	294
Fig.137b	Orientierungsmessung VO 7	294
Fig.138a	Orientierungsmessung VO 3	295
Fig.138b	Orientierungsmessung VO 4	295
Fig.139	Md/So-Diagramm Vernagtferner	296
Fig.140	Zurundungsmessung VR 13	296
Fig.141	Dreiecksdiagramm Vernagtferner	297
Fig.142	Schema rezente Endmoräne, Schwarzwandzunge	297
Fig.143	Schema Akkumulationsprozesse, Taschachzunge	298
Fig.144	Korngrößensummenkurven Vernagtferner	298
Fig.145	Schema Laterofrontalmoränenkomplex, Schwarzwandzunge	299
Fig.146a	Orientierungsmessung VO 10	300
Fig.146b	Orientierungsmessung VO 1	300
Fig.147	Schema Genese annuelle Mikrostauchmoränen, Hintergraslzunge	301
Fig.148	Zurundungsmessung VR 14	303
Fig.149a	Orientierungsmessung VO 8	303
Fig.149b	Orientierungsmessung VO 5	303
Fig.150	Dreiecksdiagramm Vernagtferner	305
Fig.151	Korngrößensummenkurven Guslarferner	311
Fig.152	Schema Bildung Lateralmoräne/*protalus rampart*, Guslarferner	311
Fig.153	Korngrößensummenkurven Hintereis-/Hochjochferner	315
Fig.154	Korngrößensummenkurven Rofenkarferner	325
Fig.155	Geomorphologische Detailkarte äußeres Vorfeld Bergsetbreen	331
Fig.156	Md/So-Diagramm Bergsetbreen	333
Fig.157	Dreiecksdiagramm Bergsetbreen	334
Fig.158	Zurundungsmessung NR 24	335

Fig.159	Zurundungsmessung NR 29	335
Fig.160	Zurundungsquerprofil inneres Vorfeld Bergsetbreen	340
Fig.161	Aufschlußprofil distale Flanke M-TUF 2	346
Fig.162	Dreiecksdiagramm Tuftebreen	346
Fig.163	Md/So-Diagramm Tuftebreen	347
Fig.164	Geomorphologische Detailkarte südliches äußeres Vorfeld Fåbergstølsbreen	350
Fig.165	Geomorphologische Detailkarte nördliches äußeres Vorfeld Fåbergstølsbreen	351
Fig.166	Dreiecksdiagramm Fåbergstølsbreen	352
Fig.167	Md/So-Diagramm Fåbergstølsbreen	352
Fig.168	Zurundungsmessung NR 38	355
Fig.169	Zurundungsmessung NR 36	356
Fig.170	Zurundungsmessung NR 11	356
Fig.171	Dreiecksdiagramm Fåbergstølsbreen	361
Fig.172	Korngrößensummenkurven Fåbergstølsbreen	362
Fig.173	Geomorphologische Übersichtskarte äußeres Gletschervorfeld Nigardsbreen	367
Fig.174	Md/So-Diagramm Nigardsbreen	368
Fig.175	Dreiecksdiagramm Nigardsbreen	369
Fig.176	Schema glazialerosive Kleinform, Nigardsbreen	374
Fig.177	Schema der Beziehung Gesteinsklüftung - Felsdrumlins/Rundhöcker	375
Fig.178	Korngrößensummenkurven Lodalsbreen/Fåbergstølsgrandane	379
Fig.179	Geomorphologische Übersichtskarte Gletschervorfeld Austerdalsbreen	383
Fig.180	Md/So-Diagramm Austerdalsbreen	385
Fig.181	Dreiecksdiagramm Austerdalsbreen	386
Fig.182	Schema Eiskontakt-Schuttkegel, Austerdalsbreen	390
Fig.183	Md/So-Diagramm Bøyabreen	394
Fig.184	Dreiecksdiagramm Bøyabreen	394
Fig.185	Md/So-Diagramm Supphelle-/Flatbreen	396
Fig.186	Dreiecksdiagramm Supphelle-/Flatbreen	397
Fig.187	Geomorphologische Übersichtskarte westliche laterale Partie Flatbreen	399
Fig.188	Md/So-Diagramm Brigsdalsbreen	411
Fig.189	Dreiecksdiagramm Brigsdalsbreen	411
Fig.190	Geomorphologische Übersichtskarte Bødalsbreen	415
Fig.191	Dreiecksdiagramm Bødalsbreen	419
Fig.192	Md/So-Diagramm Bødalsbreen	419
Fig.193	Dreiecksdiagramm Kjenndalsbreen	424
Fig.194	Md/So-Diagramm Kjenndalsbreen	425
Fig.195	Geomorphologische Detailkarte Vorfeld Styggedalsbreen	429
Fig.196	Md/So-Diagramm Styggedalsbreen	430
Fig.197	Dreiecksdiagramm Styggedalsbreen	432
Fig.198	Schema Eiskern-Endmoräne, Styggedalsbreen	440
Fig.199	Schema Genese Eiskern-Endmoräne, Styggedalsbreen	442
Fig.200	Dreiecksdiagramm Storbreen	447
Fig.201	Md/So-Diagramm Storbreen	447

ABBILDUNGSVERZEICHNIS

Abb.1	Faltungsstrukturen, Schwarzkögele	32
Abb.2	Firnfeldniveau, Vernagtferner	37
Abb.3	Relikte präglazialer Verebnungsflächen, Lustrafjorden	39
Abb.4	Felsterrassen, Aurlandsfjorden	39
Abb.5	Glittertind und Relikte von Verebnungsflächen, Zentraljotunheimen	40
Abb.6	Egesen-Lateralmoränen, Rofental	43
Abb.7	Eiskontaktdelta, Valldal/Norddalsfjorden	50
Abb.8	Brigsdalsbreen	61
Abb.9	Fannaråkbreen	62
Abb.10	Hochjochferner	63
Abb.11	Kreuzferner	64
Abb.12	Nigardsbreen (1872/73)	64
Abb.13	Hellstugubreen	66
Abb.14	Englazialer Debris, Vernagtferner	76
Abb.15	Subglazialer Debris, Vernagtferner	81
Abb.16	Abgleiten wassergesättigten Moränenmaterials, Austerdalsbreen	83
Abb.17	*Lodgement*-Block, Vernagtferner	86
Abb.18	*Supraglacial morainic/melt-out till*, Styggedalsbreen	89
Abb.19	Gletscherschrammen, Storbreen	90
Abb.20	*Plastic scupltured* Gesteinsfläche, Vernagtferner	91
Abb.21	Kolk, Nigardsbreen	92
Abb.22	Supraglaziale Medialmoränen, Vernagtferner	95
Abb.23	Stauchendmoräne, Brigsdalsbreen	96
Abb.24	Annuelle Endmoräne, Blåisen	96
Abb.25	Gletschervorfeld, Latschferner	97
Abb.26	Eingeregelte Blöcke in Lateralmoräne, Guslarferner	99
Abb.27	*Fluted moraine surface*, Storbreen	102
Abb.28	Holozäne Moränenrelikte, Vernagtferner	113
Abb.29	Präboreale und frührezente Moränen, Styggedalsbreen	115
Abb.30	Flechtenthallus Rhizocarpon geographicum, Vernagtferner	127
Abb.31	Nigardsbreen (1869)	158
Abb.32	Nigardsbreen (um 1890)	159
Abb.33	Nigardsbreen (1907)	159
Abb.34	Bergsetbreen (1868)	161
Abb.35	Bergsetbreen (1899)	163
Abb.36	Bergsetbreen (1903)	164
Abb.37	Bergsetbreen (1907)	164
Abb.38	Bergsetbreen (1995)	164
Abb.39	Tuftebreen (1868)	165
Abb.40	Stegholtbreen (1995)	167
Abb.41	Bøyabreen (1868)	172
Abb.42	Bøyabreen (1872/73)	172

Abb.43	Bøyabreen (1899)	172
Abb.44	Bøyabreen (1989)	173
Abb.45	Bøyabreen (1995)	173
Abb.46	Supphellebreen (1899)	174
Abb.47	Supphellebreen (1990)	175
Abb.48	Supphellebreen (1995)	175
Abb.49	Brenndalsbreen (1869)	177
Abb.50	Brenndalsbreen (1900)	177
Abb.51	Brigsdalsbreen (1872)	178
Abb.52	Brigsdalsbreen (1888)	178
Abb.53	Brigsdalsbreen (1892)	179
Abb.54	Brigsdalsbreen (1907)	179
Abb.55	Brigsdalsbreen (1989)	180
Abb.56	Brigsdalsbreen (1994)	180
Abb.57	Brigsdalsbreen (1995)	181
Abb.58	Melkevollbreen (1872)	182
Abb.59	Kjenndalsbreen (1872)	183
Abb.60	Kjenndalsbreen (1900)	183
Abb.61	Kjenndalsbreen (1991)	185
Abb.62	Kjenndalsbreen (1995)	185
Abb.63	Bødalsbreen (1871)	186
Abb.64	Vernagtferner (1993)	206
Abb.65	Hintereisferner (1993)	206
Abb.66	Pegelstation Vernagtbach	211
Abb.67	Inneres Rofental	275
Abb.68	Ramolgruppe	277
Abb.69	Jostedalsbreen von Hauganosi	277
Abb.70	Oldedalen	279
Abb.71	Hurrungane von Fannaråken	280
Abb.72	Smørstabtindane von Fannaråken	280
Abb.73	Skautflya	281
Abb.74	Oberes Vernagttal	282
Abb.75	Lateralmoränenfragment, Unteres Vernagttal	282
Abb.76	Laterale Erosionskante, Unteres Vernagttal	283
Abb.77	Subsequente Lateralmoräne, Unteres Vernagttal	283
Abb.78	Guslar-/Vernagtferner (1898)	285
Abb.79	Guslar-/Vernagtferner (1900)	285
Abb.80	Laterofrontalmoräne 1898/1902er Vorstoß	286
Abb.81	Östliche Lateralmoräne, Vernagtferner	287
Abb.82	Erosionsrinnen in Lateralmoräne, Vernagtferner	289
Abb.83	Kames, Vernagtferner	295
Abb.84	Subglazialer frontal-marginaler Hohlraum, Taschachzunge	299
Abb.85	Rezente Endmoräne, Hintergraslzunge	300
Abb.86	Annuelle Endmoräne, Hintergraslzunge	302

Abb.87	Supraglaziale Medialmoräne, Schwarzwandzunge		302
Abb.88	Eisnadeln, Vernagtferner		304
Abb.89	Eisgesunkene Steine (Frosthebung), Vernagtferner		305
Abb.90	Chemisch verwitterter Block, Vernagtferner		306
Abb.91	Luftbild Platteikamm-Bereich		307
Abb.92	Gletscherzunge Guslarferner		308
Abb.93	Nördliche Lateralmoräne, Guslarferner		309
Abb.94	Eingeregelte Blöcke, Lateralmoräne Guslarferner		310
Abb.95	*Glacial flute*, Guslarferner		312
Abb.96	Endmoräne, Kleiner Guslarferner		313
Abb.97	Gletscherzunge und Vorfeld, Hintereisferner		314
Abb.98	Äußeres Vorfeld, Hintereisferner		314
Abb.99	Lateralmoräne Hintereis-/Kesselwandferner		316
Abb.100	Eiskern-Lateralmoräne, Hintereisferner		317
Abb.101	Kesselwandferner		318
Abb.102	Lateralmoräne, Kesselwandferner		319
Abb.103	Mittleres Vorfeld, Hochjochferner		320
Abb.104	Aufschluß Moränenmaterial, Hochjochferner		320
Abb.105	Blockrücken, Mitterkarferner		322
Abb.106	Westliche Lateralmoräne, Mitterkarferner		322
Abb.107	Holozänes Moränenfragment, Mitterkarferner		323
Abb.108	Gletscherzunge und Vorfeld Rofenkarferner		324
Abb.109	Rezente Endmoräne, Rofenkarferner		325
Abb.110	Äußeres Gletschervorfeld, Rofenkarferner		326
Abb.111	Diemferner		327
Abb.112	Spiegelferner		327
Abb.113	Sanderfläche, Bergsetbreen		330
Abb.114	M-BER L 3 (l)		335
Abb.115	Zunge und südlicher Gletscherarm, Bergsetbreen (1903)		337
Abb.116	Südlicher Gletscherarm, Bergsetbreen		337
Abb.117	Gletscherfront, Bergsetbreen		341
Abb.118	Eis/Schnee/Debris-Komplex		342
Abb.119	Vorfeld Tuftebreen (Luftbild)		344
Abb.120	M-TUF L 2 (l)		445
Abb.121	Oberer Abschnitt, M-TUF L 2 (l)		347
Abb.122	Inneres Gletschervorfeld, Fåbergstølsbreen (Luftbild)		348
Abb.123	Äußeres Vorfeld, Fåbergstølsbreen		354
Abb.124	Talknick, Fåbergstølsbreen		357
Abb.125	Inneres Vorfeld, Fåbergstølsbreen		358
Abb.126	Laterale Erosionskante, Fåbergstølsbreen		358
Abb.127	Aufschluß an lateraler Erosionskante		360
Abb.128	Gletscherzunge und postsedimentäre Akkumulation, Fåbergstølsbreen		361
Abb.129	Unterlagernder Winterschnee, Fåbergstølsbreen		362
Abb.130	Gletscherzunge, Fåbergstølsbreen		363

Abb.131	Subglaziales Moränenmaterial, Fåbergstølsbreen	364
Abb.132	Subglazialer lateral-marginaler Hohlraum, Fåbergstølsbreen	364
Abb.133	Gesteinsüberzug	365
Abb.134	Nigardsbreen (Luftbild)	366
Abb.135	M-NIG 1	369
Abb.136	M-NIG 15 (l)	370
Abb.137	Gletscherzunge, Nigardsbreen (1872/73)	370
Abb.138	Scherungsflächen, Nigardsbreen (1899)	371
Abb.139	Gletscherzunge, Nigardsbreen	373
Abb.140	Parabelrisse, Nigardsbreen	374
Abb.141	Winterstauchendmoräne, Nigardsbreen	376
Abb.142	Lodals-/Stegholtbreen (Luftbild)	378
Abb.143	„Lateralmoränen", Lodalsbreen	379
Abb.144	Fåbergstølsgrandane	381
Abb.145	Gletscherzunge und Sander, Tunsbergdalsbreen (1900)	382
Abb.146	Altschneereste, Austerdalsbreen	382
Abb.147	Austerdalsbreen (Luftbild)	387
Abb.148	Ogiven und supraglazialer Debris, Austerdalsbreen	388
Abb.149	Eiskern-Moränenkomplex	388
Abb.150	Lateral-marginale Scherungsflächen, Austerdalsbreen	389
Abb.151	Eiskontakt-Schwemmkegel, Austerdalsbreen	389
Abb.152	Rezente Laterofrontalmoräne, Austerdalsbreen	389
Abb.153	Östliche Lateralmoränen, Bøyabreen	390
Abb.154	Kontakt Akkumulationskomplex/Lateralmoräne, Bøyabreen	393
Abb.155	Laterofrontalmoräne, Supphellebreen (1900)	393
Abb.156	Rezente Lateralmoräne, Flatbreen	396
Abb.157	Rezente und frührezente Lateralmoränen, Flatbreen	397
Abb.158	Rezente Lateralmoräne, Flatbreen (1906)	398
Abb.159	Proximale Flanke rezente Lateralmoräne, Flatbreen	400
Abb.160	Vesle Supphellebreen	401
Abb.161	Inneres Oldedalen (Luftbild)	402
Abb.162	Brigsdalsvatnet	403
Abb.163	Gletscherzunge und Lateralmoräne, Brigsdalsbreen	404
Abb.164	Kjøtabreen	405
Abb.165	Aktuelle Laterofrontalmoräne, Brigsdalsbreen	406
Abb.166	Aktuelle Laterofrontalmoräne, Brigsdalsbreen (1991)	407
Abb.167	Aktuelle Laterofrontalmoräne, Brigsdalsbreen (1992)	407
Abb.168	Proximale Flanke Laterofrontalmoräne, Brigsdalsbreen	408
Abb.169	Aktuelle Endmoräne, Brigsdalsbreen	408
Abb.170	Proximale Flanke aktuelle Endmoräne, Brigsdalsbreen	409
Abb.171	Überfahrende Gletscherzunge, Brigsdalsbreen	409
Abb.172	Aufgepreßtes Moränenmaterial, Brigsdalsbreen	410
Abb.173	Angelagerte aktuelle Laterofrontalmoräne, Brigsdalsbreen	410
Abb.174	Blöcke und Pflanzenrelikte in aktueller Laterofrontalmoräne, Brigsdalsbreen	410

Abb.175	Talmündungsstufe, Brenndalen	412
Abb.176	Brenndalsbreen	412
Abb.177	Melkevollbreen	414
Abb.178	Äußerster frührezenter Moränenrücken, Melkevollbreen	414
Abb.179	Vorfeld und Gletscherzunge, Bødalsbreen	416
Abb.180	M-BØD 3 (r)	416
Abb.181	Gletscherzunge, Bødalsbreen (1907)	418
Abb.182	M-BØD 6	418
Abb.183	Westliche Lateralmoräne, Bødalsbreen	420
Abb.184	Lateralmoräne, Bødalsbreen	420
Abb.185	Skålbreen	422
Abb.186	Schuttmure, Kjenndalen	423
Abb.187	Umgeknickte Erlen, Kjenndalen	424
Abb.188	Sanderfläche, Kjenndalsbreen	425
Abb.189	Gletscherzunge, Erdalsbreen	426
Abb.190	Westliches Hurrungane-Massiv (Luftbild)	428
Abb.191	Vorfeld, Styggedalsbreen	430
Abb.192	End-/Lateralmoränen, Styggedalsbreen	431
Abb.193	M-STY 9 (r)	433
Abb.194	Gletscherzunge, Styggedalsbreen (1903)	434
Abb.195	Frostbeulen (Erdknospen), Styggedalsbreen	436
Abb.196	Frostmusterboden, Styggedalsbreen	436
Abb.197	Steinring, Styggedalsbreen	437
Abb.198	Aktuelle Eiskern-Endmoräne, Styggedalsbreen	438
Abb.199	Proximale Flanke aktuelle Eiskern-Endmoräne, Styggedalsbreen	438
Abb.200	Glazifluviale Feinmaterialakkumulation, Styggedalsbreen	439
Abb.201	Toteiskomplex, Styggedalsbreen	441
Abb.202	Proximale Flanke Eiskern-Endmoräne, Styggedalsbreen	443
Abb.203	Vorfeld, Storbreen	444
Abb.204	Westliches äußeres Leirdalen (Luftbild)	445
Abb.205	Südliches laterales Vorfeld, Storbreen	448
Abb.206	M-STO 8 (r)	449
Abb.207	Südliche Lateralmoräne, Hurrbreen	452
Abb.208	Nordre und Søre Illåbre (Luftbild)	455
Abb.209	Storjuvbreen (Luftbild)	457
Abb.210	Laterale Erosionskante, Storjuvbreen	458
Abb.211	Visbreen	459
Abb.212	Äußeres Vorfeld, Visbreen	460
Abb.213	Vorfeld, Bukkeholsbreen	461
Abb.214	Hellstugubreen (Luftbild)	463
Abb.215	Karglctscher Bøvri No.9	464
Abb.216	Hangschuttkegel, Hellstugubreen	465
Abb.217	Gletscherzunge und Vorfeld, Leirbreen	466
Abb.218	Vorfeld, Bøverbreen	467

Abb.219 Erdknospen nahe Krossbu 468
Abb.220 Nordre und Søre Veobre (Luftbild) 469
Abb.221 Eiskern-Moränensystem, Østre Skautbre 470
Abb.222 Grjotbreane und Gråsubreen (Luftbild) 472
Abb.223 Vestre und Østre Nautgardsbre (Luftbild) 475
Abb.224 Svellnosbreen 478
Abb.225 Austre und Vestre Memurubre (Luftbild) 479

TABELLENVERZEICHNIS

Tab.1   Morphologische Kenndaten Gletscher im Rofental 63
Tab.2   Morphologische Kenndaten Outletgletscher des Jostedalsbre 65
Tab.3   Morphologische Kenndaten Gletscher im Jotunheimen 67
Tab.4   Monats-/Jahresniederschläge Ötztal 69
Tab.5   Monats-/Jahresmittel der Temperatur Ötztal 70
Tab.6   Monats-/Jahresmittel und Extreme der Temperatur Vent 71
Tab.7   Eis-/Frost-/frostfreie und Sommertage Vent 71
Tab.8   Sonnenscheindauer Vent 71
Tab.9   Monats-/Jahresniederschläge West-/Zentralnorwegen 72
Tab.10 Schneehöhe West-/Zentralnorwegen 73
Tab.11 Tage mit Schneedecke > 1 cm 74
Tab.12 Monats-/Jahresmittel der Temperatur West-/Zentralnorwegen 74
Tab.13 Frührezente/rezente GWL, West-/Zentralnorwegen 131
Tab.14 Massenbilanzkenndaten Hintereis-/Kesselwand-/Vernagtferner 204
Tab.15 Korrelationskoeffizienten bn Rofental 204
Tab.16 Korrelationskoeffizienten Bc Rofental 204
Tab.17 Korrelationskoeffizienten Ba Rofental 204
Tab.18 Morphologische Kenndaten Hintereis-/Kesselwand-/Vernagtferner 207
Tab.19 Ablationsfaktoren Alpenraum 209
Tab.20 Ablationsraten verschiedener Oberflächenareale Vernagtferner 209
Tab.21 Tagesmittel Energiebilanz Vernagtferner 210
Tab.22 Korrelationskoeffizienten bn Norwegen 217
Tab.23 Korrelationskoeffizienten bw Norwegen 218
Tab.24 Korrelationskoeffizienten bs Norwegen 218
Tab.25 Korrelationskoeffizienten bw/bn, bs/bn, bw/bs Norwegen 218
Tab.26 Massenbilanzdaten Supphellebreen 223
Tab.27 Massenbilanzdaten Tunsbergdals-/Vetledalsbreen 223
Tab.28 Massenbilanzdaten Bondhusbreen 224
Tab.29 Massenbilanzdaten Austre/Vestre Memurubre 225
Tab.30 Massenbilanzdaten Jotunheimen 225
Tab.31 Energiebilanzdaten Norwegen 227
Tab.32 Korrelationskoeffizienten Winterniederschlag/bw,bn Ålfotbreen 239

Tab.33	Korrelationskoeffizienten Temperatur/bs,bn Ålfotbreen	239
Tab.34	Korrelationskoeffizienten Winterniederschlag/bw Nigardsbreen	240
Tab.35	Korrelationskoeffizienten Winterniederschlag/bn Nigardsbreen	242
Tab.36	Korrelationskoeffizienten Temperatur/bs,bn Nigardsbreen	242
Tab.37	Korrelationskoeffizienten Winterniederschlag/bw,bn Hardangerjøkulen	242
Tab.38	Korrelationskoeffizienten Temperatur/bs,bn Hardangerjøkulen	243
Tab.39	Korrelationskoeffizienten Winterniederschlag/bw,bn Storbreen	243
Tab.40	Korrelationskoeffizienten Temperatur/bs,bn Storbreen	244
Tab.41	Korrelationskoeffizienten Winterniederschlag/bw,bn Hellstugubreen	245
Tab.42	Korrelationskoeffizienten Temperatur/bs,bn Hellstugubreen	245
Tab.43	Korrelationskoeffizienten Winterniederschlag/bw,bn Gråsubreen	245
Tab.44	Korrelationskoeffizienten Temperatur/bs,bn Gråsubreen	246

1 EINLEITUNG

1.1 DIE UNTERSUCHUNGSGEBIETE - LAGE UND ABGRENZUNG

1.1.1 Ostalpen (Rofental)

Das Rofental liegt in den inneren Ötztaler Alpen, im Bereich der westlichen zentralen Ostalpen. Das als Alpenquertal vom Inntal aus N-S-verlaufende Ötztal erstreckt sich mit seinen Nebentälern unmittelbar bis an den Alpenhauptkamm. Bei Zwieselstein gabelt es sich in Gurgler und Venter Tal auf. Das Rofental gehört als Seitental dem Talsystem des Venter Tals an.

Das Rofental umfaßt als Einzugsgebiet bei rd. 16 km Länge eine Fläche von 98,3 km² (MOSER ET AL. 1986). Die nördliche Abgrenzung des SW-NE-verlaufenden Rofentals bildet der Weißkamm, der vom Gipfel der Weißkugel (3738 m), gleichsam das Bindeglied zum Alpenhauptkamm, sowie in nördöstlicher Richtung durch Hintere Hintereisspitze (3485 m), Fluchtkogel (3497 m), Hochvernagtspitze (3535 m), Hinterer Brochkogel (3628 m), Wildspitze (3768 m), Weißer Kogel (3407 m), Mutkogel (3309 m) und Äußere Schwarze Schneid (3255 m) markiert wird (Höhenangaben aus ÖK 50). Die südliche Umrahmung bildet der von Fineilspitze (3515 m) über Kreuzspitze (3455 m) zur Talleitspitze (3406 m) verlaufende Kreuzkamm.

Die zentrale Struktur des Weißkamms besitzt keinen geradlinigen Verlauf, sondern wölbt sich zwischen Fluchtkogel und Hinterem Brochkogel konvex gen Norden. Die so entstehende, nach Süden offene annähernd

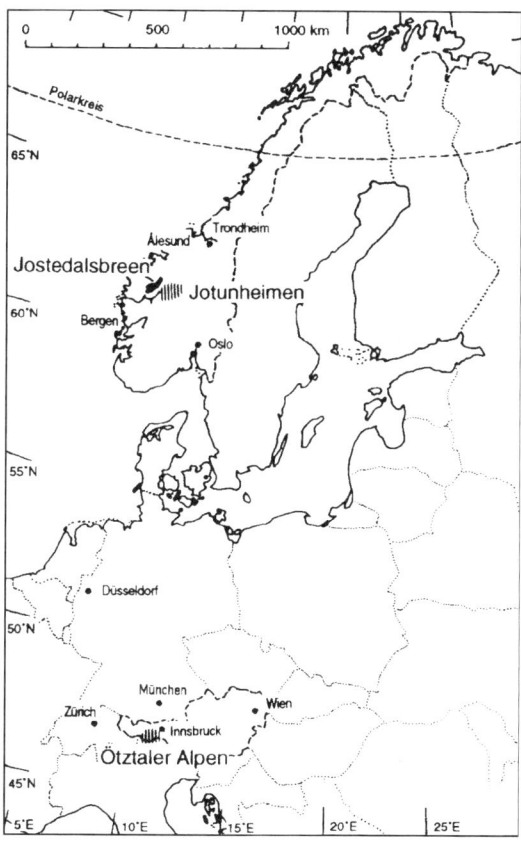

Fig. 1: Lage der Untersuchungsgebiete

halbkreisförmige Einbuchtung im Kammverlauf wird von einer Verebnungsfläche eingenommen, in der mit Vernagt- und Guslarferner zwei der größeren Gletscher des Rofentals liegen. Am Hochjochhospiz gabelt sich das innere Rofental in zwei kurze Talfortsätze auf.

Neben der außerordentlich hohen Umrahmung mit Gipfeln weit über 3000 m Höhe wird das Rofental, besonders im nordwestlichen Bereich, durch hochgelegene Verebnungen des präquartären Firnfeldniveaus (s. 1.3.1) geprägt, die bei Höhenlagen um 2900 bis 3200 m die weitläufigen Firnfelder der bedeutenden Gletscher des Talzugs darstellen. Im alpinen Relief des Rofentals finden sich neben großen Talgletschern auch zahlreiche kleinere Kargletscher (s. 2.2.1). Zusammen ergibt sich für das Rofental eine vergletscherte Fläche von 41,8 km² (Stand 1969), d.h. 42,5 % der Gesamtfläche des Einzugsgebiets.

Das Rofental wurde als Untersuchungsgebiet v.a. deshalb ausgewählt, weil es unter glaziologischen

Fig. 2: Übersichtskarte Rofental

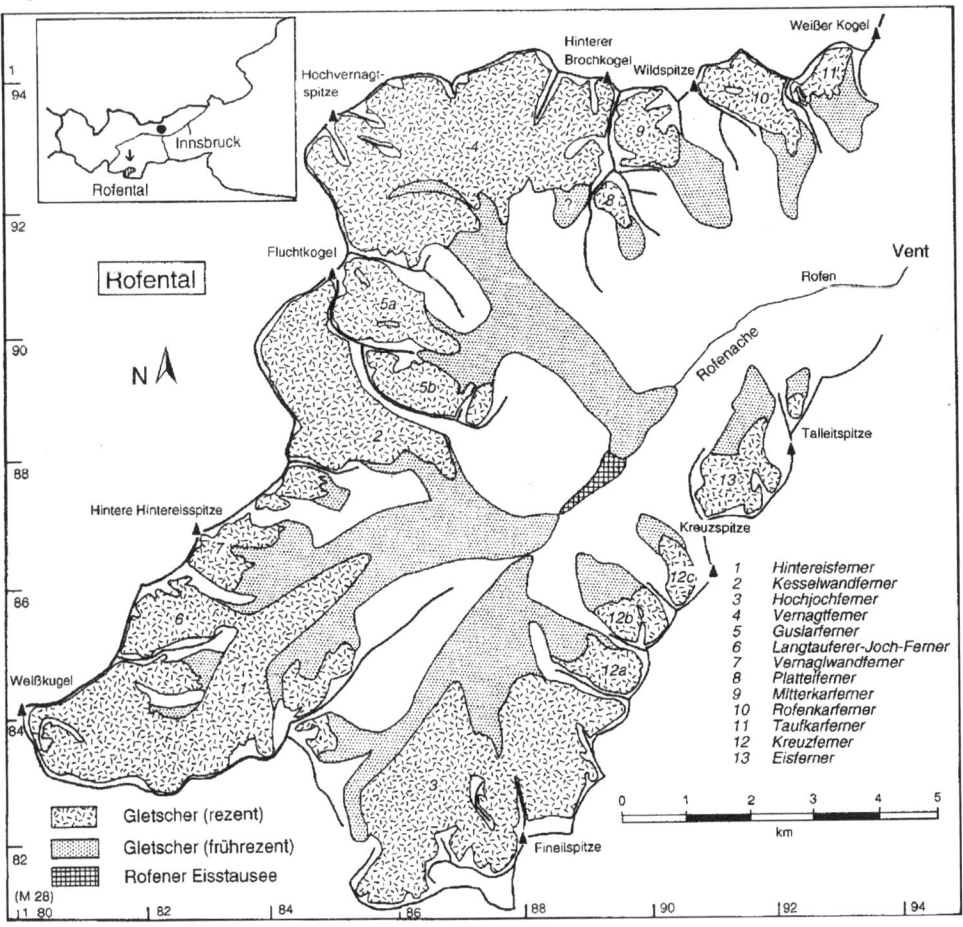

und glazialmorphologischen Gesichtspunkten als typisches Beispiel eines stark vergletscherten Talsystems der Ostalpen gelten kann. Durch seine Kompaktheit eignet es sich u.a. ausgezeichnet zum Studium der Bedeutung lokaler topographischer, glaziologischer, morphologischer und klimatologischer Einflußfaktoren auf Gletscherstandsschwankungen und Gletschervorfelder.

1.1.2 West-/Zentralnorwegen

Das in West- bzw. Zentral-Südnorwegen gelegene zweite Untersuchungsgebiet gliedert sich in zwei Teilbereiche. Ein Teilbereich stellt das Gebiet des Jostedalsbre dar. Dieser ist mit 487 km² (Stand 1984 - ØSTREM, DALE SELVIG & TANDBERG 1988) der größte Gletscher Kontinentaleuropas. Nur an wenigen Stellen wird er von Nunatakkern durchbrochen (z.B. Lodalskåpa - 2083 m, Höhenangaben aus TK 1:50000). Er erreicht selbst eine maximale Höhe von 1957 m (Høgste Breakulen) und besitzt große Flächen auf einem Niveau zwischen 1700 und 1900 m. Seine zahlreichen Outletgletscher reichen bis auf 350 m herab (bzw. sogar noch weiter; s. 2.2.2). Während das Gletscherbett des Jostedalsbre früher als Rest einer Rumpffläche interpretiert (s. 1.3.2) und er als typischer Plateaugletscher angesprochen wurde,

Fig. 3: Übersichtskarte Jostedalsbreen

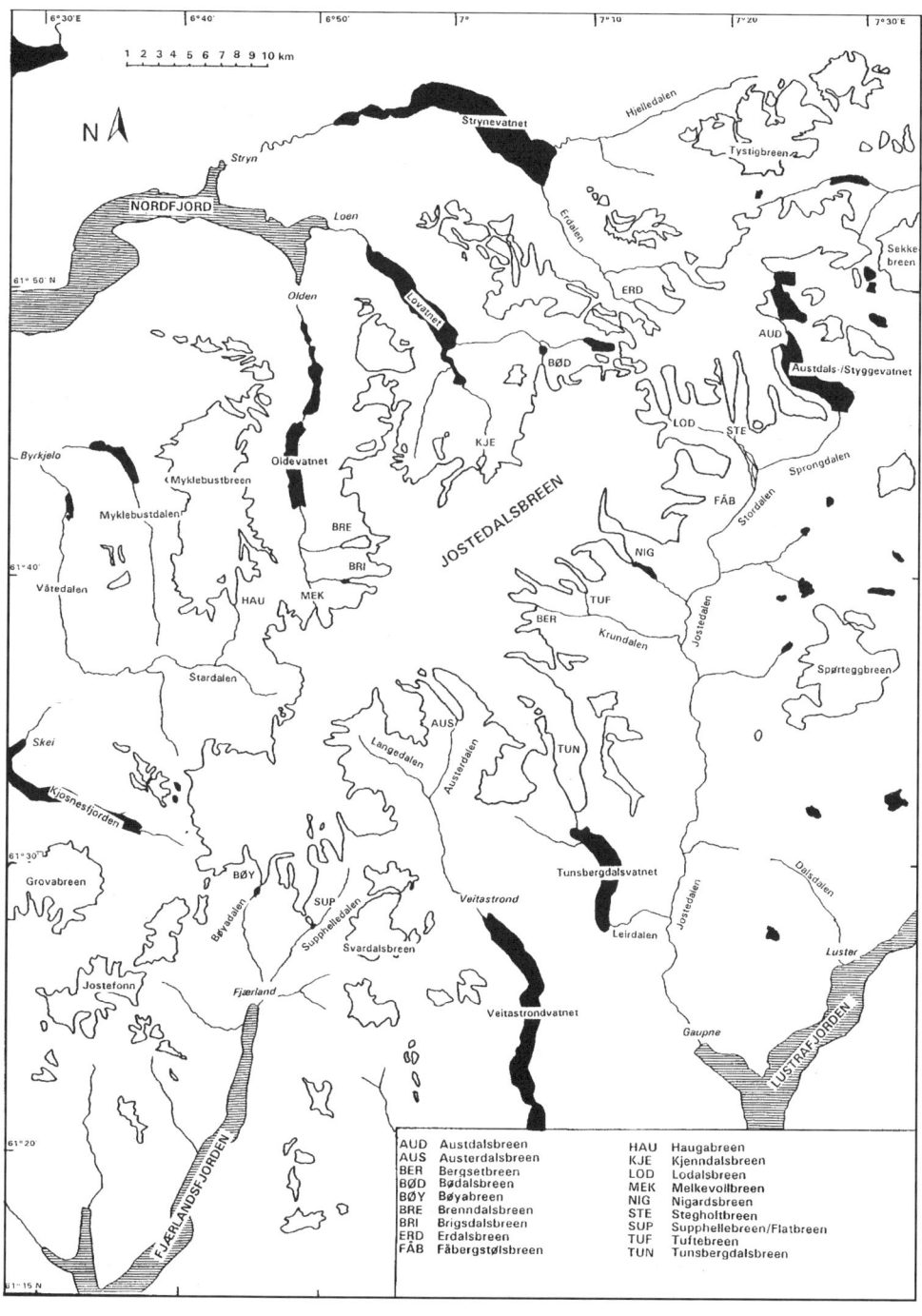

Fig. 4: Übersichtskarte Jotunheimen

zeigen neuere seismische Messungen, daß das Gletscherbett ein mäßig reliefierter hochplateauähnlicher Komplex aus weitläufigen Verebnungen, breiten Talansätzen und einzelnen Erhebungen darstellt.

Vom „Plateau" des Jostedalsbre fließen Outletgletscher in die ihn radial umgebenden Täler ab. Diese stellen Seitentäler des Nordfjord- bzw. Sognefjord-Systems dar. Die Täler sind stark glazialerosiv überformt (s. 7.2.2) und liegen am Talkopf/-ende z.T. nur wenige hundert Meter über dem Meeresspiegel, so daß sich steile Felsabbrüche von der hochgelegenen Verebnung herab ergeben. Einige Täler finden unter den Outletgletschern ihre Fortsetzung bis auf die Höhe des Plateaus. Unter den Outletgletschern des Jostedalsbre finden sich mit Hanggletschern, kurzen und langen Talgletschern unterschiedliche Gletschertypen (vgl. 2.2.1).

Das Gebiet des Jostedalsbre unterscheidet sich in verschiedenen Rahmenfaktoren wie z.B. Relief, Klima und Glaziologie vom zweiten Teilbereich, dem Jotunheim. Das Jotunheim steht mit seinem „alpinen" Gebirgsrelief in krassem Gegensatz zum „Plateau" des Jostedalsbre. Im Bereich des zentralen Jotunheim findet man die höchsten Gipfel Skandinaviens (Galdhøpiggen - 2469 m, Glittertind - 2464 m). Nicht nur im Detail gibt es jedoch Unterschiede des „alpinen" Jotunheimen-Reliefs zum Relief der Ostalpen (s. 7.2). Das Jotunheim wird durch verschiedene größere Talzüge (z.B. Leirdalen, Breiseterdalen, Visdalen, Utladalen, Smådalen, Veodalen) und Gipfelmassive (z.B. Hurrungane, Smørstabbtindane, Galdhøpiggen, Glittertind, Veotindane, Memurutindane) strukturiert.

Aufgrund des „alpinen" Gebirgsreliefs dominieren im Jotunheimen alpine Gletscherformen wie Kar- und Talgletscher. Innerhalb des Jotunheim gibt es eine klare Differenzierung im Relief. Das im Westjotunheimen gelegene Hurrungane-Massiv (höchster Gipfel Store Skagastølstind - 2430 m) entspricht wie größere Teile des zentralen Jotunheim dem „alpinen" Teil dieses Gebiets mit schroffen Bergflanken und Karlingen. Im östlichen und südlichen Jotunheimen ist der alpine Charakter des Gebirges weniger deutlich ausgeprägt bzw. nimmt graduell ab.

Das zweigeteilte norwegische Untersuchungsgebiet unterscheidet sich in Größe wie interner Zweigliederung vom eng begrenzten Rofental als Untersuchungsgebiet innerhalb der Ostalpen. Dieses erklärt sich aus den Zielen der vorliegenden Untersuchung. Während im Rofental die Ausweisung lokaler Einflußfaktoren im Mittelpunkt steht, soll im norwegischen Untersuchungsgebiet die klimatische, glaziologische und morphologische Differenzierung der Einflußfaktoren näher studiert werden, was für Größe und Auswahl der Untersuchungsgebiete den Ausschlag gab.

1.2 GEOLOGIE

1.2.1 Ostalpen (Rofental)

Als Folge der variszischen Orogenese mit der Bildung Pangäas waren bis zum Jura alle tektonischen Einheiten des späteren Alpenorogens miteinander verbunden, somit auch die dem Ostalpin zuzuordnende Ötztal-Stubaier Masse, in deren Bereich das Rofental liegt. Das Ostalpin zeigt dabei durch das variszische Grundgebirge überlagernde Sedimentite (v.a. die Nördlichen Kalkalpen, s.u.) eine kontinuierliche Absenkung an, resultierend aus der Nähe zur Tethys, dessen nördlichen Schelfbereich es darstellte (FRISCH 1982). Der in der Trias einsetzende Zerfall Pangäas führte im Unteren Jura zur Genese des Südpenninischen Ozeans als Bildung eines ozeanischen Beckens durch *seafloor-spreading*. Durch den räumlichen Versatz an einer *transformfault* steht dieser Prozeß mit Öffnung des zentralen Atlantiks in Zusammenhang.

Dadurch wurden Ostalpin wie Südalpin vom enstandenen Nordkontinent Laurasia getrennt und bildeten als „Adriatischer Sporn" die nördliche Spitze eines Fortsatzes des Südkontinents Gondwana. Dieser Adriatische Sporn driftete entlang o.e. *transformfault* relativ zu Laurasia gesehen östlich ab (TOLLMANN 1986a). Durch Fraktionierungsprozesse zwischen nördlich des Südpenninischen Ozeans gelegenem Mittelpennin und Helvetikum während des Oberen Jura bildete sich folgend in der Unterkreide der Nordpenninische Ozean (FRISCH & LOESCHKE 1986). Parallel dazu begann Einengung und

Subduktion des Südpenninischen Ozeans unter das Ostalpin als Kompensation zur Öffnung dieses Nordpenninischen Ozeans.

Der mit Öffnung des südlichen Atlantischen Ozeans und damit relativ gegen Europa gerichteten Bewegungssinn der Afrikanischen Platte verbundene Prozeß resultierte letztlich in ersten Deckenüberschiebungen im Ostalpin ab der späten Unterkreide. Zuvor war es bereits in der frühen Oberkreide zur Kollision des Adriatischen Sporns mit Überschiebung des Ostalpins über das Mittelpennin gekommen. Eine zweite tektonische Einengungsphase im Alttertiär steht mit der Öffnung des nördlichen Atlantiks zwischen Grønland und Skandinavien in Zusammenhang, verbunden mit fortschreitender Bewegung der Afrikanischen Platte gegen Europa. Ab dem Eozän kam es nach kurzer Subduktionsphase des Nordpennischen Ozeans unter den entstandenen Deckenkomplex zur zweiten Kollision und zu dessen Überschiebung nach Norden auf südliches Helvetikum und nördliches Vorland. Dabei wurden die (ostalpinen) Nördlichen Kalkalpen über das Grundgebirge zum inzwischen entstandenen nördlichen Molassebecken geschoben.

Nach Ausklingen der orogenen Überschiebungsprozesse im Jungtertiär setzten durch isostatische Ausgleichsbewegungen der entstandenen Massendifferenzen der Erdkruste verursachte epirogenetische Hebungsvorgänge des Alpenorogens ein, die rezent unvermittelt anhalten (DEL-NEGRO 1977 etc.).

Das Rofental liegt vollständig im Bereich der Ötztal-Decke (Ötztal-Stubaier Masse) als Teil der tektonischen Großeinheit des Ostalpin (Oberostalpin n. BÖGEL & SCHMIDT 1976; Mittelostalpin n. TOLLMANN 1977). Die Ötztal-Decke ist im Zuge der alpidischen Orogenphasen als Komplex von Süden her um mehr als 100 km in ihre heutige, allochthone Position geschoben worden. Da im Zuge dieser Prozesse die vorwiegend mesozoische Sedimentauflage des Mittelostalpins (Nördlichen Kalkalpen) weiter nach Norden verschoben wurde, steht das Altkristallin der Ötztal-Decke im Untersuchungsgebiet ohne mesozoische Sedimentauflage an. Während nördlich weitgehend das Inntal die Grenze der Ötztal-Decke zu den Nördlichen Kalkalpen darstellt und die Ostgrenze durch die Silltal-Störung markiert wird, grenzt sie westlich an der Schlinig-Überschiebung an die Silvretta-Decke bzw. das penninische Unterengadiner Fenster (PURTSCHELLER 1978). Schwierig ist eine Abgrenzung nach Süden, da die petrographischen Unterschiede zum Vintschgauer Kristallin nur gering ausfallen.

Abb. 1: Faltungsstrukturen, Basis Schwarzkögele/Rofental (Aufnahme: 22.09.1993)

Das gefaltete Altkristallin im Südteil der Ötztal-Decke wurde im Zuge altvariszischer orogener Prozesse durch die sogenannte „Schlingentektonik" umgestaltet, ist komplex und tektonisch heterogen aufgebaut. Kennzeichen der Schlingentektonik sind steilstehende Falten im mm- bis km-Maßstab. Die Schlingentektonik wird genetisch als tangentiale Durchbewegung bereits steilstehender kontrollierender Orthogneis- und Glimmerschieferbänder interpretiert (PIRKL 1980). Gut aufgeschlossen sind diese steilstehenden Faltenachsen im Untersuchungsgebiet z.B. in der Rofenschlucht oder am Plattebach. Die speziellen tektonischen Strukturen zeigen dabei z.T. deutlichen Einfluß auf die Morphologie (s. 7.2.1).

Die Metamorphite des Rofentals können überwiegend der Amphibolit-Fazies zugeordnet werden (PURTSCHELLER 1978). FRANK ET AL. (1987) gehen von bis zu ≥ 600°C bei 6 - 7 kb aus, typisch für Regionalmetamorphosen durch Ausbildung eines Wärmedoms. Innerhalb der Ötztal-Decke zählt das Rofental damit zur Disthen-(Kyanit-)Zone. Im Untersuchungsgebiet dominieren Metasedimentite, wobei die verbreiteten Paragneise stark inhomogenen Grauwackenserien entstammen und als Hauptgesteine der Ötztaler Alpen zu charakterisieren sind. Ursprünglich inhomogener Chemismus der Ausgangsgesteine sowie prämetamorphe Schichtung und Gradierung bedingen starke Variationen innerhalb Gefüge und mineralischer Zusammensetzung der Paragneise. Es existiert eine ausgeprägte Wechsellagerung zu Glimmerschieferserien, bis in den dm- bzw. cm-Maßstab. Die in der Umgebung des Vernagtferners anstehenden Paragneise können als Biotit-Plagioklas-Gneise bezeichnet werden (WINKLER 1991). Zu betonen ist die durch hohen Gehalt eisenhaltiger Glimmerminerale und starke tektonische Beanspruchung bedingte hohe Anfälligkeit gegenüber chemischen und physikalischen Verwitterungsprozessen (s. 7.3).

Der sogenannte „mineralreiche Glimmerschiefer" (PURTSCHELLER 1978), der z.B. im Gebiet des Vernagtferners stellenweise in Wechsellagerung mit o.e. Gneislagen auftritt, muß als Staurolith-Plagioklas-Gneis/-Glimmerschiefer bezeichnet werden (WINKLER 1991). Vereinzelt treten auch Gänge pegmatoiden Gneises mit 10 cm und längeren Kyanit-Kristallen im Untersuchungsgebiet auf (z.B. an der Mittleren Guslarspitze).

Farblich leicht zu identifizieren sind im Untersuchungsgebiet, speziell im Vorfeld des Vernagtferners, verschiedene Amphibolit-Varietäten. Amphibolit neigt zu angulareren Verwitterungsfragmenten verglichen mit den Gneis- und Glimmerschieferserien des Rofentals (wichtig bei der Interpretation von Zurundungswerten, vgl. 7.3.1). Ein untersuchtes Amphibolitfragment aus dem Vorfeld des Vernagtferners muß als Epidot-Zoisit-Amphibolit bezeichnet werden (WINKLER 1991), doch existieren verschiedene Gesteinsvarietäten.

1.2.2 West-/Zentralnorwegen

Auch bezüglich Geologie und Petrographie unterscheiden sich die zwei Teilregionen des norwegischen Untersuchungsgebiets. Der Jostedalsbre mit seinen Outletgletschern liegt im Bereich des Bergen-Møre-Namsos-Gneis-Komplexes, während das Jotunheim einen Teil der skandinavischen Kaledoniden darstellt (s. SIGMOND, GUSTAVSSON & ROBERTS 1984).

Der Bergen-Møre-Namsos-Gneiskomplex (auch als *vestranden*, Møre-Gneis, Küstengneise, basale Gneise oder einfach *grunnfjell* bezeichnet) zählt zu den jüngeren präkambrischen Provinzen Norwegens, das präkambrische *basement* des Baltischen Schilds ist z.T. erheblich älter (OFTEDAHL 1981). Datierungen der präkambrischen Gneise dieses Gneiskomplexes ergeben Rb-Sr-Alter von 1,7 - 1,8 Ga BP (z.B. präkambrischer Gneis im Gebiet Geiranger-Tafjord-Grotli 1.775 ± 75 Ma BP - BRUECKNER 1979). Innerhalb des Bergen-Møre-Namsos-Gneiskomplexes gibt es zwei Intrusionen jüngerer Plutonite (Hestbrepinggen-Gebiet/nördliches Breheimen: spättektonischer Granit von 1009 ± 36 Ma BP - LUTRO 1988,1990; Geiranger: Granodiorit von 960 Ma BP - BRUECKNER 1979). Südlich 62°N kann der Gneiskomplex in zwei Teile aufgegliedert werden. Der Fjordane-Komplex besteht hauptsächlich aus heterogenen Gneisen granitischer Zusammensetzung (sowie Lagen von Augengneisen, Quarzschiefern, Amphiboliten, Metasedimentiten etc.) und umfaßt v.a. den Küstenbereich. Der Jostedalsbre liegt im Gebiet des Jostedal-Komplexes. Dieser umfaßt vorwiegend migmatitische Gneise und wird von einem Netzwerk teilweise relativ grobkörniger granitartiger Gneislagen durchzogen.

Unsicherheit besteht über die genetische Klassifizierung dieses Gneiskomplexes. Nach aktuellen Modellen ist er in Form eines Mikrokontinents (*terrane*) von Westen her während der Entwicklung des Baltischen Schilds durch Akkretion „angeschweißt" worden (OFTEDAHL 1980). Darauf deutet u.a. auch unterschiedliche Überprägung der Gneise durch kaledonische Metamorphoseprozesse hin

(DIETLER, KOESTLER & MILNES 1985). Diese genetische Deutung paßt ins Konzept von ROBERTS (1988), der in ganz Skandinavien insgesamt 15 verschiedene *terranes* ausweist, die im Laufe der geologischen Entwick-lung an den Westrand des baltischen Urkontinents (Fennoskandia) akkretiert wurden. Das Gebiet des Jostedalsbre wird von ROBERTS (1988) dem allochthonen/parautochthonen kristallinen baltoskandinavischen Basement zugeordnet.

Petrographisch liegen die Outletgletscher des Jostedalsbre größtenteils im Gebiet migmatitischer Gneise des Jostedal-Komplexes. Sie sind z.T. grobkörnig ausgebildet und besitzen granitische bis granodioritische Ausgangszusammensetzung. Die Gneise verwittern bei aller mineralogischen/chemischen Variationen im Gelände v.a. zu massigen Komponenten, was Einfluß auch auf die sedimentologischen Eigenschaften des Moränenmaterials hat (s. 7.4). Besonders im Luftbild ist auf glazialerosiv überformten und lockermaterialfreien Festgesteinsarealen das Kluftmuster der Gneise deutlich zu erkennen und zeigt stellenweise Einfluß auf die Morphologie. Morphologisch bedeutende petrographische Unterschiede in Ausbildung und minerologischer Zusammensetzung der Gneise zwischen den einzelnen Gletschervorfeldern der Outletgletscher des Jostedalsbre wurden im Gelände nicht festgestellt.

LUTRO & TVETEN (1985,1988) weisen für zahlreiche Gletschervorfelder der nordwestlichen Seite des Jostedalsbre (z.B. Bødals- und Erdalsbreen) granitischen Orthogneis mit vereinzelten Bändern z.T. migmatitischen Gneises (granitischer und granodioritischer Zusammensetzung) aus (gilt auch für das Gebiet des Lodalsbre). In Olde- und Nigardsdalen werden grob- bis mittelkörnige metamorphe Quarzmonzonite (z.T. in Augengneis umgeformt) kartiert, wobei auch zahlreiche andere Gletschervorfelder des südlichen/südöstlichen Teils des Jostedalsbre (z.B. Austerdals- oder Bøyabreen) zu diesem Gebiet zählen. Besonders die Grobkörnigkeit der Gneise des Jostedalsbre sind bei Interpretation von Zurundungswerten und sedimentologischen Untersuchungen zu beachten.

Das Jotunheim ist Teil der skandinavischen Kaledoniden. Die Kaledoniden entstanden durch Schließung des Ur-Atlantiks (Iapetus) und resultierender kontinentaler Kollision mit Laurasia. Spätestens ab dem Kambrium begann an der östlichen Seite des Iapetus die Subduktion ozeanischer Kruste, in deren Verlauf es im Mittel- und Spätsilur zur finalen Kollision und dabei zur Überschiebung verschiedener Decken (ab ca. 415 ± 17 Ma BP - KVALE 1980) analog zur Genese der Alpen kam (s.o.). Der orogene Prozeß war mit verschiedenen Metamorphose-Ereignissen, Faltungen und Überschiebungsprozessen verknüpft, so daß der Aufbau der Kaledoniden sehr kompliziert und das Alter der Gesteinskomplexe nicht immer zweifelsfrei festzustellen ist.

Die u.a. das zentrale Jotunheim umfassende Jotun-Decke besteht aus zwei Teildecken: einer unteren Gruppe intermediärer bzw. saurer gneisartiger Eruptiva mit der Amphibolitfazies zuzuordnendem Metamorphosegrad und einer oberen Gruppe basischer Anorthosite und Gabbro-Norite in Granulitfazies-Metamorphose (OFTEDAHL 1980,1981). Die Jotun-Decke wurde im Zuge der Kollision auf die Valdres-Decke geschoben. Dieser Deckenkomplex ist dann nach einer der beiden gängigen Theorien im Ferntransport von Nordwesten her über den Bergen-Møre-Namsos-Gneiskomplex nach Südosten auf die Osen-Decke überschoben worden (Transportentfernung > 200 km). Nach einer anderen Theorie wurden die speziellen Gesteine der Jotun-Decke lediglich stark vertikal an die Oberfläche transportiert, wären also autochthon oder parautochthon (BATTEY & MCRITCHIE 1973,1975; vgl. BATTEY & BRYHNI 1981). Während früher am Nordwestrand des Jotunheim anstehende Metasedimentite als Teile der südöstlich der Jotun-Decke anstehenden Valdres-Decke gedeutet wurden, interpretiert man diese heute als eigenständigen Decken- bzw. Schollenkomplex geringerer Dimension (ROBERTS 1978, TWIST 1985).

Die Petrographie des Jotunheim wird durch die spezielle metamorphe Überprägung (Pyroxen-Granulit-Fazies) von u.a. als Gabbro, Syenit oder Jotunit/Jotun-Norit bezeichneten Plutoniten geprägt, wobei die Gesteine präkambrischen Alters innerhalb der Jotun-Decke ca. 1,6 Ga BP alt sein sollen (LUTRO 1988; s.a. BATTEY & MCRITCHIE 1975, OFTEDAHL 1980). Das Gletschervorfeld des Styggedalsbre im Hurrungane-Massiv liegt im Bereich anstehenden Pyroxengranulits, der wesentliche Teile des Hurrungane aufbaut (KOESTLER 1989). Auch die Gletscher im zentralen Jotunheimen, im

Fig. 5: Geologische Übersichtskarte Jostedalsbreen/Jotunheimen (modifiziert n. SIGMOND, GUSTAVSON & ROBERTS 1984)

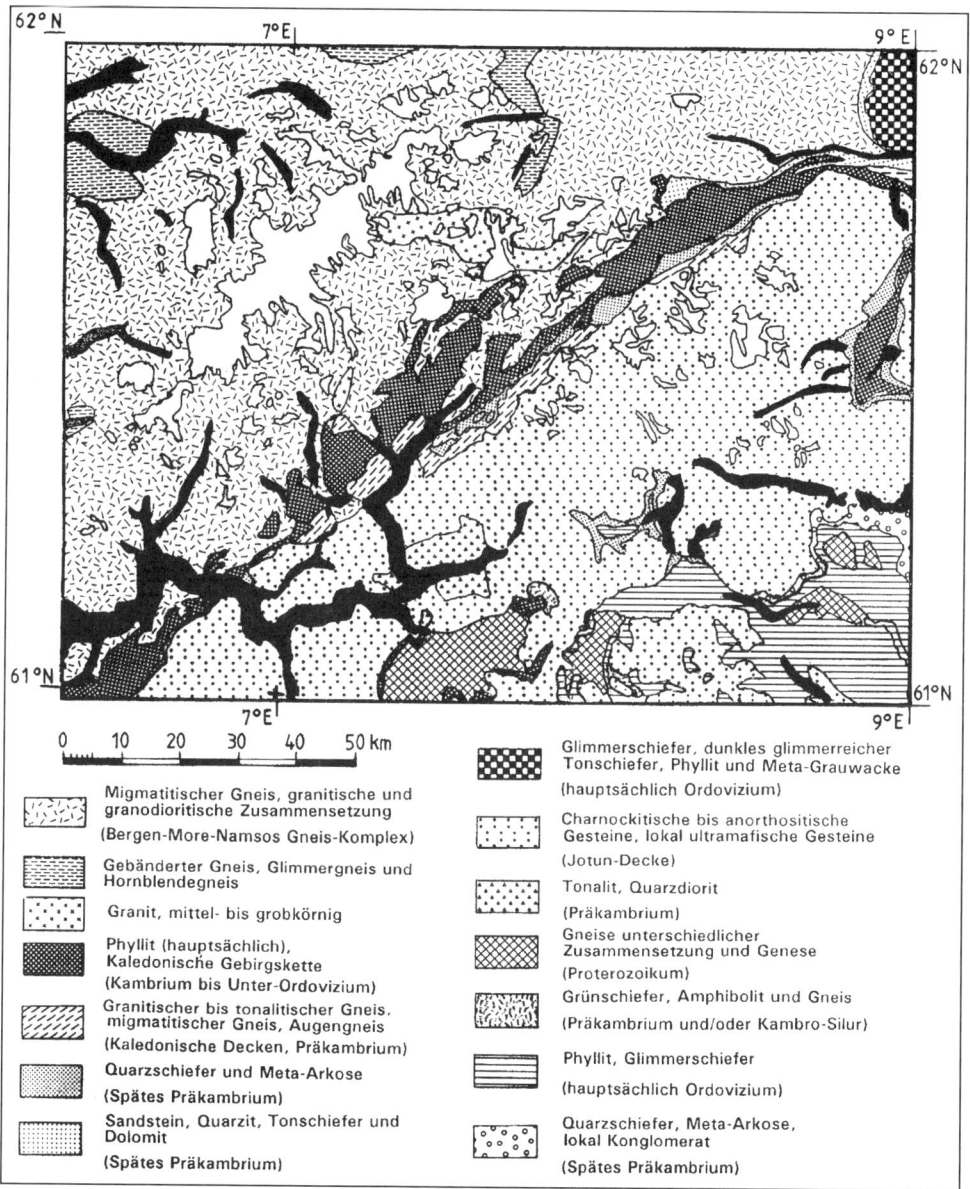

Zentrum der Jotun-Decke, befinden sich im Gebiet von Pyroxengranuliten bzw. stellenweise auch von ultramafischen Gesteinsarten (LUTRO & TVETEN 1988). Die Pyroxen-Granulite weisen i.d.R. eine graue Farbe auf, können flache Linsen bzw. Lagen dunkler Pyroxen-Minerale besitzen und sind stellenweise erheblich deformiert (BATTEY & BRYHNI 1981).

Im Gegensatz zu den Gneisen des Bergen-Møre-Namsos-Gneiskomplexes verwittern die Gesteine des Jotunheim nur z.T. massig und sind selten grobkrönig. Aufgrund hoher tektonischer Beanspruchung und differenter mineralogischer Zusammensetzung bzw. Textur treten häufig plattige Verwitterungsfragmente auf (u.a. im Gebiet weichselzeitlicher Nunatakker, aber auch auf anstehendem Festgestein in oder neben frührezenten Gletschervorfeldern). Auch im Jotunheimen zeichnen die speziellen tektonischen und petrographischen Strukturen für eine Beeinflussung von Morphologie bzw. Sedimentologie des Moränenmaterials verantwortlich.

1.3 PRÄQUARTÄRE RELIEFGENESE

1.3.1 Ostalpen (Rofental)

Schon am Beginn intensiver geomorphologischer Erforschung der Alpen offenbarte sich die große Bedeutung der präglazialen Reliefgenese hinsichtlich der Interpretation des rezenten Reliefs. Insbesondere die auch im Untersuchungsgebiet anzutreffenden Verebnungsflächen verschiedener Höhenstockwerke und Felsterrassen konnten nicht ausschließlich mit quartären Formungsprozessen erklärt werden. Obwohl die Bedeutung des präglazialen Reliefs unumstritten ist und Formenrelikte alpenweit ausgewiesen werden können, existieren bezüglich deren genetischer Interpretation kontroverse Theorien und Modelle. Gründe dafür liegen u.a. in:

- nur schwer abzuschätzender Wirkung tektonischer Prozesse (Hebungsraten/-zyklen, epirogenetische Wölbungserscheinungen etc.);
- Korrelationsschwierigkeiten präglazialer Reliefrelikte verschiedener Alpenregionen;
- unterschiedlichem Konservierungsgrad der Altformenreste;
- nur hypothetischer Rekonstruktion ihres Formungsmilieus;
- fehlender verläßlicher Abschätzung der Erosionsraten während verschiedener präglazialer Reliefgenerationen.

Daher muß sich die Betrachtung der präglazialen Reliefgenese vielfach auf Beschreibung der erhaltenen Formenrelikte und deren Bedeutung für das heutige Relief beschränken.

Nachdem Teilbereiche der Alpen während verschiedener orogener Phasen in Unterkreide und Alttertiär zeitweise terrestrisch waren (TOLLMANN 1968, 1986b), begann die Reliefentwicklung erst Anfang des Oligozän (KOLLMANN ET AL. 1982). Am Ende der großen orogenen Deckenüberschiebungen stellten die Alpen noch kein Hochgebirge dar (BÜDEL 1969, FUCHS 1980b). In den folgenden Zeitabschnitten des Tertiär wurden gewaltige Gesteinsmächtigkeiten erodiert, korrelate Sedimente im nördlichen und südlichen Molassebecken bzw. anderen Vorlandtiefen (z.B. Wiener Becken) abgelagert.

Mitte des 19.Jahrhunderts wurde die sogenannte „Gipfelflur", eine theoretisch rekonstruierte Verbindung zwischen einzelnen Berggipfeln annähernd gleicher Höhenlage, als erstes präglaziales Reliefelement erkannt (SEMMEL 1984). Diese „Gipfelflur" erreicht in den inneren Ötztaler Alpen Höhen von bis zu 3700 m und fällt nordwärts zum Inntal auf 2800 m ab. Ihre genetische Interpretation ist kontrovers. A.PENCK (zit. SEMMEL 1984) sieht in ihr die Fläche des obersten Denudationsniveaus (im Rückgriff auf das NEUMAYER'sche Prinzip). Er erklärt das Absinken der Höhenlage im Bereich der epirogenetischen Einwalmungen der Alpenlängstalzüge (z.B. Inntal) mit langsamerer tektonischer Hebung und resultierenden effektiveren Denudationsvorgängen. Die Existenz von Hangleisten (Felsterrassen) widerlegt aber diese Theorie. Die geforderte Einheitlichkeit der Gipfelflur wurde in der Folgezeit eindeutig negiert (LEVY 1921, LEUTELT 1929, M.RICHTER 1929 etc.). Eine andere Theorie interpretiert die Gipfelflur als Element des allgemeinen Stockwerkbaus der Alpen im Sinne der ältesten erhaltenen Landoberfläche (z.B. KLEBELSBERG zit. LEUTELT 1929). Nach STAFF (zit. LEUTELT 1929) ist sie ein Relikt der tertiären Landoberfläche vor dem Übergang von reliefunwirksamer zu reliefwirksamer

Hebung mit Ausbildung jüngerer Flächen. Damit wären die Berggipfel als Inselberge der jüngeren Reliefgenerationen zu interpretieren. Nach Ansicht des Verfassers liegt das Problem der Interpretation der Gipfelflur in der Annahme, die Gipfelflur stelle die älteste Landoberfläche der Alpen dar. Von der „Gipfelflur-Landoberfläche" dürften aber bei den errechneten enormen Erosionsraten mittel- und jungtertiärer Formungsprozesse gar keine Reste mehr erhalten sein (SPÄTH 1969). Eine detaillierte Gliederung in verschiedene Gipfelflurniveaus in Beziehung zu tektonischen Hebungsraten (SAKAGUCHI 1972,1973) erscheint deshalb fragwürdig.

Nach Erforschung präglazialer Flächen der Nördlichen Kalkalpen wurde von LICHTENECKER (zit. TOLLMANN 1986b) der genetische Begriff der „Augensteinlandschaft" für die rekonstruierte älteste Landoberfläche der Zentralalpen eingeführt. Benannt wurde sie nach den sogenannten „Augensteinen", fluvialgenetische, gut zugerundete Gerölle aus Quarz und kristallinen Gesteinen der Zentralalpen, die allochthon auf den Altflächen der „Raxlandschaft" der Nördlichen Kalkalpen liegen. Auch LICHTENECKER geht vom völligen Fehlen entsprechender Altformenreste aus. Zur „Augensteinzeit" herrschte eine konsequente Entwässerung vom zentralalpinen Hauptkamm nach Nord bzw. Süd, weite Schuttfächer überschütteten u.a. die Nördlichen Kalkalpen (TOLLMANN 1968,1986b). Die Augensteinlandschaft bestand nach BÜDEL (1981) aus weiten Rumpfflächen, die gegen die inneren Zentralalpen durch flache Rumpfstufen gegliedert bzw. evtl. hügelig ausgeprägt gewesen sein sollen. Daß die heutigen Gipfel der Zentralalpen allenfalls „Erben" einer Augenstein-Flächenfolge sein können, zeigen aus den Hohen Tauern stammende mittelostalpine Gesteine unter den Augensteinvorkommen, denn rezent sind Gipfel und Verebnungen in den penninischen Gesteinen des Tauernfensters ausgebildet (SPÄTH 1969). Man datiert den Beginn der Augensteinschüttung auf oberstes Unteroligozän, Schüttungsmaximum auf Untermiozän und Ende der Schüttung auf Mittelmiozän (durch epirogenetische Auf- bzw. Einwalmungen in W-E-Streichrichtung mit Beginn der Ausbildung der Alpenlängstalzüge - RIEDL 1977). Über die Erosionsmodi und Sedimentationsmilieus der Augensteinzeit kann man bis dato allenfalls spekulieren.

Abb. 2: Vernagtferner mit seinem weiten, in einer Verebnung des „Firnfeldniveaus" gelegenen Akkumulationsgebiet (Aufnahme: 15.07.1992)

Neben der ersten Reliefgeneration der „Gipfelflur" als ererbte Zeugnisse mitteltertiärer Flächenfolgen kann im Bereich der Ötztaler Alpen eine zweite Reliefgeneration ausgegliedert werden, die sich durch weitläufige Verebnungen in Höhenlagen von rd. 2700 - 2800 m (im inneren Ötztal wie Rofental etwas höher) auszeichnet. Die Verebnungen sind als Grundlagen für die Firnfelder der rezenten Gletscher von großer Bedeutung und werden daher auch als „Firnfeldniveau" bezeichnet (M.RICHTER 1929). Das Firnfeldniveau hat im rezenten Relief des Rofentals eine große Bedeutung für Glaziologie wie Glazialmorphologie (s. 2.2.1,7.2.1). Die Genese des Firnfeldniveaus kann ins Mittel- und Obermiozän eingeordnet werden. Es ist in seiner Ausbildung durch Petrovarianz, tektonische Strukturen oder Wasserscheiden weitgehend unbeeinflußt. Der Erosionsmechanismus ist noch umstritten (BIRKENHAUER 1980, DONGUS 1984 etc.).

Zwischen dieser zweiten (miozänen) und der folgenden dritten (weitgehend pliozänen) Reliefgeneration hat ein bedeutender Wandel der Morphodynamik stattgefunden. Die flächenhaft-denudative Morphodynamik des Firnfeldniveaus ging in die Phase linear-fluvialer Morphodynamik des sogenannten „Hochtalsystems" über (SPÄTH 1969, SEEFELDNER 1973, BÜDEL 1981). Durch die Wechselwirkung von Klimaänderung, Änderung des Erosionsmechanismus/-milieus und dadurch bedingter Reliefwirksamkeit der tektonischen Hebungsprozesse kam es ab dem mittleren Pliozän, eventuell sogar schon ab der Wende Miozän/Pliozän, zur Ausbildung jungtertiärer Drainagesysteme, Vorläufer der heutigen Talzüge. Erst seit Umstellung des Erosionsmodus erlangten die Alpen sukzessive ihre rezente Hochgebirgsmorphologie. Als Zeugnisse dieser Reliefgeneration sind kleinräumige Verebnungen (Hochtröge, Hochkare) in Parallelität zu den rezenten Talzügen und die auch im Ötztal vorhandenen Felsterrassen (Trogschultern) an den Trogtalhängen zu nennen, die über keine rezente Wasserscheide hinüberreichen.

Im Verlauf des Pliozäns wurden die Hochtalsysteme kräftig eingetieft. Sie stellten die präexistenten Talsysteme dar, die in den nachfolgenden pleistozänen Vereisungen durch glaziale Formungsprozesse zu ihrer heutigen Form umgestaltet wurden. Zu Beginn der pleistozänen Vereisungen besaßen die Alpen damit ein Hochgebirgsrelief mit kräftiger fluvialgenetischer Zertalung.

1.3.2 West-/Zentralnorwegen

Das Relief West- und Zentralnorwegens ist Ergebnis eines langen polygenetischen Formungsprozesses. Da große Teile Norwegens als Teil des Baltischen Schilds bzw. kaledonischen Gebirges während langer Perioden der geologischen Geschichte landfest und verschiedenen subaerischen Erosionsprozessen ausgesetzt waren, findet man Relikte unterschiedlicher Reliefformungsprozesse verschiedener Zeitabschnitte in überaus komplexer Anordnung vor. Die Ausweisung definierter, präquartärer Reliefelemente und Charakterisierung deren genetischer Prozesse wird durch die polygenerative Überprägung und resultierende Komplexität des Reliefs enorm erschwert. Ähnlich wie in den Alpen sind Aussagen über Erosionsmodi deshalb nur spekulativ.

Als präquartäre, alte Landoberflächen wurde z.B. die im Tertiär exhumierte subkambrische *peneplain* und die nach Abschluß des kaledonischen Orogens gebildete und ebenfalls teilweise exhumierte subpermische *peneplain* ausgewiesen (GJESSING 1978). Aufgrund schwieriger Identifikation und Charakterisierung dieser alten Flächen/-relikte werden die präquartären Flächen zusammenfassend als *paleiske overflaten* (paläische Fläche) bezeichnet. Dieser von REUSCH (zit. GJESSING 1967) eingeführte Begriff soll v.a. die Unterschiede zu den jüngeren, d.h. jungtertiären und quartären Reliefformen Skandinaviens betonen. Der Begriff *paleiske overflaten* umfaßt dabei nicht nur die als Rumpfflächen anzusprechenden *vidden* (z.B. Hardangervidda), sondern auch als Pediment zu interpretierende, sanft abfallende Fächen (z.B. Valdresflya) sowie sanftwellige Hochplateaubereiche mit vereinzelten Hügelkuppen und Becken (GJESSING 1967,1978, RUDBERG 1983a+b,1987,1988).

Die Reliefgeneration der exhumierten prätertiären bzw. tertiären Flächen wird n. KLEMSDAL (1982) als *paleic stage* bezeichnet. Die genetischen Formungsprozesse werden als flächenhaft-erosiv, verbunden mit starker Tiefenverwitterung bei warmfeuchtem Klima, interpretiert. Nur vereinzelt in Skandinavien erhaltene präquartären Saprolithe (z.B. in Südschweden - LIDMAR-BERGSTRÖM 1988a,1989 oder Westnorwegen (Vågsøy, Stad) - ROALDSET ET AL. 1982) erlauben wie die unbefriedigende Korrelation und stratigraphische Ansprache einzelner Flächenniveaus (GJESSING 1967,1978, KLEMSDAL & SJULSEN 1988, LIDMAR-BERGSTRÖM 1988b etc.) keine detailliertere genetische Interpretation und Datierung. Als Beispiel für die kontrovers geführte Diskussion sei auf die Interpretation der Strandflate an der westnorwegischen Küste als jüngster Fläche Skandinaviens verwiesen (EVERS 1941, GJESSING 1978, LARSEN & HOLTEDAHL 1985, RUDBERG 1988). Gesichert scheint allerdings, daß verschiedene Bereiche dieser präquartären Flächen aufgrund petrographischer Faktoren (erhöhte Erosions- und Verwitterungsbeständigkeit) am Ende der flächenhaften Erosionsperiode des Tertiär eine höhere Lage aufwiesen. Diese Gebiete (z.B. Jotunheimen, Rondane) können dementsprechend als Inselgebirge aufgefaßt werden.

Im Jotunheimen selbst lassen sich mindestens zwei verschiedene Stockwerke ausweisen (EVERS 1941, PIPPAN 1965). Ein Niveau umfaßt dabei als „Gipfelflur" die Berggipfel (s.o.), die scheinbar auf einer ausgedehnten, tiefer gelegenen Fläche aufsitzen (GJESSING 1978). Diese Verebnungen, die trotz Genese jungtertiärer Talnetze noch weit verbreitet sind (z.B. Juvflya, Skautflya, Sognefjell), stellen im übrigen den grundlegendsten Unterschied zwischen Ostalpen und dem sog. „alpinen Relief" des Jotunheim dar.

Abb. 3: Helgedalen (Bildmitte) mit Übergang zum Lustrafjorden, seitlich Relikte präglazialer Verebnungsflächen; Blick vom Aufstieg zum Fannaråken (2068 m) (Aufnahme: 14.08.1993)

Der im Laufe des Tertiär einsetzende grundlegende Wandel der Formungsprozesse von flächenhaften zu linearen Erosionsprozessen (analog zum Alpenraum, zeitlich vermutlich different, d.h. früher) vollzog sich durch gleichzeitige Wirkung tektonischer Hebung und Klimaänderung. Das Hebungszentrum der tektonischen Hebung des Baltischen Schilds im *tectonic stage* n. KLEMSDAL (1982) lag an dessen Westrand, im Bereich der Kaledoniden Zentralnorwegens. Im Gegensatz zu den geringen Oberflächengradienten nach Osten zum Bottnischen Meerbusen, der in der Ausbildung einer stufigen Anordnung suk-

Abb. 4: Felsterrassen (präglazial oder altpleistozän), Aurlandsfjorden (Sognefjord-System) bei Undredal (Aufnahme: 03.09.1989)

zessiver Flächenniveaus resultierte, ist der Höhenabfall von den höchsten Bereichen des Jotunheim zur Küste mit rd. 2500 m auf nur 150 km Distanz sehr stark. Daher ist die Rekonstruktion des präglazialen Reliefs an der westnorwegischen Küste schwierig (vgl. Rekonstruktionsversuche bei HOLTEDAHL 1975, NESJE ET AL. 1992). In dieser Region entfalteten jungtertiär-fluviale wie nachfolgende quartärglaziale Formungsprozesse außergewöhnlich hohe Wirkungskraft. In dem zeitlich mit dem *tectonic stage* gleichzusetzenden *fluvial stage* bildeten sich erste breite Talungen auf den Flächen. Westlich der Wasserscheide lagen aufgrund der stärkeren Oberflächengradienten schon präquartär tief eingeschnitte Talzüge vor. Auf den Flächen, besonders in der Wasserscheidenregion, sind jene breiten Talungen noch

Abb. 5: Glittertind (schneebedeckt, 2464 m) und Relikte von Verebnungsflächen (z.B. Juvflya, linker Vordergrund); Blick von Galdhøpiggen/Zentraljotunheimen (2469 m) (Aufnahme: 08.08.1992)

in Talansätzen erhalten, z.B. im östlichen und südöstlichen Jotunheimen. Insbesondere im Westen (Westjotunheimen und gesamte Fjordregion) wurden die jungtertiären fluvialen Täler während der pleistozänen Vergletscherungen umgestaltet und z.T. gewaltig übertieft (s. 7.2.2). Belege für die Existenz jungtertiärer fluvialer Täler werden in der Fjordregion z.B. in Felsterrassen an den steilen Fjordflanken gesehen, wobei diese auch aus der früh- und mittelpleistozänen glazialen Formungsperiode stammen können (AHLMANN 1919, GJESSING 1978). Am Beginn der pleistozänen Vereisungen waren die ehemaligen Inselberge des Jotunheim bereits aus der präquartären Fläche herauspräpariert worden, ebenso z.B. die späteren Gipfel im Nordfjord-Gebiet oder Sunnmørsalpane aufgrund intensiver Zertalung durch fluvialgenetische Talzüge. Im Gegensatz zu früheren Ansichten, der Jostedalsbre liege auf einem Relikt der subpermischen Rumpffläche, zwingen seismische Messungen des NVE zur Revision und Reinterpretation dieses Bildes (pers.Mittlg. J.Bogen). Das relativ stark ausgebildete Relief des Gletscherbetts kann nicht länger als Rumpfflächenrest angesprochen und dem *paleic stage* zugeordnet werden. Unter der plateauähnlichen Gletscheroberfläche befindet sich ein mittelstark gegliedertes Relief, das durch breite Talungen in der Fortsetzung der radial auf den Jostedalsbre zulaufenden Täler sowie verschiedene flache Karmulden geprägt ist. In genetischer und morphologischer Hinsicht kann es mit dem „Firnfeldniveau" der Ostalpen verglichen werden (d.h. Genese in Übergangsperiode von flächenhafter zu linearen Wirkung der Erosionsprozesse). Wie in den Ostalpen, haben allgemein die präglazialen Formenrelikte große Bedeutung für Ausbildung rezenter Gletscher und Wirkung glazialmorphologischer Formungsprozesse.

1.4 PLEISTOZÄNE VEREISUNGSGESCHICHTE

1.4.1 Ostalpen (Rofental)

Eine globale stratigraphische Festsetzung der Grenze Tertiär/Quartär unter der Intention der Datierung des Wechsels von tertiären zu quartären, glazialen Formungsprozessen ist nach Ansicht des Verfassers ein unmögliches Unterfangen. So finden sich beispielsweise neben Belegen für jungtertiäre antarktische Großvereisungen auch im nordatlantischen Raum in marinen Sedimentbohrkernen Anzeichen für Vereisungen z.B. Grønlands vor der konventionellen Tertiär/Quartärgrenze ca. 2,5 Ma BP. Das nördliche Alpenvorland wurde dagegen erst in jüngeren Abschnitten des Pleistozäns von alpinen Vorlandgletschern überformt. Gesicherte Angaben über Anzahl und erstes Auftreten von Gletschern in den Vereisungszentren der inneren Ostalpen liegen dagegen nicht vor.

Die erste gesicherte Vorlandvergletscherung an der Alpennordseite wird n. BRUNNACKER (1990) auf 600 - 800 ka BP datiert (PENCK & BRÜCKNER 1909: 600 ka BP; KOHL 1986: 750 ka BP; LIEDTKE 1990: 950 ka BP). Nach Ansicht des Verfassers ist es wahrscheinlich, daß bereits in den vorangegangenen Kaltzeiten Vergletscherungen in den Gipfelregionen der Zentralalpen aufgetreten sind, nicht erst während der eindeutig nachgewiesenen Vorlandvergletscherungen. Auftreten und Umfang dieser Hochgebirgsvergletscherungen ist allerdings bis dato nur spekulativ. Die Frage nach Anzahl und Dauer der einzelnen Vorlandvergletscherungen bzw. zwischengeschalteter Interglaziale wird kontrovers diskutiert. Ausgehend von interglazialen Sedimenten (v.a. der Höttinger Brekkzie) entwickelten zuerst PENCK & BRÜCKNER (1909) das „klassische" Modell einer viermaligen pleistozänen Vergletscherung der Alpen. Die Vierteilung in Günz-, Mindel-, Riß- und Würm-Glazial mit drei zwischengeschalteten Interglazialen wurde später modifiziert, z.B. durch Ausweisung älterer Vorlandvergletscherungen (NILSSON 1983, BRUNNACKER 1990). Da diese aufgrund glazifluvialer Ablagerungen eingeführt wurden und Moränenfunde bis dato nicht ausgewiesen werden konnten, ist deren Existenz nicht unumstritten (DRAXLER 1980 etc.; s.a. BRUNNACKER 1990).

Man kann die vier „klassischen" Glaziale in verschiedene Vorstoßphasen gliedern. Dies ergibt eine Zweigliederung des Günz- (n. NILSSON 1983 evtl. Dreigliederung), Mindel- (Mindel 2 stärkere Vereisung) und Riß-Glazials (Riß 1 stärkere Vereisung). Die vorhandenen pleistozänen Sedimente im inneralpinen Raum lassen nur für das Würm-Glazial, insbesondere für das Spätwürm (s.u.), eine detaillierte stratigraphische Gliederung zu. Zwar deuten die auch im Untersuchungsgebiet auftretenden Felsterrassen auf polygenetische pleistozäne glaziale Überformung der Talzüge hin und belegen eine mehrfache pleistozäne Vereisung, genauere Aussagen lassen sich aber nicht treffen. Für die detaillierte Beschreibung des pleistozänen Eisstromnetzes der Alpen und des glazialen Inntalgletschers, dessen Zufluß der pleistozäne Ötztalgletscher darstellte, sei auf die entsprechende Literatur (z.B. PENCK & BRÜCKNER 1909, KLEBELSBERG 1948/49, HANTKE 1983) verwiesen.

Für das dem letzten (Würm-)Glazial vorangegangene Riß-Würm-Interglazial läßt sich außer einer gesicherten 2-3°C höheren Julimitteltemperatur (DRAXLER 1980, TOLLMANN 1986a) keine genauere Aussage über Zeitdauer und Ausmaß einer eventuellen Vergletscherung in den zentralalpinen Kernbereichen treffen (HANTKE 1983). Für den Beginn des Würm-Glazials im Alpenraum liegen unterschiedliche Zeitangaben vor, die zwischen 115 und 75 ka BP schwanken (BRUNNACKER 1990). FLIRI ET AL. (1970) und ANDERSEN (1981) setzen den Beginn des Würm-Glazials auf ca. 120 ka BP, was mit den ersten weichselglazialen Gletschervorstößen in Westnorwegen gut korreliert (s.u.). Mehrheitlich wird der Beginn des Würm-Glazials allerdings auf 85/70 ka BP gelegt (DRAXLER 1980 etc.). Die von FLIRI ET AL. und ANDERSEN angesprochene Würm I-Phase (120 - 75 ka BP) ist wegen fehlender Moränen noch unsicher. Vor 75 ka BP evtl. stattgefundene Gletschervorstöße blieben hinter denen des Hauptwürm zurück.

Das um 75 ka BP einsetzenden Frühwürm der konventionellen Würmgliederung (s.o.) ist im Eisaufbau von mehreren Interstadialen unterbrochen worden (HANTKE 1983). Eine Korrelation alpiner Interstadiale mit Interstadialen der skandinavischen Vereisung gelang aufgrund vieler Datierungsunsicherheiten noch nicht (DRAXLER 1980, ANDERSEN 1981). Das Mittelwürm (Beginn um 40 ka BP - DRAXLER 1980) ist durch einen beträchtlichen interstadialen Rückzug der Alpengletscher in zentralalpine Kernbereiche bei weitgehend eisfreien alpinen Haupttälern gekennzeichnet. Die Seetone von Felbergbach (36 ka BP oder älter) zeigen eine Waldvegetation mit Fichte und Buche an. Die recht spärliche waldlose Vegetation mit vereinzelten Strauchgewächsen (Birke, Kiefer, Weide, Wacholder etc. - BORTENSCHLAGER & BORTENSCHLAGER 1978) im eisfreien Inntal bei Baumkirchen um 30 ka BP steht schon am kälteren Ende des alpinen Mittelwürm (FLIRI ET AL. 1970, FLIRI,HILSCHER & MARKGRAF 1971; FLIRI 1973: eisfreies Inntal 32.400 - 26.800 BP). Das Mittelwürm im Alpenraum entspricht mit seinem ausgeprägten interstadialen Charakter entsprechenden Interstadialen in Nordamerika und Skandinavien.

Die Zeitmarken für das interstadiale Mittelwürm lassen die Zeitspanne für den Hauptwürm-Vorstoß (das Würm-Maximum) auf weniger als 10.000 Jahre zusammenschrumpfen, da bereits 16.000/17.000 BP das Spätglazial (Spätwürm bzw. Würm-III n. KLEBELSBERG) mit seinen Rückzugsstadien begann. Das Hauptwürm von 25.000 bis 17.000 BP erreichte seine maximale Eisausdehnung um 20.000/18.000 BP mit den bekannten Hauptstadien (vgl. HANTKE 1983 etc.). Während des Rückzugs der Gletscher des alpinen würmzeitlichen Eisstromnetzes von den Maximalpositionen stellte sich im Spätglazial ein rasches Oszillieren der Gletscherfronten mit Ausbildung zahlreicher Vorstoß- und Rückzugsstadien ein.

Die Identifizierung, Charakterisierung und Korrelation spätglazialen Gletscherstände wirft jedoch im Ostalpenraum vielfältige Probleme auf, u.a. bedingt durch den Rückschmelzmechanismus. Zeitweise setzte anstelle eines kontinuierlichen frontalen Rückzugs der Gletscher ein Zerfall des Eisstromnetzes in mehrere inaktive Toteiskomplexe ein. Besonders während jüngerer spätglazialer Stadien standen diese in scharfem Kontrast zur Existenz dynamisch aktiver Lokalgletscher (GAREIS 1981). Um Ablagerungen verschiedener Alpentäler miteinander korrelieren zu können, setzt man spätglaziale Gletscherstände mit den errechneten Schneegrenzdepressionen in Beziehung, was verschiedene methodische Probleme aufwirft (GROSS, KERSCHNER & PATZELT 1976). In der Vergangenheit entstanden durch unterschiedlich rekonstruierte Schneegrenzdepressionen erhebliche Kontroversen über die Gliederung des alpinen Spätglazials (KERSCHNER 1986, FURRER 1990).

Das von PENCK & BRÜCKNER (1909) eingeführte Bühl-Stadium als ältestes spätglaziales Stadium (s. MAYR & HEUBERGER 1968) ist als eigenständiger, mehrphasiger spätglazialer Gletschervorstoß allgemein anerkannt (PATZELT 1972, MAISCH 1982, KOHL 1986). Die Schneegrenzdepression des Bühl-Stadiums wird auf 900 - 1000 m (gegen des Bezugsniveau (BZN) des frührezenten Hochstands von 1850) geschätzt (KERSCHNER 1980). Zeitlich wird das Bühl-Stadium um 17.000 BP eingeordnet (ANDERSEN 1981, MAISCH 1982, KOHL 1986, FURRER 1990). Während des Bühl-Stadiums und der vorhergehenden Achen-Schwankung war das Eisstromnetz des Inntalgletschers noch intakt und das Ötztal durch den tributären Ötztalgletscher gänzlich vergletschert (HEUBERGER 1966).

Im folgenden Steinach-Stadium (n. SENARCLENS-GRANCY - zit. MAYR & HEUBERGER 1968) war erneut ein allgemeiner Gletschervorstoß zu verzeichnen. Aktive Lokalgletscher stießen z.B. über inaktive schuttbedeckte Toteisreste des Inntalgletschers vor (PATZELT 1972). Abgesehen von diesen Toteisresten müssen Inntal und Mündungsbereiche/untere Talabschnitte der Seitentäler (so auch des Ötztals) zuvor einige Zeit eisfrei gewesen sein. Moränenmaterial des vorstoßenden Ötztalgletschers aus dem Steinach-Stadium bedeckt so einen fossilen Frostgley (Boden von Haiming im Inntal, wenige km talabwärts der Ötztalmündung - HEUBERGER 1966,1975, MAYR & HEUBERGER 1968, PATZELT 1972). HEUBERGER (1975) betont jedoch die fehlende klimatische Aussagekraft dieses schwach entwickelten hydromorphen Bodens. Der Ötztalgletscher drang im Steinach-Stadium im Inntal bis Haiming-Silz vor. Er erreichte insgesamt rd. 70 km Länge und staute dabei den Inn zu einem großen Eisstausee auf, der bis Imst gereicht haben soll. Der Ötztalgletscher hatte aber keinen Kontakt zu anderen Gletschern der Innseitentäler. Die stratigraphische Einordnung des Steinach-Stadiums ist umstritten, es wird auf rd. 16.000 BP datiert (MAISCH 1982, KOHL 1986).

Das von PENCK & BRÜCKNER (1909) eingeführte, dem Steinach-Stadium folgende Gschnitz-Stadium, wurde lange kontrovers diskutiert. Lange war die Typuslokalität (vgl. MAYR & HEUBERGER 1968) nicht mit der definierten Schneegrenzdepression in Einklang zu bringen (KERSCHNER 1986). Neuere Schneegrenzbestimmungen für das Gschnitz-Stadium gehen von einer Depression von 600 - 700 m gegen das BZN (GROSS, KERSCHNER & PATZELT 1976) aus. Zwischen Steinach- und Gschnitz-Stadium konnte sich auf den Steinach-Moränen des Ötztalgletschers im Ötztalmündungsgebiet eine gut entwickelte podsolige Braunerde (Boden von Roppen) bilden, Mündungsbereich und gesamter unterer Talabschnitt des Ötztals waren eisfrei. Der Ötztalgletscher hatte sich weit talaufwärts zurückgezogen, bevor er wieder bis zur Ötztalmündung vorstieß und diesen Boden überfuhr (HEUBERGER 1966). Wie im Steinach-Stadium erreichte der Ötztalgletscher das Inntal und staute nochmals den Inn zu einem Eisstausee auf. Die stratigraphisch-chronologische Einordnung des Gschnitz-Stadiums ist nicht eindeutig, wobei die Daten in der älteren Literatur um 12.000/13.000 BP, nach aktuellen Datierungen um 14.000/ 14.500 BP liegen (MAISCH 1982, KOHL 1986, FURRER 1990).

Nach regionalen Untersuchungen in den Stubaier Alpen gliedert KERSCHNER (1986) ein dem Gschnitz-Stadium folgendes Senders-Stadium mit einer Schneegrenzdepression von 500 - 400 m gegen das BZN aus. Das Senders-Stadium, das auch einige früher dem Gschnitz-Stadium zugeordnete Moränen umfaßt und evtl. mit dem Daun-Stadium als Serie von Gletschervorstößen zusammenhängen soll, ist für den Bereich des Ötztals bis dato noch nicht ausgewiesen worden (gleichwohl könnte es dem Clavadel-Stadium der Westalpen um 14.000 BP korrelieren - MAISCH 1982, FURRER 1990).

Für das zwischen Gschnitz- und Daun-Stadium gelegenen Interstadial geht man von einer Bewaldung des Inntals und anderer Täler der zentralen Ostalpen bis auf ca. 800 m aus. Das Daun-Stadium selbst zeichnet sich durch mehrgliedrige Gletschervorstöße von Lokalgletschern aus. Die Vergletscherung beschränkte sich alpenweit auf die inneren Talzüge (PATZELT 1972). Eingeführt wurde das Daun-Stadium von PENCK & BRÜCKNER (1909). GROSS, KERSCHNER & PATZELT (1976) gehen von 260 - 320 m Schneegrenzdepression gegen das BZN aus. Die genaue Eisrandlage des Ötztalgletschers ist unklar, doch könnte er noch bis ins Längenfelder Becken vorgestoßen sein (HEUBERGER 1975). Drei in 2200 m gelegene Lateralmoränen am Zusammenfluß des Gurgler und Venter Gletschers bei Zwieselstein werden dem Daun-Stadium zugeordnet (HANTKE 1983). Das Daun-Stadium wird auf 13.000 BP datiert (FURRER 1990), nachdem es früher z.T. in den Zeitraum der (nordischen) Jüngeren Dryas gesetzt wurde.

Der letzte spätglaziale Gletschervorstoß vor endgültigem Rückzug der Alpengletscher auf holozäne Stände war das Egesen-Stadium (n. KINZL zit. KLEBELSBERG 1948/49). Das Egesen-Stadium, das in den Gletschervorstößen wie das Daun-Stadium auf die inneren Seitentäler beschränkt blieb, war mehrphasig (PATZELT 1977 gliedert 3 Substadien aus). Die

Fig. 6: Spätglaziale Gletscherstände in West- und Ostalpen [BZN = Bezugsniveau - Gleichgewichtslinie 1850] (modifiziert n. PATZELT 1977, MAISCH 1982, KERSCHNER 1986 etc.)

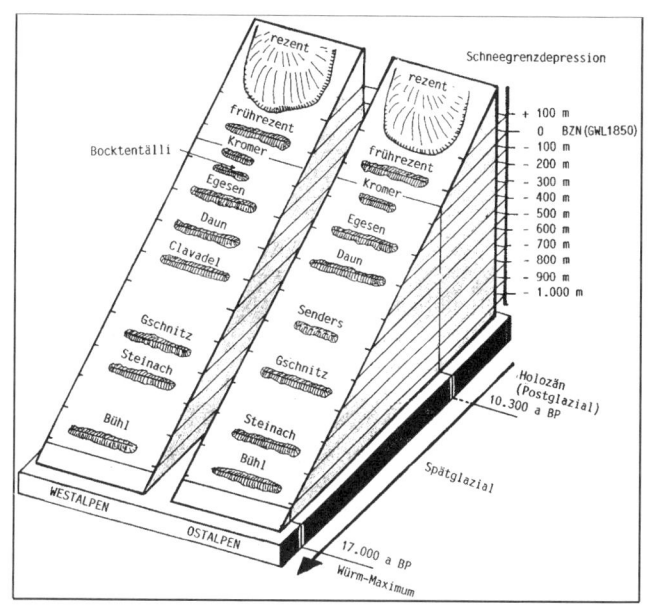

Abb. 6: Egesen(?)-Lateralmoränen im Rofental (im Hintergrund Rofenkarferner) (Aufnahme: 16.07.1991)

Schneegrenzdepression war nur noch gering (GROSS,KERSCHNER & PATZELT 1976: 180/220 m gegen das BZN zu Beginn des Egesen, 70/80 m beim jüngsten Egesen-Substadium (Kromer) im niederschlagsarmen Zentralalpenraum). Im Ötztal sind verschiedene Substadien des Egesen-Stadium ausgeprägt, wobei die äußerste Staffel lt. HANTKE (1983) 2,5 km nördlich von Sölden lokalisiert wurde (Gletscherstirn auf 1330 m). MAISCH (1982) weist in den Westalpen innerhalb der Egesenstände einen Bocktentälli-Stand zwischen Egesen-Maximum- und Kromer-Stand aus.

Auch im Rofental bzw. Venter Tal treten spätglaziale Lateralmoränen auf, die dem Egesen-Stadium zuzuordnen sind (SENARCLENS-GRANCY 1953,1957). Diese Lateralmoränen zeigen an, daß während des Egesen-Stadium noch ein mächtiger, weitgehend aktiver Talgletscher im Rofental vorhanden war, im Kontrast zu anderen Regionen also nicht nur aktive Lokalgletscher (Vorläufer holozäner/rezenter Gletscher) in inaktive Toteisreste vordrangen. Auf das Egesen-Stadium zu datierende Moränen von Lokalgletschern treten (gesichert) nur an Taufkar- und Rofenkarferner auf (SENARCLENS-GRANCY 1953).

Mit dem Egesen-Stadium endete die Periode spätglazialer Gletscherstandsschwankungen; die Alpengletscher waren vom Beginn des Holozän um 10.300/10.200 BP bis heute nur relativ beschränkten holozänen Gletscherschwankungen ausgesetzt (s. 4.2). Das Egesen-Stadium wird heute übereinstimmend in die Jüngere Dryas eingeordnet (11.000 - 10.200 BP n. PATZELT 1972, ANDERSEN 1981, KOHL 1986 etc.). Die Dimension dieses Vorstoßes war geringer als beim skandinavischen Inlandeis (s.u.). Für das Egesen-Stadium errechnete KERSCHNER (1985) eine Absenkung der Sommertemperatur um 2,5 bis 3 °C gegenüber heutigen Verhältnissen am Alpennordrand und 3,5 bis 4°C im Zentralalpengebiet (in Westnorwegen bis 5 - 6°C Temperaturabsenkung). Die Schneegrenzdepression stieg vom Zentralalpengebiet zur Alpennordseite an. Bei annähernd gleichen Niederschlagsverhältnissen im Egesen-Stadium (und während des gesamten alpinen Spätglazials) in den maritim beeinflußten Alpenregionen muß im kontinentaleren Zentralalpengebiet mit nur rd. 70 % der aktuellen Niederschlagswerte gerechnet werden.

1.4.2 West-/Zentralnorwegen

Wie in den Zentralalpen ist auch im Skandinavien die Frage nach Anzahl und detaillierter Chronologie der pleistozänen Vereisungen offen. Gleichwohl kann auch dort u.a. aufgrund morphologischer Zeugnisse von zahlreichen Vereisungen ausgegangen werden. Der Westen Skandinaviens mit seinem von intensiver glazialer Überformung zeugenden Relief war vermutlich häufiger und stärker betroffen als der Rest Skandinaviens (RUDBERG 1992). Bereits um 2,57 Ma BP soll eine größere Ausdehnung des skandinavischen Eisschilds aufgetreten sein (JANSEN & SJØHOLM 1991). Bis 1,2 Ma BP ist danach eine kontinuierliche glaziale Aktivität zu verzeichnen, folgend deren Intensivierung bis 0,6 Ma BP. Danach herrschten von kurzen aber warmen Interglazialen unterbrochene Glaziale vor, in denen das Eis häufig den Rand des Kontinentalschelfs erreichte (NESJE ET AL. 1992).

Das skandinavische Inlandeis erreichte während der drei letzten Vereisungsphasen Norddeutschland (im Elster-, Saale- und Weichsel-Glazial). Schon zuvor erreichte es größere Ausdehnungen, wurden im Norden Dänemarks doch eindeutig prä-Elster Ablagerungen entdeckt (prä-Harreskovian glazifluviale Sedimente, evtl. Menap-korrelat). Das Harreskovian Interglazial (Cromer) belegen Sedimente in Jylland (SJØRRING 1983). In den marginalen Bereichen der skandinavischen Vereisung konnten für Elster- und Saale-Glazial jeweils mehrere Vorstöße mit zwischengestalteten Interstadialen nachgewiesen werden. Das Elster Glazial wies z.B. 2 Interstadiale (Vejlby 1 + 2) vor den zwei eigentlichen Hauptvorstößen auf. Ein Saale-Hauptvorstoß des Inlandeises kam direkt aus Nord (Osloer Rhombenporphyr als Leitgeschiebe), der jüngere Hauptvorstoß aus dem baltischen Raum (paläozoische Kalke, Flint und remobilisierte Rhombenporphyre als Leitgeschiebe). Eine sukzessive Änderung der Stoßrichtung des skandinavischen Inlandeises im Verlauf eines Glazials (in Verbindung mit Dynamik und Entwicklung des Eisschilds) ist für jede der drei letzten Vereisungen nachweisbar.

In den Kerngebieten der skandinavischen Vereisung haben sich nur wenige Ablagerungen von Saale-Moränenmaterial erhalten (z.B. im Alnarpdalen oder bei Stenberget in Skåne/Schweden - LUNDQUIST 1983). In Westnorwegen konnte nur an 2 Lokalitäten Saale-Moränenmaterial identifiziert werden: Vossestrand (Indre Hordaland) und Fjøsanger bei Bergen (Straume und Paradis *till* - MANGERUD 1983). Die Fjøsanger-Lokalität umfaßt dabei eine komplette interglaziale Sequenz, da zwischen Saale- und Frühweichsel-Moränenmaterial eingebettete interglaziale Sedimente vorliegen (Fjøsangerian = Eem Interglazial - MANGERUD ET AL. 1981a, LARSEN & SEJRUP 1990). Auch auf Karmøy (vor der Küste Rogalands) treten Eem-Ablagerungen auf.

Das Eem-Interglazial endete in Westnorwegen abrupt mit einem Gletschervorstoß von Größenordnung der Jüngeren Dryas (s.u.). MANGERUD (1991) geht davon aus, daß die Entwicklung des skandinavischen Inlandeises im Frühweichsel etwas später als in Nordamerika begann. Dies zeigt u.a. eine an der Lokalität Fjøsanger noch während des ausgehenden Eem (bei Eichenmischwald) verzeichnete starke Regression.

In Skandinavien begann mit dem Gulstein Stadial die frühweichselzeitliche Vereisungs-periode (n. MANGERUD 1991 um die Isotopenstufe 5d - 110 ka BP). Das Gulstein Stadial kann mit dem Gudøya Stadial (n. LARSEN & SEJRUP 1990 um 115 ka BP, d.h. Grenze 5e/5d) korreliert werden, welches durch einen Sander an der Küste Sunnmøres bei Ålesund repräsentiert und auf 105 bis 130 ka BP (TL-)datiert wird (LANDVIK & MANGERUD 1985, LANDVIK & HAMBORG 1987, JUNGER, LANDVIK & MANGERUD 1989). Gleichzeitig entstand bei bereits erfolgter glaziisostatischer Absenkung die Brandungshohlkehle Skjonghelleren (Vigra), deren älteste Ablagerungen auf 70 bis 80 ka BP datiert wurden. Man hofft, in einer benachbarten ähnlichen Lokalität (Hamnsundhellaren bei Søvik) ältere, prä-Eem Sedimente zu finden, um genauer Aufschlüsse über den Beginn des Weichsel-Glazials an der Küste Sunnmøres geben zu können (Untersuchungen sind noch nicht abgeschlossen).

Dem Gulstein Stadial folgte mit dem Fana Interstadial (n. MANGERUD 1991 korrelat zum Brørup Interstadial - Isotopenstadium 5c) eine Periode, in der sich die Gletscher wieder weit hinter die Küstenlinie zurückzogen und die Fjorde weitgehend eisfrei waren

Fig. 7: Stratigraphie des Weichsel-Glazials in Westnorwegen (modifiziert n. MANGERUD 1983, LARSEN & SEJRUP 1990 etc.)

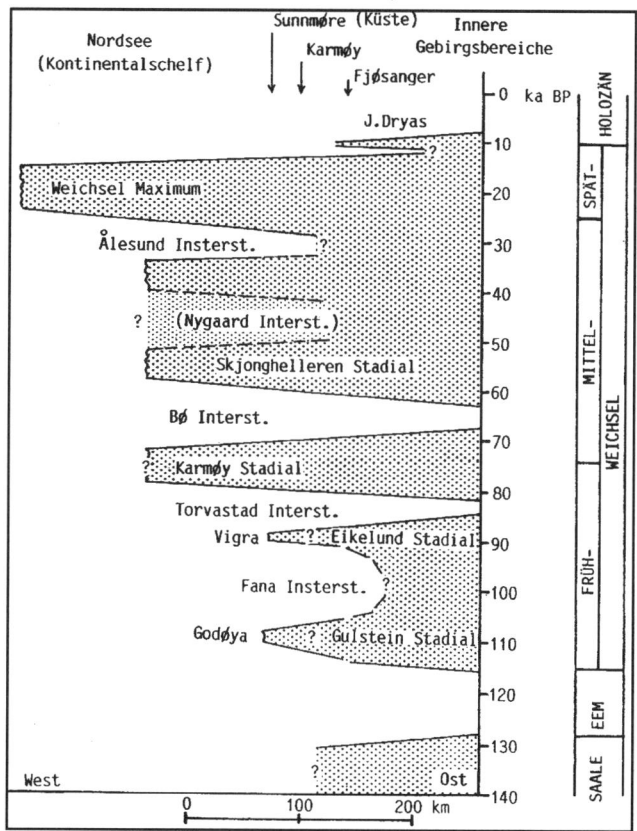

(MANGERUD AT AL. 1981a). Die nicht nur im Frühweichsel große klimatisch-glaziologische Sensibilität zeigen MANGERUD ET AL. durch Berechnungen, wonach 2,6 bis 3,3°C geringere Sommertemperaturen (bei rezenten Winterniederschlägen) ausreichen würden, eine große Vereisung im Gebiet von Bergen zu verursachen. Bei den zu vermutenden geringeren Winterniederschlägen aufgrund südlich verschobener Meereisgrenze wäre allerdings eine größere Absenkung der Sommertemperaturen notwendig. Nach ANUNDSEN (1990) bildete sich während der frühweichselzeitlichen Vereisungen in der westnorwegischen Küstenregion ein Eisdom von der Folgefonn-Halbinsel bis zum Sognefjorden aus. Es ist nicht unwahrscheinlich, daß aufgrund zu vermutender höherer Niederschläge die frühweichselzeitlichen Gletschervorstöße gleiche Dimension wie die „haupt-weichselzeitlichen" besaßen. Moderne glaziologische Untersuchungen mit der ausgewiesenen Bedeutung des Winterniederschlags für die Massenbilanz würden dies zumindest nicht widerlegen (s. 6.3).

Ein größerer Eisschild bildete sich n. MANGERUD (1991) erneut im Isotopenstadium 5 b um 90 ka BP aus. Im Eikelund Stadial wurde die Lokalität von Fjøsanger erstmalig im Weichsel überfahren (Bønes *till*). Auch dieser Vorstoß endete kurze Zeit später, im ersten von zwei auf Karmøy nachgewiesenen frühweichselzeitlichen Interstadialen, dem Torvastad Interstadial (ANDERSEN ET AL. 1981, ANUNDSEN 1990). Dieses ist mit dem Odderade Interstadial (Isotopenstufe 5 a) korrelat und wird auf ca. 85 ka BP datiert (LARSEN & SEJRUP 1990, ANDERSEN, SEJRUP & KIRKHUS 1983). Nach dem folgenden Karmøy Stadial als Vorstoß unbekannter Dimension (Beginn um 75 ka BP - MANGERUD 1991) zogen sich die Gletscher im Bø Interstadial (um 65 ka BP - LARSEN ET AL. 1987) abermals zurück.

Problematisch ist die Korrelation der westnorwegischen Stadiale und Interstadiale mit entsprechenden Ablagerungen im übrigen Skandinavien. Während es im Früh- und Mittelweichsel in Westnorwegen zu zahlreichen Oszillationen des Eises kam, liegen aus Dänemark, Norddeutschland und Südschweden (Skåne) keine Hinweise auf eine früh- oder mittelweichselzeitliche Vergletscherung vor (LUNDQVIST 1986). Lediglich Nordskandinavien war vermutlich vor dem Spätweichsel-Maximum (s.u.) zumindest einmal vereist (LUNDQVIST 1983). Da die glaziale Dynamik während des spätglazialen Eisrückzugs different war, ist eine differente Dynamik auch für Früh- und Mittelweichsel als wahrscheinlich anzunehmen. Vorgeschlagene Korrelationen, z.B. des Torvastad Interstadials mit dem schwedischen Jämtland Interstadial, sind daher unsicher (MANGERUD 1983, LUNDQVIST 1986, DAWSON 1992). Eine Korrelation des Torvastad Interstadials mit dem Førnes Interstadial der Hardangervidda (VORREN & ROALDSET 1977) erscheint dagegen möglich. Verschiedene mittel- bzw. frühweichsel interstadiale Ablagerungen in Zentralnorwegen (Gudbrandsdalen) mit zahlreichen Mammutfunden belegen zwar entsprechende Interstadiale, lassen aber keine sichere Korrelation mit Westnorwegen zu.

Zwischen LARSEN & SEJRUP (1990) und MANGERUD (1983) bzw. ANDERSEN ET AL. (1981) gibt es Abweichungen in der stratigraphischen Abfolge nach dem Bø Interstadial. Bei LARSEN & SEJRUP folgt ein langandauerndes Stadial (Skjonghelleren Stadial) vor dem letzten mittelweichselzeitlichen Interstadial, dem Ålesund Interstadial (33 - 28 ka BP - LANDVIK & HAMBORG 1987, MANGERUD 1983). Aufgrund von Untersuchungen auf Karmøy bzw. in Jæren setzen MANGERUD und ANDERSEN ET AL. vor das mit dem Ålesund Interstadial korrelate Sandnes Interstadial (39 - 30 ka BP) das Jæren Stadial (um 40 ka BP) bzw. das Nygard Interstadial (50 - 41 ka BP).

Fest steht, daß erst ab ca. 28.000 BP der Hauptvorstoß des Weichsel Glazials erfolgte, das Spätweichsel oder Weichsel-Maximum (VORREN 1977, MANGERUD 1991). Am Südrand des skandinavischen Inlandeises wurde Dänemark nicht vor 25.000 BP erreicht (SJØRRING 1983). Südschweden (Skåne) war erst kurz vor 21.000 BP vollständig eisbedeckt (ANDERSEN 1981, LUNDQVIST 1986). Die Kulmination des Spätweichsel-Maximums erfolgte 20.000 bis 18.000 BP (BIRKS 1986, DAWSON 1992) mit entsprechenden Eisrandlagen im Südsektor des Inlandeises (Dänemark: Mid-Jylland Endmoränensystem; Norddeutschland: Brandenburger Endmoräne - SJØRRING 1983, KRÜGER 1983, LIEDTKE 1981, LUNDQVIST 1986, EHLERS 1990). Die Eisausdehnung im Westsektor des Inlandeises vor der norwegischen Küste wird seit langer Zeit zusammen mit der Frage nach der möglichen Konfluenz von britischem und skandinavischem Eisschild im Nordseebecken diskutiert. Inzwischen gilt jedoch als gesichert, daß diese Konfluenz zumindest im Spätweichsel-Maximum nicht aufgetreten ist (NESJE & SEJRUP 1988, LARSEN & SEJRUP 1990, DAWSON 1992). Man vermutet den Spätweichsel-Eisrand nahe des Abfalls des Kontinentalschelfs. Zahlreiche submarine Rücken wurden auf dem Kontinentalschelf entdeckt, die z.T. eindeutig als submarine Endmoränen anzusprechen sind (z.B. Egga Moräne - ANDERSEN 1981). In Nordnorwegen ist die der Küste vorgelagerte Insel Andøya um 18.000 BP eisfrei gewesen (VORREN 1978, VORREN ET AL. 1983) oder wurde evtl. wie andere Inseln vor Nordnorwegens Küste im Spätweichsel überhaupt nicht überfahren (VORREN ET AL. 1988).

Unter Berücksichtigung der im Spätweichsel für den Massenhaushalt des Eisschilds an der Küste ungünstigen Klimabedingungen (v.a. verringerte Niederschläge durch Südmigration der Packeisgrenze im Nordwest-Sektor des Atlantiks und einer äquatorwärts abgelenkten Zyklonenzugbahn) scheint das Spätweichsel-Maximum an der westnorwegischen Küste in seiner Ausdehnung limitiert gewesen zu sein. Die Existenz eisfreier Areale (Nunatakker) in West- und Zentralnorwegen während des Spätweichsel steht inzwischen eindeutig fest (vgl. MANGERUD 1973, SOLLID & REITE 1983, NESJE ET AL. 1988, NESJE 1989). V.a. autochthon auftretende Blockfelder („*blockfields*"; „Felsenmeere" sensu FAIRBRIDGE) als Zeugen intensiver Verwitterung in Kombination mit periglazialen und Nivationsformen erhärten diese Theorie. Solche vermuteten Spätweichsel-Nunatakker finden sich u.a. im Jotunheimen, am Nordfjord sowie der Küste von Sunnmøre. Die Untergrenze dieser Blockfelder liegt im Jotunheimen bei 2000 m und sinkt nach Westen zur Küste Sunnmøres bzw. dem äußeren Nordfjord auf 600 m ab. Die Frage, wann diese Blockfelder gebildet wurden bzw. wann (und ob) sie letztmalig vom Eis überfahren wurden, was FOLLESTAD (1990) zumindest für einige Lokalitäten annimmt, ist noch nicht abschließend geklärt. Einzig eine Spätweichsel-Überformung kann mit größerer Sicherheit ausgeschlossen werden.

Mit Hilfe der Untergrenze der Blockfelder gelang die Rekonstruktion des Profils des Eisschilds im Bereich Westnorwegens. Er unterscheidet sich durch leicht konkave Formen von vergleichbaren Profilen mehr konvexer Form im Südsektor des Inlandeises (NESJE & SEJRUP 1988). Gründe für diese Morphologie sowie limitierte vertikale Ausdehnung sind u.a.:

- geringer Scherungsstreß der unkonsolidierten, deformierbaren Sedimente des Kontinentalschelfs;
- effektive Drainage durch Fjordsysteme;
- ungünstige Klimabedingungen im Spätweichsel-Maximum (geringe Niederschläge);
- kurze Zeitspanne vom Ålesund Interstadial zum Spätweichsel-Maximum;
- spezielle glaziale Dynamik des Eisrands im marinen Milieu (Kalbungsfront), inklusive eventueller *surges*.

In der ersten Phase des Spätweichsel und während dessen Kulmination befand sich die Eisscheide des Inlandeises nahe der rezenten Wasserscheide (VORREN 1977, NESJE ET AL. 1988). Im Gegensatz zu VORREN und BERGERSEN & GARNES (1983) sehen NESJE ET AL. diese Situation als Hauptsituation des Spätweichsel an, d.h. einen z.T. topographisch kontrollierten Eisabfluß nach Nordwest im Nordfjordgebiet, einen durch die Drainagelinien des Sognefjord determinierten Eisabfluß südlich des rezenten Jostedalsbre und im Westjotunheimen sowie einem Abfluß nach Südost im zentralen und östlichen Jotunheimen (vgl. HOLMSEN 1982). Erst nach Kulmination des Spätweichsel mit beginnendem Abschmelzprozeß v.a. am Westrand des Inlandeises kam es zur ostwärtigen Verlagerung der Eisscheide und späterer Auflösung in einzelne Eiskulminationen/Vereisungszentren.

Kurz nach Kulmination des Spätweichsel setzte am Eisrand auf dem Kontinentalschelf Westnorwegens der Gletscherrückzug ein, u.a. verursacht durch Kalbungsprozesse bei starker glaziisostatischer Depression. Evtl. waren Teile der Südwestküste Norwegens wie Küstenbereiche Nordnorwegens schon vor 15.500 BP eisfrei (ANUNDSEN 1985). Die erste Moräne an der Südwestküste Norwegens ist die auf ca. 13.500 BP datierte Lista Moräne (ANDERSEN 1981), korrelat mit der ersten spätglazialen Endmoräne in Südschweden, der Helland Küstenmoräne (älter als 13.000/13.400 BP; LUNDQVIST 1992). Aufgrund der Reliefverhältnisse sind solche Moränenzüge in Westnorwegen nicht zu finden.

Nach raschem Rückzug des Eises im Bereich des Kontinentalschelfs (SVENDSEN & MANGERUD 1987) sollen die Gebiete um Bergen und um Ålesund spätestens um 12.600 BP eisfrei geworden sein, der äußere Nordfjord um 12.200 BP (MANGERUD ET AL. 1979). Der folgende sehr komplexe Deglaziationsprozeß lief regional stark unterschiedlich ab. Nach Erreichen der Küste um 12.600 BP (d.h. kurz nach Beginn des Bølling Stadial um 13.000 BP - LUNDQVIST 1986) vollzog sich in Westnorwegen (Hordaland, Sogn og Fjordane und Møre og Romsdal) ein rascher Rückzug der Gletscher, begünstigt durch schnelles Abkalben über den tiefen Fjordbecken (SOLLID & SØRBEL 1979, SOLLID & REITE 1983). Durch die Kalbungsprozesse entstand eine steile Gletscherfront, die im Bereich von Fjordschwellen, Talmündungsschwellen und anderer Untiefen gründig und stagnant wurde, bis die Gletscherfront durch Ablation wieder in Gleichgewicht mit normalen Oberflächengradienten kam. An diesen Eisfrontpositionen wurden während Stagnantphasen glazifluviale Eiskontaktdeltas aufgebaut. Diese Eiskontaktdeltas (lokal: Trønder Moränen) sind als Ergebnis des Kalbungsprozesses aufzufassen (*deltas formed during calving* - SOLLID & SØRBEL 1979), weisen als Besonderheit ausschließlich *foreset beds* auf und sind an Feinmaterial verarmt. Die u.a. am Trondheimsfjorden gehäuft auftretenden Eiskontaktdeltas repräsentieren in der Höhenlage ihrer Oberfläche das marine Limit ihrer Bildungszeit und sind an topographisch bedingte Stillstandlagen, nicht an Klimaschwankungen geknüpft (KJENSTAD & SOLLID 1982, SOLLID & REITE 1983)!

Fig. 8: Eisausdehnung in Sogn og Fjordane in Jüngerer Dryas bzw. Präboreal (leicht modifiziert n. KLAKEGG ET AL. 1989)

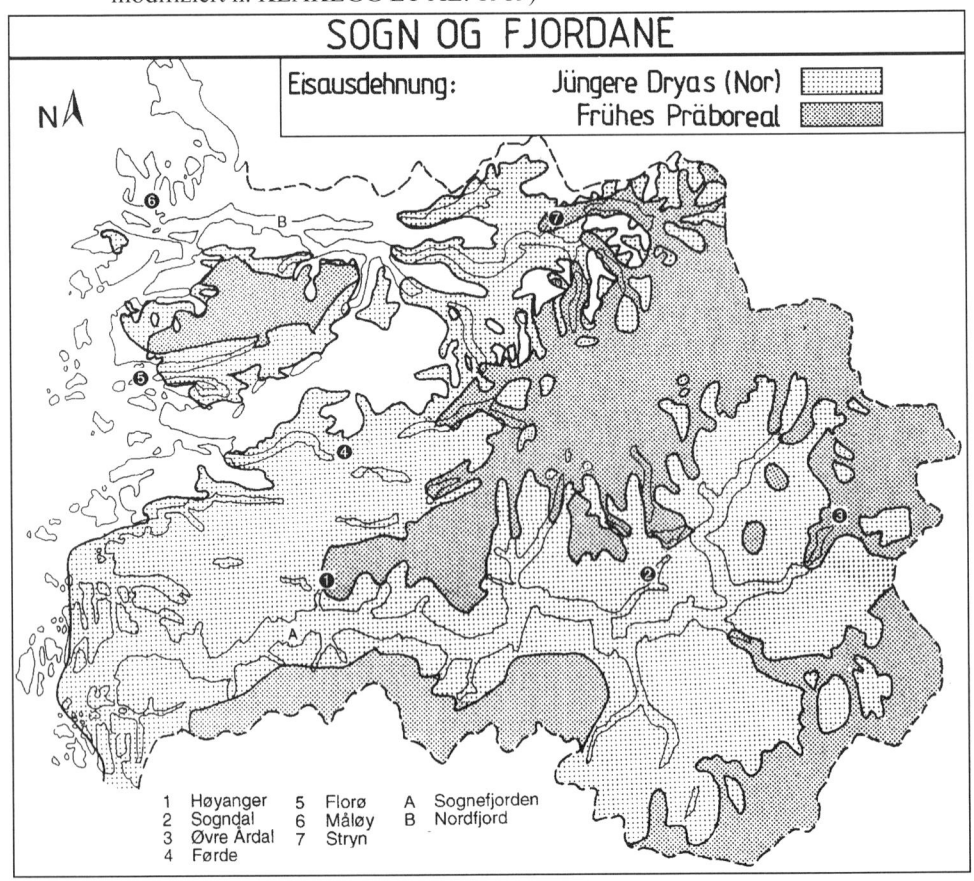

Der Eisrückzug wurde durch den (vergleichsweise geringfügigen) Wiedervorstoß der Älteren Dryas ca. 150 bis 200 Jahre unterbrochen (12.000 - 11.800 BP n. MANGERUD ET AL. 1979; Beginn evtl. schon 12.200 BP - BERGLUND & MÖRNER 1984). Während des nachfolgenden Rückzugs können in Norwegens verschiedene Deglaziationsmechanismen unterschieden werden (MANGERUD 1980). Im Gebiet von Bergen/Hordaland ereignete sich in der Älteren Dryas ein Vorstoß bis zu den äußersten Inseln (Hordaland *readvance* 12.400 bis 12.000 BP - ANUNDSEN 1985). Im Allerød zogen sich die Gletscher in den Fjorden schnell zurück, mindestens 50 km, evtl. sogar mehr als 80 km landeinwärts (MANGERUD ET AL. 1979). Zu einem bedeutenden Wiedervorstoß kam es in der Jüngeren Dryas, wobei die maximale Position erst in der Endphase eingenommen wurde (Herdla Moräne - ABER & AARSETH 1988), mit gleicher Eisrandlage wie 12.000 BP. Der Grund für den mächtigen Jüngere Dryas-Vorstoß ist im extrem maritimen Klima und den ausgedehnten Hochplateaus nahe der Küste zu suchen.

Im Bereich des Nordfjord wurde in der späten Jüngeren Dryas eine Wiedervorstoß-Moräne westlich Hornidalsvatnet gebildet (Nor Moräne). Ein Wiedervorstoß während der frühen Jüngeren Dryas trat um 11.000 BP auf (FARETH 1987). Das hier vorhandene alpine Relief behinderte große Wiedervorstöße und die Ausbildung großer Plateaugletscher/Eiskappen bis auf wenige Ausnahmen (im Bereich von Ålfoten und Trollheimen). Stattdessen trat im eisfreien Gebiet zwischen Küste und Inlandeis während der Jüngeren Dryas eine Lokalvergletscherung auf (z.B. auf Hareid, Sula und zwischen Sunnylvs- und Hjørrundsfjorden - REITE 1967; Vågsøy, Stad - LARSEN ET AL. 1984). I.d.R. existierten die Kargletscher der Lokalvergletscherung während der Jüngeren Dryas für rd. 700 Jahre (LARSEN & MANGERUD 1981, SOLLID & REITE 1983, LARSEN ET AL. 1984, FARETH 1987). Die Kare, die durch die Inlandvereisungsperioden nicht wesentlich umgestaltet wurden, zeigen eine polygenetische Formung während zahlreicher ähnlicher Lokalvergletscherungen im Mittel- und Spätpleistozän an.

Im Gebiet Südostnorwegens prägte der Inlandeisschild ohne wesentlichen topographischen Einfluß das Rückzugsgeschehen in Allerød und Jüngerer Dryas. Der Charakter der Moränen als Stillstand-Moränen (*dump moraines*) gegenüber den Wiedervorstoß-Moränen (*push moraines*) Westnorwegens sowie ein hoher Anteil glazifluvialen Materials verdeutlicht die unterschiedliche Rückzugsdynamik (s.a. BRANDAL & HEDER 1991). Die Ra Moräne (korrelat mit der Tromsø-Lyngen Moräne Nordnorwegens - ANDERSEN 1981) wurde wie vermutlich die dominanten Jüngere Dryas-Endmoränen Mittelschwedens in der Frühphase der Jüngeren Dryas gebildet (LUNDQVIST 1988, 1992), in zwei aufeinanderfolgenden Vorstößen um 11.000 und 10.700 BP (SØRENSEN 1979, 1983, BJÖRCK & DIGGERFELDT 1991). Die ebenfalls in der Jüngeren Dryas aufgebauten Moränen von Ås (10.600 - 10.200 BP - SØRENSEN 1979; 10.400 BP - LUNDQVIST 1986) bzw. Ski (10.200 bis 10.000 BP - SØRENSEN 1979; 10.000 BP - LUNDQVIST 1986) entstammen eher Stagnantphasen als Wiedervorstößen. Im Präboreal zog sich das Inlandeis in Südostnorwegen weiter zurück, nur von kleinen Oszillationen unterbrochen (s.a. ROKOENGEN ET AL. 1991). Als größter zusammenhängender präborealer Moränenkomplex bzw. Eisrandablagerung gilt die Aker Moräne (9.800 - 9.600 BP - SØRENSEN 1983; GJESSING 1980).

Gründe für den kurzzeitigen Klimaumschwung in der Jüngeren Dryas werden seit Jahrzehnten kontrovers diskutiert (MERCER 1969, FLOHN 1979, 1988, BERGER 1990). Fest steht jedoch die Beschränkung der Hauptwirkung auf den Nordost-Sektor des Atlantiks (5 bis 6°C Temperaturabfall in evtl. nur einigen Jahrzehnten - MANGERUD 1987). Auslösende Ursachen sind v.a. in den marinen Verhältnissen des Atlantiks und Störungen verschiedener zusammenhängender Klimakreisläufe zu suchen (BERGER 1990). Lediglich global bzw. hemisphärisch wirkende Faktoren können als primäre Gründe ausgeschlossen werden (s.a. RUDDIMAN & MCINTYRE 1981, JANSEN 1987, HARVEY 1989).

Die regionale Stratigraphie des Deglaziationsprozesses im Nordfjordgebiet nordwestlich des Jostedalsbre beginnt mit dem Davik-Stadium (evtl. Ältere Dryas) bei Eisrandposition im äußeren Fjordbereich (FARETH 1987). Im Nordfjordgebiet gibt es zahlreiche Blockfelder als Indikatoren für Nunatakker während des Spätweichsel-Maximums (RYE ET AL. 1987, NESJE ET AL. 1988), z.B. westlich und östlich des Lovatn oder südlich des Strynevatn. Die Verwitterungsuntergrenze als oberste

Grenze spätweichselzeitlicher glazialer Überformung ist sehr deutlich ausgeprägt und sinkt von 1750 m am Nordwestrand der Jostedalbre-Verebnung auf 1500 m im Gebiet zwischen Nordfjord und Sunnmøre ab. Östlich gibt es dagegen keine Nunatakkerbereiche auf den rd. 1700 m hohen Gipfelflächen, da die Eisoberfläche zur Hauptkulminationszone nach E-SE hin anstieg. Das Verwitterungslimit sinkt zur Küste auf 433 m am äußeren Nordfjord und 500 m an der Küste Sunnmøres ab (s.a. NESJE & AA 1989). Während des Spätweichsel-Maximums war der Eisabfluß von der Hauptkulmination östlich/südöstlich dieses Gebiets topographisch beeinflußt (z.B. über tiefgelegene Transfluenzpässe nordwestlich zur Küste von Sunnmøre). Aktuelle Untersuchungen an der Skåla bei Loen lassen sogar eine noch tiefere Lage des Verwitterungslimits in den inneren Fjordbereichen als früher angenommen vermuten (MCCARROLL & NESJE 1993).

Den Hauptvorstoß der Gletscher in der frühen Jüngeren Dryas repräsentiert das Vardehaug-Stadium (10.700 - 10.600 BP). Die Eisfront wird bei Naustdal (Eidsfjorden) vermutet. Die bedeutendste Eisrandablagerung der Jüngeren Dryas stammt aus dessen später Periode, dem Nor-Stadium (in der Umgebung von Nordfjordeid). Im Nor-Stadium formten die Talgletscher des Inlandeises wieder einen ± zusammenhängenden Gletscherkomplex, dessen Outletgletscher in Fjorden und Tälern vorstießen, im Hauptfjord bis zu 31 km weit (FARETH 1987, NESJE ET AL.

Abb. 7: Präboreales (?) Eiskontaktdelta, Valldal (Norddalsfjorden) (Aufnahme: 17.08.1989)

1987, NESJE & AA 1989). Südlich von Stryn koaleszierten die eigenständigen Kargletscher mit den Jüngere Dryas-Talgletschern, die noch sehr mächtig waren. Die Jüngere Dryas-Eisoberfläche im Oldedalen lag auf 1100 m am Talausgang und stieg taleinwärts auf 1600 m an, d.h. ca. 100 - 200 m unter dem Verwitterungslimit des Spätweichsel-Maximums. Das oberste marine Limit liegt im Inneren Nordfjord über 80 m hoch, im Oldedal höher als im Lo- bzw. Stryndalen, was dessen frühere Eisfreiheit belegt (KLAKEGG ET AL. 1989, NESJE & AA 1989).

Das früh-präboreale Vinsrygg-Stadium besaß noch aktive Gletscher mit einer nicht weit von Stryn im Fjord lokalisierten Eisfront (evtl. Konfluenz mit Oldedal- und Lodal-Gletscher). Das präboreale Eide-Stadium (9.400 BP - FARETH 1987) wird durch eine Moräne zwischen Oldevatnet und Floen (Oldedalen) repräsentiert. Der präboreale Deglaziationsprozeß im Gebiet des Stryne- und Lovatn vollzog sich v.a. durch starkes vertikales Abschmelzen stagnanten Eises, nur im Oldedalen kam es zu frontalem Rückzug des zeitweise aktiven Gletschers (RYE ET AL. 1987). Eventuell war die Jostedalsbre-Verebnung zu diesem Zeitpunkt bereits eisfrei. Als letzte Unterbrechung des Abschmelzprozesses muß das Erdalen *event* (9.100 BP mit 325 m abgesenkter Gleichgewichtslinie - NESJE ET AL. 1991) gelten (s. 4.3).

Am Ende der Jüngeren Dryas um 10.200/10.000 BP befand sich das Inlandeis nach dem Jüngere Dryas-Vorstoß noch im Bereich der Mündung des Sognefjord (HOLTEDAHL 1980, SMITH & FIRTH 1987). Im vorangegangenen Spätweichsel-Maximum herrschte im Gebiet zwischen dem rezenten Jostedalsbre und dem Sognefjord nach AA (1982) eine südwärtige Bewegung vor. VORREN (1973) geht von individuellen Eiskulminationen über dem Plateau des Jostedalsbreund dem Jotunheim bei einer zwischen den Nordbereichen der Kulmination sich erstreckenden Eisscheide aus. Später tendierte die Eisbewegung nach SW bei weiter östlich gelegener Eisscheide und war dabei nach AA (1982) relativ unbeeinflußt von der Topographie. Eine starke topographische Kontrolle mit regionalen Eisbewegungsrichtungen erfolgte in der Deglaziationsphase mit divergierendem Eisabfluß vom Jostedalsbre-Plateau (z.B. durch Veitastronddalen, Sogndalsdalen, Jostedalen).

Der nach Ende der Jüngeren Dryas erfolgte Rückzug wurde auch am Sognefjorden von verschiedenen Stadien unterbrochen. Die frontalen Ablagerungen zeigen meist glazifluvialen Charakter und wurden im marinen Milieu abgelagert (s. BERGSTRØM 1975 am Beispiel Aurlandsdalen). Nach VORREN (1973) kann der Eisrückzug in 5 Phasen gegliedert werden. Zunächst erfolgte ein sehr rascher Rückzug durch Kalben im Sognefjord mit durchschnittlichen Rückzugsraten von 400 m/a (HOLTEDAHL 1980). Die Eisoberfläche im inneren Lusterfjorden bzw. Mørkrisdalen sank in sog. Luster-Stadium auf 1000 m ab. Das marine Limit im Gebiet des Sognefjord liegt bei Skjolden auf 105 m, Gaupne 99 m, Fjærland 117 m, Luster 130 m und Sogndal 135 m (KLAKEGG ET AL. 1987). An den Talmündungen der tributären Seitentäler kam es zu topographisch induzierten kurzzeitigen Halten während des Präboreals um 9.700 bis 9.500 BP (Gaupne, Loven bzw. Eidfjord *event* - ANUNDSEN 1985). An der Mündung des Jostedal hat sich während des Gaupne-Stadiums (9.800 - 9.500 BP - VORREN 1973) ein mächtiges Eiskontaktdelta ausgebildet. Nach kurzem Rückzug wurde im Jostedal unweit taleinwärts ein weiteres Eiskontaktdelta im Høgemoen-Stadium gebildet (als Stagnantphasen-Zeugnis). Allgemein ist der nach 9.400 BP beginnende finale Eisrückzug durch lokale topographische und gletscherdynamische Faktoren stark different geprägt. Einiges spricht für einen raschen Abschmelzprozeß durch weitgehend vertikales Abschmelzen, da jüngere Rückzugsmoränen fehlen (VORREN 1973, AA 1982).

Der Abschmelzprozeß im Bereich des Jotunheim ist zu dem in der westlichen Fjordregion different. Dies ist u.a. auf die Lage im Bereich der Haupteiskulminationen des Inlandeises zurückzuführen (HOLMSEN 1982). Sie erklärt u.a. die hohe Lage der Verwitterungsuntergrenze der autochthonen Blockfelder als Zeugen der Spätweichsel-Maximum-Nunatakker auf 2000 m (NESJE ET AL. 1988, NESJE 1989). Im Gegensatz zu VORREN (1977), dessen Ausführungen sich allerdings auf den westlichen Teil des Jotunheim konzentrieren, gehen CARLSON,RAASTAD & SOLLID (1979) davon aus, daß die Eiskulmination im Jotunheimen nach Aufbrechen und Zersplitterung des zusammenhängenden Inlandeises bis ins späte Präboreal dominierend und während des Deglaziationsprozesses glazialdynamisch aktiv blieb. Auch SHAKESBY,MCCARROLL & CASELDINE (1990) betonen den aktiven Charakter des Jotunheimen-Eises im Präboreal. Während VORREN die Relikte ca. 1 km außerhalb der frührezenten Endmoränenkränze des Styggedalsbre (s. 7.4.18) gelegener Moränen in das Gaupne-Stadium stellt, lehnen SHAKESBY,MCCARROLL & CASELDINE diesen Schluß ab, u.a. wegen zu großer Diskrepanz zwischen der limitierten Ausdehnung der Gletscherfront bei gleichzeitiger Lage der Talgletscher des Fortunsdal etc. auf Meersniveau am Fjordende bei Skjolden. Aufgrund von Studien im oberen Beiseterdalen wären diese Moränen sinnvollerweise dem Erdalen *event* am Ende des Präboreal zuzuordnen (vgl. 4.3). Insgesamt scheint am Ende des Präboreals das Eis im Bereich des Jotunheim schnell abgeschmolzen zu sein. Für das Gebiet nordöstlich von Årdal geben NESJE & RYE (1990) für eine Höhenlage von 1017 m sogar eine finale Deglaziation vor 9.330 BP an.

2 GLAZIOLOGIE UND KLIMA - GRUNDBEGRIFFE UND EINFÜHRUNG

2.1 GLAZIOLOGISCHE GRUNDBEGRIFFE

2.1.1 Gletscher und Klima - der Massenhaushalt

Hochgebirgsgletscher werden häufig als „sensitive" Indikatoren für Klimaschwankungen betrachtet. Gletscherstandsschwankungen werden deshalb oft direkt zu Klimaschwankungen in Beziehung gesetzt. In der Realität ist die Beziehung Klima/Gletscher aber äußerst kompliziert und lt. UNTERSTEINER (1984) ist man daher noch weit vom völligen Verständnis aller Zusammenhänge entfernt. Gerade die häufig zur Charakterisierung und Rekonstruktion von Klimaschwankungen herangezogenen Gletscherstandsschwankungen können nicht uneingeschränkt zu diesem Zweck herangezogen werden, da sich das Klima primär auf den Massenhaushalt eines Gletschers auswirkt (s.u.). Erst sekundär kann das Klima über den Massenhaushalt Gletscherstandsschwankungen verursachen.

Das Klima beeinflußt durch Höhe der Akkumulation (z.gr.T. als Schnee während der Wintersaison) sowie Größenordnung der (sommerlichen) Ablation die Masse des Gletschers. Nach KUHN (1981) ist die Akkumulation eines Gletschers definiert als Summe aus:
- Niederschlag in fester Form;
- im Gletscher gespeichertem Niederschlag;
- Kondensation;
- Winddrift (positiver Saldo);
- Lawinen (positiver Saldo).

Die Ablation ergibt sich analog als Summe aus:
- Ablation sensu stricto;
- Evaporation;
- Winddrift (negativer Saldo);
- Lawinen (negativer Saldo);
- Massenverlust durch Kalbungsprozesse.

Das Verhältnis von Akkumulation zu Ablation innerhalb eines Haushaltsjahres (konventionell wird oft das hydrologische Jahr vom 1.Oktober bis 30.September des folgenden Jahres verwendet) bezeichnet man als Massenbilanz (Nettobilanz) oder Massenhaushalt. Bei ausgeglichenem Massenhaushalt entspricht die Akkumulation auf dem Gletscher der Ablation während des Haushaltsjahres, d.h. die Gletschermasse bleibt unverändert. Übersteigt die Akkumulation die Ablation, findet also ein Nettomassenzuwachs statt, spricht man von einem positiven Haushaltsjahr (positiver Massenhaushalt, positive Nettobilanz). Ist die Ablation dagegen größer als die Akkumulation und tritt ein Massenverlust auf, bezeichnet man dies analog als negativen Massenhaushalt.

Um unterschiedliche Dichten verschiedener Schneetypen, Firn und Eis vergleichen zu können, berechnet man die Massenbilanz in g/cm^2 bzw. mm/cm Wasseräquivalent/-säule (w.e.). Die Massenbilanz (Nettobilanz - bn) setzt sich aus zwei Teilbilanzen zusammen, Winter- (bw) und Sommerbilanz (bs). Die Winterbilanz wird für die Wintersaison (Akkumulationssaison) bis zum Beginn der Ablationsperiode berechnet und ist stets positiv. Die Sommerbilanz in der Ablationsperiode (Sommersaison) ist durch starke Ablation mit resultierenden negativen Werten gekennzeichnet. Die Gesamtakkumulation (ct oder Bc) kann wie die Gesamtablation (at oder Ba) analog in Winter- und Sommerakkumulation/-ablation untergliedert werden.

Für den Massenhaushalt existieren unterschiedliche Meßmethoden. Die direkte (glaziologische) Methode liefert die akkuratesten Ergebnisse. Hierbei wird winterliche Akkumulation wie sommerliche

Fig. 9: Räumliches Schema der Massenbilanz eines Gletschers [Obere durchgezogene Linie = Gletscheroberfläche Ende Akkumulatiossaison; untere durchgezogene Linie = Gletscheroberfläche Ende vorausgegangene Ablationssaison; gestrichelte Linie = Gletscheroberfläche Ende Ablationssaison] (leicht modifiziert n. LIESTØL 1989)

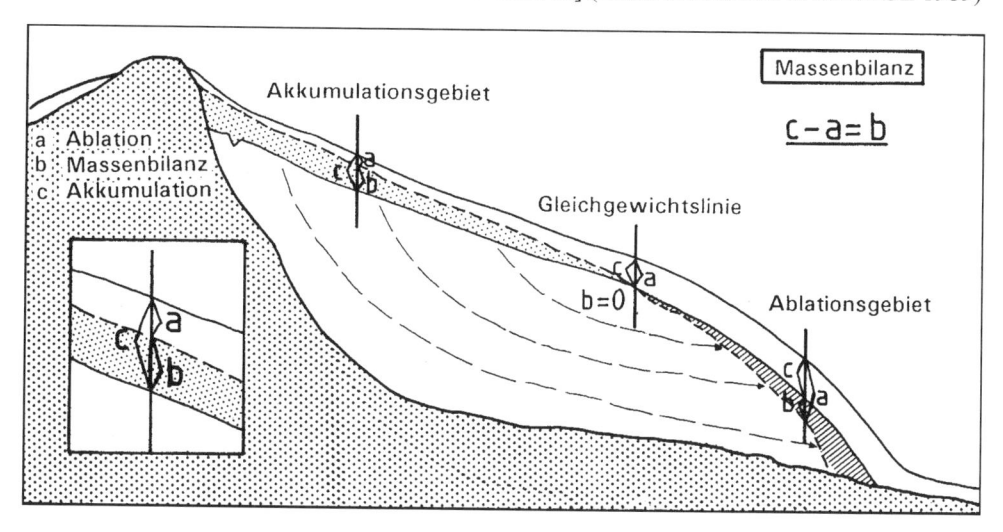

Fig. 10: Schema der Massenbilanz im Jahresgang (leicht modifiziert n. LIESTØL 1989)

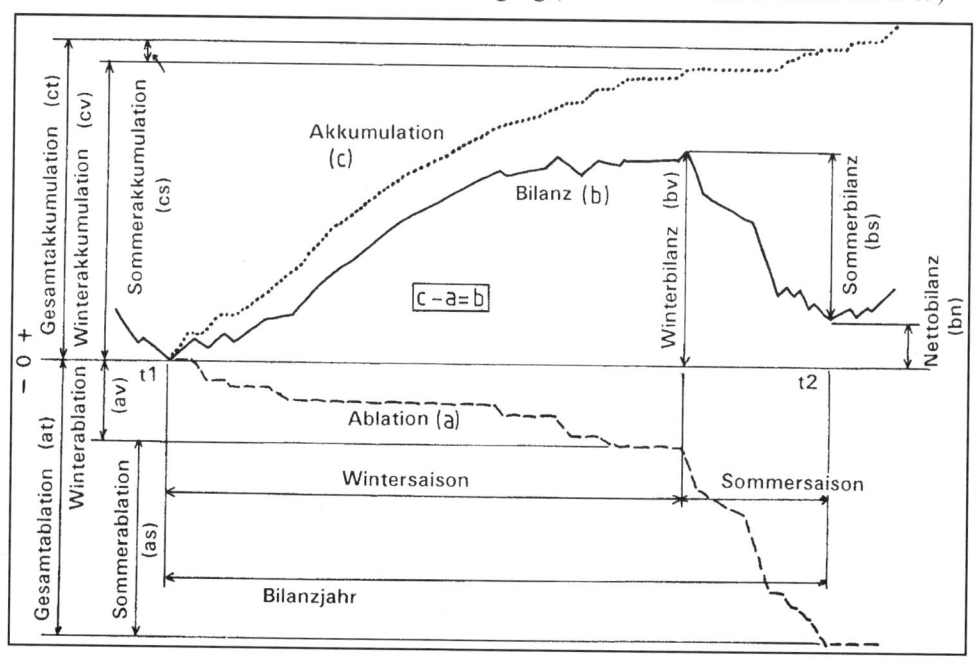

Ablation direkt auf dem Gletscher gemessen. Die Methode ist verhältnismäßig aufwendig und liegt deshalb nur für einige Beispielgletscher für Perioden von längstens 45 - 50 Jahren vor (s. 6.2,6.3). Eine Alternative der Massenhaushaltsberechnung ist die hydrologischer Methode. Neben dem Abfluß eines vergletscherten Einzugsgebiets wird dessen Niederschlagsmenge gemessen. Evaporation und Kondensation (Letztere ist besonders in maritimen Gebieten zu beachten, s.u.) werden durch Probemessungen bzw. thereotische Berechnungen abgeschätzt. Die errechnete Massenbilanz des Gletschers ergibt sich dann aus Differenz von Niederschlag und Abfluß unter Beachtung von Evaporation/Kondensation. Ist der Abfluß beispielsweise größer als der im Haushaltsjahr registrierte Niederschlag, tritt am Gletscher Massenverlust auf (negatives Hauhaltsjahr). V.a. aufgrund Problematiken der Niederschlagsmessungen in Hochgebirgen (s. BARRY 1992) und Abschätzung von Evaporation/Kondensation ist die direkte Methode vorzuziehen (MOSER AT AL. 1986). Die geodätische Methode, d.h. der Vergleich von Volumen/Fläche eines Gletschers mittels geodätischer Vermessungen, eignet sich nur für Vergleiche weiter auseinanderliegender Zeitpunkte und erfordert exakte Meßergebnisse als Vergleichsgrundlagen.

Da i.d.R. nur für kurze Perioden Massenhaushaltsmessungen vorliegen, versucht man häufig, Massenbilanzen zu rekonstruieren. Verschiedene Methoden werden dabei angewendet, z.B. (n. CHENG 1991):
- hydrologische Rekonstruktionsmethode unter Verwendung von Abflußdaten des Einzugsgebiets (analog zur hydrologischen Methode, s.o.);
- B-PT-Rekonstruktionsmethode mit Korrelation von Klimadaten benachbarter Stationen mit rezenten Massenbilanzwerten/-parametern;
- geodätische Rekonstruktionsmethode mit Rekonstruktion des Massenhaushalts aufgrund von aus topographischen Karten gewonnenen Erkenntnissen zu Flächen- und Volumenänderungen;
- gletscherdynamische Rekonstruktionsmethode mit Rekonstruktion des Massenhaushalts durch Verwendung der Variationen der Gletscherlänge (Gletscherfrontposition).

Alle o.e. Rekonstruktionsmethoden bergen Risiken für Fehlberechnungen. So kann z.B. bei Anwendung der B-PT Rekonstruktionsmethode (s.a. 6.5) nur schlecht beurteilt werden, ob der Gletscher in vom rezenten Stand stark differierender Gletscherstandsposition (z.B. während des frührezenten Maximums) die gleiche Beziehung zu bestimmten Klimaparametern wie aktuell aufgewiesen hat, d.h. die aktuell gewonnenen Daten als Bezugsbasis zur Rekonstruktion dienen können. Zwar kann z.B. der Einfluß sommerlicher Schneefälle auf den Gletscher im aktuellen Stand analysiert und mit Massenhaushaltsschwankungen in Beziehung gesetzt werden, ob diese Beziehung für den frührezenten Maximalstand mit weit in die Täler vorgestoßenen Gletscherzungen in gleicher Weise gültig war, bleibt jedoch kritisch zu hinterfragen. Gerade die z.gr.T. unbefriedigenden Ergebnisse der Versuche, mittels rekonstruierter Massenhaushaltsreihen unter Verwendung von Gletscherflußmodellen (d.h. Einbeziehung des Gletscherbetts etc.) das frührezente und rezente Schwankungsverhalten von Gletschern zu rekonstruieren und mit beobachteten Schwankungsdaten zu vergleichen, deuten auf diese Problematik hin (GREUELL 1989).

Ein Gletscher ist bestrebt, mittels Volumen-, Flächen- bzw. Längenänderung ein Gleichgewicht (*steady state*) mit dem aktuellen Klima zu erreichen (GREUELL 1989). Dieses *steady state* wird in der Realität allerdings nie erreicht. Der Gletscher unterliegt stattdessen permanenten Volumen-, Flächen- und Längenänderungen, welche in einem unterschiedlichen, aber spezifischen Zeitraum (der Reaktionszeit, s.u.) den Fluktuationen des Klimas bzw. des Massenhaushalts folgen. Die Massenbilanz und ihre Veränderungen in Zeit und Raum sind für Schwankungen des Gletscherstands, d.h. Längen- und Flächenänderungen des Gletschers, verantwortlich. Wie sich aber eine Massenbilanzänderung auswirkt, hängt von verschiedenen Faktoren ab, v.a. von:
- Dauer und Stärke der Massenhaushaltsänderung;
- Gletscherstand bei ihrem Eintritt;
- Reaktionszeit des Gletschers.

Die Reaktionszeit eines Gletschers ist die spezifische Zeitspanne, die er benötigt, um sich der die Massenhaushaltsänderung verursachenden Klimaschwankung anzupassen. Kurze Outletgletscher reagieren dabei z.B. sehr viel schneller (mit Reaktionszeiten von wenigen Jahren) als lange Talgletscher (mit teilweise mehr als 20 Jahren Reaktionszeit). Zur Berechnung der Reaktionszeit existieren verschiedene theoretische Ansätze (NYE 1965 etc.).

Die Massenbilanz selbst wird von unterschiedlichen meteorologischen und nicht-meteorologischen Faktoren in lokaler bzw. regionaler Differenzierung beeinflußt. Nicht jeder Klimafaktor entfaltet in unterschiedlichen Regionen ähnliche Wirkung auf den Massenhaushalt. Verkomplizierend weisen Klimaschwankungen zudem in verschiedenen Regionen selten gleiche Trends bzw. Magnituden auf und selbst regionale Klimaschwankungen können differente Auswirkungen auf den Massenhaushalt von Gletschern innerhalb eines Gebiets haben. AHLMANN (1953) gibt in einer der ersten Studien zu Gletscher-Massenhaushalten sechs generelle klimatische/meteorologische Faktoren an, die in unterschiedliche Gewichtung die Massenbilanz beeinflussen können:

- Menge der jährlichen Akkumulation in fester Form;
- Temperaturverhältnisse in der Periode mit Temperaturen über dem Gefrierpunkt (d.h. der Ablationsperiode);
- Länge dieser Ablationsperiode;
- Menge der ein- und ausgehenden Strahlung, beeinflußt durch Grad der Bewölkung, Sonnenstand etc.;
- Windgeschwindigkeit;
- Luftfeuchtigkeit.

Die relative Bedeutung dieser Klimaelemente schwankt sowohl regional, als auch temporal innerhalb des Massenhaushaltsjahres. So liegt beispielsweise die Hauptphase der Schneeakkumulation im Winter und die Menge der solaren Einstrahlung nimmt im Laufe der Ablationsperiode in Abhängigkeit von Sonnenstand und Tageslänge ab (gleichzeitig allerdings verminderte Reflexion durch Ablation der Winterschneedecke mit Absinken der Albedowerte). Die o.e. Auflistung ist allerdings nicht vollständig, denn gerade in regionaler Differenzierung treten viele verschiedene klimatische Einflußfaktoren auf (Näheres s. 6).

Fig. 11: Beziehung zwischen Sommertemperatur und Winterniederschlag bei ausgeglichenem Massenhaushalt an verschiedenen norwegischen Gletschern (leicht modifiziert n. LIESTØL 1989)

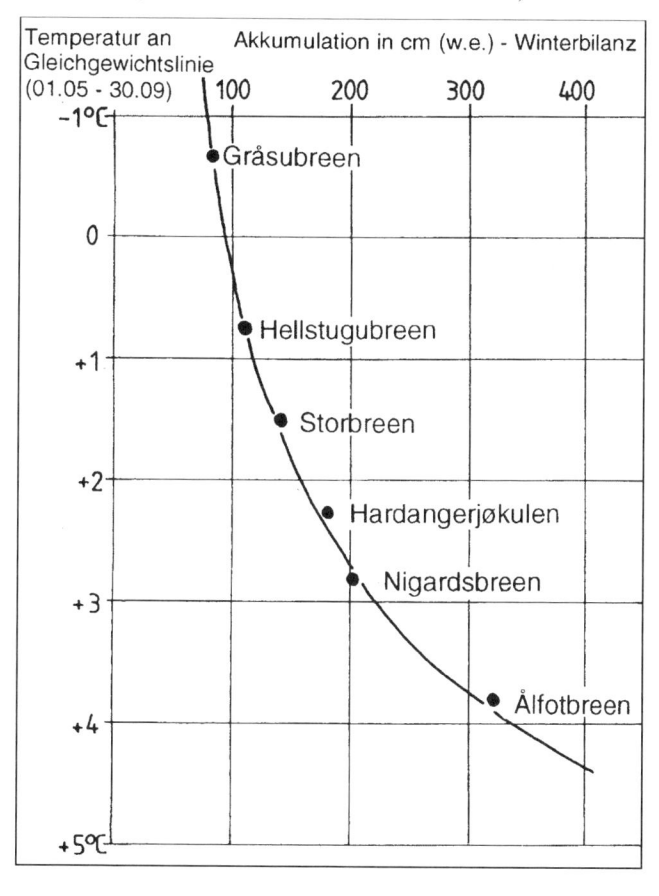

Fig. 12: Gang verschiedener Ablationsfaktoren in der Ablationssaison, der Temperatur an der Gleichgewichtslinie und der kurzwelligen Strahlung im Akkumulationsgebiet des Nigardsbre (leicht modifiziert n. LIESTØL 1989)

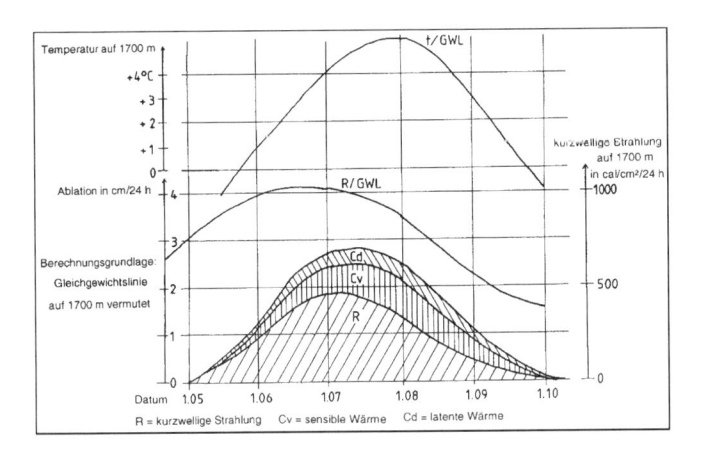

Unter dem Überbegriff „Ablation sensu stricto" verbergen sich verschiedene Ablationsfaktoren, die durch ihre abschmelzende Wirkung den Massenhaushalt in regional unterschiedlicher Gewichtung prägen (LIESTØL 1989). Als bedeutender Ablationsfaktor ist die solare Einstrahlung zu nennen (verstanden als stets positiver Saldo aus kurzwelliger und langwelliger Strahlungsbilanz). Die Bedeutung der Einstrahlung erklärt große Differenzen der Ablation in Abhängigkeit von der Albedo z.B. zwischen schneebedeckten Gletscheroberflächen und aperem Gletschereis (Albedo von 80/90 % bei Neuschnee gegenüber 15/20 % bei grauer, debrisdedeckter Eisoberfläche - GREUELL & OERLEMANS 1989). Regional und temporal ist die Bedeutung der Einstrahlung unterschiedlich. Während in kontinentalen Gebieten bis zu 90 % der Ablation durch die Einstrahlung verursacht wird und sie den bedeutendsten Ablationsfaktor darstellt, ist ihre Bedeutung in maritimen Gebieten geringer. Innerhalb der Ablationsperiode ergeben sich in Abhängigkeit

Fig. 13: Bedeutung verschiedener Ablationsfaktoren im Vergleich (Datenquelle: LIESTØL 1989 etc.)

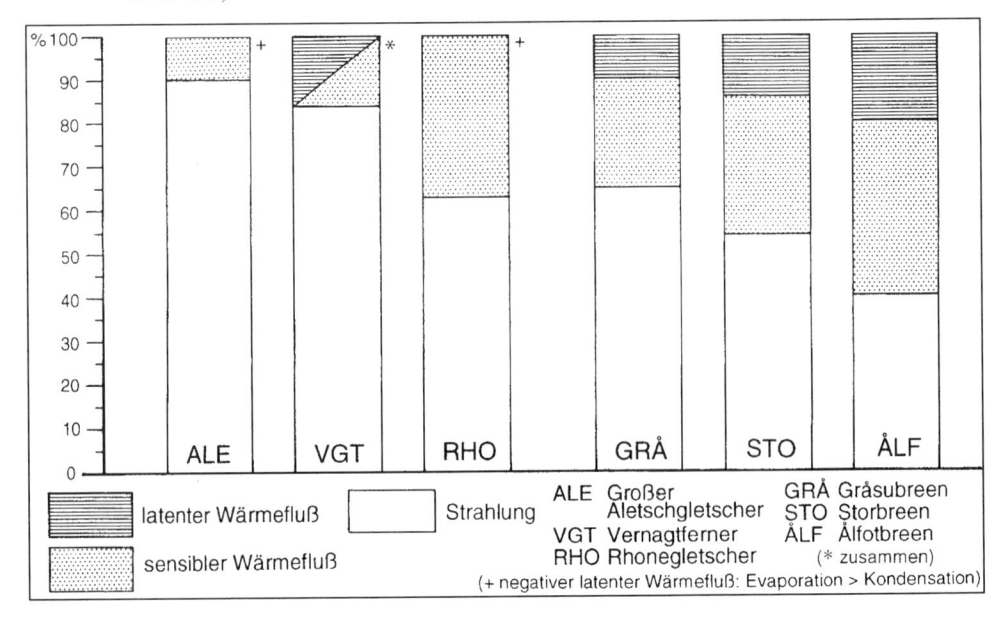

der Strahlungsbilanz und der Albedo der Gletscheroberfläche erhebliche Änderungen ihres Anteils an der Ablation. Am Gråsubreen (östliches Jotunheimen) nimmt beispielsweise deren Anteil von ca. 100 % am Anfang der Ablationsperiode bis auf 40 % an deren Ende ab (KLEMSDAL 1970).

Neben solarer Einstrahlung ist latenter und sensibler Wärmefluß für die Energiebilanz und Ablation auf dem Gletscher entscheidend. Sensibler Wärmefluß (Konvektion) tritt als Ablationsfaktor auf, wenn Luft mit einer Temperatur von über 0°C in Kontakt mit der Schnee-/Eisoberfläche des Gletschers gelangt. Sie gibt Wärme ab, wird dadurch kälter und dichter. Sie verharrt zunächst über der Schnee-/Eisoberfläche und verhindert weitere Ablation. Das Schmelzen durch Konvektion ist daher neben der Lufttemperatur auch von der Windgeschwindigkeit abhängig. Durch Abgleiten der spezifisch schweren kalten Luft baut der Gletscher ein eigenes Windregime auf (Gletscherwind/katabatischer Wind). Dabei kann sich die Luft adiabatisch erwärmen. Zusammen mit Turbulenzen mit der darüberliegenden wärmeren Luft ist die Konvektion für einen größeren Anteil an der Ablation verantwortlich, v.a. in maritimen Gebieten (z.B. am Ålfotbreen mit 40 %, s. Fig. 13).

Sublimation und Kondensation (d.h. latenter Wärmefluß) entwickeln als Ablationsfaktoren ihre Wirkung durch den Wasserdampfgehalt der Luft und Freisetzung latenter Wärmeenergie bei dessen Kondensation/Resublimation an der Gletscheroberfläche. Ablation durch Kondensation zeigt v.a. an Gletschern maritimer Regionen Wirkung (z.B. Ålfotbreen). In kontinentalen Klimaten kann im Gegenteil der latente Wärmefluß durch starke Evaporation/Sublimation zu einem negativen Saldo der Energiebilanz führen und die Ablationswirkung verringern. Am Aletschgletscher entsteht so z.B. ein Energieverlust von 12 %, während am Vernagtferner 3 % Energiegewinn durch Kondensation auftritt (HOINKES 1955, FURRER ET AL. 1987). Während Kondensation druckabhängig v.a. im Sommer auftritt, konzentriert sich Sublimation auf den Herbst. Sowohl bei Resublimation als bei Kondensation werden große Energiemengen umgesetzt (Kondensation bei 0°C 600 cal/g; Resublimation 680 cal/g). Auch hier tritt Wind durch Zuführung frischer Luft als steuernder Faktor hinzu.

Verglichen mit den o.e. Ablationsfaktoren ist die Wirkung von Niederschlag in Form von Regen während der Sommersaison von geringerer Bedeutung. Bei einem Niederschlagsereignis von 10 mm (bei Tropfentemperaturen von 10°C) können beispielsweise nur 10 cal/cm^2 zugeführt werden, d.h. gerade 0,12 g Eis werden geschmolzen (LIESTØL 1989). Dagegen verursacht die Kondensation 1 g Wasserdampfs das Schmelzen von 7,5 g Eis. Anders ist dagegen die Wirkung sommerlichen Niederschlags in fester Form, da durch abrupte Steigerung der Albedo insbesondere an kontinentalen Gletschern die Ablation für einige Tage wirksam herabgesetzt werden kann (s. 6.2). Wenn durch warmen Regen allerdings eine schützende Schneedecke auf dem Gletscher schneller abtaut, ist auch diese Wirkung zu beachten.

Neben o.e. meteorologischen Faktoren können verschiedene nicht-meteorologische Faktoren bei der Massenbilanz wirksam werden. Während Schmelzen in Kontakt mit Meerwasser in den Untersuchungsgebieten nicht auftritt, ist lokal der Massenverlust durch Kalbung in proglazialen Gletscherseen als wichtiger Ablationsfaktor aufzufassen, der in Einzelfällen zu starken frontalen Rückzug der Gletscherzunge führen kann (s. Beispiele in 5.3). Eine wesentliche Ablationswirkung geht weder vom geothermalen Wärmefluß, noch von Friktionswärme aus. Diesen kommt allerdings bezüglich der Bewegung des Gletschers an seiner Basis große Bedeutung zu. Wie sich eine Massenbilanzänderungen auf den Gletscher auswirkt, hängt u.a. auch vom Relief ab. Durch ein steiles, enges Tal kann eine Gletscherzunge schneller vorstoßen, als wenn sie sich auf einem breiten, ebenen Talboden befindet. Alle o.e. (ausgewählten) Einflußfaktoren zeigen, daß man bei der Beurteilung von Massenhaushalts- und Gletscherstandsschwankungen die verschiedenen möglichen beeinflussenden Faktoren (gerade regional) genau analysieren muß, um einen Rückschluß auf die zugrundeliegende Klimaschwankung ziehen zu können.

Die Höhe des Massenumsatzes (d.h. absolute Beträge von Akkumulation und Ablation im Haushaltsjahr) muß bei Vergleichen zwischen einzelnen Gletscherregionen beachtet werden. So bedeutet z.B. eine um 50 % gesteigerte Winterakkumulation am maritim geprägten Ålfotbreen rd. 160 g/cm^2 w.e.

Zuwachs, am kontinentaleren Gråsubreen dagegen nur 40 g/cm² (s. 6.3). Generell reagieren Gletscher mit hohen Massenumsätzen sensibler auf Änderungen des Massenhaushalts, da bei den großen Massenumsätzen geringfügige Klimaschwankungen große Auswirkung auf die Massenbilanz haben. Auch die Höhen-Flächenverteilung des Gletschers ist zu beachten, denn liegen größere Verebnungen in bestimmten Höhenlagen vor, reagiert der Gletscher ebenfalls sensitiver auf Schwankungen der Gleichgewichtslinie als ein über sein gesamtes Längsprofil flächenmäßig gleich verteilter Gletscher (s. 6.2).

Die Gleichgewichtslinie (*equilibrium line*) eines Gletschers ist per Definition die Grenze zwischen Akkumulations- und Ablationsgebiet, d.h. die Linie, an der Ablation und Akkumulation einander entsprechen (Grenze zwischen dem Gebiet mit Massenüber- bzw. -unterschuß). Die Höhe der Gleichgewichtslinie schwankt determiniert von klimatischen Verhältnissen und Massenhaushalt von Jahr zu Jahr. Die Gleichgewichtslinie ist eine theoretisch konstruierte Linie. An temperierten Gletschern mittlerer Breiten fällt sie allerdings annährend mit der Altschneelinie bzw. Firnlinie zusammen. Zu unterscheiden ist bisweilen eine unterhalb der Altschneelinie gelegene Zone mit Aufeis, d.h. durch am Ende der Wintersaison an der Eisoberfläche wiedergefrorenem Schmelzwasser. Diese Aufeiszone wird noch zum Akkumulationsgebiet gerechnet, d.h. die Gleichgewichtslinie ist unterhalb der Altschneelinie zu lokalisieren. Diese Aufeiszone ist allerdings vorwiegend an subpolaren Gletschern höherer Breiten von Bedeutung.

Analog zu Verfahren bei der Schneegrenzbestimmung kann man auch eine klimatische Gleichgewichtslinie konstruieren, als durchschnittliche Höhenlage der Gleichgewichtslinie einer Region über einen festgesetzten Beobachtungszeitraum (s. 5.1.4). Neben der klimatischen Gleichgewichtslinie bzw. der (theoretischen) Gleichgewichtslinie eines *steady state* (in Beziehung zu den aktuellen Klimaverhältnissen) ist für glaziologische Belange auch die Lage des Glaziationsniveaus (*glaciation limit*) von Bedeutung, d.h. der niedrigsten Höhenlage, in der ein Gletscher überleben kann. Sie ist konventionell bestimmbar aus der gedachten mittleren Höhenlage zwischen dem höchsten unvergletscherten und dem niedrigsten vergletscherten Gipfel, unter Beachtung deren Morphologie.

Fig. 14: Beziehung zwischen Höhe der Gleichgewichtslinie und Massenbilanz am Nigardsbreen im Zeitraum 1962-91 (leicht modifiziert n. LIESTØL 1989)

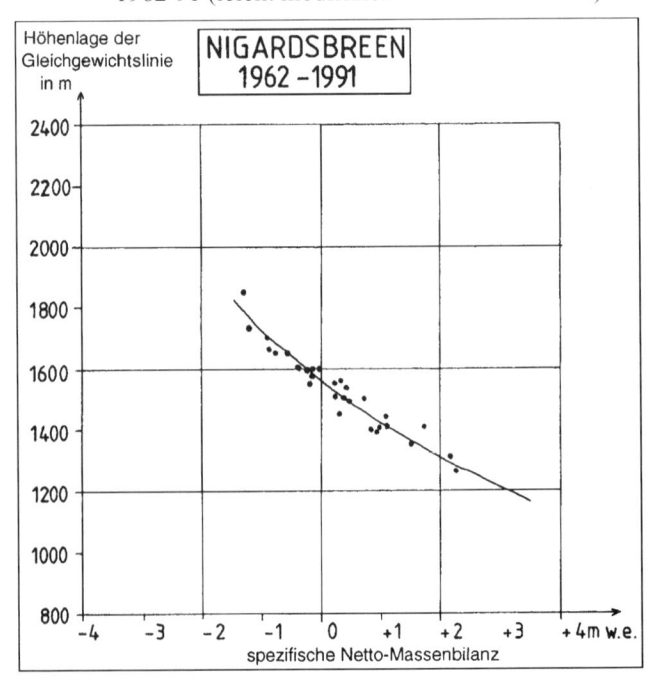

2.1.2 Gletscherbewegung

Alle Gletscher der Untersuchungsgebiete sind temperierte Gletscher sensu AHLMANN (1935), d.h. die Gletscherbasis befindet sich überwiegend am Druckschmelzpunkt. Eine Bewegung an der Grenzfläche Gletscher/Gletscherbett ist möglich. Es wird schon lange nach allgemeingültigen mathematischen Modellen der Gletscherbewe-

gung geforscht, allerdings bis dato ohne generelle Lösung dieses Problems (LIESTØL 1989). Zu den Faktoren, die die Gletscherbewegung beeinflussen können, zählen:
- Eismächtigkeit;
- Neigung der Gletscheroberfläche;
- Temperatur des Gletschers (bedeutend für Plastizität und Verhältnisse an der Gletscherbasis);
- Kristallstruktur (untergeordnet);
- Debrisgehalt des Eises (Debris reduziert die Plastizität, was besonders im Bereich der Gletscherbasis Wirkung zeigt);
- Untergrundbeschaffenheit (Unebenheiten bremsen die Gletscherbewegung an der Gletschersohle);
- Präsenz von Wasser an der Gletscherbasis (hoher hydrostatischer Druck an der Basis wirkt als „Schmiermittel" und hilft bei Überwindung der Untergrundreibung).

Die Geschwindigkeit des Gletschers nimmt aufgrund o.e. Faktoren von der Oberfläche zur Basis hin ab, in ähnlicher Weise von der Hauptströmungslinie des Gletschers zu dessen marginalen Bereichen (s. Fig. 15).

Generell reagieren Gletscher annähernd plastisch, d.h. bei mechanischer Beanspruchung ergibt sich eine irreversible Veränderung des Eises gemäß dem Fließgesetz von GLEN, wodurch das von FINSTERWALDER (1897) eingeführte laminare Strömungsmuster erklärt werden kann. Neben plastischer Deformation der Eiskristalle gibt es noch einen anderen Bewegungsmodus, sonst könnte die glaziale Erosionsleistung

Fig. 15: Gletscherbewegung im schematischen Längs- bzw. Querprofil

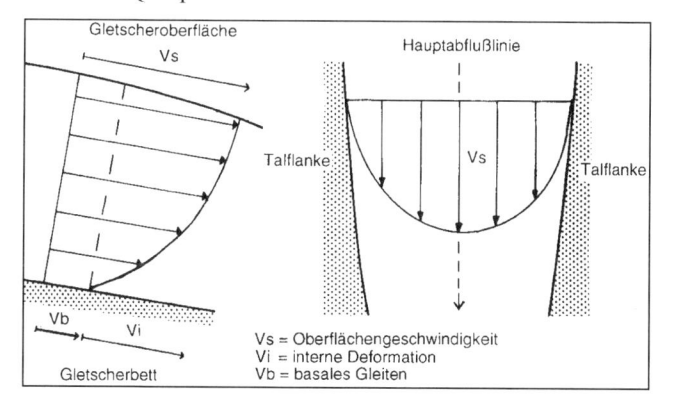

Vs = Oberflächengeschwindigkeit
Vi = interne Deformation
Vb = basales Gleiten

der Gletscher nicht erklärt werden, da bei plastischem Deformationsfließen keine Bewegung am Gletscheruntergrund auftritt. Daher ist ein Auftreten basalen Gleitens bei der Gletscherbewegung temperierter Gletscher zu fordern (WILHELM 1975).

Das Verhältnis von Basis- zu Oberflächengeschwindigkeit kann zwischen verschiedenen Gletschern bzw. unterschiedlichen Bewegungsmodi variieren (z.B. 0,5 am Großen Aletschgletscher (137 m Eismächtigkeit) oder 0,3 am Bondhusbreen (Folgefonni - 160 m Eismächtigkeit) - LIESTØL 1989). Die höchsten Geschwindigkeitswerte werden generell im Bereich größerer Eisbrüche/Eisfälle und ähnlich steiler Gletscherabschnitte erzielt, wogegen sich i.d.R. die Geschwindigkeit bei flachen Gletscherzungen zur Gletscherstirn hin erniedrigt.

Für die in 3.1 näher ausgeführten glazialen Transport- und Erosionsprozesse ist besonders der Bewegungsmechanismus an der Gletscherbasis von Bedeutung. Vielfach handelt es sich bei entsprechenden Theorien um kalkulierte Modelle, da Beobachtungen der Verhältnisse an der Gletscherbasis selten sind. Um am Gletscheruntergrund eine Bewegung vollziehen zu können, muß der Gletscher die Friktion überwinden, die durch kleine und große Hindernisse des Gletscherbetts entsteht. Wenn Eis auf ein Hindernis stößt, entsteht an der Stoßseite (Luvseite) hoher Druck. Der Schmelzpunkt des Eises wird dadurch gesenkt und in Bereichen höchsten Drucks kommt es zum Schmelzen. Durch Schmelzen wird

Energie in Form von Wärme verbraucht, die vom umgebenden Eis und Felsuntergrund abgezogen wird. Auch die Friktionswärme steuert ihren Beitrag dazu. Das Schmelzwasser preßt sich am Hindernis vorbei und gefriert an dessen Leeseite durch den verminderten Druck erneut. Die dabei entstehende Wärme kann wieder an die Stoßseite zurückgeleitet und zum erneuten Schmelzen verwendet werden. Dieser kontinuierliche Prozeß ermöglicht es dem Gletscher, Hindernisse an seiner Basis zu passieren. Dieser Prozeß des Regelationsgefrierens funktioniert aber nur, wenn die Hindernisse klein sind und der Weg vom Bereich des Gefrierens zum Punkt des Schmelzens kurz ist, d.h. ein größerer Temperaturgradient im Fels vorliegt. Sind diese Felshindernisse größer als 0,5 m, ist dieser Mechanismus ineffektiv.

Größere Hindernisse werden durch plastisches Strömen überwunden. Die Dichte des Eises ist in der Nähe des Hindernisses überdurchschnittlich groß, damit auch das Produkt von Deformationsgeschwindigkeit und Distanz, d.h. das Eis fließt schneller an diesem Hindernis vorbei. An größeren Hindernissen können in Luvbereichen subglaziale Hohlräume entstehen.

Nach WEERTMAN (1976) entspricht die Gletscherbewegung einer Kombination aus beiden o.e. Prozessen, d.h. Gleiten durch Druckverflüssigung (Regelation) und Anwachsen von Spannungen vor größeren Felshindernissen (WILHELM 1975). Daneben hat subglaziales Wasser einen großen Anteil an der Gleitbewegung. Steigt der hydrostatische Druck an der Basis, erhöht sich der Auftrieb des Eises, die Friktion am Untergrund verringert sich und die Geschwindigkeit steigt als Folge an. Durch Einfluß von Schmelzwasser erklären sich tages- und jahreszeitliche Schwankungen der Gletscherbewegung. Die bei der Position der Gletscherzunge in einem proglazialen See feststellbare Geschwindigkeitserhöhung erklärt sich aus dem Eindringen von Wasser unter die Gletscherzunge.

Es ist zu beachten, daß temporale Änderungen in Gletschergeschwindigkeit und Bewegungskomponenten auftreten können. Die starke Verlangsamung des Unteraargletschers in diesem Jahrhundert ist nach HAEFELI (1970) z.B. auf eine starke Abnahme der Gleitbewegung zurückzuführen, bei gleichzeitig nicht stark veränderter Deformations-/Scherungskomponente. Letzteres hängt u.a. damit zusammen, daß die Abnahme der Eismächtigkeit durch Zunahme der Oberflächenneigung kompensiert wurde.

Die sogenannten *surges* unterliegen anderen Bewegungsmodi. *Surges* treten v.a. an subpolaren Gletschern dann auf, wenn die Gletschergeschwindigkeit zu gering ist, den Massenüberschuß des Akkumulationsgebiets zur Gletscherzunge zu transportieren. Trotz bis dato ungeklärtem genauen Mechanismus treten *surges* u.a. dann auf, wenn der Gletscher teilweise am Untergrund festgefroren ist, z.B. in marginalen Bereichen mit großer Friktion. Wenn sich eine zu große Eismasse im Akkumulationsgebiet angesammelt hat und eine kritische Grenze erreicht, kommt es zu schnellen Vorstößen mit großen Schmelzwassermengen als „Schmiermittel". Eine andere Theorie sieht die Auslösung von *surges* durch subglazialen Schmelzwasserstau in oberen Gletscherbereichen durch die festgefrorene Gletscherzunge (LIESTØL 1989). In den Untersuchungsgebieten tritt kein *surging glacier* sensu stricto auf, weshalb auf diesen speziellen Bewegungsmechanismus nicht näher eingegangen wird. Auf die Diskussion, ob es sich beim Vernagtferner (Ötztaler Alpen) um einen *surging glacier* handelt, wird gesondert eingegangen (s. 6.2).

Der überwiegende Teil o.e. Wassers in einem Gletscher stammt vom Schmelzen von Winterschnee bzw. Eis an seiner Oberfläche, z.T. aber auch aus seiner Umgebung (Niederschlag). Geothermaler Wärmestrom und Friktionswärme steuern wie interne Deformationswärme zwar quantitativ nur wenig zur Entstehung von Schmelzwasser bei, sind aber für die Präsenz von Schmelzwasser an der Gletscherbasis bzw. im Winter von großer Wichtigkeit. Verschiedene sub-, en- und supraglaziale Drainagewege existieren in Gletscherkörpern, wobei die Neigung der Eisoberfläche für die Abflußrichtung entscheidend ist, nicht die des Untergrunds. So ist z.B. die Eisscheide des Jostedalsbre südöstlicher gelegen als die höchsten subglazialen Felsrücken. Der Grund für die glazialmorphologisch wichtige Tatsache (hierdurch können teilweise erst die typischen glazialen Übertiefungen von Karen und Tälern erklärt werden) ist, daß Wasser in Abhängigkeit des Druckgradienten fließt. Der Druckgradient ist wiederum von der Eisoberfläche abhängig und steigt im Verhältnis zur Eismächtigkeit. Unter einem Gletscher in Bewegung ergeben sich an Gletscherbasis und im Gletscherkörper lokale Druckunterschiede, wodurch die Lage der sub- und englazialen Drainagekanäle beeinflußt wird.

Durch Druckunterschiede zwischen einzelnen Gletscherteilbereichen infolge Massenungleichgewichts können Verdickungen des Gletschers entstehen, die sich als sogenannte kinematische Wellen gletscherabwärts fortpflanzen (WILHELM 1975). Kinematische Wellen treten als schnelle Massenumlagerungen mit einer vielfach höheren Geschwindigkeit als bei der normalen Gletschergeschwindigkeit auf. Sie sind in gewisser Weise mit *surges* verwandt, treten im Gegensatz zu diesen aber relativ häufig auch an temperierten Gebirgsgletschern auf (z.B. am Vernagtferner oder Glacier d'Argentière).

2.1.3 Morphologie der Gletscher - Gletschertypen

Die Morphologie eines Gletschers wird hauptsächlich vom Relief bestimmt und hat erheblichen Einfluß auf dessen Massenhaushalt, glaziologische Eigenschaften und Schwankungsverhalten.

Plateaugletscher (*plateau glaciers, platåbreer, kåpebreer*) besitzen eine hochplateauähnliche Gletscheroberfläche. Von ihrer zusammenhängenden Eismasse können Gletscherarme/-zungen in verschiedene Richtungen als Outletgletscher (s.u.) abfließen. Das Auftreten von Plateaugletschern setzt die Existenz geeigneter Hochplateaus bzw. Verebnungen voraus. Da diese in Westnorwegen sehr verbreitet sind (z.B. Jostedalsbreen, Hardangerjøkulen, Folgefonni), nannte man diesen Gletschertyp bisweilen den „norwegischen Typ" (n. HEIM 1885). Im westnorwegischen Untersuchungsgebiet gilt der Jostedalsbre als größter kontinentaleuropäischer Gletscher noch immer als Musterbeispiel eines Plateaugletschers, selbst wenn neuere Untersuchungen eine partielle Revision dieses Bildes bezüglich des nicht plateauebenen Gletscherbetts erfordern (vgl. 1.3.2).

Die Abflüsse dieser Plateaugletscher, die sogenannten Outlet- oder Auslaßgletscher (*outlet glaciers, utløpsbreer*), werden als eigener morphologischer Gletschertyp klassifiziert. Allerdings können sie nach Morphologie ihrer Gletscherzungen auch als Tal- oder Hanggletscher angesprochen werden, je nachdem ob sie tief in die umgebenden Täler abfließen oder nur geringfügig über den Plateaurand hinausragen. Der bedeutende Unterschied von Outletgletschern zu Talgletschern (s.u.) besteht allerdings darin, daß Erstere kein klar definierbares, abgegrenztes Akkumulationsgebiet aufweisen, sondern einen abzugrenzenden Sektor des Plateaugletschers, was oft nur mit seismischen Messungen des subglazialen Reliefs möglich ist.

Talgletscher (*valley glaciers, dalbreer*) besitzen ein klar abgrenzbares Akkumulationsgebiet, das durchaus intern gegliedert sein und sich z.B. aus mehreren verbundenen Karen oder Seitentälern zusammensetzen kann. Je nach Verteilung der Gletscherfläche auf Höhenintervalle bzw. Größe des Akkumulationsgebiets kann man n. AHLMANN (1948) verschiedene Untertypen von Talgletschern unterscheiden. Drei dieser Untertypen treten in den Untersuchungsgebieten auf:

- **Typ 1** - Talgletscher mit

Abb. 8: Brigsdalsbreen (Oldedalen), ein typischer Outletgletscher des Jostedalsbre (Aufnahme: 03.09.1995)

mächtigen Gletscherzungen, gleichmäßiger Verteilung der Gletscherfläche auf die Höhenintervalle und verhältnismäßig begrenzten Akkumulationsgebieten (Bsp. Hintereisferner/Rofental; s. 6.2);

- **Typ 2** - Talgletscher mit großen, oft auf präglazialen hochgelegenen Verebnungen liegenden Akkumulationsgebieten, typisch ausgeprägter Gliederung in Akkumulationsgebiet - Gletscherzunge und Maximum der Gletscherfläche in den oberen Höhenintervallen (Bsp. Vernagtferner; s. Abb. 2);
- **Typ 3** - Talgletscher fast ohne eigentliches Akkumulationsgebiet mit Massenzuwachs durch Lawinen, Winddrift etc. und Maximum der Gletscherfläche in den niedrigen Höhenintervallen (Bsp. Styggedalsbreen; s. 7.4.18).

Aufgrund des charakteristischen Auftretens bezeichnet KLEBELSBERG (1948/49) den o.e. Typ 2 als „alpinen Gletschertyp". Beim völligen Fehlen eigener Akkumulationsgebiete muß der Typ des regenerierten Gletschers als eigene Untergruppe des Typs 3 ausgegliedert werden (Bsp. Brenndalsbreen/ Åbrekkebreen; s. 7.4.13).

Kargletscher (*cirque glaciers, botnbreer*) sind typische Gletscherformen alpiner Hochgebirge und in Jotunheimen wie Ostalpen weit verbreitet. Die Übergänge von Kar- zu Talgletschern sind diffus, je nach Gletscherstand und lokalem Relief. Die Morphologie der Kare ist für Unterschiede innerhalb dieser Gletschergruppe verantwortlich (vgl. Abb. 9,11).

Ein detailliertes Eingehen auf die Morphologie der Gletscher ist bei der Interpretation von Massenhaushalts- und Gletscherstandsschwankungen notwendig, um Scheinkorrelationen etc. zu vermeiden (s. 6). Auch bei der Konfiguration der Gletschervorfelder spielt die Gletschermorphologie eine entscheidende Rolle (s. 7).

Abb. 9: Fannaråkbreen nordöstlich des Gipfels des Fannaråken in einem weiten, flachen Kar gelegen (Aufnahme: 01.09.1991)

2.2 DIE GLETSCHER DER UNTERSUCHUNGSGEBIETE

2.2.1 Rofental

Trotz der in bezug zum norwegischen Untersuchungsgebiet verhältnismäßig kleinen Ausdehnung umfaßt das Rofental repräsentativ verschiedene in den Ostalpen häufig auftretende Gletschertypen. Gerade die unterschiedlichen morphologischen Eigenschaften der Gletscher des Rofentals zusammen mit klimatischen und glaziologischen Faktoren sind daher beim Vergleich von Massenhaushalts- und Gletscherstandsschwankungen zu beachten. Die klimatischen Unterschiede zwischen den einzelnen Gletschern treten lediglich in lokalklimatischer Größenordnung bzw. in Abhängigkeit von der jeweiligen Glaziologie auf.

Mit Guslar-, Hintereis-, Hochjoch-, Kesselwand- und Vernagtferner befinden sich fünf Talgletscher im Untersuchungsgebiet. Sie unterscheiden sich untereinander in Flächen-Höhenverteilung bzw. der Größe und Form des Akkumulationsgebiets (s. Tabelle 1; vgl. 6.2).

Tab. 1: Morphologische Kenndaten der wichtigsten Gletscher des Rofentals (Datenquelle: HAEBERLI & HOELZLE 1993)

Gletscher	Fläche im km^2	Höhenlage der Gletscherzunge
Vernagtferner	9,34	2750 m
Hintereisferner	9,34	2450 m
Hochjochferner	7,15	2660 m
Kesselwandferner	4,13	2600 m
Guslarferner	2,99	2860 m
Rofenkarferner	1,29	2820 m
Mitterkarferner	1,10	2960 m
Taufkarferner	0,44	2980 m

Der Kesselwandferner weist bei großem, flachen Akkumulationsgebiet im Bereich einer Verebnung des präglazialen Firnfeldniveaus (s. 1.3.1) eine kurze, steile Gletscherzunge auf. Der unmittelbar benachbarte Hintereisferner besitzt dagegen neben einer mächtigen, langen Gletscherzunge nur ein kleines Akkumulationsgebiet und damit eine ausgeglichene Flächen-Höhenverteilung (s. 6.2). Der Vernagtferner (s. Abb. 2) weist ein weites, ebenes und intern gegliedertes Akkumulationsgebiet bei zur Zeit in drei (vier) Teilsegmente zerfallener Gletscherzunge auf (s. 7.3.1). Der Hochjochferner besitzt ähnlich dem Hintereisferner bei extrem breiter Zunge eine relativ gleichmäßige Verteilung seiner Fläche auf die verschiedenen Höhenintervalle (Abb. 10). Der Guslarferner (s. 7.3.2) als kleinster der fünf Talgletscher besitzt ein im Verhältnis zur kurzen Zunge mittelgroßes Akkumulationsgebiet.

Neben diesen Talgletschern gibt es verschiedene Kargletscher am das Rofental umrahmenden Kreuz- und Weißkamm. Sie weisen lediglich geringe Flächenausdehnungen auf. Unter diesen Kargletschern sind Mitterkar- und Rofenkarferner (s. 7.3.4) die größten, die ansatzweise auch eine definierbare Gletscherzunge ausgebildet haben. Ihre differente Morphologie ist im Vergleich des Schwankungsverhaltens mit den Talgletschern des Rofentals zu beachten. Die anderen Kargletscher besitzen dagegen keine ausgebildeten Gletscherzungen und sind in ihrer Ausbildung stark vom Relief determiniert.

Abb. 10: Hochjochferner (Aufnahme: 16.07.1991)

2.2.2 West-/Zentralnorwegen

Die Untergliederung des norwegischen Untersuchungsgebiets in zwei Teilgebiete ist auch bezüglich der Morphologie der Gletscher gegeben. V.a. die unterschiedlichen Rahmenbedingungen des Reliefs bzw. klimatisch-glaziologische Faktoren verursachen dies. Morphologisch sind die Gletscherarme des eingeschränkt als Plateaugletscher zu bezeichnenden Jostedalsbre als Outletgletscher zu klassifizieren (s. 2.1.3). Die Outletgletscher sind unterschiedlich ausgeprägt. Neben großen Talgletschern (z.B. Lodals-, Nigards- und Tunsbergdalsbreen; vgl. Abb. 12) gibt es auch Talgletscher mit rezent kürzeren Gletscherzungen (z.B. Fåbergstølsbreen; s. 7.4.4) sowie Gletscher, die als kurze Ausläufer gerade den Talboden erreichen (z.B. Brigsdals- und Bergsetbreen; vgl. Abb. 8). Teilweise sind die Outletgletscher lediglich als Hängegletscher mit vorgelagerten inaktiven Schnee-/Eisakkumulationsfächern (Bøya- und Supphellebreen; s. 5.3.3) bzw. regenerierte Gletscher ausgebildet (Brenndalsbreen).

Mehrere dieser Outletgletscher waren während des Rückzugs nach dem frührezenten Maximum (z.B. Nigardsbreen) bzw. sind aktuell mit ihrer Gletscherstirn mit proglazialen Seen in Kontakt (z.B. Brigsdals- und Austdalsbreen). Bei der Interpretation der Gletscherstandsschwankungen (hohe Rückzugsraten durch Kalbung) muß dieser Umstand beachtet werden.

Abb. 11: Kreuzferner (kleiner, mehrgliedriger Kargletscher; s. Fig. 2) (Aufnahme: 16.07.1992)

Allen Outletgletschern ist gemeinsam, daß sie als Akkumulationsgebiet einen abgrenzbaren Sektor des Jostedalsbre besitzen. Erst aktuelle seismische Messungen gaben dabei letzten Aufschluß über die genauen Ausdehnungen der Sektoren/Akkumulationsgebiete (ØSTREM, DALE SELVIG & TANDBERG 1988 etc.). Die Drainagesektoren der Gletscher differieren z.T. erheblich von der visuellen Größenabschätzung aufgrund der Dimension der in die Täler hinabreichenden Gletscherzungen. Während z.B. der insgesamt 19 km² große Kjenndalsbre mit seiner zergliederten Zunge kaum den Talboden des Kjenndal erreicht (s. 5.3.4), besitzt der mit 15 km² kleinere Fåbergstølsbre eine typisch ausgebildete, lange Gletscherzunge.

Die Höhenlage der Gletscherzungen ist bei den Outletgletschern des Jostedalsbre im Vergleich zum Jotunheimen, wie besonders zu den Ostalpen, sehr niedrig (vgl. Tabelle 1,2,3). U.a. deshalb spielt die Exposition in klimatischer Hinsicht keine große Rolle. Die von der Einstrahlung her „ungünstigere" südliche/südöstliche Exposition weist nämlich nicht nur die größten, sondern auch einige der tiefstgelegenen Gletscherzungen

Abb. 12: Nigardsbreen (Jostedalen) (Aufnahme: ca. 1872/73 - K.KNUDSEN [1037], Bildsamlinga Universitetsbiblioteket i Bergen)

Tab. 2 : Morphologische Kenndaten der größten Outletgletscher des Jostedalsbre (Datenquelle: ØSTREM,DALE SELVIG & TANDBERG 1988)

Gletscher	Fläche km^2	Länge km	Höhenlage m
Nigardsbreen	48,20	9,6	1950 - 355
Tunsbergdalsbreen	47,69	19,1	1930 - 590
Austerdalsbreen	26,84	8,5	1920 - 390
Kjenndalsbreen	19,06	6,9	1960 - 380
Stegholtbreen	15,34	7,7	1900 - 880
Fåbergstølsbreen	15,00	7,0	1810 - 760
Bøyabreen	13,90	5,7	1730 - 490
Lodalsbreen	12,18	6,0	1960 - 860
Brigsdalsbreen	11,94	6,0	1910 - 350
Supphellebreen	11,81	8,4	1730 - 720
Austdalsbreen	11,23	8,5	1630 - 1160
Bergsetbreen	10,50	4,8	1960 - 560
Erdalsbreen	9,74	6,1	1900 - 880
Bødalsbreen	8,22	6,5	1990 - 740
Tuftebreen	6,59	6,5	1920 - 860
Melkevollbreen	4,94	4,3	1870 - 710
Brenndalsbreen	0,88	2,3	1280 - 510

auf. Dieses Phänomen begründet sich u.a. in:
- der subglazialen Topographie des Jostedalsbre;
- niederschlagsbringenden SW-Winden;
- allgemein geringer Höhenlage der Zungen mit geringerer Bedeutung der expositionsabhängigen Einstrahlung unter den Ablationsfaktoren;
- dem zusammenhängendem Akkumulationsgebiet (des Jostedalsbre), welches expositionsbedingte Unterschiede minimiert.

Das „Hochplateau" des Jostedalsbre, früher als Rest einer subpermischen *peneplain* angesprochen (s. 1.3.2), hat sich nach aktuellen seismischen Messungen als Verebnung mit moderatem Relief entpuppt. Seinen Plateaucharakter verdankt er also lediglich der ebenen Gletscheroberfläche, wobei die Eismächtigkeit zwischen 50 und 600 m schwankt (pers.Mittlg. J.Bogen).

Wegen des differenten Reliefs mit seiner „alpinen" Hochgebirgsmorphologie (s. 7.2.2) unterscheiden sich die Gletscher des Jotunheim morphologisch (daneben auch glaziologisch-klimatisch, s.u.) von den Outletgletschern des Jostedalsbre. Analog zu den Verhältnissen in den Ostalpen stellen die Gletscher des Jotunheim v.a. Tal- und Kargletscher unterschiedlicher Größenordnung dar (s. Abb. 13). Im Jotunheimen sind reliefbedingte Faktoren wie z.B. die Exposition stets zu beachten. Aufgrund der speziellen Reliefgegebenheiten (Relikte präglazialer Verebnungen) können auch im Jotunheimen Gletscher zusammenhängende Flächen bei in unterschiedliche Täler abfließenden Gletscherzungen ausbilden (z.B. Smørstabbreen). Die unterschiedlichen Teilzungen solcher Gletscherkomplexe können unterschiedlichen Einzugsgebieten angehören und aufgrund differenter Exposition ein unterschiedliches Gletscherstandsschwankungsverhalten aufweisen (s. 5.3).

Aufgrund Lage und Ausdehnung des norwegischen Untersuchungsgebiets ist ein gradueller Klimawandel von der westnorwegischen Küste zum zentralnorwegischen Jotunheim für die Glaziologie von großer Bedeutung (s. 2.3.3). Dies führt u.a. zu differenter Beeinflussung und aktueller Ausprägung der Massenbilanzen (s. 6.3). Dieser klimatische Formenwandel von West nach Ost (geringfügig modifiziert durch vorherrschende SW-Winde) äußert sich u.a. in:

- Abnahme der Höhe der winterlichen Schneeakkumulation;
- Abnahme des Jahresniederschlags;
- Zunahme der Länge der Akkumulationsperiode mit Niederschlag in fester Form;
- Verlagerung des Niederschlagsmaximums vom Spätherbst in den Spät-/Hochsommer;
- Anstieg der Sommertemperaturen (teilweise kompensiert durch die höhere Lage der Gletscherzungen);
- Zunahme der Jahresamplitude der Lufttemperatur;
- Abnahme der durchschnittlichen Winter- und Jahrestemperaturen;
- Anstieg der Höhenlage von Glaziationsniveau und klimatischer Gleichgewichtslinie;
- Abnahme des Massenumsatzes, d.h. der absoluten Werte von Nettoablation und -akkumulation;

Abb. 13: Hellstugubreen (Aufnahme: 08.08.1992)

- Abnahme der Länge der Ablationsperiode;
- Abnahme der Bedeutung von Konvektion und Kondensation als Ablationsfaktoren zugunsten einer steigenden Bedeutung der solaren Einstrahlung.

2.3 GRUNDZÜGE DES KLIMAS DER UNTERSUCHUNGSGEBIETE

2.3.1 Überblick

Beide Untersuchungsgebiete, Ostalpen wie West-/Zentralnorwegen, verdanken ihre klimatischen Charakteristika der jeweiligen Lage innerhalb der planetarischen Frontalzone. Die vorherrschende westliche Luftströmung und der häufige Durchzug von zyklonalen Störungen prägt das zum nordwestlichen Atlantik exponierte Skandinavien ebenso wie den Alpenraum (s.u.).

Die Grundzüge des Klimas weiter Teile Europas (und damit der Untersuchungsgebiete) werden durch dominierende Westwinde in den unteren und höheren Atmosphärenschichten geprägt (westlicher Jetstream). Dieser erreicht sein Maximum im 300 hPa-Niveau. Obwohl der Jetstream an sich beständig präsent ist, sind seine Mäandermuster in ständiger Muster- und Lageänderungen für den kurzfristigen Wandel des Wetters wie die Witterungsverhältnisse West-, Nordwest- und Mitteleuropas verantwortlich (WALLÉN 1970). Die wichtigen Zirkulationsmuster der höheren Atmosphäre zeigen sich am besten im 500 hPa-Niveau, welches deshalb i.d.R. als Indikator zur Charakterisierung der Witterung Europas und seiner jahreszeitlichen bzw. jährlichen Änderung herangezogen wird.

Die Zirkulation der nördlichen Mittelbreiten kann bisweilen stark vom Grundmuster variieren. Die 3 bis 8 Wochen andauernden Variationen sind im Winterhalbjahr am deutlichsten ausgeprägt, wenn die Zirkulation generell am stärksten ist. Schematisch beschrieben entwickeln sich diese Variationen aus der

Tab. 3: Morphologische Kenndaten ausgewählter Gletscher im Jotunheimen [* = Zusammengesetzter Gletscher - unterschiedliche Exposition der Teilbereiche] (Datenquelle: ØSTREM, DALE SELVIG & TANDBERG 1988)

Gletscher	Fläche km^2	Höhenlage m	Exposition
Smørstabbreen	14,26	2030-1370	*
Veobreen	9,36	2300-1530	NE
Vestre Memurubre	8,81	2200-1590	E
Austre Memurubre	6,42	2250-1650	SE
Fannaråkbreen	6,20	1990-1400	NE/E
Grjotbreen	5,99	2290-1470	NE/NW
Tverråbreen	5,50	2200-1440	NE
Svellnosbreen	5,23	2290-1600	SE
Søre Illåbre	5,16	2110-1530	NW
Storbreen	5,16	1970-1380	NE
Styggebreen	5,10	2290-1660	E
Heimre Illåbre	4,87	2100-1510	NW
Styggehøbreen	4,52	2180-1630	NE
Storjuvbreen	4,48	2240-1380	N
Blåbreen	3,71	2120-1580	NE
Nordre Illåbre	3,42	2180-1600	W
Mjølkedalsbreen	3,32	1940-1350	SE
Hellstugubreen	3,13	2130-1470	N
Bukkeholsbreen	3,05	2130-1600	SE
Gråsubreen	3,03	2290-1710	E
Uranosbreen	3,03	1980-1510	S
Stølsnosbreen	2,58	1930-1480	*
Maradalsbreen	2,41	2100-1260	NE
Hurrbreen	2,26	2000-1370	NE
Leirungsbreen	2,08	1870-1480	NE
Visbreen	1,96	2060-1500	*
Styggedalsbreen	1,81	2240-1270	N
Høgvaglbreen (Nordre)	1,39	2010-1570	N
Slettmarksbreen	1,19	1990-1470	N
Langedalsbreen	1,10	2000-1480	N

Modifikation zonaler Westströmung durch die Entwicklung von Wellen und Trögen. Im Endstadium gliedern sich diese in zelluläre Muster auf und ermöglichen dann die u.a. für die Witterung Mittel- und Nordeuropas wichtigen meridionalen Luftmassentransporte über Distanzen von mehreren Breitengraden (s. WEISCHET 1988, BARRY & CHORLEY 1992 etc.).

Die Stärke der zonalen Westströmung (im Bereich 35° - 55° N) wird mit dem zonalen Index beschrieben. Die o.e. Variation würde einem Wechsel von einer *high index*-Situation (starke zonale Westströmung) zu einer *low index*-Situation (meridionale Strömungsmuster) entsprechen. Von einer *low index*-Situation spricht man im übrigen auch bei ungewöhnlich südlicher Lage der zonalen Westströmung.

Typische *high index*-Zirkulationsmuster im Winter zeigen einen Jetstream, der zwischen ausgedehnten Tiefdruckgebieten im Norden und dem sich parallel zum Wendekreis verhältnismäßig weit nach

Norden erstreckenden ausgedehnten Hochdruckgebiet verläuft. Die Isohypsen des 500 hPa-Niveaus verlaufen dabei weitgehend breitenkreisparallel mit leichtem Trend nach Südwesten. Die starken zonalen Westwinde der oberen Atmosphäre entsprechen dann den bodennahen Strömungsverhältnissen mit stark entwickeltem Islandtief. In dieser Situation wird relativ milde, feuchte Luft nach Europa geführt, womit primär die bedeutende Klimaanomalie Westeuropas erklärt werden kann (s.u.). Die sich aus der Dynamik der oberen Atmosphäre ergebenden Zyklonen prägen durch ihren beständigen Zug über Europa dessen Witterung während der *high index*-Zirkulationsmuster.

Low index-Zirkulation ist geprägt von einem meridionalen Luftaustausch von Nord nach Süd bzw. umgekehrt. Dabei wird die normal vorherrschende Luftströmung aus Westen durch sich meridional erstreckende Hochdruckgebiete (z.B. von der Biscaya über die Britischen Inseln nach Skandinavien) blockiert. Zwar besteht der westliche Jetstream der oberen Atmosphäre fort, umfließt mit seinem Mäander aber jenen (blockierenden) Hochdruckrücken. Dadurch ergibt sich eine Zyklonenaktivität an N-S oder S-N Zugbahnen anstelle der sonst vorherrschenden W-E Zugbahnen. Während bei *high index*-Situationen in Westeuropa milde, aber feuchte Witterung mit geringen Temperaturgradienten vorherrscht, hängt bei *low index*-Situation die Witterungscharakteristik davon ab, wo der blockierende Hochdruckrücken lokalisiert ist. Wenn sich im Winter der Hochdruckrücken beispielsweise mit der dominierende Sibirischen Antizyklone verbindet, kann der Winter bei vorherrschenden Nordostwinden in Skandinavien durch das Einströmen kalter, trockener Polarluft sehr streng werden.

Der Wechsel zwischen *low* und *high index*-Zirkulation mit resultierenden unterschiedlichen Großwetterlagen (s. GÜNTHER 1982 etc.) bestimmt die Witterung Europas. Er ist durch Häufigkeit und jahreszeitliche Verteilung seines Auftretens für kurz- und mittelfristige Klimaschwankungen in ganz Europa verantwortlich. Zusammen hängt damit die ebenfalls entscheidende Bedeutung besitzende Lage der Zyklonenzugbahn.

Im Sommer zeichnen *high index*-Zirkulationsmuster für kühle, maritim geprägte Sommer in Nordwesteuropa verantwortlich, verbunden mit starken zyklonalen Niederschlägen. Die sommerlichen Niederschläge im Ostalpenraum sind dagegen v.a. Konvektionsniederschläge (s.u.). Auch im Sommer hängt die mit *low index*-Zirkulation verbundene Witterung von der Position des blockierenden Hochdruckrückens ab. Wenn der Hochdruckrücken beispielsweise von Südosteuropa nach Nordskandinavien verläuft, ergibt sich dort stabile Witterung, im Tiefdrucktrog über Westeuropa dagegen kühle und sehr feuchte Witterung.

Neben der primären Variation des zonalen westlichen Strömungsmusters kann die Zirkulation auch durch thermische Druckgebilde oder Langwellen sekundär beeinflußt werden.

Die für Europas Witterung (speziell auch im Falle Norwegens) wichtigen durchziehenden Zyklonen sollten nach der klassischen Theorie der Bergener Schule an den hauptfrontalen Zonen (z.B. der Nordatlantischen Polarfront) bevorzugt gebildet werden. Mit Hilfe moderner Fernerkundungsmethodik werden heute diese Fronten bei der Zyklonengenese als nebensächlich angesehen, die primäre Ursache dagegen in den Luftströmungen der oberen Atmosphäre. Divergenz in der Höhenströmung der Oberen Troposphäre verursacht demnach großräumige Hebung und Konvergenz im unteren Atmosphärenniveau. Zyklogenese findet damit v.a. an der Ostseite eines Wellentroges statt und ist im Winter der Nordhemisphäre aufgrund des stärkeren Temperaturgradienten von See- zu Landoberflächen stark.

Die für das Klima Europas wichtigen Zyklone werden von quasistationären langen Wellen der westlichen Höhenströmung (ROSSBY-Wellen) gesteuert, aber auch von der Oberflächensituation (Land-See-Gegensatz) beeinflußt. Diese im statistischen Mittel quasistationären dominierenden Druckgebilde, Islandtief und Azorenhoch, treten zwar in allen Jahreszeiten auf, aber in unterschiedlicher Intensität. Der Verlauf der Höhenströmung zeigt zwar keine saisonalen Änderungen, wohl aber Intensitätsschwankungen (im Winter doppelte Intensität als im Sommer), verbunden mit entsprechender Auswirkung auf diese Druckgebilde. Ein zweites für Europa wichtiges System ist die (thermische bzw. durch die große Festlandmasse verursachte) Sibirische Antizyklone. Als synoptische Anomali müssen o.e. blockierende Hochdruckgebilde betrachtet werden, die den Jetstream zu einer Aufspaltung in einen nördlichen und südlichen Arm zwingen.

Die Alpen stellen in ihrer W-E-Erstreckung eine klimatische Barriere und Grenzzone zwischen der gemäßigten Klimazone Mitteleuropas und dem subtropischen mediterranen Klimaraum dar. Da sich das Untersuchungsgebiet Rofental im zentralen Ostalpenraum nahe des Alpenhauptkamms befindet, ist diese Grenzlage für die Witterung von einiger Bedeutung, mehr als z.B. in den nördlichen Alpenregionen (s.u.). Innerhalb des eng begrenzten Untersuchungsgebiets Rofental herrschen lediglich lokalklimatische Unterschiede bei gemeinsamen regionalen Klimacharakteristika und höhenspezifischer Differenzierung vor. Der klimatische Formenwandel vom maritimeren Westalpen- zum kontinentaleren Ostalpenklima sollten jedoch beim Vergleich der Gletscherstandsschwankungen zwischen verschiedenen Alpenregionen beachtet werden.

Durch den generellen N-S-Verlauf der Gebirgszüge Skandinaviens unterliegt auch West-/ Zentralnorwegen einem zirkulationsbedingten klimatischen Formenwandel vom extrem maritimen Küstenklima der Fjordküste Westnorwegens zum kontinentaleren Klima der inneren Fjellregionen Zentralnorwegens (s.u.). Die klimatischen Gegensätze innerhalb des norwegischen Untersuchungsgebiets sind weit größer als die (allerdings nicht zu vernachlässigenden) klimatischen Gegensätze zwischen West- und Ostalpen bzw. Nord- und Zentralalpen. Anstelle eines allmählichen Übergangs von der maritimen Klimaregion Westeuropas über das vermittelnde Klima Mitteleuropas zum kontinentalen osteuropäischen Klima über mehr als 1000 km findet dieser Formenwandel in West-/ Zentralnorwegen sehr abrupt bei deutlicher Grenzfunktion der Wasserscheidenregion auf nur wenig mehr als 100 km Entfernung Luftlinie statt (u.a. verstärkt durch die weit bis ins Landesinnere für maritime Klima-

Tab. 4: Durchschnittliche Monats-/Jahresniederschläge in mm (Mittel 1931-60) im Ötztal (Höhenangaben der Stationen in m) (Datenquelle: FLIRI 1975)

Station	Höhe	Jan	Feb	Mär	Apr	Mai	Jun	Jul	Aug	Sep	Okt	Nov	Dez	Jahr
Vent	1896	40	45	37	41	61	82	97	89	65	50	50	41	699
Obergurgl	1930	53	67	48	49	65	85	106	102	78	64	58	52	827
Sölden	1380	42	42	34	40	64	81	96	87	71	53	54	42	706
Längenfeld	1179	35	38	29	37	65	88	115	101	70	51	47	36	711
Umhausen	1036	42	40	31	35	63	88	110	96	64	42	41	35	687
Habichen	856	31	32	28	35	63	92	121	119	78	34	31	28	692
Ötz	775	39	36	32	37	64	95	122	107	78	49	35	31	724
Vernagthütte	2770	—	—	—	—	—	—	—	—	—	—	—	—	1026
Hochjochhospiz	2360	—	—	—	—	—	—	—	—	—	—	—	—	901
Rofen	2100	—	—	—	—	—	—	—	—	—	—	—	—	771

verhältnisse sorgenden Fjorde).

Bedeutendes klimatisches Charakteristikum Skandinaviens ist die starke positive Temperaturanomalie von bis zu 20°C bezüglich der Breitenlage. Die Temperaturanomalie ist vor allem im Winter ausgebildet. Durch den „Massenhebungseffekt" weist dagegen der Alpenraum im Sommer eine leichte Temperaturanomalie auf. Die Ursache für diese Temperaturanomalie Skandinaviens ist der Golfstrom als Lieferant latenter Wärmeenergie, allerdings nur sekundär, da primär die vorherrschenden Wind- und Druckverhältnisse für den aktuellen Verlauf des Golfstroms verantwortlich sind (v.a. die auch in Westnorwegen dominierenden SW-Winde). Gleichwohl sind besonders im Zusammenhang mit den pleistozänen Vereisungen die Kursänderungen des Golfstroms in seiner Auswirkung auf das Klima Skandinaviens von entscheidender Bedeutung (u.a. durch vorhandene oder nicht vorhandene Eisfreiheit der Küste).

2.3.2 Rofental (Ostalpen)

Das Rofental liegt als Teil der Ötztaler Alpen in der zentralen Zone der einem Hochgebirgsklima an der Grenze der kaltgemäßigten zur mediterransubtropischen Klimazone unterworfenen Alpen (FLIRI 1975). Die Lage in den zentralen westlichen Ostalpen in Wechselwirkung mit den orographischen Einflußfaktoren des Reliefs (der klimatischen Höhenstufung) ist entscheidend für die klimatischen Verhältnisse des Untersuchungsgebiets.

Das gesamte Ötztal ist lt. HEUBERGER (1975) bei guter Abschirmung nach Norden dem trockenen zentralalpinen Bereich zuzuordnen. Die Jahresniederschlagssummen der Stationen Vent (1896 m) mit 699 mm zeigen deutlich, daß es sich beim Untersuchungsgebiet um eines der niederschlagsärmsten Gebiete im Alpenraum handelt, da nur bestimmte Regionen Südtirols ähnlich geringe Niederschläge aufweisen (HEUBERGER 1975, BERGER 1992). Bemerkenswert ist, daß ähnliche Niederschlagswerte an den nördlich im Ötztal erheblich tiefer gelegenen Stationen (z.B. Sölden, Längenfeld, Ötz) verzeichnet werden (s. Tab. 4). Der in den Alpen bis in die höchsten Gebirgsbereiche zu verzeichnende Anstieg der Niederschlagsmengen mit zunehmender Höhenlage wird im Falle des N-S-verlaufenden Ötztals durch Abnahme des Niederschlags vom näher am Alpennordrand gelegenen unteren Ötztal zum inneren Ötztal hin kompensiert. Das Gebiet des Venter Tals mit seinen Nebentälern ist dabei durch die orographische Situation besonders gut abgeschirmt (Obergurgl mit weniger effektiver orographischen Abschirmung (nach Süden) weist mit 827 mm deutlich höhere Jahresniederschläge auf).

Die gute Abschirmung nach Süden ist gerade im inneren Ötztal von Bedeutung, da von Süden über den nahegelegenen Alpenhauptkamm übergreifenden Niederschläge bei Tiefdruckgebieten größere Bedeutung besitzen (S- oder SW-Wetterlagen). Nordstauwetterlagen bringen dem inneren Ötztal dagegen nur selten größere Niederschlagsmengen (FLIRI 1974, MOSER ET AL. 1986). Im Ötztal ist ferner taleinwärts eine verminderte Deutlichkeit des sommerlichen Niederschlagsmaximums im Juni zu verzeichnen. Der Herbst als zweitniederschlagsreichste Jahreszeit gewinnt gegenüber dem Sommer als Zeichen der Annäherung an den mediterranen Klimabereich an Bedeutung. Die geringen Niederschlagswerte im inneren Ötztal sind im übrigen nicht auf verminderte Niederschlagshäufigkeit zurückzuführen, sondern auf geringere absolute Niederschlagsmengen. Die zentrale Lage des Untersuchungsbiets mit nördlichen und südlichen Klimaeinflüssen zeigt u.a. darin Wirkung, daß Schwankungen (z.B. der sommerliche oder winterlichen Schneefälle) weniger stark als in Nord- oder Südalpen ausgeprägt sind (s.a. FLIRI 1964, 1990).

Tab. 5: Monats- und Jahresmittel der Temperatur in °C (Periode 1931-60) im Ötztal (Datenquelle: FLIRI 1975)

Station	Höhe	Jan	Feb	Mär	Apr	Mai	Jun	Jul	Aug	Sep	Okt	Nov	Dez	Jahr
Vent	1896	-6,8	-5,6	-2,5	1,1	5,3	8,7	10,6	10,2	8,1	3,5	-1,8	-3,5	2,1
Umhausen	1036	-3,4	-1,5	3,3	5,3	11,4	14,3	16,2	15,6	13,2	7,7	2,4	-1,8	7,1

Innerhalb des Rofentals ist ein Anstieg des Jahresniederschlags mit zunehmender Höhenlage festzustellen (Vent: 699 mm; Rofenhöfe: 771 mm; Vernagthütte 1026 mm - FLIRI 1975). Das Niederschlagsmaximum auf der Pegelstation Vernagtbach (2640 m, s. 6.2) fiel während des Zeitraums 1976-85 bei insgesamt größerer Standartabweichung und höheren absoluten Niederschlagswerten verglichen mit der Station Vent nur dreimal im Juli, dafür aber dreimal im August, dreimal im September und einmal im Juni (MOSER ET AL. 1986). Niederschlagsfreie Perioden über mehrere Tage hinweg sind im Gebiet des Vernagtferners selten, häufig dagegen tritt ein Wechsel von niederschlagsfreien Tagen und Tagen mit Niederschlag auf. Dies wird mit der mit zunehmender Höhe gesteigerten Häufigkeit von konvektiven Niederschlägen und der Wirkung o.e. S- und SW-Wetterlagen erklärt. Allerdings ist in den gesamten inneren Ötztaler Alpen, wie kleinräumig sogar im Untersuchungsgebiet, durch die hohen

Tab. 6: Monats-, Jahresmittel und Extrema der Temperatur in °C (Periode 1931-60) an der Station Vent [Ø = Mittelwerte; max.1/min.1 = absolute Maxima/Minima; max.2/min.2 = mittlere absolute Maxima/Minima; max.3/min.3 = mittlere Maxima/Minima] (Datenquelle: FLIRI 1975)

Station		Jan	Feb	Mär	Apr	Mai	Jun	Jul	Aug	Sep	Okt	Nov	Dez	Jahr
Vent	Ø	-6,8	-5,6	-2,5	1,1	5,3	8,7	10,6	10,2	8,1	3,5	-1,8	-3,5	2,1
Vent	max.1	10,0	11,9	13,1	15,3	21,4	25,3	27,9	24,9	22,8	19,1	13,0	9,5	27,9
Vent	max.2	4,9	5,6	8,9	11,7	16,5	20,6	22,8	21,9	19,5	15,8	9,2	6,1	23,6
Vent	max.3	-2,7	-1,3	2,4	5,5	9,7	13,5	15,7	15,0	12,8	7,9	1,7	-2,3	6,5
Vent	min.1	-26,0	-31,6	-22,6	-17,6	-12,7	-6,7	-1,9	-2,9	-6,5	-14,2	-18,7	-26,3	-31,6
Vent	min.2	-20,4	-19,5	-16,1	-11,1	-5,6	-1,3	0,5	0,7	-2,3	-8,1	-12,7	-18,4	-23,0
Vent	min.3	-10,9	-9,9	-7,3	-3,3	0,8	3,9	5,4	5,4	3,3	-0,9	-5,3	-9,3	-2,3

abschirmenden Gebirgskämme ein starker lokaler Einfluß bei der Ausbildung konvektiver Niederschläge zu beachten.

Tab. 7: Anzahl der durchschnittlichen Eis-, Frost-, frostfreien und Sommertage (Mittel 1931-60) an der Station Vent [ET = Eistage; FT = Frosttage; FFT = frostfreie Tage; ST = Sommertage] (Datenquelle: FLIRI 1975)

Station		Jan	Feb	Mär	Apr	Mai	Jun	Jul	Aug	Sep	Okt	Nov	Dez	Jahr
Vent	ET	21,8	15,5	8,3	3,0	0,6	0,0	—	—	0,0	2,6	9,4	19,5	80,7
Vent	FT	30,7	28,1	29,8	22,5	11,6	2,2	0,4	0,4	4,3	15,5	26,8	30,1	202,4
Vent	FFT	0,3	0,2	1,2	7,5	19,4	27,8	30,6	30,6	25,7	15,5	3,2	0,9	162,9
Vent	ST	—	—	—	—	—	0,7	1,8	—	—	—	—	—	2,5

Tab. 8: Mittlere Sonnenscheindauer (monatliche Stunden mit Sonnenschein) an der Station Vent (Mittel 1931-60) (Datenquelle: FLIRI 1975)

Station	Höhe	Jan	Feb	Mär	Apr	Mai	Jun	Jul	Aug	Sep	Okt	Nov	Dez	Jahr
Vent	1896	47	80	144	149	156	167	185	168	153	121	55	38	1463

Von Bedeutung ist, daß die höchsten gemessenen Tagessummen des Niederschlags an der Pegelstation Vernagtbach i.d.R. nicht als Regen, sondern als Schnee fallen. Der Anteil des Niederschlags in fester Form ist sehr hoch, er bewegt sich selbst im Sommerhalbjahr an der Pegelstation Vernagtbach zwischen 33 und 66 % (MOSER ET AL. 1986). Gerade diese Sommerniederschläge in fester Form sind in Häufigkeit ihres Auftretens für die Massenbilanz der Gletscher entscheidend. Wie FLIRI (1964) zeigt, hängen sommerliche Schneefallereignisse neben den Temperaturen auch von den Niederschlagsmengen selbst ab.

Die durchschnittliche Jahresmitteltemperatur der Station Vent beträgt 2,1°C, die höchsten Monatsmittel liegen im Juli und August, die niedrigsten im Januar und Februar. Das absolute Temperaturminimum mit -31,6°C wurde in einem Februar gemessen, das Temperaturmaximum mit 27,9°C in einem Juli (FLIRI 1975). Die Tagesmittel/Monatsmittel der Lufttemperatur an der Pegelstation Vernagtbach (MOSER ET AL. 1986) zeigen im Vergleich dazu deutlich die Abnahme der Lufttemperaturen mit zunehmender Höhenlage an. Die Station Vent weist im Jahresdurchschnitt 80,7 Eistage (Tagesmaximum < 0°C) und 202,4 Frosttage (Tagesminimum < 0°C) auf, sowie 121,7 Frostwechseltage (FLIRI 1975). Die Dauer der frostfreien Periode beträgt in Vent 162,9 Tage, die Anzahl der Sommertage (Tagesmaximum > 25°C) ist mit 2,5 Tagen gering. Fröste und Schneefälle können den ganzen Sommer über in Vent auftreten, sind an der Pegelstation Vernagtbach sogar üblich.

2.3.3 West-/Zentralnorwegen

Das norwegische Untersuchungsgebiet besitzt eine spezielle Position innerhalb des Klimasystems Europas und ist besonders durch den beständigen Durchzug von Zyklonen sowie den markanten Klimawandel von West nach Ost, d.h. von einem extrem maritimen zu einem kontinentalen Klima, gekennzeichnet. Große Unterschiede zwischen den einzelnen Klimaregionen des Untersuchungsgebiets sind daher zu verzeichnen. Zusätzlich ergeben sich durch den gebirgigen Charakter des Untersuchungsgebiets erhebliche lokalklimatische Einflußfaktoren, die bei einer Interpretation der Massenhaushaltsdaten und Gletscherstandsschwankungen beachtet werden müssen, insbesondere im Vergleich zwischen den Outletgletschern des Jostedalsbre und den alpinen Gletschern des Jotunheim. Ebenso gravierend wie die Unterschiede zwischen den maritim beeinflußten Gletschern Westnorwegens und den kontinentaleren Gletschern des Jotunheim innerhalb des Untersuchungsgebiets sind die Unterschiede zwischen den weitgehend im maritimen Einflußgebiet liegenden Gletschern Nordnorwegens und den Gebirgsgletschern in Nordschweden. Die bedeutenden Unterschiede der Klimaregionen Skandinaviens müssen bei der Interpretation des Gletscherverhaltens (stärker noch als beim Vergleich der Gletscher in West- und Ostalpen) beachtet werden. Aus klimatischer Sichtweise sind daher häufig anzutreffende Korrelationen zwischen den Gletscherstandsschwankungen verschiedener Regionen Skandinaviens (z.B. für das Holozän) als lediglich bedingt aussagekräftig einzustufen, da die klimatischen Unterschiede für eine sinnvolle Korrelation zu groß sind.

Tab. 9: Monats- und Jahresniederschlagsnormale in mm (Periode 1961-90) (Datenquelle: FØRLAND 1993)

Station	Höhe	Jan	Feb	Mär	Apr	Mai	Jun	Jul	Aug	Sep	Okt	Nov	Dez	Jahr
Lom	382	22	14	14	10	17	34	48	36	37	35	27	27	321
Bøverdal	701	37	21	26	13	22	33	45	44	54	55	49	40	439
Skjåk	432	25	15	15	7	16	30	44	35	34	36	29	31	317
Bråtå	712	62	37	43	15	21	33	43	45	55	62	61	71	548
Fannaråken	2062	119	85	85	74	59	72	104	113	115	119	133	122	1200
Skålavatn	1014	83	53	66	34	48	69	72	87	122	114	90	92	930
Fortun	27	72	43	51	22	34	46	57	65	90	99	80	80	739
Luster	484	140	88	114	48	51	69	71	81	138	157	136	147	1240
Jostedal	370	146	94	109	47	60	66	71	96	159	175	152	155	1330
Veitastrond	172	171	115	135	60	65	80	85	111	198	214	184	202	1620
Sogndal	421	154	104	118	57	63	78	85	115	208	205	178	178	1543
Fjærland	10	198	138	158	82	71	88	102	129	238	245	217	239	1905
Brigsdal	38	135	91	111	50	48	70	83	88	185	179	158	174	1372
Oppstryn	201	118	91	99	53	41	53	74	73	130	136	118	151	1137
Bondhus	37	201	140	171	83	95	118	137	163	262	260	235	245	2110
Grøndalen	105	350	261	289	168	142	166	205	242	435	439	398	425	3520

Tab. 10: Mittlere Schneehöhe in cm (Periode 1901-30) (Datenquelle: DET NORSKE METEOROLOGISKE INSTITUTT 1949b)

Station	Höhe	Jan	Feb	Mär	Apr	Mai	Jun	Jul	Aug	Sep	Okt	Nov	Dez	Jahr
Lom	380	14	12	9	1	—	—	—	—	0	1	5	9	4
Skjåk	424	22	23	17	2	—	—	—	—	0	0	5	13	7
Bøverdal	700	20	27	29	16	2	—	—	—	0	1	6	14	10
Fannaråken	2062	102	105	113	130	131	82	19	1	12	46	77	95	76
Luster	502	61	92	103	79	13	—	—	—	0	0	9	34	33
Jostedal	370	87	119	125	93	16	—	—	—	0	1	18	46	42
Fjærland	5	44	69	80	45	4	—	—	—	0	0	6	20	22
Brigsdal	167	11	11	8	2	—	—	—	—	0	1	5	8	4
Oppstryn	205	33	41	39	12	0	—	—	—	0	2	8	19	13

Speziell in Westnorwegen ergibt sich aus der engen Verzahnung von Land und Meer mit tief ins Landesinnere hineinführenden Fjorden als Kanäle für einströmende Luft und kontrastierend mächtigen Gebirgskomplexen ein stark durch lokale Reliefverhältnisse beeinflußtes Klima. Dies ist bei der Interpretation entsprechender Daten von Klimastationen zu beachten, die generell in den tief eingeschnittenen Tälern z.T. nahe Meereshöhe liegen und auf ihre Aussagefähigkeit für das bis zu 2000 m hohe Plateau des Jostedalsbre erst überprüft werden müssen. Während auch bei den Talstationen die Exposition bezüglich der niederschlagsbringenden SW-Winde beachtet werden sollte, ist die Exposition bei den Plateaugletschern Westnorwegens (Jostedalsbreen, Folgefonna, Ålfotbreen) unbedeutend, wohl aber die Windverhältnisse (vgl. 6.3).

Generell wird das Klima Skandinaviens von einer großen Transfer-Dynamik geprägt. Der zonale Typ der Zirkulation ist für die Grundzüge des Klimas Skandinaviens und den bedeutenden W-E-Klimagradienten entscheidend (s.o.). West- und Zentralnorwegen steht dabei im Einfluß häufiger West- und Südwestwinde. Die zyklonale Aktivität wird v.a. vom Islandtief gesteuert. Die häufig wechselnden Luftmassen dieser Zyklonen sind besonders dann wirksam, wenn sie über Island, den Britischen Inseln oder der Norwegensee entstehen. Die Wirkung reifer Zyklonen, die bereits von New Foundland aus über den gesamten Atlantik gewandert sind und im Stadium der Okklusion die Küste Skandinaviens erreichen, ist geringer.

Fig. 16: Unterschied in absoluter Menge und Form des Jahresniederschlags zwischen Ålfotbreen (Nordfjord) und Gråsubreen (Östliches Jotunheimen) (leicht modifiziert n. LIESTØL 1989)

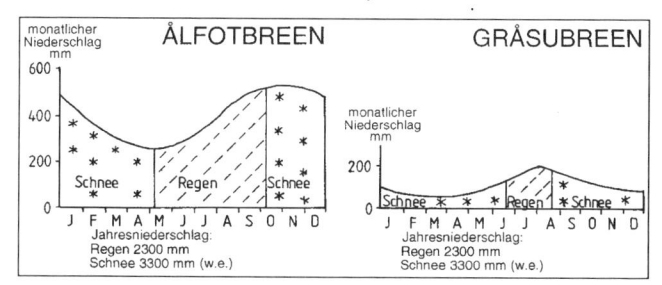

Die Gebirgszüge nahe der westnorwegischen Küste wirken als bedeutende Hindernisse der von West und Südwest einströmenden, feuchtwarmen Luftmassen, was zu einer Kulmination der Niederschläge in nur 40 bis 50 km Entfernung von der Küste führt und ein Hauptcharakteristikum des maritimen Klimaregimes in Westnorwegen im Vergleich zum zentralnorwegischen Jotunheimen ausmacht (s. Stationen Bondhus/Folgefonn-Halbinsel und Grøndalen/Nordfjord; vgl. Tabelle 9). Das Maximum der Niederschläge wird an der Küste im Herbst erreicht, nach Osten verlagert sich das Niederschlagsmaximum auf den Sommer. Die generellen Unterschiede des Klimas West- und Zentralnorwegens zeigen sich im übrigen auch in den aktuellen Klimaänderungen, die westlich bzw. östlich der Wasserscheide signifikant

Tab. 11: Anzahl der Tage mit einer Schneedecke > 1 cm (Mittel 1901-30) (Datenquelle: DET NORSKE METEOROLOGISKE INSTITUTT 1949b)

Station	Höhe	Jan	Feb	Mär	Apr	Mai	Jun	Jul	Aug	Sep	Okt	Nov	Dez	Jahr
Lom	380	28	27	24	5	0	—	—	—	0	4	19	28	135
Skjåk	424	29	27	23	3	0	—	—	—	0	3	19	26	130
Bøverdal	700	31	28	31	22	3	—	—	—	1	8	23	30	177
Fannaråken	2062	31	28	31	30	31	25	8	4	15	28	30	31	292
Luster	502	31	28	31	23	3	—	—	—	—	1	10	24	151
Jostedal	370	31	28	31	30	16	0	—	—	0	5	23	30	194
Fjærland	5	29	28	31	21	2	—	—	—	0	2	12	25	150
Brigsdal	167	20	19	18	6	1	—	—	—	0	3	10	16	93
Oppstryn	205	28	26	27	17	2	—	—	—	0	3	14	21	138

Tab. 12: Monats- und Jahresnormale der Temperatur in °C (Periode 1961-90) (Datenquelle: AUNE 1993)

Station	Höhe	Jan	Feb	Mär	Apr	Mai	Jun	Jul	Aug	Sep	Okt	Nov	Dez	Jahr
Bø verdal	594	-9,7	-9,1	-4,3	0,6	6,3	10,5	12,1	11,0	6,8	2,5	-4,3	7,3	1,3
Elveseter	674	-9,3	-8,6	-4,5	-0,3	6,1	10,2	11,5	10,3	6,3	2,2	-4,4	-7,4	1,0
Gjeilo	378	-9,4	-8,2	-2,7	2,7	8,5	12,7	13,9	12,8	8,4	3,8	-2,9	-6,6	2,8
Fannaråken	2062	-9,5	-9,7	-8,6	-7,3	-2,7	1,2	2,7	2,4	-1,3	-3,5	-7,2	-9,0	-4,4
Sognefjell	1413	-10,7	-10,2	-9,4	-5,8	-0,2	4,2	5,7	5,4	1,2	-2,1	-6,9	-8,8	-3,1
Luster	484	-3,8	-3,9	-1,6	2,0	7,5	11,5	12,6	12,0	7,9	4,4	-0,5	-3,0	3,8
Bjørkehaug	324	-4,9	-4,6	-1,9	1,9	8,0	12,3	13,4	12,5	8,2	4,4	-1,1	-3,8	3,7
Fjærland	10	-3,3	-3,0	-0,1	3,7	9,6	13,3	14,3	13,3	9,3	5,7	0,6	-2,1	5,1
Olden	78	-0,7	-1,2	1,2	4,2	9,6	12,8	13,7	13,0	9,2	6,4	2,2	0,0	5,9
Oppstryn	201	-1,0	-1,0	0,9	3,7	9,2	12,4	13,5	12,9	9,4	6,5	2,1	-0,2	5,7

different sind (FØRLAND, HANSSEN-BAUER & NORDLI 1992).

Die Niederschläge in den küstennahen Gebirgen Westnorwegens erreichen Maximalwerte von über 4000 mm (z.B. Folgefonni oder Ålfotbreen mit bis zu 7000 mm Niederschlag in der Akkumulationssaison). Die starke Variation der Niederschlagswerte regional und vertikal mit zunehmender Höhenlage wird dadurch deutlich, das Stationen in der Nähe des Ålfotbre deutlich geringere Jahresniederschläge verzeichnen. Generell sind die Werte auf den Hochplateaus, z.B. am Jostedalsbreen, erheblich höher als an den in den umgebenden Tälern gelegenen Stationen.

Der zonale Typ der Zirkulation wird zu allen Jahreszeiten bisweilen durch eine Antizyklone blockiert. In diesem Fall auftretende meridionale Zirkulation führt maritime polare Luft aus Nord bzw. Nordwest gegen die Küste. Neben dem Einfluß von Kaltluft kann es in Verbindung mit diesen Wetterlagen an NW-exponierten Bereichen Westnorwegens zu starken Winterschneefällen kommen. Im Winter dehnt sich teilweise die Sibirische Antizyklone bis nach Ostskandinavien aus und Polarluft kann über das zugefrorene Weiße Meer und den Bottnischen Meerbusen weit südwärts vordringen. Auch in den Sommermonaten kann sich ein länger beständiges Hochdruckgebiet dort ausbilden. Die permanente Alteration zwischen warmfeuchten zonalen und trockenen meridionalen Zirkulationsperioden wird in Verbindung mit einer Verlagerung der Zyklonenzugbahn über dem Atlantik und Veränderungen des Golfstroms bzw. der Packeisgrenze des nordwestlichen Atlantiks als einer der Hauptfaktoren für die holozänen (und pleistozänen) Klimaschwankungen Skandinaviens angesehen.

3 GLAZIALMORPHOLOGIE VON HOCHGEBIRGSGLETSCHERN

3.1 DAS GLETSCHERTRANSPORTSYSTEM

Glazialmorphologische Formungsprozesse, resultierende Ablagerungen und morphologische Formen sind eng mit glaziologischen Eigenschaften und Schwankungsverhalten der Gletscher verknüpft. Die Gletscherbewegung zeichnet sowohl durch die mit ihr verknüpften Erosions- und Akkumulationsprozesse an der Gletscherbasis und marginalen Gletscherbereichen, als auch durch die Debris-Transportprozesse für die Glazialmorphologie von Hochgebirgsgletschern verantwortlich.

Allgemein differieren die Transportprozesse alpiner Talgletscher von denen großer Eisschilde, v.a. bedingt durch Einflüsse des Reliefs (enge Täler, Strukturen des Gletscherbetts etc.). Auch das Temperaturregime der Gletscherbasis (bei alpinen Gletschern i.d.R. temperiert) ist von eminenter Bedeutung für Transportprozesse im Gletschereis. Die Gletscherbewegung ist u.a. durch ausgeprägte Geschwindigkeitsgradienten von der Hauptströmungslinie zu marginalen Gletscherbereichen bzw. von der Eisoberfläche zur Gletscherbasis geprägt (s. 2.1.2). Neben reliefbedingten Modifikationen kommt diesem Bewegungsmuster große Bedeutung hinsichtlich der Interpretation der Eisströmungslinien des Gletschers und dem transportierten Debris zu.

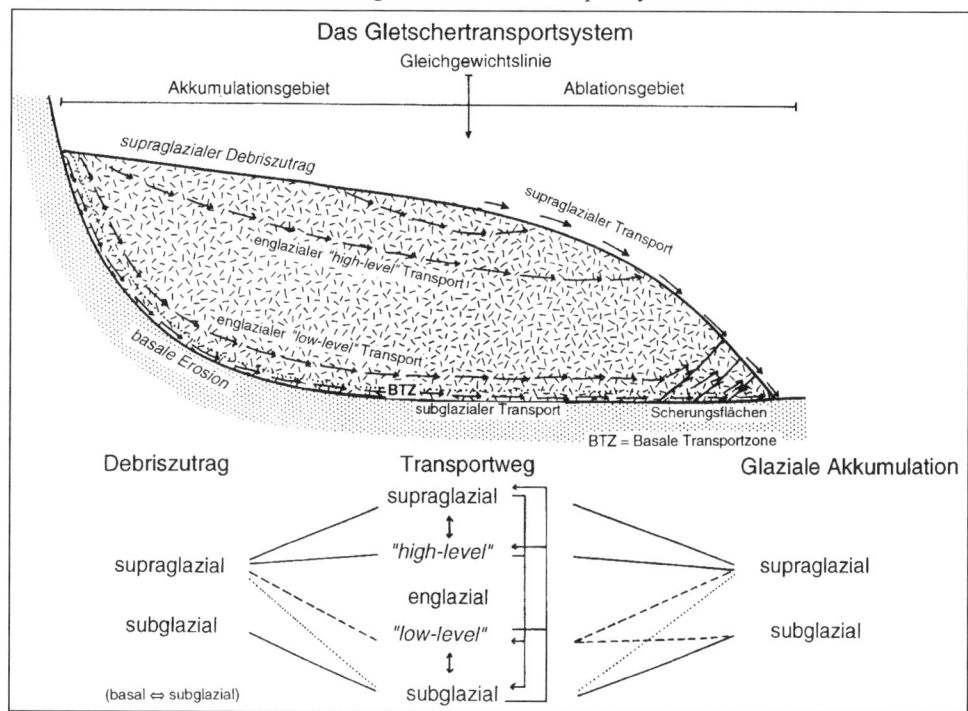

Fig. 17: Schematische Darstellung des Gletschertransportsystems

Die Eisbewegungslinien eines idealen Kar-/Talgletschers (d.h. ohne auf den Eisfluß modifizierend wirkende Gletscherbetthindernisse) konvergieren im Gletscherakkumulationsgebiet zur Hauptströmungslinie, um talabwärts der Gleichgewichtslinie wieder zu divergieren. Der Bewegungsmodus ist allerdings dreidimensional, d.h. im Akkumulationsgebiet ist zusätzlich ein zur Gletscherbasis gerichteter Bewegungssinn vorhanden, dem ein zur Gletscheroberfläche hin gerichteter Bewegungssinn im Ablationsgebiet unterhalb der Gleichgewichtslinie entspricht. Bewegungsmodifizierende Faktoren wie Talform und subglaziale Gletscherbettstrukturen sorgen für Abweichungen von den idealen Eisströmungs- bzw. Transportlinen, z.B. durch Auftreten von Scherungsflächen (s. 7.3,7.4).

Im Längsprofil eines Gletschers kommt es durch Unregelmäßigkeiten des Gletscherbetts zum lokalen Wechsel von kompressivem bzw. expandierendem Eisfluß. Dieser hat Auswirkungen u.a. auf den Kontakt von Gletschereis zum Gletscherbett bzw. Spannungsverhältnisse innerhalb des Gletscherkörpers mit resultierender Ausbildung von Scherungsflächen und an diesen orientierten Debrisbändern. In Bereichen expandierenden Eisflusses können leicht subglaziale Hohlformen entstehen, welche sich in Gletscherteilen, in denen durch kompressiven Eisfluß (z.B. am Fuß von Eisfällen) hoher Druck auf das Gletscherbett einwirkt, nicht finden lassen. Selbst bei abwechselnden Zonen kompressiven und expandierenden Eisflusses sind aber o.e. Bewegungslinien, wenn auch modifiziert, wirksam.

Aus der Mechanik des Eisflusses resultieren verschiedene mögliche Transportwege an Hochgebirgsgletschern, wobei u.a. die Korngröße des transportierten Materials Einfluß auf Transportraten und -geschwindigkeit hat (EYLES & MENZIES 1983). Es existieren verschiedene Möglichkeiten des Materialtransports, wobei man den Gletscher als „Gletschertransportsystem" mit verschiedenen „Transportwegen" auffassen kann. In das Gletschertransportsystem aufgenommene Material kann prinzipiell drei verschiedene Transportwege durchlaufen (SMALL 1987a+b):

- supraglazial;
- englazial;
- subglazial/basal.

Das vom Gletscher transportierte Material kann entweder supraglazialen oder subglazialen (basalen) Ursprungs sein. Es kann supraglazial von umgebenden Talhängen oder Gipfelbereichen z.B. durch Steinschlag, Lawinen, Muren, Bergstürze etc. auf die Gletscheroberfläche gelangen. Material subglazialen Ursprungs stellt entweder in die Gletscherbasis eingegliedertes Lockermaterial des Gletscherbetts oder durch glaziale Erosionsprozesse neu entstandene Gesteinsfragmente dar (s. 3.2). Auf die Gletscheroberfläche gelangtes Material wird im Gletscherakkumulationsgebiet i.d.R. in die winterlichen Schneelagen eingebettet und kann durch den dort zur Gletscherbasis hin gerichteten Bewegungssinn in den englazialen Transportweg überführt werden. Fällt Material im Akkumulations- oder Ablationsgebiet dagegen in tiefe Gletscherspalten oder Gletscherrandklüfte, kann es in den Bereich der basalen Transportzone des subglazialen Transportwegs (*basal transport zone* - BOULTON 1978) überführt werden oder *low-level* englazialen Transport durchlaufen. Letzterer besteht aus gletscherbettparallelen Debrisbändern (BOULTON & EYLES 1979, SMALL 1987 a+b). Supraglaziales Material kann auch den *high-level* englazialen Transportweg nehmen, der relativ oberflächennahe, oberflächenparallele Debrisschichten umfaßt.

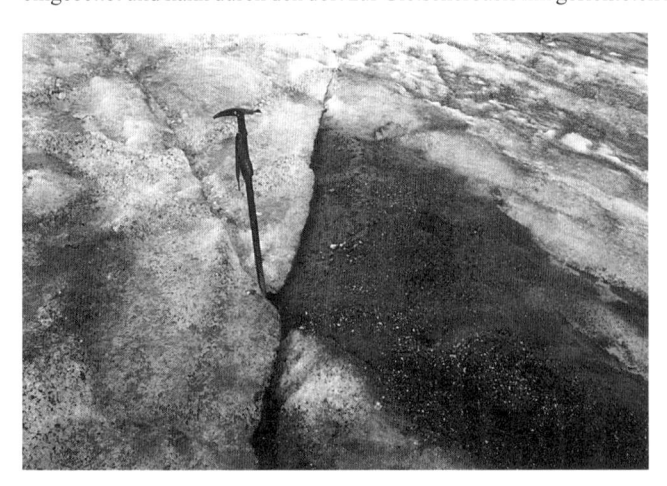

Abb. 14: An der Gletscheroberfläche im Ablationsgebiet ausschmelzender englazialer Debris (Transport an Scherungsfläche), Vernagtferner (Aufnahme: 31.07.1991)

In den englazialen (*high-level*) Transportweg gelangtes supraglaziales Material kann durch den unterhalb der Gleichgewichtslinie gegen die Gletscheroberfläche gerichteten Bewegungssinn der Eisbewegungslinien und fortgesetzte Ablation im Ablationsgebiet oberflächlich ausschmelzen (vgl. MCCALL 1960). An Scherungsflächen in marginalen Gletscherbereichen, in Eisbrüchen bzw. durch Hindernisse im Gletscherbett verursacht kann gleichfalls *low-level* englazial transportiertes Material (auch subglaziales Material) an die Gletscheroberfläche gelangen. Supraglaziales Material kann auch gänzlich supraglazial transportiert werden, in Ausnahmen im Akkumulationsgebiet, v.a. aber im Ablationsgebiet (s. 3.4). Dort wird auf die Gletscheroberfläche gelangtes Material durch den Bewegungssinn der Gletscherströmungslinien und fortgesetzte Ablation der Gletscheroberfläche nicht in den englazialen Transportweg überführt (es sei denn, dieses Material gelangt in Gletscherspalten).

Material subglazialen Ursprungs wird zunächst im subglazialen Transportweg transportiert, in der basalen Transportzone. Im Gegensatz zu polaren und subpolaren Gletschern verbleibt subglaziales Material bei temperierten Gletschern i.d.R. in der basalen Transportzone und wird subglazial abgelagert. Bei polaren und subpolaren Gletschern kann dagegen basales Material durch Scherungsflächen häufig zusammen mit englazialem Material an die Gletscheroberfläche gelangen. Diese basale Transportzone (BTZ - BOULTON 1976a,1982,1983 etc.) besteht aus zwei Zonen:

- die (obere) Suspensionzone, in der transportiertes Material nur mit Eis bzw. anderen Partikeln in Kontakt steht und Partikel wie Eis gleiche Geschwindigkeit besitzen;
- die (untere) Traktionszone, in der Partikel in Kontakt mit dem Gletscherbett geraten und es durch Reibungsverzögerung zur Geschwindigkeitserniedrigung kommt, die dann in letzter Konsequenz zur Ablagerung des Materials im *lodgement*-Prozeß oder erosiver *abrasion* führen kann (s. 3.2).

Durch den fortgesetzten Prozeß des Druckschmelzens und Regelationsgefrierens an der Gletscherbasis können Partikel größere vertikale Mobilität aufweisen und auch in der Suspensionszone transportiertes Material zumindest periodisch in Kontakt zum Gletscherbett treten. Neben dem Transport von Material ganz oder teilweise in der Gletscherbasis eingebettet existiert auch Transport v.a. feiner Korngrößen zwischen dem eigentlichen Gletscher (der BTZ) und dem Gletscherbett.

Englazial transportierter Debris ist in temperierten Gletschern i.d.R. supraglazialen Ursprungs und unterläuft einen *high-level* Transport (s.o.). Bei polaren Gletschern überwiegt im Gegensatz dazu Debris subglazialen Ursprungs. Die Gründe für die Überführung subglazialen Debris in englazile Transportposition liegen u.a. im Auftreten von Scherungsflächen im Lee subglazialer Hindernisse bzw. marginalen Gletscherbereichen und Regelationsgefrieren an der Gletscherbasis (vgl. BOULTON 1968). Übergänge vom subglazialen in den supraglazialen Transportweg und umgekehrt treten aber auch an temperierten Gletschern auf, z.B. im Bereich von Gletscherbrüchen oder bei einer stagnanten Gletscherzunge mit Scherungsflächen im Kontaktbereich zum aktiven Gletscherteil.

3.2 GLAZIALE EROSIONS- UND AKKUMULATIONSPROZESSE - EINE KURZE EINFÜHRUNG

An temperierten Hochgebirgsgletschern treten verschiedene Erosions- und Akkumulationsprozesse rein glazialer (sensu lato) wie glazifluvialer Prozeßdynamik auf. Präsenz und Wirkung dieser Prozesse unterliegen regionalen und lokalen Unterschieden (s. 7). Beim Literaturüberblick bleibt anzumerken, daß sich die vorliegenden Untersuchungsergebnisse anschließend dargestellter Erosionsprozesse fast ausschließlich auf ein Gletscherbett aus Festgestein beziehen. In der Realität liegen vielfach aber zumindest die unteren Zungenbereiche auf Lockersediment-Untergrund, ein v.a. in der älteren Literatur oft vernachlässigtes Faktum. Angesichts der Tatsache, daß bei einem theoretischen Gletschervorstoß fast alle Gletscher der Untersuchungsgebiete über ihr eigenes Moränenmaterial, und nicht über Festgestein, vorstoßen würden, besteht hier noch ein Forschungsdefizit, selbst wenn einige Untersuchungen inzwischen vorliegen (BOULTON 1979, SCHLÜCHTER 1983, HARRIS & BOTHAMLEY 1984, TISON, SOUCHEZ & LORRAIN 1989).

Die beiden bedeutendsten subglazialen Erosionsprozesse (auf Festgesteinsuntergrund) sind *plucking* bzw. *abrasion* (infolge Begriffsunsicherheit in der deutschen Nomenklatur wird folgend auf evtl. mißverständliche deutsche Übersetzungen verzichtet). *Plucking* (synonym *quarrying*) ist definiert als subglaziale Gesteinsfraktionierung aufgrund von Druckvariationen im mikro-, meso- und vereinzelt auch makroskalaren Bereich (bei noch umstrittener Bedeutung der Präsenz subglazialen Schmelzwassers). *Plucking* tritt z.B. im Bereich basaler Hohlräume im Lee von subglazialen Hindernissen bzw. starken Schwankungen der subglazialen Druckverhältnissen ausgesetzten Partien des Gletscherbetts auf. Evtl. mit Unterstützung durch andere Prozesse (Frostverwitterung, Frosthebung, Wirkung subglazialen Wasser durch Regelationsgefrieren, direktes Anfrieren der Fragmente an die Gletschersohle etc.) können die entstandenen Gesteinsfragmente der zerrütteten Festgesteinsbereiche durch Anfrieren in die basale Transportzone des Gletschertransportsystems aufgenommen werden.

Während früher der „Frostsprengung" durch subglaziales Schmelzwasser große Bedeutung beim *plucking*-Mechanismus eingeräumt wurde, belegen moderne subglaziale Messungen die überragende Bedeutung von Druckschwankungen, speziell z.B. an Leeseiten subglazialer Hindernisse (BOULTON ET AL. 1979, HAGEN 1986, HAGEN AT AL. 1983,1993). Dort können Druckentlastungsklüfte entstehen. Den petrographischen Eigenschaften des Gletscherbetts kommt dabei starker Einfluß zu, da präexistente Klüfte und andere Gesteinsstrukturen die Bildung von Druckentlastungsklüften beeinflussen (ADDISON 1981, ANDERSEN ET AL. 1982). Diese Druckschwankungen können durch in der Gletscherbasis mittransportierte Gesteinsblöcke in Kontakt mit dem Gletscherbett verursacht werden (HAGEN ET AL. 1983) oder das Resultat saisonaler Schwankungen subglazialer Hohlraumgröße sein (HOOKE,WOLD & HAGEN 1985). BOULTON ET AL. (1979) messen großen Blöcken in der Gletscherbasis bzw. größeren Partikelgruppen generell sogar größere Bedeutung als Schwankungen der basalen Gleitgeschwindigkeit des Eises zu.

RÖTHLISBERGER & IKEN (1981) weisen darauf hin, daß der *plucking*-Mechanismus strenggenommen aus verschiedenen Prozessen besteht, da das Gestein fraktioniert, vom Felsuntergrund loßgesprengt und anschließend an der Gletscherbasis festfrieren muß. Sie räumen dem hydrostatischen Druck große Bedeutung bei verschiedenen Teilprozessen ein (vgl. auch IVERSON 1991). Durch *plucking* entstandene Gesteinsfragmente werden u.a. in subglazialen Hohlräumen aufgenommen, wobei zwischen aktiven und passiven Hohlräumen unterschieden werden muß. In passiven Hohlräumen können Partikel an der Sohle durch den *heat-pump effect* n. ROBIN festfrieren. Durch schnelle Öffnung großer, wassergefüllter Hohlräume mit hohen Drücken liefert die *heat-pump* Theorie eine gute Erklärung für die Extraktion von Gesteinsfragmenten bei stark zerklüftetem Gestein (RÖTHLISBERGER & IKEN 1981). Durch die Kopplung des *plucking*-Prozesses an subglaziale Druckschwankungen und basalen Scherungsstreß (BOULTON ET AL. 1979) konzentriert sich die glaziale Erosion u.a. auf größere Eisbrüche. IVERSON (1991) betont die Wirkung von Änderungen des hydrostatischen Drucks an der Gletscherbasis. Durch Beeinflussung des Drucks in bestehenden Klüften/Spalten des Festgesteins soll dieser entscheidenden Anteil am *plucking* haben können (verstärkt in Zonen temporärer Trennung der Gletscherbasis vom Gletscherbett). V.a. impermeables Festgestein ist davon betroffen, was die generell bessere Ausbildung glazialerosiver Formen in Gebieten anstehender Metamorphite bzw. Magmatite erklären könnte.

In die basale Transportzone durch Anfrieren aufgenommene Gesteinsfragmente, entweder durch *plucking* erosiv neuentstanden oder angefrorenes Lockergestein, stellen die notwendigen „Werkzeuge" des *abrasion*-Prozesses dar. An alpinen Talgletschern können kleinere Anteile der abradierend-wirkenden Partikel in der basalen Transportzone auch supraglazialen Ursprungs sein, d.h. durch Gletscherspalten/Gletscherrandklüfte aufgenommen (vgl. BOULTON 1972,1979,1982, EMBLETON & KING 1975a, SUGDEN & JOHN 1976, DREWRY 1986). *Abrasion* zwischen in der basalen Gletschertransportzone (bzw. an der Grenzfläche Gletschereis - Gletscherbett) mittransportierten Partikeln und dem Gletscherbett kann Gletscherschrammen, Sichelbrüche und andere glazialerosive Kleinformen auf dem anstehenden Festgestein produzieren (EMBLETON & KING 1975a, EYLES & MENZIES 1983; s. 3.4).

Bei temperierten Gletschern stellt *abrasion* einen wirkungsvollen Erosionsprozeß dar, der in seiner Wirksamkeit n. SUGDEN & JOHN (1976) von verschiedenen Faktoren abhängt, z.B.:
- Eisgeschwindigkeit und Bewegungsmodus an der Gletscherbasis;
- Partikelkonzentration in der basalen Transportzone (s.a. BOULTON ET AL. 1979);
- Beschaffenheit des Gletscherbetts (Gesteinstyp, Oberflächenrauhigkeit);
- Beschaffenheit der abradierend-wirkenden Partikel (Gesteinstyp, Partikelform, Größe etc.).

Subglaziale Messungen und Beobachtungen bestätigen die Effektivität von *abrasion* aufgrund von in der Gletscherbasis mittransportierter Gesteinsblöcke. Am Bondhusbreen (Folgefonni) berichten HAGEN ET AL. (1983) von mehr als 90 bar gemessenen Drucks beim Passieren eines Blockes (vor Zerstörung des Drucksensors). Durch die Reibungsverzögerung weisen die in Kontakt zum Gletscherbett stehenden Gesteinsfragmente eine geringere Geschwindigkeit als die basale Transportzone selbst auf (40 mm/d gegenüber 80 mm/d am Bondhusbreen - HAGEN 1986). Diese Gesteinsfragmente können durch den großen Druck selbst fragmentiert werden, weshalb z.B. in der subglazialen Sedimentfangkammer oberhalb des Eisbruchs des Bondhusbre größere Gesteinsblöcke als an der Gletscherzunge auftreten (HOOKE,WOLD & HAGEN 1985). Generell können bei hohen Konzentrationen von Debris in der Gletscherbasis erosive Prozesse auch zwischen den einzelnen Partikeln auftreten, wie auch (seltener) im Bereich englazialer Debrisbänder. Wichtig ist in diesem Zusammenhang die Beobachtung, daß die resultierenden Gletscherschrammen vom lokalen Eisfluß an der Gletscherbasis und damit vom Relief des Gletscherbetts in ihrer Orientierung mitbeeinflußt werden. Abweichungen zur oberflächlichen Gletscherfließrichtung können daher auftreten. Die für die Wirksamkeit von *abrasion* mitentscheidende Debriskonzentration unterliegt größeren lokalen Schwankungen, z.B. durch die ausschmelzende Wirkung subglazialer Schmelzwasserströme (HOOKE,WOLD & HAGEN 1983, HAGEN 1986) oder dem Eisströmungsmuster um subglaziale Hindernisse (BOULTON ET AL. 1979). Bei Anstieg der Debriskonzentration über einen bestimmten Wert kann es jedoch zur Reduktion der *abrasion*-Rate führen (HALLET 1981).

Bei der Bewertung subglazialer Erosionsprozesse betont BOULTON (1972), daß bei temperierten Gletschern *plucking* (im eingeschränkten Sinne) relativ uneffektiv ist, da das Eis dort nur selten unter den Druckschmelzpunkt geriete, was für die konventionelle Erklärung des *plucking*-Mechanismus (wie es z.B. der bewußt vermiedene deutsche Ausdruck „Detraktion" induziert) bei überragender Wirkung subglazialen Schmelzwassers zu fordern wäre. BOULTON (1972,1982) spricht daher vom weitaus effektiveren *crushing*-Prozeß an temperierten Gletschern. *Crushing* sensu BOULTON entspricht aber der auch hier angewandten modernen Definition von *plucking* (EYLES & MENZIES 1983).

Durch subglaziale Messungen wurden am Bundhusbreen am Gletscherbett nicht-hydrostatische Drücke von durchschnittlich 30 bar gemessen, beim bereits erwähnten Unterschied der Druckverhältnisse zwischen Stoß- und Leeseiten von Hindernissen (HAGEN ET AL. 1983). Gleichzeitig waren die Temperaturunterschiede geringer als erwartet. Daraus kann geschlossen werden, daß das ausgepreßte Wasser an der Stoßseite nicht zur Verfügung steht, um das Eis an der Leeseite des Hindernisses durch Regelationsgefrieren substaniell zu erwärmen. Kontrastierend berichten BOULTON ET AL. (1979) von deutlichen Streifen klaren Regelationseises in einem subglazialen Hohlraum am Glacier d'Argentière (Mont Blanc-Massiv).

Neben den o.e. subglazialen Erosionsprozessen ist die erodierende Wirkung subglazialer Schmelzwasserbäche nicht zu unterschätzen. Speziell an temperierten Gletschern muß die Anwesenheit von subglazialem Schmelzwasser an der Gletscherbasis auch in bezug auf glazifluviale Erosion beachtet werden (HOOKE,WOLD & HAGEN 1985).

An Hochgebirgsgletschern treten verschiedene Sedimentationsprozesse von Moränenmaterial subglazialen und supraglazialen Ursprungs auf, transportiert auf verschiedenen Transportwegen innerhalb des Gletschertransportsystems (s. 3.1). Bei der subglazialen Sedimentation werden zwei Schmelzprozesse wirksam: Druckschmelzen (*pressure melting*) und basales Schmelzen (*basal melting* sensu stricto). Basales Schmelzen tritt an temperierten Gletschern häufig auf und steht bisweilen in Wechselwirkung mit Regelationsgefrieren. Durch basales Schmelzen kann in der basalen Transportzone (oder englazial *low-level*) transportiertes Material subglazial aus dem Gletscher ausschmelzen und abgelagert werden. Bei diesem Ablagerungsprozeß kann das Eis aktiv oder stagnant sein. Im Vergleich zum nur an aktiven Gletschern auftretenden *lodgement*-Prozeß (s.u.) ist Sedimentation durch basales Schmelzen durch eine passive Ablagerung der Gesteinsfragmente gekennzeichnet. Beim diesem Ablagerungsprozeß ist Schmelzwasser stets präsent und glazifluvialer Einfluß muß konstatiert werden. Wenn z.B. ein stagnanter Eis-Debris-Komplex (in einem subglazialen Hohlraum oder marginal) abschmilzt, taut auch das vorhandene *interstitial ice* zwischen den Partikeln. Feinmaterial kann dann in die freigewordenen Zwischenräume eingeschwemmt werden, wodurch das Moränenmaterial recht kompakt wird. Aufgrund dieses Prozesses wird verständlich, warum der Begriff „glazigene" Sedimentation schwierig anzuwenden ist (s. LUNDQVIST 1989). Aufgrund der komplexen Prozeßkombinationen an Hochgebirgsgletschern sollte deshalb lediglich zwischen „glazialen" (sensu lato) und reinen glazifluvialen bzw. nicht-glazialen (z.B. periglazialen oder hangerosiven) Prozessen unterschieden werden.

Wenn in der basalen Transportzone (Traktionszone) Gesteinsfragmente in den Kontakt zum Gletscherbett geraten, steigt der Druck auf Gletscherbett wie transportierte Partikel an. Es kommt zur Verringerung der Geschwindigkeit der Partikel durch Reibungsverzögerung. Werden Reibungsverzögerung und Druck zu groß, können Partikel durch Druckschmelzen im sogenannten *lodgement*-Prozeß abgelagert werden (synonym *plastering on*- bzw. *smearing*-Prozeß; BOULTON 1975 etc.; s. Fig. 18). Dieser Prozeß vollzieht sich unter aktivem Gletschereis und kann bei Festgestein wie Lockermaterial an der Gletscherbasis auftreten. Die Schwelle für den *lodgement*-Prozeß ist bei Festgestein höher als bei deformierbarem Lockermaterial. Bei Festgestein entscheidet allein die Reibungsverzögerung/-haftung mit resultierendem Druck für das Auftreten von *lodgement*. Bei Lockermaterial wird ein Partikel solange in Bewegung gehalten, bis vor ihm durch seine „pflügende" Wirkung ein Wulst entsteht, der eine Weiterbewegung unmöglich macht. Bei einem Gletscherbett aus Lockermaterial können bereits abgelagerte Blöcke durch Kollision mit transportierten Partikeln *lodgement* verursachen und regelrechte Blockansammlungen (*cluster*) entstehen (KRÜGER 1979 etc.).

Fig. 18: Schema verschiedener *lodgement*-Prozesse (vgl. Text)

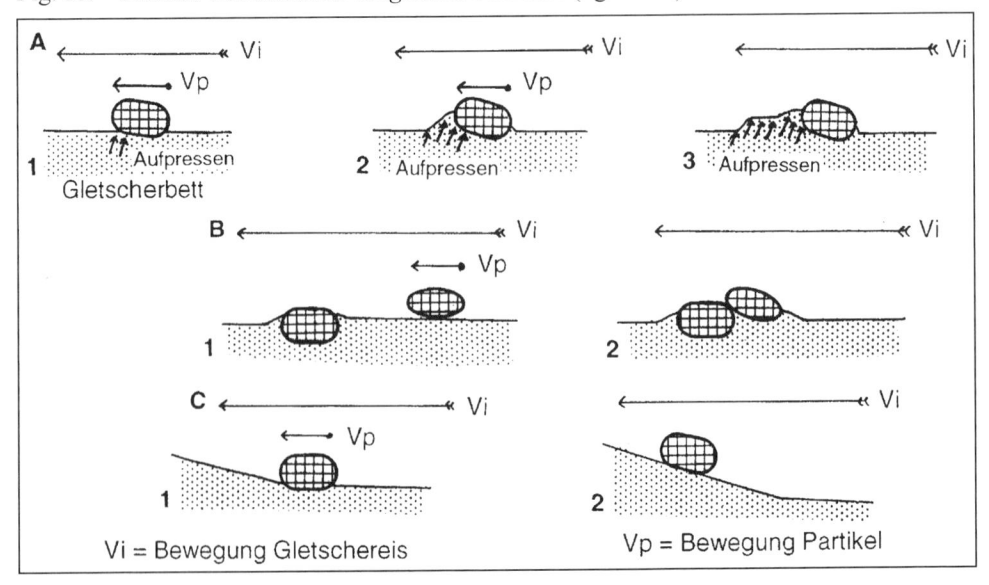

Besondere Formen subglazialer Ablagerung stehen in Verbindung mit subglazialen Hohlräumen (z.B. im Leebereich von subglazialen Hindernissen). Die in subglazialen Hohlräumen ablaufenden Sedimentationsprozesse sind komplex (BOULTON 1982). Material, welches in diesen Hohlräumen abgelagert wird, kann aus der Grenzschicht zwischen Gletschereis und Gletscherbett stammen oder durch Schmelzprozesse an der Gletscherbasis an der Decke des Hohlraums aus der basalen Transportzone freigesetzt und im Hohlraum abgelagert werden. Debrisreiches Eis kann als Stagnanteis vom debrisarmen aktiven Eis über der basalen Transportzone abgetrennt werden und im Hohlraum langsam austauen. Diese Ablagerung durch *squeezing*-Prozesse ist jedoch als weniger bedeutend einzustufen (LUNDQVIST 1989). Subglaziale glazifluviale Sedimentation darf bei den komplexen Sedimentationsmilieus subglazialer Hohlräume nicht vernachlässigt werden.

Bei einem Gletscherbett aus Lockermaterial können durch verschiedene Prozesse Deformationsstrukturen bzw. glazitektonische Formen entstehen. Diese sind besonders bei pleistozänen bzw. rezenten Eisschilden wichtige Bestandteile subglazialer Morphodynamik mit entsprechenden Sedimenten/Sedimentstrukturen (ELSON 1989, PEDERSEN 1989, STEPHAN 1989, ABER,CROT & BENEDICT 1991 etc.). An temperierten Hochgebirgsgletschern sind sie weniger bedeutend, doch treten auch dort bisweilen subglaziale Deformations- und Scherungsprozesse auf, v.a. in Zusammenhang mit der Remobilisierung bereits abgelagerten Moränenmaterials im Zuge von Wiedervorstößen (SCHLÜCHTER 1983, KRÜGER 1985, EYBERGEN 1986, TISON,SOUCHEZ & LORRAIN 1989). Sedimentologische Eigenschaften des Lockermaterials (Porosität, Korngröße, Scherfestigkeit) sowie gefrorener/ungefrorener Status entscheiden dabei, ob der Gletscher ungestört über das Lockermaterialbett hinwegfließt, Material in die basale Transportzone eingliedert oder subglaziales Sediment deformiert wird. Auch bei Deformationsprozessen ist die Präsenz subglazialen Schmelzwasser ein wichtiger Faktor. Da die Oberfläche des Gletscherbetts Wirkungsfläche des subglazialen hydrostatischen Drucks ist, kann dieses deformiert und der hydrostatische Druck zum hydrostatischen Porendruck innerhalb des Lockergesteins werden. Die Wirkung von Materialtransport durch Deformation (indirektem glazialen Transport) betonen u.a. BOULTON (1979) und BOULTON,DENT & MORRIS (1974).

Der glazifluviale Sedimenttransport an temperierten Hochgebirgsgletschern ist in der Vergangenheit nicht selten unterschätzt worden. Die Ergebnisse von HAGEN (1986) am Bondhusbreen zeigen jedoch, daß 90 % des Sedimenttransports durch subglaziales Schmelzwasser vollzogen wird, nur 10 % im Gletschereis (englaziale Debrisbänder/basale Transportzone). Untersuchungen der Gesamtbilanz der Ablagerungen am Glacier de Tsidjiore Nouve (Valais; SMALL 1987a+b) bestätigen o.e. Bedeutung glazifluvialer Prozesse. Über die Hälfte des Sediments wird proglazial fluvial abgelagert bzw. talabwärts weitertransportiert.

Abb. 15: An der Gletscherbasis angefrorener subglazialer Debris, lateral-marginaler Hohlraum, Vernagtferner (Aufnahme: 17.09.1994)

28,8 - 40,4 % des jährlich vom Gletscher erodierten/transportierten Materials wird an den Lateralmoränen abgelagert, nur 9,6 - 14,9 % an der Gletscherfront.

Für die Wirksamkeit subglazialer Erosions- und Sedimentationsprozesse sind die thermalen Verhältnisse (das „thermale Regime") der Gletscherbasis entscheidend (BOULTON 1972, MENZIES 1981). Das „thermale Regime" wird von BOULTON dazu verwendet, vier verschiedene Zonen unterschiedlicher thermaler Konditionen und resultierender Prozeßkombinationen subglazialer Erosions- und Sedimentationsprozesse zu charakterisieren. Diese Zonen sind dabei für bestimmte Gletscherregionen als typisch zu bezeichnen, obwohl sie auch in räumlicher Differenzierung bzw. zeitlichem Wandel an einem Gletscher auftreten können:

- Zone A effektiver basaler Schmelzprozesse (*zone of net basal melting*);
- Zone B ausgeglichener Bilanz zwischen basalem Schmelzen und Wiedergefrieren (*zone of balance between melting and freezing*);
- Zone C gefrierenden Schmelzwassers an der Gletscherbasis, welches ausreicht, um das Eis am Schmelzpunkt zu halten (*zone in which sufficient meltwater freezes to the glacier sole to maintain it at the melting point*);
- Zone D mit Gletscherbasis unter Temperatur des Schmelzpunkts (*zone in which the glacier sole is below melting point*).

In Zone A (typisch für temperierte Gletscher) kann der Gletscher über das Gletscherbett gleiten. *Abrasion* und besonders *plucking* sind wirksame Erosionsprozesse. Durch Präsenz von Schmelzwasser tritt subglaziale glazifluviale Erosion auf. Subglazialer Debris kann vom Gletscher aufgenommen werden, entweder durch Regelationsgefrieren oder durch Interaktionen zwischen Partikeln in der basalen Transportzone und Partikeln des Gletscherbetts (nur bis maximal einem Meter Höhe über dem Gletscherbett wirksam). Ist das Gletscherbett rauh, wird die Ablagerung von Moränenmaterial gegenüber dessen Aufnahme bevorzugt. In dieser Zone wird *lodgement till* dort abgelagert, wo die Reibungsverzögerung auf die in der basalen Transportzone mittransportierten Partikel hoch ist. Durch hohen subglazialen hydrostatischen Druck kann subglazial abgelagertes Material deformiert werden. Trotz den an einigen Alpengletschern festgestellten Vorkommen kalten Eises (HAEBERLI 1975) kann man in beiden Untersuchungsgebieten davon ausgehen, daß sich die Basis der Gletscher am Druckschmelzpunkt befindet und dieser Zone A zugerechnet werden kann.

In Zone B halten sich Wiedergefrieren und Schmelzprozesse die Waage, die Akkumulationsprozesse gleichen denen von Zone A (in Abhängigkeit vom Auftreten subglazialen Schmelzwassers können Erosions- und Akkumulationsraten differieren). Wenn bei einem Gletscher die Zone B talabwärts der Zone A liegt, können ebenfalls größere Schmelzwassermengen an der Basis auftreten. In Zone C gleitet der Gletscher über sein Bett, *plucking* kann aber effektiv sein, sofern Lockermaterial oder stark zerklüftetes Material an der Gletschersohle anfrieren kann und es zur Netto-Erosion kommt. Basales Gleiten des Gletschers wird durch das Anfrieren von Schmelzwasser erreicht, welches aus benachbarten Zonen basalen Schmelzens in den Bereich der Zone C gelangt und die Gletscherbasis am Druckschmelzpunkt hält. *Lodgement*-Prozesse sind nicht ausgeschlossen. Durch starke Aufnahme von gefrorenem Wasser an der Gletscherbasis kann das aufgenommene Material in eine recht hohe Transportebene gelangen und die Tendenz zur subsequenten Ablagerung von supraglazialem *melt-out till* oder *flow till* ist verbreitet (s. 3.3). In Zone D findet keine Bewegung zwischen Gletscherbasis und Gletscherbett statt (was bei temperierten Gletschern i.d.R. nicht, wohl aber an subpolaren bzw. an polaren Gletschern auftritt). Es kommt zum *plucking*-Prozeß und jede Schubspannung des Gletschers kann zum Materialtransport von der Gletscherbasis aufwärts führen, zur Produktion englazialer Debrisbänder. Durch das Gefrieren des Gletschers an seiner Basis tritt *abrasion* praktisch nicht auf. Die Ablagerung von *lodgement till* ist in dieser Zone nicht annähernd so effektiv wie die Ablagerung von supraglazialem *melt-out till* bzw. *flow till*.

Subaerisch-marginale Ablagerung gletschertransportierten Debris vollzieht sich durch unterschiedliche Prozesse. En- oder supraglazial transportiertes Material kann in stagnanten Eisbereichen durch bloßes Niedertauen des unterlagernden bzw. umgebenden Eises passiv abgelagert werden, wobei Schmelzwasser eine größere Rolle spielen kann. Supraglaziales Material kann ferner rein gravitativ von der (steilen) Gletscheroberfläche marginal ins Gletschervorfeld fallen oder abrutschen. Ist viel Schmelzwasser und Feinmaterial vorhanden, kann wassergesättigtes Material ähnlich kleinen Schlammströmen von der Gletscheroberfläche ins Vorfeld abfließen/-gleiten (wie bei *flow till*; s. BOULTON 1969,1970, DOWDESWELL 1982; vgl. Abb. 16). Generell bezeichnet man den Prozeß der Ablagerung durch Abrutschen, Abgleiten oder rein gravitative Ablagerung von der Gletscheroberfläche als dumping. Der bei der Bildung von Endmoränen entscheidende Stauchungsprozeß kann dagegen nicht als reiner Ablagerungsprozeß betrachtet werden, da in größerem Maße bereits abgelagertes proglaziales Material aufgestaucht werden kann. Gleichwohl wird auch subglazial an die Gletscherzunge transportiertes Material durch subaerisches Ausschmelzen an den Gletschergrenzen abgelagert.

Glazifluviale Erosions- und Ablagerungsprozesse, sub-, en-, supra- wie proglazial, unterscheiden sich durch differente hydrologische und hydrodynamische Eigenschaften der Schmelzwasserströme von reinen fluvialen Prozeßsystemen. Neben saisonal stark schwankendem Abfluß und Sedimentfracht sind u.a. der starke hydrostatische Druck (bei subglazialen Schmelzwasserbächen) und der bisweilen zu große Sedimentzutrag zu erwähnen. So ist die Sedimentfracht glazialer Fließgewässer i.d.R. höher als bei nicht-glazialen (CHRUCH & GILBERT 1975). Dies äußert sich u.a. in differenten Ablagerungen (s. FAHNESTOCK 1963, MAIZELS 1979, WOLD & ØSTREM 1979, FENN & GURNELL 1987, GREGORY 1987).

Abb. 16: Abgleiten wassergesättigten Moränenmaterials über lateral-marginale Schneefelder, Austerdalsbreen (Aufnahme: 12.08.1993)

3.3 DEFINITION, KLASSIFIKATION UND CHARAKTERISTIK GLAZIALER SEDIMENTE

Ein Problem glazialmorphologischer Forschung ist die z.T. immer noch bestehende Konfusion bei der Terminologie und Klassifikation glazialer Sedimente (EMBLETON & KING 1975a, FRANCIS 1975, BOULTON 1976a, SUGDEN & JOHN 1976, DREIMANIS 1989, LUNDQVIST 1989 etc.). Da die meisten vorliegenden Klassifikationen in den pleistozänen Vereisungsgebieten Nordamerikas bzw. Nord-/Mitteleuropas entwickelt wurden, ist ihre Anwendung auf rezente alpine Gletschervorfelder nicht unproblematisch.

Ein Grund für die kontroversen Diskussionen über Definition und Terminologie glazialer Sedimente liegt in der Komplexität glazialer Morphodynamik und deren Sedimentationsmilieus, sowohl im Sinne der Unterschiede zwischen sub-, en-, supra- und proglazialer Sedimentation, wie zwischen unterschiedlichen Gletscherregimen (polaren und temperierten Gletschern) oder Hochgebirgsgletschern und pleistozänen Inlandeisschilden. Generell lassen sich konventionelle Klassifikationen glazialer Sedimente nicht ohne weiteres auf die kleinräumig komplexen Sedimentationsmilieus alpiner Talgletscher übertragen. Auch bei Untersuchungen an alpinen Gletschern gibt es größere Abweichungen in der Anwendung der Terminologie, begründet in unterschiedlichen Rahmenbedingungen verschiedener Gletscherregionen bezüglich Relief, Gletschertypen, Petrographie etc.

Schon angesichts der Problematik des Begriffs „Moräne" (im sedimentologischen Sinne) und dessen Definition zeigt sich die o.e. Problematik. Schwierigkeiten verursacht dessen Verwendung in der deutschen Terminologie, da in englischsprachiger Literatur klar zwischen *till* als glazialem Sediment und *moraine* als morphologischer Form unterschieden wird. Der Begriff „Moräne" birgt dagegen aufgrund der konventionellen Verwendung sowohl für glaziale Sedimente als auch für morphologische Formen Unsicherheiten. Um dieses Problem zu umgehen, wird folgend der Begriff „Moräne" nur für morphologische Formenelemente angewendet. Bei glazialen Sedimenten wird stattdessen von „Moränenmaterial" (synonym zu *till* im sedimentologischen Sinne) gesprochen bzw. die definierten englischen Fachausdrücke verwendet (s.u.). Zusätzlich wird der in morphologischer wie sedimentologischer Hinsicht problematische Begriff Grundmoräne bewußt vermieden. Der Begriff Moränenmaterial bezieht sich mit Ausnahme des Materials supraglazialer Moränen (vgl. 3.4) auf bereits abgelagertes Material. Für sich noch im Gletschertransportsystem befindendes Material wird der international gebräuchliche und genetisch undifferenzierte Ausdruck „Debris" unabhängig vom Ursprung des Materials verwendet. Der Begriff *till* selbst wird zwar z.T. in Frage gestellt (DREWRY 1986), aber trotz einiger berechtigter Kritikpunkte sollte man an diesem Begriff festhalten, da auch der ersatzweise vorgeschlagene Begriff *diamicton* (Diamikt) nicht unproblematisch ist und man die Komplexität glazialer Sedimente generell nicht durch einfache Definitionen erfassen kann.

Drei Bedingungen sollten nach DREIMANIS (1989) erfüllt sein, damit ein glaziales Sediment als Moränenmaterial bezeichnet werden kann:
- es soll aus Debris bestehen, das durch den Gletscher transportiert wurde;
- es soll eine enge räumliche Beziehung bei der Ablagerung beim und vom Gletscher bestehen;
- eine Sortierung durch Wasser soll minimal oder abwesend sein.

Moränenmaterial kann als Sediment, das von Gletschereis ohne weiteren Einfluß durch Wirkung fließenden Wassers erzeugt bzw. abgelagert wird, definiert werden (FLINT 1971). BOULTON (1976a) definiert Moränenmaterial als „ein Aggregat, dessen Komponenten durch die direkte Wirkung des Gletschereises zusammengebracht und abgelagert wurden und das, obwohl es möglicherweise postsedimentäre Deformation erleidet, keinen postsedimentären Resedimentationen und Materialverbandsauflösungen unterliegt". Beide o.e. Defintionen haben den Nachteil, daß nicht alle speziellen Charakteristiken verschiedener Moränenmaterial-Typen berücksichtigt werden können, weshalb auch hier auf eine detailliertere Diskussion der Definitionen verzichtet wird (vgl. EMBLETON & KING 1975a; FRANCIS 1975; BOULTON 1976a,1987; SUGDEN & JOHN 1976, DREIMANIS 1989).

Glaziale Sedimente können genetisch nach verschiedenen Kriterien unterschieden werden:
- Ort der Aufnahme des Materials in das Gletschertransportsystem sowie dessen genetischer Ursprung;
- Transportweg/-modus des Materials im Gletschertransportsystem;
- Mechanismus und Ort der Ablagerung des transportierten Materials an den marginalen Zonen bzw. der Basis des Gletschers.

In modernen Klassifikationen wird insbesondere die Genese des Moränenmaterials betont, d.h. Ablagerungsprozeß und -ort (BOULTON 1976a, DREIMANIS 1989 etc.), was gerade in Hinblick auf die Einbindung in die genetische Interpretation der Formen des Gletschervorfelds sinnvoll erscheint.

Seit 1877 wird zwischen *lodgement till* (subglazial abgelagert) und *ablation till* (supraglazial abgelagert durch Niedertauen des unterlagernden Eises) unterschieden (EMBLETON & KING 1975a). Diese Terminologie wurde weiterentwickelt, wobei sich die generelle Differenzierung von subglazialem (synonym basalem) zu supraglazialem Moränenmaterial (DREIMANIS & VAGNERS 1971, FRANCIS 1975) bis heute manifestiert hat.

Zu den subglazialen Moränenmaterial-Typen zählt *lodgement till*. *Lodgement till* ist definiert als

Moränenmaterial, abgelagert durch den *plastering on*-Mechanismus (s. 3.2) aus der gleitenden basalen Transportzone eines aktiven Gletschers durch Druckschmelzen und/oder andere mechanische Prozesse (DREIMANIS 1989). EMBLETON & KING (1975a), FRANCIS (1975) und HALDORSEN (1982) unterscheiden des weiteren subglazialen *melt-out till*. Subglazialer *melt-out till* ist Ergebnis sukzessiven subglazialen Ausschmelzens von Debris v.a. aus stagnanten Gletschereiskomplexen, überwiegend durch basales Schmelzen sensu stricto (DREIMANIS 1989). Signifikanter genetischer Unterschied zwischen *lodgement till* und *subglacial melt-out till* ist der differente Ablagerungsprozeß aktiv unter basal gleitenden aktiven Gletschern gegenüber passivem in situ Schmelzen aus Stagnanteisbereichen der Gletscherbasis.

Daneben werden in der Literatur noch zahlreiche andere subglaziale Moränenmaterial-Typen aufgeführt. Einige davon beziehen sich auf deformierte bzw. glazitektonisch entstandene subglaziale Ablagerungen (z.B. *deformation till, comminution till, shear till* - s. ELSON 1989, PEDERSEN 1989, STEPHAN 1989). *Pressure till (squeeze till)* wird subglazial in wassergesättigtem Status in subglazialen Hohlräumen bzw. größeren Klüften des anstehenden Festgesteins des Gletscherbetts abgelagert (EMBLETON & KING 1975a). BOULTON (1976a,1982) verwendet den Begriff *lee-side till*, um die spezielle Ablagerungssituation in subglazialen Hohlräumen beschreiben zu können. *Lee-side till (cavity till* - DREWRY 1986) entsteht durch Schmelzen basalen Eises über subglazialen Hohlräumen oder dem Abschmelzen debrisreicher Stagnanteiskomplexe innerhalb dieser Hohlräume. Damit stellt *lee-side till* im wesentlichen eine komplexe Sonderform von subglazialem *melt-out till* dar (BOULTON 1975,1983).

Supraglaziales Moränenmaterial, das umfassend auch als Ablationsmoränenmaterial bezeichnet wird, umfaßt in koventionellen Klassifizierungen zwei verschiedene Untertypen. Debris wird durch *dumping* bzw. Abspülung an den marginalen Gletscherbereichen oder durch passives Niedertauen des unterlagernden Eises ohne Positionsveränderung abgelagert. Supraglazialer *melt-out till* ist das supraglaziale Analogon zu subglazialem *melt-out till* und genetisch wie sedimentologisch eng mit diesem verwandt. Selten an temperierten Gletschern, dafür aber an subpolaren und polaren Gletschern, tritt *flow till (wet till)* auf. *Flow till* wird als fluide, wassergesättigte Moränenmaterial-Masse ursprünglich englazialen (subglazialen) Debris durch schlammstromartiges Abgleiten von der Gletscheroberfläche abgelagert (BOULTON 1968 etc., DREIMANIS 1989). Gerade bei *flow till* wird der Einfluß von Schmelzwasser bei der Ablagerung deutlich, ebenso das Problem der Resedimentation im glazialen Formungsmilieu und die schwierige Grenzziehung zu glazifluvialen Sedimenten (GRIPP 1981).

Der von BOULTON (1978) bzw. BOULTON & EYLES (1979) verwendete Begriff *supraglacial morainic till* wird nur dann verwendet, wenn das Moränenmaterial ausschließlich supra- oder englazial transportiert wurde und entsprechende supraglaziale Moränenformen aufbaut. Sonderformen von sub- wie supraglazialem Moränenmaterial gibt es bei der Ablagerung im aquatischen Milieu (sog. *waterlain tills*, auf die hier nicht gesondert eingegangen wird; DREIMANIS 1989 etc.).

In der vorliegenden Arbeit werden somit folgende Moränenmaterial-Haupttypen unterschieden:

Subglaziales Moränenmaterial

lodgement till
subglacial melt-out till
lee-side till, *sqeeze till* und andere Spezialtypen

Supraglaziales Moränenmaterial

supraglacial melt-out till
supraglacial morainic till (als Untergruppe)
flow till

Aufgrund spezieller Transportwege, unterschiedlichen Ursprungs des Materials und differenter Akkumulationsprozesse (s. 3.2,3.3) ergeben sich grundlegende Unterschiede der sedimentologischen Charakteriska o.e. Moränenmaterialtypen. Sie bestimmen u.a. Unterschiede in Korngrößenverteilung, Kornform und Orientierung glazialer Sedimente (BOULTON 1978, BARRET 1980, SHAKESBY 1980 etc.). Als Indikatoren für glaziale Transportwege im Gletschertransportsystem und den Materialursprung kann nach BOULTON (1978) die Kornform (Zurundung etc.) dienen (s. 7.1). An Hochgebirgsgletschern kommen als supraglaziale Quellen für Material Nunatakker und Talhänge oberhalb der Gletscheroberfläche in Betracht, daneben das Gletscherbett als Lieferant von Material als Produkt subglazialer Erosionsprozesse bzw. aufgenommenen Lockermaterials. Dieser Debris kann zwar im Gletschertransportsystem generell supra-, en- oder subglazial transportiert werden (s. 3.1), doch je nach Quelle des Materialzutrags werden verschiedene Transportwege jeweils bevorzugt.

Supraglazial entstandener, vorwiegend en- oder supraglazial transportierter Debris ist typisch angular. Andere Kornformparameter (Sphärizität etc.) können wie die Zurundung von lithologischen Eigenschaften des Gesteins abhängen. Zurundungswerte/-indizes sind meist sehr gering, da supra- oder englazial transportierte Gesteinsfragmente nur geringen Kontakt untereinander besitzen und „Abrundungsprozesse" nicht auftreten können. Supraglazialer Debris kann während supraglazialer Transportphasen ferner der Frostverwitterung ausgesetzt sein. Im Vergleich zu subglazial transportiertem Debris sind die Korngrößen supraglazialen Moränenmaterials häufig gröber und der Anteil großer Blöcke höher.

Im Gegensatz zu supraglazial und englazial transportiertem Debris gelangt in der basalen Transportzone transportiertes Material zumindest streckenweise in die Traktionszone an der Gletscherbasis und damit in Kontakt zum Gletscherbett. In temperierten Gletschern mit oft geringmächtiger basaler Debrisschicht ist ein Austausch von Partikeln zwischen Suspensions- und Traktionszone durch basales Schmelzen und Regelationsgefrieren relativ häufig (BOULTON 1978). Durch den Kontakt der transportierten Partikel mit dem Gletscherbett und die Möglichkeit des Kontakts der transportierten Komponenten untereinander sind Abrundungs- und andere Erosionsprozesse wirkungsvoll. Die Mehrzahl der Partikel ist mehr oder weniger gerundet, auch wenn angulare Partien auftreten können. Insbesondere im Vergleich zu supraglazialem Debris sind Zurundungsindizes subglazialen Debris höher und stellen ein wichtiges Unterscheidungsmerkmal dar. Weiterer Faktor des verstärkten Auftretens gerundeter Komponenten bei basal transportiertem Debris ist die Möglichkeit der (mehrmaligen) Aufarbeitung von Lockermaterial an der Gletscherbasis sowie der starken Wirkung subglazialer glazifluvialer Prozesse. Typisch für subglazial transportiertes Material ist das Auftreten von Gletscherschrammen, die bei supraglazial und englazial transportiertem Material fehlen. Große Blöcke, die in *lodgement till* abgelagert wurden, unterliegen ähnlich Rundhöckern der glazialerosiven Überformung und zeigen neben Gletscherschrammen auch Stoß- bzw. Leeseitenformen (s. Abb. 17). Tief eingebettete Blöcke (*deeply embedded boulders*) zeigen solche Formen häufiger als wenig eingebettete Blöcke, welche erst kurz vor dem Rückzug des Gletschers abgelagert wurden.

Abb. 17: Rundhöckerähnlich glazialerosiv gestalteter Block innerhalb eines *lodgement till*-Areals, Vernagtferner (Aufnahme: 08.07.1991)

Moränenmaterial ist zumeist charakteristisch schlecht sortiert, d.h. alle Korngrößenfraktionen von Blöcken bis Ton können in unterschiedlichen Anteilen vertreten sein. HALDORSEN & SHAW (1982) stellen bei der Aufstellung von Kriterien zur Identifizierung von subglazialem *melt-out till* fest, daß genetische Interpretationen von Moränenmaterial oft nur auf Basis der höchstwahrscheinlichen Möglichkeit der Genese unternommen werden können, eine absolute Überprüfung in den meisten Fällen aber unmöglich ist. Dem Verfasser erscheint es daher wichtig festzustellen, daß zwar die Möglichkeit einer genetischen Interpretation anhand nachfolgend vorgestellter Kriterien gegeben ist, durch die Besonderheiten des glazialen (und glazifluvialen) Sedimentationsmilieus aber die Abgrenzung einzelner Moränenmaterial-Typen untereinander oft nicht eindeutig sein kann.

Lodgement till wird subglazial abgelagert und unterliegt dabei den an der Gletscherbasis wirkenden Prozessen, z.B. dem Wechselspiel von Regelation und Druckschmelzen, Zerfurchung (*ploughing*) subglazialen Lockermaterials durch Grobkomponenten, Kompaktion, Wasserauspressung etc. (MULLER 1983a,1983b, DOWDESWELL & SHARP 1986). Subglazial abgelagertes Moränenmaterial kann sekundärer Deformation ausgesetzt sein, wodurch der ursprüngliche Charakter des Sediments verändert werden kann. DOWDESWELL & SHARP unterscheiden daher undeformierten und deformierten *lodgement till*. Aus der Genese von *lodgement till* folgern verschiedene charakteristische Merkmale (u.a. n. DOWDESWELL & SHARP 1986, DREIMANIS 1989):

- „überkonsolidierter", kompakter Status des Moränenmaterials (durch Deformations- und Scherungsprozesse z.T. postsedimentär zerstört);
- oft gut ausgeprägtes Spaltrißsystem, verursacht durch sekundäre Entlastung;
- *shear banding*, verursacht durch den Einschluß von unterlagernden Sedimenten;
- Eindringen von Moränenmaterial in Klüfte und Risse unterlagernden Festgesteins (*pressure till*);
- Blöcke, die sich in die Moränenmaterialfläche hineingefurcht und entsprechende Depressionen/ Moränenmaterialkeile hinterlassen haben (KRÜGER 1979);
- Blockanreicherungen auf der Oberfläche des Moränenmaterials;
- Entwicklung typischer Stoß- und Lee-Seitenformen bzw. Gletscherschrammen an der Oberfläche tief eingebetteter Blöcke als Zeugen postsedimentärer glazialer Erosionsprozesse an der *lodgement till*-Oberfläche (SHARP 1982; s. Abb. 17);
- *fluted moraine surfaces* und *drumlinized till surfaces* als morphologische Formen (BOULTON 1976b, s. 3.4);
- eisflußparallele Gletscherschrammen und Einregelung von Blöcken mit deutlichen Längsachsen;
- geringes Einfallen der A-B-Flächen gletscherwärts;
- vergleichsweise hoher Gehalt an Silt durch subglaziale Erosionsprozesse.

KRÜGER (1979) betont o.e. geschrammte Oberflächen eingebetteter großer Blöcke in der *lodgement till*-Matrix und eine Stoß- und Lee-Seiten-Form. Er führt dies auf aktive Erosionsprozesse an der Gletscherbasis nach deren Ablagerung zurück. Im Zuge von Untersuchungen am Skálefellsjökull (SE-Island) kam SHARP (1982) zum Ergebnis, daß 7,8 % der Grobsedi-mente in *lodgement till*-Bereichen deutliche Stoß- bzw. Leeseitenformen aufweisen. Mit zunehmendem Einbettungsgrad der Blöcke nahm die Deutlichkeit und Häufigkeit der glazialerosiven Überformung zu.

Von KRÜGER (1979) werden Linsen sortierten, geschichteten und in Moränenmaterial eingebetteten glazifluvialen Materials ebenfalls als Indizien für die Ausweisung von *lodgement till* verwendet. Dies bestreiten jedoch HALDORSEN & SHAW (1982), die diese Linsen durch subglaziale Scherungs-/ Deformationsprozesse bzw. die periodische Präsenz größerer Schmelzwassermengen erklären. MULLER (1983a) weist auf die Bedeutung der Wasserauspressung von Porenwasser während des *lodgement*-Prozesses und daraus resultierenden sedimentologischen Charakteristiken hin. So soll z.B. das Auftreten von geschichteten Sedimentlagen innerhalb eines *lodgement tills* auf Entwässerungsprozesse durch diagenetische Auspressung zurückzuführen sein, nicht auf kurzfristige Oszillationen der Gletscherfront.

Bei temperierten Gletschern können durch permanente Präsenz von Schmelzwasser an der Basis bei steigender Wassersättigung und Plastizität/Deformierbarkeit (d.h. steigenden Wasserangebots im basalen Debris-Eis-Schmelzwasser-Milieu) fließende Übergänge zwischen *lodgement till* und subglazialem *melt-out till* entstehen. Nach HALDORSEN & SHAW (1982) bzw. DREIMANIS (1989) sind wichtige Kriterien für die Erkennung von *melt-out till* (sub- wie supraglazial):

- Auftreten geschichteten und sortierten Sediments in Komplexen innerhalb bzw. in Wechsellagerung mit „echtem" Moränenmaterial;
- Präsenz von einer statistisch bevorzugten Orientierung der Längsachsen der Partikel in enger Beziehung zur Eisbewegungsrichtung (wenn diese Orientierung nicht beim Ausschmelzen modifiziert wurde);
- Auftreten transversaler Orientierungen in Zonen ehemaligen kompressiven Eisflusses neben der sonst vorherrschenden longitudinalen Einregelung;
- Reduktion des Einfallens der A-B-Flächen bei selteneren Auftreten;
- größere Variabilität der Korngrößenverteilung als bei *lodgement till*;
- selteneres Auftreten von Erosionsspuren an Gesteinsfragmenten, facettierten *glacial flat irons* oder durch Friktion zerstörten Blöcken.

Besondere Merkmale supraglazialer *melt-out tills* sind nach DREIMANIS (1989) u.a.:
- eine gröbere Korngrößenzusammensetzung;
- weniger Gesteinsfragmente mit Erosionsmarken;
- mehr angulare Gesteinsfragmente;
- Orientierung schwächer oder weniger deutlich (mit Ausnahme von Lateralmoränen);
- normale Konsolidierung.

Besondere Merkmale für subglaziale *melt-out tills* sind:
- symmetrische Bänderung und entsprechendes Einfallen von glazifluvialen oder generell gebänderten Sedimentlagen um große Blöcke bzw. Sedimentkeile an diesen;
- Einfallen der A-B-Flächen reduziert;
- Linsen und Adern sortierten Materials (z.B. in subglazialen Hohlräumen oder Spalten).

Die Orientierung bzw. Einregelung englazial transportierten Debris in Form von sub- oder supraglazialem *melt-out till* unterliegt während des Ausschmelzprozesses gewissen Änderungen. Dennoch ist *melt-out till* in Einheitlichkeit der Orientierung klar z.B. von *flow till* zu unterscheiden. Die Orientierung englazialen Debris hängt dabei von der Art der Eisbewegung ab. In Bereichen kompressiven Eisflusses können transversale Einregelungen auftreten, in Bereichen expandierenden Eisflusses dominieren dagegen eisparallele Einregelungen (LAWSON 1979). Subglazialer *melt-out till* enthält nur wenige steil geneigte Komponenten, während im basalen Gletschereis ein relativ hoher Prozentsatz vertreten ist. Diese Änderung ist auf die während des Ablagerungs-/Schmelzprozesses stattfindende sub-horizontale Positionierung der Komponenten zurückzuführen.

Supraglazialer *melt-out till* kann sowohl grobes, angulares Material supraglazialen Ursprungs als auch feinkörnigeres Material subglazialen Ursprungs enthalten (speziell an der Gletscherfront; EYLES 1983). Der Einfluß glazifluvialer Auswaschung von Feinmaterial darf nicht unterschätzt werden. Auch supraglazialer *melt-out till* unterliegt während der Ablagerung durch langsames Niedertauen des unterlagernden Eises einer Änderung der ursprünglichen englazialen bzw. supraglazialen Einregelung.

Flow till, der besonders bei polaren und subpolaren Gletschern auftritt, setzt sich aus englazialem (und subglazialem) Debris zusammen, der in mächtigen Debrisbändern im Ablationsgebiet des Gletschers oberflächlich ausstreicht und durch gravitativ/denudatives Abgleiten von der Gletscheroberfläche resedimentiert wird. Die primäre Ablagerung des englazialen Debris als supraglaziale Moränenmaterialdecke ist zweifelsohne glazialen/glazigenen Charakters, die sekundäre Ablagerung vollzieht sich weitgehend durch nicht-glaziale Prozesse, weswegen *flow till* als besonderer Moränenmaterial-Typ mit einer Sonderstellung angesehen werden muß (BOULTON 1968). Da *flow till* an temperierten Hochgebirgsgletschern nicht sehr häufig auftritt, sei auf die entsprechenden Unterscheidungskriterien z.B. bei BOULTON (1968,1970a,1971) oder DREIMANIS (1989) verwiesen.

Abb. 18: *Supraglacial morainic till* mit feinkörnigerem supraglazialen *melt-out till*, Styggedalsbreen (Aufnahme: 07.08.1993)

WARREN (1989) führt den Begriff *protalus till* für einen speziellen Moränenmaterialtyp aus, der auf kleine Kargletscher beschränkt ist und in den problematischen Bereich der Unterscheidung von nivalen und glazialen Formen fällt. *Protalus till* stellt Debris dar, der lediglich gravitativ durch Gleiten, Rollen und Fallen über die Gletscheroberfläche von den umgebenden Felswänden im Gletschervorfeld abgelagert wird. *Protalus till* unterliegt keinem glazialen Transport und ist praktisch nicht von rein nivalen Sedimenten zu unterscheiden.

Unter den Ablagerungen der Gletschervorfelder finden sich auch rein glazifluviale (fluvioglaziale) Sedimente, Ablagerungen supra-, en-, sub- oder proglazial auftretender Schmelzwasserbäche. Glazifluviales Material ist i.d.R. recht gut nach der Korngröße sortiert, doch kann die Korngrößenzusammensetzung horizontal und vertikal über geringe Entfernungen stark variieren. Die im Vergleich zu fluvialen Sedimentationsmilieus differenten Ablagerungsverhältnisse glazifluvialer Fließgewässer (v.a bei subglazialer Ablagerung) müssen dabei stets mitberücksichtigt werden, wie natürlich die starke saisonale Wasserführung (gebunden an Schneeschmelze und Schönwetterperioden) mit differentem Jahresgang der Abflußwerte oder (bei subglazialen Schmelzwasserbächen) mit erhöhtem hydrostatischen Druck und höherer Strömungsgeschwindigkeit (s. HOPPE ET AL. 1959, ØSTREM 1974, CLARK 1987A, FENN & GURNELL 1987, GREGORY 1987, RÖTHLISBERGER & LANG 1987).

Die Ablagerung von glazifluvialem Material im Gletschervorfeld ist auch von kurzzeitigen Blockaden der Entwässerung beeinflußbar. Glazifluviale Auswaschungs- (und Sedimentations-)Prozesse können sedimentologische Unterschiede des Moränenmaterials hinsichtlich der Korngrößenzusammensetzung verursachen, ohne selber durch typische glazifluviale Ablagerungen oder Erosionsformen in Erscheinung zu treten. In ihrer sedimentologischen Charakteristik unterscheiden sich glazifluviale Ablagerungen i.d.R. nicht von denen fluvialer Ablagerungsmilieus. Die Zurundungsindizes sind bei glazifluvialem Material höher als bei glazial abgelagertem Material; auch die Schichtungsstrukturen stellen ein zur Unterscheidung gegenüber verschiedenen Moränenmaterial-Typen wichtiges Kennzeichen dar. Es gibt enge Verzahnungs- und Übergangsbereiche zwischen glazialen und glazifluvialen Ablagerungen, so daß eine Differenzierung nicht immer einfach ist (s. PRICE 1973, EMBLETON & KING 1975a etc.).

3.4 GLAZIALE EROSIONS- UND AKKUMULATIONSFORMEN IM GLETSCHER-VORFELD

3.4.1 Einführung

Die ursprüngliche Definition des Begriffs „Gletschervorfeld" nach KINZL (1949) bezieht sich auf die gesamte Fläche zwischen den äußersten Moränen (frontal wie lateral) der frührezenten Gletscherhochstände (d.h. der äußersten Gletscherrandposition) und der rezenten Gletscherfront. Diese Definition wird in diesem Sinne für Bezeichnung und Abgrenzung der Untersuchungsgebiete an den einzelnen Gletschern verwendet. In einigen regionalen Sonderfällen werden jedoch die Untersuchungsgebiete der frührezenten Gletschervorfelder um evtl. vorhandene holozäne Moränen außerhalb dieser erweitert. Wo es zum Verständnis der morphologischen Verhältnisse der Gletschervorfelder notwendig ist, werden auch die unmittelbar angrenzenden Areale (z.B. Talhänge) mitberücksichtigt.

Die Formenelemente der Gletschervorfelder können nach verschiedenen Kriterien differenziert werden:
- genetischer Charakter (Erosion- oder Akkumulationsformen bzw. detaillierter nach Erosions-/Sedimentationsmechanismus);
- Sedimentologie (glazifluvial, glazial oder Festgestein);
- Position ihrer Entstehung (subglazial oder proglazial-marginal, frontal oder lateral).

Noch in Transport befindliche supraglaziale Moränen nehmen als nur vorübergehend bestehende Formen dabei eine Sonderstellung ein (s.u.).

3.4.2 Glaziale Erosionsformen

Glaziale Erosionsformen entstehen i.d.R. nur auf exponierten Festgesteinspartien an der Gletscherbasis. Gleichwohl muß strenggenommen auch die Eingliederung von Lockermaterial an der Gletscherbasis als Erosion aufgefaßt werden (SOUCHEZ & TISON 1981), selbst wenn dadurch nicht zwingend signifikante morphologische Formen entstehen und daher glaziale Erosionsformen im Lockermaterial praktisch unbekannt sind. Bei glazialen Erosionsformen ist oftmals auch der Einfluß glazifluvialer Erosion bedeutend und Übergänge können fließend sein.

Glaziale Mikro-Erosionsformen sind v.a. auf glazialerosiv überformten Festgesteinspartien, aber auch auf überformten Blöcken innerhalb des Moränenmaterials ausgebildet. Gletscherschrammen, Parabelrisse, glazial „polierte" Gesteinsoberflächen und Sichelbrüche als subglazial glazialerosive Kleinformen sind weit verbreitet (vgl. EMBLETON & KING 1975a, SUGDEN & JOHN 1976, DREWRY 1986, GOLDTHWAIT 1989 etc.). Gletscherschrammen entstehen durch die Wirkung des *abrasion*-Prozesses (s. 3.2). Bei der Entstehung anderer Formen sind auch ande-

Abb. 19: Gletscherschrammen (Hammerstiel zeigt in Eisbewegungsrichtung), Storbreen (Aufnahme: 23.08.1993)

re Prozesse, z.B. *plucking*, beteiligt. Bei glazialerosiven Mikro-, Meso- wie Makroformen ist stets die Lithologie zu beachten, die bisweilen entscheidend für die Ausbildung dieser Formen ist. So findet man „typisch" ausgebildete glazialerosive Formen v.a. in Gebieten mit Massengesteinen, d.h. Metamorphiten und Magmatiten, während bei anstehenden Sedimentiten eine oft vorhandene Schichtung dieses verhindert.

Subglazial entstandene glazifluvial-erosive Formen im Festgestein, wie z.B. Sichelwannen, Kolke (s. Abb. 21), P-Formen (*plastic sculptured forms*; s. Abb. 20) oder Erosionsrinnen treten häufig in Festgesteinsarealen innerhalb frührezenter Gletschervorfelder auf. Bei den häufig kontrovers diskutierten P-Formen muß bei bestimmten Theorien eine Interaktion glazifluvialer und glazialer Erosionsprozessen angenommen werden. Während einige Autoren die Genese der P-Formen einer „plastischviskosen Erosionssubstanz an der Gletscherbasis" (wassergesättigter, hochmobiler basaler Debris) zuschreiben, gehen andere von glazifluvialem Ursprung (subglazial oder proglazial) mit teilweiser glazialer Vorformung bzw. Überprägung aus (vgl. DAHL 1965, GJESSING 1978, SOLLID 1980a+b). Für letztere Theorie sprechen die gerade im Einflußbereich glazifluvialer Schmelzwasserrinnen anzutreffenden glattpolierten bzw. *plastic sculptured* Gesteinsoberflächen, wie im Bereich der P-Formen anzutreffende glazifluviale Kolke.

Die in den Untersuchungsgebieten anstehenden metamorphen Gneise und Glimmerschiefer begünstigen durch ihre Impermeabilität, Klüftung und anderen petrographischen Eigenschaften die Ausbildung polierter Festgesteinsbereiche mit Gletscherschrammen und anderer glazialerosiver Mikro-, Meso- und Makroformen (s. 7). Die Ausbildung von Druckentlastungsklüften begünstigt das Auftreten glazialer Erosionsformen, z.B. die Bildung von Rundhöckern (*roches moutonneés*) mit stromlinienförmigen Stoßseiten und *plucked* Leeseiten. Die kombinierte Wirkung von *abrasion* und *plucking* führt zur Genese typischer glazialer Rundhöckerbereiche, aber auch von *rockdrumlins* und partiell

Abb. 20: *Plastic sculptured*-Gesteinsfläche, Vernagtferner (Aufnahme: 08.07.1991)

Abb. 21: Glazifluvialer Kolk, Festgesteinsareal nahe der aktuellen Gletscherzunge, Nigardsbreen (Aufnahme: 29.08.1991)

craig-and-tail-Formen. Dabei sind subglaziale glazifluviale Prozesse und v.a. eventuelle präglaziale Vorformen zu beachten (s.a. LINDSTRÖM 1988).

Die verschiedenen glazitektonischen Stauchungs- und Deformationsprozesse können nicht als Erosion im strengen Sinne bezeichnet werden. Erosionsformen im Moränenmaterial der Gletschervorfelder sind dagegen i.d.R. nicht glazialen, sondern glazifluvialen Ursprungs. Dabei ist zu prüfen, ob es sich um subglazial entstandene Formen handelt, oder, was häufiger der Fall ist, um proglaziale Erosionsformen glazialer Schmelzwasserströme.

3.4.3 Supraglaziale Moränen

Bei glazialen Akkumulationsformen (Moränen) kann man zwischen sich noch im aktiven Transportprozeß des Gletschertransportsystems befindenden supraglazialen Moränen und bereits subglazial bzw. marginal abgelagerten Moränen unterscheiden. Erstere werden hier mit dem Suffix „supraglazial" gekennzeichnet, z.T. in Kontrast zur deutschen Terminologie (s.u.). Bedeutende Formen supraglazialer Moränen, die nur vorläufig als glaziale Akkumulationsformen bestand haben, bevor ihr Moränenmaterial durch Resedimentation endgültig im Gletschervorfeld, zumeist nicht als morphologisch ausgeprägtes Formenelement, abgelagert wird, sind supraglaziale Lateral- und Medialmoränen (Mittelmoränen).

Supraglaziale Moränenrücken werden als besondere Kennzeichen von Hochgebirgsgletschern betrachtet. An Outletgletschern treten sie nur selten auf und sind nur in besonderen Fällen deutlich ausgebildet. Supraglaziale Medialmoränen können sich mehrere Meter bis Dekameter über die Gletscheroberfläche erheben. Sie lassen sich ausschließlich durch ihre morphologische Form, nicht durch sedimentologische Charakteristika oder Materialursprung von regellosen Flächen supraglazialen Debris unterscheiden. Die Morphologie supraglazialer Moränen ist durch ihre Genese, abhängig von Debriszutrag und Eisbewegungsfaktoren, bestimmt. Supraglaziale Moränen besitzen ab einer gewissen Größe und Mächtigkeit durch die ablationshemmende Wirkung auf das unterliegende Eis stets einen Eiskern. Selbst mächtige supraglaziale Medialmoränen weisen oft nur eine wenige Meter mächtige Auflage von *supraglacial morainic till* auf, ein mächtiger Eiskern täuscht größere Mächtigkeit vor. Die Höhe der Medialmoränenwalle steht dabei in enger Beziehung zur Mächtigkeit der Debrisschicht und ihrer isolierenden Wirkung verglichen mit blankem Eis (s. SMALL & CLARK 1974).

Supraglaziale Medialmoränen setzen sich überwiegend aus Material supraglazialen Ursprungs zusammen, d.h. Hangschutt, Frostverwitterungsfragmente etc., was deren Sedimentologie und Genese bezüglich des Gletschertransportsystems entscheidend prägt. In verschiedenen Gletscherregionen ist ein hoher Anteil ausschließlich supraglazial transportierten Debris an der Zusammensetzung von Medialmoränen belegt (EYLES & ROGERSEN 1978a, BOULTON 1978, BOULTON & EYLES 1979, SMALL 1987a+b etc.).

EYLES (1979) gibt verschiedene Quellen für den Ursprung des Moränenmaterials supraglazialer Moränen an:
- ausschließlich supraglazial transportiertes Material, welches von den umgebenden Talflanken bzw. der Gletscherumrahmung durch Steinschlag, Felsstürze etc. auf die Gletscheroberfläche gelangt;
- englaziale Debrisbänder (des *high-level*-Transports) gleichen Materialursprungs;
- an die Oberfläche transportiertes Material des *low-level* englazialen Transports bzw. der basalen Debrisbänder (v.a. an größeren Eisbrüchen mit entsprechenden Scherungsflächen und an den untersten Dekametern der Gletscherfront anzutreffen);
- wiederaufgenommenes proglaziales Material im Zungenbereich (als Sonderfall in Verbindung mit Scherungsflächen etc.);
- Spaltenfüllungen, Ablagerungen en- und supraglazialer Schmelzwasserbäche (typisch an *surging glaciers* mit der Ablagerung größere Debrismengen auf der Gletscheroberfläche in Ruhephasen).

Während des supraglazialen Transports kann eine Verwitterung des Moränenmaterials stattfinden.

Fig. 19: Schematische Querprofile durch eine (ideale) supraglaziale Medialmoräne
[A - Medialmoräne an ihrem Ansatzpunkt; erste Konzentration supraglazialen Debris;
B - Durch Isolationswirkung des Debris entsteht eine mächtige Eiskern-Medialmoräne;
C - Auch nach Ablation des Eises schützt der Debris den Eiskern kurzfristig vor Ablation;
D - Nach Ablation des Eiskerns Grobblockkonzentration als Relikt der Medialmoräne]

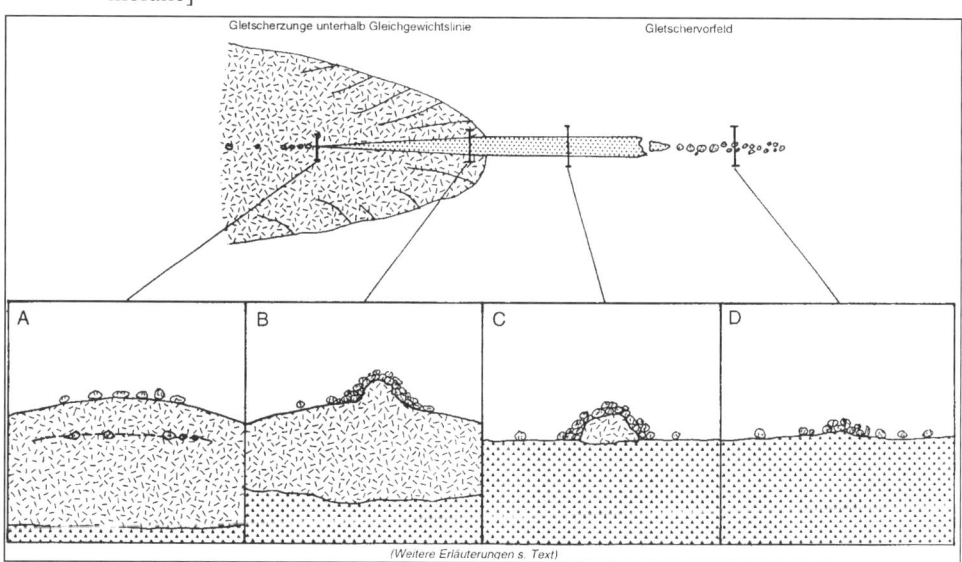

Der Moränenkörper wird in seiner Ausbildung von der Korngröße dominiert (i.d.R. sehr grob), mit angularen und bisweilen chemisch angewitterten Gesteinsfragmenten ohne klare Orientierung und glazialen Mikroerosionsformen wie z.B. Gletscherschrammen. Zusammenfassend findet kaum eine weitere Fraktionierung und Modifikation des Ausgangsmaterials statt. Typisch für supraglaziale Moränen ist eine effektive Auswaschung von Feinmaterial.

Nach LOOMIS (zit. EYLES & ROGERSON 1978a) ist für die typische Verbreitung supraglazialer Medialmoränen zur Gletscherfront hin weniger eine laterale Versetzung des Moränenmaterials, als ein verstärkter Zutrag durch ausschmelzenden englazialen Debris im Gletscherablationsgebiet verantwortlich. SMALL & CLARK (1974) berichten dagegen vom gletscherabwärtigen Verfall supraglazialer Medialmoränen am Glacier de Tsidjiore Nouve (Valais) und führen dies auf Abnahme des Debriszutrags bzw. seitlichen Versatz des Materials mit nachfolgender beschleunigter Ablation zurück.

EYLES & ROGERSON (1978a,b) unterscheiden anhand Geländeuntersuchungen am Austerdalsbreen (s. 7.4.9) und Berendon Glacier (British Columbia) verschiedene Typen von supraglazialen Medialmoränen. Unterscheidungskriterien sind dabei:
- Moränenursprung/-ansatz (in Beziehung zur Gleichgewichtslinie);
- Herkunft und charakteristische Eigenschaften des Moränenmaterials;
- die morphologische Entwicklung der Medialmoräne bezüglich Form, Höhe und Breite bzw. deren Veränderungen gletscherabwärts.

Daraus resultieren zwei übergeordnete Modelle von supraglazialen Medialmoränen:
- supraglaziale Moränen des *ablation dominant model* (AD), die vorwiegend aus englazial transportiertem Debris aufgebaut sind und im Ablationsgebiet durch oberflächliches Austauen gebildet werden;
- Medialmoränen des *ice-stream interaction model*, die v.a. aus supraglazial transportiertem Debris bestehen und an der Konfluenzstelle zweier Gletscher durch Vereinigung supraglazialer Lateralmoränen gebildet werden.

Als Sondermodell wird zusätzlich der *avalanche type* (AT; Lawinentyp) eingeführt. Der ablationsdominante Medialmoränentyp kann ferner in drei Subtypen differenziert werden:
- Moränentyp AD-1 (*ablation dominant, below firn-line sub-type*), wo das Moränenmaterial unterhalb der Gleichgewichtslinie aufgenommen wurde;
- Moränentyp AD-2 (*ablation dominant, above firn-line sub-type*), mit oberhalb der Gleichgewichtslinie aufgenommenem Moränenmaterial;
- Moränentyp AD-3 (*ablation dominant, subglacial rock-knob sub-type*) mit Materialursprung von subglazialen Felshindernissen des Gletscherbetts.

Generell sind bei der Genese supraglazialer Medialmoränen lokale Faktoren wie Gletscherdynamik, Gletscherbett etc. für starkes Variieren der sedimentologischen Zusammensetzung und deren morphologischer Form verantwortlich.

Ablationsdominante supraglaziale Medialmoränen entwickeln sich weitgehend aus auschmelzendem englazialen Debris, z.gr.T. supraglazialen, aber vereinzelt auch subglazialen Ursprungs (GOMEZ & SMALL 1985). Der Debris gelangt im Akkumulationsgebiet in den englazialen Transportweg. Gletscherabwärts der Gleichgewichtslinie im Ablationsgebiet tritt der englaziale Debris durch oberflächliche Ablation an die Gletscheroberfläche. Subglazialer Debris kann durch Scherungsprozesse bzw. Divergenz der Gletscherflußlinien vom Gletscherbett durch laterale Eiskompression im Lee dieser Felshindernisse in den englazialen Transportweg gelangen und am Aufbau von Medialmoränen beteiligt sein (BOULTON 1978, GOMEZ & SMALL 1985). SMALL & GOMEZ (1981) untersuchen die Entwicklung von Medialmoränen auf dem Glacier de Tsidjiore Nouve, die unterhalb eines prominenten Eisfalls ihren Ansatz haben. Entgegen früherer Ansichten eines *high-level* englazialen Transports oder dem Transport durch Scherungsflächen aufgrund kompressiven Eisflusses vermuten sie die Aufnahme von Gesteinsfragmenten im Bereich zwischen dem zweigeteilten Akkumulationsbecken durch tiefe Gletscherspalten. Die Debrisbänder entsprechen in diesem Fall also fossilen Gletscherspalten und nicht etwa Ogivenstrukturen (PROSAMENTIER 1978).

Nach SMALL, CLARK & CAWSE (1979) setzen sich Medialmoränen morphologisch aus Abschnitten zusammen, in denen:
- durch die isolierende Debrisschicht das unterlagernde Eis im Vergleich zu umgebenden blanken Eisflächen vor der Ablation geschützt wird und die Höhe bzw. Breite der Medialmoräne zunimmt;
- durch laterales Abrutschen/-gleiten vom Medialmoränenkamm (sowie Erschöpfen der englazialen Debrisquelle) und inverse Ablationsverhältnisse (infolge verminderter Debrisdecke) die Höhe der Medialmoräne abnimmt.

Supraglaziale Lateralmoränen folgen in ihrer Genese und Morphologie den supraglazialen Medialmoränen und unterscheiden sich nur in ihrer Lage von diesen, wobei bisweilen die Grenzziehung zwischen supraglazialer Lateralmoräne und Lateralmoräne sensu stricto (s.u.) bei hoher Schuttbedeckung problematisch erscheint.

Alle supraglazialen Moränenformen müssen als temporäre Landformen bezeichnet werden, die ständigen Veränderungen unterliegen und bei sekundärer oder Resedimentation im Vorfeld entweder morphologisch nicht mehr zu verfolgen sind, oder sich z.B. als lineare Blockkonzentrationen ausprägen, die sich durch den angularen Charakter der Blöcke vom übrigen Moränenmaterial des Vorfelds abheben. Große supraglaziale

Moränen können auch als Eiskernmoränen noch viele Jahre oder Jahrzehnte nach dem eigentlichen Rückzug der Gletscherfront bestehen und erst langsam abtauen.

Supraglazialer Debris kann auch, falls er nicht als morphologische Form auftritt, entscheidend für die morphologische Ausbildung der Gletscherzunge sein. Durch die Verzögerung der Ablation können sog. Stagnations-/Disintegrationsmoränenformen entstehen, moränenmaterialbedeckte Gletscherzungen mit scheinbar chaotischem Sedimentationsmilieu (s. EYLES 1979; z.B. Austerdalsbreen - s. 7.4.9).

Abb. 22: Supraglaziale Medialmoränen (links AT-Typ, rechts AD-1-Typ), Vernagtferner (Aufnahme: 11.07.1991)

3.4.4 Endmoränen

Moränen als glaziale Akkumulationsformen können in marginalen Gletscherbereichen bzw. subglazial gebildet werden. Moränen können unterschiedlichen genetischen Ursprungs sein und unterscheiden sich hinsichtlich Position, Morphologie und Moränenmaterial, gleichzeitig den Hauptkriterien für ihre Terminologie und Klassifikation. Entscheidend für Genese und Morphologie von Moränen sind die speziellen Sedimentationsverhältnisse resultierend aus Gletschertransportsystem, Erosions- und Akkumulationsprozeßdynamik sowie der Charakter des vom Relief geprägten Sedimentationsraums. Bisweilen wird die Morphologie vom Grad postsedimentärer Überformung stark beeinflußt. Dies verursacht starke regionale und lokale Unterschiede zwischen den einzelnen Moränenformen.

Obwohl große Flächen der Gletschervorfelder alpiner Talgletscher von relativ ungegliederten Moränenmaterialflächen und glazifluvialen Formen und Ablagerungen eingenommen werden, sind wallartige Moränenformen die dominierenden/markanten morphologischen Formen an Gletschern und bevorzugte Untersuchungsobjekte, auch zur Datierung der Gletscherschwankungen bzw. der Charakterisierung der Gletscherdynamik. Terminale (marginale) Moränenwälle können nach ihrer Position bezüglich der Gletscherzunge als Lateralmoränen, Laterofrontalmoränen (synonym latero-terminale Moränen) oder frontale (terminale) Moränen (d.h. Endmoränen sensu stricto) bezeichnet werden.

Endmoränen können durch unterschiedliche genetische Prozesse/Prozeßkombinationen gebildet werden. Beim *dumping*-Mechanismus wird supraglazialer Debris von der Gletscheroberfläche gravitativ oder denudativ proglazial abgelagert, bzw. Debris taut relativ ungestört aus („Satzendmoränen"). Dieser Mechanismus erzeugt Moränen bei längeren stagnanten Phasen der Gletscherfront. Beim *pushing*-Prozeß resultieren verschiedene Prozesse in einer Stauchung von Material an der Gletscherzunge im Zuge von saisonalen, kurz- oder langfristigen Gletschervorstößen. Verschiedene Prozesse können bei der „Stauchendmoränen"-Genese wirksam werden (vgl. KRÜGER 1985, BOULTON 1986). Glazitektonische Prozesse spielen eine ebenso große Rolle wie das Festfrieren von bereits abgelagertem Moränenmaterial (oder glazifluvialem Material) an der Gletscherbasis bei v.a. winterlichem Transport an die Gletscherfront und sommerlichem Ausschmelzen (ANDERSEN & SOLLID 1971, ROGERSON & BATTERSON 1981, SCHLÜCHTER 1983, BOULTON 1986, EYBERGEN 1986 etc.). Bei ausgeprägten Wintervorstößen können durch *pushing*-Prozesse annuelle Moränen bzw. Wintermoränen (die terrestrische Entsprechungen von „*De Geer*-Moränen") entstehen (WORSLEY 1974, BOULTON 1986, SOLLID 1988; s. Abb.

Abb. 23: Aktuelle Stauchendmoräne am vorstoßenden Brigsdalsbreen (Aufnahme: 06.09.1993)

Abb. 24: Annuelle Endmoräne am Blåisen (Hardangerjøkulen; vgl. ANDERSEN & SOLLID 1971) (Aufnahme: 07.09.1990)

24). Es sei allerdings angemerkt, daß inzwischen auch die Bildung von *De Geer*-Moränen subglazial in Gletscherspalten diskutiert wird (LUNDQVIST 1989a+b).

Endmoränen können an Hochgebirgsgletschern generell nur dann entstehen, wenn entweder längerer Stillstand der Gletscherzunge, oder deren Vorstoß eintritt (vgl. Diskussion anhand regionaler Beispiele in 7). Bei raschem Rückzug der Gletscherfront entstehen i.d.R. keine ausgeprägten Endmoränenwälle, sondern ungegliederte Moränenmaterialflächen, *glacial flutings* bzw. verwandte Formen oder (bei Auftreten größerer integrierter Toteisbereiche) *hummocky moraines* (EMBLETON & KING 1975a, SUGDEN & JOHN 1976, GOLDTHWAIT 1989).

Bei starkem Einfluß glazifluvialer Sedimentation innerhalb der Moränengenese können „Kame-Moränen" und verwandte Formen gebildet werden (SUGDEN & JOHN 1976 etc.), wobei dies primär nur für „Rückzugsmoränen", d.h. Satzendmoränen gilt. Bei „Vorstoßmoränen" (Stauchendmoränen) sind eingebettete glazifluviale Schichten das Resultat der Aufstauchung zuvor abgelagerter proglazialer glazifluvialer Sedimente. Durch die intensive Verknüpfung glazialer und glazifluvialer Prozesse in unmittelbaren Gletschermarginalzonen werden oft genetisch komplexe Formen gebildet, die u.a. als *till complex* (BOULTON & EYLES 1979) bekannt sind.

CHERNOVA (1981) weist auf die Bedeutung des Wasserabflusses für das Verhältnis von frontal aufgebauten Moränen zu proglazialen glazifluvial überprägten Arealen hin. Während eines Vorstoßes findet ein geringer Wasserabfluß statt, frontale Moränen können sich bilden. Beim Rückzug werden größere Wassermengen freigesetzt, Auswaschung und Abbau aufgeschütteter Moränen tritt auf. Diese Aussagen sind aber aufgrund der Bedeutung lokaler Faktoren bei der Genese von Endmoränen zu verallgemeinernd.

3.4.5 Lateralmoränen

Speziell in alpinen Hochgebirgen sind Lateralmoränen nicht selten prägende Formen des Gletschervorfelds (s. Abb. 25). In dieser Arbeit wird eine begriffliche Trennung der aktiv transportierten Lateralmoränen (supraglaziale Lateralmoränen; konventionell: Seitenmoränen) von bereits abgelagerten Formen (Lateralmoränen; konvetionell: Ufermoränen) vollzogen. FLINT (1971) definiert Lateralmoränen als Endmoränen, akkumuliert in lateral-marginaler Gletscherbereichen. Dabei geht FLINT implizit von einer Akkumulation supraglazialen Moränenmaterials in der „natürlichen" Tiefenlinie zwischen Gletscher und Talhang aus.

Nach ihrer Position werden Lateral- von Laterofrontalmoränen unterschieden. Laterofrontalmoränen stellen den Übergang von talhangparallelen Lateralmoränen zu (frontalen) Endmoränen dar (BOULTON & EYLES 1979). Nach SHAKESBY (1989) kann z.B. am Storbreen (s. 7.4.20) die Abgrenzung von Lateral- zu Laterofrontalmoränen anhand morphologischer Kriterien erfolgen. Während Lateralmoränen relativ symmetrische Flanken ausbilden bzw. die proximale Flanke steiler ist, weisen Laterofrontalmoränen oft einen größeren Hangneigungswinkel auf der distalen Seite auf.

I.d.R. sind Lateralmoränenwälle durch eine hier als Ablationsrinne bezeichnete unterschiedlich weite Tiefenlinie von den Talhängen getrennt (*ablation valley* bei EMBLETON & KING 1975a; „Ufertal" n. KICK 1956, „Periglazialrinne" n. LOUIS & FISCHER 1979). An den lateralen Gletschergrenzen kann anstelle eines Lateralmoränenwalls auch eine laterale Erosionskante auftreten, welche das während der vorangegangenen Gletschervorstöße überprägte Gebiet von nicht überformten Bereichen trennen kann. Analog zu frontalen End- und ausgeprägten Lateralmoränen stellt sie die laterale Grenze des Gletschervorfelds dar und kann regional auf weite Strecken Lateralmoränen ersetzen (vgl. 7).

Der vertikale Abstand des Lateralmoränenkamms zur Oberfläche des Gletschers kann an alpinen Talgletschern zur Gletscherzunge hin auffällig zunehmen (KINZL 1949, HUMLUM 1978, OSBORN 1978). EMBLETON & KING (1975a) erklären dies mit der Passage kinematischer Wellen, welche ihre größten Dimensionen nahe der Gletscherzunge erreichen. Inzwischen gibt es aber plausiblere Erklärungen auf Grundlage des Gletschertransportsystems (vgl. 3.1). Die proximale, gletscherzugewandte Flanke der Lateralmoränen, welche nicht selten von tiefen Erosionskerben zergliedert wird, kann Hangneigungswinkel von 40° und mehr aufweisen. Die distale Flanke ist dagegen in ihrer Ausbildung von den Talhängen limitiert und weniger steil (oft im statischen Ruhewinkel).

Es gilt heute als nahezu unumstritten, daß mächtige Lateralmoränen alpiner Talgletscher (mit Ausnahmen, s.u.) polygenetische Formen als Ergebnis wiederholter Gletschervorstöße darstellen. Augenfällig wird diese Tatsache u.a. durch die oft beobachtete Diskrepanz zwischen Moränengröße und Dimension des rezenten Gletschers. Diese Polygenese, die im Gegensatz zur Genese von Endmoränen steht, zeigt sich u.a. in verschiedenen morphologischen Lateralmoränenausbildungen. BOULTON &

Abb. 25: Gletschervorfeld mit dominanten Lateralmoränen, Latschferner bei Vent (Aufnahme: 16.07.1992)

EYLES (1979) unterscheiden differente Ausbildungen polygenetischer Lateralmoränen aufgrund unterschiedlicher Intensität von Gletschervorstößen. Bei einem weniger intensiven jüngeren Gletschervorstoß wird dessen Lateralmoräne an die proximale Flanke der während eines vorangegangenen intensiveren Gletschervorstoßes gebildeten Lateralmoräne als subsequenter Wall angelagert (Akkretion - RÖTHLISBERGER & SCHNEEBELI 1981). Als Resultat kann ein ganzes Lateralmoränensystem entstehen. Bei einem intensiveren jüngeren Gletschervorstoß würde dagegen das neu abgelagerte Moränenmaterial die alte Lateralmoräne gänzlich überdecken, so daß als Ergebnis eine mächtigere Lateralmoräne einheitlicher Wallform entsteht (Superposition; s. Fig. 20).

Fig. 20: Akkretion und Superposition bei der polygenetischen Bildung von (alpinen) Lateralmoränen (leicht modifiziert n. RÖTHLISBERGER & SCHNEEBELI 1979)

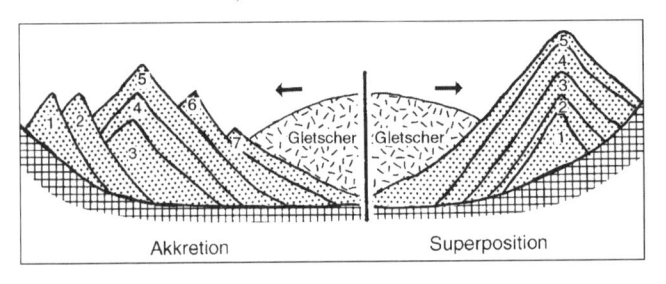

Eine besondere Untergruppe von Lateralmoränen beschreibt HUMLUM (1978) als „geschichtete" Lateralmoränen (*layered lateral moraines*). Diese geschichteten Lateralmoränen weisen alternierende Zonen hoher und niedriger Blockkonzentration auf, subparallel zum Lateralmoränenkamm (z.B. Guslarferner; s. Fig. 21, Abb. 26; vgl. 7.3.2). Meist sind größere Blöcke mit der A-B-Achsenebene parallel zur distalen Hangseite der Lateralmoräne eingeregelt. Diese Einregelung deutet auf die Genese durch *dumping* supraglazialen Debris hin.

Lateralmoränen können mit Formen glazifluvialen Ursprungs assoziiert auftreten. Laterale Kameterrassen finden sich an proximalen Hängen von Lateralmoränen. Sie ähneln morphologisch subsequenten Lateralmoränen, können aber durch differente Materialzusammensetzung und Schichtungsstrukturen eindeutig ausgewiesen werden. Sie unterscheiden sich dagegen nicht von Kameterrassen bzw. Kames, die in den Ablationsrinnen am Kontakt zum Talhang gebildet wurden. Eiskerne in Lateralmoränen gelten nach EMBLETON & KING (1975a) als selten, obwohl z.B. ACKERT (1984) von Eiskern-Lateralmoränen an vier Gletschern im Tarfaladalen in Schwedisch Lappland berichtet und diese auch in den Untersuchungsgebieten auftreten (s. 7). Die Eiskern-Lateralmoränen im Tarfaladalen besitzen eine enge Beziehung zu angrenzenden Hangschuttkegeln, was auch für andere Lateralmoränen typisch ist. In die Lateralmoränenbasis eingegliederte Eiskerne (z.B. am Vernagtferner - FINSTERWALDER & HESS 1926; s. 7.3.1)

Fig. 21: Genese von (geschichteten) Lateralmoränen durch *dumping* supraglazialen Debris (leicht modifiziert n. HUMLUM 1978)

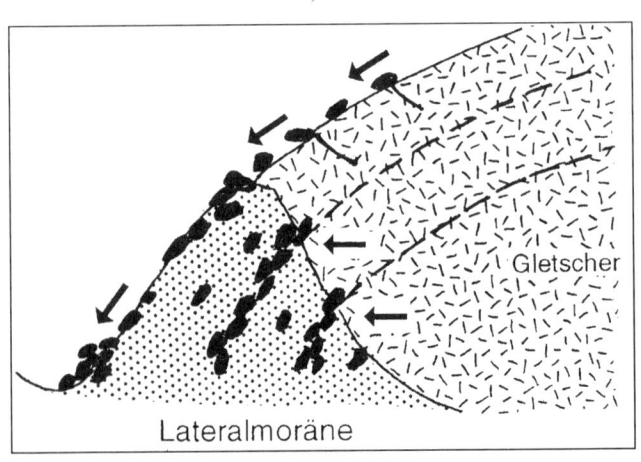

98

können durch sukzessives Abtauen zu einer postsedimentären Übersteilung der (proximalen) Lateralmoränenflanken führen.

Auffällig ist eine bisweilen auftretende Asymmetrie von Lateralmoränen in der Ausbildung auf verschiedenen Talseiten (KINZL 1949, SHAKESBY 1989). Dieser Unterschied kann v.a. mit unterschiedlichem Materialzutrag z.B. durch unterschiedliche Steinschlagfrequenz zwischen den beiden Talseiten erklärt werden (vgl. MATTHEWS & PETCH 1982). Eine andere Ausprägung der Asymmetrie polygenetischer Lateralmoränen vermutet OSBORN (1978) am Barthartoli Glacier

Abb. 26: Eingeregelte Blöcke in der proximalen Lateralmoränenflanke, Guslarferner (Aufnahme: 15.07.1992)

(Garhwal Himalaya), dessen westliche Lateralmoräne durch Akkretion, die östliche Lateralmoräne dagegen durch Superposition entstanden ist.

Bei der Genese von Lateralmoränen durch *dumping* muß die Gletscheroberfläche zumindest marginal konvex geformt sein, damit es zur lateral zur Akkumulation von supraglazialem Debris kommen kann (EMBLETON & KING 1975a, SMALL 1983). An alpinen Talgletschern ist diese zunehmende Neigung der Gletscheroberfläche unterhalb der Gleichgewichtslinie weit verbreitet (PRICE 1973), insbesondere bei vorstoßenden Gletscherzungen. Neben gletschertransportdynamischen Faktoren (s. 3.1) ist dadurch das Auftreten von Lateralmoränen erst unterhalb der Gleichgewichtslinie zu erklären. Voraussetzung für die Bildung von Lateralmoränen ist selbstverständlich das Auftreten supraglazialen Debris in den lateralmarginalen Bereichen des Gletschers (ANDREWS 1975).

Nach umfangreichen Detailuntersuchungen von Lateralmoränenquerprofilen, Oberflächenzusammensetzung, Schichtung und sedimentologischen Materialparametern am Storbreen (Jotunheimen) hält SHAKESBY (1989) eine Kombination verschiedener Ablagerungsprozesse für die Genese von Lateralmoränen für wahrscheinlich (s. 7.4.20). Eine gewisse Bedeutung kommt neben o.e. *dumping* supra- und englazial transportierten Materials auch Stauchungsprozessen zu. Die Zunahme gerundeter Komponenten des Lateralmoränenmaterials talabwärts führt SHAKESBY daher auf eine Steigerung des Anteils subglazialen Debris zurück. Als eindeutig belegt kann ferner gelten, daß der Anteil angularen, supraglazial (englazial) transportierten Materials von der Basis zum Kamm der Lateralmoräne zunimmt, d.h. gleichzeitig die Bedeutung von *dumping* (s. 7.3.1).

Untersuchungen während eines Wiedervorstoßes des Findelengletschers (Schweiz - SCHLÜCHTER 1983) zeigen den Transport basalen Eises (und damit subglazialen Debris) durch laterale Expansion des Gletschers an die laterale Eisgrenze. Durch die Eismächtigkeitszunahme wurde u.a. ein entstandener lateraler Moränenmaterialkomplex remobilisiert und hangaufwärts am proximalen Lateralmoränenhang gestaucht. Gut ausgebildete Scherungsflächen an der reaktivierten, schuttfreien lateralen Eisgrenze zeigten zusätzlich die starke laterale Bewegungskomponente. Am Findelengletscher zeigte sich auch die Ablagerung von basalem *lodgement till* an der proximalen Seite der Lateralmoräne. Nach Abklingen des Gletschervorstoßes wurde ferner ausschmelzender subglazialer Debris als *melt-out till* an der proximalen Lateralmoränenflanke abgelagert. Quantitativ ist die Ablagerung basalen Debris während dieses Wiedervorstoßes aber nicht zu überschätzen. Wegen geringeren Auftretens von Schmelzwasser spielten glazifluviale Ablagerungsprozesse keine große Rolle.

Am Glacier de Tsidjiore Nouve konnte rezent, ebenfalls im Zuge eines Wiedervorstoßes mit großem Mächtigkeitsgewinn des Gletschers und dessen lateraler Expansion und Oberflächenanstieg, eine Weiterbildung der vorhandenen Lateralmoränen untersucht werden (SMALL 1983,1987b, SMALL,BEECROFT & STIRLING 1984). Beobachtet wurde ein Ansteigen der Gletscheroberfläche bei partiellem „Überquellen" von Gletschereis über den Lateralmoränenkamm (*overtopping*). Durch Unterschneidung der äußeren Seite der supraglazialen Lateralmoräne (infolge Ablation des darunter exponierten Eises) wurde die Ablagerung zusätzlichen supraglazialen Lateralmoränenmaterials ermöglicht. Als Folge akkumulierten während der sommerlichen Ablationsphase ansehnliche Debrismengen auf dem Kamm der Lateralmoräne und formten kleine subsequente Moränenrücken (*nested moraines*) bzw. individuelle Debrisschwemmfächer (*debris fans*). Bei erneuter winterlicher lateraler Expansion des Gletschers wurde der sommerlich abgelagerte Debris über den Lateralmoränenkamm auf die distale Flanke der Lateralmoräne geschoben. SMALL,BEECROFT & STIRLING gehen davon aus, daß in Perioden zwischen Gletschervorstößen, wenn die Gletscheroberfläche unterhalb des Lateralmoränenkamms liegt, nur wenig permanente laterale Ablagerung stattfindet (abgesehen von der Formung subsequenter Moränen). Supraglazialer Debris wird in solchen Phasen eher zur Gletscherzunge hin transportiert, wo aufgrund größerer Positionsschwankungen und starker glazifluvialer Aktivität keine großen frontalen Moränen aufgebaut werden.

Die Genese von Lateralmoränen vorwiegend durch Stauchungsprozesse wollen LIEN & RYE (1988) am Bødalsbreen (s. 7.4.15) belegt sehen. Generell muß aber auf den unterschiedlichen morphologischen Charakter der kleinen, blockreichen Lateralmoränen an vielen Outletgletschern des Jostedalsbre hingewiesen werden. Aufgrund unterschiedlicher Gletschermorphologie mit differentem Sedimentationsverhalten unterscheiden sich diese Lateralmoränen von denen in Ostalpen bzw. Jotunheimen, d.h. der Begriff „Lateralmoräne" umfaßt nur Moränen einer speziellen (eben lateralen) Position, die unterschiedliche Morphologie und Genese aufweisen können (vgl. 7).

Die oft mit Lateralmoränen assoziierten lateralen Kameterrassen bzw. Kames an den proximalen Flanken mächtiger Lateralmoränenwälle reflektieren glazifluviale Ablagerungen lateral-marginaler Schmelzwasserströme zwischen Lateralmoräne und Gletscher. Sie sind v.a. Bildungen der Rückzugsphase von Talgletschern und unterscheiden sich ihrem glazifluvialgenetischen Charakter folgend in Korngrößenzusammensetzung, Einzelkornparametern und Schichtung/Orientierung deutlich von Lateralmoränen (BOULTON & EYLES 1979). Auch verschiedene genetische Moränenmaterial-Typen können im Verlauf des Gletscherrückzugs an der proximalen Seite von Lateralmoränen abgelagert werden, z.B. Moränenmaterialkomplexe (*till complexes*). Neben o.e. Formen entstehen in Stillstandsperioden während Gletscherrückzugsphasen an der proximalen Seite von Lateralmoränen sogenannte *lateral till terraces*, welche oft untereinander oder mit lateralen Kameterrassen verzahnt sind.

3.4.6 Andere glaziale und glazifluviale Formen im Gletschervorfeld

Neben wallartigen Moränenformen werden weite Bereiche des Gletschervorfelds von ungegliederten Moränenmaterialflächen, glazifluvialen Ablagerungen oder Festgesteinsarealen eingenommen. Die ungegliederten Moränenmaterialflächen müssen mit ihren Oberflächenformen als subglaziale Bildungen angesehen werden, selbst wenn supraglaziales Moränenmaterial und glazifluviale Prozesse diese z.T. überformen.

Um den genetisch unsicheren Begriff „Grundmoräne" für ungegliederte Moränenmaterialflächen zu vermeiden, werden hier die Begriffe *cover moraine* (Deckenmoräne), *hummocky moraine* (kuppige (Grund-)moräne) und *till plain* (Moränenmaterialebene) verwendet (HALDORSEN 1982, GOLDTHWAIT 1989). Als *cover moraine* werden relativ geringmächtige Moränenmaterialflächen bezeichnet, die anstehendes Festgestein zwar überdecken, bei denen aber aufgrund der zu geringen Mächtigkeit die Gesteinsstrukturen einen hohen Einfluß auf die Oberflächenmorphologie haben. Solche Deckenmoränen sind an Hochgebirgsgletschern weit verbreitet, wobei geringmächtige Moränenablagerungen auch in Verbindung mit Rundhöckern (als leeseitige stromlinienförmige Moränenmaterialablagerungen) bzw. *craig-and-tail*-Formen auftreten (s. CATTO 1990). Deckenmoränenareale werden in ihrer Oberflächengestaltung häufig durch glazifluviale und postsedimentäre Prozesse überprägt. Für die von glazifluvialen Erosionsprozessen überprägten Deckenmoränenareale, die i.d.R. über eisbewegungsparallele lineare Oberflächenstrukturen verfügen (ähnlich *fluted moraine surfaces* - s.u.), wird hier der Begriff *streamlined moraine* verwendet, um diese Areale von *drumlinized moraines* (zu denen auch *fluted moraine surfaces* zählen) zu unterscheiden, die per Definition subglazial unter aktiven Gletschern gebildete Formen darstellen. *Steamlined moraines* werden als sekundär gebildete, v.a. glazifluviale Erosionsformen in primär evtl. glazial vorgestaltetem Moränenmaterial definiert.

Hummocky moraines umfassen kuppige, mit diffusen und genetisch komplexen Vollformen ausgestattete Moränenmaterialflächen, die v.a. in Niedertaulandschaften durch die Wirkung stagnanter debrisreicher Gletscherkomplexe, Toteisbereiche oder Eiskernmoränen entstehen. Bei mächtigen Moränenmaterialablagerungen ohne ausgeprägte Oberflächenstrukturen wird von Moränenmaterialebenen (*till plains*) gesprochen, wobei diese Flächen an Hochgebirgsgletschern selten und flache Areale meist glazifluvialen Ursprungs sind. Auf dem flachen Moränenmaterial aufsitzende grobe Blöcke sind im Gegensatz zu der von HUMLUM (1981) aus Island beschriebenen selektiven subglazialen Akkumulation an Hochgebirgsgletschern i.d.R. supraglazialen Ursprungs (*supraglacial morainic till*).

In Gletschervorfeldern alpiner Gletscher häufiger auftretende morphologische Formen sind *fluted moraines*. Hierbei handelt es sich um eisbewegungsparallele, langgestreckte und weitgehend symmetrische Moränenmaterialrücken. Diese Rücken und zwischengeschaltete longitudinale Mulden bilden bei typisch gehäuftem Auftreten ein *fluted moraine surface*. Sie treten rezent v.a. im unmittelbaren Bereich an der Gletscherfront in Arealen auf, in denen glazifluvialerosive Prozesse zurücktreten und sich diese Formen, die subglazial i.d.R. ihre Fortsetzung finden, erhalten können. Die Abwesenheit starker Wintervorstöße mit der Bildung annueller Moränen begünstigt die Erhaltung von *fluted moraine surfaces*, die v.a. als Zeugen raschen Gletscherrückzugs gelten müssen (ERIKSTAD & SOLLID 1986).

Die Dimensionen von *fluted moraine surfaces* kann variieren (BARANOWSKI 1970). Eine Grundvoraussetzung für ihr Auftreten scheint ein relativ ebenes, flachgeneigtes Gletschervorfeld darzustellen. Höhe und Ausbildung der einzelnen Rücken ist lt. BARANOWSKI u.a. von der sedimentologischen Zusammensetzung des Moränenmaterials abhängig. *Fluted moraine surfaces* stellen Formen in *lodgement till* dar, die unter aktivem Eis subglazial gebildet wurden. Ein allgemeiner Konsens über genaue genetische Prozesse existiert aber bis dato nicht, so daß BOULTON (1976b) vermutet, daß verschiedene Prozesse zur Bildung von *glacial flutes* bzw. ähnlichen Formen führen können.

Die einzelnen Rücken der *fluted moraine surfaces* existieren lt. BARANOWSKI bereits in gefrorenem Zustand an der Gletscherbasis und geraten bei Ablation des Eises an der Gletscherfront in einen stark wassergesättigten Zustand. Dieser soll nicht auf starke Durchfeuchtung trockeneren Moränenmaterials durch Schmelzwasser zurückzuführen sein. Untersuchungen an subglazialen Rücken von *fluted moraine surfaces* (BARANOWSKI 1970) zeigen, daß die Rücken subglazial mächtiger und die Rückenflanken steiler sind. Das Moränenmaterial der *fluted moraine surfaces* unterscheidet sich nicht von dem der Umgebung, doch wurde von HOPPE & SCHYTT (1953) in einigen Fällen vor isländischen Gletschern im Bereich der Rücken feineres Moränenmaterial angetroffen. Die Orientierung der Steine innerhalb der *fluted moraine surfaces* ist z.gr.T. eisbewegungsparallel.

Nahezu alle Theorien zur Genese von *fluted moraine surfaces* gehen von subglazialem Ursprung aus. So sollen sie leewärts größerer Blöcke im Gletscherbett in subglazialen Hohlräumen, in denen Moränenmaterial durch Auspressung von basalem Debris bzw. Aufpressung bereits abgelagerten Moränenmaterials durch Druckentlastung abgelagert werden kann, gebildet werden. Inzwischen wurden sie zumindest eindeutig als Ablagerungsformen erkannt (SUGDEN & JOHN 1976). Nach BARANOWSKI (1970) beginnt die Entstehung von *fluted moraine surfaces* mit dem Gefrieren von Moränenmaterial an der Gletscherbasis. Dadurch entstehen kleine Frostaufbrüche, die ähnlich subglazialen Hindernissen die

Entstehung von Hohlräumen verursachen. In diesen wird Moränenmaterial aufgepreßt, so daß sich die langgestreckten Rücken von *fluted moraine surfaces* bilden. Im Gegensatz dazu betont BOULTON (1976b) die Häufigkeit des Auftretens großer Blöcke an den Ansätzen der *glacial flutes*. Auch BOULTON hält eine Aufpressung subglazialen, deformierbaren Moränenmaterials in *low pressure areas* im Lee von Hindernissen des Gletscherbetts für die wahrscheinlichste genetische Erklärung. Diese Hindernisse können große Blöcke in der subglazialen Moränenmaterialoberfläche sein, aber auch Gesteinspartien des anstehenden Festgesteins. Wenn sich ein größerer Block im Zuge des *lodgement*-Prozesses in die Moränenmaterialoberfläche „hineinpflügt", hinterläßt er einen subglazialen Hohlraum im Eis, in den wassergesättigtes, deformierbares Moränenmaterial aufgepreßt werden kann. Eine Bestätigung o.e. Theorie erbrachten im übrigen subglaziale Beobachtungen (BOULTON 1976b). Deformierbares Moränenmaterial wurde in länglichen subglazialen Hohlräumen am Breidamerkurjökull innerhalb von 24 h als Reaktion auf die Druckerniedrigung innerhalb des Hohlraums im Vergleich zu den umgebenden Bereichen direkter Auflast des Gletschers rd. 20 cm aufgepreßt. Das Moränenmaterial war dabei ungefroren, was in Widerspruch zur Theorie von BARANOWSKI (s.o.) steht, wie auch zu Beobachtungen unter Gletschern in Schwedisch Lappland (HOPPE & SCHYTT 1953). Bei Exposition an der Gletscherstirn kollabieren die subglazialen Formen recht schnell und der typische symmetrische, wallartige Querschnitt der *glacial flutes* stellt sich ein. Lt. BOULTON steht die strenge eisbewegungsparallele Orientierung der *glacial flutes* nicht mit ihrer Genese in Zusammenhang, sondern ist als prä*glacial flute-lodgement till*-Gefüge anzusprechen.

HOPPE & SCHYTT (1953) bzw. SCHYTT (1963) gehen nach ihrer Theorie der Genese von *fluted moraines* ebenfalls von Aufpressung in subglazialen Hohlräumen aus. Das aufgepreßte Moränenmaterial ist stark wassergesättigt, weshalb es aufgrund der Druckentlastung an der Gletschersohle anfriert. Diese gefrorene Schicht wird dann gletscherabwärts transportiert. Gleichzeitig kann im Leebereich neues Material in den subglazialen Hohlraum eindringen. Untersuchungen von ANDERSEN & SOLLID (1971) unterstützen durch Orientierungsmessungen diese Hypothese.

ROSE (1992) untersuchte *glacial flutes* im Vorfeld des Austre Okstindbre (Okstindan) und stellte dabei fest, daß sich im Vergleich zum umgebenden Moränenmaterial größere Blöcke dort konzentrieren. Die Blöcke konzentrieren sich besonders am eisproximalen Ende, weisen eine bevorzugte eisbewegungsparallele Orientierung auf und bilden an anderen Stellen der *glacial flutes* teilweise Konzentrationen unterschiedlich orientierter Blöcke. Die Bindung an ein Hindernis bei deren Genese tritt dort zwar häufig, aber nicht ausschließlich auf.

Abb. 27: *Fluted moraine surface*, Storbreen (Aufnahme: 23.08.1993)

Zusätzlich zu den oben genannten Moränenformen können noch verschiedene andere glaziale Formenelemente in Gletschervorfeldern auftreten, z.B. *crevasse fillings* (Gletscherspaltenfüllungen), zu deren Defintion auf die entsprechende Literatur hingewiesen sei (GOLDTHWAIT 1989 etc.), da sich ihr Auftreten im Untersuchungsgebiet auf Einzelfälle beschränkt.

Neben den bereits erwähnten, durch kombinierte glaziale und glazifluviale Prozesse entstandenen Formen, gibt es zahlreiche Formen rein glazifluvialen Ursprungs im Gletschervorfeld. JURGAITIS & JUOZAPAVICIUS (1989) weisen drei verschiedene gentische Typen glazifluvialer Formen aus:
- englaziale (sub-/supraglaziale);
- eismarginale (frontale oder laterale);
- proglaziale.

Unter den englazialen Formen sind Kames (supraglazial) und Oser (sub-/englazial) am verbreitetsten. Kames entstehen durch die Ablagerung glazifluvialen Materials in offenen Depressionen der Gletscheroberfläche oder Gletscherspalten. Sie stellen nach Abtauen des Eises zumeist irregulär geformte Vollformen dar. In ihrer Morphologie werden sie dadurch geprägt, daß die ursprüngliche Form während der Ablation des Eises auf vielfältige Weise modifiziert wird. Die Sedimente in Kames sind unterschiedlich, zeigen durch Ablation des Eises glazitektonische Strukturen (Sackungserscheinungen), können starke Kreuzschichtung oder komplizierte Schichtungen aufweisen. Haben sich in lateralen Schmelzwasserkanälen zwischen Gletscher und lateraler Talflanke Kames gebildet, spricht man von Kameterrassen.

Oser (*esker*) entstehen in Spalten und subglazialen Tunneln v.a. stationärer und sich zurückziehender Gletscher. Sie stellen lange, schmale Rücken dar, die in ihrem Grundriß typische Drainagestrukturen nachzeichnen können. Die Abgrenzung zu Kames ist umstritten, weniger in bezug auf deren Morphologie, als aufgrund der Frage, ob Oser nur sub- und englazial, oder auch supraglazial entstehen können. Oser zeigen oft einen steilen Winkel eingeregelter Komponenten in starker Kreuzschichtung. Aufgrund des z.T. sehr viel höheren hydrostatischen Drucks können die Sedimente an Osern gröber als an Kames sein.

Während eismarginale glazifluviale Formen recht selten sind, treten an allen temperierten Hochgebirgsgletschern größere Areale proglazialer glazifluvialer Formung auf, z.B. ausgedehnte Talsander (*valley trains* bzw. *outwash plains*). Diese zeigen typische fluviale Schichtungsstrukturen, allerdings in Modifikation durch das differente Abflußregime glazialer Schmelzwasserströme mit stark saisonaler Wasserführung. Die Talsander werden oft von stark verzweigten verwilderten Flußläufen (*braided rivers*) eingenommen, die je nach Gefälle des Großreliefs weit verzweigt auftreten oder sich auf wenige Abflußkanäle beschränken. Kennzeichnend für diese Talsander sind häufige Gerinnebettverlagerungen mit zahlreichen sekundären bzw. fossilen Gerinnekanälen und sich ständig verändernden Kiesbänken.

Nach FENN & GURNELL (1987) können Sanderflächen vor Hochgebirgsgletschern in drei Zonen gegliedert werden:
- proximale Zone relativ tief eingeschnittener Gerinnekanäle mit gut ausgebildeten, parallelen Gerinnewänden und oft nur einem Hauptkanal;
- weiter talabwärts gelegene Zone verzweigter Gerinneführung mit flacher und breiter werdenden Gerinnekanälen und weniger gut ausgebildeten Kiesbänken;
- distale Zone sich wieder vereinigender Kanäle (in einem flachen, breiten Hauptkanal oder, bei einer Talschwelle, in einen tiefen Hauptkanal im anstehenden Festgestein).

Bei entsprechender Konfiguration der proglazialen Topographie können auch proglaziale Seen vor dem Gletscher entstehen, entweder in erodierten Seebecken (im anstehenden Festgestein), oder durch Aufstauung an zuvor abgelagerten Moränen (s. 7).

4 HOLOZÄNE GLETSCHERSTANDSSCHWANKUNGEN

4.1 EINFÜHRUNG UND METHODIK

Die konservative Auffassung des Holozän als Periode sukzessiver Klimaverbesserung nach endgültigem Abschmelzen der weichsel-/würmzeitlichen Eisschilde bis zu einem Klimaoptimum (*Altithermal*, *Hypsithermal*) bei nachfolgender erneuter Klimaverschlechterung, kulminierend in den Gletschervorstößen der vergangenen Jahrhunderte, bedarf zumindest teilweise der Revision (GROVE 1979). Die Aufgliederung des Holozän in v.a. palynologisch/vegetationsgeographisch definierte Perioden (Präboreal, Boreal, Atlantikum, Subboreal, Subatlantikum) ist für die Charakterisierung holozäner Gletscherstandsschwankungen nur bedingt hilfreich. Kritisch zu hinterfragen ist ebenso das Konzept einer *Neoglaciation* im Anschluß an ein Klimaoptimum, denn dieser Begriff induziert ein vorheriges gänzliches Abschmelzen von Hochgebirgsgletschern, was zumindest in einigen Regionen (z.B. den Alpen) als fraglich anzusehen ist (s. 4.2). Dagegen kann in anderen Regionen (z.B. Südskandinavien) das Konzept eines Klimaoptimums mit nachfolgender Neubildung der Gletscher durchaus aufrechterhalten werden (s. 4.3).

Nach Ansicht des Verfassers sind verschiedene Ursachen für die häufig auftretenden Widersprüche bei der Ausweisung holozäner Gletscherstandsschwankungen verantwortlich:
- unsicheres Ausmaß der Vorstöße;
- bis dato zu geringe regionale Differenzierung der verstreuten Geländebefunde;
- Problematik der Datierung holozäner Gletscherschwankungen.

Holozäne Gletschervorstöße waren häufig von geringerer oder gleicher Dimension wie die frührezenten Gletschervorstöße. Relativ selten waren sie von eindeutig größerer Dimension. Folglich sind nur in Einzelfällen eindeutige Ablagerungen (z.B. Moränen) holozäner Gletschervorstöße erhalten. Oft haben frührezente Gletschervorstöße ältere Formen zerstört. Bisweilen liegen genetisch schwierig zu interpretierende und datierende komplexe Moränenformen vor. Da diese während zahlreicher Gletschervorstöße im Verlauf des Holozän polygenetisch aufgebaut worden sind, erlauben sie in Sonderfällen eine eindeutige Datierung.

Unsicherheiten der Datierungsmethoden begründen sich u.a. aus o.e. häufiger Abwesenheit direkter glazialmorphologischer Zeugnisse holozäner Gletschervorstöße. Nach Ansicht des Verfassers ist es außerdem problematisch, regional weit gestreute Geländebefunde zur Ausweisung von Gletscherhochständen größeren regionalen Zusammenhangs heranzuziehen. Beispiele aus der frührezenten Gletscherhochstandsperiode (s. 5) zeigen, daß zur eindeutigen Ausweisung von Hochstandsphasen/regionalen Vorstößen die Erstellung eines Trends mit Hilfe zahlreicher Daten verschiedener Gletscher notwendig ist, um Fehlschlüsse zu vermeiden. Zusätzlich besteht in einigen Regionen die Problematik, möglicherweise *surging glaciers* zu erfassen (s. 2.1.2).

Man ist mit der angewendeten Methodik oft lediglich in der Lage, Klimaschwankungen auszuweisen. Damit bleiben Unsicherheiten über die tatsächliche Reaktion der Gletscher bestehen (s. 2.1.1), insbesondere weil der ursprüngliche Gletscherstand bei Rekonstruktionen von Gletscherstandsschwankungen mit Hilfe holozäner Klimadaten nur selten zweifelsfrei abgeschätzt werden kann. Aufgrund der unsicheren Methodik ist auch kritisch zu überprüfen, ob die häufig postulierte Parallelität der Gletscherreaktion während des Holozän (RÖTHLISBERGER 1986) tatsächlich stattgefunden hat, oder die Korrelation durch ungenügende Datierungsmethodik und breite regionale Streuung einzelner Geländebefunde über Gebühr „erleichtert" wird. Gleiches gilt für ausgewiesene Periodizitäten holozäner Gletschervorstöße, impliziert durch angenommene kausale Verkettung mit periodischen Schwankungen unterliegenden solaren/planetarischen Parametern (s. GROVE 1979).

Aufgrund der in Zeitabschnitten des Holozän nur vereinzelten und z.T. unsicheren Ergebnisse darf nach Ansicht des Verfassers keine vorschnelle Korrelation vollzogen werden, zumal entgegen der

Aussage von GROVE (1979) eine Periodizität in den spätglazialen Gletscheroszillationen nicht gerade als eindeutig angesehen werden kann (vgl. regional different ausgeprägte Jüngere Dryas - s. 1.4). Es bleibt zu überlegen, warum nicht auch im Holozän eine regionale Differenzierung von Vorstoßereignissen, wie sie aus den Verhältnissen im Spätglazial oder den frührezenten/rezenten Gletscherstandsschwankungen abgeleitet werden kann, sinnvoll wäre. Dabei ist selbstverständlich eine befriedigende Korrelation zur Ausweisung regionaler/überregionaler holozäner Gletscherstandsschwankungen abhängig vom gewünschten Genauigkeitsgrad. Im groben Maßstab kann z.B. sehr wohl eine weltweit synchrone frührezente Gletscherhochstandsphase ausgewiesen werden, wobei in größerer Auflösung sich dann aber deutlichere Unterschiede in deren Ablauf zeigen.

Die zur Ausweisung und Datierung holozäner Gletscherstandsschwankungen angewendeten Methoden bieten unterschiedliche zeitliche Auflösung und Exaktheit. Man datiert z.B. holozäne End- und Lateralmoränen durch fossile Bodenhorizonte bzw. Hölzer mittels der Radiocarbon-Methode. Dieses Verfahren wirft zahlreiche Probleme, u.a. die Festlegung der Beziehung des fossilen Bodens/Holzes zum Gletschervorstoß auf. Nur in Sonderfällen kann mit dieser Methode eine komplette holozäne Stratigraphie aufgebaut werden. Alpine Lateralmoränen wurden oft sukzessive während des gesamten Holozän aufgebaut und sind als Summe dieser Vorstöße aufzufassen (FRAEDRICH 1979, s. 3.4.5). An anerodierten Lateralmoränen mit natürlichen Profilen fossiler Böden können verschiedene Gletschervorstöße bzw. Warmphasen mit Bodenbildung ausgewiesen werden. Es ist dabei zu beachten, ob es sich um ungestörte Lagerungsverhältnisse in situ handelt, oder ob glazitektonische Prozesse, Stauchungsprozesse oder postsedimentäre Sackungserscheinungen die ursprüngliche Lagerung verändert haben. Analog ist zu klären, ob es sich bei fossilen Hölzern um in situ erhaltene Baumstümpfe oder allochthones Material handelt.

GAMPER (1987) geht bei der Interpretation von morphologischen Zeugnissen von Klimaänderungen, z.B. Moränen, Schutthalden und Solifluktionsloben, generell von zwei wichtigen Voraussetzungen aus. Zum einen müssen sie datierbar, zum anderen die Beziehung zwischen Klimaschwankung und geomorphologischem Prozeß eindeutig sein. Ohne diese Voraussetzungen haben auch Radiocarbon-Datierungen fossiler Böden in bzw. unter Moränen für die Ausweisung von Gletscherstandsschwankungen keinen Wert. Bei der Radiocarbon-Datierung von Böden ergeben sich verschiedene methodische Probleme. So stellen fossile Böden in Lateralmoränen n. RÖTHLISBERGER (1986) oft unreife Böden dar. Bei langem Bodenbildungsprozeß ist es ferner nicht leicht, diesen eindeutig einer Warm-, Übergangs- oder Kaltphase zuzuordnen. Nach GEYH (zit. HOLZHAUSER 1987) ist generell eine zeitliche Auflösung von maximal 300 - 400 Jahren für Radiocarbon-Datierungen fossiler Hölzer (und Böden) zu erreichen. Dies ist gerade in Hinblick auf unterschiedliches Vorstoßverhalten während einer Hochstandsperiode unbefriedigend und sollte bei jeder Korrelation berücksichtigt werden.

Bei der Radiocarbon-Datierung fossiler Böden müssen lt. MATTHEWS (1980, 1984 etc.) verschiedene Punkte besondere Bebachtung finden:
- um „Mischalter" bei den sich nur langsam bildenden Hochgebirgsböden zu vermeiden, sollten nur geringmächtige Schichten des Bodens untersucht werden (nie gesamte Horizonte);
- anerodierte, gestauchte oder anderweitig gestörte Bodenprofile sollten bei der Datierung vermieden werden;
- es sollte nicht nur eine organische Fraktion datiert werden, um Abweichungen in Hinblick auf evtl. Kontaminierungen interpretieren zu können;
- durch komplexe Bodenbildungsprozesse verursachte Altersdifferenzierung infolge Mobilität und Akkumulation verschiedener organischer Bestandteile kann eine eindeutige Ansprache erschweren;
- Vergleichbarkeit verschiedener Bodentypen in Beziehung zu deren Alter ist nicht immer gegeben (verbunden mit z.T. größerem Grad der Variationen innerhalb eines Bodentyps);
- der Entwicklungsstandes eines Bodens bei Überdeckung ist meist unbekannt,

- mögliche bodenchemische Prozesse nach der Überdeckung dürfen nicht vernachlässigt werden;
- Fehlen rezenter analoger Böden zu Vergleichszwecken kann die Datierung ebenso erschweren;
- spezielle Sensibilität der nur flach entwickelten Hochgebirgsböden für Kontaminationen (junge Wurzeln, lithophiles Carbon etc.).

Verschiedene Untersuchungen von MATTHEWS zeigen beispielsweise Altersunterschiede der unterschiedlichen organischen Bestandteile in Größenordnungen von mehreren hundert Jahren. Die Genauigkeit dieser Datierungsmethode darf deshalb nicht überbewertet werden.

Dendrochronologie kann in Kontext der Ausweisung holozäner Gletscherstandsschwankungen sowohl an in Moränen gefundenen in situ Baumstümpfen (allochthone Holzrelikte weniger geeignet) wie fossilen Hölzern an Standorten in Nähe der Gletscherregion angewendet werden. Die Methode gründet sich überwiegend in klimadeterminierter Weite der Jahrringe, Verhältnis von Früh- zu Spätholz, maximaler (Spätholz) bzw. minimaler Dichte (Frühholz) sowie Anteil von Spätholz am gesamten Jahresring. Mit ihr können sowohl quantitative Aussagen über kurz- und mittelfristige Klimaschwankungen ausgewiesen werden, wie absolute Chronologien zu Datierungszwecken aufgestellt werden. Neben Klimaparametern wie Temperatur, Niederschlag, Sonneneinstrahlung und Luftfeuchte sind auch Faktoren wie Exposition, Alter (Wachstumsstadium), Bodenverhältnisse, Grundwasserstände, Insektenbefall, Waldbrände, anthropogene Einflüsse etc. zu berücksichtigen.

Infolge der Lage nahe der alpinen Baumgrenze beeinflußt im Falle der Untersuchungsgebiete v.a. die Sommertemperatur die Jahrringbreite. Niederschlagsschwankungen können im Fall der gewählten Untersuchungsgebiete nicht ausgewiesen werden. Nicht alle Baumarten sind in gleicher Weise geeignet, die in Westnorwegen als Waldgrenzbildner dominierende Fjellbirke macht die Dendrochronologie dort im Gegensatz zu den Alpen zu einer weitgehend ungeeigneten Methode.

Die bisweilen anzutreffende Korrelation von Klimaschwankungen im Raum West-/ Zentralnorwegens mit dendrochronologischen Daten aus Nordschweden (SCHWEINGRUBER 1983, OERLEMANS 1986) ist methodisch abzulehnen. Der Alpenraum darf dagegen nach SCHWEINGRUBER als homogener Raum betrachtet werden. Bei der Aufstellung dendrochronologischer Zeitreihen ist zu berücksichtigen, daß durch mathematische Filterung und statistische Aufarbeitung der dendrochronologischen Meßreihen wichtige klimatische Informationen verloren gehen können (RÖTHLISBERGER 1986).

Von grundlegender Bedeutung bei der Anwendung von dendrochronologischen Daten für die Ausweisung von Gletscherstandsschwankungen ist die Tatsache, daß diese keine Gletscherstands-, sondern Klimaschwankungen repräsentieren. Der für das Verhalten des Gletschers entscheidende Gletscherstand bei Eintritt der Klimaänderung kann nicht berücksichtigt oder nachgewiesen werden. Dies kann dazu führen, daß bedeutende Klimaänderungen in dendrochronologischen Meßreihen sich nicht adäquat auf das Verhalten der Gletscher ausgewirkt haben (wenn diese z.B. den wenig sensiblen Minimalstand aufwiesen).

Palynologie an Mooren im Bereich der Waldgrenze lieferte in den Alpen wertvolle Hinweise auf Fluktationen der Waldgrenze im Holozän. Probleme verursacht der mindestens seit 5.000 BP zu berücksichtigende anthropogene Einfluß. Nach BORTENSCHLAGER (1977) ist ferner Neueinwanderung von Baumarten und natürlicher Vegetationswechsel zu beachten (im Alpenraum z.B. die Neueinwanderung der Fichte). Deshalb sollte v.a. das Verhältnis von Baumpollen zu Nichtbaumpollen beachtet und interpretiert werden. Bei einer Auflösung von weniger als 10 Jahren ist bei Pollenanalysen zu beachten, daß insbesondere an der nördlichen Waldgrenze Ausfälle von 4 bis 8 Jahren zwischen einzelnen Blühjahren zu beobachten sind. Allgemein hält BORTENSCHLAGER (1977) Schwankungen von weniger als 100 Jahren in palynologischen Geländebefunden für rein zufällig.

Gerade für die frührezenten Gletscherstandsschwankungen sind historische Dokumente und (als Sonderfälle) geländearchäologische Funde von großem Nutzen. Ähnliche zeitliche Einschränkung auf die frührezente Gletscherhochstandsperiode gilt auch für die Lichenometrie (s. 5.1.2), selbst wenn z.B.

DENTON & KARLÉN (1973) sie auf das gesamte Holozän anwenden. Die Messung von Verwitterungsrinden als Gradmesser der Länge der subaerischen Verwitterung erzielt i.d.R. nicht die notwendige hohe Auflösung. Ähnliches gilt für die Ausweisung von Phasen verstärkter Solifluktion als Indiz für naßfeuchte Sommer (z.B. GAMPER 1981).

Insgesamt bleibt festzuhalten, daß die bis dato angewendete Methodik der Ausweisung und Datierungen holozäner Gletscherstandsschwankungen noch viele Probleme und Unsicherheiten birgt. Daher beschränkt sich die vorliegende Arbeit bei der genauen Analyse der Gletscherstandsschwankungen in bezug auf deren Beziehung zu glaziologischen Verhältnissen und Klimaschwankungen auch auf die frührezenten/rezenten Gletschervorstöße. Die holozänen Gletschervorstöße werden deshalb nur in Form eines kurzen Überblicks behandelt.

4.2 HOLOZÄNE GLETSCHERSTANDSSCHWANKUNGEN IM ALPENRAUM

Nach den spätglazialen Egesen-Gletschervorstößen (s. 1.4.1) zogen sich die Alpengletscher relativ schnell auf annähernd frührezente Gletscherstände zurück. Das Eis des spätglazialen Ötztalgletschers verschwand spätestens 10.200 BP aus dem Becken von Sölden, der Rückzug in die oberen Talabschnitte vollzog sich mit großer Geschwindigkeit bei Zergliederung in einzelne Talgletscher, in Gurgler und Venter Gletscher (HANTKE 1983). Kurz darauf erfolgte der sukzessive Zerfall in die heute bestehenden lokalen Gletscher. Im frühen Präboreal um 9.900 BP war der Raum von Untergurgl auf einer Höhenlage von 1700 m bereits eisfrei. Damit vollzog sich der finale Rückzug der pleistozänen Gletscher im inneren Ötztal rascher als in West- und Zentralnorwegen, wo bedeutende präboreale Rückzugsstadien ausgewiesen werden konnten (s. 4.3).

9.500 BP erreichten die Gletscher im Ötztaler Raum Gletscherstände, die denen der frührezenten Gletscherhochstandsphase vergleichbar waren (PATZELT 1972,1973). Sie wurden im wesentlichen während des gesamten Holozän nicht überschritten. In den Westalpen erreichten die Gletscher um 9.500 BP lt. RÖTHLISBERGER (1986) in etwa den Stand von AD 1850. Im Vorfeld des Pasterzenkees (Hohe Tauern) wuchsen 9.500/9.400 BP bereits Zirben (Pinus cembra) in Höhe der rezenten potentiellen Waldgrenze (SLUPETZKI 1990). Allerdings ist inzwischen für viele Alpenregionen (auch die Ötztaler Alpen) eindeutig belegt, daß sich mehrere holozäne Gletschervorstöße ereignet haben, die teilweise frührezente Ausdehnung erreichten oder sogar übertrafen.

Während es zwischen Egesen-Stadium und 9.500 BP keine Gletschervorstöße/Stillstandphasen gab, die den Gletscherrückzug wesentlich unterbrochen hätten, kam es im mittleren Präboreal um 9.500 BP mit der Schlaten-Schwankung zu einem Gletschervorstoß (Typuslokalität: Schlatenkees/Venedigergruppe - PATZELT 1973,1977). Er erreichte in etwa frührezente Dimension. Der Vorstoß kann aufgrund seiner Ausdehnung nicht als präboreales Rückzugsstadium, sondern erster eigenständiger holozäner Gletschervorstoß bezeichnet werden. Die Schlaten-Schwankung ist vermutlich mit der westalpinen Palü-Schwankung (9.460 BP - GAMPER & SUTER 1982) korrelat.

Kurz nach der Schlaten-Schwankung zogen sich die Gletscher wieder zurück und im Zuge der klimatischen Verbesserung im jüngeren Präboreal stieg die Waldgrenze im Ostalpenraum auf 2300 m an (BORTENSCHLAGER 1972, SLUPETZKI 1990; zur holozänen Entwicklung des alpinen Waldes s. KRAL 1972,1979, MAYER 1974).

Die holozänen Gletscherstandsschwankungen im Alpenraum hielten sich einschließlich der frührezenten Hochstandsphase zusammen mit den klimadeterminierten Schwankungen der Schnee- und Waldgrenze nach neueren Erkenntnissen in engeren Grenzen als früher vermutet (FLIRI 1975). Entgegen für die Ostalpen angenommenen Waldgrenzschwankungen von 400 bis 700 m dürften im Holozän nur Schwankungen innerhalb einer Spannbreite von 150 - 200 m (maximal 250 m) stattgefunden haben (BORTENSCHLAGER 1972, PATZELT 1977). Die Waldgrenze sank im Vergleich zu ihrer rezentpotentiellen Lage im Untersuchungsgebiet von ca. 2.300 m (aktuell evtl. etwas höher) nie unter 2200 m ± 100 m) ab. Andererseits stieg sie auch während holozäner Wärmephasen im wesentlichen nicht über

Fig. 22: Übersichtsskizze Ötztaler/Österreichische Alpen (partiell modifziert n. GROVE 1988)

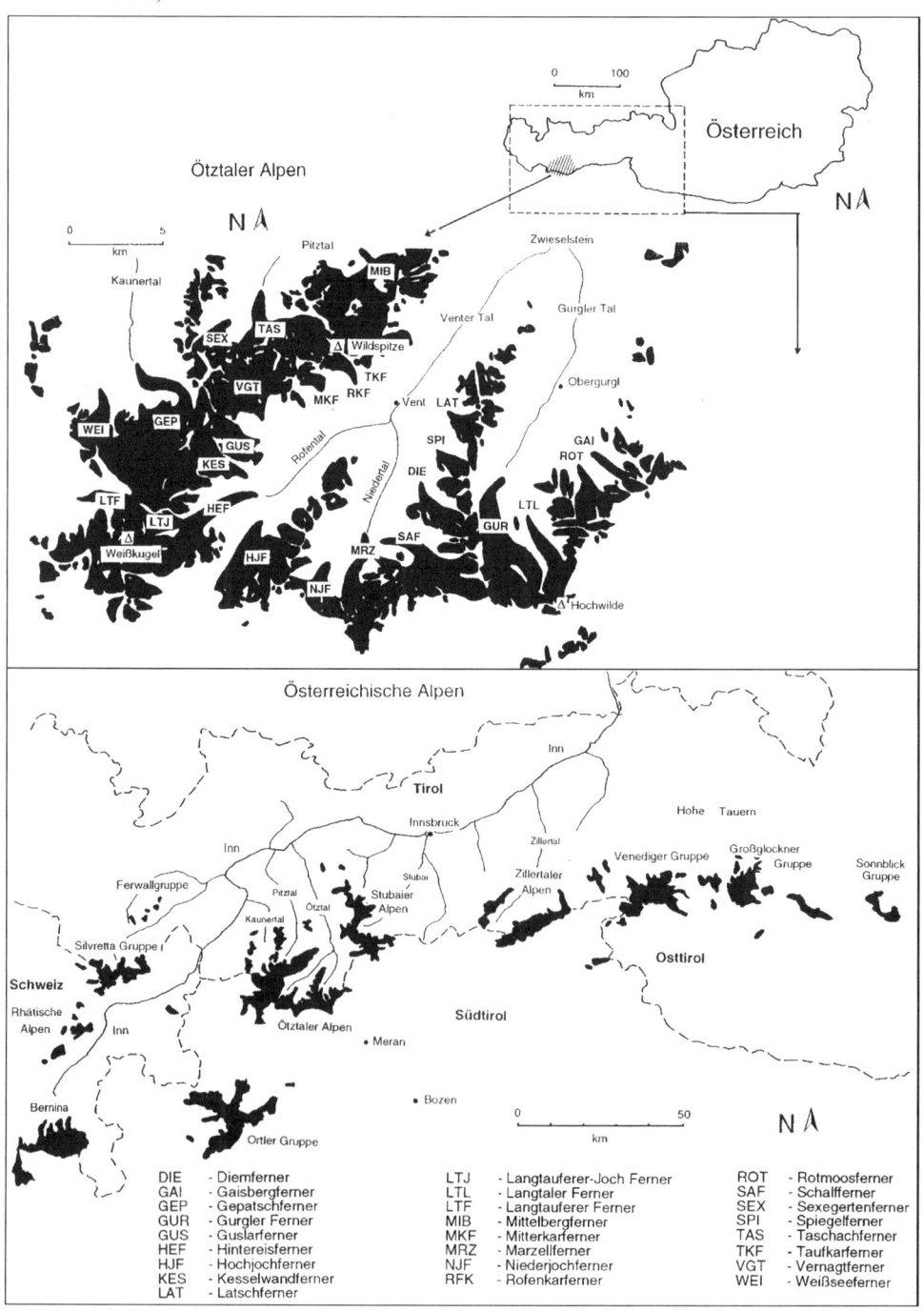

DIE	- Diemferner	LTJ	- Langtauferer-Joch Ferner	ROT	- Rotmoosferner
GAI	- Gaisbergferner	LTL	- Langtaler Ferner	SAF	- Schalfferner
GEP	- Gepatschferner	LTF	- Langtauferer Ferner	SEX	- Sexegertenferner
GUR	- Gurgler Ferner	MIB	- Mittelbergferner	SPI	- Spiegelferner
GUS	- Guslarferner	MKF	- Mitterkarferner	TAS	- Taschachferner
HEF	- Hintereisferner	MRZ	- Marzellferner	TKF	- Taufkarferner
HJF	- Hochjochferner	NJF	- Niederjochferner	VGT	- Vernagtferner
KES	- Kesselwandferner	RFK	- Rofenkarferner	WEI	- Weißseeferner
LAT	- Latschferner				

2400 m an (BORTENSCHLAGER 1977). Analoge Oszillationsbreiten um 200/250 m ergeben sich auch für Schneegrenze bzw. klimatische Gleichgewichtslinie.

Der kritiklose Rückschluß von Waldgrenzschwankungen auf Gletscherstandsschwankungen ist nach Ansicht des Verfassers im übrigen nicht erst seit anthropogener Beeinflussung der Waldgrenze problematisch. Es gibt Beispiele für Gletschervorstöße, die keine parallele Waldgrenzschwankung erkennen lassen (nicht nur bei *surging glaciers*). V.a. bei Gletschervorstößen, die durch kurzfristige klimatische Extrema verursacht wurden, weniger bei Gletschervorstößen als Reaktion auf längerer Klimaänderungen, erscheint dies möglich.

Der Schlaten-Schwankung folgte im Boreal die mindestens zweiphasige Venediger-Schwankung. Sie weist lokal geringfügig größere Gletschervorstöße als die frührezenten auf. Die Hochstandsphase wurde zuerst in der Venedigergruppe nachgewiesen und zwischen 8.700 und 8.000 BP datiert (BORTENSCHLAGER & PATZELT 1969, BORTENSCHLAGER 1972, PATZELT 1973). Der Venediger-Schwankung folgte eine Periode optimaler Waldausbreitung, das bisweilen als „postglazialen Klimaoptimum" bezeichnet wird. Es stellt aber entgegen früherer Ansichten (z.B. KLEBELSBERG 1948/49) keine einheitliche holozäne Wärmephase von bis zu 4000 Jahren Dauer dar (s.u.). Insofern ist speziell im Vergleich zum Ablauf der holozänen Gletscherstandsschwankungen in Skandinavien dieser Begriff unglücklich gewählt und sollte nach Ansicht des Verfassers besser nicht verwendet werden. Der Venediger-Schwankung ist in den Westalpen im übrigen ein geringfügiger Vorstoß um 9.010 BP vorausgegangen (Glacier de Ferpècle/Valais - GAMPER & SUTER 1982). Korrelierbar mit der Venediger-Schwankungen ist ein Vorstoß um 8.400 BP im Valais (Glacier de Tsidjiore Nouve, Gornergletscher - GAMPER & SUTER 1982).

Nach der Periode geringer Gletscherausdehnung wurde in den Westalpen 7.700 - 7.400 BP eine Hochstandsphase mit ein oder zwei einzelnen Vorstößen ausgewiesen (z.B. Glacier de Ferpècle und Triftgletscher - KING 1974, RÖTHLISBERGER 1986). PATZELT (1990b) weist auf die Möglichkeit eines Hochstands annähernd frührezenten Ausmaßes vor 7.530 BP am Gurgler Ferner (Ötztaler Alpen) hin.

Zwar war in den wärmeren Phasen des Holozän die Gesamtvergletscherung des Alpenraums vermutlich z.T. geringer als heute, entgegen älteren Darstellungen sind aber die Alpengletscher mit großer Sicherheit nie völlig abgeschmolzen (PATZELT 1977, RÖTHLISBERGER 1986). Im als relativ trocken zu charakterisierenden späten Boreal (FLIRI 1975) und in der ersten Phase des älteren (feuchteren) Atlantikum erreichte die Waldgrenze ihren höchsten holozänen Stand. Der älteste Gletschervorstoß des Atlantikum war die Frosnitz-Schwankung (n. MAYR 1964,1968: 7.300 - 6.500 BP; PATZELT 1973: 6.600 - 6.000 BP; METZ & NOLZEN 1973: Hochstand am Grünauferner/Stubaier Alpen um 6.870 BP). Die Schneegrenze soll lokal um bis zu 200 m abgesunken und der Vorstoß von gleicher oder geringfügig größerer Dimension als der frührezente gewesen sein. Aus den Westalpen (Glacier du Tour) liegen Belege für Gletschervorstöße um 6.400 BP vor. Die Frosnitz-Schwankung soll mit der Larstig-Schwankung der Stubaier Alpen (n. HEUBERGER 1966) korreliert werden können (FRAEDRICH 1979). Die Larstig-Schwankung ist als Periode stärkerer periglazialer Aktivität v.a. an kleineren Karg1etschern an E-exponierten Bergflanken nachgewiesen worden (BORTENSCHLAGER 1977, PATZELT 1977 etc.).

Für den Zeitraum zwischen 6.400 und 5.750 BP liegen aus West- wie Ostalpen keine gesicherten Daten über Gletscherhochstände vor. Gesichert sind Gletschervorstöße zwischen 5.300 und 4.400 BP am Gornergletscher, Oberen Grindelwaldgletscher, Oberaargletscher (4.600 BP bei annähernd frührezentem Ausmaß - RÖTHLISBERGER 1986) und Allalingletscher (Hochstand um 5.100 BP - BIRCHER 1982). Nach erneutem Anstieg der Waldgrenze auf einen Stand nicht über 2400 m sind in den Ostalpen im Jüngeren Atlantikum zwei Vorstöße ausgewiesen worden, Rotmoos-I- und Rotmoos-II-Hochstand (Typuslokalität: Rotmoosferner/Ötztaler Alpen). Die Rotmoos-Schwankung wird auf 5.300 - 4.400/ 4.500 BP datiert (BORTENSCHLAGER 1972, 1977). Beide Rotmoos-Hochstände sind bei annähernd frührezenten Dimensionen am Gurgler Ferner nachgewiesen worden (Rotmoos I kurz vor oder um 4.970 BP, Rotmoos II nach 4.970 BP - PATZELT 1990b). Ferner hat noch ein Vorstoß vor den Rotmoos-Hochständen stattgefunden, welcher aber noch nicht genau datiert worden ist. METZ & NOLZEN (1973) weisen einen Hochstand des Grünauferners um 4.400 BP aus. Aus der Ferwallgruppe in Vorarlberg berichtet FRAEDRICH (1979) von einem Hochstand um 4.680 BP, u.a. belegt durch palynologische Untersuchungen.

Fig. 23: „Klassische" Stratigraphie des Holozän im Ostalpenraum (leicht modifiziert n. PATZELT 1977)

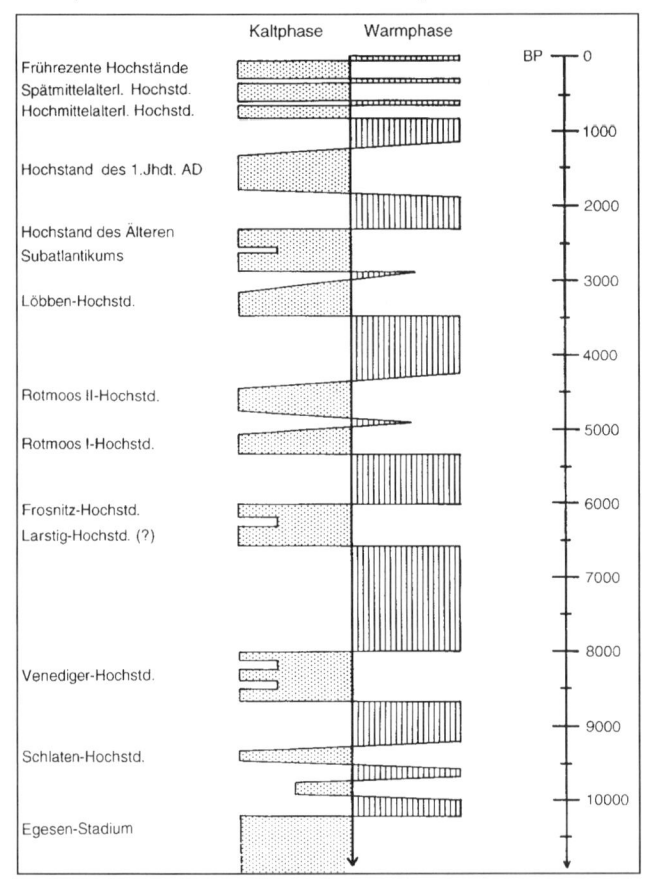

	Kaltphase	Warmphase	BP
Frührezente Hochstände			0
Spätmittelalterl. Hochstd.			
Hochmittelalterl. Hochstd.			1000
Hochstand des 1.Jhdt. AD			
			2000
Hochstand des Älteren Subatlantikums			
			3000
Löbben-Hochstd.			
			4000
Rotmoos II-Hochstd.			
			5000
Rotmoos I-Hochstd.			
Frosnitz-Hochstd.			6000
Larstig-Hochstd. (?)			
			7000
			8000
Venediger-Hochstd.			
			9000
Schlaten-Hochstd.			
			10000
Egesen-Stadium			

Eine weitere postglaziale Klimagunstphase kann in den Westalpen von 4.400 bis 3.600 BP datiert werden (GAMPER & SUTER 1982). Um 4.000 BP war z.B. der Stand des Glacier de Ferpècle (mindestens) so klein wie 1973. Während RÖTHLISBERGER (1986) allgemein seit 3.500 BP von einem fallenden Temperaturtrend ausgeht und resultierend die frührezenten Gletschervorstöße als größte im Holozän ansieht, vertritt HOLZHAUSER (1987) die Ansicht, daß auch die Hochstände vor 3.500 BP mindestens gleich große Ausdehnung wie die frührezenten Gletscherhochstände erreicht haben können, was zahlreiche Belege aus dem Alpenraum bestätigen. Zu beachten ist nach HOLZHAUSER u.a. die komplexe Konfiguration holozäner Gletschervorfelder, da Moränen spätere Gletschervorstöße beeinflussen können und evtl. eine größere/kleinere Dimension vortäuschen. Kein Zweifel besteht aber darüber, daß um 3.500 BP (n. SLUPETZKI 1988: 3.300 BP) ein drastischer Klimaumschwung stattgefunden hat. Seitdem sollen sich die Alpengletscher auf dem sog. oberen Schwankungsniveau (RÖTHLISBERGER 1986) befinden, d.h. häufiger stärkere Vorstöße zu verzeichnen sein.

Zwischen 3.340 und 3.175 BP (Genauigkeitsspielraum 100 Jahre) zeigen dendrochronologische Zeitreihen eine extreme Kaltphase von 165 Jahren mit unterdurchschnittlichen Sommertemperaturen an. Der Klimawechsel vollzog sich abrupt in nur 15 Jahren nach einer Phase mit 75 überdurchschnittlich warmen Sommern. Nach RENNER (1982) stellt diese Periode den größten holozänen Klimasturz dar und vielfach sollen Alpengletscher bei Vorstößen um 3.000 BP ihre größte holozäne Ausdehnung gehabt haben. Mit dieser Phase korrelat kann die Löbben-Schwankung im Jüngeren Subboreal gelten (PATZELT 1977). Sie wird repräsentiert durch Moränenrelikte 100 - 150 m außerhalb der frührezenten Gletschervorfelder (Venedigergruppe/Stubaier Alpen). Die auf 3.500 - 3.100 BP datierte Löbben-Schwankung (BORTENSCHLAGER 1972, PATZELT 1977; am Gurgler Ferner hat sich der Löbben-Hochstand bei annähernd frührezenter Ausdehnung zwischen 3.815 und 3.300 BP ereignet - PATZELT 1990b) ist

Fig. 24: Übersichtsskizze Schweizer Alpen/Mont Blanc-Region (partiell modifiziert n. MÜLLER, CAFLISCH & MÜLLER 1976, GROVE 1988).

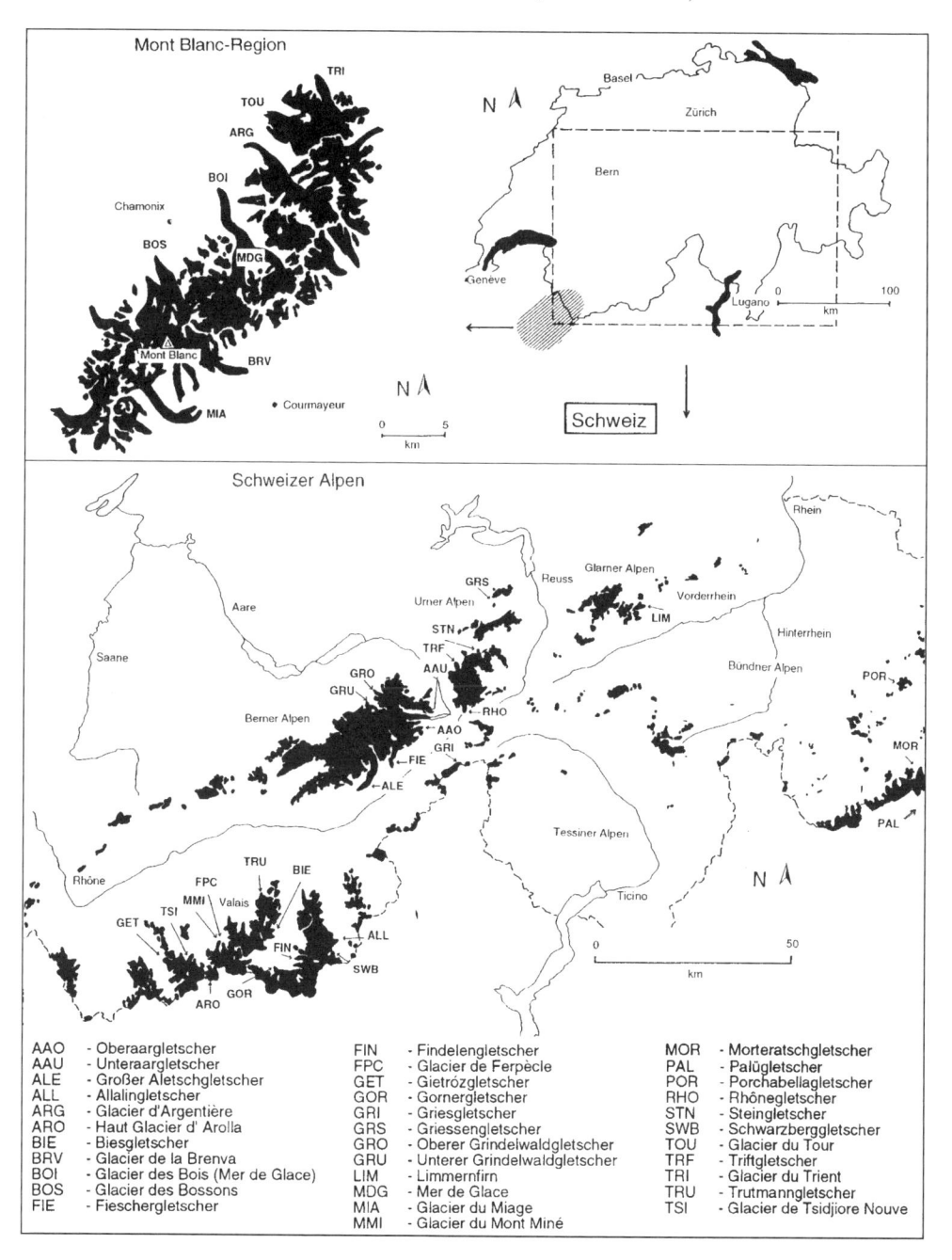

AAO	- Oberaargletscher	FIN	- Findelengletscher	MOR	- Morteratschgletscher
AAU	- Unteraargletscher	FPC	- Glacier de Ferpècle	PAL	- Palügletscher
ALE	- Großer Aletschgletscher	GET	- Gietrózgletscher	POR	- Porchabellagletscher
ALL	- Allalingletscher	GOR	- Gornergletscher	RHO	- Rhônegletscher
ARG	- Glacier d'Argentière	GRI	- Griesgletscher	STN	- Steingletscher
ARO	- Haut Glacier d' Arolla	GRS	- Griessengletscher	SWB	- Schwarzberggletscher
BIE	- Biesgletscher	GRO	- Oberer Grindelwaldgletscher	TOU	- Glacier du Tour
BRV	- Glacier de la Brenva	GRU	- Unterer Grindelwaldgletscher	TRF	- Triftgletscher
BOI	- Glacier des Bois (Mer de Glace)	LIM	- Limmernfirn	TRI	- Glacier du Trient
BOS	- Glacier des Bossons	MDG	- Mer de Glace	TRU	- Trutmanngletscher
FIE	- Fieschergletscher	MIA	- Glacier du Miage	TSI	- Glacier de Tsidjiore Nouve
		MMI	- Glacier du Mont Miné		

111

auch durch eine deutliche Waldgrenzdepression gekennzeichnet. Am Obersulzbachkees (Venedigergruppe) ist der Vorstoß der Löbben-Schwankung nach 3.500 BP belegt (SLUPETZKY 1988). Dieser Klimaumschwung war in den Alpen vermutlich nicht so stark ausgeprägt wie in Westnorwegen (s. 4.3), selbst wenn z.B. die Gletscher im Gotthardgebiet eine größere Ausdehnung als während der frührezenten Hochstände erreichten (RENNER 1982).

In den Westalpen gibt es verschiedene Belege für mit der Löbben-Schwankung korrelate Hochstände. Der Glacier d'Argentière (Mont Blanc-Massiv) stieß zweimal kurz nach 3.600 BP vor, nachdem er zuvor eine geringere oder höchstens rezente Ausdehnung hatte und um 3.735 BP die Waldgrenze noch 100 m höher lag. Der Glacier d'Argentière stieß ferner zweimal kurz nach 3.400 BP (3.350 BP) vor, d.h. es kam zu einer Hochstandsphase mit verschiedenen einzelnen Vorstößen (BLESS 1984). Vorstöße unternahmen zeitgleich auch Glacier de Ferpècle und Glacier de Tsidjiore Nouve (GAMPER & SUTER 1982). Der Steingletscher stieß nach 3.490 BP bzw. zwischen 3.040 und 2.820 BP über die Hochstandsmarke von AD 1850 vor und Hochstände am Allalingletscher sind um 3.440 bzw. 3.070 BP belegt (BIRCHER 1982).

Im Älteren Subatlantikum ist von verschiedenen Autoren eine Hochstandsphase 2.900 - 2.300 BP ausgewiesen worden (MAYR 1964 etc.; Göschener Kaltphase I in den Westalpen). Diese ist morphologisch nicht einwandfrei belegt und dürfte annähernd frührezente Ausmaße erreicht haben. Der Fernauferner rückte bis in ein gletschernahes Moor vor (s.a. GAMPER & SUTER 1982, FURRER 1990). In den Westalpen gab es in dieser Phase Vorstöße am Findelengletscher (zwischen 2.715 und 2.410 BP), Glacier d'Argentière (2.400 BP), Glacier de Ferpècle (2.500 - 2.450 BP) und Mer de Glace (2.500 - 2.400 BP - MAHANEY 1991). Nach WETTER (1987) ist das Ausmaß dieser Vorstöße unsicher, aber mit Sicherheit waren die Gletscher weiter vorgerückt als 1920. Am Glacier d'Argentière wurde ergänzend festgestellt, daß der Gletscher vor diesen Vorstößen um 2.640 BP kleiner als heute war. Einen frühen Hochstand um 2.800 BP weist BLESS (1984) am Glacier du Trient aus. HOLZHAUSER (1984) belegt einen Vorstoß am Großen Aletschgletscher nach 2.300 BP.

In der Folgezeit häufen sich (auch methodisch bedingt) die Belege für Gletschervorstöße. GAMPER & SUTER (1982) berichten von Vorstößen nach 2.170 BP und zwischen 1.950 und 1.800 BP (s.a. RÖTHLISBERGER 1986). Der Steingletscher erreichte um 2.210 BP einen Hochstand (KING 1974). Der Hochstandsphase folgte erneut eine Periode kurzer Klimaverbesserung um 2.000 BP mit abermaligem Anstieg der Waldgrenze. Der mit der Göschen-II-Kaltphase in den Westalpen korrelierbare Hochstand nach dem ersten nachchristlichen Jahrhundert (1.700 - 1.300 BP n. PATZELT 1973, 1977) ist eindeutig belegt. Die Gletscher waren in etwa so groß wie bei den frührezenten Gletschervorstößen. Am Obersulzbachkees ist ein Vorstoß um 1.620 BP belegt (SLUPETZKY 1988). Im Mont Blanc-Gebiet ereignete sich ein Vorstoß am Glacier d'Argentière um 1.700 BP, gefolgt von einem weiteren um 1.550 BP (BLESS 1984). Der benachbarte Glacier du Trient stieß um 1.500 BP vor. Am Roßbodengletscher (Valais) konnte ein Hochstand vor 1.600 BP nachgewiesen werden (MÜLLER 1975). Vorstöße am Mer de Glace wurden um 1.820 BP, 1.700 und 1.415 BP datiert. Der Glacier des Bossons wies um 1.595 BP einen Hochstand auf (WETTER 1987). In den Ostalpen erreichte das Simonykees (Venedigergruppe) einen Hochstand um AD 400 (PATZELT & BORTENSCHLAGER 1973). MAYR (1964) weist verschiedene Gletschervorstöße von AD 400 - 750 nach.

Neuere Forschungsergebnisse liefern Hinweise auf verschiedene Gletscherhochstände im Hoch- und Spätmittelalter, die z.T. als erste „Vorboten" der frührezenten Gletscherstandsschwankungen interpretiert werden (HOLZHAUSER 1984). Am Großen Aletschgletscher weist HOLZHAUSER vier prä-frührezente Vorstöße um AD 600/650, 850, 1100 und 1300 aus (mit einem großen Hochstand um AD 1350). Auch am Fieschergletscher konnte HOLZHAUSER einen Hochstand in der ersten Hälfte des 14.Jahrhunderts nachweisen. Wichtig ist die Feststellung, daß im nachfolgenden Zeitabschnitt vor Einsetzen der frührezenten Gletscherhochstände der Gletscherstand von 1935/40 nie wesentlich unterschritten wurde. Um 800 BP ereignete sich ein Vorstoß am Glacier du Trient (BLESS 1984) sowie zuvor zwischen 1.200 und 1.000 BP Vorstöße am Glacier de Ferpècle, Glacier du Mont Miné, Glacier du Trient und Findelengletscher (GAMPER & SUTER 1982, WETTER 1987). Zwischen 900 und 700 BP traten weitere

Vorstöße am Findelengletscher und Glacier du Mont Miné auf. Allgemein ereigneten sich im Mont Blanc-Gebiet verschiedene mittelalterliche Gletschervorstöße um AD 800, 1100 und 1300 (u.a. Glacier de la Brenva um AD 800).

Im Gegensatz zu den Westalpen gibt es bis dato nur wenige eindeutig belegte mittelalterliche Vorstöße in den Ostalpen. Am Simonykees konnte PATZELT (1973) zwei Hochstände um AD 1300 und AD 1450 nachweisen, am Gurgler Ferner (PATZELT 1990b) zwei Vorstöße um AD 1230 - 1290 bzw. AD 1174 - 1310. Auch im Rofental deuten Geländebefunde am Rofenkarferner auf mittelalterliche Vorstöße hin (vgl. 7.3.4). Im Lateralmoränenzwickel (Hintergrasl) zwischen Vernagt- und Guslarferner erhaltene Moränenrelikte (s. Abb. 28) sind zwar bis dato noch nicht datiert, vermutlich aber prä-mittelalterlich (pers.Mittlg. K.Nicolussi). Nach Nicolussi (pers.Mittlg.) sind noch um 1470 und 1540 (dendrochronologisch) Vorstöße nachweisbar.

Abb. 28: Holozäne Moränenrelikte (rechts unterhalb der Vernagthütte als 3 undeutliche Rücken parallel zum rechten Lateralmoränenkamm zu erkennen) im Lateralmoränenzwickel (Hintergrasl) von Guslarferner und Vernagtferner (vgl. 7.3.1/2) (Aufnahme: 18.07.1993)

Zusammenfassend ist festzuhalten, daß das gesamte Holozän in West- wie Ostalpen durch ein beständiges Oszillieren der Gletscher geprägt war. Trotz aller Unsicherheiten, resultierend aus Problemen der Datierungstechniken, scheinen die holozänen Schwankungen im gröberen Maßstab alpenweit parallel abgelaufen zu sein. Allerdings muß mittel- und kurzfristig analog zu den frührezenten Gletschervorstößen auch im Holozän mit Unterschieden im Gletscherverhalten zwischen den einzelnen Alpenregionen und Gletschern gerechnet werden. Diese können freilich mit der bis dato verwendeten Methodik und der weiten Streuung der Geländebefunde nicht überprüft werden.

4.3 HOLOZÄNE GLETSCHERSTANDSSCHWANKUNGEN IN SKANDINAVIEN

Wenn erst in jüngster Zeit zahlreiche Informationen über holozäne Gletscherstandsschwankungen in West-/Zentralnorwegen vorliegen ist dies darin begründet, daß die prä-frührezenten holozänen Gletschervorstöße im Gebiet des Jostedalsbre (sofern sie aufgetreten sind) wie z.gr.T. auch im Jotunheimen von geringerer Dimension als die frührezenten waren. Von 91 lichenometrisch untersuchten Gletschern in Südnorwegen wiesen nach MATTHEWS (1984) nur ganze 5 als prä-frührezent zu interpretierende Moränen auf. Auch Schmidthammer-Untersuchungen liefern ähnliche Resultate (Mc CARROLL 1991a etc.). Daraus schließt MATTHEWS, daß an über 90 % der Gletscher Südskandinaviens die frührezenten Gletschervorstöße die bedeutendsten während des gesamten Holozäns waren. Da typische alpine Lateralmoränen in Südskandinavien selten sind (s. 7.4), ergeben sich deshalb verschiedene methodische Probleme der Ausweisung holozäner Gletschervorstöße (vgl. 4.1).

KARLÉN (1981) übte Zweifel daran, daß viele Gletscher Südskandinaviens erst mit den frührezenten Gletschervorstößen ihre maximale Ausdehnung erreichten. Er führt neben Belegen aus Nordskandinavien auch Befunde vom Omnsbreen (nördlich des Hardangerjøkul) an. MATTHEWS (1982) betont dagegen, daß Datierungsungenauigkeiten beachtet werden müssen und es keine gesicherten Belege für einen verbreiteten prä-frührezenten Gletscherhochstand in Südskandinavien gibt. In jüngeren Untersuchungen versucht man, durch Heranziehung indirekter Indikatoren (Palynologie, Seesedimente) eine Chronologie der holozänen Gletscherschwankungen Westnorwegens zu rekonstruieren. Wegen der bis dato noch recht lückenhaften holozänen Klima- bzw. Gletscherschwankungs-Chronologie in Südskandinavien werden hier zusätzlich einige Untersuchungsergebnisse aus Nordnorwegen bzw. Nordschweden vorgestellt. KARLÉN (1981,1982,1988) betonte noch vor kurzem, daß trotz Unterschieden in Zeitdauer, Zeitpunkt und Größenordnung die nord- und südskandinavischen holozänen Gletschervorstöße im großen und ganzen parallel auftraten. Nach Ansicht des Verfassers ist die Übertragung der nordskandinavischen Gletscherschwankungs-Chronologie des Holozän auf Südskandinavien (s.a. RÖTHLISBERGER 1986) nicht möglich. Neben der Diskrepanz bis dato vorliegender Untersuchungsergebnisse spricht v.a. die große Distanz zwischen beiden Regionen und daraus resultierende klimatische Unterschiede (z.B. in Wirkung und Häufigkeit bestimmten massenbilanzrelevanter Großwetterlagen) gegen solche Korrelationen. Auch aktuelle glaziologische Untersuchungen und die ausgewiesenen frührezenten Gletschervorstöße sprechen gegen eine gleichlaufende Schwankungskurve (vgl. 5,6; s.a. MATTHEWS 1980,1982). Inzwischen hat sich aber die Ansicht durchgesetzt, daß die holozänen Gletscherstandsschwankungen in Süd- und Nordskandinavien nicht parallel verlaufen sind (KARLÉN & MATTHEWS 1992, MATTHEWS & KARLÉN 1992). Auch KARLÉN (1991) betont in jüngeren Arbeiten die Unterschiede in der holozänen Vergletscherungsgeschichte Skandinaviens.

Fig. 25: Holozäne Stratigraphie in Westnorwegen (leicht modifiziert n. NESJE 1992a)

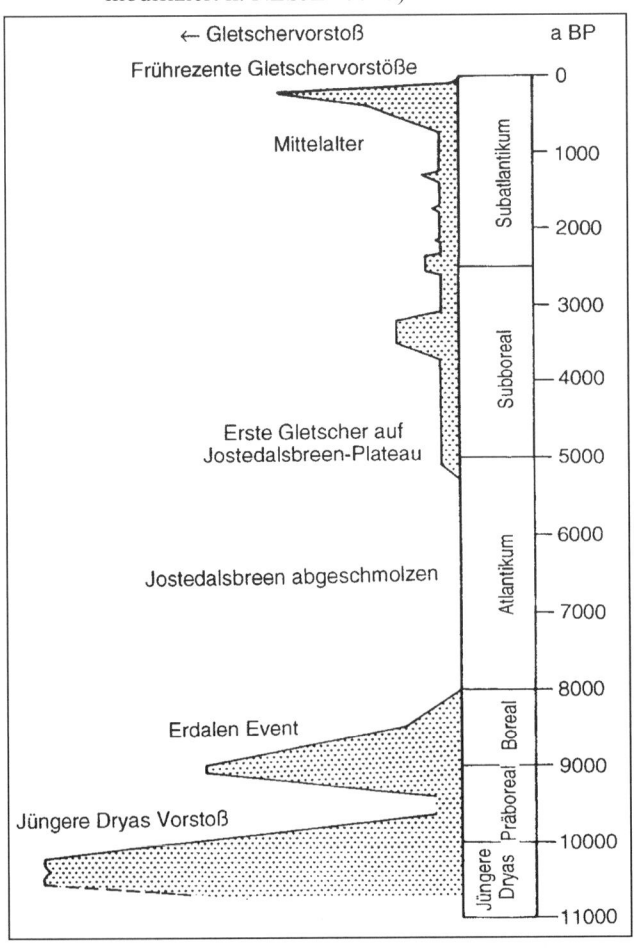

Der Deglaziationsprozeß war in West- und Zentralnorwegen im Gegensatz zu den Alpen in der ersten Hälfte des Präboreals noch nicht abgeschlossen und das frühe Präboreal noch vollständig durch Rückzugsstadien des Inlandeises geprägt (s. 1.4.2). Erste klar definierte holozäne Gletschervorstöße, die klar von Rückzugsstadien zu unterscheiden, aber noch nicht vom Deglaziationsprozeß selbst zu trennen sind, traten erst am Ende des Präboreal auf (Erdalen *event*).

Das Erdalen *event* wird durch 1 km außerhalb des frührezenten Gletschervorfelds gelegene Moränen des Erdalsbre/

Erdalen (Nordwest-Sektor Jostedalsbreen) repräsentiert und auf 9.100 ± 200 BP datiert (NESJE 1992a). Es ereigneten sich 2 Vorstöße, denen ein minimales Alter von 8.810 BP zugeordnet wird. Im benachbarten Sunndalen konnte der Vorstoß auf maximal 9.280 BP datiert werden. Eine Endmoräne bei Fåbergstølen (Jostedalen) zeigt als Zeugnis eines Stillstands bzw. Wiedervorstoßes des Gletschers im Jostedalen ein korrelates Minimumalter von 8.970 BP. Da auch aus Langedalen, Oldedalen (außerhalb der frührezenten Moränen von Melkevoll- und Brigsdalsbreen), Lodalen (Karggletscher unterhalb der Skåla), Vanndalsvatnet (Ostseite Jostedalen) und Bødalen zeitgleiche Moränenrelikte bekannt sind, gilt das Erdalen *event* um 9.100 BP als gesichert (NESJE & AA 1989, NESJE ET AL. 1991). Die Absenkung der Gleichgewichtslinie betrug ca. 325 m (+ 75/- 115 m) bei bis zu 2°C abgesenkter Sommertemperatur.

Vor dem Erdalen *event* war der Deglaziationsprozeß in Westnorwegen von 9.500 bis 9.000 BP im übrigen von starker vertikaler Mächtigkeitsabnahme der Reste des Eisschilds geprägt. Die Täler um den Jostedalsbre wurden in der zweiten Hälfte des Präboreal sukzessive eisfrei, bevor sich das Erdalen *event* ereignete. Vermutlich korrelate präboreale Moränen sind ferner vom Grovabreen, Styggedalsbreen (s. Abb. 29) und Leirbreen bekannt. Am Blåisen (Hardangerjøkulen) konnten NESJE & DAHL (1991b) einen Vorstoß um 8.660 BP nachweisen. Aus Südwestnorwegen (dem Gebiet zwischen Suldalen und Setesdalen - BLYSTAD & SELSING 1988) liegen ergänzend Belege für einen Vorstoß zwischen 9.280 und 8.940 BP vor.

Nach dem Erdalen *event* setzte in West- und Zentralnorwegen eine deutliche Klimaverbesserung ein. Während des folgenden *Hypsithermal* von 8.000 bis 6.000 BP lag die Gleichgewichtslinie in Westnorwegen bis zu 450 m höher und es muß von einem völligen Abschmelzen des Jostedalsbre ausgegangen werden (NESJE ET AL. 1991). Die Klimaverbesserung vollzog sich äußerst rasch, denn im Zuge des deutlichen Anstiegs der Kiefernwaldgrenze von 9.000 BP an wurde das Maximum bereits um 8.400 BP erreicht. Bei Berücksichtigung der isostatischen Hebung ist die um 9.000 BP noch um 1,5/2,0 °C

Abb. 29: Präboreale Moräne (rechts) und äußerste frührezente Endmoräne (links) am Styggedalsbreen (Aufnahme: 10.08.1993)

gegenüber rezenten Verhältnissen abgesenkte Sommertemperatur deutlich angestiegen (NESJE 1992a). 3,5 km talabwärts der Lokalität Sygneskardet im Sunndalen (NE-Sektor Jostedalsbreen) wurde während der Klimagunstphase im Atlantikum ein Ulmen-Birken-Wald nachgewiesen, der 4°C wärmere Klimabedingungen als heute indiziert. 6.500 bis 5.000 BP wuchsen Ulmen nahe der rezent von Birken gebildeten Waldgrenze, so daß insgesamt 8.000 - 5.000 BP von einer Temperatur 1,5 - 2,0°C über der rezenten Temperatur an der Lokalität ausgegangen werden kann. Diese Verhältnisse können aber nur durch Abwesenheit der Gletscherfallwinde erklärt werden, die bei Existenz des Jostedalsbre an dieser Lokalität auftreten.

In Höhe der rezenten Gleichgewichtslinie des Nigardsbre muß während dieser Periode von einer 2,5 bis 3,0°C höheren Temperatur in der Ablationsperiode ausgegangen werden. Bei Annahme rezenter Niederschlagsmengen errechnet sich o.e. um maximal 450 m angestiegene Gleichgewichtslinie. Bei einem nach PORTER (1977) i.d.R. 200± 100 m über der Gleichgewichtslinie gelegenen *glaciation limit* würde dieses 260 ± 100 m über dem höchsten Niveau des Jostedalsbre (Høgste Breakulen mit 1952 m des anstehenden Festgesteins) unter Berücksichtigung der isostatischen Hebung (rd. 35 m seit 7.000 BP) gelegen haben. Um andererseits die Gleichgewichtslinie bei nachgewiesenem Temperaturanstieg in rezenter Lage halten zu wollen, würde eine enorme Steigerung des Winterniederschlags um weit mehr als das Doppelte notwendig gewesen sein. Dies kann aber für Boreal und frühes Atlantikum als unwahrscheinlich gelten (NESJE 1992a). Unterstützend zeigen Daten vom Tunsbergdalsbreen, daß sich dieser mindestens von 8.083 bis 3.855 BP hinter seine rezenten Grenzen zurückgezogen hatte (MOTTERSHEAD & WHITE 1976). Lakustrine Sedimente im Vanndalen belegen, daß der Spørteggbre (Breheimen) während der gesamten Periode von 8.000 bis 500 BP nicht existiert hat (NESJE ET AL. 1991).

Fig. 26: Holozäne Schwankungskurve der klimatischen Gleichgewichtslinie (GWL) in Westnorwegen (leicht modifiziert n. MATTHEWS & KARLÉN 1992)

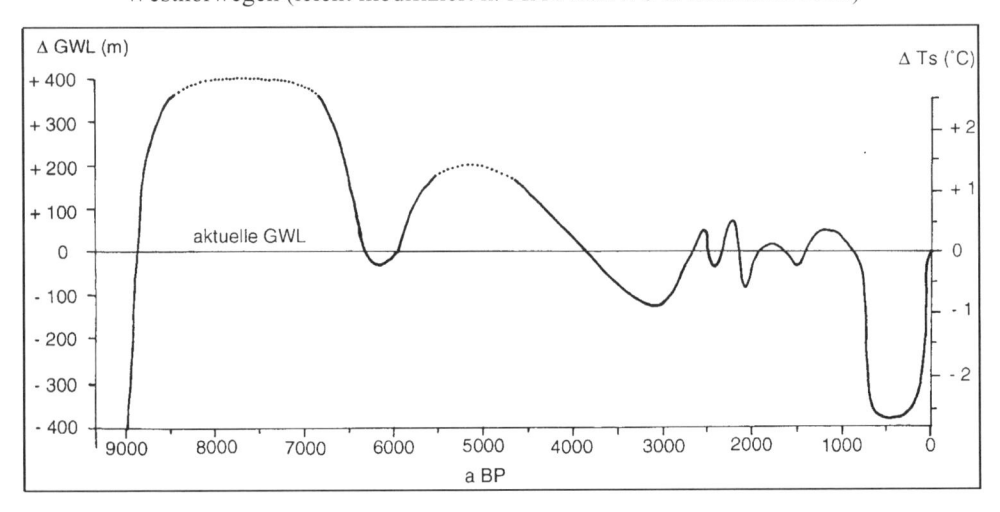

HAFSTEN (1981) datierte einen auf dem Dovrefjell (1010 m) gefundenen fossilen Kiefernstumpf auf 8.240 BP, der das Maximum der postglazialen Kiefernausbreitung repräsentiert und bei Berücksichtigung der isostatischen Hebung auf bis zu 2,0°C höhere Sommertemperaturen schließen läßt. Im Sjodalen (Jotunheimen/Berstrondseter) konnte ein ähnlicher Fund auf 8.050 BP datiert werden. Das postglaziale Optimum der Waldgrenze wurde auf der Hardangervidda vermutlich bereits um 8.000 BP erreicht, bei späterem sukzessiven Absinken bis gegen 4.800 BP. Zu ähnlichen Ergebnissen kommen auch AAS & FARLUND (1988), die eine hohe Lage der Waldgrenze Südnorwegens um 1200 m in der ersten Hälfte des Boreal mit Kulmination in der ersten Hälfte des Atlantikum (bei 1300 m) ausweisen. Die Waldgrenze soll danach bis gegen 3.000 BP auf hohem, wenn auch sukzessive sinkendem Niveau verblieben sein. Im Jotunheimen erreichte der Kiefernwald schon vor 8.500 BP 1220 m bei maximaler Höhenlage 8.000 - 7.000 BP auf 1300 m (d.h. 300 m über der heutigen Lage). Die Sommertemperaturen waren nach AAS & FARLUND dabei rd. 1,4 bis 1,8 °C höher als heute, was sich gut mit den Ergebnissen aus dem Gebiet des Jostedalsbre deckt.

Am Blåisen wiesen NESJE & DAHL (1991b) um 7.730 BP eine Periode verstärkter fluvialer Aktivität und um 7.590 BP einen kurzen Gletschervorstoß nach. Dieser vermutlich durch erhöhte Niederschlagstätigkeit verursachte Vorstoß ist bis dato noch ein Einzelbefund.

Unterschiedliche Daten gibt es über das Ende dieser relativen Klimagunstphase. Während es aus West-/Zentralnorwegen bis 5.500 BP keinerlei Anzeichen für Klimaungunstphasen und assoziierte Gletscherstandsschwankungen gibt, liegen entsprechende Belege aus Nordskandinavien vor (KARLÉN

1972,1976,1981,1982,1988: Vorstoßphase um 7.500 BP und zwei untergeordnete Vorstöße um 6.300 bzw. 5.600 BP). Bei allen Daten über Klima- und v.a. Waldgrenzschwankungen in Nordskandinavien ist bis mindestens 3.000 BP (GROVE 1979) die isostatische Hebung zu berücksichtigen, die zu einer scheinbaren Waldgrenzdepression nach erstem Maximum kurz nach der Deglaziation führte (isostatisch bedingte Waldgrenzabsenkung bis zu 150/200 m).

Nach SELSING & WISHMAN (1984) lagen in den Gebirgsgegenden Südwestnorwegens die mittleren Sommertemperaturen im Atlantikum westlich der Wasserscheide rd. 0,7°C höher als die Temperaturnormale 1930-60, dagegen 1,0°C höher in den östlich gelegenen Talzügen. Steilere Temperaturgradienten im Osten legen ein verstärktes Absinken der Luft auf der Leeseite des Gebirges nahe, verbunden mit häufigerer antizyklonaler Zirkulation über Südwestnorwegen.

5.500 BP scheint sich in West-/Zentralnorwegen ein Wandel in den Klimabedingungen vollzogen zu haben. Im frühen Subboreal lag die Waldgrenze nur noch 200 m über ihrem heutigen Stand und sank bis Ende des Subboreals um weitere 50 oder mehr Meter ab (NESJE ET AL. 1991). Die Neubildung des Jostedalsbre setzte nach NESJE & KVAMME (1991) vermutlich um 5.300 BP ein. Im Sprongdalen (einem Nebental des Jostedal) zeigt die Absenkung der Höhenlage der Erle ab 6.300 BP mit einem steigenden Anteil der Birke am Spektrum des Pollendiagramms auf Kosten von Kiefer und Erle den beginnenden Klimaumschwung (NESJE 1992a). Um 5.200 BP deuten die Daten der Pollendiagramme unter der äußersten frührezenten Moräne des Haugabre (Outletgletscher des Myklebustbre) auf kühlere und feuchtere Klimabedingungen hin (CASELDINE & MATTHEWS 1985). Am Austdalsvatnet wich ein offener Kiefernwald (bei 1,5 °C höhere Sommertemperaturen als heute) nach 5.000 BP einer baumlosen alpinen Pflanzengesellschaft. Im Skjerdingsdalen (Seitental des Hjelledal bei Stryn) zeigte sich eine stärkere geomorphologische Aktivität von 6.020 bis 4.540 BP (NESJE ET AL. 1991). Die Klimaänderung um 5.500 BP/5.000 BP scheint aber weniger dramatisch als die zu Beginn der frührezenten Gletscherhochstandsphase gewesen zu sein, da aufgrund des vorangegangenen Abschmelzens (bzw. starken Rückzugs) der Gletscher nicht mit einem deutlichen Vorstoß um 5.500/5.000 BP zu rechnen ist, eher mit einem sukzessiven Eisaufbau.

Anhand organischer Bestandteile in Eiskernmoränen am Gråsubreen wies ØSTREM (1964) u.a. einen Vorstoß um 6.770 BP aus (neben weiteren um 4.190, 3.780, 2.600 und 1.300 BP). Diese Daten müssen aber nach GROVE (1979) um mindestens 1.000 Jahre verjüngt werden, soweit überhaupt solche Eiskernmoränen zur Ausweisung von Gletschervorstößen geeignet sind (BARSCH 1971 etc.). Zeitgleich weist KARLÉN (1988) in Nordskandinavien um 5.600 BP einen untergeordneten Gletschervorstoß und von 5.100 bis 4.500 BP eine längere Vorstoßphase aus. Im Glomfjord-Gebiet (nördlich Svartisen in Nordnorwegen) ereignete sich nach PAGE (1968) ein Vorstoß um 4.550 BP. Er führt dies entweder auf eine Absenkung der Sommertemperaturen um 1,2 °C oder eine Zunahme des Winterniederschlags um 600 mm zurück, wobei eine Wechselwirkung beider Faktoren zu vermuten ist. Im Okstindangebiet (Nordnorwegen) konnte ELLIS (1979) den Ansatz zu Solifluktionsformen auf 5.500 BP festlegen, was er mit einem einsetzenden Klimaumschwung interpretiert. Allerdings sollen n. KARLÉN (1988) im Okstindangebiet die Gletscher von mindestens 6.280 bis 1.600 BP kleiner als heute gewesen sein

Bis gegen 3.500 BP liegen aus West-/Zentralnorwegen keine Belege für Klimaschwankungen vor. Von 5.000 bis 3.600 BP und von 3.300 BP bis zum Ansatz der frührezenten Gletschervorstöße war das Klima am Haugabreen günstiger als heute (CASELDINE & MATTHEWS 1985). Die letzten 3000 Jahre weisen dagegen deutlich verstärkte Anzeichen für vielfältige Klimaoszillationen auf. BOGEN, WOLD & ØSTREM (1989) vermuten nach weitgehendem Abschmelzen der Gletscher Südnorwegens eine Neubildung um 2.500 BP. Nach MÖRNER (1980) endete die relative Klimagunst abrupt 2.500 BP, nach vorhergehenden kühleren Perioden vor 5.000 bzw. um 3.500 und 8.000 BP (MÖRNER & WALLIN 1978).

MATTHEWS & KARLÉN (1992) bzw. KARLÉN & MATTHEWS (1992) untersuchten Seesedimente in Südnorwegen und zeigten, daß im Einzugsgebiet der Seen zu unterschiedlichen Zeiten

Gletscher präsent waren, was v.a. als Reaktion auf unterschiedliche Höhenlage und regionale Klimaunterschiede gesehen werden kann (s.Fig. 26). Nach der finalen Deglaziation im Präboreal war am Gjuvvatnet (Westjotunheimen, nordwestlich Fannaråken) zuerst um 6.400 BP, am Flatebrevatnet (zwischen Jostedalsbreen und Myklebustbreen) vermutlich schon vor 4.900 BP, am Midtivatnet (Sunnmørsalpane) dagegen nicht vor 3.400 BP und am Storevatnet (Sunnmørsalpane) wie am Vanndalsvatnet (NESJE ET AL. 1991) nicht vor Beginn der frührezenten Gletschervorstöße Gletscher präsent. Am Gjuvvatnet konnten insgesamt fünf holozäne Vergletscherungsperioden ausgewiesen werden:

- 6.400 - 5.900 BP;
- 3.000 - 2.600 BP;
- 2.500 - 2.300 BP;
- 1.600 - 1.400 BP;
- nach 750 BP in zwei Intervallen.

Rezent sind an Gjuv- und Flatebrevatnet Gletscher im Einzugsgebiet präsent, am Store- und Midtivatnet dagegen keine. Am Flatebrevatnet ist ab 4.900 BP eine kontinuierliche Vergletscherung festzustellen, wobei bei einer zu vermutenden etwas früher beginnenden Vergletscherung im Einzugsgebiet dieses Datum gut mit der Neuformierung des Jostedalsbre um 5.300 BP korreliert. Das Maximum der Vergletscherung wurde an allen Seen eindeutig während der frührezenten Gletschervorstöße erreicht, wobei am Midtivatnet zusätzlich 3.400 bis 3.000 und 2.200 bis 2.000 BP Gletscher vorhanden waren. Das unterschiedliche Schwankungsverhalten ist mit der unterschiedlichen Höhenlage der Seen und damit unterschiedlicher Reaktion auf Änderungen der klimatischen Gleichgewichtslinie zu begründen. Maximal erreichte sie Höhenlagen von rd. 400 m über dem aktuellen Stand zwischen 8.000 und 7.000 BP. In den letzten 3000 Jahren oszillierte sie häufiger, wobei sie um 2.600, 2.300/2.200, 1.750 und 1.200 BP über der aktuellen Höhe lag. Ein im gesamten Holozän nicht erreichtes Minimum wurde mit ca. 300 m Absenkung während der frührezenten Gletschervorstöße erreicht (zuvor maximal 100 m Absenkung). Diese Schwankungen sollen v.a. auf Temperaturschwankungen zurückzuführen sein. Nur durch die hohe Lage kann erklärt werden, daß trotz überdurchschnittlich hoher Temperaturen um 6.400 BP eine Vergletscherung im Jotunheimen zu verzeichnen war.

Im Skjerdingsdalen setzte um 2.570 BP eine geomorphologische Aktivität ein (NESJE ET AL. 1991). Zwischen 3.600 und 3.300 BP sank die Baumgrenze am Haugabreen unter 660 m (der Höhe der Lokalität) ab (CASELDINE & MATTHEWS 1985). Zwischen 3.300 und 750 BP befand sich die Baumgrenze um 660 m bzw. kurzzeitig darunter, um 2.600 BP und 2200 - 2000 BP lag sie kurzfristig höher als heute. Im Glomdalen ist die Existenz des Karlgletschers unterhalb Stolshyrna (1862 m) von 3.710 BP bis gegen 3.100 BP belegt (NESJE & KVAMME 1991, NESJE ET AL. 1991). Die Gleichgewichtslinie lag 3.710 BP und 3100 BP aber noch 30 bis 70 m über dem heutigen Niveau. Erste Anzeichen für Solifluktion im Bereich des Jostedalsbre um 3.200 - 2.800 BP gelten als zusätzliches Indiz für eine Klimaverschlechterung. Am Bøverbreen konnte MATTHEWS (1991) durch weniger humifizierte Torflagen vergleichsweise ungünstigere Klimabedingungen (bezogen auf die Torfbildung) für die Perioden 4.295 - 3.250 BP bzw. 1.740 - 1.300 BP nachweisen. Prä-frührezente Moränen belegen CASELDINE & MATTHEWS (1985) vom Styggedalsbreen (2.700 BP) und vom Leirbreen (1.300 BP), obwohl sie selbst Zweifel an der Aussagekraft dieser Daten einräumen (s. GRIFFEY & MATTHEWS 1978, MATTHEWS 1984, HARRIS,CASELDINE & CHAMBERS 1987, MCCARROLL 1989; vgl. 7.4.18). Anhand von Studien an Solifluktionsloben nahe des Storbre weisen MATTHEWS & BALLENTYNE (1986) eine kolluviale Phase nach 3.000 BP aus, Anzeichen für kühleres und feuchteres Klima.

Es gab im Verlauf der letzten 3000 Jahre allerdings auch Klimagunstphasen, z.B. bei Østølsreset um 1.950 BP mit 140 m höherer Birkenwaldgrenze als heute belegt (NESJE ET AL. 1991).

Aufgrund von lithostratigraphischen und paläobotanischen Untersuchungen an der Sygnesskard (Sunndalen) weisen NESJE & KVAMME (1991) erniedrigte Gleichgewichtslinien für folgende Zeiträume aus:

- 2.595 - 2.360 BP;
- 2.250 - 2.150 BP;
- 1.740 - 1.730 BP;
- um 1.430 BP.

Die maximale Absenkung ist dort während der frührezenten Gletschervorstöße zu verzeichnen gewesen. Die Schwankungen der Gleichgewichtslinie bewegten sich in relativ engen Grenzen. NESJE & KVAMME (1991) bzw. NESJE & RYE (1993) weisen am Skardsfonna (Sunndalen) Perioden eines stark zurückgezogenen Gletscherstands bzw. evtl. vollständigen Verschwindens um folgende Zeiträume aus:

- AD 670 - 790;
- AD 770 - 900;
- AD 880 - 990;
- AD 1140 - 1240;
- AD 1280 - 1405.

Im Beveringsdalen (südwestlich des Jostedalsbre) konnte ein Alternieren von glazialen und nichtglazialen Sedimenten im Zeitraum von 3.200 bis 1.400 BP gezeigt werden (NESJE & DAHL 1991a). Gletscher sollen demnach in folgenden Zeiträumen existiert haben:

- cal. 840/700 BC - cal. 525/385 BC;
- cal. 395/225 BC - cal. 360/105 BC;
- cal. AD 205/385 - cal. AD 210/395;
- subsequent um cal. AD 595/64.

Am Storbreen wurde eine Bodenbildung vor 1.730 BP datiert, eine weitere vor 920 BP. Um AD 1000 setzte Solifluktion ein, die bis heute anhält (MATTHEWS & BALLANTYNE 1986). Als Ergebnis der palynologischen Untersuchung einer arktisch-alpinen Braunerde unter den frührezenten Endmoränen des Vestre Memurubre konnte CASELDINE (1984) eine Absenkung der Vegetationsstufen am Beginn der frührezenten Vorstöße im 12. oder 13.Jahrhundert (oder früher) aufzeigen.

Nach HAFSTEN (1981) wuchsen von AD 0 - 400 Bäume über der heutigen Baumgrenze und deuten auf wärmeres Klima zu dieser Periode hin. In Norwegen war von AD 400 bis gegen AD 800/1000 ein leichter Rückzug der Landwirtschaft aus der Höhe zu verzeichnen, gefolgt von einem sprunghaften Anstieg (lediglich klimatisch bedingt?). Der folgende Rückzug 1300 bis 1500 ist dagegen nicht allein auf die Pest (1349 - *Mannadauden*), sondern auch klimatische Veränderungen zurückzuführen (LAMB 1984). Erste Vorstöße als Vorboten der frührezenten Gletschervorstöße fanden am Blåisen schon im 9. und 11. Jahrhundert statt, evtl. als verspätete Reaktion auf eine frühmittelalterliche Klimaverschlechterung. ELVEN (1978) stieß unter dem Omnsbre (nördlich Hardangerjøkulen) auf Pflanzenrelikte, die zu Beginn der frührezenten Bildungsphase des Gletschers unter Schneebänken begraben wurden. Die Pflanzengesellschaft indiziert etwas wärmere Klimabedingungen als heute. Die Relikte wurden auf 550 bzw. 430 BP datiert und zeigen, daß die Neubildungsphase um AD 1400 begonnen hat.

Vor Beginn der frührezenten Gletschervorstöße hatten sich auch in Nordskandinavien zahlreiche Gletschervorstöße ereignet (KARLÉN 1982,1988), so 3.200 - 2.800 BP, 2.200 - 1.900 BP und 1.500 - 1.100 BP. Weniger extensive Vorstöße gab es ferner um 2.500 BP, 940 BP und 600 - 560 BP. Nach WORSLEY & ALEXANDER (1976) soll es am Engabreen (Svartisen) neben dem maximalen frührezenten Vorstoß AD 1723 einen Hochstand vor AD 1450 bzw. nach AD 1000 gegeben haben, den sie auf ca. AD 1200 datieren (s.a. WORSLEY 1976). Nach KARLÉN (1979) ereigneten sich am Svartisen verschiedene glaziale Maxima, belegt durch Radiocarbon-datierte fossile Böden (um 2.800 BP, 1.900 BP, 1.500 - 1.300 BP, 1.100 BP und 600 BP). An Gletschern im Okstindan-Gebiet wurden außerhalb der frührezenten Endmoränen Ablagerungen entdeckt, die Vorstöße um 3.000 - 2.500 BP und um 2.000 - 1.600 BP repräsentieren sollen (GRIFFEY & ELLIS 1979). Gletschervorstöße in Nordskandinavien am Ansatz der frührezenten Gletscherhochstandsphase von AD 1300 bis 1500 sind nach KARLÉN (1984, 1988) vermutlich durch große Winterniederschläge infolge allgemeiner Niederschlagszunahme bei verstärkten Westwinden zurückzuführen. KARLÉN geht im übrigen davon aus, daß kleinere Gletscher während des holozänen Klimaoptimums ganz abschmolzen und sich gegen 2.000 BP neu formierten.

In Westnorwegen zeigt nach GROVE & BATTAGEL (1972) verstärkte Lawinentätigkeit im 14.Jahrhundert eine beginnende Klimaänderung an. Am Nigardsbreen konnten MATTHEWS, INNES & CASELDINE (1986) aber eindeutig nachweisen, daß das holozäne Maximum erst während der frührezenten Hochstandsphase erreicht wurde. Auch am Lodalsbreen erlaubt ein Kiefernstumpf unter der äußersten frührezenten Moräne eine Datierung des maximalen Alters der frührezenten Vorstöße auf AD 1650. Ähnliche Werte ergab die Datierung eines Birkenstumpfs in den glazifluvialen Ablagerungen von Lodals- und Stegholtbreen (AD 1530 - NESJE ET AL. 1991).

Zusammenfassend traten nach den großen Fluktuationen der Jüngeren Dryas, der präborealen Rückzugsphase und dem Erdalen *event* bis zu den frührezenten Gletscherhochständen keine großen Gletscherstandsschwankungen in Westnorwegen auf. Eine geringe glaziale Aktivität war von 7.000 (8.000) bis 3.000 BP und 2.000 - 1.000 BP zu verzeichnen. Um 2.500 BP, 500 BP sowie zuvor um 5.500/5.000 BP ereigneten sich die größten Änderungen (Absenkungen) der Gleichgewichtslinie in diesem Gebiet.

Schon AHLMANN (1953) ging im übrigen davon aus, daß zwischen 7.500 und 4.500 BP in Skandinavien nahezu alle Gletscher verschwanden und die Baumgrenzen erheblich über den heutigen Stand anstiegen. Nach GRANLUND (zit. AHLMANN 1953) vollzog sich um 5.500 BP und um 2.000 BP ein Wechsel des Klimas in Skandinavien von kontinentalen zu maritimen Klimabedingungen, was sich erstaunlich gut mit den jüngsten Ergebnissen aus der Gegend des Jostedalsbre deckt. Auch um 2.500 BP ist nach AHLMANN (1953) mit einer Temperatursenkung zu rechnen, sowie mit einem klimatischen Optimum AD 0 bis 400, was gerade auch die jüngsten Untersuchungsergebnisse zu bestätigen scheinen.

Insgesamt zeigt sich ein differentes Bild zu den Gletscherstandsschwankungen im Alpenraum. Ein permanentes Oszillieren der Gletscher während des gesamten Holozän ist in Südskandinavien nicht aufgetreten, stattdessen läßt sich ein deutliches postglaziales Klimaoptimum ausweisen.

4.4 ZUSAMMENFASSUNG UND ÜBERBLICK

Mögliche Ursachen der holozänen Gletscherstandsschwankungen können sinnvoll erst diskutiert werden, nachdem die frührezenten/rezenten Gletscherhochstände näher behandelt und deren Beziehung zu klimatischen und glaziologischen Verhältnissen geklärt werden. Daher soll hier nur ein kurzer Überblick über weltweite holozäne Gletscherschwankungen als Diskussionsgrundlage für spätere Ausführungen gegeben werden.

Aufgrund des maritimen Klimacharakters auf Island ist ein Vergleich der dortigen Gletscher zu denen im maritimen Westnorwegen besonders interessant. SHARP & DUGMORE (1985) zeigten an zwei Outletgletschern des Vatnajökull, daß diese von 6.940 bzw. 5.710 BP bis AD 1362 geringere Ausdehnungen als rezent aufgewiesen haben. In Umgebung der Gletscher existieren Anzeichen durch Klimaverschlechterung induzierter Solifluktion nach 2.820 BP, wobei jedoch generell prä-frührezente Vorstöße nicht nachgewiesen werden konnten. Nach weitverbreiteter Auffassung erreichte wie in Westnorwegen die Mehrzahl der isländischen Gletscher ihre maximale holozäne Ausdehnung erst während der frührezenten Vorstöße. Von einigen hochgelegenen Gebirgsgletschern abgesehen, waren vermutlich während großer Teile des Holozän (ca. 8.000 - 2.500 BP) viele Gletscher auch ganz abgeschmolzen bzw. deutlich kleiner als heute. Dies gilt v.a. für die großen Plateaugletscher und entpricht auffällig den Verhältnissen am Jostedalsbreen.

Beim Vergleich der holozänen Gletscherstandsschwankungen zwischen Europa und Nordamerika ist zu berücksichtigen, daß bis 6.500 BP noch größere Relikte des pleistozänen Laurentischen Eisschilds vorhanden waren und die Klimabedingungen des Kontinents beeinflußten. Speziell in den höheren Breiten und im östlichen Nordamerika ist die verzögerte Deglaziation im Vergleich zu den Alpen bzw. Skandinavien für mögliche Unterschiede mitverantwortlich zu machen.

In den kanadischen Rocky Mountains hat mindestens ein deutlicher Gletschervorstoß vor 6.600 BP stattgefunden (Crowfoot *advance* - OSBORN 1982). Vermutlich muß dieser Vorstoß auf 9.100 bis 8.500 BP zurückdatiert werden, wäre damit also korrelat mit dem Erdalen *event* Westnorwegens (LUCKMAN & OSBORN 1979). Vor 7.500 BP hat sich damit zumindest eine kältere und feuchtere Klimaphase vor dem *Altithermal* als wärmsten und trockensten Abschnitt des Holozän in diesem Raum ereignet. Um 6.000 BP endete diese Klimagunstperiode und um 3.000 BP trat eine weitere deutliche Klimaverschlechterung ein. Die letzten Jahrhunderte der frührezenten Hochstandsperiode waren nach LUCKMAN (1982) die kühlsten und feuchtesten des gesamten Holozän (Cavell *advance* = frührezente Hochstandsperiode; s.a. LUCKMAN & OSBORN 1979, KEARNEY & LUCKMAN 1979, LUCKMAN 1992).

In den Rocky Mountains im Gebiet der U.S.A. bzw. der Colorado Front Range traten ebenfalls verschiedene holozäne Schwankungen auf. Bereits um 9.200 BP soll die Waldgrenze ihre rezente Lage erreicht haben. Später folgte um 8.000 BP ein Vorstoß (GROVE 1979), der vom *Altithermal* (7.500 - 6.000 BP) gefolgt wurde. Zwischen 5.000 und 3.000 BP sollen sich 3 oder 4 Vorstöße ereignet haben, gefolgt von einer weiteren relativ günstigen Klimaperiode. Ab ca. 2.000 BP verstärkte sich dann glaziale Aktivität erneut und auch in dieser Region zählten die frührezenten Vorstöße zu den größten des Holozän.

Auf Neuseeland konnten in den Alpen der Südinsel verschiedene holozäne Vorstöße nachgewiesen werden. GELLATLY, RÖTHLISBERGER & GEYH (1985) belegen Vorstoßphasen um 5.000, 4.500 - 4.200, 3.500 - 3.000, 2.700 - 2.200, 1.800 - 1700, 1.500, 900 und 700 - 600 BP vor der frührezenten Hochstandsphase 400 - 100 BP. Einschränkend ist zu beachten, daß sich durch die verwendete Methodik gewisse Unsicherheiten ergeben können (vgl. GELLATLY (1985) mit Detailergebnissen der Schwankungen der letzten 1000 Jahre). BURROWS & GELLATLY (1982) weisen ferner einen Vorstoß um 8.000 BP aus, gefolgt von einer Periode ohne gesicherte Belege glazialer Aktivität bis ca. 5.000/4.500 BP. Die von BURROWS & GELLATLY ausgewiesenen Vorstoßphasen unterscheiden sich nicht grundlegend von den Ergebnissen bei GELLATLY, RÖTHLISBERGER & GEYH, die RÖTHLISBERGER (1986) wiederum als Belege für die gute Übereinstimmung der holozänen Gletscherstandsschwankungskurven zwischen neuseeländischen und europäischen Alpen anführt. Aufgrund erwähnter methodischer Problematik möchte der Verfasser diese Aussage zumindest für die älteren Abschnitte des Holozän relativieren.

In den südamerikanischen Gletschergebieten hat nach MERCER (1982) um 6.800 BP mit einem Gletschervorstoß die *Neoglaciation* (Neubildung der Gletscher) eingesetzt. Drei weitere Vorstöße wurden nachgewiesen (4.500 - 4.000 BP, 2.700 - 2.000 BP und frührezent/rezent). Die Ausdehnung der Gletscher während des Vorstoßes um 6.800 BP war an vielen Gletschern die Maximalausdehnung im Holozän, ein bemerkenswerter Kontrast zu den anderen Gletscherregionen der Nord- und Südhemisphäre.

Zusammenfassend kann konstatiert werden, daß in verschiedenen Regionen ein deutliches postglaziales Klimaoptimum ausgeprägt (Südskandinavien, Island, westliche U.S.A. und südliches Kanada), gleichzeitig aber in anderen ein permanentes Oszillieren der Gletscher ohne ausgeprägtes Optimum zu verzeichnen war (Alpenraum). Neben den frührezenten Gletschervorstößen, der einzige relativ eindeutig weltweit aufgetretenen Hochstandsphase (wenn auch mit regionalen Unterschieden in Magnitude, Dauer und Zeitpunkt der maximalen Vorstöße - s. 5), scheinen einige andere Vorstoßphasen ebenfalls in mehreren Regionen gleichzeitig aufgetreten zu sein (z.B. um 3.500 BP bzw. 2.500 BP). Der Verfasser hegt aber Zweifel daran, ob eine derart gute Korrelation, wie sie RÖTHLISBERGER (1986) aufzeigt, tatsächlich besteht, oder Unsicherheiten der Datierungsmethoden und z.T. geringe Datenbasis einen solchen Schluß nicht zu vage werden lassen. So weist RÖTHLISBERGER um 7.500, 6.300, 5.200, 3.200, 2.200, 1.800 BP und in der frührezenten Hochstandsperiode synchrone Vorstöße in den Alpen und „Skandinavien" aus. Für die Alpen scheinen diese Vorstöße wie weitere um 8.400, 4.600, 3.700 und 2.700 BP ausgewiesene tatsächlich abgesichert zu sein, aber die „skandinavische" Chronologie steht in krassem Widerspruch zu den in 4.3 vorgestellten Belegen. Allenfalls bei der Einschränkung der „skandinavischen" Chronologie auf die kontinental geprägten Gletscher Nordschwedens (Sarek) mag o.e. Schlußfolgerung stichhaltig sein, jedoch nicht für die maritim geprägten Gletscher Nordnorwegens und v.a. nicht für die in Südskandinavien. Auch an der Aussage von RÖTHLISBERGER, zwischen 11.000 und 3.000 BP sei weltweit eine gute Übereinstimmung der Gletscherschwankungen festzustellen und die differierenden Ergebnisse des jüngeren Holozän seien methodisch in einer breiten Streuung der zahlreicheren Radiocarbon-Daten begründet, meldet der Verfasser Zweifel an, ebenso an der Begründung durch „maßgebliche" Bestimmung der Gletscherschwankungen mittlerer und tropischer Breiten durch die Temperatur, was zumindest für maritime Gebiete (Westnorwegen, Neuseeland) nicht zutrifft (vgl. 6). Nach Ansicht des Verfassers reichen bei kritischer Prüfung die Daten aus vielen Gletscherregionen so noch nicht hinreichend aus, eine weltweite holozäne Chronologie der Gletscherschwankungen aufzustellen, um diese dann in ihrer Beeinflussung von global oder hemisphärisch wirkenden Klimafaktoren etc. untersuchen zu können. Lediglich für einige gut untersuchte Gebiete, v.a. die europäischen Alpen und (eingeschränkt) Nord- und Südskandinavien, lassen sich überhaupt gesicherte holozäne Chronologien erstellen, aber jene zeigen erhebliche Unterschiede.

Als Fazit müssen einige kritische Aussagen zur Ausweisung holozäner Gletscherstandsschwankungen und deren Anwendung bezüglich der Analyse holozäner Klimaschwankungen getroffen werden:

- Die Aussagekraft holozäner Gletscherstandsschwankungen ist dadurch beschränkt, daß aufgrund methodischer Probleme bis dato selten an mehreren Gletschern einer Region gleichzeitige Hochstände/ Vorstöße zweifelsfrei belegt werden konnten. Stützt man aber die Ausweisung eines holozänen Gletscherhochstands einzig auf Belege weniger Gletscher, erwächst daraus die Gefahr ein außergewöhnliches, nicht-repräsentatives Vorstoßverhalten anstelle eines allgemeinen Gletschervorstoßes zu dokumentieren. Diese Gefahr ist umso größer, je kürzer der nachgewiesene Hochstand angedauert hat, denn bei Ausweisung eines mehrphasigen Hochstands verringert sich die Gefahr, daß singuläres Gletscherverhalten die Ergebnisse verfälscht.
- Während der frührezenten Gletscherhochstandsphase sind nahezu alle Hochgebirgsgletscher mindestens einmal bis annähernd an ihre holozäne Maximalpositionen vorgestoßen (wenn auch zu verschiedenen Zeitpunkten). Morphologische Belege für limitierte holozäne Vorstöße sind daher nur selten bzw. indirekt (s.o.).
- Zwar lassen sich bedeutende Hochstandsphasen inzwischen relativ gesichert ausweisen (z.B. die frührezente Hochstandsphase), ein weiteres Eingehen in Details, z.B. Ausweisung einzelnen Vorstöße, ist aber lediglich für die frührezenten Vorstöße möglich, nicht aber bei den vorangegangenen holozänen Hochständen (begrenzte zeitlich Auflösung und Genauigkeit der Methodik).
- Ergänzt man direkte glazialmorphologische Feldbefunde (fossile Bodenhorizonte in Lateralmoränen etc.) durch andere klimadeterminierte Informationsmedien (z.B. Dendrochronologie, Palynologie, Limnische Sedimentologie etc.), ist deren Aussagekraft bezüglich Gletscherstandsschwankungen genau zu prüfen.
- Bei der häufig angewandten Radiocarbon-Datierung müssen verschiedene methodisch bedingte Ungenauigkeiten genau beachtet werden. Beim vorhandenen Ungenauigkeitsspielraum von bis zu 500 Jahren sind gerade kurze Hochstandsphasen kaum gesichert zu korrelieren. Wie MATTHEWS (1984 etc.) anhand konkreter Beispiele zeigt, kann ein auf 1.300 BP datierter fossiler Boden durchaus erst während frührezenter Vorstöße um AD 1750 begraben worden sein (z.B. am Styggedalsbreen).
- Bei der z.B. von KARLÉN & DENTON (1975) angewendeten Lichenometrie liegt eine mögliche

Fehlerquelle in der nicht beweisbaren konstanten (d.h. klimaunbeeinflußten) Wachstumskurve und dem Problem der Kalibrierung der Kurve. Lichenometrie sollte daher besser nur für einen Zeitraum von 500 Jahren eingesetzt werden.

- Bei der mit Sicherheit höchstauflösenden Untersuchungsmethode, der Dendrochronologie (nicht in jeder Region anwendbar), besteht die Unsicherheit der Abschätzung des Gletscherstands. Auch beschränkt sich die klimatische Information im wesentlich auf die Sommertemperaturen. Bei lediglich dendrochronologisch nachgewiesenen „Kaltphasen" darf nicht unmittelbar auch auf einen Gletschervorstoß geschlossen werden. Ein großer Klimasturz (wie z.B. der kurz nach 3.500 BP) hat vermutlich deshalb in Westnorwegen nicht zum holozänen Maximalvorstoß geführt, weil die Gletscher durch die vorangegangene Warmphase einen nur sehr geringen Stand aufwiesen bzw. sogar gänzlich abgeschmolzen waren. Dendrochronologisch belegbare Klimaschwankungen dürfen generell nicht ungeprüft als Gletscherstandsschwankungen ausgelegt werden.

Zusammenfassend kann festgestellt werden, daß trotz erheblicher Fortschritte in den letzten Jahren noch viele Lücken innerhalb der holozänen Chronologie der Gletscherstandsschwankungen existieren. Diese sollten geschlossen werden, bevor eine genauere Interpretation und Charakterisierung vollzogen werden kann.

5 FRÜHREZENTE UND REZENTE GLETSCHERSTANDSSCHWANKUNGEN

5.1 EINFÜHRUNG UND METHODIK

5.1.1 Frührezente und rezente Gletscherstandsschwankungen - Einführung und Terminologie

Für die Periode der Gletschervorstöße und -hochstände der letzten Jahrhunderte hat sich allgemein der Ausdruck *Little Ice Age* („Kleine Eiszeit", *den vesle istid*) eingebürgert. Dieser Begriff ist jedoch nicht unproblematisch. Ursprünglich wurde er von MATTHES (zit. GROVE 1979) für das erneute Auftreten glazialer Aktivität nach dem postglazialen Klimaoptimum in der kanadischen Arktis eingeführt und bezog sich auf den Gesamtzeitraum der letzten rd. 4000 Jahre. Später schränkte MATTHES selbst diesen Begriff auf die letzten Jahrhunderte vor heute ein, sprach dabei jedoch vom *Lesser Ice Age* (FURRER ET AL. 1988). Die ursprüngliche Definition des *Little Ice Age* ist strenggenommen mit dem Begriff *Neoglaciation* gleichzusetzen, der seinerseits die Wiederkehr glazialer Aktivität nach dem postglazialen Klimaoptimum bezeichnen soll (und in diesem Sinne auch anstelle des Begriffs *Little Ice Age* in der Definition von MATTHES verwendet werden sollte).

Nicht selten ist Kritik am Begriff *Little Ice Age* und v.a. seiner zeitlichen Abgrenzung geübt worden. So ist z.B. in manchen Regionen umstritten, wann das Ende des *Little Ice Age* zu datieren ist. In den Alpen sieht man als Ende dieser Periode meistens den letzten großen Hochstand um 1850 an, obwohl verschiedene Autoren die Wiedervorstöße Ende des 19.Jahrhunderts und 1920 noch dazu rechnen. Es bedarf ferner der Klärung, wie eine zeitliche Abgrenzung angesichts des differenten Gletscherstandsschwankungsverhaltens unterschiedlicher Gletscherregionen zu handhaben ist. Auch die zeitliche Festlegung des Ansatzes des *Little Ice Age*, im Alpenraum vielfach auf „Ende des 16.Jahrhunderts" postuliert, ist durch in letzter Zeit gewonnene Erkenntnisse über spätmittelalterliche Gletscherhochstände problematisch. Da viele Gletscher bereits vor Ende des 16.Jahrhunderts einen ausgedehnteren Gletscherstand als bis dato vielfach angenommen besessen haben müssen, ist mit Recht zu fragen, wo die Grenze zwischen mittelalterlichen Vorstößen und *Little Ice Age* zu ziehen ist.

In den Stubaier Alpen führte KINZL (1949) den Begriff Fernau-Hochstand für den Hochstand um 1600 ein. Auch dieser Terminus wurde in der Folgezeit z.T. erheblich different zur ursprünglichen Definition verwendet, nicht selten z.B. synonym zu *Little Ice Age*. Die begriffliche Defintion der Periode bedeutender Gletschervorstöße der letzten Jahrhunderte wird u.a. dadurch erschwert, daß diese Periode regional unterschiedlich ausgeprägt war.

Aus diesen Gründen versucht der Verfasser den Begriff *Little Ice Age* bewußt zu vermeiden und verwendet stattdessen den Begriff „frührezent" (s. METZ & NOLZEN 1973; „frührezent" wird aber nicht sensu SENARCLENS-GRANCY (1957) verwendet, der sämtliche holozäne Hochstände unter diesen Begriff zusammenfaßt, sondern im Sinne von „neuzeitlich" sensu PATZELT (1973) etc.). Zugunsten regionaler Chronologien wird ferner auf eine starre zeitliche Abgrenzung/Definition verzichtet. Dadurch können die regionalen Unterschiede im Ablauf der Gletscherstandsschwankungen zwischen Ostalpen und West-/Zentralnorwegen kein terminologisches Problem verursachen. Die begriffliche Grenze zwischen frührezenten und rezenten Gletscherstandsschwankungen soll hierbei in beiden Regionen auf den Beginn der Periode starken Gletscherrückzugs Mitte des 20.Jahrhunderts gelegt werden (d.h. die 1920er Jahre in den Ostalpen bzw. die 1930er Jahre in West-/Zentralnorwegen). Damit können die z.T. annähernd maximale Positionen erreichenden Wiedervorstöße im Westnorwegen ebenso noch zu den frührezenten Gletscherstandsschwankungen gezählt werden wie der 1920er Vorstoß in den Ostalpen, was dem Verfasser sinnvoll erscheint. Der Ansatz der frührezenten Gletschervorstöße wird in dieser Arbeit nicht starr festgelegt, da es hierbei regional größere Unterschiede gibt, auch bezüglich Quantität und Qualität zur Verfügung stehender Belege für spätmittelalterliche Gletscherstände.

Es sollte zum besseren Verständnis der folgenden Ausführungen darauf hingewiesen werden, daß bei o.e. Anwendung der Begriffs „frührezente Gletscherschwankungen" in der vorliegenden Arbeit dieser im großen und ganzen synonym zum Begriff *Little Ice Age* in seiner konventionellen (d.h. nicht ursprünglichen) Anwendung zu verstehen ist. Dies sollte betont werden, da lt. FURRER ET AL. (1988) der Begriff *Little Ice Age* nicht mehr „auszurotten" ist.

5.1.2 Lichenometrie

Die Datierung von Endmoränen wird in den meisten Gletschervorfeldern Norwegens aufgrund Fehlens historischer Quellen durch lichenometrische Untersuchungen unternommen. Eine kurze theoretische Einführung in die Lichenometrie als Datierungsmethode erscheint daher sinnvoll, um methodisch bedingte Unsicherheiten besser abschätzen zu können.

Lichenometrie als Mittel zur Datierung von Moränen an Hochgebirgsgletschern wurde zuerst von BESCHEL (1950) im Rofental angewendet. Grundintention der Lichenometrie ist, daß bestimmte Gesteins-(Krusten-)flechten relativ langsam und konstant wachsen, sich aber relativ schnell auf vom Gletscher freigegebenen Gesteinsflächen ansiedeln. Nach der Ansiedlung wachsen sie im Idealfall annähernd kreisförmig bis zu einem bestimmten Durchmesser mit dazwischenliegender langer Periode (postulierten) konstanten Wachstums. Aufgrund dieser Tatsache ergibt sich nach BESCHEL die Möglichkeit, das konstante Wachstum mit dem Alter der Ansiedlung, d.h. dem Alter der Moräne, in Beziehung zu setzen.

INNES (1985a) nennt als Grundvoraussetzungen der Anwendung der Lichenometrie für die Datierung von Moränen u.a.:

- Das entsprechende Areal ist bei Exposition in subaerische Bedingungen durch Rückzug des Eises flechtenfrei. Hierbei ist zu beachten, daß möglicherweise bereits noch auf aktiven supraglazialen Medial- und Lateralmoränen Wachstum von Flechten erfolgen kann, die möglicherweise die endgültige Ablagerung im Gletschervorfeld überleben (JOCHIMSEN 1956, MATTHEWS 1973 (Beispiel Storbreen), GRIFFEY 1978). Ferner können bei der Genese von Stauchendmoränen proglaziale Blöcke mit Flechten aufgetaucht werden. Beschränkt man lichenometrische Messungen daher methodisch auf die größte Einzelflechte, besteht die Möglichkeit der Überschätzung des Alters einer Moräne. Selbst bei detaillierteren Meßmethoden (z.B. Mittel der fünf größten Flechten) kann dieser Unsicherheitsfaktor in Abhängigkeit der lokalen Gegebenheiten nicht grundsätzlich ausgeschaltet werden. MATTHEWS & SHAKESBY (1984) betonen daher z.B. die Nicht-Eignung distaler Moränenhänge, da dort bei Stauchendmoränen Blöcke mit lebenden Flechten eingearbeitet worden sein könnten.
- Das Besiedlungsmuster/-milieu der Flechten muß bekannt sein. I.d.R. siedeln sich Flechten 10 bis 20 Jahre nach der Expositon der Flächen an. Perennierende Schneeflecken, die im Anschluß an den Gletscherrückzug Areale des Gletschervorfelds bedecken, können die Ansiedlung verzögern. Die unterschiedlich schnelle Besiedlung durch differente Flechtenspezies (s.u.) muß zusätzlich beachtet werden.
- Die zunehmende Größe der Flechten muß eine Funktion der Zeit sein, d.h. durch ansteigenden Durchmesser der Thalli repräsentiert werden. Dabei sind mikroklimatisch bedingte Unterschiede zu beachten, die diese Thalligröße-Zeit-Beziehung relativieren können (s.u.).
- Die Wachstumsrate der Flechten, d.h. ihre Wachstumskurve, muß bekannt oder exakt konstruierbar sein, z.B. unter Berücksichtigung von Fixpunkten (d.h. historisch datierten Moränen etc.). Bei diesem Punkt ergeben sich in den Praxis die größten Unsicherheiten lichenometrischer Datierungen, zumal die Wachstumskurve auf klar identifizierbare Flechtenspezies anwendbar sein muß, was deren Unterscheidung im Gelände voraussetzt. Dies ist aber nicht immer einfach (s.u.). Generell eignet sich die Lichenometrie gut für Intrapolation im Zeitraum zwischen zwei als Fixpunkt datierten Moränen,

aber nur sehr beschränkt für Extrapolation bzw. Anwendung auf andere Gletschervorfelder (pers. Komm. L.Erikstad,K. Fægri,J.L.Sollid).

- Die Wachstumskurve der Flechtenthalli muß während des Beobachtungszeitraums einer linearen oder anderen kalkulierbaren mathematischen Funktion entsprechen, d.h. die Wachstumsrate darf keinen größeren (z.B. klimadeterminierten) Schwankungen unterliegen. Speziell bei Anwendung der Lichenometrie für ältere Hochstände im Holozän (z.B. DENTON & KARLÉN 1973) ist kritisch zu prüfen, ob eine konstante Wachstumsrate über mehrere tausend Jahre unbeeinflußt von z.T. erheblichen klimatischen Schwankungen postuliert werden darf (MATTHEWS 1977). Nicht zuletzt aufgrund dieser Unsicherheit gibt INNES (1985a etc.) den akzeptierbaren Anwendungszeitraum der Lichenometrie mit lediglich 500 Jahren an.
- Lokale mikroklimatische, das Flechtenwachstum fördernde oder hemmende Faktoren müssen bekannt sein, um optimale Meßareale wählen zu können. Ökologisch ungünstige Standorte sollen bewußt gemieden, stattdessen Standorte optimalen Flechtenwachstums der Messung zugrunde gelegt werden (s.u.).
- Bei Durchführung der Messung sollen Meßareale, gemessene Indizes der Flechtenthalli und statistische Methoden der Aufbereitung der gewonnenen Daten gut durchdacht sein, damit verläßliche Ergebnisse unter Vermeidung möglicher Fehlerquellen erzielt werden können.

Das Wachstum des Flechtenthallus hängt, wie schon BESCHEL (1950) betont, von den natürlichen Standortfaktoren ab, die kleinräumig selbst innerhalb des Bereichs eines Moränenrückens stark variieren können (INNES 1985a). Entscheidender Faktor ist dabei die Feuchtigkeit, denn nur im Durchfeuchtungszustand ist Assimilation und Wachstum möglich. Während größerer Perioden des Jahres hindurch können diese Prozesse durch Trockenheit unterbrochen werden. Nach BESCHEL sind v.a. die Schneeschmelzperioden neben Perioden häufiger Tau- und Niederschlagsereignisse als optimale Wachstumsperioden zu bezeichnen. Generell ist eine häufige Frequenz des Feuchtigkeitsangebots (z.B. in Form von Regen) wichtiger als die absolute Menge (ERIKSTAD & SOLLID 1986). Die Rate der Photosynthese der Flechte steigt bis zu einem zwischen 65 und 90 % liegenden maximalen Wert der Wassersättigung an. Bei Übersättigung erfolgt dagegen eine rasche Abnahme des Flechtenwachstums. Selbst bei 100 %iger Wassersättigung der Luft erreicht die des Flechtenthallus nur 50 - 75 %. Dies verdeutlicht die Notwendigkeit zusätzlicher Wasseraufnahme neben der Luftfeuchtigkeit als Voraussetzung optimaler Wachstumsbedingungen (z.B. durch Niederschlag, Schneeschmelzwasser, Tau und Spritzwasser von Bächen/Seen).

Das Wachstum der Flechte ist daneben von Intensität und Dauer der Besonnung abhängig, wobei in Gebirgsgegenden generell die Lichtintensität und Strahlung vergleichsweise hoch ist. Die Länge der Wachstumsperiode ist vom Lichtangebot abhängig, d.h. entspricht der schneefreien Periode und steht damit in Beziehung zu Höhenlage und Schneeverhältnissen. Ein Flechtenwachstum ist auch unter einer dünnen, lichtdurchlässigen Schneedecke möglich. Durch diesen Effekt kann die Wachstumsperiode geringfügig länger als die schneefreie Periode ausfallen (ERIKSTAD & SOLLID 1986). Kontroverse Diskussionen gibt es über die sogenannten *snow kill*-Hypothese, d.h. die Vorstellung des Absterbens von Flechten bei langer Bedeckung durch Schnee (s. INNES 1985b). So soll in einigen Gebieten eine extensive Schneebedeckung während der frührezenten Gletscherhochstandsphase das Flechtenwachstum verhindert haben. Nach INNES (1985b) existiert aber kein *snow kill* per se, sondern nur das verzögerte oder unterbundene Wachstum von Flechten aufgrund zu kurzer Wachstumsperioden. Auf jeden Fall können perennierende Schneeflecken das Ergebnis lichenometrischer Datierung beeinflussen.

Die Temperatur spielt beim Flechtenwachstum keine entscheidende Rolle. Innerhalb einer Temperaturspanne von 0 bis +15°C sind keine temperaturbedingten Wachstumsunterschiede zu verzeichnen (INNES 1985a+b, ERIKSTAD & SOLLID 1986). Variationen in Bewölkung und Dunst sind, nicht zuletzt aufgrund des Faktors Luftfeuchtigkeit, von größerer Bedeutung. Die Lufttemperaturen sind lediglich in bezug auf Länge der Wachstumsperiode (schneefreie Periode) sowie auf das Wachstum konkurrierender Pflanzen von Bedeutung.

Da Flechten selbst ein großes Maß an Stickstoffkomponenten konzentrieren, ist eine zusätzliche Aufnahme von Nährstoffen ohne Bedeutung. Gesteinsunterschiede spielen jedoch eine Rolle, z.B. bei stark erzhaltigen oder carbonatischen Gesteinen. Die meist verwendete Flechtenspezies Rhizocarpon geographicum (s.u.) wächst unter optimalen Bedingungen auf stark kieselsäurehaltigen, sauren Gesteinen (z.B. Gneisen und Graniten). Auf basischen Gesteinen sind die Wachstumsraten etwas geringer und andere Flechtenspezies dominieren.

Aufgrund unterschiedlicher Beeinflussung des Flechtenwachstums durch Umwelteinflüsse bilden sich innerhalb eines Gletschervorfelds optimale Standorte aus. Rhizocarpon geographicum (s. Abb. 30) erzielt dort die größten Durchmesser des Thallus, wo ein optimales Feuchtigkeitsangebot zu finden ist. In Westnorwegen führt dies dazu, daß sich die größten Durchmesser jeweils im Basisbereich eines Moränenrückens finden lassen, die Durchmesser zum Moränenkamm hin abnehmen. Generell sind optimale Wachstumszonen Depressionen/flache Moränenmaterialflächen zwischen den einzelnen Moränenrücken bzw. die Bereiche des Übergangs der Moränen in das umgebende Gelände (zusätzlich Schutz vor

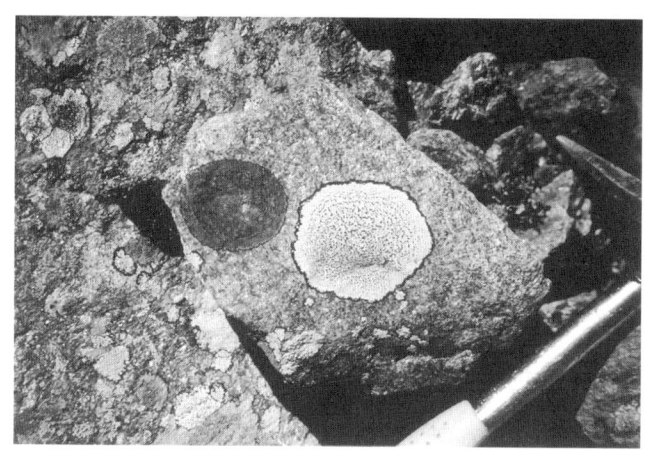

Abb. 30: Flechtenthallus der für lichenometrische Datierungen in den Untersuchungsgebieten i.d.R. verwendeten Spezies Rhizocarpon geographicum (rechter annähernd kreisförmiger Thallus; in der Natur hellgrüne Farben), Vernagtferner (Aufnahme: 21.09.1993)

Wind bzw. Schneekorrosion !). Diese Zone optimalen Flechtenwachstums am Fuß einer Endmoräne durch größeres Feuchtigkeitsangebot (u.a. durch abschmelzende Schneeflecken) wird von MATTHEWS (1977) als sog. *green zone* bezeichnet. Sie steht im Gegensatz zur sog. *black zone* des Moränenkamms (INNES 1986a), wo ein geringeres Auftreten von Rhizocarpon geographicum verzeichnet wird und andere Flechtenspezies dominieren. HAINES-YOUNG (1983) erläutert die *green zone*-Hypothese und bestätigt sie anhand empirischer Untersuchungen u.a. an Stor- und Nigardsbreen, berichtet später (HAINES-YOUNG 1985) aber auch von Gegenbeispielen aufgrund lokaler Besonderheiten (Austerdalsbreen). Auch der Verfasser schließt sich aufgrund eigener Beobachtungen der Ansicht an, daß die *green zone* proximaler Endmoränenhänge den optimalen Flechtenstandort in westnorwegischen Gletschervorfeldern darstellt und deshalb bei lichenometrischen Messungen besondere Beachtung finden sollte. Diese Aussage gilt aber nur für Rhizocarpon geographicum, denn bei der Spezies Rhizocarpon alpicola (s.u.) kann ein solches Wachstumsmuster nicht festgestellt worden.

Aufgrund der schwierigen Unterscheidung verschiedener Flechtenspezies im Gelände (selbst für Botaniker, wie z.B. INNES 1985a betont), ergeben sich methodische Unsicherheiten, da Wachstumsverhalten und Sensibilität auf Umweltfaktoren nicht bei allen Flechtenspezies identisch sind. Die weitaus meisten lichenometrischen Untersuchungen konzentrieren sich auf die Spezies Rhizocarpon geographicum. Es scheint aber zweifelhaft, ob diese Spezies besonders bei älteren Untersuchungen eindeutig von ähnlichen Spezies unterschieden wurde (JOCHIMSEN 1956, INNES 1985a). INNES (1982) betont u.a.

Unterschiede im Wachstumsverhalten der Spezies Rhizocarpon alpicola und der Rhizocarpon geographicum-Gruppe, die bei Anwendung der Lichenometrie berücksichtigt werden sollten. Im Vergleich wächst Rhizoparpon geographicum bis zu einem Thallusdurchmesser von ca. 70 mm schneller, wogegen Rhizocarpon alpicola über 100 mm Durchmesser stets schneller als gleichalte Rhizocarpon geographicum wachsen. Dies hat zur Folge, daß auf älteren Moränen i.d.R. Rhizocarpon alpicola dominiert. Um diese Unsicherheiten zu vermeiden, schlägt INNES (1982) eine kombinierte Wachstumskurve vor, zusammengesetzt aus den beiden einzelnen Wachstumskurven, wobei die Rhizocarpon geographicum den Kurventeil des jüngeren Zeitabschnitts repräsentiert, Rhizocarpon alpicola den älteren.

ERIKSTAD & SOLLID (1986) verwenden dagegen sowohl Rhizocarpon geographicum als auch Rhizocarpon alpicola, da die Zusammensetzung der Flechtengesellschaft von Moränen bezüglich dieser beiden Arten gleichbleibend war und besonders bei jüngeren Moränen bei Messung der größten Flechten automatisch nur Rhizocarpon geographicum gemessen wird. Geringfügige Unterschiede bei der Verwendung der Gattung Rhizocarpon (subgenus) gegenüber der eingeschränkten Sektion Rhizocarpon zeigen im übrigen auch BICKERTON & MATTHEWS (1992).

Steile, instabile Hänge (z.B. an niedertauenden Eiskernmoränen oder übersteilten Lateralmoränenhängen) weisen generell geringe Flechtendurchmesser auf und sind für lichenometrische Messungen ebenso ungeeignet wie Moränen mit zu geringem Blockgehalt, da große Blöcke die Flechtenansiedlung fördern und das Wachstum konkurrierender Pflanzen verhindern (pers.Mittlg. K.Fægri).

Es hängt vom Bearbeiter einer lichenometrischen Untersuchung ab, welcher Index des Flechtenthallus gemessen wird, da kein allgemeingültiges Schema für diese Messungen existiert. Es wird der maximale, minimale oder mittlere Durchmesser des Flechtenthallus verwendet, die größte Einzelflechte oder das Mittel der drei, fünf oder zehn größten Flechten in einem Meßabschnitt. INNES (1984a) betont die Bedeutung von Auswahl und Größe der Untersuchungszonen/Meßabschnitte. Er hält im übrigen das Mittel der fünf größten Flechten für den optimalen Index, wobei Variabilität und Genauigkeit dieses Index in enger Beziehung zur Größe des Untersuchungsgebiets steht (d.h. je größer das Gebiet, umso geringer die Variationen). Probleme ergeben sich bei zu kleinen Meßarealen (s. Ausführungen bei INNES 1984a,1985a).

Flechtenthalli in großen Kolonien werden allgemein vermieden, da die Interaktionen zwischen den einzelnen Flechtenindividuen nur unzureichend geklärt sind. Methodische Probleme ergeben natürlich auch Meßfehler, unterschiedliche Kriterien für Akzeptanz eines zu messenden Flechtenthallus (z.B. bei anomalen Wuchsformen) oder die simple Möglichkeit, die größte Flechte eines Meßareals einfach zu übersehen.

Wesentlich ist die Feststellung, daß mittels Lichenometrie nur die Deglaziation eines Areals datiert werden kann, d.h. bei langandauernden Stillständen/Hochständen können die gemessenen Daten zu jung sein. Größere Unterschiede zwischen proximalen und distalen Moränenhängen können allerdings auch vom Mikroklima überschattet werden. Hier setzte auch die fundamentale Kritik von JOCHIMSEN (1956) ein, die die bei Anwendung der Lichenometrie geforderte kausale Zeitfolge Eisrückzug - Eisfreiwerdung des Blocks - Besiedlung durch Flechten generell in Frage stellt. ERIKSTAD & SOLLID (1986) betonen ferner das bedeutende Problem der Anwendung von an wenigen Fixpunkten orientierten Wachstumskurven in weiten Gebieten. Sind nur wenige Fixpunkte vorhanden, müssen Wachstumskurven über größere Distanzen korreliert werden. Ist die Extrapolation von Wachstumskurven notwendig (wie z.B. im Falle vieler Jotunheimen-Gletscher aufgrund fehlender Dokumente zur Datierung deren äußerster Moräne), verringert sich die Genauigkeit der Datierung schlagartig (s.o.). BICKERTON & MATTHEWS (1992) sehen als Genauigkeit bei der lichenometrischen Datierung frührezenter Moränen einen Spielraum von ± 10 bzw. ± 20 Jahren für die älteren und ± 5 Jahren für die jüngeren Moränen, eine nach Ansicht des Verfassers gerade bei Extrapolationen etwas optimistische Abschätzung.

5.1.3 Historische Quellen und ihre Verwendung bezüglich frührezenter Gletscherstandsschwankungen

Für den Zeitraum der frührezenten Gletscherstandsschwankungen liegen zahlreiche historische Quellen wie z.B. Dokumente über Zerstörungen von Kulturland (resultierenden Steuernachlässen), Karten, bildhafte Darstellungen, Reisebeschreibungen oder (ab dem letzten Jahrhundert) wissenschaftliche Untersuchungsergebnisse und Photographien vor. Als Regel kann gelten, daß Dichte (und vielfach auch qualitativer Wert) der Quellen vor 1800/1850 stark unterschiedlich ist und Belege sich v.a. auf die Gletscher bzw. -gebiete beschränken, die in unmittelbarer Nachbarschaft zu stärker besiedelten Gegenden liegen. Deshalb gibt es z.B. aus Ostalpenraum und den größeren Tälern um den Jostedalsbre zahlreiche historische Dokumente, während sie im Jotunheimen bis ins ausgehende 19.Jahrhundert praktisch vollständig fehlen.

Historische Dokumente müssen in Aussagekraft und Anwendbarkeit einer strengen Quellenkritik unterworfen werden, insbesondere wenn sie z.B. als Fixpunkte bei Anwendung der Lichenometrie dienen sollen (s.o.). Die eindrucksvollsten historischen Quellen zur Ausweisung von Gletscherstandsschwankungen stellen unzweifelhaft bildhafte Darstellungen wie z.B. Gemälde, Zeichnungen, Skizzen bzw. ab ca. 1870 photographische Aufnahmen dar. Gerade an bekannten und leicht erreichbaren Gletschern findet man entsprechendes Bildmaterial aus verschiedenen Zeitabschnitten (s. eindrucksvolles Beispiel der Grindelwaldgletscher/Schweiz - ZUMBÜHL 1980 etc.). Es müssen aber einige Voraussetzungen erfüllt sein, damit solche Bilddokumente zur Erstellungen einer Gletscherchronologie verwendet werden können, u.a.:

- das Bilddokument sollte die topographischen Gegebenheiten exakt darstellen und es muß sichergestellt werden, daß es sich um eine „naturgetreue" (wenigstens annähernd photographisch genaue) Darstellungen handelt;
- der Standpunkt des Betrachters muß einwandfrei nachvollzogen werden können;
- das Bilddokument muß einwandfrei datierbar sein, wobei feststehen muß, daß keine älteren Skizzen/ Vorlagen verwendet wurden sondern Beobachtungen des Künstlers ohne zeitliche Verzögerung in das entsprechende Werk umgesetzt wurden (vgl. ZUMBÜHL 1980).

Um eine komplette Chronologie über Gletscherstandsschwankungen aufstellen zu können, müssen zahlreiche Bilddokumente in ausreichender zeitlicher Dichte vorliegen, damit nicht durch größere Dokumentationslücken eine zwischengeschaltete Vorstoß- oder Rückzugsphase der Erfassung entgeht. Photographien sind, wenn sie in ausreichender Qualität vorliegen, äußerst wertvolle Hilfsmittel zur Charakterisierung der Gletscherstände und auch zur Analyse geomorphologischer Prozesse im Gletschervorfeld (s. 5.3,7).

Eine Quellenkritik ist insbesondere bei vor Ende des 19.Jahrhunderts erstellten Karten notwendig. Vielfach sind Ungenauigkeiten bei Höhenangaben vorhanden (vgl. Beispiele bei FINSTERWALDER 1897, GROVE 1988) und die hochgelegenen Gletscherbereiche sind nicht korrekt dargestellt (insbesondere bei zu vermutender starker Schneebedeckung auch während der sommerlichen Kartiersaison). Es ist ferner zu prüfen, ob eine größere Differenz zwischen Erscheinen der Karte, deren Geländeaufnahme und dem aufgezeigten Gletscherstand besteht. Nicht selten werden bei Neuauflagen ältere Gletscherstände vorangegangener Geländeaufnahmen übernommen (vgl. aktuelle Alpenvereinskarten mit z.T. veraltertem Gletscherstand). Für den Ostalpenraum müssen als erste tatsächlich zur Rekonstruktion von Gletscherständen und Gletscherflächen geeignete Karten die von RICHTER, FINSTERWALDER, HESS und Mitarbeitern betrachtet werden.

Vor dem 19.Jahrhundert kann als Faustregel gelten, daß nur außergewöhnliche, z.gr.T. indirekt mit Gletschervorstößen verbundene Ereignisse dokumentiert wurden, in seltensten Fällen die Gletschervorstöße selber. So sind z.B. im Alpenraum vor 1800 vor allem die Ausbrüche von Eisstauseen (von Gletschern während ihrer Hochstände aufgestaut), die große Zerstörungen in den Tälern anrichteten, dokumentiert

(Beispiel Vernagtferner: s. 5.2 und vgl. RICHTER 1892, HOINKES 1969, GROVE 1988, NICOLUSSI 1990). Zeugnisse über die Vorstöße von Gletschern gibt es auch dann, wenn Ortschaften oder Höfe direkt in Gefahr der Zerstörung durch den Gletscher bzw. verbundene glazialmorphologische Prozesse standen (z.B. Brenndalsbreen, Nigardsbreen; s. 5.3; vgl. EIDE 1955 etc.). Ist die dokumentierte Zerstörung nicht direkt durch den Gletscher entstanden, wovon z.B. bei Erdrutschen, Hochwasserereignissen etc. ausgegangen werden kann, muß der tatsächliche Zusammenhang zwischen diesen Prozessen und einer Klimaschwankung/Gletscherstandsschwankung erst belegt werden (GROVE & BATTAGEL 1972). Berichte über Steuernachlässe (insbesondere in Westnorwegen zur Ausweisung von Gletscherschwankungen herangezogen - GROVE 1988 etc.) müssen daher kritisch überprüft und gegebenenfalls in direkte Zerstörungen des Gletschers und klimadeterminierte geomorphologische Ereignisse differenziert werden.

Wertvolle Hinweise liefern die ab dem 18.Jahrhundert verstärkt auftretenden Reisebeschreibungen und ersten wissenschaftlichen Untersuchungen, selbst wenn je nach Autor eine starke Schwankung der Qualität der Angaben (z.T. methodisch bedingt) auftreten kann. Ab Ende des 19.Jahrhunderts liegen aus zahlreicheren Gletschergebieten wissenschaftliche Untersuchungen bzw. Vermessungen vor, die bei Beachtung der Methodik nahezu uneingeschränkt verwendet werden können. In den Ostalpen sind hierbei insbesondere die Arbeiten von RICHTER, HESS, FINSTERWALDER und KLEBELSBERG zu nennen, in Norwegen die von ØYEN, REKSTAD, FÆGRI bzw. AHLMANN.

5.1.4 Unterschiede in Verfahren zur Rekonstruktion von Gleichgewichtslinien

Zur Charakterisierung bzw. vergleichenden Interpretation holozäner bzw. frührezenter Gletscherstände wird häufig eine Rekonstruktion der Gleichgewichtslinie unternommen (vgl. 2.1.1). Beim Vergleich rekonstruierter Gleichgewichtslinien muß berücksichtigt werden, daß durch unterschiedliche Verfahren gewonnene Ergebnisse z.T. erheblich voneinander differieren und zu Fehlinterpretationen führen können.

NESJE & DAHL (1992) bezeichnen die Höhe der Gleichgewichtslinie (*ELA - equilibrium line altitude*) als sinnvollen Parameter zur Ausweisung der Wirkung klimatischer Schwankungen auf Gletscher. Während in modernen Untersuchungen normalerweise die konstruierte Temperatur/Niederschlags-*ELA* (*TP-ELA - temperature/precipitation-ELA*) als Referenzbasis herangezogen wird, ist in bestimmten Regionen die Einführung der Temperatur/Niederschlags/Wind-*ELA* (*TPW-ELA - temperature/ precipitaion/wind-ELA*) sinnvoll, da sich aufgrund von Winddrift erhebliche Differenzen ergeben können (s. NESJE 1992b). Besonders an den windexponierten Plateaugletschern Westnorwegens kann die *TPW-ELA* durch Schneedeflation an der Luvseite erheblich höher als an der durch Schneeakkumulation betroffenen Leeseite liegen. Im Jotunheimen ist neben der strahlungs- auch die windbedingte Exposition für Unterschiede in der *TPW-ELA* von 50 m und mehr verantwortlich. NESJE & DAHL liefern ein eindrucksvolles Beispiel vom Karggletscher im Fosdalen nördlich der Skåla bei Loen, wo ein Unterschied zwischen *TP-ELA* und *TPW-ELA* von 170 ± 85 m kalkuliert wurde. An dieser Lokalität wirkt eine starke Deflation auf das Gipfelplateau der Skåla, dessen autochthones Blockfeld ohnehin nur durch Schneearmut infolge Deflation erklärt werden kann (sonst wäre dieses Gipfelplateau rezent vermutlich vergletschert).

Zu beachten ist generell, daß die aktuelle mittlere *ELA* (*mean ELA*) durchaus von der zur Rekonstruktion verwendeten *steady state-ELA* differieren kann (s. 2.1.1). Am Storbreen liegt derzeit z.B. die mittlere *ELA* 95 m über der theoretischen *steady state-ELA* (NESJE 1992b).

Zur Rekonstruktion von *ELA*-Schwankungen werden unterschiedliche Methoden angewandt. NESJE & DAHL (1992) führen vier häufig verwandte Methoden an:
- die höchste Höhenlage von Lateralmoränen (*maximum elevation of lateral moraines - MELM*; auch Methode LICHTENECKER-VISSER);

Tab. 13: Unterschiede in der Bestimmung der frührezenten und rezenten Gleichgewichtslinie (*ELA*; vgl. Text) [Methode A = *AAR* (0,6 ± 0,05), Methode B = KUHLE 1988, Methode C = *MEG*, Methode D = *THAR*; NIG = Nigardsbreen, BRI = Brigsdalsbreen, MEK = Melkevollbreen, TUN = Tunsbergdalsbreen, BØY = Bøyabreen] (Datenquelle: TORSNES, RYE & NESJE 1993)

	NIG	BRI	MEK	TUN	BØY
Methode A - aktuell	1585 (±25)	1630 (±20)	1585 (+25/-30)	1430 (+75/-95)	1555 (±15)
frührezent	1530 (+30/-25)	1560 (±45)	1465 (±40)	1350 (+80/-130)	1465 (+45/-55)
Methode B - aktuell	1255-1390	1395-1520	1530-1625	1275-1400	1385-1485
frührezent	1140-1280	1230-1365	1280-1415	1235-1365	1060-1195
Methode C - aktuell	1140	1130	1290	1225	1110
frührezent	1110	1105	1070	1195	930
Methode D - aktuell	975	975	1170	1085	980
frührezent	940	940	905	1050	765

- mittlere Höhe des Gletschers (*median elevation of glaciers - MEG*);
- das Verhältnis (Höhendifferenz) zwischen Gletscherzunge und Gletscherende (*toe-to-headwall altitude ratio - THAR*);
- das Verhältnis von Akkumulationsgebiet zu Gesamtfläche (*ratio of accumulation area to total area - AAR*).

Die *MELM*-Methode erklärt sich aus dem Gletschertransportsystem, das nur unterhalb der Gleichgewichtslinie Transport und Ablagerung von Moränenmaterial zuläßt (s. 3.1). Die Frage der Exaktheit dieser Methode stellt sich durch mangelnde Erhaltung der höchsten Lateralmoränenabschnitte und der z.T. polygenetischen Struktur mächtiger alpiner Lateralmoränen, die schwerlich die *ELA* einzelner Hochstände repräsentieren. Ferner besteht die Möglichkeit, daß bei einem langsamen Rückzug eine „Verlängerung" der Lateralmoränen durch kontinuierlichen Transport von Moränenmaterial gletscheraufwärts evtl. in Form von Eiskern-Lateralmoränen möglich wird (ohne Unterscheidungsmöglichkeit zu während des Hochstands gebildeten Lateralmoränen).

Die *MEG*-Methode führt bei Vergleich mit aktuellen Verhältnissen oft zu einer Überschätzung der *ELA*, da die Topographie des Gletscherbetts mitberücksichtigt werden sollte. Sie ist bei kleineren Kargletschern relativ gut anwendbar, bei Outletgletschern dagegen problematisch.

Die *THAR*-Methode führt relativ unkompliziert zu Ergebnissen, wobei nach MEIERDING (1982) für temperierte Hochgebirgsgletscher ein 0,35-0,4-Verhältnis angenommen werden muß (NESJE & DAHL verwenden in Westnorwegen ein 0,4-Verhältnis). Wie bei der *MEG*-Methode ist bisweilen die Definition des hochgelegenen Gletscheransatzes schwierig.

Die *AAR*-Methode beruht auf der inzwischen durch aktuelle Untersuchungen bestätigten Annahme, daß bei einem temperierten Hochgebirgsgletscher in *steady state*-Position dieses Verhältnis 0,6 ± 0.05 beträgt (ANDREWS 1975, SUTHERLAND 1984). In maritimeren Klimaten treten geringere *AAR*-Werte (um 0,60) als in kontinentaleren Gletschergebieten (bis zu 0,70) auf. In den Alpen wird anstelle der *AAR*-Methode (d.h. dem Anteil des Akkumulationsgebiets an der Gesamtgletscherfläche Sc/S) vielfach die Beziehung Akkumulationsgebiet zu Ablationsgebiet Sc/Sa verwendet, die analog zur *AAR* von 0,65 bei ausgeglichenem Massenhaushalt bei 2:1 liegen sollte. Hierzu liegen Messungen vor (Hintereisferner: Sc/Sa 2,1:1 und *AAR* 0,68; Vernagtferner Sc/Sa 2,2:1 und *AAR* 0,69, Langtaler Ferner Sc/Sa 1,8:1 und *AAR*

0,64 - GROSS,KERSCHNER & PATZELT 1978). Mögliche Fehlerquellen liegen v.a. in der Rekonstruktion der Gletscheroberflächen-Isohypsen. Zu beachten ist, daß bei stark zerklüfteten Gletscherzungen mit resultierender größerer Ablationsfläche auch bei einem Verhältnis Sc/Sa von 4:1 ein ausgeglichener Massenhaushalt auftreten kann (Beispiel Kesselwandferner - GROSS,KERSCHNER & PATZELT 1979).

Eine eindrucksvolle Vorstellung der mit den o.e. unterschiedlichen Methoden erzielten Ergebnisse (mit bis zu 300 m Differenz für den frührezenten Hochstand) liefern NESJE & DAHL (1992). Zur Problematik und ausführlichen Darstellungen verschiedener Schneegrenz- und Gleichgewichtslinienbestimmungen sei auch auf GROSS,KERSCHNER & PATZELT (1978) und KERSCHNER (1990) verwiesen. BALLANTYNE (1989) weist eindringlich darauf hin, daß lokale Faktoren bei der Rekonstruktion der *ELA* einbezogen werden müssen. Neben den oben genannten existieren noch unzählige andere Methoden zur Bestimmung der *ELA*, die jedoch ebenfalls vielfältige Probleme aufwerfen. Die sehr komplexe Methode von KUHLE (1988) besteht zwar vermutlich bei Anwendung in bestimmten Gletscherregionen, in Westnorwegen wurde jedoch von TORSNES (1991) bzw. TORSNES,RYE & NESJE (1993) gezeigt, daß sie für die Anwendung an den Outletgletschern des Jostedalsbre völlig ungeeignet ist (vgl. Tab. 13).

5.2 FRÜHREZENTE UND REZENTE GLETSCHERSTANDSSCHWANKUNGEN IM OSTALPENRAUM

5.2.1 Vernagtferner/Guslarferner

Seit Ende des 16.Jahrhunderts existieren umfangreiche schriftliche Quellen bzw. Bilddarstellungen, die eine gute Rekonstruktion der Gletscherstandsschwankungsgeschichte des Vernagtferners erlauben. Daher soll die Darstellung seiner frührezenten Gletschersstandsschwankungen als Beispiel für den Ablauf der frührezenten Hochstandsperiode dienen. Da das Schwankungsverhalten eines Gletschers immer durch lokale Faktoren der Glaziologie, des Reliefs etc. beeinflußt wird, zeigen sich natürlich auch Unterschiede zum Gletscherstandsschwankungsverhalten anderer Gletscher des Rofentals, der Ost- bzw. Gesamtalpen (s.u.).

Die durch verhältnismäßig zahlreiche historische Dokumente belegte Aufmerksamkeit auf den Vernagtferner während der frührezenten Gletschervorstöße erklärt sich durch spezielle Verhältnisse, u.a. sein „unkonventionelles" Vorstoßverhalten (GROVE 1988) mit schnellen, *surge*-ähnlichen Vorstößen (vgl. 6.2.4). Die gute Dokumentation verdankt der während der frührezenten Vorstöße mit dem Guslarferner vereinigte und bis in Rofental vorstoßende Vernagtferner aber durch die Blockade der Drainage des inneren Rofentals (s. Fig.2). Die Gletscherzunge wirkte als Eisdamm und staute während der Hochstandsphasen einen Eisstausee, den Rofener Eisstausees, auf (s. Fig.27,28). Die wiederholten Ausbrüche dieses Sees, die z.T. großen Schaden im gesamten Ötztal anrichteten, sind dokumentiert und dienen als Belege für die frührezenten Hochstände des Vernagtferners (s. ausführliche Darstellung bei RICHTER 1888,1891,1892, FINSTERWALDER 1897, HESS 1918, FINSTERWALDER & HESS 1926, HOINKES 1969, GROVE 1988, NICOLUSSI 1990).

Erste gesicherte Nachrichten über einen frührezenten Vorstoß des Vernagtferners bis ins Rofental auf ca. 2150 m und die Aufstauung des Rofener Eisstausees liegen für das Jahr 1599 vor. Der Gletscher dürfte wenige Jahre zuvor seinen Vorstoß begonnen haben, nach RICHTER (1888) evtl. kurz vor 1595. Dokumente oder Geländebefunde über prä-frührezente mittelalterliche Vorstöße gibt es bis dato noch nicht.

Nach einer Periode stetigen Anwachsens der gestauten Wassermenge ab Winter 1599/1600 fand am 20.Juli 1600 der erste katastrophale Ausbruch des Eisstausees statt. Dessen Folgen in Form von Verwüstungen im gesamten Ötztal wurden, wie bei nachfolgenden Ausbruchereignissen, in zeitgenössischen Dokumenten festgehalten. GROVE (1988) vermutet, daß ein zweiter 1600 aus dem Ötztal belegter

Fig. 27: Frührezente Gletscherstandsschwankungskurve des Vernagtferners und Bildungsphasen des Rofener Eisstausees (Datenquellen: RICHTER 1892, FINSTERWALDER 1897, FINSTERWALDER & HESS 1926, HOINKES 1969, GROVE 1988, NICOLUSSI 1990)

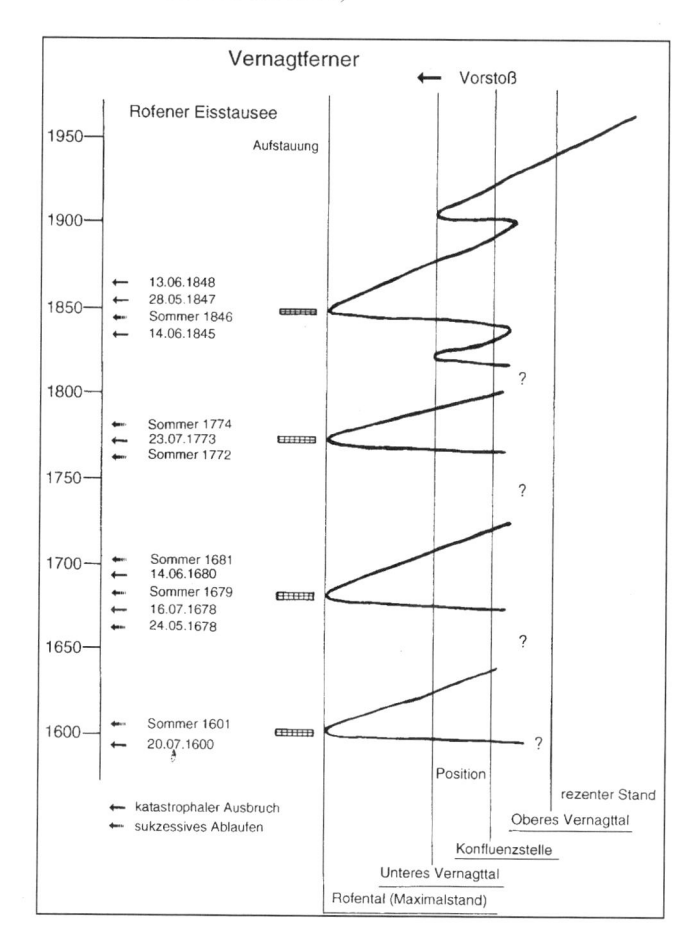

Seeausbruch dem Gurgler Ferner und dessen Eisstausee zuzuschreiben ist (s.u.). Damit wäre der Hochstand des Vernagt-ferners um 1600 im Kontext eines allgemeinen Gletscherhochstands in den Ötztaler Alpen zu stellen, wobei Ergebnisse von zahlreichen anderen Gletschern sogar einen bedeutenden alpenweiten Hochstand ausweisen (s.u.). Der Gletscherhochstand von 1600 hielt noch einige Zeit an, so daß sich nach dem Ausbruch von 1600 der Rofener Eisstausee erneut bildete. Die älteste Bilddarstellung des Rofener Eisstausees vom Frühjahr 1601 zeigt überdies noch eine aktive Gletscherzunge, charakterisiert von starker Zerklüftung der Oberfläche und Zerlegung größerer Zungenbereiche in Séracs, ein typisches Merkmal der rasch vorstoßenden Vernagtferner-Zunge auch in späteren Vorstößen (NICOLUSSI 1990). Im Sommer 1601 kam es zu einem sukzessiven Ausfluß des Eisstausees, dem letzten belegten Ereignis dieser Vorstoßperiode, weshalb sich der Vernagtferner schon bald nach 1601 wieder ins Vernagttal hinauf zurückgezogen haben dürfte. Nach NICOLUSSI (1990) erreichte der 1601er Eisstausee eine Länge von 1680 m und der Eisdamm erreichte an der der Mündung des Vernagttals gegenüberliegenden Zwerchwand ungefähr ein gleiches Höhenniveau wie beim letzten frührezenten Vorstoß 1844-48 (s.u.). Die Gletscherzunge lag im Rofental rd. 670 bis 710 m talab der Mündung des Vernagtbachs in die Rofenache, d.h. 60 bis 100 m weiter als während des letzten frührezenten Vorstoßes. Der talaufwärtige Teil der hammerkopfartigen Gletscherzunge wurde vermutlich vom Wasser des Eisstausees überstaut und resümierend muß von einem etwas größeren Gletscherstand als beim letzten frührezenten Gletschervorstoß ausgegangen werden, der aber immer noch hinter der maximalen frührezenten Gletscherausdehnung um 1770 zurückblieb.

Ende des 17.Jahrhunderts begann eine erneute Vorstoßphase des Vernagtferners und um 1676 zeugen entsprechende Berichte vom Beginn eines Gletschervorstoßes. Ende 1677 erreichte der Gletscher das Rofental und staute ab Mai 1678 den Rofener Eisstausee abermals auf. NICOLUSSI (1990) berichtet vom ersten Ablaufen des Sees am 24.Mai 1678. Nach kurzer Aufstauungsperiode brach er in der Nacht vom 16./17.Juni 1678 aus und richtete schwere Schäden im Ötztal an. Dieser Ausbruch gilt als der schwerste aller im Zusammenhang mit den frührezenten Gletschervorstößen stattfindenden Ausbrüche des Rofener Eisstausees (RICHTER 1888, FINSTERWALDER 1897 etc.). Wie schon beim Vorstoß 1599/1601 bildete sich der Rofener Eisstausee nach diesem katastrophalen Ausbruch erneut. Im Sommer 1679 (sukzessiver Ausbruch), am 14.Juli 1680 (katastrophaler Ausbruch kleinerer Dimension als 1678) und schließlich im Sommer 1681 (sukzessiver Abfluß nach anthropogener

Fig. 28: Spiegelhöhe und rekonstruiertes Seevolumen des Rofener Eisstausees während der ersten beiden frührezenten Seebildungsphasen (leicht modifiziert n. NICOLUSSI 1990)

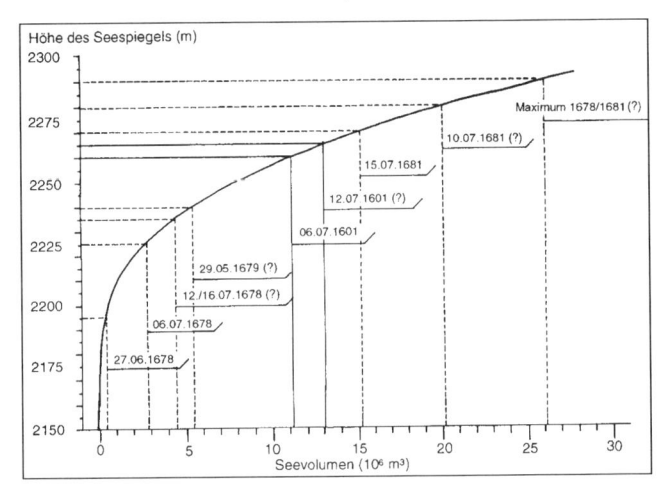

Anlegung einer Überlaufrinne) fanden erneut Seeausbrüche statt. 1681 besaß der Eisdamm nur noch 1/3 der Größe des von 1678 (bei gleichzeitig kompakterer Struktur der Gletscherzunge im Gegensatz zum überaus zerklüfteten Eisdamm von 1678, bei dem der ganze untere Zungenbereich aus Sérac-ähnlichen Eismassen aufgebaut war - vgl. NICOLUSSI 1990). Der Vorstoß scheint nach seinem Hochstand von 1678 bereits 1681 merklich abgeflaut zu sein (vgl. Analogien zum 1844/48er Vorstoß). Um 1683 soll dann „keine Gefahr mehr für die Bevölkerung" bestanden haben (RICHTER 1892), da die Eismassen des Vernagtferners keinen See mehr aufzustauen vermochten. Letzte (Tot-)Eisreste verschwanden erst 1712 aus dem Rofental.

Die maximale Seelänge dieser Vorstoßperiode soll 1900 m betragen haben (NICOLUSSI 1990) bei einem maximalen Stand des Gletschers an der Zwerchwand um 2290 m. Die Geschwindigkeit des vorstoßenden Vernagtferners betrug von November 1677 bis Mai 1679 durchschnittlich 30 m/Monat (bis Juni/Juli 1978 sogar 50 m/Monat). Für diesen Vorstoß wird im übrigen eine ähnliche Vorstoßposition wie beim Vorstoß um 1600 angenommen. Die zu Beginn des 18.Jahrhunderts belegten Phasen einer Klimaverschlechterung haben beim Vernagtferner keine größeren (d.h. belegten) Vorstöße verursacht.

Nach ersten Berichten eines neuerlichen Vorstoßes des Vernagtferners im Frühjahr 1771 erreicht er im August 1771 erneut das Rofental. Ab November 1771 begann die erneute Bildungsphase des Rofener Eisstausees. Während der Hochstandsphase kam es im Gegensatz zu den beiden vorangegangenen nicht zu katastrophalen Eisstauseeausbrüchen. Dreimal floß der Rofener Eisstausee nach vorheriger Aufstauung ab (im Sommer 1772 (langsamer Ausfluß), am 23.Juli 1773 (rascher Abfluß) und im Sommer 1774). Über die Dimensionen des Vorstoßes berichtet FINSTERWALDER (1897), daß dieser Vorstoß gleiche Dimensionen wie der von 1676-1683 gehabt habe. NICOLUSSI (1990) zeigt jedoch, daß dieser Vorstoß der maximale frührezente Gletschervorstoß des Vernagtferners gewesen ist, u.a. mit der höchsten Lage des Eisrandes an der Zwerchwand bei 2295 m. Der Vernagtferner stieß 790 m talabwärts ins Rofental vor, ebenfalls die äußerste frührezente Position. Die Ausdehnung des Rofener Eisstausees war allerdings durch den gleichzeitigen Hochstand des Hintereisferners limitiert, da der See erstmals bis an die Zunge dieses Gletschers reichte.

Vor dem letzten frührezenten Hochstand Mitte des 19.Jahrhunderts liegen aus der ersten Hälfte des

19. Jahrhunderts Berichte über ein partielles Anwachsen (einen untergeordneten Vorstoß) des Vernagtferners um 1820 vor (FINSTERWALDER 1897: 1818-22). Die Originalaufnahme zur alten Tiroler Specialkarte des Jahres 1817 (s. FINSTERWALDER 1897) zeigt den Vernagtferner in eindeutiger Vorstoßposition. Die Gletscherstirn war aber noch rd. 1.400 m von der Rofenache entfernt. Auch während der Hauptphase dieses untergeordneten Vorstoßes erreichte der Vernagtferner das Rofental jedoch nicht. Der Guslarferner wies nachweisbar keine Anzeichen eines parallelen Vorstoßes auf. Es kam im Gegensatz zu den frührezenten Hochstandsphasen also nicht zu einem gleichzeitigen Anwachsen und Vorstoßes beider Gletscher. Ob es auch zwischen den vorangegangenen Vorstoßphasen (s.o.) untergeordnete Gletschervorstöße in der Art des Vorstoßes 1818-22 gegeben hat, ist nicht belegt. Auszuschließen sind solche Vorstöße jedenfalls nicht, sie erscheinen sogar durchaus möglich. Dabei wurde jedoch das Rofental mit Sicherheit nicht erreicht.

Der vierte und letzte frührezente Hochstand des Vernagtferners reiht sich in die alpenweit festgestellten „1850er" Vorstöße ein (s. GROVE 1988). Bereits 1840 wird vom Guslarferner, kurz darauf vom Vernagtferner, eine beachtliche Zunahme der Eismächtigkeit in den hochgelegenen Akkumulationsgebieten als Zeichen des Endes der vorangegangenen Rückzugsphase von 1822-1840 berichtet. Eventuell besaßen die Akkumulationsgebiete durch die gletschergünstigen Jahre um 1812/17 (resultierend im Vorstoß um 1820) noch ein großes Eisreservoir. Gegen Ende 1843 setzte der Vorstoß ein. Am 13. November 1843 war die Gletscherfront noch 1276 m von der Rofenache entfernt. Im folgenden Jahr stieß der Vernagtferner rasch vor, so daß im Herbst 1844 die Distanz zur Rofenache nur noch rd. 700 m betrug. Der Vorstoß setzte sich mit immer rascherer Geschwindigkeit fort, die tägliche Bewegung der vorstoßenden Gletscherstirn stieg von durchschnittlich 1 m/d (in der Periode 18.06. - 18.10.1844) auf 2,1 m/d (18.10.1844 - 03.01.1845) bis auf 3,3 m/d (03.01.-19.05.1845) und zuletzt erstaunliche 12,5 m/d (19.05. - 01.06.1845). Dies sind ungewöhnlich hohe Geschwindigkeiten für einen Ostalpen-Gletscher (Ausnahme: Suldenferners/Ortlergruppe und Langtaler Ferner (Ötztaler Alpen); s.u.). Im Bereich des Rofentals wurden zuletzt sogar Geschwindigkeitswerte von 2 m/h erreicht (RICHTER 1888).

Vom Erreichen des Rofentals Anfang Juni 1845 an bildete sich letztmalig der Rofener Eisstausee. Auch während dieser Hochstandsphase brach er mehrfach aus, am 14.06.1845 (mit einer raschen Entleerung verbunden), im Sommer 1846 (sukzessiver Ausbruch), am 28.05.1847 und am 13.06.1848 (rasche Ausbrüche).

Für die letzte Entstehungsperiode des Rofener Eisstausees liegen von HESS (1918; s.a. HOINKES 1969) Berechnungen über seinen Inhalt vor. Die Hochstandsphase war 1847 vermutlich schon abgeklungen, denn Messungen der Gebrüder SCHLAGINTWEIT (zit. FINSTERWALDER 1897) mit Geschwindigkeiten der Eisoberfläche von 0,09 - 0,13 m/d zeigen deutlich geringere Werte als während der Hauptphase des Vorstoßes an.

Dieser letzte frührezente Vorstoß blieb in seiner Dimension hinter den vorangegangenen Vorstößen zurück bzw. erreichte knapp die Marken des Vorstoßes von 1600 an der Zwerchwand mit 2275 m. Talabwärts im Rofental drang er dagegen nur 610 m talab vor.

Vom deutlichen Abschmelzen der Gletscherzunge im Rofental wird schon im Herbst 1848 berichtet. Mit dem letzten (sukzessiven) Seeausbruch des Rofener Eisstausees 1848 endete am Vernagtferner die Periode frührezenter Gletscherhochstände. Die nachfolgende Rückzugsperiode, die von 1848 bis 1889 von der stärksten Volumen- und Flächenabnahme gekennzeichnet ist, wurde bis heute lediglich durch einen kurzzeitigen Vorstoß 1898-1902 bzw. einen geringfügigen rezenten Vorstoß 1977-85 unterbrochen.

Von der letzen Existenzperiode des Rofener Eisstausees 1844-1848 bis zur ersten glaziologischen Erkundung des Vernagtferners durch RICHTER (1885) liegen nur wenige verwertbare Quellen vor. Es läßt sich daher kaum ein geschlossenes Bild der Rekonstruktion des Rückzugsmechanismus aufzeigen. 1852 fand SIMONY (zit. FINSTERWALDER 1897) noch mächtige Eismassen im Rofental vor (von „ansehnlicher Mächtigkeit"), die ohne innere Bewegung als Stagnanteis klassifiziert werden müssen.

1855 und 1856 stellte SONKLAR (zit. FINSTERWALDER 1897) zunehmendes Einsinken und Zunahme der Schuttbedeckung der residualen Eismassen im Rofental fest, die 1862 endgültig vom zurückschmelzenden Gletscher abgetrennt wurden (SRBIK 1939). 1869 führte der Weg von Rofen zum Hochjoch im Bereich der Mündung des Vernagttals lt. RICHTER (1885) noch 30 Minuten über stark schuttbedecktes Eis. Um 1883 war nach RICHTER der letzte Eisrest aus dem Rofental verschwunden, rd. 35 Jahre nach dem letzten Ausbruch des Rofener Eisstausees.

Eine bei RICHTER (1885) abgebildete detaillierte Zeichnung liefert wertvolle Hinweise auf den Gletscherstand des Vernagtferners im Sommer 1884 und bietet ein erstes genaueres Bild dessen Rückzug. Beherrschendes Bildelement des vom Platteiberg gegen die Hintergraslspitze gerichteten Blickwinkels der Zeichnung ist eine mächtige supraglaziale Medialmoräne, die sich unterhalb des Hintergrasls an der Konfluenz von Vernagt- und Guslarferner gebildet hat (vgl. 7.3.1). Sie bildet einen mehrere Meter über die Gletscheroberfläche aufragenden Moränenwall und zeugt von noch nicht vollzogener Trennung der beiden Gletscher. Der Stirnbereich der Gletscher läßt sich aufgrund starker supraglazialer Materialbedeckung nicht einwandfrei lokalisieren. Es scheint, als ob der Guslarferner einen etwas weniger starken Massenverlust als der Vernagtferner aufwies, denn seine Gletscherzunge wirkt intakter. Dies kann evtl. als Zeugnis eines nicht erfaßten zwischenzeitlichen Vorstoßes oder einer Stillstandsphase gedeutet werden, die sich um 1870 ereignet hat (MENSCHING 1966). Am Vernagtferner gibt es aber keinen (dokumentarischen wie morphologischen) Hinweis auf eine solche Vorstoß-/Stillstandsphase.

1889 erfolgte als Markstein der glaziologischen Erforschung und kartographischen Erfassung die erste kartographische Aufnahme des Vernagtferners durch FINSTERWALDER (1897). Zur Zeit der Aufnahme 1889 besaß der Vernagtferner eine Flächenausdehnung von $11.576*10^3$ m², der Guslarferner eine Fläche von $4.227*10^3$ m² (um 1850 hatte die Fläche der beiden vereinigten Gletscher noch $18.885*10^3$ m² betragen - BRUNNER & RENTSCH 1972, REINWARTH & OERTER 1988). 1895 stellten BLÜMCKE & HESS (1897) fest, daß sich 1893 endgültig die Trennung der Gletscherzungen von Vernagt- und Guslarfener vollzogen hatte. Sie waren nunmehr durch einen stark moränenmaterialbedeckten Toteisrücken (o.e. ehemalige supraglaziale Medialmoräne) getrennt. Der Rückzug des Vernagtferners hielt noch drei weitere Jahre an, doch kündigte sich durch deutliche Zunahme der Oberflächengeschwindigkeit nach 1894 bereits ein nachfolgender Vorstoß ab.

Der 1898 beginnende Vorstoß dauerte zwar nur bis 1902 an, doch führte er zu einem Vorrücken der Gletscherzunge um rund tausend Meter (FINSTERWALDER & HESS 1926, DRYGALSKI & MACHATSCHEK 1942, REINWARTH 1976). Leider wurde dieser Vorstoß kartographisch nicht erfaßt, doch eine Serie von detaillierten Bilddarstellungen von RESCHREITER (Alpenvereinsmuseum Innsbruck, vgl. 7.3.1) zeigt die deutliche Verknüpfung dieses Vorstoßes mit dem Auftreten einer kinematischen Welle (vgl.a. FINSTERWALDER & HESS 1926). Bereits 1897 wurde im oberen Bereich der Gletscherzunge eine Zunahme der Eismächtigkeit festgestellt, welche wenige Jahre zuvor im Akkumulationsgebiet ausgemacht worden war.

Dem Massentransfer größerer Eismächtigkeiten vom Akkumulationsgebiet zur Gletscherzunge ist also der Vorstoß von 1898 - 1902 (bzw. 1899 - 1902, da erst 1899 ein deutliches Vorrücken der Gletscherstirn zu verzeichnen war) zuzuschreiben. Dieser resultierte u.a. in einem 60 - 70 m starken Oberflächenanstieg und einer starken Zerklüftung der Gletscherzunge. Während 1898 die Schwellung der Zunge schon erkennbar, der Gletscher aber noch nicht wesentlich vorgerückt war, befand sich dieser 1900 schon einige hundert Meter talabwärts des Hintergrasls. Bemerkenswert ist, daß der Guslarferner nur eine geringe Steigerung der Oberflächengeschwindigkeit zeigte und nur leicht vorstieß, die Eiskernmoräne aber nicht erreichte. 1902 sank die Oberflächengeschwindigkeit des Vernagtferners erheblich ab und der Gletscher beendete den Vorstoß. Schon kurze Zeit darauf setzte der neuerliche Rückzug der Gletscherzunge ein, so daß er sich bei der Gesamtaufnahme 1912 durch VON GRUBER (s. BRUNNER & RENTSCH 1972) schon wieder hinter die Eisrandlage von 1898 zurückgezogen hatte. Zwar war durch den zwischengeschalteten Vorstoß der Flächenverlust verglichen zum Stand von 1889 relativ gering, der Volumenverlust allerdings erheblich.

Zwischen 1902 und 1925 hat sich die Gletscherzunge des Vernagtferners um ca. 550 m zurückgezogen (FINSTERWALDER & HESS 1926). Am weitverbreiteten Gletschervorstoß um 1920, an dem bis zu 75 % aller Ostalpengletscher partizipierten (KLEBELSBERG 1943, PATZELT 1985), nahm der Vernagtferner nicht teil. Der Guslarferner unternahm jedoch einen untergeordneten Vorstoß (BRUNNER & RENTSCH 1972). Am Vernagtferner wurde lediglich eine Zunahme der Oberflächengeschwindigkeit zwischen 1924 und 1929 festgestellt (HESS 1930).

1938 wurde der Vernagtferner von SCHATZ (s. BRUNNER & RENTSCH 1972) kartographisch aufgenommen, der Rückzug hatte sich währenddessen weiter fortgesetzt. Der Flächenverlust war im Gegensatz zur Periode 1889-1912 recht hoch. Seit Ende der 1930er Jahre sind die jährlichen Veränderungen der Gletscherzunge des Vernagtferners lückenlos vermessen worden (KLEBELSBERG 1949 ff., KINZL 1970a ff., PATZELT 1978 ff.). Der Rückzug von Vernagt- wie Guslarferner setzte sich nach 1938 mit jährlich unterschiedlichen Werten fort. Nach einer Periode positiver Massenbilanzen in den späten 1960er und 1970er Jahren (s. 6.2.1) setzte 1977 ein leichter Vorstoß des Vernagtferners ein, der 1979/80 seinen Höhepunkt erreichte und 1985 beendet war. Dieser Vorstoß war verglichen mit dem von 1898-1902 gering. Ihm ging allerding eine laterale Expansion an Teilbereichen eines Zungenteilsegments voraus (s. 7.3.1). In der jüngsten Zeit ist wieder ein Anstieg der Rückzugswerte am Vernagtferner zu verzeichnen (Beobachtungen des Verfassers 1990-1995).

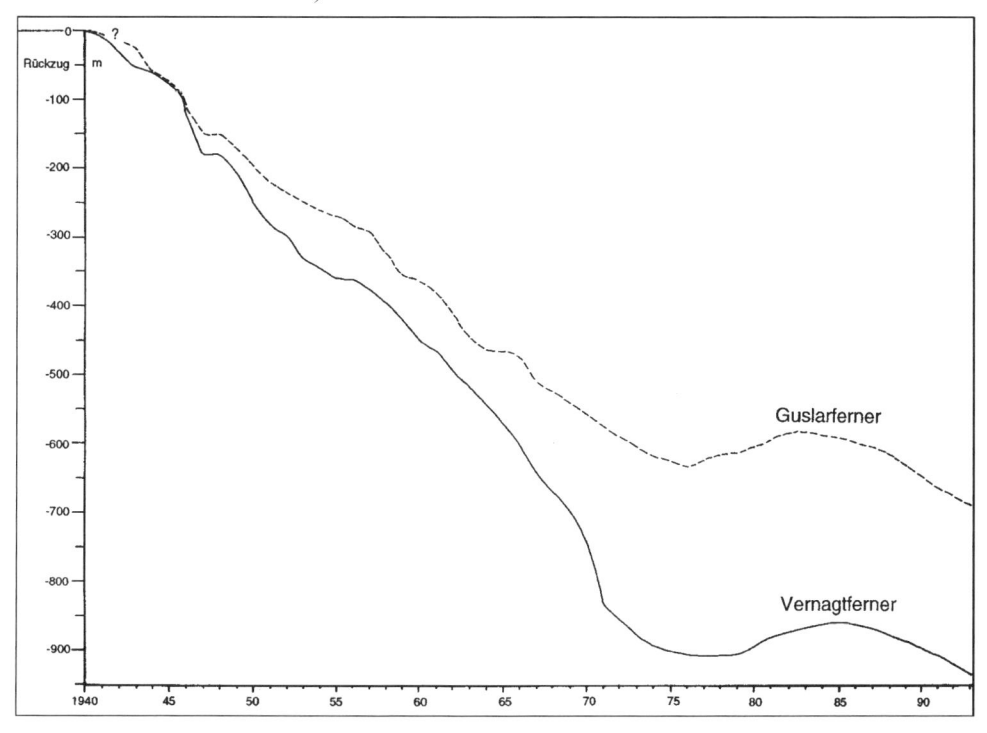

Fig. 29: Rezente Gletscherstandsschwankungskurve (kumulativ) - Guslar- und Vernagtferner (Datenquellen: SCHATZ 1937 ff., KLEBELSBERG 1949 ff., KINZL 1968a ff., PATZELT 1979 ff)

Fig. 30: Rezente Gletscherstandsschwankungskurve (jährlich) - Guslar- und Vernagtferner (Datenquellen: vgl. Fig. 29)

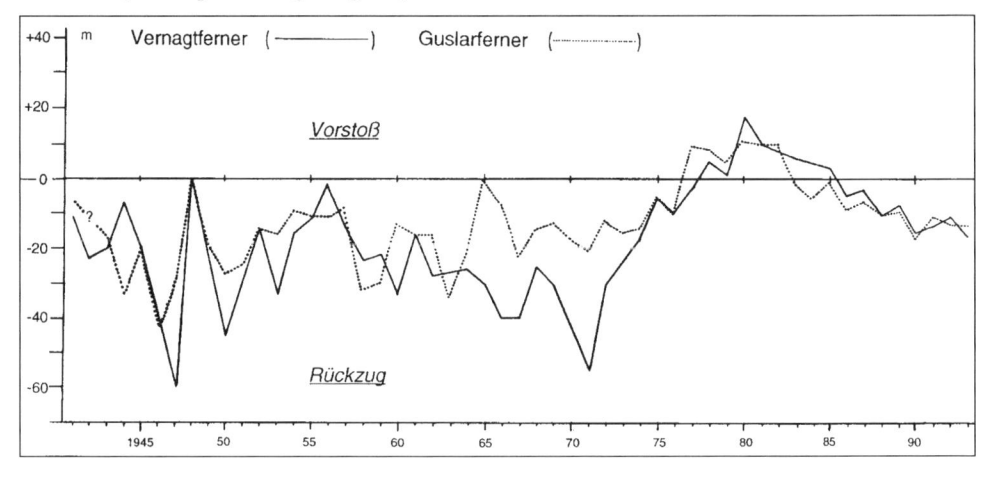

5.2.2 Andere Gletscher im Rofental

Während sich am Vernagtferner eine relativ lückenlose Chronologie der frührezenten Gletschervorstöße aufstellen läßt, fehlen von den anderen Gletschern des Rofentals eindeutige Dokumente über deren Schwankungsgeschichte vor den jüngsten frührezenten Hochständen. Durch das Fehlen des Hintereisferners auf der Bilddarstellung des Rofener Eisstausees von 1601 schließt NICOLUSSI (1990), daß dieser nicht gleichzeitig mit dem Vernagtferner einen deutlichen Vorstoß unternahm. Da zudem die berichtete Länge des Eisstausees mindestens 400 Meter in das frührezente Gletschervorfeld des Hintereisferners reichte und sogar ein Schmelzwasserbach des Hochjochferners verzeichnet ist, ist eine (maximale) Lage des Hintereisferners mehr als 700 m innerhalb der äußersten frührezenten Moränen (d.h. hinter der Mündungsstelle des Schmelzwasserbachs des Hochjochferners in den des Hintereisferners) anzunehmen. Während ein bei SONKLAR erwähnter Vorstoß von 1626 auf einen Druckfehler beruht (NICOLUSSI 1990), gibt es am Rofenkar- und Mitterkarferner niedrige Moränenrelikte außerhalb der frührezenten Moränenwälle, die mittelalterlichen Gletschervorstößen entstammen könnten (vgl. 7.3.4).

Ein weiterer Hinweis auf den Gletscherstand anderer Gletscher des Rofentals findet sich auf einer Darstellung des Rofener Eisstausees von 1679, die den Hochjochferner in einer Position nahe seiner frührezenten Maximalausdehnung erscheinen läßt (mit gewissen Unsicherheiten aufgrund fehlender exakter topographischer Vergleichspunkte - NICOLUSSI 1990). Auch 1679 erscheint der Hintereisferner erstaunlicherweise nicht auf der Bilddarstellung und ist weit zurückgezogen talaufwärts der Mündungsstelle des Hochjochferner-Schmelzwasserbachs zu vermuten, d.h. weit innerhalb der frührezenten Maximal-Eisrandlage. Die Zunge des Hintereisferners war somit während der ersten beiden frührezenten Hochstände des Vernagtferners eindeutig kleiner als bei den frührezenten Vorstößen um 1770 und 1850.

Während der dritten frührezenten Seebildungsphase des Rofener Eisstausees (1772-74) erreichten Hintereisferner wie Hochjochferner annähernde Maximalausdehnungen (vgl. Zeichnung von WALCHER bei HOINKES 1969 bzw. GROVE 1988). Dies läßt auf einen frührezenten Hochstand um 1770 an Hochjoch- wie Hintereisferner schließen, womit der am Vernagtferner aufgetretene bedeutendste frührezente Vorstoß als allgemeiner Vorstoß im Rofental bezeichnet werden kann. BESCHEL (1950) verwendet 1770 als Datums-Fixpunkt seiner lichenometrischen Datierung der Moränen am Hintereisferner. Auch FINSTERWALDER (1897) erwähnt einen größeren Gletscherstand des Hintereisferners um 1772/74 als um 1848, so daß die maximalen frührezenten Endmoränen des Hintereisferners in dieser Vorstoßperiode gebildet worden sein müssen, selbst wenn sich das genaue Datum bis dato noch nicht bestimmen ließ. Neben der o.e. alt-frührezenten Moräne am Rofenkarferner erwähnt SRBIK (1938) auch am Taufkar- und Mitterkarferner Moränenrelikte von Gletschervorstößen im 17. oder 18.Jahrhundert, die allerdings nicht genauer datiert oder beschrieben werden.

Ein Vorstoß des Hintereisferners 1816 - 18 ist eindeutig belegt, wobei der Gletscher die Nöder Schäferhütte zerstört hat (RICHTER 1888,1891). Dies belegt auch die Karte von HAUSLAB aus dem Jahre 1817 (FINSTERWALDER 1897), die den Hintereisferner nahe seinem frührezenten Maximalstand zeigt. Der Hochjochferner war dagegen zu dieser Zeit weiter zurückgezogen und befand sich außerhalb des Kartenausschnitts. Auf der Karte ist ferner der Mitterkarferner ein beträchtliches Stück von der Position des Hochstands von 1850 entfernt. Insgesamt war trotz des Vorstoßes des Hintereisferners um 1818 der Vorstoß um 1820 im Rofental weniger bedeutend als in anderen Alpenregionen (RICHTER 1891). Über die nachfolgende Phase des Rückzugs nach dem Hochstand um 1820 gibt es keine konkreten Daten, doch dürfte vor dem erneuten Vorstoß der Gletscher Mitte des 19.Jahrhunderts am Hintereisferner wie den anderen Gletschern nur ein kurzfristiger Rückzug stattgefunden haben.

Der erneute Vorstoß des Hintereisferners (wie anderer Gletscher des Rofentals) steht im Kontext der sog. „1850er"-Vorstöße im Alpenraum und verlief in etwa parallel zum Vorstoß des Vernagtferners. Dieser Hochstand war am Hintereisferner zweiphasig, wie z.B. auch am Niederjoch- bzw. Marzell-/ Schallferner im benachbarten Niedertal (s.u.). Ein erstes Maximum wurde 1847 (1848) erreicht, d.h. zur Zeit der vierten frührezenten Bildungphase des Rofener Eisstausees, der diesmal den Hintereisferner nicht erreichte. Der Hintereisferner soll nach SRBIK (1938) schon 1847 bereits wieder im Rückzug begriffen gewesen sein. Dieser Rückzug war nur kurz und um 1855 erreichte er das zweite Maximum dieser Vorstoßphase (RICHTER 1888). Ein Wintervorstoß um 1847/48 ist umstritten (RICHTER 1891). Gleichzeitig mit dem Hintereisferner hatte der Hochjochferner einen Hochstand und zog sich ebenfalls nach 1847 zunächst wieder zurück. Der Hochjochferner rückte um 1856 (bis gegen 1860?) nochmals vor, bevor ein (träger) Rückzug von der Hochstandsposition begann.

Nach Karte von SCHLAGINTWEIT (GROVE 1988) waren um 1850 Mitterkar- und Rofenkarferner an ihren maximalen frührezenten Positionen, ebenso Plattei-, Kreuz- und Eisferner. Diese Karlgletscher im Rofental haben parallel zu den großen Talgletschern um 1850 einen frührezenten Hochstand erreicht, der evtl. an einigen schon in einer früheren Phase der frührezenten Hochstandsperiode erreicht oder teilweise sogar leicht überschritten wurde (z.B. Rofenkarferner).

Nach dem letzten frührezenten Hochstand um 1850 folgte nach 1855/60 ein allgemeiner Gletscherrückzug im Rofental, der an Hintereis- und Hochjochferner sich jedoch vergleichsweise langsam vollzog (kontrastierend zum schnellen Rückzug des Vernagtferners). Dieses läßt sich durch die Morphologie der Gletscherzungen und resultierender trägerer Reaktion auf Massenhaushaltsschwankungen erklären (s. 6.2.1). Durch geringe Oberflächenneigung und große Breite kam es wohl zu substantiellen vertikalem Massenverlust, aber nur geringen frontalen Rückzug. So war nach RICHTER (1885) der Hochjochferner 1883 nur 180 m von seiner äußersten frührezenten Moräne entfernt, der Hintereisferner durch starken Massenverlust bei geringem frontalen Rückzug geprägt. 1883 war außerdem die an der Konfluenzstelle der damals vereinigten Hintereis- und Kesselwandferner vorhandene supraglaziale Medialmoräne (*ice-stream interaction model*) deutlich zum Hintereisferner hin verschoben. Daraus läßt sich auf zwischenzeitlich positivere Massenbilanzen am Kesselwandferner schließen.

Nach RICHTER (1888) betrug die Fläche des Hochjochferners 1883 12,43 km^2 (1969: 7,15 km^2) und seine Zunge lag „klar" unter 2400m. Die Position der Zunge während des Vorstoßes um 1850 soll im übrigen nach SONKLAR (zit. RICHTER 1888) 2273 m betragen haben, wobei RICHTER aber anzweifelt, daß die Zunge unter 2300 m geendet haben soll. Der Hintereisferner wies zusammen mit dem Kesselwandferner und zwei isolierten Firnfeldern 1883 eine Fläche von 21,09 km^2 auf (RICHTER 1888; 1969 betrug deren Fläche zusammengerechnet nur knapp 14 km^2). Der Mitterkarferner verfügte zu dieser Zeit bei 2,59 km^2 Fläche über eine auf 2800 m endende Zunge (1942/43: 1,28 km^2), der Rofenkarferner bei 2,08 km² Fläche eine auf 2700 m liegende Gletscherfront (1942/43: 1,34 km² - MORAWETZ 1952). Der dreiteilige Kreuzferner besaß 1883 eine Fläche von zusammen 3,76 km² (1942/43: 2,38 km²), der Eisferner 1,8 km² mit einem spitzen Zungenlappen, der bis auf 2500 m herunterreichte (1942/43: 1,46 km²).

Fig. 31: Rezente Gletscherstandsschwankungskurve (kumulativ) - Mitterkar-, Rofenkar- und Taufkarferner (Datenquellen: BRÜCKNER 1907 ff., KLEBELSBERG 1911 ff., HESS 1916b ff., MEUSBURGER 1916 ff., WIESNER 1921 ff, WOLF 1924a ff., SRBIK 1925 ff., HESS & SRBIK 1929 ff., SCHATZ & SRBIK 1933 ff., KINZL 1968a ff., PATZELT 1979 ff.)

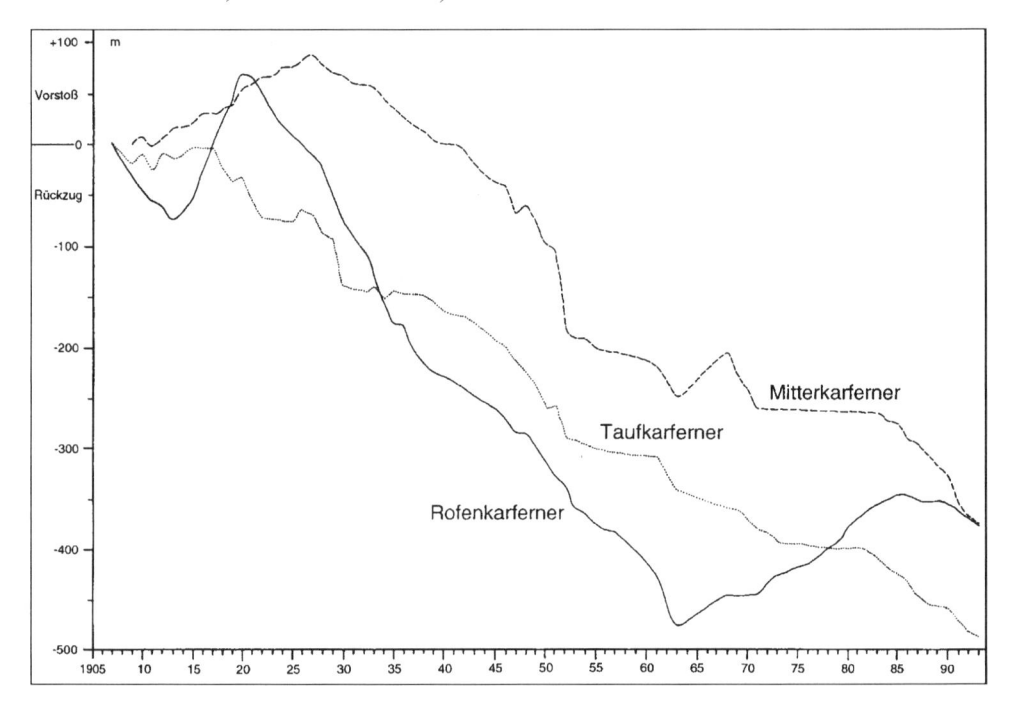

Am Gletschervorstoß in den 1890er Jahren nahmen Hochjoch- und Hintereisferner nicht teil, sondern setzten ihren Rückzug fort. Der kurze, aber starke Vorstoß des Vernagtferners ist damit im Rofental singulär. Der Hintereisferner wies 1914 eine Steigerung der Oberflächengeschwindigkeit auf. Dies kündigte einen Gletschervorstoß an, der 1915 begann und bis 1922/23 andauerte. Der Hintereisferner hatte am Ende des 60 m weiten Vorstoßes nach DRYGALSKI & MACHATSCHEK (1942) eine Größe von 13,8 km² mit einer auf 2300 m endenden Zunge (1992: 8,88 km² Fläche). Der kurz zuvor (1913) vom Hintereisferner abgetrennte Kesselwandferner stieß von 1914 bis 1922 um 130 m vor, reagierte analog zu rezenten Verhältnissen (s.u.) stärker (s.a. HESS 1916b). Einen deutlichen Vorstoß um 1920 gab es auch am Rofenkarferner (1913 bis 1920 mit 141,8 m). Der Mitterkarferner stieß sogar ab 1907/09 bis 1927 mit kurzen Unterbrechungen vor (Nettovorstoß 1907 bis 1927 rd. 80/90 m). Am Taufkarferner wurde in Kontrast dazu nur 1913-16 und 1919/20 ein Vorstoß verzeichnet. Der Hochjochferner zog sich in der gesamten Periode stetig zurück.

Nach dieser Vorstoßperiode herrschte im gesamten Rofental ein allgemeiner Gletscherrückzug vor, der besonders ab 1935 sehr hohe Rückzugswerte erreichte und erst in den 1970er Jahren (bzw. ab Mitte der 1960er Jahre) wieder von Vorstoßtendenzen unterbrochen wurde. Nach PATZELT (1977) ist als

Wendepunkt des starken Gletscherrückzugs Mitte des 20.Jahrhunderts zu leichten Vorstoßtendenzen das schneereiche Jahr 1965 zu sehen, in Verbindung mit einigen Jahren positiver Massenbilanzen (s. 6.2.1).

Fig. 32: Rezente Gletscherstandsschwankungskurve (jährlich) - Mitterkar-, Rofenkar- und Taufkarferner (Datenquellen: vgl. Fig. 31)

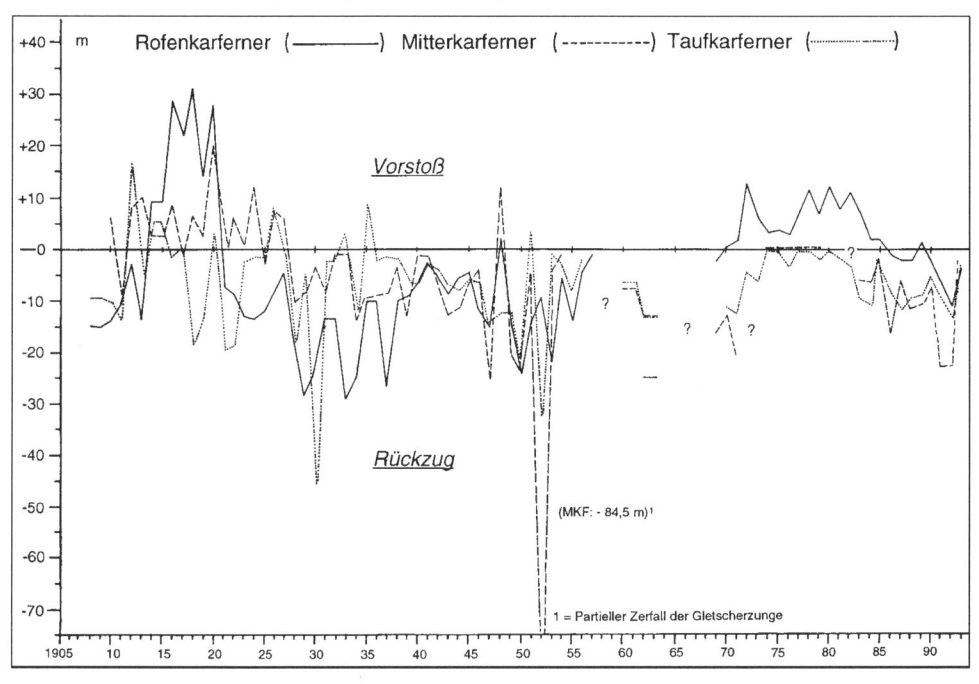

Der auf Massenbilanzschwankungen vergleichsweise schnell und heftig reagierende Kesselwandferner begann 1966 mit einem Gletschervorstoß, der sich bis zu seinem Ende 1985 auf 265,8 m Vorstoßdistanz aufsummierte. Der unmittelbar benachbarte Hintereisferner nahm in Kontrast dazu nicht an diesem Vorstoß teil, sondern setzte, wie auch der Hochjochferner, seinen Rückzug fort, wenngleich geringfügig abgeschwächt. Unter den Kargletschern des Rofentals unternahm wie um 1920 auch der Rofenkarferner (gleichzeitig zum Kesselwandferner) einen mit rd. 130 m als deutlich zu bezeichnenden Vorstoß (von ca. 1964/65 bis 1985). Der Mitterkarferner wies zwar in den 1970er Jahren ein stationäres Verhalten auf, jedoch keinen ausgeprägten Vorstoß, wie im übrigen auch der Taufkarferner.

In den letzten Jahren wurden die Vorstoßtendenzen ausnahmslos von einem Gletscherrückzug abgelöst, der in unterschiedlicher Stärke das aktuelle Gletscherverhalten aller Tal- und Kargletscher des Rofentals prägt. Charakteristisch fällt bei Betrachtung besonders des relativ gut dokumentierten rezenten Gletscherstandsschwankungsverhaltens der Gletscher des Rofentals auf, daß es im Detail erhebliche Unterschiede zwischen den einzelnen Gletschern gab, und dies nicht nur im Vergleich zwischen Tal- und Kargletschern, sondern auch bei unmittelbar benachbarten Gletschern gleichen Typs, gleicher Größe und gleicher Exposition (z.B. Hintereisferner - Kesselwandferner; Rofen-, Mitter- und Taufkarferner). Diese gerade in Hinblick auf die Interpretation der Gletscherstandsschwankungen bezüglich deren Beziehung zu Klimaschwankungen wichtige Tatsache verlangt eine eingehendere Beschäftigung mit den lokalen glaziologischen Faktoren der Gletscher (s. 6.2), denn beim begrenzten Untersuchungsgebiet sind regionale Klimaunterschiede weitgehend auszuschließen.

Fig. 33: Rezente Gletscherstandsschwankungskurve (kumulativ) - Hintereis-, Hochjoch- und Kesselwandferner (Datenquellen: vgl. Fig. 29)

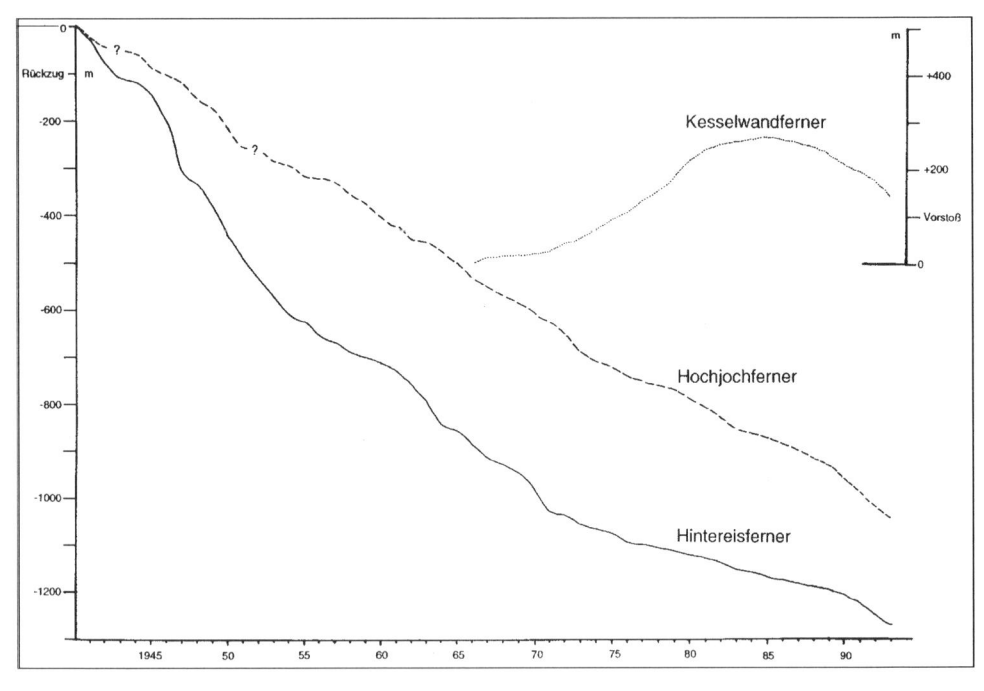

Fig. 34: Rezente Gletscherstandsschwankungskurve (jährlich) - Hintereis-, Hochjoch- und Kesselwandferner (Datenquellen: vgl. Fig. 29)

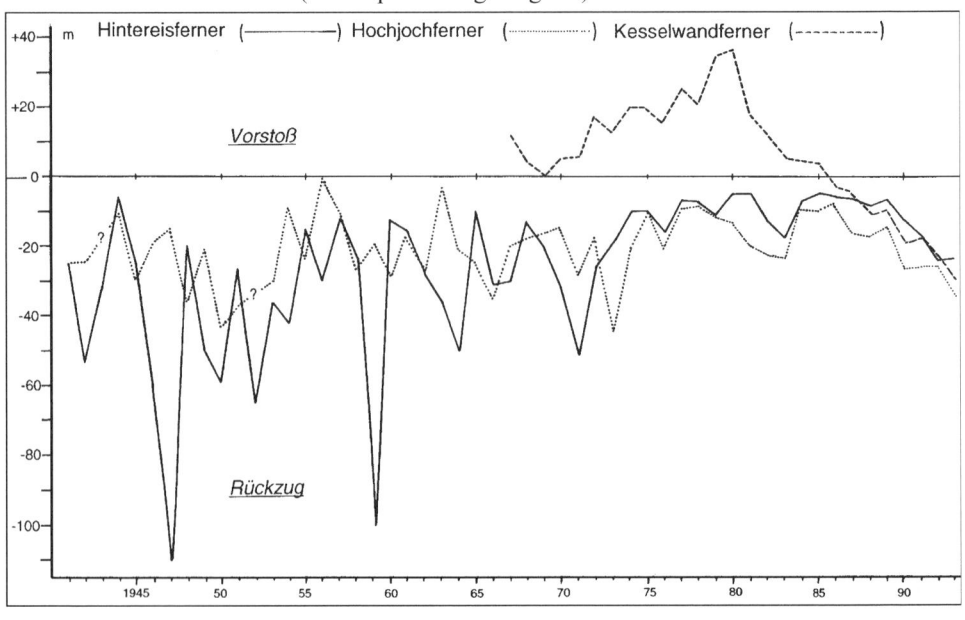

5.2.3 Ötztaler Alpen

Im Gegensatz zu den Westalpen (s.u.) gibt es in den Ötztaler Alpen bzw. generell im Ostalpenraum weniger Belege für mittelalterliche Gletscherhochstände. Allerdings ist es n. FLIRI (1975) und neuesten Ergebnissen z.B. vom Gurgler Ferner (PATZELT 1990b) als durchaus wahrscheinlich anzusehen, daß auch in den Ötztaler Alpen mittelalterliche, prä-frührezente Gletschervorstöße aufgetreten sind. Ein NBP-Maximum am Beginn des 16.Jahrhunderts (BORTENSCHLAGER 1972) dürfte nach Ansicht des Verfassers anthropogene Ursachen haben. Allgemein ist die Waldgrenzabsenkung während der frührezenten Hochstandsphase nach den Ergebnisssen z.B. von MESSERLI ET AL. (1978) mehr anthropogenen als klimatischen Ursachen zuzuschreiben und entzieht sich daher einer Interpretation bezüglich Änderungen des Klimas.

Das noch von KLEBELSBERG (1948/49) dargestellte frührezente Vorstoßmuster der Alpengletscher mit einem „ersten" großen Gletschervorstoß von 1600 und zwei nachfolgenden Vorstößen in der Endphase der Hochstandsperiode 1818-22 bzw. 1844-56 bei gleichzeitig noch fehlenden Belegen für mittelalterliche Gletscherhochstände muß heute revidiert werden, für das Rofental ebenso wie für die Ötztaler Alpen bzw. den gesamten West- und Ostalpenraum. Neben der Ausweisung prä-frührezenter Vorstöße ist man inzwischen auch in der Lage, ein differenzierteres Bild zahlreicher Vorstoßereignisse innerhalb der frührezenten Hochstandsphase zu geben. Da sich hierbei regional bzw. intraregional (sogar innerhalb einzelner Talzüge, s.o.) erhebliche Unterschiede zeigen, entsteht ein sehr viel komplexeres Bild vom Ablauf der frührezenten Gletschervorstöße an den Alpengletschern, als es o.e. Modell dreier Hochstände um 1600, 1820 bzw. 1850 zu beschreiben vermag.

Belege für mittelalterliche Gletschervorstöße sind in den Ötztaler Alpen bislang nur vom Gurgler Ferner bei Obergurgl bekannt, obgleich solche auch an anderen Gletschern vermutet werden (Rofenkarferner, s. 7.3.4). Mit Ausnahme des Vernagtferners liegen zwar keine direkten Berichte über Gletscherhochstände um 1600 vor, das von GROVE (1988) erwähnte Flutereignis im Ötztal, welches auf einen Ausbruch des Eisstausees des Gurgler Ferners (Gurgler Eisstausee, der das Langtal bzw. den Schmelzwasserabfluß des Langtaler Ferners blockierte) und damit auf einen Hochstand hindeutet, wird durch Untersuchungen von PATZELT (1990b) bestätigt. Der Gurgler Eisstausee soll dabei die Größe des Sees von 1856 aufgewiesen haben. Der Schluß auf einen allgemeinen Hochstand der Gletscher der Ötztaler Alpen um 1600 ist allerdings nur bedingt zu akzeptieren, u.a. angesichts der Verhältnisse im Rofental (s.o.).

Nach dem Vorstoß um 1600 hat vermutlich ein allgemeiner Gletscherrückzug eingesetzt. Hinweise auf einen zwischenzeitlichen Gletschervorstoß um 1640 (der z.B. in der Mont Blanc-Region aufgetreten ist, s.u.) gibt es aus Ötztaler Alpen (wie den gesamten Ostalpen) nicht. Der Vorstoß um 1680 ist zwar an Vernagt- und Hochjochferner belegt, wiederum fehlen aber konkrete Belege aus anderen Tälern der Ötztaler Alpen (auch vom Gurgler Ferner).

Zwischen 1680 und 1740 wurden im Ostalpenraum relativ milde Winter und warme Sommer verzeichnet (FLIRI 1975). In diese Periode fällt jedoch ein Vorstoß des Gurgler Ferners um 1720 (1717 - 1724). Vom Vorstoß des Gurgler Ferners wird zuerst aus den frühen 1710er Jahren berichtet, wobei der Gletscher 1716 die Mündung des Langtals erreichte und sich o.e. Gurgler Eisstausee zu bilden begann, der 1717 erstmalig wieder erwähnt wird (RICHTER 1888). Im Gegensatz zum Vernagtferner, von dem keine Erkenntnisse über einen eventuellen gleichzeitigen Hochstand vorliegen, waren die bis mindestens 1724 stattfindenden Seeausbrüche nicht von katastrophalen Ausmaßen. Um 1740 soll einem Bericht zufolge der Gurgler Eisstausee immer noch bestanden haben, womit der Gurgler Ferner bis 1740 annähernd eine Hochstandsposition eingenommen haben muß. Da Belege über gleichzeitige Vorstöße anderer Ötztaler Gletscher fehlen, darf aus diesem Hochstand des Gurgler Ferners noch nicht auf einen allgemeinen Gletschervorstoß geschlossen werden.

Die Ötztalgletscher befanden sich um 1750 sämtlich im Rückzug, bevor in den 1760er Jahren verschiedene Flutkatastrophen als Vorboten einer erneuten Verschlechterung des Klimas und erneuter

Gletschervorstöße auftraten (GROVE 1988). In etwa zeitgleich mit den großen Talgletschern des Rofentals (Hintereisferner, Hochjochferner und Vernagtferner) wies der Gurgler Ferner um 1770/1780 einen Hochstand auf (RICHTER 1888, GROVE 1988, PATZELT 1990b). Der Latschferner bei Vent unternahm einen Vorstoß um 1772 und erreichte dabei mindestens die Ausdehnung von 1850. Insgesamt erscheint der Vorstoß um 1770 in den Ötztaler Alpen bedeutender als der um 1680 und evtl. auch um 1600 gewesen zu sein (sowie sicherlich als der von 1720). Zahlreiche Gletscher erreichten zumindest annähernd ihr frührezentes Maximum.

1846 war der Gurgler Ferner im Wachstum begriffen und nahm wie beinahe alle Gletscher der Ötztaler Alpen, wo der 1820er Gletschervorstoß nicht so deutlich wie in anderen Alpenregionen (s.u.) ausgeprägt war, um 1850 (1856 Ende des Vorstoßes) eine weitere frührezente Maximalposition ein (RICHTER 1888). Eine Ausnahme stellt lediglich der Langtauferer Ferner (direkt westlich des Rofentals gelegen) dar, der um 1816 einen Vorstoß begann, welcher erst 1831, d.h. vergleichsweise spät, kulminierte. Um 1840 stieß der Gletscher dann erneut bis gegen 1860 vor (RICHTER 1888). Der Diemferner erreichte 1848 sein Maximum, während 1856 ähnlich wie Hintereis- und Hochjochferner sowohl Schalf- und Marzellferner (Niedertal; während der frührezenten Vorstöße eine gemeinsame Gletscherzunge ausbildend) als auch Langtauferer Ferner noch im Vorstoß begriffen waren. 1860 befand sich der Gurgler Ferner noch annähernd im Maximalstand und der Rotmoosferner stieß wie andere Gletscher in den Ötztaler Alpen auch 1860 noch vor. Nach RICHTER unternahm der Niederjochferner 1854-56 einen bedeutenden Vorstoß, nachdem er zuvor um 1845 über die 1770er Position vorgestoßen war.

Eine Zweiteilung des 1850er Vorstoßes kann an Hintereis-, Hochjoch-, Schalf-/Marzell- und Niederjochferner als gesichert gelten. Der Gepatschferner (Kaunertal) befand sich 1856 rd. 38-46 m von seiner äußersten Endmoräne des 1850er Hochstandes entfernt (RICHTER 1888). Während der Vernagtferner bald nach seinem Hochstand 1845-48 einen starken Rückzug aufwies, berichtet RICHTER vom Niederjochferner 1883 eine Distanz von nur 180 m zur Endmoräne des 1850er Hochstands, vom Schalf-/Marzellferner gar nur 73 m. Dies sind verglichen mit den 880 m am Vernagtferner geringe Werte, was darauf hindeutet, daß der Rückzug nach dem 1850er Hochstand zunächst langsam einsetzte. Die besondere orographische Position der weit hinab vorgestoßenen Gletscherzunge des Vernagtferners ist für das Zustandekommen der vergleichsweise hohen Rückzugsbeträge verantwortlich zu machen. Gleichwohl betont RICHTER ein starkes vertikales Einsinken der Gletscherzungen, das mittelfristig auch an den anderen Gletschern zu stärkeren Rückzügen führte. Der Mittelbergferner (Pitztal) war so 1856 (kurz nach seinem Hochstand) nur 8-9 m von der äußersten Moräne entfernt, 1883 aber schon 880 m. Der Taschachferner wies 1883 eine Entfernung zur äußersten Moräne (1850er Stand) von 490 m auf (RICHTER 1888). Es gibt in den Ötztaler Alpen somit ein differenziertes Bild über die Geschwindigkeiten des Rückzugs nach 1850.

Verglichen mit Westalpen (und Vernagtferner) waren die Gletschervorstöße Ende des 19.Jahrhunderts in den Ötztaler Alpen unbedeutend. Neben Langtauferer Ferner (1893-95), Weißseeferner (1894-99; Kaunertal) und Gaisbergferner (1895-1898) stieß der Diemferner (vor 1901 bis nach 1903) kurzfristig vor. Am Gepatschferner, wie den meisten anderen größeren Gletschern, trat dieser Vorstoß überhaupt nicht auf (DRYGALSKI & MACHTSCHEK 1942).

In der Periode der Gletschervorstöße in der ersten Hälfte des 20.Jahrhunderts war wie kleinräumig im Rofental in den gesamten Ötztaler Alpen kein einheitliches Gletscherverhalten festzustellen. Der Spiegelferner stieß so z.B. von 1913 (mit kurzen Unterbrechungen) bis gegen 1926 vor, der Rotmoosferner (ebenfalls mit Unterbrechungen) von 1914 bis 1921. Während der Diemferner zwischen 1917 und 1928 in Kontrast dazu nur in 6 Meßjahren vorgestoßen war, zogen sich Marzellferner, Schalfferner (bis in die 1920er Jahre noch mit der Marzellferner vereint) und Langtaler Ferner ohne nennenswerte Unterbrechung oder Verzögerung zurück. Der Niederjochferner wies in der gesamten ersten Hälfte des 20.Jahrhunderts nur zwei Jahre mit Vorstoßtendenzen auf, zog sich ansonsten ebenfalls beständig zurück. Während kleinere Kar- und Talgletscher eher am Gletschervorstoß um 1920 teilnamen, zogen sich

Fig. 35: Rezente Gletscherstandsschwankungskurve (kumulativ) - Langtaler, Rotmoos- und Spiegelferner (Datenquellen: vgl. Fig. 31)

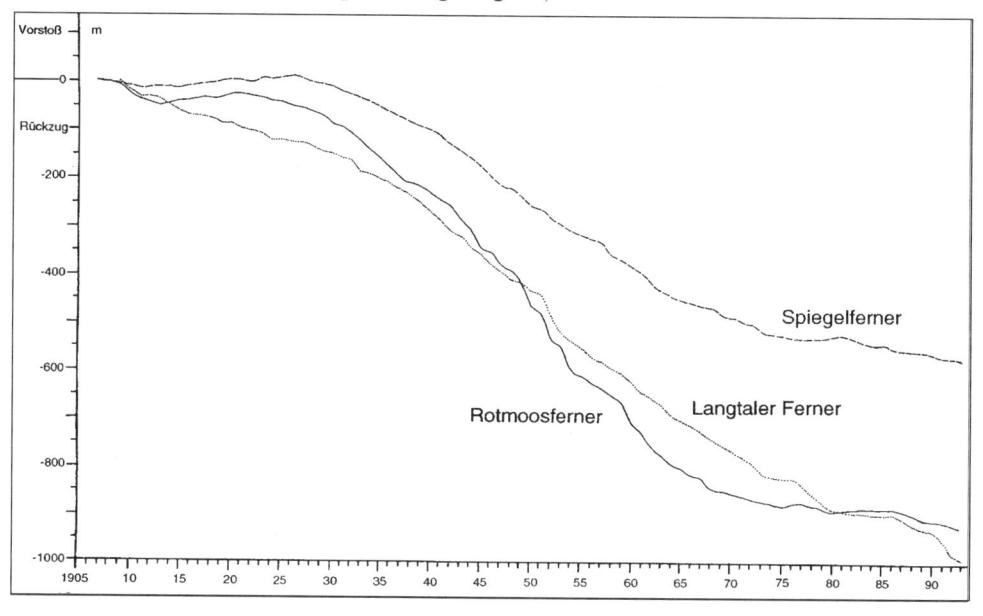

Fig. 36: Rezente Gletscherstandsschwankungskurve (kumulativ) - Diem-, Marzell-, Niederjoch und Schalfferner (Datenquellen: vgl. Fig. 31)

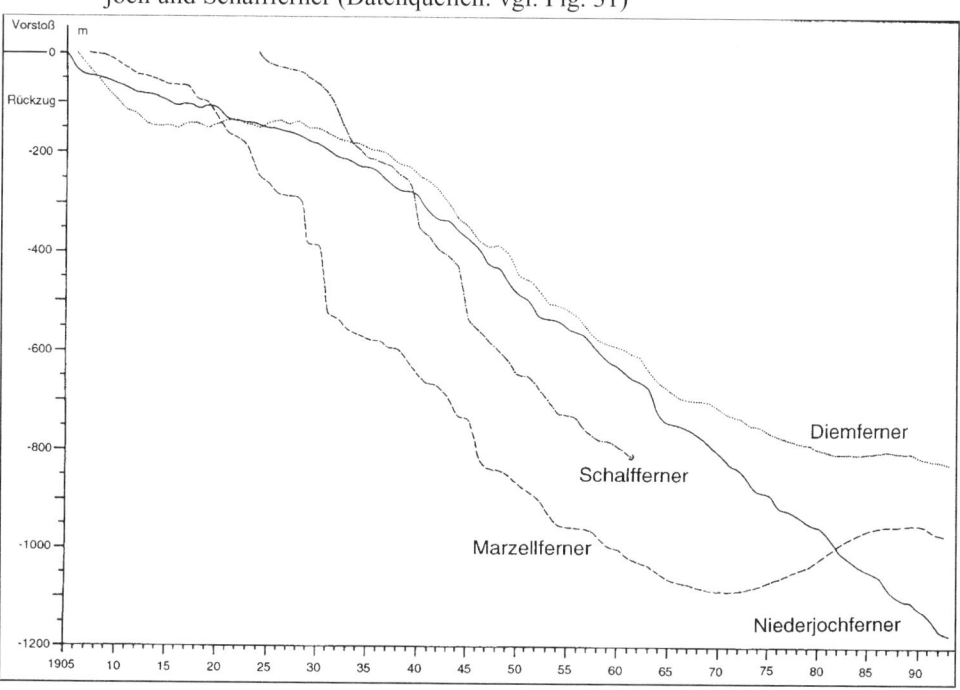

größere Talgletscher aufgrund langer Reaktionszeit oftmals in den 1920er Jahren beständig zurück.

Das Muster des frührezenten Gletscherverhaltens in den Ötztaler Alpen unterscheidet sich nicht wesentlich von den Grundzügen des Verhaltens im Rofental. In den gesamten Ötztaler Alpen zogen sich die Gletscher von 1930 bis 1960 praktisch ausnahmslos zurück, manche Gletscher sogar mit enorm hohen jährlichen Rückzugsbeträgen bis zu 100 m (z.gr.T. verursacht durch lokale orographische Besonderheiten). Auch während der aktuellen Vorstoßphase in den 1970er bzw. Anfang der 1980er Jahre zeigten die Gletscher der Ötztaler Alpen ein differenziertes Verhaltensmuster. Der Gurgler Ferner als großer Talgletscher zog sich z.B. (soweit nicht orographische Besonderheiten die jährlichen Messungen verhinderten) über die gesamte Zeitspanne seit Ende der 1930er Jahre bis heute zurück. Der Diemferner stieß lediglich von 1982 bis 1987 um weniger als 10 Meter vor und am Langtaler Ferner wurde nur 1982/83 ein Vorstoß registriert. Der Marzellferner stieß in Kontrast dazu von 1972 bis 1988 vor (um immerhin rd. 127 m), der benachbarte Schallferner zog sich dagegen über die gesamte Periode weiter zurück, ebenso der ebenfalls im Niedertal gelegene Niederjochferner. Am Rotmoosferner wurde nur 1979-81 und 1982/83 bzw. 1985/86 ein Vorstoß verzeichnet. Ähnliches gilt für den Spiegelferner, der 1978-81 bzw. 1984/85 vorstieß.

Fig. 37: Rezente Gletscherstandsschwankungskurve (kumulativ) - Gepatsch-, Mittelberg-, Taschach- und Weißseeferner (Datenquellen: KLEBELSBERG 1949 ff., KINZL 1968a ff., PATZELT 1979 ff.)

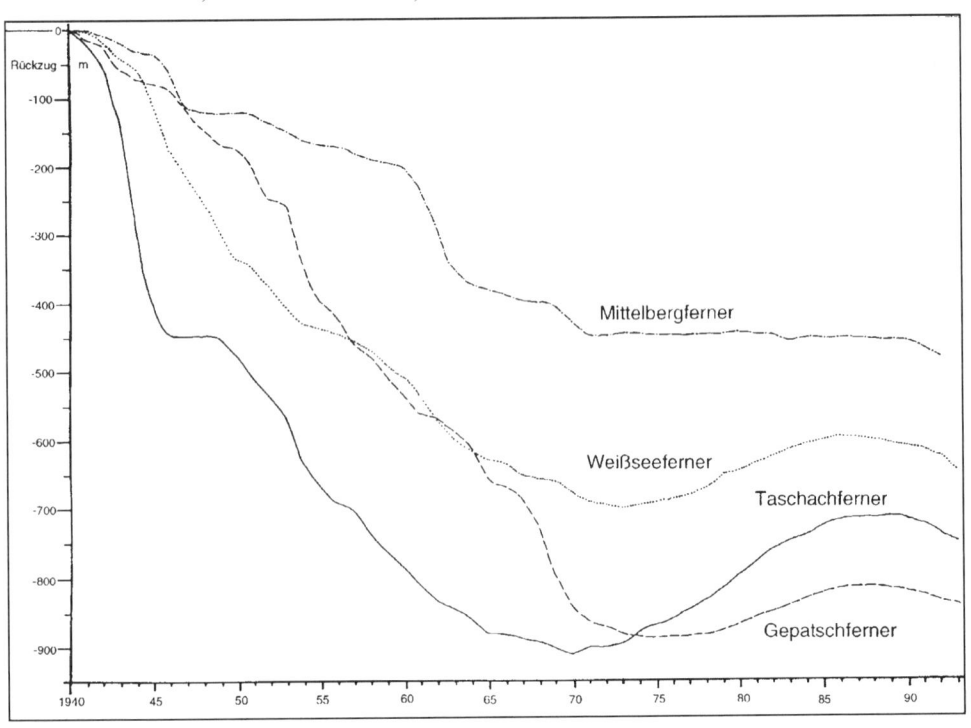

Interessant ist das Verhalten der größeren Gletscher direkt nördlich des Weißkamms im Pitz- bzw. Kaunertal (s. Fig. 37). Der mit 17,78 km^2 (1969) zweitgrößte Ostalpengletscher, der Gepatschferner, begann 1976 mit einem Vorstoß, der bis 1988 andauerte. Der Taschachferner stieß von 1971 bis 1987 vor (um rd. 200 m), der Weißseeferner 1973 bis 1986 und der Mittelbergferner (allerdings mit zahlreichen Unterbrechungen, so daß eher von einem Stillstand gesprochen werden muß) von 1971 bis 1986.

5.2.4 Ostalpen

Der größte Ostalpengletscher, das Pasterzenkees (Glocknergruppe/Hohe Tauern), erreichte einen ersten frührezenten Hochstand um 1620, d.h. etwas später als die anderen Ostalpengletscher. Dieses läßt sich mit der längeren Reaktionszeit aufgrund der Größe des Gletschers erklären. Ein zweiter Hochstand um 1856 erreichte ungefähr die gleiche Ausdehnung, wobei ein zwischengeschalteter Vorstoß 1780/90 deutlich geringer ausfiel (PATZELT 1969). Während einige kleinere Gletscher der Glocknergruppe um 1890, 1900 und 1920 schwache Vorstöße unternahmen bzw. stationär blieben, zog sich das Pasterzenkees kontinuierlich zurück, ebenfalls ein Resultat der durch die lange Reaktionszeit nur „trägen" Reaktion. Eine deutliche Verlangsamung des Rückzugs wurde 1920 - 1925 festgestellt, 1934/35 sogar ein Vorstoß von 3,2 m. Daß der Rückzug von 1924 bis 1964 um nur 400 m verglichen zur Länge des Gletschers gering blieb, ist allerdings durch regionale orographische Besonderheiten zu erklären (PASCHINGER 1969, TOLLNER 1969).

Mittelalterliche Gletschervorstöße sind an verschiedenen Stellen der Ostalpen nachgewiesen worden. Neben Vorstößen im 12./13. bzw. 15.Jahrhundert in den Hohen Tauern und der Venedigergruppe (deren Moränen allerdings während der frührezenten Vorstöße überfahren wurden - PATZELT 1973), konnte FRAEDRICH (1979) in der Ferwallgruppe (Vorarlberg) um 1347 am Fiescher Ferner einen größeren Gletscherstand als rezent nachweisen. In der Ferwallgruppe sind dagegen nur wenige „1600er" Moränen erhalten, d.h. die maximalen frührezenten Gletschervorstöße erfolgten später, im 19.Jahrhundert. Im Gegensatz dazu stieß der Grünauferner (Stubaier Alpen) nach METZ & NOLZEN (1973) 1600 weiter vor als beim späteren Maximum um 1850. Auch am Fernauferner (Stubaier Alpen - HEUBERGER & BESCHEL 1958) war der 1600er Vorstoß größer. Dies führte dann im übrigen zur Einführung des Fernauferners als Typlokalität für diesen Hochstand (KINZL 1949; vgl. 5.1.1). Allgemein finden sich in den Stubaier Alpen wie der Venedigergruppe viele frührezente Moränenwälle, die während des Vorstoßes um 1600 gebildet wurden. Dieser muß daher als einer der frührezenten Hauptvorstöße im Ostalpenraum bezeichnet werden.

Parallel zu den maximalen frührezenten Hochständen der großen Talgletscher des Rofentals (s.o.) konnte am Grünauferner ein Vorstoß um 1770 ausgewiesen werden (METZ & NOLZEN 1973). HEUBERGER & BESCHEL (1958) vermuten auch eine Teilnahme des Sulzenauferners und anderer Gletscher der Stubaier Alpen an diesem Vorstoß. Am Ferwall- und Fiescher Ferner ereigneten sich Vorstöße im letzten Drittel des 18.Jahrhunderts, wobei ein ähnlich großer Stand wie 1850 zu verzeichnen war (FRAEDRICH 1979; s.a. RICHTER 1888). Nach FLIRI (1975) gab es zwischen 1760 und dem Beginn des 19.Jahrhunderts zwar auch außerordentlich heiße Sommer, aber im ganzen gesehen eher eine Tendenz zur erneuten Verschlechterung, u.a. resultierend im oben erwähnten Vorstoß.

Die folgenden großen Vorstöße Anfang und Mitte des 19.Jahrhunderts waren mit z.T. kurzzeitig stark abgesunkenen Temperaturen v.a. im Sommer (nicht selten verbunden mit überdurchschnittlichen Niederschlägen) und verstärkter Kontinentalität verbunden (Kontinentalitätsmaximum 1801-30 - FLIRI 1975). Der Vorstoß um 1820 läßt sich dabei gut auf eine Reihe extrem kalter Sommer von 1812-17 zurückführen (PFISTER 1984). Nach RICHTER (1888) war in den Ostalpen der Vorstoß um 1820 ungefähr von gleicher Dimension wie der um 1850, wobei an den Gletschern unterschiedlich einer der beiden Vorstöße deutlich kräftiger als der andere gewesen sein konnte. In den Ötztaler Alpen war der Vorstoß von 1850 deutlich größer als der um 1820, ähnliches gilt für die Venedigergruppe (PATZELT 1972). Dagegen war in Stubaier Alpen, Silvretta- und Ortlergruppe sowie auf der Südseite der Hohen Tauern der Vorstoß von 1820 bedeutender. Während der 1820er Vorstöße weist im übrigen der Suldenferner (Ortlergruppe) ein etwas aus der Reihe fallendes Vorstoßverhalten auf, das mit den ungewöhnlich schnellen frührezenten Vorstößen des Vernagtferners verglichen werden kann und ebenfalls z.gr.T. orographisch bedingt war (HÖLLERMANN 1958). Nach ersten Vorstoßtendenzen um 1815 (RICHTER 1888) hielt der Vorstoß bis 1818 an und betrug mehr als 1 km. Von April 1817 bis zum Frühjahr 1818 bewegte sich die Gletscherstirn dabei mit 3-4 m pro Tag (HÖLLERMANN 1958). 1819 erreichte der Suldenferner nur noch eine jährliche Vorstoßrate von 23 m und der Vorstoß kulminierte. Der Alpeinerferner (Stubaier Alpen) erreichte ein Maximum 1825 (RICHTER 1888), wobei an vielen Gletschern der Rückzug zwischen diesem Vorstoß und dem folgenden 1850er Vorstoß nur unbedeutend gewesen ist. D.h., daß um 1820 zwar viele Ostalpengletscher vorstießen, in zahlreichen Regionen dieser Hochstand höchstens gleichgroß oder sogar kleiner als der um 1850 folgende war. Daher betont z.B. GROVE (1988), daß der Vorstoß um 1820 in den Ostalpen deutlich schwächer als z.B. in der Mont Blanc-Gruppe bzw. den Westalpen gewesen ist.

Der Vorstoß Mitte des 19.Jahrhunderts („1850er Vorstoß") war einer der größten frührezenten Hochstände und an nahezu allen Ostalpengletschern wurden Positionen erreicht, die entweder die maximalen Positionen während der frührezenten Hochstände darstellten oder sie zumindest annähernd erreichten. Bei der Dimension dieses Vorstoßes hat eine große Rolle gespielt, daß die Gletscher sich seit 1820 nur unwesentlich zurückgezogen hatten. Die Reaktionszeit spielte bei der Ausprägung der Vorstöße eine Rolle, denn z.B. in der Ferwallgruppe nahmen die reaktionsschnellen Kargletscher 1817/18 und 1850 ungefähr gleiche Eisrandpositionen ein, während die größeren Talgletscher nur gegen 1850 deutlich größere Ausdehnung besaßen (FRAEDRICH 1979). Nach DRYGALSKI & MACHTSCHEK (1942) soll der Vorstoß an den Ostalpengletschern bereits um 1835 begonnen haben. Wenn am Suldenferner während des 1850er Vorstoßes das Maximum von 1819 nicht annähernd erreicht wurde, muß dies als Besonderheit im Ostalpenraum angesehen werden (HÖLLERMANN 1958). Der Suldenferner zeigte im übrigen bei diesem Vorstoß im Sommer 1856 mit 2 m/d wieder hohe Vorstoßgeschwindigkeiten.

Nach dem Hochstand von 1850/55 zogen sich die Ostalpengletscher allgemein zurück, wenn auch mit unterschiedlicher Intensität. Im letzten Abschnitt des 19.Jahrhunderts kam es in Ost- wie Westalpen zu einem kurzen Wiedervorstoß, der in den Westalpen ab 1875 einsetzte, in den Ostalpen erst ab 1885/90 mit Verzögerung festgestellt wurde. Eine solche Verzögerung ist bei den vorhergegangenen großen frührezenten Gletschervorstößen 1600, 1820 und 1850 nicht aufgetreten. Man darf spekulieren, daß aufgrund dieser Tatsache von etwas differenter klimatischer Induktion des Vorstoßes ausgegangen werden muß, evtl. verursacht durch den maritim-kontinentalen Formenwandel im W-E-Profil der Alpen.

Am Suldenferner gab es 1886 bis 1903 einen sukzessiven Vorstoß (RICHTER 1888), ein kleiner Stillstand in der Ferwallgruppe wurde um 1890 verzeichnet (FRAEDRICH 1979). Der Sulzenauferner lagerte um 1890 eine Moräne im Zuge eines Stillstands/Wiedervorstoßes ab (HEUBERGER & BESCHEL 1958), während an anderen Gletschern der Stubaier Alpen evtl. aufgetretene Moränen dieses Vorstoßes während der 1920er Vorstöße später wieder überfahren wurden (z.B. am Fernau-, Schaufel- und Daunkogelferner). Der Fernauferner stieß während dieser Vorstoßperiode zweimal kurz vor, Sulzenau- und Daunkogelferner erreichten die Maximalstände dieses Vorstoßes um 1896, nachdem sie sich noch 1891/92 im Rückzug befunden hatten (DRYGALSKI & MACHATSCHEK 1942).

Einen weiterer sukzessiver Vorstoß ereignete sich um 1920. In den Stubaier Alpen war an fast allen Gletschern um 1920 ein Vorstoß festzustellen. Während noch 1905-12 87% aller Ostalpengletscher sich im Rückzugs befanden, stießen bereits 1916 wieder 42 % von ihnen vor. 1920 stießen als Maximalwert ca. 75 % aller Ostalpengletscher vor. In der Venedigergruppe waren 1915-21 und 1927 z.B. nahezu alle Gletscher im Vorstoß. Wie im Rofental wurde der Vorstoß v.a. an reaktionsschnellen, kleineren Gletschern festgestellt, während die nicht partizipierenden Gletscher vielfach durch ihre Größe eine lange Reaktionszeit aufweisen und keinen deutlichen Vorstoß unternahmen.

In den Ostalpen setzte nach 1928 ein starker Gletscherrückzug ein, der in den 1930er, 1940er und 1950er Jahren zu enormen Rückzugswerten führte. Erst in den 1970er Jahren gab es wieder an zahlreichen Ostalpengletschern Vorstoßtendenzen, nachdem seit Mitte der 1960er Jahre bereits verstärkt positive Massenhaushaltsjahre festgestellt worden waren (s.a. FINSTERWALDER & RENTSCH 1976,1980). 1974 waren erstmals wieder mehr als 50 % aller Ostalpengletscher im Vorstoß, 1980 sogar 75 %. Kurz danach nahm die Zahl der vorstoßenden Gletscher aber wieder ab (1984 nur noch 35 % - PATZELT 1985) und derzeit herrschen ostalpenweit Rückzugstendenzen vor (PATZELT 1986 ff.).

Fig. 38: Vergleich der Anteile vorstoßender (gerastert), stationärer (schwarz) und sich zurückziehender Gletscher (weiß) während des 20.Jahrhunderts zwischen Österreich und Schweiz (leicht modifiziert n. PATZELT 1985)

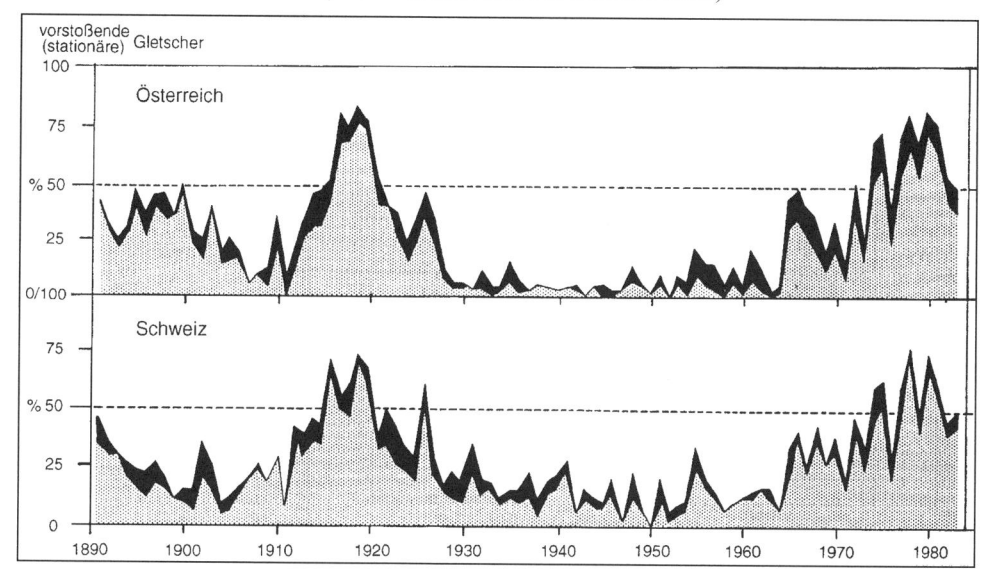

5.2.5 Westalpen

Verglichen mit den Ostalpen gibt es in den Westalpen zahlreichere Belege für mittelalterliche Gletscherhochstände. Z.T. ist dies sicherlich methodisch beeinflußt, evtl. war aber die Ausdehnung dieser Vorstöße im Westalpenraum größer. In den Westalpen hat es vermutlich um 1350 oder etwas später einen Gletscherhochstand gegeben (HOLZHAUSER 1987, ZUMBÜHL & HOLZHAUSER 1988). Der zu den frührezenten Gletscherhochständen führende Hauptimpuls soll nach HOLZHAUSER (1987) bereits im 13.Jahrhundert „gelegt" worden sein. Die Gletscher sollen nachfolgend nicht mehr die aktuellen Gletscherausdehnungen unterschritten haben. Dies erscheint durchaus zutreffend, denn nur so wären sie auch in der Lage gewesen, schon während der ersten Phase der frührezenten Vorstöße ihre maximale Ausdehnung zu erreichen (s.u.). Mittelalterliche Vorstöße sind u.a. von Großem Aletschgletscher (vgl. 4.2), beiden Grindelwaldgletschern (zwischen 1146 und 1246/47), Allalingletscher (1320-30), Steingletscher (um 1200 oder früher), Schwarzberggletscher (1150, 1330 und 1450), Rhônegletscher (um 1350 oder etwas später) und aus dem Mont Blanc-Gebiet (s. 4.2) bekannt.

Die nachfolgende Periode geringerer Gletscherstände kann nicht genau abgeschätzt werden, doch dürften sie zumindest nicht wesentlich geringer als die rezenten Gletscherstände gewesen sein. Als Folge einer deutlichen Klimaverschlechterung im letzten Drittel des 16.Jahrhunderts (s. 6.5) fand um 1600 der erste bedeutende frührezente Gletschervorstoß statt, der an zahlreichen Gletschern der Westalpen zugleich der maximale Vorstoß während der frührezenten Gletscherhochstandsphase war und z.T ungewöhnlich lange anhielt. Zuvor soll allerdings der Untere Grindelwaldgletscher nach ZUMBÜHL (1980) um 1535 bereits in der Nähe des Talbodens geendet, sich aber anschließend rasch wieder zurückgezogen haben. Dennoch hatte dieser Gletscher, wie vermutlich auch andere westalpine Gletscher, bei Einsetzen der Klimaverschlechterung Ende des 16.Jahrhunderts mit großer Wahrscheinlichkeit eine größere Ausdehnung als rezent. Anders wäre auch das Erreichen eines Maximalstands bereits während des ersten frührezenten Gletschervorstoßes nur ungenügend zu erklären.

Die Vorstoßphase dauerte am Oberen Grindelwaldgletscher von ca. 1593 bis 1600 und der erreichte Maximalstand hielt ungewöhnlich lange an, denn bis um 1640 verblieben die beiden Grindelwaldgletscher annähernd stationär nahe der Maximalausdehnung (MESSERLI ET AL. 1976, 1978, ZUMBÜHL 1980; s. Fig. 39). Neben den Grindelwaldgletschern erreichte auch der Rhônegletscher während des 1600er Vorstoßes (1602) seine maximale frührezente Ausdehnung (FURRER, GAMPER-SCHOLLENBERGER & SUTER 1980). An zahlreichen anderen Gletschern hielt dieser Hochstand lange an bzw. sukzessive Vorstöße folgten ihm unmittelbar. Der Allalingletscher wies 1620 bis 1650 eine Hochstandsposition auf (BIRCHER 1982). Besonders ausgeprägt war der langanhaltende Hochstand im Mont Blanc-Gebiet (GROVE 1988). Dort ereignete sich nach dem Vorstoß zu Beginn des 17. Jahrhunderts (nach deutlichem Anwachsen der Gletscher ab 1580) ein kurzer Stillstand vor Fortsetzung des Gletschervorstoßes, so daß zahlreiche Mont Blanc-Gletscher 1643/44 größer als 1600 waren (z.B. Glacier d'Argentière, Glacier du Tour, Glacier des Bossons und Glacier de Bois/Gletscherzunge des Mer de Glace - GROVE 1966, 1988, WETTER 1987). O.e. zwischengeschalteter Rückzug/Stillstand fand am Glacier de Bois zwischen 1610 und 1628 statt, der anschließend 1643/44 seine maximale frührezente Position erreichte. Generell ist der um 1643-45 kulminierende Vorstoß als Fortsetzung des Vorstoßes von 1600-1610 zu bezeichnen (BLESS 1984, WETTER 1987). Glacier des Bois und Glacier des Bossons waren um 1670 - 1680 erneut annähernd in Hochstandsposition.

Fig. 39: Frührezente Gletscherstandsschwankungskurve (durchgezogen maximal, gestrichelt minimal mögliche Gletscherposition) - Unterer Grindelwaldgletscher (leicht modifiziert n. MESSERLI ET AL. 1978, ZUMBÜHL 1980 etc.)

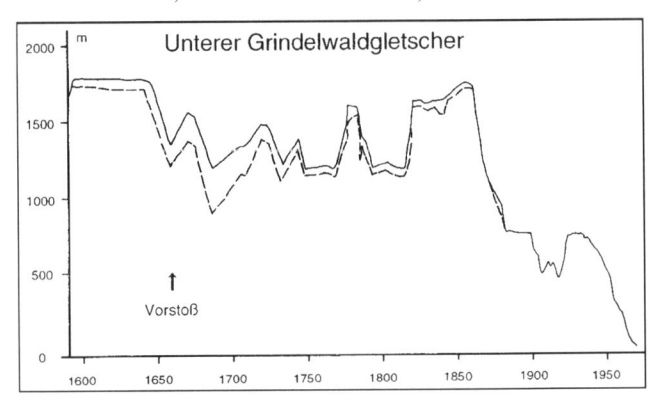

Einen deutlichen Hochstand um 1600 erreichte der Steingletscher (KING 1974). In der Err-Julier Gruppe fand ein bedeutender Vorstoß 1600-40 statt (SUTER 1981). Der Schwarzberggletscher erreichte 1620-50, d.h. ebenfalls relativ spät, eine Hochstandsposition (BIRCHER 1982). Am Großen Aletschgletscher weist HOLZHAUSER (1984) einen Vorstoß um 1588 aus (über die Gletscherposition von 1920 hinaus), gefolgt von einem weiteren Vorstoß um 1600 (der die 1880er Ausdehnung des Gletschers erreichte). Den maximalen Gletscherhochstand während der frührezenten Gletscherhochstandsphase wies der Große Aletschgletscher erst um 1653 auf. Dies für west- wie ostalpine Gletscher relativ späte Datum erklärt sich aus der großen Reaktionszeit des größten Alpengletschers. Allerdings erreichte beinahe gleichzeitig auch der Fieschergletscher um 1652 einen Hochstand, gleichfalls von größter frührezenter Ausdehnung.

Nach RICHTER (1888) begann der 1600er Vorstoß in den Westalpen 1591/92 und einige kleinere Gletscher erreichten noch vor 1600 ihren Hochstand (Rutorgletscher: 1594; Getrózgletscher: um 1595). Im Vergleich zu den Ostalpen ist festzuhalten, daß nach einem Hochstand um 1600 nur eine kurze Stillstandsphase (ca. 1610-30) folgte, bevor die sich noch immer in weit vorgeschobener Position befindenden Gletscher erneut vorstießen und besonders in der Mont Blanc-Region vielfach ihre maximalen frührezenten Ausdehnungen erreichten. Diese Zweiteilung und lange Dauer des ersten frührezenten Gletschervorstoßes ist in den Ostalpen nach allen bisherigen Untersuchungen nicht aufgetreten. Vermutlich war die Klimaschwankung im maritimeren Westalpenraum gletschergünstiger bzw. wirksamer (s. 6.5).

Nach dem Hochstand in der ersten Hälfte des 17.Jahrhunderts folgte eine Rückzugsphase, deren Intensität teilweise durchaus mit der nach dem Hochstand von 1850 verglichen werden kann. Allerdings war sie, z.B. am Oberen Grindelwaldgletscher, in den 1660er Jahren von einem kurzen Vorstoß unterbrochen. Besonders im Mont Blanc-Gebiet ereigneten sich Ende des 17.Jahrhunderts parallel zu den Ostalpen wieder Gletschervorstöße (GROVE 1988; z.B. Glacier des Bois, Glacier des Bossons, Glacier d'Argentière). AMMAN (1976) weist einen Hochstand Ende des 17.Jahrhunderts am Oberaargletscher aus. Vorstöße um 1680 wurden ebenfalls am Rhônegletscher (1677) und Allalingletscher (1680) festgestellt. Deren Ausdehnung blieb wie an den meisten anderen Westalpengletschern hinter denen von 1600 zurück.

Ein erneuter Vorstoß fand bereits in den ersten zwei Jahrzehnten des 18.Jahrhunderts statt. Nach starkem Rückzug begann am Unteren Grindelwaldgletscher um 1705 (beim Oberen Grindelwaldgletscher schon vor 1703) ein Vorstoß, der um 1720 kulminierte. Die dabei erreichte Position war deutlich geringer als die des Maximalstands um 1600 und läßt sich am ehesten mit dem Gletscherstand von 1670 vergleichen (ZUMBÜHL 1980). Um 1720 wurde auch am Glacier d'Argentière ein Vorstoß verzeichnet (VIVIAN 1976).

Während im Rofental die Gletscher während des Vorstoßes um 1770 ihr frührezentes Maximum erreichten, blieben die meisten Westalpengletscher deutlich hinter ihren Positionen vom Beginn des 17.Jahrhunderts zurück. Ein Vorstoß an den Grindelwaldgletschern fand 1768-1777/79 statt (ZUMBÜHL 1980). Der Glacier d'Argentière stieß 1765-80 vor, blieb hinter dem Hochstand um 1643/45 zurück, übertraf jedoch die beiden nachfolgenden Vorstöße von 1820 und 1850 (HUYBRECHTS, DE NOOSE & DECLEIR 1989). Der Glacier du Trient 1780 erreichte sogar als Besonderheit sein frührezentes Maximum (BLESS 1984). Der Vorstoß um 1770/80 war also in den Westalpen zwar von untergeordneter Dimension, allerdings weit verbreitet (z.B. Steingletscher, Unteraargletscher, Glacier des Bossons, Glacier des Bois, Biesgletscher, Glacier de la Brenva). Der Oberaletschgletscher soll um 1777 relativ stark angewachsen sein, während der träge Große Aletschgletscher keinen ausgeprägten Vorstoß unternahm und während des gesamten 18.Jahrhunderts einen relativ geringen Gletscherstand aufwies (HOLZHAUSER 1984).

Die bereits erwähnten extrem kühlen und feuchten Sommer 1812-17 verursachten in den Westalpen ausgedehnte Gletschervorstöße, wobei mehr Gletscher während des Vorstoßes um 1820 als bei dem um 1850 die größere Ausdehnung erreichten. Dies steht in gewissem Gegensatz zur Mehrheit der Ostalpengletscher, selbst wenn Ausnahmen natürlich in beiden Regionen beachtet werden müssen. Am Oberen Grindelwaldgletscher begann der Vorstoß bereits zwischen 1803 und 1810, also vor o.e. Phase extrem gletschergünstiger Sommer (ZUMBÜHL 1980). Am Unteren Grindelwaldgletscher begann dieser Vorstoß um 1814 und kulminierte zunächst 1820/22 (bei ungefähr gleicher Ausdehnung wie 1777/78, aber geringerer als um 1850). Im Mont Blanc-Gebiet ergaben sich Vorstöße um 1820 an zahlreichen Gletschern, die fast ausnahmslos zu größeren Hochständen als die nachfolgenden Vorstöße um 1850 führten (z.B. Glacier d'Argentière (Hochstand 1818/19), Glacier des Bossons (1817/18, Vorstoßbeginn 1812), Glacier du Tour (um 1818, danach Stillstand bis um 1835), Glacier des Bois (1822). Der Rhônegletscher erreichte 1818 seine maximale Ausdehnung im 19.Jahrhundert (STROEVEN, VAN DE WAL & OERLEMANS 1989). Der Allalingletscher erreichte um 1822 einen Maximalstand. Der Große Aletschgletscher unternahm um 1820 einen Vorstoß, zog sich anschließend wieder etwas zurück, bevor er ab 1841 erneut vorstieß, um im 1850er Hochstand zu kulminieren (HOLZHAUSER 1984).

Der Hochstand um 1820 hielt lange an und es gab keine nachfolgende, deutlich ausgeprägte Rückzugsphase. So begann der zweite große frührezente Vorstoß des 19.Jahrhunderts oft annähernd an der Hochstandsposition (und erreichte dennoch nur z.T. größere Ausdehnung). Der Vorstoß begann um 1832 beim Oberen bzw. 1840 beim Unteren Grindelwaldgletscher und kulminierte um 1854/56. An diesen beiden Gletschern repräsentiert er jedoch den zweiten großen Vorstoß der frührezenten Hochstandsperiode. Die Maximalausdehnung von 1600 wurde aber nur an einigen Stellen erreicht. Man könnte an verschiedenen Gletschern diesen Vorstoß durchaus mit dem um 1820 zusammenfassen, wobei andererseits an manchem Gletscher der 1850er Vorstoß nur subsequenten Charakter aufwies. RICHTER (1891) gibt an, daß 1835 der Gornergletscher vorzustoßen begann und 1840 alle Gletscher im Berner Oberland und Valais im Vorstoß begriffen waren. Der Oberaargletscher nahm wie der Unteraargletscher nicht am Vorstoß um 1820 teil, wohl aber am folgenden um 1850. 1852 markiert das Ende dieses Vorstoßes in der Ostschweiz, aber nicht vor 1867 erreichte der Gornergletscher seine maximale Position, der Glacier de Ferpècle 1868 und der Unteraargletscher erreichte in einem praktisch seit 1720 mit wenigen Unterbrechungen andauernden Vorstoß erst 1871 sein frührezentes Maximum (ähnlich verhielt sich der Oberaargletscher). Während der Vorstoß am Steingletscher 1858/60 kulminierte (KING 1974), kann ein Hochstand am Allalingletscher auf 1858 datiert werden (DRYGALSKI & MACHATSCHEK 1942). An den Gletschern des Mont Blanc-Massivs kulminierte der Vorstoß 1850 bis 1855. Unter den westalpinen Gletschern, die 1850 den maximalen Gletscherstand im 19.Jahrhundert erreichten, sind u.a. Glacier de Ferpècle, Glacier de Arolla, Findelengletscher, Trutmanngletscher und Triftgletscher.

Ab ca. 1860 fand an den Westalpengletschern ein allgemeiner Rückzug statt, nur unterbrochen von kurzfristigen untergeordneten Vorstößen 1880-1900, um 1920 und den rezenten Gletschervorstößen um 1970 (s.u.). Die bedeutendsten Rückzugsphasen ereigneten sich nach ZUMBÜHL, MESSERLI & PFISTER (1983) 1860 - 1880 bzw. 1940-65, verursacht v.a. aufgrund geringer Sommerniederschläge (Neuschneefälle). Der Ansatz der Rückzugsperiode nach dem 1850er Hochstand ist am Hügligletscher auf 1850, Mer de Glace und Glacier des Bossons 1854, Oberem Grindelwaldgletscher 1855, Rhônegletscher 1857, Großem Aletschgletscher 1860, Gornergletscher 1867 und Unteraargletscher 1871/72 datiert (HEIM 1885). An den Grindelwaldgletschern wurde der Rückzug 1882-98 von einem subsequenten, weniger bedeutenden Vorstoß unterbrochen. Nach MESSERLI ET AL. (1976) sind die nach 1855 aufgetretenen Variationen nur geringfügig und vermochten den allgemeinen Rückzugstrend nur kurzfristig aufzuhalten bzw. umzukehren. Dennoch war der Wiedervorstoß um 1880/90 an vielen Gletschern festzustellen. DRYGALSKI & MACHATSCHEK (1942) betonen, daß der Vorstoß an den Westalpengletschern i.d.R. früher als in den Ostalpen begann und länger andauerte (z.B. Allalingletscher 1880-1894). Hochstände um 1895 gab es am Glacier d'Argentière (Vorstoßbeginn 1871), Glacier du Trient (Vorstoß ab 1879), Glacier du Tour (Beginn des Vorstoßes 1881), Glacier de la Brenva (Vorstoß 1878 - 1889) bzw. Glacier des Bossons (Vorstoß ab 1875; DRYGALSKI & MACHATSCHEK 1942, BLESS 1984). Großer Aletsch-, Gorner- und Fieschergletscher beteiligten sich nicht an diesem Vorstoß sondern setzten ihren Rückzug fort.

An den alpenweit festgestellten Vorstößen um 1920 nahmen die Grindelwaldgletscher und viele Gletscher der Mont Blanc-Region teil (ZUMBÜHL 1980). Der Obere Grindelwaldgletscher stieß von 1911/13 - 1923 vor, der Untere Grindelwaldgletscher begann seinen Vorstoß um 1917 und kulminierte

Fig. 40: Frührezente und rezente Gletscherstandsschwankungskurve - Mont Blanc-Region (leicht modifiziert n. GROVE 1988)

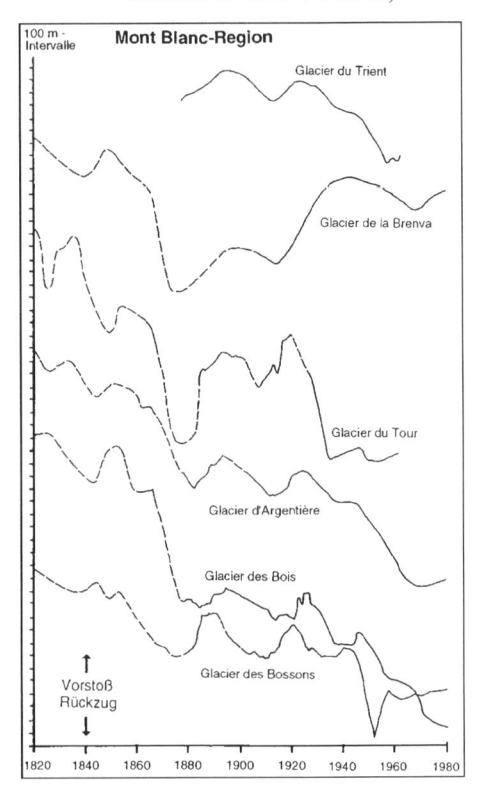

Fig. 41: Rezente Gletscherstandsschwankungskurven - Schweizer Alpen (leicht modifiziert n. GROVE 1988)

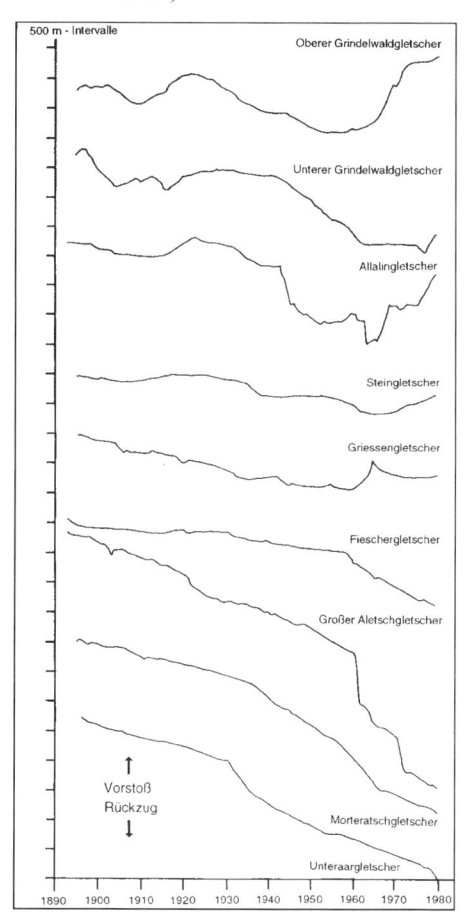

ungewöhnlich spät erst gegen 1933. Der Glacier d'Argentière stieß von 1914 bis 1923/25 vor, der Rhônegletscher 1912 bis 1921, der Glacier des Bois 1921 bis 1926/27, der Glacier des Bossons von ca. 1910 bis 1921 und der Allalingletscher von 1915 bis 1922/23. Wie in den Ostalpen nahmen verschiedene Gletscher nicht an diesem Vorstoß teil, z.B. Großer Aletschgletscher und Unteraargletscher. Bei Allalin- und Grindelwaldgletschern war der Vorstoß um 1920 bedeutender als der von 1890.

Analog zu alpenweiten Tendenzen setzte nach Ausklang des 1920er Vorstoßes ein starker Rückzug der Westalpengletscher ein, der Mitte des 20.Jahrhunderts an fast allen Gletschern zu großen Rückzugswerten führte. Als einer der ersten Gletscher im Alpenraum stoppte dann der Obere Grindelwaldgletscher diesen Rückzug um 1959 und stieß anschließend von 1959 bis 1975 um rd. 555 m vor. MESSERLI ET AL. (1978) führen an, daß in historischer Zeit es keine Belege gibt, daß die Grindelwaldgletscher schon einmal so weit wie 1975 (Unterer) bzw. 1959 (Oberer Grindelwaldgletscher) zurückgezogen waren. Die Unterschiede im Verhalten der beiden Gletscher erklären sich daraus, daß der kleinere und durchschnittlich höher gelegene Obere Grindelwaldgletscher sensibler und mit kürzerer Reaktionszeit reagiert.

Als besonderes Gletscherverhalten ist der Vorstoß des Glacier de la Brenva von 1914 bis ca. 1940 zu klassifizieren (nachdem er schon seit 1875 fast permanent im Vorstoß begriffen war). Dieser Vorstoß wurde durch große Bergstürze verursacht und ist daher nicht klimadeterminiert. Auch an verschiedenen Gletschern der Mont Blanc-Region waren in den 1940er Jahren Stillstände zu verzeichnen (z.B. Glacier des Bois und Glacier des Bossons), wobei auch dort regionale Besonderheiten für ein vom Trend der Westalpengletscher abweichendes Verhalten verantwortlich zeichnen. Verbreitete Vorstoßtendenzen waren in den Westalpen erst ab 1965 festzustellen, also in etwa parallel zu den Ostalpen.

Insgesamt waren die frührezenten Gletscherstandsschwankungen im Alpenraum sowohl durch langandauernde Hochstände mit zahlreichen relativ kurzfristigen Vorstößen als Reaktionen auf kurzfristige Klimaschwankungen als auch durch langandauernde Rückzugsperioden z.B. nach den letzten frührezenten Hochständen 1850/60 geprägt, die wiederum durch einige kurze Wiedervorstöße unterbrochen wurden. Vergleicht man das Verhaltensmuster der West- und Ostalpengletscher, fallen verschiedene Fakten ins Gewicht. Zum einen kann im Alpenraum im Gegensatz zu anderen Regionen (z.B. West-/Zentralnorwegen) kein eindeutiger weitverbreiteter Maximalstand ausgewiesen werden. Es ereigneten sich vielmehr in der frührezenten Hochstandsperiode verschiedene Gletschervorstöße, in deren Verlauf jeweils einige Gletscher ihr Maximum erreichten, andere dagegen nicht, wobei kein eindeutiges regionales Muster auszumachen ist. D.h. sowohl in West- wie Ostalpen erreichen einige Gletscher innerhalb der oben aufgeführten Vorstoßperioden ihr Maximum, z.T. direkt benachbarte Gletscher nicht. Dies zeigt u.a. die Bedeutung regionaler wie lokaler Klimafaktoren, glaziologischer und orographischer Verhältnisse (in deren Einfluß auf die Massenbilanz) bzw. der unterschiedlichen Reaktionszeit (Näheres s. 6).

5.3 FRÜHREZENTE UND REZENTE GLETSCHERSTANDSSCHWANKUNGEN IN WEST-/ ZENTRALNORWEGEN

5.3.1 Vorbemerkung

Bei Interpretation frührezenter Gletscherstandsschwankungschronologien aus West- und Zentralnorwegen muß beachtet werden, daß die Ergebnisse im Gegensatz zu den Alpen (s. 5.2) nur zum geringeren Teil auf eindeutigen historischen Dokumenten beruhen, größtenteils stattdessen aufgrund lichenometrischer Untersuchungen gewonnen wurden (erst ab 1870 bzw. 1900 nimmt die Menge verwertbarer historischer Quellen etc. zu). Daher sind in 5.1.2 diskutierte Einschränkungen zu berücksichtigen, ebenso die lokalen Verhältnisse der

Fig. 42: Vermessene Wintervorstöße im Zuge der Gletscherstandsschwankungen in der ersten Hälfte des 20.Jahrhunderts - Glacier des Bossons und Rhônegletscher (leicht modifiziert n. DRYGALSKI & MACHATSCHEK 1942 bzw. VIVIAN 1976)

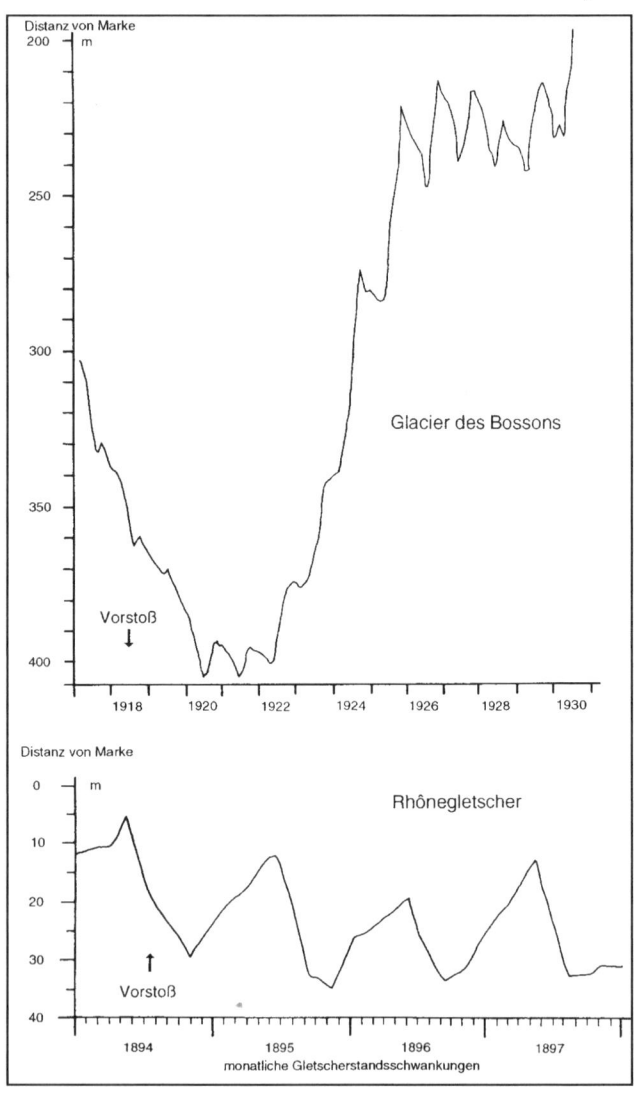

Morphogenese der als Meßareale dienenden Moränenrücken (s. 7.4). Daß Lichenometrie in Südskandinavien überhaupt erfolgreich angewendet werden kann, erklärt sich z.T. aus zum Alpenraum differentem Schwankungverhalten der Gletscher (s.u.). Während in den Alpen während der frührezenten Hochstandsperiode mehrere Maximalstände auftraten, ist in Südskandinavien i.d.R. nur ein ausgeprägtes frührezentes Maximum aufgetreten, gefolgt von einem langen sukzessiven Rückzug mit zahlreichen Wiedervorstößen und Stillstandsphasen, in denen subsequente Endmoränen gebildet wurden, die o.e. lichenometrische Datierung zulassen (s.u.).

Durch dieses Schwankungsverhalten erklärt sich u.a. auch die geringe Anzahl historischer Belege, denn nach dem bedeutenden Hochstand (der selbst nur an wenigen Stellen eindeutig datierbar ist), haben die deutlich hinter der Maximalausdehnung zurückbleibenden Wiedervorstöße nur sehr wenig Aufmerksamkeit erregt. Ein deutlicher Mangel an historischen Belegen ergibt sich für das Jotunheim, da hier im Gegensatz zu den Outletgletschern des Jostedalsbre bzw. der Alpenregion kein kultiviertes Land von den Gletschervorstößen betroffen war und vor ersten touristisch-wissenschaftlichen Exkursionen ab Mitte des 19.Jahrhunderts kaum verwertbare Quellen vorliegen.

In Westnorwegen ist es schwierig, den Beginn der frührezenten Gletschervorstöße eindeutig festzulegen (vgl. 4.3, 5.1.1). Nach GROVE (1988) gibt es für Vorstöße im 13. oder 14.Jahrhundert (v.a. aus dem Jahr 1339) keine eindeutig gesicherten Belege, da u.a. die aus Olden und Loen durch Steuernachlässe belegten „Naturkatastrophen" nicht spezifiziert wurden, d.h. eine klare Beziehung zu einem Gletschervorstoß nicht auszuweisen ist. Die Theorie von einem Erdbeben mit assoziierten Massenbewegungen im Jahre 1339 ist nach GROVE (1985) weder wider- noch belegbar, wie im übrigen klimatische Ursachen, z.B. verstärkte Regenfälle (s.u.). Es scheint allerdings einiges darauf hinzudeuten, daß nicht allein die Pest für eine Abnahme der Bevölkerung Mitte des 14.Jahrhunderts verantwortlich ist, sondern auch eine Klimaverschlechterung.

In der Folgezeit müssen die südnorwegischen Gletscher im 15., 16. und auch noch ersten Teil des 17.Jahrhunderts relativ klein gewesen sein, da Hinweise auf Gletschervorstöße fehlen. Im Gegenteil, die von der Pest entvölkerten Gebiete um den Jostedalsbre wurden allmählich wiederbesiedelt. Erst ab Mitte des 17.Jahrhunderts tauchen erste sichere Belege für Gletschervorstöße auf, d.h. zu einer Zeit, als sich in den Alpen um 1600 bereits ein bedeutender frührezenten Gletscherhochstand ereignet hatte (s. 5.2).

5.3.2 Jostedalen (südöstlicher Jostedalsbreen)

Aus dem Jostedal liegen keine historischen Zeugnisse über größere Gletschervorstöße/-stände vor Mitte des 17.Jahrhunderts vor. Die Besiedlungsgeschichte z.B. des Krundal deutet darauf hin, daß vor Mitte des 17.Jahrhunderts günstige Klimabedingungen für eine landwirtschaftliche Inwertsetzung des Jostedal und seiner Seitentäler herrschten. So wurden die von der Pest entvölkerten Gebiete sukzessive wiederbesiedelt und wertvolles Grasland existierte in den später während der frührezenten Maximalvorstöße verwüsteten Arealen (GROVE 1988; pers.Mittlg. A.Nesje).

Wann der große frührezente Gletschervorstoß mit seinem Hochstand Mitte des 18.Jahrhunderts einsetzte, ist unsicher. Erste Belege für durch vorstoßende Gletscher unbrauchbar gewordenes *seter* (Außenweide)-Grasland gibt es für 1684 aus dem Krundal, in dem Bergset- und Tuftebreen liegen (REKSTAD 1904, EIDE 1955; s. 7.4). Der Tuftebre (früher Tverråbre) soll nach Augenzeugenberichten in der ersten Hälfte des 17.Jahrhunderts noch weit oberhalb des Talbodens in der Tufteskard gelegen haben und erst Ende des 17.Jahrhunderts bis ins Tal vorgedrungen sein.

Anzeichen für eine Klimaverschlechterung Mitte des 17.Jahrhunderts sind in Berichten über Mißernten in Westnorwegen zu sehen (GROVE 1985). Nach HELLAND (zit. HOEL & WERENSKIOLD 1962) begannen die frührezenten Vorstöße um 1675, nach REKSTAD (1901,1904) 1700 bis 1710 und nach EIDE (1955) 1660 - 1670.

Analog zu den Verhältnissen bei rezenten Gletscherstandsschwankungen ist zu vermuten, daß zunächst die kurzen Outletgletscher mit ihrer sensitiven Reaktion auf Klimaschwankungen schnell reagierten, während die größeren Outletgletscher erst später, d.h. nicht vor 1700, mit dem Vorstoß begannen. In den 1680er Jahren begann eine Periode zunehmender Winterschneefälle und sinkender Sommertemperaturen, für einen großen Gletschervorstoß günstige Bedingungen. Dies ergibt ein Bild weit zurückgezogener Gletscher bis zur 2.Hälfte des 17.Jahrhunderts, als gletschergünstige Bedingungen eintraten und einen bedeutenden Gletschervorstoß verursachten, der in seiner Kulmination Mitte des 18.Jahrhunderts an fast allen Gletschern Westnorwegens zum Maximalstand der frührezenten Hochstandsphase führte (s.u.). Da sich aufgrund unterschiedlicher Größe der Outletgletscher verschiedene Reaktionszeiten ergeben, erscheint das Bild erster vorliegender Berichte über Vorstöße von relativ kurzen Gletscherzungen wie Tuftebreen und Brenndalsbreen (Oldedalen), und nicht etwa vom Nigardsbreen, logisch.

Der Nigardsbre soll um 1710 eine Gletscherfront ungefähr in der Mitte des heutigen Nigardsvatn besessen haben, d.h. im Talinnern weit vom frührezenten Maximalstand entfernt (REKSTAD 1904, EIDE 1955). In den folgenden Jahren bis 1735 stieß er mit großer Vorstoßgeschwindigkeit ca. 2800 m vor, bis er „weniger als einen Steinwurf weit" vom Hof Nygaard entfernt war (EIDE 1955, BOGEN, WOLD & ØSTREM 1989). Das Nigardsvatn war um diese Zeit eventuell gänzlich von Sedimenten verfüllt, was den Vorstoß begünstigt haben dürfte. Ab 1735 stieß der Nigardsbre langsamer vor, zerstörte aber 1742 den Hof Nygaard. Bis 1748 blieb er am Maximalstand, um dann sukzessive mit dem zunächst noch langsamen Rückzug zu beginnen (REKSTAD 1904, FÆGRI 1934, EIDE 1955). Neben diesen eindeutigen historischen Belegen für einen 1748er Hochstand am Nigards-

Fig. 43: Vergleich der frührezenten bzw. rezenten Höhenerstreckung/Gleichgewichtslinie der wichtigsten Outletgletscher des Jostedalsbre (Datenquellen: TORSNES 1991, TORSNES, RYE & NESJE 1993)

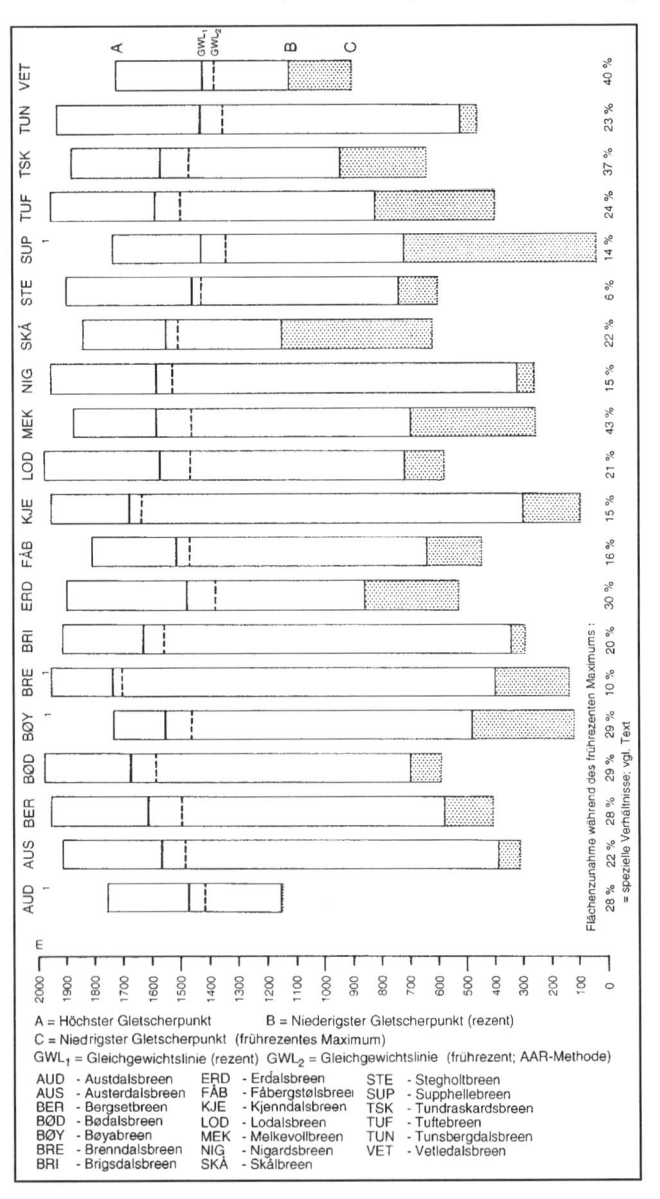

breen bestätigen auch MATTHEWS, INNES & CASELDINE (1986) durch Radiocarbon-Datierungen dieses Alter für die äußerste Moräne des Gletschervorfelds (M-NIG 1), so daß am Nigardsbreen, der nach dem zerstörten Hof benannt wurde, prä- oder jungfrührezente Vorstöße großer Dimension eindeutig ausgeschlossen werden können.

Fig. 44: Frührezente Gletscherstandsschwankungskurve - Nigardsbreen (leicht modifiziert n. FÆGRI 1948)

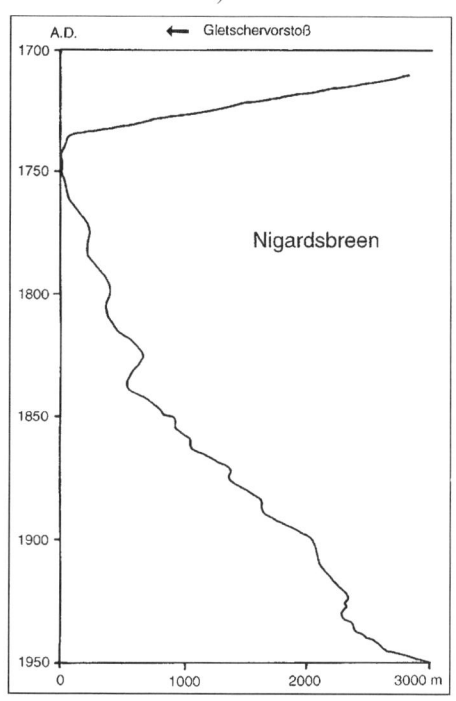

Nach dem nicht nur am Nigardsbreen aufgetretenen Maximum der Gletscher im Jostedalen um 1750 begann der Rückzug zunächst relativ langsam, da die 1770er und 1780er Jahre noch relativ kühle Sommer aufwiesen, sich erst anschließend der Rückzug deutlich verstärkte (SCHOVE 1954, RYVARDEN & WOLD 1991). Nach FÆGRI (1948) gab es am Nigardsbreen wie anderen Gletschern bis 1850 relativ geringe Rückzugstendenzen, erst danach einen verstärkten Rückzug. Komplexe Mehrkämmigkeit der äußeren Endmoränen (M-NIG 1 - 4), geringe Zwischendistanzen und zahlreiche subsequente Moränenrücken im äußeren Vorfeld deuten als morphologische Feldbelege ebenfalls auf einen nur langsam einsetzenden, häufig durch Wiedervorstöße bzw. Stillstandsphasen unterbrochenen Rückzug hin (s. 7.4.5). Legt man lichenometrische Datierungen (BICKERTON & MATTHEWS 1992) zugrunde, betrug der Rückzug in den ersten 50 Jahren nach dem Hochstand nur rd. 300 m oder weniger. Die Datierungen der subsequenten Moränenrücken differieren im übrigen zwischen den einzelnen Bearbeitern (s. FÆGRI 1934a, ANDERSEN & SOLLID 1971, ERIKSTAD & SOLLID 1986, INNES 1986, BICKERTON & MATTHEWS 1992).

Von 1750 bis heute hat sich der Nigardsbre um insgesamt 5 km zurückgezogen, verbunden mit einem Mächtigkeitsverlust von 200 bis 300 m. Der Hauptteil des Rückzugs vollzog sich dabei Mitte des 20.Jahrhunderts. Der Gesamtrückzug von 1748 bis 1899 betrug nur rd. 2100 m (REKSTAD 1904). Basierend auf verfügbaren historischen Belegen ermittelt REKSTAD (1904) folgende Rückzugswerte einzelner Zeitabschnitte:

- 1748 - 1819: - 541 m (+ 7,1 m/a);
- 1819 - 1822: - 79 m (+ 26 m/a);
- 1822 - 1845: - 80 m (+ 3,5 m/a);
- 1845 - 1873: - 900 m (+ 32 m/a);
- 1873 - 1899: - 500 m (+ 19,2 m/a);
- 1899 - 1903: - 73,5 m (+ 18,4 m/a).

Die ungewöhnlich niedrigen Rückzugsraten zwischen 1822 und 1845 implizieren lt. REKSTAD (1904) einen zwischengeschalteten Vorstoß, evtl. zwischen 1830 bis 1839 (historische Berichte von LINDBLOM). ØSTREM, TVEDE & WOLD (1976) berichten, daß der Nigardsbre 1824 in Vorstoßposition war. Da FÆGRI (1934a) von einem schwachen Vorstoß um das Jahr 1839 ausgeht und verschiedene Bearbeiter lichenometrisch eine Moränenbildung um dieses Datum ausweisen, scheint dieser Wiedervorstoß relativ gesichert. Nach ØYEN (1907) fanden allgemeine Gletschervorstöße in Südnorwegen 1807 - 1812 und 1835 - 1840 statt, ferner um 1850 (wobei er auf Unterschiede zwischen Inlands- und Küstengletschern hinweist). 1807 - 1812 kam es nach HOEL & WERENSKIOLD (1962) durch niederschlagsreiche und kühle Witterungsbedingungen zu einem Gletschervorstoß, was auch für o.e. Vorstöße ab 1835 bzw. um 1850-1855 gelten soll. EIDE (1955) gibt dagegen eine Moränenbildung um 1845 an. Erste meteorologische

Aufzeichnungen weisen für die 1820er Jahre niedrige Sommertemperaturen aus (s. 6.5).

Im 19.Jahrhundert lagen relativ große Abstände zwischen den einzelnen (nicht unbedingt exakten) Gletscherfrontmessungen. Es kann, muß bei Zugrundelegung der zahlreichen subsequenten Endmoränen morphologisch sogar zwingend möglich sein, daß zwischengeschaltete Vorstöße nicht durch Beobachtungen erfaßt wurden. Gleichzeitig ist bei den lichenometrisch datierten Endmoränen nicht eindeutig festzulegen, ob sie während eines mehrjährigen Wiedervorstoßes oder einer Stillstandsphase/kurzen Wintervorstoßes entstanden sind. Vor Einsetzen exakter Messungen (REKSTAD 1904 ff.) existieren daher noch Unsicherheiten in der Schwankungschronologie des Nigardsbre.

Eine Ausnahme macht dabei die morphologisch auffällige, größte Endmoräne im Vorfeld des Nigardsbre (M-NIG 15), welche im Zuge eines Vorstoßes von 1868/1869 bis 1873 entstand (EIDE 1955). Im Anschluß an o.e. Vorstoß zog sich der Nigardsbre ohne wesentliche Unterbrechung bis 1899 relativ schnell um 500 m zurück (s. Abb. 12,32). In den ersten Dekaden des 20.Jahrhunderts wies der Nigardsbre zwar Vorstoßtendenzen auf (ab 1903 mit Unterbrechung bis 1911 bzw. 1922 mit Unterbrechung bis 1930), diese fielen aber verglichen mit den reaktionsschnelleren kurzen Outletgletscher des Jostedalsbre relativ gering aus. Dennoch stehen beide Vorstöße in Einklang mit der Mehrzahl

Fig. 45: Lichenometrische Moränendaten (vgl. 7.4.5) - Nigardsbreen (Datenquellen: s.u.)

Nigardsbreen

A	B	C	D	E	F	G
*1750 (A)	*1748 (a)		*1750	*1750 (NM1)		M-NIG 1
1780 (B)	1769 (b)	1789	1790	1785 (-)		M-NIG 2
1795 (C)	1818 (c)			1800 (NM2)		M-NIG 3
1805 (D)		1795		1815 (NM3)		M-NIG 4
1807 (E)	1837 (d)	1803				M-NIG 5 (l)
1826 (F)		1810		1840 (NM4)		M-NIG 6
1822 (G)	1840 (e)	1820	1840			M-NIG 7 (r)
1839 (H)	1848 (f)	1835	1850	1850 (NM5)		M-NIG 8
1842 (I)						M-NIG 9
1852 (J)	1856 (g)	1843	1860	1866 (NM6)		M-NIG L10 (l)
1867 (K)		1847				M-NIG 11
1866 (L)	1862 (h)					M-NIG L12 (l)
1869 (M)						M-NIG L13 (l)
1875 (N)						M-NIG 14 (l)
*1873 (O)	*1873 (i)		*1875	*1873 (NM9)		M-NIG 15 (l)
1891 (P)	1902 (j)		1890	1890 (NM11)		M-NIG 16
1912 (Q)	*1899 (k)		*1899			M-NIG L18 (l)
*1909 (R)	*1909 (l)		*1909	*1907 (NM12)	1909	M-NIG L19 (l)
1915 (S)						M-NIG 20.1
1914 (T)	1914 (m)					M-NIG 20.2 (r)
1919 (U)						M-NIG 21
*1930 (V)	*1930 (n)		*1930		1930	M-NIG 22
1941 (W)					1936	M-NIG 23 (r)
1940 (X)	*1940 (o)					M-NIG 24

* - Fixpunkt

A - BICKERTON & MATTHEWS (1992) B - ERIKSTAD & SOLLID (1986) C - INNES (1985) D - ANDERSEN & SOLLID (1971)
E - FÆGRI (1934a) F - gemessener Vorstoß G - Kennung der Moräne (diese Arbeit)

Abb. 31: Nigardsbreen (älteste bekannte Photographie; vgl. Abb. 12,32,33) (Aufnahme: 1869 - C.DE SEUE (?), Fotoarkiv NGU Trondheim [C 29.140])

Abb. 32: Nigardsbreen; man beachte die Sanderflächen und subsequenten Endmoränen (Aufnahme: um 1890 - A.LINDAHL, Fotoarkiv NGU Trondheim [C 29.141])

der anderen Gletscher. Dies ist bemerkenswert, denn der ebenfalls lange Gletscherzungen besitzende Tunsbergdalsbre nahm wie der Lodalsbre nicht an diesen Vorstößen teil (s.u.). Der Nigardsbre reagierte in diesem Fall eher wie die mittleren bzw. kurzen Outletgletscher.

Der nachfolgend einsetzende Rückzug erreichte sehr hohe Werte, zum einen wegen sehr gletscherungünstiger Klimabedingungen (vgl. 6.5), zum anderen infolge Kalbens über dem sukzessive eisfrei werdenden Nigardsvatn (1935 bis 1967 - ØSTREM, TVEDE & WOLD 1976). Die Größenordnung dieses Rückzugs zeigt sich darin, daß 1937 - 1974 der Gletscher um eine größere Distanz zurückwich als in der gesamten Periode 1748 - 1937 (GROVE 1988). Ab 1975 verlangsamte der Gletscher den Rückzug. In den 1980er Jahren war er annähernd stationär, um ab ca. 1990 vorzustoßen (1988 - 1995: 125 m Vorstoß verbunden mit mächtiger Schwellung der Gletscherzunge). Diese Reaktion auf zahlreiche positive Massenhaushaltsjahre seit Anfang der 1960er Jahre (vgl. 6.3) steht in Einklang mit aktuellen Vorstoßtendenzen an anderen Outletgletschern des Jostedalsbre (s.u.).

Leider ist o.e. Datum des frührezenten Maximalstands vom Nigardsbreen das einzige gesicherte im gesamten Jostedalen. Der Bergsetbre (Bersetbre) soll gleichzeitig um 1740/50 einen Maximalstand erreicht haben (REKSTAD 1904). Am benachbarten Tuftebreen zeigen ANDERSEN & SOLLID (1971), daß die äußerste Endmoräne (M-TUF 2) des Tuftebre um 1750 gebildet worden

Abb. 33: Nigardsbreen (während des Vorstoßes 1903 - 1911) (Aufnahme: 18.08.1907 - J.REKSTAD, Fotoarkiv NGU Trondheim [C 30.151])

sein könnte (auf 410 BP datiertes Minimumalter des frührezenten Maximalstands). Ein in östlich-lateraler Position vorhandener blockiger Lateralmoränenwall außerhalb der äußersten frührezenten Moräne (M-TUF L 1 (l)) wird von ANDERSEN & SOLLID (1971) als Relikt einer jungfrührezenten Moräne angesehen, die während des 1740er Vorstoßes zerstört wurde (evtl. in den ersten Dekaden des 18.Jahrhunderts, als auch andere kleinere reaktionsschnelle Outletgetscher bereits stark vorgestoßen waren). Dieser durchaus logischen Interpretation steht allerdings die lichenometrische Datierung (1771) von BICKERTON & MATTHEWS (1993) entgegen (s. Fig. 49).

An Bergsetbreen wie Tuftebreen erscheinen (lichenometrische) Alter von 1789 bzw. 1775 für den frührezenten Maximalstand zu jung, zumal lt. REKSTAD (1904) um 1762 der Rückzug des Tuftebre hinter die äußerste Moräne begonnen haben soll (interessanterweise liefern BICKERTON & MATTHEWS genau dieses Alter für den größten Flechtenthallus auf M-TUF 2).

Fig. 46: Rezente Gletscherstandsschwankungskurve (jährlich) - Nigardsbreen (Datenquellen: REKSTAD 1901 ff., FÆGRI 1934b ff., LIESTØL 1963 ff., ØSTREM ET AL. 1991, J.O.Hagen/H.Elvehøy - pers.Mittlg.)

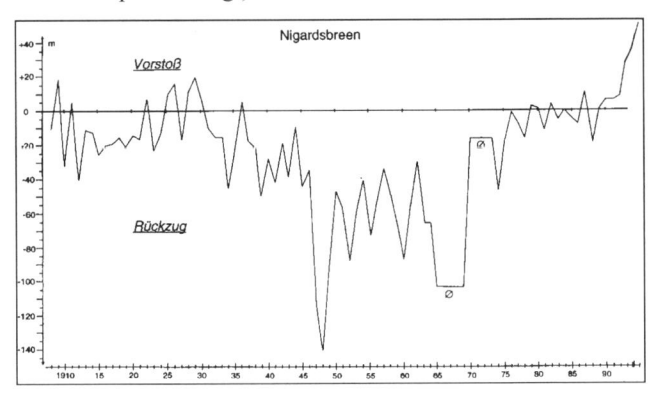

Diese Diskrepanz kann evtl. dadurch erklärt werden, daß nach allen Berichten der Rückzug von den maximalen frührezenten Eisrandlagen zunächst nur sehr langsam einsetzte. Eventuell haben ferner perennierende marginale Schneeflächen an der zurückweichenden Gletscherfront eine rasche Besiedlung mit Flechten verhindert. Andererseits wäre es aus glaziologischen Gesichtspunkten durchaus denkbar, daß der Maximalstand der Gletscher im Jostedalen innerhalb einer durch die individuelle Reaktionszeit determinierten Zeitspanne variiert. Leider ist jedoch die methodisch durch Anwendung der Lichenometrie vorgegebene Ungenauigkeit zu groß, um die Differenzen der gegebenen Daten dahingehend zu interpretieren. Erst für die sukzessiven Wiedervorstöße des 20.Jahrhunderts ist dies möglich.

Fig. 47: Rezente Gletscherstandsschwankungskurve (kumulativ) - Nigardsbreen (Datenquellen: vgl. Fig. 46)

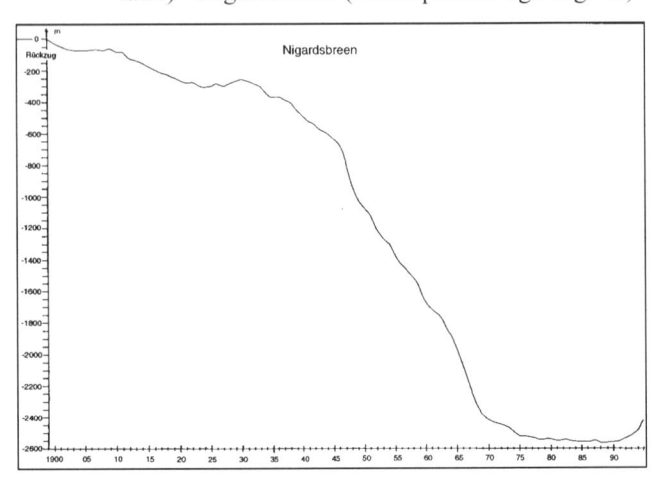

Der Rückzug des Bergsetbre soll nach GROVE (1988) zwischen 1748 und 1762 begonnen haben. Auch hier zeigen zahlreiche subsequente Endmoränen (M-BER 2,3,4) dicht an der äußersten Endmoräne (M-BER 1) den zunächst nur geringer Rückzug an. REKSTAD (1904) vermutet einen zwischengeschalteten Vorstoß im Zeitraum 1829 -1851.

FORBES (1853) besuchte 1851 den Bergsetbre und charakterisiert ihn als einheitlichen, steilen und von vielen Gletscherspalten geprägten Eisabfluß des Jostedalsbre. Am Talboden unterhalb des Eisbruchs gab es nach FORBES Ogiven mit eingelagertem, durch Scherungsflächen an die Oberfläche transportier-

Fig. 48: Lichenometrische (nur B: Pflanzensukzessions-) Moränendaten - Bergsetbreen (Datenquellen: s.u.)

Bergsetbreen			
A	B	C	D
1789 (A)	* 1750 (BM1)		M-BER 1 (l)
1762 (B)			M-BER 2.1 (l)
1775 (C)			M-BER 2.2 (l)
1811 (D)			M-BER 3 (l)
1789 (E)			M-BER 3.2 (r)
1815 (F)	1780 (BM3)		M-BER 4
1846 (G)	1805 (BM4)		M-BER 5
1859 (H)	1840 (BM5)		M-BER 6
1877 (I)	1850 (BM6)		M-BER 7 (r)
1886 (J)	1875 (BM7)		M-BER 8
1909 (K)	1890 (BM8)		M-BER 9
* 1910 (L)[1]	1910 (BM9)	1911	M-BER 10 (l)
* 1931 (M)[2]		1931	M-BER 11
* 1937 (N)[3]		1938	M-BER 12
1 = ⊙ 1911	2 = ⊙ 1923	3 = ⊙ 1934	
* - Fixpunkt	⊙ - Mittel der fünf größten Flechtenthalli		
A - BICKERTON & MATTHEWS (1993) B - FÆGRI (1934a) C - gemessener Vorstoß D - Kennung der Moräne (diese Arbeit)			

Fig. 49: Lichenometrische Moränendaten - Tuftebreen (Datenquellen: s.u.)

Tuftebreen	
A	B
① 1771 (A)	M-TUF L1 (l)
1775 (B)	M-TUF 2
1799 (C)	M-TUF 3
1832 (D)	M-TUF 4
① 1878 (E)	M-TUF 5
1878 (F)	M-TUF 6
1929 (G)	M-TUF L7 (l)
① - Größter Flechtenthallus	
A - BICKERTON & MATTHEWS (1993) B - Kennung der Moräne (diese Arbeit)	

ten Debris im Abstand von durchschnittlich 51 m, die er als durchschnittliche Jahresbewegung deutet. Die Entstehung dieser Ogiven bzw. eingelagerten Debrisbänder erklärt sich durch den Eisfall des Bergsetbre und den damals bestehenden Zufluß von Baklibreen und südlichem Zweig des Bergsetbre (s. 7.4.2). 1851 waren auch Tufte- und Vetledalsbreen aus ihren Seitentälern noch relativ weit ins Krundalen vorgeschoben. Die Entfernung der Gletscherfront von der äußersten frührezenten Endmoräne gibt FORBES mit 900 yards (ca. 820 m) an. Keine Birke soll innerhalb des Areals der frührezenten Gletscherausdehnung zu finden gewesen sein, wobei FORBES (1853) die äußerste Moräne auf rd. 1750 datiert.

Bis 1899 betrug der Rückzug von der 1750er Endmoräne rd. 1500 m (REKSTAD 1904). Bereits um 1903 hatte sich der Tuftebre über die Talmündungsstufe in die Tufteskard zurückgezogen und stellte in seinem unteren Teil einen regenerierten Gletscher dar.

Nach REKSTAD (1904) war 1903 im oberen Teil des Bergsetbre eine deutliche Schwellung

Abb. 34: Bergsetbreen; man beachte die noch bestehende Konfluenz mit dem südlichen Gletscherarm und dem Baklibre (vgl. Abb. 35 - 38) (Aufnahme: 1868 - C.DE SEUE (?), Fotoarkiv NGU Trondheim [C 30.124])

festzustellen, obwohl sich der Gletscher frontal noch zurückzog und erst danach ab 1904 mit einem Vorstoß begann, der bis 1911 andauerte. Historische Photographien von REKSTAD (Fotoarkiv NGU Trondheim) aus den Jahren 1899, 1903 und 1907 weisen ein paralleles Anwachsen des nicht vermessenen Tuftebre aus. Nach kurzer Rückzugsphase fand ein zweiter Vorstoß am Bergsetbreen von 1922 bis 1931 statt. Danach zog sich der Bergsetbre relativ stark zurück. Ab den 1960er Jahren wurden bis heute anhaltende Vorstoßtendenzen verzeichnet, die sich in den letzten Jahren analog zu den anderen kurzen Outletgletschern (s.u.) extrem verstärkten (1966 bis 1995: rd. 250 m, allein 1994/95 mehr als 80 m).

Der Fåberstølsbre im oberen Jostedalen soll um 1740 seinen Maximalstand erreicht haben und dabei über die Jostedøla auf die andere Talseite vorgestoßen sein (NAUMANN zit. HOEL & NORVIK 1962, REKSTAD 1904, EIDE 1955; die Überquerung der Jostedøla ist durch morphologische Befunde eindeutig nachgewiesen - s. 7.4.3). Der früher auch Bjørnestegsbre genannte Fåbergstølsbre soll nach BICKERTON & MATTHEWS (1993) seine äußerste Moräne um 1706 aufgebaut haben. Da der Fåbergstølsbre jedoch kein Gletscher mit kurzer Reaktionszeit ist (NESJE 1989;

Fig. 50: Rezente Gletscherstandsschwankungskurve (jährlich) - Bergsetbreen (Datenquellen: REKSTAD 1901 ff., FÆGRI 1934b ff.)

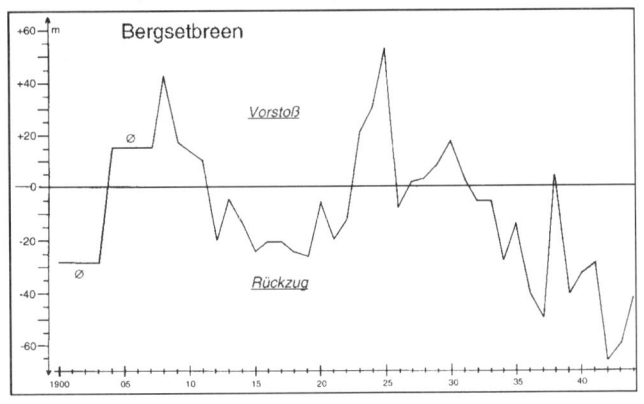

Fig. 51: Rezente Gletscherstandsschwankungskurve (kumulativ) - Bergsetbreen (Datenquellen: vgl. Fig. 50)

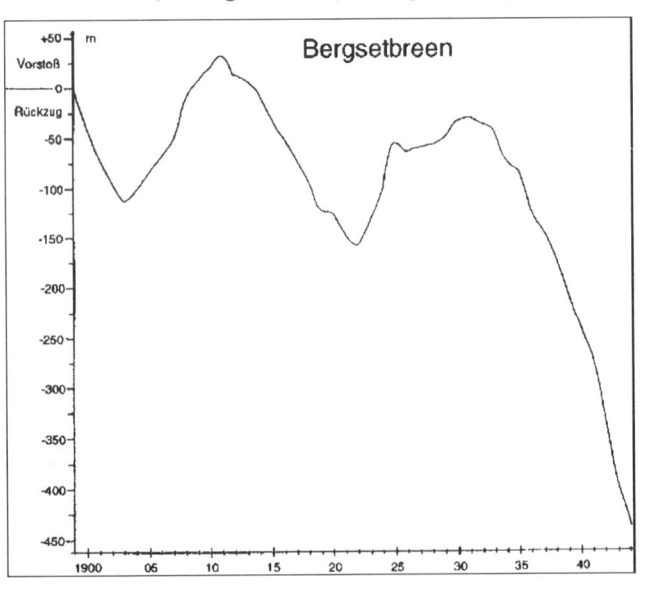

s. 6.3) und wegen des Überquerens der Jostedøla bzw. deren subglazialem Durchfluß unter der Gletscherzunge mit besonderen Verhältnissen an der Gletscherzunge gerechnet werden muß, erscheint dem Verfasser dieses Datum fragwürdig (ähnliche pers.Kritik von L.Erikstad und K.Fægri). REKSTAD (1901, 1904) geht jedenfalls von einem gleichzeitigen Hochstand mit dem Nigardsbre aus, was zwar ebenfalls nicht eindeutig belegt werden kann, aber besser in Einklang mit dem rezenten Gletscherstandsschwankungsverhalten steht. Ferner ist o.e. Datum für die Bildung von M-FÅB 1 durch große Differenz zur anderen Seite des Gletschervorfelds bzw. den subsequenten Moränenrücken als unsicher anzusehen.

Abb. 35: Bergsetbreen vor dem Vorstoß 1904 - 1911 (Aufnahme: 14.09.1899 - J.REKSTAD, Fotoarkiv NGU Trondheim [C 30.125])

Abb. 36: Bergsetbreen; man beachte die Anschwellung im oberen Zungenabschnitt (Aufnahme: 11.09.1903 - J.REKSTAD, Fotoarkiv NGU Trondheim [C 30.128])

Der Rückzug des Fåbergstølsbre vom frührezenten Maximalstand bis 1822 soll nach REKSTAD (1901) ca. 445 m betragen haben, bis 1845 600/700 m (s.a. FORBES 1851) und bis 1899 ca. 800 m. Die Zunge des Fåbergstølsbre endete 1903 auf 536 m (aktuell rd. 760 m). Auch hier fanden im 20.Jahrhundert zwei Vorstöße statt, 1907 (evtl. etwas früher) - 1910 und 1922 - 1930. Anschließend folgte ein sehr starker Rückzug, der sich erst in den 1980er Jahren verlangsamte. Nach kurzer stationärer Phase stößt der Fåbergstølsbre seit kurzem ebenfalls vor (1992 - 1995: 88 m Vorstoß). Zurückzuführen ist dies auf die relativ lange Reaktionszeit von über 20 Jahren (NESJE 1989).

Noch fraglicher als die Datierungen der äußersten frührezenten Endmoränen an Fåbergstøls- und Lodalsbreen ist diejenige vom Stegholtbreen (Stegaholbreen, früher auch Trangedalsbreen). BICKERTON & MATTHEWS (1993) datieren sie auf 1857, d.h. rd. 100 Jahre nach dem Hochstand an den anderen Outletgletschern des Jostedalsbre. REKSTAD (1904) geht dagegen auch am Stegholtbreen von einem Vorstoß um 1750 aus und zitiert Berichte, nachdem der Gletscher 1822 einige hundert Meter von der äußersten Moräne entfernt lag. REKSTAD betont zu den u.a. bei BICKERTON & MATTHEWS zitierten Aussagen über eine wenig zurückgezogene Position in der ersten Hälfte des 19.Jahrhunderts die spezielle topographische Lage der Gletscherzunge (vgl. FORBES 1853). Da die Beobachter des 19.Jahrhunderts den Stegholtbre zumeist nur von Ferne auf dem Weg zum benachbarten Lodalsbreen sahen, besteht die Möglichkeit der Unterschätzung des Rückzugs. Anhand der aktuellen Verhältnisse kann der Verfasser dieser Einschätzung bedingt zustimmen. Da das Datum für einen Maximalstand in den 1860er Jahren glaziologisch (u.a. angesichts des sehr synchronen Verhaltens von Stegholtbreen und Fåbergstølsbreen) unwahrscheinlich erscheint, gibt es nach Ansicht des Verfassers die mögliche Interpretation eines langandauernden

Verweilens des Gletschers nahe der Maximalposition, oder eines bedeutenden Wiedervorstoßes um 1860 (Letzterer im Gesamtbild des Gletscherverhaltens im Jostedalen eher auszuschließen). Das Datum des frührezenten Maximalstands muß daher eine offene Frage bleiben, zumal gerade am Stegholtbreen methodische Probleme der Lichenometrie auftreten, v.a. das Fehlen geeigneter Fixpunkte und größere lokalklimatische Unterschiede z.B. zum Nigardsbreen (pers.Mittlg. L.Erikstad und K.Fægri). Auch die kürzlich festgestellte, unerwartet große Eismächtigkeit der Gletscherzunge (pers.Mittlg. J.Bogen) dürfte nach Ansicht des Verfassers die große Diskrepanz in der Datierung der äußersten Endmoräne allein nicht erklären.

Abb. 37: Bergsetbreen nach Einsetzen des frontalen Vorstoßes (Aufnahme: 20.08.1907 - J.REKSTAD, Fotoarkiv NGU Trondheim [C 30.131])

Der Stegholtbre ist im Gletscherstandsschwankungsverhalten des 20.Jahrhunderts beinahe vollständig synchron zum Fåbergstølsbreen (und weist eine annähernd identische Reaktionszeit auf). Kurz vor 1907 begann ein erster Vorstoß, der 1910 beendet war. Nach kurzer Rückzugsphase stieß er von 1922 mit Unterbrechungen bis 1932 vor, bevor ein starker Rückzug Mitte des Jahrhunderts einsetzte, der wie am Fåbergstølsbreen die höchsten Rückzugswerte in den

Abb. 38: Bergsetbreen; man beachte die erneut stark vorgeschobene Position des Baklibre (Aufnahme: 20.08.1995)

späten 1960er Jahren aufwies. Aktuell werden am Stegholtbreen zwar im Kontrast zum Fåbergstøls- und Nigardsbreen noch leichte Rückzugswerte verzeichnet (seit 1984 maximal 10 m/a), die Gletscherzunge hat aber in den letzten Jahren enorm an Mächtigkeit zugenommen, so daß sich auch hier ein beginnender Gletschervorstoß abzeichnet.

Der benachbarte Lodalsbre soll nach BOHR (zit. FORBES 1853) 1818/19 rd. 540 m hinter seiner äußersten frührezenten Endmoräne gelegen haben, 1821 586 m und 1845 schließlich 600/700 m (GROVE 1988). Diese zeitgenössischen Berichte stehen in krassem Gegensatz zu den lichenometrischen Ergebnissen von BICKERTON & MATTHEWS (1993), die die äußerste Moräne auf 1826 datieren, ein nach Ansicht des Verfassers sicherlich zu junges Datum. BOGEN,WOLD & ØSTREM (1989) betonen allerdings, daß sich der Lodalsbre ungewöhnlich lange nahe der maximalen frührezenten Eisrandlage von

Abb. 39: Tuftebreen (Aufnahme: 1868 - C.DE SEUE (?), Fotoarkiv NGU Trondheim [C 30.134])

Fig. 52: Lichenometrische Moränendaten - Fåbergstølsbreen (Datenquellen: s.u.)

Fåbergstølsbreen		
A	B	C
1702 (A)		M-FÅB 1 (l)
① 1794 (B)		M-FÅB 2 (l)
① 1805 (C)		M-FÅB 4 (l)
1754 (D)		M-FÅB 5
1796 (E)		M-FÅB L6 (r)
1800 (F)		M-FÅB 7 (l)
1817 (G)		M-FÅB L8 (r)
1818 (H)		M-FÅB 9
1828 (I)		M-FÅB 10
1860 (J)		M-FÅB L11 (l)
1846 (K)		M-FÅB 12 (l)
1862 (L)		M-FÅB L13 (l)
1870 (M)		M-FÅB L14 (l)
1890 (N)		M-FÅB 15
1903 (O)		M-FÅB 16
* 1910 (P)[1]	1910	M-FÅB 17
* 1930 (Q)[2]	1930	M-FÅB 18
1 = ◉ 1907	2 = ◉ 1933	
* - Fixpunkt ① - Größter Flechtenthallus		
◉ - Mittel der fünf größten Flechtenthalli		
A - BICKERTON & MATTHEWS (1993) B - gemessener Vorstoß		
C - Kennung der Moräne (diese Arbeit)		

1750 hielt. Aufgrund der Morphodynamik im Gletschervorfeld des Lodalsbre, vor allem der starken Hangerosion und glazifluvialen Prozesse in Kombination mit der für Outletgletscher des Jostedalsbre ungewöhnlich starken Bedeckung mit supraglazialem Debris erscheint dem Verfasser dieses Vorfeld im übrigen nur bedingt für lichenometrische Datierungen geeignet (s. 7.4.6). V.a. die starke Lawinentätigkeit, die auch in Zeiten des frührezenten Gletscherhochstands aufgetreten sein wird, führt möglicherweise zu jüngeren Daten, wobei die „Moränen" meist sehr undeutlich und einseitig ohne korrespondierende Formen auf der anderen Talseite ausgebildet sind.

1870 (1869) wird der Lodalsbre als im Vorstoß begriffen beschrieben (REKSTAD 1901, GROVE 1988), ohne daß jedoch dieser Vorstoß oder andere im 19.Jahrhundert näher datiert oder charakterisiert werden könnten. Das Verhalten des 1903 auf 650 m Höhe endenden Gletschers (REKSTAD 1904; aktuell: 860 m) im 20.Jahrhundert weicht von dem benachbarter Gletscher ab. An den beiden weitverbreiteten Vorstößen um 1903/05 bis 1910/11 bzw. 1922/23 bis 1930 nahm er nicht teil, sondern zog sich stetig zurück. Lediglich in den Jahren 1918, 1926, 1928/29, 1932 und 1938 wurden positive Frontänderungen gemessen. Hierbei spielt die lange Reaktionszeit des Gletschers die entscheidende Rolle, denn der größte Outletgletscher des Jostedalsbre, der Tunsbergdalsbre, verhielt sich ähnlich.

Es erscheint nach Ansicht des Verfassers fraglich, ob die äußerste Moräne des Tunsbergdalsbre wirklich zwischen 1740 und 1750 gebildet wurde (REKSTAD 1904). Dieser mit Abstand größte Outletgletscher des Jostedalsbre zeigte im 20.Jahrhundert eine lange Reaktionszeit, die auch während der frührezenten Hochstandsphase zum Tragen gekommen sein dürfte. Die äußerste, aus zwei komplexen Wällen bestehende Moräne sollte deshalb nicht analog zum Nigardsbreen auf 1743 (MOTTERSHEAD & WHITE 1974) bzw. 1748 (MOTTERSHEAD & COLLIN 1976) als Fixpunkt gesetzt werden. Durch

Fig. 53: Rezente Gletscherstandsschwankungskurve (kumulativ) - Fåbergstølsbreen (Datenquellen: vgl. Fig. 46)

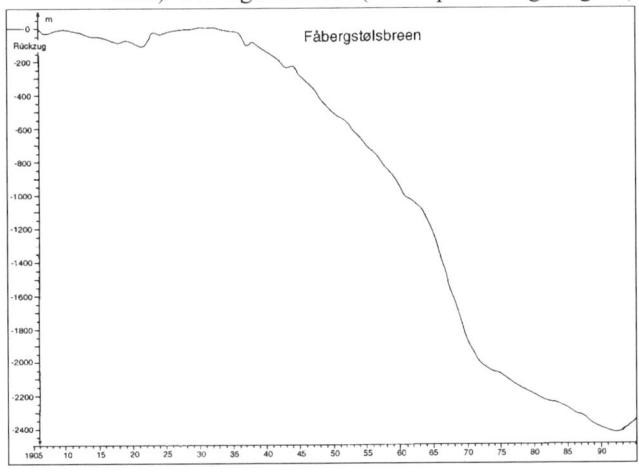

Aufstauung des Tunsbergdalsvatn entzieht sich das Gletschervorfeld leider einer Überprüfung mit modernen lichenometrischen Methoden. Es erscheint durchaus möglich, daß aufgrund der langen Reaktionszeit der Tunsbergdalsbre etwas später als der Nigardsbre seinen Maximalstand erreichte.

Nach MOTTERSHEAD & COLLIN (1976) fand 1850 bis 1860 eine Periode verlangsamten Rückzugs statt. 1869 soll sich der Tunsbergdalsbre noch im Rückzug befunden haben, bevor ein Wiedervorstoß 1875 eine mächtige Endmoräne aufbaute (analog zum Nigardsbreen 1873 ?). Mit Ausnahme des Jahres 1911 wurden im 20.Jahrhundert ausschließlich Rückzugswerte am Tunsbergdalsbreen gemessen, wobei als Ursache gelten muß, daß die beiden die kurzen Wiedervorstöße verursachenden Klimaschwankungen zu kurz waren, um am eine lange Reaktionszeit aufweisenden Tunsbergdalsbreen einen Vorstoß zu verursachen. Bemerkenswert ist ferner, daß der Tunsbergdalsbre erst in den 1960er Jahren höhere Rückzugsraten aufwies.

Im Jostedalen zeigt sich ein (soweit gesichert) relativ einheitliches Bild eines Maximums um 1750 mit durch differente Reaktionszeiten verursachten Abweichungen, dem ein zunächst nur langsamer Rückzug bis in die erste Hälfte des 19.Jahrhunderts folgte. Zwischen 1820 und 1850 scheint sich mindestens ein Wiedervorstoß ereignet zu haben, ein weiterer mit Kulmination 1873/1875 ist gesichert. Ende des 19.Jahrhunderts befanden sich die Gletscher dagegen zunächst im Rückzug, bevor zwei Wiedervorstöße den Rückzug während der ersten drei Deka-

Fig. 54: Rezente Gletscherstandsschwankungskurve (jährlich) - Fåbergstølsbreen (Datenquellen: vgl. Fig. 46)

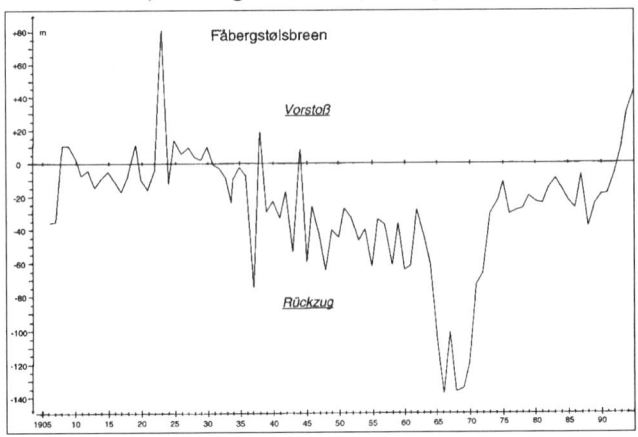

Fig. 55: Lichenometrische Moränendaten - Stegholtbreen (Datenquellen: s.u.)

Stegholtbreen		
A	B	C
1857 (A)		M-STE 1 (r)
① 1888 (B)		M-STE L2 (r)
✱ 1910 (C)¹	1910	M-STE 3 (r)
✱ 1918 (D)²	1918	M-STE 4 (r)
	1926	
	1928	
✱ 1932 (E)³	1932	M-STE 5 (r)
✱ 1938 (F)⁴		M-STE 6 (r)
1 = ⊕ 1906 2 = ⊕ 1918 3 = ⊕ 1928 4 = ⊕ 1939		
✱ - Fixpunkt ① - Größter Flechtenthallus		
⊕ - Mittel der fünf größten Flechtenthalli		
A - BICKERTON & MATTHEWS (1993) B - gemessener Vorstoß		
C - Kennung der Moräne (diese Arbeit)		

Abb. 40: Stegholtbreen (Aufnahme: 28.08.1995)

Fig. 56: Rezente Gletscherstandsschwankungskurve (kumulativ) - Stegholtbreen (Datenquellen: vgl. Fig. 46)

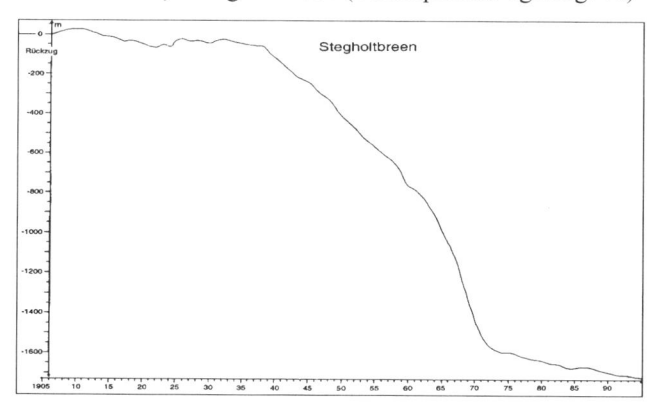

den des 20. Jahrhunderts unterbrachen. Gefolgt wurden diese in der Mitte des 20. Jahrhunderts von einem starken Rückzug, der an den reaktionsschnellen, kleineren Gletschern in den 1960er Jahren beendet war, an den größeren Gletschern erst vor kurzem. Aktuell stoßen beinahe ausnahmslos die Gletscher im Jostedalen vor, z.T. sogar sehr stark (kurze. reaktionsschnelle Outletgletscher).

Der sukzessive Rückzug von der frührezenten Maximalposition wurde also von zahlreichen Wiedervorstößen und Stillständen unterbrochen, die durch zugehörige Moränenrücken repräsentiert werden. Die lichenometrische Datierung dieser Moränen (z.B. ERIKSTAD & SOLLID 1986, BICKERTON & MATTHEWS 1992,1993) ergeben bei aller Unsicherheit gewissen Häufungen für Moränenbildungen, u.a. in den Zeitabschnitten:

- 1780 - 1789;
- 1802 - 1811;
- 1817 - 1826;
- 1837 - 1846;
- 1852 - 1858;
- 1863 - 1871;
- 1873 - 1876;
- 1881 - 1891;
- 1905 - 1911;
- 1926 - 1932;
- 1937 - 1940.

5.3.3 Veitastrond und Fjærland (südlicher Jostedalsbreen)

Im Gegensatz zum Jostedalen gibt es keine historischen

Dokumente aus dem Gebiet von Veitastrond bzw. Fjærland. Auch lichenometrische Messungen sind im Falle von Fjærland nicht durchzuführen, da durch die sehr niedrige Lage der Gletscherzungen (während des frührezenten Hochstands 40 m beim Supphellebreen, 120 m beim Bøyabreen) die Moränen z.T. sehr stark von Vegetation bedeckt und damit ungünstig für das Flechtenwachstum sind (Supphellebreen). Ferner sind beide Gletschervorfelder intensiv beweidet worden (v.a. Bøyabreen), was lichenometrische Messungen verfälschen könnte (pers.Mittlg. K.Fægri).

Am Austerdalsbreen bei Veitastrond fehlt ein historisch belegter Fixpunkt für die Datierung der äußeren Moränenrükken. Die äußerste Endmoräne des Austerdalsbre (M-AUS 1) unweit der Felsschwelle bei Tungestølen soll nach KING (1959) um 1750 gebildet worden sein, konkrete Beweise fehlen aber. ERIKSTAD & SOLLID (1986) datieren die äußerste Endmoräne lichenometrisch auf ca. 1800, schränken jedoch selbst ein, daß dieses Datum zu jung düfte (s. Fig. 62). BICKERTON & MATTHEWS (1993) datieren die äußerste Moräne auf 1764, so daß bei Berücksichtigung des Unsicherheitsspielraums M-AUS 1 durchaus um 1750 oder kurz danach gebildet worden sein könnte. Es ist ferner zu berücksichtigen, daß Schneelawinen von den Talflanken bis weit ins Gletschervorfeld auslaufen und methodische Probleme bei lichenometrischen Datierungen verursachen können (im August 1993 wie 1994 lagen noch große residuale Schneelawinenmen-

Fig. 57: Rezente Gletscherstandsschwankungskurve (jährlich) - Stegholtbreen (Datenquellen: vgl. Fig. 46)

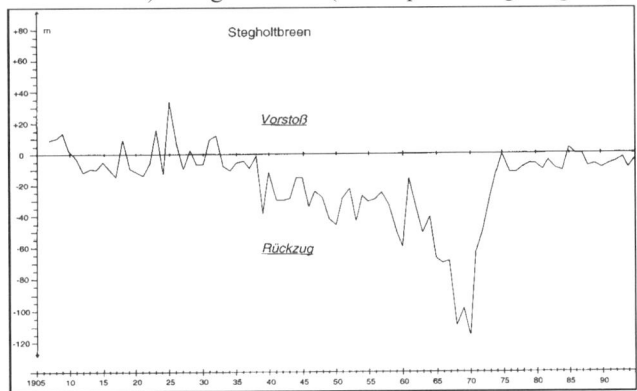

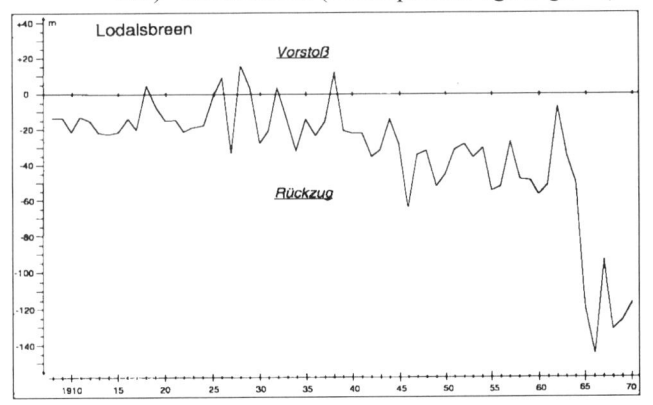

Fig. 58: Rezente Gletscherstandsschwankungskurve (kumulativ) - Lodalsbreen (Datenquellen: vgl. Fig. 46)

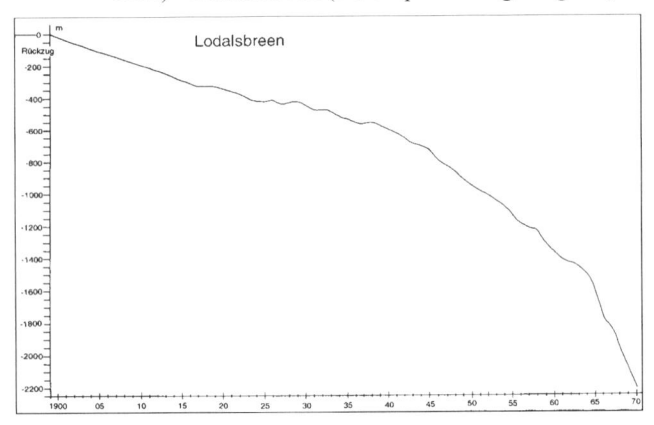

Fig. 59: Rezente Gletscherstandsschwankungskurve (jährlich) - Lodalsbreen (Datenquellen: vgl. Figur 46)

Fig. 60: Rezente Gletscherstandsschwankungskurve (kumulativ) - Tunsbergdalsbreen (Datenquellen: vgl. Fig. 46)

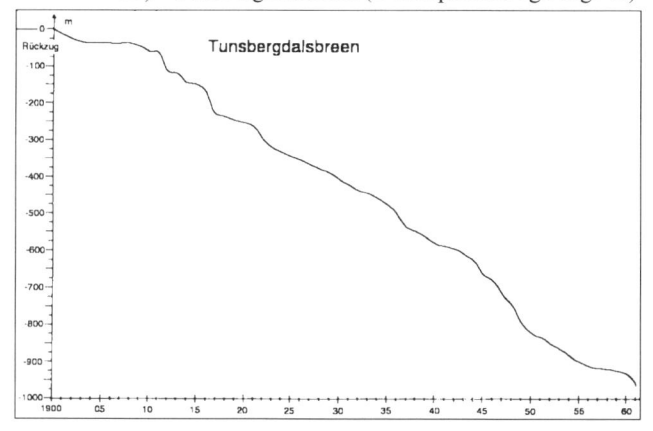

Fig. 61: Rezente Gletscherstandsschwankungskurve (jährlich) - Tunsbergdalsbreen (Datenquellen: vgl. Fig. 46)

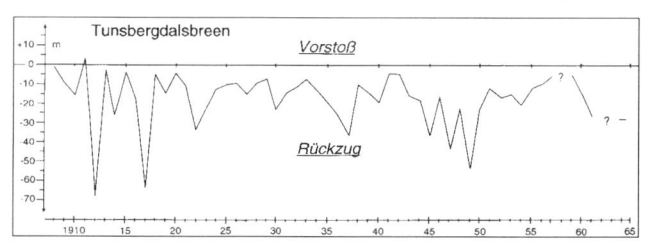

Fig. 62: Lichenometrische Moränendaten (nur A & B) - Austerdalsbreen (Datenquellen: s.u.)

Austerdalsbreen				
A	B	C	D	E
1764 (A)	✤ 1800 (a)³	1750 (A)		M-AUS 1
1781 (B)	✤ 1819 (b)			M-AUS 2
1819 (C)				M-AUS 3 (r)
1797 (D)				M-AUS L4 (r)
1812 (E)	1813 (c)	1805 (B)		M-AUS 5.1
1857 (F)		1850 (C)		M-AUS 5.2
1852 (G)	1844 (d)			M-AUS 6 (l)
	1849 (e)			M-AUS 7
1877 (H)	1865 (f)	1855 (D)		M-AUS 8 (l)
1873 (I)	1866 (g)			M-AUS L9 (l)
1870 (J)		1865 (E)		M-AUS 10
1875 (K)	1879 (k)	1875 (F1)		M-AUS 11
ⓘ 1913 (L)		1890 (F2)		M-AUS 12 (l)
✻ 1909 (M)¹	✻ 1909 (i)	1909 (G)	1909	M-AUS 13
1925 (N)²	✻ 1930 (j)	1928 (H)		M-AUS 14
1931 (O)²	✻ 1935 (k)			M-AUS 15
	1936 (l)			M-AUS L16 (r)

1 = ● 1904   2 = zwischen 1920 und 1933   3 = 1750 (?)
✻ - Fixpunkt   ✤ - evtl. zu jung   ⓘ - Größter Flechtenthallus   ● - Mittel der fünf größten Flechtenthalli
A - BICKERTON & MATTHEWS (1993)   B - ERIKSTAD & SOLLID (1986)   C - KING (1959)
D - gemessener Vorstoß   E - Kennung der Moräne (diese Arbeit)

gen im Vorfeld; Beobachtungen des Verfassers; vgl. 7.4.9). Die subsequenten Endmoränen können nicht durch historische Belege abgesichert werden. Dem Chronologieschema nach können sie durchaus mit den Schwankungen der Gletscher im Jostedalen verglichen werden, wobei starke Rückzugstendenzen Mitte des 19. und Mitte des 20. Jahrhunderts auftraten (KING 1959).

Der Vorstoß Anfang des 20. Jahrhunderts begann am Austerdalsbreen 1905 oder früher und war 1909 beendet. Der zweite Vorstoß des 20. Jahrhunderts fällt in eine Unterbrechung der jährlichen Messungen, ist folglich nicht datierbar, durch vorhandenen Endmoränen (M-AUS 14,15) aber gesichert. Nach diesen Wiedervorstößen kam es zu einem starken Rückzug, so daß der Abstand der Gletscherfront zum äußersten Moränenrücken 1959 rd. 2600 m betrug (KING 1959; aktuell beträgt er ca. 3000 m). Ende der 1950er Jahre zeigte sich ein Massenzuwachs im Akkumulationsgebiet des Austerdalsbre und ab 1973 hat sich der Rückzug deutlich verlangsamt und in einzelnen Jahren wurde ein leichter Vorstoß der Gletscherfront verzeichnet. Aktuell beginnt der in den 1980er Jahren weitgehend stationäre Austerdalsbre langsam vorzustoßen (1991 - 1995: 42 m Vorstoß).

Bøyabreen und Supphellebreen bei Fjærland zählen zu den Gletschern mit den niedrigsten Höhenlagen der Gletscherzungen während der frührezenten Maximalstände. Sie sind ferner dadurch gekennzeichnet, daß beide Gletscher vom Plateau des

Jostedalsbre über extrem steile Felsabbrüche in die Täler vorstoßen. Während am Supphellebreen daher schon 1851 bereits keine Verbindung vom einen regenerierten Gletscher darstellenden unteren Teil der Gletscherzunge zum oberen Gletscherteilbereich mehr bestand (FORBES 1853, BEHRMANN 1927), zerriß der Kontakt am Bøyabreen erst Mitte des 20.Jahrhunderts. Aktuell sind den aktiven Hanggletschern inaktive Schnee-/Eis- bzw. Debrisakkumulationen am Fuß der Felsschwellen vorgelagert (s. 7.4.10/11).

Übereinstimmend werden die äußersten Moränen beider Gletscher auf ca. 1750 datiert (REKSTAD 1904, FÆGRI 1934a). Da diese Gletscher aber über eine spezielle Dynamik verfügen und relativ reaktionsschnell sind (was deren Reaktion im 20.Jahrhundert zeigt), könnten sie aber schon früher als der als Referenz herangezogene Nigardsbre ihren Maximalstand erreicht haben, d.h. ein analoges Verhalten zu den reaktionsschnellen Gletschern im Olde- bzw. Lodalen (s.u.). Aufgrund der Pflanzensukzession kommt FÆGRI (1934a) zu folgenden Distanzen der subsequenten Moränen zur äußersten Endmoräne (M-BØY 1/1750) am Bøyabreen:

- M-BØY 2 (1825) - 500 m;
- M-BØY 3 (1840) - 900 m;
- M-BØY 4 (1860/75) - 1150 -1400 m.

Fig. 63: Rezente Gletscherstandsschwankungskurve vor der Meßungsunterbrechung (links jährlich, rechts kumulativ) - Austerdalsbreen (Datenquellen: REKSTAD 1904 ff.)

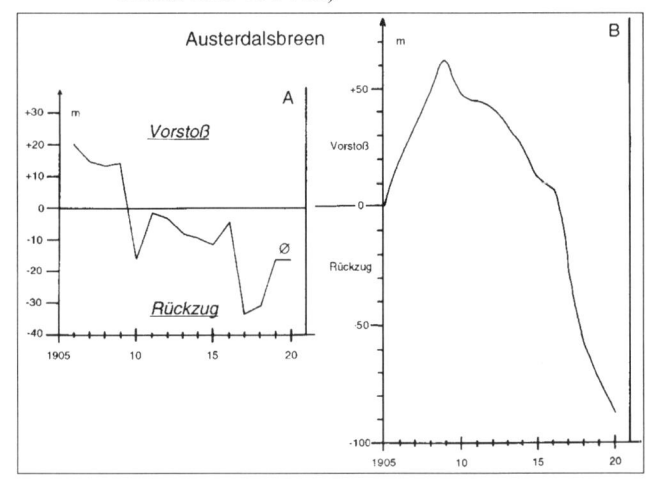

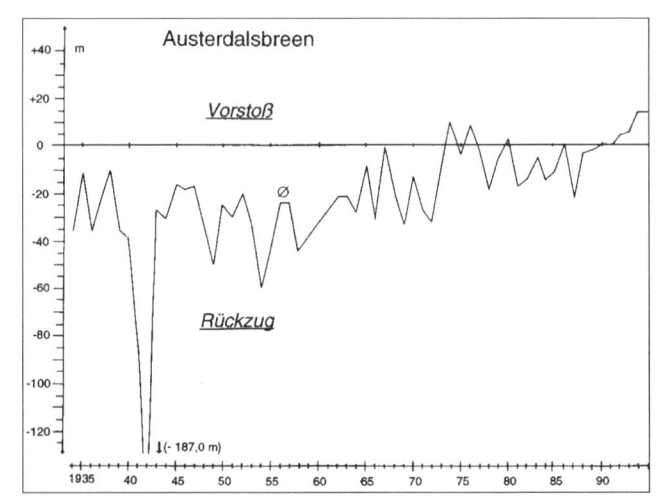

Fig. 64: Rezente Gletscherstandsschwankungskurve (jährlich) - Austerdalsbreen (Datenquellen: vgl. Fig. 46)

M-BØY 4 wurde im übrigen während mindestens zwei sukzessiver Vorstöße (Wintervorstöße?) gebildet und steht im Kontext von Vorstoßtendenzen im Jostedalen (s.o.).

Der Vorstoß um 1825 wird von REKSTAD (1904) als überlieferte Beobachtung der lokalen Bevölkerung erwähnt, ist somit nur teilweise gesichert. FORBES (1853) erwähnt, daß der Bøyabre vom Fjærlandsfjorden aus zu erkennen war, was auf eine noch erheblich vorgeschobene Position des

Fig. 65: Rezente Gletscherstandsschwankungskurve (kumulativ) - Austerdalsbreen (Datenquellen: vgl. Fig. 46)

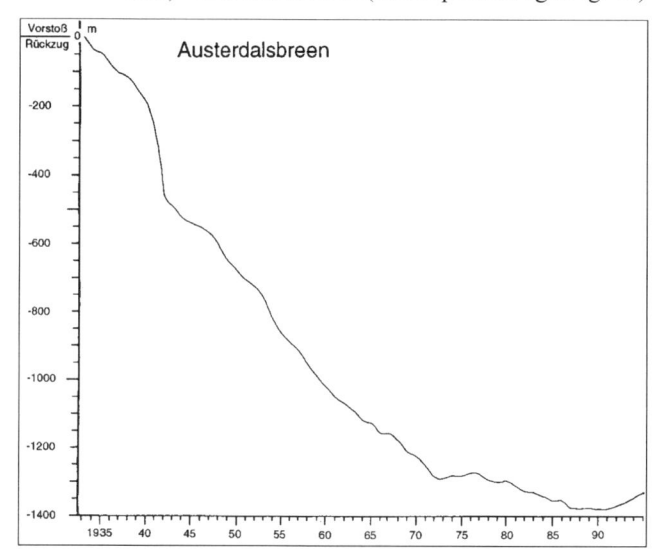

Fig. 66: Rezente Gletscherstandsschwankungskurve (kumulativ) - Bøyabreen (Datenquellen: vgl. Fig. 46)

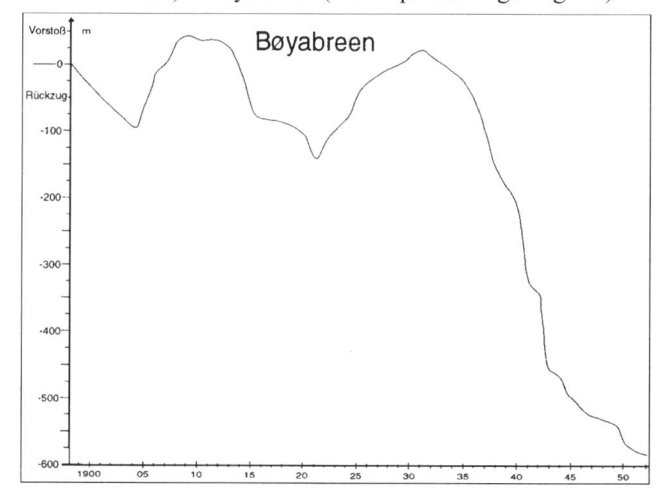

Gletschers hindeutet. Zuvor soll sich der Gletscher bis 1822 (in 100 Jahren) um 500 m zurückgezogen haben (GROVE 1988). Dieses liefert einen Hinweis auf ein frühes Maximum um 1720, welches aus glaziologischer Sicht (kurze Reaktionszeit) möglich erscheint. Nach Messungen von ØYEN (zit. AHLMANN 1922) stieß der Bøyabreen in den 1880er Jahre vor und erreichte 1889 eine größere Ausdehnung als 1874, um sich anschließend bis 1894 wieder stark zurückzuziehen (Widerspruch zu FÆGRI 1934a). Auch nach REKSTAD (1901) stieß der Bøyabre 1868 bis 1870 vor, um sich anschließend von 1870 bis 1880 zurückzuziehen. Seit 1880 wuchs er dann wieder bis 1888 an, bei nachfolgendem Rückzug. Die Distanz zur äußersten Moräne betrug 1899 rd. 1850 m (REKSTAD 1904).

Nachdem 1903 eine deutliche Schwellung im oberen Bereich der Gletscherzunge zu verzeichnen war (REKSTAD 1904), stieß der Gletscher zwischen 1904 und 1909/1911 um ca. 130 m vor. Ein neuerlicher Vorstoß begann 1921 und führte bis 1931 zu einem erneuten Vorrücken bis knapp an die Position von 1909 (Genese des Moränenkomplexes M-BØY 5). Anschließend setzte o.e. starker Rückzug ein, in dessen Verlauf die untere Zunge des Bøyabre den Kontakt zum aktiven Gletscherteil verlor und ein proglazialer Moränenstausee entstand (Brevatnet; Becken im Felsuntergrund evtl. vorangelegt). Die inaktive Eisakkumulation wuchs während der letzten Jahre enorm an, gleichzeitig stieß die aktive Gletscherzunge die Talschwelle hinab vor und erreichte 1994 an einer Seite die Eisakkumulation, welche 1995 teilweise die konvexe Form einer aktiven Gletscherzunge in Kombination mit zahlreichen Scherungsflächen/Gletscherspalten annahm (s. Abb. 45).

Der Supphellebre soll 100 Jahre vor FORBES' Besuch 1851 lateral ins Supphelledalen vorgedrungen und dieses bei subglazialer Drainage blockiert haben. ORHEIM (1970) gibt das Alter der äußersten

Endmoräne mit ca. 1750 an und datiert subsequente Endmoränen auf ca. 1800, 1850/70, 1890, 1910 und 1930.

Am Supphellebreen sollen um 1868 Vorstoßtendenzen geherrscht haben (REKSTAD 1901), schwache Vorstoßtendenzen um 1899. Wie am Bøyabreen war der obere, aktive Teil 1903 größer als 1899, wobei 1898/1901 bereits ein Vorrücken der Gletscherfront festgestellt wurde. Der Vorstoß hielt bis 1910 an. Nach einjährigen Vorstößen 1911/12 und 1915/16 fand von 1922 bis 1931 mit kurzen Unterbrechungen ein erneuter Vorstoß statt. Als herauszuhebende Besonderheit unter den Outletgletschern muß beachtet werden, daß die Position 1929 knapp 65 m außerhalb der Position von 1912 lag, denn die maximale Position des 1920/30er Vorstoßes erreichte i.d.R. nicht die des vorangegangenen Vorstoßes 1903(05)/11. Aktuell wächst wie am benachbarten Bøyabreen die Größe der vorgelagerten Eisakkumulation (frontales Anwachsen um 39 m 1992/93 bzw. 43 m 1993/94 - pers.Mittlg. O.M.Korsen).

Am hochgelegenen Teil des Supphellebre (Flatbreen) wurden während der frührezenten Gletschervorstöße zwei bedeutende Lateralmoränen aufgebaut (s. 7.4.11). Eine entspricht dem frührezenten Maximum und muß um 1750 gebildet worden sein. Die zweite Lateralmoräne wird in der Literatur oft als „1900er" Moräne tituliert. Historische Photographien deuten allerdings darauf hin, daß sie schon früher gebildet worden sein muß, evtl. in der zweiten Hälfte des 19.Jahrhunderts (um 1870?).

Der im Talschluß des Supphelledal gelegene Vesle Supphellebre entspricht in seinem Schwan-

Abb. 41: Bøyabreen (Aufnahme: 27.07.1868 - C.DE SEUE (?), Fotoarkiv NGU Trondheim [C 30.54])

Abb. 42: Bøyabreen (Aufnahme: um 1872/73 - K.KNUDSEN [1120], Bildsamlinga Universitetsbiblioteket i Bergen)

Abb. 43: Bøyabreen (Aufnahme: 30.08.1899 - J.REKSTAD, Fotoarkiv NGU Trondheim [C 30.61])

Fig. 67: Rezente Gletscherstandsschwankungskurve (jährlich) - Bøyabreen (Datenquellen: vgl. Fig. 46)

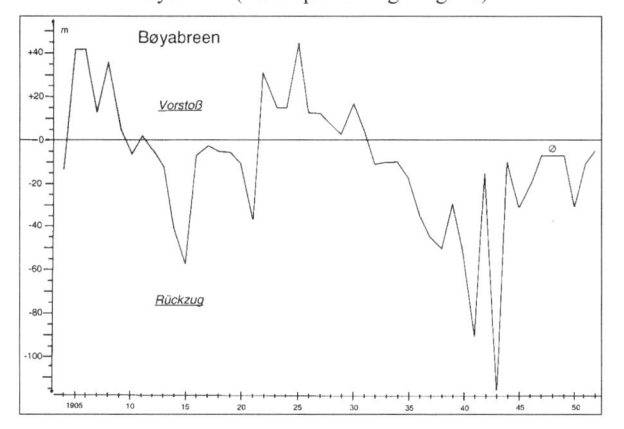

Abb. 44: Bøyabreen (man beachte die Größe der Eisakkumulation und die Distanz zum aktiven, hanggletscherartigen Teil) (Aufnahme: 07.08.1989)

Abb. 45: Bøyabreen (Aufnahme: 02.09.1995)

kungsverhalten im 20. Jahrhundert (ältere Gletscherfrontpositionen sind nicht ausweisbar) weitgehend dem von Supphelle- bzw. Bøyabreen (Vorstöße 1902 - 1911 und 1922 - 1931). Der zweite Wiedervorstoß blieb dabei hinter dem ersten zurück. Auch der Vesle Supphellebre soll im übrigen um 1868 vorgestoßen sein (REKSTAD 1904).

5.3.4 Indre Nordfjord/Olde- und Lodalen (nordwestlicher Jostedalsbreen)

Unterschiede im Gletscherverhalten zwischen den Outletgletschern im Olde- und Lodalen zu denen im Jostedalen sind neben regionalklimatischen Unterschieden v.a. auf differente Gletschermorphologie zurückzuführen. Während im Jostedalen v.a. lange Talgletscher auftreten, sind die Outlets im Olde- und Lodalen zumeist sehr kurz und fließen über steile Eisbrüche in die Täler ab. Dadurch reagieren sie sensibler auf Klimaschwankungen und besitzen eine kürzere Reaktionszeit. Historische Dokumente aus Olde- und Lodalen existieren v.a. in Form von belegten Steuernachlässen aufgrund Zerstörung von Weideland bzw. Höfen durch vorrückende Gletscher bzw. damit verbundene morphologische Prozesse.

Nach GROVE (1988) existieren aus dem 14. Jahrhundert (v.a. aus dem Jahr 1339) aus Olde- wie Lodalen Berichte über Zerstörungen von Höfen und Weideland durch „Naturkatastrophen". Da diese unspezifiziert sind, lassen sie sich nicht mit Gletschervorstößen in Beziehung bringen. Da auch aktuell Bergstürze bzw. Lawinenabgänge in o.e. Tälern relativ häufig auftreten (s.a. NESJE & AA 1989), können durchaus nichtglazialmorphologische Ereignisse Ursachen für die berichteten Beschädigungen gewesen sein. Gleichwohl scheint das 14.Jahrhundert durch ungünstigere Klimabedingungen gekennzeichnet gewesen zu sein, die zusammen mit der Pest für einen starken Bevölkerungverlust verantwortlich waren. In der Folgezeit verbesserte sich das Klima und Berichte von guten Ernten in der ersten Hälfte des 17.Jahrhunderts deuten auf eine Gletscherausdehnung hin, die in dieser Region zumindest nicht größer als rezent war, da gerade die später von den frührezenten Gletschervorstößen stark betroffenen Höfe sehr ertragreich waren (Bødalen, Tungøyane etc. - EIDE 1955, NESJE 1994).

Ab 1660/70 begann in der Region das Anwachsen der Gletscher. In den 1680er/90er Jahren war z.B. der Brenndalsbre (Åbrekkebre) in einem Seitental des Oldedal auf eine solche Größe angewachsen, daß seine Schmelzwasserbäche Schäden am Weideland verursachten (EIDE 1955). Um 1700 erreichte der Brenndalsbre die Talmündungsstufe und bedrohte die unterhalb gelegenen Höfe Tungøyane und Åbrekk (REKSTAD 1904, EIDE 1955, NESJE 1994). Der Brenndalsbre setzte seinen Vorstoß anschließend langsam weiter fort. 1728 mußte der Hof Tungøyane verlegt werden, da der an der Talschwelle liegende Gletscher nicht nur durch das Schmelzwasser die Höfe bedrohte, sondern auch das Eis über die Talstufe hinabzustürzen drohte. 1733 begann der Gletscher über die Talstufe vorzustoßen. Am 1.Dezember 1743

Abb. 46: Supphellebreen (Aufnahme: 19.09.1899 - J.REKSTAD, Fotoarkiv NGU Trondheim [C 30.26])

Fig. 68: Rezente Gletscherstandsschwankungskurve (kumulativ) - Supphellebreen (Datenquellen: vgl. Fig. 46)

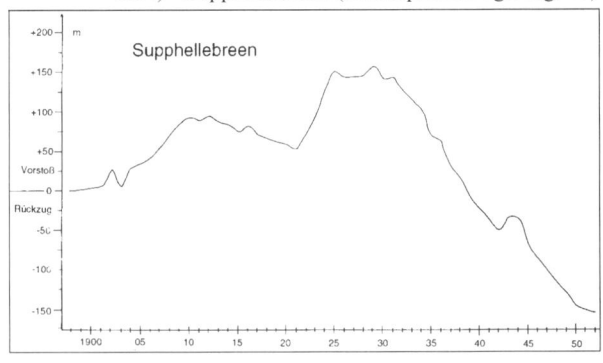

Fig. 69: Rezente Gletscherstandsschwankungskurve (jährlich) - Supphellebreen (Datenquellen: vgl. Fig. 46)

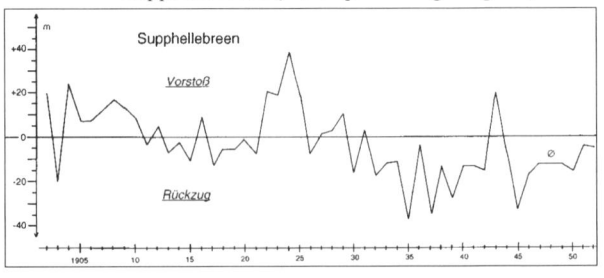

stürzten Teile der Gletscherzunge auf den (vorher verlagerten) Hof Tungøyane. Diese Stelle ist rezent durch eine diffuse Moränenmaterialakkumulation unterhalb der Talmündungsstufe markiert. Damit wäre der frührezente Maximalstand am Brenndalsbre in etwa gleichzeitig mit dem des Nigardsbre, obwohl der Vorstoß deutlich früher angesetzt hat.

Abb. 47: Supphellebreen (man beachte die Größe der Eisakkumulation) (Aufnahme: 11.08.1990)

Abb. 48: Supphellebreen (Aufnahme: 02.09.1995)

Zu dieser Zeit hatte der rezent einen regenerierten Gletscher darstellende Brenndalsbre (s. 7.4.13) eine vollständige Verbindung zum Hauptplateau des Jostedalsbre, die im übrigen noch bis in die ersten Dekaden des 20.Jahrhunderts bestand. Der Brenndalsbre lag nach REKSTAD (1901,1904) 1775 bis 1800 noch annähernd am Maximalstand, d.h. im Bereich der Talmündungsschwelle. Neben diesem historisch gesicherten Hochstand vom Brenndalsbre gibt es keine eindeutige Belege über den frührezenten Maximalstand der anderen Gletscher im Olde- und Lodalen. Am Brenndalsbreen weist REKSTAD (1901) 5 Wiedervorstöße/Stillstände repräsentierende subsequente Endmoränen (datiert auf 1800, 1810, 1840, 1869, 1875) aus, die zwischen dem Maximalstand und der 1899er Gletscherfront liegen. Der Abstand zur Eisrandlage von 1743 betrug 1900 rd. 1160 m. Eine 220 m vor dem Gletscher gelegene Endmoräne (M-BRE 5) soll n. REKSTAD (1904) während eines Vorstoßes 1869 bis 1874 aufgebaut worden sein (s. FÆGRI 1934a). Der Brenndalsbre stieß 1895/96 vor (ØYEN 1907), nachdem zuvor bereits um 1890 Vorstoßtendenzen verzeichnet wurden (FÆGRI 1934a). Ab 1905 stieß der Brenndalsbre erneut bis gegen 1911/13 vor, später nochmals 1922 - 1932 (mit kurzen Unterbrechungen). Bemerkenswert ist der Hinweis auf einen 6 - 8 m starken Wintervorstoß von September 1900 bis Mai 1901 (REKSTAD 1904). Zwar lassen die glazialmorphologischen Konfigurationen der Gletschervorfelder zahlreicher Outletgletscher des Jostedalsbre keinen anderen Schluß zu, als daß solche Wintervorstöße weit verbreitet waren und sind, direkte Messungen sind aber, v.a. aus methodischen Gründen, sehr selten. Nur vom Nigardsbreen existieren ähnliche Messungen über stark saisonale Schwankungen der Gletscherfrontbewegung, doch fielen die Messungen in eine Periode starken Gletscherrückzugs, so daß nur eine stationäre Position in den Wintermonaten bzw. im Frühjahr aufgetreten ist, jedoch kein Vorstoß (FÆGRI 1948).

Nach 1933 setzte ein starker Rückzug des Brenndalsbre (1945 - 46 allein 254 m Rückzug) ein, im Zuge dessen er die Verbindung zum Hauptgletscher verlor und zum regenerierten Gletscher wurde. Ab 1958 wurden wieder Vorstoßtendenzen gemessen, die bis zum Einstellen der Messungen 1965 andauerten. Der Brenndalsbre ist in seinem Schwankungsverhalten im 20.Jahrhundert (und vermutlich auch vorher) mit dem benachbarten Brigsdalsbre bzw. dem Melkevollbre synchron, stößt in Konsequenz aktuell ebenfalls stark vor (Vorstoß 1966 - 1995: 250 - 300 m).

Der Brigsdalsbre soll ebenfalls um 1750 sein Maximum erreicht haben (NESJE & AA 1989). Er soll nach PEDERSEN (1976) um 1814 und um 1870 erneut vorgestoßen sein. Einen Vorstoß zwischen 1869 und 1872 belegen u.a. REKSTAD (1904) und GROVE (1988), wobei während dieses Vorstoßes keine dominante Endmoräne gebildet wurde (s. 7.4.12). Nach ØYEN (1907) stieß der Gletscher 1895 und 1896 vor, nach vorangegangenem Stillstand 1894 (wie der benachbarte Melkevollbre).

1904 - 1910 und 1922 - 1929/31 stieß der Brigsdalsbre parallel zu den meisten anderen Gletschern im Olde-, Lo- und Jostedalen vor. Ein besonders schneller Rückzug setzte 1932 - 1942 ein, als durch Kalben über dem eisfrei gewordenen Brigsdalsvatn der klimatisch induzierte Rückzug stimuliert wurde (ähnlich wie am Nigards- bzw. Bødalsbreen). Die noch heute existierende Lage der Gletscherzunge im Brigsdalsvatnet erschwerte nicht nur die genaue Messung der Gletscherfront, sondern hat auch glazialdynamischen Einfluß auf die Gletscherschwankungen ausgeübt. Schon 1951 war aber am Brigsdalsbreen die große Rückzugsperiode vorüber und der Gletscher stieß erneut vor, zunächst bis 1953, nachfolgend 1955 - 1961. Später wurden 1964 - 1969, 1974 - 1980 und ab 1988 Vorstoßwerte gemessen.

Fig. 70: Rezente Gletscherstandsschwankungskurve (kumulativ) - Vesle Supphellebreen (Datenquellen: vgl. Fig. 46)

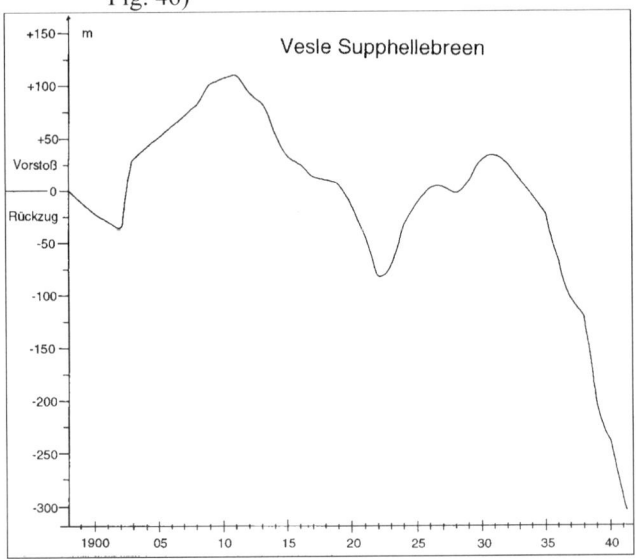

Fig. 71: Rezente Gletscherstandsschwankungskurve (jährlich) - Vesle Supphellebreen (Datenquellen: vgl. Fig. 46)

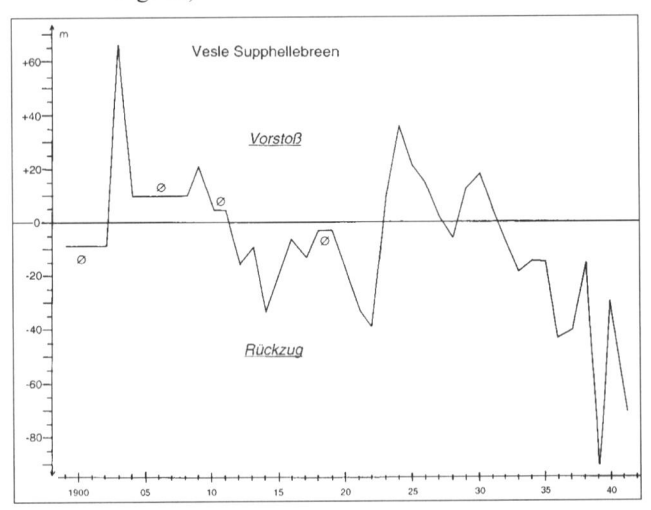

Die nicht konstante Natur des Vorstoßes kann evtl. auf die Lage der Gletscherfront im proglazialen Brigsdalsvatnet zurückgeführt werden. Da Kalben grundsätzlich negativ auf der Massenhaushalts-

Abb. 49: Brenndalsbreen (Aufnahme: 29.07.1869 - C.DE SEUE (?), Fotoarkiv NGU Trondheim [C 29.135])

Abb. 50: Brenndalsbreen (Aufnahme: 16.09.1900 - J.REKSTAD, Fotoarkiv NGU Trondheim [C 29.122])

Fig. 72: Rezente Gletscherstandsschwankungskurve (kumulativ) - Brenndalsbreen (Datenquellen: vgl. Fig. 46)

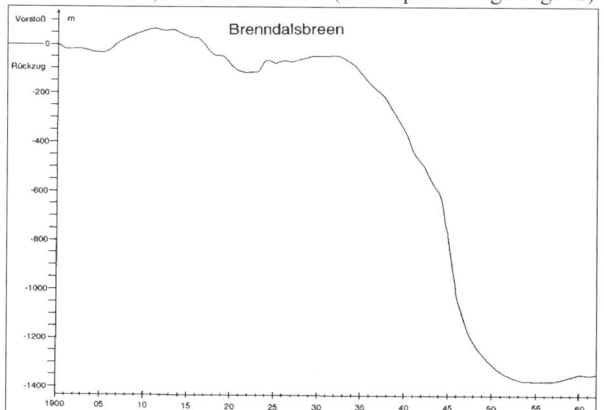

rechnung steht, wurden zwischen den einzelnen Vorstößen kurze Rückzugsphasen anstelle stationärer Phasen festgestellt, die bei gründigem Gletscher zu erwarten gewesen wären. Im den letzten Jahren hat sich der Gletschervorstoß des Brigsdalsbre enorm verstärkt. Allein 1992 - 95 schob sich der Gletscher um 210 m vor (pers.Mittlg. A.Nesje), verbunden mit erheblichen glazialmorphologischen Konsequenzen (s. 7.4.12). Insgesamt stieß der Gletscher damit nach seinem Minimalstand von 1955 um rd. 488 m vor, davon allein 329 m 1987 bis 1995.

Der dem Brigsdalsbre benachbarte Melkevollbre wies während des 20.Jahrhunderts bei identischer Reaktionszeit ein ähnliches Schwankungsverhalten auf und stieß 1902 - 1911 und 1923 - 1927/29 vor. Die Periode starken Rückzugs Mitte des 20.Jahrhunderts wurde durch die Lage der Gletscherzunge in einer engen, in die Talstufe eingeschnittenen Schlucht verstärkt (allein 1938/39 202,5 m Rückzug). Berichte über das Datum des frührezenten Hochstands fehlen. Der Melkevollbre soll nach REKSTAD (1901) 1869 vorgestoßen sein, ebenso 1895/96 (ØYEN 1907).

Wie an Brenndals-, Brigsdals- und Melkevollbreen können aufgrund spezieller morphologischer Verhältnisse und starker Vegetationsbedeckung des relativ niedrig gelegenen Gletschervorfelds auch am Kjenndalsbreen (Lodalen) keine lichenometrischen Untersuchungen durchgeführt werden. Wegen der außerordentlichen Steilheit der fast senkrechten Talflanken, starker Lawinentätigkeit und glazifluvialer Prozesse finden sich am Kjendalsbreen ferner kaum eindeutig zu identifizierende Endmoränen (s. 7.4.16). Der Kjenndalsbre soll zwischen 1667

177

und 1692/93 relativ schnell angewachsen und vorgestoßen sein, was Berichte über Zerstörungen von Höfen und Weiden durch Schmelzwasser nahelegen (GROVE 1988). Dieser relativ frühe Vorstoß ist ähnlich wie am Brenndalsbreen mit den besonderen topographischen Verhältnissen zu erklären, kann aber nicht als endgültig gesichert bezeichnet werden. REKSTAD (1901) erwähnt neben einem diffusen Moränenkomplex 30 m vor dem 1899er Gletscherende nur zwei Endmoränen im Abstand von 670 bzw. 930 m, ohne sie jedoch näher zu datieren.

Vermessen wurde ein Vorstoß 1907 bis 1909, der schon etwas früher begonnen haben dürfte (da in der langen Periode zwischen 1900 und 1907 nur - 5,8 m Differenz gemessen wurde). 1922 - 1932 stieß der Gletscher erneut vor, um sich anschließend mit enormen hohen jährlichen Werten (1943-45 allein 331,5 m) zurückzuziehen. Rezent stößt auch der Kjenndalsbre stark vor (1984 - 1995: ca. 300 m Vorstoß).

Die äußerste Endmoräne am Bødalsbreen (in einem Seitental des Lodal) ist lichenometrisch übereinstimmend auf ca. 1750 datiert worden (MATTHEWS,CORNISH & SHAKESBY 1979, LIEN & RYE 1988, BICKERTON & MATTHEWS 1993; s. Fig. 80). Im Gegensatz zu o.e. Gletschern sind im Vorfeld des Bødalsbre deutliche Endmoränen ausgebildet, die sich zur lichenometrischen Datierung eignen (vgl. 7.4.15). Die drei bedeutenden äußeren Endmoränenzüge (M-BØD 1,2,3) sind vor Mitte des 19.Jahrhunderts aufgebaut worden, dies zeigen übereinstimmend lichenometrische Datierungen wie historische Photographien (s. Abb. 63). M-BØD 2 ist vermutlich um 1770 aufgebaut worden, M-BØD 3 um

Fig. 73: Rezente Gletscherstandsschwankungskurve (jährlich) - Brenndalsbreen (Datenquellen: vgl. Fig. 46)

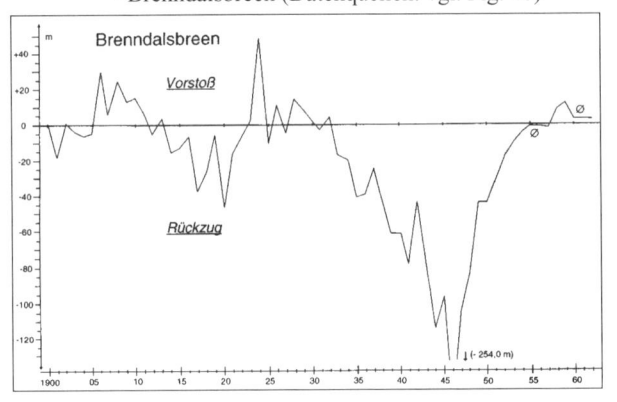

Abb. 51: Brigsdalsbreen (Aufnahme: 1872 - K.KNUDSEN [878], Bildsamlinga Universitetsbiblioteket i Bergen)

Abb. 52: Brigsdalsbreen (Aufnahme: 1888 - A.LINDAHL, Fotoarkiv NGU Trondheim [C 29.97])

Abb. 53: Brigsdalsbreen (Aufnahme: 1892 (?) - K.KNUDSEN [8764], Bildsamlinga Universitetsbiblioteket i Bergen)

Abb. 54: Brigsdalsbreen (Aufnahme: 01.09.1907 - J.REKSTAD, Fotoarkiv NGU Trondheim [C 29.112])

Fig. 74: Rezente Gletscherstandsschwankungskurve (kumulativ) - Brigsdalsbreen (Datenquellen: vgl. Fig. 46)

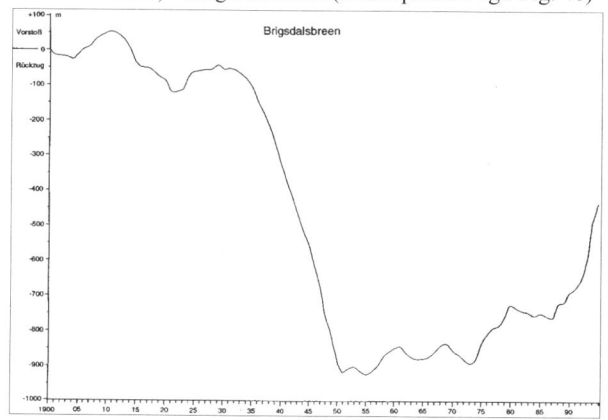

1815/20. Durch deren große Mächtigkeit müssen sie ausgedehntere Wiedervorstöße repräsentieren.

In der ersten Hälfte des 20.Jahrhunderts stieß der Bødalsbre zweimalig vor, um 1905 - 1912 (Beginn des Vorstoßes nicht durch Messungen erfaßt) und 1922 - 1930. Hiernach setzte ein starker Rückzug ein, beschleunigt durch Ausbildung einer kalbenden Gletscherfront über dem sukzessive eisfrei werdenden Sætrevatn (LIEN & RYE 1988). Auch am Bødalsbreen (wie am Kjenndalsbreen) stoppte in den 1960er/70er Jahren der Gletscherrückzug. Aktuell befindet sich auch der Bødalsbre im Vorstoß (Vorstoß 1984 bis 1995: 150 - 200 m).

Aus dem im Nordsektor des Jostedalsbre gelegenen Erdal wird berichtet, daß ein Hof (Skipeide) 1726 stark beschädigt wurde, vermutlich durch die Schmelzwässer des vorstoßenden Erdalsbre, für den ansonsten weder lichenometrische Datierungen noch historische Dokumente bzw. rezente Meßergebnisse vorliegen.

Zusammenfassend weicht die frührezente und rezente Schwankungschronologie der Outletgletscher des Jostedalsbre erheblich von der der Ostalpen ab. Nicht vor Ende des 17.Jahrhunderts begannen die Gletscher mit ihrem Vorstoß, vermutlich aus Positionen, die nicht größer als rezent oder sogar weiter zurückgezogen waren. Die reaktionsschnelleren kurzen Outletgletscher stießen dabei schneller vor und erreichten schon kurz nach 1700 annähernd Maximalstände, während die größeren Gletscher um das Jahr 1750 in ihrem Vorstoß kulminierten. Diesem deutlichen frührezenten Maximum folgte ein langandauernder Rückzug, der zunächst bis gegen 1820 erst sehr langsam einsetzte bzw. von einigen Wiedervorstößen und Stillständen unterbrochen war. Im gesamten 19. Jahrhundert ereigneten sich dann, belegt durch zahlreiche Endmoränenrücken, verschiedene Wiedervorstöße, die allesamt aber nur kurz (um 5 Jahre) gewesen sein dürften (z.B. um 1870). Auch verstärkte Wintervorstöße müssen in Phasen verlangsamten Rückzugs oder stationärer Gletscherfront aufgetreten sein.

In der ersten Hälfte des 20. Jahrhunderts ereigneten sich zwei Wiedervorstöße, bei denen sich ein unterschiedliches Verhalten an den Outlets zeigte. Es lassen sich drei verschiedene Typen der Reaktion in diesen Vorstoßphasen ausweisen:

- Typ 1 - kurze Outletgletscher mit kurzer Reaktionszeit wiesen zwei deutliche Vorstöße kulminierend um 1910/12 bzw. 1930/32 auf (z.B. Brigsdals-, Bergset- und Kjenndalsbreen);
- Typ 2 - mittlere und längere Outletgletscher (z.B. Fåbergstøls- oder Nigardsbreen) wiesen zwar zeitgleich in wenigen Jahren Vorstoßtendenzen auf, zu einem ausgewiesenen Vorstoß kam es aber nicht;
- Typ 3 - lange Outletgletscher mit langer Reaktionszeit von über 20 Jahren (z.B. Tunsbergdals- und Lodalsbreen) setzten ihren Rückzug beinahe ununterbrochen fort.

Ab ca. 1930 setzte an allen Gletschern ein starker Gletscherrückzug ein (mit den höchsten Rückzugswerten seit 1750), doch wurden an den Gletschern des Typs 1 die maximalen Rückzugswerte in den 1940er Jahren verzeichnet, an Gletschern des Typs

Fig. 75: Rezente Gletscherstandsschwankungskurve (jährlich) - Brigsdalsbreen (Datenquellen: vgl. Fig. 46)

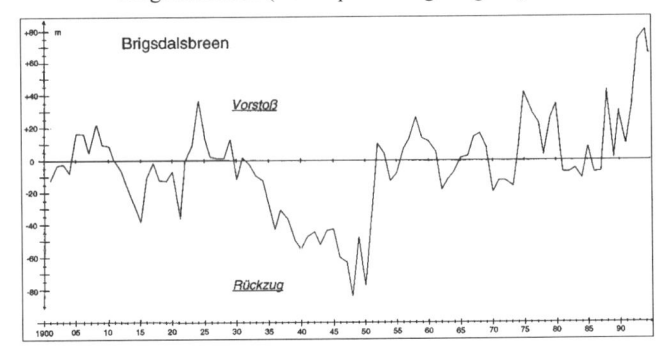

Abb. 55 - Brigsdalsbreen (Aufnahme: 09.08.1989)

Abb. 56 - Brigsdalsbreen (Aufnahme: 07.09.1994)

Abb. 57: Brigsdalsbreen (Aufnahme: 30.08.1995)

Fig. 76: Rezente Gletscherstandsschwankungskurve (kumulativ) - Melkevollbreen (Datenquellen: vgl. Fig. 46)

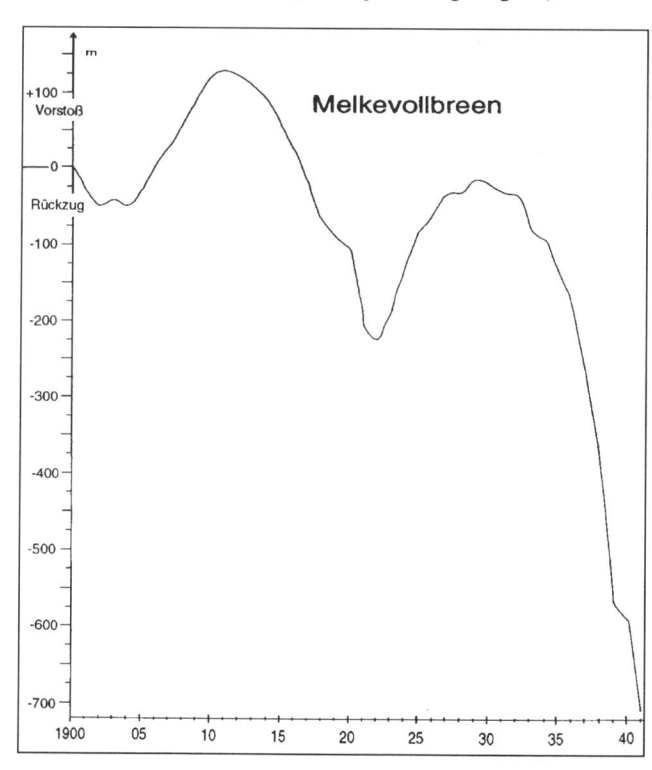

2 erst in den späten 1960er und an denen des Typs 3 erst in den 1970er Jahren. Auch hierbei zeigt sich ein durch differente Reaktionszeit determiniertes unterschiedliches Verhalten, ebenso im übrigen bei den aktuellen Vorstoßtendenzen, die zuerst (Beginn der 1960er Jahre, z.T. sogar etwas früher) an Gletschern des Typs 1 auftraten (dort aktuell auch am stärksten sind), erst später (frühestens in den 1980er Jahren) an Gletschern des Typs 2 bzw. 3. Im Vergleich zu den Ostalpen ist damit neben zwei Wiedervorstößen in der ersten Hälfte des 20.Jahrhunderts als markanter Unterschied v.a. der aktuell in den letzten Jahren sich enorm verstärkende Gletschervorstoß zu nennen.

5.3.5 Jotunheimen

Im Gegensatz zum Gebiet des Jostedalsbre gibt es aus dem Jotunheim praktisch keine historischen Zeugnisse über das Gletscherverhalten im 18. und 19.Jahrhundert (auch der Name „Jotunheimen" stammt im übrigen erst aus dem 19.Jahrhundert). Beim Vergleich der Schwankungsgeschichte der Outletgletscher des Jostedalsbre mit den alpinen Gletschern des Jotunheim sind neben differenter Gletschermorphologie die differenten Klimabedingungen zu berücksichtigen. Aufgrund des Fehlens historischer Quellen ist man bei diesem Vergleich auf die Ergebnisse lichenometrischer Datierungen angewiesen, die zwar bei den weit verbreiteten subsequenten Endmoränenwällen gut angewendet werden können, durch fehlende Fixpunkte in der Datierungsgenauigkeit aber limitiert sind (pers.Komm. J.Sollid,L.Erikstad).

Im Jotunheimen wurden an einigen Gletschern prä-frührezente Moränen ausgewiesen. Die Mehrzahl der Gletscher (mindestens 90 %) erreichte ihre maximalen holozänen Ausdehnungen jedoch während der frührezenten Gletscherhochstandsphase. Die prä-frührezenten Endmoränen treten v.a. an kleinen, hochgelegenen Kargletschern mit mächtigen Eiskern-Endmoränensystemen im östlichen Jotunheimen auf, so z.B. am Gråsubreen (ØSTREM 1961,1964, MATTHEWS & SHAKESBY 1984). Das maximale Alter der äußersten Endmoränen an der Mehrzahl der Gletscher zeigt dagegen eine maximale Eisausdehnung während der frührezenten Gletscherhochstandsphase (Maximalalter für die frührezenten Vorstöße z.B. Sagabreen 1516, Storbreen 1450 und Bøverbreen 1440 - MATTHEWS 1991). Eventuelle prä-frührezente Moränen am Leirbreen, Storbreen und Styggedalsbreen (GRIFFEY & MATTHEWS 1978) wurden inzwischen von MATTHEWS (1980 ff.) selbst angezweifelt, da die Datierungen zu große methodische Unsicherheiten bergen. Über mittelalterliche bzw. altfrührezente Gletschervorstöße gibt es daher aus dem Jotunheim keine Belege.

Nach ØYEN (1907) soll sich der maximale frührezente Vorstoß der Jotunheimengletscher um 1800 ereignet haben, was er aus (allerdings ungenauen) mündlichen Überlieferungen eines Hochstands des Storbre (Leirdalen) schließt. Lichenometrische Untersuchungen am

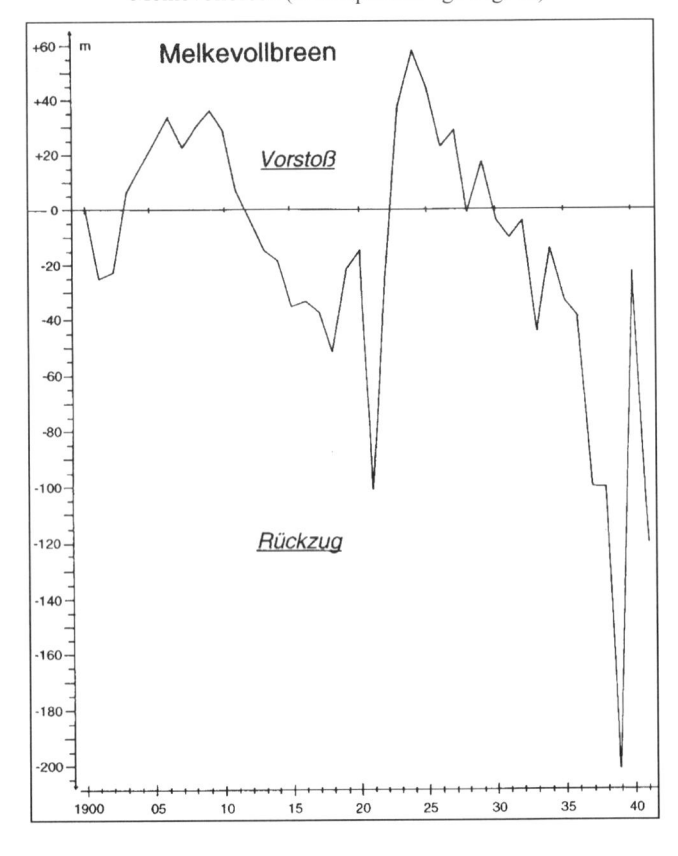

Abb. 58: Melkevollbreen (vgl. 7.4.14) (Aufnahme: 1872 - K.KNUDSEN [883], Bildsamlinga Universitetsbiblioteket i Bergen)

Fig. 77: Rezente Gletscherstandsschwankungskurve (jährlich) - Melkevollbreen (Datenquellen: vgl. Fig. 46)

182

Abb. 59: Kjenndalsbreen (Aufnahme: 1872 - K.KNUDSEN [904], Bildsamlinga Universitetsbiblioteket i Bergen)

Abb.60: Kjenndalsbreen (Aufnahme: 21.09.1900 - J.REKSTAD, Fotoarkiv NGU Trondheim [C 29.17])

Storbreen stehen dazu allerdings in Widerspruch (s. MATTHEWS 1974 ff., ERIKSTAD & SOLLID 1986; vgl. LIESTØL 1967). Zumeist geht man am Storbreen von einer maximalen Position um 1750 aus, d.h. parallel zum Hochstand des Jostedalsbre (LIESTØL 1967, MATTHEWS 1974,1977, BOGEN,WOLD & ØSTREM 1989; s. Fig. 83). ERIKSTAD & SOLLID (1986) dagegen datieren die äußerste Moräne am Storbreen auf ca. 1787 - 1800 (dies würde ØYEN bestätigen). Komplizierend ist der äußere Moränenrücken (M-STO 1) teilweise doppelkämmig ausgebildet, wobei der proximale, innere Moränenrücken nach MATTHEWS (1974,1977) um 1750 gebildet (Unsicherheitsspielraum 1743 - 1770), der äußere Rücken dagegen evtl. erheblich älter sein soll (vgl. 7.4.20). Da allerdings MATTHEWS & SHAKESBY (1984) einen prä-frührezenten Hochstand ausschließen, kann der äußere Wall allenfalls in einem früheren Stadium der frührezenten Hochstandsphase gebildet worden sein. Die Doppelkämmigkeit könnte nach Ansicht des Verfassers dahingehend interpretiert werden, daß der Storbreen nach einem ersten Vorstoß um 1750 Ende des 18.Jahrhundert nochmals in seine maximale Position vorstieß.

Da zahlreiche kleinere Kargletscher im Jotunheimen im Einzugsgebiet der Bøvra liegen, sollen nach GROVE (1988) zahlreiche Flutereignisse zwischen 1708 und 1743 auf Gletscherhochstände hindeuten, ebenso Hochwässer zwischen 1760 und 1763. Ein solcher Schluß muß aber kritisch hinterfragt werden, da z.B. das große Flutereignis 1783 nachweislich durch eine lange Niederschlagsperiode ausgelöst wurde.

Im Gegensatz zu den o.e. und nachfolgend aufgezeigten Ergebnissen lichenometrischer Datierungen vergleicht SCHRÖDER-LANZ (1983) die Gletscherschwankungen im Jotunheimen mit denen der Alpen, weist Vorstöße während des 16./17.Jahrhunderts, 1820-50, 1870-90 und 1920-30 aus und korreliert diese Ergebnisse mit Nordschweden und Ötztaler Alpen. 1850 und 1880 soll z.B. der

Hellstugubre (Visdalen) über früher abgelagerte, frührezente Moränen in seine maximale Position vorgestoßen sein. Der Tverråbre soll parallel zu den Alpengletschern seine äußerste Moräne 1600, eine weitere bedeutende 1850 aufgebaut haben. SCHRÖDER-LANZ (1983) findet keine gesicherten Belege gleichzeitiger Vorstöße des Jostedalsbre und der Jotunheimengletscher, geht stattdessen von mindestens 2 Maximalvorstößen bis zur äußersten Endmoräne aus. In Einklang mit der deutlichen Mehrheit anderer Autoren schließt sich der Verfasser der Interpretation der Schwankungsgeschichte von SCHRÖDER-LANZ nicht an, aufgrund methodischer Bedenken und eigener Geländebefunde.

Die von ERIKSTAD & SOLLID (1986) untersuchten Jotunheimengletscher (Styggedalsbreen, Storbreen, Søndre Høgvaglbre und Svartdalsbreen) weisen alle zwischen 1780 und 1800 datierte Endmoränen auf (s. Fig. 84,87). Dies stützt die Theorie eines verzögerten frührezenten Maximums verglichen mit dem Jostedalsbre, wobei die verbreiteten doppelkämmigen äußeren Endmoränen es möglich erscheinen lassen, daß nach einem ersten Vorstoß um 1750 die Gletscher in einem weiterer Vorstoß Ende des 18.Jahrhunderts erneut (annähernd) die Maximalposition erreichten, an einigen Gletschern die vorher gebildete Endmoräne dabei sogar überfahren wurde. Ein zeitlicher Unterschied zwischen Jostedalsbreen und Jotunheimen bezüglich der frührezenten Maximalstände wäre aufgrund klimatischen Differenzen

Fig. 78: Rezente Gletscherstandsschwankungskurve (jährlich) - Kjenndalsbreen (Datenquellen: vgl. Fig. 46)

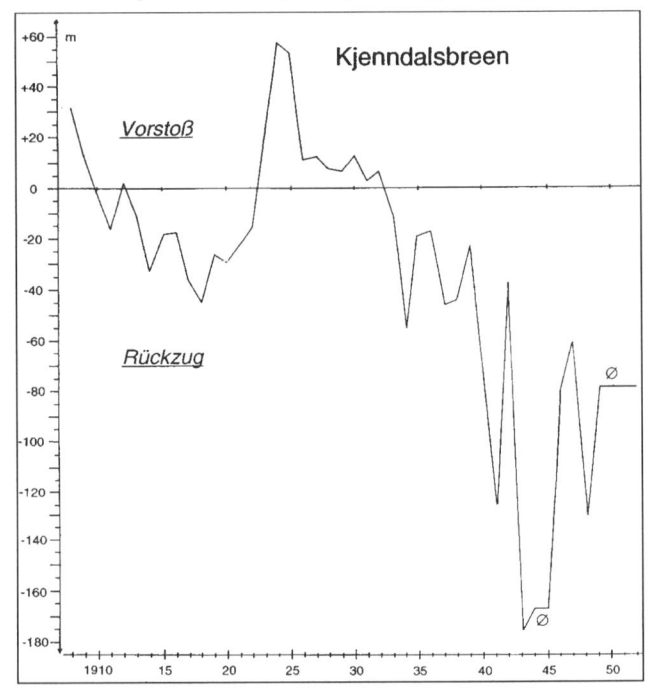

Fig. 79: Rezente Gletscherstandsschwankungskurve (kumulativ) - Kjenndalsbreen (Datenquellen: vgl. Fig. 46)

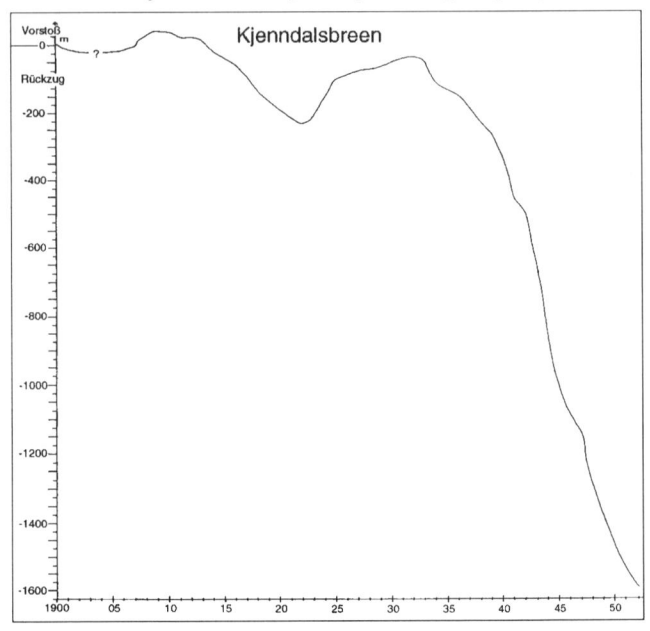

Abb. 61: Kjenndalsbreen (Aufnahme: 09.09.1991)

Abb. 62: Kjenndalsbreen (Aufnahme: 31.08.1995)

und Unterschiede im aktuellen glaziologischen Verhalten durchaus zu erwarten (s. 6.3), zumal auch am Jostedalsbreen der Rückzug von der maximalen frührezenten Eisrandlage zunächst nur sehr langsam erfolgte und von zahlreichen Wiedervorstößen/Stillstandsphasen unterbrochen wurde.

Nach AHLMANN (1922) wurde die äußerste frührezente Endmoräne des im Westjotunheimen (Hurrungane) gelegenen Styggedalsbre in der 2.Hälfte des 18.Jahrhunderts gebildet, was sich mit o.e. Ergebnissen von ERIKSTAD & SOLLID (1986) deckt. Einen im zentralen Jotunheimen von ØYEN (1907) vermuteten Vorstoß Mitte des 19.Jahrhunderts hält AHLMANN am Styggedalsbreen für unglaubwürdig. ERIKSTAD & SOLLID (1986) geben als Daten für subsequente Endmoränen 1831, 1835, 1871, 1886 und 1895 an, was sich z.T. mit vermuteten Wiedervorstößen am Jostedalsbreen deckt (s.o.). Aufgrund der westlichen Lage erscheint es durchaus möglich, daß der Styggedalsbre ein von den Gletschern des zentralen Jotunheimen abweichendes Schwankungsverhalten an den Tag legte.

Der Styggedalsbre zog sich im 20.Jahrhundert von 1900 bis 1912 nur geringfügig zurück, um anschließend bis gegen 1925 annähernd stationär zu bleiben (bzw. 1921 - 1924 leicht vorzustoßen). Ab 1925 zog er sich verstärkt zurück (AHLMANN 1948). Der Rückzug am Styggedalsbreen hielt im weiteren Verlauf des 20.Jahrhunderts an, wenn auch seit 1970 etwas verzögert und in einzelnen Jahren von kurzen Vorstößen unterbrochen.

Im Jotunheimen weisen nach HOEL & WERENSKIOLD (1962) praktisch alle Gletscher zwischen 8 und 10 subsequente Moränenwälle auf, die Wiedervorstöße bzw. Stillstände in der Rückzugsphase nach dem frührezenten Maximum repräsentieren. Neben der äußersten (z.T. doppelkämmigen) Endmoräne des 18.Jahrhunderts haben sich im Verlauf des 19.Jahrhunderts am Storbreen verschiedene Endmoränen gebildet, die nach MATTHEWS (1974) auf 1811, 1833, 1854, 1871 bzw. den Zeitraum der Jahrhundertwende (ca. 1900) datiert werden. Nur die letztgenannte Moräne ist relativ gesichert datiert, da sich im zentralen Jotunheimen 1898/1899 ein Stillstand ereignet haben soll (ØYEN 1907, MATTHEWS 1974). Die übrigen Daten entsprechen z.T. den

Daten vom Styggedalsbreen, besonders die in den 1830er Jahren und um 1870 an beiden Gletschern gebildeten Moränen könnten weitverbreitete Wiedervorstöße repräsentieren (die zusätzlich parallel zum Jostedalsbreen aufgetreten wären). Ein Vorstoß um 1850 erscheint dagegen nicht nur am Jostedalsbreen zu fehlen, sondern auch im Westjotunheimen, was auf z.T. unterschiedliches Gletscherverhalten auch innerhalb des Jotunheim hindeutet.

Ein Vorstoß der Gletscher des Jotunheim im Verlauf der 1920er Jahre fällt leider in eine Lücke der jährlichen Gletscherstandsmessungen (vgl. HOEL & WERENSKIOLD 1962), wobei am Storbreen zuvor ein kurzer Vorstoß 1912 bis 1914 eine kleine Endmoräne aufgebaut haben soll. O.e. Vorstoß soll für eine auf 1928 datierte Endmoräne am Storbreen verantwortlich zeichnen. Es bleibt jedoch festzuhalten, daß die am Jostedalsbreen aufgetretenen deutlichen Vorstöße im Jotunheimen nicht stattgefunden haben, der vermutete Vorstoß in den 1920er Jahren im Bereich des Jotunheim als Stillstand zu bezeichnen ist, allenfalls als leichter Vorstoß. In den Gletscherstandsschwankungskurven wird dieses Verhalten aber dadurch deutlich, daß die Rückzugsraten zwischen den auseinanderliegenden Messungen sehr gering waren.

Mitte des 20.Jahrhunderts fand im Jotunheimen ein genereller Gletscherrückzug statt, der sich in den letzten Jahren lediglich etwas verlangsamt hat. Ein Vorstoß in den frühen 1940er Jahren wurde nur an Vis- und Tverråbreen verzeichnet (HOLE & SOLLID 1979). Nach HOEL & WERENSKIOLD (1962) erlangte während des Rückzugs im 20.Jahrhundert die Exposition größere Bedeutung, was sich z.B. in differenten Rückzugswerten zwischen Vestre und Austre Memurubre sowie (nordexponiertem) Storjuvbreen zeigt. Die Bedeutung der Exposition ist nicht nur auf unterschiedli-

Fig. 80: Lichenometrische Moränendaten - Bødalsbreen (Datenquellen: s.u.)

Bødalsbreen

A	B	C	D	E
1755 (A)	ca. 1750 (A)	1740/50 (A)		M-BØD 1
1767 (B)	Ende 18. -	ca. 1770 (B)		M-BØD 2
1813 (C)	Anfang 19.Jh. (B + C)	ca. 1820 (C)		M-BØD 3
1846 (D)				M-BØD 4
1865 (E)				M-BØD L5 (r)
1900 (F)				M-BØD L6.1 (r)
* 1911 (G)[1]	1.Hälfte 20.Jh. (D)	* 1912 (D1)	1912	M-BØD L6.1 (l)
* 1930 (H)[2]		* 1930 (D2)	1930	M-BØD L6.2 (l)

1 = ⑤ 1914   2 = ⑤ 1930

* - Fixpunkt   ⑤ - Mittel der fünf größten Flechtenthalli

A - BICKERTON & MATTHEWS (1993)   B - MATTHEWS, CORNISH & SHAKESBY (1979)   C - LIEN & RYE (1988)
D - gemessener Vorstoß   E - Kennung der Moräne (diese Arbeit)

Abb. 63: Bødalsbreen; man beachte die bereits abgelagerten Moränen M-BØD 1,2,3 (Aufnahme: 1871 - K.KNUDSEN, Fotoarkiv NGU Trondheim [C 29.3])

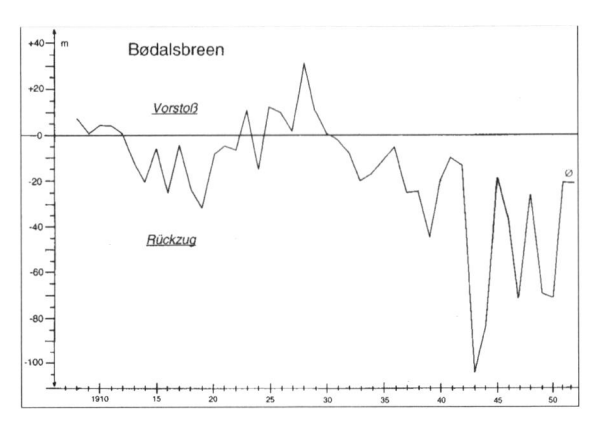

Fig. 81: Rezente Gletscherstandsschwankungskurve (jährlich) - Bødalsbreen (Datenquellen: vgl. Fig. 46)

Fig. 82: Rezente Gletscherstandsschwankungskurve (kumulativ) - Bødalsbreen (Datenquellen: vgl. Fig. 46)

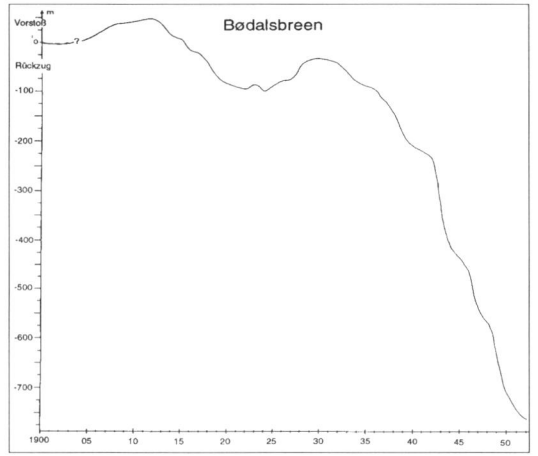

Fig. 83 - Lichenometrische Moränendaten - Storbreen (Datenquellen: s.u.)

Storbreen				
A	B	C	D	E
1787 (a)[1]	* 1750 ? (M 1)	* 1750 ? (M 1)		M-STO 1
1823 (b)	1810 (M 2)	1811 (M 2)		M-STO 2
1847 (c)	1824 (M 3)	1833 (M 3)		M-STO 3
1861 (d)	1852 (M 4)	1854 (M 4)		M-STO 4
1873 (e)	1867 (M 5)	1871 (M 5)		M-STO 5
* 1900 (f)	* 1900 (M 6)	* 1900 (M 6)	1907	M-STO 6
* 1917 (g)	* 1917 (M 7)	* 1917 (M 7)	1910	M-STO 7
* 1928 (h)	* 1928 (M 8)	* 1928 (M 8)	1914	M-STO 8
	* 1936 (M 9)	* 1936 (M 9)		M-STO 9
	* 1951 (M 10)	* 1951 (M 10)		M-STO 10
1 = * 1750 ?				
* - Fixpunkt				
A - ERIKSTAD & SOLLID (1986) B - MATTHEWS (1975) C - MATTHEWS (1974) D - gemessener Vorstoß E - Kennung der Moräne (diese Arbeit)				

Fig. 84: Lichenometrische Moränendaten - Styggedalsbreen (Datenquellen: s.u.)

Styggedalsbreen		
A	B	C
1801 (a)[1]		M-STY 1
1828 (b)		M-STY 2 (m)
1836 (c)		M-STY 3 (m)
1867 (d)		M-STY 5 (l)
1887 (e)		M-STY 6
1895 (f)		M-STY 7
* 1906 (g)	1905	(M-STY 8)
* 1931 (h)	1924	M-STY 9
1 = 1750 ?		
* - Fixpunkt		
A - ERIKSTAD & SOLLID (1986) B - gemessener Vorstoß C - Kennung der Moräne (diese Arbeit)		

che Einstrahlungsver-hältnisse zurückzuführen, sondern auch auf lokale Differenzen im Niederschlag. Deutliche Vorstoßtendenzen, wie sie aktuell am Jostedalsbreen auftreten, gibt es im Jotunheimen nicht.

Leider bleibt festzuhalten, daß sich durch Fehlen genauer historischer Daten und gesicherter Fixpunkte für lichenometrische Datierungen das frührezenten Vorstoßverhalten der Gletscher im Jotunheimen nur sehr unvollkommen darstellen läßt, was auch einen detaillierten Vergleich erschwert. Soweit es aber durch Messungen belegt ist, ergeben sich größere Unterschiede im Gletscherverhalten zu den Outletgletschern des Jostedalsbre. Unterschiede zwischen den einzelnen Regionen des Jotunheim deuten sich ebenfalls an.

5.3.6 Übriges Südnorwegen

Folgefonna ist als (rezent dreiteiliger) Plateaugletscher im Hardangerfjord-Gebiet klimatisch noch maritimer geprägt als der Jostedalsbre (s. Fig. 93). Sein Schwankungsverhalten während der frührezenten Gletschervorstöße war teilweise different, insbesondere im Zeitpunkt des Erreichens des frührezenten Maximalstands. Wie am Jostedalsbreen gibt es am Folgefonna verschiedene Outletgletscher, von denen besonders von Bondhus- und Buarbreen verschiedene historische Dokumente vorliegen. Erste Hinweise auf einen Gletschervorstoß am Buarbreen um 1667 (HOEL & WERENSKIOLD 1962) hält GROVE (1988) für unsicher, da in dem betreffenden Dokument der Gletscher selber nicht erwähnt wird, nur eine Beschädigung des Hofs Buar. Anhand von Warven im dem Bondhusbre vorgelagerten Bondhusvatnet konnten ØSTREM & OLSEN (1987) ein kaltes Intervall von 1690 bis 1750 nachweisen, geprägt durch hohen Anteil von Schnee an den Niederschlägen. Dies könnte man als Zeichen für die Teilnahme des Bondhusbre am allgemeinen Gletschervorstoß in Westnorwegen sehen. Die Ergebnisse sind zwar noch ungesichert, aus

Fig. 85: Rezente Gletscherstandsschwankungskurve (jährlich) - Stor- und Styggedalsbreen (Datenquellen: ØYEN 1907 ff., HOEL & WERENSKIOLD 1962, LIESTØL 1963 ff., J.O.Hagen - pers.Mittlg.)

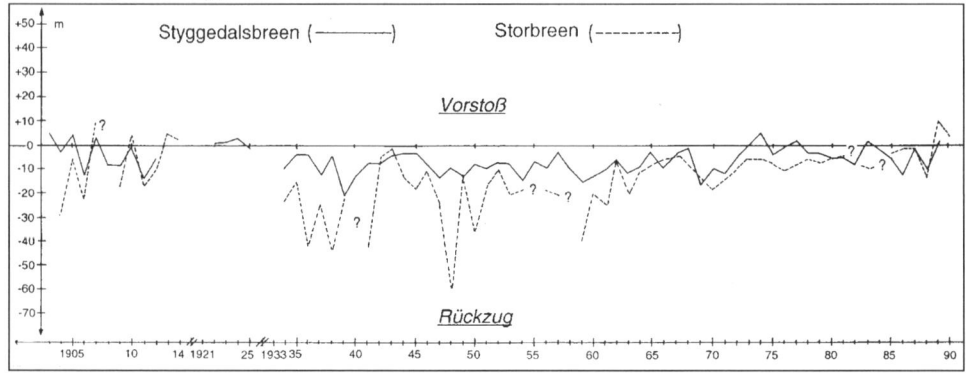

glaziologischer Hinsicht aber durchaus möglich, so daß am Folgefonni im 18.Jahrhundert vermutlich ein bedeutender Gletschervorstoß aufgetreten ist. Im Gegensatz zum Jostedalsbreen bzw. den Gletschern im Jotunheimen erreichten die Outlets am Folgefonna ihre frührezenten Maximalpositionen aber nicht im 18.Jahrhundert, sondern in der Endphase der frührezenten Gletscherhochstandsphase, an Buar- und Bondhusbreen erst um 1880-1890.

FORBES (1853) berichtet von 3 bis 4 Endmoränen vor der 1851er Gletscherfront des Bondhusbre, die man als Zeugnisse eines Vorstoßes um 1750 und Wiedervorstößen während des nachfolgenden Rückzugs deuten muß. Diese Rückzugsphase in der ersten Hälfte des 19.Jahrhunderts erscheint gesichert (GROVE 1988). Erst später erfolgte dann der frührezente Maximalvorstoß. Die Gletscherzunge des Bondhudbre lag dabei 1851 noch auf 341 m (FORBES 1853), 1860 auf 320m, 1870 auf 309,3 m und 1904 auf 308 m

Fig. 86: Rezente Gletscherstandsschwankungskurve (kumulativ) - Styggedalsbreen (Datenquellen: vgl. Fig. 85)

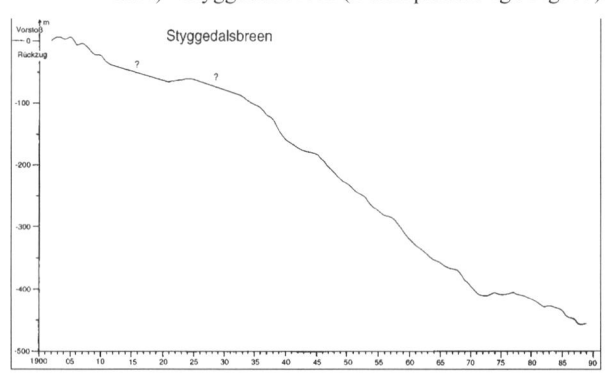

Fig. 87: Lichenometrische Moränendaten - Svartdalsbreen, Vestre Memuru- und Søndre Høgvaglbre (Datenquelle: ERIKSTAD & SOLLID 1986)

Svartdalsbreen	Vestre Memurubre	Søndre Høgvaglbre
1800 (a)[1]	1792 (a)[1]	1793 (a)[1]
	1803 (b)	
	1807 (c)	
	1823 (d)	
	1830 (e)	1828 (b)[2]
		1828 (c)[3]
1839 (b)	1842 (f)	
1857 (c)	1859 (g)	1854 (d)
1881 (d)	1881 (h)	
	1893 (i)	✱ 1893 (e)
✱ 1900 (e)		
✱ 1910 (f)	✱ 1910 (j)	◆ 1910 (f)
		◆ 1924 (g)
✱ 1930 (g)	✱ 1933 (k)	✱ 1933 (h)
1 = 1750 (?)	2 = ☉ 1829	3 = ☉ 1836
✱ - Fixpunkt	◆ - evtl. zu jung	☉ - Größter Flechtenthallus

Fig. 88: Rezente Gletscherstandsschwankungskurve (kumulativ) - Hellstugu- und Storbreen (Datenquellen: vgl. Fig. 85)

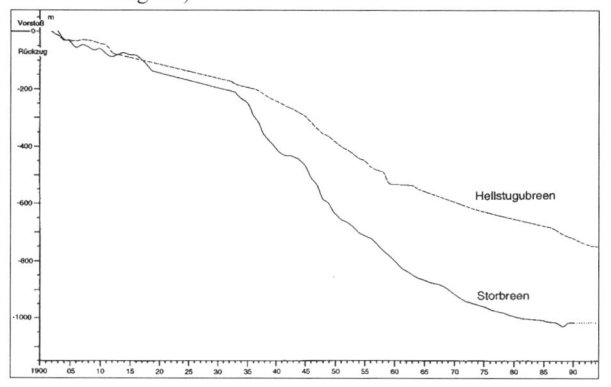

Fig. 89: Rezente Gletscherstandsschwankungskurve (kumulativ) - Bøver-, Leir-, Vesle- und Veslejuvbreen (Datenquellen: vgl. Fig. 85)

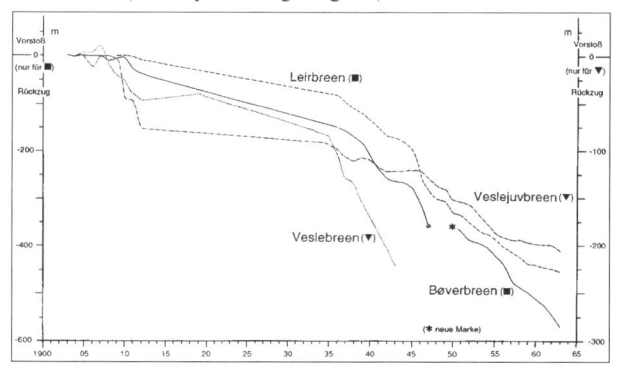

Fig. 90: Rezente Gletscherstandsschwankungskurve (kumulativ) - Heimre Illå-, Nordre Illå-, Søre Illåbre und Storjuvbreen (Datenquellen: vgl. Fig. 85)

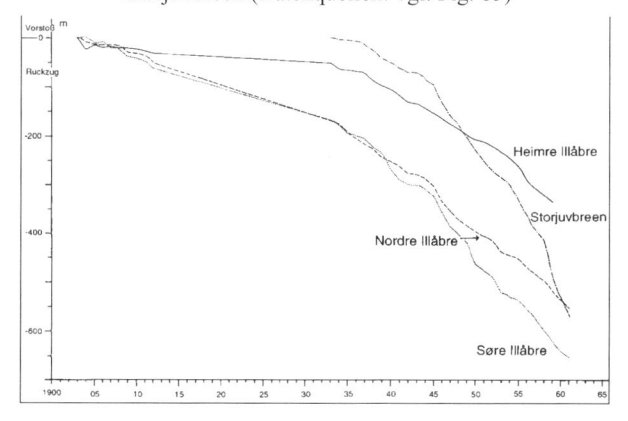

(REKSTAD 1905). Nach diesen Messungen ist auch auf einen Vorstoß des Bondhusbre zwischen 1851 und 1860 (Kulmination gegen 1857/58) zu schließen, zumal sich gleichzeitig am benachbarten Buarbreen ein Vorstoß ereignet hat (Kulmination um 1855). Der Bundhusbre besaß um 1870 den gleichen Gletscherstand wie 1904, die Folge zweier Vorstöße 1865 bis 1875 und in der zweiten Hälfte der 1880er Jahre. Der Vorstoß 1865 bis 1875 war n. REKSTAD der Stärkere von beiden.

Der Buarbre stieß von 1832 - 1870 um 1.700 m bis zu seinem Maximalstand um 1880 vor. 1882 war der Bondhusbre wieder im Rückzug, wenngleich kurz darauf ein weiterer Vorstoß stattfand, der am Buarbreen 1892/93 kulminierte. Während dieses 1890er Vorstoßes wurden die maximalen frührezenten Positionen annähernd wieder erreicht.

Bis 1899 zog sich dann der Bondhusbre zurück, um in Folge erneut 1902 - 1911 und 1922 - 1933 (mit Unterbrechungen) vorzustoßen, d.h. parallel zum Jostedalsbreen (s.o.). Auch der Buarbre stieß 1905 - 1911 bzw. 1922 - 1933 vor. Der folgende starke Rückzug endete am Bondhusbreen 1957 mit erneuten Vorstoßtendenzen. Aktuell stoßen beiden Gletscher aufgrund der stark positiven Massenbilanzen während der letzten Dekaden wieder vor.

Ein ungewöhnliches Vorstoßverhalten wies der Blomsterskardbre auf, ein Outletgletscher am südlichen Folgefonna. Wohl als einziger Gletscher in ganz Skandinavien konnte er zwischen 1905 und 1971 einen Netto-Vorstoß von 200/250 m aufweisen, wobei der maximale frührezente Gletschervorstoß um bzw. kurz vor 1940 kulminierte und seitdem der Gletscher um höchstens 50 m zurückgewichen ist (TVEDE & LIESTØL 1976, BOGEN, WOLD & ØSTREM 1989). Dieses frührezente Maximum steht damit durchaus im Rahmen des Vorstoßes von 1920 bis 1930, wobei die späte Kulmination auf eine größere Reaktionszeit des Blomsterskardbre verglichen mit Bondhus- und Buarbreen zurückzuführen wäre. Von früheren Vorstößen des Blomsterskardbre gibt es nur einen vagen Hinweis auf ein Flutereignis um 1820, das allerdings nicht zwingend mit einer definierten Gletscherposition in Verbindung gebracht werden kann (TVEDE & LIESTØL 1976). Auch der Blomsterskardbre stößt aktuell vor, wobei dies 1995 zu erheblichen Konsequenzen für die Hydroenergiegewinnung geführt hat (notwendige Verlegung der Schmelzwasserfassung - pers. Mittlg. J. Boden, A. Tvede).

Der im Wasserscheidenbereich am Nordrand der Hardangervidda gelegene Hardangerjøkul ist klimatisch weniger maritim als Jostedalsbreen und Folgefonna, andererseits aber weniger kontinental als die Jotunheimengletscher (s. 6). NESJE & DAHL (1991a) weisen

Fig. 91: Rezente Gletscherstandsschwankungskurve (kumulativ) - Austre Memuru-, Vestre Memurubre und Tverråbreen (Datenquellen: vgl. Fig. 85)

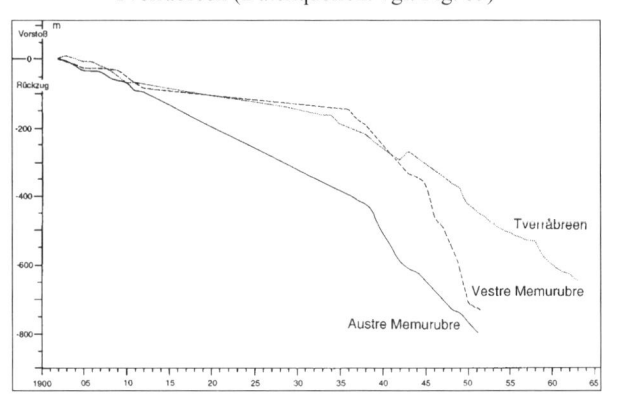

Fig. 92 - Rezente Gletscherstandsschwankungskurve (kumulativ) - Langedals-, Sandelv- und Slettmarkbreen (Datenquellen: vgl. Fig. 85)

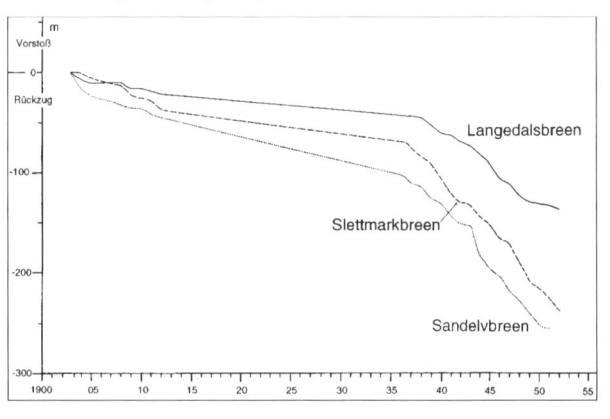

einen mittelalterlichen Vorstoß am Blåisen aus (s. 4.3). Auch am Hardangerjøkulen wurden die maximalen frühzenten Positionen später um 1750 erreicht. Vom Rembesdalskåki (Outlet des Hardangerjøkul) liegt ein Bericht von einen Seeausbruch des von ihm aufgestauten Dammevatn aus dem Jahr 1736 vor, der aber nicht mit einem eindeutigen Hochstand korreliert werden kann. Nach SOLLID (1980b) wurden prominente Endmoränen am Blåisen ungefähr 1750, 1800, 1860, 1880 und 1900 gebildet. Deutlich ausgeprägte Moränen, die um 1750 bzw. 1800 gebildet wurden, findet man auch am benachbarten Midtdalsbreen.

Bei der lichenometrischen Untersuchung subsequenter Endmoränen verschiedener Gletscher im Nordvestlandet (Sunnmørsalpane) weisen ERIKSTAD & SOLLID (1986) eine Deglaziation der äußersten Moränen gegen 1780 bis 1820 nach, d.h. später als an den Jostedalsbreen-Outletgletschern. Dies führen ERIKSTAD & SOLLID u.a. darauf zurück, daß bei lange an der Maximalposition verharrenden Gletschern langfristig das Flechtenwachstum ver- bzw. behindert wird. Da auch am

Fig. 93: Übersichtskarte Südnorwegen (modifiziert n. ØSTREM, DALE SELVIG & TANDBERG 1988)

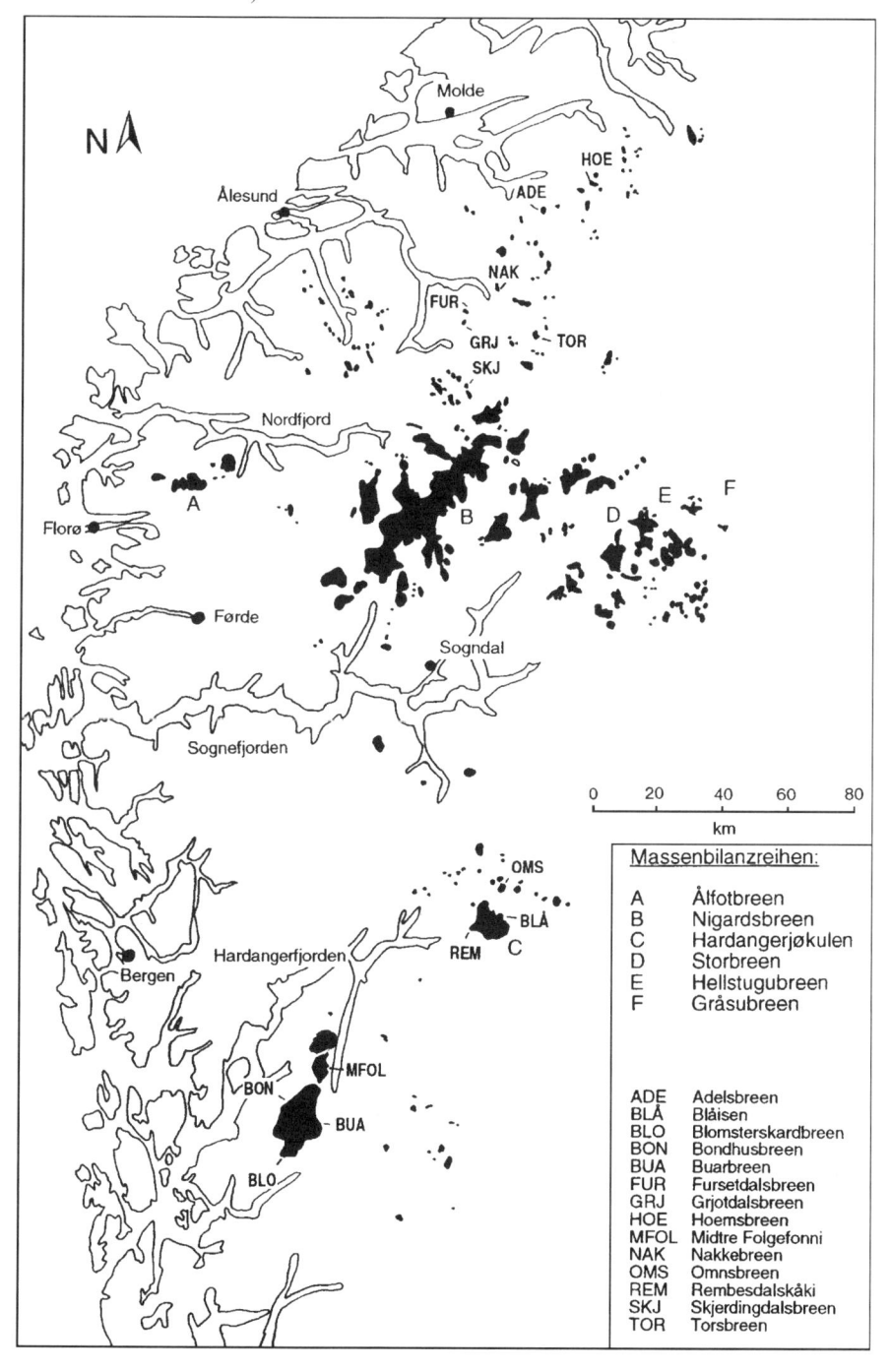

Jostedalsbreen nach dem Maximalstand zunächst ein nur sehr geringer Rückzug stattfand, ist durchaus anzunehmen, daß an kleinen Gletschern durch langes Verbleiben nahe der äußersten Endmoräne ein jüngeres Alter vorgetäuscht wird. Es gibt an zahlreichen Gletschern doppelte äußerste Endmoränen, die einen sukzessiven Vorstoß annähernd an die frührezente Maximalposition nach einem ersten Maximum (um 1750?) belegen könnten. Es sollte aber bedacht werden, daß an kleinen Gletschern kaum eine weitere große Endmoräne gebildet worden wäre. ERIKSTAD & SOLLID kommen daher zum Schluß, daß der 1750 einsetzende Rückzug noch keine initiale Natur hatte, sondern bald durch bedeutende Wiedervorstöße unterbrochen wurde. Da am extrem maritimen Folgefonna erst Ende des 19.Jahrhunderts die maximalen frührezenten Positionen erreicht wurden, ist nicht auszuschließen, daß die ebenfalls stark maritim geprägten Gletscher im Nordvestlandet ebenfalls später ihre maximalen Positionen erreichten (Hoemsbreen/ Romsdalen z.B. um 1857). Moränen der ersten Vorstoßphase im 20.Jahrhundert fehlen auffälligerweise im Nordvestlandet. Der Grund ist in Überfahrung während des folgenden Vorstoßes von ca. 1920 bis 1930 zu suchen (HOLE & SOLLID 1979). Aktuell wurden auch an diesen Gletschern die starken Rückzugstendenzen Mitte des 20.Jahrhunderts von Stillständen bzw. Vorstößen abgelöst.

Fig. 94: Rezente Gletscherstandsschwankungskurve (kumulativ) - Bondhus- und Buarbreen (Datenquellen: vgl. Fig. 50)

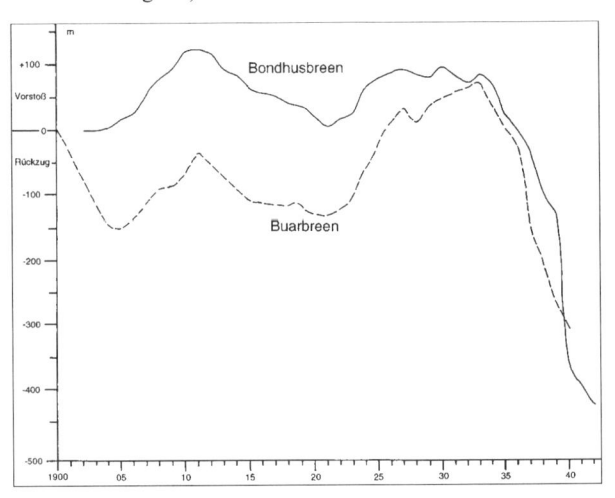

Fig. 95: Lichenometrische Moränendaten - Nordvestlandet (Datenquelle: ERIKSTAD & SOLLID 1986)

Hoemsbreen	Adelsbreen	Nakkebreen	Torsbreen	Fursetdalsbreen	Grjotdalsbreen	Skjerdingdalsbreen
						1780
	1802				1804	
				1811		
	1826					1824
		1835	1836	1839	1840	1841
				1846		
✦ 1850						
	1860			1856	1859	
		1871				1870
	1876	1875				
				1883	1880	
		1896				
					1913	
	1922	1922		1927	1928	1919
1927	1938			1938	1939	
		1944				

✦ - evtl. zu jung

5.3.7 Vergleich mit Nordskandinavien

Nicht nur zwischen Nord- und Südskandinavien, auch innerhalb Nordskandinaviens treten erhebliche Unterschiede im rezenten und frührezenten Vorstoßverhalten auf, analog zu den Verhältnissen im gesamten Holozän (s. 4.3). Unterschiede während der frührezenten Vorstoßphase gibt es so z.B. zwischen sehr maritim geprägten Svartisen (zweitgrößter Plateaugletscher Norwegens) und kontinentalen Tal- und Kargletschern Schwedisch Lapplands.

Am Engabreen (Westteil Svartisen - Vestisen), wurde ein im rezenten Gletschervorfeld gefundener Baumstumpf um 1600 überfahren. In der Folgezeit soll das Eis um 180 m an Mächtigkeit zugenommen haben (BOGEN,WOLD & ØSTREM 1989), zwischen 1720 und 1750 stark angewachsen sein und seine maximale frührezente Position zeitgleich mit dem Jostedalsbre um 1750 eingenommen haben (RYVARDEN & WOLD 1991). Der benachbarte Fonndalsbre erreichte um 1722 den Fjord und ebenfalls um 1750 sein Maximum. 1800 lag die Zunge des Engabre nahe der maximalen Position, lediglich 30 m von der äußersten Moräne entfernt. Noch 1884 lag die Zunge nur 10 m über dem Meeresspiegel, d.h. der Rückzug während des 19.Jahrhunderts hielt sich in Grenzen (um 1890 rd. 1 km Distanz zum Fjord). 1898 befand sich der Engabre noch im Rückzug, bevor in der ersten Hälfte des 20.Jahrhunderts kurzfristige Vorstöße verzeichnet wurden (GROVE 1988). Der erste dieser Vorstöße begann 1903 wiederum zeitgleich mit dem an den Jostedalsbreen-Outlets und 1909 war der Gletscher bereits um 100 m vorgestoßen. Nach weiteren, durch kurzzeitigen Rückzug unterbrochenen Vorstoßtendenzen kam es ab ca. 1930 zu einem starken Gletscherrückzug, an Enga- wie Fonndalsbreen in den 1930er und 1940er Jahren durch die Genese eines proglazialen Sees und verbundene Kalbungsprozesse enorm beschleunigt. So zog sich der Engabre allein 1935 - 1950 um 1500 m zurück (1909 - 1950 insgesamt rd. 2 km). Mitte der 1960er Jahre endete der Rückzug und der Engabre stößt seitdem mit kurzen Unterbrechungen wieder vor, Reaktion auf wie am Jostedalsbreen aufgetretene stark positive Massenbilanzen.

Am Østerdalsisen (Austerdalsisen) als südlichstem Outlet am Svartisen wurde die äußerste frührezente Moräne ebenfalls um 1750 gebildet. Im 20.Jahrhundert ist dagegen kein größerer Vorstoß verzeichnet worden. Nach THEAKSTONE (1990) stießen viele Gletscher am Svartisen als Reaktion auf kältere Klimabedingungen in den 1870er und 1880er Jahren bis nahe an die frührezenten Maximalausdehnungen vor (ähnlich wie am Folgefonna). Bei Mitte des 20.Jahrhunderts aufgetretenen starken Rückzugswerten muß auch bei den Outlets am Svartisen darauf geachtet werden, daß vielfach gletscherdynamische Faktoren, d.h Kalben über proglazialen Seen, den Einfluß des Klimas auf die Gletscherstandsschwankungen etwas relativieren. So sind z.B. an Flat- und Østerdalsisen die Gletscherfronten im gesamten 20.Jahrhundert aufgrund der Lage in proglazialen Seen ohne festen Kontakt zum Gletscherbett und daher sehr instabil. Im Vergleich zum Engabreen sind die o.e. Gletscher klimatisch kontinentaler. Dies zeigt sich u.a. darin, daß sich in den letzten Jahrzehnten der Rückzug der beiden kontinentaleren Gletscher, wenn auch verlangsamt, fortsetzte. Wie aber auch an Finger- und Lappebreen (östlicher Svartisen - Østisen) trat bis dato kein deutlicher Vorstoß auf. Finger- und Lappebreen sollen ihr frührezentes Maximum im übrigen ebenfalls um 1750 erreicht haben. Der Fingerbre war noch 1882 nur 50 - 200 m von der äußersten frührezenten Moräne entfernt. Neben einem eventuellen Vorstoß um 1850 wies er 1882 und 1896 annähernd gleiche Positionen auf, was auf einen zwischengeschalteten Vorstoß hindeutet.

Viele äußerste Endmoränen des Okstindan-Gebiets sollen zwischen 1740 und 1750 gebildet worden sein. In der Folgezeit ereigneten sich sukzessive Vorstöße, jeweils durch Moränenrücken repräsentiert. Von 1875 bis 1883 fand solch ein kurzer Wiedervorstoß statt. Seitdem herrschen Rückzugstendenzen vor, Anfang des 20.Jahrhunderts lediglich kurz unterbrochen (RYVARDEN & WOLD 1991). Auch HOEL & WERENSKIOLD (1962) belegen in der Okstindan-Region Vorstoßtendenzen während der ersten Hälfte des 20.Jahrhunderts, z.B. am Charles Rabots-breen, der 1910 - 1912 bzw. 1938/39 vorstieß, 1909 - 1934 daher insgesamt nur 14,6 m Rückzug zu verzeichnen hatte. Der Austre Okstindbre (Vestre Arm) stieß 1909 - 1912 vor, nochmals 1914/15. Insgesamt zog er sich 1909 - 1934 nur um 66,9 m zurück, der Austre Arm des Austre Okstindbre 1908 - 1934 um 169,7 m. Der Oksfjellbre stieß 1908 - 1916 vor, d.h. parallel zu den Gletschern im kontinentalen Schwedisch Lappland (s.u.). Der Vestre Okstindbre stieß 1909 -1910 und 1919 - 1921 vor, der Mørkbekkbre 1908 - 1911 (mit nachfolgend 2 Jahren Stillstand).

Der Øksfjordjøkul zog sich nach GELLATLY ET AL. (1989) von 1850 bis 1989 um rd. 700 m zurück, wobei auch hier der Rückzug Mitte des 20.Jahrhunderts am stärksten war. Auf der Lyngenhalbinsel findet man den rezenten Gletschern vorgelagert bis zu vier ineinandergeschachtelte Moränenkränze, die vier spätholozänen Gletschervorstößen entsprechen sollen. Einer der Vorstöße soll dabei prä-frührezent sein, ohne jedoch näher datiert zu werden. Einige kleinere Gletscher erreichten ihr holozänes Maximum erst 1910 - 1930, in der jüngsten ausgewiesenen Vorstoßphase. Nur die längeren Talgletscher erreichten ihr holozänes Maximum Mitte des 18.Jahrhunderts, d.h. gleichzeitig mit den Outlets am Jostedalsbreen und Svartisen. Im 19.Jahrhundert fanden, durch ein komplexes Moränensystem repräsentiert, 2 Gletschervorstöße statt (1825 - 1845 und 1865 - 1880). Die Vermutungen von BALLANTYNE (1990) gehen dahin, daß die Bedingungen für Gletschervorstöße im Bereich der Lyngenhalbinsel im 18.Jahrhundert schlechter als in der Periode von 1880-1910 waren, v.a. aufgrund geringeren Winterniederschlags, verursacht durch eine südwärtige Verlagerung der nordatlantischen Polarfront mit resultierend geringerer Anzahl von Winterzyklonen in Nordskandinavien (s. 6.5). In der ersten Hälfte des 20.Jahrhunderts herrschte dagegen ein gletschergünstiges Klima, die Klimaänderung war aber zu kurz, als daß die großen Gletscher einen Maximalstand erreichen konnten.

Im Sarek-Gebiet Schwedisch Lapplands gab es nach KARLÉN & DENTON (1975) starke Vorstöße in folgenden Zeiträumen:

- 1590 - 1620; - um 1780;
- um 1650;   - 1850 - 1860;
- um 1680;   - 1880 - 1890;
- 1700 - 1720; - 1916 - 1920.

In der benachbarten Kebnekaise-Region weist KARLÉN (1973) eine extensive Vorstoßphase 1500 - 1640 aus, in der sich die größten frührezenten Vorstöße ereignet haben sollen (gefolgt von weiteren Vorstößen um 1710, 1780, 1850, 1890 und 1916). Besonders die Vorstoßperiode 1910 - 1916 war in Schwedisch Lappland stark ausgeprägt. Der Mikkajekna war nach GROVE (1988) zwischen 1896 und 1900 stationär und stieß 1901 - 1916 vor. Dieses Schwankungsverhalten kann als typisch für die Gletscher des Kebnekaise und Sarek gelten. Auch vom Ruikojekna berichten ROSQVIST & ØSTREM (1989) einen Maximalstand zu Beginn des 20.Jahrhunderts. RUDD (1990) gibt für Sydöstra Kaskasatjåkkaglaciären und Tarfalaglaciären Maximalstände um 1915 an. Nach HOLMLUND (1987) ereignete sich am Storglaciären ein Maximalstand um 1910, während der Rabotsglaciär ein erstes Maximum 1910 erreichte und danach bis 1916 auf seine holozäne Maximalposition vorstieß (wie andere Gletscher des Gebiets). SCHYTT (1959) belegt einen leichten Vorstoß des Kårsajøkull 1897 - 1908 mit danach stationärem Verhalten bis 1922. Nach 1916 bzw. spätestens ca. 1920 setzte in Schwedisch Lappland ein starker Gletscherrückzug ein, der bis heute anhält.

Zusammenfassend ergibt sich ein regional stark differenziertes Bild des frührezenten Gletscherstandsschwankungsverhaltens in Skandinavien. Insbesondere die deutlichen klimatischen Unterschiede zwischen maritim und kontinental geprägten Gletschern sind dabei zu beachten. Während im maritimen Nordnorwegen zahlreiche Gletscher wie der Jostedalsbre um 1750 ihr Maximum erreichten, ereigneten sich im kontinentalen Schwedisch Lappland die frührezenten Hochstände zu anderen Zeitpunkten. Ferner gab es in Nordschweden in Kontrast zu Südnorwegen bzw. dem maritimen Nordnorwegen schon im 17.Jahrhundert deutliche Gletscherhochstände. Stets traten aber auch innerhalb einzelner Großregionen differente Hochstände bzw. Vorstöße auf, u.a. unter den Outlets desselben Plateaugletschers (z.B. Jostedalsbreen, Svartisen). Eine Interpretation dieser Unterschiede bezüglich deren Aussagekraft bei eventuellen Klimarekonstruktionen ist erst nach Betrachtung der glaziologischen Verhältnisse (s. 6) sinnvoll.

5.4 FRÜHREZENTE UND REZENTE GLETSCHERSTANDSSCHWANKUNGEN IM ÜBERBLICK

Im Gegensatz zu verschiedenen vorangegangenen holozänen Gletscherhochstandsperioden traten die frührezenten Gletschervorstöße weltweit beinahe in allen Gletscherregionen auf (GROVE 1988). Unterschiede existieren aber sowohl im Ausmaß der Vorstöße (bedeutendste holozäne Hochstände oder nicht), als auch in deren detaillierter Schwankungschronologie (Anzahl und Zeitpunkt der einzelnen Hochstände).

Auf Island zeichnete sich z.B. eine Klimaverschlechterung am Beginn der frührezenten Vorstoßphase im 13. bzw. 14.Jahrhundert ab. Während der mittelalterlichen Landnahmezeit waren die Gletscher, z.B. Breidamerkurjökull, weit zurückgezogen (AHLMANN ET AL. 1970). Die Outletgletscher des Vatnajökull stießen von 1690 bis 1710 stark vor, gefolgt von einer Stagnantphase, in der die Gletscher nahe ihrer maximalen frührezenten Position blieben, die sie am Ende o.e. Vorstoßes erreichten (d.h. wenige Dekaden früher als die maritimen Gletscher Süd- und Nordnorwegens). Um 1750 war das Eis noch nicht wesentlich zurückgezogen, als bis 1760 ein Wiedervorstoß stattfand (GROVE 1988). Ab 1890 begann ein starker Rückzug an den Outletgletschern des Vatnajökull, nachdem zuvor das Eis 150 Jahre kleinere Oszillationen unternommen hatte, allesamt auf hohem Niveau nahe der maximalen Position. An einigen Outletgletschern traten um 1890 bzw. in den ersten Dekaden des 20.Jahrhunderts nochmals große Vorstöße bis nahe der Maximalausdehnung auf. An einzelnen Outletgletschern gab es um 1930 einen kurzen Wiedervorstoß. Der anschließende starke Rückzug verlangsamte sich in den 1960er Jahren und wurde von leichten Vorstoßtendenzen abgelöst. In Nordisland wurde nach CASELDINE (1987) das Maximum der frührezenten Gletscherhochstandsphase erst im 19.Jahrhundert erreicht, gefolgt von einer anschließenden dreiphasigen Rückzugsphase 1896 - 1908, 1915 - 1926 und nach 1930.

In den kanadischen Rocky Mountains bietet sich ein ähnliches Bild der Gletscherstandsschwankungen wie in den Alpen, da auch hier die Daten für die Bildung der äußersten Moräne über einen weiteren Zeitraum gestreut sind, nämlich von 1520 bis 1920 (LUCKMAN & OSBORN 1979, KEARNEY & LUCKMAN 1981, LUCKMAN 1993). Es gab auch dort verschiedene Hochstände während der frührezenten Vorstoßphase mit der Konsequenz, daß die Gletscher zu unterschiedlichen Zeiten ihre frührezente Maximalausdehnung erreichten. Eine deutliche Häufung der (lichenometrischen) Daten für die äußersten Moränen liegt in den ersten Dekaden des 18.Jahrhunderts, als u.a. Athabasca (1714), Columbia (1724) und Peyto Glacier (1711) ihre maximalen frührezenten Ausdehnungen erreichten. Der Vorstoß um 1710/20 muß vermutlich als bedeutendster der frührezenten Vorstoßphase angesehen werden. Allerdings erreichten benachbarte Gletscher wie z.B. Saskatchewan (1897) oder Dome Glacier (1870) erst deutlich später ihre maximale Ausdehnung. In den kanadischen Rocky Mountains kam es zu einigen Wiedervorstößen im 19. und 20.Jahrhundert mit entsprechender Moränenbildung, so z.B. Ende der 1880er Jahre und um 1900.

In den maritimeren Gebirgen der nordamerikanischen Westküste (Washington, British Columbia), liegen (allerdings unsichere) Ergebnisse über frührezente Hochstände im 16. und 17.Jahrhundert vor (z.B. Mt.Rainier - GROVE 1988). Gesichert ist dagegen ein Hochstand Ende 18./Anfang 19.Jahrhundert. Es scheint einiges darauf hinzudeuten, daß in den maritimeren Gebirgen des westlichen Nordamerikas das frührezente Maximum früher als in den kontinentaleren Rocky Mountains eingetreten ist.

Anhand der detaillierten Ausweisung der Gletscherstandsschwankungen in West-/ Zentralnorwegen und Ostalpen unter Berücksichtigung des Gletscherstandsschwankungsverhaltens anderer Gletscherregionen weltweit (s. RÖTHLISBERGER 1986, GROVE 1988 etc.) bleibt festzuhalten, daß:

- die frührezente Hochstandsperiode beinahe weltweit aufgetreten ist und in vielen Gletscherregionen zu bedeutenden Hochständen führte;
- die Magnitude der frührezenten Hochstände unterschiedlich war, d.h. in einigen Regionen (z.B. Westnorwegen, Island) während der frührezenten Hochstandsperiode die größten holozänen Gletscherstände verzeichnet wurden, in anderen (z.B. Alpen) teilweise jedoch nicht;
- die Anzahl der einzelnen frührezenten Vorstöße variiert zwischen einem großen (z.B. Westnorwegen) und zahlreichen Vorstößen (z.B. Alpen);
- innerhalb der frührezenten Hochstandsperiode die maximalen Positionen in breiter Streuung über die gesamte Hochstandsperiode erreicht wurden (selbst innerhalb einzelner Regionen);

Fig. 96: Vergleich frührezenter Hochstände (dunkle Markierung - gesichert; gepunktet - geringerer Hochstand; schraffiert - längere Hochstandsperiode) und Maximalstände (umrahmt) in Alpen und Skandinavien

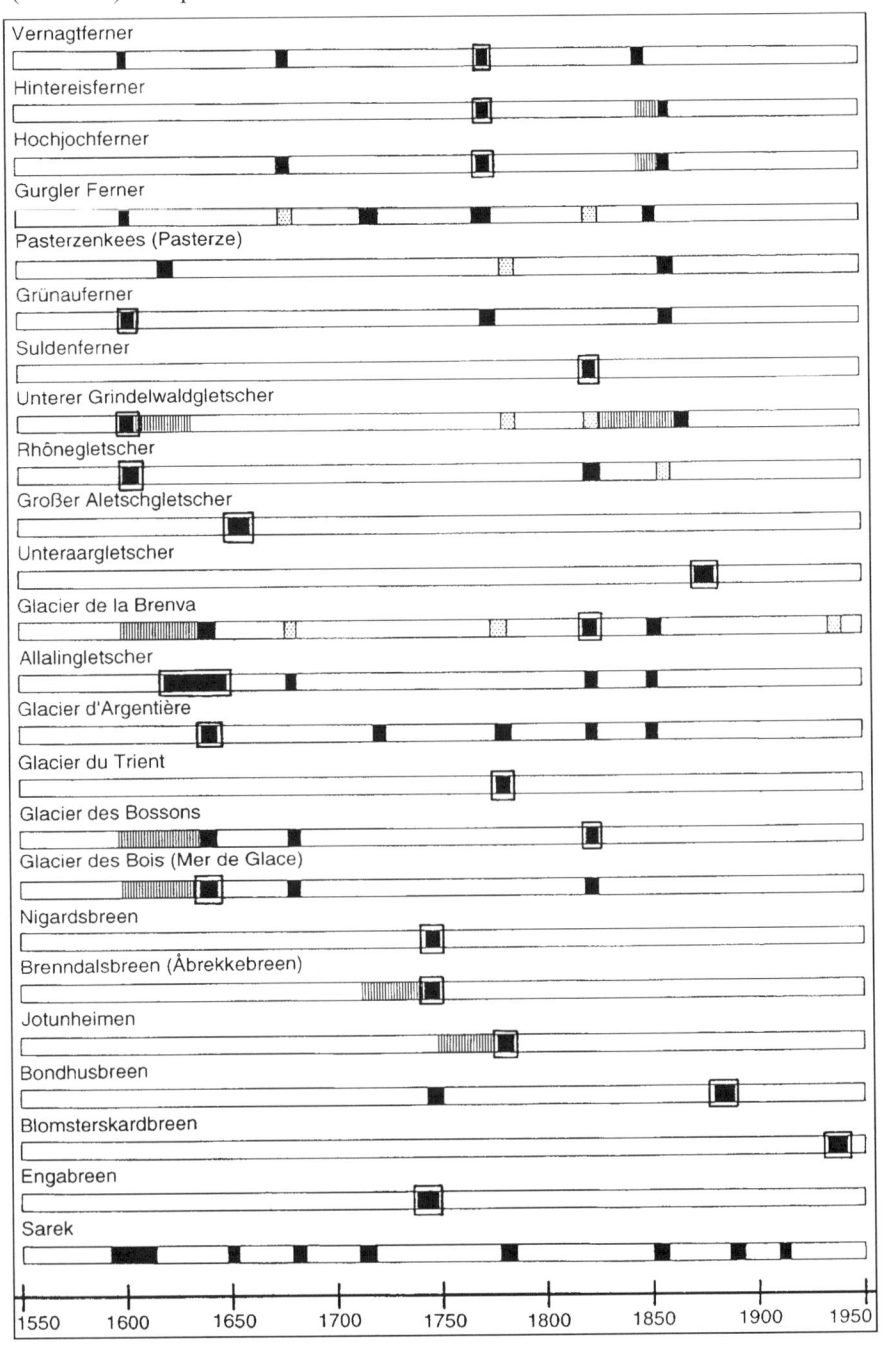

- die Gesamtdauer der frührezenten Hochstandsperiode unterschiedlich ist, auch das Auftreten präfrührezenter, mittelalterlicher Vorstöße (Vergleich Westnorwegen - Alpen);
- es zwischen einzelnen Regionen (z.B. Ostalpen und West-/Zentralnorwegen) sowohl Perioden synchronen Gletscherverhaltens (z.B. der starke Rückzug Mitte des 20.Jahrhunderts), als auch Perioden alternierenden Schwankungsverhaltens (z.B. in den ersten 3 Dekaden des 20.Jahrhunderts und aktuell) gab;
- die oft postulierte Synchronität frührezenter (wie holozäner) Gletscher- und Klimaschwankungen angezweifelt werden muß (zumal aus glaziologischen Gründen bei der Verschiedenheit der Gletschermorphologie, massenhaushaltsdeterminierenden Klimaparametern und regionalen Klimaunterschieden eine solche Korrelation nicht zu erwarten ist; vgl. 6).

Resümierend müßte eigentlich gefragt werden, wieso trotz aller o.e. Unterschiede (auch gerade in glaziologischer Hinsicht) in der frührezenten Hochstandsperiode weltweit beinahe gleichzeitig hohe Gletscherstände verzeichnet wurden.

6 MASSENHAUSHALT, GLAZIOLOGIE UND KLIMABEZIEHUNG

6.1 EINFÜHRUNG

6.1.1 Vorbemerkung

Die Anfänge glaziologischer Untersuchungen an Hochgebirgsgletschern im 19.Jahrhundert lagen v.a. in geodätischer Vermessungen zur Erstellung genauer Gletscherkarten bzw. Erfassung von Gletscherfläche/-volumen. Gleichzeitig begann man mit der Errichtung von Marken, um Schwankungen der Gletscherzunge genauer zu erfassen. Ferner wurden erste Studien zur Gletscherbewegung unternommen, um Aufschluß über die Geschwindigkeit der Gletscheroberfläche bzw. das allgemeine Muster der Gletscherströmung geben zu können. So dienten z.B. ausgelegte Steinreihen auf der Gletscheroberfläche bei jährlicher exakter Vermessung dazu, die jährliche Bewegung der Gletscheroberfläche bzw. Geschwindigkeitsunterschiede im Querprofil zu erfassen. Mit Hilfe dieser ersten glaziologischen Untersuchungen wurden erste Modelle zur Gletscherbewegung aufgestellt (FINSTERWALDER 1897 etc.).

Die Bedeutung der Beziehung Klima - Gletscherverhalten wurde bereits seit 1900 in immer stärkerem Maße in die glaziologische Forschung eingebunden. Zunächst zog man zu deren Ausweisung die vorhandenen Schwankungsdaten der Gletscherfront heran. Später ging man zusätzlich dazu über, den Abfluß der Gletscher mit dem Klima in Verbindung zu setzen. V.a. durch das Fehlen genauer topographischer Karten, nur bedingt zuverlässigen Daten über das Gletscherbett etc. sind diese ersten Studien aber noch mit größeren Ungenauigkeiten behaftet.

Eindeutige Untersuchungen zur Korrelation von Klimaelementen mit dem Gletscherverhalten konnten erst nach Beginn der direkten glaziologischen Messung der Massenbilanz auf verschiedenen Gletschern erfolgen. Nachdem nun für einige Gletscher längere Zeitreihen der Massenbilanzen vorliegen, ist man mit deren Hilfe sehr viel besser in der Lage, die Beziehung zwischen Klima und Gletscherverhalten zu interpretieren (da man die durch die Reaktionszeit verursachte Verzögerung der Reaktion der Gletscherfront und andere störende nicht-meteorologische Faktoren ausschalten kann). Durch ergänzende Energiebilanzstudien konnten ferner die steuernden klimatischen Parameter innerhalb der Massenbilanzschwankungen ebenso wie die unterschiedliche Wirkung der einzelnen Ablationsfaktoren in die Interpretation miteinbezogen werden.

Man ist daher bei Beachtung der glaziologischen Untersuchungsergebnisse sehr viel besser in der Lage, die Beziehung Klima - Gletscher zu interpretieren, als man es bei alleiniger Betrachtung der Gletscherstandsschwankungen ist. Daher erfolgt auch die Interpretation der frührezenten und rezenten Gletscherstandsschwankungschronologien erst im Anschluß an die Darstellung der rezenten glaziologischen Untersuchungsergebnisse.

6.1.2 Problematik der Methodik der Massenhaushaltsberechnung und deren Korrelation mit Klimaparametern

Zur Abschätzung der Aussagekraft verschiedener Massenhaushalts- und Energiebilanzuntersuchungen und deren korrekter Interpretation müssen spezielle methodische Probleme berücksichtigt werden. Wenn möglich, werden in dieser Arbeit nur Massenhaushaltsberechnungen verwendet, welche mit der direkten glaziologischen Methode (s. 2.1.1) erzielt wurden. Nur in Ausnahmefällen, z.B. bei älteren Arbeiten (ROGSTAD 1941 etc.), werden auch Ergebnisse anderer Methoden der Massenhaushaltsbestimmung verwendet.

Zwar bieten sich Massenhaushalts- und Energiebilanzuntersuchungen zur Ausweisung der Abhängigkeit der Gletscherstandsschwankungen von verschiedenen Klimaparameter an, bei deren Interpretation ist jedoch u.a. zu berücksichtigen, daß auch die Massenbilanz durch Übergangszustände der

Angleichung an aktuelle klimatische Bedingungen gekennzeichnet sein kann (KUHN ET AL. 1985). Da bei der Nettobilanz generell die ganze Gletscheroberfläche in die Berechnung einbezogen wird, können resultierende Bilanzwerte durch vorausgegangene Vorstöße beeinflußt werden, z.B. durch Ablation vorhandener Massenüberschüsse. So können an größeren Gletschern z.B. negativere Massenbilanzen berechnet werden, als bei deren theoretischem Gleichgewichtszustand in Abhängigkeit vom aktuellen Klima zu erwarten wäre. Es besteht zumindest theoretisch die Gefahr, negative Massenbilanzen in ihrer Beeinflussung durch aktuelle Klimabedingungen überzubewerten. Ferner muß sich der untere Teil der Gletscherzunge nicht zwingend im Gleichgewicht befinden, wie andererseits ein bereits deutlicher Zuwachs im Akkumulationsgebiet durch konventionelle Festlegung der gesamten Gletscherfläche als Berechnungsgrundlage verschleiert werden kann. Daher hält KUHN (1989) bei Ausweisung annueller und kurzzeitiger Klimaschwankungen Schwankungen der Gleichgewichslinie bzw. Massenbilanz/ Höhen-Profile für aussagekräftiger als die reinen Nettobilanzdaten.

Nach OERLEMANS (1989) wird die Reaktion des Gletschers auf Massenhaushalts- bzw. Klimaschwankungen durch eine größere Anzahl von *feedback*-Mechanismen kompliziert. So kann aufgrund der komplizierten Geometrie von Gletschern keine simple Beziehung zwischen Eismächtigkeit und Massenhaushalt aufgestellt werden, d.h. es existieren keine linearen Funktionen dieser Beziehung. Die Ablationswerte werden zudem von der Gletschergeometrie beeinflußt, wie z.B. Zerklüftung in Séracs und gehäuftes Auftreten von Gletscherspalten die der Ablation ausgesetzte Gletscheroberfläche im Vergleich zu einer flachen, spaltenlosen Zunge vergrößern kann.

Die Debriskonzentration auf der Gletscheroberfläche kann eine größere Rolle spielen, da sie in Abhängigkeit von ihrer Mächtigkeit die Beziehung Klima - Massenhaushalt durch Isolationswirkung (bei großer Mächtigkeit) oder Ablationsverstärkung durch Herabsetzung der Albedo (bei geringer Mächtigkeit) verkompliziert. Ein Beispiel hierfür liefert der Glacier de la Brenva (Mont Blanc-Region), der 1926 in großen Teilen der Oberfläche durch einen großen Bergsturz mit einer mächtigen Debrisschicht bedeckt wurde. Dies führte zu einer substantiellen Absenkung der Ablationsraten und folglich in Konsequenz zu einem ungewöhnlichen Vorstoß in den 1930er und 1940er Jahren, als sich die große Mehrheit der übrigen Alpengletscher zurückzog (vgl. 5.2.5). Bei der Interpretation von Massenhaushaltsdaten sollten daher auch mögliche externe (wie interne) Rahmenbedingungen mitberücksichtigt werden.

Der Begriff Reaktionszeit (vgl. 2.1) wird in der Literatur in zwei verschiedenen Definitionen verwendet, zum einen in der Bedeutung als Zeit bis zum Erreichen eines *steady state* bzw. Gleichgewichtszustand mit dem aktuellen Klima (mit Zeitwerten um 100 und mehr Jahren für typische Gletscher der Untersuchungsgebiete), zum anderen als Zeitspanne zwischen einer Klimaschwankung/Massenhaushaltsschwankung und einer sichtbaren Veränderung der Gletscherfront (die in den Untersuchungsgebieten in Abhängigkeit von der Gletschergröße zwischen 0 und 40 Jahren liegt). Der Verfasser möchte auf diese unterschiedliche Anwendung des Begriffs Reaktionszeit hinweisen und kritisch hinterfragen, ob der Begriff Reaktionszeit:

- nicht besser definiert werden müßte (evtl. definitorische Trennung des Begriffs Reaktionszeit in bezug auf das Erreichen eines *steady state* bzw. Reaktionszeit in bezug auf das Reagieren auf Massenbilanzänderungen);
- nicht mit einer differenten Reaktion bezüglich Winterniederschlag bzw. Sommertemperatur gerechnet werden muß (da eine gesteigerte Ablationsrate direkt auf die Gletscherzunge einwirken kann, ein sich besonders im Akkumulationsgebiet der höheren Gletscherbereiche zeigender Massenzuwachs erst zur Gletscherzunge hin verlagert werden muß, um einen Vorstoß zu verursachen).

RAYMOND, WADDINGTON & JOHANNESSON (1990) verwenden anstelle des Begriffs Reaktionszeit zwei verschiedene Zeitskalen zur Charakterisierung der Anpassung der Gletscherlänge an Klimaänderungen. Die Zeitskala Ts bezeichnet dabei die relativ kurzfristige Zeitspanne der substantiellen Änderung der Gletscherlänge nach einem Klima-*event* bzw. einer bedeutenden Massenbilanzschwankung. Sie ist im wesentlichen abhängig von der Größe der Massenbilanzschwankung und der Eisflußdynamik des Gletschers. Die Zeitskala Tm bezeichnet die längere „Erinnerungszeit" des Gletschers, welche benötigt wird, um die Volumenänderung herbeizuführen, die zum Erreichen eines den neuen Klimabedingungen angepaßten *steady state* notwendig ist. Tm ist von detaillierten Eisflußbedingungen und (eingeschränkt) von der Größe der Klimaänderung weniger abhängig als von der Bilanzrate (Massenumsatz). Aufgrund dieser Untergliederung konnten RAYMOND, WADDINGTON & JOHANNESSON die o.e. Unsicherheiten des Begriffs Reaktionszeit vermeiden und bei ansteigender Größe des Massenumsatzes durch rapidere initiale Prozesse eine kürzere Ts belegen. Dies induziert eine höhere Sensibilität bezüglich Klimaschwankungen an maritimeren Gletschern mit hohem Massenumsatz als an kontinentalen Gletschern. Ferner betonen RAYMOND, WADDINGTON & JOHANNESSON, daß man zwar langfristige Gletscherstandsschwankungen (Tm) in einfacheren Eisflußmodellen berechnen kann, gerade bei Untersuchung der kurzfristigen Änderungen (Ts) aber sehr detaillierte Modelle benötigt. Vielleicht liegt hierin ein Schlüssel zum Verständnis der oftmals unstimmigen Ergebnisse von Gletscherstandsschwankungssimulationen.

GREUELL (1989) betrachtet die bis dato entwickelten Modelle zur Simulation von Gletscherstandsschwankungen kritisch. Er begründet dies u.a. damit, daß das Gleichgewicht eines Gletschers zu den aktuellen Klimabedingungen (*steady state*) in der Realität zwar nie erreicht, gleichwohl aber Berechungsbasis bzw. wichtiger Bestandteil vieler Simulationsmodelle ist. Schwierigkeiten entstehen bei Modellierung weit zurückliegender Zeiträume (z.B. der Hauptphasen der frührezenten Gletscherstandsschwankungen) durch die Notwendigkeit, nicht auf direkte lokalklimatische Daten zurückgreifen zu können, sondern als Ersatz Proxy-Daten (oft im großräumlichen Zusammenhang) heranzuziehen, wodurch die Genauigkeit der Modelle herabgesetzt wird.

Bei der Korrelation von Gletscherstandsschwankungschronologien mit Klimaparametern (z.B. Temperaturreihen) muß neben o.e. Reaktionszeit auch die Methode der statistischen Aufbereitung der Rohdaten (Kurvenglättung durch Verwendung von Filtern etc.) geprüft werden. Eine Glättung stärker als z.B. 5-jährige Mittel unterdrücken wichtige Extemwerte, während ohne Kurvenglättung ebenfalls nur schwer befriedigende Ergebnisse erzielt werden können. GAMPER & SUTER (1978) halten z.B. ein 3-jähriges gewogenes Mittel bei der Korrelation von Temperaturdaten mit Gletscherstandsschwankungen für sinnvoll. Auch GÜNTHER (1982) betont die Wichtigkeit der Auswahl der statistischen Aufbereitung der Rohdaten.

NYE (1965b) wendet ein Modell an, um numerisch die Massenänderungen eines Gletschers aus dessen frontalen Gletscherstandsschwankungen zu errechnen. Dabei stellt er eine schlechte Korrelation mit tatsächlich gemessenen Werten fest, lediglich eine moderate Übereinstimmung mit langjährigen Mittelwerten. Am Storglaciären (Nordschweden) weist er einen durch Frontmessungen nicht belegbaren Massenzuwachs in den 1930er Jahren aus, der bei aller kritischer Hinterfragung des Modells auch deutlich macht, daß Massenzuwächse nicht zwingend zu meßbaren Frontvariationen führen müssen. MORAN & BLASING (1972) stellen ferner die Frage nach Beziehung zwischen verzögertem und unmittelbarem Gletscherrückzug als Reaktion auf veränderte Klimabedingungen. Den Unterschied erklären sie mit dem Auftreten stagnanten, daneben auch weiterhin aktiven Eises beim Gletscherrückzug. Während stagnantes Eis unmittelbar durch Veränderungen der Rückschmelzrate auf die Klimaschwankung reagiert, ist dies bei aktivem Eis weiterhin erst mit der durch die spezifische Reaktionszeit vorgegebenen Verzögerung auf Klimaschwankungen der Fall.

Neben diesen wenigen, vorangestellten Einschränkungen wird bei Interpretation der Massenhaushaltsberechnungen anhand regionaler Beispiele noch deutlich werden, welche Komplexität die Beziehung Klima - Massenbilanz beinhaltet. Da das Klima aber nur über den Massenhaushalt auf die Gletscherstandsschwankungen wirkt, erklärt dies die Notwendigkeit der Berücksichtigung glaziologischer Untersuchungsergebnisse vor einer eventuellen Untersuchung des Verhältnisses zwischen Gletscherstands- und Klimaschwankung, speziell auch im Rückblick auf die rezenten und frührezenten Gletschervorstöße.

6.2 AKTUELLE GLAZIOLOGISCHE UNTERSUCHUNGEN IM OSTALPENRAUM

6.2.1 Aktuelle Massenbilanzstudien

Das Untersuchungsgebiet Rofental zählt zu den glaziologisch meistuntersuchtesten Gebieten der Ostalpen. Neben unterschiedlichen glaziologischen Studien liegen von drei der größeren Talgletscher (Hintereis-, Kesselwand- und Vernagtferner) längere Massenbilanzmeßreihen vor. Dadurch ist es möglich, die Massenbilanzen dreier unmittelbar benachbarter Gletscher zu vergleichen, um damit durch topographische, gletschermorphologische bzw. lokalklimatologische/-meteorologische Faktoren bedingte Unterschiede ausweisen zu können, denn regionale Klimaunterschiede sind bei der begrenzten Ausdehnung des Untersuchungsgebiets auszuschließen (vgl. 2.3.2). Ergänzend liegen neben Gletscherstandsschwankungsmessungen (s. 5.2), Klimadaten der am Talausgang gelegenen Station Vent (LAUFFER 1966, FLIRI 1975 ff.) mit ergänzenden meteorologischen Messungen direkt auf bzw. an den Gletschern (s.u.) auch Abflußmessungen (an der Pegelstation Vernagtbach) vor, so daß die Beziehung Klima - Massenhaushalt am Beispiel dieser drei Gletscher gut untersucht werden kann.

Beim Vergleich der Massenbilanzreihen von Hintereis-, Kesselwand- und Vernagtferner (s.a. KUHN ET AL. 1985, MOSER ET AL. 1986, REINWARTH & OERTER 1988) fällt zunächst eine Periode größeren Massenverlusts an Hintereis- und Kesselwandferner von 1952/53 bis 1963/64 auf (noch keine Messungen am Vernagtferner in dieser Periode, obwohl aus den Gletscherstandsschwankungsdaten ein ähnlicher Verlauf anzunehmen ist). Der Hintereisferner verlor während dieser Periode stets negativer Massenbilanzen (mit Ausnahme von 1954/55 mit bn = +7,6 cm w.e.) insgesamt 577 cm w.e. Eismasse (d.h. im Durchschnitt 48,1 cm w.e./a). Der Kesselwandferner verlor verglichen dazu mit insgesamt 187,4 cm w.e. innerhalb dieser Periode deutlich weniger an Eismasse und wies außerdem immerhin fünf Jahre mit positivem Massenhaushalt auf (1954/55 - 1956/57, 1959/60, 1960/61; durchschnittlicher Massenverlust in dieser Periode 15,6 cm w.e.; pers.Mittlg. O.Reinwarth).

Mit dem Haushaltsjahr 1964/65 (Beginn der Messungen am Vernagtferner) begann eine Periode gehäuften Auftretens positiver Massenbilanzen, die mit Unterbrechungen bis Anfang der 1980er Jahre anhielt und v.a. an Kesselwand-, aber auch Vernagtferner zu einem Massengewinn führte. Der Hintereisferner konnte zwar keinen Massengewinn verbuchen, doch kam es dort zu einer weitgehenden Unterbrechung bzw. Verlangsamung des Massenverlusts. Diese Periode mit positiven Massenbilanzen resultierte im rezenten Gletschervorstoß von Kesselwand- und Vernagtferner (1965 - 1985 bzw. 1977-85; vgl. 5.2), wogegen aufgrund des fehlenden Massenzuwachses am Hintereisferner dessen Nichtteilnahme an diesem Gletschervorstoß leicht zu erklären ist.

Im einzelnen wies der Hintereisferner in o.e. Zeitabschnitt zunächst 1964/65 bis 1967/68 positive Massenbilanzen auf (Netto-Massenzuwachs 155,6 cm w.e.). Hiernach folgten bis 1972/73 aber wieder negative Haushaltsjahre (insgesamt -286,9 cm w.e.), die den vorangegangenen Massengewinn mehr als wettmachten. 1973/74 bis 1977/78 ergab sich erneut ein Massengewinn von +97,8 cm w.e. in vier positiven mit einem zwischengeschalteten negativen Haushaltsjahr (1975/76). Mit Ausnahme einer ausgeglichenen Massenbilanz von 1983/84 (+3,2 cm w.e.) folgten hiernach bis 1991/92 (dem letzten dem Verfasser vorliegenden Meßjahr) ausschließlich negative Massenbilanzen, in vier Haushaltsjahren mit Massenverlusten über -90 cm w.e. (negativstes Haushaltsjahr 1990/91: -132,5 cm w.e.). Seit 1978/79 verlor der Hintereisferner damit -927,5 cm w.e. (Ø -66,3 cm w.e./a), seit 1964/65 -955,8 cm w.e. (Ø -34,1 cm w.e./a) bzw. seit Beginn der Massenhaushaltsuntersuchungen 1952/53 -1532,8 cm w.e. (Ø -38,3 cm w.e./a). Die alpenweit aufgetretene Periode positiver Massenbilanzen in den 1960er und 1970er Jahren trat damit am Hintereisferner nicht auf. Resultierend wurden am Gletscher keine Vorstoßtendenzen verzeichnet, womit sowohl Massenbilanz- als auch Gletscherstandsschwankungen in scharfem Kontrast zu den anderen beiden untersuchten Gletschern im Rofental stehen.

Der dem Hintereisferner unmittelbar benachbarte Kesselwandferner wies 1964/65 bis 1980/81 lediglich drei negative Haushaltsjahre auf (1968/69, 1972/73 und 1975/76) und verzeichnete am Ende dieser Periode einen Massengewinn von +469,4 cm w.e. (Ø +27,6 cm w.e./a). Er übertraf damit die

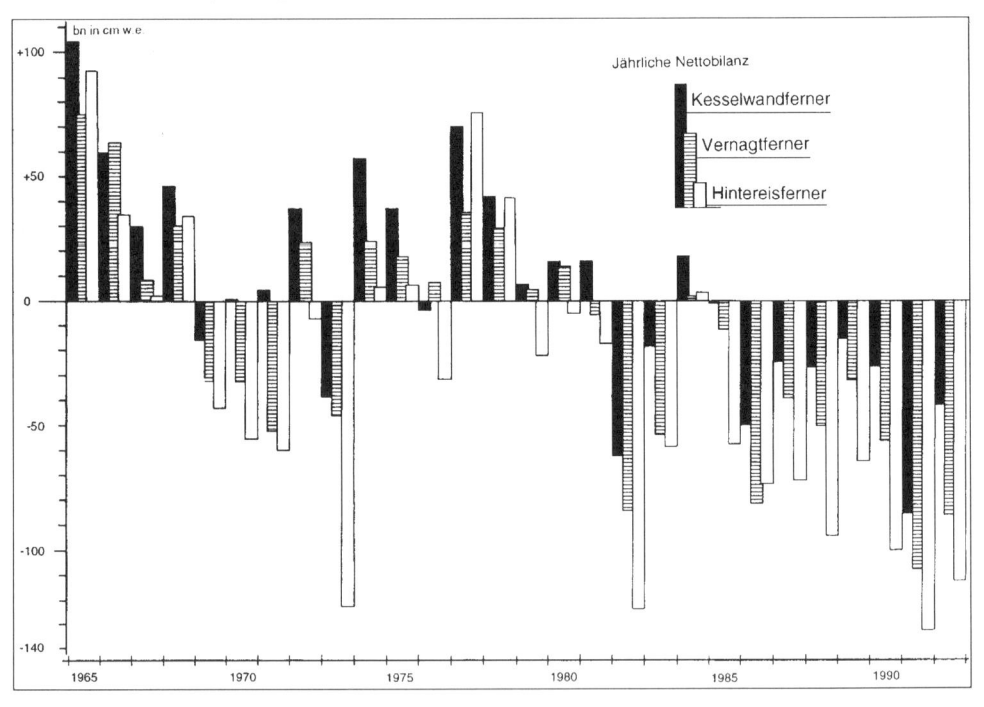

Fig. 97: Jährliche Nettobilanzen an Hintereis-, Kesselwand- und Vernagtferner 1964/65 bis 1991/92 (Datenquelle: O.Reinwarth - pers.Mittlg.)

Gletschermasse am Beginn der Massenbilanzuntersuchungen 1952/53 immerhin um +282 cm w.e. Anschließend kam es wie an Hintereis- und Vernagtferner zu einem starken Massenverlust, verursacht durch folgende negative Haushaltsjahre bis 1991/92 (nur 1983/84 positive Massenbilanz). Im Zuge dieses Massenverlusts (-331,4 cm w.e.) erreichte der Kesselwandferner 1991 ungefähr wieder die gleiche Masse wie zu Beginn der Massenhaushaltsstudien 1952/53. Von 1964/65 bis 1991/92 hat der Kesselwandferner aber immer noch ein positives Massenbilanz-Saldo mit +138 cm w.e. (Ø +4,9 cm w.e./a) zu verzeichnen, von 1952/53 bis 1991/92 ein leicht negatives (beinahe ausgeglichenes) mit -2,5 cm w.e. (Ø -0,06 cm w.e./ a). Dies ergibt über die gesamte Meßperiode einen Unterschied von mehr als 11 m w.e. im Vergleich der Massenbilanz zum Hintereisferner, der aufgrund der engen Nachbarschaft nicht mit regionalklimatischen Unterschieden erklärt werden kann (s.u.).

Am Vernagtferner begannen die Massenhaushaltsuntersuchungen just am Beginn o.e. Periode positiver Massenbilanzen 1964/65 (gleichzeitig dem positivsten Bilanzjahr aller drei Gletscher im Rofental). Ähnlich dem Kesselwandferner waren am Vernagtferner von 1964/65 bis 1967/68 positive Haushaltsjahre zu verzeichnen (Massenzuwachs +176,8 cm w.e.). Nach fünf Haushaltsjahren mit 4 negativen gegenüber nur einer positiven Massenbilanz (1971/72; insgesamt Massenverlust -127,8 cm w.e.), folgten von 1973/74 bis 1979/80 ausschließlich positive Haushaltsjahre (Massenzuwachs +130,5 cm w.e.), in denen der vorangegangene Massenverlust wieder kompensiert wurde, so daß die Eismasse des Gletschers 1980 ungefähr der von 1968 entsprach. Gleichzeitig wurde wie am Kesselwandferner ein Vorstoß der Gletscherfront verzeichnet. Hiernach endete die Periode positiver Haushaltsjahre auch am Vernagtferner und mit Ausnahme des Bilanzjahres 1983/84 (+1,9 cm w.e. = ausgeglichener Massenhaushalt) folgten ausschließlich negative Massenbilanzen, die bis 1992 zu einem Massenverlust von -594,1 cm w.e. führten, womit der vorangegangene Massenzuwachs aufgezehrt wurde und im Vergleich

Fig. 98: Kumulative Nettobilanzen an Hintereis-, Kesselwand- und Vernagtferner 1964/65 bis 1991/92 (Datenquelle: O.Reinwarth - pers. Mittlg.)

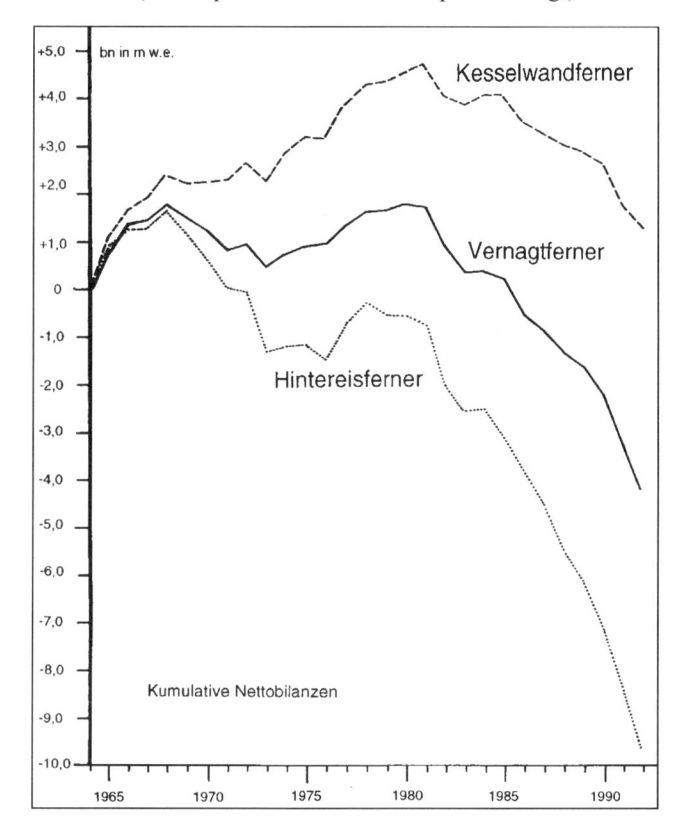

zum Stand 1964/65 ein Massenverlust von -489,7 cm w.e. (Ø -17,5 cm w.e./a) auftrat. Wie an den beiden benachbarten Gletschern war das Haushaltsjahr 1990/91 das absolut negativste der gesamten Meßreihe. 1992/93 war am Vernagtferner im übrigen mit -47,2 cm w.e. ebenfalls ein negatives Haushaltsjahr (pers.Mittlg. O.Reinwarth), doch war der Massenverlust deutlich geringer als 1990/91 bzw. 1991/92.

Beim Vergleich der Massenbilanzreihen von Hintereis-, Kesselwand- und Vernagtferner fallen zwei Fakten ins Auge:
- stark unterschiedliche absolute Massenbilanzwerte in der vorliegenden Meßperiode 1964/65 bis 1991/92;
- auffällige Parallelität der Massenbilanz-Schwankungskurven bzw. der Jahre mit den positivsten (1964/65) bzw. negativsten (1990/91) Bilanzwerten.

O.e. gleiche Tendenz der Nettobilanzen bei unterschiedlichen absoluten Bilanzwerten läßt sich u.a. anhand guter Korrelation der Netto- bzw. Teilbilanzen belegen. Die Korrelation von Nettobilanz (s. Tab. 15), Gesamtablation (s. Tab. 16) und Gesamtakkumulation (s. Tab. 17) muß dabei als signifikant bezeichnet werden (PEARSON'scher Produktmoment-Korrelationskoeffizient/lineare Einfachkorrelation; s. CLARK & HOSKING 1986, BAHRENBERG,GIESE & NIPPER 1990). Dies deutet darauf hin, daß die absoluten Unterschiede nicht in regionalklimatischen Ursachen zu suchen sind, was bei der Lage der drei Gletscher in einem räumlich eng begrenzten Talzug auch nicht verwundert.

Die hohe Korrelation der Gesamtakkumulation läßt eine Begründung der absoluten Bilanzunterschiede durch Winddrift (unterschiedliche winterliche Schneeakkumulation) ebenso wie durch expositionsbedingte Faktoren (z.B. tägliche Sonnenscheindauer) im Verlauf der Ablationssaison nicht zu, da in punkto strahlungsbedingte Exposition der Hintereisferner am günstigsten gelegen ist, dennoch aber die negativste Bilanzsumme der drei Gletscher aufweist (Kesselwand- und Vernagtferner strahlungsbedingt ungünstiger (südlich) exponiert als der nordöstlich exponierte Hintereisferner). OERLEMANS & HOOGENDOORN (1989) betonen zwar gerade die Exposition als einen der Hauptfaktoren für die unterschiedlichen Massenbilanzen von Hintereis- und Kesselwandferner, der Verfasser hält aber wie KUHN ET AL. (1985) die Flächen-Höhen-Verteilung für den entscheidenden Faktor.

Als entscheidender Faktor für die absoluten Bilanzunterschiede kommt die Gletschermorphologie in

Tab. 14: Massenbilanzkenndaten von Hintereis-, Kesselwand- und Vernagtferner (Periode 1964/65 bis 1991/1992) [s = Standartabweichung; bn a = Haushaltsjahre] (Datenquelle: O.Reinwarth - pers.Mittlg.)

	Hintereisferner	Kesselwandferner	Vernagtferner
bn (kumulativ)	-1048,3 cm	+34,1 cm	-414,6 cm
bn ⌀	-34,1 cm	+4,9 cm	-11,0 cm
bn pos.max.	+92,5 cm	+103,9 cm	+75,1 cm
bn neg.max.	-132,5 cm	-85,1 cm	-107,9 cm
bn s	±58,8 cm	±42,2 cm	±46,0 cm
bn a mit pos. bn	7	13	11
bn a mit ausgegl. bn	2	4	2
bn a mit neg. bn	19	11	15
Bc ⌀ ($*10^6 m^3$)	3,20	1,99	2,16
Bc max. ($*10^6 m^3$)	10,67	5,18	7,74
Bc min. ($*10^6 m^3$)	0,42	0,09	0,54
Ba ⌀ ($*10^6 m^3$)	6,27	1,82	3,49
Ba max. ($*10^6 m^3$)	12,20	3,86	9,92
Ba min. ($*10^6 m^3$)	2,22	0,72	0,11
GWL ⌀	3004 m	3109 m	3131 m
GWL max.	3260 m	>3500 m	3630 m
GWL min.	2770 m	3000 m	2940 m
GWL s	±130 m	±90 m	±153 m
Sc an S bei GWL 3050 m	50 %	83 %	77 %

Tab. 15: Korrelationskoeffizienten der Nettobilanz (Periode 1964/65 bis 1991/92)

	Kesselwandferner	Hintereisferner	Vernagtferner
Kesselwandferner	1,00	0,86	0,89
Hintereisferner	0,86	1,00	0,88
Vernagtferner	0,89	0,88	1,00

Tab. 16: Korrelationskoeffizienten der Gesamtakkumulation (Periode 1964/65 - 1991/92)

	Kesselwandferner	Hintereisferner	Vernagtferner
Kesselwandferner	1,00	0,96	0,94
Hintereisferner	0,96	1,00	0,92
Vernagtferner	0,94	0,92	1,00

Tab. 17: Korrelationskoeffizienten der Gesamtablation (Periode 1964/65 - 1991/92)

	Kesselwandferner	Hintereisferner	Vernagtferner
Kesselwandferner	1,00	0,85	0,87
Hintereisferner	0,85	1,00	0,91
Vernagtferner	0,87	0,91	1,00

ihrer glazialmeteorologischen Bedeutung in Betracht, d.h. v.a. die Verteilung der Gletscherfläche auf die Höhenstockwerke und die Gletschergeometrie (vgl. Fig. 99; Abb. 64,65). Der Hintereisferner besitzt eine langgestreckte, ebene Gletscherzunge mit verhältnismäßig kleinem natürlichen (morphologischen) Akkumulationsgebiet/Firnbecken. Seine Zunge weist mit 2450 m ferner die niedrigste Lage der drei Gletscher auf. Der Kesselwandferner verfügt dagegen nur über eine kurze, steile Zunge bei extrem weitläufigen, ebenen und hochgelegenen Flächen als natürliches Akkumulationsgebiet. Der Vernagtferner liegt in seinen morphologischen Charakteristiken in etwa zwischen diesen beiden gletschermorphologischen Extremen.

Die glazialmeteorologische Bedeutung der unterschiedlichen Flächen-Höhenverteilung zeigt sich u.a. darin, daß bei einer angenommenen (regionalklimatischen) Gleichgewichtslinie von 3050 m am Hintereisferner 50 % der gesamten Gletscherfläche dem Akkumulationsgebiet zugerechnet werden könnten, am Vernagtferner dagegen 77 % bzw. am Kesselwandferner 83 % (KUHN ET AL. 1985). Neben daraus folgernden höheren Temperaturen im unteren Zungenbereich des Hintereisferners kann er aufgrund dieser Tatsache auch nicht derart stark wie die beiden anderen Gletscher von den für den Massenhaushalt eminent wichtigen sommerlichen Schneefällen profitieren. Außerdem schmilzt durch die niedrigere Höhenlage der Winterschnee im Ablationsgebiet schneller als an den beiden anderen Gletschern, wodurch es früher zu einer starken Verringerung der Albedo im unteren Zungenbereich kommt. Für einen (theoretischen) ausgeglichenen Massenhaushalt sind daher am Kesselwandferner mit seinen ausgedehnten hochgelegenen Akkumulationsflächen vergleichsweise hohe Ablationsraten notwendig, um den Gletscher in Balance zu halten (darauf folgern die höchsten mittleren Nettoablationswerte trotz insgesamt positivster Massenbilanz). Am Kesselwandferner entsteht dadurch ein hoher Bilanzgradient zwischen der kurzen, steilen Zunge und dem weitgespannten Akkumulationsgebiet (s.a. OERLEMANS & HOOGENDOORN 1989). Hierdurch bedingt ist eine differente Gletscherdynamik, denn verglichen mit der uniformen Gletscherflächenverteilung des Hintereisferners ist die Distanz, die die Gletscherzunge des Kesselwandferners als Reaktion bzw. Ausgleich auf eine Klimaänderung vollziehen muß, doppelt so groß. Damit können die unterschiedlichen Reaktionen auf die rezenten Gletscherstandsschwankungen gut erklärt werden, ebenso der stärkere Vorstoß des Kesselwandferners um 1920 (KUHN ET AL. 1985). Eine Geschwindigkeitssteigerung während o.e. Massenzuwachs in den 1960er und 1970er Jahren war nur am Kesselwand-, nicht jedoch am Hintereisferner festzustellen. Die Reaktionszeit des Hintereisferners ist aufgrund seiner langgestreckten Gletscherzunge größer als am Kesselwandferner. Während sowohl Kesselwand- als auch Vernagtferner durch die Konzentration ihrer Gletscherflächen auf die hochgelegenen Höhenstockwerke in den 1960er und 1970er Jahren positive Nettobilanzen aufweisen konnten, ist der Grund für die weiterhin negativen Bilanzen am Hintereisferner bzw. dessen Nicht-Teilnahme am rezenten Gletschervorstoß in der Gletschermorphologie zu suchen. Die den Massenbilanz- bzw. resultierenden Gletscherstandsschwankungen zugrundeliegende Klimaschwankung hat also im Gegensatz zu den frührezenten Vorstößen (an denen auch der Hin-

Fig. 99: Flächen-Höhen-Verteilung von Hintereis-, Kesselwand- und Vernagtferner (Stand 1979) (modifiziert n. KUHN ET AL. 1985, MOSER ET AL. 1986)

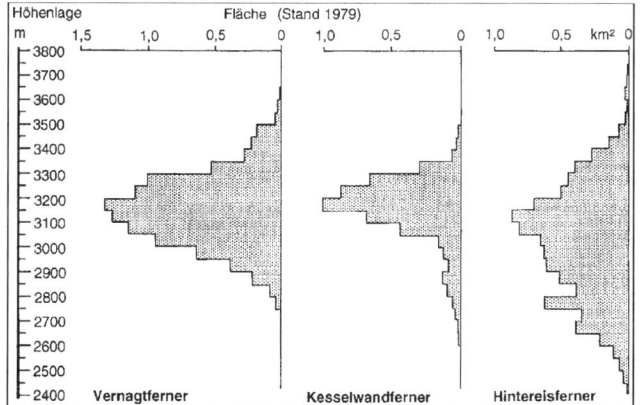

tereisferner teilnahm) partiell nur auf die Gletscher Auswirkungen gezeigt, die über große und hochgelegene Akkumulationsgebiete verfügen.

Der Unterschied in den Massenumsätzen zwischen Vernagtferner und den beiden anderen Gletschern ist nach MOSER ET AL. (1986) noch nicht hinreichend geklärt. Evtl. spielt die hohe Umrahmung eine Rolle. Die drei Gletscher des Rofentals liefern ein hervorragendes Beispiel für erhebliche Unterschiede im Gletscherverhalten von Gletschern eines kleinräumigen Gletschergebiets unbeeinflußt vom regionalen Klima, verursacht durch differente Gletschermorphologie, resultierenden glazialmeteorologischen Unterschieden und Gletscherdynamik.

Die von GROSS, KERSCHNER & PATZELT (1978), KUHN ET AL. (1985) bzw. MOSER ET AL. (1986) ermittelten AAR- bzw. Sc/Sa-Verhältnisse entsprechen an Hintereis- (AAR 0,68; Sc/Sa 2,1:1) wie Vernagtferner (AAR 0,69; Sc/Sa 2,2:1) den typischen Werten für temperierte Hochgebirgsgletscher. Nach REINWARTH & OERTER (1988) läge am Vernagtferner dann die Gleichgewichtslinie auf 3060 m. Eine Abweichung am Kesselwandferner erklärt sich z.T. aus der zeitweise stark zerklüfteten Zunge und dadurch gesteigerten Ablationflächen verglichen mit spaltenlosen Gletscherzungen.

Nach PATZELT (1977) ist als Wendepunkt des starken Gletscherrückzugs Mitte des 20.Jahrhunderts hin zu leichten Vorstoßtendenzen das schneereiche Haushaltsjahr 1964/65 zu sehen, was Massenbilanzmessungen im Rofental, am Stubacher Sonnblickkees (Stubaier Alpen) und anderen Alpengletschern deutlich zeigen. Nach Berechnungen von PATZELT betrug der An-

Abb. 64: Vernagtferner; man beachte die Lage der temporären Schneelinie (vgl. Abb. 65) (Aufnahme: 18.07.1993)

Abb. 65: Hintereisferner; man beachte die Lage der temporären Schneegrenze mit vergleichsweise großer Fläche bereits exponierten aperen Eises an der Gletscherzunge (vgl. Abb. 64, welche den Vernagtferner am gleichen Tag zeigt) (Aufnahme: 18.07.1993)

Tab. 18: Morphologische Kenndaten von Hintereis-, Kesselwand- und Vernagtferner (Datenquellen: KUHN ET AL. 1985, MOSER ET AL. 1986, O.Reinwarth pers.Mittlg.)

	Hintereisferner	Kesselwandferner	Vernagtferner
Fläche in km^2 (1992)	8,88	4,43	9,09
höchster Punkt (1985)	3739 m	3500 m	3633 m
niedrigster Punkt (1985)	2450 m	2600 m	2717 m
mittlere Höhe (1985)	3050 m	3148 m	3129 m
Exposition Ablationsgebiet	NE	SE	SSW
Länge Hauptabflußlinie	7,1 km	4,5 km	3,3 km

stieg der Gleichgewichtslinie in der vorangegangenen Phase des großen Gletscherrückzugs am Hintereisferner von 1920 bis 1950 rd. 230 m, was einem Anstieg der Sommertemperatur von 1,6°C entsprechen würde. Interessanterweise entspricht dies nach PATZELT gleichzeitig dem Rahmen holozäner Gleichgewichtslinienschwankungen, da die Gleichgewichtslinie von 1920 praktisch mit der um 1850 identisch war und die o.e. Schwankung die natürliche (holozäne) Schwankungsbreite der Gleichgewichtslinie von 200 bis 250 m bzw. Sommertemperatur von rd. 1,6°C repräsentieren würde.

Von 1965 bis 1980 wurde an der Mehrzahl der Ostalpengletscher positive Massenbilanzen und dadurch verursachte Vorstöße verzeichnet, die z.T. nach 1980 noch andauerten. Nach 1982 sank parallel die Anzahl der vorstoßenden Gletscher mit der Anzahl positiver Haushaltsjahre deutlich ab. FINSTERWALDER & RENTSCH (1976,1980) zeigten z.B. an acht ausgesuchten Ostalpengletschern in der Periode 1969-79 eine positive Volumenänderung (geodätische Methode; nur Hintereisferner als Ausnahme). Die Volumensteigerung war jedoch nicht so groß wie diejenige von 1959 bis 1969, so daß die positiven Massenbilanzjahre 1964 bis 1968 den Hauptimpuls für die Vorstöße gegeben haben dürften, selbst wenn sie durch positive Haushaltsjahre in den 1970er Jahren unterstützt wurden. Einige Gletscher hatten schon zuvor geringe Massenzuwächse zu verzeichnen, z.B. der Gepatschferner in der Periode 1953-59. Gleichwohl war der Gletscher aber bis um 1978 im Rückzug begriffen, da die verzeichnete Volumenzunahme aufgrund einer langen Reaktionszeit die Zunge noch nicht erreichte. Auch kleinere Kargletscher verzeichneten 1950-60 einen Massenzuwachs, während die meisten größeren Gletscher erst später signifikante Volumenzuwächse erzielten. Bereits in den 1950er Jahren müssen demnach an einigen Gletschern positive Bilanzjahre aufgetreten sein. Daß o.e. Vorstoß in der Periode 1969-79 bereits in seiner Endphase war, zeigt im übrigen die Tatsache, daß die größten Volumenänderungen an fast allen von FINSTERWALDER & RENTSCH (1980) untersuchten Gletschern (z.B. Schwarzegg-, Horn- und Waxeggkees - Zillertaler Alpen; Grünau- und Sulzenauferner - Stubaier Alpen) an der Gletscherzunge verzeichnet wurden, d.h. der Massenzuwachs bereits dort angekommen war, die Akkumulationsgebiete dagegen praktisch unverändert blieben.

Im Vergleich mit den Gletschern des Rofentals sind die Massenumsätze des Stubacher Sonnblickkees (Stubaier Alpen) deutlich höher (pers.Mittlg. O.Reinwarth). Dies ist ein Resultat der unterschiedlichen regionalen Klimabedingungen mit größerer Bedeutung von Nordstauwetterlagen im Stubaital und größerem maritimeren Klimaeinfluß. Übereinstimmend wies aber auch das Stubacher Sonnblickkees im Haushaltsjahr 1964/65 mit Abstand die positivste Nettobilanz auf. Interessanterweise war dagegen das negativste Haushaltsjahr nicht 1990/91 wie im Rofental, sondern 1991/92 (Stubacher Sonnblickkees: 1990/91 = -81,8 cm w.e.; 1991/92 = -209,8 cm w.e.). Insgesamt sind einige Abweichungen im Verlauf der Massenhaushaltskurve verglichen mit den Gletschern des Rofentals festzustellen. Bemerkenswert ist u.a. die Tatsache, daß von 1958/59 (dem Beginn der Massenhaushaltsmessungen) bis 1980/81 insgesamt 17 positiven Haushaltsjahren nur 6 negative gegenüberstanden.

Typisch bei der Charakterisierung des Vorstoßes in der zweiten Hälfte des 20.Jahrhunderts ist die Tatsache, daß er in den Westalpen früher als in den Ostalpen eintrat. D.h. die Gletscher der maritim beeinflußten Alpenregionen wiesen früher Vorstoßtendenzen und daher auch bereits vor 1964/65 positive Nettobilanzen auf. So begann z.b. der Glacier des Bossons (Mont Blanc-Massiv) schon um 1955 mit dem Vorstoß (REYNAUD 1983). Der Obere Grindelwaldgletscher stieß ab 1959 vor (MESSERLI ET AL. 1978), der Glacier d'Argentière von 1968 bis Mitte der 1980er Jahre um rd. 350 m (HUYBRECHTS,DE NORSE & DECLIER 1989). Der Große Aletschgletscher ist im Gegensatz dazu seit 1850 im ununterbrochenen Rückzug begriffen (HOLZHAUSER 1984). Massenbilanzreihen von Westalpengletschern zeigen wie in den Ostalpen ein gehäuftes Auftreten positiver Nettobilanzen 1964 bis 1969 sowie in den 1970er Jahren (z.B. Aletschgletscher und Limmernfirn - CHEN 1991; s.a. HAEBERLI ET AL. 1989). Bemerkenswert ist, daß am Aletschgletscher bis 1985 positive Massenbilanzen gemessen wurden, d.h. 3 Jahre, nachdem an den Ostalpengletschern die Reihe positiver Massenbilanzen beendet war. Unterschiede in der Reaktion auf die rezenten Massenbilanzschwankungen sind also in unterschiedlicher klimatischer Kontinentalität/Maritimität im Alpenraum zu suchen, die zwar weit weniger deutlich als z.B. in Südnorwegen ausgeprägt sind, aber für gewisse Unterschiede verantwortlich gemacht werden müssen.

6.2.2 Energiebilanzstudien

Um Massenbilanzen sinnvoll mit Klimaparametern in Beziehung setzen zu können, reichen die einzelnen Netto- bzw. Teilbilanzwerte i.d.R. nicht aus. Die Kenntnis der Zusammensetzung der Ablationsfaktoren mit Hilfe von Energiebilanzuntersuchungen ist notwendig, um Klimaparameter mit dem Massenhaushalt erfolgreich korrelieren bzw. mit Hilfe von Modellen rekonstruieren zu können. Bei Kenntnis der Zusammensetzung der Ablationsfaktoren ergibt sich die Möglichkeit der sinnvollen Auswahl von meteorologischen Parametern zur Korrelation, an Alpengletschern bei Dominanz der kurzwelligen Einstrahlung unter den Ablationsfaktoren beispielsweise die sommerliche Schneefallhäufigkeit (s.u.).

Nach Messungen von HOINKES & UNTERSTEINER (1952) auf dem Vernagtferner in einer Höhe von rd. 3000 m wird die zur Ablation notwendige Energie zu rd. 80 % aus der solaren Einstrahlung bezogen, nur zu 20 % aus latentem und sensiblem Wärmefluß (s. Tab. 19). Ähnliche Werte des Anteils der solaren Einstrahlung an den Ablationsfaktoren (81 - 84 %) berichtet HOINKES (1955) vom Hintereisferner. Bei einer Messung auf dessen unterer Gletscherzunge ergab sich dagegen ein Anteil der Strahlung von nur 58 - 65 %, gegenüber 15 - 30 % sensiblem und 5 - 15 % latentem Wärmefluß. Die geringere Bedeutung der Strahlung erklärt HOINKES u.a. mit der geringeren Sonnenscheindauer (Einstrahlung) an der im engen Tal gelegenen Gletscherzunge durch wirksame Beschattung und allgemein höhere Lufttemperaturen. Verdunstung und Niederschlag sind nach diesen Messungen als Ablationsfaktoren zu vernachlässigen.

Bei Vergleichsmessungen der Ablationsfaktoren am Hornkees (Zillertaler Alpen - 2262 m) zeigte sich die Strahlung für 58 % der Ablation verantwortlich, an der Zunge des Gepatschferners (Kaunertal) für rd. 65 % (HOINKES & RUDOLPH 1953). Die Unterschiede gegenüber o.e. Messungen auf 3000 m an Hintereis- und Vernagtferner erklären sich nach HOINKES neben der tieferen Lage der Meßpunkte (höhere Lufttemperaturen) aus der geringeren topographischen Sonnenscheindauer, die an Hornkees und Gepatschferner (8 bzw. 9,5 h) deutlich niedriger als z.B. am Vernagtferner (11/12 h) ist. Die Morphologie der Gletscherzunge des Gepatschferners ermöglicht ferner das verstärkte Auftreten turbulenter katabatischer Winde mit Steigerung der Menge der für Ablation zu Verfügung stehenden latenten Wärmeenergie.

GREUELL & OERLEMANS (1989) konnten an der Gletscherzunge des Hintereisferners auf 2500 m einen Anteil der solaren Einstrahlung von 90 % an der Ablation nachweisen. Den vergleichsweise hohen Wert erklären sie mit speziellen Bedingungen während der Meßperiode, nämlich außergewöhnlich sonniger, dabei aber kühler Witterung und der niedrigen Albedo von 0,16 (totale Ablation des Winterschnees). Variationen der Bedeutung einzelner Ablationsfaktoren hängen demnach von verschiedenen

Faktoren ab, insbesondere (in den Ostalpen) von der Beschaffenheit der Gletscheroberfläche (Altschnee, Firn oder Eis) und der resultierenden Albedo, daneben natürlich auch von der Witterung während der Meßperiode. VAN DE WAAL, OERLEMANS & VAN DER HOYE (1992) führen Unterschiede in den Ablationsraten fast ausschließlich auf Albedoänderungen zurück, was o.e. Bedeutung der solaren Einstrahlung unterstreicht.

Tab. 19: Anteil der einzelnen Ablationsfaktoren an der Gesamtablation in % [A - Solare Einstrahlung; B - Latenter Wärmefluß; C - Sensibler Wärmefluß; D - Datenquelle] (Datenquellen: 1) HOINKES & UNTERSTEINER 1952, 2) HOINKES 1955, 3) HOINKES & RUDOLPH 1953, 4) LANG ET AL. 1977)

Gletscher	Höhe	A	B	C	D
Vernagtferner	2973 m	81	- 19 -		1
Vernagtferner	2969 m	84	- 16 -		1
Hintereisferner	3000 m	81 - 84	- 16 - 19 -		2
Hintereisferner	2300 m	58 - 65	5 - 15	15 - 30	2
Hintereisferner	2500 m	90	- 10 -		3
Hornkees	2262 m	58	- 42 -		3
Gepatschferner	2300 m	65	- 35 -		3
Aletschgletscher	3366 m	97,9	-6,4	8,5	4

Bei Messungen am Vernagtferner (MOSER ET AL. 1986; s. Tab. 20,21) zeigten sich o.e. Unterschiede der Energiebilanz in Abhängigkeit von der Gletscheroberfläche. Auf den aperen Eisflächen der niedriggelegenen Zungenpartien wurde die größte absolute kurzwelliger Einstrahlung gemessen (ca. 81 % der Energiebilanz). Die anfallende Schmelzwassermenge lag 150 % über dem Durchschnittswert der Gesamtoberfläche des Gletschers. Nur aufgrund des am Beginn der Ablationsperiode noch kleinen Flächenanteils zeigte dieses Eisgebiet keine größeren Auswirkungen auf die Gesamtschmelzwasserproduktion des Vernagtferners. Wenn sich dagegen am Ende der Ablationsperiode der Anteil der Eisfläche 50 % der Gesamtfläche nähert oder diesen Anteil übersteigt, ist die Energiebilanz des Gesamtgletschers und die durchschnittlich anfallende Schmelzwassermenge den entsprechenden Werten der Eisgebiete sehr ähnlich. Im eisnahen Firngebiet ist der Anteil der solaren Einstrahlung mit rd. 77 % ähnlich, der Anteil des sensiblen Wärmeflusses ist mit ca. 41 % (gegen 29,7 %) deutlich größer als im Eisgebiet. Die absolut geringeren Werte der Einstrahlung ergeben sich in eisnahem Firngebiet wie Firn-/Altschneegebiet aus der höheren Albedo (gesteigerte Reflexion). Die leicht höheren Werte im Firn- und Altschneegebiet gegenüber dem eisnahen Firngebiet ergeben sich durch die längere topographische Sonnenscheindauer.

Tab. 20: Ablationsraten verschiedener Oberflächenareale am Vernagtferner (Tagesmittel vom 15.07.1982) (Datenquelle: MOSER ET AL. 1986)

Meßareal	mm/w.e.	% vom Durchschnitt
Eisgebiet	66	150,0
Eisnahes Firngebiet	45	102,3
Firn-/Altschneegebiet	39	88,6
Gesamtgletscher	44	100,0

Tab. 21: Tagesmittel der Energiebilanz am Vernagtferner (Messung vom 15.07.1982) [A - Kurzwellige Einstrahlung; B -Langwellige Ausstrahlung; C - Sensibler Wärmefluß; D - Latenter Wärmefluß; a - Angabe in % ; b - Angabe in w/m²] (Datenquelle: MOSER ET AL. 1986)

Meßareal	A		B		C		D	
	a	b	a	b	a	b	a	b
Eisgebiet	80,9	207	-8,2	21	29,7	76	-2,3	6
Eisnahes Firngebiet	77,5	133	-12,2	21	41,3	71	-6,4	4
Firn-/Altschneegebiet	90,0	135	-14,0	21	38,7	58	-14,7	22
Gesamtgletscher	83,7	144	-12,2	21	37,8	65	-9,3	16

Die hohe Albedo der Firn- und Altschneegebiete zeigt sich im vergleichsweise hohen Prozentanteil sensiblen Wärmeflusses, der aber von der extrem negativen Bilanz der latenten Wärmeenergie (d.h. hohen Evaporationsraten) aufgewogen wird. Die negativen Bilanzen der latenten Energie sind bemerkenswert, da in Westnorwegen dieser Ablationsfaktor erhebliche Bedeutung hat und stets einen positiven Saldo aufweist (s. 6.3.2), d.h. die Kondensation überkompensiert die Evaporation. O.e. Einfluß der Sonnenscheindauer und Beschattung, der sich nur aus der allgemein hohen Bedeutung der Strahlung erklärt, verursacht auch, daß am Ende der Ablationssaison (5.10.1983) die absolute Menge der kurzwelligen Einstrahlung im Eisgebiet (138 w/m²) gegenüber eisnahem Firngebiet (87 w/m²) sowie Firn- und Altschneegebiet (108 w/m²) nicht mehr so unterschiedlich wie am 15.07.1982 gemessen wurde, da die Exposition der höheren Gletscherbereiche strahlungsgünstiger (weil weitgehend frei von Beschattung) ist.

Die Variationen des latenten und sensiblen Wärmeflusses führen MOSER ET AL. (1986) auf die Abnahme der Lufttemperatur mit zunehmender Höhenlage zurück. Unter Nicht-Berücksichtigung der negativen Bilanz des latenten Wärmeflusses und der langwellligen Ausstrahlung ergeben sich folgende Verhältnisse von Einstrahlung zu sensiblem Wärmefluß:

- 73,1 % zu 26,9 % (Eisfläche);
- 65,2 % zu 34,8 % (eisnahes Firngebiet);
- 69,9 % zu 30.1 % (Firn- und Altschneegebieten).

Analoge Ergebnisse von Energiebilanzmessungen liegen auch aus den Westalpen vor, wo z.B. im Akkumulationsgebiet des Aletschgletschers die Strahlung über 90 % Anteil an der Ablationsenergie hat (LANG ET AL. 1977; s.a. LIESTØL 1989, CHEN 1991). Speziell in den hochgelegenen Akkumulationsgebieten ist faktisch ausschließlich die solare Einstrahlung als Bezugsquelle für die zur Ablation notwendige Energie von Bedeutung. Nur in den niedrigeren Bereichen der Gletscherzunge bzw. bei speziellen Eisoberflächen bzw. Witterungsbedingungen sinkt ihr Anteil etwas ab, bleibt im Alpenraum aber stets der bedeutendste Ablationsfaktor.

Durch das hohe Gewicht der Strahlungskomponente an der Ablation erwächst die Bedeutung der Albedo für den Massenhaushalt an den Ostalpengletschern als entscheidendes Kriterium für die Gesamtablation im Haushaltsjahr (s.a. GREUELL 1989, GREUELL & OERLEMANS 1989, HARDING ET AL. 1989, KUHN 1989, OERLEMANS 1989 etc.). Bei Messungen am Vernagtferner (MOSER ET AL. 1986) ergaben sich folgende Albedowerte:

- 0,24 - dunkles, aperes Eis;
- 0,39 - poröses, lufthaltiges Eis;
- 0,40 - Grenze Eis/Altschnee;
- 0,61/0,63 - Altschnee.

Bei stark debrisbedecktem Eis kann die Albedo durchaus noch unter o.e. Wert von 0,24 liegen (z.B. 0,19 am Hintereisferner - GREUELL & OERLEMANS 1989). Bei frischem Neuschnee steigt sie dagegen bis zu 0,8 und darüber an (LIESTØL 1989).

Anhand von Massenbilanzsimulationen kommen OERLEMANS & HOOGENDORN (1989) zu einer ähnlich überragenden Bedeutung der Albedo, indem sie Änderungen der durchschnittlichen Albedo die größten theoretischen Schwankungen der Gleichgewichtslinie zuschreiben, fast zehnmal bedeutender als z.B. Änderungen der durchschnittlichen Bewölkung:
- Albedoänderung um 0,1 = GWL-Änderung 228 m;
- Bewölkungsänderung von 10 % = GWL-Änderung 26 m;
- Niederschlagsänderung um 20 % = GWL-Änderung 62 m;
- Temperaturänderung von 1°C = GWL-Änderung von 131 m.

Vor der Verwendung von Energiebilanzen zur Auswahl von meteorologischen Parametern zur Rekonstruktion von Massenbilanzreihen (s.u.) ist zu beachten, daß die aktuell ermittelten Werte für die aktuellen glaziologischen Verhältnisse der Gletscher gelten, d.h. nur bedingt auf frühere Gletscherstände übertragen werden können. Während der frührezenten Hochstandsphasen waren beispielsweise die Gletscherzungen weit hinab in die Täler vorgeschoben. Damit waren an den Gletscherzungen höhere Sommertemperaturen zu verzeichnen, was zu einem Absinken der Bedeutung der Strahlung unter den Ablationsfaktoren geführt haben dürfte, zumal in den steileren Talabschnitten die topographische Sonnenscheindauer deutlich geringer als in den weiten flachen Akkumulationsgebieten war. Es ist eine offene Frage, inwiefern die daraus zu folgernde Absenkung der durchschnittlichen Albedo bei weit in die Täler vorgestoßenen Gletscherzungen durch veränderte Klimabedingungen (häufige sommerliche Schneefälle in den frührezenten Hochstandsphasen) kompensiert wurden. Aktuelle Messungen lassen aber vermuten, daß ein verstärkter Einfluß der Temperatur zumindest in der Rückzugsphase nach einem Hochstand bei verminderter Bedeutung der Strahlung verglichen mit den aktuellen Verhältnissen auf den heute hochgelegenen Gletschern stattgefunden hat.

6.2.3 Abflußmessungen

Die o.e. Bedeutung der einzelnen Komponenten der Energiebilanz zeigen sich auch in Abflußmessungen, da hier witterungsbedingte Schwankungen direkt auf Veränderungen einzelner Ablationsfaktoren zurückgeführt werden können. Die an der Pegelstation Vernagtbach (BERGMANN & REINWARTH 1976, MOSER ET AL. 1986, REINWARTH 1990; s. Abb. 66) gemessenen Abflußwerte belegen in ihren annuellen, saisonalen und täglichen Schwankungen die Abhängigkeiten des Massenhaushalts bzw. der Energiebilanz auf eindrucksvolle Weise. Da an der Pegelstation parallel meteorologischen Parameter aufgezeichnet werden, können Schwankungen des Abflusses direkt mit diesen in Beziehung gesetzt werden. Ebenso werden die aus den

Abb. 66: Pegelstation Vernagtbach (2640 m), im Hintergrund Vernagtferner (Aufnahme: 13.08.1991)

Abflußwerten erhaltenen Nettobilanzen des Gletschers (hydrologische Methode) mit den durch die direkte (glaziologische) Methode gewonnenen Massenbilanzen verglichen und liefern eine wertvolle Ergänzung.

Während der Abfluß an der Pegelstation in Zeiten des Abflußminimums in den Wintermonaten auf 0,02 m^3/s absinkt, erreicht der Abfluß in den Sommermonaten der Ablationssaison Werte von durchschnittlich 1,16 m^3/s, so daß von Mai bis September 90 % des Jahresabflusses verzeichnet werden können (was 1338 mm Abflußhöhe bezogen auf die Fläche des Einzugsgebiets entspricht - MOSER ET AL. 1986). Der durchschnittliche jährliche Abfluß betrug im Mittel der Jahre 1974 - 1986 1464 mm, was 16,8*10^6 m^3/a entspricht (s. MOSER ET AL. 1986, REINWARTH 1990).

Bemerkenswert sind v.a. die kurzzeitigen, witterungsabhängigen Schwankungen des Abflusses innerhalb der Ablationssaison, die den Einfluß mehrtägiger Wetterlagen auf die Ablationsraten des Gletschers zeigen. Während hochsommerlicher Schönwetterperioden (Strahlungswetterlagen bei bereits erfolgter weitgehender Exposition des dunklen Gletschereises mit niedrigen Albedowerten Mitte der Ablationsperiode) sind Spitzenwerte des Abflusses von bis zu 9 m^3/s und mehr keine Seltenheit. Ein Wetterumschwung mit Neuschneefall auf weiten Teilen des Gletschers kann im Kontrast dazu diesen Abflußwert binnen weniger Stunden auf unter 1 m^3/s reduzieren. Dies belegt den Einfluß der enorm gestiegenen Albedo der Gletscheroberfläche bei o.e. Dominanz der Strahlung eindeutig, da erst binnen einiger Tage nach dem Schneefall, nachdem der Neuschnee wieder abgeschmolzen ist, höhere Abflußraten erzielt werden können. Neben Schönwetterperioden mit extrem hohen Schmelzraten können im Sommerhalbjahr auch starke Niederschlagsereignisse (mit Regen noch in den höheren Gebirgsbereichen) zu einem Anstieg der Abflußwerte führen.

Die Beziehung zwischen Neuschneefällen, Ablationsraten des Gletschers und gemessenen Abflußraten an der Pegelstation zeigen die ausgewählten Abflußkurven der Ablationssaisonen 1976, 1981 und 1983 (Fig. 100 - 102). 1976 zeigte sich im gesamten Juni bis Mitte Juli ein ständiger Anstieg der Abflußkurve, eindeutig erklärbar durch die langsam abschmelzende Winterschneedecke auf dem Gletscher mit verbundener Absenkung der Albedo und Ansteigen der Ablatiosraten (kleiner Einbruch Mitte Juni, korrelierend mit einem kurzzeitigen Absinken der Temperatur, wodurch auf Neuschneefälle in höheren Gletscherbereichen zu schließen ist; s. Fig. 100). Mitte Juli kam es dann im Zuge eines Wetterumschwungs mit Neuschneefällen zum rapiden Absinken der Abflußkurve, die durch ständiges Auftreten von Neuschneefällen in der zweiten Hälfte der Ablationsperiode nie wieder höhere Werte erreichte (und als Konsequenz eine leicht positive Nettobilanz 1975/76 verursachte). Ähnliche Verhältnisse kennzeichnen auch die Abflußkurve von 1981 (s. Fig. 101), bei der ebenfalls Neuschneefälle jeweils zu einem rapiden Absinken der Abflußkurve führten (leicht negative Nettobilanz 1980/81). Sehr deutlich wird die Korrespondenz des Einbruchs der Abflußkurve 1983 (s. Fig. 102), als Neuschneefälle im August den Abfluß innerhalb kürzester Zeit von über 5 m^3/s auf unter 1 m^3/s drückten. Bemerkenswert ist, daß die Menge des Neuschnees dabei weniger Bedeutung als die Frequenz der sommerlichen Schneefälle zu haben scheint, wobei andererseits natürlich auch die Lufttemperatur zusammen mit der Mächtigkeit der Neuschneedecke insoweit zu beachten ist, da beide Faktoren die Geschwindigkeit des Abschmelzens der Neuschneedecke determinieren.

Die witterungsbedingten Schwankungen des Abflusses sind dem typischen Tagesgang der Abflußkurve mit einem nächtlichen/frühmorgentlichem Minimum und nachmittäglichem Maximum aufgesetzt. Durch das reziproke Verhalten des Tritiumgehalts zur Abflußkurve im Tagesgang konnte nachgewiesen werden, daß das nachmittägliche Abflußmaximum eindeutig auf Eisschmelzwasser zurückzuführen ist (MOSER ET AL. 1986). Es wurden ferner Untersuchungen zu den Fließgeschwindigkeiten des Schmelzwassers innerhalb der Firnschicht bzw. im internen Dränagesystem des Gletschers durch Tracerversuche unternommen (BEHRENS, OERTER & REINWARTH 1982). Diese zeigten eine nur kurze Fließzeit des Schmelzwassers durch den Vernagtferner bzw. dessen Firnschicht (REINWARTH & OERTER 1988).

Fig. 100: Abfluß (Tagesmittel), Schneefallereignisse und Lufttemperatur (Tagesmittel) an der Pegelstation Vernagtbach in der Ablationssaison 1976 (Datenquelle: MOSER ET AL. 1986)

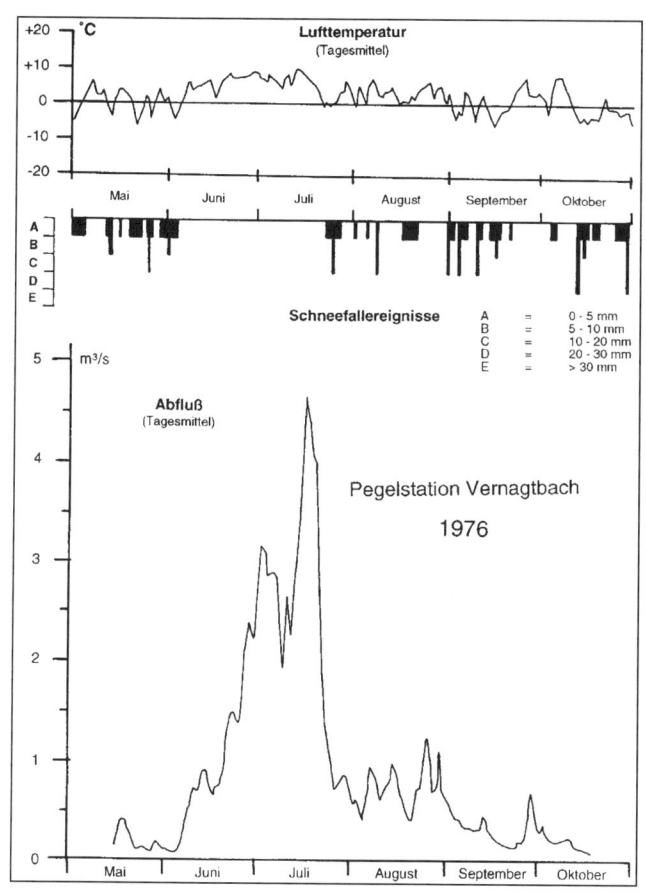

Nach MOSER ET AL. (1986) fallen selbst im Sommer 33 bis 66 % des Niederschlags an der Pegelstation Vernagtbach als Schnee; nach AELLEN (zit. MOSER ET AL. 1986) sind es in den Alpen über 2500 m generell 75 % und oberhalb 3000 m 90 % des Sommerniederschlags. Die Abflußwerte an der Pegelstation Vernagtbach zeigen die Bedeutung sommerlicher Schneefallereignisse und der dadurch gesteigerten Albedo, damit gleichzeitig die Bedeutung der solaren Einstrahlung als wichtigster Komponente der Energiebilanz. Da das Auftreten sommerlicher Schneefälle auch von der Lufttemperatur abhängig ist, erklärt dieses die empirisch bisweilen festgestellte gute Korrelation der Lufttemperatur mit Gletscherstandsschwankungen (GAMPER & SUTER 1978; vgl. 6.4, 6.5). Es ist aber festzustellen, daß aufgrund der geringeren Bedeutung des sensiblen Wärmeflusses primär die Frequenz der sommerlichen Schneefallereignisse bei Untersuchungen im Ostalpenraum mit den Schwankungen der Massenbilanz bzw. des Gletscherstands korreliert werden sollte. Wenn dies in der Vergangenheit nicht geschehen ist, ist dies nicht nur auf Nichtbeachtung der Energiebilanzstudien zurückzuführen, sondern auf leichtere Quantifizierbarkeit von Sommertemperaturdaten verglichen mit einer (theoretischen) statistischen Umsetzung von Daten zusommerlichen Schneefällen bzw. sommerlicher Schneedecke.

6.2.4 Die schnellen frührezenten Vorstöße des Vernagtferners

Ausgehend vom speziellen Vorstoßverhalten des Vernagtferners während der frührezenten Gletschervorstöße und dabei gemessenen Geschwindigkeiten der Gletscherfront von bis zu 12,5 m/d und mehr (beim letzten frührezenten Vorstoß 1844/1848; vgl. 5.2.1) bezeichnete HOINKES (1969) erstmals den Vernagtferner als einen *surging glacier*. Er stellte ferner eine Theorie zur Entstehung dieser *surges* auf. Seitdem wurde dieser Gedanke auch von anderen Autoren aufgegriffen, diskutiert (MOSER ET AL. 1986, GROVE 1988 etc.) und mögliche Ursachen für die angenommenen *surges* des Vernagtferners näher untersucht (vgl. KRUSS & SMITH 1982). In Hinblick auf die Interpretation der frührezenten und rezenten Gletscherstandsschwankungen des Vernagtferners in ihrer Abhängigkeit von Klimaschwankungen ist diese offene Frage von Bedeutung, geht man doch bei den typischen *surging glaciers* (z.B. auf Svalbard, Island und in Alaska) von teilweise klimaundeterminierten Vorstoßzyklen aus (KAMB ET AL. 1985, SHARP 1988a etc.).

Zuerst bleibt festzustellen, daß die frührezenten Gletschervorstöße des Vernagtferners im Kontext alpenweiter Vorstöße standen. Ferner sind solch hohe Geschwindigkeiten im Ostalpenraum kein Einzelfall (Beispiel Suldenferner). Durch die speziellen topographischen und gletschermorphologischen Rahmenbedingungen am Vernagtferner (z.B. das talabwärts hin sich versteilende untere Vernagttal oder das speziell strukturierte Gletscherbett im Akkumulationsgebiet; vgl. 7.2.1, 7.3.1) können die schnellen Vorstöße durchaus mit „konventionellen" Ursachen begründet werden, ohne einen *surge*-Modus als zwingende Voraussetzung (s. HOINKES 1969, MILLER 1972, MOSER ET AL. 1986, WINKLER 1991, WINKLER & HAGEDORN 1994).

Der Verfasser sieht zwar gewisse Parallelen im Bewe-

Fig. 101: Abfluß (Tagesmittel), Schneefallereignisse und Lufttemperatur (Tagesmittel) an der Pegelstation Vernagtbach in der Ablationssaison 1981 (Datenquelle: MOSER ET AL. 1986)

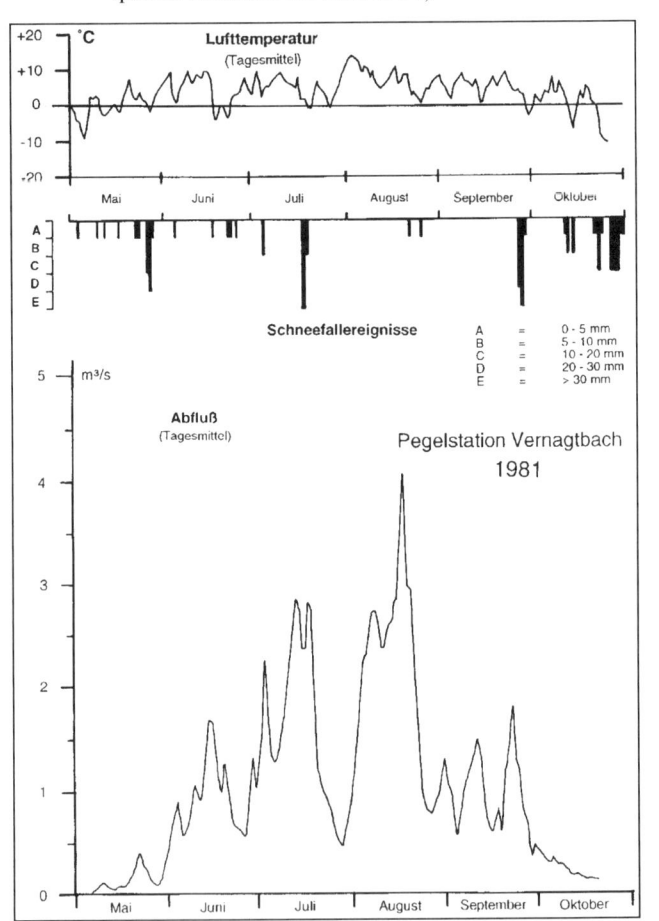

gungsmodus der schnellen Gletschervorstöße des Vernagtferners zu dem an *surging glaciers* und die in historischen Dokumenten geschilderte Zerklüftung der Gletscherzunge (Zerlegung in Séracs) entspricht durchaus der Morphologie *surgender* Gletscher mit gesteigertem basalen Gleiten. Insgesamt lehnt er aber eine Klassifikation des Vernagtferners als *surging glacier* sensu stricto ab. Wohl kann man von einem Auftreten kinematischer Wellen am Vernagtferner ausgehen, wie eine zweifelsfrei im Zuge des 1898/1902er Vorstoßes aufgetreten ist (vgl. 5.2.1). Am Mer de Glace weist REYNAUD (1983) für die durch positive Massenbilanzen geprägten Zeitabschnitte 1891-96, 1921-27, 1941-45 und 1970-78 verschiedene 4 bis 5 m hohe kinematische Wellen aus, die sich mit Geschwindigkeiten von 450 - 500 m/a (gegenüber normal 70 bis 130 m/a Gletschergeschwindigkeit) über den Gletscher fortpflanzten. Kinematische Wellen, die ungewöhnliche Massenüberschüsse aus dem Akkumulationsgebiet zur Gletscherzunge transportieren, könnten auch dem Vernagtferner entscheidend zu den schnellen frührezenten Vorstöße beigetragen haben, insbesondere wenn man wie HOINKES (1969) davon ausgeht, daß durch die spezielle

Fig. 102: Abfluß (Tagesmittel), Schneefallereignisse und Lufttemperatur (Tagesmittel) an der Pegelstation Vernagtbach in der Ablationssaison 1983 (Datenquelle: MOSER ET AL. 1986)

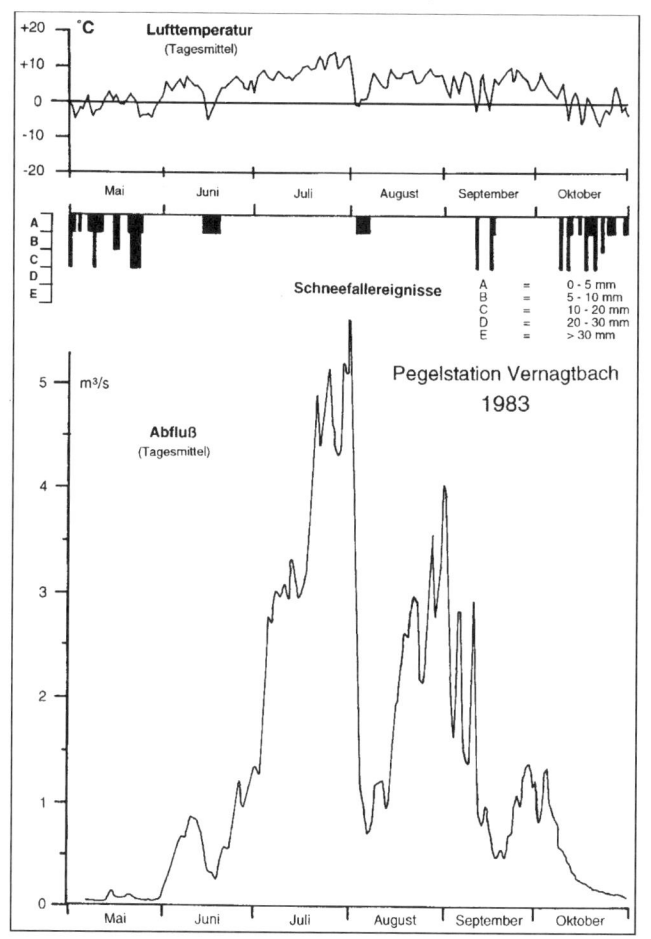

Struktur des Gletscherbetts der „normale" Transport eines Massenüberschusses zeitweise behindert worden sein könnte. Erklärt man nun die Genese dieser kinematischen Wellen mit einer Diskrepanz zwischen realer Eisgeschwindigkeit und der potentiellen Umsatzgeschwindigkeit (durch Massenumsatz bzw. der Massenbilanz theoretisch vorgegebene Geschwindigkeit zur Vermeidung eines Massenüberschusses im Akkumulationsgebiet durch verminderten Transport ins Ablationsgebiet), gäbe es v.a. Unterschiede in der Dimension zwischen kinematischen Wellen und *glacier surges*, weniger grundlegende genetische Unterschiede (pers. Mittlg. H.Björnsson). Obwohl diese kinematischen Wellen an temperierten Hochgebirgsgletschern schon beobachtet wurden und in gewisser Weise mit *surges* verwandt sind, dürfen nach Ansicht des Verfassers beide Phänomene nicht miteinander verwechselt werden.

6.3 AKTUELLE GLAZIOLOGISCHE UNTERSUCHUNGEN IN WEST-/ZENTRALNORWEGEN

6.3.1 Aktuelle Massenbilanzstudien

War im Rofental die Abhängigkeit der Massenbilanz von lokalen Faktoren der Gletschermorphologie etc. eindeutig nachzuweisen, ergeben sich im norwegischen Untersuchungsgebiet neben generellen Unterschieden zu den Ostalpengletschern deutlich ablesbare Unterschiede regionalklimatischer Ursache. Seit dem Haushaltsjahr 1962/63 liegen für insgesamt sechs in einem West-Ost-Profil gelegene Gletscher in Südnorwegen (Ålfotbreen, Nigardsbreen, Hardangerjøkulen, Storbreen, Hellstugubreen und Gråsubreen; vgl. Fig. 93) jährliche Massenhaushaltsmessungen vor. Damit besteht die hervorragende Möglichkeit des Vergleichs der Netto- und Teilbilanzen bezüglich unterschiedlicher klimatischer Rahmenfaktoren und deren Schwankungen in den letzten Dekaden (ØSTREM ET AL. 1991). Die Massenhaushaltsuntersuchungen spiegeln damit die Grundzüge des Klimawandels von der extrem maritimen Westküste zum östlichen Jotunheimen dar (s. 2.3.3). Für den Storbre (Jotunheimen) liegen sogar seit 1948/49 jährliche Massenhaushaltsmessungen vor (LIESTØL 1967). Er verfügt damit über die zweitlängste Massenbilanzreihe im Verfahren der direkten glaziologischen Messung (nach dem Storglaciär (Schwedisch Lappland) - HOLMLUND 1987).

Fig. 103: Vergleich der Extrema und Mittelwerte von Netto- und Teilbilanzen der 6 beobachteten Gletscher des W-E-Profils (Periode 1962/63 - 1990/91) (Datenquellen: ØSTREM ET AL. 1991, ELEVHØY & HAAKENSEN 1992)

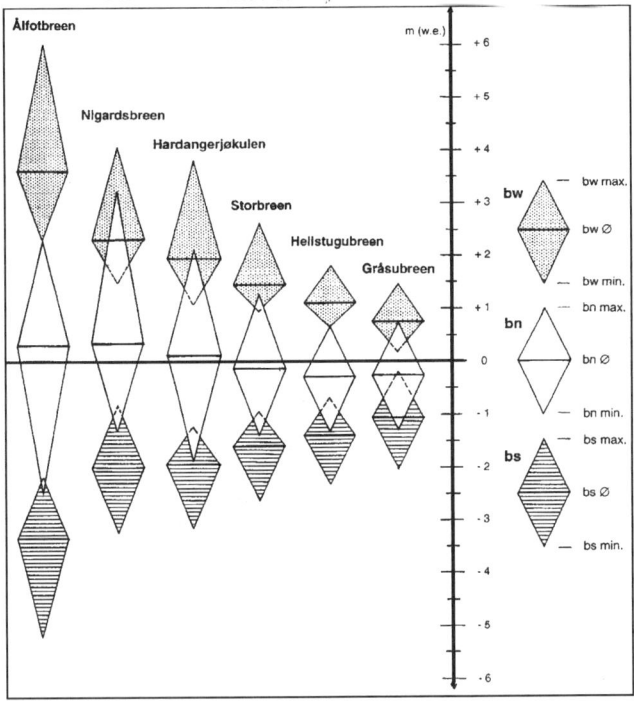

Beim Vergleich der Massenumsätze der untersuchten Gletscher und deren Mittel/Extrema von Netto- und Teilbilanzen wird die nach Osten hin abnehmende Maritimität zugunsten einer stärkeren klimatischen Kontinentalität deutlich. Speziell beim Vergleich des extrem maritimen Ålfotbre mit dem kontinentalen Gråsubre im nordöstlichen Jotunheimen werden diese Unterschiede deutlich. Der hohe Massenumsatz am Ålfotbreen ist Resultat der aufgrund der niedrigen Lage vergleichsweise hohen Sommertemperaturen und der diesen Umstand kompensierenden hohen Winterniederschläge, die überhaupt erst die Existenz eines Gletschers in dieser Region ermöglichen. Änderungen der Teilbilanzen um bestimmte Prozentsätze können an den maritimeren Gletschern mit hohen Massenumsätzen eine größere Wirkung auf den Gesamthaushalt haben, diese Gletscher damit sensitiver reagieren.

Dies wird an den Extrema der Nettobilanzen deutlich, denn während z.B. am Nigardsbreen Änderungen der Gletschermasse von ±3 m w.e. in einem Jahr durchaus möglich sind, beträgt die maximal mögliche jährliche Änderung der Gletschermasse des Gråsubre aufgrund der geringeren Teilbilanzen kaum ±1 m w.e. Bei der Reaktion auf Klima- bzw. Massenhaushaltsschwankungen sind die durch unterschiedliche Massenumsätze verursachten Unterschiede in der klimatischen Sensitivität zu beachten.

In der Meßperiode von 1962/63 bis heute zeigt sich ein charakteristisches Muster eines deutlichen Massenzuwachses an den maritimeren Gletschern, eine (mit Ausnahme der letzten fünf überdurchschnittlich positiven Haushaltsjahre) ungefähr gleichbleibende kumulative Massenbilanz am klimatisch als Übergangstyp zu kennzeichnenden Hardangerjøkulen (der im übrigen etwas südlicher als die anderen Gletscher im Querprofil liegt) und kontrastierend ein Massenverlust an den kontinentaleren Gletschern des Jotunheim (s. Fig. 104). Festzustellen sind an den maritimeren Gletschern besonders positive Haushaltsjahre in den letzten fünf dargestellten Haushaltsjahren. Trotz der extrem gegensätzlichen absoluten Massenhaushaltswerte der einzelnen Gletscher in der Meßperiode (zwischen ca. +13 m w.e. am

Fig. 104: Kumulative Nettobilanzen der 6 Gletscher des W-E-Profils (Periode 1962/63 - 1992/93) (Datenquellen: ØSTREM ET AL. 1991, ELVEHØY & HAAKENSEN 1992, J.O.Hagen pers.Mittlg.)

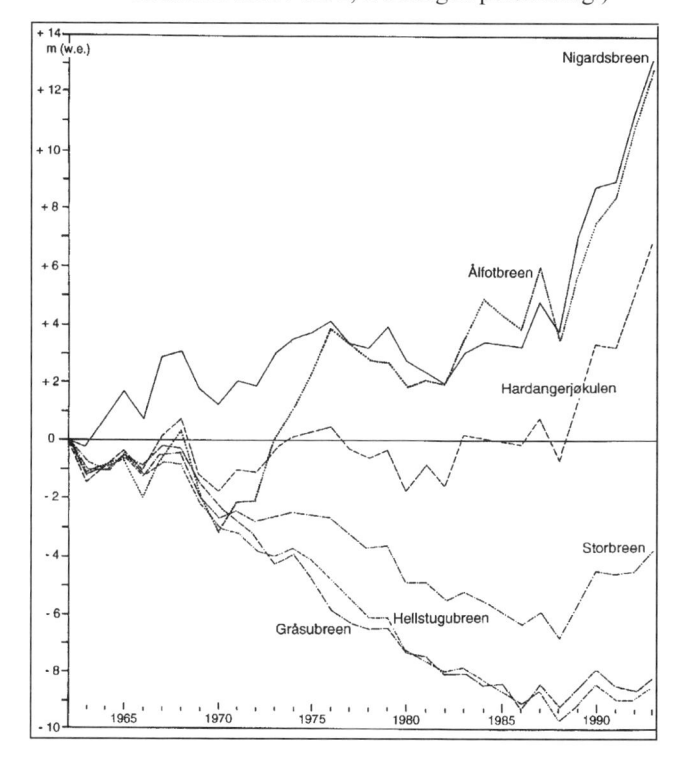

Nigardsbreen gegenüber -8,5 m w.e. am Hellstugubreen) ist analog zu den Verhältnissen im Rofental, wenngleich auch nicht so offensichtlich, zumindest teilweise ein gleichlaufender Trend vorhanden. Extrem über- oder unterdurchschnittliche Teil- und Nettobilanzen traten i.d.R. gleichzeitig an allen untersuchten Gletschern auf (s.u.).

Obige Aussage läßt sich quantifizierend durch die z.T. signifikaten Korrelationskoeffizienten der Netto- bzw. Teilbilanzen belegen. Dabei fällt auf, daß die Nettobilanz des extrem maritimen Ålfotbre nicht nur mit dem ebenfalls als maritim zu bezeichnenden Nigardsbre gut korreliert (r = 0,83), sondern auch mit Hardangerjøkulen (r = 0,85), Storbreen (r = 0,82) sowie sogar Hellstugubreen (r = 0,75). Die nur mäßige Korrelation mit dem kontinentalen Gråsubre (r = 0,46) verwundert dagegen nicht. Allgemein sind die Korrelationen mit den klimatisch als benachbart zu bezeichnenden Gletschern sehr hoch, aber auch zu den übrigen Gletschern ist die Korrelation meist signifikant (Ausnahmen lediglich zwischen stark maritimen Ålfot-/Nigardsbreen zu kontinentalen Hellstugu-/ Gråsubreen; s.Tab. 22).

Untersucht man neben der Nettobilanz auch die Korrelation der beiden Teilbilanzen, fällt auf, daß mehrheitlich die Winterbilanzen signifikanter als die Sommerbilanzen korrelieren. Am Ålfotbreen korreliert dessen Winterbilanz stets besser mit den anderen Gletschern, als dies bei der Sommerbilanz der Fall ist (was mit einer Ausnahme auch für den Nigardsbre gilt). Selbst wo in bestimmten Fällen die Korrelationen der Sommerbilanzen signifikanter sind, liegen die Korrelationskoeffizienten der Winterbilanz nicht derart signifikant unter den Werten als im umgekehrten Fall. Man kann daher schließen, daß

Tab. 22: Korrelationskoeffizienten der Nettobilanzen der 6 Gletscher des W-E-Profils (Periode 1962/63 - 1990/91)

	ÅLF	NIG	HDJ	STO	HEL	GRÅ
Ålfotbreen	1,00	0,83	0,85	0,82	0,75	0,46
Nigardsbreen	0,83	1,00	0,91	0,93	0,88	0,69
Hardangerjøkulen	0,85	0,91	1,00	0,95	0,89	0,68
Storbreen	0,82	0,92	0,95	1,00	0,94	0,75
Hellstugubreen	0,75	0,88	0,89	0,94	1,00	0,86
Gråsubreen	0,46	0,69	0,68	0,75	0,86	1,00

Tabelle 23 - Korrelationskoeffizienten der Winterbilanzen der 6 Gletscher des W-E-Profils (Periode 1962/63 - 1990/91; Fettdruck markiert jeweils bessere Korrelation der Winter- als der Sommerbilanzen - vgl. Tabelle 24)

	ÅLF	NIG	HDJ	STO	HEL	GRÅ
Ålfotbreen	1,00	**0,81**	**0,85**	0,87	**0,78**	**0,64**
Nigardsbreen	**0,81**	1,00	0,86	**0,93**	**0,87**	**0,79**
Hardangerjøkulen	**0,85**	0,86	1,00	0,87	0,83	0,63
Storbreen	**0,87**	**0,93**	0,87	1,00	0,91	**0,81**
Hellstugubreen	**0,78**	**0,87**	0,83	0,91	1,00	**0,86**
Gråsubreen	**0,64**	**0,79**	0,63	**0,81**	**0,86**	1,00

Tabelle 24 - Korrelationskoeffizienten der Sommerbilanzen der 6 Gletscher des W-E-Profils (Periode 1962/63 - 1990/91; Fettdruck markiert jeweils bessere Korrelation der Sommer- als der Winterbilanzen - vgl. Tabelle 23)

	ÅLF	NIG	HDJ	STO	HEL	GRÅ
Ålfotbreen	1,00	0,66	0,63	0,63	0,63	0,45
Nigardsbreen	0,66	1,00	**0,92**	0,89	0,85	0,64
Hardangerjøkulen	0,63	**0,92**	1,00	**0,95**	**0,90**	**0,66**
Storbreen	0,63	0,89	**0,95**	1,00	**0,92**	0,74
Hellstugubreen	0,63	0,85	**0,90**	**0,92**	1,00	0,84
Gråsubreen	0,45	0,64	**0,66**	0,74	0,84	1,00

bei Gleichläufigkeit des Trends der Nettobilanzen v.a. die Winterbilanz entscheidend ist, wobei sich im übrigen die Korrelationen der Teilbilanzen in der Signifikanz nicht wesentlich von denen der Nettobilanzen unterscheiden. D.h. auch, daß die Bedingungen während der Ablationssaison v.a. qualitativ größere Unterschiede zwischen den maritimen und kontinentalen Gletschern zeigen, wogegen die Unterschiede während der Akkumulationssaison wenigstens z.T. eher quantitativ zu sein scheinen.

Aufgrund der überraschend guten Korrelation der Teil- und Nettobilanzen bedarf es zusätzlicher Überlegungen, wie die o.e. Unterschiede der absoluten Nettobilanzen innerhalb des Meßzeitraums statistisch ausgewertet werden können. Hierbei bietet sich die Korrelation der Teilbilanzen eines jeden Gletschers mit dessen Nettobilanz an (s.Tab. 25). Hierdurch sollte deutlich werden, welche Teilbilanz die festgestellten Schwankungen der Nettobilanz mehr beeinflußt, Winter- oder Sommerbilanz. Tatsächlich ergibt sich bei diesen Korrelationen ein signifikanter Unterschied zwischen den maritim und den kontinental geprägten Gletschern. Während an Ålfotbreen, Nigardsbreen (gleichgewichtet mit der

Tab. 25: Korrelationskoeffizienten der Teilbilanzen der 6 Gletscher des W-E-Profils mit der Nettobilanz bzw. untereinander (Fettdruck markiert die jeweils beste Korrelation)

Gletscher	bw/bn	bs/bn	bw/bs
Ålfotbreen	**0,86**	0,63	0,13
Nigardsbreen	**0,84**	**0,84**	0,41
Hardangerjøkulen	**0,88**	0,74	0,34
Storbreen	0,78	**0,81**	0,27
Hellstugubreen	0,65	**0,86**	0,18
Gråsubreen	0,58	**0,87**	0,10

218

Sommerbilanz) und Hardangerjøkulen die Winterbilanz signifikanter mit der Nettobilanz korreliert, ist es im Fall von Stor-, Hellstugu- und Gråsubreen die Sommerbilanz. Die Korrelation von Winter- zu Sommerbilanz ist erwartungsgemäß nicht signifikant.

Die unterschiedliche Bedeutung der einzelnen Teilbilanzen kann direkt für die unterschiedlichen absoluten Nettobilanzwerte an den untersuchten Gletschern verantwortlich gemacht werden, da in Südnorwegen v.a. erhöhte Winterbilanzen (d.h. gestiegene Winterschneemengen) für die positiven Nettobilanzen der Meßperiode gesorgt haben, d.h. dieser positive Ausschlag an den maritimen Gletschern mit überwiegender Bedeutung der Winterbilanz zu einem Massenzuwachs führen konnte, während die Bedeutung der Winterbilanz an den kontinentalen Gletschern dazu nicht ausreichte (und die Verhältnisse des Winterniederschlags östlich der Wasserscheide im übrigen von denen westlich davon differierten, vgl. 6.4, 6.5).

Insgesamt nimmt die Anzahl positiver Haushaltsjahre in der Periode 1962/63 bis 1992/93 von den maritimen zu den kontinentalen Gletschern deutlich ab. Insgesamt zeigt sich bei Betrachtung der verschiedenen Bilanzjahre, daß unterschiedliche Gesamtsituationen in differierender Häufigkeit auftreten:

- positive Nettobilanzen an allen untersuchten Gletschern traten im Beobachtungszeitraum 7 mal auf (u.a. 1988/89 und 1989/90, wo Rekordhöhen der Winterakkumulation an allen Gletschern verzeichnet wurden; s.u.);
- negative Nettobilanzen an allen untersuchten Gletschern traten 9 mal auf, vorwiegend in der ersten Hälfte der Meßperiode (aber auch 1987/88 mit Rekordhöhen der Sommerbilanz; s.u.);
- ein ausgeglichener Massenhaushalt an allen Gletschern trat 1 mal auf (1978/79);
- positive Nettobilanzen an Gletschern größerer Maritimität in Verbindung mit negativen Nettobilanzen an kontinentaleren Gletschern traten in unterschiedlicher Ausprägung 10 mal im Beobachtungszeitraum auf;
- der umgekehrte Fall negativer Massenbilanzen an maritimen Gletschern und positiven an kontinentaleren Gletschern trat im Meßzeitraum nicht auf.

Kennzeichnend für den Vergleichszeitraum ist das relativ häufige Auftreten positiver Nettobilanzen an den maritimen und negativer Nettobilanzen an den kontinentalen Gletschern, die Situation, die letztendlich zum o.e. differenten Bild der absoluten Nettobilanzen führte.

Der geringfügig größere Massenzuwachs des Nigardsbre verglichen mit dem klimatisch maritimeren Ålfotbre erklärt sich wie die identische Bedeutung von Winter- und Sommerbilanz (s.o.) durch die spezielle Morphologie des Nigardsbre mit seinen ausgedehnten Akkumulationsflächen. Er kann von Sommerniederschlägen, die am Nigardsbreen in den höheren Gletscherbereichen fast ausschließlich als Schnee fallen, in weit höherem Maße als der deutlich niedriger gelegene Ålfotbre profitieren. In diesem Zusammenhang sollte nicht unerwähnt bleiben, daß die seit 1969/70 am ebenfalls maritim geprägten Engabreen (Svartisen) durchgeführten Massenhaushaltsmessungen ebenfalls einen deutlichen Massenzuwachs zeigen. Dies bestätigt die Koppelung des Massenzuwachs an maritime Klimarahmenbedingungen, der analog in Kontrast nicht nur zu den kontinentalen Gletschern des Jotunheim, sondern auch denen Nordskandinaviens (z.B. Storglaciären/Schwedisch Lappland - HOLMLUND 1987) steht. Im Fall des Engabre mag dies auch die ähnlichen rezenten und frührezenten Gletscherstandsschwankungen erklären. Auf jeden Fall erlangt bei den rezenten Massenhaushaltsstudien der Klimawandel von Nord- zu Südskandinavien gegenüber dem maritim - kontinentalen Wandel von West nach Ost deutlich geringeres Gewicht.

Betrachtet man die Massenbilanzmessungen im Zeitraum 1962 bis 1973, zeigt sich das gleiche eindeutige Muster des Gesamtzeitraums mit einem Massenzuwachs der Gletscher westlich des Jotunheim mit negativer Massenbilanz an den Jotunheimengletschern selbst (TVEDE 1975). Allerdings war diese erste Teilperiode deutlich ungünstiger als die letze Dekade, die z.T. positive Massenbilanzen in

Rekordhöhe lieferte (ØSTREM ET AL. 1991, ELVEHØY & HAAKENSEN 1992). Im o.e. ersten Abschnitt war der Unterschied zwischen Nigards- und Ålfotbreen noch deutlicher ausgeprägt, da der Ålfotbre lediglich eine ausgeglichene Bilanz aufwies, der Nigardsbre dagegen an Masse gewann.

Die erheblichen Unterschiede zwischen einzelnen Haushaltsjahren speziell bei den Gletschern mit hohen Massenumsätzen zeigten die beiden Bilanzjahre 1987/88 und 1988/89. Das Haushaltsjahr 1987/88 war v.a. durch Sommerbilanzen in Rekordhöhe gekennzeichnet, speziell an den Gletschern mit hohen Massenumsätzen. Das folgende Haushaltsjahr 1988/89 brachte dagegen überdurchschnittliche Winterschneemengen und führte zu stark positiven Nettobilanzen, wobei auch die Verteilung des Massenverlusts bzw. -gewinns in diesen beiden Haushaltsjahren in der Höhenverteilung der Gletscher Beachtung verdient. Der Unterschied zwischen den beiden Rekordjahren 1987/88 und 1988/89, der auch in der gestiegenen Menge verbliebenen Winterschnees in den Hochfjellbereichen vom Verfasser registriert werden konnte, verdient auch deshalb Beachtung, weil der Winter 1988/89 ein sehr milder Winter in Norwegen war (HAAKENSEN 1989). Immerhin wurde am Styggevatnet (1200 m im Sprongdalen als nördliche Talfortsetzung des Jostedal) noch im Januar 1989 Regen verzeichnet.

Fig. 105: Vergleich der Netto- und Teilbilanzen sowie Gleichgewichtslinien der 6 Gletscher des W-E-Profils zwischen den beiden extremen Haushaltsjahren 1987/88 und 1988/89 (Datenquelle: ØSTREM ET AL. 1991)

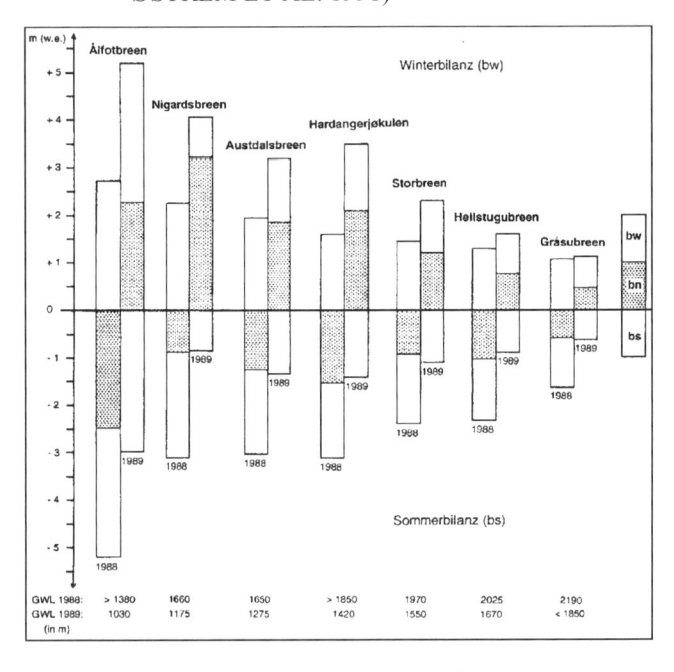

Fig. 106: Jährliche Massenbilanzen am Ålfotbreen (Datenquellen: ØSTREM ET AL.1991, ELVEHØY & HAAKENSEN 1992, J.O.Hagen pers.Mittlg.)

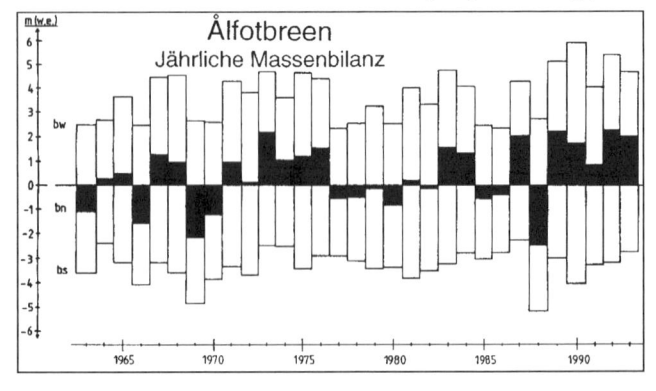

Gleichzeitig wurden v.a. in Westnorwegen Niederschlagsrekorde verzeichnet (neben starken Stürmen). Dennoch sorgten nachfolgende starke Schneefälle für die angesprochenen Rekord-Winterbilanzen, in Teilbereichen des Ålfotbre z.B. mehr als 13 m Schneehöhe (7500 mm w.e.). Auch am Nigardsbreen wurden in den höher gelegenen Bereichen bis zu 12 m Schnee (6400 mm w.e) gemessen, am Hardan-

Fig. 107: Jährliche Massenbilanzen am Nigardsbreen (Datenquellen: ØSTREM ET AL.1991, ELVEHØY & HAAKENSEN 1992, J.O.Hagen pers.Mittlg.)

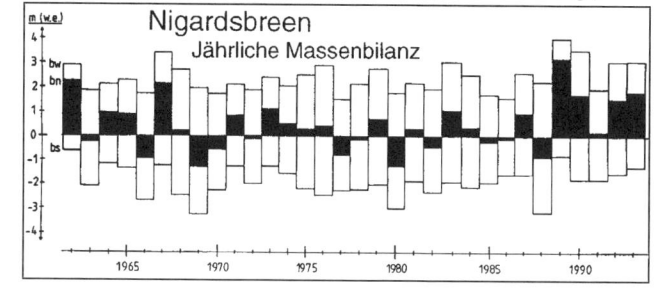

gerjøkulen immerhin noch 8,5 m Schnee (4300 mm w.e). Nicht nur an den maritimen Gletschern, auch im kontinentaleren Jotunheimen lagen die Akkumulationswerte über dem Mittel, wenn auch nicht so stark. Insgesamt entsprach die Akkumulation ungefähr 146 bis 180 % des Mittelwerts an den norwegischen Gletschern.

Der auf der Ålfoten-Halbinsel gelegene Ålfotbre am Äußeren Nordfjord ist durch ungewöhnlich hohe mittlere Winter-, Sommer- und Nettobilanzen geprägt. Deutlich wird dies auch durch extrem starke Schwankungen der jährlichen Gleichgewichtslinie von mehr als 650 m im Beobachtungszeitraum (GWL > 1550 m (1965/66) gegenüber < 870 m (1975/76). Während sich die Masse des Gletschers vom Beginn der Messungen bis etwa gegen 1972 durch einen Wechsel von positiven und negativen Haushaltsjahren nur geringfügig veränderte, setzte 1972/73 eine Periode mit vier aufeinanderfolgenden positiven Nettobilanzen ein, die dem Gletscher einen beachtlichen Massengewinn brachten. Während sich danach eine Periode mit überwiegend negativen Nettobilanzen (bei allerdings vergleichsweise weniger stark negativen absoluten Werten) anschloß, gab es von 1982/83 bis heute 8 positive bei nur 3 negativen Haushaltsjahren, wobei die bereits erwähnten außergewöhnlichen Bilanzjahre 1987/88 und 1988/89 hintereinander das negativste bzw. positivste Haushaltsjahr verzeichneten. Insgesamt hat der Ålfotbre seit Beginn der Messungen 1269 cm w.e. an Masse gewonnen.

Der Nigardsbre hat ähnlich dem Ålfotbre einen deutlichen Massengewinn seit Beginn der Messungen aufzuweisen, wobei gerade in der ersten Phase der Messungen bis Mitte der 1970er Jahre ein größerer Massengewinn als am maritimeren Ålfotbreen verzeichnet wurde. Die absoluten Teil- und Nettobilanzwerte liegen jedoch als Ergebnis der geringeren Maritimität deutlich unter denen des Ålfotbre. Hauptgrund für den ähnlichen Massengewinn ist der größere Profit durch als Schnee fallende Sommerniederschläge. Insgesamt wies der Nigardsbre einen Massengewinn von 1304 cm w.e. seit Beginn der Messungen auf.

ØSTREM, LIESTØL & WOLD (1976) stellen fest, daß die Sommerbilanz im Beobachtungszeitraum (vor 1975 !) am Nigardsbreen stärkeren Schwankungen als die Winterbilanz unterlag und überdurchschnittlich hohe Sommerbilanzen die größte Bedeutung beim Entstehen negativer Nettobilanzen verglichen mit unterdurchschnittlichen Winterbilanzen haben. Eine relativ geringe Winterbilanz allein kann zwar nicht eine negative Nettobilanz verursachen und ebenfalls kann eine durchschnittliche Winterbilanz nicht von einer überdurchschnittlichen hohen Sommerbilanz kompensiert werden, andererseits ist jedoch eine geringe Winterbilanz immer auch für eine stärkere Ablation im Sommer ursächlich verantwortlich, da durch sie die Ablationsperiode infolge frühzeitigen Abtauens der Winterschneedecke entscheidend verlängert und die Albedo herabgesetzt wird. Im Gegenteil kann bei durchschnittlichen Sommerbilanzen durch stark überdurchschnittliche Winterakkumulation wegen der hohen Winterschneedecke die Ablationssaison effektiv verkürzt werden. Durch diesen Kopplungseffekt kann man die stärkere Varianz der Sommerbilanz gut erklären, da neben der eigenen Schwankung (aufgrund der Sommerwitterung) die Wirkung der Winterbilanz (mit der Höhe der winterlichen Schneedecke) die Sommerbilanzvariationen weiter verstärkt.

Würde man die letzten fünf positiven Massenbilanzen am Hardangerjøkulen unbeachtet lassen, wäre sein Massenhaushalt über den gesamten Meßzeitraum betrachtet ausgeglichen. Dies zeigt seinen Charakter als klimatisches Übergangsglied zwischen den maritimen Gletschern im Westen und den kontinentaleren Gletschern im Jotunheimen. Auch die absoluten Werte der Mittel von Teil- und Nettobilanzen zeigen diesen Übergangscharakter deutlich. Seit Beginn der Messungen wies der Hardangerjøkul einen Massengewinn von +691 cm w.e. auf, bis 1988 allerdings einen Verlust von -74 cm w.e.

Der Storbre wies seit 1961/62 einen Massenverlust von -374 cm w.e. auf. Unter den ersten Haushaltsjahren seit Beginn der Messungen 1948/49 befanden sich mit den Haushaltsjahren 1948/49 und 1951/52 nur zwei positive Nettobilanzen, daneben 2 ausgeglichene Haushaltsjahre (1956/57 und 1957/58), insgesamt aber 9 negative Nettobilanzen. Diese Periode war (vermutlich) auch an den meisten westlich gelegenen Gletschern von deutlichem Massenverlust gekennzeichnet (Meßwerte fehlen), zumindest dürften auch dort negative Haushaltsjahre überwogen haben. In den 1960er, 1970er und 1980er Jahren überwogen am Storbreen negative Massenhaushalte, wenngleich aufgrund seiner innerhalb des Jotunheim vergleichsweise westlichen Lage nicht derart negativ wie an den beiden östlichen gelegenen Beispielgletschern (s.u.).

Ähnlich dem Storbre verhielt sich der Hellstugubre, welcher gleichfalls deutlich kontinentaler als z.B. Hardangerjøkulen und Nigardsbreen geprägt ist. Dies zeigen u.a. die Mittel der Teil- und Nettobilanzen und der in der Meßperiode aufgetretene Massenverlust. Im Vergleich zum Storbreen macht sich eine etwas kontinentalere Lage be-

Fig. 108: Jährliche Massenbilanzen am Hardangerjøkulen (Datenquellen: ØSTREM ET AL.1991, ELVEHØY & HAAKENSEN 1992, J.O.Hagen pers.Mittlg.)

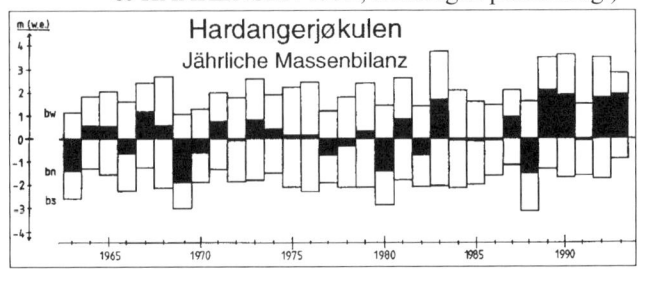

Fig. 109: Jährliche Massenbilanzen am Storbreen (Datenquellen: LIESTØL 1967, ØSTREM ET AL.1991, ELVEHØY & HAAKENSEN 1992, J.O.Hagen pers.Mittlg.)

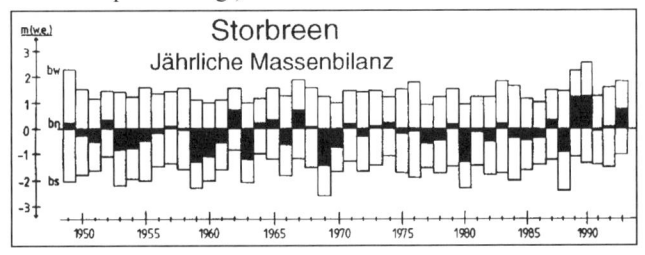

Fig. 110: Jährliche Massenbilanzen am Hellstugubreen (Datenquellen: ØSTREM ET AL.1991, ELVEHØY & HAAKENSEN 1992, J.O.Hagen pers.Mittlg.)

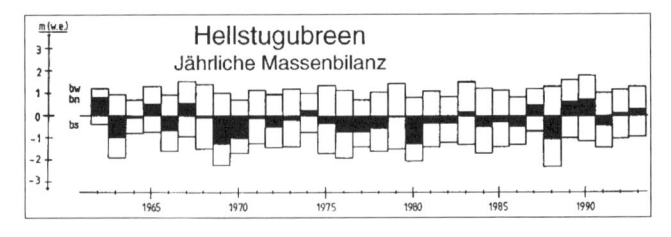

Fig. 111: Jährliche Massenbilanzen am Gråsubreen (Datenquellen: ØSTREM ET AL.1991, ELVEHØY & HAAKENSEN 1992, J.O.Hagen pers.Mittlg.)

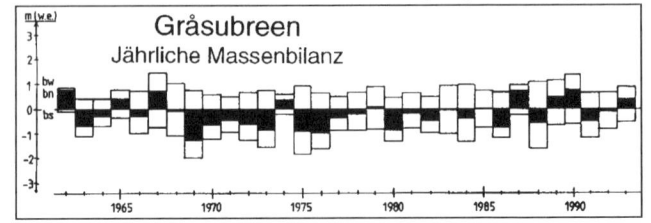

merkbar, obwohl der Hellstugubre in einem Seitental des Visdal nur wenig östlich des Storbre (Seitental des Leirdal) liegt. Der Massenverlust seit Beginn der Messungen war mit -844 cm w.e. der größte aller beobachteten Gletscher. Damit beträgt der Unterschied zum Nigardsbreen mit der positivsten gemessenen Nettobilanz des Gesamtzeitraums nicht weniger als 2148 cm w.e., was die klimatischen Differenzen deutlich vor Augen führt.

Der Gråsubre ist der kontinentalste der untersuchten Gletscher und weist gleichzeitig die größte Höhenlage auf. Als Folge der Kontinentalität sind Mittel der Teil- und Nettobilanzen vergleichsweise niedrig. Insgesamt gab es in den 32 Meßjahren nur 9 positive Haushaltsjahre, woraus ein Massenverlust von -808 cm w.e. resultierte.

Neben den sechs o.e. Gletschern des Profils von West nach Ost wurden auch an anderen südnorwegischen Gletschern (allerdings über kürzere Zeitperioden) Massenhaushaltsuntersuchungen durchgeführt. In 3 von 4 Meßjahren am Supphellebreen wurde eine positive Nettobilanz gemessen (1963/64, 1964/65 und 1966/67), was in Einklang mit den o.e. maritimen Gletschern steht (ORHEIM 1968; s.Tab. 26). Auch am Tunsbergdalsbreen verliefen die Massenbilanzschwankungen relativ parallel mit denen des Nigardsbre (PYTTE 1967 etc.; s.Tab. 27), ebenso am Vetledalsbreen (Nordsektor Jostedalsbreen; s.Tab. 27).

Tab. 26: Massenbilanzdaten Supphellebreen (in cm w.e.) (Datenquelle: ORHEIM 1968)

Bilanzjahr	bw	bs	bn
1963/64	+220	-150	+70
1964/65	+232	-176	+56
1965/66	+163	-240	-77
1966/67	+272	-150	+122
Gesamtzeitraum	+887	-716	+171

Tab. 27: Massenbilanzdaten Tunsbergdals- und Vetledalsbreen (in cm w.e.) (Datenquellen: PYTTE 1967 ff.; ØSTREM & PYTTE 1968, TVEDE 1971 ff.)

Bilanzjahr	Tunsbergdalsbreen			Vetledalsbreen		
	bw	bs	bn	bw	bs	bn
1965/66	+157	-266	-109	—	—	—
1966/67	+331	-152	+179	+206	-171	+35
1967/68	+274	-270	+4	+314	-250	+64
1968/69	+153	-322	-169	+126	-344	-218
1969/70	+154	-238	-84	+150	-266	-114
1970/71	+236	-179	+57	+221	-186	+41
1971/72	+202	-252	-50	+192	-227	-35
Gesamtzeitraum	+1507	-1679	-172	+1209	-1444	-235

Die Massenbilanzmessungen am Blomsterskardsbreen (Outletgletscher am Folgefonni, TVEDE & LIESTØL 1977) sowie an anderen Teilen des Folgefonni (PYTTE 1967 etc.) zeigen eine hohe Parallelität zu denen des Ålfotbre, was angesichts ähnlicher maritimer Klimabedingungen nicht verwundert. Am Bondhusbreen wurden 1977 bis 1981 Massenbilanzmessungen durchgeführt, wobei die Hauhaltsjahre 1978/79 und 1980/81 positive Massenbilanzen zeigten, die drei übrigen negative Massenbilanzen (analog zum Nigardsbreen). Bei Betrachtung der beiden Teilbilanzen fällt auf, daß die Sommerbilanz weit geringeren Schwankungen als die Winter- bzw. Nettobilanz unterliegt (HAGEN 1986), was in Kontrast zu den Ergebnissen vom Nigardsbreen (s.o.) steht (allerdings in einer anderen Beobachtungsperiode).

Tab. 28: Massenbilanzdaten Bondhusbreen/Folgefonna (in cm w.e.) (Datenquelle: HAGEN 1986)

Bilanzjahr	bw	bs	bn
1976/77	+196	-296	-100
1977/78	+237	-287	-50
1978/79	+280	-247	+33
1979/80	+233	-278	-45
1980/81	+332	-200	+132
Gesamtzeitraum	+1278	-1308	-30

Beim Vergleich des Massenverlusts des Midtre Folgefonni zwischen 1959 und 1981 (geodätischen Methode) zeigten ØSTREM & TVEDE (1986) erhebliche Unterschiede zwischen den einzelnen Sektoren der Eiskappe. Während der NW-Sektor 15,2 m w.e. verlor, verlor der S-Sektor 10,2 m w.e., der NE-Sektor nur 4,9 m und der E-Sektor gar nur 0,9 m w.e. Da mögliche Faktoren wie Veränderung der Bewölkungsverhältnisse, Sommertemperatur und absoluten Winterniederschläge so kleinräumig (5*5 km Größe der Eiskappe) nicht derart wirksam werden können, bleibt als logische Konsequenz nur der Einfluß von Winddrift und resultierender unterschiedlicher Winterakkumulation. Tatsächlich nahmen im Gebiet Winde aus westlichen Richtungen in ihrer Häufigkeit von 29 % auf 43 % zu, was durch den Leeffekt die östlichen Sektoren des Midtre Folgefonni in der Winterakkumulation begünstigte. Auf andere Regionen übertragen zeigt dieses Beispiel, daß lokale Unterschiede im Gletscherverhalten durchaus auf veränderte Bedingungen der Winterakkumulation verursacht durch Änderungen des Windregimes zurückgeführt werden können, speziell bei den Plateaugletschern in Westnorwegen. Da solche lokalen Windeinflüsse nur sehr schwer meßbar, quantifizierbar und in ein Modell zu fassen sind, liegt hierin ein entscheidender Unsicherheitsfaktor bei der Rekonstruktion von Massenbilanzen in entsprechenden Regionen.

Interessant sind die Unterschiede in der Massenbilanz zwischen den benachbarten Austre und Vestre Memurubre im zentralen Jotunheimen, denn im Zeitraum 1967-72 verlor der Austre Memurubre 115 cm w.e. mehr an Masse als der Vestre Memurubre, wobei der Hauptgrund (expositionsbedingt) in der Sommerbilanz liegt (TVEDE 1974; s.Tab. 29,30). AHLMANN (1922) weist am Styggedalsbreen eine höhere Firnline als an den anderen Gletschern im Hurrungane aus, was er mit niedrigeren Winterniederschlägen erklärt. Dieser Mangel hat nach AHLMANN lokalklimatische, reliefinduzierte Ursachen. Für das in etwa ausgeglichene Bilanzjahr 1921/22 berechnet AHLMANN ein ungewöhnlich niedriges Sc/Sa-Verhältnis von 0,57:1, was nur durch die große Bedeutung von Winddrift bzw. der oberhalb des eigentlichen Gletschers gelegenen Hangvergletscherung erklärt werden kann. Der Styggedalsbre liegt bezüglich der v.a. von SW kommenden niederschlagsbringenden Luftströmung in einer ungünstigen Schattenlage des Kamms von Skagastølstindane, d.h. die o.e. Hangvergletscherung profitiert von Lee-Effekt und einem Plus an Driftschnee, während die eigentliche Gletscheroberfläche durch den lokalen Föhneffekt bzw. das sogenannte „blue window" (AHLMANN 1922) weniger Winterniederschlag als die umliegenden Gletscher (z.B. der SE-exponierte Maradalsbre) erhält. O.e. Phänomen des „blue window" beschreibt nach AHLMANN die Abschirmung des Styggedalsbre gegenüber in SW-Lagen durch den Skagastølskamm, der bei tiefen Wolken genau über dem Gletscher ein „blue window" aufreißt, besonders im Winter. Ferner ist die Zunge des Styggedalsbre den starken Winden des Helgedal ausgesetzt und so berichtet AHLMANN von blankem Eis auf diesem Zungenabschnitt im Januar 1920. Zwar ist dieser lokale Effekt schwerlich quantifizierbar, doch zeigt die höher liegende Firnline deutlich an, daß der Styggedalsbre im Vergleich zu benachbarten Gletschern eine geringere Schneeakkumulation aufweist (zumal die Nordexposition eigentlich günstig wäre). Dies erklärt das niedrige Sc/Sa-Verhältnis gegenüber 1,0:1,0 beim benachbarten Skagastølsbreen bzw. 2,0:1,0 am Midtmaradalsbreen (für das Jahr 1920). Im Sommer ist dieses „blue window" nicht existent und das Hurrungane-Massiv produziert keinen bedeutenden Regenschatten (AHLMANN 1948). Nach AHLMANN zeigen die Untersuchungen am Styggedalsbreen eine größere Bedeutung der Sommerwitterungsbedingungen, v.a. der Sommertemperatur.

Tab. 29: Massenbilanzdaten von Austre und Vestre Memurubre (in cm w.e.) (Datenquellen: PYTTE 1969 ff., TVEDE 1971 ff.)

Bilanzjahr	Vestre Memurubre			Austre Memurubre		
	bw	bs	bn	bw	bs	bn
1967/68	+170	-146	+24	+177	-176	+1
1968/69	+105	-211	-106	+99	-245	-146
1969/70	+84	-163	-79	+61	-171	-90
1970/71	+130	-119	+11	+133	-151	-18
1971/72	+119	-147	-28	+102	-142	-40
Gesamtzeitraum	+608	-786	-178	+592	-885	-293

Tab. 30: Massenbilanzdaten verschiedener Gletscher im Jotunheimen (Periode 1967/68 - 1971/72; in cm w.e.) (Datenquellen: PYTTE 1969 ff., TVEDE 1971 ff.)

Gletscher	bn	bw	bs
Gråsubreen	-315	+349	-664
Austre Memurubre	-293	+592	-885
Vestre Memurubre	-178	+608	-786
Hellstugubreen	-301	+509	-810
Storbreen	-222	+668	-890

Beim Vergleich der Massenbilanzschwankungen in Südnorwegen mit denen in Nordskandinavien zeigen sich ähnlich unterschiedliche Muster des Gegensatzes zwischen maritimen und kontinentalen Gletschern (s.o.). Am kontinentalen Storglaciären (HOLMLUND 1987) zeigte sich seit Beginn der Massenhaushaltsmessungen 1945/46 ein permanenter Massenverlust mit nur wenigen positiven Haushaltsjahren, die sich in den letzten zwei Dekaden häuften und gut mit einem leicht verlangsamten Gletscherrückzug in Einklang bringen lassen. Heute ist die Großregion klimatisch maritimer geprägt und nach Anstieg der Sommertemperaturen um 1,5°C Mitte des Jahrhunderts sind sie den letzten Dekaden um 0,4°C gefallen. Dadurch hat sich der Massenverlust auch am Storglaciären von 0,9 m w.e./a (1946-61) verglichen zu 0,3 m w.e./a (1961-71) verlangsamt (KARLÉN 1973). In Nordschweden besteht kein Zweifel daran, daß der Sommerbilanz bedeutendere Beeinflussung der Nettobilanz zukommt (ROSQVIST & ØSTREM 1989). Andererseits betonen STROEVEN & VAN DE WAL (1990), daß die extrem negative Massenbilanz 1984/85 primär nicht durch starke Ablation, sondern durch geringe Winterniederschläge verursacht wurde, da geringe Winterniederschläge zu einem sehr frühen Abschmelzen der Winterschneedecke und damit wirksamer Erniedrigung der Albedo im Sommer führten (mit resultierender größerer Wirkung der solaren Einstrahlung). Auch am Rabotsglaciären (Schwedisch Lappland) zeigen STROEVEN & VAN DE WAL (1990), daß stark negative Massenbilanzen nicht so sehr durch gesteigerte Ablation, sondern durch geringe Winterakkumulation und verbundenem frühen Abschmelzen des Winterschnees in der Ablationssaison verursacht wurden.

6.3.2 Energiebilanzstudien

Aufgrund der größeren räumlichen Ausdehnung des norwegischen Untersuchungsgebiets im Vergleich zum Rofental und der bereits aufgezeigten klimatischen Unterschiede ist eine Berücksichtigung der Energiebilanz Grundvoraussetzung u.a. zur Ausweisung der Beziehung zwischen Klimaparametern und Massenbilanz. Der klimatische Formenwandel von maritimen zu kontinentalen Gletschern zeigt sich auch in der Zusammensetzung der Energiebilanz, insbesondere in der Zunahme des Anteils der solaren Einstrahlung an den Ablationsfaktoren mit zunehmender Kontinentalität.

An zahlreichen Gletschern West- und Zentralnorwegens wurden Energiebilanzmessungen unternommen, z.T. über Meßperioden von bis zu 2 Monaten und mehr. Zur Ausweisung einer durchschnittlichen Zusammensetzung der Energiebilanz sind gerade langfristige Messungen wichtig, zeigen sich doch erhebliche Unterschiede in der Zusammensetzung der Energiebilanz im Verlauf der Ablationsperiode (vgl. TVEDE 1971 etc.; s. Fig. 113 - 115). An verschiedenen Gletschern wurden die langfristigen Messungen in mehreren aufeinanderfolgenden Ablationsperioden wiederholt, so daß sich auch annuelle Schwankungen ausweisen lassen.

Fig. 112: Schema der Veränderung der Ablationsfaktoren von der westnorwegischen Küste zum kontinentalen Jotunheimen (leicht modifiziert n. TVEDE 1972)

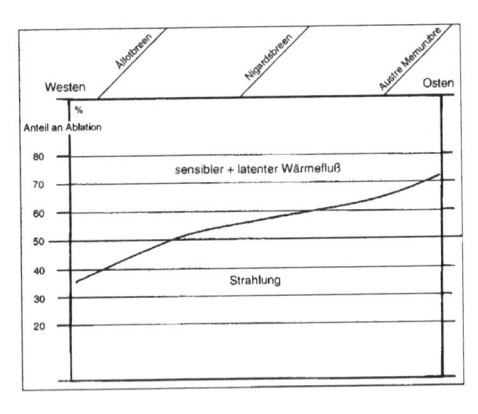

Die durchschnittlichen Werte der Energiebilanz zeigen den Trend eines bei zunehmender Kontinentalität ansteigenden Anteils der solaren Einstrahlung an der Ablation mit analogem Absinken des Anteils des latenten und sensiblen Wärmeflusses an. Zu erklären ist die Veränderung in der Zusammensetzung der Energiebilanz durch die mit maritimen - kontinentalen Formenwandel gekoppelten natürlichen Rahmenbedingungen (abnehmende Niederschlagsmenge, Verkürzung der Ablationsperiode, geringere Luftfeuchte, zunehmende Höhenlage der Gletscherzungen mit geringeren Sommertemperaturen etc.; vgl. 2.3.3). Die Werte der Energiebilanz an den Gletschern im östlichen Jotunheimen nähern sich dabei in der Bedeutung der solaren Einstrahlung den Werten an Ostalpengletschern, selbst wenn Letztgenannte einen noch größeren Anteil solarer Einstrahlung an der Energiebilanz und damit eine noch größere Kontinentalität zeigen (im östlichen Jotunheimen maximal durchschnittlicher Anteil von 60 % solarer Einstrahlung an den Ablationsfaktoren).

Bei verschiedenen Einzelmessungen (s.Tab. 31) zeigte sich u.a. parallel zu den Ergebnissen in den Ostalpen, daß der Anteil von Sublimation und Regen an der Ablation vernachlässigbar gering ist und maximal 1 % erreicht. Bei Messungen auf dem klimatisch und glazialdynamisch toten Omnsbre nördlich von Finse am Nordrand der Hardangervidda errechnete MESSEL (1971) eine durchschnittliche Zusammensetzung der Energiebilanz von 52 % Strahlung, 33 % sensiblem und 15 % latentem Wärmefluß. Die Bedeutung der Strahlung lag in den Ablationsperioden 1968 und 1969 mit 49,6 % bzw. 54,6 % um einige Prozentpunkte auseinander. Begründet wird dies durch eine um 6 % niedrigere durchschnittliche Albedo 1969, womit weniger Einstrahlung reflektiert und mehr Strahlung als Ablationsenergie aufgenommen werden konnte. Neben witterungsbedingten Schwankungen war eine Abnahme der Bedeutung der solaren Einstrahlung am Ende der Ablationssaison in beiden Meßreihen festzustellen. Trotz gegen Ende der Ablationsperiode niedrigerer Albedo (wegen sukzessiven Abschmelzens des Winterschnees) kann diese Tatsache durch den kürzeren Tagesbogen der Sonne und resultierender geringerer einkommender Solarstrahlung erklärt werden, zudem die Lufttemperaturen nicht in entsprechendem Maße absinken.

Der häufig festgestellte Trend des Absinkens der Bedeutung der Strahlung gegen Ende der Ablationssaison kann in manchen Jahren auch durch eine Steigerung der Albedo durch häufige Neuschneefälle verursacht werden (Beispiel Austre Memurubre; s. Fig. 114). Am ebenfalls untersuchten Ålfotbreen ist dies nicht derart deutlich ausgeprägt (s. Fig. 113). Dagegen wurden in den unteren Zungenpartien die gleichen Strahlungswerte wie im Mittel über den ganzen Gletscher gemessen, d.h. die niedrigere Albedo in ihrer Begünstigung der solaren Einstrahlung wird durch die höhere Lufttemperatur mit Begünstigung der Ablation durch sensiblen (und latenten) Wärmefluß kompensiert. Beim Vergleich der Energiebilanzen von Ålfotbreen und Austre Memurubre ist zu beachten, daß 1971 ein ausgeprägt negatives Haushaltsjahr war und die geringe Albedo in diesem Jahr für einen ungewöhnlich hohen Anteil der Strahlung an der Energiebilanz verantwortlich zeichnet.

MESSEL (in TVEDE 1973) betont das Auftreten von Perioden mit sogenanntem „Winterklima" in der Ablationsperiode in verschiedenen Meßjahren. Unter „Winterklima" versteht man die normalerweise nur in der Akkumulationssaison festzustellende Tatsache, daß die einkommende Strahlung deutlich geringer als die registrierte Ablation ist, d.h. sensibler und latenter Wärmefluß negative Werte aufweisen. 1971 herrschte z.B. am Ålfotbreen 1 Woche „Winterklima" vor, am Nigardsbreen 1972 immerhin während 25 % der gesamten Meßperiode von Mitte Juni bis Anfang September (s. Fig. 115). I.d.R. ist aber speziell der latente Wärmefluß in Westnorwegen im Gegensatz zu den Ostalpen stets positiv. Von normalen Meßwerten abweichende Energiebilanzwerte am Gråsubreen (98 % Strahlungsanteil 12. - 16.06.1963 - KLEMSDAL 1970) können z.B. auf ähnlich unnormale Witterungsbedinungen („Winterklima") zurückgeführt werden, da normalerweise die Bedeutung der Strahlung am Gråsubreen nur 75 % oder weniger beträgt (LIESTØL 1989; s.Tab. 31).

Tab. 31: Zusammensetzung der Ablationsfaktoren bei verschiedenen Energiebilanzstudien in Norwegen (Anteile in %) [A - Strahlung; B - Sensibler Wärmefluß; C - Latenter Wärmefluß; D - Regen bzw. Sublimation; E - Datenquelle] (Datenquellen: 1) TVEDE 1971, 2) TVEDE 1973, 3) TVEDE 1974, 4) HAGEN 1986, 5) ORHEIM 1970, 6) TVEDE, WOLD & HAAKENSEN 1975, 7) HAGEN 1977, 8) MESSEL 1971, 9) LIESTØL 1967, 10) KLEMSDAL 1970, 11) LIESTØL 1989, 12) WOLD & HAAKENSEN 1978, 13) WOLD & REPP 1979, 14) HAAKENSEN 1982)

Gletscher	Meßzeitraum	Höhe	A	B	C	D	E
Ålfotbreen	01.06.-13.09.1970	1250 m	44,2	- 55,8 -		—	1
Ålfotbreen	01.06.-06.09.1971	1250 m	43,2	- 56,0 -		0,8	2
Ålfotbreen	01.06.-02.08.1972	1250 m	53,1	- 46,0 -		0,9	3
Bondhusbreen	∅	—	40,0	- 60,0 -		—	4
Supphellebreen	01.07.-12.07.1967	70 m	32,0	- 68,0 -		—	5
Supphellebreen	31.07.-05.08.1967	70 m	26,0	- 74,0 -		—	5
Supphellebreen	04.09.-09.09.1967	70 m	14,0	- 86,0 -		—	5
Nigardsbreen	15.06.-06.09.1972	1620 m	63,6	- 36,3 -		0,1	3
Nigardsbreen	22.06.-06.09.1973	1620 m	53,0	- 47,0 -		< 1,0	6
Nigardsbreen	15.06.-30.08.1976	1620 m	64,0	- 36,0 -		< 1,0	7
Omnsbreen	03.06.-08.09.1968	1540 m	49,6	34,2	15,7	0,5	8
Omnsbreen	03.06.-08.09.1969	1540 m	54,6	31,0	14,0	0,4	8
Austre Memurubre	26.06.-30.08.1970	1900 m	66,5	- 33,5 -		—	1
Austre Memurubre	15.06.-06.09.1971	1900 m	76,7	- 23,1 -		0,2	2
Storbreen	06.07.-08.09.1955	1600 m	54,0	32,0	14,0	< 1,0	9
Gråsubreen	12.06.-18.06.1963	1975 m	98,0	- 2,0 -		—	10
Gråsubreen	27.07.-09.08.1963	1975 m	59,0	27,0	14,0	—	10
Gråsubreen	∅	—	65,0	25,0	10,0	—	11
Engabreen	22.06.-30.08.1973	850 m	32,0	- 67,0 -		1,0	6
Engabreen	22.06.-06.09.1974	850 m	33,0	- 66,0 -		1,0	6
Engabreen	15.06.-30.08.1977	1100 m	48,1	- 54,5 -		0,6	12
Engabreen	15.06.-30.08.1978	1100 m	43,0	- 57,0 -		< 1,0	13
Engabreen	01.06.-13.09.1980	50 m	31,0	- 69,0 -		—	14

Spezielle Verhältnisse bedingen die ungewöhnlich niedrigen Werte der Bedeutung der solaren Einstrahlung am Supphellebreen von nur 14 - 32 % (ORHEIM 1970; s.Tab. 31). Zu erklären sind diese Werte durch die Messung auf dem niedriggelegenen regenerierten Gletscherteil (Schnee-Eiskomplex) in nur 70 m Höhe. Neben den hohen Lufttemperaturen sind hierbei die speziellen Besonnungsverhältnisse zu beachten, denn im engen Supphelledalen ist der topographische Tagesgang der Sonne und damit die theoretische Sonnenscheindauer relativ kurz.

Bei den 1973er und 1974er Messungen auf dem nordnorwegischen Engabre (s.Tab. 31), spielt bei der vergleichsweise geringen Bedeutung der Strahlung die Lokalisation der Messungen eine Rolle, die in einem Bereich starker katabatischer Winde lag (starke Wirkung sensiblen und latenten Wärmeflusses). Auch am Engabreen zeigt sich die signifikante Abnahme der Bedeutung der Strahlung mit abnehmender Höhelage auf der Gletscherzunge.

Viel über das Verhältnis von solarer Einstrahlung und deren Einfluß auf die Ablation verglichen mit dem sensiblen Wärmefluß zeigen die frühen Ablationsmessungen von AHLMANN (1927 ff.) auf dem Styggedalsbre. In einer Stunde wurden z.B. 1,5 mm Eisablation bei direkter Einstrahlung (wolkenlose Bedingungen) gemessen. Bei Temperaturerhöhung von 5°C (0,6 mm Eisablation) auf 19°C (3,8 mm Eisablation) stieg dagegen die Ablation als deutliches Zeichen gesteigerter Wirkung sensiblen Wärmeflusses an. Der maximale Ablationswert mit 8,3 mm Eisablation (8.7.1923) wurde im übrigen bei starker Bewölkung und 14,5°C erreicht, bei Strahlungswetter und 18,5°C wurden dagegen nur 5,0 mm gemessen. Beim ersten Wert wurde zusätzlich ein starker lokaler Föhnwind registriert, d.h. Konvektion hat erheblich zu den hohen Ablationsraten beigetragen.

Zusammenfassend zeigen die Meßergebnisse der Energiebilanzuntersuchungen auf verschiedenen west- und zentralnorwegischen Gletschern eine verglichen mit dem Ostalpenraum geringere Bedeutung der Einstrahlung an den Ablationsfaktoren, wofür die unterschiedlichen klimatischen Rahmenbedingungen ursächlich verantwortlich zeichnen. Auch die verhältnismäßig tiefe Lage der Gletscherzungen an den westnorwegischen Gletschern sorgt für eine größere Bedeutung von sensiblem und latentem Wärmefluß an der Energiebilanz. Diese Messungen sind dann zu berücksichtigen, wenn man die relative Bedeutung einzelner Klimaparameter am Massenhaushalt zwischen Ostalpen und Norwegen vergleicht und Klimaparameter zur Rekonstruktion von Massenbilanzreihen bzw. der Korrelation von Klimaparametern mit Massenbilanzschwankungen auswählt.

Abflußmessungen im Bereich des Jostedalsbre zeigen im übrigen die gleichen witterungsspezifischen Schwankungen wie die in 6.2.3 aufgezeigten Messungen am Vernagtferner. Festzuhalten ist jedoch, daß die große Flutkatastrophe im Jostedalen 1979 nur partiell durch eine gesteigerte Ablation an den Gletschern durch eine starke Temperaturerhöhung zustandekam, v.a. dagegen durch starke Regenfälle bis in die höheren Gletscherpartien (FAUGLI

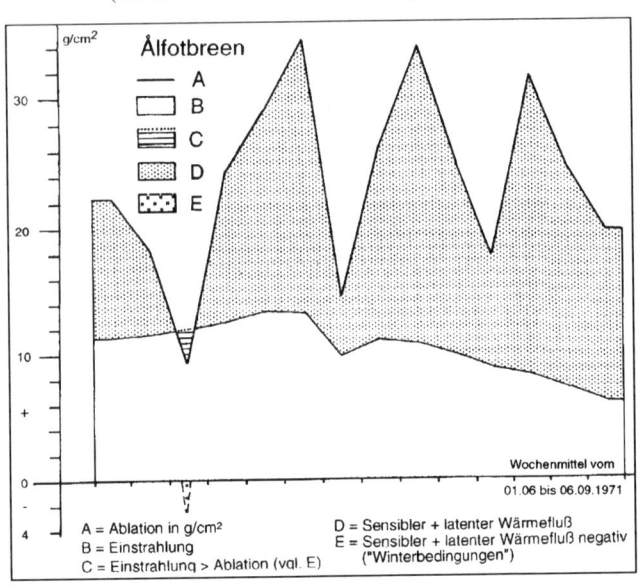

Fig. 113: Energiebilanz Ablationssaison 1971 am Ålfotbreen (modifiziert n. TVEDE 1973)

A = Ablation in g/cm²
B = Einstrahlung
C = Einstrahlung > Ablation (vgl. E)
D = Sensibler + latenter Wärmefluß
E = Sensibler + latenter Wärmefluß negativ ("Winterbedingungen")

Wochenmittel vom 01.06 bis 06.09.1971

Fig. 114: Energiebilanz Ablationssaison 1971 am Austre Memurubre (modifiziert n. TVEDE 1973)

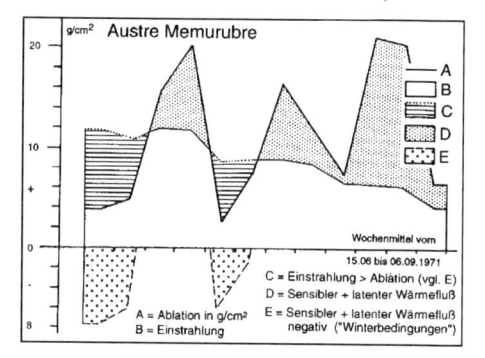

Fig. 115: Energiebilanz Ablationssaison 1972 am Nigardsbreen (modifiziert n. TVEDE 1974)

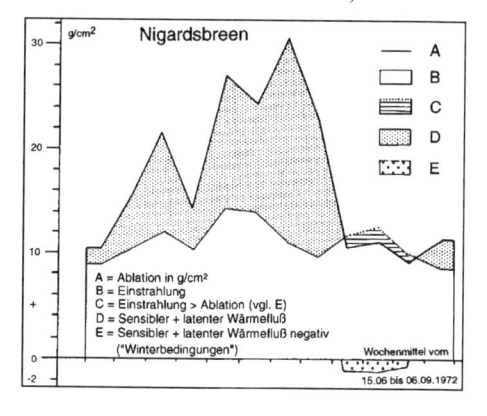

1987, FAUGLI, LUND & RYE 1991). Dies ist bei Interpretation starker Flutereignisse und deren postuliertem Zusammenhang mit Gletscherstandsschwankungen zu beachten, denn auch bei entsprechenden Flutereignissen in den Ostalpen ist erst zu prüfen, ob ein Zusammenhang zwischen Flutereignis und Veränderungen des Gletscherstands überhaupt gegeben ist.

6.4 DIE BEZIEHUNG MASSENHAUSHALT - KLIMA

6.4.1 Vorbemerkung

Seit Beginn der ersten Massenhaushaltsstudien versucht man, die gewonnenen Ergebnisse in ihrer Abhängigkeit von bestimmten Klimaparametern zu untersuchen, da die Massenbilanz sehr viel unmittelbarer und ohne zusätzliche störende Einflüsse den Einfluß des Klimas auf Gletscher widerspiegelt als die bis dato (und weiterhin) oftmals verwendeten Gletscherstandsschwankungen, da bei Letzteren neben der Reaktionszeit noch verschiedene andere Faktoren berücksichtigt werden müssen. Die ergänzend durchgeführten Energiebilanzuntersuchungen liefern dabei wertvolle Hinweise auf die Auswahl der mit Massenbilanzschwankungen zu korrelierenden Klimaparameter, insbesondere in ihrer regionalen Differenzierung.

Schon vor Beginn der Massenbilanzuntersuchungen bzw. ohne Kenntnis der Energiebilanzen wurden auf Basis der Gletscherstandsschwankungen bzw. von Abflußmessungen vergletscherter Einzugsgebiete Versuche unternommen, aktuelle Gletscherstandsschwankungen mit Schwankungen des Klimas zu korrelieren, um damit den entscheidenden Klimaparameter zu finden (bei den Abflußmessungen handelte es sich praktisch um Massenbilanzmessungen der hydrologischen Methode). Dabei entstanden durch anfängliche Nichtbeachtung der Reaktionszeit der Gletscher, schwierige Abgrenzung des genauen Einzugsgebiets (z.B. im Fall der Outletgletscher des Jostedalsbre), ungenaue topographische Karten, Unsicherheiten bei der Niederschlagsmessung im Hochgebirge etc. Ungenauigkeiten, die bei der Interpretation der Ausführungen aus der Zeit vor Einsetzen direkter Massenbilanzmessungen unbedingt beachtet werden müssen.

6.4.2 Ostalpen/Alpenraum

Noch vor Einsetzen genauer Massen- und Energiebilanzmessungen im Ostalpenraum stellte MORAWETZ (1941) bereits eine relativ detaillierte Rangfolge für Gletscher wichtiger Klimaparameter auf. Die sieben wichtigsten Parameter (beginnend mit dem wichtigsten) sind:
- Sommertemperatur;
- Sommerniederschlag;

- Wärmesummen der Sommermonate;
- Anzahl und Länge der niederschlagsfreien Perioden während des Sommers;
- Jahresniederschlag;
- Sommer-/Jahressonnenscheindauer;
- Jahrestemperatur.

Als gänzlich unbedeutend stuft MORAWETZ die Wintertemperaturen ein, wobei sich seine obige Rangfolge relativ gut mit der aufgrund neuerer Erkenntnisse gewonnenen Bewertung einzelner Klimafaktoren deckt (s.u.). Daß in den Alpen generell die Witterungsverhältnisse während des Sommers von entscheidener Bedeutung sind, wurde im übrigen bereits von BRÜCKNER (1921b) betont.

Im Anschluß an Untersuchungen der Energiebilanz auf dem Hintereisferner kam HOINKES (1955) zum Schluß, daß die Schwankungen der Sommertemperaturen allein quantitativ nicht ausreichen, den Gletscherrückgang Mitte des 20.Jahrhunderts zu erklären. Erst bei Einbeziehung der rapiden Abnahme des Sommerschneefalls mit verbundener Abnahme der durchschnittlichen Albedo und resultierend größeren Mengen aufgenommener solarer Strahlungsenergie mit gesteigerten Ablationsraten kann dieser bedeutende Gletscherrückzug hinreichend erklärt werden. HOINKES (1968) korreliert später die Sommertemperaturen der Klimastation Vent (s.a. LAUFFER 1966) mit Massenhaushaltswerten bzw. Gletscherfrontschwankungen des Hintereisferners und findet signifikant hohe Korrelationskoeffizienten. Dies steht aber nicht im Widerspruch zu den Verhältnissen der Energiebilanz mit dominierendem Anteil der Strahlung an den Ablationsfaktoren, da die Frequenz der Sommerschneefälle von großer Bedeutung für den Massenhaushalt ist, diese ihrerseits von den Sommertemperaturen abhängt und hohe Korrelationen liefert (s. FLIRI 1964,1990).

Auch PATZELT (1977) korreliert die Sommertemperaturen der Station Vent mit der Massenbilanz des Hintereisferners und erreicht dabei einen signifikanten Korrelationskoeffizienten (r = -0,86), was deutlich die Abhängigkeit der Massenbilanz im Ostalpenraum von der Sommertemperatur (bzw. der nicht gemessener Frequenz sommerlicher Schneefälle) zeigt. Ein weiteres interessantes Ergebnis seiner Untersuchungen ist die Feststellung, daß die berechnete Gleichgewichtslinie von 1850 (2840 m) kaum unter der von 1920 liegt (was PATZELT auch in den Zillertaler Alpen und Hohen Tauern feststellte). Die Temperaturdepression war 1850 auch nicht viel stärker als um 1910, doch gingen dem Maximalstand von 1850 vier Jahrzehnte mit unterdurchschnittlichen Sommertemperaturen voraus, wogegen die Depression von 1907-16 nicht ausreichend war, einen starken Vorstoß zu produzieren (wobei nach Ansicht des Verfassers auch der weit stärker vorgeschobene Gletscherstand vor 1850 verglichen mit dem deutlich geringeren von 1920 beachtet werden muß).

Die Bedeutung des Sommerschneefalls an Ostalpengletschern zeigen GREUELL & OERLEMANS (1986). Bei einem theoretischen Sommerschneefall von 5 cm w.e. wird aufgrund der Erhöhung der Albedo die Ablation um weitere 8 cm w.e. reduziert, d.h. die eigentliche Massenbilanzstörung fast verdreifacht. Neben einem direkten Zutrag in Form von Sommerakkumulation bedeutet ein Sommerschneefall gleichzeitig die Verringerung der Ablation um nochmals fast die doppelte Menge.

POSAMENTIER (1977) entwickelt zwei Modelle für Gletscherverhalten in den österreichischen Alpen, wobei er Gletscherstandsschwankungsdaten mit Klimadaten des Sonnblicks vergleicht. Die besten Korrelationen (r= -0,836) ergaben sich auch in diesem Fall mit den Temperaturen von Juni, Juli und August (unter Berücksichtigung einer durchschnittlichen Reaktionszeit von 7 Jahren). Vor allem August und September zeigten als i.d.R. ununterbrochene Ablationsperioden große Bedeutung für den Massenhaushalt in bezug auf eventuelle Sommerschneefälle.

An einer Reihe Gletscher in Graubünden zeigen GAMPER & SUTER (1978) klar die gute Korrelation zwischen Massenbilanz und den Sommertemperaturen des Zeitraums Mai bis September. Ihnen erscheint dieser Zeitraum geeigneter als der Zeitraum Juni bis August. Unter Berücksichtigung der unterschiedlichen Reaktionszeiten der Gletscher ergab sich eine Erklärung von 77 % der Zungenänderungen durch die

Korrelation mit der Sommertemperatur. Trotz der vergleichsweise guten Korrelation betonen die Autoren jedoch den Stichprobencharakter ihrer Studie und warnen vor einer voreiligen Verallgemeinerung, wobei nach Ansicht des Verfassers angesichts der auch von anderen Autoren bestätigten Verhältnisse diese Warnung zumindest teilweise vernachlässigt werden kann. So kam z.B. auch COLLINS (1990) bei der Untersuchung des Massenhaushalts verschiedener Schweizer Gletscher (z.B. Gorner-, Findelen- und Aletschgletscher) zu einer hohen Korrelation der Massenbilanzschwankungen mit der Sommertemperatur (75 - 82 % Erklärungsgrad) bzw. der Sommertemperatur unter Berücksichtigung der Frühjahrs- und Sommerniederschläge. Neben den Verhältnissen im Mai und Juni (der frühen Ablationsperiode) betont er die Bedeutung der Sommerschneefälle bezüglich deren Beeinflussung der Länge der Ablationsperiode und durchschnittlichen Albedo.

Die positiven Massenbilanzen und der rezente Gletschervorstoß im Zeitraum 1965 bis 1980 ist nach PATZELT (1985) v.a. auf die rd. 1°C unter dem Durchschnitt liegenden Sommertemperaturen (und damit verbundene häufigere sommerliche Schneefälle) zurückzuführen, weniger auf die um 3 bis 4 % gestiegenen Jahresniederschläge. Die sehr warmen und schneearmen Sommer 1982 und 1983 stellten daher für die meisten Gletscher den Endpunkt dieses Vorstoßes dar.

WAKONIGG (1971) stellt nennenswerte Zusammenhänge der Massenbilanzen von Hintereisferner und Pasterzenkees (Hohe Tauern) nur für die thermischen Verhältnisse und die Schneefälle während der Ablationsperiode fest, wie (überraschend) auch für die Gesamtniederschlagssumme des Bilanzjahres. Die untersuchten Klimaparameter ergeben folgende Reihenfolge der Korrelation:

- Niederschlagssumme Haushaltsjahr: r = +0,733;
- positive Temperatursumme Sommermonate: r = -0,701;
- Summe Neuschneehöhe Sommermonate: r = +0,674;
- mittlere Temperatur Ablationsperiode: r = -0.669;
- Niederschlagssumme Ablationsperiode: r = +0,568;
- Schneefalltage Ablationsperiode: r = +0,530;
- mittlere Temperatur Haushaltsjahr: r = -0,345;
- Sonnenscheindauer Ablationsperiode: r = +0,290;
- Niederschlagssumme Akkumulationsperiode: r = +0,287;
- Niederschlagstage Ablationsperiode: r = +0,173.

Die gute Korrelation mit dem Jahresniederschlag kann man dahingehend interpretieren, daß durch das Niederschlagsmaximum im Sommer v.a. die Sommerniederschläge in diesen Wert eingehen. Deren Schwankungen sind wiederum mit den Bevölkungsverhältnissen in der Ablationsperiode, Sommerschneefällen, Zyklonalität der Sommersaison bzw. ausgedehnten Strahlungswetterlagen korrelat, wodurch sich die gute Korrelation erklären mag. WAKONIGG erzielt ferner eine gute Korrelation mit der von ihm berechneten „Nettowärmesumme", d.h. dem Überschuß der Temperatur nach Abzug des „Verbrauchs" zum Schmelzen des Winterschnees (er führt ferner den Begriff „Nettoablation" ein). Diese Nettowärmesummen ergeben bei der Korrelation der Station Vent mit dem Hintereisferner einen Korrelationskoeffizient von r = -0,811, bei Nichtberücksichtigung dreier „anomaler" Jahre r = -0,956, was als signifikant gelten darf.

Weitergehend setzt WAKONIGG bestimmte ostalpine Wetterlagen mit der Nettoablation in Beziehung und erzielt als Ergebnis eine Gruppierung in gletschergünstige bzw. -ungünstige Großwetterlagen (nach dem System von HESS/BREZOWSKY). Ausgesprochene Akkumulationstyp-Großwetterlagen sind demnach die Großwetterlagen:

- N - Nordströmung;
- TS - Tief im Süden (der Alpen);
- Vb - Tief auf der Zugstraße Adria - Polen.

Ablationstyp-Großwetterlagen sind nach WAKONIGG die Großwetterlagen:
- H - Hochdruck;
- Hz - zonale Hochdruckbrücke;
- HE - Hoch im Osten und über der Balkanhalbinsel;
- S - Südströmung;
- TSW - Tief im Südwesten;
- SW - Südwestströmung.

Die übrigen Großwetterlagen konnten nicht klar definiert werden. Eine gute und prägnante Korrelation ergibt sich ferner zwischen der Abweichung der Höhenlage des 500 bzw. 700 hPa-Niveaus mit den Massenhaushaltstendenzen. D.h. bei überdurchschnittlich hohem gemittelten Luftdruck in der Ablationssaison (häufige antizyklonale Wetterlagen) ist die Massenbilanz des Hintereisferners negativ, bei niedrigen sommerlichen Luftdruckmitteln (häufige zyklonale Wetterlagen) fällt die Massenbilanz dagegen oftmals positiv aus.

Bei Vergleich der Klimadaten von Vent bzw. Massenhaushaltsdaten des Hintereisferners zeigte sich lt. HOINKES (1968) keine Korrelation mit der Differenz zwischen Azorenhoch und Skandinavischem Tiefdruckgebiet, die von LAMB & JOHNSON (1961) als charakterisierend für das Klima Europas angesehen wird. Dagegen weist HOINKES auf die gute Korrelation zum 500 hPa-Niveau hin, auch bei Vergleich zwischen Ostalpen und Skandinavien (s.a. WAKONIGG 1971). Vorherrschende *low index*-Situationen von Juli bis September verursachten im Hauhaltsjahr 1959/60 eine neutrale Massenbilanz am Hintereisferner, eine positive Massenbilanz am westalpinen Großen Aletschgletscher und eine negative Massenbilanz am nordschwedischen Storglaciären (s.u.). Im umgekehrten Fall eines Sommers mit vorherrschenden *high index*-Situationen wurden dagegen negative Massenbilanzen an den Alpengletschern und positive in Schwedisch Lappland verzeichnet. Generell gilt somit im Alpenraum, daß ein niedriges Niveau des 500 hPa-Niveaus mit positiven Massenhaushalten korreliert werden kann.

Als wichtige Großwetterlagen bezüglich der Massenhaushalte an Ostalpengletschern bezeichnet HOINKES (1968):
- W1 - ozeanischer Witterungstyp, wobei die Korrelation mit den Winterniederschlagswerten in Innsbruck schlechter als im südlichen Alpenraum ist;
- F4 - Kälteeinbrüche im Frühjahr, die besonders gletschergünstig sind, da der gefallene Schnee den Beginn der Ablationsperiode verzögert;
- S5 - Antizyklone im Sommer, die durch hohe Einstrahlung, hohe Temperaturen und resultierende niedrige Albedo extrem gletscherungünstig sind;
- S6 - gletschergünstige „Monsun-Typ" Sommerwitterung, wenn Neuschneefälle die Albedo steigern und die Absorption solarer Einstrahlung reduziert wird;
- S7 - mit gletscherungünstigem Strahlungswetter im September, der Endphase der Ablationssaison.

HOINKES setzt diese Witterungstypen mit dem Gletscherverhalten der letzten 100 Jahre in Beziehung. Er stellt fest, daß verglichen mit dem Vorstoß von 1920 um 1890 (dem Zeitpunkt eines beinahe identischen Wiedervorstoßes; vgl. 5.2) verhältnismäßig geringe Winterschneemengen verzeichnet wurden. In den 1950er Jahren wurden verglichen damit größere Winterschneemengen verzeichnet, die den damaligen Gletscherrückgang nicht unterbrachen. Der Rückzug wurde stattdessen durch trockene, strahlungsreiche Sommer verstärkt, die zu einer jeweiligen Verlängerung der Ablationsperiode führten. Parellel mit dieser Entwicklung war der große Gletscherrückzug Mitte des 20.Jahrhunderts mit einem Minimum der F4-Wetterlagen (Kälteeinbrüche im Frühjahr) verbunden, ebenso mit einer Abnahme der gletschergünstigen S6-Wetterlagen im Sommer nach 1930. Komplementär zur Abnahme von S6-Wetterlagen nahm die Häufigkeit der S5-Wetterlagen zu, d.h. eine klare Beziehung zwischen antizyklonalen Wetterlagen und Gletscherrückgang ist klar auszumachen. Generell häuften sich die o.e. gletschergünstigen Wetterlagen (W1, F4 und S6) um 1886-1890, 1906-10 und 1915-19. Ab 1930 sank dann die Häufigkeit zyklonaler Zirkulation zunächst ganz erheblich ab.

Aufgrund der Bedeutung der solaren Einstrahlung für den Massenhaushalt an Ostalpengletschern erklären sich die oben gezeigten guten Korrelationen der Sommertemperatur (bzw. der durch sie beeinflußten sommerlichen Schneefälle) mit den Massenbilanz- bzw. Gletscherstandsschwankungen. FLIRI (1964) betont den großen Einfluß der Sommerschneefälle auf den Massenhaushalt und setzt die seit 1883 aufgetretenen Schwankungen in der Frequenz sommerlicher Schneefälle mit den Gletscherstandsschwankungen in Beziehung, wodurch sich eine sehr gute Korrelation ergibt (FLIRI 1990). Die sommerlichen Schneefälle sind nach FLIRI (1964) v.a. an meridionale Zirkulation in Verbindung mit W-E-durchziehenden Zyklonen verknüpft, weshalb sich methodische Probleme bei der verbreiteten Korrelation von Monats- und Jahresmittelwerten ergeben. Untersuchungen am Säntis (2500 m; Ostschweiz) zeigten dabei die klare Abhängigkeit der sommerlichen Schneefallereignisse von der Temperatur, wie auch von der Gesamtniederschlagsmenge (was o.e. gute Korrelation der Gesamtniederschlagsmenge des Haushaltsjahrs mit der Nettobilanz des Hintereisferners - WAKONIGG (1971) - erklären würde). V.a. N- und NW-Lagen sind am Sonnblick für große Neuschneemengen verantwortlich, was u.a. in der Periode 1910 - 1919 der Fall war, d.h. in der Periode des letzten bedeutenden Wiedervorstoßes nach dem frührezenten Maximum um 1850. Die Gründe für die bis dato nicht häufiger erfolgte Korrelation der sommerlichen Schneefälle mit den Massenhaushalts- bzw. Gletscherstandsschwankungen sieht FLIRI (1980) v.a. in der Methodik und zeigt dies am Beispiel der Station Vent auf. An seinen Ergebnissen ist u.a. bemerkenswert, daß die bis dato längste in Vent registrierte geschlossene Schneedecke im Winterhalbjahr (d.h. frühes Ende und später Beginn der Ablationssaison) im Winter 1964/65 verzeichnet wurde (1964/65 war zugleich das bislang positivste Bilanzjahr der Gletscher im Rofental). Insgesamt zeichnen im Ostalpenraum die Maxima der sommerlichen Schneedecke um 1890, 1915 und 1955 (bzw. andauernd bis um 1965) sehr gut die Perioden positiver Massenbilanzen bzw. Gletschervorstöße nach (s. Fig. 116). Die Gangunterschiede zwischen Nord- und Südalpen sind im Fall des Untersuchungsgebiets Rofental von keiner großen Bedeutung, da durch dessen Lage im Bereich des Alpenhauptkamms die Schwankungen geringer als nördlich und südlich davon ausfallen. In Hinblick auf die aktuelle Diskussion über die Auswirkung des postulierten globalen Klimawandels sei darauf hingewiesen, daß nach FLIRI (1990) der verzeichnete Anstieg der Wintertemperatur kaum oder schlecht mit den registrierten Schneemengen korreliert, da die Temperaturerhöhung entweder aufgrund der Höhenlage nicht zum Tragen kommt, oder durch den Anstieg des Dampfdrucks ausgeglichen wird.

Fig. 116: Anzahl der Tage mit sommerlicher Schneedecke > 1 cm als Durchschnittswert verschiedener Stationen im Ostalpenraum (modifiziert n. FLIRI 1990)

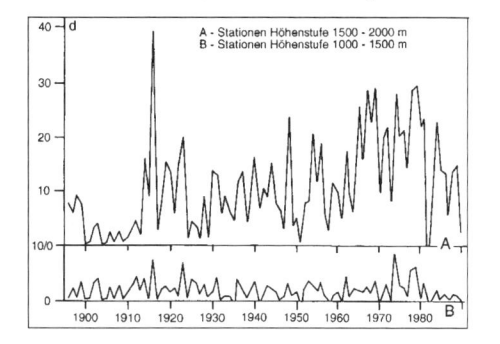

Für die in 6.5 aufgezeigten Versuche der Erklärung der frührezenten und rezenten Gletscherstandsschwankungen bedeuten die Ergebnisse der Korrelationen mit der aktuellen Massenbilanz unter Berücksichtigung der Energiebilanzstudien, daß die Verhältnisse im Winterhalbjahr nur von geringer Bedeutung, historische Zeugnisse bzw. Proxy-Daten welche die „Strenge" eines Winters ausweisen praktisch wertlos sind. Stattdessen müssen feuchte und kühle (neuschneereiche) Sommer bei entsprechenden Untersuchungen belegt, d.h. entsprechende historische Dokumente bzw. Proxy-Daten gefunden werden.

6.4.3 Skandinavien

Schon REKSTAD (1904) unternimmt erste Überlegungen zur Korrelation von Klimaelementen mit Schwankungen der Gletscherfront, wobei jedoch neben methodischen Unsicherheiten (Beziehung Klima-Gletscherstandsschwankung unter Nichtberücksichtigung der Massenbilanz) auch nur aus Gebieten in größerer Entfernung zum Jostedalsbreen und zusätzlich erst ab der zweiten Hälfte des 19.Jahrhunderts verläßliche Meßergebnisse vorliegen (z.B. Ålesund, Bergen, Florø etc.). Erschwerend ist bei den ersten (wie folgenden) Korrelationen zwischen Klimaparametern und Gletscherstandsschwankungen bzw. Massenbilanzschwankungen sowohl im Bereich des Jostedalsbre wie im Jotunheimen die Wahl der vergleichenden Klimastation zu beachten. Gerade im Fall des Jostedalsbre und bei den höher gelegenen Gletschern des Jotunheim macht sich das Fehlen einer Klimastation in entsprechender topographischer Situation bemerkbar, denn die benachbarten Klimastationen befinden sich fast immer in Tallagen, geben also nur bedingt die Verhältnisse auf den weiten Akkumulationsgebieten des Gletscherplateaus wieder (sowohl in den Niederschlagswerten, v.a. aber bezüglich der Temperaturverhältnisse in der Wintersaison mit häufigen Inversionswetterlagen etc.). Im Bereich des Jotunheim sind zudem die bisweilen nur kurzen Datenreihen und die schwierige Zuordnung des maßgeblichen klimatischen Einflusses in der Wasserscheiden- (und gleichzeitig Klimascheiden-)Region auf das Gletscherverhalten den Bemühungen um solche Korrelationen abträglich (s.u.). Aus der Problematik der lokalen Klimaverhältnisse und der geringen Länge und Qualität mancher Klimadatenreihen erklärt sich im übrigen die Verwendung der Klimadaten von Bergen zu Korrelationen mit dem Jostedalsbre (da Bergen von topographisch induzierten klimatischen Einflüssen wie z.B. Inversionswetterlagen nicht derart stark betroffen ist). Trotz der größeren Distanz zum Jostedalsbreen liefern diese Untersuchungen aber empirisch gute Ergebnisse (s.u.), was u.a. schon REKSTAD (1904) betont.

Aufgrund der in 6.3.2 aufgezeigten differenten Bedeutung einzelner Klimaparameter auf die Massenbilanzen in West-/Zentralnorwegen verglichen mit den Ostalpen und der großen (aktuellen) Bedeutung der Winterbilanz für die Nettobilanz des Gesamthaushaltsjahrs muß speziell den Sommertemperaturen und Winterniederschlägen in der Gewichtung ihres Einflusses auf das Gletscherverhalten Beachtung geschenkt werden. REKSTAD (1904) betont die Bedeutung der Temperaturverhältnisse im Sommer bei etwas geringerer Bedeutung der Winterniederschläge anhand des Vergleichs von Klimaparametern mit dem Vorstoßverhalten der Outletgletscher des Jostedalsbre in den letzten Dekaden des 19.Jahrhunderts. FÆGRI (1948) betont dagegen, daß die Korrelation der Temperaturverhältnisse der Station Bergen sowohl mit den Gletscherstandsschwankungen am Jostedalsbreen wie am Folgefonna nicht besonders gut übereinstimmen, speziell für die Periode 1915 bis 1920. Begründet ist diese Aussage evtl. in einer geringeren Bedeutung von Frühjahrs- und Herbsttemperaturen wie von FÆGRI postuliert, sowie einer möglichen Unterbewertung des Niederschlags.

V.a. am Beispiel der Gletscherstandsschwankungen des Brigsdalsbre bzw. Abflußmessungen (d.h. Massenhaushaltsbestimmungen mittels der hydrologischen Methode) untersucht ROGSTAD (1951a, 1952) die Wirkung einzelner Klimaelemente auf Volumenänderungen des Jostedalsbre. Er betont dabei neben der Wirkung von Einstrahlung und Kondensation die Bedeutung der Konvektion unter den Ablationsfaktoren (zu dieser Zeit lagen allerdings noch keine Energiebilanzmessungen vor, die Bedeutung der einzelnen Ablationsfaktoren war also nur geschätzt). ROGSTAD kalkuliert unter Verwendung seiner Messungen z.B. den Anstieg sommerlicher Ablation am Brigsdalsbreen bei einer theoretischen Temperatursteigerung um 0,1°C. Der errechnete Anstieg zeigt sich dabei abhängig von der Ausgangstemperatur (T_5 - T_9 = Mitteltemperatur Mai bis September):

- bei 9,0°C Anstieg der Ablation um 38,7 mm/a;
- bei 11,76°C (Mittel 1901 - 50) um 49,4 mm/a;
- bei 14,0°C um 58,1 mm/a.

ROGSTAD zeigt ferner, daß das Mittel $T_5 - T_9$ an der zur Untersuchung herangezogenen Station Oppstryn mit 11,76°C größer war, als zum Abschmelzen der durchschnittlichen winterlichen Schneemenge im Untersuchungszeitraum (1901 - 50: 186,5 cm) im gleichen Zeitraum notwendig gewesen wäre, nach seiner Kalkulationen nämlich nur 10,91°C. D.h. die Sommertemperaturen müßten um 0,85°C niedriger liegen, sollte das Gletschervolumen gleichbleiben. Zu Bedenken ist allerdings, daß der Briksdalsbre in der letzten Phase des Untersuchungszeitraums sich infolge Kalbung im proglazialen Brigsdalsvatnet relativ stark zurückzog, ein gewisser Teil des Volumenverlusts daher glazialdynamisch und nicht klimatisch begründet war. Insgesamt errechnet ROGSTAD die Volumenabnahme im Gesamtzeitraum auf 44,1 cm w.e./a, 1935 bis 1950 auf 77,9 cm w.e./a, verursacht durch eine Sommertemperatursteigerung von 1,33°C über das für den Gletscher errechnete Gleichgewicht.

In einer früheren Untersuchung listet ROGSTAD (1942) die Abweichungen von Winterniederschlag und Sommertemperatur für den Zeitraum 1900 bis 1940 auf und setzt sie mit den kalkulierten Massenänderungen des Brigsdalsbre/Jostedalsbre in bezug:

- 1900-01:   -11,6 % Winterniederschlag,   +3,16 °C Sommertemperatur
  $\Rightarrow$ -216 cm w.e. Massenänderung;
- 1901-07:   +23,2 % Winterniederschlag,   -0,54 °C Sommertemperatur
  $\Rightarrow$ +63 cm w.e. Massenänderung;
- 1907-17:   -6,2 % Winterniederschlag,   +0,71°C Sommertemperatur
  $\Rightarrow$ -80,5 cm w.e. Massenänderung;
- 1917-25:   +10,1 % Winterniederschlag,   -0,24°C Sommertemperatur
  $\Rightarrow$ +50,5 cm w.e. Massenänderung;
- 1925-40:   -0,7 % Winterniederschlag,   +0,85°C Sommertemperatur
  $\Rightarrow$ -90 cm w.e. Massenänderung.

ROGSTAD (1951b) betont, daß trotz höherer Sommertemperaturen um 1901 aufgrund der starken Winterniederschläge 1901-07 ein Gletschervorstoß stattfand, in der Folgezeit aber generell der Trend der Sommertemperaturen bestimmender für den Verlauf der Massenänderungen war. Aufgrund der nur bedingt korrekten Kartengrundlagen (v.a. Abgrenzung des Einzugsgebiets des Brigsdalsbre) müssen nach ØSTREM & KARLÉN (1963) die Ergebnisse von ROGSTAD zumindest partiell relativiert werden. Eine größere Problematik sehen sie darin, daß Temperaturänderungen für größere Regionen eher gleichlaufend sind, während speziell die Akkumulationsverhältnisse starken lokalen Einflüssen unterliegen. Die lokalen Unterschiede des Winterniederschlags im Bereich des Jostedalsbre sind im übrigen durch aktuelle Messungen belegbar (BOGEN, WOLD & ØSTREM 1989).

Am Austerdalsbreen zeigt KING (1959) eine mögliche Korrelationen des Rückzugs des Gletschers in den 1930er und 1940er Jahren mit der Abnahme des registrierten Winterniederschlags in Bergen, Brigsdal, Fjærland und auf dem Fannaråken ab 1930 mit einem Minimum um 1940. Starke Niederschläge, wie sie in Bergen und Brigsdal 1905 bis 1910 mit sukzessiven Maxima 1913 und 1918/21 registriert wurden, sollen dagegen für die Vorstöße in den ersten drei Dekaden des 20.Jahrhunderts verantwortlich zeichnen. Die Sommertemperaturen zeigten analoge Schwankungen mit Minima 1908, 1917 und 1924 und Maxima in den 1930er und 1940er Jahren, so daß eine Verstärkung der verringerten Winterniederschläge eintrat und die Gletscherstandsschwankungen nicht eindeutig den Variationen eines der beiden Klimaparametern zugeordnet werden können. SCHOU (1941) betont dagegen die gute Korrelation der Gletscherstandsschwankungen von Jostedalsbreen und Folgefonna mit den verzeichneten Schneemengen benachbarter Stationen. Im Gegensatz zu den Ostalpen muß in Westnorwegen also auch die Winterbilanz (d.h. die winterlichen Schneemengen) bei der Bewertung des Einflusses verschiedener Klimaparameter beachtet werden.

NESJE (1989) untersucht die Korrelation zwischen den Gletscherstandsschwankungen von Brigsdals-,

Stegholt- und Fåbergstølsbreen mit verschiedenen Klimaparametern. Er zeigt deutlich, daß die hohen Sommertemperaturen der 1930er und 1940er Jahre mit unterdurchschnittlichen Winterniederschlägen den starken Gletscherrückzug ab Mitte der 1930er Jahre verursachten, jener o.e. Verstärkungseffekt der beiden bestimmenden Klimaparameter auftrat. Die unterschiedlichen Gletscherstandsschwankungen der drei Gletscher erklären sich durch die unterschiedliche Reaktionszeit (s. 6.5). Den am Brigsdalsbreen seit Mitte der 1950er Jahre auftretende Nettovorstoß führt NESJE auf die Zunahme der Winterniederschläge, besonders in den 1960er Jahren zurück, verknüpft mit einer Absenkung der Sommertemperatur um 0,7°C. Der aktuelle starke Vorstoß des Brigsdalsbre (s. 5.3.4) ist dagegen eindeutig auf die extrem hohen Winterniederschläge der letzten Jahre zurückzuführen.

Als wesentliche Klimaparameter gibt NESJE (1989) Winterniederschlag und sommerliche solare Einstrahlung (repräsentiert durch die Sommertemperaturen) an. Er betont ferner, daß die Niederschlagswerte der Talstationen um den Jostedalsbre nicht zwingend die Werte des hochgelegenen Akkumulationsgebiets repräsentieren. So erhält die Station Steinmannen (1620 m) 50 % mehr Niederschlag als die im Tal gelegene Station Jostedal (320 m). Allerdings zeigen beide Stationen in ihren Schwankungen vergleichsweise hohe Korrelationen (r = +0,90). Der Gradient der Lufttemperatur im Sommer beträgt 0,73°C (Zeitraum 1965 bis 1975). Da der Wind an der Station Fannaråken zu 60 % aus dem Sektor S/SW kommt, erwartet NESJE ähnliche Verhältnisse im Bereich des Jostedalsbre, mit entsprechenden Luv-/Lee-Effekten.

NESJE errechnet für die Station Oppstryn, welche er als repräsentativ für den Bereich des Jostedalsbre betrachtet, folgende mittlere Sommertempraturen ($T_6 - T_9$):

- 1901-30:   12,1 °C;
- 1931-60:   12,7 °C;
- 1961-80:   12,0 °C.

Auffällig waren dabei die Sommertemperaturen in folgenden Abschnitten:

- 1901-10:   +0,3°C über dem Mittel;
- 1921-30:   -0,5°C unter dem Mittel;
- 1931-50:   +0,6°C über dem Mittel (mit nachfogend fallendem Trend bis:);
- 1971-80:   -0,5°C unter dem Mittel.

Beim Winterniederschlag war im gleichen Zeitraum ein kontinuierlicher Anstieg im langjährigen Mittel zu erkennen:

- 1901-30:   655 mm;
- 1931-60:   671 mm;
- 1961-80:   698 mm.

Zu bedenken ist aber, daß Winterniederschlagsschwankungen sehr kurzfristig sein können, dementsprechende Wirkung zeigen und langjährige Mittelwerte kaum Aussagekraft besitzen. Als wichtige Abweichungen vom sind festzuhalten:

- 1901-10:   +160 mm über dem Mittel;
- 1911-20:   -230 mm unter dem Mittel;
- 1921-70:   nur geringe Abweichungen vom Mittelwert (außer:);
- 1931-40:   -80 mm unter dem Mittel;
- 1961-70:   -80 mm unter dem Mittel.

Die entscheidende Frage bei Betrachtung der obigen Ergebnisse ist, inwieweit sich die beiden entscheidenden Faktoren Sommertemperatur und Winterniederschlag verstärken oder gegenseitig kompensieren, welcher Faktor letztendlich entscheidender ist. Ferner stellt ein grundlegendes Problem dar, daß sich alle Berechnungen auf ein *steady state* beziehen. Gerade die gegenseitige Kompensationsfähigkeit von Sommertemperatur und Winterniederschlag scheint aufgrund der hohen Massenumsätze ein unsicheres Gleichgewicht darzustellen, da sich die Bedeutung der beiden Faktoren innerhalb weniger Jahre wandeln kann (s.u.).

Nach NESJE (1989) waren von 1901 bis 1909 sowohl die niedrigen Sommertemperaturen, als auch die hohen Winterniederschläge günstig für einen Gletschervorstoß, ähnlich wie in den frühen 1920er Jahren. Diese beiden Vorstöße eignen sich damit nicht zur Entscheidung der Frage des dominierenden Einflusses eines der beiden o.e. Klimafaktoren. Ähnliches gilt für die relativ warmen Sommer 1924 bis 1939, da mit Ausnahme der Periode um 1930 auch der Winterniederschlag unter den Durchschnittswerten lag. Während dann beim starken Rückzug in den 1940er und 1950er Jahren die Sommertemperaturen die dominierende Rolle bei den Massenbilanzen übernommen hatten, sind die positiven Massenbilanzen ab den 1970er Jahre (bzw. teilweise früher) an den maritimen Gletschern v.a. durch den Anstieg der Winterniederschläge bestimmt. Letzteres wurde bereits in 6.3.1 durch die nachgewiesene größere Korrelation der Winterbilanz als der Sommerbilanz mit der Nettobilanz deutlich aufgezeigt.

Als Ergebnis der gesamten Beobachtungsperiode erhält NESJE eine deutlich höhere Korrelation der Gletscherstandsschwankungen mit den Abweichungen der Sommertemperaturen (r = +0,64) als mit denen der Winterniederschläge (r = +0,32). Nach Ansicht des Verfassers sollten dabei aber die außergewöhnlichen Rückzugswerte in der Mitte des 20.Jahrhunderts beachtet werden, sowie ein eventueller Einfluß der um 1930 noch weit vorgeschobenen Gletscherzungen. Für die 1930er Jahre stellt NESJE ferner eine gute Korrelation (r = +0,74) eines kombinierten Faktors der Abweichungen von Sommertemperatur- und Niederschlagswerten mit den Gletscherstandsschwankungen fest, an Fåbergstøls- und Stegholtbreen sogar von r = +0,94.

Daß die monatlichen Schneehöhen an der Station Brigsdal dem Trend der Winterniederschlagssummen folgen, verwundert nicht, wohl dagegen die festgestellte schlechte Korrelation der aufsummierten monatlichen Schneehöhen zwischen den Stationen Brigsdal und Jostedal (r = +0,16), verursacht durch die wechselnden Windverhältnisse. Auf den Jostedalsbre selber dürften diese Unterschiede aber keine große Auswirkung zeigen, da durch die hohe Lage seines plateauähnlichen Akkumulationsgebiets im Gegensatz zu den o.e. Talstationen eine orographische Beeinflussung der Windverhältnissen weitgehend auszuschließen ist. Dies wird nicht zuletzt durch die synchrone Reaktion der reaktionsschnellen kurzen Outletgletscher während des 20.Jahrhunderts deutlich (s. 5.3).

Nach AHLMANN (1948) zeigen Untersuchungen am Styggedalsbreen eine für diesen Gletscher größere Bedeutung der Sommerwitterungsbedingungen an, d.h. v.a. der Sommertemperatur. Ein geringer Rückzug von 1902 bis 1912 und die folgende Stagnationsphase bis gegen 1925 wurde v.a. durch die gletscherungünstigen Sommertemperaturen 1900 bis 1917 verursacht, in ihren Auswirkungen jedoch von durchschnittlichen Winterniederschlägen abgemildert. Die von 1917 bis 1924 unterdurchschnittlichen Sommertemperaturen führten in Kombination mit von 1918 bis 1927 gesteigerten Winterniederschlägen zu stationären Verhältnissen der Gletscherfront mit leichten Vorstoßtendenzen, ab 1925 gefolgt von ungünstigen (hohen) Sommertemperaturen. Diese konnten auch durch die etwas angestiegenen Winterniederschläge ab ca. 1933 nicht mehr kompensiert werden, zumal durch die seit den 1930er Jahren angestiegenen Wintertemperaturen die Ablation innerhalb der Wintersaison zunahm, auch der Anteil des Regens während des Winterhalbjahrs (effektive Höhe der Schneeakkumulation in den Wintern ab 1930 daher eher durchschnittlich bis unterdurchschnittlich). Zwar kommt AHLMANN zusammenfassend zu der Auffassung, die Frage nach dem vorherrschenden Klimaparameter aufgrund der Komplexität und Wechselbeziehungen nicht eindeutig beantworten zu können, die Verhältnisse während des Sommers scheinen aber wichtiger als die Winterverhältnisse zu sein.

LIESTØL (1967) zeigt am Storbreen deutlich, daß positive Massenbilanzen mit kühlen und niederschlagsreichen Sommern verbunden sind (z.B. 1951/52, wo bei etwas überdurchschnittlichem Winterniederschlag die Sommertemperaturen an der Station Fannaråken, welche er als Referenzstation verwendet, 1,73°C unter dem Mittelwert 1931-60 lagen). Durchschnittliche Sommertemperaturen können dagegen dann eine negative Massenbilanz verursachen, wenn die Winterniederschläge der vorhergehenden Akkumulationssaison unter dem Durchschnitt liegen (so z.B. 1953/54). Allerdings können auch bei 1°C unter dem Mittel liegenden Sommertemperaturen keine positive Massenbilanzen verzeichnet werden, wenn die Winterniederschläge zu gering ausfallen (1955/56).

Der außergewöhnliche Vorstoß des extrem maritimen Blomsterskardbre in den 1930er Jahren (vgl. 5.3.6) ist nach TVEDE & LIESTØL (1976) v.a. auf gesteigerte Winterakkumulation zurückzuführen, die speziell bei den extrem maritimen Gletschern größere Bedeutung als die Sommertemperaturen hat. Dagegen räumt ROGSTAD (1942) bei den von ihm kalkulierten, in etwa parallelen Massenbilanzschwankungen des Folgefonn mit dem Jostedalsbre den Winterniederschlägen lediglich einen gewissen Verstärkungs- bzw. Kompensationseffekt ein. Diese gegensätzlichen Aussagen begründen sich evtl. in einer stark schwankenden Bedeutung der Winterniederschläge, die selbst bei hohen Jahressummen aufgrund stark angestiegener Sommer- und Winter(!)temperaturen ab einer gewissen, unbekannten Schwelle, keine kompensierende Wirkung mehr entfalten und damit an Bedeutung für die Nettobilanz verlieren (s.a. 6.5).

Um die Bedeutung einzelner Klimaparameter für den aktuellen Massenhaushalt aufzeigen zu können, wurden vom Verfasser die vorliegenden Massenhaushaltswerte der 6 im W-E-Profil gelegenen Gletscher (s. 6.3.1) mit entsprechend gewählten Klimaparametern verschiedener Klimastationen West-/Zentralnorwegens korreliert, teilweise mit etwas überraschenden Ergebnissen, die freilich in ihrer Aussagekraft nur für die aktuellen Verhältnisse maßgeblich sind, nicht etwa auf die zurückliegenden Jahrzehnte und Jahrhunderte übertragen werden können.

Am Ålfotbreen zeigt sich eine sehr deutliche Korrelation der Winterbilanz (bw) mit den Winterniederschlagssummen der Station Bergen (-Frederiksberg; vgl. 2.3.3; s.Tab. 32). Die Niederschlagssummen $N_{12} - N_4$, $N_{11} - N_4$ und $N_{11} - N_5$ ergeben dabei in etwa gleich hohe Korrelationskoeffizienten für die Vergleichsperiode (1963 - 1984). Auch die Niederschlagsdaten (Periode 1963 - 1990) der Station Oppstryn (Indre Nordfjord; vgl. 2.3.3) zeigen ähnlich hohe Korrelationskoeffizienten (s.Tab. 32). Andere mögliche Parameter der Station Bergen zeigen geringere Korrelationen, die geringste $N_1 - N_3$ (r = +0,70). Dies zeigt den bedeutenden Einfluß der Niederschläge in den Monaten Oktober und November an, da diese i.d.R. in den höheren Gletscherpartien schon als Schnee fallen und die Gesamtsumme des Niederschlags in diesen beiden Monaten sehr hoch ist, höher als z.B. im April und Mai, die daher eine etwas geringere Gewichtung erlangen.

Interessante Ergebnisse zeigt der Versuch der Korrelation über kürzere Perioden, da sich hierbei ein erwähnenswerter Unterschied in den Korrelationskoeffizienten (mit der Station Oppstryn, $N_{11} - N_4$, bw) ergibt:

- 1963 - 1972: r = +0,92;
- 1973 - 1982: r = +0,84;
- 1983 - 1990: r = +0,98.

Eine ähnliche, wenn auch insgesamt abweichende Gewichtung, ergibt die Korrelation der Nettobilanz mit dem Winterniederschlag ($N_{11} - N_4$) der Station Oppstryn über kürzere Perioden:

- 1963 - 1972: r = +0,86;
- 1973 - 1982: r = +0,76;
- 1983 - 1990: r = +0,77.

Im Durchschnitt über die gesamte Periode (1963 - 1990) ergibt sich eine Korrelation der Winterniederschläge in Oppstryn ($N_{11} - N_4$; $N_{11} - N_5$) von r = +0,80 bzw. r = +0,81. Im Fall der Station Bergen (1963 - 1984) ergibt sich eine ebenfalls sehr deutliche Korrelation ($N_{11} - N_4$: r = +0,84), was die Bedeutung der Winterniederschläge für diesen extrem maritimen Gletscher deutlich zeigt. Bemerkenswert sind aber die mit dem hohen Massenumsatz, der speziellen Gletschermorphologie und den Veränderungen der Gletscherfläche zusammenhängenden Abweichungen der Korrelationen bestimmter Niederschlagsparameter. Man kann diese nur damit erklären, daß die aktuellen Zusammenhänge von Massenbilanz und Klima sich nicht unbedingt auf ältere Perioden übertragen lassen, insbesondere nicht auf die starke Rückzugsperiode Mitte dieses Jahrhunderts. Unternimmt man nämlich mittels der durch gute Korrelationskoeffizienten abgesicherten aktuellen Regressionsgleichung eine Rekonstruktion der Nettobilanzen im 20.Jahrhundert, erhält man viel zu positive Werte (konkret z.B. +1315,7 cm w.e. Zuwachs seit 1905, ein viel zu positiver Wert angesichts des Flächen- und Volumenverlusts des Gletschers). Die aktuelle Bedeutung der Winterniederschläge bzw. deren gute Korrelation mit der Nettobilanz hat folglich v.a. Mitte dieses Jahrhunderts nicht bestanden, vermutlich als Reaktion auf die gestiegenen Lufttemperaturen mit einem erhöhten Anteil des Regens an der Winterakkumulation speziell in den aufgrund der hohen Niederschlagssummen ausschlaggebenden Spätherbst- bzw. Frühwinterwochen.

Tab. 32: Korrelationskoeffizienten verschiedener Niederschlagsparameter mit Winter- bzw. Nettobilanz am Ålfotbreen (Stationen: 5056 Bergen(-Frederiksberg); 5848 Brigsdal; 5870 Oppstryn)

Stationsnummer:	bw 5056	bw 5848	bw 5870	bn 5056	bn 5848	bn 5870
$N_{10} - N_5$	0,87	0,79	0,86	0,77	0,74	0,77
$N_{11} - N_5$	0,90	**0,87**	**0,92**	**0,84**	**0,84**	0,80
$N_{11} - N_4$	**0,91**	**0,87**	**0,92**	0,81	**0,84**	**0,81**
$N_{12} - N_4$	**0,91**	0,78	0,89	**0,84**	0,76	0,71
$N_1 - N_4$	0,72	0,82	0,86	0,61	0,76	0,76

Tab. 33: Korrelationskoeffizienten verschiedener Temperaturparameter der Station Bergen(-Frederiksberg) mit Sommer- bzw. Nettobilanz am Ålfotbreen

	bs	bn
$T_4 - T_{10}$	-0,41	-0,23
$T_5 - T_{10}$	-0,48	-0,29
$T_5 - T_9$	-0,44	-0,23
$T_6 - T_{10}$	**-0,52**	**-0,32**
$T_6 - T_9$	-0,49	-0,27
$T_6 - T_8$	-0,49	-0,30
$T_1 - T_{12}$	+0,33	+0,44

Beim Versuch der Korrelation der Sommerbilanz des Ålfotbre mit den Sommertemperaturen in Bergen (s.Tab. 33) zeigt sich eine nur schlechte Korrelation, unabhängig von der Wahl der Temperaturparameter. Noch schlechter ist die Korrelation mit der Nettobilanz bzw. der Nettobilanz mit der Jahresdurchschnittstemperatur. Bezüglich der Sommertemperaturen ist die Station Bergen daher als wenig repräsentativ für den Ålfotbre zu bezeichnen. Etwas besser fällt die Korrelation der Sommertemperaturen der Station Fannaråken mit der Sommerbilanz des Gletschers aus ($T_5 - T_{10}$: r = -0,66; $T_6 - T_{10}$: r = -0,70), da vermutlich die Temperaturverhältnisse auf dem Plateau selbst nicht durch die Werte der meist tiefgelegenen benachbarten Stationen repräsentiert werden. Aber auch mit der Station Fannaråken ergibt sich praktisch keine Korrelation (r = -0,29 bis +0,07) mit der Nettobilanz. D.h. gleichzeitig, daß bei aller Berücksichtigung des Fehlens einer repräsentativen Klimastation die Sommertemperaturen zumindest aktuell keine besonders große Bedeutung für die Nettobilanz haben.

Tab. 34: Korrelationskoeffizienten verschiedener Niederschlagsparameter mit der Winterbilanz am Nigardsbreen (Stationen: 5056 Bergen(-Frederiksberg); 5535 Luster; 5545 Jostedal; 5573 Sogndal(-Selseng); 5848 Brigsdal; 5870 Oppstryn)

Stationsnummer:	5056	5535	5545	5573	5848	5870
$N_{10} - N_5$	0,71	0,55	0,70	0,77	**0,81**	0,72
$N_{11} - N_5$	0,74	0,71	0,74	0,83	**0,81**	0,81
$N_{11} - N_4$	0,74	0,70	0,74	0,83	**0,81**	0,79
$N_{12} - N_5$	**0,77**	0,80	0,70	0,82	0,79	**0,82**
$N_{12} - N_4$	0,76	0,81	0,72	0,83	0,80	0,80
$N_1 - N_4$	0,73	**0,89**	**0,81**	**0,85**	**0,81**	**0,82**

Mit den bereits in 6.3 erwähnten speziellen topographischen Verhältnissen am Nigardsbreen hängt es zusammen, daß die Korrelation mit den Winterniederschlägen in Bergen schlechter als am Ålfotbreen ausfällt, nicht nur mit der etwas geringeren Maritimität (s.Tab. 34,35). Die besten Resultate ergibt dabei die Korrelation mit $N_{12} - N_4$ und $N_{11} - N_5$. Deutlich bessere Korrelationen ergeben sich zur Station Oppstryn, sowohl für die Winterbilanz, als auch für die Nettobilanz. Bei der Untersuchung der Korrelation über kürzere Perioden ergeben sich noch deutlichere Unterschiede als beim Ålfotbreen (Station Oppstryn, $N_1 - N_4$, bw):

- 1963 - 1972:   r = +0,88;
- 1973 - 1982:   r = +0,58;
- 1983 - 1990:   r = +0,84.

Bei einer detaillierteren Aufschlüsselung wurden die großen Unterschiede zwischen den Perioden noch deutlicher, wobei interessanterweise der Trend der Korrelation der Winterbilanz nicht synchron zu der der Nettobilanz verlief (Station Oppstryn, $N_1 - N_4$, bw bzw. bn):

- 1962 - 1966:   r = +0,99   (bn: r = +0,95);
- 1967 - 1971:   r = +0,87   (bn: r = +0,87);
- 1972 - 1976:   r = +0,81   (bn: r = +0,75);
- 1977 - 1981:   r = +0,40   (bn: r = +0,51);
- 1982 - 1986:   r = +0,79   (bn: r = +0,82);
- 1987 - 1990:   r = +0,75   (bn: r = +0,59).

Die doch recht großen Unterschiede zeigen, daß kurzfristig eine fast 100%ige Übereinstimmung der Schwankungen der Winterniederschläge mit denen der Winterbilanz auftrat, über andere Perioden diese Übereinstimmung dagegen nur sehr schlecht war, was insbesondere die mögliche Rekonstruktion der Massenbilanz stark erschwert. Die Ursachen für diese starken Unterschiede können in den vorherrschenden Windrichtungen liegen, da die Station Oppstryn im Nordwestsektor des Jostdalsbre liegt und die Verhältnisse auf dem Gletscherplateau sich anders darstellen (s. NESJE 1989 am Beispiel der schlechten Korrelation der Schneehöhen zwischen Jostedal und Brigsdal).

Ähnliche Korrelationen der Winterniederschläge mit der Winter- bzw. Nettobilanz ergeben sich bei Verwendung der (allerdings unterschiedlich langen) Datenreihen der Klimastationen Luster (Vergleichsperiode 1962 - 1972), Jostedal (1962 - 1987), Sogndal-Selseng (1962 - 1990) und Fjærland (1962 - 1990). Die höchsten Korrelationskoeffizienten zeigt jeweils der Parameter $N_1 - N_4$, d.h. die Niederschläge im November und Dezember sind von geringerer Bedeutung für die Winterbilanz bzw. werden durch die Klimastationen nicht genügend repräsentiert. Im einzelnen ergeben sich für die Korrelation mit der Winterbilanz folgende Korrelationskoeffizienten (unterschiedlicher Perioden, s.o.):

- Luster ($N_1 - N_4$): r = +0,89;
- Luster ($N_{12} - N_4$): r = +0,81;
- Jostedal ($N_1 - N_4$): r = +0,81;
- Jostedal ($N_{11} - N_5$): r = +0,74;
- Sogndal ($N_1 - N_4$): r = +0,85;
- Sogndal ($N_{11} - N_5$): r = +0,83;
- Fjærland ($N_1 - N_4$): r = +0,81;
- Fjærland ($N_{11} - N_5$): r = +0,81.

Die gute Korrelation mit der Station Luster ist wegen der kürzeren Periode, die durch besonders hohe Korrelationskoeffizienten auch an der Station Oppstryn auffällig ist, nicht überzubewerten. Die anderen Stationen unterscheiden sich wenig. Zwar sind die Stationen Sogndal-Selseng und Fjærland weiter als die Station Jostedal vom Nigardsbreen entfernt, doch liegen sie südwestlich davon, d.h. im Luv der meist von Südwesten einströmenden niederschlagsbringenden Luftmassen.

Ein ähnliches Bild nur geringer Unterschiede bei geringeren Korrelationen zeigen sich bei der Nettobilanz:

- Luster ($N_1 - N_4$): r = +0,74;
- Luster ($N_{12} - N_4$): r = +0,69;
- Jostedal ($N_1 - N_4$): r = +0,64;
- Jostedal ($N_{11} - N_5$): r = +0,59;
- Sogndal ($N_{11} - N_5$): r = +0,73;
- Sogndal ($N_{11} - N_4$): r = +0,71;
- Fjærland ($N_{11} - N_5$): r = +0,71;
- Fjærland ($N_{11} - N_4$): r = +0,69.

Ein erstaunliches Ergebnis erbringt die Korrelation mit den Gesamtniederschlägen im Haushaltsjahr ($N_{10} - N_9$, bn):

- Sogndal: r = +0,71;
- Fjærland: r = +0,67;
- Luster: r = +0,55;
- Jostedal: r = +0,54.

Dieses Ergebnis zeigt die Besonderheit, daß der Nigardsbre auch von Sommerniederschlägen aufgrund seiner hochgelegenen Akkumulationsgebiete in starkem Maße profitiert. Im übrigen ergibt auch die Rekonstruktion der Winter- bzw. Nettobilanzen auf Grundlage der durch aktuelle gute Korrelationen angewendeten Regressionsgleichungen ein unbefriedigendes Ergebnis (viel zu positive Massenhaushalte), ebenfalls ein Indiz für die aktuell stärkere Bedeutung des Winterniederschlags.

Verglichen mit dem Ålfotbre korreliert die Sommertemperatur von Bergen erstaunlich gut mit der Sommerbilanz des Nigardsbre ($T_6 - T_8$: r = -0,79; $T_6 - T_{10}$: r = -0,68; s.Tab. 36). Die Korrelation mit der Nettobilanz liegt zwar niedriger, aber immer noch deutlich über denen im Fall des Ålfotbre ($T_6 - T_8$: r = -0,70; $T_5 - T_9$: r = -0,58). Bei Berücksichtigung der Schwankungen der Sommerniederschläge erhöhte sich die Korrelation im übrigen nicht. Wichtig festzustellen ist die Tatsache, daß die Jahresdurchschnittstemperatur im Fall des Nigardsbre, wie an den anderen untersuchten Gletschern, keinerlei Korrelation mit der Nettobilanz aufwies (r = +0,01 !).

Sehr hohe Korrelationen ergibt die Heranziehung der Station Luster (kurze Vergleichsperiode 1963 - 1972 !) mit r = -0,87 ($T_5 - T_8$) bzw. r = -0,86 ($T_5 - T_9$) für die Sommerbilanz. Bemerkenswert ist die

Tab: 35: Korrelationskoeffizienten verschiedener Niederschlagsparameter mit der Nettobilanz am Nigardsbreen (Fettdruck zeigt beste Korrelation; Stationen: 5056 Bergen(-Frederiksberg); 5535 Luster; 5545 Jostedal; 5573 Sogndal(-Selseng); 5848 Brigsdal; 5870 Oppstryn)

Stationsnummer:	5056	5535	5545	5573	5848	5870
$N_{10} - N_5$	0,57	0,44	0,53	0,67	0,65	0,60
$N_{11} - N_5$	0,64	0,69	0,59	**0,73**	**0,71**	**0,70**
$N_{11} - N_4$	0,63	0,67	0,58	0,71	0,69	0,67
$N_{12} - N_5$	**0,66**	0,67	0,67	0,70	0,67	0,68
$N_{12} - N_4$	0,62	0,68	**0,68**	0,69	0,65	0,65
$N_1 - N_4$	0,64	**0,74**	0,64	0,71	0,67	**0,70**
$N_{10} - N_9$	0,59	0,55	0,54	0,71	0,67	0,62
$N_5 - N_{10}$	0,14	0,31	0,19	0,30	0,26	0,06

Tab. 36: Korrelationskoeffizienten verschiedener Temperaturparameter (jeweils höchste Werte für die jeweilige Station) mit Sommer- bzw. Nettobilanz am Nigardsbreen

	bs	bn
[5056] Bergen	$-0,79$ $(T_6 - T_8)$	$-0,70$ $(T_6 - T_8)$
[5523] Fannaråken	$-0,82$ $(T_6 - T_8)$	—
[5529] Sognefjell	**$-0,97$ $(T_6 - T_9)$**	—
[5535] Luster	**$-0,87$ $(T_5 - T_8)$**	**$-0,89$ $(T_5 - T_8)$**
[5543] Bjørkehaug	$-0,82$ $(T_6 - T_8)$	—
[5584] Fjærland	$-0,23$ $(T_6 - T_{10})$	—
[5870] Oppstryn	$-0,75$ $(T_6 - T_8)$	—

ebenfalls sehr hohe Korrelation der Sommertemperaturen mit der Nettobilanz. Ähnlich hohe Korrelationskoeffizienten erzielt man bei Verwendung der Sommertemperaturen des Fannaråken (r = -0,82; $T_6 - T_8$). Auffällig ist die teilweise sehr gute Korrelation mit der Station Sognefjell, deren Datenreihe aber zu kurz ist, um weitreichende Schlußfolgerungen zu ziehen (r = -0,97 für $T_6 - T_9$; r = -0,90 für $T_6 - T_{10}$). Die gleichen Einschränkungen gelten im übrigen auch für die im Jostedalen gelegene Station Bjørkehaug. Die längere Datenreihe der Station Oppstryn ist dagegen aussagekräftiger, die Korrelation der Sommertemperaturen mit der Sommerbilanz erreicht mittlere Werte. Sehr aufschlußreich ist die im Vergleich dazu nicht vorhandene Korrelation mit der Station Fjærland, deren Winterniederschläge noch relativ gute

Tab. 37: Korrelationskoeffizienten verschiedener Niederschlagsparameter (jeweils höchste Werte für die jeweilige Station) mit Winter- bzw. Nettobilanz am Hardangerjøkulen

	bw	bn
[5056] Bergen	0,84 $(N_{11} - N_4)$	0,77 $(N_{11} - N_4)$
[5535] Luster	**0,96 $(N_{12} - N_4)$**	**0,89 $(N_{11} - N_5)$**
[5545] Jostedal	0,88 $(N_{11} - N_5)$	0,79 $(N_{11} - N_5)$
[5573] Sogndal	0,93 $(N_{11} - N_5)$	0,86 $(N_{11} - N_5)$
[5584] Fjærland	0,92 $(N_{11} - N_5)$	0,83 $(N_{11} - N_5)$
[5870] Oppstryn	0,90 $(N_{11} - N_5)$	0,81 $(N_{11} - N_5)$

Korrelationen ergaben (r = -0,23 für $T_6 - T_{10}$; r = -0,17 für $T_6 - T_8$). Offensichtlich spielt hierbei die sehr niedrige Lage der Station (10 m) und deren extreme Tallage am Fjordende eine Rolle für die großen Abweichungen.

Am Hardangerjøkulen gibt es trotz der räumlichen Distanz ausgesprochen gute Korrelationen der Winterbilanz mit den um den Jostedalsbre gelegenen Klimastationen, wie im übrigen auch mit Bergen (s.Tab. 37). Sowohl für Oppstryn, als auch für Luster, Jostedal, Sogndal und Fjærland sind die Korrelationskoeffizienten hoch. Gleiches gilt im übrigen für die Nettobilanz und ihre Korrelation zum Winterniederschlag. Wie bei Ålfot- und Nigardsbreen gibt es am Hardangerjøkulen eine Änderung der Korrelationskoeffizienten in verschiedenen Zeitabschnitten. Diese sind jedoch bei weitem weniger bedeutsam als an den beiden erstgenannten Gletschern und können u.a. als Kennzeichen dessen größerer Kontinentalität (und damit geringerer klimatischer Sensibilität) gewertet werden (Station Oppstryn; $N_{11} - N_5$; bw):

- 1963 - 1972:   r = +0,92;
- 1973 - 1982:   r = +0,86;
- 1983 - 1990:   r = +0,90.

Tab. 38: Korrelationskoeffizienten verschiedener Temperaturparameter (jeweils höchste Werte für die jeweilige Station) mit Sommer- bzw. Nettobilanz am Hardangerjøkulen

	bs	bn
[5056] Bergen	-0,78 ($T_6 - T_8$)	-0,70 ($T_6 - T_8$)
[5523] Fannaråken	-0,82 ($T_6 - T_8$)	—
[5529] Sognefjell	**-0,85 ($T_6 - T_9$)**	—

Tab. 39: Korrelationskoeffizienten verschiedener Niederschlagsparameter (jeweils höchste Werte für die jeweilige Station) mit der Winter- bzw. Nettobilanz am Storbreen

	bw	bn
[1543] Bøverdalen	0,68 ($N_{12} - N_5$)	0,52 ($N_{11} - N_5$)
[5056] Bergen	0,79 ($N_{10} - N_5$)	0,60 ($N_{11} - N_4$)
[5535] Luster	**0,92 ($N_{12} - N_4$)**	**0,88 ($N_{11} - N_5$)**
[5545] Jostedal	0,84 ($N_{11} - N_4$)	0,69 ($N_{11} - N_5$)
[5573] Sogndal	0,91 ($N_1 - N_4$)	0,81 ($N_{11} - N_5$)
[5584] Fjærland	0,88 ($N_1 - N_4$)	0,77 ($N_{11} - N_5$)
[5848] Brigsdal	0,79 ($N_1 - N_4$)	0,52 ($N_{11} - N_5$)
[5870] Oppstryn	0,83 ($N_1 - N_4$)	0,74 ($N_{12} - N_5$)

Wie am Nigardsbreen korrelieren auch an diesem Gletscher die Sommertemperaturen von Bergen relativ gut mit Sommerbilanz bzw. Nettobilanz (s.Tab. 38). Gute Korrelationen ergeben auch die Stationen Fannaråken und Sognefjell.

Der im zentralen Jotunheimen gelegene Storbre kann eine für die räumliche Entfernung und unterschiedliche klimatische Rahmenbedingungen relativ hohe Korrelation der Winterbilanz mit den Winterniederschlagsdaten von Bergen aufweisen (r = +0,79; $N_{10} - N_4$ für die Periode 1949 bis 1984; im übrigen verwendet auch LIESTØL (1967) Niederschlagswerte von Bergen für seine Rekonstruktion des Massenhaushalts des Storbre). Geringfügig besser ist die Korrelation mit den entsprechenden Niederschlagsdaten der Station Oppstryn (s.Tab. 39), wie im übrigen auch mit den anderen Stationen in der Umgebung des Jostedalsbre, trotz der in 2.3.3 erläuterten klimatischen Differenz:

- Luster (N_{12} - N_4): r = +0,92;
- Sogndal (N_1 - N_4): r = +0,91;
- Fjærland (N_1 - N_4): r = +0,88;
- Jostedal (N_{11} - N_4): r = +0,84.

Umso erstaunlicher werden die erzielten Korrelationen beim Vergleich mit im Bereich des Jotunheim gelegenen Klimastationen, denn z.B. mit der Station Bøverdalen ist die Korrelation deutlich geringer. Selbst zur Nettobilanz ist die Korrelation der Winterniederschläge der Station Luster deutlich höher. Diese Tatsache läßt sich nur dadurch erklären, daß die Niederschläge von südwestlichen Luftströmungen herantransportiert werden, der im Bereich der Wasserscheide gelegene Gletscher also noch stark von diesen Schwankungen, die an den weiter westlich gelegenen Stationen verzeichnet werden, abhängig ist. Der kontinentale Einfluß am Storbreen muß daher in bezug auf den Trend der Schwankungen der Winterniederschläge relativiert werden. Die im Jotunheimen gelegenen Stationen eignen sich also erstaunlicherweise (?) nicht zur Rekonstruktion der Winterbilanzen am Storbreen.

Auch am Storbreen änderten sich die Korrelationskoeffizienten (z.B. der Winterbilanz mit dem Winterniederschlag (N_{11} - N_5) der Station Oppstryn) über die lange Meßperiode:

- 1949 - 1958:   r = +0,75;
- 1959 - 1968:   r = +0,78;
- 1969 - 1978:   r = +0,74;
- 1979 - 1988:   r = +0,62.

Die markante Abnahme der Korrelation in der letzten Periode erklärt sich im übrigen durch die extrem hohen Winterniederschläge westlich der Wasserscheide, die am Storbreen in dieser Form nicht aufgetreten sind.

Tab. 40: Korrelationskoeffizienten verschiedener Temperaturparameter (jeweils höchste Werte für die jeweilige Station) mit Sommer- bzw. Nettobilanz am Storbreen

	bs	bn
[1543] Bøverdalen	**-0,95 (T_5 - T_8)**	**-0,88 (T_6 - T_8)**
[5056] Bergen	-0,71 (T_6 - T_8)	-0,71 (T_6 - T_8)
[5523] Fannaråken	-0,82 (T_5 - T_9)	—
[5529] Sognefjell	-0,85 (T_6 - T_{10})	—
[5535] Luster	-0,93 (T_5 - T_8)	—

Bei den Sommertemperaturen von Oppstryn ist die Korrelation mit der Sommerbilanz des Gletschers noch bemerkenswert hoch (s.Tab. 40). Besser sind jedoch die Korrelationskoeffizienten mit der Station Fannaråken, erklärbar auch aus der Tatsache, daß es keine anderen hochgelegenen Klimastationen gibt, die die Verhältnisse an den hochgelegenen Jotunheimen-Gletschern befriedigend repräsentieren könnten. Allerdings zeigt sich die beste Korrelation mit der Station Luster, die allerdings durch ihre Lage auf einem Bergvorsprung hoch über dem Lustrafjord im Gegensatz zu anderen Stationen nur einen geringen Tallageneffekt aufzuweisen hat (vgl. LIESTØL 1967). Sehr bemerkenswert ist die stark unterschiedliche Korrelation der Sommerbilanz des Storbre zur (kurzen) Datenreihe der Station Bøverdalen (r = -0,40 für T_5 - T_9 gegenüber r = -0,95 für T_5 - T_8). Hier scheint die Tallage mit Inversionswetterlagen im September eine gewichtige Rolle zu spielen.

Die Korrelation der Winterniederschläge von Bergen mit denen des Hellstugubre ist deutlich geringer als am Storbreen (r = +0,71; N_{11} - N_4). Höher ist sie dagegen mit der Station Oppstryn (s.Tab. 41), wobei die Nettobilanz geringere Korrelationen aufweist. Wie am Storbreen ist die Korrelation zwischen den Winterbilanzen und den Jotunheimen-Stationen Lom und Skjåk niedriger, nur für die vergleichsweise

Tab. 41: Korrelationskoeffizienten verschiedener Niederschlagsparameter (jeweils höchste Werte für die jeweilige Station) mit der Winter- bzw. Nettobilanz am Hellstugubreen

	bw	bn
[1506] Lom	0,70 (N_{11} - N_4)	0,37 (N_{11} - N_5)
[1543] Bøverdalen	**0,81 (N_{11} - N_5)**	**0,64 (N_1 - N_4)**
[1560] Skjåk	0,66 (N_{11} - N_5)	0,38 (N_{11} - N_4)
[5870] Oppstryn	0,78 (N_1 - N_4)	0,63 (N_{11} - N_5)

westlich im Jotunheimen gelegene Station Bøverdalen ist sie höher. Aufgrund der geringeren Bedeutung der Winterbilanz an der Nettobilanz verwundert die geringe Korrelation der Winterniederschläge der Station Bøverdalen dagegen nicht.

Bezüglich der Sommerbilanzen erweisen sich für den Hellstugubre die Sommertemperaturen von Luster als recht signifikant (r = -0,92 für T_5 - T_8; r = -0,85 für T_5 - T_9), ebenso für die Nettobilanz. Die Korrelationswerte für die nur kurze Datenreihe der Station Bøverdalen sind auch im Fall des Hellstugubre stark unterschiedlich, deren Interpretation also nur spekulativ (r = -0,36 für T_5 - T_8; r = -0,95 für T_6 - T_8). Durchgehend hoch sind dagegen die Korrelationskoeffizienten bei der Station Fannaråken (r = -0,90 für T_5 - T_8; r = -0,88 für T_6 - T_8).

Tab. 42: Korrelationskoeffizienten verschiedener Temperaturparameter (jeweils höchste Werte für die jeweilige Station) mit Sommer- bzw. Nettobilanz am Hellstugubreen

	bs	bn
[1543] Bøverdalen	**-0,95 (T_6 - T_8)**	-0,83 (T_6 - T_8)
[5523] Fannaråken	-0,90 (T_5 - T_8)	—
[5529] Sognefjell	-0,77 (T_6 - T_9)	—
[5535] Luster	-0,92 (T_5 - T_8)	**-0,85 (T_5 - T_8)**

Tab. 43: Korrelationskoeffizienten verschiedener Niederschlagsparameter (jeweils höchste Werte für die jeweilige Station) mit Winter- bzw. Nettobilanz am Gråsubreen

	bw	bn
[1506] Lom	0,54 (N_{12} - N_4)	0,21 (N_{11} - N_4)
[1543] Bøverdalen	**0,68 (N_1 - N_4)**	0,44 (N_1 - N_4)
[1560] Skjåk	0,53 (N_1 - N_4)	0,13 (N_1 - N_4)
[5870] Oppstryn	0,64 (N_1 - N_4)	**0,48 (N_1 - N_4)**

Daß am kontinentalen Gråsubreen die Korrelation der Winterbilanz mit den Winterniederschlägen von Bergen nicht hoch ist, erscheint logisch (r = +0,57 für N_{11} - N_4). Auch bei der Station Oppstryn liegt sie deutlich unter den entsprechenden Korrelationskoeffizienten der anderen Gletscher des W-E-Profils (s.Tab. 43). Bemerkenswert ist die wie bei Stor- und Hellstugubreen geringe Korrelation mit den Stationen Lom, Skjåk und Bøverdalen. Durch seine besondere topographische Lage im östlichen Jotunheimen (große Höhenlage bei klimatischer Kontinentalität) scheint keine der Klimastationen die Winterniederschlagsverhältnisse befriedigend zu repräsentieren (die Korrelation mit der Nettobilanz ist im übrigen unsignifikant).

Im Vergleich dazu erscheint die Korrelation der Sommertemperaturen der Station Luster mit der Sommerbilanz (s.Tab. 44) sehr hoch, ebenso die mit der v.a. durch die Sommerbilanz bestimmten Nettobilanz. Auch im Fall des Gråsubre sind aufgrund großer Unterschiede (r = -0,88 für T_6 - T_8; r = -

Tab. 44: Korrelationskoeffizienten verschiedener Temperaturparameter (jeweils höchste Werte für die jeweilige Station) mit Sommer- bzw. Nettobilanz am Gråsubreen

	bs	bn
[1543] Bøverdalen	**-0,88 ($T_6 - T_8$)**	-0,72 ($T_6 - T_8$)
[5523] Fannaråken	-0,78 ($T_5 - T_8$)	—
[5529] Sognefjell	-0,60 ($T_5 - T_8$)	—
[5535] Luster	-0,81 ($T_5 - T_8$)	**-0,78 ($T_5 - T_8$)**

0,58 für $T_6 - T_9$) die Korrelationen mit der Station Bøverdalen nur bedingt interpretierbar. Auch die Korrelationen mit der Station Fannaråken fallen etwas geringer als bei den anderen beiden Jotunheimengletschern aus, was die klimatische Sonderstellung dieses Gletschers unterstreicht.

Als zusammenfassendes Ergebnis der Korrelationen der Teil- und Nettobilanzen der 6 Gletscher des W-E-Profils mit verschiedenen Klimastationen muß man feststellen, daß derart klare Abhängigkeiten von einem singulären Klimaparameter (wie z.B. dem sommerlichen Schneefall bei den Ostalpen) nicht festzustellen sind. Der entscheidende Faktor bei Rekonstruktionsversuchen der Massenbilanzen bzw. der klimatischen Interpretation von Gletscherstandsschwankungen ist vielmehr die wechselnde Bedeutung von Winterniederschlag und Sommertemperatur, die verstärkend und kompensierend in unterschiedlichem Grad auftreten. Speziell an den maritimen Gletschern scheint diese gegenseitige Beziehung starken Schwankungen zu unterliegen, was jede Rekonstruktion und Korrelation erschwert. Allerdings zeigt sich selbst an den Jotunheimengletschern, daß die Winterniederschläge ein hohes Gewicht und weitaus bedeutenderen Einfluß auf die Massenbilanz als im Ostalpenraum haben. Die Jahrestemperaturen haben dagegen auf die Nettobilanzen keinen ausweisbaren Einfluß, die Sommertemperaturen sind vor allen an den kontinentaleren Gletschern von zunehmender Wichtigkeit. Insbesondere der Wahl der Klimastationen muß bei Rekonstruktionsversuchen Augenmerk geschenkt werden, da nicht immer benachbarte Stationen die Verhältnisse der über eine besondere Gletschermorphologie verfügenden Plateaugletscher Westnorwegens gut repräsentieren, da deren Tallage die Werte stark beeinflußt.

Für die Gletscher des maritimen Nordnorwegens (z.B. Engabreen/Svartisen) gelten die gleichen Aussagen wir für den Jostedalsbre, d.h. eine große Bedeutung des Winterniederschlags unter Beachtung der Sommertemperaturen. In Nordschweden unterliegen die kontinentalen Gletscher in ihrer Massenbilanz dagegen ähnlichen beeinflußenden Klimaparametern wie in den Ostalpen, d.h. die Verhältnisse in der Ablationssaison sind von überragender Bedeutung, insbesondere die solare Einstrahlung aufgrund deren dominierender Stellung innerhalb der Ablationsfaktoren. Am Beispiel des Rabotsglaciären zeigen STROEVEN & VAN DE WAL (1990) allerdings, daß auch an einem kontinental geprägten Gletscher stark negative Massenbilanzen nicht nur durch gesteigerte Ablation in den Sommermonaten, sondern auch durch geringe Winterakkumulation, damit verbundenem frühen Abschmelzen des Winterschnees und relativ frühzeitiger Herabsenkung der Albedo verursacht werden können.

6.4.4 Vergleich

Die aktuellen Massen- und Energiebilanzstudien (wie die empirischen Versuche zur Korrelation der festgestellten Massenbilanz- (und Gletscherstands-)schwankungen mit verschiedenen Klimaparametern) machen deutlich, daß es keine allgemeingültigen Regeln über den Einfluß bestimmter Klimaelemente auf den Massenhaushalt und damit das Schwankungsverhalten eines Gletschers bezüglich Massenbilanz und Gletscherstand gibt. Vielmehr unterliegen die Klimafaktoren starken regionalen Unterschieden in ihrer Bedeutung, abhängig vom regionalen Klima wie damit teilweise verknüpften regionalen glaziologischen Charakteristika. Vor einer Interpretation der Massenhaushalts- und Gletscherstandsschwankungen bzw. vor Rekonstruktionsversuchen der Massenbilanz müssen so gerade bei regionalen oder weltweiten Vergleichen diese Unterschiede herausgearbeitet werden, will man zu aussagekräftigen Ergebnissen gelangen. Bislang liegen aber nur einige vergleichende Untersuchungen zur Problematik der unterschiedlichen Gewichtung einzelner Klimaparameter auf die Massenbilanz vor.

GÜNTHER (1982) untersucht die unterschiedliche Beeinflussung der Massenbilanz durch verschiedene Klimaparameter im Vergleich zwischen Alpen und Skandinavien. Für das westliche Südnorwegen (westlich des Jostedalsbre) belegt er z.B. die Bedeutung der Winterniederschläge für die Massenbilanz eindeutig (s.o.). Für das zentrale Südnorwegen (wobei der Verfasser die Zusammenfassung von Jostedalsbreen und Jotunheimen als nur mäßig glücklich bezeichnen möchte, s.o.) sind nach GÜNTHER die Sommertemperaturen entscheidend, selbst wenn der Winterniederschlag noch größere Bedeutung besitzt. Hierbei möchte der Verfasser anmerken, daß es nach den oben gezeigten Korrelationen größere Unterschiede innerhalb dieser „Region" gibt und, daß die Bedeutung der Sommerbilanz am Nigardsbreen wie gezeigt durch die spezielle Gletschermorphologie verursacht wird, folglich Sommertemperaturen wie -niederschläge Beachtung finden müssen. Für die westlichen zentralen Ostalpen, wozu das Rofental bzw. die Ötztaler Alpen gerechnet werden müssen, ist die entscheidende Wirkung der Sommertemperaturen (als Anzeiger der Frequenz sommerlicher Schneefälle) dagegen außerhalb jeglicher Diskussion.

GÜNTHER berechnet zum Vergleich der verschiedenen von ihm ausgewiesenen Regionen deren mittlere spezifische Nettobilanz der Periode 1949/50 - 1978/79 und kommt dabei zu folgenden Ergebnissen:

- westliches Südnorwegen: +81 cm w.e.;
- nördliche Schweizer Alpen: -123 cm w.e.;
- östliche zentrale Ostalpen: -129 cm w.e.;
- französische Westalpen: -322 cm w.e.;
- nördliche Ostalpen: -423 cm w.e.;
- westliche zentrale Ostalpen: -448 cm w.e.;
- südliche Zentralalpen: -480 cm w.e.;
- zentrales Südnorwegen: -855 cm w.e.;
- Schwedisch Lappland: -1173 cm w.e.

An diesen Daten wird deutlich, daß außer an den extrem maritimen Gletschern Westnorwegens in allen Gletscherregionen ein mehr oder weniger großer Massenverlust zu verzeichnen war, in den westlichen Ostalpen sogar ein vergleichsweise hoher (und dies trotz der ab 1964/65 aufgetretenen positiven Haushaltsjahre; vgl. 6.2.1). Die Zusammenfassung der Region „zentrales Südnorwegen" ist gerade angesichts dieser Werte abzulehnen, da z.B. sowohl der in der zweiten Hälfte der untersuchten Periode einen beachtlichen Massenzuwachs aufzuweisende Nigardsbre, wie auch der gleichzeitig einem Massenverlust unterworfene Storbre zu dieser Region gerechnet werden (vgl. 6.3.1). Bemerkenswert sind neben den Unterschieden innerhalb Skandinaviens die Unterschiede zwischen den einzelnen Alpenregionen, selbst wenn sie nicht die gleiche Größenordnung besitzen. Mit Ausnahme der östlichen zentralen Ostalpen war dabei der Massenverlust in den maritimer geprägten Alpenregionen (z.B. nördliche Schweizer Alpen, französische Westalpen) etwas geringer als in den kontinentaleren Alpenregionen. Die bereits in 5.2 aufgezeigten Unterschiede im Gletscherstandsschwankungsverhalten zwischen den verschiedenen Alpenregionen manifestieren sich also logischerweise auch in den Massenbilanzen. Nach GÜNTHER (1982) müssen diese Ergebnisse als Gefälle von einer insgesamt positiveren bzw. weniger negativen Bilanz von bezüglich der niederschlagsreicheren Luftströmungen günstiger gelegenen Gletschergebieten hin zu den zentralen und kontinentaleren Gletschergebieten interpretiert werden, als deutlicher Einfluß der klimatischen Kontinentalität auf den Massenhaushalt (innerhalb der Alpen wie in Skandinavien). GÜNTHER folgert weiter, daß die Exzessivität des Gletscherverhaltens wesentlich über den hohen Massenumsatz als Folge klimatischer Maritimität erklärt werden kann, Gletschermorphologie und -größe beim regionalen Vergleich eine untergeordnete Rolle spielen.

Auf Grundlage der o.e. spezifischen Nettobilanzen korreliert GÜNTHER die Massenbilanzveränderungen der einzelnen Gletscherregionen. Er erhält dabei eine hohe Korrelation zwischen westlichem und zentralem Südnorwegen (r = +0,80), was bereits in 6.3 detailliert vom Verfasser aufgezeigt wurde. Die nur mittelmäßige Korrelation mit Schwedisch Lappland (r = +0,59) erscheint angesichts der in 6.3 aufgezeigten regionalen Unterschiede sogar noch relativ hoch. Eine erkennbare Korrelation zwischen den einzelnen Alpenregionen und den drei skandinavischen Gletscherregionen ist nicht gegeben (Korrelationskoeffizienten zwischen r = +0,27 und r = -0,42). Innerhalb des Alpenraums ergeben sich nach GÜNTHER für die Gletscher der Ötztaler Alpen (westliche zentrale Ostalpen) deutliche Korrelationen mit nördlichen Ostalpen (r = +0,88), östlichen zentralen Ostalpen (r = +0,87) und nördlichen Schweizer Alpen (r = +0,87), d.h. die Schwankungen der Massenbilanzen sind relativ synchron. Weniger gut ist dagegen die Korrelation mit südlichen Zentralalpen (r = +0,65) und französischen Westalpen (r= +0,63). Dies sollte beim Vergleich der frührezenten und rezenten Gletscherstandsschwankungen zwischen Ötztaler Alpen und z.B. der Mont Blanc-Region zu gewissen Vorbehalten zwingen.

Die von GÜNTHER (1982) ausgewiesenen Korrelationen einzelner Klimaparameter mit den Massenbilanzen entsprechen weitgehend den ausführlichen Untersuchungen des Verfassers. Als bedeutende Klimaänderung der 1960er und 1970er Jahre bezüglich der Massenbilanzen der Ötztaler Alpen betont GÜNTHER die Absenkung der Sommertemperatur um 0,5 - 0,7˚C (vgl. PATZELT 1985). Da gleichzeitig im Kontrast zu den Sommerniederschlägen die Winterniederschläge sich wenig veränderten, wird deren geringe Bedeutung in den Ötztaler Alpen offensichtlich, und damit gleichzeitig ein erheblicher Unterschied zu den Gletschern West-/ Zentralnorwegens.

Mit Schwerpunkt Alpenraum untersucht GÜNTHER anschließend auch die Häufigkeitsänderungen besonders gletscherrelevanter Großwetterlagen und deren Einfluß auf die Massenbilanzen (s.o.). Die antizyklonale Westlage (WA) mit deutlichem Sommermaximum unterlag in diesem Jahrhundert insgesamt nur geringfügigeren Änderungen. Entscheidender für die Änderungen des Massenhaushalts war dagegen die Zunahme zyklonaler Westlagen (WZ) in den gletschergünstigen 1970er Jahren. Da diese allerdings mit einem Wintermaximum auftraten und im Sommer relativ selten waren, ist der Einfluß dieser Häufigkeitsänderung allerdings zu relativieren (Näheres s. GÜNTHER 1982).

GÜNTHER & WIDLEWSKI (1986) versuchen nach einer Korrelation einzelner Klimaparameter mit der Massenbilanz verschiedener Gletscher aus dem Alpenraum und Skandinavien die Einteilung der untersuchten Gletscher in vier Typen jeweils charakteristischer Bedeutung einzelner Klimaparameter:

- Typ 1 (hochozeanisch; Beispiel Ålfot- und Engabreen) zeigt großen Einfluß des Winterniederschlags bei nur geringem Einfluß der Sommertemperaturen. Unter den Temperaturparametern ist aufgrund der hohen Sommertemperaturen z.B. beim Ålfotbreen der Einfluß von Mai und September für die Länge der Ablationsperiode relativ groß (s.o. ausführliche Untersuchungen).
- Typ 2 (ozeanisch; Beispiel Nigardsbreen, Hardangerjøkulen) zeigt großen Einfluß des Winterniederschlags und auch der (gewichteten) Sommertemperaturen, bei nur geringem Einfluß der Sommerniederschläge (auch hier sind Mai und September aufgrund relativ hoher Temperaturen an der Gleichgewichtslinie von Bedeutung).
- Typ 3 (subozeanisch; Beispiel Hellstugubreen) zeigt eine größere Bedeutung der (gewichteten) Sommertemperaturen als der Winterniederschläge, bei nicht zu vernachlässigenden Sommerniederschlägen (die unterschiedlichen Sommertemperaturparameter zeigen ähnlichen Einfluß).
- Typ 4 (subkontinental; Beispiel Hintereis- und Kesselwandferner) zeigt überragende Bedeutung der (gewichteten) Sommertemperaturen. Die Sommertemperaturen über die ganze Ablationsperiode sind von größerer Bedeutung als die Juni-, Juli- und Augusttemperaturen.

SCHYTT (1967) weist dem Ablationsgradienten, d.h. der Abnahme der durchschnittlichen jährlichen Ablation mit steigender Höhenlage in seinen jährlichen Variationen, große Bedeutung zur Charakterisierung der Klimabeeinflussung der Massenbilanz zu. Der Ablationsgradient selbst erklärt sich durch die veränderte Wirkung der den Massenhaushalt und die Ablation bestimmenden meteorologischen Parameter mit zunehmender Höhe (s.a. OERLEMANS & HOOGENDOORN 1989). Die Größe des Ablationsgradienten ist dabei vom Grad der Kontinentalität abhängig. Eine einfache Beziehung zwischen Ablationsgradient und Höhenlage läßt sich allerdings nicht aufstellen, denn während z.B. bei gänzlich schneebedecktem Gletscher die höher gelegegenen Gletscherbereiche mehr solare Einstrahlung erlangen, kehrt sich dieses Verhältnis bei schneeloser oder debrisbedeckter Gletscherzunge um (aufgrund deren geringerer Albedo). Die stärksten Ablationsgradienten ergeben sich folglich bei warmen und strahlungsintensiven Sommern mit wenig Bewölkung und Sommerschneefällen. Ein Minimum des Ablationsgradienten ist dagegen in kühlen und bewölkungsreichen Sommern (mit Sommerschneefällen) zu verzeichnen. Aus dieser Überlegung heraus ergeben sich Möglichkeiten der Beziehung zu bestimmten Witterungsverläufen, denn allgemein erklären sich die Variationen des Ablationsgradienten aus Sommertemperatur, Länge der Ablationssaison, Strahlungsbedingungen, Sommerschneefällen etc. (s.o.), sind also von Gletscher zu Gletscher bzw. Region zu Region verschieden.

Als regionales Variationsmuster läßt sich nach SCHYTT (1967) eine Verringerung des Ablationsgradienten mit zunehmender Höhe des Glaziationsniveaus, ansteigender Kontinentalität bzw. abnehmender Dauer der Ablationsperiode ausweisen. Er demonstriert dies am Beispiel West-/Zentralnorwegens (Ablationsgradienten in w.e.):

- Ålfotbreen: 100 cm/100m;
- Nigardsbreen: 87 cm/100m;
- Storbreen: 63 cm/100m;
- Hellstugubreen: 47 cm/100m;
- Gråsubreen: ca.15 cm/100m.

KUHN (1984) untersucht anknüpfend an die Untersuchungen von SCHYTT die Änderungen der spezifischen Massenbilanz der einzelnen Höhenintervalle verschiedener Gletscher zwischen positiven und negativen Haushaltsjahren. Er berechnet hierbei u.a. die Differenz zwischen der durchschnittlichen spezifischen Massenbilanz eines Höhenintervalls in einem positiven bzw. negativen Haushaltsjahr und vergleicht die Änderungen dieses Werts über die gesamte Gletscher-Höhenerstreckung zwischen Gletschern verschiedener Klimatypen. Dabei ergibt sich bei alpinen Gletschern (Beispiel Hintereisferner) eine Abweichung unabhängig von der Höhe, während an extrem kontinentalen Gletschern (zentralasiatischer Hochgebirge) die größten Abweichungen in Höhe der Gleichgewichtslinie zu verzeichnen sind, verbunden mit deutlichen Schwankungen der Albedo. An maritimen Gletschern (Beispiel Nigardsbreen) werden die größten Abweichungen im Akkumulationsgebiet verzeichnet, bei polaren Gletschern wegen der unterschiedlichen Dauer der Ablationssaison im Zungenbereich. Zwar sind die Höhengradienten der durchschnittlichen positiven und negativen Massenbilanz z.T. an einigen Gletschern bzw. einzelnen Gletscherteilen konstant, aber eine einfache Beziehung existiert nach KUHN dennoch nicht. Dies ist in den mit zunehmender Höhe Veränderungen unterliegenden Massenbilanzkomponenten wie z.B. dem turbulenten Wärmefluß begründet.

SCHYTT (1981) vergleicht die Massenbilanzen des nordschwedischen Storglaciär mit denen des Hintereisferners und stellt dabei fest, daß diese sowohl parallel, als auch gegensätzlich verlaufen. Eine Korrelation mit *low* und *high index*-Zirkulationsmustern konnte SCHYTT nicht feststellen, wohl aber eine zur Höhe des 500 hPa-Niveaus (s.o.). Wenn diese am Storglaciären groß ist, bedeutet dies hohe Sommertemperaturen mit großen Ablationsraten. Generell ist bei hohen hPa-Niveaus an beiden Gletschern mit negativer Massenbilanz zu rechnen, bei niedrigem 500 hPa-Niveau dagegen mit positiven Massenhaushalten an beiden Gletschern (s.o.). Im Gegensatz zum unterschiedlichen Verhalten der Gletscher West-/Zentralnorwegens verglichen mit denen der Ostalpen ist zu betonen, daß die Gewichtung der massenbilanzbeeinflussenden Klimaparameter an beiden Gletschern gleich ist.

Als Ergebnis seiner Untersuchungen kommt GÜNTHER (1982) zu einer Rangfolge der Gunst bzw. Ungunst einzelner Großwetterlagen für den Massenhaushalt. Die antizyklonale Wetterlage ist in den

Alpen in allen Jahreszeiten gletscherungünstig, in Skandinavien dagegen durch mit ihr verbundene hohe Niederschläge im Fall ihres Auftretens im Winter gletschergünstig. Die zyklonale Westlage ist mit ihren durchziehenden Fronten in den Alpen sehr wirkungsvoll, allerdings im Sommer nicht derart bedeutend für die Massenbilanzen. In Skandinavien ist diese Großwetterlage die günstigste überhaupt, nimmt in der Gletschergunst nach Nordskandinavien (wegen der vergleichsweise milden Temperaturen) allerdings ab. Gletschergünstig für die Alpen sind südliche Wetterlagen mit kühlen und schneereichen Sommern; in den französischen Westalpen ist diese sogar die absolut gletschergünstigste. Auch in Skandinavien ist diese Großwetterlage von Bedeutung. Die winkelförmige Westlage ist durch ihren Strömungsverlauf in den Westalpen gletschergünstiger als in den Ostalpen, aber auch dort noch als günstig zu bezeichnen. In Südskandinavien ist die gleiche Wetterlage dagegen als warme Südströmung gletscherungünstig, in Nordskandinavien sogar ausgeprochen gletscherfeindlich. Zusammen mit o.e. antizyklonaler Westlage ist die antizyklonale Südwestlage in allen Alpenteilbereichen aufgrund hoher Temperaturen und Schneearmut gletscherfeindlich, im Gegensatz dazu in Skandinavien relativ gletschergünstig. Die zyklonale Südwestlage ist im Sommer in den Alpen gletscherungünstig, in Südskandinavien durch mäßige Wärme und hohe Niederschläge relativ günstig.

Beim Versuch der Charakterisierung einzelner Großwetterlagen bezüglich deren Gletschergunst/ -ungunst ist einzuschränken, daß die Großwetterlagen-Klassifikationen für Mitteleuropa entwickelt wurden, d.h. für Skandinavien nur bedingt anwendbar sind. Bedeutsam an den Ergebnissen ist allerdings, daß es weder eine eindeutige Gleichsinnigkeit in den Massenbilanzschwankungen von Alpen und Skandinavien in den letzten 100 Jahren festzustellen gibt, noch ein eindeutiges alternierendes Muster wechselweise positiver Massenbilanzen in den Alpen bzw. negativer in Skandinavien bzw. umgekehrt.

GÜNTHER (1982) weist als Resümee seiner Untersuchungen vier verschiedene Zirkulationstypen mit jeweils unterschiedlichen Massenbilanzsituationen in Alpen und Skandinavien aus:

- Typ 1 (= positive Massenbilanz in Alpen wie Skandinavien), verursacht durch ganzjährig verstärkte Häufigkeit des Auftretens eines kalten Höhentrogs (Hauptachse über Skandinavien und Mitteleuropa) oder extreme Häufigkeit strenger zonaler Zirkulation bei vergleichsweise südlich verlaufenden Zyklonenzugbahnen (wirksam v.a. im Winterhalbjahr und bei geringerer Häufigkeit anderer Zirkulationstypen);
- Typ 2 (= positive Massenbilanz im Alpenraum, negative in Skandinavien bei geringerer Häufigkeit der anderen Zirkulationstypen) verursacht durch drei relativ meridionale Zirkulationsmuster: 1. Trogachse SW-NE über Mitteleuropa, 2. blockierendes Hoch über Skandinavien und Nordmeer verbunden mit starker zyklonaler Aktivität über dem Mittelmeer und 3. ausgeprägte Südströmung über Skandinavien;
- Typ 3 (= positive Massenbilanz in Skandinavien, negative im Alpenraum) verbunden mit starker zyklonaler Strömung bei weit nach Norden verlagerter Frontalzone oder Hochdruckgebieten über SW- und SE-Europa;
- Typ 4 (= negative Massenbilanzen in Skandinavien wie Alpen) verbunden mit einem blockierenden Hoch über dem Baltikum und Pendeln der Hochdruckkerne zwischen Skandinavien, Osteuropa und Mitteleuropa.

Bei Betrachtung der Häufigkeitsverteilung dieser Zirkulationstypen stellt GÜNTHER (1982) keine Beziehung zwischen der Häufigkeit des Zirkulationstyps 1 mit den festgestellten Gletschervorstößen im 20.Jahrhundert fest. Der Zirkulationstyp 1 unterlag in der ersten Hälfte des 20.Jahrhunderts kaum großen Veränderungen in der Häufigkeit seines Auftretens, nimmt ab Mitte dieses Jahrhunderts aber sukzessive ab. Der Zirkulationstyp 2 korreliert in seinem Auftreten dagegen gut mit den Gletschervorstößen im Alpenraum, wozu die in etwa inversen Gletschervorstöße in Skandinavien in den ersten drei Dekaden dieses Jahrhunderts als Belege dienen können (abwechselnde Häufigkeit der Zirkulationstypen 2 und 3 wäre demnach in den ersten drei Dekaden des 20.Jahrhunderts zu fordern). Nach 1940 nahm der Zirkulationstyp 4 an Häufigkeit zu, während er bis zu diesem Zeitpunkt nur geringen Schwankungen unterlag. Zusammenfassend führt GÜNTHER den großen Gletscherrückzug Mitte des 20.Jahrhunderts auf eine große Häufigkeit blockierender Hochdruckgebiete über Mittel-, Ost- und Nordosteuropa zurück, sowie dem seltenen Auftreten des Zirkulationstyps 1. In den Alpen wurde der Rückzug durch eine weit nördlich verlaufende Frontalzone bzw. Zyklonenzugbahn verstärkt, ebenso durch eine generelle Verringerung der zyklonalen Aktivität über Mitteleuropa. GÜNTHER kommt ferner zum Schluß, daß die kurzfristigen Gletscherschwankungen von 0 bis 50 Jahren bei gegensätzlichem Auftreten in Skandinavien und den Alpen mit wechselnden Häufigkeiten der Zirkulationstypen erklärt werden können, die mittel- und langfristigen Schwankungen dagegen nur mit globalen Ursachen.

Infolge der klimatischen Unterschiede zwischen den Ostalpen und West-/Zentralnorwegen gelangt man zu keinem allgemeingültigen Schema der Wirkung bestimmter Großwetterlagen auf die Massenbilanzen und damit die Gletscherstandsschwankungen in den beiden Untersuchungsgebieten. Bei Betrachtung allein des 20.Jahrhunderts treten alle vier möglichen Situationen der Massenbilanz (d.h. positiv oder negativ in beiden Untersuchungsgebieten bzw. alternierend positiv/negativ in einem der beiden Gebiete) auf. Bemerkenswert ist das aufgrund der Gletscherstandsschwankungen in der ersten 3 Dekaden des 20.Jahrhunderts belegte auffällige alternierende Auftreten positiver und negativer Bilanzen in den beiden Untersuchungsgebieten. Dagegen ist die Mitte des Jahrhunderts in beiden Gebieten durch negative Massenbilanzen gekennzeichnet. Komplexer wird das Bild, v.a. aufgrund detaillierterer Meßergebnisse, in den letzten Dekaden, wo auch innerhalb der Untersuchungsgebiete größere Unterschiede auftraten, so daß man nur bedingt die generellen Trends vergleichen kann (bei denen sich im übrigen wieder alternierende bzw. synchrone Situationen einstellten). Aktuell ist die Situation mit vorstoßenden Gletschern in Westnorwegen, sich langsam zurückziehenden im Jotunheimen bzw. starken Rückzugstendenzen unterworfenen Gletschern in den Ostalpen wiederum partiell alternierend, nachdem in den 1970er Jahren in beiden Regionen gleichzeitig gehäuft positive Massenbilanzen auftraten.

Dieses komplexe Muster bestätigt die oben formulierte unterschiedliche Bedeutung einzelner Klimaparameter für die Massenbilanz in den Untersuchungsgebieten ebenso wie die unterschiedliche Gewichtung von Sommer- und Winterbilanz für die Nettobilanz des Haushaltsjahres. Wäre dieses nicht der Fall, müßten insbesondere die alternierenden Situationen deutlicher dominieren, z.B. durch Verschiebung der Zyklonenzugbahn. Wären andererseits v.a. hemisphärisch bzw. meridional wirksame Klimafaktoren für die Massenbilanz von Bedeutung, müßten die Massenbilanzen in weit stärkerem Maße synchron verlaufen, als sie es tatsächlich im 20.Jahrhundert (bzw. während der frührezenten Vorstoßphase) taten. Die Verhältnisse liegen also weitaus komplexer, zumal sich die aktuell aufgezeigten Gewichtungen einzelner Klimaparameter beständig verändern (mit veränderten Klima-Rahmenbedingungen, veränderter Gletschermorphologie etc.). Dies verbietet simple Modelle bzw. Rekonstruktionsversuche des Gletscherverhaltens und erklärt z.gr.T. die unbefriedigenden Ergebnisse vieler existenter Simulationen.

6.5 DIE FRÜHREZENTEN UND REZENTEN GLETSCHERSTANDSSCHWANKUNGEN IN IHRER BEZIEHUNG ZU KLIMA BZW. MASSENHAUSHALT

6.5.1 Vorbemerkung

Frührezente wie rezente Gletscherstandsschwankungen sind in Ostalpen und West-/ Zentralnorwegen nicht synchron abgelaufen. Auch innerhalb der Untersuchungsgebiete gab und gibt es erhebliche Unterschiede im Gletscherverhalten. Eine Begründung dieses Verhaltens liefert die nähere Untersuchung der aktuellen Massen- und Energiebilanzen, die Aufschluß über die jeweiligen bestimmenden Klimaparameter einzelner Regionen bzw. Gletscher gibt. Zusammen mit Unterschieden in der Reaktionszeit und anderen Faktoren, die die „Umsetzung" von Massenhaushaltsschwankungen in Veränderungen des Gletscherstands beeinflussen, ergibt sich ein komplexes und für jeden Gletscher differentes Muster von bei der Interpretation dessen Gletscherstandsschwankungen zu berücksichtigenden Faktoren.

Aus diesen Überlegungen heraus erscheint es sehr schwierig, die (z.T. nur fragmentarisch oder ungenau bekannten) frührezenten und rezenten Gletscherstandsschwankungen eindeutig mit Klimaschwankungen in Beziehung zu setzen. Ähnliches gilt auch für die Simulation von Gletscherstands- und Massenhaushaltsschwankungen durch unterschiedliche Modelle, deren größtenteils unbefriedigende Ergebnisse mit der mangelnden Berücksichtigung dieses komplexen Faktorengefüges erklärt werden können (s.u.). Aufgrund der Komplexität und Aufgabenstellung dieser Arbeit wird der Verfasser im folgenden zwar keine eigenen Versuche zur Simulation von frührezenten und rezenten Gletscherstandsschwankungen unternehmen, möchte aber wohl auf Grundlage jener aufgezeigten Fakten beispielhaft einige der vorliegenden Versuche kritisch bewerten, auch um Hinweise auf eine mögliche zukünftige Vorgehensweise bei solchen trotz aller Problematik eminent wichtigen Untersuchungen zu geben.

6.5.2 Rezente Gletscherstandsschwankungen in ihrer Beziehung zu Schwankungen des Klimas

In den letzten 100 Jahren sind in den Ostalpen (wie im Gesamttalpenraum) drei kurze und verglichen mit der Dimension der frührezenten Hauptvorstöße untergeordnete Gletschervorstöße aufgetreten, nämlich um 1890, um 1920 und in der Periode 1965 - 1980, jeweils mit regional unterschiedlicher Ausprägung (vgl. 5.2). Diese Vorstöße können gut mit vorliegenden Klimadaten in Beziehung gesetzt werden, um o.e. Einfluß bestimmter Klimafaktoren anhand dieser rezenten Gletschervorstöße zu verifizieren (vgl. 6.4).

Daß die Verhältnisse in der Wintersaison nicht entscheidend im Fall dieser Vorstöße gewesen sein können, wird durch deren stark unterschiedliche Ausprägung offensichtlich. Während die Winter in der Periode des 1890er Vorstoßes durch tiefe Temperaturen und unterdurchschnittliche Niederschläge gekennzeichnet waren (Winterniederschläge nur 80 % des Mittels 1891 - 1950), waren die Winter während der 1920er Vorstoßphase relativ mild und schneereich (LAUFFER 1966, HOINKES 1968 etc.). Während des rezenten Vorstoßes um 1965 - 1980 waren die Winterniederschläge mit rd. 103 bis 104 % wiederum etwas überdurchschnittlich (PATZELT 1985). Sehr hohe Winterniederschläge traten andererseits um 1950 auf, ohne dabei den zu dieser Zeit vorherrschenden Rückzug zu unterbrechen (HOINKES 1968, FLIRI 1990 etc.).

Allen drei untergeordneten Vorstoßperioden gemeinsam war dagegen die Kombination von unterdurchschnittlichen Sommertemperaturen mit häufigen sommerlichen Schneefällen. Maximale sommerliche Schneefälle wurden an hochgelegenen Stationen um 1890, 1915 und auch ab 1964 verzeichnet (FLIRI 1990). Die Sommertemperaturen waren während des 1920er Vorstoßes in der Schweiz zumeist unterdurchschnittlich (BRÜCKNER 1921b). Die Sommertemperaturen in Innsbruck (T_6 - T_9) zeigen während der Rückzugsperiode nach dem 1850er Hochstand bis gegen Ende der 1870er Jahre zumeist positive Abweichungen (Ausnahme um 1868, evtl. korrelat mit einem am Guslarferner vermuteten Stillstand; s. LAUFFER 1966 etc.; vgl. 5.2; s. Fig. 117). Ab 1878 begann eine Periode unterdurchschnittlicher Sommertemperaturen, die mit Ausnahme von 1886 bis 1891 andauerte und mit Unterbrechung sogar bis 1899 verlängert werden kann (LAUFFER 1966). Der exakt zu dieser Zeit in West- wie Ostalpen aufgetretene untergeordnete Vorstoß ist eindeutig von dieser negativen Anomalie der Sommertemperaturen induziert, wie im übrigen auch der untergeordnete 1920er Vorstoß, da von 1908 bis 1920 (Ausnahmen 1911, 1917) ebenfalls unterdurchschnittliche Sommertemperaturen verzeichnet wurden.

Die ursächliche Verknüpfung der Gletschervorstöße wird auch angesichts der starken Rückzugsperiode Mitte des 20.Jahrhunderts deutlich, denn die 1940er Jahre waren an der Station Vent durch die höchsten bis dato gemessenen Sommertemperaturen gekennzeichnet und lagen auch deutlich über den (rekonstruierten) Sommertemperaturen der vorangegangenen Rückzugsperioden nach dem 1850er Hochstand (s. Fig. 118). im Verlauf der letzten untergeordneten Vorstoßphase 1965 bis 1980 wurden wiederum um rd. 1°C geringere Sommertemperaturen gemessen (PATZELT 1985), wobei die ab den

Fig. 117: Kumulative Abweichungen der Sommertemperatur (T_6 - T_{10}) vom Mittelwert (7,42°C - Mittel 1851 - 1930) für die Station Innsbruck (Datenquelle: LAUFFER 1966)

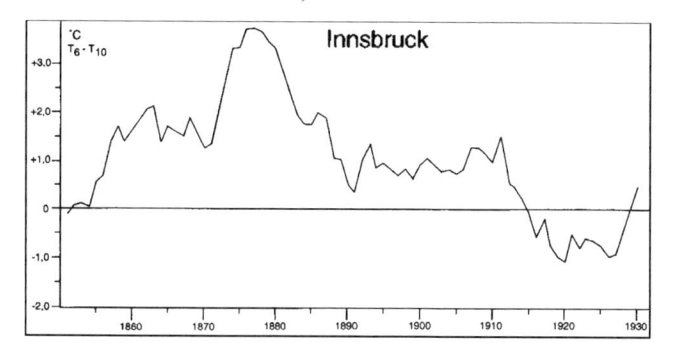

Fig. 118: Sommertemperaturen bzw. fünfjähriges gewichtetes Mittel der Sommertemperaturen (T_5 - T_{10}) für die Station Vent (Datenquelle: LAUFFER 1966)

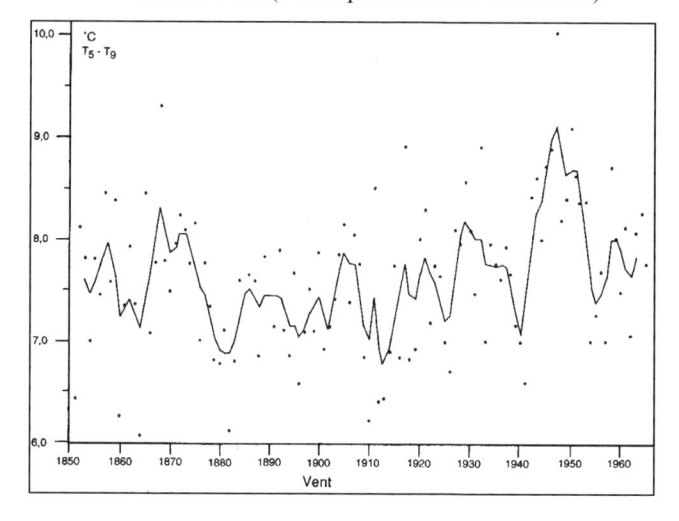

1950er Jahren vorliegenden Massenbilanzstudien die Abhängigkeit der Nettobilanz (und damit der Gletschervorstöße) von den Sommertemperaturen bzw. den von ihnen beeinflußten sommerlichen Schneefällen zusätzlich bestätigen. Während das Klima in den 1890er Jahren im Alpenraum als vergleichsweise kontinental bezeichnet werden muß (relativ geringe Häufigkeit ozeanischer Großwetterlagen), waren die 1920er Jahre durch geringe Jahrestemperaturamplituden gekennzeichnet, also verhältnismäßig maritime Klimabedingungen (mit entsprechender Häufigkeit zyklonaler Großwetterlagen). Als Resultat lag die Jahresmitteltemperatur in den 1890er Jahren weit unter dem Durchschnitt, in den 1920er Jahren war sie dagegen durchschnittlich (HOINKES 1968). In der großen Rückzugsperiode Mitte des 20.Jahrhunderts waren zyklonale Großwetterlagen selten, antizyklonale Großwetterlagen nahmen zu.

Diese Tatsachen belegen (zumindest für den Zeitraum der letzten 100 Jahre) die Bedeutung der Verhältnisse während der Ablationsperiode für die Massenbilanz, insbesondere der sommerlichen Schneefälle in ihrer Abhängigkeit v.a. von den Sommertemperaturen, wie es aktuelle Energiebilanz- und Massenhaushaltsstudien nahelegen. Die Verhältnisse während der Wintersaison, sowohl Temperatur- als auch Niederschlagsverhältnisse, können dagegen nicht als entscheidend bezeichnet werden, zu unterschiedlich waren sie während der untergeordneten Vorstoßphasen. Auch die Jahrestemperaturen erlangen keinerlei Aussagekraft für das Gletscherverhalten, nur die Temperaturen während der Ablationsperiode sind entscheidend. Die Unabhängigkeit der Gletschervorstöße von relativer klimatischer Kontinentalität bzw. Maritimität im Alpenraum (1890 bis 1920 markanter Anstieg der klimatischen Maritimität mit zunehmender zonaler atmosphärischer Zirkulationsaktivität - LAMB & JOHNSON 1961) legt nahe, daß im Ostalpenraum zwei unterschiedliche Witterungslagen durchaus den gleichen gletschergünstigen Effekt erzielen können, sofern sie nur mit häufigen sommerlichen Schneefällen verbunden sind.

Der starke Gletscherrückzug Mitte dieses Jahrhunderts ging einher mit angestiegener Jahrestemperaturamplitude (d.h. klimatischer Kontinentalität) und einem starken Temperaturanstieg oberhalb 2000 m, der in den späten 1940er Jahren sein Maximum erreichte. Bedeutsam war, daß die ca. 1942 bis 1951 andauernde wärmste Periode in den Ostalpen alle Jahreszeiten umfaßte. Dadurch verlängerte sich die Ablationssaison und die sommerlichen Schneefälle erreichten ein Minimum, welches verbunden mit überdurchschnittlicher Sonnenscheindauer (erhöhte solare Einstrahlung) zu stark negativen Massenbilanzen führte. Diese Periode war im übrigen von schwacher atmosphärischer Zirkulation geprägt. Die aufgezeigte Bedeutungsrangfolge der Klimafaktoren sollte auch bei der Korrelation der frührezenten Gletscherstandsschwankungen mit instrumentellen bzw. Proxy-Klimadaten unbedingt Berücksichtigung finden, denn neben gewissen durch den unterschiedlichen Gletscherstand verursachten Modifikationen des aktuellen Gewichts der einzelnen Ablationsfaktoren, die aber insbesondere die Aussagekraft der Sommertemperaturen nicht berühren, gibt es keinen Grund zur Negierung o.e. Schlußfolgerungen bezüglich der Ursache frührezenter alpiner Gletschervorstöße.

In Westnorwegen folgert REKSTAD (1904) bei seinen Untersuchungen der rezenten Gletscherstandsschwankungen in Westnorwegen für die letzten beiden Dekaden des 19.Jahrhunderts eine geringere Bedeutung des Niederschlags. In der den beiden rezenten Gletschervorstößen zu Beginn des 20.Jahrhunderts vorangegangenen Rückzugsperiode 1889 bis 1901 lagen Sommertemperatur wie Winterniederschlag über den Mittelwerten. Anstelle eines Vorstoßes (bei Übergewicht der Winterniederschläge zu erwarten) oder einer stationären Gletscherposition (bei gleichzeitiger Kompensation zu fordern) kam es zu einem Rückzug (vgl. 5.3). Ein kurzfristiger Vorstoß des Bøyabre in den späten 1880er Jahren kann so v.a. auf tiefe Sommertemperaturen 1884 bis 1888 zurückgeführt werden (obwohl der überdurchschnittliche Winterniederschlag zusätzlich diesen Vorstoß begünstigte). Etwas different war nach REKSTAD dagegen die Periode 1870 bis 1883, als die Sommertemperaturen geringfügig über, die Niederschläge deutlich unter den Mittelwerten lagen, der in dieser Zeit stattfindende Rückzug v.a. auf das Niederschlagsdefizit zurückzuführen ist. 1863 bis 1869, d.h. dem Vorstoß um 1870 (bis 1873 am Nigardsbreen) vorhergehend, lagen die Winterniederschläge leicht unter, die Sommertemperaturen deutlich unter dem Mittel, so daß dieser Vorstoß mit einer Absenkung der Sommertemperaturen korreliert werden kann. Für die gesamte Periode 1860 bis 1900, d.h. den ältesten Zeitraum für das Untersuchungsgebiet vorliegender relevanter Klimadaten, bleibt festzustellen, daß die Gletscherstandsschwankungen nicht singulär durch einen der beiden bedeutenden Klimaparameter, Sommertemperatur und Winterniederschlag, begründet werden können, sondern mit deren Wechselwirkung, welche wiederum kurz- und mittelfristigen Veränderungen zu unterliegen scheint. Speziell im Fall gegenläufiger Trends ist der determinierende Faktor nicht eindeutig auszumachen, obwohl nach REKSTAD in der untersuchten Periode Sommertemperaturen größere Bedeutung zeigen sollen, ein Indiz für in dieser Periode etwas größeren kontinentalen Klimaeinfluß im generell maritimen Westnorwegen.

Die ersten für den Untersuchungsraum relevanten instrumentellen Klimadaten liegen für Bergen ab 1816 (Sommertemperatur) bzw. 1861 (Winterniederschlag) vor (FØYN 1910, 1916, BIRKELAND 1928; in Ullensvang zusätzlich Sommertemperaturen ab 1798 - BIRKELAND 1932; s. Fig. 119 - 121). Da diese Klimadaten sehr gute bis relativ gute Korrelationen mit den aktuellen Massenbilanzschwankungen liefern, können sie zumindest den generellen Trend des Gletscherverhaltens induzieren, selbst wenn detailliertere Aussagen bzw. Rekonstruktionen sich aus den in 6.4 aufgezeigten Gründen verbieten. Bezüglich der Sommertemperaturen lassen sich an der Station Bergen im 19.Jahrhundert verschiedene Phasen unterdurchschnittlicher Werte ausweisen, die aufgrund der Bedeutung des Winterniederschlags zwar nicht mit Gletschervorstößen gleichgesetzt werden dürfen, aber zumindest Perioden repräsentieren, in denen nur mit langsamem Rückzug, Stillstand oder sogar Vorstoßtendenzen gerechnet werden darf (v.a. auch mit den morphologischen bedeutsamen kurzfristigen Wintervorstößen). Solche Perioden traten auf:

- 1820 bis 1823 (mit Unterbrechung);
- 1835 bis 1841 (ohne Unterbrechung, ausgeprägteste negative Anomalie);

- 1847 bis 1851 (ohne Unterbrechung);
- 1860 bis 1864 (zusätzlich 1867, 1869/70);
- 1885 bis 1887;
- 1890 bis 1893 (mit Unterbrechung);
- 1898 bis 1909 (mit Unterbrechung).

Für die letztaufgeführten Perioden ist teilweise eine gute Korrelation mit tatsächlich aufgetretenen Vorstößen zu verzeichnen (Vorstoß mit Kulmination um 1873, Vorstöße an einzelnen Gletschern Ende der 1880er Jahre, erster untergeordneter Vorstoß im 20.Jahrhundert). Parallel zeigen die Winterniederschläge zwischen 1863 und 1868 überdurchschnittliche Werte, wie auch z.T. in den 1880er Jahren und ab 1896 fast ohne Ausnahme bis 1908 (s. Fig. 120). Eine kombinierte Wirkung von überdurchschnittlichen Winterniederschlägen und unterdurchschnittlichen Sommerniederschlägen muß also als Ursache für die verzeichneten Vorstöße in der zweiten Hälfte des 19.Jahrhunderts angesehen werden, wie im übrigen auch für die beiden untergeordneten Vorstöße des 20.Jahrhunderts (s.u.).

Ausgesprochen niedrige Winterniederschläge waren zwischen 1875 und 1881 zu verzeichnen, so daß in dieser Zeit kaum Vorstoßtendenzen aufgetreten sein dürften (zumal die Sommertemperaturen leicht überdurchschnittlich waren). Die Sommertemperaturdaten von Ullensvang weisen im übrigen für die erste Dekade des 19.Jahrhunderts unterdurchschnittliche Temperaturen aus, die wie die anderen o.e. Perioden unterdurchschnittlicher Sommertemperaturen im 19.Jahrhundert relativ gut mit auf Grundlage lichenometrischer Datierungen gewonnener Vorstoßdaten korrelieren (vgl. 5.3, deren mangelnde Genauigkeit läßt keine weitergehende Interpretation bzw. Verifizierung zu; s.a. Fig. 121).

Da aus dem Raum Westnorwegens seit Ende des 19.Jahrhunderts verschiedene Klimadatenreihen vorliegen (vgl. 2.3.3), ist eine Untersuchung der Beeinflussung der beiden rezenten Gletschervorstöße in den ersten drei Dekaden des 20.Jahrhunderts (vgl. 5.3) durch die verschiedenen Klimaparameter möglich, wobei zur Bewertung der Signifikanz der einzelnen Stationen auf 6.4.3 verwiesen sei. Die Station Bergen-Frederiksberg (ab 1904/05) zeigt 1905-07 überdurchschnittliche Winterniederschläge, 1908/09 und 1911 dagegen unterdurchschnittliche Werte, was unter Berücksichtigung der Reaktionszeit gut mit dem Ende des ersten Vorstoßes um 1910 bzw. 1911 korreliert. Summiert man die Abweichungen vom Mittelwert (der Gesamtperiode 1904/05 bis 1983/84) kumulativ auf, erhält man nach einem ersten Maximum um 1906/07 (s.o.) weitere um 1913/14 bzw. 1918/19, 1921/22 und 1924/25. Die überdurchschnittlichen Winterniederschläge im Zeitraum 1917/18 bis 1926/27 können somit durchaus als Verursacher des zweiten rezenten Vorstoßes in den 1920er Jahren gelten, zumal die anscheinend gerade für die reaktionsschnellen, kurzen Outletgletscher bedeutenden stark überdurchschnittlichen Winterniederschlagswerte für 1919/20 (+41,60 % Abweichung vom Mittel) bzw. 1920/21 (+54,60 % Abweichung) als Hauptträger des Vorstoßes gelten können. Die unterdurchschnittlichen Winterniederschläge von 1927/28 (-40,25 % Abweichung) könnten wegen der allgemein guten Korrelation (allerdings auf aktueller Vergleichsbasis) zu den Winter- bzw. Nettobilanzen der maritimeren Gletscher Norwegens durchaus das Ende dieser Vorstoßperiode markieren, zudem sich in der Folgezeit Jahre mit unterdurchschnittlichen Winterniederschlägen häuften und in der kumulativen Abweichung 1942/43 bzw. 1947/48 deutliche Minima auftraten. Vereinzelte überdurchschnittliche Winterniederschlagssummen in einzelnen Jahren hatten in der Periode nach 1930 offensichtlich keine Auswirkungen. Einige in der ersten Hälfte der 1950er Jahre aufgetretene überdurchschnittliche Winterniederschläge führten zu einem relativen Maximum der kumulativen Abweichungen vom Mittelwert um 1954/55 und stellen zumindest an den reaktionsschnellen Outletgletschern eindeutig den Umschwung vom starken Rückzug zu stationären Positionen bzw. leichten Vorstößen dar. Allgemein korrelieren die Schwankungen des Winterniederschlags bzw. die von ihm bestimmten Winterbilanzen ab den 1960er Jahren sehr gut mit den Massenhaushaltsschwankungen bzw. (unter Berücksichtigung der Reaktionszeit) dem einsetzenden Vorstoß überein, zumal gleichzeitig die Schwankungen der Sommertemperaturen sehr gering waren und in den letzten 30 Jahren weder bedeutende positive, noch negative Abweichungen auftraten. Der aktuelle Gletschervorstoß in West-

Fig. 119: Sommertemperaturen bzw. fünfjähriges gewichtetes Mittel (T_6 - T_9) für die Station Bergen (A markiert Brüche in der Homogenität aufgrund Verlegung der Station) (Datenquellen: FØYN 1916, Det Norske Meteorologiske Institutt unveröffentlicht)

norwegen muß daher eindeutig als durch überdurchschnittliche Winterniederschläge determiniert bezeichnet werden, auch gerade angesichts der differenten Reaktion der Gletscher im Jotunheimen (s.u.).

Die Sommertemperaturen an der Station Bergen-Frederiksberg zeigten im übrigen parallel zu den überdurchschnittlichen Winterniederschlägen 1904 bzw. 1906 bis 1909 negative Abweichungen von kumulativ aufsummierten ca. -5°C gegenüber dem Mittel der Gesamtperiode (1904-1984). In der Folgezeit häuften sich erneut relativ kühle Sommer, so daß bis 1927/29 sich über -14,5°C negativer Abweichung gegenüber dem Mittel ergaben. Damit muß für die beiden rezenten Vorstöße in der ersten Hälfte des 20.Jahrhunderts konstatiert werden, daß keine klare Entscheidung zu treffen ist, welcher der beiden maßgeblichen Klimafaktoren, Sommertemperatur bzw. Winterniederschlag, letztendlich den Ausschlag gab, da sich deren Wirkung gegenseitig verstärkte. Wenn überhaupt, zeigte während des 2.rezenten Vorstoßes (Kulmination um 1930) die Sommertemperatur eine etwas größere negative Abweichung als die Winterniederschläge positive Abweichungen zeigten. Die Unterschiede sind aber so geringfügig, daß diese Aussage nur spekulativ zu verstehen ist. Negative Sommertemperaturabweichungen Mitte der 1910er Jahre zeigten dagegen keine Wirkung.

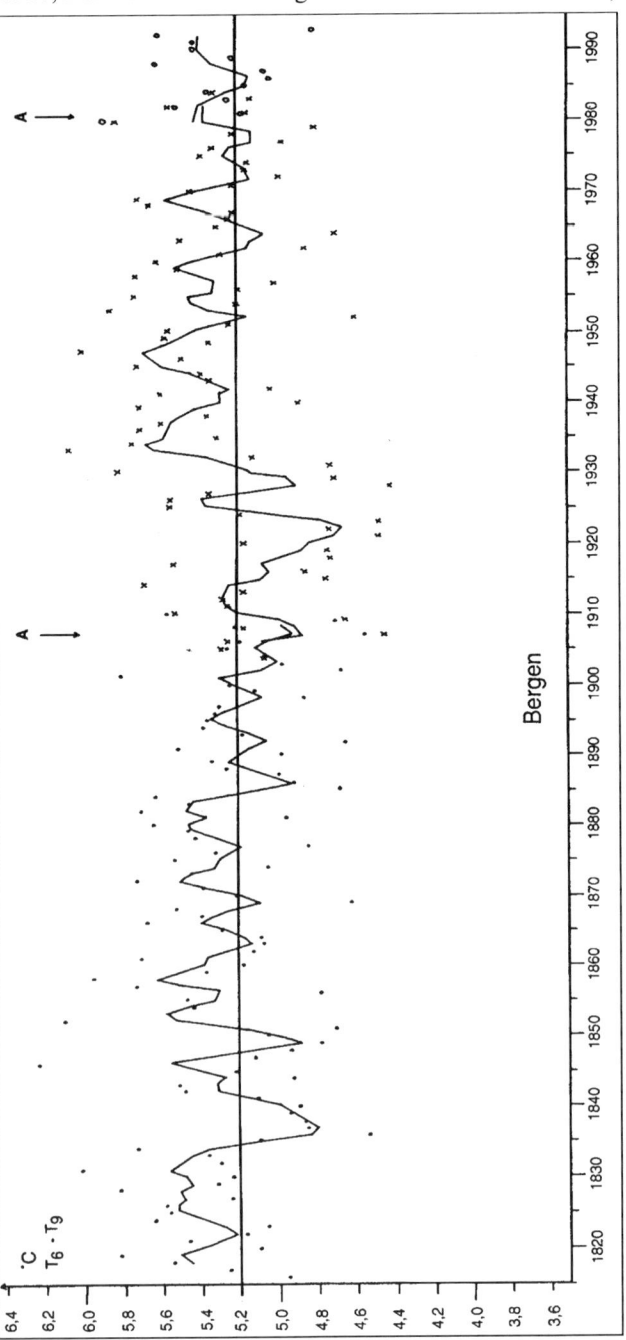

Fig. 120: Winterniederschlag und fünfjähriges Mittel des Winterniederschlags (N_{11} - N_5) für die Station Bergen (A markiert Brüche der Homogenität durch Verlegung der Station) (Datenquellen: FØYN 1910, Det Norske Meteorologiske Institutt unveröffentlicht)

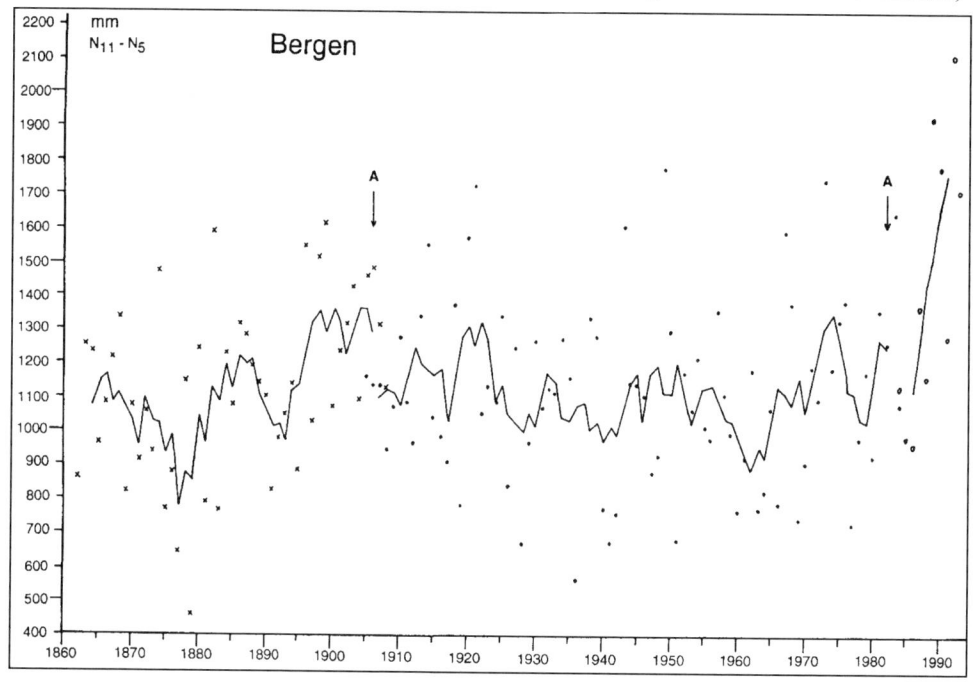

Fig. 121: Kumulative Abweichungen der Sommertemperaturen (T_6 - T_9) vom Mittelwert der Beobachtungsperiode der Station Ullensvang (Datenquelle: BIRKELAND 1932)

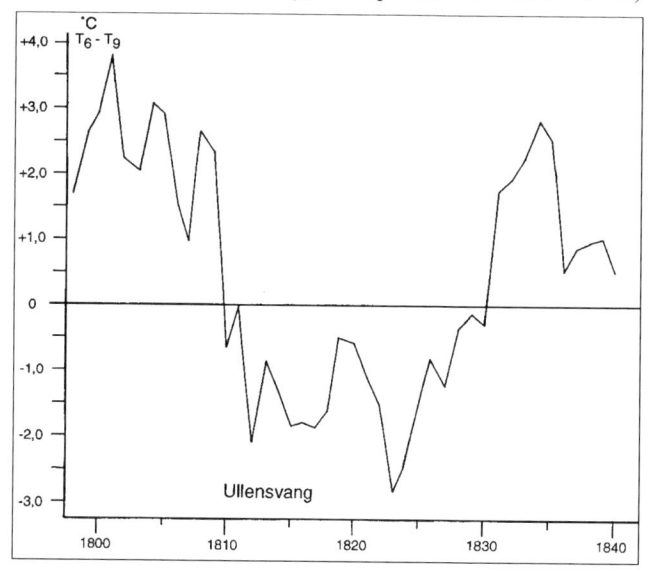

Bei Betrachtung der Verhältnisse Mitte des 20. Jahrhunderts fällt eine insgesamt positive Temperaturabweichung der Sommertemperaturen auf, die den Effekt eines unterdurchschnittlichen Winterniederschlags verstärkte und daher gut mit dem starken Gletscherrückzug korreliert. Die Temperaturabweichung war andererseits aber nicht derart stark, wie es angesichts der enormen Rückzugswerte (vgl. 5.3) zu erwarten ist. Da auch die größten Probleme bei der Rekonstruktion von Massenbilanzen innerhalb dieser Periode liegen (s.u.), bietet sich die Erklärung an, daß der noch stark ausgedehnte Gletscherstand trotz des Rückzugs im 19.Jahrhundert in krassem Gegensatz zum damals aktuellen Klima stand, durch die ausgedehnten natürlichen Ablationsgebiete und deren niedriger Lage die Sommerbilanzen markant verstärkt wurden, lokal zusätzlich durch Kalbungsprozesse über proglazialen Seen (Brigsdals-, Bødals- und Nigardsbreen). Insgesamt muß also der rapide Rückzug Mitte dieses Jahrhunderts nicht allein als Reaktion auf die damals herrschenden Klimabedingungen (interpretiert in ihrer aktuellen Bedeutung) verstanden werden, sondern auch als verzögerte Anpassung nach den frührezenten Hochständen bei bis dato nicht stark genug den veränderten Klimabedingungen angepaßtem Gletscherstand. Würde beim aktuellen Gletscherstand eine ähnliche Temperaturentwicklung abermals eintreten, dürfte deren Wirkung schwächer als Mitte dieses Jahrhunderts ausfallen, als v.a. die noch bestehenden Massenüberschüsse der frührezenten Hochstandsperiode „aufgebraucht" werden mußten, bevor eine endgültige Anpassung an das aktuelle Klima erfolgte.

Die Auswertung der Klimadaten verschiedener im Bereich des Jostedalsbre gelegener Klimastationen ergibt ähnliche Schlußfolgerungen wie im Fall der entsprechenden Werte von Bergen. In Luster waren z.B. die Jahre 1904/05, 1905/06 und 1906/07 sehr winterschneereich (+34,58 bis +76,25 % Abweichung vom Mittelwert der Periode 1904/05 bis 1971/72), d.h. der Vorstoß zu dieser Zeit wurde klar durch diese verursacht, allerdings mit Unterstützung un-

Fig. 122: Sommertemperaturen und fünfjähriges gewichtetes Mittel der Sommertemperaturen (T_6 - T_9) für die Station Balestrand (Mittelwert der Beobachtungsperiode 13,44°C) (Datenquelle: Det Norske Meteorologiske Institutt unveröffentlicht)

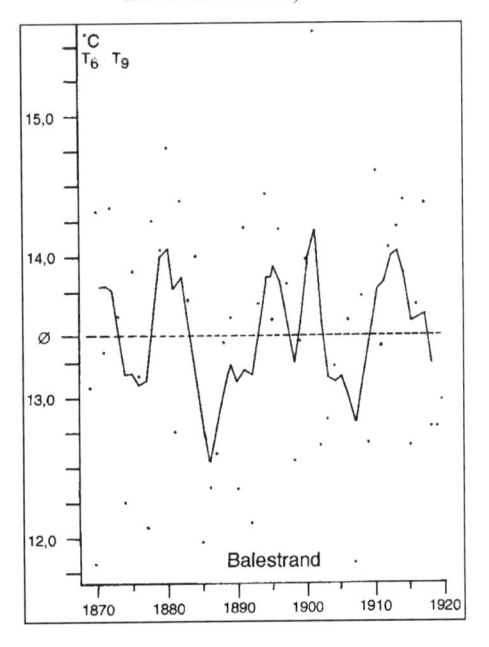

terdurchschnittlicher Sommertemperaturen, die gleichzeitig auftraten. Der Sommer 1910 war im übrigen ungewöhnlich warm, kann also als Schlußpunkt des Vorstoßes gelten. In den folgenden 10 Jahren sorgten vereinzelte überdurchschnittliche Winterschneemengen wieder für ein Anwachsen der Akkumulationsgebiete, wobei drei aufeinanderfolgende sehr niederschlagsreiche Winter 1919/20 bis 1921/22 Auslöser für den neuerlichen Vorstoß waren, der ebenfalls durch von 1918 bis 1924 unterdurchschnittliche Sommertemperaturen unterstützt wurde (von 1914 bis 1924 fast -9,4°C kumulative Abweichung vom Mittelwert der Gesamtperiode). Ab 1928 folgten dann einige schneearme Winter, die für ein Ausklingen des Vorstoßes sorgten, wobei gleichzeitig die Sommertemperaturen geringere Abweichungen (mit positivem Generaltrend) aufwiesen. In den 1940er, 1950er und 1960er Jahren traten nur vereinzelt mehrere Winter mit überdurchschnittlichen Schneemengen auf, wie die Sommertemperaturen um den Mittelwert oszillierten, ohne (mit Ausnahme der 1940er Jahre) dabei außergewöhnlich hohe Werte zu erreichen. Von 1948 bis 1972 war sogar ein Defizit gegenüber dem Mittelwert zu verzeichnen, was o.e. Überlegungen zu den Ursachen des starken Gletscherrückzugs Mitte des 20.Jahrhunderts bestätigt.

Die Winterniederschläge an der Station Jostedal zeigen deutlich überdurchschnittliche Werte in der Periode 1896/97 bis 1906/07 (zusammen +1254 mm Abweichung gegen den Mittelwert 1896/97 bis 1986/87), die klar mit dem Vorstoß in der ersten Dekade des 20.Jahrhunderts korrelieren. In den nächsten 10 Jahren wurden verschiedene überdurchschnittliche Winterschneemengen verzeichnet, so daß auch der zweite Vorstoß gut mit angestiegenen Winterniederschlägen in Verbindung zu bringen ist. In den 1930er

Fig. 123: Winterniederschlag und fünfjähriges Mittel des Winterniederschlags ($N_{11} - N_5$) für die Station Luster (Mittelwert der Beobachtungsperiode 688,6 mm) (Datenquelle: Det Norske Meteorologiske Institutt unveröffentlicht)

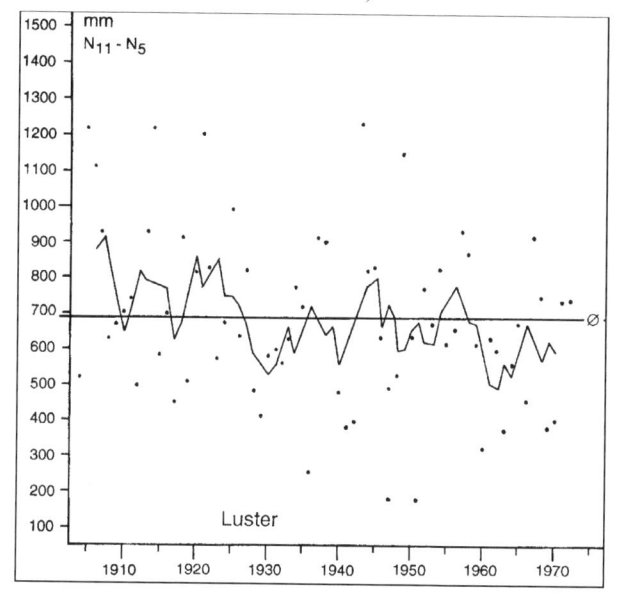

Fig. 124: Fünfjähriges gewichtetes Mittel der Sommertemperaturen ($T_6 - T_9$) für die Station Luster (Datenquelle: Det Norske Meteorologiske Institutt unveröffentlicht)

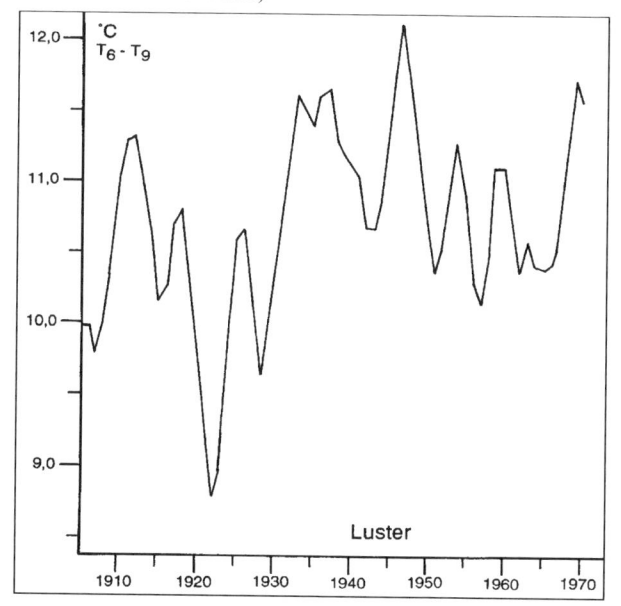

und teilweise 1940er Jahren lagen die Winterniederschläge oft unter den Mittelwerten, ebenso zu Beginn der 1960er Jahre. Sie können demnach mit dem starken Gletscherrückzug in Verbindung gebracht werden, nachdem einzelne positive Abweichungen in den 1940er und 1950er Jahren ohne Effekt blieben, vielleicht ein Hinweis auf eine verringerte Bedeutung der Winterniederschläge für den Massenhaushalt zu dieser Zeit. Trägt man die Abweichungen vom Mittelwert im übrigen kumulativ auf, zeigt sich ein markantes Bild eines deutlichen Überschusses bis gegen 1920, eines anschließenden Defizits mit den niedrigsten Werten in den frühen 1960er Jahren und ein nachfolgender erneuter Anstieg.

Insgesamt sind die an verschiedenen Stationen im Bereich des Jostedalsbre (auch z.B. Oppstryn, Sogndal, Balestrand) etc. verzeichneten Abweichungen der Winterniederschläge bzw. Sommertemperaturen sehr synchron, die oben getroffenen Aussagen können also verallgemeinert werden. Erwähnenswert ist bei Betrachtung der Abweichungen aber, daß die Winterniederschläge prozentual vom Mittelwert viel stärkere Abweichungen als die Temperaturen aufweisen können, an der Station Oppstryn z.B. in den extrem schneereichen Wintern 1988/89 bzw. 1989/90 (+95,89 % bzw. +110,33 % Abweichung vom Mittel). Für die spezielle Sensibilität der Gletscher Westnorwegens, die sich z.T. auch im Vorstoßverhalten widerspiegeln, sind folglich in erster Linie Schwankungen des Winterniederschlags verantwortlich zu machen, ohne jedoch den Einfluß der Sommertemperaturen unterzubewerten. Letztendlich ist aber gerade diese Sensibilität verknüpft mit hohen Massenumsätzen Kennzeichen für maritime Gletscher und muß bei der Interpretation deren Massenbilanzen bzw. Gletscherstandsschwankungen unbedingt Berücksichtigung finden.

Korreliert man die rezenten Gletscherstandsschwankungsdaten der Outletgletscher des Jostedalsbre untereinander, bestätigt sich im wesentlichen die in 5.3 aufgezeigte Klassifikation in 3 Typen. Die kurzen Outletgletscher Bødalsbreen, Bøyabreen, Brenndalsbreen, Brigsdalsbreen, Kjenndalsbreen und Melkevollbreen zeigen dabei gleiche Reaktionszeiten von rd. 3 - 4 Jahren an. Um ein Jahr verzögert erscheinen die Schwankungsdaten von Austerdalsbreen, Bergsetbreen und Vesle Supphellbreen, um ein Jahr früher treten sie dagegen am Supphellebreen auf. Eine zweite Gruppe von Gletschern (Fåbergstølsbreen, Lodalsbreen, Nigardsbreen und Stegholtbreen) besitzen dagegen eine Reaktionszeit von rd. 25 Jahren (21 bis 26 Jahre verzögert im Vergleich zum Supphellebreen). Im Gegensatz zur Klassifikation in 5.3 scheint der Lodalsbre eher o.e. Gruppe zuzuordnen zu sein als dem Tunsbergdalsbre, da Letzterer mit rd. 35 Jahren eine deutlich längere Reaktionszeit besitzt. Insgesamt ist aber der letztgenannte Wert methodisch unsicherer als die übrigen. Der Austerdalsbre weist aktuell, evtl. als Reaktion auf die speziellen Verhältnisse an seiner Gletscherzunge, eine längere Reaktionszeit als zu Beginn dieses Jahrhunderts auf, d.h. begann erst vor wenigen Jahren mit dem aktuellen Gletschervorstoß.

Die aktuelle Situation der positiven Massenbilanzen in Westnorwegen bei negativen im kontinentaleren Jotunheimen läßt sich durch die festgestellten aktuellen Klimaschwankungen sehr leicht erklären (FØRLAND, HANSSEN-

Fig. 125: Vergleich der kumulativen Abweichungen der Winterniederschläge ($N_{11} - N_5$; durchgezogene Linie) bzw. Sommertemperaturen ($T_6 - T_9$; gepunktete Linie) von den jeweiligen Mittelwerten der Beobachtungsperiode (688,6 mm bzw. 10,68 °C) für die Station Luster (Datenquelle: Det Norske Meteorologiske Institutt unveröffentlicht)

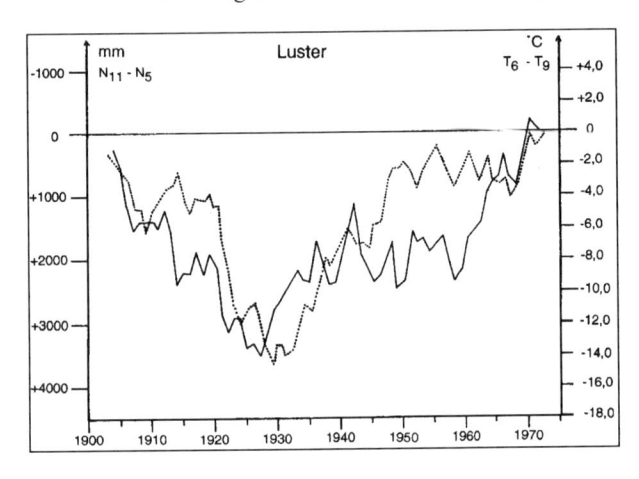

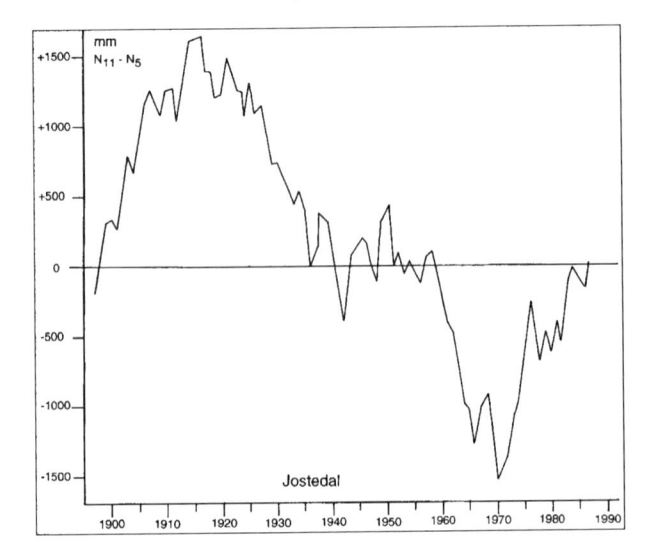

Fig. 126: Kumulative Abweichungen des Winterniederschlags ($N_{11} - N_5$) vom Mittelwert der Beobachtungsperiode (709,9 mm) für die Station Jostedal (Datenquelle: Det Norske Meteorologiske Institutt unveröffentlicht)

Fig. 127: Kumulative Abweichungen des Winterniederschlags (N_{11} - N_4) vom Mittelwert der Beobachtungsperiode (623,3 mm) für die Station Oppstryn (Datenquelle: Det Norske Meteorologiske Institutt unveröffentlicht)

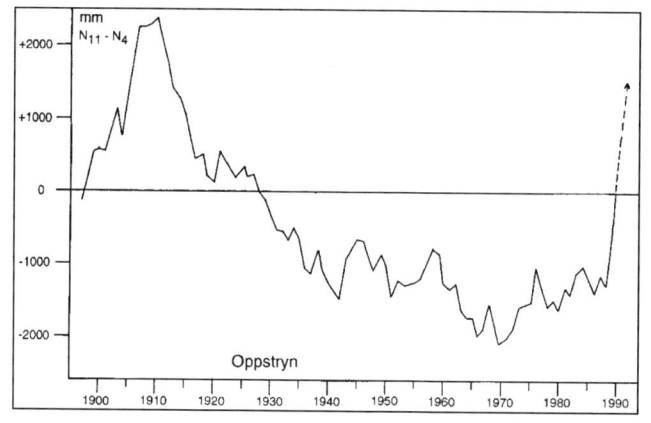

Fig. 128: Kumulative Abweichungen der Sommertemperatur (T_6 - T_9) vom Mittelwert der Beobachtungsperiode (12,2°C) für die Station Oppstryn (Datenquelle: Det Norske Meteorologiske Institutt unveröffentlicht)

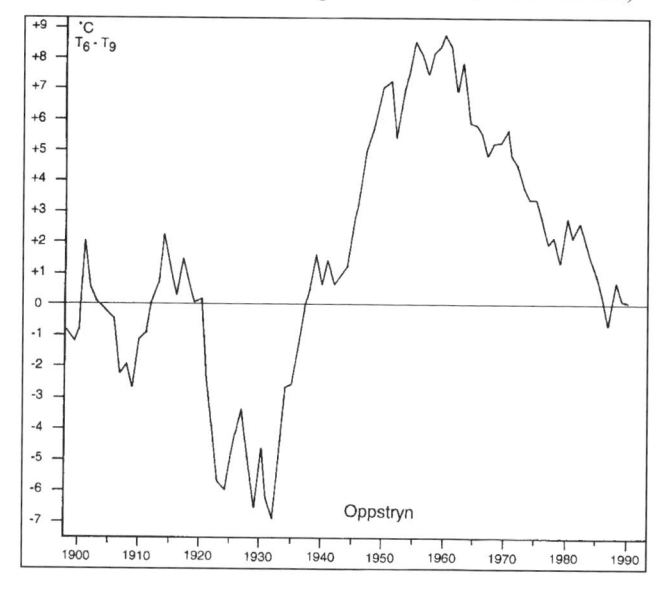

BAUER & NORDLI 1992). Die Winter in den kontinentaleren Gebieten Ostnorwegens wiesen 5 - 10 % weniger Schneefall auf, während westlich der Wasserscheide bis zu 20 % Zunahme des Niederschlags v.a. am Ende der Akkumulationsperiode verzeichnet wurde. Insgesamt sind die Sommertemperaturen in Südnorwegen im Mittel gegenüber der Mitte des 20.Jahrhunderts etwas abgesunken, bei gleichzeitig etwas angestiegenen Niederschlägen (v.a. im Herbst). Die Abhängigkeit der aktuellen Vorstöße in Westnorwegen vom gesteigerten Winterniederschlag während der letzten Dekaden ist also offensichtlich. Auch die beiden Vorstöße zu Beginn des 20.Jahrhunderts und (soweit genauere Schlüsse möglich sind) während der zweiten Hälfte des 19.Jahrhunderts sind zumindest anteilig auf hohe Winterniederschläge zurückzuführen. Es ist nicht einsichtig, wieso sich der schwankende, aber stets präsente Einfluß des Winterniederschlags nicht auch während der gesamten frührezenten Hochstandsperiode bemerkbar gemacht haben soll (s.u.). Eine Beschränkung allein auf die Sommertemperaturverhältnisse (wie im Alpenraum), bzw. generell auf nur einen der beiden möglichen Klimafaktoren ist im Fall West-/Zentralnorwegens nicht möglich, will man verläßliche Ergebnisse erhalten.

6.5.3 Frührezente Gletscherstandsschwankungen in ihrer Beziehung zu Schwankungen des Klimas

Speziell für die älteren frührezenten Hochstände bzw. generell in West-/Zentralnorwegen kann man bei der Interpretation der Gletscherstandsschwankungsdaten in ihrer Beziehung zum Klima nicht auf instrumentelle Beobachtungen zurückgreifen. Liegen ältere instrumentelle Klimadaten vor (s.u.), ist ferner auf deren kritische Überprüfung bezüglich methodisch/instrumenteller Fehlerquellen zu achten (s. RUDLOFF 1967, LINACRE 1992 etc.). Vielfach wird man aber mangels direkter instrumenteller Aufzeichnungen auf Proxy-Daten zur Charakterisierung der Klimabedingungen zurückgreifen müssen, nicht selten dabei auch auf weiter von den eigentlichen Gletschergebieten entfernt liegenden Orten.

Bei der Anwedung solcher Proxy-Daten sind neben generellen Einschränkungen bezüglich der Auswirkung von Klimaschwankungen auf Gletscherstandsschwankungen (z.B. Berücksichtigung der Reaktionszeit etc.) auch aufgrund der in 6.4 aufgezeigten unterschiedlichen Bedeutung Überlegung über deren Aussagekraft anzustellen. Im Ostalpenraum sind, wie mehrfach betont, unterdurchschnittliche Sommertemperaturen wichtig für den Gletschermassenhaushalt. Bei der Suche nach geeigneten Proxy-Daten können folglich nur solche Anwendung finden, die Aufschluß über diese Verhältnisse während der Ablationsperiode geben. Berichte über schneereiche oder „harte" Winter besitzen also keinerlei Aussagekraft bezüglich des Verhaltens der Ostalpengletscher, wohl dagegen Aussagen über kühle und nasse Sommer (z.B. im Rückschluß über durch solche Witterungsbedingungen verursachte Mißernten etc.). Ferner ist natürlich zu prüfen, ob entsprechende Daten aus anderen Regionen (z.B. Mittel- oder Süddeutschland; s. GLASER 1991 etc.) auf den Alpenraum übertragen werden können.

Schwieriger noch als im Ostalpenraum ist der Versuch der Rekonstruktion der klimatischen Rahmenbedingungen der frührezenten Gletschervorstöße in West-/Zentralnorwegen, da zum einen zwei Klimafaktoren Berücksichtigung finden müssen (Sommertemperatur und Winterniederschlag), zum anderen speziell der Winterniederschlag nur sehr schwer durch Proxy-Daten zu erfassen ist. Leider fehlen vor 1800, d.h. gerade u.a. für den frührezenten Maximalvorstoß der meisten Gletscher Westnorwegens, instrumentelle Aufzeichnungen völlig, so daß die in Hinblick auf die Ursachen des holozänen Gletscherstandsschwankungsverhaltens wichtige Frage nach den klimatischen Ursachen dieses vielerorts maximalen holozänen Vorstoßes der Gletscher nur theoretisch bzw. spekulativ behandelt werden kann.

In den Schweizer Alpen ist man in der Lage, die frührezenten Gletschervorstöße durch erste instrumentelle Messungen bzw. gut interpretierbare historische Wetterbeobachtungen mit der Klimageschichte in Beziehung zu setzen. Nach HOLZHAUSER (1987) sollen wenige nasse feuchte Jahre ausgereicht haben, am Ende des 14.Jahrhunderts (1380) einen Gletscherhochstand zu verursachen (vgl. 4.2,5.2). Schneereiche Winter 1570-79 können dagegen nach obigen Ausführungen nach Ansicht des Verfassers nicht als entscheidend für den großen Vorstoß um 1600 angesehen werden, eher dagegen kühle, nasse Sommer 1585-97. Zu Beginn dieser Klimaverschlechterung müssen die Gletscher aber bereits größere Stände als rezent aufgewiesen haben, was deren großen Effekt und den langandauernden Vorstoß bis zu maximalen holozänen Positionen an vielen Gletschern erklären könnte. Allgemein deutet nach Ansicht des Verfassers die große Dimension des ersten frührezenten Vorstoßes in West- wie Ostalpen und die Tatsache, daß dieser Vorstoß an zahlreichen Gletschern die Maximalposition (z.T. annähernd) erreichte eindeutig darauf hin, daß die Gletscherstände vor Eintritt o.e. kühler und niederschlagsreichen Sommer ab den 1580er Jahren schon relativ groß gewesen sein müssen. Andererseits ist es glaziologisch nur schwer vorstellbar, wie innerhalb von 10 - 15 Jahren diese Maximalstände erreicht worden sein könnten. Will man keine (noch so unglaubwürdigen) Rekordmassenbilanzen fordern (falls dies glaziologisch/klimatologisch überhaupt möglich wäre) und sollen die Klimabedingungen Mitte des 16.Jahrhunderts relativ gletschergünstig gewesen sein (RÖTHLISBERGER 1986 vergleicht das Klima von 1530 bis 1565 mit dem der großen Rückzugsperiode Mitte des 20.Jahrhunderts), müssen die Gletscher in der ersten Hälfte des 16.Jahrhunderts bereits einen Gletscherstand aufgewiesen haben, der den rezenten übertraf, damit sie trotz des postulierten Rückzugs Mitte des 16.Jahrhunderts Ende jenes Jahrhunderts diesen Vorstoß unternehmen konnten. Die eher begrenzte Reaktion der Mehrzahl der Gletscher (besondere Verhältnisse wie am Vernagtferner einmal unbeachtet) auf die positiven Massenbilanzen während des 1890er, 1920er und des Vorstoßes 1965 - 1980 zeigt jedenfalls deutlich, daß trotz nicht wesentlich von den klimatischen Verhältnissen des 1850er Hochstands abweichenden Rahmenbedingungen aufgrund des geringen Ausgangs-Gletscherstands kein großer Vorstoß auftreten konnte. Daß bei einem z.T. vermuteten noch geringeren als dem rezenten Gletscherstand Ende des 16.Jahrhunderts in weniger als zwei Dekaden, unter Beachtung der Reaktionszeit der Gletscher sogar nur rd.10 Jahren, eine derartige Vergrößerung der Gletschermasse aufgetreten sein soll, wirkt sehr unwahrscheinlich, auch bei Betrachtung der Vorstöße im weiteren Verlauf der frührezenten Hochstandsperiode, die in ihrer Dimension nicht selten von kurz zuvor stattgefundenen Hochständen erheblich profitierten (Beispiel 1850er Hochstand, s.u.).

Die hohe Bedeutung sommerlicher Niederschläge für den Massenhaushalt der Alpengletscher zeigt sich u.a. darin, daß während der frührezenten Gletscherhochstandsphase im Alpenraum die Sommertemperaturen nicht wesentlich niedriger, wohl aber vor 1861 die Sommer entscheidend niederschlagsreicher als heute waren. So führen ZUMBÜHL, MESSERLI & PFISTER (1983) den Maximalstand um 1600 eindeutig auf die Niederschlagshäufigkeit im Sommer in o.e. Periode 1585 - 1597 zurück. Ähnliches folgern sie auch für den Vorstoß um 1820, dem tiefe Sommertemperaturen und häufige sommerliche Schneefälle vorangingen.

RÖTHLISBERGER (1986) gibt drei markante Unterschiede zwischen der Klimaperiode der frührezenten Gletscherhochstände und den Verhältnissen im 20.Jahrhundert an:
- Winter und Frühjahr waren langfristig kälter und trockener;
- die Variabilität des Klimas und die Bandbreiten der Extreme waren größer;
- Winter-, Frühjahrs- und Sommertemperaturen gleichen Typs (d.h. kalt oder warm) häuften sich in typischen Clustern und kulminierten sich.

D.h. auch, daß z.B. positive Massenbilanzen nicht singulär auftraten und in nachfolgenden Haushaltsjahren direkt kompensiert wurden, sondern daß durch die Aufeinanderfolge mehrerer positiver Massenbilanzen ein deutlicher Massenüberschuß entstehen konnte, Grundlage für einen Gletschervorstoß, zumal durch die größere Variabilität des Klimas der Massenumsatz durchaus höher gewesen sein könnte. Auch RÖTHLISBERGER betont, daß die Sommer nicht signifikant kälter, wohl aber zeitweise niederschlagsreicher waren.

Die zwischen 1670 und 1920 vorherrschenden tieferen Temperaturen im Herbst, verbunden mit höheren Niederschlägen, könnten die Ablationsperiode wirksam verkürzt und damit die Wirkung der Sommerschneefälle verstärkt haben. Für die letzten Dekaden des 16.Jahrhunderts geht RÖTHLISBERGER von 0,8°C tieferen Sommertemperaturen und 15% gesteigerten Niederschlägen aus (nach o.e. Gunstperiode 1530 - 1565). Niederschlagsreiche Sommer gab es auch 1600-30, 1670-79 und 1690-99, wobei besonders die beiden ersten Phasen gut mit Gletschervorstößen korrelieren.

Zwischen o.e. Phasen erreichten die Sommertemperaturen zwischen 1640 und 1670 bzw. um 1680 in etwa aktuelle Werte. Der Hochstand des Großen Aletschgletschers 1653 kann also nur durch die durch seine Größe bedingte lange Reaktionszeit erklärt werden, da das Klima um 1650 sehr gletscherungünstig war. Sein Hochstand ist lediglich als verzögerte Reaktion auf die gletschergünstigen Klimabedingungen um 1600 bzw. 1600 bis 1640 zu interpretieren. Aus der ersten Hälfte des 18.Jahrhunderts gibt es nur wenige Belege über die Klimaverhältnisse, so daß nur vermutet werden kann, daß in der zweiten Dekade (bzw. bereits am Ende der ersten Dekade) des 18.Jahrhunderts eine Reihe kühler und niederschlagsreicher Sommer aufgetreten ist. Da die Vorstöße um 1720 allerdings nicht die Verbreitung und Dimension der vorangegangenen bzw. nachfolgenden Hochstände hatten, sollte sich diese gletschergünstige Phase in Grenzen gehalten haben. Ende des 17.Jahrhunderts gab es zwar ebenfalls eine Periode tiefer Temperaturen, da sich diese aber v.a. auf Winter und Frühjahr beschränkten (harte Winter von 1683-1700), die

Sommer dagegen in etwa gleichbleibende Temperaturen aufwiesen (lediglich etwas mehr Niederschlag), fanden keine ausgeprägten Vorstöße im Alpenraum statt (PFISTER 1984,1985).

Zwischen 1768 und 1773 geht eine Periode naßkalter Sommer den Hochständen am Ende des 18.Jahrhunderts voraus. Die bedeutenden sommerlichen Schneefälle in den Jahren 1767-71 (sukzessive bis 1777 andauernd) und 1812-17 sind direkt mit den Gletschervorstößen um 1775/80 bzw. 1820 kausal in Verbindung zu bringen (u.a. an den Grindelwaldgletschern durch MESSERLI ET AL. 1978 eindeutig belegt). Die für die Jahre 1800 bis 1860 belegte generelle Absenkung der Jahrestemperaturen kann nur in der zweiten Dekade des 19.Jahrhunderts eindeutig auch auf den Sommer übertragen werden. Die Jahre 1800 bis 1820 waren dabei insgesamt relativ niederschlagsarm, womit analog zu den Verhältnissen bei den untergeordneten Vorstößen 1880/90 bzw. 1920 die Winterschneemenge keine bedeutende Wirkung auf die Gletschervorstöße gehabt haben kann. Die Jahre 1840-63 waren dagegen durch große Winterschneemengen gekennzeichnet, die ebenfalls nicht als entscheidend bezeichnet werden können. Nach PFISTER (1985) war der Vorstoß um 1600 an zahlreichen Gletschern bedeutender als der von 1820, weil Letzterer ein Resultat der kurzfristigen Periode nasser und kühler Sommer 1812-17 war, dem Vorstoß um 1600 dagegen eine deutlich länger andauernde Periode tiefer Sommertemperaturen und hoher Sommerniederschläge voranging. Außerdem ist für den 1820er Vorstoß ein weiter vorgeschobener Gletscherstand anzunehmen, wobei auch der 1850er Vorstoß in seiner großen Dimension v.a. deshalb zustandekam, weil die Gletscher sich erst kurz zuvor langsam vom 1820er Hochstand zurückzogen, also noch weit vorgeschobene Positionen besessen haben müssen.

Im Vergleich der beiden Perioden unterdurchschnittlicher Temperaturen während der Sommer 1812-17 und 1840/45 zeichnete sich Letztere durch vergleichsweise höhere Niederschläge aus, wodurch die etwas weniger abgesenkten Temperaturen kompensiert werden konnten, beide Perioden kühler Sommer daher zu Gletscherhochständen führten. Im übrigen war nach PFISTER (1984) ein typisches Faktum der frührezenten Gletscherhochstandsperiode in den Alpen ein Defizit in den Winter- und Frühjahrsniederschlägen seit 1525, womit man deutlich zeigen kann, daß diese keine größeren Auswirkungen auf die Gletscherhochstände gehabt haben können.

Wie bereits erwähnt, muß der Rückzug 1855-80 mit geringen sommerlichen Schneefällen erklärt werden (RÖTHLISBERGER 1986), was bei der Situation der Gletscher nahe der bzw. in Maximalposition (niedrig gelegene Gletscherzungen) große Auswirkungen hatte. Eine kausale Verknüpfung von sommerlichem Schneefall und Gletschervorstößen scheint anhand dieser Ergebnisse auf der Hand zu liegen.

Nach ZUMBÜHL,MESSERLI & PFISTER (1983) sind die Massenbilanzen in den Westalpen v.a. von den Witterungsverhältnissen der Monate Mai bis September abhängig. Bei der Korrelation von Sommertemperaturen und Gletschervorstößen stellen MESSERLI ET AL. (1978) außerdem fest, daß kurze, extreme Variationen in einer langanhaltenden Phase unter- bzw. überdurchschnittlicher Werte von Jahres- bzw. Sommertemperaturen effektiver als die langanhaltenden Perioden selbst sind. Die Tatsache, daß die meisten Phasen extrem unterdurchschnittlicher Temperaturen nur maximal 6 Jahre andauerten, deutet darauf hin, so daß nach MESSERLI ET AL. (1978) solche kurzfristigen Klimaschwankungen eher zu kräftigen Gletschervorstößen und damit verbundenen Hochständen führen als langfristige Klimaänderungen. Diese wichtige Tatsache steht in direktem Bezug mit der bereits betonten Überlegung, dem Gletscherstand bei Eintritt der Massenhaushaltsschwankungen maßgebliche Beeinflussung des resultierenden Vorstoßes zuzusprechen. Dies hat aber gerade in bezug auf Klimarekonstruktionen aufgrund von Gletscherstandsschwankungen fatale Konsequenzen, da Klimaschwankungen gleicher Magnitude stark unterschiedlichen Einfluß auf die Gletscher haben können, d.h. Informationen über eine kurze Phase extremer Klimabedingungen allein nur bedingt aussagekräftig sind. Ohne bereits einen bedeutenden Gletscherstand besessen zu haben, reichen die belegten Klimaschwankungen während der frührezenten Hochstandsperiode also anscheinend nicht aus, die Maximalstände zu produzieren. Am Beispiel des 1850er Vorstoßes ist dies eindeutig zu zeigen, wobei ähnliche Verhältnisse auch für die Vorstöße um 1600, 1780 bzw. 1820 gefordert werden müssen. Belege für die Wirksamkeit kurzfristiger Klimaschwankungen sind daneben o.e. schneereiche und kühle Sommer von 1812-17, wobei auch hier die Gletscher bei Eintritt dieser Klimaverschlechterung weit vorgerückte Positionen einnahmen (der Untere Grindelwaldgletscher z.B. einen Stand wie 1879 und der Große Aletschgletscher einen wie 1880/90). Die nach 1820 weitgehend nahe der Hochstandsposition verbliebenen Gletscherzungen konnten anschließend von den unterdurchschnittlichen Temperaturen in den 1840er Jahren profitieren und mit alpenweiten Hochständen reagieren.

Fehlende Klimadaten machen eine ähnliche Überprüfung der rezenten bzw. aktuellen Abhängigkeiten der Massenbilanzen der Gletscher West-/Zentralnorwegens extrem schwierig. Zu fordern ist allerdings, daß speziell in den letzten Dekaden des 17.Jahrhunderts bzw. im Zeitraum 1700 bis 1750 Südnorwegen von naßkalten Sommern in Kombination mit starker Winterakkumulation betroffen wurde. Aufgrund der zirkulationsklimatischen Zusammenhänge ist eine starke zyklonale Aktivität in allen Jahreszeiten zu fordern, d.h. eine für den Untersuchungsraum günstige Lage der Zyklonenzugbahn. Hiermit könnten auch die während der frührezenten Hochstandsphase bzw. während des Holozän aufgetretenen Unterschiede im Schwankungsverhalten zwischen Nord- und Südnorwegen erklärt werden, da bei Verlagerungen der Zyklonzugbahnen bzw. der frontalen Zonen aufgrund der großen meridionalen Distanz kaum eine synchrone Auswirkung dieser Verlagerungen anzunehmen ist. Durch eine weite Verlagerung der Zyklonenzugbahn nach Süden könnte man z.B. eine mögliche Erklärung dafür geben, daß im (kontinentaleren) Bereich Nordskandinaviens die holozänen Maximalvorstöße nur selten während der frührezenten Hochstandsperiode aufgetreten sind.

Nach SCHOVE (1954) lagen die Sommertemperaturen von 1700 bis 1720 unter dem langjährigen Mittel, wie im übrigen auch 1655-65, 1679-80 und 1731 - 1744 (unterbrochen 1735 - 1740). Diese Daten würden sich gut mit der Phase des Eisaufbaus bzw. der Vorstoßphase zum frührezenten Maximalstand in Westnorwegen decken (vgl. 5.3), so daß zumindest eine größere Mitwirkung der Sommertemperaturen am Gletschervorstoß offensichtlich erscheint. Ein Problem bildet die fehlende Abschätzung des Winterniederschlags. LAMB (1979) berichtet von um 1700 etwas geringerem Meereis um Island als in den anderen Dekaden der frührezenten Vorstoßphase. Geht man davon aus, daß die Lage der Packeisgrenze größeren Einfluß auf die Möglichkeit der Aufnahme von Feuchtigkeit für die Luftmassen in diesem Sektor hat und daher eine weite Verschiebung nach Süden sich eher ungünstig auf die Niederschlagsmenge in Westnorwegen auswirkt, könnte dies als ein Indiz für zumindest nicht abgesenkte Winterniederschläge angesehen werden. Weitere Jahre mit negativen Temperaturabweichungen im Sommer fanden nach SCHOVE 1764 - 1769 bzw. in den 1780er und 1790er Jahren statt. Billigt man den lichenometrischen Datierungen der Moränen an zahlreichen Outletgletschern des Jostedalsbre größere Aussagekraft zu, kann der zunächst nur langsame Rückzug von den Maximalpositionen mit häufigen Wieder- und Wintervorstößen bzw. Stillständen und resultierender Endmoränengenese als Bestätigung dafür dienen.

MATTHEWS (1977) korreliert dendrochronologische Daten aus dem Oberen Gudbrandsdal mit den rekonstruierten Massenbilanzen des Storbre (LIESTØL 1967) und führt diese bis 1700 weiter. Besonders für die Periode 1701 bis 1725 folgert er, wie im übrigen auch etwas abgeschwächt für den Zeitraum 1726 - 1750, unterdurchschnittliche Sommertemperaturen, was bei aller Unsicherheit der Datierungen der frührezenten Gletscherstandsschwankungen des Storbre logisch erscheint, ebenso wie im übrigen eine etwas wärmere Periode 1751 - 1775 bzw. erneut etwas kältere Klimabedingungen 1801 bis 1825. MATTHEWS (1991) zeigt z.B. klar auf, daß während des Holozän in Skandinavien keine Synchronität der Gletschervorstöße zwischen Süd- und Nordskandinavien gegeben ist und auch die Magnitude der Gletschervorstöße differierte. Solche Unterschiede können unter Berücksichtigung der aktuellen glaziologischen Verhältnisse nur durch Verlagerung der Zyklonenzugbahn erklärt werden.

BRIFFA & SCHWEINGRUBER (1992) unternehmen auf Grundlage von dendrochronologischen Studien in Nordskandinavien eine Rekonstruktion der Klimageschichte Gesamtskandinaviens. Neben der Kritik an der Zusammenfassung dieses klimatisch stark differenzierten Raums zu einer Klimaregionen zeigen am Beispiel aufgeführter prognostizierter Abweichungen der Sommertemperaturen von

1816 bis 1829 keine befriedigende Übereinstimmung mit den tatsächlich an der Station Bergen verzeichneten Werten. Im Gegenteil, die erzielte Übereinstimmung von ca. 50 % entspricht nurmehr der statistisch wahrscheinlichen Übereinstimmung bei zwei möglichen Situationen. So sind deren Aussagen über überdurchschnittliche Sommertemperaturen in „Skandinavien" in den 1650er, 1660er, 1680er, 1690er, 1750er und 1760er Jahren ebenso in Frage zu stellen wie die Aussagen über unterdurchschnittliche Sommertemperaturen 1590 - 1609, in den 1670er Jahren und 1700 bis 1720, selbst wenn diese durchaus möglich erscheinen.

Der Vergleich der frührezenten Gletscherstandsschwankungen in ihrer Abhängigkeit von vulkanischer Aktivität, wie sie z.B. PORTER (1986) unternimmt, zeigt deutlich die natürlichen Beschränkungen der Korrelation von frührezenten Gletscherstandsschwankungsdaten mit Klimadaten bzw. postulierten klimadeterminierenden Daten auf. Bei genauerer Betrachtung stimmen nämlich die von ihm dargestellten Perioden mit Gletschervorstößen in den Alpen und (Süd-)Norwegen nicht gerade exakt mit der Realität überein. 1900 bis 1910 weist er demnach einen Vorstoß in Norwegen wie in den Alpen aus, was bei letztgenannter Region nicht der Fall war. Die weitere Ausweisung von Vorstößen in der Periode 1915 bis 1930 (man beachte die Wahl der Periode !) für beide Regionen vermittelt zusätzlich den Eindruck, es hätten synchrone Gletscherstandsschwankungen stattgefunden. Gerade in den ersten drei Dekaden waren aber die Gletscherstandsschwankungen zwischen Westnorwegen und Alpenraum gegenläufig. Die von ihm weiter aufgeführten Vorstöße sind ebenfalls nicht mit einer dem Zweck seiner Untersuchung angemessenen Genauigkeit spezifiziert, wobei generell bei den lichenometrischen Daten aus Westnorwegen ein anderer Genauigkeitsspielraum als bei den historisch belegten Schwankungen im Alpenraum angelegt werden sollte. Gleiches gilt v.a. für die Heranziehung holozäner Gletscherstandsschwankungschronologien (WILLIAMS & WIGHLY 1983). Zwar ist die von PORTER anschließend aufgezeigte Korrelation der durch Azidätsschwankungen in den Eisbohrkernen Grønlands ausgewiesenen vulkanischen Aktivität mit den vermuteten holozänen/frührezenten Hochständen augenscheinlich, aber sowohl die Ausweisung der „Vorstoßphasen" wie die unklare Beziehung zwischen Azidätsanstieg und reaktionszeitabhängiger Verzögerung bzw. Ausmaß der Vorstoßphase bleibt problematisch.

6.5.4 Rekonstruktionen des Massenhaushalts/Gletscherstandsschwankungsverhaltens

Einen Schritt weiter als die Studien der Beziehung der frührezenten Gletscherstandsschwankungen zum Klima gehen Rekonstruktionsversuche des Gletscherverhaltens. Hierbei konstruiert man ausgehend von aktuellen Energie- bzw. Massenbilanzstudien bzw. der aktuellen Beziehung von Gletscherverhalten zum Klima ein Modell, um mit Hilfe älterer Klimadaten rezente und frührezente Gletscherstandsschwankungen zu rekonstruieren, um sie anschließend (soweit möglich) mit tatsächlich beobachteten Schwankungen vergleichen zu können. Daß bei Anwendung dieser Modelle viele verschiedene Faktoren zu berücksichtigen sind, wurde bereits an anderer Stelle aufgezeigt (vgl. 2.1, 6.4 etc.).

Für den Glacier d'Argentière ergibt sich wie für den Rhôneglescher bei Rekonstruktion seines Schwankungsverhaltens, daß aufgrund der erhaltenen langen Wachstumszeiten der Ansatzpunkt der frührezenten Gletschervorstöße weit vor den eigentlichen beobachteten Hochständen um 1600 gelegen haben muß (HUYBRECHTS, DE NOOZE & DECLEIR 1989, STROEVEN, VAN DE WAL & OERLEMANS 1989). Bei Eintritt der Klimaänderung in der zweiten Hälfte des 16. Jahrhunderts müssen die Gletscher bereits eine ansehnliche Ausdehnung mit nennenswertem Eisreservoir gehabt haben, sonst wäre dieser Vorstoß nicht zu erklären. Diese, aus den Modellrechnungen heraus entwickelte Forderung, erscheint auch aus generellen Überlegungen heraus (s.o.) logisch und stichhaltig. Ein Problem aller Gletschermodelle ist allerdings eine Berechnung auf Grundlage eines *steady state*, d.h. eines Gleichgewichtszustands mit dem jeweils herrschenden Klima, was „Reaktionszeiten" (vgl. 2.1) von weit mehr als 100 Jahren induziert. Diese Reaktionszeit ist aber nicht, wie bereits erwähnt, als Zeitmaß für die Reaktion auf die tatsächlich aufgetretenen Klimaschwankungen zu verstehen. Gerade bei der postulierten großen Bedeutung kurzfristiger Schwankungen für die Gletscherhochstände liegt hierin ein erhebliches

Defizit der Gletschermodelle und eine Ursache für häufig auftretende Abweichungen vom tatsächlich aufgetretenen Verhalten.

Am Rhônegletscher unternahmen STROEVEN, VAN DE WAL & OERLEMANS (1989) beispielsweise den Versuch der Simulation der frührezenten Gletscherstandsschwankungen mit Hilfe eines Eisflußmodells bzw. rezenter Massenbilanzuntersuchungen. Bei einem Startpunkt von 0 Eisvolumen bräuchte ein Gletscher dieser Größe 250 bis 750 Jahre, bevor sich ein *steady state* zu den heutigen Klimabedingungen einstellen würde. Es ist aber kaum anzunehmen, daß bei Eintritt der frührezenten Gletscherstandsschwankungen, wie überhaupt während des gesamten Holozän, dieser Fall eines komplett abgeschmolzenen Gletschers aufgetreten wäre. Bei der Anwendung ihres Modells zur Simulation der frührezenten Gletscherstandsschwankungen kommen die Autoren zum Ergebnis, daß weder die dendrochronologische Zeitreihe aus Trier, die zentralenglischen Sommertemperaturen, die Basler Temperaturreihe und PFISTERs Niederschlags- und Temperaturindizes zu einer klaren Übereinstimmung mit den beobachteten Gletscherschwankungen führt, was zumindest bei den beiden erstgenannten Proxy-Daten auch nicht weiter verwundert, zieht man die regionalen Unterschiede und die Bedeutung der einzelnen Klimaparameter für den Massenhaushalt in Betracht. Das Modell selbst zeigt bei allen möglichen Simulationen einen größeren Gletschervorstoß im 20. Jahrhundert an, der in der Realität nicht stattfand. Die Autoren führen dies aber nicht auf Fehler im Modell, sondern zweifelhafter Formulierung der Massenbilanz zurück. Es ist nach Ansicht des Verfassers aber sehr wohl an Fehler im Modell zu denken, denn die aktuellen Massenbilanzstudien können durchaus korrekt sein, sich aber die bestimmenden klimatischen Parameter über die frührezente Periode hinweg geändert haben (was tatsächlich auch der Fall war, s.o.). Sowohl bei unterdurchschnittlichen, als auch bei überdurchschnittlichen Wintertemperaturen sind z.B. Vorstöße aufgetreten, was in einem Modell zu berücksichtigen wäre. Generell können Perioden stärkeren maritimen Einflusses ein speziell im Detail anderes Wirkungsgefüge aufgewiesen haben, als dies bei Perioden eher kontinentalen Einflusses der Fall war, selbst wenn während beider Situationen Hochstände aufgetreten sind und sich an der grundlegenden Bedeutung z.B. sommerlicher Schneefälle nichts geändert hat. STROEVEN, VAN DE WAL & OERLEMANS (1989) kommen ferner zu dem Schluß, daß der Rhônegletscher eher dem generellen nordhemisphärischen Temperaturtrend als lokalklimatischen Klimaparametern folgt, d.h. hemisphärische Schwankungen der solaren Einstrahlung eine sehr viel bessere Übereinstimmung des Modells mit den tatsächlichen Schwankungen zeigen. Gerade diese Tatsache jedoch könnte darauf hindeuten, daß ein Fehler im Modell durch die Ausrichtung an aktuellen Energiebilanzmessungen (mit überragender Bedeutung der Einstrahlung) entsteht, da sich deren Bedeutung bei geändertem Gletscherstand (niedriggelegener Gletscherzunge) vermutlich in stärkerem Maße verändert haben dürfte, wenngleich nicht zwingend in der Bedeutung selbst, eher in deren Ausprägung.

GREUELL (1989) betrachtet die bis dato entwickelten Modelle zur Simulation von Gletscherstandsschwankungen kritisch. Als Grund führt er u.a. die o.e. Verwendung des *steady state* an, daß zwar Bestandteil vieler Simulationsmodelle ist, in der Realität aber nie erreicht wird. Weitere Schwierigkeiten entstehen durch die Notwendigkeit, für weiter zurückliegende Zeiträume (z.B. die Hauptphasen der frührezenten Gletscherstandsschwankungen) nicht auf direkte lokalklimatische Daten zurückgreifen zu können. Die meist im großräumlichen Zusammenhang stehenden verwendeten Proxy-Daten müssen aber zwangsläufig die Genauigkeit der Modelle stark herabsetzen. So zeigen selbst die nach GREUELL bis dato „besten" Simulationsmodelle vom Nigardsbreen (OERLEMANS 1986; s.u.), Rhônegletscher und Glacier d'Argentière (s.o.) nur wenig Ähnlichkeit mit den tatsächlichen Gletscherstandsschwankungen (vgl. 5.2, 5.3). V.a. der starke Rückzug seit Mitte des 19. Jahrhunderts ist durch modellbedingte fehlerhafte Massenhaushaltsrekonstruktionen nur schlecht erfaßt worden, vermutlich aufgrund der Annahme eines *steady state*-Zustands während der maximalen Eisausdehnung, der anscheinend nicht erreicht wurde (d.h. der Vorstoß evtl. bereits vor Erreichen seines *steady state*-Maximums durch gletscherungünstige Klimabedingungen abgebrochen wurde).

GREUELL (1989) folgert weiter, daß aufgrund der aufgezeigten Unsicherheiten bei der Rekon-

267

struktion von Gletscherstandsschwankungen auch Modellierungen der zukünftigen Klimaänderungen (auf Basis ähnlicher Modelle mit zusätzlichen (ebenfalls kritisch zu hinterfragenden) Klimadaten auf Basis von Klimamodellen) äußerst kritisch hinterfragt werden müssen. Insbesondere die Rolle des Niederschlags (dem in den meisten Klimamodellen nur wenig Beachtung geschenkt wird und der, selbst nach Angaben der Modellierer selbst, nur sehr unsicher zu bestimmen ist) kann kaum abgeschätzt werden, zumal es aktuell nur wenige genaue Messungen der sommerlichen Schneefallereignisse in den Höhenregionen der Alpen gibt. Außerdem gibt GREUELL zu bedenken, daß nur schwierig abzuschätzen ist, wie sich Akkumulations- und Ablationsverhältnisse bei entscheidend veränderten Klimaparametern verhalten. Bei eigener Rekonstruktion der Massenbilanz des Hintereisferners erreicht GREUELL (1992) erstaunlich gute Übereinstimmung mit den tatsächlich aufgetretenen Massenbilanz- bzw. Gletscherstandsschwankungen, aber nur ab der letzten Jahrhundertwende. Weiter zurückreichende Rekonstruktionen scheitern nach GREUELL v.a. wegen unsicherer Abschätzung des Niederschlags, da vor 1900 keine lokalklimatischen Daten dazu vorliegen.

LIESTØL (1967) unternimmt den Versuch der Rekonstruktion der Massenbilanz des Storbre aufgrund von aktuellen Beziehungen zwischen Massenbilanz und Klimaparametern (v.a. der Station Bergen, vgl. 6.4). Bei dieser Rekonstruktion ergibt sich seit 1820 ein genereller Massenverlust des Storbre, der allerdings in einigen Perioden von positiven Haushaltsjahren unterbrochen wird, z.B. 1835-41, 1847-51 (in geringerem Ausmaß), 1885-88, 1918-24 und subsequent 1927-29. Trotz aller Bedenken muß diese Rekonstruktion als durchaus plausibel angesehen werden, gibt sie doch zumindest den generellen Trend korrekt wieder (s.o.). Weiter stellt LIESTØL fest, daß die Gleichgewichtslinie im Mittel 1931-60 rd. 100 Meter über der Gleichgewichtslinie eines *equilibrium state* (d.h. *steady state*) lag, was die o.e. Einschränkung dessen Verwendung im Rahmen von Simulationsmodellen zeigt. Gletscher können also durchaus im Ungleichgewicht längere Zeit eine gewisse Stabilität besitzen, wobei sich gerade diese Verhältnisse bis dato jeglicher Simulation entziehen.

Am Nigardsbreen versuchte OERLEMANS (1986) einen Vergleich der bekannten Gletscherfrontänderungen mit den zentralenglischen Sommertemperaturen (MANLEY-Reihe) bzw. dendrochronologischen Daten von der nördlichen Baumgrenze in Nordschweden. Beide Simulationen ergaben keine sinnvollen Ergebnisse, wobei schon methodisch der Ansatz der Heranziehung dieser beiden Klimareihen wenig gerechtfertigt erscheint, da die klimatischen Unterschiede zwischen Nordschweden und Südskandinavien erheblich sind, ja sogar gegenläufige Trends aufgrund der Verlagerung der Zyklonenzugbahn angenommen werden müssen (s.o.). OERLEMANS folgert aus dem unbefriedigenden Ergebnis u.a., daß die Erhöhung der Sommertemperaturen seit dem Maximum der frührezenten Gletscherhochstände in Westnorwegen stärker als in Zentralengland ausgefallen ist. Nach Ansicht des Verfassers ist dieser Schluß nicht zulässig, da die gerade in Westnorwegen wichtigen Winterniederschläge unberücksichtigt blieben, d.h. die stärkere Ausbildung des Rückzugs nicht aus vergleichsweise stärkerer Temperatursteigerung zu erklären ist, sondern durch die verstärkende Wirkung verringerten Winterniederschlags. Insgesamt zieht OERLEMANS selbst aber den Schluß, daß der starke Rückzug Mitte des 20.Jahrhunderts ein Produkt aus verringertem Winterniederschlag und erhöhter Sommertemperatur im Verbund ist. Seine Ergebnisse müssen aber aufgrund starker methodischer Kritik an seinen Simulationen, u.a. völliger Vernachlässigung der am untersuchten Nigardsbreen aufgetretenen Kalbungsprozesse (pers.Mittlg. J.Bogen), kritisch hinterfragt werden.

LAUMANN (1992) benutzt ein Modell unter Verwendung der Daten nahegelegener meteorologischer Stationen zur Berechung der Massenbilanzen von Ålfot-, Nigards- und Hellstugubreen unter verschiedenen vorausgesagten zukünftigen Klimaänderungen. Für den Ålfotbreen ergibt sich nach diesem Modell aufgrund der niedrigen Höhenlage ein dramatischer Massenverlust bei erheblich ansteigenden Lufttemperaturen (in einem Szenario um 3°C), da sich dies besonders negativ durch den verursachten größeren Anteil des Regens am Jahresniederschlag und eine erheblich verkürzte Akkumulationssaison auswirkt. Dieser Massenverlust könnte nur bei gleichzeitig um 30 bis 40 % gestiegenen Niederschlagswerten ausgeglichen werden, einem relativ unrealistischen Wert. Eine Temperatursteigerung um 1°C würde dagegen schon von einer Niederschlagssteigerung um durchschnittlich 20 % kompensiert werden, was realistisch erscheint. Gerade an den niedrig gelegenen und extrem maritimen Gletschern Westnorwegens scheint sich also ab einer gewissen Schwelle die Bedeutung des Winterniederschlags rapide zu verringern, da durch die Verkürzung der Akkumulationsperiode die enormen Niederschlagsmengen v.a. im Spätherbst als Regen und nicht als Schnee fallen würden. Im Fall des nachgewiesenen totalen Abschmelzens der Gletscher Westnorwegens während langer Perioden des Holozän (vgl. 4.3) könnte hierin die Hauptursache liegen. Beim Nigardsbreen würde durch eine (Sommer-) Temperatursteigerung um 3°C (ohne Niederschlagsausgleich) die Gleichgewichtslinie von 1500 m auf 1800 Meter steigen. Nicht höher, weil in diesem Niveau der Gletscher große Flächen besitzt, die die Veränderungen im Vergleich zu einem Gletscher mit ausgeglichener Flächen-Höhen-Verteilung deutlich abmildern würden. Die Gletscherzunge würde bei einem solchen unausgeglichenen Temperaturanstieg schnell abschmelzen und an Mächtigkeit verlieren, damit aber eventuell glazialdynamisch aktiver werden. Auch am Nigardsbreen benötigte man bei 1°C Temperatursteigerung zum Ausgleich ungefähr um 20 % gestiegene Niederschlagswerte.

Am Hellstugubreen (Jotunheimen) würde ein Anstieg der Temperatur um 3°C ohne Ausgleich dessen Verschwinden in nur 50 bis 100 Jahren bedeuten. Bei einem postulierten Klimaanstieg von 2°C und einer Niederschlagssteigerung von 10 % in den nächsten Jahrzehnten (wie sie Klimamodelle für Südnorwegen vorsehen), würde aber ein moderater Rückzug am Hellstugubreen stattfinden und der Gletscher aufgrund seiner großen Höhenlage von den untersuchten Gletschern noch am besten abschneiden, da selbst bei hohen Temperaturen noch mehr Niederschlag als Schnee als als Regen fällt. Der Nigardsbre würde aufgrund der Höhenverteilung mit seinen ausgedehnten Flächen in hohen Lagen nur an der Zunge stark abschmelzen, weil dort der zusätzliche Niederschlag als Regen fallen würde, was wegen der geringen Höhenlage besonders beim Ålfotbreen dramatische Konsequenzen für den Gletscher haben würde. Solche Klimaveränderungen (2 - 3°C gesteigerte Sommertemperaturen bei etwas gesteigertem Niederschlag) vorausgesetzt, könnten während des gesamten Holozän in den höchstgelegenen Bereichen des Jotunheim Gletscher existieren, während diese in Westnorwegen zumindest phasenweise gänzlich verschwinden müßten. Genau dieses Bild vermitteln die bis dato vorliegenden Studien zum Gletscherverhalten der Gletscher West-/Zentralnorwegens während des Holozän.

OERLEMANS (1992) unternimmt ebenfalls die Simulation von Gletscherstandsschwankungen an Ålfot-, Nigards- und Hellstugubreen. Im Gegensatz zu LAUMANN verwendet OERLEMANS neben Daten der Stationen Bergen und Fannaråken auch die Station Dombås (Dovrefjell), welche keinerlei Aussagekraft für die o.e. Gletscher besitzt (s. 2.3.3). Auch ist es fraglich, ob das Modell von OERLEMANS (an Hintereis- und Kesselwandferner entwickelt) ohne größere Modifikationen auf die norwegischen Gletscher mit z.gr.T. geringerer Bedeutung der solaren Einstrahlung und größerer Bedeutung der Winterniederschläge übertragen werden kann. Neben anderen Kritikpunkten an den methodischen Ansätzen seines Modells ist auch das Ergebnis seiner Simulationen (bei Temperaturerhöhung(-absenkung) um 1°C soll der Nigardsbre mit einem Rückzug von 6 km (Vorstoß von 3 km); bei Steigerung (Verringerung) des Niederschlags mit einem Vorstoß von 2 km (Rückzug von 4 km) reagieren) sehr kritisch zu betrachten. Neben der Vernachlässigung des proglazialen Sees spricht u.a. auch die errechnete Reaktionszeit von 200 Jahren für das Erreichen der maximalen frührezenten Position aus der aktuellen Gletscherposition heraus (in der Realität nur wenige Dekaden, vgl. 5.3) gegen dieses Modell.

LAUMANN & TVEDE (1989) unternehmen für den Gråbre (Outlet des Folgefonn) einen ähnlichen Versuch der Berechnung der Massenbilanzschwankungen und Frontvariationen unter Annahme verschiedener Szenarien bezüglich eines zukünftigen Klimawandels. Von den vier Szenarien zeigten zwei einen Vorstoß des Gletschers an (bei 30 bis 40 Jahren theoretischer Verzögerung), zwei dessen Rückzug. Annahmen waren dabei u.a. Steigerung der Sommertemperatur um 1°C, der Wintertemperatur um 2-4°C und des Niederschlags im Sommer bzw. Winter. Höhere Sommertemperaturen erzeugen dabei eine stärkere Ablation, höhere Winter- und Herbsttemperaturen eine Verkürzung der Akkumulationsperiode mit resultierendem Ansteigen des Anteils des Regens an den Herbstniederschlägen. Die Steigerung der

Winter- und Herbsttemperaturen könnte dabei eventuell von größeren Schneemengen im Winter kompensiert werden. Der Trend der letzten 30 Jahre zeigt dabei in dieser Region ein Ansteigen der Herbstniederschläge, die in den höheren Gletscherregionen als Schnee fallen und so zu einem Anstieg der Akkumulation führen.

Bei einer Projezierung der aktuellen Klimaverhältnisse in die Zukunft (Szenario 1) ist zunächst ein weiterer Rückzug des Gletschers zu erwarten (negative Massenbilanz von durchschnittlich -0,02 m/a), ab 2002 aber ein Vorstoß. Bei Szenario 2 ergibt sich ein Anstieg der Herbstniederschläge, die aber durch die gesteigerten Lufttemperaturen mit verkürzter Akkumulationsperiode überkompensiert werden und zu einem Massenverlust führen. Temperatursteigerung und Verringerung bzw. Nicht-Kompensation durch gesteigerte Niederschläge ist für den Gletscher das ungünstigste Szenario 3. Bei fortlaufender Steigerung des Niederschlags um 5 % für jede Dekade ergäbe sich das gletschergünstigsten Szenario 4 mit einem größeren Vorstoß ab 2004. NESJE (1989) kommt am Jostedalsbre zur ähnlichen Schlußfolgerung, daß ein Temperaturanstieg von 1°C durch einen Anstieg der Winterbilanz von 600 mm w.e. kompensiert werden könnte, was an den maritimeren Gletschern Westnorwegens einen Anstieg der durchschnittlichen Winterbilanz von rd. 15 - 25 % bedeuten würde, durchaus realistische und tatsächlich schon aufgetretene Werte.

Die Modelle einer Vorhersage des zukünftigen Gletscherverhaltens bei verschiedenen Szenarien zukünftiger Klimaentwicklung zeigen trotz der methodischen Einschränkungen aufgrund der Verwendung aktueller Beziehungen von Massen- und Klimabilanz deutlich, daß Winterniederschläge und Sommertemperaturen in Westnorwegen ein sehr sensibles Verhältnis aufweisen, das sowohl große Vorstöße wie Rückzüge (bzw. ein totales Abschmelzen der Gletscher) möglich werden läßt. Durch die Kombination bzw. Kompensation zweier Klimaparameter läßt sich auch das differente Verhalten während der holozänen Gletscherstandsschwankungen gut erklären. Gleichzeitig macht es aber diese Beziehung beinahe unmöglich, die frührezenten Gletscherstandsschwankungen zu rekonstruieren, da notwendige Datengrundlagen fehlen.

7 GLAZIALMORPHOLOGIE DER GLETSCHERVORFELDER

7.1 EINFÜHRUNG UND METHODIK

7.1.1 Vorbemerkung

In 4, 5 und 6 wurden die holozänen, frührezenten und rezenten Gletscherstandsschwankungen in den Untersuchungsgebieten sowie die glaziologischen Eigenschaften und aktuellen Massenbilanzen der Gletscher dargestellt, analysiert und vergleichend interpretiert. Nachfolgend werden darauf basierend die glazialmorphologischen Auswirkungen der Gletscherstandsschwankungen auf die unmittelbare Umgebung der Gletscher, das Gletschervorfeld (s.u.), näher untersucht. Diese Untersuchungen haben u.a. als Ziel:

- Bestandsaufnahme der glazialmorphologischen Formenelemente und deren Konfiguration in den Gletschervorfeldern verschiedener Gletscher der Untersuchungsgebiete;
- genetische Interpretation der einzelnen Formenelemente bzw. ihrer Vergesellschaftung im Gletschervorfeld;
- vergleichende Analyse von Formenelementen/Konfiguration der Formenelemente der Gletschervorfelder innerhalb bzw. unterschiedlicher Untersuchungsgebiete bezüglich Morphologie und Genese (s.a. 8);
- Ausweisung genereller Richtlinien/Grundregeln der Beziehung zwischen Gletscherstandsschwankungen/Glaziologie und Formenelementen/Konfiguration der Formenelemente der Gletschervorfelder (als Grundlage der Schlußfolgerungen in 8).

Die zusammenfassende Charakterisierung und Interpretation der wichtigsten, die Konfiguration der Gletschervorfelder bestimmenden Faktoren und die daraus resultierende Diskussion des Potentials der Gletschervorfelder der Untersuchungsgebiete bezüglich der Charakterisierung des Gletscherstandsschwankungsverhaltens bzw. der glazialen Dynamik erfolgt abschließend auf Grundlage der folgenden regionaler Untersuchungen (s. 8).

Beginnend mit einer kurzen Darstellung der angewandten Methodik der glazialmorphologischen und sedimentologischen Studien mit der notwendigen Grundlage einer Betrachtung des großmaßstäblichen geomorphologischen Rahmens der Gletschervorfelder erfolgt hier die darstellende Untersuchung und Interpretation der Gletschervorfelder ausgewählter Gletscher. Vier Gletschervorfelder (Vernagtferner/ Ötztaler Alpen, Bergsetbreen/Jostedalsbreen, Fåbergstølsbreen/Jostedalsbreen, Styggedalsbreen/ Westjotunheimen) wurden als repräsentative Beispiele für Gletschervorfelder der jeweiligen Untersuchungsgebiete intensiveren Studien unterworfen. In deren Rahmen wurde eine detaillierte geomorphologische Kartierung durchgeführt, deren Ergebnisse in die Ausführungen einfließen, obwohl aus technischen Gründen die erstellten geomorphologischen Detail- bzw. Übersichtskarten der vorliegenden Arbeit nicht beigefügt werden konnten. Für ein eingehendes Studium jener Karten bzw. nähere Erläuterung von Theorie und Anwendung des verwendeten Kartiersystems sei daher auf die dieser Arbeit zugrundeliegende Originaldissertation (WINKLER 1994) verwiesen. Aus Kapazitätsgründen beschränken sich ferner die Untersuchungen an den übrigen Gletschern auf die Darstellung typischer bzw. besonderer Formenelemente. In Kombination bzw. Ergänzung der Detailstudien erlauben diese Untersuchungen ein umfassendes und für den Zweck dieser Arbeit hinreichendes Bild über die verschiedenen Gletschervorfelder der Untersuchungsgebiete.

Nach der Definition von KINZL (1949) bezieht sich der Begriff „Gletschervorfeld" auf die gesamte Fläche innerhalb der äußersten Moränen der frührezenten Gletscherhochstände (oftmals gleichzeitig die äußersten holozäne Gletscherfrontposition; vgl. 4 und 5). Der Begriff Gletschervorfeld wird in dieser Arbeit gemäß o.e. Definition angewendet, ohne eventuelle Unterschiede im Zeitpunkt des Maximalstands zu berücksichtigen. Im Falle des Auftretens prä-frührezenter, holozäner glazialmorphologischer Formenelemente außerhalb des frührezenten Gletschervorfelds werden diese mitberücksichtigt.

7.1.2 Sedimentologische Untersuchungen

Zur sedimentologisch-genetischen Interpretation der Lockersedimente in den Gletschervorfeldern wurden über 300 Sedimentproben entnommen und einer Korngrößenanalyse im Labor unterzogen. Diese Sedimentproben wurden, sofern es aus Interpretationsgründen nicht anders notwendig war, oberflächlich entnommen. Aufgrund i.d.R. geringen Alters der Sedimente und gezielter Auswahl der Probenentnahmestellen sind Einflüsse bodenbildender Prozesse auf die Korngrößenzusammensetzung weitgehend auszuschließen. Die getrockneten Sedimentproben wurden der Korngrößenanalyse mittels Naßsiebung bzw. Schlämmanalyse (nach DIN 19.683) unterzogen (SELMER-OLSEN 1954, LESER 1980 etc.). Bei der den Korngrößenanalysen zugrundeliegenden Korngrößenklassifikation wurde v.a. aus methodischen Gründen auf die Korngrößenklassifikation nach DIN 19.683 und nicht die international weit verbreitete Phi-Skala zurückgegriffen. Lediglich für die Grobkornfraktionen (> 2 mm) wurde eine von der DIN-Einteilung partiell abweichende, detailliertere Klassifizierung herangezogen (s. Fig. 129). Damit entspricht die hier angewendete Korngrößenklassifikation einer modifizierten WENTWORTH-Skala (s. SOLLID & CARLSON 1980). Die Obergrenze der Korngrößenanalysen der Sedimentproben lag bei einem Korndurchmesser von 16 mm; d.h. Fein- und Mittelkies wurde miterfaßt. Grobkies konnte aus methodischen Gründen ebenso wie Steine und Blöcke bei der Korngrößenanalyse nicht mitberücksichtigt werden.

Fig. 129: Angewendete Korngrößenklassifikation dieser Arbeit

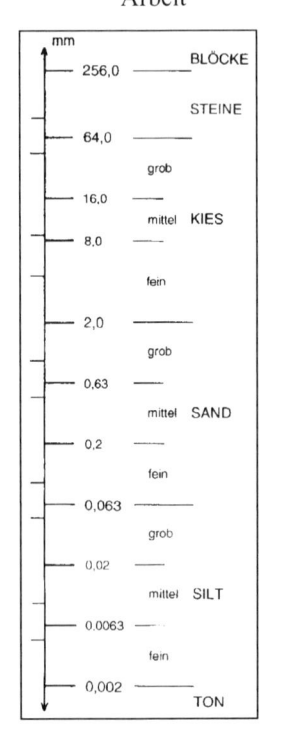

mm	
256,0	BLÖCKE
	STEINE
64,0	
	grob
16,0	
	mittel KIES
8,0	
	fein
2,0	
	grob
0,63	
	mittel SAND
0,2	
	fein
0,063	
	grob
0,02	
	mittel SILT
0,0063	
	fein
0,002	
	TON

Aufgrund der für die Zielsetzung dieser Arbeit wichtigen genetischen Klassifizierung des Moränenmaterials bzw. glazifluvialer Sedimente (s. 3.3) wird auf eine zusätzliche sedimentologische Klassifizierung verzichtet. Als „Feinmaterial" werden in den nachfolgenden Ausführungen die Korngrößen < 0,063 mm bezeichnet, d.h. die Silt- und Tonfraktion (deren Anteil bei der Korngrößenanalyse öfters unterhalb der methodisch bedingten Exaktheitsschwelle lag). Die Aussagefähigkeit der Korngrößenzusammensetzungen von Moränenmaterial und glazifluvialen Sedimenten an Hochgebirgsgletschern muß differenziert bewertet werden. Sie ist bisweilen relativ stark limitiert und wie für Zurundungsmessungen (s.u.) gilt generell, daß sie für überregionale Vergleiche aufgrund der starken Abhängigkeit von lokalen/regionalen Faktoren (Petrographie etc.) nur sehr eingeschränkt anwendbar ist.

Ergänzend wurden auf Grundlage der Korngrößenanalysen verschiedene sedimentologische Parameter berechnet, um deren Charakterisierung und genetische Interpretation zu erleichtern. Der Median (**Md**; Angabe in mm) ist definiert als durchschnittliche Korngröße der Sedimentprobe korrespondierend mit dem Durchgangspunkt der Korngrößensummenkurve durch die 50%-Schwelle (SELMER-OLSEN 1954). Die Sortierung (**So**) ist ein Parameter für die Uniformität der Sedimentprobe und wird n. SELMER-OLSEN (1954) durch den dekadischen Logarithmus des Divisors Q75 / Q25 gebildet, wobei Q25 und Q75 dem Durchgangspunkt der Korngrößensummenkurve durch die 25 bzw. 75%-Schwelle entsprechen. Die Symmetrie/Kurtosis (**Sk**) bezeichnet die Abweichung der Korngrößensummenkurve von der Normalverteilung und wird durch den dekadischen Logarithmus der einfachen Wurzel des Divisors Q25 * Q75 / Md^2 berechnet (SELMER-OLSEN 1954).

Obwohl Korngrößenanalysen für die genetischer Interpretation der Sedimente in Gletschervorfeldern und Ansprache von Formenelementen ein wertvolles Hilfsmittel darstellen, stößt diese Methodik bei der Differenzierung genetischer Moränenmaterial-Typen an ihre Grenzen. Mit

Hilfe des Zurundungsgrads einzelner Sedimentkomponenten/Gesteinsfragmente können Rückschlüsse auf Transportweg im Gletschertransportsystem bzw. genetischen Ursprung gezogen werden (vgl. 3). Mit Hilfe der Statistik der Zurundungsgrade zahlreicher Komponenten (Probenumfang in dieser Arbeit n=100) eines begrenzten Meßareals (i.d.R. wenige m^2) sind Aussagen über genetischen Typ des Moränenmaterials wie die Differenzierung zu glazifluvialen Sedimenten bzw. Ausweisung des Grads der glazifluvialen Überprägung von Moränenmaterial möglich. Grundintention der Zurundungsmessungen ist, daß jedes Gesteinsfragment bei seinem Transport durch verschiedene Transportmedien kornformmodifizierenden Prozessen unterliegen kann, wodurch unterschiedliche Zurundungsgrade unterschiedliche Transportwege repräsentieren (s. BOULTON 1978, BARRET 1980 etc.). Neben Transportweg im Gletschertransportsystem, Materialursprung bzw. Ablagerungsmechanismus können zusätzliche Faktoren den Zurundungsgrad beeinflussen, z.B. lithologische Charakteristika des anstehenden Gesteins in Verbindung mit differenten Verwitterungsprozessen (SHAKESBY 1980). Um o.e. Faktoren, die insbesondere bei überregionalen Vergleichen zu berücksichtigen sind, so weit wie möglich eleminieren zu können, müssen verschiedene methodische Hinweise beachtet werden, z.B. die Beschränkung auf eine Gesteinsart, sofern nicht aus Interpretationsgründen bzw. Geländeverhältnissen ein anderes Vorgehen erforderlich wird (PASCHINGER 1958, FISCHER 1966). Ferner ist die Größe der gemessenen Gesteinsfragmente einzuschränken, in dieser Arbeit auf Fragmente der Kies- bzw. Steinfraktion zwischen 4 und 12 cm Längsachse. Die Auswahl der gemessenen Fragmente erfolgte nach dem Zufallsprinzip und zur Vermeidung der Beeinflussung durch unterschiedliche Verwitterungsprozesse in ihrer kornformmodifizierenden Wirkung wurden nur oberflächliche Komponenten herangezogen. Allerdings garantieren auch diese Einschränkungen keine uneingeschränkte überregionale Vergleichbarkeit der Ergebnisse der Zurundungsmessungen, v.a. aufgrund der unterschiedlichen petrographischen Verhältnisse der Untersuchungsgebiete.

Es existieren zahlreiche Methoden der Zurundungsmessung, die sich in zwei Gruppen einteilen lassen: visuelle Methoden und direkte Meßmethoden am Gesteinspartikel (vgl. ausführliche Darstellung bei SHAKESBY 1980). Beide Verfahren weisen in ihrer detaillierten Meßmethodik Vor- und Nachteile auf. Visuelle Methoden, basierend auf dem Vergleich zwischen Gesteinspartikeln und Vergleichstafeln mit Einordnung der Gesteinspartikel in verschiedene Zurundungsklassen (z.B. angular, subangular, subgerundet und gerundet; s. KRUMBEIN 1941, POWERS 1953, FOLK 1955 etc.), werden vom Verfasser trotz leichter Anwendbarkeit abgelehnt, da die subjektive Beeinflussung zu stark, eine nachfolgende statistische Aufarbeitung notwendig und die Genauigkeit der Abstufung in einzelne Zurundungsklassen zu gering ist. Direkte Meßmethoden unterliegen vergleichsweise geringer subjektiver Beeinflussung, sind aber bisweilen für die Anwendung im Gelände zu umständlich und zeitraubend. Da in der glazialmorphologischen Literatur keine einheitliche Methode der Zurundungsmessung verbreitet ist (vgl. HÖLLERMANN 1971, HALDORSEN & SHAW 1982, MATTHEWS & PETCH 1982, SHAKESBY 1989 etc.), wird vom Verfasser eine auf die speziellen Verhältnisse der Untersuchungsgebiete abgestimmte modifizierte Version der Zurundungsmessung nach CAILLEUX (1952) angewendet, da diese trotz z.T. berechtigter Kritik (vgl. SHAKESBY 1980) gut zu interpretierende Ergebnisse liefert und eine umständliche und evtl. verfälschende statistische Aufbereitung der Meßergebnisse weitgehend überflüssig macht.

Bei dieser Methode die Längsachse/A-Achse (L) des Gesteinsfragments gemessen, ebenso der kleinste Krümmungsradius (der Radius der kleinsten gerundeten Kante des Gesteinsfragments) in der A-B-Ebene (r). Das Produkt von r mit der Zahl 2 wird durch L geteilt und der Quotient mit 1000 multipliziert. Für eine Sphäre wäre damit der maximale Zurundungsindex i = 1000, für alle anderen Kornformen niedriger. Je niedriger der Zurundungswert, desto weniger kantengerundet (stärker angular) ist das Gesteinsfragment. Die speziellen sedimentologischen Verhältnisse des Moränenmaterials der Untersuchungsgebiete machten eine Modifikation dieser Methode notwendig. Bei konsequenter Anwendung hätte sich speziell an den Ostalpengletschern mit teilweise sehr angularem Moränenmaterial der Fall eingestellt, daß viele Partikel einen Zurundungsindex i = 0 oder 1 bekämen, womit eine Differenzierung tatsächlich vorhandener Zurundungsgrade unmöglich geworden wäre. Auch stellt die Unterscheidung sehr geringer, aber vorhandener Zurundungen (r ≤ 1 mm), im Gelände ein methodisches Problem dar. Um dennoch auch angulares Moränenmaterial sinnvoll differenzieren zu können, wurde bei dieser Arbeit r als größte gerundete Kante des Partikels definiert und gemessen, die weiteren Schritte zur Berechung des Zurundungsindex aber beibehalten. Dieses Verfahren erforderte allerdings eine (äußerst selten notwendige) Ausklammerung bestimmter Komponenten (z.B. fragmentierter Sphären), da diese Zurundungsindizes von über 1000 ergeben hätten. Diese Modifikation des Verfahrens von CAILLEUX wurde konsequent bei allen Zurundungsmessungen in beiden Untersuchungsgebieten angewendet. Da alle Messungen vom Verfasser durchgeführt wurden, schließen sich subjektive Einflüsse aus, wobei jedoch die absoluten Zurundungsindizes aufgrund dieser Modifikation nicht mit in der Literatur vorliegenden Zurundungsmessungen verglichen werden dürfen.

Orientierungsmessungen liefern durch Darstellung der Einregelung länglicher Komponenten in ihrer Beziehung zur Eisbewegung ebenfalls Hinweis auf genetischen Ursprung und Ablagerungsmechanismus des Moränenmaterials. Voraussetzung für Orientierungsmessungen sind längliche Komponenten, was die Durchführung solcher Messungen in Westnorwegen aufgrund deren Mangels nicht sinnvoll erschienen ließ. Während zweidimensionale Orientierungsmessungen am Vernagtferner durchgeführt werden konnten, waren dreidimensionale Orientierungsmessungen nicht möglich, da natürliche Aufschlüsse fehlten und aus technischen Gründen keine größeren Aufschlüsse durch den Verfasser angelegt werden konnten.

7.2 DIE MORPHOLOGISCHEN GROSSFORMEN DER UNTERSUCHUNGSGEBIETE

7.2.1 Rofental

Das Relief spielt nicht nur bei Gletscherstandsschwankungen, Gletschermorphologie und anderen glaziologischen Eigenschaften als Einflußfaktor eine gewichtige Rolle, es ist für die Ausgestaltung der Gletschervorfelder von entscheidender Bedeutung. Die frührezenten Gletschervorfelder sind ins Makrorelief der Untersuchungsgebiete eingegliedert, ihre Formenelemente und Konfiguration unterschiedlich stark vom Großrelief beeinflußt. Da geologische Grundlagen und präglaziale Reliefgenese bereits behandelt wurden (s. 1.2, 1.3), konzentrieren sich nachfolgende Ausführungen auf den glazialen Formenschatz des Makroreliefs (vgl. 1.4). Das Ziel, Einflüsse des Makroreliefs bei der nachfolgenden glazialmorphologischen Untersuchung der Gletschervorfelder ausweisen zu können, erfordert einen Überblick deskriptiver Natur, so daß auf die Diskussion kontroverser genetischer Theorien zur Genese bestimmter glazialer Großformen (z.B. Talformen) hier verzichtet werden muß (vgl. ausführliche Darstellungen bei EMBLETON & KING 1975a, SUGDEN & JOHN 1976, CATT 1992, EHLERS 1994 etc.).

Das SW-NE verlaufende Rofental (s. Fig. 2) muß aufgrund seiner Lokalisation einem der Zentralgebiete der pleistozänen Vereisungen der Ostalpen zugeordnet werden, wobei es durch Orientierung wie Nähe zum Alpenhauptkamm einen zum Talverlauf weitgehend parallelen Eisabfluß während der Vereisungen vermuten läßt (vgl. 1.4.1). Auch die teilweise 3500 m hohen Gebirgskämme als Umrahmung des Rofentals legen diesen Schluß nahe, da sie zumeist Karlinge darstellen und zumindest während weiter Zeitabschnitte der letzten Vereisungen als Nunatakker über die pleistozäne Eisoberfläche ragten und starker Forstverwitterung ausgesetzt waren. Lediglich das Hochjoch bzw. die noch rezent vergletscherten Pässe/Joche an der nördlichen Talumrahmung können als gesicherte Transfluenzpässe angesehen werden. Deren Dimension und Höhenlage ist aber zu gering, um größere Eismassen aus dem Talzug in andere Talsysteme (z.B. Pitz- und Kaunertal) übergeleitet oder den Haupteisabfluß im Rofental entscheidend beeinflußt zu haben.

Im Rofental lassen sich verschiedene präglaziale Reliefelemente ausweisen (s. 1.3.1), insbesondere die bereits in Verbindung mit den glaziologischen Verhältnissen angesprochenen Verebnungen des Firnfeldniveaus. Ob auch die größeren Kare des Rofentals (z.B. die von Plattei-, Mitterkar- oder

Rofenkarferner) präglaziale Verebnungen als Vorformen besaßen und somit wie der Talverlauf selbst polygenetisch sind, läßt sich nicht eindeutig klären. Daß der Talverlauf selbst durch präglaziale Talvorläufer fluvialgenetischen Ursprungs vorgezeichnet war, ist nach allen Erkenntnissen zur Wirkungsweise glazialer Erosionsprozesse anzunehmen, zumal ansatzweise als Relikte bzw. ererbte Formen ehemaliger Talböden zu deutende Felsterrassen an der Südostflanke des Rofentals am Kreuzkamm, stellenweise in der klassischen Form von Trogschultern ausgebildet, vorhanden sind (s. Fig. 130). Diese trogschulterähnlichen Verebnungen leiten in die kleinen Kare der Gletscher des Kreuzkamms (z.B. Kreuz- und Eisferner; s. Abb. 11) über.

Aktuell nicht vergletscherte oder verfirnte Felsgrate, Gipfel und hochgelegene Hangpartien weisen oberhalb Höhenlagen von ca. 3100 m keine Spuren glazialer Überformung während der letzten Vereisungsperiode (bzw. deren Schlußphase) auf (unterhalb des Kreuzkamms auf ca. 3100 m deutlich ausgeprägtes Schliffbord) und sind aufgrund der großen Steilheit entweder von einer geringen Verwitterungsschuttdecke bedeckt oder (mehrheitlich) gänzlich ohne jede Lockermaterialauflage. An deren Basis haben sich dort, wo aktuelle (holozäne) Gletscher fehlen und produzierter Hangschutt nicht glazial abtransportiert werden konnte, mächtige Hangschutthalden entwickelt, z.B. unterhalb von Hintergrasl- und Platteikamm (s. 7.3.1). Oberhalb 3100 m anzutreffende glaziale Überformung ist ausschließlich aktuellen bzw. holozänen Gletschern zuzuschreiben, nicht dem (haupt-)würmzeitlichen Rofental-Gletscher. Das Schwarzkögele in unmittelbarer Nachbarschaft des Vernagtferners (vgl. 7.3.1) weist auf 3089 m die höchstgelegenen Spuren würmzeitlicher glazialer Überformung auf.

Das Rofental besitzt zwar typische glazialmorphologische Reliefelemente eines alpinen Hochgebirgsreliefs, trotz unbestrittener mehrfacher intensiver glazialer Überformung während des Pleistozän zeigen die vorhandenen Kare wie Talformen häufig Abweichungen von einer „lehrbuchhafter" Ausbildung. Das Rofental zeigt keine „klassische" Trogtalform, sondern besitzt neben einem komplexen Talquerschnitt eine Asymmetrie in Talquerschnitt wie -grundriß. Im Talboden ist die Rofenache klammartig mehrere Dekameter tief eingeschnitten. Die annähernd vertikalen Hänge werden in ihrer Ausbildung durch die partiell senkrechten Faltenachsen der anstehenden Gneise/Glimmerschiefer begünstigt (s. 1.2.1). Entgegen der Theorie einer ausschließlich postglazialen Genese von Klammen und verwandten Formen spricht die Dimension der Rofenschlucht für eine Anlage spätestens während des spätweichselzeitlichen Deglaziationsprozesses. Nach Ansicht des Verfassers ist sie (zumindest in der Grundanlage) älter und wurde als subglazialer Schmelzwasserabfluß genutzt, evtl. bereits während vorangegangener Vereisungen. Eine ausschließlich holozäne Genese erscheint durch das Verhältnis zwischen Dimension der Rofenschlucht und aktuellem Abfluß/Sedimentfracht unwahrscheinlich.

Der südwestliche Talhang des Rofentals unterhalb des Kreuzkamms ist bis in Höhe o.e. Schliffbords sehr steil und besitzt Kerbtalcharakter. Abgesehen von einer stellenweise vorhandenen, geringmächtigen Lockermaterialauflage (v.a. Hangschutt und Verwitterungsmaterial; unterlagernd evtl. Relikte würmzeitlichen (spätglazialen) Moränenmaterials) finden sich

Abb. 67: Inneres Rofental; Blickrichtung SW (Aufnahme: 16.07.1994)

speziell im Bereich der Zwerchwand gegenüber der Einmündung des Vernagttals große Partien anstehenden, glazialerosiv überprägten Festgesteins. Dessen terrassenähnliche Struktur ist größtenteils petrographisch verursacht, was die Ausweisung glazialerosiver Felserrassen unmöglich macht. Oberhalb des Schliffbords prägt o.e. trogschulterartige, in die Kare des Kreuzkamms überleitende Verebnung den Talquerschitt. Durch Weiterbildung der Kare auch während der pleistozänen Vereisungen präsenter Kargletscher wurden diese Verebnungen weitergebildet bzw. ihr Charakter konserviert. Den Kargletschern ist ferner die glazialerosive „Zuschärfung" z.B. des Kreuzkamms und seiner Gipfel zuzuschreiben, von denen die Kreuzspitze dem Idealtypus eines Karlings am ehesten entspricht. Zum südwestlichen Talschluß des sich im inneren Bereich aufgabelnden Rofentals hin verbreitert sich die Verebnung am südlichen Talhang zur rezent vom Hochjochferner eingenommenen, dem Firnfeldniveau zuzuschreibenden Verebnung (s.a. Fig. 67).

Der nordwestliche Talhang des Rofentals differiert in Grundriß und Querschnitt erheblich von seinem südwestlichen Gegenpart, nicht nur durch die Zergliederung durch das Seitental des Vernagttals. Im Querschnitt zeichnen sich v.a. die Hangabschnitte unterhalb 2900/2800 m durch ein geringeres Gefälle aus, wobei auch an dieser Talflanke um 2900 m eine Trogschulter angedeutet ist. Die unteren Hangabschnitte sind im übrigen leicht konvex und mit spätglazialem Moränenmaterial ausgekleidet, welches Mächtigkeiten von einigen Dekametern erreichen kann (s. Fig. 68). In dieser Moränenmaterialdecke treten abschnittsweise spätglaziale Moränenformen auf (s. 1.4.1). Die unterschiedliche Ausprägung der Talhänge des Rofentals, die durch die unterschiedliche Dimension der hochgelegenen Karböden noch verstärkt wird, verleiht ihm ein asymmetrisches Talquerprofil. An der Kürze des Talzugs mag es v.a. liegen, daß keine ausgeprägte Treppung im Längsprofil mit der Aufgliederung in Bekken- und Schwellenbereiche auftritt, denn talabwärts im Ötztal tritt eine markante Treppung des Längsprofils auf. Daß es sich beim Rofental dennoch um ein stark glazial geprägtes Tal handelt, zeigt neben den aktuellen Gletschern o.e. Moränenmaterialdecke und starke glazialerosive Überformung der Festgesteinspartien. Dies läßt, wie im übrigen auch die unten beprochenen Verhältnisse in West-/ Zentralnorwegen, die klassische Trogtalform als Kennzeichen glazialer Talformen in kritischem Licht erscheinen.

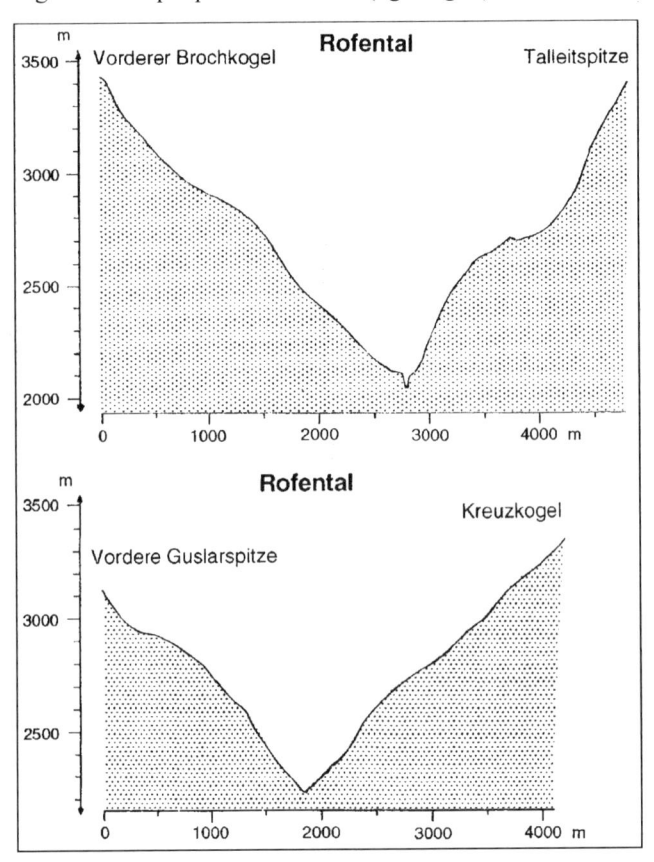

Fig. 130: Talquerprofile Rofental (vgl. Fig. 2)

7.2.2 West-/Zentralnorwegen

Die Großformen des west-/zentralnorwegischen Untersuchungsgebiets, die sowohl innerhalb desselben zwischen dem Gebiet des Jostedalsbre und dem Jotunheim, als auch zu den Ostalpen differieren, erklären sich im wesentlichen aus pleistozänglazialer Überformung eines aus unterschiedlichen präglazialen Formungsprozessen (vgl. 1.3.2) resultierenden jungtertiären Reliefs. Speziell in Westnorwegen wird dabei die wechselseitige Abhängigkeit zwischen präglazialen Oberflächenformen und

Abb. 68: Blick auf Ramolgruppe östlich Vent; links Latsch-, rechts Spiegelferner (Aufnahme: 08.07.1994)

pleistozäner glazialer Morphodynamik, welche ursächlich für den scharfen Kontrast zwischen Relikten der präglazialen Landoberfläche und glazial stark modifizierten bzw. glazialgenetischen Oberflächenformen verantwortlich zeichnet, deutlich. Der Kontrast zwischen hochgelegenen Verebnungsflächen und aus präglazialen Talvorläufern entstandenen pleistozänen Talnetzen findet sich aber nicht nur im Gebiet des Jostedalsbre, sondern auch im Jotunheimen, wo o.e. Kontrast durch differenten Einfluß der pleistozänen glazialen Erosionsprozesse i.d.R. weniger stark ausfällt. Durch unterschiedliches präglaziales Relief und glaziale Dynamik lassen sich Unterschiede im Großrelief zwischen den einzelnen Teilregionen des west-/zentralnorwegischen Untersuchungsgebiets erklären. Durch o.e. Einfluß des Reliefs auf Gletscherstandsschwankungen, Glaziologie und Glazialmorphologie sind diese Unterschiede auch in Hinblick auf die genetische Interpretation der Gletschervorfelder zu beachten.

Das Gebiet des Jostedalsbre ist großmorphologisch der westnorwegischen Fjordregion zuzuordnen. Die vom Jostedalsbre-"plateau" als Ansatzpunkt aus radial in alle Himmelsrichtungen verlaufenden Talzüge stellen fast ausnahmslos Tributäre der inneren Bereiche des Sognefjord-Systems (in Süden) bzw. Nordfjord-Systems (im Norden) dar (s. Fig. 3). Die Verebnungsfläche des Gletscherbetts des Jostedalsbre selbst kann nach aktuellen seismischen Messungen (SÆTRANG & WOLD 1986; pers. Mittlg. J.Bogen) heute nicht mehr als Relikt einer (exhumierten)

Abb. 69: Hochplateau von Hauganosi (ca. 1400/50 m) mit Jostedalsbreen im Hintergrund (Aufnahme: 16.08.1994)

Rumpffläche (STRØM 1948 etc.) interpretiert werden, sondern verlangt eine Ansprache als komplexe, zusammengesetzte Verebnungsfläche moderaten Reliefs. Die genetisch bereits der Übergangszeit zwischen alt-/mitteltertiären flächenhaft wirkenden und jungtertiären fluvial-linearen Abtragungsprozessen zuzuordnende Verebnung setzt sich aus einzelnen Kuppen, Becken und flachen, zu den eigentlichen Talzügen überleitenden Talansätzen zusammen. Die plateauähnliche Oberflächenform wird so beinahe ausschließlich durch die ebene Eisoberfläche des Jostedalsbre gebildet, womit Gletscheroberfläche und Gletscherbett in gewissem Kontrast zueinander stehen. Diese, wenn nicht zeitlich, so doch zumindest aufgrund Stellung in der polygenetischen Reliefgenese dem Firnfeldniveau der Ostalpen vergleichbare Verebnung war im scharfen Kontrast zu den umgebenden Talzügen (s.u.) nur geringer pleistozäner glazialer Erosion ausgesetzt und hat wie die weitläufigen benachbarten Verebnungsflächen beiderseits des Sognefjord ihren ebenen Oberflächencharakter bewahren können. Während der pleistozänen Vereisungen lagen die Verebnungen im Zentralbereich der Eisschilde und waren, dies legt die vergleichsweise geringe glazialerosive Überformung nahe, von weitgehend inaktivem Eis bedeckt (d.h. während weiter Phasen innerhalb der Vereisungen vermutlich kaltbasale Konditionen). Der Eisabfluß von diesen Kulminationszentren konzentrierte sich auf präglaziale Flußnetze, Vorläufer der heutigen Fjordsysteme, in welchen die glaziale Erosion enorme Wirkungskraft entfaltete.

Obwohl die Fjorde Westnorwegens als Musterbeispiele glazialer Talformen gelten, ist ihr polygenetischer Charakter als unumstritten zu bezeichnen (vgl. AHLMANN 1919, GJESSING 1956, 1966b, 1978, HOLTEDAHL 1967, 1975, AARSETH 1980, SYVITSKI, BURREL & SKEI 1987, NESJE & WHILLIANS 1994 etc.). Trotz der Bedeutung jungtertiärer bzw. frühpleistozäner fluvialer Dränagemuster bei Anlage der Fjorde (in Analogie zur Genese der Talformen in den Ostalpen) und vorhandenen Felsterrassen als Relikte ehemaliger Talböden (s.a. Abb. 4) zeigt die Übertiefung der Fjorde in Verbindung mit der großen Mächtigkeit korrelater Sedimente auf dem Kontinentalschelf (HOLTEDAHL 1993 etc.) die enorme Abtragungsleistung pleistozäner Gletscher an (vgl. Kalkulation der pleistozänen Erosion bei NESJE ET AL. 1992; s.a. KLEMSDAL 1985, KLEMSDAL & SJULSEN 1988). Die Fjorde, Fjordtäler und „Trogtäler" (s.u.) in Westnorwegen besitzen beinahe ausnahmslos eine typische glazialgenetische Treppung im Längsprofil mit Aufgliederung in Becken- und Schwellenbereiche (z.B. Joste- und Oldedalen). Die großmaßstäbliche Anordnung von Schwellen und Becken der Hauptfjorde/-täler (Sognefjorden, Nordfjord, Jostedalen) kann wie im kleineren Maßstab am Beispiel der Täler der Jostedalsbreen-Outletgletscher empirisch gut mit der Konfluenz-Diffluenz-Theorie erklärt werden, d.h. verstärkter Erosion in Zonen erhöhter Eismächtigkeit, Abflußgeschwindigkeit und damit günstigerem thermalen Regime (warmbasal) an der Gletscherbasis bei geringerer Effektivität glazialer Erosionsprozesse in Bereichen der Eismächtigkeitsabnahme bei Trans- oder Diffluenz (s. HOLTEDAHL 1967 etc.). Selbst wenn lokal zusätzlich petrographische oder evtl. tektonische Faktoren bei der Lokalisation der Schwellen und Becken einen begrenzten Einfluß ausgeübt haben, kann der scharfe Kontrast zwischen seichten Fjordmündungsschwellen und über 1300 m übertieften inneren Fjordbecken anders nicht erklärt werden, ebenso das Auftreten von Talmündungsschwellen an Hängetälern.

Für die Ausprägung der Gletschervorfelder ist die Schwellen-Becken-Struktur der Täler von großer Bedeutung. Speziell in den Beckenbereichen, die z.gr.T. präboreal mit glazifluvialen Sedimenten (lokal auch Moränenmaterial) aufsedimentiert worden sind, ist das Gefälle äußerst gering, der Talboden flach und eben, was erheblichen Einfluß auf die Ausbildung von Moränen und die Konfiguration des gesamten Gletschervorfelds hat (s. KLAKEGG ET AL. 1989; vgl. Abb. 70). Neben ausgedehnten (präboreal angelegten) Sanderflächen (z.B. Fåbergstølsgrandane/Jostedalen, Tunsbergdalen; s. 7.4) existieren auch proglaziale Seen im Bereich dieser glazialgenetischen Becken (Brigsdalsbreen, Nigardsbreen), wobei Letztere allerdings erst im Zuge der frührezenten Gletschervorstöße nach zwischenzeitlicher postglazialer Aufschüttung erneut ausgeräumt wurden.

Im Gegensatz zum Längsprofil weicht der Talquerschnitt vieler Täler/Fjorde im Bereich des Jostedalsbre von einer „lehrbuchkonformen" Trogtalform ab, zumindest bei Berücksichtigung des Talquerschnitts im anstehenden Festgestein. Treten trogtalförmige Talquerschnitte auf, sind sie i.d.R.

Produkt postglazialer Verfüllung mit glazifluvialen/fluvialen Sedimenten bzw. Ausbildung von Hangschuttkegeln/Schwemmfächern an der Basis der steilen Talflanken (evtl. zusätzlicher Einfluß spätglazialen/ präborealen Moränenmaterials). Viel häufiger sind jedoch, speziell unter Berücksichtigung o.e. postsedimentärer Lockersedimente, paraboloide Talquerschnitte. Die flachen Tal-/ Fjordböden sind generell einzig Ergebnis postsedimentärer Verfüllung. In einzelnen Schwellenbereichen (z.B. des Jostedal) entspricht der Talquerschnitt zudem eher fluvialgenetischen Kerbtälern (trotz unbestrittener glazialerosiver Überformung !).

Abb. 70 : Oldedalen; Blick vom Aufstieg zum Kattanakken; vgl. Fig. 3 (Aufnahme: 30.08.1992)

Die Talfanken der angesprochenen Täler und Fjorde sind zumeist nur geringmächtig von Verwitterungsschutt bzw. spätglazialem/präborealem Moränenmaterial bedeckt. Die aktuelle (wie holozäne) Verwitterungsschuttproduktion ist aufgrund klimatischer wie petrographischer Unterschiede im Bereich des Jostedalsbre größtenteils weit geringer als im ostalpinen Untersuchungsgebiet, was bei Interpretation der Gletschervorfelder und Sedimentologie seines Moränenmaterials zu berücksichtigen ist. Im Kontrast zu den sich intensiv verzahnenden mächtiger Hangschuttkegeln/-halden der Ostalpen konzentriert sich die Hangerosionsaktivität in Westnorwegen v.a. auf dominante Erosionskerben/-rinnen mit polygenetischen Formungsprozessen des Aufbaus von Hangschuttkegeln/Schwemmfächern durch Lawinenaktivität, Steinschlag, Schuttmuren etc.

Zur Definiton der Begriffe Fjord, Fjordtal und Trogtal in Westnorwegen ist anzumerken, daß die heute Meeresinlets darstellenden Fjorde ihre terrestrische Fortsetzung i.d.R. in (subaerischen) Fjordtälern haben, d.h. ehemalige Abschnitte der Fjorde, die im Zuge der isostatischen Hebung Skandinaviens im Verbund mit starker (meist präborealer glazifluvialer) Aufsedimentation landfest wurden. Diese Täler liegen unter dem (während der Deglaziationsphase erreichten) marinen Limit (s. 1.4.2) und waren so v.a. in der Periode des raschen Gletscherrückzugs Ende der Jüngeren Dryas bzw. im Präboreal durch ein marines Sedimentationsmilieu geprägt. Dadurch unterscheiden sich die Deglaziations-Sedimentationsmilieus der Fjordtäler von denen während der gesamten Deglaziationsperiode terrestrischer Trogtäler. Bemerkenswertes Phänomen der Fjordtälern sind die abrupten Talköpfe, die auch im Untersuchungsgebiet auftreten und für die Entstehung markanter Eisbrüche der ins Tal abfließenden Outletgletscher des Jostedalsbre verantwortlich sind (z.B. Bøyabreen, Bergsetbreen, Kjenndalsbreen). Allerdings zeigen neuere seismische Messungen (s.o.) auch, daß speziell im Falle der mittleren und langen Outletgletscher an der Südostflanke des Jostedalsbre (z.B. Nigards- oder Tunsbergdalsbreen) die Täler eine weniger steile „Fortsetzung" bis in die höchsten Bereiche der Verebnungsfläche besitzen, also nicht derart steil über den „Plateaurand" abbrechen, wie es z.B. die (unvergletscherten) Fjordtalköpfte im Flåmsdalen, Nærøydalen oder Isterdalen (Romsdalen) induzieren.

Das Hurrungane-Massiv im westlichen Jotunheimen im Übergangsbereich zwischen westnorwegischer Fjordregion und zentralem Jotunheimen (s. Abb. 71) muß als „alpinster" Teil des Jotunheim gelten, selbst wenn die oft als „alpinotyp" angesprochene Landschaft des zentralen und östlichen Jotunheim (vgl.

Abb. 71: Hurrungane-Massiv mit Styggedalsbreen zentral im Bild (vgl. Fig. 4); Blick vom Aufstieg zum Fannaråken (Aufnahme: 07.08.1994)

GJESSING 1978, BATTEY & BRYHNI 1981) bedeutende Unterschiede zum Relief des namensgebenden Gebirges aufweist. Während in den Ostalpen die vorhandenen Relikte präglazialer Oberflächenformen trotz verbreiteten Vorkommens nicht den Charakter eines durch tiefeingeschnittene Talsysteme und zugeschärfte steile Gebirgskämme geprägten Hochgebirgsreliefs wesentlich modifizieren, besitzen die Verebnungen im Jotunheimen sehr viel größere Bedeutung bezüglich des Großreliefs und nehmen eine ungleich größere Fläche des Gebirges ein. So besteht das Jotunheimen vielmehr aus einzelnen, teilweise stark glazialerosiv umgestalteten Gebirgsmassiven, welche auf großflächigen Verebnungen präglazialen Ursprungs als „Inselgebirge" aufsitzen (s. Abb. 72) und zusätzlich durch kleinere Relikte von Verebnungsflächen (lokal als *flya* bzw. *flyi* bezeichnet, z.B. Juv- oder Skautflya; s. Abb. 73) gegliedert werden. Manche der Berggipfel speziell im zentralen und östlichen Jotunheimen wirken mit ihren sanften Hangformen bzw. vorhandene Gipfelplateaus durchaus „paläisch" und zeigen vergleichsweise geringe glazialerosive Modifikation im Pleistozän an (z.B. Glittertind, Fannaråken). Gleichzeitig sind in diese Berggipfel große Kare mit stellenweise senkrechten Karrrückwänden hineinerodiert (z.B. Galdhøpiggen, Glittertind, Fannaråken; deutliche Präferenz der Leelagen - PIPPAN 1965), so daß von einer stark selektiven glazialen Erosion ausgegangen werden muß. Jene modifizierte zwar Verebnungsflächen und paläische Gipfelformen nur verhältnismäßig leicht, abhängig von Schneeakkumulation, Exposition und Lage zum pleistozänen Eisabfluß entfaltete sie an anderer Stelle dagegen enorme Wirkung.

Die partielle Zuschärfung der Gipfelmassive durch Kare bzw. Talansätze ist es, die die Charakterisierung des Reliefs des Jotunheim als „alpin" erklärt, wobei speziell auch in Hinblick auf die Interpretation des Reliefeinflusses auf die Gletschervorfelder bzw. Gletschermorphologie diese Ansprache aufgrund der vielfältigen Unterschiede nicht sinnvoll erscheint. Der jungtertiäre Ursprung der Täler tritt im Bereich des Jotunheim deutlicher zu Tage als in Westnorwegen, z.B. in Form

Abb. 72: Smørstabtindane mit Smørstabbreen; Blick vom Fannaråken (Aufnahme: 07.08.1994)

offener Trogtäler mit Talwasserscheiden (z.B. Transfluenzpaß zwischen Leir- und Visdalen; vgl. Fig. 4). Trotz deutlicher glazialerosiver Überformung und typischer glazialer Treppung sind v.a. die nicht parallel zum pleistozänen Eisabfluß verlaufenden Täler vergleichsweise gering eingeschnitten und die Talquerprofile entsprechen sehr flachen Trogtalformen. Die weiten Täler weisen zumeist mächtiges, v.a. spätglaziales bzw. präboreales Moränenmaterial und glazifluviale Sedimente auf, die auch die sanft ansteigenden unteren Talhänge bedecken (s.a. SOLLID & TROLLVIKA

Abb. 73: Skautflya, westlicher Teil; Blick nach N (Aufnahme: 24.08.1993)

1991). In steilen Talhangbereichen finden sich Hangschuttablagerungen, wobei in Kontrast zu Westnorwegen Festgestein sehr viel seltener an der Talflanken exponiert ansteht.

Das spezielle Relief des Jotunheim ist für zahlreiche Unterschiede in Glaziologie und Glazialmorphologie zum Gebiet des Jostedalsbre mitverantwortlich. Neben der differenten Gletschermorphologie ist u.a. das Auftreten von Karlingen und zugeschärften Felsgraten zu nennen, die (teilweise als pleistozäne Nunatakker) starker Frostverwitterung ausgesetzt sind. Klimatisch und petrographisch bedingt verursachen sie ein verstärktes Auftreten supraglazialen Debris (wie in den Ostalpen), während dies an den Outletgletschern des Jostedalsbre nur in Ausnahmen der Fall ist, mit erheblichen Konsequenzen auf Glazialmorphologie der Gletschervorfelder und Sedimentologie des frührezenten Moränenmaterials.

7.3 GLETSCHERVORFELDER IM ROFENTAL

7.3.1 Vernagtferner

Das Gletschervorfeld des während der frührezenten Hochstände mit dem Guslarferner vereinigten Vernagtferners (s. Fig. 2) wurde als Beispiel der Gletschervorfelder des Untersuchungsgebiets Rofental detaillierten Studien unterzogen. Gut bekannte Gletscherstandsschwankungschronologie (s. 5.2.1), umfangreiche frühere Untersuchungen des Verfassers (WINKLER 1991, WINKLER & HAGEDORN 1994) und repräsentativer Charakter bezüglich alpiner Talgletscher lieferten den Ausschlag für diese Wahl. Am Vernagtferner bietet sich eine Zweigliederung des frührezenten Gletschervorfelds an. Als gletschergeschichtliche und morphologische Grenze kann die Eisrandlage von 1902 gelten, d.h. die maximale Position des Vorstoßes 1898/1902. Diese trennt den unteren Teil des Vernagttals mit seiner speziellen Morphologie vom „klassisch" ausgebildeten oberen Talbereich ab. Auch aufgrund glazialdynamischer Gründe und differentem Großreliefs drängt sich diese Zweiteilung auf. Während das untere Vernagttal durch ein zur Mündung ins Rofental hin sukzessive zunehmendes Gefälle gekennzeichnet ist, ist dieses im oberen Talabschnitt deutlich geringer. Das obere Vernagttal geht aus den gegliederten Verebnungsflächen des Firnbeckens des Vernagtferners als weite asymmetrische trogtalähnliche Talform hervor und wird im Übergangsbereich östlich vom Schwarzkögele (3079 m) und einer großen Felsschwelle (2940 - 2880 m Kantenhöhe) flankiert (s. Abb. 74). Das untere Vernagttal besitzt dagegen bei sich zur Mündung hin verengender Talbreite deutlichen Kerbtalcharakter bzw. einen paraboloiden Talquerschnitt, wobei es eine „typische" glaziale Talform vermissen läßt.

Die o.e., von hohen Felsgraten und Gipfeln umrahmte Firnmulde des Vernagtferners als Relikt des präglazialen Firnfeldniveaus ist aus verschiedenen, verhältnismäßig ebenen Teilsegmenten zusammengesetzt und wird durch Felsschwellen intern gegliedert (MILLER 1972, MOSER ET AL. 1986). Die Asymmetrie des oberen Vernagttals wird v.a. durch das o.e. Schwarzkögele und eine Felsschwelle verursacht. Letztere grenzt ein relativ breites, holozän nicht überformtes Areal am Fuß des Platteikamms ab. Die gegenüberliegende, westliche Talseite wird dagegen durch den steil aufragenden Hintergraslkamm gebildet. Das Tal des Guslarferners (s.u.), das südöstlich des Hintergraslkamms/Hintergrasls in das Vernagttal einmündet, weist im übrigen eine rd. 150 m hohe, wenig markante Talmündungsstufe auf, welche weder eine tiefeingeschnittene Klamm, noch oberflächlich anstehendes Festgestein aufweist.

Im unteren Vernagttal, durch das der Gletscher während der frührezenten Gletscherhochstandsphase viermal bis zur maximalen Eisrandposition im Rofental vorstieß, befindet sich eine vergleichsweise geringe Anzahl glazialmorphologischer Formenelemente. Ausnahmen sind u.a. einige Moränen/-fragmente an der westlichen Talseite und ein größerer Moränenrücken in lateraler Position im westlichen äußeren Vorfeld, der abschnittsweise zweikämmig ausgebildet ist (s. Abb. 75). Diese Moräne, wie andere Oberflächenformen im äußersten Abschnitt des Gletschervorfelds, sind durch die spezielle Situation der Aufstauung des Rofener Eisstausees während der frührezenten Hochstandsphasen bzw. dem langsamen Niedertauen debrisbedeckter Tot-/Stagnateisreste genetisch problematisch zu interpretieren. Durch stets nur kurz andauernden Maximalstand und Überformung im Zuge der Seeausbrüche bzw. postsedimentäre Hangerosion sind auch an der der Talmündung des Vernagttals gegenüberliegenden Zwerchwand nur schwer identifizierbare Moränenrelikte als Zeugen des frührezenten Maximalstands erhalten (s.a. FINSTERWALDER 1897).

Abb. 74: Oberes Vernagttal mit Blick auf den Vernagtferner (Aufnahme: 18.07.1993)

Abb. 75: Lateralmoränenfragment im westlichen unteren Vernagttal (Aufnahme: 06.07.1994)

Von o.e. Relikten abgesehen, fehlen am Vernagtferner deutliche Endmoränen des frührezenten Hochstands, wie sie an den anderen Gletschern im Rofental teilweise gut ausgebildet vorhanden sind (s.u.). Gleiches gilt auch für Lateral- bzw. Laterofrontalmoränen im äußersten

Vorfeldabschnitt. Diese Verhältnisse müssen der speziellen Situation der als Eisdamm fungierenden Gletscherzunge zugeschrieben werden und dürfen nicht glazialdynamisch/gletscherstandsschwankungschronologisch interpretiert werden.

Bemerkenswert ist die Auflösung der im oberen Vernagttal dominierenden Lateralmoränen talabwärts der Einmündung des Tals des Guslarferners. Während die östliche Lateralmoräne südlich des Übertritts des den frührezent nicht glazial überformten Bereichs unterhalb des Platteikamms drainierenden Gerinnes ins Gletschervorfeld in eine stellenweise nur sehr schlecht ausgeprägte laterale

Abb. 76: Laterale Erosionskante im östlichen unteren Vernagttal; man beachte die Plaiken oberhalb der Grenze frührezenter glazialer Überformung (Aufnahme: 21.07.1990)

Erosionskante übergeht (deren aktuelle Position/Höhenlage durch abschnittsweise starke Hangerosionsprozesse nicht mehr der ursprünglichen lateralen frührezenten Eisrandlage entspricht; s. Abb. 76), löst sich die ins untere Vernagttal umbiegende südliche Lateralmoräne des Guslarferners auf kurze Distanz sukzessive als Wallform auf und geht in eine laterale Erosionskante über. Im Gegensatz zur östlichen lateralen Erosionskante existiert aber dort neben einer Moräne des 1898/1902er Vorstoßes (s.u.) sowohl ein kurzer subsequenter Lateralmoränenrücken nahe der Umbiegungsstelle (s. Abb. 77), als auch zwei kurze Lateralmoränen an der Grenze des frührezenten Gletschervorfelds, welche sich v.a. im Vegetationsbesatz deutlich von den während des letzten frührezenten Hochstands (1844/48) überfahrenen Arealen unterscheiden.

Lichenometrische Untersuchungen in Kombination mit Schmidt-Hammer-Messungen (WINKLER & SHAKESBY 1995) verlangen eine Zuordnung zu einem älteren frührezenten Hochstand für beide Moränen (um 1680). Obwohl von der Position her zunächst nicht auf eine gemeinsame Entstehungszeit geschlossen werden kann, sondern auf zwei unterschiedliche Eisrandpositionen, legen die lichenometrischen Untersuchungen die Schlußfolgerung nahe, daß es sich um gleichalte Formen handelt. O.e. subsequente Lateralmoräne ist nach lichenometrischer Datierung um

Abb. 77: Subsequente Lateralmoräne im westlichen unteren Vernagttal; vermutlich um 1870 entstanden (Aufnahme: 06.07.1994)

1870 entstanden, d.h. während einer vermuteten Stillstandsphase innerhalb der großen Rückzugsphase nach dem letzten frührezenten Hochstand.

Während im inneren Vorfeld die Grenze zwischen frührezentem Gletschervorfeld, markiert durch mächtige Lateralmoränen, und nicht überformten Arealen deutlich auszumachen ist, ist sie im äußeren Vorfeldbereich oft nur unsicher zu lokalisieren. Außerhalb des Vorfelds zeigt die gut entwickelte Vegetation (alpine Matten) zusammen mit v.a. jenseits der südwestlichen Grenze frührezenter Überformung erhaltenen Relikten fossiler Solifluktionsloben an, daß dieser Bereich während des Holozän nicht überformt wurde.

Die v.a. im östlichen Vorfeld ausgeprägte laterale Erosionskante repräsentiert in weiten Abschnitten nicht die frührezente laterale Eisrandposition (vgl.a. FINSTERWALDER 1897). Starke Hangerosionsprozesse im spätglazialen bzw. präborealen Moränenmaterial oberhalb der frührezenten lateral marginalen Eisrandposition und die Übersteilung der Talflanken bzw. Zerstörung der konsolidierenden Vegetationsdecke durch glaziale Erosionsprozesse während der frührezenten Vorstoßphasen führten zu einer starken Rückversetzung der lateralen Erosionskante, die auch aktuell wirksam ist. So liegen die noch bei RICHTER (1885) beschriebenen „musterhaften" Erdpyramiden nur noch in Relikten vor und das angesprochene Areal ist von tiefen Erosionsrinnen zerfurcht. Jenes Areal zeigt durch eine deutliche Ausbuchtung der Erosionskante und deren ungewöhnlich große Höhenlage eine besonders wirksame Hangerosion an, wie sie auch in anderen steileren moränenmaterialbedeckten Talhangabschnitten im Rofental stattfindet. Der inkompakte Charakter des spätglazialen Moränenmaterials führt zur Entstehung und schnellen Weiterbildung von Plaiken (STRECKER 1985) an Stellen punktueller Zerstörung der Vegetation/Grasnarbe (z.B. durch Weideschäden). In Bereichen starker Hangerosion ist eine eindeutige Differenzierung zwischen umgelagertem spätglazialen und primärem frührezenten Moränenmaterial nicht praktizierbar.

Die Festgesteinsausbisse im oberen Abschnitt des unteren Vernagttals zeigen deutliche glazialerosive Umgestaltung zu Rundhöckern mit tal- und damit eisbewegungsparallelen Gletscherschrammen. Lediglich auf Festgesteinspartien kurz unterhalb der Einmündung des Tals des Guslarferners sind die Gletscherschrammen bimodal ausgebildet und zeigen eine talparallele Eisbewegung bzw. einen Eisfluß aus dem Tal des Guslarferners umbiegend ins Vernagttal an.

Verschiedene Faktoren müssen zur Erklärung der speziellen glazialmorphologischen Ausbildung des unteren Vernagttals herangezogen werden. Das Ausgangsrelief mit steilen Talflanken in relativ unkonsolidiertem und bei Zerstörung der konservierenden Vegetationsdecke schnell instabil werdenden spätglazialen Moränenmaterials ist Voraussetzung für die Ausbildung der lateralen Erosionskanten. Daß in diesem Vorfeldabschnitt außer (durch starke sekundäre Hangerosion quantitativ nur schwer abschätzbarer) glazialer Erosion auch Akkumulation von Moränenmaterial während der frührezenten Gletschervorstöße stattgefunden hat, kann nur als wahrscheinlich angenommen werden, da außer den o.e. kurzen (z.T. subsequenten) Lateralmoränen keine Moränenformen auftreten, sondern ungegliederte Moränenmaterialablagerungen. Das weitgehende Fehlen glazialer Akkumulationsformen im lateralmarginalen Bereich des äußeren Gletschervorfelds kann glazialdynamisch erklärt werden, da die jeweilige maximale laterale Eisrandposition nur sehr kurz während der frührezenten (bzw. evtl. vorherigen holozänen) Hochstandsphasen erreicht wurde. Aus der Gletscherstandsschwankungschronolgie des Vernagtferners (s. 5.2.1) findet diese Theorie ihre Bestätigung. Nach den (extrem schnellen und kurzfristigen) Vorstoßphasen, in welchen o.e. lateral-marginale Maximalposition erreicht werden konnte, vollzog sich der Gletscherrückzug rasch und vermutlich v.a. durch inaktives Niedertauen (mit der Abgliederung von Stagnanteiskomplexen; vgl. Darstellung des Zustands der Gletscherzunge 1882 bei RICHTER 1885). Damit fehlt glazialdynamisch die Möglichkeit einer längeren Periode des *dumping* supraglazialen Debris bei längerfristig konstanter lateraler Gletschergrenze, wie sie für den Aufbau dominierender Lateralmoränen alpinen Typs Voraussetzung ist. Ferner dürfte der Niedertauprozeß die Hangerosion durch Auftreten von Schmelzwasser verstärkt haben. Die kurze, subsequente und auf rd. 1870 (lichenometrisch) datierte Lateralmoräne (s.o.) müßte damit während einer Stillstandsphase (oder eines leichten partiellen) Wiedervorstoßes innerhalb der Rückzugsphase entstanden sein. Die nur abschnittsweise Existenz deutet dabei auf glazialdynamisch lokale Prozesse an der Gletscherzunge hin, wobei der Charakter des Moränenmaterials die Beteiligung von Aufstauchungsprozessen (sensu lato) bei deren Genese nicht ausschließt. Dieser glazialdynamischen Argumentation folgend müßten die beiden jungfrührezenten Lateralmoränen (s.o.) auch nicht während der Hauptphase des Vorstoßes um 1680 aufgebaut worden sein, sondern kurz darauf während einer Stillstandsphase. Gleiches gilt (allerdings durch die Existenz von Tot-/Staganteis nur als Vermutung aufzufassen) für die Lateralmoräne im tiefstgelegenen Bereich des unteren Gletschervorfelds.

Der kurze, aber weite Gletschervorstoß 1898 - 1902 ist durch eine Serie von Aquarellen von R.RESCHREITER (Museum des Österreichischen Alpenvereins, Innsbruck) auf imposante und exakte Weise dargestellt (s. Abb. 78,79), so daß sich auch Aussagen über die glazialmorphologischen Prozesse während dieses Vorstoßes treffen lassen. Ein deutlicher, während dieses Vorstoßes entstandener Moränenrücken ist nur auf der westlichen Talseite im Bereich der Mündung des Tals des Guslarferners ausgebildet (s. Abb. 80). Der grobblockige, wenige Meter hohe Wall nimmt talabwärts seines Ansatzpunktes am Lateralmoränenzwickel des Hintergrasls an Höhe und Mächtigkeit etwas ab, während an der gegenüberliegenden Talseite eine korrespondierende Moräne fehlt. Stattdessen liegen zwei niedrige und abschnittsweise fragmentierte Moränenrücken vor (glazifluvial überformt durch den Schmelzwasserabfluß des Platteikamm-Bereichs). Diese könnten als korrespondierende Eisrandpositionen gedeutet werden, was der Verfasser speziell im Fall des äußeren Moränenrückens für möglich hält. Die Moränenfragmente sind maximal 2 m hoch, relativ feinmaterialreich und die Komponenten besitzen einen durchschnittlichen Zurundungsindex, der etwas höher als bei den eigentlichen Lateralmoränenkämmen liegt (Zurundungsmessung VR 15; s. Fig. 131). Aufstauchung subglazialen Moränenmaterials hat zusammen mit *dumping* supraglazialen Moränenmaterials speziell in den laterofrontalen Partien am Aufbau dieser Moränen mitgewirkt. Die Existenz zweier Moränenrücken deutet auf eine differente Glazialdynamik der unterschiedlichen Zungenteilbereiche hin, resultierend aus unterschiedlichem Eiszutrag und differenten Eisbewegungslinien.

Abb. 78: Guslar- und Vernagtferner im Sommer 1898 (Aquarell: R.RESCHREITER - Museums des Österreichischen Alpenvereins, Innsbruck)

Die nur einseitige Ausbildung einer markanten End-/Laterofrontalmoräne während des 1898/1902er Vorstoßes auf der westlichen Talseite ist auf unterschiedlichen Debriszutrag zurückzuführen. Vor diesem Vorstoß befand sich im Bereich der Konfluenznaht von Guslar-

Abb. 79: Guslar- und Vernagtferner im Sommer 1900 (Aquarell: R.RESCHREITER - Museums des Österreichischen Alpenvereins, Innsbruck)

Abb. 80: Laterofrontalmoräne des 1898/1902er Vorstoßes im westlichen Vorfeld (Aufnahme: 21.09.1993)

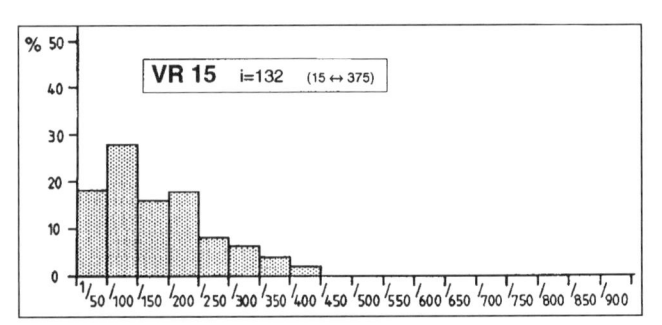

Fig. 131: Zurundungsmessung VR 15 (Kamm obere subsequente Laterofrontalmoräne im östlichen Gletschervorfeld); „i" markiert den durchschnittlichen Zurundungsindex, die Werte in Klammern minimale bzw. maximale Zurundungswerte

und Vernagtferner eine mehrere Dekameter hohe supraglaziale Medialmoräne des *ice-stream interaction model* (s. Abb. 78). Die mächtige supraglaziale Medialmoräne (s.a. RICHTER 1885, FINSTERWALDER 1897, BLÜMCKE & HESS 1897) bestand nach der 1893 erfolgten Trennung von Guslar- und Vernagtferner als Eiskernmoräne in unveränderter Position weiterhin, bevor sie wenige Jahre später im Zuge des 1898/1902er Vorstoßes vom Vernagtferner überfahren bzw. abgedrängt wurde. D.h., das Moränenmaterial wurde teilweise erneut aufgenommen/ remobilisiert, in das Gletschertransportsystem eingebunden und anschließend erneut an der laterofrontalen Gletscherfront abgelagert. Abnahme der Höhe des Moränenwalls, seine Position, einseitige Ausbildung und Grobblockigkeit läßt sich durch diesen auch auf den Aquarellen von R.RESCHREITER deutlich dargestellten Prozeß zweifelsfrei erklären. Aufgrund der begrenzten Mächtigkeit von wenigen Metern muß auf eine relativ geringmächtige supraglaziale Moränenmaterialdecke über einem mächtigen Toteiskern der ehemaligen Medialmoräne geschlossen werden (was auch die Darstellung bei RICHTER nahelegt). Im östlichen Vorfeld fehlte eine solche Quelle von Material für den Aufbau eines Moränenrückens, so daß als Konsequenz die Genese einer (vergleichsweise deutlichen) Moräne im westlichen Vorfeld nicht mit Vorstoßdauer bzw. -distanz in Beziehung gesetzt werden darf, sondern durch spezielle Formungsprozesse des Überfahrens/Abdrängens einer existierenden (Eiskern-)Moränenform, die als Quelle für im Zuge dieses Vorstoßes „resedimentierten" Moränenmaterials diente.

Der Teil des Gletschervorfelds des Vernagtferners innerhalb der 1902er Eisrandposition wird in einer für ostalpine Verhältnisse als typisch zu bezeichnenden Konfiguration von mächtigen Lateralmoränen dominiert, die zugleich dessen lateral-marginale Abgrenzung darstellen (s.a. Abb. 74). Die Moränenmaterialdecke ist in diesem Areal durchschnittlich 4 bis 5 m mächtig, mit maximalen Werten von über 12 m (MOSER ET AL. 1986). Gleichzeitig ist in Teilbereichen aber auch das anstehende Festgestein exponiert. Sowohl o.e. Moränen des 1898/1902er Vorstoßes, als auch End-/Laterofrontalmoränen des rezenten Gletschervorstoßes 1977/85 stehen in ihrer Dimension in scharfem Kontrast zu den Lateralmoränen, stellen aber dennoch neben Letztgenannten die einzigen morphologisch eindeutig anzusprechenden Moränenformen im inneren Teil des Gletschervorfelds dar.

Während o.e. End-/Laterofrontalmoränen im Verlauf der jüngsten frührezenten/rezenten Gletschervorstöße gebildet wurden und diesen Vorstoßereignissen eindeutig zuzuordnen sind, ist eine solche Schlußfolgerung für die mächtigen und auf beiden Talseiten annähernd symmetrisch ausgebildeten Lateralmoränen wenig plausibel. Stattdessen muß ein sukzessiver Aufbau während des gesamten Holozän angenommen werden. Nur im Bereich des von den Lateralmoränen des Guslar- und Vernagtferners unterhalb des Hintergraslkamms gebildeten Moränenzwickels, dem Hintergrasl (Vernagt-Hintergrasl), sind Spuren holozäner Gletscheraktivität außerhalb der das frührezente Gletschervorfeld begrenzenden Lateralmoränen vorhanden. Drei stark überformte niedrige Moränenwälle verlaufen unterhalb der Vernagthütte parallel zur westlichen Lateralmoräne des Vernagtferners (s. Abb. 28). Nur undeutlich ausgeprägte morphologische Form und die starke, von den übrigen Arealen des Hintergrasls nicht zu unterscheidende Vegetationsdecke lassen den eindeutigen Schluß auf ein prä-frührezentes Alter zu. Obwohl diese Moränenrelikte (noch) nicht genau datiert werden konnten, tendiert der Verfasser zu einer Altersstellung ins mittlere bzw. ältere Holozän. In den übrigen Lateralmoränenabschnitten ist das distale Ablationstal deutliche Grenze holozäner Gletscheraktivität. Im Ablationstal der östlichen Lateralmoräne (s. Abb. 81) konnte der Verfasser u.a. eine fossile Bodenbildung entdecken, die obige Aussage untermauert. Das fossile Bodenprofil im Ablationstal auf 2770 m am aktiven Erosionshang eines kleinen Gerinnes muß pedologisch als fossile Parabraunerde interpretiert werden, bei erodiertem A-Horizont und späterer Verschüttung im Rahmen starker glazifluvialer Sedimentation (s. Fig. 132; Sedimentproben V 42 a-d: s. Anhang für detaillierte Ergebnisse der Korngrößenanalysen). Die Basis des Profils bildet glazialerosiv überformtes Festgestein, das chemisch bereits angewittert ist. Steine und Blöcke fehlen mit Ausnahme der Basisschicht im Aufschluß beinahe völlig. Am Top des Aufschlusses hat sich auf dem vermutlich frührezenten glazifluvialen Sediment (Schmelzwasserabfluß über den Lateralmoränenkamm in Verbindung mit als weniger bedeutend einzustufendem Abfluß aus dem Bereich des Schwarzkögeles bzw. Platteikamms oberhalb der östlich gelegenen Felsschwelle) ein 2 - 3 cm mächtiger Ah-Horizont unter einer geschlossenen Vegetationsdecke (alpine Gräser) entwickelt. An der Basis dieser hangenden Sedimentschicht treten vereinzelt Grobkiespartikel auf, wobei auch die sedimentologische Charakteristik (V 42c) zum überlagernden, extrem feinkörnigen Sediment (V 42d) differiert. Während dieser Übergang allerdings als graduell bezeichnet werden muß, ist die erosive Diskordanz zum unterlagernden fossilen Bt-Horizont sehr markant ausgebildet, auch in sedimentologischer Hinsicht (V 42b). Der Übergang des Bt-Horizonts zur liegenden, als Cv/C-Horizont zu interpretierenden Schicht (V 42a) ist erneut graduell, selbst wenn es geringfügige Unterschiede in der Korngrößenverteilung gibt. Genetisch kann dieses Bodenprofil als auf frühholozänem (evtl. spätglazialem) glazifluvialen Sediment entwickelte, wärmere Klimabedingungen repräsentierende Bodenbildung interpretiert werden, die im Zuge jungholozäner (frührezenter) Gletscherhochstände zuerst oberflächlich durch glazifluviale Aktivität im Ablationstal erodiert, später jedoch durch glazifluviale Akkumulation überschüttet wurde.

Abb. 81: Östliche Lateralmoräne des Vernagtferners; Blickrichtung talabwärts (Aufnahme: 13.07.1993)

Fig. 132: Aufschluß im Ablationstal der östlichen Lateralmoräne des Vernagtferners (Höhenlage 2770 m)

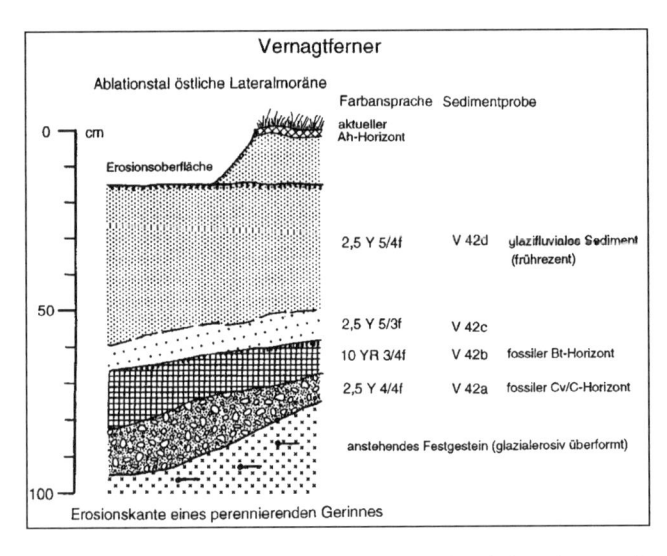

Vernagtferner
Ablationstal östliche Lateralmoräne

Tiefe	Farbansprache	Sedimentprobe	Horizont
0 cm			aktueller Ah-Horizont
	Erosionsoberfläche		
	2,5 Y 5/4f	V 42d	glazifluviales Sediment (frührezent)
50	2,5 Y 5/3f	V 42c	
	10 YR 3/4f	V 42b	fossiler Bt-Horizont
	2,5 Y 4/4f	V 42a	fossiler Cv/C-Horizont
	anstehendes Festgestein (glazialerosiv überformt)		
100			

Erosionskante eines perennierenden Gerinnes

Zusätzlich zu dieser Bodenbildung zeigen der dichte Flechten- und Moos-Überzug der Gesteinsblöcke und niedrige „r"-Werte bei Schmidt-Hammer-Messungen im Bereich des Ablationstals (WINKLER & SHAKESBY 1995) die fehlende glaziale Überformung im Holozän an, wobei gleiche Aussagen auch für die westliche Lateralmoräne oberhalb des Hintergrasls bzw. die Lateralmoränen des Guslarferners zutreffen (s.a. WINKLER 1991). Distal eines Lateralmoränensegments westlich des Schwarzkögeles zeigen typische Solifluktionsloben (auf 2910 m in S-SW-Exposition und 18° Hangneigung auf älterem Moränenmaterial/glazifluvialem Sediment) den Charakter als Grenze holozäner Eisaktivität ebenso wie die höchstgelegene Lateralmoräne östlich Schwarzkögele durch ihre typische morphologische Form, die eine Überformung im Zuge der frührezenten Vorstöße ausschließt.

Der Kamm der Lateralmoränen des Vernagtferners liegt bis zu 150 m über dem Vernagtbach bei einer Höhe der eigentlichen Lateralmoränenwälle von durchschnittlich 50 - 60 m. Die proximalen Hänge weisen Neigungen von 35° - 40°, im Extremfall 45° auf; die distalen Hänge sind dagegen nur 20 - 25°, maximal 30° steil. Die Lateralmoränen sind an den proximalen Flanken starken Hangerosionsprozessen ausgesetzt und in abschnittsweise regelmäßigen Abständen von 8 bis 10 m von tiefen Erosionsrinnen zerfurcht (vgl. Abb. 82). Die erosionsfördernde Steilheit der proximalen Moränenhänge kann eventuell auch auf bereits erfolgtes Austauen in der Lateralmoränenbasis eingebetteter Toteisreste zurückgeführt werden (entsprechende Hinweise bei FINSTERWALDER & HESS 1926). Der Ansatzpunkt der östlichen Lateralmoräne südlich des Schwarzkögeles liegt auf 2880 m, obwohl auch an West- und Nordflanke des Schwarzkögeles Lateralmoränensegmente vorhanden sind und nordöstlich des Schwarzkögeles als höchstgelegene Lateralmoräne am Vernagtferner ein mächtiger Moränenwall entstanden ist (Kammhöhe 3050 m). Letztgenannter besaß (besitzt?) eventuell partiell einen Eiskern, was permanentes Abrutschen des Moränenmaterials an der proximalen Flanke und Risse an dessen Kamm nahelegen. Der Moränenwall ist im Mittelkamm durch glazifluviale Erosion deutlich erniedrigt und ausgebuchtet. Sein Moränenmaterial (V 20) weist etwas geringeren Anteil von Fein-/Mittelkies verglichen mit den anderen Lateralmoränenabschnitten auf (s. Fig. 133). Das Auftreten en- oder subglazialen Materials an dieser Stelle kann mit dem vermuteten Auftreten von Scherungsflächen (verursacht durch das Schwarzkögele oder Gletscherbettunebenheiten) erklärt werden, zumal es sich beim angesprochenen Eiskern um an einer solchen Scherungsfläche abgespaltetes Stagnanteis handeln dürfte (vgl. entsprechendes Modell bei SMALL 1983).

Die sedimentologischen Charakteristika des Moränenmaterials der Lateralmoränen (z.B. V 1,18) sind Md-Werte (Korngrößenmediane) von über 1,5 mm und So-Werte zwischen 1,5 und 2,0. Etwas geringere So-Werte sind primär durch den Mangel an Feinmaterial des dominierenden supraglazialen Moränenmaterials begründet, also nicht das Ergebnis sekundärer postsedimentärer Überprägung durch korngrößensortierende Erosions-/Akkumulationsprozesse (z.B. glazifluvialer oder nivofluvialer Natur).

Die westliche Lateralmoräne hat ihren Ansatzpunkt auf 2900 m in einem teilweise abgedrängten/gekappten Schuttkegel unterhalb des Hintergraslkamms im intensiven Verzahnungsbereich zwischen Moränenmaterial und Hangschutt mit als polygenetisch zu bezeichnendem genetischen Charakter. Der Gletscher hat bei seinem Vorstoß lateral Hangschutt durch Anfrieren an der Basis aufgenommen und über kurze Distanz talabwärts transportiert, wodurch diese „Abdrängung" beim Aufbau des Lateralmoränenkamms mitgewirkt hat. Zusätzlich laufen die Transportbahnen der mächtigen supraglazialen Lateral-/Medialmoränen der Hintergraslzunge an der frontalen Kappungsfläche des Hangschuttkegels aus (s.u.; vgl. ACKERT (1984) mit ähnlichen Beispielen der Stauchung bzw. Abdrängung von Hangschutt im Tarfaladalen/Schwedisch Lappland). Das Ablationstal ist im Vergleich zu dem der östlichen Lateralmoräne weniger breit und grenzt direkt an die Hangschutthalden des Hintergraslkamms mit deutlicher Grenze zwischen angularem, feinmaterialfreien grobblockigen Hangschutt und Lateralmoränenmaterial. Während im Ablationstal der östlichen Lateralmoräne glazifluviale Sedimente vorliegen (s.o.), ist im Ablationstal der westlichen Lateralmoräne außer einem kleinen Kame kein stärkerer glazifluvialer Einfluß auszumachen. Aufgrund des Fehlens feinkörnigen Sediments und Auftreten residualer Schneeflekken bis weit in den Sommer hinein existiert dort keine Vegetationsdecke. Die deutliche Erniedrigung des Moränenkamms in seinem mittleren Abschnitt ist auf Hangerosionsprozesse zurückzuführen, v.a. auf Lawinenabgänge vom Hintergraslkamm und Abspülung durch den Moränenkamm überfließenden Schneeschmelzwassers, evtl. verstärkt durch Ausschmelzen von Toteisresten an dessen Basis.

Abb. 82: Erosionsrinnen im Mittelsegment der westlichen Lateralmoräne des Vernagtferners; man beachte die postsedimentäre Feinmaterialakkumulation an der Basis (Aufnahme: 20.09.1993)

Fig. 133: Dreiecksdiagramm Vernagtferner (Moränenmaterial des Gletschervorfelds)

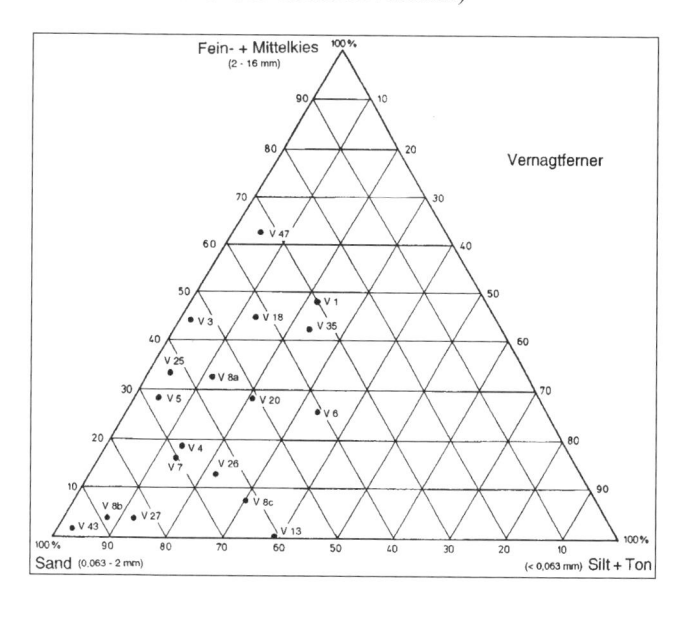

An verschiedenen Stellen der Basis der beiden Lateralmoränenwälle, v.a. im oberen Abschnitt der östlichen Lateralmoräne bzw. unteren Abschnitt der westlichen Lateralmoräne, durchbricht Festgestein das Moränenmaterial. Es zeigt deutliche glazialerosive Überformung in Form von talparallelen Gletscherschrammen, teilweise außerdem Einfluß glazifluvialerosiver Formung durch Umgestaltung zu *plastic sculptured forms* (s. Abb. 20). Die Festgesteinsausbisse belegen sowohl teilweise Orientierung der Lateralmoräne an Gesteinsstrukturen bei nur geringmächtiger Moränenmaterialdecke in Teilbereichen, als auch Einfluß steiler (Festgesteins-)Hänge als Widerlager für lateral-marginale Akkumulation durch den Gletscher. Letztgenannte Aussage läßt sich zusätzlich aus der Dominanz erosiver Prozesse an den lateral-marginalen Gletschergrenzen im Fall steiler Talhänge mit mächtiger Decke aus Lockersedimenten (z.B. unteres Vernagttal) ableiten (s.o.).

Zur Interpretation der Genese der Lateralmoränen wurde ein Querprofil mit mehreren Zurundungsmessungen vom Vernagtbach ansteigend zum Kamm der östlichen Lateralmoräne gelegt (s. Fig. 134). Als genereller Trend ergab sich eine Abnahme der durchschnittlichen Zurundungsindizes zum Lateralmoränenkamm hin. Genetisch verlangt dieser Befund eine Interpretation als Zunahme des Anteils supraglazialen (und damit angulareren) Moränenmaterials von Basis zu Kamm der Lateralmoräne. Die im Vergleich zum übrigen Gletschervorfeld relativ niedrigen Zurundungsindizes zeigen ferner, daß auch im Bereich der Basis der Lateralmoräne nur in begrenztem Umfang subglaziales Moränenmaterial durch Aufstauchung und andere Prozesse abgelagert wurde. Die von o.e. generellem Trend abweichenden Zurundungsmessungen VR 6 und VR 7 erklären sich aus der Erfassung einer linearen Grobblockkonzentration von *supraglacial morainic till* einer ehemaligen supraglazialen Medialmoräne (VR 6) bzw. eines kleinräumigen Areals als *lodgement till* anzusprechenden Moränenmaterials subglazialen Ursprungs (VR 7). Zurundungsmessungen entlang eines Längsprofils des Lateralmoränenkamms zeigten in Kontrast zu o.e. Messung nur unsignifikante Variationen der durchschnittlichen Zurundung, was in gleicher Weise für eine Meßreihe entlang der Lateralmoränenbasis gilt (s. Fig. 135; die höheren Zurundungsindizes deuten auf eine schmale Zone mit erhöhtem Anteil subglazialen Moränenmaterials entlang der gesamten Basis der Lateralmoräne hin; vgl. VR 7). Stärkere sedimentologische Unterschiede im Längsprofil der Lateralmoräne müssen entsprechend dieser Befunde ausgeschlossen und als Reaktion auf nur geringe Unterschiede in der Transportdistanz des Moränenmaterials interpretiert werden. Eine z.B. von SHAKESBY (1989) am Storbreen festgestellte talabwärtige Zunahme der Zurundungsindizes des Lateralmoränenkamms (gleichzusetzen mit Zunahme des Anteils subglazialen Moränenmaterials an deren Aufbau) kann am Vernagtferner nicht bestätigt werden, wobei die differente Morphologie und Genese der Lateralmoränen am Storbreen beachtet werden muß (vgl. 7.4.20).

Zusätzliches Kennzeichen der Lateralmoränen des Vernagtferners sind größere, in die Lateralmoräne eingebettete Blöcke, die subparallel zum distalen Moränenhang 20 - 25° gegen die Lateralmoränenachse einfallend eingeregelt sind (vgl. Beispiele am benachbarten Guslarferner; s.a. Abb. 26). Mit ihrer Orientierung repräsentieren sie die ehemalige Gletscheroberfläche und wurden durch Abspülung des umgebenden Feinmaterials herauspräpariert. Im Vergleich zum Guslarferner (s.u.) treten sie allerdings seltener auf, verursacht durch stärkere Hangerosionsprozesse, die zu einem Abrutschen zahlreicher Blöcke geführt haben (s. HUMLUM 1978).

Nach den sedimentologischen und morphologischen Befunden kann ein *dumping* supraglazialen Moränenmaterials als Hauptprozeß der Genese dieser Lateralmoränen als gesichert angesehen werden. In Beziehung zu dieser Schlußfolgerung steht ihre Mächtigkeit aber in scharfem Kontrast zu theoretisch möglichen Sedimentationsraten an der lateralen Gletschergrenze, geht man davon aus, daß die Lateralmoränen lediglich den letzten frührezenten Hochstand repräsentieren sollen.

Selbst wenn der Verfasser am Vernagtferner keinen fossilen Boden innerhalb des Lateralmoränenkamms finden konnte, der eine dahingehende Beweisführung zusätzlich erhärten würde, muß ein sukzessiver Aufbau der Lateralmoränen im Zuge mehrerer frührezenter bzw. vorausgegangener holozäner Hochstände angenommen werden. Dies entspräche deren Betrachtung als „Summe holozäner

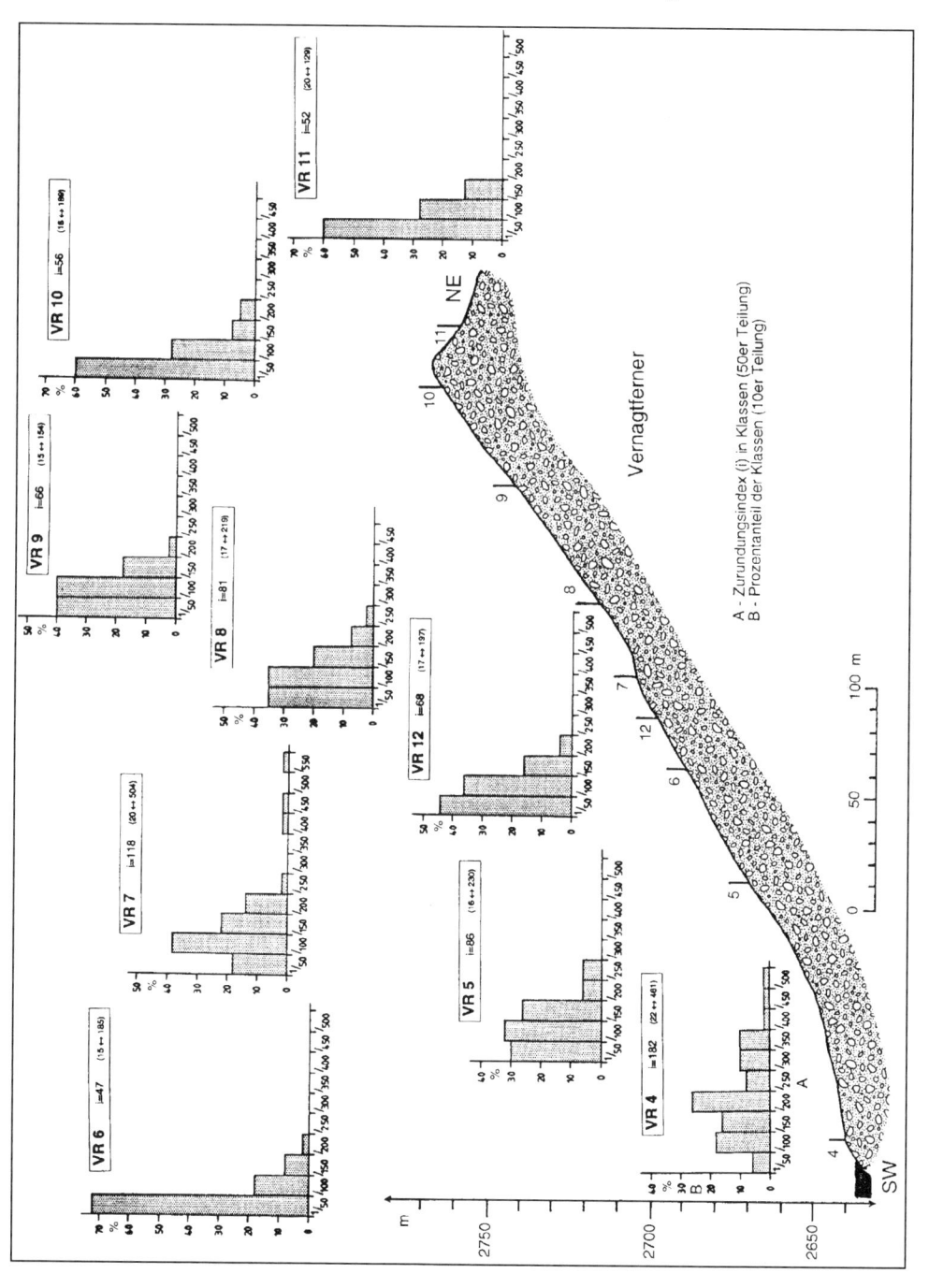

Fig. 134: Zurundungsquerprofil östliche Lateralmoräne des Vernagtferners

291

Fig. 135: Zurundungslängsprofil Basis östliche Lateralmoräne des Vernagtferners

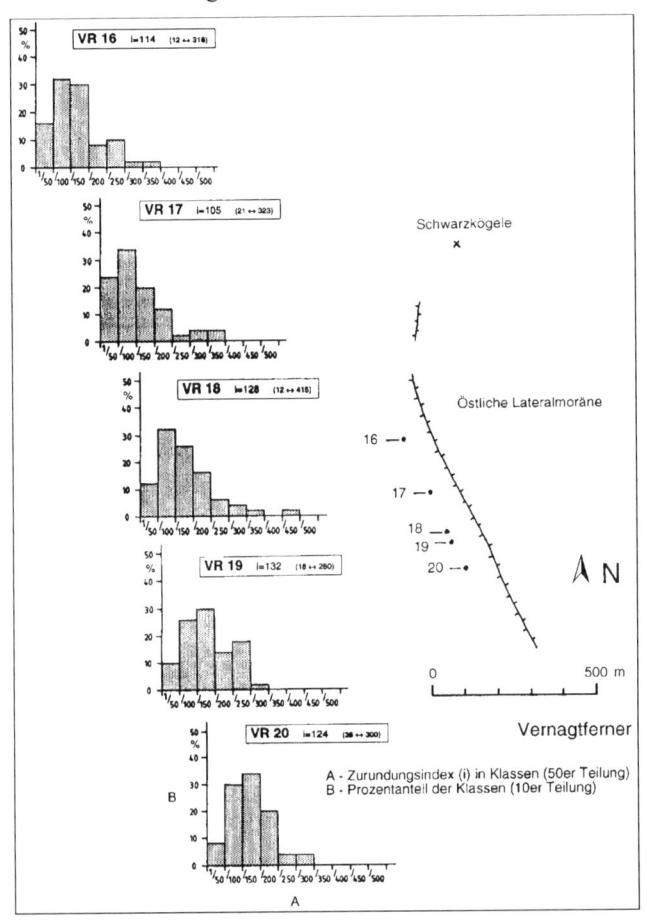

Gletschervorstöße" (FRAEDRICH 1979). Als Belege lassen sich ferner holozän nicht überformte Ablationstäler bzw. die vermutlich Hochständen im älteren Holozän entstammenden Moränenrelikte im Hintergrasl (s.o.) anführen. Nur durch sukzessiven Aufbau während zahlreicher Vorstöße erscheint die augenfällige Diskrepanz zur Dimension der frührezenten/rezenten End- und Laterofrontalmoränen logisch erklärt. Als Voraussetzung muß dabei eine nur geringe Variation der lateralen Eisrandpositionen während solcher Hochstände gefordert werden, da anderenfalls eine existierende Lateralmoräne überfahren oder ein mehrkämmiges Lateralmoränensystem entstanden wäre (s. RÖTHLISBERGER & SCHNEEBELI 1979, RÖTHLISBERGER 1986). Die Lateralmoränen des Vernagtferners können als Superpositions-Typ klassifiziert werden. Steilheit der Talflanken und entsprechende Lagerungsverhältnisse des Festgesteins wirken als Relieffaktor limitierend auf die laterale Gletscherexpansion während der Hochstandsphasen und spielten beim sukzessiven Aufbau der Lateralmoränen eine beeinflussende Rolle. An der östlichen Lateralmoräne distal auftretende, scheinbar subsequente Moränenkammrelikte (BESCHEL 1950) sind erosiver Natur und dürfen nicht als alte Lateralmoränenkämme gedeutet werden. Da die Voraussetzung eines häufigen annähernd identischen bzw. möglichst langanhaltenden lateralen Gletscherstands im unteren Vernagttal aufgrund der schnellen Vorstöße bei passivem Rückzugsmechanismus durch Niedertauen nicht angenommen werden kann, lösen sich die Lateralmoränen als dominante Formen im unteren Vernagttal auf (s.o.).

Aktuell findet an den steilen Lateralmoränenflanken eine starke Hangerosion des wenig kompakten Moränenmaterials statt. Unterhalb o.e. Erosionskerben haben sich v.a. am mittleren und talabwärtigen Abschnitt der westlichen Lateralmoräne kleinflächige Feinmaterialakkumulationen an der Lateralmoränenbasis ausgebildet. Zusätzlich zur aktuell wirksamen Abspülung von Feinmaterial im Zuge der Schneeschmelze bzw. starker Niederschlagsereignisse (sommerliche Gewitterregen) muß an der westlichen Lateralmoräne auch von einem Einfluß der Übersteilung durch Austauen von Toteisrelikten in der Lateralmoränenbasis Mitte des 20.Jahrhunderts ausgegangen werden, wovon nicht nur o.e. zeitgenössische Berichte zeugen, sondern auch morphologische Befunde in Form von angedeuteten Erosionskanten an der proximalen Lateralmoränenflanke. Eine auffällige Erniedrigung des Lateralmoränenkamms der westlichen Lateralmoräne in ihrem mittleren Segment ist ebenfalls postsedimentären Ursprungs. Die Lage unterhalb der großen Hangschutthalden des Hintergraslkamms mit mächtigen residualen Schneeflecken, welche noch im Frühsommer die Kammhöhe erreichen und teilweise ihr Schmelzwasser über den Lateralmoränenkamm abfließen lassen, verstärken die Hangerosion in diesem Lateralmoränensegment und führen zu einer großflächigen Feinmaterialakkumulation an der Basis. Die Feinmaterialakkumulationen, die auch in anderen Arealen des Gletschervorfelds als Anzeiger postsedimentärer Abspülung auftreten, zeigen sedimentologisch charakteristische hohe Anteile von Silt, d.h. Feinmaterial, welches bevorzugt aus dem oft inkompakten Moränenmaterial der Lateralmoränen und steilerer Partien des Vorfelds ausgewaschen wird. In Tiefenlinien (ehemaligen Schmelzwasserbächen) bzw. flachen kleinen Schwemmfächern an der Basis der Lateralmoränen/steilen Partien des Vorfelds wird das abgespülte Feinmaterial akkumuliert, zum Zeitpunkt der Schneeschmelze des Frühsommers teilweise noch auf Schnee.

Das frührezente Gletschervorfeld zwischen 1902er Eisrandlage und den jüngsten (rezenten) Endmoränen des 1977/85er Vorstoßes (s.u.) wird durch zahlreiche Gerinnesysteme (z.T. periodisch während der Schneeschmelze oder starker Niederschlagsereignisse aktiven Formungsprozessen unterliegend) gegliedert. Residuale Schneefelder wirken durch Ausbildung flacher Nivationsnischen mit assoziierten Gerinnesystemen ebenso postsedimentär überformend wie o.e. Hangerosionsprozesse an Lateralmoränenhängen und steileren Partien des Gletschervorfelds. In einer flachen Nivationsnische wurden vom Verfasser in einer provisorischen Vermessung Steine auf einer isohypsenparallelen Linie markiert und nach 2 Jahren (1992 - 1994) ihr hangabwärtiger Versatz zur ursprünglichen Linie bestimmt (s. Fig. 136). Für die einzelnen Steine ergab sich dabei ein vertikaler Versatz zwischen 0 und 120 cm (Ø 10,6 cm), wobei einige Steine nicht mehr aufgefunden werden konnten, d.h. aus dem Bereich der Nivationsnische heraustransportiert wurden. Der durchschnittliche vertikale Versatz war im Zentrum der Nivationsnische größer als in den marginalen Bereichen und ist ein Resultat von nivalen/nivofluvialen Prozessen und „normaler" Hangerosion.

Strukturen des Festgesteins haben erheblichen Einfluß auf Oberflächenformen im Gletschervorfeld, daneben auch auf Morphologie der Gletscherzunge und Eisabfluß (z.B. ein großer Rundhöckerbereich zwischen Hintergrasl- und Schwarzwandzunge oder die Felsschwelle des ehemaligen Eisbruchs (s. FINSTERWALDER & HESS 1926) mit parallelen Felsrippen in deren Fortsetzung südwestlich des Schwarzkögeles; Abb. 74). Eine ebenfalls an Festgesteinsstrukturen orientierte Vollform in Fortsetzung der Felsschwelle des ehemaligen Eisbruchs ist vollständig von Moränenmaterial bedeckt und weist als Besonderheit einen vergleichsweise hohen Anteil supraglazialen Moränenmaterial auf, belegbar durch verstärktes Auftreten von Fragmenten nur in der Gletscherumrahmung anstehenden Amphibolits. Dies muß dahingehend interpretiert werden, daß in diesem Bereich ehemals eine bedeutende supraglaziale Medialmoräne ausstrich (s.u.).

Im inneren Vorfeld sind longitudinale Strukturen auffällig, die deutlich primärer glazialer/ glazifluvialer Genese sind, aber als kombinierte Akkumulations- und Erosionsformen angesehen werden müssen, d.h. als eisbewegungsparallel umgestaltete Moränenmaterialflächen bei

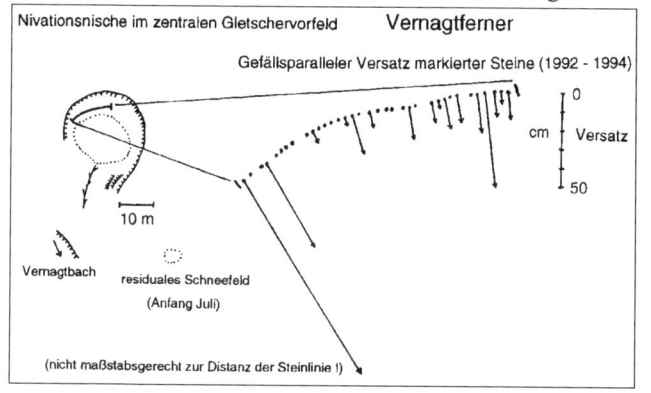

Fig. 136: Versatz markierter Steine in einer Nivationsnische des zentralen Gletschervorfelds des Vernagtferners

starker postsedimentärer glazifluvialer Überprägung (evtl. Einfluß von Festgesteinsstrukturen im Untergrund). In Ermangelung eingeführter Begriffe für diese Formenelemente bezeichnet der Verfasser sie deskriptiv als *streamlined moraines*, wobei der partiell erosive genetische Charakter den Hauptunterschied zu *glacial flutes* ausmacht. Das Moränenmaterial dieser Areale zeigt deutliche eisbewegungsparallele Orientierung eingebetteter (zumeist subgerundeter und gerundeter) Blöcke (s. Fig. 137) als

Fig. 137a: (Zweidimensionale) Orientierungsmessung VO 2 (*streamlined moraine*, zentrales inneres Vorfeld auf 2690 m)

Fig. 137b: Orientierungsmessung VO 7 (*streamlined moraine* (*lodgement till*-Areal) 20 m distal der rezenten Endmoräne der Schwarzwandzunge

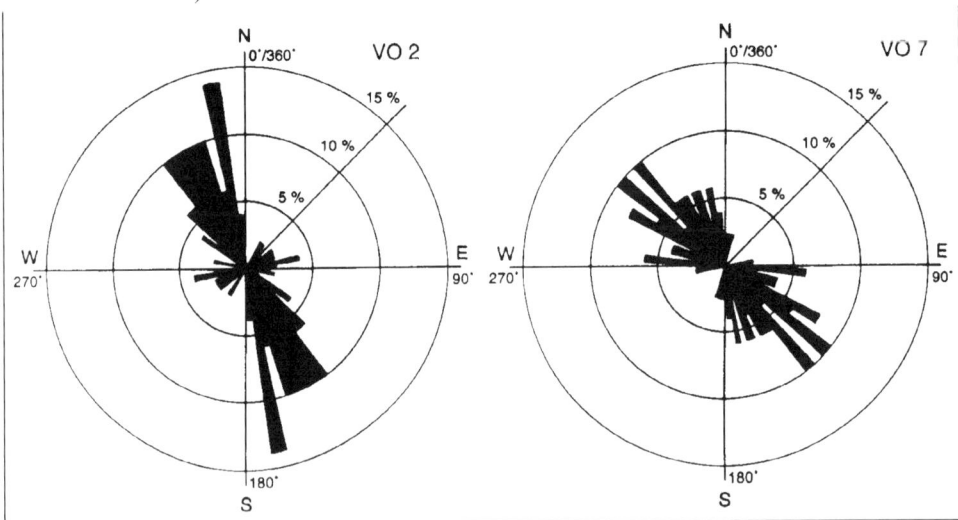

Kennzeichen subglazialer aktiver Ablagerung, was zusammen mit dem vergleichsweise kompakten sedimentologischen Charakter eine genetische Ansprache als *lodgement till* verlangt. Im gleichen Areal auftretende Amphibolitblöcke, größtenteils auf den Moränenmaterialflächen aufliegend und angular/subangular, zeigen kontrastierend keine Orientierungspräferenzen (s. Fig. 138a), was sie als *supraglacial morainic till*, als Bestandteil supraglazialer Medialmoränen durch Niedertauen der Gletscherzunge abgelagert, ausweist. Dieses Moränenmaterial zeigt wie aktuell auf der Gletscheroberfläche transportierter *supraglacial morainic till* (s. Fig. 138b) eisbewegungsparallele neben transversalen Orientierungen. Da die Areale verstärkten Auftretens von *supraglacial morainic till* im Vorfeld zusätzlich in Verlängerung aktueller supraglazialer Medialmoränen liegen, ist diese Interpretation schlüssig. Abschnittsweise konzentrieren sich die groben Blöcke des *supraglacial morainic till* in linearen Grobblockkonzentrationen, die am deutlichsten den glazialdynamisch determinierten Verlauf ehemaliger supraglazialer Medialmoränen rekonstruieren lassen. Die Ausweisung ehemaliger supraglazialer Medialmoränen im Vorfeld kann im Falle der aus Amphibolitfragmenten bestehenden Medialmoränen der Schwarzwand- und Taschachzunge auch petrographisch erfolgen, da sich die grünlichen Amphibolitblöcke deutlich von den gräulich/bräunlichen Gneisblöcken abheben.

Selbst wenn sich die glazifluviale Aktivität im Gletschervorfeld scheinbar auf Prozesse erosiver Wirkung beschränkt, treten in zwei Teilbereichen glazifluviale Akkumulationsformen, Kames, auf. Sowohl unterhalb der Felsschwelle des ehemaligen Eisbruchs nahe der Einmündung des von der Schwarzkögelezunge kommenden Schmelzwasserbachs (s. Abb. 83), als auch im Vorfeld westlich des Vernagtbachs talaufwärts der Pegelstation Vernagtbach existieren zahlreiche kleine Kames in talparalleler Orientierung und teilweise Verzahnung mit *streamlined moraines*.

Fig. 138a: Orientierungsmessung VO 3 (*streamlined moraine*, zentrales inneres Vorfeld auf 2690 m; angulare Amphibolit-Komponenten = *supraglacial morainic till*)

Fig. 138b: Orientierungsmessung VO 4 (supraglacial morainic till auf der unteren Hintergraslzunge)

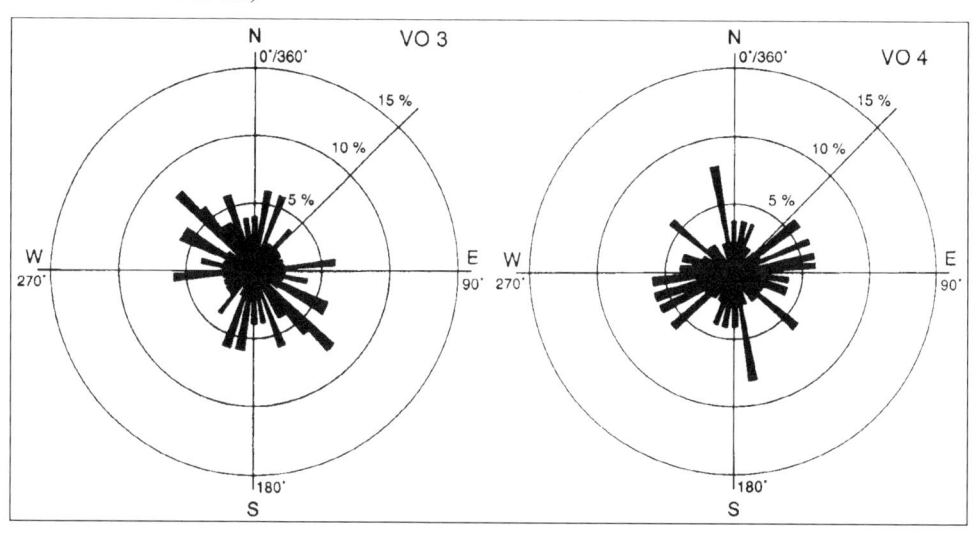

Die Kames sind durch angedeutete Schichtungsstrukturen in einigen angelegten Aufschlüssen markiert, daneben v.a. durch den sedimentologischen Charakter eindeutig zu identifizieren. Das komplette Fehlen von Steinen und Blöcken in den zentralen Abschnitten, typische Sedimentcharakteristik glazifluvialer Sedimente (V 43 mit typisch niedrigem So-Wert von 0,51; s. Fig. 139) sowie eine starke Zurundung von Partikeln in einem talabwärtigen Verzahnungsbereich mit Moränenmaterial (VR 13; s. Fig. 140) zeigt den deutlichen Unterschied zum Morä-nenmaterial des Vorfelds.

Die Felsschwelle des ehemaligen Eisbruchs (Top/Abbruchkante 2930 m, Basis um 2750 m) stellt einen äußerst komplexen genetischen Formungsbereich dar (vgl. V 25, 26, 27, 40). Das Felsfenster war um das Jahr 1913 erstmals teilweise eisfrei geworden, wurde aber schon 1918 wieder geschlossen (im Zuge positiver Massenbilanzen um 1920, die jedoch nicht zu einem Vorstoß führten; vgl. 5.2.1). Ab 1933 wurde die Felsschwelle dann endgültig eisfrei (REINWARTH 1976). An der Oberkante des gletscherwärtigen Endes der Felsschwelle bricht Eis der Taschachzunge (s.u.) ab, verknüpft mit Ablagerung grö-

Abb. 83: Kames (zentraler Bildausschnitt) im Areal zwischen den Schmelzwasserbächen der Taschach- bzw. Schwarzkögelezunge (Aufnahme: 17.07.1992)

Fig. 139: So/Md-Diagramm Vernagtferner [A -Moränenmaterial; B - glazifluviales Sediment; C - Hangschutt/Sediment außerhalb des frührezenten Gletschervorfelds]

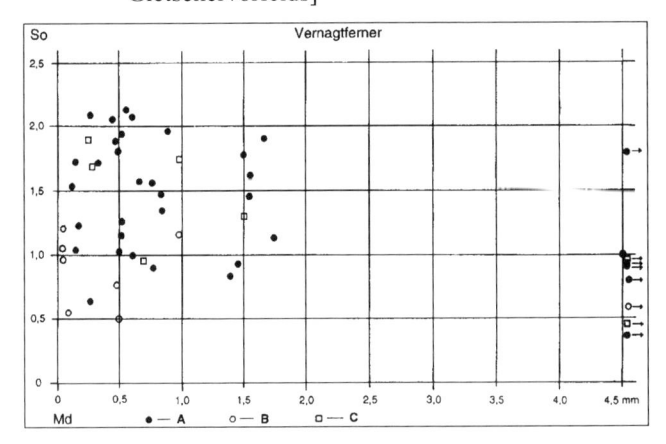

Fig. 140: Zurundungsmessung VR 13 (Verzahnungsbereich Kame/*streamlined moraine* im zentralen westlichen Gletschervorfeld auf ca. 2680 m)

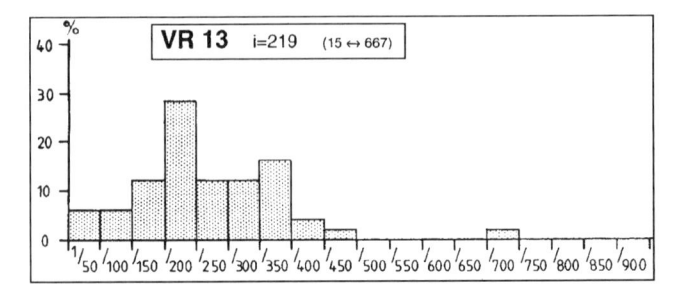

ßerer Mengen sub- und englazialen Debris. Die Felsschwelle selbst ist im talabwärtigen Teil deutlich glazialerosiv überformt, im gletscherwärtigen Teil zeigt sie dagegen starke Verwitterung. An ihrer Basis bilden grobe angulare Blöcke eine Lockermaterialhalde, die einen mächtigen Toteiskern bedeckte, der 1990/91 erstmalig sichtbar wurde und in kürzester Zeit bis zum Sommer 1994 beinahe gänzlich abtaute, wodurch eine Depression innerhalb dieser Lockermaterialhalde entstand (vgl. WINKLER 1991). Vermutlich hat ein größerer Felssturz in den 1930er Jahren diesen Toteisrest bedeckt und bis vor kurzem durch Isolation vor Ablation geschützt. Dies würde auch mit der Differenz in der Oberflächengestaltung des Festgesteins (s.o.) gut in Einklang stehen. Diesen komplexen Sedimentationsbereich der Ablagerung von Moränenmaterial und Verwitterungsschutt kennzeichnen u.a. niedrige So-Werte (unter 1,0) kombiniert mit hohem Md (V 25,40), wobei stellenweise glazifluvialer Einfluß konstatiert werden muß (V 27).

Der Vernagtferner besitzt aktuell keine einheitliche Gletscherzunge, sondern 3 bzw. 4 einzelne Zungenteilsegmente. Diese Teilgletscherzungen wurden zur leichteren Ansprache mit Namen versehen. Die östlichste Teilgletscherzunge wird hier als „Schwarzkögelezunge", die westlich anschließende als „Taschachzunge" bezeichnet. Die bis auf 2745 m hinabstoßende mächtigste Teilgletscherzunge erhält die Bezeichnung „Schwarzwandzunge", ihr westlicher, flacher Teilbereich unterhalb der Hintergraslspitze die Bezeichnung „Hintergraslzunge". Diese Zungensegmente differieren in Gletschermorphologie, glazialer Dynamik während des 1977/1985er Vorstoßes und resultierend auch in aktualmorphologischen Prozessen und dazugehörigem Formenschatz.

Die Schwarzkögelezunge endet unterhalb des Schwarzkögeles auf ca. 2850 m und liegt in Verlängerung einer Tiefenlinie, die das Schwarzkögele und die sich nordwestlich anschließende Felsschwelle des ehemaligen Eisbruchs (s.o.) trennt. Während des rezenten Gletschervorstoßes 1977/85 entstand am südöstlichen Gletscherrand in laterofrontaler Position ein 2 - 3 m hoher Moränenwall als typische Stauchendmoräne (s. Fig. 142). Größere Blöcke, 30 - 40° gegen den Gletscher einfallend, zeigten 1991 wie ein gleichorientierter Eiskern (Gletscher-Toteis) den Stauchungscharakter an. Durch beginnende Ablation des Eiskerns trat an der proximalen Moränenflanke postsedimentärer Versturz auf, so daß bereits 1993 durch vollständige Ablation des Eiskerns die proximale Moränenflanke komplett verstürzt und als Folge die Orientierung der Blöcke modifiziert worden war. Das Moränenmaterial induziert mit seinem vergleichsweise hohen Sandanteil (V 2) einen größeren Anteil subglazialen Moränenmaterials. Der aktuelle lateral-marginale Schmelzwasserbach legt ferner eine Beteiligung glazifluvialen Sediments am Aufbau der Moräne nahe, was den relativ niedrigen So-Wert (1,34) erklären könnte. Die Endmoräne findet gletscheraufwärts in einer Eiskern-Laterofrontalmoräne ihre Fortsetzung, welche sich ihrerseits aus einer supraglazialen Lateralmoräne entwickelt hat.

Eine andere Teilgletscherzunge, die Taschachzunge, fließt von Nordosten her zwischen der Felsschwelle des ehemaligen Eisbruchs und deren nordwestlicher Fortsetzung ab. Während der Geländearbeiten 1990-92 stand dieses Zungensegment noch mit der benachbarten Schwarzwandzunge (s.u.) in Kontakt überschob diese partiell. Ab 1993 besteht der Kontakt durch verstärktes frontales Abschmelzen nicht mehr, nachdem

Fig. 141: Dreiecksdiagramm Vernagtferner (Moränenmaterial an den aktuellen Gletscherzungensegmenten)

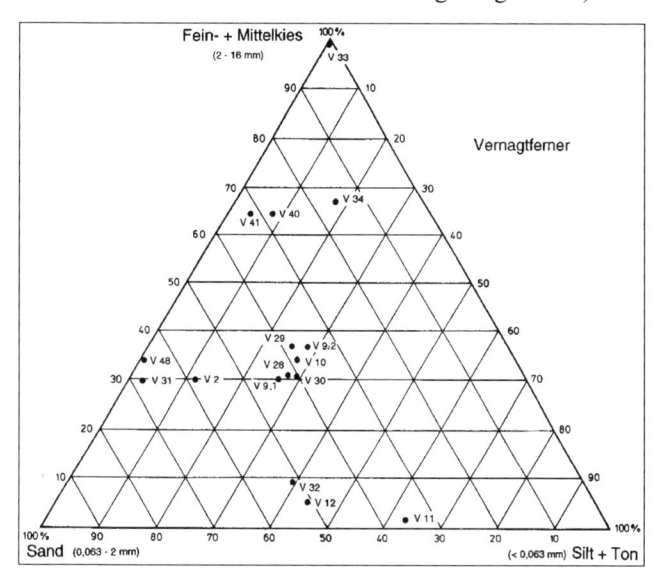

Fig. 142: Schematischer Querschnitt durch die rezente Endmoräne der Schwarzkögelezunge des Vernagtferners 1991 bzw. 1993 (A markiert die bevorzugte Einregelung größerer Blöcke und Steine im Moränenwall)

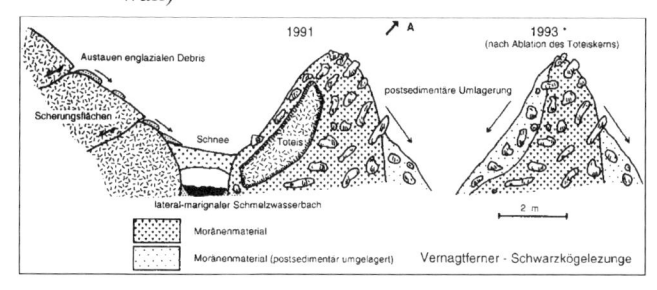

dieser erst Mitte der 1980er Jahre durch eine kurzfristige laterale Expansion der Taschachzunge entstand (s.a. WINKLER 1991). Infolge jener differenten glazialen Dynamik eines erst Mitte der 1980er Jahre einsetzenden Vorschubs der Taschachzunge (in der Schlußphase bzw. nach dem Vorstoß von 1978/85!) fehlen dort in Kontrast zu den anderen Zungensegmenten rezente Moränen als Zeugnisse dieses Vorstoßes. Den ehemaligen Kontaktbereich zwischen Taschach- und Schwarzwandzunge kennzeichnet nun stark debrisbedecktes Toteis.

Aktuell wird an der Taschachzunge supra-, en- und subglaziales Moränenmaterial in einem komplexen Sedimentationsmilieu im wesentlichen durch die folgenden Prozesse abgelagert:
- rein gravitatives *dumping* supraglazialen Moränenmaterials (*supraglacial morainic till* verschiedener supraglazialer Medialmoränen);

Fig. 143: Schematische Darstellung der aktuellen glazialen/ glazifluvialen Akkumulationsprozesse an der Taschachzunge des Vernagtferners (Darstellung der Situation im Sommer 1992; vgl. s. Abb. 84)

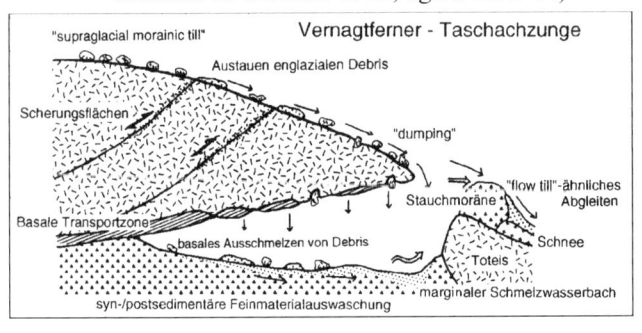

- v.a. schlammstromartiges Abspülen/Abgleiten (*flow till*-ähnlich) durch Scherungsflächen an die Gletscheroberfläche transportierten und dort ausgeschmolzenen sub- und englazialen Debris in zumeist stark wassergesättigtem Zustand;

- subglaziales Ausschmelzen subglazialen Debris (als *subglacial melt-out till*) mit z.T. starker syn- und postsedimentärer glazifluvialer Überprägung;

- Aufpressung/-stauchung wassergesättigten Materials an der Gletscherfront (in limitiertem Auftreten durch (stark begrenzte) Wintervorstöße verursacht);

- Ablagerung von *supraglacial melt-out till* durch Niedertauen flacher Zungenpartien bei geringer oder fehlender syn-/postsedimentärer Abspülung bzw. Modifikation der primären Orientierung grober Komponenten (ebenfalls limitiert).

Mit Ausnahme der auf (insbesondere im Vergleich mit Westnorwegen geringfügigen und morphologisch wenig bedeutenden) Wintervorstöße zurückzuführenden partiellen Aufstauchung sind diese Sedimentationsprozesse typisch für sich zurückziehende, flache Gletscherzungen und treten mit lokaler Variation auch an den anderen Teilgletscherzungen des Vernagtferners auf.

Eine in gefrorenem Zustand genommene Probe subglazialen Moränenmaterials (*subglacial melt-out till*: V 32) zeigt durch ihren hohen Siltgehalt (s. Fig. 144) die ursprüngliche Zusammensetzung subglazialen Moränenmaterials und dessen Verarmung an Silt im Vorfeld durch syn- und postsedimentäre Auswaschung deutlich an (s.a. V 28). Proben an der Zunge ausschmelzenden *supraglacial melt-out till* (V 29,31) belegen durch immerhin 25 % Feinmaterialanteil (Silt und Ton) einen subglazialen Ursprung mit Transport an Scherungsflächen an die Gletscheroberfläche bei noch nicht erfolgter Auswaschung des Feinmaterials. Gleiches gilt für o.e. stark wassergesättigtes, *flow till*-ähnliches Moränenmaterial (V 30).

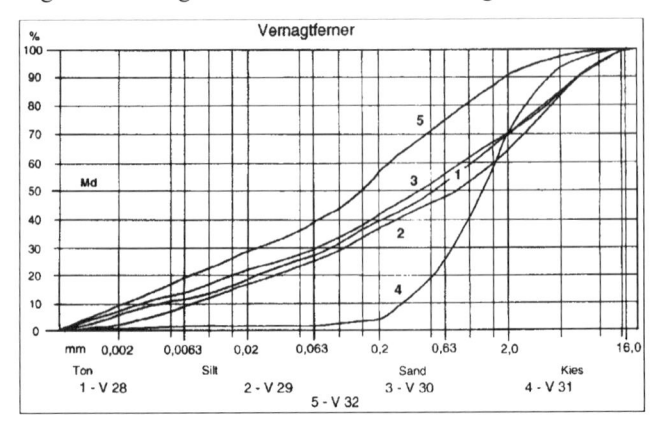

Fig. 144 - Korngrößensummenkurven Vernagtferner

Die an allen Zungensegmenten des Vernagtferners ausstreichenden englazialen Debrisbänder erklären durch den Transport sub- und englaziales Material an die Gletscheroberfläche auch die nur geringen sedimentologischen Unterschiede zwischen *supra*- und *subglacial melt-out till*. V 31 zeigt dabei noch Gemeinsamkeiten mit typischem *supraglacial morainic till* ohne Beteiligung subglazialen Moränenmaterials (vgl. V 34,41).

An der in marginalen subglazialen Hohlräumen freiliegenden

Gletscherbasis der Taschachzunge konnte der Verfasser erhebliche subglaziale Debrismengen einer einige dm-mächtigen basalen Transportzone feststellen (vgl. Abb. 15). An der talseitigen Öffnung des Hohlraums gegen einen Stagnanteisbereich kann sich in der natürlichen Tiefenlinie eine Schmelzwasserrinne ausbilden, die die Auswaschung von Feinmaterial aus dem gerade ausgeschmolzenen subglazialen Moränenmaterial verstärkt. Die Debriskonzentration der basalen Transportzone war im Bereich dieser marginaler Hohlräume ungleichmäßig und wie eisbewegungsparallele wellenartige Strukturen der Gletscherbasis v.a. ablationsbedingt, da gletscherwärts die subglaziale Debrisschicht flächig und einheitlich ausgebildet war (s. Abb. 84). Der gesamte Bereich unmittelbar am Gletscherrand ist stark wassergesättigt, u.a. Folge des wenige Meter vor dem Eisrand gelegenen Stangnateis-Moränenkomplexes bzw. der aktuellen Endmoräne, der eine direkte Dränage des anfallenden Schmelzwassers verhindert.

Abb. 84: Subglazialer frontal-marginaler Hohlraum an der Taschachzunge mit angefrorenem subglazialen Debris und (ablationsbedingter) wellenartiger Struktur der Gletscherbasis

Die Schwarzwandzunge des Vernagtferners ist das niedrigstgelegene Zungensegment (2745 m) und kann als Hauptzunge bezeichnet werden. Der o.e. große Rundhöcker macht eine Abtrennung der mit ihr verbundenen Hintergraslzunge sinnvoll. Die Schwarzwandzunge hat im Zuge des 1977/85er Vorstoßes eine ansatzweise mehrkämmige, maximal 4 - 5 m hohe frontale Endmoräne und einen größeren Laterofrontalmoränenkomplex aufgebaut (s. Fig. 145). Der komplexe und mehrgliedrige Laterofrontalmoränenkomplex stellt gleichzeitig die bedeutendste während der rezenten Gletscherschwankung aufgebaute Moräne dar. Er ist nicht nur während des (gemessenen frontalen) Vorstoßes 1977/85 gebildet worden, sondern partiell bereits Ende der 1960er Jahre durch laterale Expansion der Schwarzwandzunge als Reaktion auf mehrere positive Massenbilanzen (pers.Mittlg. O.Reinwarth). Der Komplex setzt sich im Detail aus zahlreichen Wallsegmenten v.a. grobblockigen Moränenmaterials zusammen, zergliedert durch zahlreiche, z.T. aktuell von Schmelzwasserbächen genutzte Erosionsrinnen. Auch an eine

Fig. 145: Schematischer Grundriß des Laterofrontalmoränenkomplexes der Schwarzwandzunge des Vernagtferners; Situation Sommer 1992 [A - Moränensegment; B - lineare Oberflächenstruktur erosiver (glazifluvialer) Genese; C - bedeutende Erosionsrinne; D - aktuelles Gerinnebett; E - glazifluviale Überlaufrinne; F - distale Moränenmaterialfläche]

Abb. 85: Rezente Endmoräne der Hintergraslzunge des Vernagtferners (Aufnahme: 09.07.1991)

Eingliederung von Stagnant-/ Toteis ist zu denken (ebenso bei der frontalen rezenten Endmoräne). Der morphologisch abschnittsweise „chaotische" Morphologie aufweisende Laterofrontalmoränenkomplex ist das Ergebnis einer Kombination unterschiedlicher Akkumulationsprozesse. Neben *dumping* supraglazialen Materials in Verbindung mit phasenweiser Stauchung und Ablagerung subglazialen Moränenmaterials hat auch unterschiedlich starke syn- und postsedimentäre glazifluvialer Überformung an der Gestal-

Fig. 146a: Orientierungsmessung VO 10 (tief eingebettete Blöcke (maximal 20 cm Längsachse!) proximal der rezenten Endmoräne der Hintergraslzunge des Vernagtferners; 10° Einteilung!)

Fig. 146b: Orientierungsmessung VO 1 (*lodgement till*-Areal im zentralen westlichen Gletschervorfeld; Höhenlage 2710 m)

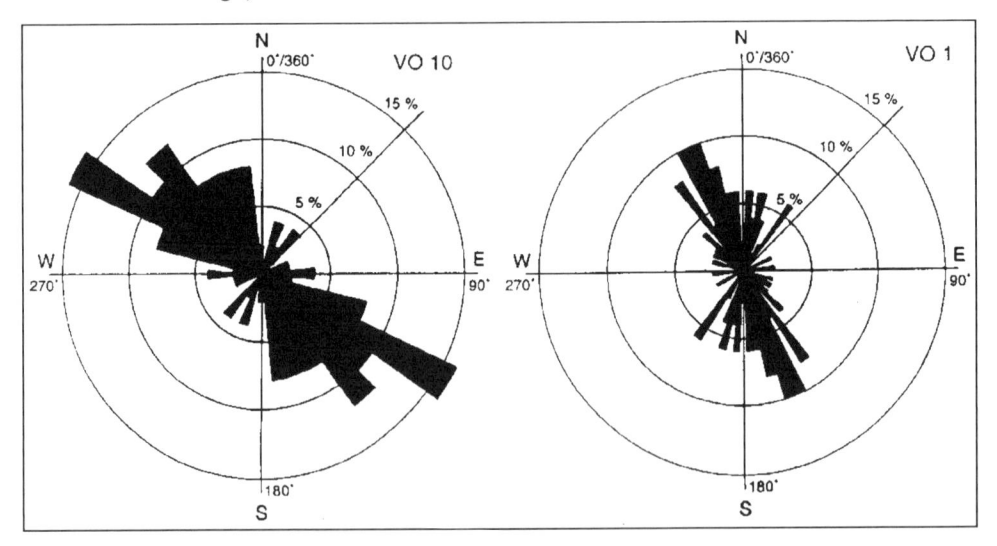

tung dieses Formenelements mitgewirkt. Das Auftreten komplexer genetischer Prozesse kann durch den durchschnittlichen Zurundungswert des Moränenmaterials nachgewiesen werden (VR 2: i= 90), der ähnlich dem Ergebnis der Zurundungsmessung an der aktuellen Endmoräne der benachbarten Taschachzunge (VR 3: i= 85) zwischen den Zurundungswerten Moränenmaterials überwiegend supraglazialen Ursprungs (VR 8,9,10,11; s. Fig. 134) und *lodgement till* (VR 7; s. Fig. 134) liegt.

Die Hintergraslzunge ist an ihrer Gletscherfront (2860 m) extrem flach und geringmächtig. Im Zuge des 1977/1985er Vorstoßes ist ein 2 - 3 m hoher Endmoränenwall mit lobenförmigem Grundriß aufgebaut worden, Zeugnis der individuellen Dynamik dieses Zungensegments (Abb. 85). Die angularen Blöcke, die als *supraglacial morainic till* (bei auch aktuell starker Bedeckung dieses Zungensegments mit supraglazialem Debris) anzusprechen sind, zeigen nur ansatzweise eine Orientierung/Einregelung (25° zum Gletscher einfallend). Aufgrund fehlender signifikanter Einregelung und spezieller Morphologie der Gletscherzunge (extrem geringmächtig im marginalen Bereich) erscheint eine Charakterisierung des grobblockigen Endmoränenwalls als allein aus Aufstauchungsprozessen (sensu lato) resultierende Form zweifelhaft, sondern verlangt eine Beteiligung *dumping* supraglazialen Debris an der Moränengenese. Die supraglazialen Blöcke auf der Hintergraslzunge zeigen eine disperse Verteilung ohne bevorzugte Orientierung (s. Fig. 146a), die sich teilweise auch im Vorfeld unmittelbar vor der aktuellen Gletscherfront (innerhalb der rezenten Endmoräne; s. Fig. 146b) ausweisen läßt.

Im Kontaktbereich aktiven zu stagnanten Eises bzw. residualen Schneefeldern an der Gletscherstirn konnte der Verfasser im Frühsommer 1991 abschnittsweise supraglaziale Mikro-Stauchmoränen von rd. 20 cm Höhe und wenigen Metern Länge entdecken (s. Fig. 147). Diese waren bei Ablation des unterlagernden Eises bzw. Schnees aber bereits im weiteren Verlauf der Sommersaison als morphologische Form nicht mehr zu erkennen.

Beim aufgestauchten Moränenmaterial handelte es sich um *supraglacial melt-out till* (V 10), was u.a. ein Vergleich mit den Proben V 9.1 und V 9.2 zeigt. Eine Beteiligung des Transports von subglazialem Material durch Scherungsflächen an die Oberfläche bei späterer Ablagerung im Zuge des Aufstauchungsprozesses ist aufgrund der geringen Mächtigkeit der Hintergraslzunge durchaus möglich. Diese kleinen Stauchungsformen müssen als Zeugen (gleichwohl stark begrenzter) Wintervorstöße interpretiert werden, wobei es vor dem rezenten Gletschervorstoß an diesem Zungensegment eine Reihe von später überformten Wintermoränen gegeben hat (pers.Mittlg. O.Reinwarth). Im Frühsommer 1994 war auf wenigen Metern wieder eine Wintermoräne zu beobachten, die 40 - 50 cm hoch und nicht schneeunterlagert war (s. Abb. 86). Die nur abschnittsweise Ausbildung dieser Wintermoränen und ihre diskontinuierliche, nicht-annuelle Genese muß der speziellen glazialen Dynamik der Hintergraslzunge zugeschrieben werden, wobei aktuell durch die Geringmächtigkeit des Eises in Kombination mit der starken Bedeckung durch supraglazialen Debris die Grenze Gletscher - Vorfeld kaum auszumachen ist und eine Zone stark wassergesättigten, teilweise eisunterlagerten Moränenmaterials diese Übergangszone markiert.

Fig. 147: Schema der Genese der annuellen Mikro-Stauchendmoräne und assoziierter glazialer/glazifluvialer Akkumulationsprozesse an der Hintergraslzunge des Vernagtferners

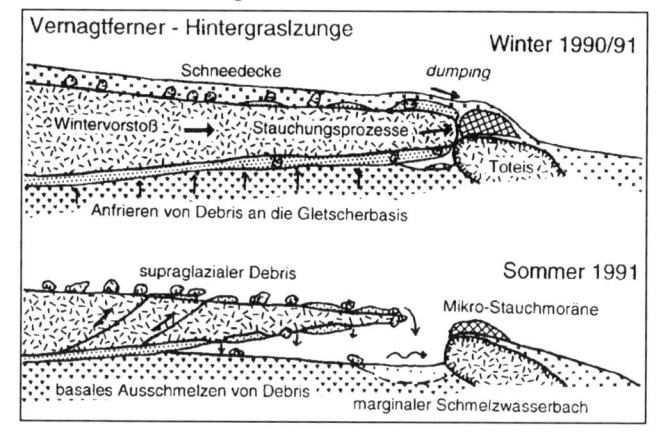

Da die unmittelbar unterhalb des Hintergraslkamms gelegene Hintergraslzunge ein Teil des Ablationsgebiets darstellt, gelangen größere Quantitäten von Verwitterungsmaterial der glimmerreichen und relativ leicht verwitternden Gneise durch Steinschlag, kleine Bergstürze, Schuttmuren etc. auf die Gletscheroberfläche und werden dann ausschließlich supraglazial transportiert. Durch eine hohe Frequenz von Steinschlagereignissen und verwandten Prozessen ist der Debrisbedeckungsgrad der Hin-

Abb. 86: Annuelle Endmoräne (Wintermoräne) an der Hintergraslzunge des Vernagtferners (Aufnahme: 05.07.1994)

Abb. 87: Supraglaziale Medialmoräne (AD-2-Typ; Amphibolit-Fragmente) auf der Schwarzwandzunge des Vernagtferners (Aufnahme: 11.07.1991)

tergraslzunge sehr hoch, wobei auch kleine „Bergsturzmoränen" auf der Gletscheroberfläche auftreten (supraglaziale Medialmoränen des AT-Typ (*avalanche type*) n. EYLES & ROGERSON 1978a; s. Abb. 22). Der supraglaziale Debris der Hintergraslzunge konzentriert sich nur teilweise in supraglazialen Medial- und Lateralmoränenrücken, bedeckt daneben auch dispers weite Areale der Gletscheroberfläche und zeigt eine polymodale Orientierung der Längsachsen longitudinaler Komponenten bei partiellen transversalen Orientierungspräferenzen (s. Fig. 138b). Die Transportlinien einiger supraglazialer Moränen lassen sich im Gletschervorfeld als Grobblockkonzentrationen weiterverfolgen (s.o.). Bei der Genese der westlichen Lateralmoräne spielen diese supraglazialen Moränen der Hintergraslzunge ebenfalls eine große Rolle (s.o.).

Während das Material der supraglazialen Moränen der Hintergraslzunge keinen englazialen Transport mehr durchläuft und jene als AD-1-Typ zu klassifizieren sind, werden die im Akkumulationsgebiet auf den Gletscher gelangten Amphibolitfragmente der supraglazialen Medialmoränen auf anderen Zungenteilsegmenten des Vernagtferners streckenweise englazial transportiert und tauen unterhalb der Gleichgewichtslinie sukzessive wieder aus (d.h. sie entsprechen dem AD-2-Typ). Da alle supraglazialen Ablagerungen starker glazifluvialer Ausspülung unterliegen, ist das schon primär feinmaterialarme supraglaziale Moränenmaterial der AD-2 Typ Medialmoränen (s.a. Abb. 87) bei Ablagerung im Vorfeld praktisch feinmaterialfrei (z.B. V 33). Auf der Hintergraslzunge ist durch den AD-1-Typ der Medialmoränen (und damit fehlendem englazialen Transport) die Auswaschung von Feinmaterial geringer (V 34,41). Ferner ist das Verwitterungsmaterial der Gneise und Glimmerschiefer primär feinmaterialreicher als das der verwitterungsresitenteren Amphibolite der Gletscherumrahmung (vgl. 1.2.1).

Eine genetische Interpretation des Moränenmaterials im Vorfeld des Vernagtferners wirft verschiedene Schwierigkeiten auf. Insbesondere die notwendige klare Abgrenzbarkeit verschiedener glazialer Akkumulationsprozesse als Voraussetzung zur genetischen Ansprache verschiedener Moränenmaterialtypen ist am Vernagtferner, wie allgemein an alpinen Talgletschern, nur selten gegeben, was insbesondere die o.e. aktualmorphologischen Prozesse an der Gletscherfront offenbaren. Speziell während der

Fig. 148: Zurundungsmessung VR 14 (glazifluviales Sediment aus dem aktuellen Gerinnebett an der Pegelstation Vernagtbach)

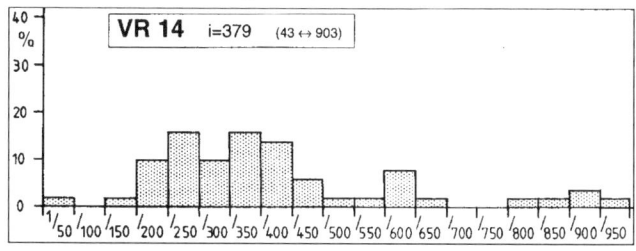

aktuellen Rückzugsphase muß eine Verzahnung verschiedener Akkumulationsprozesse mit syn- und postsedimentärer Umlagerung konstatiert werden. Nur in einigen, räumlich eng begrenzten Zonen kann z.B. subglazial aktiv abgelagerter *lodgement till* ausgewiesen werden. Die Abwesenheit auf der Moränenmaterialfläche aufliegender angularer grober Blöcke ehemaliger supraglazialer Medialmoränen, eine deutliche eisbewegungsparallele (damit zugleich talparallele) Orientierung eingebetteter meist subgerundeter Blöcke (s. Fig. 149a), Konzentration rundhöckerähnlich glazialerosiv modifizierter *lodgement*-Blöcke (s. Abb. 17) und relativ hohe durchschnittliche Zurundung für nicht glazifluvial überformtes Moränenmaterial sind Kennzeichen von *lodgement till*. Die *lodgement*-Blöcke zeigen dabei monomodale eisbewegungsparallele Gletscherschrammen, so daß bei einem Teil von ihnen eine mehrfache glazialerosive Überformung vermutet werden darf. Daß Areale von *lodgement till* im Vorfeld des Vernagtferners nur vereinzelt auftreten, ist v.a. der glazialen Dynamik des Gletschers und seiner Gletscherstandsschwankungsgeschichte zuzuschreiben, da während des langen kontinuierlichen Rückzugs durch ein vorherrschendes Niedertauen flacher Eisrandbereiche v.a. genetisch komplexe Moränenmaterialablagerungen von subglazialem *melt-out till* in Verbindung mit supraglazialem *melt-out till*

Fig. 149a: Orientierungsmessung VO 8 (*lodgement till*-Areal an der Basis der östlichen Lateralmoräne; vgl. Fig. 134; Höhenlage ca. 2700 m)

Fig. 149b: Orientierungsmessung VO 5 (zentrales westliches Gletschervorfeld; alle Blöcke; Höhenlage ca. 2645 m)

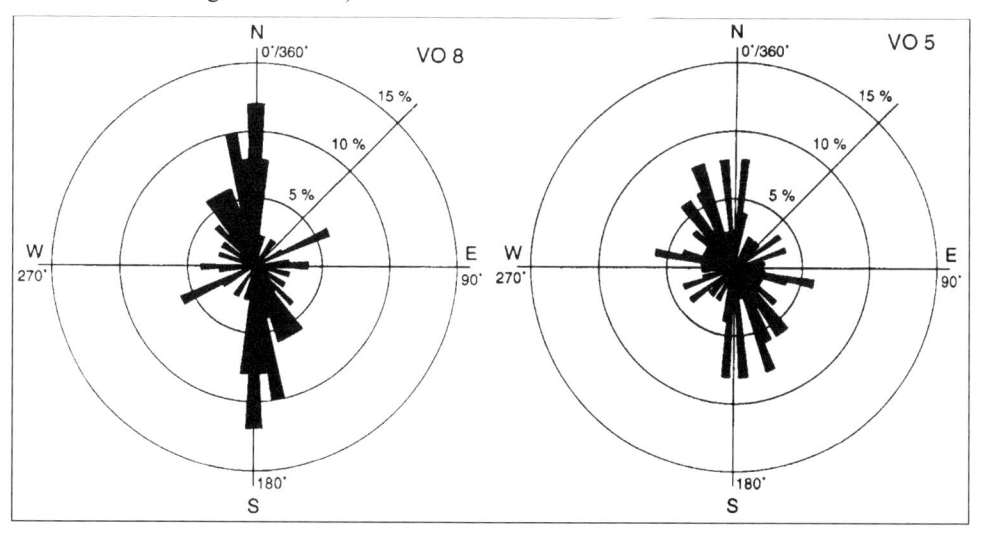

(z.gr.T. en- und subglazialen Ursprungs) bzw. groben Blöcken von *supraglacial morainic till* entstanden sind. Auch glazifluviale Erosion und Akkumulation spielte eine größere Rolle bei der Überformung des Moränenmaterials, syn- wie postsedimentär. Den genetisch komplexen Charakter des Moränenmaterials im Vorfeld machen durchschnittliche Zurundungsindizes um 150 mit breiter Streuung der Zurundungswerte im Spektrum der Rundungsklassen deutlich (VR 1: i = 146; Streuung der Einzelwerte zwischen 32 und 520). Es unterscheidet sich damit sowohl von typischem *supraglacial/subglacial meltout till* (VR 2,3), als auch von glazifluvialem Sediment (VR 13,14; s. Fig. 140,148). Typisch ist ferner eine schwächere eisbewegungsparallele Orientierung der Komponenten bei vorhandenen transversalen Orientierungspräferenzen (VO 5; s. Fig. 149b).

Durch postsedimentäre Auswaschung im Zuge der Schneeschmelze bzw. bedeutenderer Niederschlagsereignisse bei zusätzlicher Modifikation des ursprünglichen Gefüges des Moränenmaterials durch Frosthebungsprozesse ist in weiten Bereichen des Gletschervorfelds zumindest oberflächlich dessen Korngrößenzusammensetzung und Textur nicht mehr als primär zu bezeichnen. Kammeissolifluktion bzw. postsedimentäre Überformung durch gerichtetes Wachstum von Eiskristallen ist in bestimmten Zeiten präsent, selbst wenn deren quantitative Wirkung nicht überbewertet werden darf (s.a. Abb. 88).

Frosthebungsprozesse sind nahezu im gesamten Vorfeld aktiv, was speziell kurz nach der Schneeschmelze durch aufgeblähtes Moränenmaterial und in diese feinere Matrix eingesunkene Steine und Blöcke sichtbar wird (s. Abb. 89; vgl. SCHMID 1958). Frosthebung ist zusammen mit Auswaschung von Feinmaterial auch für eine auffällige Konzentration grober Komponenten an der Oberfläche des Moränenmaterials verantwortlich, während die deutliche Schichtung im cm-Maßstab, die in manchen Aufschlüssen im Vorfeld sichtbar wird, das Resultat o.e. Umlagerung von Feinmaterial ist (s.a. V8a,b,c). An residualen Schneefeldern konnte in marginalen Bereichen eine gefrorene Schicht von Debris (hoher Eisgehalt) unterlagert von stark wassergesättigtem Moränenmaterial festgestellt werden, aus der im Zuge der Ablation des Schnees Feinmaterial wirkungsvoll abgespült werden kann (V 16). Aus verschiedenen anderen Hochgebirgen berichtete subnivale Ausspülung (*eluviation*, Abluation) tritt auch am Vernagtferner auf (vgl. STRÖMQUIST 1985, THORN 1988 etc.).

Abb. 88: Eisnadeln im zentralen Gletschervorfeld des Vernagtferners; Handschuh (Gr.9) als Größenmaßstab (Aufnahme: 18.09.1994)

Sedimentologisch weisen die v.a. während Rückzugsphasen durch Ausschmelzen aus inaktivem Gletschereis abgelagerten und im Vergleich zu *lodgement till* weniger kompakten *melt-out tills* als Folge syn- und postsedimentärer Feinmaterialverarmung nur selten Siltgehalte von über 10 % auf (ursprünglicher *subglacial melt-out till* dagegen bis zu 25 %; s. V 28). Wo höhere Siltgehalte auftreten, handelt es sich um sekundäre Feinmaterialakkumulationen in Tiefenlinien oder Depressionen (wie bei V 11 z.T. direkt an der Gletscherfront). Supra- wie subglaziales Moränenmaterial zeichnet sich zusätzlich durch extrem schlechte Sortierung aus (So-Werte von 1,8 bis 2,1; z.B. V 9.1,9.2,28,32 etc.). Es kann damit eindeutig von glazifluvialem Material mit typischen So-Werten um 1,0 und darunter unterschieden werden (z.B. V 13,44). Während an der unmittelbaren Gletscherstirn Grob- und Mittelsand die Korngrößenzusammensetzung des glazifluvialen Materials prägen, sind dies im unteren Bereich des Vorfelds bzw. generell in Depressionen oder Stillwasserbereichen Feinsand und Grobsilt. Neben dem eindeutigsten Unterscheidungsmerkmal zwischen subglazial und supraglazialem Moränenmaterial, der Zurundung, unterscheiden sich beide Moränenmaterialtypen am Vernagtferner auch im Korngrößenmedian (Md), welcher mit 0,5 bis 1,5 mm bei supraglazialem Material höher liegt. So-Werte glazifluvial bzw. postsedimentär (v.a. hangerosiv bzw.

Abb. 89: Eingesunkene Steine in durch Wachstum von Eiskristallen aufgeblähter Feinmatrix im zentralen Gletschervorfeld des Vernagtferners (Aufnahme: 19.07.1993)

nivofluvial) überformten Moränenmaterials bewegen sich i.d.R. zwischen 1,0 und 1,5. Je niedriger der So-Wert, desto stärkere Modifikation der ursprünglichen Korngrößenzusammensetzung des Moränenmaterials muß angenommen werden. In Rundhöckerarealen variieren die So-Werte sehr stark (von 0,64 bis 1,89). Damit verdeutlichen sie die komplexen Sedimentationsprozesse im Bereich dieser Rundhöcker aufgetretener subglazialer Hohlräume und ihrer sogenannten *leeside tills* (vgl. 3.3). Die niedrigsten So-Werte weist neben außerhalb des Gletschervorfelds vorliegendem Feinmaterial in Hangschuttarealen bzw. nivalen Formungsbereichen an *protalus ramparts* (z.B. V 21) *supraglacial morainic till* auf (V 33,34,41). Dort treten aber Korngrößenmediane im Bereich der Mittelkiesfraktion zwischen 4 und 12 mm auf, d.h. niedrige So-Werte zeigen lediglich das beinahe völlige (primäre!) Fehlen von Feinmaterial an, wodurch eine Unterscheidung zu glazifluvialen Sedimenten möglich ist. Bei geringerem Auftreten sub- oder englazialen Debris zeigen niedrige So-Werte des Moränenmaterials v.a. der Lateralmoränen den teilweisen Ursprung des Debris in primär fein-

Fig. 150: Dreiecksdiagramm Vernagtferner (Material außerhalb des frührezenten Gletschervorfelds bzw. in durch nivale Formungsprozesse bzw. Hangerosion stark überprägten Vorfeldabschnitten)

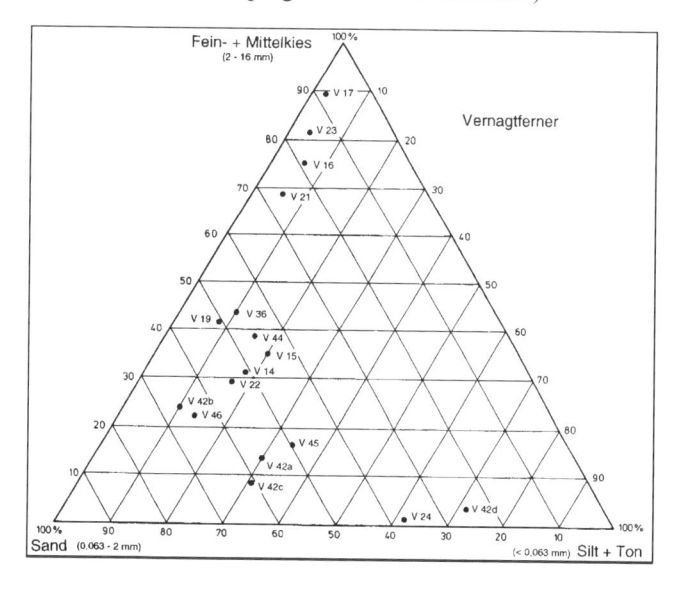

Abb. 90: Intensiv auch im Kern entlang präexistenter Klüftung chemisch verwitterter Gesteinsblock im zentralen Vorfeld des Vernagtferners; Areal seit ca. 30/35 Jahren eisfrei! (Aufnahme: 15.07.1992)

materialarmem Hangschutt an (V 18).

Zu beachten ist das bemerkenswerte Auftreten von Feinmaterial in während des Holozän nicht überformten Bereichen (V 22,36,45,46). Bei diesem ist, wie generell bei dem z.B. im Vergleich zu Westnorwegen (s. 7.4) siltreicheren Moränenmaterial am Vernagtferner, die Verwitterung des dominierenden anstehenden Gneises/Glimmerschiefers zu beachten, der nicht nur durch Frostverwitterung zu feinen Korngrößen verwittert, sondern auch durch seine chemische Zusammensetzung (stark eisenhaltiger Biotitglimmer; vgl. 1.2.1; s. Abb. 90) einen petrographisch determinierten, primär hohen Feinmaterialgehalt verursacht (zu beachten beim Vergleich der Korngrößenanalysen; s.a. WINKLER 1991).

FINSTERWALDER (1897) weist im Bereich unterhalb des Platteikogels den „Kleinen Vernagtferner" als mit dem Hauptgletscher verbundenen Gletscherteil aus. MENSCHING (1966) kartiert im Bereich des Kleinen Vernagtferners und im Hangschuttbereich südlich davon Moränen. Detaillierte Geländeuntersuchungen lassen den Verfasser aber Zweifel an obigen Aussagen hegen, insbesondere an einer postulierten Verbindung Kleiner Vernagtferner/Hauptgletscher und der Existenz von „Moränen" im Hangschuttareal südlich davon. Es scheint zwar gesichert, daß sich im Bereich des Kleinen Vernagtferners zu Zeiten des frührezenten Hochstands ein größerer Firnfleck befunden hat, zwischen der höchstgelegenen Lateralmoräne (ca. 3050 m) und der Basis der schroffen Felshänge des Platteikamms auf ca. 3350 m konnte der Verfasser auf der im postulierten Kontaktbereich liegenden Felsschwelle bei nur geringmächtiger Verwitterungsschuttdecke trotz intensiver Suche kein Anzeichen glazialer Überformung entdecken, weder eindeutig als solches zu identifizierendes Moränenmaterial, noch Gletscherschrammen oder andere Erosionsformen auf Festgestein. Das Festgestein ist intensiv frostverwittert (bei nahezu senkrecht stehender Klüftung), Plagioklase und Staurolithe sind herauspräpariert und rauhen die Gesteinsoberfläche auf, während außerhalb des Bereichs perennierender Schneefelder ein dichter Flechtenüberzug auf dem Gestein vorhanden ist. Eine glazialdynamisch aktive Verbindung zwischen Kleinem Vernagtferner und Hauptgletscher ist daher unwahrscheinlich, die Verbindung zur Zeit der Kartierung von FINSTERWALDER (1897) evtl. durch perennierende Schneebedeckung lediglich vorgetäuscht gewesen. Damit wäre der Kleine Vernagtferner, wenn er überhaupt einen Gletscher und keinen dynamisch inaktiven Firnfleck dargestellt hat, als selbstständiger Hang- oder Kargletscher zu interpretieren, mit vom Hauptgletscher unabhängiger Dynamik.

Die im Bereich des Kleinen Vernagtferners ausgeprägte Depression mit ihren assoziierten wallartigen Formen kann morphographisch sowohl als Kar mit Moränenwällen, als auch als Nivationsnische mit *protalus ramparts* interpretiert werden, zumal die Wallformen größtenteils an Strukturen des Festgesteins orientiert sind. Vereinzelt am anstehenden Festgestein auftretende Oberflächenstrukturen könnten theoretisch als Gletscherschrammen gedeutet werden, entsprechen aber tatsächlich petrographischen Strukturen. Die Orientierung der zumeist angularen Blöcke ist gefällsparallel und genetisch unsignifikant.

Ohne auf die kontroverse Diskussion der „Grauzone" des Übergangs von glazialer zu nivaler Formung näher einzugehen (s.a. ausführliche Darstellung bei WINKLER 1991), liegt im Fall des Kleinen Vernagtferners ein typischer Grenzfall zwischen zwei unterschiedlichen Formungsbereichen vor (s. THORN 1988 etc.). Ein alternierender Geneseprozeß mit resultierendem polygenetischen Formenelement zwischen glazialer Aktivität (während frührezenter oder holozäner Hochstände) und nivalen Formungsprozessen (die aktuell auftreten und zwischen den einzelnen Hochstandsphasen zu vermuten sind) ist die plausibelste Erklärung. Das stark angulare Lockermaterial könnte entweder, unter Betonung der glazialen Aktivität, als *protalus till* (WARREN 1989) oder, angesichts der starken aktuellen Formungsprozesse, als Hangschutt bezeichnet werden.

Zweifelsfrei stellen die südlich des Kleinen Vernagtferners von MENSCHING (1966) kartierten Moränen in der Realität *protalus ramparts* dar, entstanden an der Basis des Platteikamms durch permanente, intensive Frostverwitterung und daran geknüpfte Formungsprozesse im Bereich großflächiger Hangschutthalden bzw. -kegel. Position, Morphologie und Sedimentologie (Einregelung, typische Feinmaterialkonzentration an der proximalen, flachen Flanke etc.) lassen eine sichere Ansprache als *protalus ramparts* zu (WINKLER 1991). Eine Beteiligung periglazialer Massenbewegungsprozesse mit zeitweise blockgletscherartigem Bewegungsmodus ist aufgrund v.a. im Luftbild zu erkennender Aufwölbung der Hangschuttkegel zu vermuten (vgl. BARSCH 1993; s. Abb. 91). Neben oberflächlicher (nivofluvialer) Abspülung von Feinmaterial tritt im Bereich der Schutthalden Suffosion (*piping*) bzw. Dränagespülung als effektiver aktueller Prozeß auf. Dadurch wird Feinmaterial zwischen den Blöcken abgespült und eine beinahe völlig feinmateriallose, mächtige oberflächliche Grobblockschicht entsteht (subkutane Gerinne im Untergrund solcher Blockzonen sind nicht selten). An vor Abspülung geschützten Bereichen vorliegendes Verwitterungsfeinmaterial (V 45) zeigt, daß an der proximalen Flanke der *protalus ramparts* sedimentiertes Feinmaterial nicht automatisch als glazialen/glazifluvialen Ursprungs gedeutet werden darf (vgl. nähere Ausführungen in WINKLER 1991).

Zusammenfassend ist im Gletschervorfeld die große Dimension der Lateralmoränen verglichen mit den Endmoränen ausgesprochen prägnant. Letztgenannte sind aber nur im oberen Vernagttal deutlich ausgebildet, wo der Gletscher während der frührezenten Hochstandsphase und vermutlich auch im Holozän längere Zeit annähernd gleiche laterale Gletscherstände besaß, während im unteren Vernagttal, im For-

Abb. 91: Luftbild des holozän nicht überformten Bereichs unterhalb des Platteikamms; man beachte die Aufwölbung verschiedener Hangschuttkegel (Ausschnitt aus der Orthophotokarte M 1:10.000 „Vernagtferner 1982"; Hrsg.: Kommission für Glaziologie - Bayerische Akademie der Wissenschaften, 1986)

mungsbereich der schnellen Gletschervorstöße, keine deutlichen glazialmorphologischen Formen ausgebildet werden konnten. Die untergeordneten Vorstöße von 1898/1902 bzw. 1977/1985 fallen morphologisch wenig ins Gewicht. Angesichts auch des erheblichen Anteils remobilisierten Materials im Gletschervorfeld muß den frührezenten und rezenten Gletschervorstößen limitierte Auswirkung auf die Ausgestaltung des Gletschervorfelds zugesprochen werden, es vielmehr als Resultat der Gletscherstandsschwankungen und verknüpfter glazialmorphologischer Prozesse während des gesamten Holozän betrachtet werden (vgl. 8).

7.3.2 Guslarferner

Das Tal des Guslarferners weist in seinem unteren Abschnitt nahe der Talmündungsstufe zum Vernagttal eine starke Asymmetrie auf. Während der Hintergraslkamm die nördliche Talflanke bildet, wird die gegenüberliegende Talflanke durch weite, flache karähnliche Mulden an den Hängen des Kamms der Guslarspitzen gebildet (s. Fig. 2). Der obere, aktuell vom Guslarferner eingenommene, Talabschnitt ist dagegen symmetrisch ausgeprägt. Der Guslarferner, der sich während der frührezenten Gletscherhochstandsphasen unterhalb des Hintergrasls mit dem Vernagtferner vereinigte und mit diesem durch das untere Vernagttal bis ins Rofental vorstieß (s.o.), weist eine individuelle Gletschermorphologie auf. Neben der eigentlichen Hauptzunge (s. Abb. 92) liegen aktuell glazialdynamisch inaktive, geringmächtige hanggletscherartige Eisbereiche in der flachen Karmulde zwischen Hinterer Guslarspitze und Fluchtkogel. Dieser hanggletscherartige Teil des Guslarferners war im Verlauf der frührezenten Vorstöße mit der Hauptzunge vereinigt, wogegen der als eigenständiger Kargletscher anzusprechende und als Kleiner Guslarferner bezeichnete Gletscherteil in der Karmulde zwischen Vorderer und Hinterer Guslarspitze (zumindest) während der frührezenten Hochstandsphase eine individuelle glaziale Dynamik mit separater Gletscherzunge und entprechenden Moränenformen besaß.

Abb. 92: Untere Gletscherzunge des Guslarferners (Aufnahme: 18.07.1993)

Begrenzt wird das Gletschervorfeld des Guslarferners, wie das des Vernagtferners, durch dominante Lateralmoränen. Diese sind als Resultat spezieller Gletschermorphologie und Eisdynamik asymmetrisch ausgebildet. Die südliche Lateralmoräne ist im inneren und mittleren Talabschnitt durch Überformung der aus der flachen Karmulde zwischen Hinterer Guslarspitze und Fluchtkogel zur Hauptzunge abströmenden Eismassen nur als rd. 100 m hohe Erosionskante anzusprechen. Sie trennt das eigentliche Gletscherbett der Hauptzunge von den flachen Karböden der hanggletscherartigen Gletscherteile ab. Nahe der Mündung ins Vernagttal liegt dagegen ein deutlich ausgebildeter Lateralmoränenwall vor, der gleichzeitig das Vorfeld des Kleinen Guslarferners gegen das der Hauptzunge abgrenzt. Dieser Lateralmoränenwall biegt an der Talmündungsschwelle ins untere Vernagttal um, wo er sich nach kurzer Distanz auflöst.

Die nördliche Lateralmoräne des Guslarferners ist bei ausgezeichneter Ausbildung ein Musterbeispiel alpinotyper Lateralmoränen (s. Abb. 93). Verglichen mit den Lateralmoränen des Vernagtferners ist sie weniger effektiven Hangerosionsprozessen ausgesetzt und an ihrer proximalen Flanke einige Grad weniger steil geneigt. Die auftretenden Erosionsrinnen sind von geringerer Anzahl und nicht derart tief eingeschnitten. Ferner fehlen großflächige Akkumulationsbereiche abgespülten Feinmaterials an der Lateralmoränenbasis.

HUMLUM (1978) verwendet u.a. für die nördliche Lateralmoräne des Guslarferners den Terminus „*layered lateral moraine*", welche er als Typuslokalität erwähnt. Eine Genese der Lateralmoräne durch *dumping* supraglazialen Debris wird durch zahlreiche subparallel zum distalen Moränenhang eingeregelte Blöcke untermauert (s. Abb. 26,94). Die von HUMLUM beschriebenen „*layered structures*" als Grobblockkonzentrationen subsequenter Stillstandsphasen/Wiedervorstöße an der proximalen Moränenflanke sind deutlich ausgebildet, wobei die zusätzlich abschnittsweise vorhandenen subsequenten Lateralmoränen (bis zu 3 einzelne Rücken ausweisbar) weitgehend aus angularen groben Blöcken bei limitiertem Feinmaterialgehalt bestehen. Sie repräsentieren nach Ansicht des Verfassers kurze Stillstände/Wiedervorstöße (vermutlich um 1870, 1890 und 1920) nach dem letzten frührezenten Hochstand. Lichenometrische Messungen der beiden deutlichen subsequenten Lateralmoränen unterhalb des Vernagt-Hintergrasls (WINKLER & SHAKESBY 1995) unterstützen diese Vermutung. O.e. subsequente Lateralmoränen sind an der ehemaligen Konfluenznaht zum Vernagtferner durch die laterofrontale Partie der Moräne des 1898/1902er Vorstoßes des Vernagtferners gekappt.

Abb. 93: Nördliche Lateralmoräne des Guslarferners; man beachte die subsequenten Lateralmoränen (Aufnahme: 18.07.1993)

Die Genese der subsequenten Lateralmoränen durch *dumping* angularen und feinmaterialarmen supraglazialen Debris während nur kurz andauernder stabiler lateraler Gletscherfrontpositionen ist ausschließlich durch extrem hohen Debriszutrag zu erklären, v.a. durch Ausstreichen einer als Materialquelle fungierenden supraglazialen Lateralmoräne. Jenc ist auf alten Photographien eindeutig nachzuweisen und trug durch ihr Vorhandensein während der frührezenten Hochstandsphase wesentlich zur Bildung der mächtigen supraglazialen *ice-stream interaction*-Medialmoräne an der Konfluenz mit dem Vernagtferner bei (s.o.). Zusätzlichen Materialzutrag erhielt die nördliche Gletscherzunge vom Festgesteinshindernis an der Umbiegung des inneren Guslartals, wobei sich durch petrographische Eigenschaften (hoher Glimmergehalt) die subsequenten Lateralmoränen auch farblich deutlich vom eigentlichen Lateralmoränenkamm absetzen, da sie durch rostbraune Farben chemisch stark verwitternden Gneises gekennzeichnet sind. Bei den stark verwitterten Blöcken liegen als Ergebnis chemischer Verwitterungsprozesse nicht nur dünne Überzüge (wie sie z.B. in Westnorwegen auftreten; s.a. ANDERSEN & SOLLID 1971) vor, sondern cm-mächtige Verwitterungsrinden mit teilweise kompletter Vergrusung entlang von Gesteinsklüften, so daß sich selbst größere Platten von Hand lösen lassen bzw. Blöcke mit gezieltem Hammerschlag in zwei Hälften zerlegt werden können (vgl. Abb. 90). Chemisch sind die Verwitterungsrinden als Eisen- bzw. Manganoxide anzusprechen, die nicht nur auf Blöcken, sondern auch anstehendem Festgestein auftreten und innerhalb wie außerhalb der frührezenten Gletschervorfelder aufgefunden werden können, so daß eine glaziale Genese ausgeschlossen werden kann (evtl. Mitwirkung subglazialen Schmelzwassers nicht gänzlich ausgeschlossen). Speziell die stark verwitterten Blöcke deuten auf hohe Anteile remobilisierten Moränenmaterials hin, welches während längerer Perioden des

Abb. 94: Kamm der nördlichen Lateralmoräne des Guslarferners mit Zone eingeregelter Blöcke (Aufnahme: 16.07.1993)

Holozän chemischer Verwitterung ausgesetzt war. Das Auftreten größerer Konzentrationen von chemisch stark verwitterten Blöcken darf als Ergebnis lokaler Variation der Petrographie (mineralogische/chemische Zusammensetzung) bzw. der Eistransportlinien interpretiert werden. Die chemisch verwitterten Blöcke sind zumeist subgerundet oder gerundet, es treten aber auch angulare Komponenten auf.

Beachtenswert ist der Verlauf des Kamms der unteren nördlichen Lateralmoräne des Guslarferners als Südbegrenzung des Hintergrasls, da er sich an dieser Stelle geringfügig auffächert. Oberhalb des jüngsten frührezenten Kamms sind abschnittsweise drei Lateralmoränenkämme angedeutet. Alle Kämme sind frührezenten Alters; der Äußerste entstand vermutlich während des frührezenten Vorstoßes um 1600. Zumindest ein prä-frührezentes Alter kann eindeutig ausgeschlossen werden (WINKLER & SHAKESBY 1995; pers.Komm. G.Patzelt). Das Auftreten eines mehrkämmigen Lateralmoränenwalls (durch Akkretion sensu RÖTHLISBERGER & SCHNEEBELI 1979) steht dabei nicht im Widerspruch zur genetischen Theorie für die alpinotypen Lateralmoränen an Guslar- und Vernagtferner. Ihr Auftreten an dieser Lokalität kann glazialdynamisch auf das Umbiegen des Guslarferners ins Vernagttal und seine Konfluenz mit dem Vernagtferner zurückgeführt werden, welche den Eisfluß an dieser Stelle entscheidend beeinflußt hat und evtl. eine geringfügige sukzessive südwärtige Migration der lateralen Eisfrontposition während der frührezenten Vorstöße mitverursacht haben könnte (zu berücksichtigen ist ferner ein möglicher Einfluß o.e. supraglazialer Lateral-/Medialmoräne).

An der südlichen Lateralmoräne haben sich zwar keine korrespondierenden Grobblockkonzentrationen oder subsequenten Lateralmoränen ausgebildet, gleichwohl können einige Fragmente von Laterofrontalmoränen bzw. Gerinne ehemaliger lateral-marginaler Schmelzwasserbäche mit Eisrandlagen während Stillstandsphasen und Wiedervorstößen nach dem frührezenten Hochstand in Verbindung gebracht werden. Eine weitergehende Korrelation mit den subsequenten Lateralmoränen der nördlichen Talseite (MENSCHING 1966) ist nach Ansicht des Verfassers mit zu großen Unsicherheiten behaftet, zudem beim möglichen Versuch einer Korrelation von Höhenlage und Verlauf jener Moränenfragmente sich ihr (teilweiser) Ursprung in glazifluvialer Erosion (z.T. auch Hangerosion) offenbart. Nur einige eindeutig zum Guslarbach lobenförmig hin umbiegenden Moränenfragmente können gesichert als End-/Laterofrontalmoränen angesprochen werden. Die unterschiedliche Ausprägung der Grobblockbänder/ subsequenten Moränen an den proximalen Lateralmoränenflanken bzw. deren Basis ist v.a. glazialdynamisch (Eisabflußlinien und determinierter Verlauf supraglazialer Moränen) unter Berücksichtigung unterschiedlichen Debriszutrags begründet. Daß wie am Vernagtferner auch an der südlichen Lateralmoräne des Guslarferners im Basisbereich subglaziales Moränenmaterial abgelagert wurde, zeigen vereinzelt auftretende *lodgement*-Blöcke.

Prägend in der Oberflächengestaltung des Gletschervorfelds sind neben weitverzweigten Schmelzwasserbächen mit deutlichen aktiven Erosionskanten *streamlined moraines* entsprechende, z.T. eisbewegungsparallele niedrige Wallformen. Unmittelbar in Nähe der Gletscherzunge sind einige feinmaterialreiche Wälle mit im Aufschluß angedeuteter Schichtung als Kamemoränen anzusprechen (V 38; s. Fig. 151), die sich sedimentologisch von den ebenfalls niedrigen End-/Laterofrontalmoränen des rezenten Gletschervorstoßes unterscheiden. Die ebenen, weitgehend nur durch glazifluviale Formungsprozesse gestalteten Flächen des Gletschervorfelds zeugen von einem ununterbrochenen Rückzug zwischen dem leichten Wiedervorstoß um 1920 und den rezenten Vorstoßtendenzen.

Über die Eisoberfläche der unteren Gletscherzunge des Guslarferners erhebt sich eine einige Meter mächtige supraglaziale Medialmoräne. Das supraglaziale Moränenmaterial wird durch *dumping* von der Gletscherzunge auf vorgelagertes Stagnant-/ Toteis abgelagert. Subglaziales Moränenmaterial ist zusätzlich am Aufbau der entstehenden (Toteis-)Eiskern-Moräne beteiligt, was durch Auftreten gerundeter Komponenten deutlich wird. Kleine Wallformen im Areal des großen Festgesteinskomplexes an Basis bzw. Ansatzpunkt der nördlichen Lateralmoräne unterscheiden sich durch sedimentologische Charakteristik (V 39) vom übrigen Moränenmaterial. Es deutet viel auf eine teilweise glazifluviale Entstehung der maximal 5 m langen Formen hin, selbst wenn der ungewöhnlich hohe Sandgehalt (v.a. Glimmerplättchen) petrographisch determiniert mit in diesem Bereich starker chemischer Verwitterung in Verbindung gebracht werden muß.

Nördlich des Festgesteinskomplexes, an dem das innere Tal des Guslarferners gen Norden umbiegt, liegen oberhalb 3000 m polygenetisch als Kombinationsformen von Lateralmoränen und *protalus ramparts* zu interpretierende Wallformen vor. Neben lateralem *dumping* supraglazialen Moränenmaterials werden die Wälle gleichzeitig durch nivale Prozesse, resultierend v.a. in Anlagerung von Hangschutt den distalen (hangseitigen) Flanken, aufgebaut, wodurch sich ein markanter Unterschied zwischen dem Material auf beiden Seiten der Wallform einstellt (s. Fig. 152).

Ein gut ausgebildetes *glacial fluted moraine surface* prägt den Verebnungsbereich der Karböden des hanggletscherartigen Teils des Guslarferners. Die einzelnen *glacial flutes* können von großer Dimension sein (mehrere Meter hoch, 10 und mehr m breit; s. Abb. 95), zahlreiche zwischengeschaltete kleineren Formenelemente sind teilweise nur 30 cm hoch (bei 1,5 m Breite). Verschiedene der kleineren *glacial flutes* sind genetisch weit-

Fig. 151: Korngrößensummenkurven Guslarferner

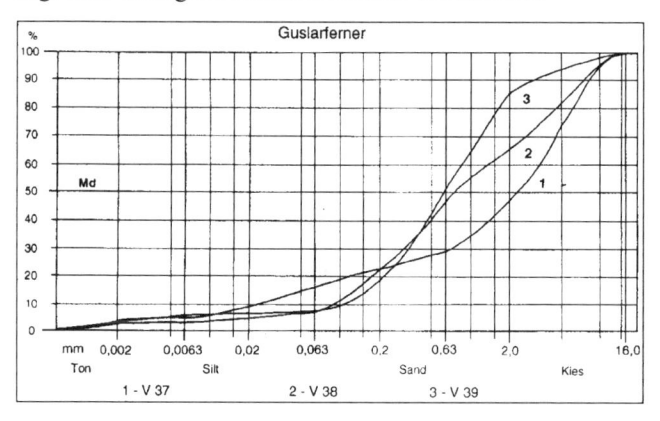

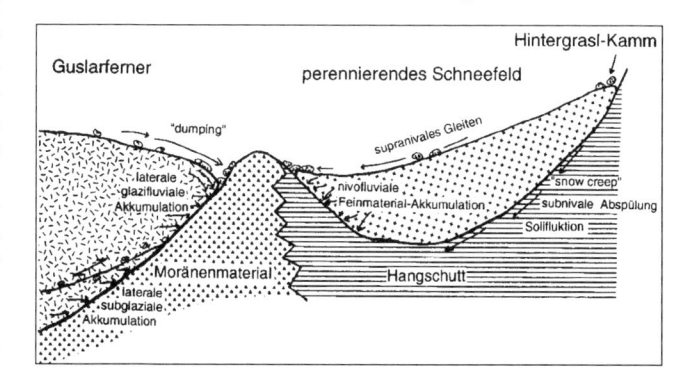

Fig. 152: Schematisches Querprofil und Darstellung auftretender Akkumulationsprozesse an den polygenetischen Lateralmoränen/*protalus ramparts* an der östlichen lateralen Gletscherzunge des Guslarferners

gehend sekundären glazi-/nivofluvialen Erosionsprozesse zuzuschreiben, zumal die Erosionsrinnen zwischen den einzelnen Wallformen durch eine größere Konzentration von Blöcken erosiven Charakter zeigen. Das eigentliche *fluted moraine surface* wird durch große *glacial flutes* aufgebaut, deren Entstehung am ehesten mit der genetischen Theorie von BOULTON (1976b) erklärt werden kann. Ihr Ansatzpunkt liegt in Gletscherbettunebenheiten aus Festgestein im Bereich der Basis der Karhänge, wobei geringe Eismächtigkeit und kurze Transportdistanz selbstverständlich bei einer genetischen Interpretation Berücksichtigung finden muß. Die Neigung der *glacial flutes* beträgt in den Mittelsegmenten durchschnittlich 5°, erhöht sich aber sowohl in den zur Erosionskante hin abfallenden, steileren Abschnitten, als auch an deren Ansatz an der Basis der Karhänge auf 10° und mehr.

Das Moränenmaterial der *glacial flutes* setzt sich neben vereinzelten gerundeten Komponenten überwiegend aus angularen Blöcken/Steinen zusammen, so daß auf eine stärkere Ablagerung supraglazialen Moränenmaterials geschlossen werden kann. Aufgrund geringer Tansportdistanz und Gletschermächtigkeit ist aber auch für subglaziales Moränenmaterial keine große Zurundung zu erwarten, selbst bei mehrfacher frührezenter/holozäner Überformung. Typisch ist eine sehr strenge eisbewegungsparallele Orientierung longitudinaler Gesteinsfragmente parallel zum Kamm der *glacial flutes*, die typisches Kennzeichen subglazial abgelagerten Moränenmaterials ist und die Areale der *glacial flutes* als Bereiche veständkter Akkumukation von *lodgement till* kennzeichnet. Als als Resultat geringer Transportdistanz sind Unterschiede in der Zurundung der Komponenten nur unsignifikant. Durch Ansatz der *glacial flutes* in Gletscherbetthindernissen drängt sich der genetische Zusammenhang mit subglazialen Hohlräumen auf, d.h. Ablagerung subglazialen Debris durch Ausschmelzen aus der basalen Transportzone an dessen Decke. Aufgrund der Grobblockigkeit des Moränenmaterials und der auch in frührezenten Hochstandsphasen zu vermutenden geringen Eismächtigkeit ist eine Aufpressung von wassergesättigtem Moränenmaterial nur in begrenztem Umfang anzunehmen (s.a. V 37). Durch spezielle glaziale Dynamik muß ferner eine sekundäre Erosionskomponente (bevorzugte Benutzung der zwischengeschalteten Depressionen durch Schmelzwasserbäche) gefordert werden. Einzelne *glacial flutes* sind durch deutlich angulares Moränenmaterial als ehemalige supraglaziale Medialmoränen gekennzeichnet. Das Auftreten der *glacial flutes* zeugt von einem kontinuierlichen Rückzug dieses Gletscherteils seit ca. 1920 und aufgrund des Fehlens jeglicher Moränenformen ist zusätzlich auf ein Nichtauftreten des rezenten Gletschervorstoßes zu schließen.

Abb. 95: Große *glacial flute* vor dem hanggletscherartigen Teil des Guslarferners (Aufnahme: 13.07.1991)

Die verbreitete vertikal-hochkante Stellung plattiger Blöcke zeugt von Frosthebungsaktivitäten im Bereich der flachen Karböden, ebenso das Auftretem initialer Frostrisse mit angedeuteter Frostsortierung zu Steinringen bzw. Steinstreifen. V.a. die von SCHMID (1958) beschriebenen und auch am Vernagtferner beobachteten eingesunkenen Blöcke und Steine in scheinbar aufgeblähter Feinmaterialmatrix (durch Wachstum von Eiskristallen bei Beibehaltung dieser Struktur nach Ablation des Eises) zeugen während und kurz nach der Schneeschmelze von aktiven periglazialen Prozessen im stark wassergesättigten Moränenmaterial.

Der glazialdynamisch individuell reagierende Kleine Guslarferner verfügt über einen separaten Moränenkranz, wobei die dadurch als eindeutig präexistent erwiesene südliche Lateralmoräne des Guslarferners eine Konfluenz mit dem Hauptgletscher verhinderte (s.a. Abb. 96). Der Moränenkranz nimmt an der distalen Flanke jener Lateralmoräne seinen Ansatz und muß nach lichenometrischen Messungen dem letzten frührezenten Hochstand um 1850 zugeordnet werden (WINKLER & SHAKESBY 1995). Eine kleine Sanderfläche hat sich innerhalb des Moränenkranzes ausgebildet und außerhalb des Kamms ist in frontaler Position reliktisch ein älterer Moränenwall erhalten. Dieser muß nach lichenometrischen Messungen dem Hochstand um 1770 zugeordnet werden (WINKLER & SHAKESBY 1995; s.a. BESCHEL 1950). Außerhalb dieses älteren Walls gibt es keinerlei Zeugnisse holozäner glazialer Überformung, so daß entweder ältere Moränenformen während der letzten beiden Hochstände überfahren wurden, oder evtl. eine noch nicht derart aufgehöhte südliche Lateralmoräne einen (zumindest) partiellen Überfluß des Eises des Kleinen Guslarferners in vorangegangenen Hochständen noch nicht behinderte.

Abb. 96: Frührezenter Moränenkranz des Kleinen Guslarferners mit vorgelagertem Moränenfragment; rechts Kamm der südlichen Lateralmoräne des Guslarferners (Aufnahme: 21.09.1993)

Speziell am Kleinen Guslarferner wird der Charakter des Moränenmaterials als nur über kurze Distanz transportierter Hang-/Verwitterungsschutt deutlich, denn angulare Komponenten dominieren. Die Grenze zum nicht überformten Hangschutt zeigt sich daher nicht in sedimentologischen Unterschieden, sondern lediglich im Grad der oberflächlichen Verwitterung und des Flechtenüberzugs.

7.3.3 Hintereis-, Kesselwand- und Hochjochferner

Der im nördlichen Zweig des sich aufgabelnden inneren Rofentals gelegene Hintereisferner besitzt als Ausnahme unter den größeren Gletschern des Rofentals die typische Morphologie eines Talgletschers mit langgestreckter, mächtiger Gletscherzunge und mehrgliedrigem Akkumulationsgebiet. Während aktuell nur der Langtauferer-Joch-Ferner eine Konfluenz mit dem auf ca. 2450 m endenden Hauptgletscher ausbildet, besaß der Hintereisferner zur Zeit der frührezenten Hochstandsphase mit Kesselwandferner, Vernaglwandferner und karglétscherartigen Gletscherteilen an den Hängen der Rofenköpfe zusätzlichen Eiszufluß (s. Fig. 2).

Wie an Vernagt- und Guslarferner stellen Lateralmoränen die dominierenden Formen des Gletschervorfelds des Hintereisferners dar. Im äußeren Gletschervorfeld sind dagegen die Moränenformen nahe der Hochstandsposition teilweise nur fragmentarisch ausgebildet, insbesondere im Vorfeld nördlich der Rofenache unterhalb des Hochjochhospiz. Die beiden von BESCHEL (1950) dem 1770er bzw. 1850er Vostoß zugesprochenen Endmoränen sind nur niedrige Rücken, die Spuren starker Überformung v.a. durch glazifluviale Formungsprozesse zeigen und wenig markant sind. Auf der gegenüberliegenden steileren südlichen Vorfeldseite liegen dagegen zahlreiche Laterofrontalmoränen in Kombination mit als ehemalige lateralmarginale Schmelzwasserbäche zu interpretierenden Erosionsrinnen bei Modifikation durch postsedimentäre Hangerosionsprozesse vor (s. Abb. 98). Die asymmetrische Konfiguration des äußeren Vorfelds ist u.a. auf unterschiedlichen Debriszutrag und differente glaziale Dynamik zurückzuführen. Während an der südlichen Gletscherflanke, verursacht durch enorm starken Debriszutrag der Talflanken unterhalb der Rofenköpfe (aktuell wie zu Zeiten des frührezenten Hochstands), eine mächtige supraglaziale Lateralmoräne auftrat und daher genug Material zum Aufbau dieser Laterofrontalmoränen (vermutlich in Kombination von limitierten Aufstauchungsprozessen mit *dumping* o.e. supraglazialen Moränenmaterials) zur Verfügung stand, war die nördliche Gletscherzunge durch Konfluenz mit dem Kesselwandferner einer geringfügig differenten glazialen Dynamik ausgesetzt, die den Aufbau von End- und Laterofrontalmoränen möglicherweise erschwerte. Während im südlichen Vorfeld die angedeuteten Erosionsrinnen zwischen den Laterofrontalmoränen dem Schmelzwasserabfluß des Hochjochferners und Teilen des Kreuzferners zuzuschreiben sind, dürfte ein Einfluß des kurzzeitig den Hintereisferner erreichenden Rofener Eisstausees auszuschließen sein. Im übrigen ist in beiden Teilen des äußeren Vorfelds anstelle einer markanten Lateralmoräne eine niedrige, nur abschnittsweise auftretende Lateralmoräne in Abwechslung mit einer lateralen Erosionskante vorhanden, d.h. ähnlich wie am

Abb. 97: Gletscherzunge und inneres Vorfeld des Hintereisferners (Aufnahme: 18.07.1994)

Vernagtferner fehlen typische alpinotype Lateralmoränen im äußeren Vorfeld. Dies kann als Beleg für nur kurzfristige Hochstandspositionen bzw. deren in bezug auf die Ablagerung supraglazialen Debris ungünstige glaziale Dynamik (frontales, inaktives Niedertauen ohne konvex geformte laterale Gletscherpartie) gedeutet werden. O.e. postsedimentäre Überformung muß berücksichtigt werden, ebenso Steilheit der Talflanken und deren weitgehende Ausbildung in Lockermaterial. Speziell unterhalb der ehemaligen Konfluenz mit dem Kesselwandferner ähnelt die in v.a. spätglazialem Moränenmaterial ausgebildete nördliche laterale Erosionskante morphologisch (wie genetisch) der des unteren Vernagttals. Aktuell starke Hangrückverlagerung der Erosionskante, sichtbar an tiefeingeschnittenen Erosionsrinnen, ist wie die außerhalb des frührezenten Vorfelds weit verbreiteten Plaiken Ergebnis ge-

Abb. 98: Äußeres südliches Vorfeld des Hintereisferners; rechts Klamm des Schmelzwasserstroms des Hochjochferners (Aufnahme: 06.07.1994)

314

ringer Hangstabilität des spätglazialen Moränenmaterials bei Zerstörung der Vegetationsdecke.

In Kontrast zum äußeren Vorfeld unterhalb der Einmündungen der Täler von Kesselwand- bzw. Hochjochferner sind im inneren Vorfeld mächtige Lateralmoränen ausgebildet. Distal der stark durch Hangerosion überformten nördlichen Lateralmoräne befindet sich spätglaziales Moränenmaterial (s.a. Abb. 97), während distal der südlichen Lateralmoräne weite Hangschutthalden die Talflanken unterhalb der Rofenköpfe prägen. An der südlichen Lateralmoräne sind starke Hangerosionsprozesse wirksam, welche dazu führten, daß nahe der Einmündung des Tals des Hochjochferners die Lateralmoräne als morphologische Form postsedimentär stark überformt und letztendlich zerstört wurde. Lediglich an der Basis des Talhangs sind Relikte von subsequenten Lateralmoränen erhalten, die z.gr.T. während des Vorstoßes um 1920 entstanden sind. An der südlichen Lateralmoräne spielt die Existenz einer mächtigen supraglazialen Medialmoräne (s.u.) eine entscheidende Rolle bei der Destabilisierung der Lateralmoränenbasis. Die sich aktuell in einer subsequenten Eiskern-Lateralmoräne fortsetzende supraglaziale Medialmoräne kann durch sukzessive Ablation des Toteiskerns zur Übersteilung der Lateralmoränenbasis und damit zu verstärkter Hangerosion führen.

Zwei kurze, 1 - 1,5 m hohe Lateralmoränen nahe der Einmündung des Tals des Hochjochferners sind eindeutig frührezenten Alters und mit größerer Sicherheit während des letzten frührezenten Hochstands um 1850 aufgebaut worden (vgl.a. BESCHEL 1950). Innerhalb des Zwickels zwischen den frührezenten Moränen von Hintereis- und Hochjochferner, welche sich im übrigen nicht berührten (keine Konfluenz in der frührezenten Hochstandsphase), liegen mindestens zwei ältere, holozäne Moränen, die jeweils parallel zu Hochjoch- bzw. Hintereisferner ineinander übergehen und eine Konfluenz während eines vorangegangenen holozänen Hochstands vermuten lassen (s.u.).

Fig. 153: Korngrößensummenkurven Hintereisferner und Hochjochferner

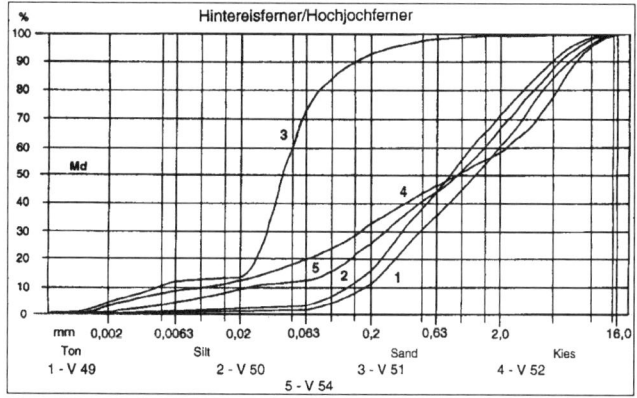

Während des Vorstoßes um 1920 entstand im nördlichen Vorfeld des Hintereisferners nahe der Einmündung des Tals des Kesselwandferners eine Laterofrontalmoräne, deren proximaler Hang deutlich flacher als der distale ist, typisches Zeichen für eine durch Aufstauchungsprozesse (sensu lato) entstandene Moränenform. Die Zweikämmigkeit der Laterofrontalmoräne (kleiner zweiter Kamm im Basisbereich) ist nicht primär glazialdynamischer, sondern sekundär glazifluvialerosiver Genese. Ihr Moränenmaterial selbst zeigt allerdings keine glazifluviale Überprägung (So-Wert: 1,82, V 52). Die nur abschnittsweise Ausbildung der Laterofrontalmoräne deutet ergänzend auf eine Genese durch Aufstauchungsprozesse hin, determiniert von lokalen Variationen der glazialen Dynamik. Die oberhalb gelegene Lateralmoräne am Konfluenzbereich zum Kesselwandferner ist extrem starker Hangerosion ausgesetzt, die die proximale Moränenflanke durch tiefeingeschnittene Erosionsrinnen zergliedern (s. Abb. 99). Auffällig ist ein Dimensionsunterschied zwischen dem von Hintereisferner und dem von Kesselwandferner aufgebauten Lateralmoränenwall, denn die Lateralmoräne des Kesselwandferners ist sehr viel mächtiger. Da die dem Hintereisferner zugewandte Seite des Lateralmoränenecks erheblich stärkerer Hangerosion unterworfen ist, sollte man bezüglich der dem Hintereisferner zuzusprechenden Form eher von einer lateraler Erosionskante, ausgebildet in der Lateralmoräne des Kesselwandferners, sprechen. An der Basis der lateralen Erosionskante sind durch Ausspülung von

Abb. 99: Proximale Flanke der Lateralmoräne des Hintereis-/Kesselwandferners in deren westlichem Konfluenzbereich (Aufnahme: 06.07.1994)

Feinmaterial des inkompakten Moränenmaterials kleine Schwemmfächer entstanden, deren Sediment sich charakteristisch v.a. aus den Korngrößenfraktionen zusammensetzt, an denen das Moränenmaterial am Hintereisferner, wie generell im Rofental, verarmt ist, nämlich Mittel- und Feinsilt (V 51). Eine Rolle spielt dabei, daß zusätzlich eine Ausspülung von Feinmaterial des spätglazialen Moränenmaterials oberhalb des Lateralmoränenkamms (starke Plaiken-Entwicklung) stattfindet.

Außer den vereinzelten Moränenfragmenten des 1920er Vorstoßes fehlen am Hintereisferner Moränenformen, die in diesem Jahrhundert gebildet wurden. Ursache für ein Fehlen von Endmoränen ist der kontinuierliche Rückzug des Gletschers, der selbst während der z.B. an Guslar-, Kesselwand- und Vernagtferner aufgetretenen rezenten Gletschervorstöße nicht unterbrochen wurde. Die weiten Bereiche des inneren Vorfelds werden daher von weitgehend ungegliederten, flachen Moränenmaterialablagerungen eingenommen, wobei Festgesteinsstrukturen, glazifluviale Formungsprozesse und nicht zuletzt das Auftreten der mächtigen supraglazialen Lateralmoräne mit der aus ihr hervorgehenden subsequenten Eiskern-Lateralmoräne für die Gestaltung der Oberflächenformen verantwortlich zeichnen. In den flachen Abschnitten des zentralen inneren Vorfelds haben sich zahlreiche Kames ausgebildet, in Bereichen, die generell als *streamlined moraines* angesprochen werden können. Auch am größeren Festgesteinskomplex im nördlichen Vorfeld nahe der aktuellen Zungenposition sind Kames bzw. Kamemoränen angelehnt. Das Moränenmaterial der Letzteren zeigt durch einen hohen Sandgehalt und vergleichsweise gute Sortierung (niedriger So-Wert von 1,06, V 50) den glazifluvialen Einfluß bei der Genese dieser Formen an, wobei ein Grund für deren Entstehung im Auftreten supraglazialer Medialmoränen an der nördlichen Gletscherfront zu suchen ist. Diese supraglazialen Medialmoränen sind im übrigen teilweise dem AD-1-Typ zuzuordnen (feinkörniger Debris subglazialen Ursprungs mit Transport an Scherungsflächen/Debrisbändern an die Gletscheroberfläche; s.a. Abb. 100). Eine (im Vergleich zur anderen Seite der Gletscherzunge geringmächtige) supraglaziale Lateralmoräne (*ice-stream interaction model*) zieht sich talabwärts der Konfluenz des Langtauferer-Joch-Ferners bis zur Gletscherfront. Durch den von ihr verursachten Debriszutrag kann in Kombination mit evtl. aufgetretenen leichten Wintervorstößen der Aufbau von kleinen rezenten Laterofrontalmoränen an der nördlichen Gletscherzunge erklärt werden, die allesamt durch glazifluviale Erosion fragmentiert worden sind. Das Moränenmaterial selbst zeigt durch niedrigen So-Wert kombiniert mit hohem Korngrößenmedian den Ursprung aus supraglazialem Debris an (V 49). Obwohl die Festgesteinsstrukturen die Position der Moränen bestimmen und mit Sicherheit stimulierend auf die Bildung dieser Moränenformen wirkten, muß von leichten (allerdings nur saisonalen) Aufstauchungsprozessen an dieser Stelle der Gletscherzunge ausgegangen werden, da ein bloßes *dumping* zur Erklärung dieser Formen nicht ausreicht, zumal sie im inneren Vorfeld Ausnahmeformen darstellen. Zwar liefern die (frontalen) Messungen der Gletscherstandsschwankungen des Hintereisferners keinen Aufschluß darüber, doch ist aus der Position anzunehmen, daß diese Moränen während der späten 1970er, frühen 1980er Jahre gebildet wurden, als die anderen Gletscher des Rofentals in der Mehrzahl vorstießen und am Hintereisferner zumindest in einigen Jahren positive Massenbilanzen verzeichnet wurden. Damit wäre das Auftreten begrenzter Wintervorstöße (weniger Meter und gering verglichen mit den Verhältnissen in Westnorwegen) theoretisch möglich. Trotzdem zeigt ihr stark eingegrenztes Auftreten an, daß nur bei entsprechendem Debriszutrag und einer Beteiligung *dumping* supraglazialen Debris die Bildung solcher Moränen ermöglicht wird (vgl. analoge Verhältnisse an der Hintergraslzunge des Vernagtferners).

Das südliche zentrale Vorfeld des Hintereisferners ist durch „chaotische" Oberflächenformen, verursacht durch sukzessives Niedertauen der subsequenten Eiskern-Lateralmoräne, gekennzeichnet. Als Konsequenz lassen sich die entstandenen Oberflächenformen wie temporäre Formenelemente während des langen Niedertauprozesses nicht mit der glazialen Dynamik bzw. dem Gletscherstandsschwankungsverhalten in Beziehung setzen. Die sich aus der supraglazialen, beinahe die gesamte südliche Gletscherzunge bedeckende Lateralmoräne entwickelnde Eiskern-Lateralmoräne ist mehrere hundert Meter lang und besitzt ein eigenes „Gletschertor". An der proximalen Flanke haben sich Erosionskanten ausgebildet, unterhalb denen das exponierte Tot-/Stagnanteis sichtbar wird (s. Abb. 100). Das Sedimentationsmilieu ist äußerst komplex, da u.a. ein kleiner See im kollabierten Eiskern-Moränenbereich auftritt und Hangerosion am oberhalb gelegenen Haupt-Lateralmoränenkamm zusätzliche Sedimentation auf dem Eiskern-Moränenrücken verursacht. Allgemein ist der Debriszutrag durch Hangerosion von dieser Talflanke extrem stark, z.T. auch mikroklimatisch begründet (Nordexposition des Hangs mit Auswirkungen auf Intensität und Frequenz der Verwitterungsprozesse). Durch die Isolationswirkung des Debris auf der Eiskern-Lateralmoräne hat sich eine Tiefenlinie zur aktiven Gletscherzunge gebildet, auf welcher sich zusätzlich eine mächtige supraglaziale Medialmoräne befindet, welche sich an der Gletscherfront mit Erstgenannter verzahnt. Diese Sedimentationsverhältnisse können als typisch für sich kontinuierlich zurückziehenden Gletscher bezeichnet werden.

Der benachbarte Kesselwandferner war während der frührezenten Hochstände mit dem Hintereisferner vereinigt und trennte sich erst in der ersten Hälfte des 20.Jahrhunderts von diesem. Unterschiedliches Relief, spezielle Gletschermorphologie und differente glaziale Dynamik ist für einige Unterschiede zwischen den Gletschervorfeldern verantwortlich. Bemerkenswert ist dabei, daß trotz des mit Abstand stärksten rezenten Gletschervorstoßes von rd. 230 m keine deutliche frontale Endmoräne am Kesselwandferner entstanden ist. Hauptursache für die Abwesenheit einer frontalen Endmoräne, die z.B. am Vernagtferner trotz

Abb. 100: Eiskern-Lateralmoräne an der südlichen Gletscherzunge des Hintereisferners (Aufnahme: 18.07.1994)

sehr viel begrenzterer Vorstoßbewegung vorhanden ist, ist das Enden der Gletscherzunge auf einer Festgesteinspartie im verhältnismäßig steilen Gletschervorfeld. Neben einem (untergeordneten) Einfluß glazifluvialer Erosion zeigt die Abwesenheit einer frontalen Endmoräne deutlich, daß es sich bei dementsprechenden Moränenformen weitgehend um Stauchendmoränen handelt, denn jene können auf Festgeteinspartien ohne Lockermaterialauflage nicht entstehen. Der permanente Debristransport an die Gletscherzunge reicht somit trotz Vorstoßbewegung nicht aus, durch *dumping* einen mächtigen Moränenrücken aufzubauen, wobei abgelagertes Material zusätzlich leicht durch Schmelzwasserbäche erodiert werden kann (vgl. ähnliche Verhältnisse in Westnorwegen). Die Entstehung von frontalen Moränenwällen erfordert daher nicht nur entsprechende Vorstoßtendenzen, sondern auch das Vorhandensein von aufstauchbarem Lockermaterial, ohne das keine Stauchendmoränengenese stattfinden kann.

V.a. aufgrund weniger starker Hangerosion sind die Lateralmoränen des Kesselwandferners in ihren oberen Abschnitten mächtiger als am Hintereisferner (s.o.). Dabei ist eine Asymmetrie zwischen den beiden Lateralmoränenwällen signifikant, denn die westliche Lateralmoräne (s. Abb. 101) ist deutlich mächtiger als ihr östliches Gegenstück, welches sich talabwärts an der Umbiegung ins Rofental auflöst und in eine laterale Erosionskante übergeht. Die westliche Lateralmoräne, die an der Konfluenz mit dem Hintereisferner abrupt endet und an der subparallel zum distalen Moränenkamm eingeregelte Blöcke eine Ansprache als v.a. durch *dumping* supraglazialen Moränenmaterials aufgebaute alpinotype Lateralmoräne erzwingen, ist durch bevorzugten Debriszutrag an dieser Seite der Gletscherzunge (durch die aktuelle Verteilung der supraglazialen Medial-/Lateralmoränen leicht nachvollziehbar) zu erklären. Obwohl auch an den Lateralmoränen des Kesselwandferners Erosionsrinnen von postsedimentärer Hangerosion zeugen, ist die Überformung im Vergleich zum Hintereisferner relativ gering. Ihren Ursprung nimmt die mächtigere westliche Lateralmoräne in einem mächtigen Hangschuttkegel, was den angularen Charakter des Moränenmaterials erklärt, bei dem es sich teilweise um abgedrängten Hangschutt handelt (wie bei der westlichen Lateralmoräne des Vernagtferners; s.o.).

Abb. 101: Kesselwandferner; Blick von Einmündung des Tals des Hochjochferners (Aufnahme: 10.07.1994)

In Kontrast zu fehlenden frontalen Moränen der Wiedervorstöße nach dem letzten frührezenten Hochstand sind an westlicher wie östlicher Lateralmoräne jeweils zwei subsequente Moränenwälle in laterofrontaler bzw. lateraler Position vorhanden. Die beiden in laterofrontaler Position an der östlichen Lateralmoräne gelegenen, wenige Meter hohen subsequenten Moränenrücken im äußeren Vorfeld sind vermutlich während zweier Wiedervorstöße um 1890 bzw. 1920 aufgebaut worden (BESCHEL 1950). Im oberen Abschnitt der westlichen Lateralmoräne gut ausgeprägte subsequente Lateralmoränenrücken sind nach Ansicht des Verfassers auf den Wiedervorstoß um 1920 bzw. den rezenten Gletschervorstoß zu datieren. Daß sich der rezente Gletschervorstoß in lateraler Position auch auf der östlichen Seite der Gletscherzunge (s. Abb. 102) in einem Moränenwall manifestiert, in frontaler Position allerdings nicht, ist in einer Kombination von *dumping*-Prozessen supraglazialen Moränenmaterials mit Aufstauchungsprozessen (in frührezentem Moränenmaterial) begründet. Distal der äußersten frührezenten Lateralmoränenkämme befindet sich im oberen Teil des Tals des Kesselwandferners dicht mit Flechten überzogener Hangschutt, im unteren Abschnitt auch spätglaziales Moränenmaterial (in dem zahlreiche Plaiken entstanden sind). Holozäne Moränenformen jenseits des frührezenten Gletschervorfelds gibt es am Kesselwandferner nicht.

Der im südwestlichen Talfortsatz des Rofentals gelegene Hochjochferner ist in seiner Gletschermorphologie wie der Glazialmorphologie seines frührezenten Gletschervorfelds durch präglaziale

Verebnungsflächen geprägt (s. Abb. 10). Kennzeichen des Gletschers ist eine markante Gliederung seines Akkumulationsgebiets durch Festgesteinsstrukturen und ehemalige Zuflüsse zur Hauptzunge von einem partiell abgegliederten Gletscherteil abfließend vom Kreuzkamm zwischen Fineilspitze, Hauslabkogel und Saykogel sowie (vermutlich; s.u.) dem westlichsten Teil des Kreuzferners (s. Fig. 2).

Zwischen dem frührezenten Gletschervorfeld des Hochjochferners und dem des Hintereisferners (s.o.) liegt noch ein weniges Meter breites, nicht

Abb. 102: Lateralmoräne an der östlichen Gletscherzunge des Kesslwandferners (Aufnahme: 18.07.1994)

überformtes Areal (s.a. Abb. 98), so daß es morphologisch klare Belege gibt, die gegen eine Konfluenz von Hochjoch- und Hintereisferner sprechen, was im übrigen auch in Einklang mit den seltenen historischen Belegen steht. Die im Zwischenraum zwischen nordwestlicher äußerster frührezenter Laterofrontalmoräne und der südlichen Grenze frührezenter Überformung des Hintereisferners gelegenen Relikte älterer Moränenformen müssen aufgrund der intensiven Vegetations- und Bodenentwicklung älteren Hochständen des Holozän zugeordnet werden, datieren evtl. sogar ins Präboreal zurück. Während im Vorfeld westlich des Schmelzwasserstroms des Hochjochferners eine (o.e.) laterofrontale Moräne als äußerste frührezente Moräne ausgebildet ist, fehlt auf der östlichen Vorfeldseite eine korrespondierende Form. An dieser Vorfeldseite ist der Gletscher im übrigen etwas weniger weit talabwärts vorgestoßen, wobei seine Zunge teilweise in der tiefeingeschnittenen Klamm (im Festgestein) gelegen hat, in welcher keine Spuren glazialerosiver Überformung zu entdecken sind. Im äußeren Vorfeld befindet sich an der östlichen Grenze des Vorfelds eine laterale Erosionskante im alten Moränenmaterial, die erst gletscherwärts abschnittsweise von einer niedrigen Lateralmoräne abgelöst wird, welche durch Hangerosionsprozesse stark überformt ist. Im westlichen Vorfeld liegt in fast der gesamten lateral-marginalen Zone eine laterale Erosionskante vor. Sie ersetzt eine Lateralmoräne als Grenze des frührezenten Gletschervorfelds. Die Erosionskante ist in mächtigen spätglazialen Moränenmaterialablagerungen entwickelt, in denen sich oberhalb jener zahlreiche parallele Rücken finden lassen, die teilweise eindeutig an Festgesteinsstrukturen (Gesteinsrippen) orientiert sind, vereinzelt aber eindeutig spätglaziale (präboreale ?) Lateralmoränen darstellen. Wie im gesamten Rofental finden sich in diesen Arealen zahlreiche Plaiken. Hangerosion tritt oberhalb wie unterhalb der lateralen Erosionskante auf. Neben dem Relief und dem Vorhandensein mächtiger Lockermaterialablagerungen auf den Talhängen ist ein unterschiedlicher Debriszutrag dafür verantwortlich, daß trotz starker Überformung durch o.e. Eiszuflüsse und der daraus resultierenden abschnittsweisen Ausbildung im östlichen Vorfeld eine Lateralmoräne vorliegt. Die Frage, ob der westlichste Teil des Kreuzferners eine Konfluenz mit dem Hochjochferner ausgebildet hat, ist im Gelände nur schwierig zu entscheiden, da durch starke glazifluviale Erosion die gesamte Talflanke in diesem Abschnitt sehr stark überformt ist. Es scheint aber beim letzten frührezenten Hochstand des Hochjochferners keine Konfluenz stattgefunden zu haben, denn außer durch die drei tiefeingeschnittenen glazifluvialen Erosionsrinnen ist der niedrige Lateralmoränenkamm nicht fragmentiert. Das frührezente Moränenmaterial des Kreuzferners unmittelbar distal muß folglich aus einem früheren frührezenten Vorstoß stammen, bei dem es dann vermutlich eine Konfluenz gegeben hat. Das Vorfeld dieses Teils des Kreuzferners ist außer durch o.e. Erosionsrinnen durch *glacial flutes* geprägt, das Gletschervorfeld

Abb. 103: Gletschervorfeld des Hochjochferners; mittlerer Abschnitt (Aufnahme: 10.07.1994)

insgesamt von einem kompletten Moränenkranz begrenzt. Dieser wurde frontal stark glazialerosiv überformt, wobei sich die Erosionsrinnen offensichtlich auch in unterlagerndes spätglaziales Moränenmaterial eingeschnitten haben, welches im Areal zwischen diesem Gletscher und dem südlich gelegenen Teil des Hochjochferners auf kleinem Areal frührezent unüberformt erhalten ist. Die sich im lateralen östlichen Vorfeld durchziehende Schwelle (strukturell im unterlagernden Festgestein angelegt) führt auch am nordöstlichen Gletscherteil des Hochjochferners zu einer starken glazifluvialen Erosion mit zahlreichen tiefeingeschnittenen Erosionsrinnen im Übergangsbereich zum zentralen Vorfeld. Einige Relikte subsequenter Lateralmoränen sind dennoch erhalten, wenngleich stark überformt und im Ausstreichen von supraglazialen Medialmoränen mitbegründet.

Das innere zentrale Gletschervorfeld des Hochjochferners ist sehr eben und wird durch den breiten, von einer bis zu mehrere Meter hohen Erosionskante eingefaßten Schmelzwasserstrom (in Gesellschaft mit zahlreichen kleineren Erosionsrinnen), Kames und damit verzahnten *streamlined moraines* sowie ehemaligen supraglazialen Medialmoränen (als eisbewegungsparallele, grobblockige Rücken vorliegend) geprägt (s. Abb. 103). Das Moränenmaterial zeigt im Aufschluß an den Erosionskanten des Schmelzwasserstroms zahlreiche grobe Blöcke in einer relativ feinmaterialreichen Matrix (s. Abb. 104; glazifluvialer Einfluß auf die sedimentologische Charakteristik des Moränenmaterials wird durch V 54 belegt; s. Fig. 153). Die auffällige Anreicherung von groben Blöcken an der Oberfläche ist sowohl durch die Ablagerung von *supraglacial melt-out till* (v.a. *supraglacial morainic till*) primär zu erklären, als auch sekundär unter Mitwirkung überformender Prozesse wie Frosthebung oder postsedimentärer Hangerosion (Einschwemmung von den östlichen Eiszuflüssen).

Charakteristikum der aktuellen flache Gletscherzunge des Hochjochferners ist eine mächtige, mehrere Meter über die Gletscheroberfläche hinausragende supraglaziale Medialmoräne mit mächtigem Eiskern, welche sich auch noch talab-

Abb. 104: Aufschluß im Moränenmaterial des mittleren Vorfelds des Hochjochferners am aktuellen Gerinnehang seines Schmelzwasserstroms (Aufnahme: 10.07.1994)

wärts des aktuellen Eisrands als Eiskern-Moräne erhält und erst sukzessive niedertaut (s. Abb. 10). Selbst nach Ablation des Eiskerns läßt sich die ehemalige Medialmoräne als Spur bzw. niedriger Blockrücken/ Moränenwall wie andere supraglaziale Medialmoränen im Vorfeld verfolgen.

Die mächtige supraglaziale Medialmoräne ist aufgrund ihrer Lage zwischen zwei Eisströmen als Teilbereichen der Gletscherzunge als *ice-stream interaction model* anzusprechen, selbst wenn sie in einer Festgeteinsschwelle ihren eindeutigen Ansatzpunkt hat und durch hohe Verwitterungsschuttproduktion starken Materialnachschub erhält. Die anderen supraglazialen Medialmoränen des Gletschers entsprechen verschiedenen AD-Typen, als welche o.e. Moräne strenggenommen ebenfalls bezeichnet werden müßte. Endmoränen finden sich im inneren Vorfeld keine, Ergebnis des ununterbrochenen Gletscherrückzugs in diesem Jahrhundert. An allen größeren Gletschern des Rofentals sind somit nur vereinzelt Endmoränen ausgebildet, Lateralmoränen die dominierenden Formen des Vorfelds, welche allerdings durch Wirkung verschiedener Einflußfaktoren (Hangerosion, steile Talhänge in Lockermaterial) abschnittsweise durch laterale Erosionskanten abgelöst werden.

7.3.4 Mitterkar-, Rofenkar- und Taufkarferner

Die glazialmorphologischen Verhältnisse an den größeren Kargletschern des Rofentals (Mitter-, Rofenkar- und Taufkarferner; s. Fig. 2) unterscheiden sich in einigen Punkten von denen an den großen Talgletschern (s.o.). V.a. die komplett ausgebildeten Moränenkränze bestehend aus Lateral-, Laterofrontal- und Endmoränen sind hierbei zu erwähnen, da sie in deutlichem Krontrast zu den abschnittsweise durch laterale Erosionskanten abgelösten Lateralmoränen bzw. nur undeutlichen Endmoränen der Talgletscher stehen. Bei einer gletschergeschichtlichen Interpretation der glazialmorphologischen/sedimentologischen Unterschiede ist neben einem teilweise stärkeren supraglazialen Debriszutrag (bezogen auf Gletschergröße/-oberfläche) v.a. die differente glaziale Dynamik der Kargletscher hinzuzuziehen. Determiniert von der Gletschergröße sind die absoluten Gletscherstandsschwankungsbeträge der Kargletscher geringer als bei den deutlich größeren Talgletschern. Dies führt zu einer glazialdynamisch determinierten größeren Stabilität lateraler und frontaler Eisrandpositionen mit einer durch deren geringere Fluktuationen effektiverer Möglichkeit zum Aufbau von Moränenformen (im Fall eines Übergewichts von *dumping*-Prozessen). Schnelle Vorstöße wie am Vernagtferner sind an den Kargletschern ebenso unbekannt, wie steile Talflanken mit mächtigen Lockermaterialablagerungen auftreten. Folglich fehlen zwei (mögliche) Voraussetzungen zur Ausbildung lateraler Erosionskanten anstelle alpinotyper Lateralmoränen. Zusätzlich wirken an Kargletschern generell präexistente Moränenformen als effektives Hindernis für spätere Vorstöße. Dies hat zur Folge, daß auch geringfügig stärkere Gletschervorstöße speziell an kleinen Kargletschern nicht unbedingt präexistente Moränen überfahren, sondern oft diese lediglich weiterbilden. Bei Nichtberücksichtigung dieses Faktors kann es zu Fehlinterpretationen der Dimension von Gletschervorstößen an Kargletschern kommen.

Der westlichste der drei größeren Kargletscher des östlichen Weißkamms, der Mitterkarferner (s. Fig. 2), verfügt in seinem, am Fuß der Wildspitze gelegenen, südexponierten Kar über ein intern komplex durch Festgesteinsschwellen gegliedertes Akkumulationsgebiet mit vereinzelten, als Nunatakker vorliegenden Festgesteinshindernissen. Kennzeichen des Mitterkarferners ist seine starke Bedeckung mit supraglazialem Debris, speziell auf der östlichen Gletscherzunge unterhalb Wildspitze und Ötztaler Urkund. Insbesondere bei noch vorhandenem Winterschnee im Frühsommer ist dadurch eine klare Lokalisation der lateralen bzw. rückwärtigen Gletscherrandposition praktisch unmöglich. Auch im Spätsommer ist nach Neuschneefällen die flache frontale Eisrandposition fallweise nicht auszumachen (was nicht zuletzt zu zahlreichen Unterbrechungen der jährlichen Gletscherfrontmessungen führte). Effektive Frostverwitterung der intensiv gefalteten und geklüfteten Gneise verursacht den starken Zutrag an supraglazialem Debris, wobei an der Südflanke der Wildspitze eine Wechsellagerung von rostbraunen, stark chemisch verwitterten Gneisen hohen Glimmergehalts zu grauen und gegenüber chemischer Verwitterung resistenteren Gneisvarietäten sichtbar wird.

Petrographische Unterschiede in Modifikation durch die Eisflußlinien sind auch im Gletschervorfeld sichtbar, insbesondere in den ehemalige supraglaziale Medialmoränen darstellenden, eisbewegungsparallenen Blockrücken (s. Abb. 105), die z.T. beachtenswerte Mächtigkeit erreichen und in Wechselwirkung mit ebenfalls eisbewegungs- und gefällsparallelen glazifluvialen Erosionsrinnen das Gletschervorfeld prägen. *Steamlined moraines* sind folglich dominierende Formenelemente des von mächtigen Lateralmoränen eingefaßten inneren Vorfelds (s. Abb. 106).

Abb. 105: Eisbewegungsparalleler Blockrücken einer ehemaligen supraglazialen Medialmoräne im zentralen Vorfeld des Mitterkarferners (Aufnahme: 08.07.1994)

Im inneren Vorfeld ist einseitig (östlich) ein Laterofrontalmoränenrücken ausgebildet, der aufgrund seiner Position dem um 1925 kulminierenden Wiedervorstoß zugeschrieben werden muß. Die inäquivalente Ausbildung ist Resultat unterschiedlichen Debriszutrags, der auf der östlichen Seite, durch aktuell verstärktes Auftreten supraglazialer Medialmoränen belegt, deutlich stärker ist und gleichzeitig eine Beteiligung von *dumping* supraglazialen Moränenmaterials am Aufbau dieser Moränen induziert. In geringer Entfernung talabwärts dieser Moräne zieht ein fragmentierter Moränenrücken durch das gesamte Gletschervorfeld, dessen Morphologie die Anlehnung an eine Felsschwelle/-rippe vermuten läßt. Durch die ungewöhnliche Ausbildung eines kleinen separaten Lobus dieser Moräne am Ansatzpunkt der östlichen Lateralmoräne besteht aber durchaus die Möglichkeit der Ansprache als Endmoräne, deren Dimension aber keinesfalls überbewertet werden darf und die am ehesten mit einem (unsicheren) Vorstoß/Stillstand um 1890 zu korrelieren wäre.

Innerhalb der äußersten frührezenten Endmoräne, die um 1850 aufgebaut wurde, befindet sich außer o.e. Moränenformen nur noch eine einseitig ausgebildete, vom Kamm der westlichen Lateralmoräne abzweigende Laterofrontalmoräne mit etwas ungewöhnlichem Kammverlauf als Resultat einer im Grundriß entsprechend geformten Gletscherzunge (Datierung unsicher). Rezente Moränen existieren am Mitterkarferner nicht, was auch logisch erscheint, da der Gletscher keinen ausgepräg-

Abb. 106: Westliche Lateralmoräne und zentrales Gletschervorfeld des Mitterkarferners (Aufnahme: 08.07.1994)

ten rezenten Gletschervorstoß unternahm und aktuell das Niedertauen geringmächtigen, extrem debrisbedeckten Eises die Gletscherfront prägt. Diese Situation läßt eine aktive Moränenbildung durch Kombination von Aufstauchungs- und *dumping*-Prozessen unwahrscheinlich erscheinen.

Im inneren Vorfeld ist massiver Einfluß der starken Hangerosion und Produktion von Verwitterungsschutt zu beachten, der im westlichen wie östlichen inneren Vorfeld gletscherwärts der beiden Lateralmoränen eine Abgrenzung zwischen Hangschutt und (supraglazialem) Moränenmaterial unmöglich macht. Aufgrund der geringen Transportdistanz bei Ursprung des Moränenmaterials in supraglazialem Debris finden sich kaum Spuren glazialerosiver Modifikation auf den Moränenblöcken des Vorfelds (prägnant speziell in Arealen des Ausstreichens supraglazialer Medialmoränen). Etwas talabwärts ist das Moränenmaterial der Lateralmoränen in seinen sedimentologischen Charakteristika dem durchschnittlichen frührezenten Moränenmaterial der Gletscher des Rofentals jedoch sehr ähnlich (V 53). In Stillwasserbereichen aktueller Gerinne bzw. nur periodisch/episodisch genutzten Erosionsrinnen vollzieht sich ferner eine Akkumulation glazifluvialen Feinmaterials, d.h. glaziale Erosion und Verwitterungsprozesse (vgl.

Abb. 107: (Alt-)holozänes Moränenfragment distal der östlichen Lateralmoräne des Mitterkarferners (Aufnahme: 24.07.1995)

Ausführungen zum Vernagtferner; s.a. WINKLER 1991) sorgen auch an den Kargletschern für einen deutlichen Gehalt an Feinmaterial. Im Unterschied zu den Talgletschern ist lediglich die (in den Korngrößenanalysen methodisch nicht erfaßbare) Konzentration grober, angularer Blöcke und Steine auf der Oberfläche des Gletschervorfelds erheblich höher.

Die beiden mächtigen Lateralmoränen zeigen vereinzelte Blöcke in Einregelung subparallel zum distalen Moränenkamm und sind von Morphologie und Dimension mit ähnlichen alpinotypen Lateralmoränen der Talgletscher des Rofentals gut zu vergleichen. Die westliche Lateralmoräne hat ihren Ansatzpunkt unterhalb eines großen Hangschuttkegels und ist in diesem oberen Abschnitt als polygenetisches Formenelement einer Kombination Lateralmoräne/*protalus rampart* anzusprechen (analog zu Formen am Guslarferner). „Abdrängung" von Hangschutt, Ablagerung supraglazialen Moränenmaterials (Debrisursprung weiter gletscheraufwärts) bzw. Ablagerung von Hangschutt auf der distalen Wallflanke sind in diesem Abschnitt auftretende bedeutende genetische Prozesse. Aus dieser Genese folgert ein angulares Moränenmaterial praktisch ohne Gletscherschrammen oder andere glazialerosive Kleinformen. Die Dimension der zuletzt während des Hochstands um 1850 weitergebildeten Lateralmoräne legt einen für alpinotype Lateralmoränen kennzeichnenden sukzessiven Aufbau während mehrerer holozäner bzw. frührezenter Gletschervorstöße nahe, zumal sich trotz geringerer sedimentologischer Unterschiede aufgrund dichten Flechtenüberzugs der Hangschutt jenseits des Ablationstals deutlich vom Moränenmaterial der Lateralmoränen unterscheidet.

Distal der östlichen Lateralmoräne, die in o.e. durch Moränenmaterial verkleideten Felsschwelle des Vorfelds ihren Ansatzpunkt hat (komplexe Morphologie durch Einbeziehung von Toteis und Einfluß von Hangerosionsprozessen), ist im Bereich des oberen Ablationstals ein niedriges, als Moräne zu interpretierendes Wallfragment erhalten (s. Abb. 107). Lichenometrische Untersuchungen in Verbindung mit Schmidt-Hammer-Messungen (WINKLER & SHAKESBY 1995) lassen auf ein altholozänes Alter für dieses Moränenrelikt schließen (vermutlich Präboreal bei vermuteter Korrelation zu altholozänen Moränenrelikten am benachbarten Rofenkarferner; s.u.). Im äußeren östlichen Vorfeld ist im übrigen ein leichtes Auffächern der äußersten frührezenten Laterofrontalmoräne festzustellen, wobei jedoch alle einzelnen Rückenfragmente aus der letzten frührezenten Hochstandsperiode stammen. Die Modifikationen des Gletschervorfelds des Mitterkarferners verglichen mit o.e. großen Talgletschern ist im wesentlichen auf unterschiedlichen Debriszutrag (viel supraglazialer Debris) und durch die Gletschergröße determinierter differenter glazialer Dynamik zurückzuführen, da die Gletscherstandsschwankungsgeschichte nicht wesentlich abweicht und die Anzahl subsequenter Endmoränen, bei zumeist nur partieller Ausbildung, ebenfalls nur sehr niedrig ist.

Abb. 108: Gletscherzunge und Gletschervorfeld des Rofenkarferners (Aufnahme: 16.07.1994)

Der benachbarte Rofenkarferner unternahm im Kontrast zum Mitterkarferner einen deutlichen rezenten Gletschervorstoß, bei dem vor der östlichen Gletscherzunge eine durchschnittlich 3 - 4 m hohe Endmoräne (s. Abb. 109) entstanden ist. Deren einseitige Ausbildung kann v.a. damit begründet werden, daß der Gletscher westlich auf einer Festgesteinspartie endet und der Zutrag an supraglazialem Debris von der östlichen Gletscherzunge weit höher ist. Während die distale Moränenflanke relativ steil geneigt ist, geht die Moräne in ihrem frontalen Abschnitt ohne klare Grenzziehung in stark debrisbecktes Eis über, welches fächerartig über eine prominente Felsschwelle in den von einer weiteren, talabwärts gelegenen Festgesteinsschwelle geprägten Verebnungsbereich vor der aktuellen Gletscherfront hinabströmt, während die lateralen Partien der Gletscherzunge über diese Felsschwelle überhängen (Abgang von Eislawinen; s. Abb. 109). Während Kamm und proximale Flanke der rezenten Endmoräne gänzlich von plattigem, angularen Blöcken supraglazialen Moränenmaterials ohne klare Orientierung und Einregelung (leichte Präferenz eines leichten Einfallens zum Gletscher) bedeckt sind, tritt an der distalen Moränenflanke feinmaterialreicheres Moränenmaterial zu Tage, wie es auch im vorgelagerten, teilweise als *lodgement till* anzusprechendem Areal auftritt. Dieser sedimentologische Aufbau kann durch eine Kombination von Aufstauchungsprozessen mit *dumping* supraglazialen Debris erklärt werden. Während an der proximalen Moränenflanke aufgestauchtes, präexistent feinmaterialreiches Moränenmaterial auftritt, sind Kamm und distale Flanke im wesentlichen von in der Endphase des Aufstauchungsprozesses abgelagertem, grobblockigen und angularen supraglazialen Moränenmaterial aufgebaut. In der Endphase des Vorstoßes bzw. in der beginnenden Rückzugsphase nur noch geringe glazialdynamische Aktivität erklärt das Fehlen einer durch Aufstauchungsprozesse modifizierten Orientierung/Einregelung der supraglazialen Blöcke. Speziell im fließenden Übergang zu stark debrisbedecktem Eis wird diese Kombination der glazialen Formungsprozesse gut nachvollziehbar, wobei die Aufgliederung des einheitlichen Moränenwall in drei Einzelkämme in latrofrontaler Position auf einen sukzessiven Aufbau und die Beteiligung von (begrenzten) Wintervorstößen an der Genese der Moräne hindeutet (analog zum laterofrontalen Moränenkomplex der Schwarzwandzunge des Vernagtferners). Zusätzlich kann die Sedimentologie als Beleg herangezogen werden, denn während das Moränenmaterial an der distalen Moränenflanke (V 55; s. Fig. 154) typische Charakteristik frührezenten Moränenmaterials im Rofental aufweist, ist das Moränenmaterial am Kamm der rezenten Endmoräne (V 57) gröber und besitzt wie das noch geringfügig grobkörnigere Moränenmaterial im Übergangsbereich zwischen distaler Moränenflanke und supraglazialer Medialmoräne (V 58) niedrige So-Werte, in Kombination mit hohen Md-Werten Kennzeichen supraglazialen Moränenmaterials.

Während an der proximalen Moränenflanke Frosthebungsprozesse durch aufgeblähtes Moränenmaterial belegt werden und sich innerhalb des als Damm fungierenden Moränenwalls ein kleiner proglazialer, die Ablation der lateralmarginalen Gletscherzungenpartie beschleunigender Eiskontakt-Stausee gebildet hat, wird gleichzeitig Feinmaterial glazifluvial ausgewaschen und z.T. bereits an der Basis der Endmoräne wieder abgelagert (V 56). Auch das der rezenten Endmoräne vorgelagerte Moränenmaterial zeigt stellenweise stärkere glazifluviale Überprägung (V 59), was besonders im Vergleich zum rezenten Moränenmaterial deutlich wird (vgl. V 55).

Abb. 109: Rezente Endmoräne des Rofenkarferners (Aufnahme: 25.09.1994)

Wie am Mitterkarferner prägen mächtige Lateralmoränen, welche mit den frontalen und laterofrontalen Moränenabschnitten komplette Moränenkränze ausbilden, das Gletschervorfeld des Rofenkarferners. Typisch subparallel zur distalen Lateralmoränenflanke eingeregelte Blöcke charakterisieren wie Position und Morphologie die Lateralmoränen als typische Vertreter alpinotyper Lateralmoränen. Diese Ansprache unterstützt auch Moränenmaterial nicht-existenter glazifluvialer Überprägung (V 60 mit SO-Wert von 2,04). Daß die östliche Lateralmoräne in ihrem mittleren Abschnitt unterbrochen ist, liegt an einer sich weit ins Vorfeld hineinziehenden Fetsgesteinsschwelle, die die Ausbildung einer Lateralmoräne verhinderte.

Westliche wie östliche Lateralmoräne haben ihren Ansatz in größeren Hangschutthalden und sind, wo es das Relief zuläßt, durch ein deutliches Ablationstal von Hangschuttarealen getrennt. Im äußeren östlichen Vorfeld löst sich der deutliche Kamm der Latermoräne sukzessive auf, obwohl der Lateralmoränenwall als solcher weiterhin vorhanden ist. Grund für diese morphologische Auffächerung des einheitlichen und dominanten Lateralmoränenkamms ist das Relief in Kombination mit eventuell auf-

Fig. 154: Korngrößensummenkurven Rofenkarferner

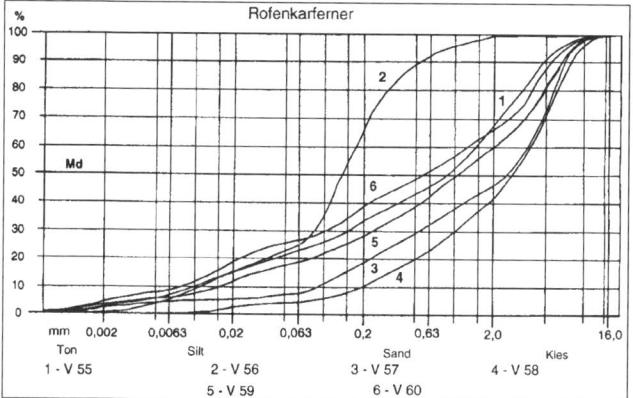

325

getretenen, aber nicht überzubewertenden glazifluvialen Erosionsprozessen. Das nach Süden und Südosten offene Kar des Rofenkarferners bietet in diesem Bereich ohne Karhang kein effektives Widerlager als (eine) Voraussetzung für den Aufbau alpinotyper Lateralmoränen, so daß in diesem Abschnitt der Lateralmoräne größere laterale Eisrandpositionsschwankungen im Zeitraum des letzten frührezenten Hochstands bzw. danach aufgetreten sind. Die v.a. durch *dumping* aktuell wie frührezent vorhandenen supraglazialen Moränenmaterials entstandenen Lateralmoränen wurden zuletzt während des frührezenten Hochstands um 1850 überformt (durch Superposition, wie auch die Lateralmoränen des Mitterkarferners), was lichenometrische Messungen eindeutig belegen (WINKLER & SHAKESBY 1995). Wie andere Lateralmoränen im Rofental sind die Lateralmoränen des Rofenkarferners starker aktueller Hangerosion ausgesetzt, die zur Entstehung tiefeingeschnittener Erosionsrinnen in einigen Moränenabschnitten führt.

Ebenfalls um 1850 datiert die frontale Endmoräne des Rofenkarferners, der allerdings ein niedriger Endmoränenwall vorgelagert ist, der sich durch starke Vegetationsbedeckung deutlich vom übrigen frührezenten Gletschervorfeld unterscheidet. Lichenometrische Messungen in Kombination mit Schmidt-Hammer-Messungen lassen ein prä-frührezentes Alter für diese Endmoräne vermuten, so daß die Moräne vor eines evtl. ersten frührezenten Hochstands um 1600 gebildet wurde. Der Wiedervorstoß um 1920 hat am Rofenkarferner im übrigen eine deutliche Laterofrontalmoräne geschaffen, wogegen andere lineare Strukturen an der proximalen Moränenflanke erosiven Charakters sind und nicht als ehemalige Eisrandpositionen gedeutet werden dürfen.

Neben o.e. prä-frührezenter Endmoräne außerhalb der 1850er Endmoräne existieren am Rofenkarferner außerhalb des frührezenten Gletschervorfelds noch verschiedene ältere Moränenrelikte, deren Genese im Zeitraum zwischen den spätglazialen (Egesen-stadialen) Lateralmoränen unterhalb der Breslauer Hütte am nördlichen Talhang des Rofentals (s. Abb. 6) und den frührezenten Moränen angesiedelt werden muß. Die in westlicher laterofrontaler Position vorhandenen Moränenrelikte müssen nach lichenometrischer Untersuchung unter Beachtung der Resultate von Schmidt-Hammer-Messungen (WINKLER & SHAKESBY 1995) als altholozän angesprochen werden (präboreales Alter vermutet).

Problematisch ist dagegen die Interpretation morphologisch undeutlicher linearer Wallstrukturen außerhalb der unteren östlichen Lateralmoräne, weil das Areal starke glazifluviale Überprägung zeigt und daher nur wenige Formen eindeutig als Moränen anzusprechen sind. Trotz methodischer Probleme bei deren lichenometrischer Untersuchung ist eine zeitliche Gleichstellung mit den Moränenrelikten der anderen Karseite die einzig logische, wenn auch unsichere Schlußfolgerung der erhaltenen Ergebnisse. Zwischen diesen vermuteten präborealen Gletscherhochständen und den frührezenten Hochständen können keine zusätzlichen Gletschervorstöße durch morphologische Zeugnisse aus-

Abb. 110: Äußeres Gletschervorfeld des Rofenkarferners mit holozänen Moränenrelikten außerhalb der frührezenten Laterofrontal-/Endmoränen (linke Bildhälfte) bzw. altfrührezentem Endmoränenwall (rechte Bildhälfte - Kammverlauf durch Wegverlauf nachvollziehbar) (Aufnahme: 08.07.1994)

gewiesen werden, womit auch die Lateralmoränen des Rofenkarferners eindeutig als Resultat glazialer Aktivität nahezu des gesamten Holozän angesehen werden können.

Ähnlich dem Mitterkarferner ist der Taufkarferner (s. Fig. 2) durch eine starke supraglaziale Debrisbedeckung gekennzeichnet, die eine Festlegung der aktuellen Grenze zwischen Gletscher und Vorfeld extrem erschwert. *Streamlined moraines*, entstanden durch Ausstreichen supraglazialer, im Vorfeld verfolgbarer supraglazialer Medialmoränen in Kombination mit glazifluvialer Erosion und der Bildung von *glacial flutes* kennzeichnen durch eisbewegungsparallele lineare Oberflächenstrukturen das Gletschervorfeld, dessen lateral-marginale Abgrenzung durch nur niedrige Lateralmoränen undeutlicher als an den anderen Kargletschern ist. Eine Felsschwelle, die zwar mit frührezentem Moränenmaterial überdeckt ist, dennoch aber die Morphologie des Gletschervorfelds prägt, darf nicht als Endmoräne gedeutet werden, zumal der Taufkarferner keine ausgeprägten Wiedervorstöße während des 20.Jahrunderts unternahm. Dies ist eine der Hauptursachen für das Dominieren eisbewegungsparalleler linearen Oberflächenformen im Vorfeld, dessen äußerer Abschnitt durch eine zentral gelegene Felspartie zusätzlicher Modifikation unterliegt und daher als untypisch für die Kargletscher des Rofentals bezeichnet werden muß.

Nicht nur die Gletschervorfelder von Mitterkar- und Rofenkarferner, sondern auch die östlich Vent gelegenen frührezenten Gletschervorfelder von Diemferner (s. Abb. 111), Spiegelferner (s. Abb. 112) und Latschferner (s. Abb. 25) sind in ähnlicher Konfiguration von dominierenden alpinotypen Lateralmoränen geprägt, die zusammen mit Laterofrontal- und Endmoränen komplette Moränenkränze bilden und innerhalb der äußersten frührezenten Eisrandlage (i.d.R. des letzten Hochstands um 1850) lediglich ein oder zwei subsequente (z.T. fragmentierte) End-/Laterofrontalmoränen besitzen (je nach Teilnahme der Gletscher an den Vorstößen um 1890, 1920 bzw. den rezenten Gletschervorstößen).

Während der kleindimensionale Platteiferner (s. Fig. 2) noch ein mit den größeren Kargletschern vergleichbares Gletschervorfeld mit einem kompletten mächtigen Moränenkranz besitzt, liegen an den Kargletschern im Bereich des

Abb. 111: Diemferner mit Gletschervorfeld (Aufnahme: 25.09.1994)

Abb. 112: Spiegelferner mit Gletschervorfeld (Aufnahme: 25.09.1994)

nordwestexponierten Kreuzkamms (Kreuz- und Eisferner; s. Fig. 2) besondere Verhältnisse vor, determiniert durch das Makrorelief. Die vorhandenen Moränen sind in ihrer Ausbildung durch eine Zweigliederung der jeweiligen Gletschervorfelder stark beeinflußt. Während in den flachen Karböden oberhalb der Trogschulter eisbewegungsparallele *streamlined moraines* und glazifluviale Erosionsrinnen eingefaßt von Lateralmoränen ausgebildet sind, ändert sich der Charakter des Vorfelds im Bereich der Kante der Trogschulter abrupt. Im sehr steilen oberen Hangbereich sind die Gletscher entlang (vermutlich präexistenter) Erosionsrinnen bzw. -kerben vorgestoßen und bildeten dabei spitze Zungenlappen aus. Während im oberen Hangabschnitt noch i.d.R. Lateralmoränen vorhanden sind, lösen sich diese als Resultat der durch das starke Gefälle behinderten glazialen Akkumulationsprozesse bzw. dem Einfluß glazifluvialer und postsedimentärer Hangerosion hangabwärts auf. Eine gewisse Ausnahme von dieser Regel stellt nur der Eisferner dar, da dort die Lateralmoräne die fast den Talboden erreichende spitze ehemalige frührezente Gletscherzunge auf eine verhältnismäßig weite Strecke begleitet. Der Hangabschnitt unterhalb des Gefällsbruch der Trogschulter muß allgemein aber als zu steil für die Ausbildung typischer Moränenkränze wie an den anderen Kargletschern des Rofentals bezeichnet werden.

Die Gletschervorfelder des Rofentals weisen zusammenfassend betrachtet neben einigen, u.a. glazialdynamisch bedingten und reliefdeterminierten Differenzen zahlreiche Gemeinsamkeiten in Morphologie und Genese der Formenelemente und deren Konfiguration auf. Neben der Dominanz von Lateralmoränen als dominierende Formen des Gletschervorfelds ist das nur vereinzelte Auftreten von Endmoränen zu nennen, Resultat auch des holozänen wie frührezenten Gletscherstandsschwankungsverhaltens.

7.4 GLETSCHERVORFELDER IN WEST-/ZENTRALNORWEGEN

7.4.1 Vorbemerkung

Für die Mehrzahl der in West-/Zentralnorwegen vom Verfasser näher untersuchten Gletscher liegen lichenometrische Datierungen der vorhandenen Moränen vor (vgl. 5.3). Um diese Datierungen mit den morphologischen Untersuchungen in Beziehung setzen zu können, wurden die größeren Moränenrücken der Gletschervorfelder mit Kennungen versehen, auch um deren Ansprache in den fortlaufenden Ausführungen zu vereinfachen. Die Aufstellung einer eigenen Kennung der Moränenrücken erwies sich als unumgänglich, weil deren Ansprache durch unterschiedliche Autoren bisweilen stark differierte (in Anzahl und Grundriß). Die in dieser Arbeit verwendete Kennung der Moränen beinhaltet an erster Stelle die Kennzeichnung des entsprechenden Gletschers („M-NIG" steht z.B. für eine Moräne am Nigardsbreen; s. Aufstellung im Anhang). Handelt es sich bei den angesprochenen Moränen um Laterofrontal- oder Lateralmoränen, folgt als nächstes Element ein „L", bei Endmoränen erfolgt keine weitere Kennung (z.B. „M-NIG" = Endmoräne am Nigardsbreen, „M-NIG L" = Laterofrontal- oder Lateralmoräne). In Einklang mit den lichenometrischen Untersuchungen erfolgt eine Kennung der Lateralmoränen nur, wenn es sich um mit einer definierbaren lateralen Eisfrontposition in Beziehung setzbaren lateralen oder laterofrontalen Moränenbildung handelt. Lateralmoränen alpinen Typs entziehen sich aufgrund differenter Genese dieser Kennung. Die in der Moränenkennung nachfolgende Numerierung der Moränen beginnt an der äußersten frührezenten Moräne mit der Ziffer 1 und wird konsequent unter Einbeziehung von Laterofrontalbzw. Lateralmoränen (selbst bei Fehlen entsprechender Endmoränen) bis zur aktuellen Gletscherfront durchgeführt (z.B. „M-NIG 1" für die äußerste Endmoräne am Nigardsbreen). Liegen nicht als einzelne Moränenrücken differenzierbare, komplexe mehrkämmige Moränensysteme vor, können die einzelnen Moränenkämme des Moränensystems gesondert als Unternumerierung erfaßt werden (z.B. „M-NIG 20.1" und „M-NIG 20.2" als äußerer bzw. innerer Kamm des Endmoränensystems M-NIG 20). Differiert die Ausbildung der Moränen zwischen den unterschiedlichen Seiten des Gletschervorfelds (einseitige Ausbildung etc.), wird dies durch Indizierung der entsprechenden Seite des Gletschervorfelds kenntlich gemacht (linkes Vorfeld (l), zentrales Vorfeld (m), rechtes Vorfeld (r) in hydrologischer Sichtweise (!), d.h. vom Gletscher aus talabwärts betrachtet).

Der Verfasser legt Wert auf die Feststellung, daß es sich bei dieser Kennung nur um eine technisch sinnvolle Handhabung zur unmißverständlichen Indentifizierung der zahllosen Moränenrücken zum Zweck der eindeutigen Zuordnung lichenometrischer Datierungen, Photographien, sedimentologischer Meßergebnisse etc. handelt. Da sich die Kennung v.a. an lichenometrischen Untersuchungsergebnissen orientiert, wurden subsequente Moränenrücken, undeutliche Moränenfragmente etc. nicht mit einer Kennung versehen. Es handelt sich also **nicht** um eine vollständige Katalogisierung aller vorhandener Moränenrücken in den Gletschervorfeldern. Die morphologischen Verhältnisse an den meisten Gletschern lassen diesen Schritt nicht zu, der dem Verfasser angesichts methodischer Problematik der Kartierung und Ansprache der Moränen auch wenig zweckmäßig erscheint.

7.4.2 Bergsetbreen

Der Bergsetbre stellt einen Outletgletscher des Jostedalsbre mit verhältnismäßig kurzer Gletscherzunge dar (s. Fig. 3, Abb. 38). Er befindet sich im Talschluß des Krundal, einem rd. 9 km langen westlichen Seitental des Jostedal, wobei die Gletscherzunge aktuell den Talboden (wieder) erreicht (Höhenlage der Zunge 1995 auf ca. 510 m; vgl. Tab. 2). Das Krundal ist mit durchschnittlich 1° Gefälle im gesamten Verlauf verhältnismäßig eben und durch eine ca. 100 m hohe Talmündungsstufe vom Jostedalen abgetrennt. Der Talquerschnitt weist eine relativ weite, annähernde Trogtalform auf und wird im Talboden und den unteren Talhängen auf weiten Strecken von spätglazialem Moränenmaterial eingenommen (vgl. AA & SØNSTEGAARD 1987, SØNSTEGAARD & AA 1987).

Der im Talschluß gelegene Bergsetbre besaß während der frührezenten Hochstandsperiode, deren Maximalstand er vermutlich um 1750 erreichte, zwei Zuflüsse: einen südlichen Gletscherarm (durch einen Felssporn vom Hauptgletscher getrennt) und den von NW durch eine Scharte in den Talschlußbereich des Krundal einbiegenden Baklibre (3,19 km² Fläche - ØSTREM,DALE SELVIG & TANDBERG 1988; inzwischen im Zuge des aktuellen Gletschervorstoßes stark vorgestoßen, s. Abb. 38). Noch 1868 war der südliche Arm des Bergsetbre mit dem Hauptgletscher vereinigt, ebenso der Baklibre (vgl. Abb. 34). Bis 1899 hatten sich beide Zuflüsse vom Hauptgletscher getrennt (vgl. Abb. 35) und bildeten auch im Zuge des ersten Vorstoßes im 20.Jahrhundert keine Konfluenz mehr aus (vgl. Abb. 37). Zwei weitere im oberen Krundalen gelegene, aus südlichen Hängetälern her abfließende Gletscher, Vetledalsbreen und Tverradalsbreen, erreichten weder den Talboden des Haupttals, noch bildeten sie während des frührezenten Maximalstands eine Konfluenz mit dem Bergsetbre aus, was die morphologischen Verhältnisse eindeutig bestätigen (vgl. FORBES 1853). Der weiter talabwärts gelegene Tuftebre (früher als Tverråbreen bezeichnet), stieß durch die Tufteskard über eine steile Talmündungsschwelle aus einem kurzen nördlichen Seitental bis auf den Talboden des Krundal vor (s.u.). Das konzentrische Moränensystem des Tuftebre steht nicht mit den frührezenten Endmoränen des Bergsetbre in Kontakt, sondern liegt ca. 450 m weiter talabwärts.

Im frührezenten Gletschervorfeld des Bergsetbre existieren zahlreiche Endmoränen unterschiedlicher Ausbildung. Die Endmoränen auf beiden Talseiten des Gletschervorfelds, d.h. nördlich bzw. südlich des Gletscherflusses Krundøla, korrespondieren allerdings nur teilweise, wobei deren Ausbildung im nördlichen Vorfeld besser ist (s. Fig. 155). Desweiteren befinden sich die meisten und besser ausgebildeten Endmoränen im äußeren Bereich des Gletschervorfelds, was glazialdynamisch mit der Schwankungsgeschichte des Bergsetbre erklärt werden kann. Die Endmoränen außergewöhnlich ebenen Gletschervorfeld gehen teilweise in Laterofrontal- bzw. Lateralmoränen über, die zumeist gestaffelt auftreten und von anderem morphologischen Typ als Lateralmoränen alpinen Typs sind. Auch glazialdynamisch verlangen sie eine differente Interpretation (s.u.). Im inneren Vorfeld liegen zusätzlich morphologisch differente Lateralmoränen bzw. laterale Erosionskanten vor. Weite Flächen des Gletschervorfelds werden von Sanderflächen bzw. glazifluvial unterschiedlich stark überformtem, ungegliederten Moränenmaterial eingenommen (s. Abb. 113), auf denen die Endmoränen wie „aufgesetzt" wirken. Die teilweise fragmentarische Ausbildung der Endmoränen muß zumindest teilweise glazifluvialer Erosion zuge-

Abb. 113: Sanderfläche zwischen M-BER 3 und M-BER 4 im äußeren nördlichen Gletschervorfeld des Bergsetbre; im Hintergrund Grønskreda (Aufnahme: 13.08.1993)

schrieben werden. Im Bereich tiefeingeschnittener Erosionskerben bzw. kurzer Seitentäler schieben sich weitläufige, schwemmfächerartige Schuttkegel seitlich ins Gletschervorfeld vor. Diese überformen aktuell die vorhandenen glazialmorphologischen Formen, wie sie auch während der frührezenten Hochstandsphase die initiale Ausbildung glazialer Formen beeinflußt haben dürften. Speziell im Bereich der Schuttfächer von Bakli (von N) und Grønskreda (von S unterhalb des Hängetals des Vetledalsbre; s. Abb. 113) ist das Gletschervorfeld stark überformt. Im Bereich des als Bakli bezeichneten Schuttfächers im nördlichen Vorfeld südwestlich Kråfjellet konnte der Verfasser im Sommer 1993 noch von einem großen Lawinenabgang stammende Altschneereste beobachten. Zerstörte Vegetation, frische Blöcke von Verwitterungs-/ Hangschutt und Fragmente von Vegetation in den Altschneeresten (von außerhalb des Vorfelds stammend) zeigten die aktuelle Dynamik dieser Hangerosionsprozesse an.

Die partiell unterschiedliche Ausbildung der Moränen auf beiden Talseiten kann unterschiedlich begründet werden. Primär war durch die verschiedenen Eiszuflüsse die glaziale Dynamik auf beiden Talseiten unterschiedlich, auch der Zutrag an supraglazialem Debris (begründet in differenter Hangdynamik). Letztgenannter ist aber für die Moränengenese am Bergsetbreen (wie an den meisten anderen Outletgletschern des Jostedalsbre) von geringer Bedeutung, zumal historische Photographien nur begrenztes Auftreten supraglazialen Debris anzeigen. Sekundär spielt die unterschiedliche glazifluviale Überformung entstandener Moränen ebenso eine Rolle wie die o.e. Überformung durch Hangerosionsprozesse. Auf der südlichen Talseite im Bereich von Grønskreda konnte sich so keine typische Moränenkonfiguration ausbilden bzw. bestehende Moränen wurden nach dem Rückzug des Gletschers stark überformt. Auch die nur abschnittsweise Ausbildung von Lateralmoränen findet in aktuellen Hangerosionsprozessen ihre Begründung.

Die äußerste Endmoräne des Bergsetbre (M-BER 1) ist in ihrer zentralen Partie 2,5 - 3 m hoch, wobei ihre Kammhöhe von der proximalen Seite gemessen ca. 1 m niedriger ist, da dort 3 bis zu 1 m hohe subsequente Moränenrücken angelagert wurden. Distal ist ihr eine weitläufige Sanderfläche vorgelagert, welche rezent teilweise stark sumpfig ist und sich bis zu dem talabwärts gelegenen äußeren Endmoränensystem des Tuftebre erstreckt. Vereinzelt innerhalb dieser Sanderfläche, vor allem aber zum Fuß der Talhänge hin, finden sich zahlreiche enorme Felsblöcke (s. Fig. 155), welche als Hangschutt größerer Felssturzereignisse vom darüberliegenden Kråfjellet stammen. Die Zone der großen Blöcke wurde während des frührezenten Maximalvorstoßes nicht überfahren (M-BER 1 tangiert lediglich zwei der großen Felsblöcke) und es finden sich keinerlei Spuren eines prä-frührezenten holozänen Gletscherhochstands außerhalb des frührezenten Gletschervorfelds am gesamten Bergsetbreen. M-BER 1 ist abschnittsweise doppelkämmig ausgebildet und geht in einen blockigen Lateralmoränenrücken über, der beinahe im gesamten nördlichen äußeren Vorfeld eine sichtbare lateral-marginale Grenze zum grobblockigen Hangschutt darstellt. Diese Grenzlinie wird außerdem von der Vegetation deutlich nachgezeichnet. Im

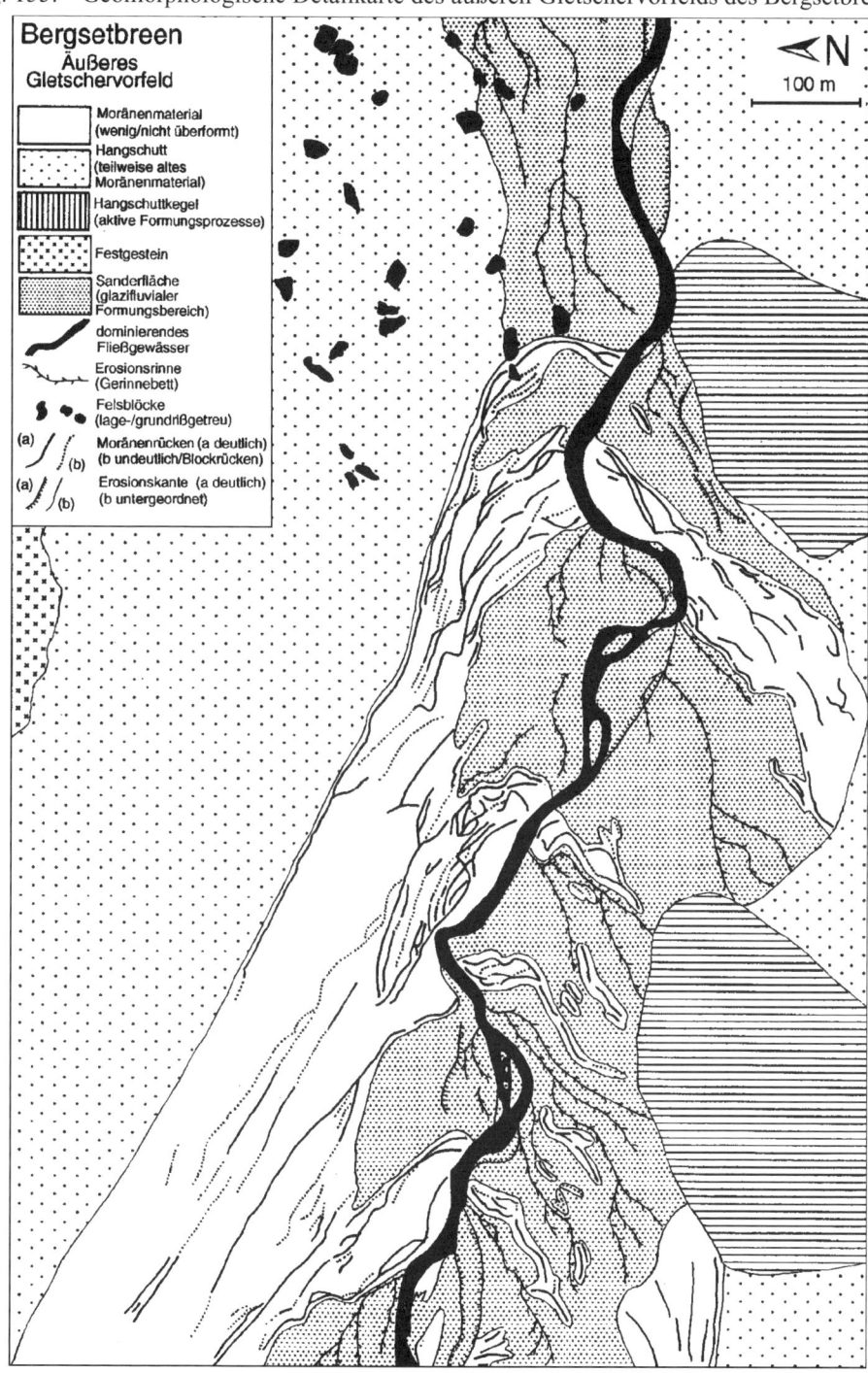

Fig. 155: Geomorphologische Detailkarte des äußeren Gletschervorfelds des Bergsetbre

Vergleich zu den innerhalb liegenden Endmoränenrücken ist M-BER 1 relativ blockreich, der Anteil an Feinmaterial ist auf den Kernbereich limitiert. Neben zu vermutender glazifluvialer Auswaschung von Feinmaterial ist die etwas spezielle Sedimentologie in der partiellen Aufstauchung gröberen Hangschutts zu suchen, der bei der Genese der subsequenten Endmoränen im Zuge sukzessiver Wiedervorstöße nicht zur (möglichen) Aufstauchung zur Verfügung stand.

Festzuhalten bleibt, daß M-BER 1 als äußerste Endmoräne nicht die mächtigste Endmoräne am Bergsetbreen darstellt, selbst wenn die Diskrepanz zu den subsequenten Endmoränen nicht derart stark wie an benachbarten Outletgletschern (z.B. Nigardsbreen, Fåbergstølsbreen) ausfällt. Die Dauer des Vorstoßes steht einwandfrei nicht in Beziehung zur Mächtigkeit des gebildeten Moränenrückens, denn sonst wäre zu fordern, daß die äußersten Endmoränen an allen Outletgletschern die mächtigsten Endmoränen darstellen müßten, was nicht nur am Bergsetbreen nicht der Fall ist. Die Ursachen für die Mächtigkeit eines Endmoränenrückens liegen nicht in Vorstoßdistanz bzw. Vorstoßdauer, sondern sind glazialdynamisch/-mechanisch bzw. sedimentologisch begründet. Im südlichen Vorfeld sind nur undeutliche Moränenfragmente von der äußersten Moränenbildung erhalten, verursacht durch postsedimentäre glazifluviale Erosion bzw. Hangerosionsprozesse in Verbindung mit dem Breidskreda-Schuttfächer.

Das Endmoränensystem M-BER 2 setzt sich aus drei einzelnen Rücken zusammen, von denen die beiden äußeren lichenometrisch auf 1762 (M-BER 2.1) bzw. 1775 (M-BER 2.2) datiert wurden. Da die Entfernung zwischen diesem Endmoränensystem und M-BER 1 nur 60 m beträgt (bei zwischengeschalteter Sanderfläche) und die Altersunterschiede innerhalb des Endmoränensystems bei aller kritischen Betrachtung der lichenometrischen Datierungen größer zu sein scheinen, muß von der morphologischen Position der Endmoränen von einem zunächst nur zögerlichen Rückzug des Gletschers von seiner frührezenten Maximalposition ausgegangen werden. Es kann gefolgert werden, daß der erste Teil der Rückzugsphase von der frührezenten Maximalposition von verschiedenen Stillständen bzw. kurzen Gletschervorstößen unterbrochen war, in denen diese subsequenten Endmoränen aufgebaut wurden. Dies induziert für die zweite Hälfte des 18.Jahrhunderts noch relativ gletschergünstige Klimaphasen, womit die morphologischen Befunde gut entsprechende Hinweise in der Literatur (vgl. 5.3) unterstützen.

Weitgehend sind die Einzelrücken von M-BER 2 relativ feinmaterialreich, zumindest verglichen mit M-BER 1. Einzelne Blöcke treten zwar ebenfalls auf, generell nimmt aber der Blockgehalt erst zu den korrespondierenden Laterofrontalmoränen hin zu. Diese Laterofrontalmoränen erreichen im übrigen Höhen von maximal 4 - 5 m, d.h. ähnliche Dimensionen wie die Endmoränenrücken, die abschnittsweise jedoch niedriger sind.

Der Endmoränenkomplex M-BER 3 grenzt direkt ohne weitläufige Sanderfläche an M-BER 2. Ist die Datierung von BICKERTON & MATTHEWS (1993) stimmig, hätte damit der Rückzug in den ersten ca. 60 Jahren nach dem (um 1750 vermuteten) Maximalstand nur 150 m betragen. Da ähnlich geringe Distanzen zwischen den älteren subsequenten Endmoränen auch an anderen untersuchten Gletschern auftreten, unterstützt dieser Befund obige Aussage über einen nur begrenzten Rückzug zwischen 1750 und ca. 1800/1810. Allerdings erscheint das ausgewiesene Alter von M-BER 3 dem Verfasser zu jung, da die Distanz zum nur 4 Jahre jünger datierten Endmoränensystem M-BER 4 mit 250 m etwas groß erscheint. Allein aufgrund der Position muß damit vermutet werden, daß das Alter für M-BER 3 zu jung angesetzt wurde (auch angesichts des für die korrespondierende Endmoräne auf der südlichen Talseite angegebenen Alters von 1789 - M-BER 3.2 (r); s. 5.3.2), das Alter für M-BER 4 evtl. wenige Jahre zu hoch. Dadurch könnte die Endmoräne das Ergebnis eines von anderer Stelle berichteten Vorstoßes um 1820 darstellen, den nachgewiesen verhältnismäßig niedrige Sommertemperaturen unterstützt hätten (vgl. 6.5).

Morphologisch und sedimentologisch unterscheiden sich die drei subsequenten Endmoränensysteme M-BER 2,3,4 in ihren frontalen Partien nicht wesentlich. Niedrige So-Werte (um 1,0 und darunter) der beiden am Kamm von M-BER 4 entnommenen Sedimentproben zeigen wie Proben aus gleicher Position an den sich weiter gletscherwärts befindenden M-BER 5,6 einen relativ hohen Anteil glazifluvialen Sediments am Aufbau der Endmoränen an. Gleiches zeigen auch die beiden Zurundungs-messungen NR

30 (M-BER 4.1: i = 264, Streuung der Einzelwerte 16 - 612) und NR 31 (M-BER 4.2: i = 284, Streuung der Einzelwerte 36 - 667), die vergleichsweise hohe durchschnittliche Zurundungsindizes liefern. Stellenweise zeigt das Sediment der Endmoränen (z.B. N 162: M-BER 6) einen stärkeren Moränenmaterial-Charakter, wie generell die laterofrontalen bzw. lateralen Partien der Moränenrücken einen etwas geringeren Feinmaterialgehalt besitzen (s.a. N 166: M-BER L 5). Zumindest die Sedimentologie spricht daher für eine Genese dieser Endmoränen durch Aufstauchungsprozesse während sukzessiver Wieder- oder Wintervorstöße. Unterschiede innerhalb einzelner Moränenrücken machen wie glazialdynamische Überlegungen eine Ansprache der Endmoränen als Satzendmoränen (aufgebaut während Stillstandsphasen) unwahrscheinlich. Es muß allerdings eingeräumt werden, daß durch spezielle Verhältnisse die morphologischen Befunde limitiert sind. Durch die u.a. von der Petrographie (vgl. 1.2.2) bzw. das Überwiegen subglazialen Moränenmaterials und verstärkten Auftretens glazifluvialer Formungsprozesse mitverursachte weitgehende Abwesenheit longitudinaler oder plattiger Gesteinskomponenten sind am Bergsetbreen wie an den meisten anderen Outletgletschern des Jostedalsbre Orientierungsmessungen, die durch die Einregelung der Blöcke und Steine in den Endmoränen Aufschluß über die Moränengenese geben könnten, nicht durchführbar. Ebenfalls z.T. sedimentologisch determiniert sind die einzelnen Endmoränenrücken häufig symmetrisch aufgebaut. Bisweilen an M-BER 2 bis M-BER 6 auftretende steilere distale Moränenflanken bei flacheren proximalen Partien sowie die Komplexität der Endmoränensysteme mit verschiedenen einzelnen Rücken bzw. Rückenfragmenten unterstützen die Theorie einer Genese als Aufstauchungsformen (ohne allerdings auf die z.t. kontrovers diskutierten einzelnen Prozesse innerhalb dieses Aufstauchungsprozesses näher schließen zu können). Zweifellos sind die Endmoränen das Resultat mehrphasiger Oszillationen innerhalb des generellen Rückzugsprozesses, wobei insbesondere die durch die glaziologischen Rahmenbedingungen (hohe Massenumsätze etc.) begünstigten Wintervorstöße eine entscheidende Rolle gespielt haben, speziell bei der Genese mehrkämmiger Moränenkomplexe. Der hohe Anteil glazifluvialen Feinmaterials innerhalb der Endmoränenrücken stammt fallweise von mitaufgestauchten, marginalen Kames bzw. proglazialen glazifluvialen Ablagerungen. Dies würde auch die starke Variation der Sedimentologie innerhalb einzelner Endmoränenkomplexe erklären (z.B. M-BER 4). Wie an den meisten anderen Outletgletschern läßt sich die Frage nach der detaillierten Genese der Endmoränen nur durch Studium aktueller Prozesse an den (z.gr.T. vorstoßenden) Gletscherzungen beantworten, da ältere Moränenrücken meist keinen Aufschluß darüber geben können (Ausnahme Nigardsbreen, s.u.).

Zwischen M-BER 3 und M-BER 4 befindet sich, wie in flächenmäßig bedeutenden Teilen des gesamten Vorfelds, eine ausgedehnte Sanderfläche (von ca. 200 m Länge; vgl. Abb. 113). Die Ausbildung der verbreiteten Sanderflächen ist auf den ebenen Flächen des Vorfelds des Bergsetbre ähnlich der an anderen Outletgletschern (z.B. Nigardsbreen). Kennzeichnend für die Sanderflächen ist eine vergleichsweise spärliche Vegetation mit dispers verteilten Birken, die in krassem Gegensatz zu der meist dicht bewachsenen Endmoränenrücken und der Vegetation entlang aktueller perennierender bzw. periodischer Gerinne auftritt (dichtes Strauchwerk auf den Endmoränen bzw. Grauerlenwäldchen entlang der Wasserläufe). Primäre Ursache für die nur spärliche Vegetationsdecke ist die fast ausschließlich aus

Fig. 156: Md/So-Diagramm Bergsetbreen [A - Moränenmaterial; B - glazifluviales Sediment]

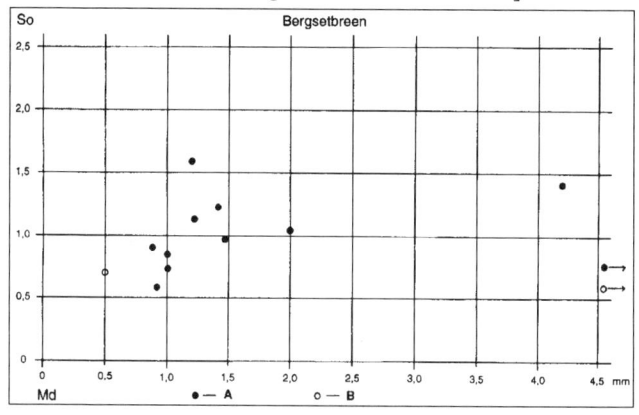

Grobkies und Steinen sich zusammensetzende Oberfläche (an unterschiedliche Auswirkung der Beweidung - Verhinderung des Aufkommens von Baum- und Strauchvegetation durch Viehverbiß - ist (eingeschränkt) als sekundäre Ursache zu denken). Feinere glazifluviale Sedimente (Mittel-/Feinkies und Sand) wurden in zwischen ehemaligen Kiesbänken verlaufenden ehemaligen Gerinnen sedimentiert, in denen die Krautschicht üppiger ausgeprägt ist. Punktuell sind auch gänzlich vegetationslose Streifen auf den Sanderflächen zu beobachten, deren Oberfläche fast ausschließlich Gesteinskomponenten der Kiesfraktion (v.a. Feinkies) aufweist. Kennzeichen für die Sanderflächen am Bergsetbreen ist eine (v.a.) oberflächliche Verarmung an Feinmaterial (Silt, aber auch Sand). Dieser Mangel ist Hauptursache der Vegetationsunterschiede innerhalb des Gletschervorfelds, wobei es neben den weiten Sanderflächen v.a. im Einflußbereich des aktuellen Gletscherflusses, seiner Nebenarme bzw. Zuflüsse kontrastierend zu den Sanderflächen glazifluviale Feinmatcrialakkumulationszonen bzw. Schwemmebenen gibt, die sich durch Feinmaterialreichtum und hohe Bodenfeuchte auszeichnen. Flächenmäßig treten diese Flächen aber hinter den Sanderflächen zurück, die als typische glazifluviale Formenelemente bezeichnet werden müssen.

Die effektive glazifluviale Auswaschung von Feinmaterial aus ebenen Moränenmaterialflächen bzw. einseitige Ablagerung gröberer glazifluvialer Sedimente auf diesen Sanderflächen zeigt der Vergleich der Korngrößenanalysen, denn Proben von den Sanderflächen zeigen als Charakteristikum nur geringe Prozentanteile von Silt bzw. Feinsand (bzw. deren vollständige Abwesenheit; vgl. N 169). Die flächenhafte Wirkung von Schmelzwasser wird durch geringe Neigung des Gletschervorfelds begünstigt, da sich weite Mäander ausbilden konnten und zahlreiche ehemalige, abgeschnittene Gerinnemäander von einer ständigen Verlagerung des aktuellen Gerinnebetts zeugen (s.a. Beispiel der Veränderung des Gerinnes von 1899 bis 1907 auf Abb. 35 - 37). Glaziologisch ist das Auftreten großer Schmelzwassermengen relativ einfach durch die hohen Massenumsätze zu erklären (die pro festgelegter Einheit der Gletscheroberfläche am Jostedalsbreen schätzungsweise zwischen 3 bis 5 mal höheren Schmelzwasseranfall als an den Ostalpengletschern verursachen). In Kombination mit den relativ hohen Sommerniederschlägen bzw. des von großen Winterschneemengen des unvergletscherten Einzugsgebiets stammenden Abflußes erlangen die glazifluvialen Formungsprozesse somit eine ganz andere Dimension als im ostalpinen Rofental (s. 7.3), wo deren Wirkung (u.a. reliefbedingt durch größere Hangneigungen in den Gletschervorfeldern) sich fast ausschließlich linear auf Zonen entlang aktueller bzw. ehemaliger Gletscherbäche beschränkt. In den Gletschervorfeldern Westnorwegens können dagegen die hohen Abflußmengen (speziell in der Rückzugsphase von den frührezenten Maximalpositionen zu fordern) flächenhafte glazifluviale Formungsprozesse entfalten und damit der gesamten Sedimentologie und Morphologie der Vorfelder ihren Stempel aufdrücken. Zusätzlich ist speziell in sedimentologischer Hinsicht zu berücksichtigen, daß die prä-frührezenten Gletschervorfelder mit großer Wahrscheinlichkeit

Fig. 157: Dreiecksdiagramm Bergsetbreen

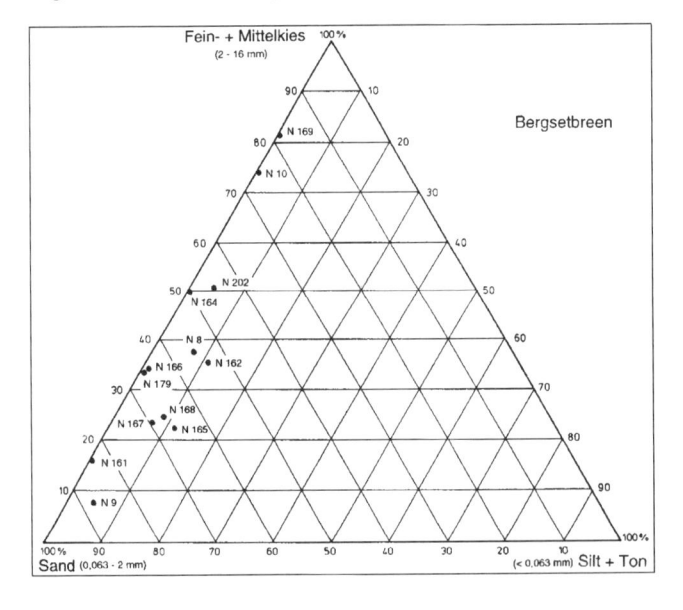

ebenfalls ebene, präboreale bzw. holozäne Sanderflächen darstellten.

Die starke Einwirkung glazifluvialer Formungskräfte zeigt sich auch darin, daß im äußeren Vorfeld an zahlreichen Laterofrontal- und Lateralmoränen die distalen Moränenhänge feinmaterialreicher als die proximalen Moränenflanken sind, ein Resultat der syn- und postsedimentären Feinmaterialauswaschung durch proximale lateral-marginale Schmelzwasserbäche zur Zeit des langsamen Rückzugs von der jeweiligen lateralen Eisfrontposition (aktuell z.B. am Austerdalsbreen zu beobachten, s.u.). Im Bereich von M-BER 5 und M-BER 6 besteht im Gegensatz zu verschiedenen weiter außerhalb im Gletschervorfeld gelegenen Endmoränen ein großer sedimentologischer und morphologischer Unterschied zwischen End- und Laterofrontal-/Lateralmoränen. Letztere sind extrem grobblockig, symmetrisch mit relativ steilen Moränenflanken (um 30°) und praktisch feinmaterialfrei (s. Abb. 114). Die dicht mit Flechten überzogenen Blöcke sind gerundet bis subgerundet und mit Ausnahme einzelner Birken (z.T. in Strauchform) sind die Moränenrücken vegetationslos. Dagegen entspricht die Sedimentologie der feinmaterialreicheren Abschnitte der Laterofrontal- und Lateralmoränen weitgehend der der korrespondierenden Endmoränen (z.B. N 179,202).

Fig. 158: Zurundungsmessung NR 24; Kammbereich der laterofrontalen Partie von M-BER L 5 (l)

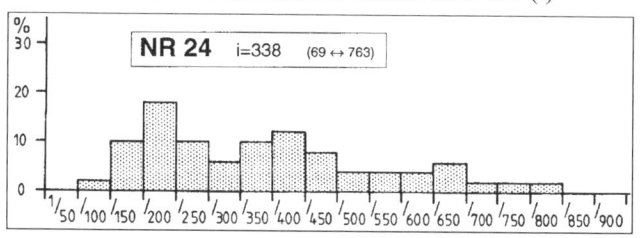

Fig. 159: Zurundungsmessung NR 29; Sanderfläche zwischen M-BER 1 und M-BER 2

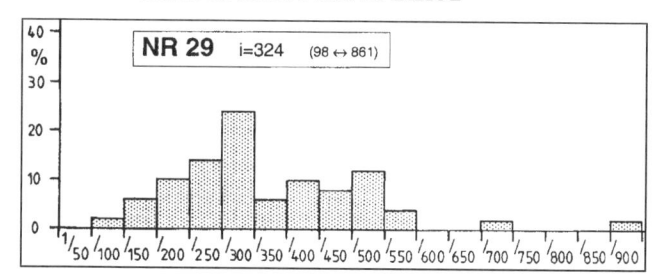

Abb. 114: Kamm der lateralen Partie von M-BER L 3 (l) (Aufnahme: 11.08.1994)

Daß im Gegensatz zu Lateralmoränen alpinen Typs in den Laterofrontal- und Lateralmoränen des äußeren Vorfelds des Bergsetbre in großem Umfang subglaziales Moränenmaterial bzw. untergeordnet auch glazifluvial transportiertes Sediment enthalten ist, zeigen Zurundungsmessungen (s. Fig. 158,159), die in ihren durchschnittlichen Zurundungsindizes z.T. deutlich über denen des Zurundungs-Querprofils nahe der Gletscherfront liegen (s. Fig. 160). Da es ferner keine signifikanten Unterschiede zu den

Zurundungsindizes der frontalen Abschnitte korrespondierender Endmoräne gibt, muß auf eine enge genetische Verwandtschaft zwischen diesen Formen geschlossen werden, d.h. auf einen deutlichen genetischen Unterschied zu Lateralmoränen alpinen Typs bzw. (eingeschränkt) lateralen Moränenformen im inneren Vorfeld. Nicht zuletzt aufgrund der aktuellen wie (soweit durch Augenzeugenberichte bzw. historische Photos belegt) auch frührezenten Abwesenheit größerer Mengen supraglazialen Debris kann eine Genese dieser Laterofrontal- und Lateralmoränen durch *dumping* supraglazialen Debris ausgeschlossen werden. Somit ergibt sich eine Ansprache als Aufstauchungsformen (sensu lato). Anders erschiene auch die Korrespondenz zu bestehenden Endmoränen und deren Staffelung schlecht begründbar. Die (z.T. nur abschnittsweise) Grobblockigkeit einzelner Lateralmoränen stammt sowohl vom Charakter des aufgestauchten Materials (größere Mengen vorhandenen Hangschutts lateral-marginal im Vergleich zu v.a. glazifluvialen Sedimenten frontal), als auch von syn- bzw. postsedimentärer Auswaschung von Feinmaterial. Quantitativ spielt supraglaziales Moränenmaterial wie o.e. keine Rolle, eine stark limitierte Eingliederung kann aber nicht ganz ausgeschlossen werden. Daß die Laterofrontalmoränen proximal weniger steil als distal geneigt sind, unterstützt die Ansprache als Aufstauchungsformen. Stellenweise gliedern sich laterofrontale Moränenrücken in mehrere Kämme auf (s.a. Fig. 155), wobei der Gradient der Kämme durchschnittlich 7 bis 8° beträgt. Die mächtigste Laterofrontalmoräne erreicht Höhen von maximal 10 m (mehr als die Endmoränen). Glazialdynamisch erklärt sich dies durch verstärkten Materialtransport bzw. stärkere Oszillation der Frontpartie (s.a. Beispiel Brigsdalsbreen).

Obige genetische Interpretation hat Konsequenzen für die gletschergeschichtliche/glazialdynamische Aussagekraft der Lateralmoränen der o.e., folgend als Lateralmoränen „westnorwegischen Typs" bezeichneten blockigen Moränenformen. Analog zu Endmoränen repräsentieren sie jeweils nur eine laterale Eisrandposition, nicht zahlreiche Vorstoßereignisse (ggf. sogar das ganze Holozän über), was für die Lateralmoränen an den meisten Alpengletschern gilt. Daneben dienen die Lateralmoränen westnorwegischen Typs als Manifestation eines stärkeren lateralen Oszillierens der Gletscherfront, wobei allerdings auch die Rahmenbedingungen des Reliefs beachtet werden müssen, da Lateralmoränen westnorwegischen Typs oft auf ebenen bzw. mäßig steilen Talhangabschnitten aufgebaut wurden. Da aber selbst im Bereich steilerer Talhänge (Beispiel Nigardsbreen, Lodalsbreen) Lateralmoränen in typischer Staffelung vorliegen, kann das Relief allein auf keinen Fall als entscheidender Faktor für die differente Ausbildung von Lateralmoränen verglichen mit den Ostalpengletschern herangezogen werden.

Im südlichen Vorfeld treten talabwärts Vetlenibba zahlreiche Lateralmoränen auf, die im Gegensatz zu o.e. Formen einen größeren Anteil von Hangschutt (meist glazialer Kurzdistanz-Transport) aufweisen, welcher durch häufige Felsstürze und Lawinenereignisse auf den Gletscher gelangte und in die Lateralmoränen eingegliedert wurde. Teilweise handelt es sich auch um aufgestauchten Hangschutt, der nur geringfügig disloziert wurde, wovon man besonders bei einigen großen Blöcken ausgehen muß, fehlen doch jegliche Spuren glazialen Transports auf den Gesteinsoberflächen. Talabwärts lösen sich diese Lateralmoränen im Einflußbereich von Grønskreda auf. Das supraglaziale Moränenmaterial dieser Lateralmoränen hat in der Konfluenz von südlichem Arm des Bergsetbre und Hauptgletscher seinen Ursprung.

An der Nordseite des Bergsetbre, kurz talabwärts der ehemaligen Konfluenz mit dem Baklibre, sind am steilen Talhang einige undeutliche Lateralmoränenrücken angedeutet, die aus Konzentrationen zumeist grober Blöcke bestehen. Gebildet wurden diese durch laterale Akkumulation zumeist supraglazialen Moränenmaterials in Kombination mit Aufstauchung von Hangschutt. Sie entsprechen folglich einer speziellen Form Lateralmoränen westnorwegischen Typs. Ihre angedeutete Staffelung verlangt trotz der bestehenden Unterschiede (in Sedimentologie/Morphologie) eine derartige Ansprache. Akkumulationsprozesse am südlichen Arm des Bergsetbre (s. Abb. 115, 116) haben neben Endmoränen eine einseitige Lateralmoräne (auf der östlichen Gletscherseite) geschaffen, deren Ursprung eindeutig in der frequenten Hangschuttproduktion vom steilen Hang der Vetlenibba zu sehen ist. Damit kann genetisch wie morphologisch eine Bezeichnung dieser Lateralmoräne als alpinotyp begründet werden. Besonders in deren talabwärtigen Abschnitt ist der mächtige Lateralmoränenkamm distal durch die

Gerinne des Ablationstals stark anerodiert worden, so daß sich unterhalb des Ablationstals ein kleiner Schwemmfächer ausgebildet hat (s. Abb. 116). Ebenfalls nicht dem Lateralmoränentyp des äußeren Vorfelds entspricht die strenggenommen als laterale Erosionskante anzusprechende Lateralmoräne an der Südseite der aktuellen Gletscherzunge des Bergsetbre, die am den Hauptgletscher vom südlichen Seitenarm trennenden Felssporn ansetzt. Die proximale Flanke der „Lateralmoräne" ist aufgrund der starken Hangneigung von über 35° starker Hangerosion ausgesetzt, die auch durch sich im Basisbereich aufbauende Schuttkegel des erodierten Moränenmaterials dokumentiert wird.

Abb. 115: Zunge des Bergsetbre und seines südlichen Gletscherarms (im Hintergrund) (Aufnahme: 11.09.1903 - J.REKSTAD, Fotoarkiv NGU Trondheim [C 30.130])

Da kein eigentlicher Moränenkamm vorhanden und die distale Seite dicht mit Vegetation bewachsen ist, darf diese Form nicht als Lateralmoräne klassifiziert werden, sondern als laterale (glaziale) Erosionsform/Erosionskante (s. Abb. 116). Bei deren Genese war glaziale Erosion durch Abtransport von Lockermaterial in Verbindung mit starker aktueller Hangerosion an den steilen Hangpartien wirksam, die (theoretisch) mögliche glaziale Akkumulationsprozesse deutlich überwogen, weshalb diese Form als Erosionsform in Lockermaterial betrachtet werden sollte. Interessanterweise zeigen einige große Blöcke innerhalb der proximalen Hangpartie die von HUMLUM (1978) beschriebene typische Einregelung alpiner Lateralmoränen (subparallel zur distalen Moränenflanke, s. Abb. 116). Da eine solche Einregelung einzig durch *dumping* supraglazialen Debris entstehen kann, muß es sich beim anerodierten Material um Moränenmaterial mit einem größeren Anteil supraglazialen Moränenmaterial handeln. Position dieser Blöcke und Mächtigkeit der aus der Größe der Schuttakkumulation am Hangfuß bzw. Exposition der Blöcke zu folgernden Hangerosion lassen den Verfasser darauf schließen, daß selbst bei Beteiligung des südlichen Arms des Bergsetbre am Aufbau dieser Lateralmoräne eine entsprechende, aus dem Holozän stammende Vorform vorhanden gewesen sein muß (aus der Deglaziation im Verlauf des Präboreal ?; vgl. ähnliche laterale Erosionskanten am Fåbergstølsbreen). Eine ausschließlich frühzerente Bildung muß ausgeschlossen wer-

Abb. 116: Zunge des südlichen Arms des Bergsetbre (Aufnahme: 08.08.1993)

den, v.a. aufgrund fehlender Quellen supraglazialen Debris und geringer Transportdistanz. Gegen einen Aufbau allein in der zeitlich begrenzten frührezenten Vorstoßphase spricht die Mächtigkeit der Form ebenso wie deren erosiver Charakter (leider entzog sich die angesprochene Hangpartie aus bergtechnischen Gründen einem eingehenderen Studium).

Zusammenfassend sind am Bergsetbreen auch an anderen Outletgletschern anzutreffende laterale Moränenformen repräsentiert:
- Laterofrontal-/Lateralmoränen westnorwegischen Typs (meist grobblockig, z.T. aber auch feineres Moränenmaterial entsprechend Endmoränen enthaltend; i.d.R. korrespondierend mit Endmoränen bzw. eine einzelne Eisrandposition repräsentierend; genetisch als Aufstauchungsformen anzusprechen mit überwiegend subglazialem Moränenmaterial);
- Lateralmoränen alpinen Typs (v.a. aus supraglazialem Moränenmaterial aufgebaut, welches durch *dumping* abgelagert wurde; nicht mit einer spezifischen Eisrandposition in Verbindung zu bringen);
- laterale Erosionskanten (als glazialmorphologische Erosionsformen in Lockermaterial anzusprechende Formen mit untergeordneter Ablagerung von frührezentem Moränenmaterial; zumeist wurden alte Moränenmaterialablagerungen anerodiert, die während der Deglaziation im Präboreal abgelagert wurden; durch Versteilung der proximalen Flanken starke aktuelle Hangerosionsprozesse; auf der distalen Seite gut entwickelte Vegetation bzw. abschnittsweise gut entwickelte Bodenprofile an den Erosionskanten aufgeschlossen).

Um Aufschluß über die Zusammensetzung des Moränenmaterials im Vorfeld des Bergsetbre insbesondere in seiner Variation zwischen zentralen und lateralen Partien zu erlangen, wurde im nördlichen Vorfeld ca. 200 m vor der 1994er Frontposition ein Querprofil mit Zurundungsmessungen vom zentralen Vorfeldbereich nahe des Gletscherbachs zu lateralen Vorfeldbereichen unmittelbar am Fuß o.e. Lateralmoränen gelegt (s. Fig. 160). Die durchschnittlichen Zurundungsindizes zeigen keine signifikante Tendenz, die auf genetische Unterschiede des Moränenmaterials schließen lassen könnten. Eine Abnahme der Zurundungindizes zu höhergelegenen lateralen Hangpartien, wie sie für Lateralmoränen alpinen Typs typisch ist (s. Beispiel Vernagtferner), konnte nicht festgestellt werden. Mit Ausnahme des überdurchschnittlich hohen durchschnittlichen Zurundungsindex für NR 22 (vermutlich in der Erfassung eines ehemaligen lateralen Schmelzwasserbachs begründet), liegen die übrigen Indizes nahe beisammen. Es darf geschlossen werden, daß ein zunehmender Anteil supraglazialen Moränenmaterials am Aufbau der Moränenmaterialareale in den lateral-marginalen Partien des Gletschervorfelds am Bergsetbreen nicht auftritt, was im übrigen auch aus glazialmechanischen Überlegungen heraus (Armut an supraglazialem Debris) nicht verwundert. Folglich trat *dumping* supraglazialen Debris als Akkumulationsprozeß am Bergsetbreen stark zurück, die Ablagerung des Moränenmaterials vollzog sich überwiegend durch *lodgement*-Prozesse und verstärkt im Zuge des sukzessiven Gletscherrückzugs nach dem frührezenten Maximalstand durch *melt-out* subglazialen Moränenmaterials. Die etwas geringeren Zurundungsindizes verglichen mit den End- und Laterofrontalmoränen des äußeren Vorfelds (NR 30,31) sind darin begründet, daß in den etwas stärker geneigten Vorfeldpartien (bis zu 5° im Tallängsschnitt) nahe der aktuellen Gletscherfront der glazifluviale Einfluß auf den im Taltiefsten verlaufenden Gletscherfluß beschränkt ist und es sich bei den Meßpunkten um ungegliederte Moränenmaterialflächen, nicht um aufgestauchte Moränenformen handelt (vgl.a. N 202 mit geringerem glazifluvialen Einfluß verglichen mit Moränenmaterialproben des äußeren Vorfelds). Auch die geringere Transportdistanz spielt hierbei eine gewichtige Rolle. Lediglich für die z.T. in der äußeren Lateralmoräne eingebetteten groben Hangschuttblöcke bietet sich *dumping* supraglazialen Debris als logischer Ablagerungsprozeß an, wobei sich anders das auffällige Fehlen dieser Blöcke innerhalb des frührezenten Gletschervorfelds bei gehäuftem Auftreten außerhalb nicht erklären ließe.

Während das äußere Vorfeld des Bergsetbre von einer vergleichsweise dichten Abfolge zahlreicher Endmoränensysteme (M-BER 1 - 6; s. Fig. 155) geprägt ist und damit für die ersten ca. 100 Jahre nach dem vermuteten frührezenten Maximalstand um 1750 einen langsamen, von zahlreichen Wiedervorstößen bzw. Stillstandsphasen unterbrochenen Rückzug den morphologischen Beleg liefert, zeigt der große Abstand von 400 m zwischen den subsequenten Moränensystemen M-BER 6 und M-BER 8 (lichenometrisch auf 1859 bzw. 1886 datiert) im inneren Vorfeld einen schnellen und ununterbrochenen Rückzug in der 2.Hälfte des 19.Jahrhunderts an, selbst wenn die lichenometrischen Datierungen um einige Jahre von den tatsächlichen Moränenbildungszeiten differieren sollten. Daß M-BER 7 (r) nur auf der südlichen Vorfeldseite ausgebildet ist, hängt mit dem aktiven Schuttfächer von Bakli auf der nördlichen Talseite zusammen. Das lichenometrische Datum für M-BER 7 (r) könnte bei Berücksichtigung eines Unsicherheitsspielraums bei der Datierung auf einen parallelen Wiedervorstoß mit dem Nigardsbre hindeuten. Auch im inneren Vorfeld zeigen die Endmoränen einen komplexen Aufbau und verlangen nach einer Ansprache als Endmoränensysteme, so daß bei deren Genese ebenfalls von der Beteiligung mehrphasiger Wieder- bzw. Wintervorstöße ausgegangen werden kann.

Die von BICKERTON & MATTHEWS (1993) auf 1909 datierte Endmoräne M-BER 9 muß nach Ansicht des Verfassers deutlich vor 1900 gebildet worden sein. Da M-BER 10, die nur auf der nördlichen Talseite deutlich ausgebildet ist, unzweifelhaft die Eisrandposition der Kulmination des ersten Vorstoßes dieses Jahrhunderts um 1911 repräsentiert, muß vor diesem Vorstoß ein längerer Rückzug stattgefunden haben, d.h. aufgrund ihrer Position ist ihr Bildungsalter zu revidieren. Das von FÆGRI (1934a) angegebene Alter von 1890 erscheint sehr viel plausibler, zumal um 1890 Vostoßtendenzen bzw. Stillstände von anderen Gletschern bekannt sind. Allerdings müßte dann M-BER 8 etwas jünger als von BICKERTON & MATTHEWS datiert sein, was nicht unglaubwürdig erscheint.

Die in den ersten Jahrzehnten des 20.Jahrhunderts gebildeten Endmoränen (M-BER 10,11,12) mit ihren teilweise subsequenten Moränenkämmen sind auf den beiden Talseiten inäquivalent ausgebildet. Während im nördlichen Vorfeld drei deutliche definierte Endmoränenwälle vorliegen, existieren auf der südlichen Talseite mehrere korrespondierende, vergleichsweise geringmächtigere Endmoränenrücken. Die unterschiedlichen Seiten der Gletscherzunge müssen folglich eine unterschiedliche Dynamik aufgewiesen haben, der südliche Zungenabschnitt stärker von Wintervorstößen betroffen worden sein, welchen die zahlreichen kleinen Moränenrücken zuzuschreiben sind. Auch die Bedeutung eines unterschiedlich starken Debriszutrags, bei einer anzunehmenden Aufstauchung weniger ins Gewicht fallend, darf nicht pauschal negiert werden. Das Moränenmaterial dieser Endmoränen (z.B. N 10) ist auffällig feinmaterialarm, wobei der niedrige So-Wert starken syn- und postsedimentären Einfluß andeutet. Der Hauptgrund für die Feinmaterialarmut ist primär in der Aufstauchung präexistenter Sedimente einer Sanderfläche zu sehen, welche sich während des vorangegangenen Vorstoßes mit starkem Abfluß von Schmelzwasser proglazial ausgebildet hatte. Die Endmoränen sind im übrigen beidseitig nur wenige Meter hoch und mit den Moränen des äußeren Vorfelds verglichen weniger mächtig. Das Fehlen korrespondierender Laterofrontal- bzw. Lateralmoränen (M-BER 10 als Ausnahme) ist durch die starke aktuelle Hangerosionsdynamik (nördliche und südliche Talseite) bzw. die topographische Situation (annähernd vertikale Talflanken auf der südlichen Talseite unterhalb Vetlenibba) begründet. Speziell der Bereich unterhalb Vetlenibba ist permanenter Felssturzaktivität (bzw. dem Abgang von Lawinen v.a. im Frühjahr/Frühsommer) ausgesetzt. Dies belegen auch historische Photographien, denn ein auf Abb. 34 (d.h. 1868) abgebildeter junger Schuttkegel ist bis heute bereits stark überformt worden. Im nördlichen Vorfeld konnte eine originale Gletschermarke (REKSTAD 1904) im Gelände nicht mehr aufgefunden werden, da seit deren Errichtung mehrere Felsstürze bzw. Lawinen dieses Areal stark überformt hatten.

Auch im Verlauf des Vorstoßes bis 1911 sind Wintervorstöße aufgetreten, wobei die Bildung zumindest einer (später überfahrenen) Wintermoräne erwiesen ist. Vergleichbare annuelle Moränenrücken können speziell in Jahren mit moderaten jährlichen Vorstoßraten bei starken Wintervorstößen aber vergleichsweise starker Ablation im Sommer kurze Zeit selbst in Vorstoßphasen erhalten bleiben. Während 1899 und 1903 in der Rückzugsphase keine Endmoräne vor der Gletscherfront gebildet wurde, zeigte sich ein o.e. annueller Endmoränenwall 1907 vor der Gletscherfront, welcher als Zeugnis des Wintervorstoßes 1906/07 im Zuge des fortlaufenden Vorstoßes wieder überfahren wurde (vgl. Detailaufnahmen der Gletscherzunge im Jahre 1907 von REKSTAD).

Fig. 160: Zurundungsquerprofil im nördlichen inneren Vorfeld ca. 150 m vor der aktuellen Gletscherfrontposition

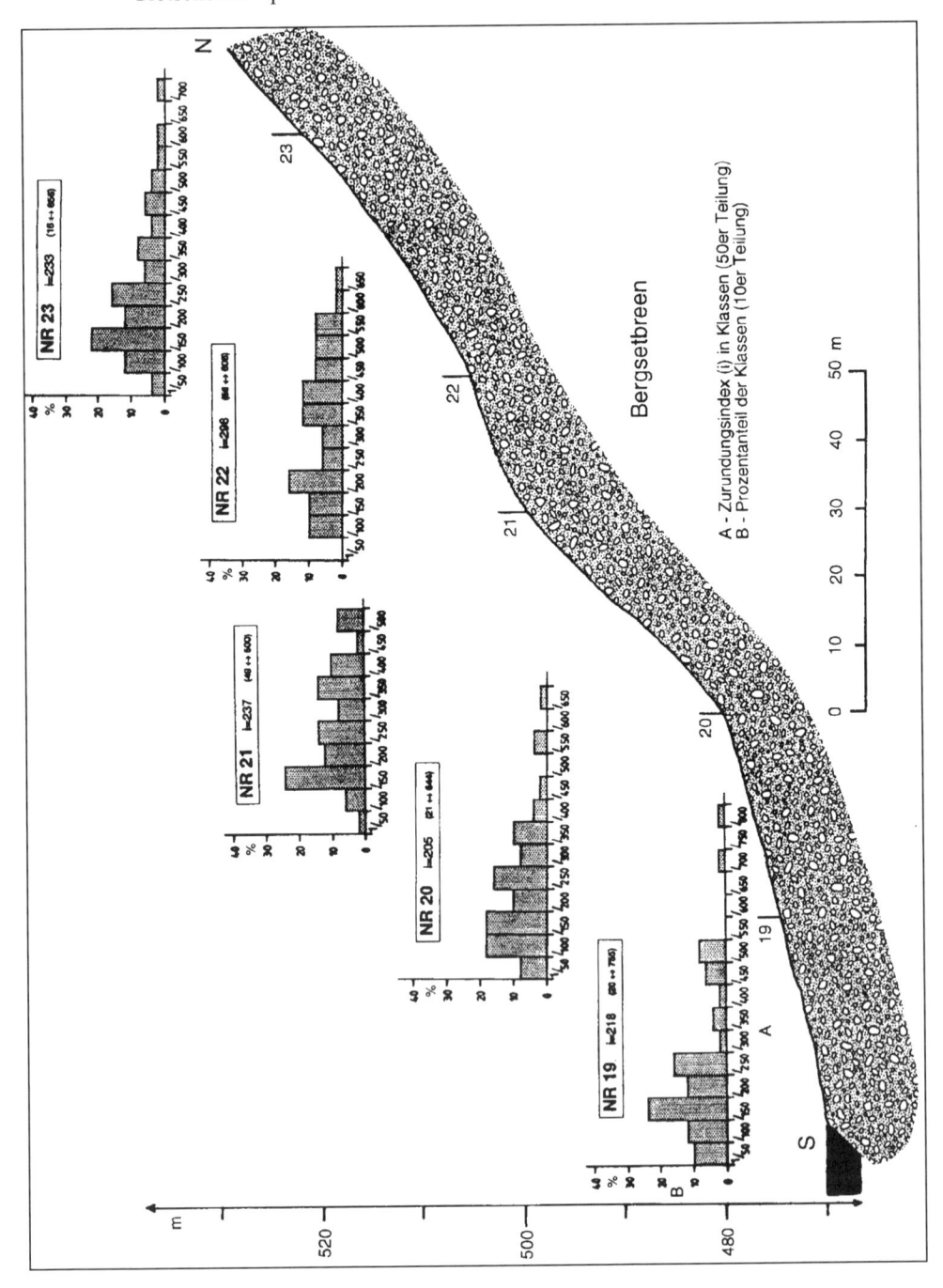

Der Bereich zwischen innerster Endmoräne (M-BER 12) und aktueller Gletscherfront wird von ungegliederten, zumeist blockreichen Moränenmaterialablagerungen eingenommen. Ausgedehnte Sanderflächen wie im äußeren Vorfeld fehlen dagegen. Die Abwesenheit von End- bzw. Laterofrontalmoränen zeigt, daß der Rückzug nach dem zweiten Gletschervorstoß dieses Jahrhunderts so große Dimension erreichte, daß selbst die sonst an maritimen Gletschern häufigen Wintervorstöße mit assoziierter Endmoränenbildung nicht auftraten. Die Abwesenheit der sonst sehr frequenten Endmoränen gerade in den Vorfeldbereichen, die während der Rückzugsphase Mitte des 20. Jahrhunderts sukzessive eisfrei wurden, zeigt

Abb. 117: Aktuelle Gletscherfront des Bergsetbre; man beachte die Steilheit der Gletscherzunge, das Anschwellen des südlichen Arms des Bergsetbre (im Hintergrund) und den vorgelagerten, stark debrisbedeckten marginalen Teppich aus Eis und Schnee (Aufnahme: 01.08.1994)

dessen außergewöhnliche Stellung innerhalb des ± kontinuierlichen Gletscherrückzugs von der maximalen frührezenten Gletscherposition, wobei ähnliche Verhältnisse an praktisch allen anderen Outletgletschern des Jostedalsbre zu finden sind. Derart große Rückzugswerte, die selbst die sonst verbreiteten Wintervorstöße nicht auftreten ließen (FÆGRI 1948), können folglich für die früheren Rückzugsphasen mit einiger Sicherheit dank der morphologischen Belege in Form von Endmoränen ausgeschlossen werden. Sie stellen gleichzeitig einen Sonderfall in der gesamten frührezenten Gletscherstandsschwankungschronologie dar. O.e. Areal zwischen M-BER 12 und der aktuellen Gletscherfront ist sedimentologisch relativ einheitlich (NR 1: i = 224, Streuung der Einzelwerte 22 - 781), subglaziales Moränenmaterial dominiert.

Die Trennung des südlichen Arms des Bergsetbre vom Hauptgletscher hat sich zwischen 1868 und 1899 vollzogen. Gleiches trift für den Baklibre zu, wobei durch die Steilheit der ausschließlich aus Felsgestein bestehenden Talflanke unterhalb der Scharte des Baklibre speziell im Verlauf der Vorstöße dieses Jahrhunderts (wie aktuell, s.u.) permanent Eis, Schnee und Debris auf die Zunge des Bergsetbre gestürzt sind. So zeigen auch die Photographien von 1899 und 1903 eine stärkere supraglaziale Debrisbedeckung auf der nördlichen Zunge unterhalb des Baklibre, wie im übrigen auch dessen starkes Anwachsen an Eismächtigkeit, ein im Zuge des aktuellen Vorstoßes gleichfalls beobachtbares Phänomen. Während aufgrund der Tatsache, daß die Gletscherzunge des z.Zt. stark überhängenden Baklibre auf glazialerosiv/glazifluvial überformtem Festgestein endet, keine Moränen ausgebildet sind, hat der südliche Arm des Bergsetbre einige Endmoränenrücken (linksseitig, d.h. westlich) ausgebildet. Aus der Position der Gletscherzunge um 1903 heraus erscheint die Bildung der äußersten Endmoräne um 1911 gesichert. Die Genese des inneren Moränenwalls um 1931 darf vermutet werden. Der auf der Aufnahme von 1903 zu erkennende undeutliche Endmoränenrücken ist während des Vorstoßes bis 1911 erneut überformt worden, seine Bildungszeit spekulativ (Bildung zwischen 1870 und 1900 möglich). Noch vor 1868 ist in laterofrontaler Position auf dem Hauptgletscher und südlichen Gletscherarm trennenden Felssporn eine Moräne gebildet worden, die während des Vorstoßes bis 1911 erneut erreicht und weitergebildet wurden (s. Abb. 37). In jenem Abschnitt der Gletscherzunge haben also vergleichsweise geringe Fluktuationen der Eisfrontposition stattgefunden, was auch bei Einbeziehung der aktuellen Gletscherposition gültig ist.

Der Bergsetbre befindet sich aktuell im Vorstoß, welcher in den letzten Jahren (seit 1991 jährliche Beobachtungen durch den Verfasser) an Stärke deutlich zugenommen hat. Leider sind die jährlichen Gletscherfrontmessungen in den 1940er Jahren eingestellt worden, so daß nur vermutet werden kann, daß in den 1960er Jahren der Gletscher seine am weitesten zurückgezogene Position besaß (was die auf topographischen Karten aufgenommene Gletscherposition um 1966 vermuten läßt), um später analog zu den anderen kurzen Outletgletschern am Jostedalsbreen (z.B. Brigsdalsbreen) Vorstoßtendenzen aufzuweisen (trotz Fehlen detaillierter Meßergebnisse ist eine Größenordnung von mindestens 250 m seit 1966 gesichert). Zeugnis des aktuellen Vorstoßes liefert die Morphologie der Gletscherzunge, die außerordentlich steil, mächtig aufgewölbt und spaltenreich ist (s. Abb. 117), damit der Situation von 1907 sehr ähnelt (s. Abb. 37). Ferner finden sich bereits vereinzelte Weidenbüsche und Birken direkt in der Nähe der vorstoßenden Gletscherfront, wie auch die Flechten auf den unmittelbar an der Gletscherfront liegenden Blöcken Thallidurchmesser von 25 bis 30 mm besitzen, womit ihr Alter schätzungsweise 35 Jahre beträgt (auf Grundlage der Wachstumskurve von ERIKSTAD & SOLLID 1986). Im Sommer 1992 existierte an südlicher wie nördlicher Gletscherzunge jeweils ein niedriger Endmoränenwall aus groben Blöcken. Die Steilheit der Gletscherfront bei gleichzeitig auftretenden Scherungsflächen läßt einen Transport der groben Blöcke durch flache Scherungsflächen an die Gletscherfront ebenso möglich erscheinen, wie ein Stauchungsprozeß. Vermutlich traten beide Prozesse in kombinierter Wirkung auf. Die Scherungsflächen haben im übrigen im steilen Eisbruch des Bergsetbre als Druckstrukturen ihren Ursprung. Ein stärkerer glazifluvialer Einfluß war 1992 an den aktuellen Ablagerungen unmittelbar an der Gletscherfront festzustellen (s. N 9; vgl.a. N 8). Auch im Sommer 1993 zeigte sich trotz Behinderung der Beobachtung durch mächtige residuale marginale Schneefelder an der frontalen Gletscherpartie ebenfalls ein Wall aus groben Blöcken, wobei wiederum lediglich eine Ablagerung von supraglazialem Debris aufgrund der hohen Zurundung der Blöcke bzw. der Abwesenheit von supraglazialem Debris auf der Gletscherzunge mit Sicherheit ausgeschlossen werden konnte. Zwar vermutet der Verfasser aufgrund der internen Struktur des Eises und Beobachtungen an anderen Outletgletschern (z.B. Brigsdalsbreen) einen Aufstauchungsprozeß unter Mitwirkung von Scherungsflächen an der vorstoßenden Gletscherfront am Entstehungsprozeß; belegbar war diese Theorie allerdings nicht, v.a. aufgrund der starken syn- und postsedimentären glazifluvialen Feinmaterialauswaschung (vgl.a. N 161). Keinerlei Einregelung der Blöcke war erkennbar, aus der evtl. Details über die Genese der aktuellen Endmoräne gezogen werden könnten. Der südliche Teil der Gletscherzunge war im Sommer 1993 von einem mächtigen marginalen Schneefeld umgrenzt und entzog sich damit der Beobachtung.

Im Sommer 1994 war keine Beobachtung der glazialmorphologischen Prozesse an der nördlichen Gletscherzunge möglich, da sich vor der Gletscherfront ein bis zu 80 m breiter Teppich aus Schnee und Eisfragmenten mit eingegliedertem Debris bzw. Pflanzenfragmenten ausgebreitet hatte (s. Abb. 118). Diese Eis/Schnee/Debris-Akkumulation entstammt einem größeren Eisabbruch vom überhängenden Baklibreen, dessen Schmelzwasserfluß inzwischen vollständig

Abb. 118: „Aufschluß" des vom Baklibre stammenden Eis/Schnee/Debris-Komplexes an der nördlichen Gletscherzunge des Bergsetbre (Aufnahme: 01.08.1994)

unter der vorgestoßenen Zunge des Bergsetbre subglazial zusammen mit dessen Schmelzwasser abfließt. O.e. großer Eisabbruch hatte sich Mitte Juni 1994 ereignet (pers.Mittlg. Jostedalen Breførarlag), nachdem bereits im Sommer 1986 ein ähnliches Ereignis aufgetreten war (ØSTREM,DALE SELVIG & TANDBERG 1988). Im Sommer 1995 war der Gletschers schließlich um mehr als 80 m über dieses Areal weiter vorgestoßen.

7.4.3 Tuftebreen

Die konzentrischen Moränenkränze des talabwärts im Krundalen gelegenen Tuftebre sind morphologisch nicht mit den Moränenformen am Bergsetbreen zu vergleichen (s. Abb. 119). Anstelle einzelner End-, Laterofrontal- und Lateralmoränen hat der über eine 250 - 300 m hohe Talstufe aus der Tufteskard ins Krundalen vorgestoßene Tuftebre ein mächtiges komplexes Moränensystem aufgebaut, bestehend aus mehreren End-, Laterofrontal- bzw. Lateralmoränen mit eingegliederten Sanderflächen und ungegliederten Moränenmaterialablagerungen. Dieser Moränenkomplex bildet morphologisch eine Einheit und selbst die äußeren Sanderflächen innerhalb der äußersten End-/ Lateralmoränen weisen ein höheres Niveau als die Sanderflächen außerhalb auf. Das Gletschervorfeld liegt insgesamt um wenige Meter höher als der Talboden des Krundal. Besonders im Luftbild wird dieser Charakter des unterhalb der Talmündungsschwelle gelegenen (äußeren) Gletschervorfelds deutlich. Im übrigen hat der Tuftebre bereits in den 1870er oder 1880er Jahren endgültig diesen Teil des Gletschervorfelds verlassen (s. Abb. 39), sich über die Talmündungsschwelle zurückgezogen und befindet sich trotz des aktuellen Vorstoßes seitdem im Seitental der Tufteskard auf relativ flachgeneigtem Festgesteinsareal (s. Abb. 120).

Das zentrale äußere Gletschervorfeld wird vom Gletscherfluß des Tuftebre (Sauelvi) geprägt, der sich unterhalb des in das Festgestein der Talmündungsschwelle eingeschnittenen klammähnlichen Gerinnebetts in verschiedene Flußzweige aufgabelt. Speziell im zentralen Teil des Gletschervorfelds befinden sich daher ausgedehnte Sanderflächen bzw. glazifluvial überprägte Moränenmaterialablagerungen. Im zentralen (d.h. frontalen) Abschnitt des Gletschervorfelds sind aufgrund der starken glazifluvialen Erosion sämtliche vorhandene Endmoränenrücken fragmentiert. Speziell zwischen dem äußersten, komplexen End-/Laterofrontalmoränenrücken (M-TUF 2) und dem nächstinneren Moränensystem (M-TUF 3) haben sich weitläufige Sanderflächen ausgebildet, wogegen im von den beiden Hauptarmen des Gletscherflusses eingerahmten Areal direkt unterhalb der Talmündungsschwelle neben blockreichen Endmoränen (M-TUF 6.1 bzw. M-TUF 6.2) grobe Blöcke eine Art Schuttfächer von Moränenmaterial bilden, welche während des Rückzugs des Tuftebre über die Talmündungsschwelle durch gravitativen Versturz von der überhängenden Gletscherfront abgelagert wurde.

Das Moränensystem des Tuftebre verdankt seine Entstehung der speziellen Gletschermorphologie und der Talmündungsschwelle, denn die dadurch verursachte spezielle Ausprägung des Gletscherbetts hatte großen Einfluß auf die Gletscherdynamik. Nach einem vermutlich sehr raschen Vorstoß über die Talmündungsstufe hinweg waren die Gletscherfrontschwankungen in der frührezenten Hochstandsphase unmittelbar nach dem Maximalstand von vergleichsweise geringer Distanz, was nicht zuletzt die lichenometrischen Datierungen von BICKERTON & MATTHEWS (1993) belegen (knapp 450 m Rückzug zwischen dem frührezenten Maximum um oder kurz vor 1750 und 1870/80, der vermutlichen Bildungszeit der innersten Endmoräne im äußeren Teil des Vorfelds vor dem Rückzug in den Bereich des Festgesteinsareals der Talmündungsschwelle bzw. der Tufteskard). So wurden die subsequenten End-, Laterofrontal- und Lateralmoränenrücken, die mit Ausnahme der im zentralen Vorfeld durch glazifluviale Erosion fragmentierten Endmoränensegmente komplette konzentrische Moränenkränze bilden (M-TUF 3,4,5), relativ nahe dem äußersten Moränenkranz abgelagert (M-TUF 2; vgl. spezielle Verhältnisse von M-TUF L 1 (l)).

Insbesondere der äußerste (komplette) Moränenkranz (M-TUF 2) ist komplex aus mehreren ineinandergeschachtelten Moränenwällen aufgebaut, Zeugnis einer gewissen Oszillation der Gletscherzunge während bzw. kurz nach ihrem Maximalstand. Trotz starker glazifluvialer Überprägung sind aber

Abb. 119: Vertikalluftbild des äußeren Gletschervorfelds des Tuftebre; Bildoberkante zeigt nach E ! (Aufnahme: 08.06.1984 - © Fjellanger Widerøe AS [8223/F4])

auch zwischen den von BICKERTON & MATTHEWS kartierten Moränen noch zahlreiche, größtenteils stark überformte bzw. fragmentierte subsequente Moränen vorhanden, besonders in lateraler Position, wo der glazifluviale Einfluß geringer als im zentralen Vorfeld war. Trotz des sehr komplexen Moränensystems sind am Tuftebreen zahlreiche sukzessive Wieder-/Wintervorstöße und Stillstandsphasen analog zum benachbarten Bergsetbreen nachzuweisen, selbst wenn durch die spezielle topographische und morphologische Situation der frührezenten Gletscherzunge des Tuftebre nicht von einer synchronen Schwankungschronologie ausgegangen werden darf. Davon zeugt nicht zuletzt ein sich an der Ostseite von M-TUF 2 proximal befindendes kurzes Relikt eines blockreichen Lateralmoränenwalls (M-TUF L1 (l); vgl. ANDERSEN & SOLLID 1971). Im Gegensatz zur Datierung von M-TUF L 1 (l) auf 1771 (BICKERTON & MATTHEWS 1993) schließen ANDERSEN & SOLLID u.a. aufgrund der Position des Lateralmoränenwalls auf eine Bildungszeit während der Frühphase des 1750er Maximalstands, was dem Verfasser angesichts der durch glaziale Dynamik beeinflußten Gletscherstandsschwankungsgeschichte (relativ schneller Vorstoß über die Talmündungsschwelle mit einem (ersten ?) frühen Maximalstand) plausibler erscheint. Ferner möchte der Verfasser speziell am Tuftebreen zu den lichenometrischen Datierungen einschränkend bemerken, daß durch starke glazifluviale Aktivität besonders auch zu Zeiten des frührezenten Hochstands, aus der Position der frührezenten Gletscherzunge zu folgernden größeren Lawinenabgängen und der starken anthropogenen Nutzung des Gletschervorfelds als Viehweide die Aussagekraft lichenometrischer Datierungen eingeschränkt werden muß. Auch die üppige Erlen- und Birkenvegetation im Gletschervorfeld, die sehr viel dichter als beispielsweise am Nigards- oder Bergsetbreen ist (v.a. sedimentologisch bedingt, s.u.), könnte einen gewissen Einfluß auf die Genauigkeit lichenometrischer Datierungen haben. Auch die Datierung von M-TUF 5 und M-TUF 6 bei BICKERTON & MATTHEWS erscheint etwas ungenau. Die historische Aufnahme von 1868 (s. Abb. 39) zeigt bereits die Existenz beider Endmoränen als Blockrücken. Die Position der Gletscherfront läßt eine Entstehung zweifelsfrei einige Jahre vor 1868 folgern. Das jüngere Datum ist aber nicht verwunderlich, da an dieser Stelle der Schmelzwasserbach des Tuftebre sowie verstärkter Versturz von Material des sich über die Talschwelle zurückziehenden Gletschers Wirkung zeigte. Eventuell erreichte auch ein kurzer Vorstoß um 1870 (spekulativ in Synchronität zum Nigardsbreen) beinahe die Endmoränen, oder Schnee-/Eislawinen bedeckten die Blockrücken eine gewissen Zeit lang nach deren Entstehung.

Während im Bereich der Talmündungsschwelle bzw. der Tufteskard aufgrund des an der Oberfläche anstehenden Festgesteins keine Moränen gebildet werden konnten und an der westlichen Talflanke der Tufteskard selbst vorhandene Schuttkegel nur geringe Spuren glazialer Überformung (Abdrängung) in ihren unteren Abschnitten zeigen, haben sich an der östlichen Seite mehrere deutliche Lateralmoränen ausgebildet (in diesem Bereich ist die Kartierung von BICKERTON & MATTHEWS ungenau). M-TUF L 2 (l) stellt ein deutlich zweikämmiges Lateralmoränensystem dar, welches feinmaterialfrei ausschließlich aus groben, gut zugerundeten Blöcken besteht (s. Abb. 120). Gletscherwärts befinden sich weitere, allerdings undeutliche Lateralmoränenrücken, wobei gletscherwärts ein von NE in den Talboden der Tufteskard sich aufbauender Hangschuttkegel vom Gletscher überformt wurde und sich auf dessen Oberfläche ansatzweise Lateralmoränen ge-

Abb. 120: M-TUF L 2 (l) (Aufnahme: 10.08.1994)

Fig. 161: Schematische Profildarstellung eines Aufschlusses an der distalen Flanke von M-TUF 2

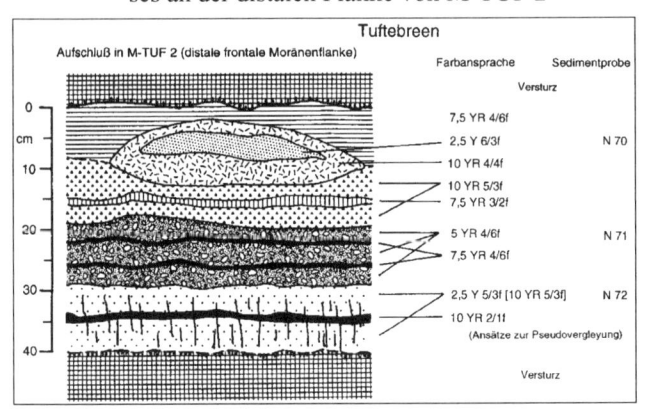

Fig. 162: Dreiecksdiagramm Tuftebreen

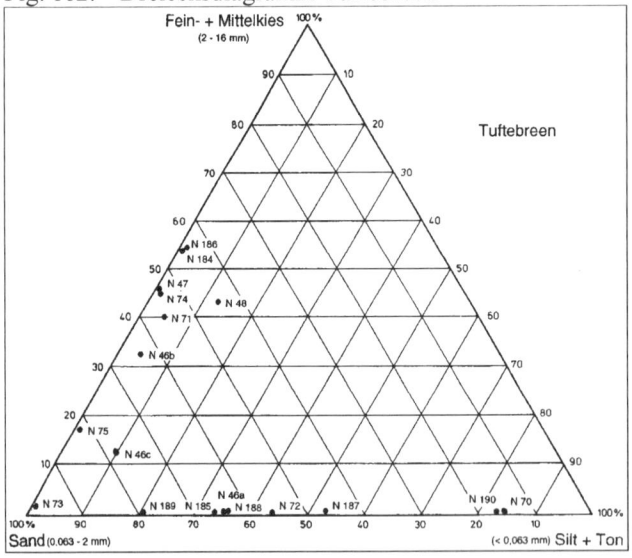

bildet haben. Nahe dem talabwärtigen Auslaufen von M-TUF L 2 (l) liegt unmittelbar distal ein deutlicher, mehrere Meter hoher Abschnitt einer älteren Lateralmoräne vor, der sich sedimentologisch (deutlich höherer Feinmaterialgehalt) und durch Vegetationsbedeckung sowohl von den grobblockigen, jüngeren Lateralmoränen, als auch von den außerhalb liegenden Arealen spätglazialen Moränenmaterials deutlich unterscheidet. Dieses Lateralmoränensegment wurde von BICKERTON & MATTHEWS (1993) auf 1803 datiert, doch erscheint dem Verfasser dieses Alter zu jung, auch angesichts der durch größere Höhenlage differenten lokalklimatischen Situation. Es erscheint möglich, daß dieses Lateralmoränensegment älter ist und damit evtl. zu M-TUF 2 bzw. M-TUF L 1 (l) korreliert.

M-TUF 2 ist eine typische Stauchendmoräne, was u.a. schon ANDERSEN & SOLLID (1971) zeigten. An der distalen Moränenflanke wurden vom Verfasser im Zuge der Felduntersuchungen verschiedene kleine Aufschlüsse angelegt, die das Bild einer Stauchendmoräne bestätigten. In den Profilen zeigen sich unterschiedlichste Sedimentschichten, die nur durch Aufstauchung proglazialer Sedimente im Zuge des frührezenten Maximalvorstoßes in diese Position gelangt sein können (vgl. Fig. 161). Größtenteils zeigen die aufgestauchten, zum Gletscher hin einfallenden, meist geringmächtigen Sedimentschichten glazifluvialen Ursprung (z.B. N 46a, 46c, 70, 72, 185, 188, 190), wobei auch cm-mächtige organische Bänder auftreten. Stellenweise haben die Sedimente typischen Charakter von Moränenmaterial (N 46b, 71), welches aufgrund der Eingliederung in die Sedimentschichtung und ähnlicher sedimentologischer Charakteristik zum Moränenmaterial außerhalb des frührezenten Gletschervorfelds (N 48) vermutlich prä-frührezent ist. Da frührezentes Moränenmaterial (N 47) erst im Bereich des abschnittsweise auftretenden inneren Moränenkamms von M-TUF 2 auftritt, ist die Ansprache dieses konzentrischen Moränenkranzes als Stauchendmoräne gesichert.

Die Aufstauchung prä-frührezenten Sediments mag auch ein Grund dafür sein, daß das Moränenmaterial der Moränenrücken am Tuftebreen verglichen mit dem Bergsetbre feiner ist und nur (v.a. lateral) die Moränenrücken grobblockig sind (s. Abb. 121). Da petrographische Unterschiede zwischen den beiden Gletschern nicht bestehen und die Gletschergröße eher dem Bergsetbre größere glaziale Erosionskraft zusprechen würde, kann nur der Charakter des während des frühezenten Gletschervorstoßes aufgestauchten bzw. überfahrenen Sediments für diese sedimentologischen Unterschiede verantwortlich zeichnen, das neben dem lokalen Klima auch die dichtere Strauch- und Baumvegetation im Vorfeld des Tuftebre verursacht. Die sowohl westlich wie östlich distal von M-TUF 2 vorhandenen prä-frührezenten Sanderflächen bzw. flachen Moränenmaterialflächen weiter talabwärts mögen das aufgestauchte feinere Sediment im Vorfeld des Tuftebre repräsentieren.

Fig. 163: Md/So-Diagramm Tuftebreen

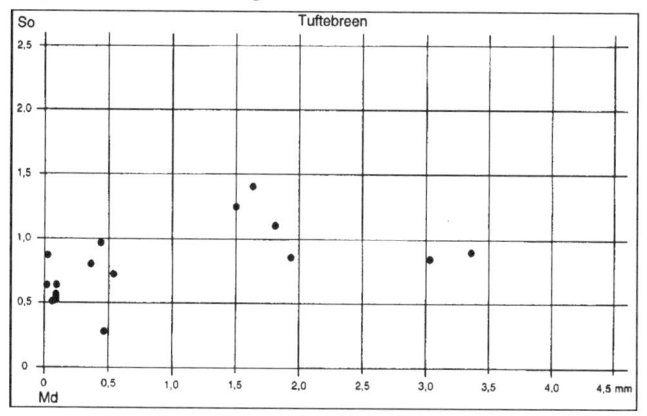

Für einen Aufstauchungsprozeß als wichtigen Faktor bei der Genese der Lateralmoränen spricht deren Unterschied in der Sedimentologie der einzelnen Kämme bzw. in deren Längsprofil. Während im flachen äußeren Vorfeld die Lateralmoränen relativ feinmaterialreich sind und sich praktisch nicht von den Endmoränenabschnitten der Endmoränenkränze unterscheiden, wird auch M-TUF L 2 zur Talschwelle im Bereich des unteren Talhangs hin deutlich grobblockiger (s.a. Abb. 121), ebenso wie die subsequenten Lateralmoränen M-TUF 3 bzw. M-TUF 4. Hier ist v.a. Hangschutt bzw. vereinzelter supraglazialer Debris aufgestaucht bzw. abgelagert worden. Daß nur die äußerste, vermutlich dem frührezenten Maximum entstammende Lateralmoräne oberhalb der Talmündungsschwelle (s.o.) feinmaterialreich ist, die inneren Lateralmoränen dagegen grobblockig, paßt durchaus in dieses Bild, zumal distal von M-TUF L 1 (l) (oberer Abschnitt) spätglaziales Moränenmaterial sich mit Hangschutt vermischt, also etwas feinmaterialreicheres Material aufgestaucht worden ist.

Aktuell stößt der Tuftebre zwar vor, aber nur an seiner äußersten östlichen Gletscherzunge befindet sich aktuell eine niedrige Endmoräne, die als Wintermoräne angesprochen werden muß und ständiger Umbildung unterliegt (pers. Mittlg. Jostedalen Breførarlag). Das anstehende Festgestein im Bereich des Talbodens der Tufteskard verhindert eine weitere Moränenbildung, wobei auch diese Tatsache für eine Ansprache der übrigen Moränenrücken als Stauchendmoränen spricht. Die Unterschiede in der Konfiguration und Sedimentologie der Glet-

Abb. 121: Grobblockiger oberer Abschnitt von M-TUF L 2 (l) (Aufnahme: 10.08.1994)

347

schervorfelder von Tuftebreen und Bergsetbreen sind in glazialer Dynamik (differente Gletschermorphologie), unterschiedlichem Ausgangsrelief und Differenzen im prä-frührezenten Sediment der Vorfeldbereiche zu suchen, die generellen Züge sind aber identisch.

7.4.4 Fåbergstølsbreen

Der über eine vergleichsweise flach geneigte, deutlich ausgebildete Gletscherzunge verfügende Fåbergstølsbre fließt vom Plateau des Jostedalsbre in ein sich W-E-erstreckendes, ca. 3,5 km langes Seitental des Jostedal (Stordal) ab. Aktuell endet die Gletscherzunge rd. 1300 m innerhalb dieses Seitentals auf ungefähr 760/770 m. Während der frührezenten Hochstandsperiode stieß der Gletscher aus diesem Seitental, welches keine ausgeprägte Talmündungsstufe besitzt, in das Haupttal vor. Er stieß dabei quer über die gesamte Talbreite vor, auch auf die andere Seite der Jostedøla (s.u.), welche mit großer Wahrscheinlichkeit aber nicht aufgestaut wurde, sondern subglazial abfloß. Im Zuge des Vorstoßes erfolgte allerdings eine geringfügige Ablenkung des Flußlaufs ganz auf die der Talmündung entgegengesetzten Talseite. Das Jostedal (Stordal) ist an dieser Stelle aufgeweitet und deutlich breiter als im engen, talabwärts gelegenen Talabschnitt unterhalb Kråkeknubben.

Das Relief bedingt eine differente Ausbildung des Gletschervorfelds, das in zwei Teilbereiche gegliedert werden muß. Im relativ engen Seitental des Fåbergstølsbre, das heute zu großen Teilen von der Gletscherzunge eingenommen wird, sind keine frontalen Moränenformen entstanden. Die vorhandenen Lateralmoränen bzw. lateralen Erosionskanten sind einseitig auf der nördlichen Talseite ausgebildet, wo der Talhang unterhalb Fåbergstølsnosi deutlich weniger steil als der südliche Talhang unterhalb Bjørnstegfjellet ist (s. Abb. 122). Während Letzterer gänzlich lockermaterialfrei aus glazialerosiv überformtem Festgestein (Gneisvarietäten) besteht, ist am nördlichen Talhang eine mächtigere Lockermaterialdecke aus Hangschutt bzw. spätglazial/präborealen Moränenmaterial vorhanden, in der o.e.

Abb. 122: Vertikalluftbild des inneren Gletschervorfelds des Fåbergstølsbre; man beachte die laterale Erosionskante an der Grenze des nördlichen Vorfelds; Luftbild eingenordet (Aufnahme: 08.06.1984 - © Fjellanger Widerøe AS [8233/C4])

laterale Erosionskante entstanden ist. Am nördlichen Talhang sind Hangerosionsprozesse bzw. Schneelawinen für eine große aktuelle Hangdynamik und Überformung des Gletschervorfelds von Bedeutung, während außer dem Abgehen von Schneelawinen am südliche Talhang keine für die Gestaltung des Gletschervorfelds wichtigen Prozesse ablaufen.

Der Charakter des Gletschervorfelds ändert sich an der Mündung des Seitentals ins Haupttal, verbunden mit einem 45° Knick der frührezenten Eisbewegungsrichtung bzw. des aktuellen Gletscherflusses nach SW. In o.e. Talaufweitung des Jostedal, welche relativ flachgeneigt ist, haben sich verschiedene End-, Laterofrontal- und Lateralmoränen ausgebildet, daneben ausgedehnte Sanderflächen (s. Fig. 164,165). Die Endmoränen bilden teilweise fragmentierte konzentrische Kreise um die Seitentalmündung, sind aber im Vergleich zu anderen Gletschern (z.B. Tuftebreen, Bødalsbreen, Styggedalsbreen) so stark fragmentiert, daß die Rekonstruktion ehemaliger Eisrandlagen problematisch ist (auch die Korrelation verschiedener Moränenfragmente beider Talseiten im Zuge der lichenometrischen Datierung von BICKERTON & MATTHEWS 1993). Der äußere Teil des Gletschervorfelds ist für (west-)norwegische Verhältnisse als typisch zu bezeichnen, während das innere Vorfeld spezielle Züge trägt, auf die auch die Gletscherdynamik großen Einfluß hatte, denn der rasche Gletscherrückzug von den 1930er Jahren bis Ende der 1980er Jahre vollzog sich im inneren Abschnitt des Vorfelds.

Im äußeren Vorfeld sind die äußersten Endmoränen (besonders M-FÅB 1 - 6) im nordöstlichem Teil sehr viel besser als im südwestlichen Vorfeld ausgeprägt, wo einige Endmoränen fehlen bzw. unsicher zuzuordnende Moränenfragmente vorliegen. Grund für die unterschiedliche Ausbildung der Moränen auf beiden Seiten des Gletscherflusses ist der glazifluviale Einfluß ehemaliger Schmelzwasserbäche bzw. Flüsse von den umgebenden Talhänge, der im südwestlichen Vorfeld (u.a. durch das prä-frührezente Relief bedingt, welches im nordöstlichen Vorfeld neben zahlreichen zu Rundhöckern umgestalteten Festgesteinsarealen auch ein geringfügig höheres Niveau aufweist) stärker ausgeprägt war und dort weitläufige Sanderflächen entstehen ließ, die Genese von Endmoränen verhinderte oder entstandene Formen erodierte. Auch an einen Einfluß der evtl. abgelenkten bzw. subglazial entwässernden Jostedøla (ehemaliges Flußbett in Form eines in Richtung des Seitentals schwingenden Mäanders?) ist zu denken.

Auf beiden Talseiten, speziell jedoch im nordöstlichen Vorfeld, sind zahlreiche subsequente End- bzw. Laterofrontalmoränen entstanden, neben einigen Lateralmoränen. Speziell im zentralen Vorfeld sind die Moränen durch glazifluviale Erosion stark fragmentiert, so daß eine Zuordnung einzelner Moränenfragmente zu einer einheitlichen Eisrandlage, wie sie von BICKERTON & MATTHEWS unternommen wird, dem Verfasser in einigen konkreten Fällen zweifelhaft erscheint. Nur undeutlich ausgebildet und aus bergtechnischen Gründen der detaillierten Untersuchung entzogen sind die Endmoränenrelikte auf der anderen Talseite der Jostedøla, deren Korrelation mit M-FÅB 1 bzw. M-FÅB 5 (s.u.) nur aufgrund der morphologischen Position zu verstehen ist. Gleichwohl belegen sie die Überquerung des (aktuellen) Flußbetts der Jostedøla eindeutig. Außerhalb der äußersten frührezenten Endmoräne des Fåbergstølsbre (M-FÅB 1 (r)) und südwestlich des Vorfelds erstreckt sich auf ca. 200 m ein bis zu 5 m hoher, dicht bewachsener Moränenwall, der NNE - SSW verläuft. Morphologie und Vegetationsdecke schließen neben seiner Position ein frührezentes Alter aus. Vermutlich ist diese Moräne im Zuge der Vorstöße des Erdalen *event* entstanden, d.h. präborealen Alters (BICKERTON & MATTHEWS 1993).

Die äußerste frührezente Endmoräne des Fåbergstølsbre im nordöstlichen Vorfeld (M-FÅB 1 (l)) ist nicht die mächtigste Endmoräne des äußeren Vorfelds. Sie ist 3 - 4 m hoch und besteht abschnittsweise aus zwei Kämmen. Sie flacht zum Festgesteinsareal nördlich hin aus, zur Jostedøla hin löst sich die Doppelkämmigkeit auf. Innerhalb des doppelkämmigen Abschnitts sind proximale und distale Flanken relativ symmetrisch, im einkämmigen Abschnitt ist die proximale Flanke deutlich flacher geneigt (bei insgesamt zwischen 10 und 15 m Breite). Teilweise ist diese Morphologie durch einen Schmelzwasserüberlauf begründet, größtenteils muß sie aber als Resultat eines Aufstauungsprozesses angesehen werden (Zweikämmigkeit als kleinere Oszillation innerhalb des Maximalstands zu deuten). M-FÅB 1 (l) ist relativ blockreich, besonders verglichen mit M-FÅB 5. Die Blöcke konzentrieren sich im Kamm bzw. distalen Bereich, an der proximalen Moränenflanke treten sie nur selten auf. Eine klare Einregelung der

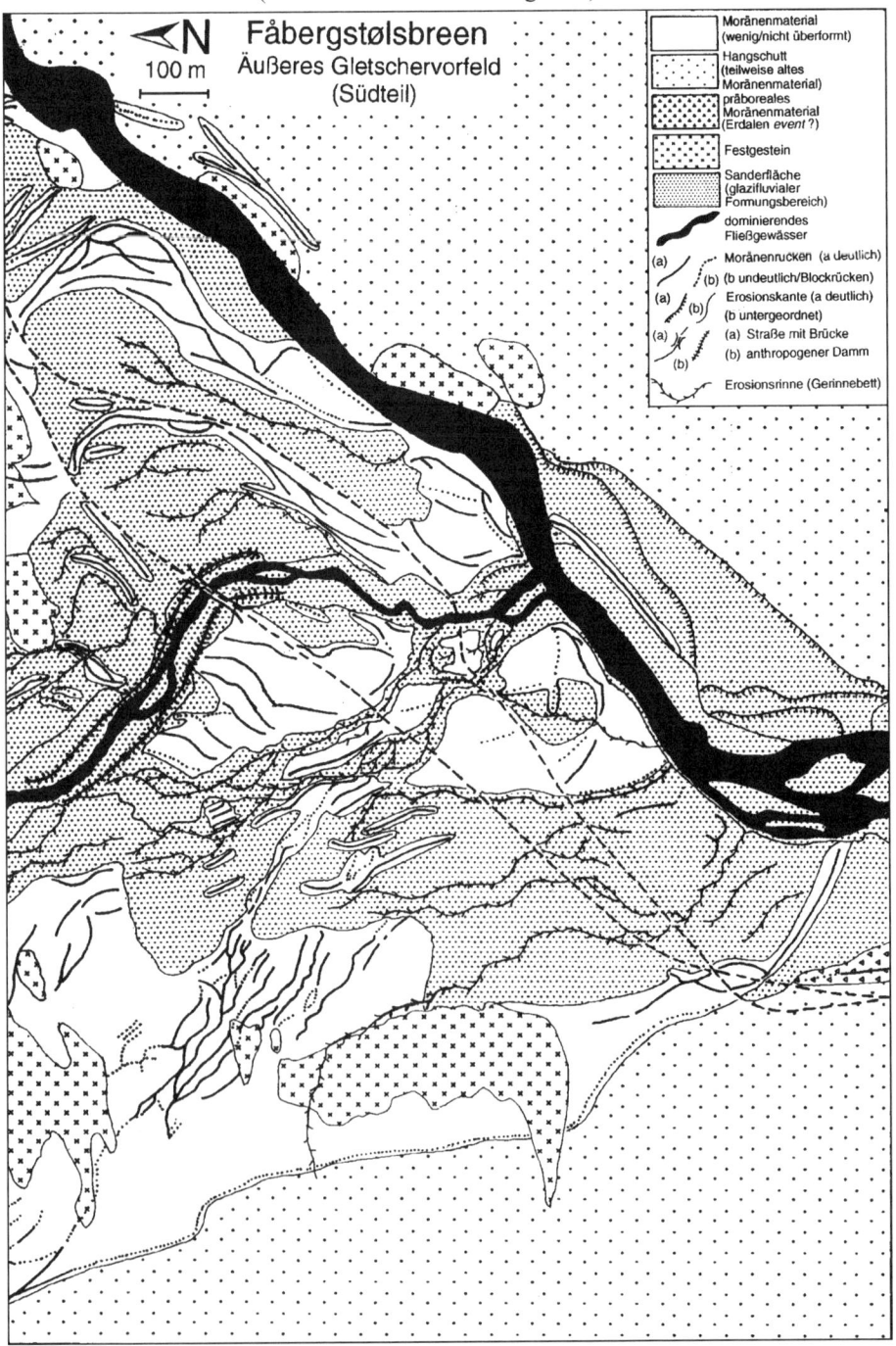

Fig. 164: Geomorphologische Detailkarte des südlichen äußeren Gletschervorfelds des Fåberstølsbre (nördlicher Anschluß s. Fig. 165)

Fig. 165: Geomorphologische Detailkarte des nördlichen äußeren Gletschervorfelds des Fåberstølsbre

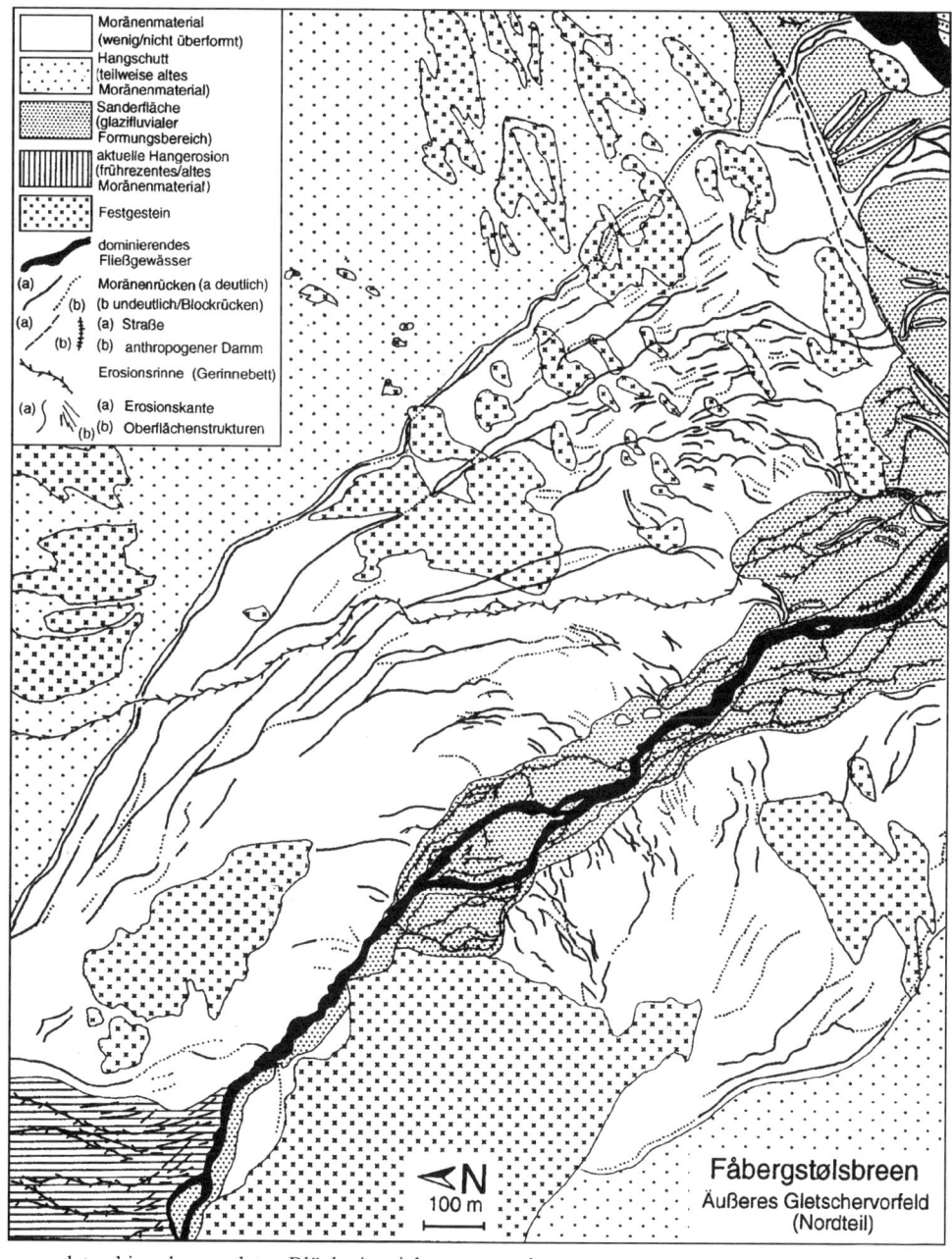

gerundeten bis subgerundeten Blöcke ist nicht auszumachen.

M-FÅB 1 (l) wird talaufwärts von einer größeren Sanderfläche begrenzt. Das Moränenmaterial (N 43,170) zeigt abschnittsweise relativ niedrige So-Werte, allerdings mit hohen Md-Werten kombiniert,

Fig. 166: Dreiecksdiagramm Fåbergstølsbreen (Sedimentproben des äußeren Vorfelds)

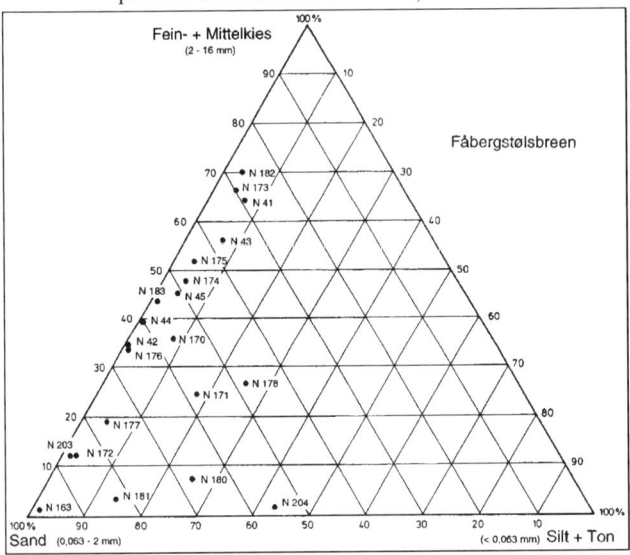

was auf Anteile glazifluvialen Sediments an der sedimentologischen Zusammensetzung hindeutet. Dies spricht neben der Variation des Moränenmaterials innerhalb des Moränenrückens ebenfalls für eine Genese als Stauchendmoräne. Gletscherwärts findet M-FÅB 1 (l) in einer diffusen Akkumulation grobblockigen Moränenmaterials ohne deutliche Wallform ihre Fortsetzung, wobei diese wiederum in die blockreiche äußerste Lateralmoräne (M-FÅB L 1 (l)) übergeht. Jenseits der Jostedøla besitzt sie ebenfalls eine Fortsetzung. Im an dieser Stelle relativ breiten Flußbett ist anhand einer auffälligen Konzentration von groben Blöcken der Verlauf dieser Moräne angedeutet. Nur im nördlichen Vorfeld findet sich auf der südöstlichen Seite der Jostedøla ein klar erkennbarer Moränenrücken als Fortsetzung der äußersten Endmoräne. Dagegen ist im südlichen Vorfeld (westlich der Jostedøla) die äußerste Moräne in deutlicher Ausbildung vorhanden, ebenfalls z.T. zweikämmig und relativ blockreich. Innerhalb des Moränenrückens existieren auch feinmaterialreichere Abschnitte. Während die Verbindung von M-FÅB 1 (l) zur äußersten Lateralmoräne relativ deutlich ausgeprägt ist, liegt M-FÅB 1 (r) nördlich der Straßen innerhalb der nur undeutlich markierten äußersten Lateralmoräne, die lediglich einen schlecht zu verfolgenden Blockrücken darstellt.

Aufgrund Position der äußersten Endmoräne und o.e. vermuteter subglazialer Dränage der Jostedøla während des Maximalstands müssen Zweifel am lichenometrischen Alter für M-FÅB 1 von BICKERTON & MATTHEWS angebracht werden. Während im Detail M-FÅB 1 (r) auf 1706 datiert wird, geben die Autoren für M-FÅB 1 (l) ein Alter von 1741 an, was aus glaziologischen Gründen sehr viel stimmiger erscheint. Da M-FÅB 1 (r) proximal an eine weitläufige Sanderfläche grenzt, dürften aufgrund des größeren Feuchtigkeitsangebots dort bessere Wachstumskonditionen für Flechten als auf dem äußersten Moränenrücken der anderen Vorfeldseite bestanden haben, was die doch erhebliche Differenz von 35 Jahren

Fig. 167: Md/So-Diagramm Fåbergstølsbreen [A - Moränenmaterial; B - glazifluviales Sediment; C - glazifluviales Sediment auf Fåbergstølsgrandane-Sander - vgl. 7.4.6]

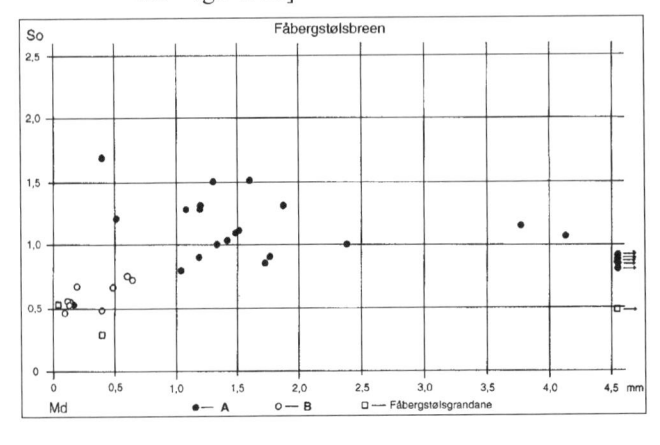

erklären könnte. 1706 erscheint als zu junges Alter, verursacht durch spezielle günstige Wachstumsbedingungen.

Innerhalb der äußersten Endmoräne befinden sich im nördlichen Vorfeld drei subsequente Endmoränenrücken von jeweils rd. 1 m Höhe (M-FÅB 2,3,4). In ihrem Moränenmaterial unterscheiden sich die drei Moränenrücken nicht wesentlich (N 42,44,45). Ihre lichenometrische Datierung ist fragwürdig, wobei der starke erosive Charakter der niedrigen Moränenfragmente und ihre Lage auf einer Sanderfläche in Erwägung gezogen werden müssen. Sowohl auf der anderen Seite der Jostedøla, als auch im südlichen Vorfeld fehlen korrelierbare Moränenrücken, so daß von nur kurzen und unbedeutenden Wieder-(Winter?-)vorstößen im Anschluß an den Maximalstand als Entstehungszeit ausgegangen werden muß, was geringe Dimension und einseitige Ausbildung nahelegt. Die mächtigste Endmoräne im gesamten äußeren Gletschervorfeld des Fåbergstølsbre ist M-FÅB 5 (l), welche sich in laterofrontaler Position fortsetzt und eine korrespondierende Lateralmoräne besitzt. Sie ist abschnittsweise bis zu 7 m hoch und verfügt über jeweils ca. 28° steile symmetrische Moränenflanken. Die Endmoräne ist teilweise doppelkämmig ausgebildet und weist auf ihrer proximalen Seite im Abschnitt der Umbiegung verschiedene angelagerte subsequente Moränenrücken auf. Das Moränenmaterial von M-FÅB 5 (r) ist im Kammbereich und auf der distalen Flanke sehr feinmaterialreich (N 41,182). Sie besteht zu einem großen Teil aus auf der distalen Flanke aufgeschlossenen glazifluvialen Sedimenten (N 180,181), während an ihrer laterofrontalen Partie Moränenmaterial vergleichbar dem von M-FÅB 1(l) auftritt, in ihrer laterofrontalen Fortsetzung Moränenmaterial differenten sedimentologischen Charakters (N 171).

Die proximal angelagerten subsequenten Moränen sind ebenfalls teilweise aus glazifluvialem Sediment zusammengesetzt (N 183). Im o.e. Aufschluß auf der distalen Flanke von M-FÅB 5 (l) zeigte sich neben einer Blockfreiheit des Sediments und nur 30 bis 40 cm unterhalb des Kamms auftretendem Moränenmaterial (entsprechend dem Moränenmaterial der distalen Flanke) keine Schichtung im glazifluvialen Sediment. Basierend auf diesen sedimentologischen Befunden kann die Genese der Endmoräne eindeutig Stauchungsprozessen zugesprochen werden. Dabei wurde sehr unterschiedliches Material im Rahmen eines Wiedervorstoßes aufgestaucht, u.a. auch glazifluviales Sediment, abgelagert von den Schmelzwasserbächen des Fåbergstølsbre oder der Jostedøla. Die angegliederten subsequenten Moränen sind entweder als subsequente Stauchmoränenrücken, gebildet im Zuge kurzer Wieder-/Wintervorstöße unmittelbar nach Ablagerung des großen Moränenrückens, anzusprechen, oder als Kames bzw. Kamemoränen zu interpretieren, was anhand der sedimentologischen Befunde nicht eindeutig ausgemacht werden kann. Aufgrund Position und fehlender Schichtung erscheint eine Ansprache als Stauchendmoränen plausibler.

Auf der anderen Flußseite der Jostedøla findet die sich im zentralen Bereich verflachende und sukzessive diffus auflösende Endmoräne in einem feinmaterialfreien, stark fluvial erodierten Blockrücken ihre Entsprechung, im südwestlichen Vorfeld liegt keine mit Sicherheit zu korrespondierende Endmoräne vor. Aufgrund des Gefälls des Gletschervorfelds ist damit zu rechnen, daß das Gletschertor des Fåbergstølsbre in diesem Bereich lokalisiert war, was evtl. zusammen mit fluvialer Erosion der Jostedøla dazu geführt haben kann, daß sich in diesem Zungenabschnitt keine Endmoräne ausbilden konnte bzw. evtl. vorhandene Endmoränen syn- bzw. postsedimentär erodiert wurden. Die ausgedehnten Sanderflächen in diesem Bereich sprechen dafür. Die Datierung von M-FÅB 5 (l) auf 1754 (BICKERTON & MATTHEWS 1993; s. Fig. 61) erscheint zweifelhaft (s.o.), insbesondere die Korrelation eines kleinen Lateralmoränenfragments mit dieser mächtigen Endmoräne weckt beim Verfasser starke Zweifel, da die Fragmentierung der Moränenrücken im zentralen Vorfeld generell eine eindeutige Ansprache ehemaliger Eisrandpositionen erschwert.

Innerhalb dieses mächtigsten Moränenrückens sind im äußeren Vorfeld zahlreiche kleinere Moränenrücken ausgebildet, die nur teilweise über eine längere Distanz zu verfolgen sind bzw. Höhen von mehr als 1 - 2 m aufweisen (s. Abb. 123). Eine Ausnahme stellt u.a. die M-FÅB 5 (l) benachbarte Endmoräne M-FÅB 6 dar, gletscherwärts der eine große Sanderfläche ausgebildet ist und die sich zum zentralen Vorfeld hin aus mehreren Einzelrücken zusammensetzt. Das glazifluviale Sediment der

Sanderfläche ist wie das der Sanderfläche proximal zu M-FÅB 5 stellenweise sehr fein N 204), andere Bereiche entsprechen wiederum dem typischen Sediment westnorwegischer Sanderflächen (N 203). Die Ablagerung feinmaterialreichen glazifluvialen Sediments, welches auf den übrigen, oberflächlich feinmaterialfreien bzw. -armen Sanderflächen des Vorfelds nicht vorhanden ist, muß kurzzeitiger Aufstauung der Schmelzwasserbäche während oder kurz nach der Genese der mächtigen Endmoränen zugeschrieben werden. Bei normaler Drainage wäre dieses Feinmaterial vermutlich erodiert bzw. nicht abgelagert worden (vgl. Verhältnisse an Bergset- bzw. Nigardsbreen). Folglich muß sich der Gletscher relativ lange an dieser Eisfrontposition aufgehalten haben, damit es zur kurzzeitigen Aufstauungen des Schmelzwassers kam. Spekulieren darf man über die Frage, warum gerade M-FÅB 5 (!) die größte Mächtigkeit aller Moränen des Vorfelds aufweist, obwohl sie nicht während des frührezenten Maximalstands entstand und Resultat eines langanhaltenden Vorstoßes ist, sondern nur mit einem kurzzeitigen Wiedervorstoß in Verbindung gebracht werden kann. Wie am Beispiel des Nigardsbre (s.u.) gezeigt wird (s.a. Beispiel Vernagtferner), ist Vorstoßlänge bzw. -distanz nicht mit Mächtigkeit der entstandenen Moränen in Beziehung zu setzen, gleichfalls nicht unbedingt mit der Länge eines Stillstands. Speziell die nur abschnittsweise Ausbildung zwingt zur Berücksichtigung glazialdynamischer Gründe (Auftreten von Scherungsflächen während des Aufstauchungsprozesses, stärke Gletscherfrontoszillation, Auftreten von frontalen Gletscherspalten etc.). Die sedimentologische Zusammensetzung von M-FÅB 5 könnte darauf hindeuten, daß dem Charakter des aufgestauchten Moränenmaterials ebenfalls eine Rolle zuzuschreiben ist (Möglichkeit des Transports an Scherungsflächen bzw. des Anfrierens wassergesättigter Sedimentpakete an die vorstoßende Gletscherfront etc.).

Abb. 123: Äußeres zentrales Vorfeld des Fåbergstølsbre; Blickrichtung SE (Aufnahme: 29.07.1994)

Innerhalb der äußeren Endmoränen M-FÅB 1 - 6 befinden sich unterhalb der Umbiegung ins Seitental des Fåberstølsbre zahllose kleinere Moränenrücken. Diese konzentrieren sich in bestimmten Arealen auf beiden Seiten des Vorfelds. Besonders zahlreiche Moränenrücken existieren z.B. in laterofrontaler bzw. lateraler Position im nordöstlichen Vorfeld, aber auch auf der südwestlichen Vorfeldseite (ebenfalls im laterofrontalen Bereich bzw. frontal nahe der Mündung des Seitentals bzw. dem großen Festgesteinsareal des Talhangs unterhalb Bjørnstegfjellet). Die große Anzahl der subsequenten Moränenrücken, deren i.d.R. kurze Distanz von zumeist einigen Dekametern (in Einzelfällen jedoch auch in kontinuierliche Lateralmoränenrücken von einigen hundert Metern Länge übergehend), geringe Mächtigkeit (selten höher als 1 - 2 m) und nur fragmentarische Ausbildung bei praktisch unmöglicher Korrelation von Moränenrücken der beiden Seiten des Gletschervorfelds sprechen für eine Genese während sukzessiver Wintervorstöße (evtl. in längeren Wiedervorstoß- bzw. Stillstandsphasen). Im zentralen Vorfeld sind ebenfalls einige Moränenrücken zu finden, doch sind durch glazifluviale Erosion viele dieser Rücken fragmentiert bzw. konnten sich während der Vorstoßphasen nicht richtig ausbilden. Fragmentiert sind die Moränenrücken v.a. im nordöstlichen Vorfeld mit zahllosen, kleinflächigen Festgesteinsarealen (glazialerosiv zu Rundhöckern umgestaltet). Nur in seltenen Fällen setzt sich ein Moränenrücken über ein solches Festgesteinsareal fort (zumeist nur als vage Linie einzelner grober Blöcke). Dies spricht u.a. für eine Ansprache als Stauchendmoränen, denn nur wo entsprechendes Lockermaterial vorliegt, kann der Gletscher dieses in komplexen Aufstauchungsprozessen (verbunden u.a. mit dem Auftreten von Scherungsflächen) zu einem Moränenrücken aufstauchen. Das Auftreten o.e. „Blocklinien" auf Festgesteinsarealen belegt neben der „Fernwirkung" von Scherungsflächen (Aufnahme des transportierten Lockermaterials außerhalb des Festgesteinsareals) das begrenzte Auftreten der Ablagerung supraglazialen Debris während des genetischen Formungsprozesses dieser Formen.

Für einen Aufstauchungsprozeß spricht auch die unterschiedliche Sedimentologie der subsequenten Moränenrücken (vgl. N 173,174,175,176,177). Zwischen den einzelnen Moränenrücken sind kleinflächige Sanderflächen eingebettet (N 172), ebenso Areale mit als Deckenmoräne anzusprechenden Moränenmaterialablagerungen von stellenweise geringer Mächtigkeit über Festgesteinsarealen (N 178), welche in dichtem Mosaik ausstreichen und denen starke glazialerosive Überformung mit entprechenden Kleinformen (Gletscherschrammen etc.) gemeinsam ist. Einige Moränen bestehen aus als glazifluviales Sediment anzusprechendem Lockermaterial, das im Zuge o.e. Vorstöße aufgestaucht wurde (v.a. N 173,177; vgl. dazu N 172), andere wiederum weisen für das äußere Vorfeld als typisch zu bezeichnendes Moränenmaterial auf (N 174), während wiederum andere glazifluvial stark überprägtes Moränenmaterial beinhalten (N 175,176; alle Proben im Bereich des komplexen Laterofrontalmoränensystems M-FÅB L 11 (l) entnommen).

Viele der subsequenten Moränen bilden komplexe Systeme und weisen symmetrische Flanken auf, z.T. liegen auch geringfügig steilere distale Flanken vor. Neben o.e. sedimentologischen Unterschieden zwischen feinmaterialreichen Moränenrücken finden sich Moränenrücken, die nur aus groben Blöcken bestehen und nahezu feinmaterialfrei sind, Resultat syn- bzw. postsedimentärer glazifluvialer Erosion bzw. stellenweisen Auftretens supraglazialen Moränenmaterials (Ursprung als Hangschutt von der eine starke aktuelle Hangdynamik aufweisenden Talseite unterhalb Fåberstølsnosi). Das Zusammenwirken beider Prozesse in Kombination mit im Vorfeld vor den frührezenten Gletschervorstößen vorhandenem, in deren Zuge aufgestauchten Hangschutt erklärt die Grobblockigkeit und abschnittsweise Feinmaterialarmut einiger Lateralmoränen.

Fig. 168: Zurundungsmessung NR 38; Kammbereich eines Os im nordöstlichen Vorfeld

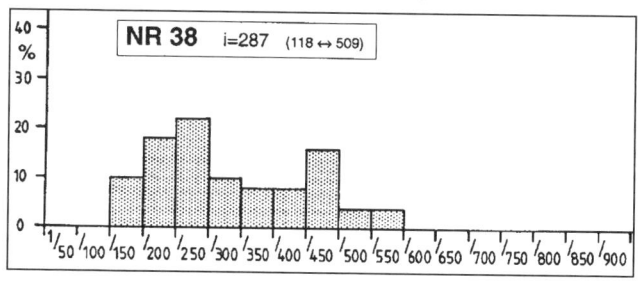

Durch Zurundungsmessungen konnte innerhalb des Areals subsequenter Laterofrontalmoränen des nordöstlichen äußeren Vorfelds ein Os ausgewiesen werden, welches geringfügig mäandrierend unterhalb eines Festgesteinsareal ansetzt und über wenige Dekameter in Eisbewegungsrichtung (und damit transversal zu den vorhandenen Endmoränen) talabwärts verläuft (mit ca. 4 - 5 ° Neigung). Die durchgeführte Zurundungsmessung (s. Fig. 168) ergab den höchsten Zurundungswert des gesamten frührezenten Vorfelds des Fåbergstølsbre, höher auch als entsprechende Messungen im Bereich des ehemaligen Gerinnebetts (NR 14: i = 276, Streuung der Einzelwerte 100 - 608). Deutlich kontrastiert dazu eine Zurundungsmessung der unmittelbar benachbarten subsequenten Laterofrontalmoräne (M-FÅB L 12 (l) mit NR 39: i = 206, Streuung der Einzelwerte 49 - 508) bzw. weiter talaufwärts gelegener Laterofrontalmoränen (M-FÅB L 14 (l) mit NR 37: i = 186, Streuung der Einzelwerte 27 - 515). Daß speziell nahe des Gletscherflusses im Zuge des Aufstauchungsprozesses der (weitgehend fragmentierten) Endmoränen in verstärktem Maß glazifluviales Material aufgestaucht wurde, während der Anteil bei den o.e. Laterofrontal- und Lateralmoränen i.d.R. deutlich geringer ist, zeigt M-FÅB 12 (l) mit ungewöhnlich

Fig. 169: Zurundungsmessung NR 36; Kamm eines Moränenrückens der Moränenstaffel M-FÅB 17/18 (r)

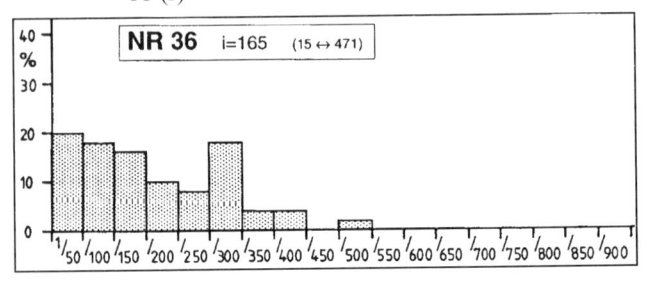

NR 36 i=165 (15 ↔ 471)

hohen Zurundungswerten (NR 33: i = 240, Streuung der Einzelwerte 71 - 464).

Im äußeren zentralen südwestlichen Vorfeld sind die subsequenten Moränen aufgrund starker glazifluvialer Erosion weniger zahlreich. Weite Bereiche sind von Sanderflächen bzw. aktuellen und ehemaligen Gerrinebetten geprägt. Im Zuge der Neuanlage der Fahrstraße wurde im übrigen der Gletscherfluß des Fåbergstølsbre auf das östliche Gerinne konzentriert (mittels Aufschüttung zweier Dämme), während vor diesem anthropogenen Eingriff der westliche Gerinnearm als Hauptabflußrinne bezeichnet werden mußte. Die Sanderflächen sind wie an den meisten anderen Outlets des Jostedalsbre durch eine oberflächliche Konzentration von Kies und Steinen gekennzeichnet (vgl.a. NR 14). Nur im Stillwasserbereich ehemaliger Gerinne (episodisch noch genutzt bzw. durch die Dämme vom aktuellen Gerinnebett abgeriegelt), gibt es Feinmaterialakkumulationen glazifluvialen Ursprungs (N 163).

Im südwestlichen Vorfeld ist nördlich eines größeren Festgesteinsareals eine ganze Staffel von z.T. ineinandergeschachtelten Laterofrontalmoränen entstanden (M-FÅB L 6 - 9 (r)), die größtenteils arm an Feinmaterial sind. Unmittelbar unterhalb der Mündung des Seitentals befindet sich in frontaler Position eine weitere Staffel von blockigen Moränenrücken (M-FÅB 17/18 (r)), die in dichter Abfolge wie die o.e.

Fig. 170: Zurundungsmessung NR 11; Moränenmaterial der nördlichen Talflanke des inneren Vorfelds des Fåbergstølsbre 600 m vor der aktuellen Gletscherzunge; Höhenlage 700 m

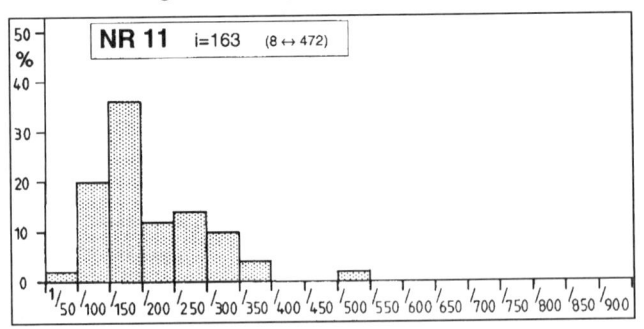

NR 11 i=163 (8 ↔ 472)

andere Moränenstaffel eine Serie von Wintervorstößen repräsentiert. Daß an dieser Stelle glazifluvialer Einfluß auf das Moränenmaterial zurücktritt und stattdessen u.a. Hangschutt bzw. supraglaziales Moränenmaterial aufgestaucht wurde, zeigt die geringe Zurundung der Komponenten (s. Fig. 169), die der des Lateralmoränenmaterials des inneren Vorfelds entspricht (s. z.B. NR 8: i = 160, Streuung der Einzelwerte 37 - 283; NR 11: s. Fig. 170).

Da die Kartierung dieser subsequenten Moränenrücken bei BICKERTON & MATTHEWS (1993) nicht alle vom Verfasser kartierten Moränenrücken erfaßt und die dort vorgenommene Korrelation der Moränenrücken beider Vorfeldseiten nicht immer die Zustimmung des Verfassers findet, ist eine zeitliche Einordnung der subsequenten Moränenrücken schwierig. Unbestritten ist dagegen die Genese der innersten Moränenstaffel (M-FÅB 17/18 (r)) während der ersten drei Dekaden dieses Jahrhunderts, wobei durch Vergleich mit den vorliegenden Messungen der Gletscherfrontschwankungen die Ansprache als Wintermoränen eindeutig wird (da die Anzahl der Moränenrücken höher als die der registrierten (jährlichen) Vorstöße ist). Die Datierung der übrigen subsequenten End- bzw. Laterofrontalmoränen konnte jedoch nicht detaillierter verifiziert werden, u.a. aufgrund des Mangels an historischen Dokumenten und Photographien.

Während im äußeren nordöstlichen Vorfeld die 2 vorhandenen deutlich ausgeprägten Lateralmoränen (M-FÅB L 1 und M-FÅB L 8) abschnittsweise nur aus linearen Grobblockkonzentrationen bestehen, werden sie zum inneren Vorfeld (d.h. der Talmündung des Seitentals hin) feinmaterialreicher, ihre Wallform deutlicher (zusätzlich treten weitere, kürzere Lateralmoränen hinzu). Diese Lateralmoränen stehen in krassem Gegensatz zur lateralen Erosionskante des inneren Vorfelds und sind (wie alle Lateralmoränen westnorwegischen Typs) gestaffelt. Glazialdynamisch kann aufgrund der Transportlinien des Gletschertransportsystems des frührezenten Fåberstølsbre davon ausgegangen werden, daß größere Mengen an o.e. lateraler Erosionskante erodierten Materials der instabilen Lockermaterialablagerung in diesem Abschnitt des Vorfelds abgelagert wurden und daher die Lateralmoränenwälle mächtiger sind. Dementsprechend wäre zusätzlich mit einer verstärkten Ablagerung auch supraglazialen Moränenmaterials durch *dumping* zu rechnen, also gewissen „alpinotypen" genetischen Zügen dieser Lateralmoränen. So erklärt sich u.a. die geringere Mächtigkeit und schlechte Ausbildung der Lateralmoränen auf der südwestlichen Vorfeldseite.

Abb. 124: Talknick im Übergangsbereich zwischen äußerem und innerem Vorfeld des Fåbergstølsbre (Aufnahme: 29.07.1994)

Im Bereich der im nördlichen wie südlichen Vorfeld v.a. exponiertes Festgestein aufweisenden Talmündung des Seitentals des Fåbergstølsbre (s. Abb. 124) ändert sich der Charakter des Gletschervorfelds radikal. Während v.a. im südlichen Vorfeld die Festgesteinsareale stark glazifluvial/ glazialerosiv überformt sind (Rundhöcker, Kolke, *platic sculputred forms* etc.) und das große Festgesteinsareal im nördlichen Vorfeld an dessen Basis eine große Moränenmaterialfläche z.T. glazifluvialer Überformung aufweist, fehlen im inneren Vorfeld jegliche subsequente Moränenformen, was einen bedeutenden Unterschied zum äußeren Vorfeld darstellt. Zahlreiche Gründe spielen bei der unterschiedlichen Ausbildung beider Vorfeldbereiche eine Rolle. Zum einen besteht die fast senkrechte südliche Talflanke des Seitentals unterhalb Bjørnstegfjellet ausschließlich aus Festgestein ohne jede Hang-/ Verwitterungsschutt- oder Moränenmaterialauflage. Evtl. im Zuge von den überhängenden perennierenden Schneefeldern abgehender Lawinen hinuntergestürzter Hangschutt wurde in Zeiten des frührezenten Gletscherhochstands vollständig in das äußere Vorfeld transportiert und dort abgelagert. Aktuell sorgt der Gletscherfluß für einen Abtransport des Materials, so daß sich nur ein schmaler Hangschuttfuß an dieser Talseite befindet. Die nördliche Talflanke ist dagegen mit Hangschutt und frührezentem bzw. älterem Moränenmaterial bedeckt, deutlich weniger steil und lieferte in Zeiten des frührezenten Hochstands bedeutenden Debriszutrag zum Gletschertransportsystem. An dieser nördlichen Talflanke hat sich eine markante laterale Erosionskante ausgebildet, die erst in Höhe der aktuellen Gletscherzunge in ausgebildete Lateralmoränenrücken übergeht (s. Abb. 125). Neben einer schnellen Erosion im inneren Vorfeld evtl. aufgebauter Moränenrücken durch starke Hangerosionsprozesse an der nördlichen Talflanke bzw. dem Mangel an aufzustauchendem oder durch *dumping* anzulagerndem Debris im südlichen Talabschnitt ist die Abwesenheit von End- bzw. Laterofrontalmoränen hauptsächlich gletschergeschichtlich begründet. Nach dem letzten registrierten Vorstoß 1930 hat sich der Fåberstølsbre stark zurückgezogen, zu stark, als daß Wintervorstöße Wintermoränen hätten aufstauchen können. Dieser auch an allen anderen

Abb. 125: Inneres Vorfeld des Fåbergstølsbre; man beachte die laterale Erosionskante im nördlichen Vorfeld (links), Festgesteinspartien der südlichen Talflanke, aktuelle Gletscherzunge und (innere) Lateralmoräne (linker Vordergrund) (Aufnahme: 15.08.1993)

Outletgletschern aufgetretene starke Rückzug führte am Fåberstølsbreen dazu, daß im Kontrast zu den äußeren Vorfeldern mit ihren zahlreichen Moränenrücken ungegliederte Moränenmaterialflächen den Bereich des während des großen Gletscherrückzugs Mitte des 20.Jahrhunderts eisfrei gewordenen Vorfeldareals kennzeichnen und subsequente Endmoränen abwesend sind. Weiter kann aus diesem morphologischen Befund gefolgert werden, daß in jener bedeutenden Rückzugsphase ausgedehnte Wintervorstöße, wie sie in der frührezenten Hochstandsphase aufgetreten und auch aktuell zu verzeichnen sind, nicht stattgefunden haben, eine Folge enorm hoher Rückzugsbeträge, gesteigerter Ablation im Sommer, Kalbens über proglazialen Gletscherseen (in einigen Fällen) bzw. verringerter Winterakkumulation verbunden mit geringerer Gletscherbewegung im Winter (vgl. Messungen der monatlichen Gletscherfrontvariationen am Nigardsbreen bei FÆGRI 1948).

Die laterale Erosionskante des nördlichen inneren Vorfelds hat sich in altem Moränenmaterial ausgebildet, welches vermutlich spätglazialen Ursprungs ist bzw. aus der präborealen Deglaziationsphase stammt. Belegt wird dies u.a. durch die üppige Vegetation oberhalb der Erosionskante, die tiefgründige Bodenentwicklung (an der Erosionskante z.T. aufgeschlossen) bzw. dichte Flechten- und Moosüberzüge an Blöcken und Steine. Teilweise weist das Areal sogar anmoorige Tendenzen auf.

Abb. 126: Laterale Erosionskante im nördlichen Vorfeld des Fåbergstølsbre; man beachte die distale Vegetationsbedeckung, die blockreiche Schicht knapp unter der Kante, anstehendes Festgestein (rechts unterhalb der Kante) und die erkennbare Bodenbildung (Aufnahme: 07.08.1992)

Die frührezente Hochstandsphase hat in diesem Talabschnitt lateral erosiv und nicht akkumulativ gewirkt, wobei die starken postsedimentären Hangerosionsprozesse berücksichtigt werden müssen. Tiefe Erosionsrinnen von 5 bis 10 m Tiefe zerfurchen das Moränenmaterial unterhalb der lateralen Erosionskante (s. Abb. 126), wobei Hangneigungen von 35° - 45° (in Extremfällen bis 50°) zusätzlich zum teilweise instabilen Charakter des Moränenmaterials Hangerosion stark fördern, so daß die durch glaziale Erosion von Lockermaterial übersteilten Talflanken sukzessive weiter zurückverlegt werden, was zu markanten Einbuchtungen in der lateralen Erosionskante führt. In den am stärksten eingeschnittenen Rinnen bzw. in Bereichen, wo ganze deltaförmige Teilbereiche unterhalb der Erosionskante erodiert wurden, ist Festgestein erkennbar, d.h. die gesamte (spätgazial/ präboreale) Moränenmaterialauflage wurde erodiert. Aufgrund des linearen Charakters der Erosionformen unterhalb der lateralen Erosionskante ist die Wirkung von Hangerosionsprozessen nach dem (frontalen wie lateralen) Rückzug des Gletschers sehr viel stärker als eine glaziale Erosion während der frührezenten Hochstandsphase einzuschätzen. Letztgenannte zeichnet v.a. für die (flächenhafte) Übersteilung bzw. Rückverlegung der Erosionskante verantwortlich. Die Rückverlegung der lateralen Erosionskante ist als aktuell stark wirksamer Prozeß zu klassifizieren, wobei nicht zuletzt o.e. Bodenprofile eine starke Rückverlegungstendenz bestätigen. Ob es dagegen schon eine prä-frührezente, präexistente Erosionskante an der nördlichen Talflanke gegeben hat, kann nicht mehr geklärt werden.

Die Festgesteinspartien an der Basis der Erosionsrinnen zeigen intensive glazialerosive Überformung ohne Anzeichen von stärkeren Verwitterungsprozessen. Dies legt folgendes gentisches Modell der Bildung der lateralen Erosionskante der nördlichen Talflanke nahe:

1 Während des Spätweichsel-Maximums erodiert der Gletscher als Teil des großen Inlandeisschilds in Phasen warmbasaler Glazialdynamik und resultierend auftretenden basalen Erosionsprozessen auf den Festgesteinspartien an südlicher und nördlicher Talflanke des Seitentals des Fåbergstølsbre und erzeugt glazialerosive Oberflächenformen (Gletscherschrammen etc.).

2 In der Deglaziationsphase, d.h. v.a. während des Präboreal, kommt es zu starken Akkumulationsprozessen von Moränenmaterial an der nördlichen Talseite, während an der südlichen Talseite aufgrund großer Steilheit des Hangs (bereits präexistente Talasymmetrie der Talform in anstehenden Festgestein) kaum Moränenmaterial abgelagert werden kann (auch unterschiedlicher Debriszutrag durch expositionsbedingte differente Verwitterungsraten dürfte eine Rolle gespielt haben).

3 Während des Holozän können sich auf dem abgelagerten Moränenmaterial dichte Vegetation und tiefe Bodenprofile entwickeln. Zwar kann auch während des Holozän Hangerosion bzw. Akkumulation von Hangschutt stattgefunden haben, doch vermutlich in weit geringerem Umfang (evtl. nur unterhalb der bedeutenden Erosionskerben im Fåbergstølsfjellet).

4 Als der Gletscher während der frührezenten Vorstoßphase vorstieß, erodierte er an der nördlichen Talflanke, zerstörte die Vegetation, übersteilte den Talhang und schuf damit die Voraussetzungen zu fortschreitender Hangerosion auf den vegetationslosen, übersteilten Talflanken relativ imkompakten und instabilen Moränenmaterials, so daß sich u.a. tiefe Erosionsrinnen entwickeln konnten und die laterale Erosionskante sukzessive zurückverlegt wird.

An den Erosionsrinnen im inkompakten Moränenmaterial sind schwemmfächer-/schuttkegelartige Akkumulationen entstanden, wobei das abgelagerte Material teilweise von den Moränenmaterialflächen, teilweise von außerhalb des Vorfelds stammt (gilt speziell im Fall der unterhalb von Erosionskerben im Festgestein gelegenen Erosionsrinnen im Lockermaterial). An den Seiten der Erosionsrinnen unterhalb der lateralen Erosionskante ist das spätglazial/präboreale Moränenmaterial aufgeschlossen und zeigt neben der bereits erwähnten Bodenbildung eine eisbewegungsparallele (in diesem Fall gleichzeitig talparallele) Orientierung von groben Blöcken. Insgesamt ist das Moränenmaterial zwar blockreich (mit zumeist gerundeten bis subgerundeten Blöcken), die Blöcke sind aber in einer Matrix aus Feinmaterial eingebettet (s. Abb. 127). Eine Schichtungsstruktur (parallel zur angenommenen ursprünglichen Oberfläche des Materials) ist in den höhergelegenen Partien nahe der Erosionskante angedeutet. Die für Lateralmoränen alpinen Typs typische Orientierung fehlt völlig, ein weiteres Indiz dafür, daß in den Bereichen der lateralen Erosionskante während der frührezenten Hochstandsperiode vor allem Erosion, aber kaum Akkumulation stattgefunden hat. Die eisbewegungsparallele Einregelung steht mit der Theorie einer spätglazial/präborealen Ablagerung (vor allem subglazial) in Einklang.

Das Moränenmaterial unterhalb der lateralen Erosionskante zeigt mit einem So-Wert von 1,31 (N 207; s. Fig. 171) deutlich an, daß es sich nicht um ausschließlich supraglaziales Moränenmaterial handeln kann, sondern v.a. um subglazial abgelagertes, älteres Moränenmaterial. Zu ähnlichen Schlußfolgerungen zwingt die Sedimentologie des an den Hängen der Erosionsrinnen aufgeschlossenen, nicht umgelagerten Moränenmaterials (N 34) bzw. das durch Hangerosion ins Vorfeld eingeschwemmte Sediment des Moränenmaterials der Talflanken (N 35,36; vgl. N 13 als Ablagerung in einem der erwähnten Schwemmfächerbereiche).

Abb. 127: Aufschluß am Hang einer Erosionsrinne im Moränenmaterial unterhalb der lateralen Erosionskante des nördlichen Gletschervorfelds des Fåberstølsbre (Aufnahme: 01.08.1993)

In Höhe der aktuellen Gletscherzunge geht die laterale Erosionskante in einen Lateralmoränenwall über, dessen proximale Flanken zwar ebenfalls starken Erosionsprozessen ausgesetzt sind, diese aber weniger wirksam als talabwärts ausfallen (s.a. Abb. 125). Prominente Erosionsrinnen fehlen. Die Hangneigung ist in diesem Abschnitt mit durchschnittlich 30 bis 35° geringer. Ferner treten kleine subsequente Lateralmoränen auf der proximalen Moränenflanke auf, während an der Basis der Lateralmoräne glazialerosiv überformtes Festgestein ansteht. Der oberste Lateralmoränenkamm zeigt keine großen Unterschiede zwischen der Hangneigung auf proximaler und distaler Flanke, die distale Flanke ist stellenweise geringfügig steiler geneigt (entgegengesetzt den Verhältnissen an Lateralmoränen alpinen Typs). Jenseits des obersten Lateralmoränenkamms zeigen sich weder im Ablationstal, noch im höhergelegenen Bereich Spuren glazialer Überformung während der frührezenten Hochstandsphase. Dies legt den Schluß nahe, daß der Lateralmoränenkamm gleichzeitig die äußerste holozäne Eisrandposition nach dem Erdalen *event* darstellt. Alle stellenweise in Staffelung auftretenden Lateralmoränenkämme nahe des Ansatzes der lateralen Erosionskante müssen von Flechtenbewuchs, Morphologie und Bodenbildung her als frührezent angesprochen werden. Ein rd. 100 m weiter hangaufwärts gelegener Blockrücken stammt dagegen aus der Deglaziationsphase, also evtl. aus dem Präboreal. Der Ansatzpunkt der obersten dominanten Lateralmoräne liegt an einer Festgesteinspartie, doch setzt sie sich gletscheraufwärts die gesamte nördliche Zunge entlang fort. Die prä-frührezente Hangneigung zeichnet zusammen mit der Eisbewegungsrichtung und den Transportlinien des Gletschertransportsystems (d.h. glazialdynamischen Faktoren) für die unterschiedliche Ausbildung der nördlichen Talflanke verantwortlich. Insbesondere die ausgedehnten Festgesteinsareale an der Basis o.e. Lateralmoräne des innersten Vorfelds verhindern eine Übersteilung und limitieren die aktuelle Hangdynamik. Interessanterweise befinden sich o.e. subsequenten Lateralmoränenkämme gerade im Übergangsbereich zwischen Lateralmoräne und lateraler Erosionskante. Die Position legt ein altfrührezentes Alter für diese Lateralmoränenrücken nahe.

In einem Aufschluß innerhalb o.e. Lateralmoräne des innersten Vorfelds konnte eine bevorzugte oberflächenparallele Einregelung der Blöcke beobachtet werden, kombiniert mit einer eisbewegungsparallelen Orientierung in hochkanter Stellung. Angedeutete Orientierungen wie an Lateralmoränen alpinen Typs wiesen nur wenige Blöcke auf, so daß zwar *dumping* supraglazialen Moränenmaterials aufgetreten ist (belegt auch durch größere Angularität der Blöcke am Lateralmoränenkamm), gleichzeitig aber eine größere Beteiligung supraglazialen Moränenmaterials am Aufbau der Lateralmoränen ausgeschlossen werden kann. Evtl. haben auch prä-frührezente Vorformen eine Rolle bei der Ausbildung dieser Lateralmoränen gespielt, was sich allerdings heute nicht mehr belegen läßt.

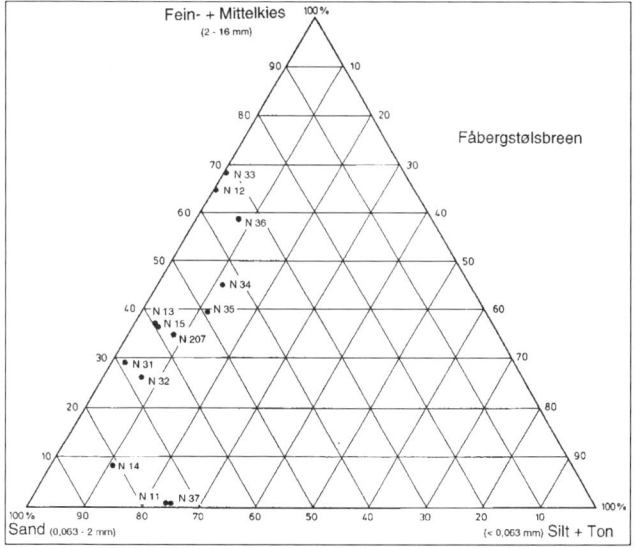

Allgemein zeigt das Moränenmaterial des inneren Vorfelds durchschnittliche Zurundungswerte unter i = 200 (NR 7: i = 193; NR 8: i = 160; NR 9: i = 178; NR 10: i = 183; NR 11: i = 163, s. Fig. 170), so daß der glazifluvialer Einfluß deutlich geringer als im äußeren Vorfeld ausgefallen sein muß. Andererseits muß das Moränenmaterial subglazialen Ursprungs sein, da die durchschnittlichen Zurundungswerte (verglichen auch mit anderen Gletschern, trotz eventuellen Einflusses differenter Petrographie) relativ hoch sind. Bei Interpretation der Ergebnisse der Zurundungsmessungen ist zu beachten, daß im inneren Vorfeld, im Bereich der starker Hangerosion ausgesetzten nördlichen Talflanke, eine Unterscheidung frührezenten von spätglazial/präborealen Moränenmaterials im Gelände praktisch nicht durchführbar ist. Daher erfassen NR 7 - 11 Areale, in denen bei limitierter Ablagerung frührezenten Moränenmaterials größere Mengen von den Hängen unterhalb der Erosionskante erodierten und an deren Basis abgelagerten spätglazial/präborealen Moränenmaterials vorliegt. Stärkerer glazifluvialer Einfluß auf die Sedimentologie des Moränenmaterials ist erst im Bereich der Mündung des Seitentals festzustellen (NR 12: i = 219; NR 13: i = 221).

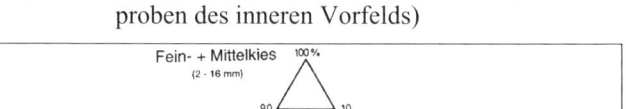

Fig. 171: Dreiecksdiagramm Fåbergstølsbreen (Sedimentproben des inneren Vorfelds)

Im Sommer 1994 ließ sich im Bereich des nördlichen Talhangs unterhalb der lateralen Erosionskante die Wirksamkeit der aktuellen Hangerosion gut abschätzen, da sich unter dem von den Talflanken abgespülten Moränenmaterial mächtige

Abb. 128: Aktuelle Gletscherzunge des Fåbergstølsbre mit umgelagertem, schneeunterlagerten Moränenmaterial im Vordergrund (Aufnahme: 30.07.1994)

Abb. 129: Detailaufnahme des unterlagernden Winterschnees; vgl. Abb. 128 (Aufnahme: 30.07.1994)

Schneeflecken zeigten, die unzweifelhaft aus dem letzten Winter stammten (aufgrund der Beobachtungen des Verfassers 1993 bzw. der Struktur des Schnees; s. Abb. 128,129). Der Schnee erreichte Mächtigkeiten von mindestens (soweit aufgeschlossen) 2 m, die Mächtigkeit des überlagernden Moränenmaterials variierte stark zwischen wenigen dm bis über 1 m. Teilweise zeichnen die Ablagerungen auf dem Schnee ehemalige Rinnen nach, die sich im August 1994 durch die fortgeschrittene Ablation des Schnees als niedrige, mäanderformige Rücken über die umgebenden Schneeflächen erhoben. Die Mächtigkeit dieses relativ feinkörnigen Materials betrug nur 10 - 20 cm, die allerdings zur Isolationswirkung ausreichten (und dadurch eine temporäre Reliefumkehr bewirkten). An anderen Stellen beschränkte sich die Ablagerung von durch Hangerosionsprozesse am Oberhang abgetragenen Materials auf dem Schnee nicht auf Rinnen, sondern überlagerte (z.T. unterhalb dominanter Erosionsrinnen gelegen) die Schneeflecken flächenhaft. In solchen Fällen wurden o.e. Mächtigkeiten von über 1 m erreicht.

Selbst wenn die gute Zurundung der Komponenten bzw. die Abwesenheit größerer Quantitäten länglicher Gesteinskomponenten Orientierungsmessungen erschwert, zeigt sich deutlich, daß die in angedeuteter Schichtung vorliegenden Komponenten v.a. hangparallel in Gefällsrichtung orientiert sind und transversale Orientierungen zurücktreten. Von den vermessenen Komponenten wiesen 67 % eine Orientierung in Gefällsrichtung bei hangoberflächenparalleler Einregelung auf, 33 % waren transversal zum Gefälle orientiert, bei ebenfalls mehrheitlich hangoberflächenparalleler Einregelung. Wie die unterlagernden Schneeflecken zeigt dies die Bedeutung postsedimentärer Umlagerung von Moränenmaterial an. Auftretende Schichtungsstrukturen sind als Ergebnis postsedimentärer Hangerosion zu betrachten, nicht als primäre glaziale Schichtungsstrukturen. Die Mächtigkeit der Abspülung in nur einem Jahr belegt nicht zuletzt o.e. Schluß einer schnellen Überformung und Zerstörung evtl. entstandener Moränenformen im inneren Vorfeld bzw. verdeutlicht die Schlußfolgerung auf resedimentären Charakter des Moränenmaterials im zentralen inneren Vorfeld. Nach der primären Resedimentation durch Hangerosion von den Talflanken und Ablagerung auf mächtigen Schneeflecken erfolgt im

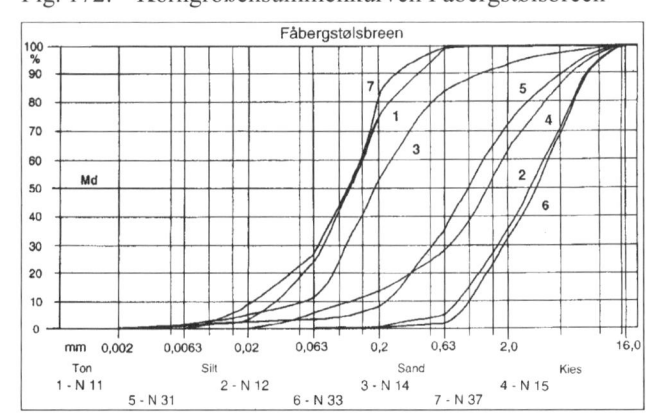

Fig. 172: Korngrößensummenkurven Fåbergstølsbreen

Zuge der Ablation der Schneeflecken, die sich durchaus über einige Jahre erstrecken kann, eine sekundäre Resedimentation, so daß dem Moränenmaterial jegliche originale glazialgenetische Einregelung bzw. Orientierung verloren geht und Feinmaterial effektiv ausgewaschen werden kann.

Ähnliche Überlegungen sind auch bei der Deutung der in den Sommern 1992 und 1993 untersuchten Aufschlüsse von Moränenmaterial an Terrassen des Gletscherflusses bzw. einmündender Wasserläufe der Hangerosionsrinnen zu treffen. Die an der Basis des Areals o.e. Schneeflecken durch glazifluviale Erosion entstandenen, 50 - 100 cm hohen Terrassen zeigten eine deutliche Sortierung bzw. Schichtung mit z.B. hangender und liegender relativ grobkörniger Schicht und dazwischengelagertem feineren Material. Auch hier zeigte sich eine oberflächenparallele Einregelung, die aber aufgrund der Position dieser Terrassen im nahezu ebenen Talboden nicht eindeutig der Hangerosion bzw. glazialen/glazifluvialen Prozessen zugeordnet werden konnte. Eine Orientierung in Gefällsrichtung der Talhänge überwog aber die transversale (d.h. gleichzeitig eisbewegungsparallele) Orientierung. Obwohl auf Grundlage der Beobachtungen der Sommer 1992 und 1993 diese lagige Textur theoretisch auch auf Ablagerung glazifluvialen Materials bzw. (im Falle der kompakten, mittleren Lage) von *lodgement till* hindeuten könnte, scheidet durch sedimentologische Untersuchungen letztgenannte Möglichkeit aus (s. N 12,15 mit für reines Moränenmaterial zu niedrigen So-Werten; vgl. Fig. 172). Da sich im Sommer 1994 im Areal dieser inzwischen teilweise überformten Terrassen ebenfalls unterlagernder (älterer) Schnee zeigte, erscheint eine Kombination von glazifluvialen Prozessen des aktuellen Gletschers (v.a. N 12) in Kombination mit Hangerosionsprozessen (N 15 im Vergleich zu N 13) für diese Schichtungsstruktur verantwortlich zu zeichnen. D.h., daß es sich beim vorliegenden Moränenmaterial um stark glazifluvial überprägtes (subglaziales) Moränenmaterial oder durch Hang-erosionsprozesse umgelagertes (z.T. prä-frührezentes) Moränenmaterial der Talflanken handelt. In den Rinnen zwischen o.e. Terrassen, die aktuell nur noch episodisch Wasser führen, wird glazifluviales Feinmaterial akkumuliert (N 11,37). Auch näher gletscherwärts zeigt das in der Nähe der Festgesteinsareale auftretende Moränenmaterial starke glazifluviale Überformung (N 14 mit hohem Anteil eingeschwemmten Mittel- und Feinsands).

Der Fåbergstølsbre besitzt aktuell nach einer Periode annähernd stationärer Gletscherfrontposition ebenfalls eine deutlich vorstoßende Gletscherfront (44 m von 1994 - 1995), wobei sich an der unteren Gletscherzunge zusätzlich eine stärkere Aufwölbung zeigt, die ab 1993 zu ersten Vorstoßtendenzen führte. Die direkt vor der Gletscherzunge angedeuteten, linearen Moränenformen sind an Festgesteinsstrukturen orientiert und weisen nur geringe Mächtigkeit auf. Eine noch 1992 vorhandene ehemalige Eiskern-Medialmoräne unmittelbar vor der Gletscherzunge ist bis 1994 niedergetaut. Das Moränenmaterial vor der Zunge zeigte relativ niedrige So-Werte mit starker Sandfraktion, was glazifluvialen Einfluß an dessen Zusammensetzung nahelegt (N 31,32). An der Gletscherzunge ist stellenweise auch die Gletscherbasis aufgeschlossen, an der begrenzt angefrorener Debris sichtbar wird, allerdings nur in wenige cm-mächtigen Schichten (N 33; s. Abb. 131). Beim festgefrorenen subglazialen Debris (N 33) handelte es sich um nur über kurze Distanz transportiertes Material. Weiter oberhalb an der lateralen Gletscherzunge konnte von einem lateral-margi-

Abb. 130: Gletscherzunge des Fåbergstølsbre (Aufnahme: 30.07.1994)

Abb. 131: Subglazial angefrorenes Moränenmaterial, zentrale Gletscherzunge des Fåbergstølsbre (Aufnahme: 07.08.1992)

Abb. 132: In einem lateral-marginalen subglazialen Hohlraum aufgeschlossene Basis des Fåbergstølsbre; man beachte das Fehlen subglazialen Debris und das glazialerosiv/glazifluvialerosiv überformte Festgestein des Gletscherbetts (Aufnahme: 15.08.1993)

nalen Hohlraum aus keine subglaziale Debrisschicht an der Gletscherbasis entdeckt werden (s. Abb. 132). Begründet ist dies in der in weiten Teilen auf Festgestein aufliegenden mittleren und unteren Gletscherzunge, wo das Festgestein zwar z.T. sehr starke glazialerosive bzw. glazifluviale Überformung zeigt, Lockermaterial, welches durch Anfrieren in das Gletschertransportsystem aufgenommen werden könnte, aber kaum vorhanden ist (zumal starke subglaziale glazifluviale Erosion vorhandenes Lockermaterial schnell wieder abtransportieren würde). Aktuell findet an der Gletscherzunge außer der starken glazifluvialen Erosion der mächtigen Schmelzwasserflüsse keine glazialdynamische Aktivität bzw. Moränenbildung statt. Im Sommer 1994 war lediglich ein verstärkter Versturz von Eisblöcken an der Zunge festzustellen.

Auf den ausgedehnten Festgesteinspartien der nördlichen Gletscherzunge des Fåbergstølsbre befinden sich neben typischen glazialerosiven Mikro- und Mesoformen (Gletscherschrammen, Sichelbrücken (normal und invers), Rundhöckerformen etc.) auch als glazifluvial zu deutende Erosionsformen wie Kolke und *plastic sculptured forms*. Die Gesteinsklüftung bzw. vorhandene Verwerfungen in den Gneisen am Fåberstølsbreen zeigen deutlichen Einfluß auf die Ausbildung dieser glazialerosiven Mesoformen, z.B. durch die Orientierung des Ansatzes der Rundhöcker an Festeinsklüften etc. (vgl. ähnliche Verhältnisse am Nigardsbreen). Ferner existiert auch am Fåbergstølsbreen stellenweise ein brauner Überzug auf den Festgesteinspartien (in Leelage bezüglich der Gletscherbewegung in cm-tiefen Depressionen), der kein subaerisches Verwitterungsprodukt, sondern eindeutig eine subglaziale Ausfällung darstellt (s. Abb. 133). Verwitterungsprozesse scheiden auch deshalb aus, weil auf den glazialerosiv überformten Gesteinspartien sonst keinerlei Anzeichen für Verwitterung, chemische wie physikalische, auftreten und o.e. glazialerosive Mikroformen weite Verbreitung finden. Die Position dieses Überzugs legt eine subglaziale Entstehung sensu ANDERSEN

& SOLLID (1971) nahe (vgl. Nigardsbreen), zumal der braune Überzug in Nähe der aktuellen Gletscherfront am deutlichsten ausgeprägt ist, im äußeren Vorfeld keinerlei entsprechende Formen gefunden werden konnten. Der Überzug steht damit in deutlichem Kontrast zu eindeutig als Zeichen beginnender chemischer Verwitterung auftretenden, visuell ähnlichen Überzügen an Guslar- und Vernagtferner (vgl. 7.3).

Zusammenfassend stellt das Gletschervorfeld des Fåbergstølsbre durch seine unterschiedliche Ausprägung ein gutes Beispiel für den Einfluß glazialer Dynamik bzw. Gletscherstandsschwankungsgeschichte dar. Während durch

Abb. 133: (Rostbrauner) Überzug subglazialen Ursprungs auf einer Festgesteinspartie an der nördlichen aktuellen Zunge des Fåbergstølsbre; Hammerstiel zeigt Eisbewegungsrichtung (nach links) an (Aufnahme 01.08.1993)

die zahlreichen Wieder- bzw. Wintervorstöße des 18., 19. und ersten drei Dekaden des 20.Jahrhunderts im äußeren Vorfeld zahllose End-, Laterofrontal- und Lateralmoränen ausgebildet werden konnten, fehlen solche Formen im inneren Vorfeld völlig. Das Beispiel Fåberstølsbreen zeigt auch, wie präexistentes Relief bzw. präexistente Sedimentologie Einfluß auf die Ausgestaltung eines frührezenten Gletschervorfelds nehmen können, u.a. in der Begünstigung aktueller Hangdynamik. Abgesehen von speziellen lokalen Einflußfaktoren zeigt der Fåberstølsbre die typische Konfiguration bzw. das typische Faktorengefüge der anderen Outletgletscher des Jostedalsbre.

7.4.5 Nigardsbreen

Der Nigardsbre ist nach dem Tunsbergdalsbre der zweitlängste Outletgletscher des Jostedalsbre, wobei er Letztgenannten bezüglich seiner Fläche (48,2 km^2) sogar leicht übertrifft (s. Tab. 2, Fig. 3). Während der frührezenten Hochstandsphase um 1750 war die Gletscherzunge des Nigardsbre rd. 4,5 km länger als heute und bedeckte das gesamte Mjølverdal (Nigardsdal), ein NW-SE verlaufendes westliches Seitental des Jostedal (s. Abb. 134). Das Nigardsdal ist äußerst eben (weniger als 1° Gefälle in weiten Arealen). Während sich im oberen Talbereich mit dem ca. 1650 m langen Nigardsvatn ein großer proglazialer See (angelegt in einem während des frührezenten Gletschervorstoßes von Lockermaterial ausgeräumten präexistenten glazialerosiven Talbecken bei nur geringer aufstauender Wirkung eines Moränenkomplexes) befindet (Spiegelhöhe um 285 m schwankend), wird der untere Talabschnitt vom äußeren Teil des Gletschervorfelds eingenommen, welches als Musterbeispiel eines frührezenten westnorwegischen Gletschervorfelds gelten kann und in dem zahllose End-, Laterofrontal- und Lateralmoränen auftreten (Höhenlage der äußersten frührezenten Endmoräne rd. 255 m; s. Fig. 173). Nachdem sich der Gletscher auf seinem Rückzug von der frührezenten Maximalposition von 1935 bis 1967 durch Kalbungsprozesse sehr rasch über das sukzessive eisfrei werdende Nigardsvatn zurückgezogen hatte, endet er seitdem auf einer großen Festgesteinspartie taleinwärts des Seeufers (aktuell ca. 200/250 m vom Seeufer entfernt auf ca. 345 m). Diese Festgesteinspartie ist praktisch lockermaterialfrei, ebenso andere Festgesteinspartien im Vorfeld (z.B. im Südwestteil). Nachdem der Nigardsbre v.a. in den späten 1980er Jahren stationär war, hat seit kurzem ein sukzessive stärker werdender Gletschervorstoß begonnen, wie

Abb. 134: Vertikalluftbild Gletscherzunge Nigardsbreen mit innerem Vorfeld und Nigardsvatnet; Luftbild eingenordet (Aufnahme: 11.08.1984 - © Fjellanger Widerøe AS [8390/18-3/45])

er schon an den anderen kurzen Outletgletschern des Jostedalsbre seit einigen Jahren bzw. Jahrzehnten im Gang ist.

Der Nigardsbre und sein Gletschervorfeld sind botanisch, lichenometrisch, gletschergeschichtlich und glazialmorphologisch intensiv studiert worden, weswegen sich der Verfasser bei der Untersuchung des Vorfelds auf einige Punkte beschränken will und auf die entsprechende Literatur verweist (z.B. REKSTAD 1904, FÆGRI 1934a, ANDERSEN & SOLLID 1971, SOLLID 1980b, ERIKSTAD & SOLLID 1986, INNES 1986, AA & SØNSTEGAARD 1987, SØNSTEGAARD & AA 1987, BICKERTON & MATTHEWS 1992). Festzustellen bleibt, daß trotz der (für westnorwegische Verhältnisse) vergleichsweise zahlreichen Fixpunkte der lichenometrischen Datierung aufgrund zahlreicher historischer Quellen und Photographien erhebliche Unterschiede zwischen den lichenometrischen Datierungen der einzelnen Autoren bestehen (s. Fig. 45), die bis zu 30 Jahren betragen und auf die der Verfasser hier nicht detailliert eingehen kann. Als Charakteristikum des äußeren Gletschervorfelds des Nigardsbre muß die v.a. in gletschergeschichtlich und glazialdynamischer Hinsicht wichtige Tatsache gelten, daß zahlreiche Moränenformen in frontaler, laterofrontaler und lateraler Position entstanden sind, die Zeugnis von sukzessiven

Fig. 173: Geomorphologische Übersichtskarte des äußeren Gletschervorfelds des Nigardsbre [A - perennierende Gewässer; B - Festgestein; C - Moränenmaterial; D - prä-frührezentes Moränenmaterial; E - Hangschutt; F - Moränenrücken; G - Moränenmaterial (glazifluvial überformt); H - Sanderflächen; 1 - Erosionsrinne (dominant); 2 - Erosionsrinne/Gerinnebett; 3 - Hangschuttkegel; 4 - Erosionskante; 5 - Moränenkamm]

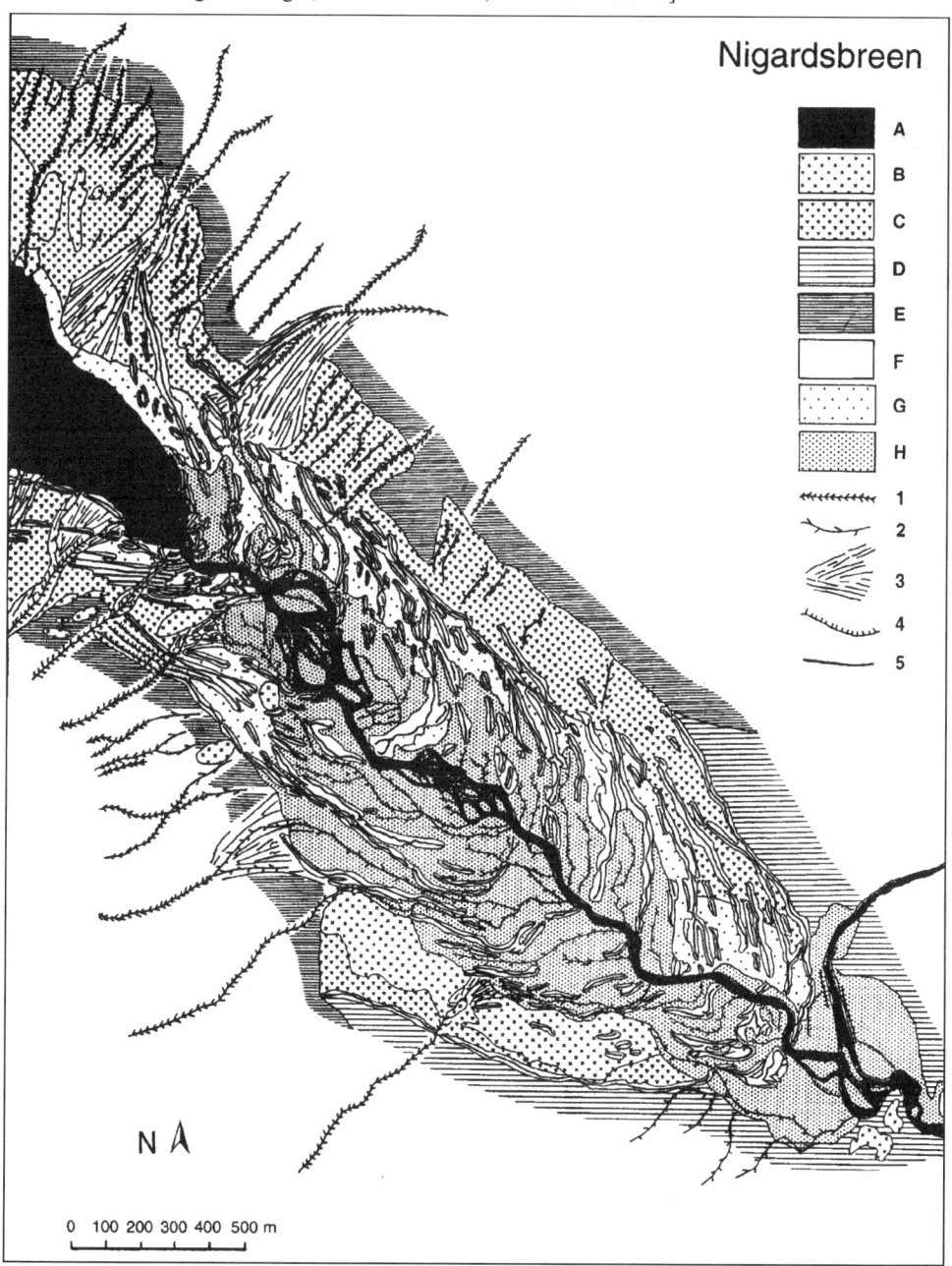

Oszillationen der Gletscherfront im Verlauf des Rückzugs von der frührezenten Maximalposition liefern. Aufgrund Gletschergröße und sehr ebenem Relief des Vorfelds sind diese Moränen am Nigardsbreen, verglichen mit anderen Outletgletschern, mustergültig ausgebildet, und dies obwohl glazifluviale Prozesse (weitläufige Sanderflächen als morphologische Zeugnisse) während der gesamten Periode große Bedeutung besaßen und die Moränen teilweise fragmentiert haben.

Dem äußersten, um 1750 aufgebauten Endmoränensystem (M-NIG 1) ist distal eine typische Sanderfläche vorgelagert (N 25), die im gesamten äußeren Gletschervorfeld, besonders im südwestlichen Teil, weite Flächen des Gletschervorfelds einnehmen. M-NIG 1, welches durch den Gletscherfluß (Breelvi) in zentraler Position durchbrochen wird, ist im südwestlichen Vorfeld (M-NIG 1 (r)) nicht als singulärer Wall, sondern mehrkämmig als Moränenkomplex ausgebildet (M-NIG 1.1,1.2,1.3 (r); s. Abb. 135). Durch die komplexe Morphologie werden historische Berichte von einem nur langsamen Rückzug des Gletschers von der maximalen Gletscherposition nach 1748 (z.B. REKSTAD 1904, EIDE 1955), der anscheinend von kurzen Wiedervorstößen (Wintervorstößen) unterbrochen wurde, unterstützt. Auch die proximal gelegenen subsequenten Endmoränen (M-NIG 2, M-NIG 3 bzw. M-NIG 4 (l)) sind zumeist mehrkämmig komplex als Endmoränensystem aufgebaut.

Nach der lichenometrischen Datierung der äußeren Endmoränen (die allerdings zwischen ERIK-STAD & SOLLID 1986 und BICKERTON & MATTHEWS 1992 erheblich abweicht), betrug der Rückzug in den ersten rd. 60/70 Jahren nach dem 1748er Maximalstand nur rd. 200 m. Diese geringe Distanz in Kombination mit den zahlreiche Wieder- oder Wintervorstöße repräsentierenden äußersten Endmoränensystemen deuten einwandfrei an, daß die Bedingungen in der zweiten Hälfte des 18.Jahrhunderts noch relativ gletschergünstig waren, der Rückzug sich nur sehr langsam und sukzessive unterbrochen vollzog. Sedimentologisch fällt am Moränenmaterial der äußersten Endmoränen (M-NIG 1,2) ein vergleichsweise hoher Gehalt an Feinmaterial (v.a. Grob- und Mittelsilt) auf (N 23a-c, N 24), der bei Moränenmaterial jüngerer Endmoränen (M-NIG 22 (l): N 16; M-NIG 19 (l): N 17; M-NIG 15 (l): N20; M-NIG 10 (l): N 21; M-NIG 8 (l): N 22) nicht oder nur eingeschränkt auftritt. Das zur Sedimentologie des glazifluvialen Sediments des proglazialen Sanders (N 25) bzw. der Sanderfläche zwischen M-NIG 1 (r) und M-NIG 2 (r) (N 26) in scharfem Kontrast stehende Moränenmaterial der äußeren Endmoränen kann aufgrund relativ hoher So-Werte (1,31 - 1,56; vergleichsweise hohe Werte auch im Vergleich mit dem Moränenmaterial anderer Outletgletscher) als nicht oder nur schwach postsedimentär überprägtes Moränenmaterial klassifiziert werden. In Kombination mit typischen Md-Werten deutet dies u.a. auf eine weniger starke glazifluviale Aktivität während der Moränengenese hin.

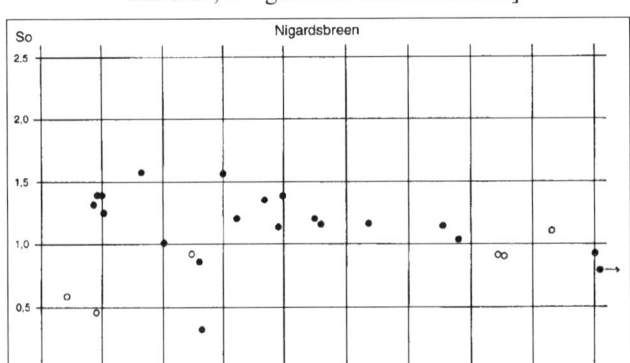

Fig. 174 - Md/So-Diagramm Nigardsbreen [A - Moränenmaterial; B - glazifluviales Sediment]

Zusätzlich spiegeln die sedimentologischen Charakteristika des Moränenmaterials der äußersten Endmoränen eingeschränkt das präexistente Lokkermaterial (vermutlich präboreales Moränenmaterial) wider, denn sowohl bei einem „konventionellen" Aufstauchungsprozeß, wie beim am Nigardsbreen beobachteten speziellen Prozeß der Moränengenese, werden die resultierenden Moränenrücken in ihrer sedimentologischen Zusammensetzung vom präexistenten Lockermaterial an der äußeren Gletscherzunge beeinflußt. Im Umkehrschluß muß daher bei der Genese der jüngeren Moränen im Vorfeld von einem verstärkten glazifluvialen syn- und postsedimentären Einfluß ausgegangen werden, ebenso auf Eingliederung größerer Quantitäten glazifluvialen Sediments (v.a. frührezenten Alters, d.h. während dem Wieder-/Wintervorstoß vorangegangener Rückzugsphasen abgelagert). Diese Schlußfolgerung deckt sich sowohl mit vorliegenden Beobachtungen (z.B. FÆGRI 1934a), glazialmorphologischen Untersuchungen (ANDERSEN & SOLLID 1971, SOLLID 1980b) als auch mit historischen Photographien.

Fig. 175 - Dreiecksdiagramm Nigardsbreen

Zwischen den End- und Laterofrontalmoränen des Vorfelds liegen ausgedehnte Sanderflächen, wie (insbesondere lateral) Flächen stärker glazifluvial überprägten Moränenmaterials. Die Oberflächen der typischen Sander sind an Feinmaterial verarmt; Grobkies und Steine bedecken die Oberfläche, so daß Bäume und Sträucher nur vereinzelt auftreten, ganz im Gegensatz zu den glazifluvialen Feinmaterialakkumulationen längs perennierender bzw. periodischer Gerinne des äußeren Vorfelds (vgl. FÆGRI 1934a für eine ausführliche Untersuchung der Vegetation des Gletschervorfelds). Zwischen den uhrglasähnlich aufgewölbten ehemaligen Kiesbänken der Sanderflächen finden sich zahllose ehemalige Grinnebette, die durchschnittlich 50 - 70 cm in die Sanderoberfläche eingeschnitten sind und durch feuchtigkeitsliebende Vegetation (v.a. Moosspezies) eine stärkere Feinmaterialkonzentration in diesen Rinnen anzeigen (durchschnittlich 1 - 2° Gefällsneigung). Die umgebenden Sanderflächen sind dagegen (zumindest oberflächlich) an Feinmaterial verarmt (N 18).

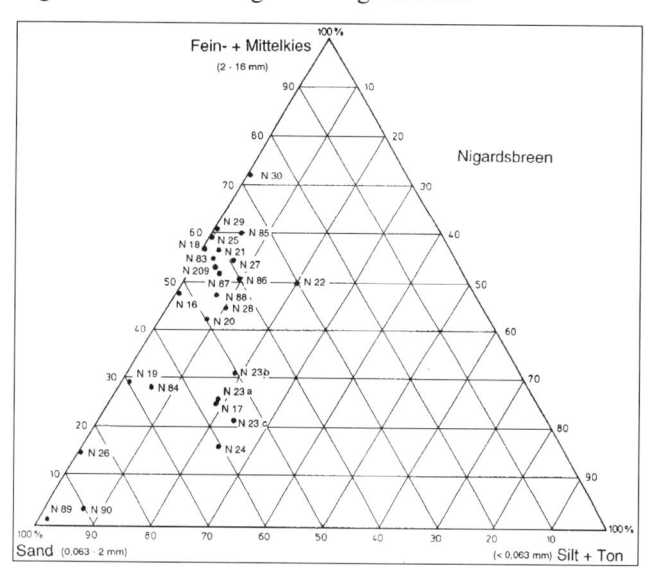

Unter den zahlreichen Endmoränen des Vorfelds ist M-NIG 15 (l) besonders markant. Sie ist mit bis zu 12 m Höhe über dem Niveau des Vorfelds die mächtigste Endmoräne (s. Abb. 136). Sie ist v.a. nordöstlich des Schmelzwasserstroms ausgebildet und besitzt auf beiden Vorfeldseiten korrespondierende Laterofrontalmoränen (M-NIG L 15 (r),(l); s. Fig. 173). Die proximale Moränenflanke ist mit 18 - 20 ° geringfügig flacher als die distale Flanke (24 - 26°), womit der Moränenkamm leicht asymmetrisch ist. Ihr geschwungener Kammverlauf zeichnet den

Abb. 135 - Komplexer Kammbereich von M-NIG 1; Blick nach S (Aufnahme: 06.08.1994)

Abb. 136: M-NIG 15 (l) als mächtigste Endmoräne am Nigardsbreen (Aufnahme: 07.08.1992)

ehemaligen Eisrand nach. Dem eigentlichen Moränenkamm ist distal ein kleiner zweiter Kamm vorgelagert, proximal befindet sich eine Akkumulation relativ feinmaterialreichen glazifluvialen Sediments (N 19), Zeugnis einer kurzzeitigen Blockade des Schmelzwasserabflusses im unmittelbaren Anschluß an die Moränengenese. Auf den Moränenflanken befinden sich vereinzelte Depressionen, die als Sölle entstanden sein könnten. In einer dieser Depressionen laufen proximal einige kleine Oser im 90° Winkel auf den Moränenkamm zu. Sie verflachen zum Moränenkamm und lösen sich distal in einzelne, diffuse Hügel auf.

ANDERSEN & SOLLID (1971) betonen, daß die Oser keine Beziehung zu den Drainagestrukturen des Vorfelds besitzen. Sie erklären dies mit o.e. kurzzeitiger Blockade der normalen Drainage durch den Endmoränenwall.

Die Bildungszeit der Moräne konnte durch historische Beobachtungen exakt auf 1873 datiert werden (REKSTAD 1904, ANDERSEN & SOLLID 1971), was auch entsprechende historische Photographien deutlich machen. Abb. 12 und Abb. 137 (beide 1872 oder 1873 entstanden), zeigen M-NIG 15 im unmittelbaren Bildungsstadium direkt vor der Gletscherfront, während sich 1890 die Gletscherfront schon einige Distanz hinter M-NIG 15 zurückgezogen hatte (s.a. Abb. 33). ANDERSEN & SOLLID sprechen diese Moräne nicht als Stauchendmoräne an. Sie betonen die unterschiedliche Sedimentologie innerhalb des Moränenrückens (vgl. N 19,20), da sowohl typisches Moränenmaterial, als auch glazifluvialgenetischer, sandiger Kies bzw. feinmaterialreiches glazifluviales Sediment auftritt. ANDERSEN & SOLLID bezeichnen die Wirksamkeit reiner Aufstauchung proglazialen Materials (Aufstauchung sensu stricto; „bulldoozing") als gering, sprechen dagegen Scherungsflächen die entscheidende Beteiligung an der Moränenbildung zu. Nach ANDERSEN & SOLLID entstand M-NIG 15 v.a. durch Anfrieren größerer Lockermateri-

Abb. 137: Gletscherzunge des Nigardsbre mit im Aufbau befindlicher M-NIG 15 (l) (Aufnahme: ca. 1872/73) - K.KNUDSEN [1040], Bildsamlinga Universitetsbiblioteket i Bergen)

alkomplexe (Moränenmaterial wie glazifluviales Sediment; Grund für den unterschiedlichen Charakter des Sediments der Moräne) an der Gletscherbasis bei anschließendem Transport mittels frontalmarginaler Scherungsflächen und Ablagerung v.a. durch passives *dumping*. Durch den aktiven Transport an Scherungsflächen sowie die partielle Aufstauchung entspricht diese Endmoräne nach ANDERSEN & SOLLID der Bildung durch einen aktiven Gletscher, da das Auftreten der Scherungsflächen an einen (erwiesenen) kurzen Wiedervorstoß geknüpft sein soll. Ähnliche Überlegungen stellt auch FÆGRI (1934a) an, der u.a. auf entsprechende Beobachtungen zu Beginn der 1930er Jahre hinweist, als sich durch das Austauen subglazialen Debris an Scherungsflächen eine Eiskern-Endmoräne an der Gletscherfront bildete, die bei 45° Neigung ständiger Umlagerung ausgesetzt war (ohne starke Beteiligung von Aufstauchungsprozessen; pers.Mittlg. K.Fægri). Auch REKSTAD (1904) weist auf das Auftreten von Scherungsflächen an der Gletscherfront des Nigardsbre hin (s. Abb. 138 mit an Scherungsflächen austauenden Debris am südwestlichen Gletscherrand 1899). 1907 befand sich am nordöstlichen Gletscherrand sogar eine größere supraglaziale Medialmoräne, aufgrund fehlender Möglichkeit supraglazialen Debriszutrags vermutlich ebenfalls an Scherungsflächen in lateral-marginaler Position geknüpft (s. Abb. 33).

Die historischen Beobachtungen zeigen zusammen mit der Sedimentologie deutlich, daß Scherungsflächen bei der Genese von M-NIG 15 eine entscheidende Rolle gespielt haben müssen. Ein reiner Aufstauchungsprozeß sensu stricto (*bulldoozing*) scheidet aus, auch aufgrund der Morphologie, denn bei ähnlicher Sedimentologie anderer Endmoränen und deren Bildung während (belegter) vergleichbarer Vorstöße fällt es schwer zu erklären, warum sich gerade M-NIG 15 (l) durch ihre Mächtigkeit markant unter den zahlreichen subsequenten Endmoränen hervorhebt. Ein Aufstauchungsprozeß sensu stricto sollte nämlich nicht nur zu den sedimentologischen Eigenschaften des Materials, sondern auch mit der Glazialdynamik des vorstoßenden Gletschers in relativ engem bezug stehen. Ähnlich lange bzw. gleichstarke Vorstöße müßten bei gleicher Sedimentologie und gleichem Ausgangsrelief (sowie fehlender postsedimentärer Überformung) ähnlich mächtige Moränenrücken erzeugen, was im Falle des Nigardsbre nicht zutrifft. Der Verfasser teilt daher die Ansicht von ANDERSEN & SOLLID (1971), das Aufstauchungsprozesse sensu stricto nur eine untergeordnete Rolle gespielt haben können.

Ganz davon abgesehen, daß der Verfasser einige Unsicherheiten im Begriff „Stauchendmoräne" sieht (da unterschiedliche Prozesse in der Literatur unter dem Begriff „Aufstauchung" (*pushing*) zusammengefaßt werden und dieser, wenn überhaupt, nur sensu lato gebraucht werden sollte), könnte gerade das Auftreten von Scherungsflächen die unterschiedliche Mächtigkeit der Endmoränen erklären (wie im übrigen auch die Beobachtung von Toteis in einer aktuell gebildeten Endmoräne (FÆGRI 1934a), denn Toteis wird v.a. an Scherungsflächen vom aktiven Gletscher abgetrennt). Historische Berichte und die Abwesenheit von bedeutenden subsequenten Endmoränen distal zu M-NIG 15 (l) lassen vermuten, daß dem M-NIG 15 aufbauenden

Abb. 138: Scherungsfläche mit ausschmelzendem englazialen Debris subglazialen Ursprungs (Aufnahme: 09.09.1899 - J.REKSTAD, Fotoarkiv NGU Trondheim [C30.137])

Wiedervorstoß eine längere Rückzugsphase vorausging, geprägt durch starke glazifluviale Akkumulation an der Gletscherfront infolge verstärkten Schmelzwasseranfalls bei relativ flacher, spaltenloser Gletscherzunge. Speziell bei geringer Mächtigkeit der Gletscherzunge kann durch das Eindringen von Winterfrost subglaziales Lockermaterial an der Gletscherbasis anfrieren, analog zur Bildung annueller Moränen am Blåisen (Hardangerjøkulen - ANDERSEN & SOLLID 1971; eigene Beobachtungen des Verfassers 1988-1990). Im Zuge des Wiedervorstoßes könnten dann durch gesteigerte Eisgeschwindigkeit, Volumenvergrößerung bzw. gesteigerte Friktion am Gletscherbett Scherungsflächen aufgetreten sein, an denen die angefrorenen Sedimentkomplexe an die Gletscherfront transportiert worden wären. Starke Wassersättigung des v.a. glazifluvialen Sediments würde die Mächtigkeit der Moräne zusätzlich durch leichteres Anfrieren an die Gletscherbasis begünstigt haben. Die leicht steilere distale Moränenflanke steht dieser genetischen Theorie nicht entgegen, spräche evtl. für ein untergeordnetes Auftreten von Aufstauchungsprozessen sensu stricto (Aufpressen wassergesättigsten Materials an der Gletscherfront sensu PRICE (1970) erscheint ebenfalls möglich). Die Theorie zur Moränengenese läßt sich im übrigen auch auf andere Gletscher anwenden (vgl. 8; s.a. Beispiel Styggedalsbreen).

Die hohe Anzahl der Endmoränen im Vorfeld des Nigardsbre in Verbindung mit den historischen Berichten über Wiedervorstöße im 19.Jahrhundert bzw. den Gletscherfrontmessungen im 20.Jahrhundert können nur durch das Auftreten von starken Wintervorstößen erklärt werden, die wie mehrjährige Wiedervorstöße zu einer Endmoränengenese führen können. So berichtet z.B. FÆGRI (1934a) von einem 0,5 m hohen, im Winter 1928/29 aufgebauten kleinen Moränenrücken. An der aktuellen Gletscherfront konnte der Verfasser eine im Winter 1993/1994 aufgebaute, knapp 1 m hohe Endmoräne beobachten (s.u.). Ferner legen die Ergebnisse der monatlichen Gletscherfrontmessungen in den 1930er Jahren (FÆGRI 1948; pers.Mittlg. K.Fægri) das Auftreten von Wintervorstößen nahe, selbst wenn im konkreten Fall aufgrund der hohen Rückzugsbeträge in den 1930er und 1940er Jahren im Winter lediglich die Rückzugsraten gegen Null tendierten, aber keine Vorstöße auftraten. Die Komplexität einzelner Endmoränenkomplexe (z.B. M-NIG 21) kann ebenfalls auf Wintervorstöße zurückgeführt werden, die wegen des hohen Massenumsatzes am Nigardsbreen wie den anderen Jostedalsbreen-Outletgletschern als typisch für Westnorwegen zu bezeichnen sind und großen Anteil an der typischen Ausgestaltung der Gletschervorfelder mit ihren zahlreichen End-, Laterofrontal- und Lateralmoränenstaffeln haben.

Lateral- und Laterofrontalmoränenzüge sind im äußeren Gletschervorfeld zumeist gut und deutlich, stellenweise aber auch nur fragmentarisch ausgebildet (s. Fig. 173). Im Gegensatz zum Moränenmaterial der Endmoränen des zentralen Gletschervorfelds (z.B. N 16,17,21,22) ist das Moränenmaterial der Lateralmoränen feinmaterialärmer (z.B. M-NIG L 8,2 (l): N 27; M-NIG L 10 (l): N 29, 30; generell hoher Md- bei niedrigem So-Wert). Abschnittsweise sind die Lateralmoränen nur als feinmaterialfreie Blockrücken ausgebildet, wie man sie auch an zahlreichen anderen Outletgletschern des Jostedalsbre findet (z.B. Bergsetbreen, Bødalsbreen, Fåbergstølsbreen). Die groben Blöcke sind meist stark zugerundet bzw. subgerundet. Der Anteil angularer Blöcke nimmt zu den äußeren, älteren Lateralmoränenrücken hin signifikant zu. Nur ein Teil der Blöcke dürfte dabei allerdings postsedimentär von den Talhängen ins Gletschervorfeld gestürzten Hangschutt darstellen. Vielmehr ist primär an ein verstärktes Aufstauchen von Hangschutt bzw. begrenztes Auftreten supraglazialen Moränenmaterials zu denken. In den vereinzelt auftretenden feinmaterialreicheren Abschnitten zeigt das Moränenmaterial der Lateralmoränen auch eine Kombination hoher Md- und So-Werte (N 28), ein typisches Kennzeichen Moränenmaterials ohne größere syn- und postsedimentäre glazifluviale Überformung. Nicht zuletzt die Lage der Sanderflächen macht es wahrscheinlich, daß lateral-marginal die glazifluvialen Prozesse in ihrer flächenhaften Wirkung generell geringer als im zentralen Vorfeld waren, selbst wenn man die Existenz blockiger Lateralmoränenabschnitte teilweise u.a. glazifluvialer Auswaschung von Feinmaterial zuschreiben muß. Die Neigung des Kamms der Lateralmoränen beträgt durchschnittlich 4 - 5°, die der proximalen Flanken 28 - 30°, eine dichte Staffelung mit Aufgliederung in mehrkämmige Lateralmoränenkomplexe ist charakteristisch. Sie stellen Zeugen stärkerer lateraler Gletscherfrontänderungen dar und repräsentieren, analog zu den Endmoränen, o.e. sukzessive Wieder- und Wintervorstöße.

Die Lateralmoränen des äußeren Vorfelds des Nigardsbre können als Lateralmoränen westnorwegischen Typs angesprochen werden, zumal Zurundungsmessungen (M-NIG L 8,2 (l) mit NR 3: i = 249, Streuung der Einzelwerte 54 - 608; M-NIG L 9 (l) mit NR 4: i = 281, Streuung der Einzelwerte 90 - 879) verhältnismäßig hohe durchschnittliche Zurundungsindizes bei breiter Streuung der Werte zeigen. Ein dominierendes *dumping* supraglazialen Moränenmaterials ist daher auszuschließen, selbst wenn eine gewissen Beteiligung durch das Auftreten supraglazialen Debris (auf historischen Photos zu erkennen) anzunehmen ist, wie im übrigen eine Verlagerung von Hangschutt/präborealem Moränenmaterial von den Talflanken. Der überwiegende Anteil des Moränenmaterials muß aber subglazialen Ursprungs sein, z.T. glazifluvial überprägt. Der verglichen mit den subsequenten Endmoränen geringere glazifluviale Einfluß zeigt sich auch sedimentologisch, da im zentralen Vorfeld bei der Moränengenese vielfach glazifluviales Sediment bzw. glazifluvial überprägtes Moränenmaterial aufgestaucht wurde (M-NIG 14 (l) mit NR 2: i = 458, Streuung der Einzelwerte 154 - 804), so daß die Zurundungsindizes deutlich höher als an den Lateralmoränen liegen.

Während der Rückzugsphase über das Nigardsvatn konnten sich aus glazialdynamischen Gründen (Ausbildung einer Kalbungsfront), aufgrund der Schwankungschronologie (sehr starke Rückzugswerte mit vermutlich fehlenden oder unbedeutenden Wintervorstößen) bzw. des Reliefs/Gletscheruntergrunds (Seeufer besonders an der südwestlichen Seite bzw. im inneren nordwestlichen Ufer fast ausschließlich aus Festgestein bestehend) keine bedeutenden Endmoränen ausbilden. Gleiches gilt für die Festgesteinspartie, auf der der Nigardsbre aktuell endet. Mit Ausnahme vereinzelter aktueller Formen fehlt in diesem Areal jegliche Lockermaterialdecke. Neben glazifluvialer Erosion evtl. abgelagerten Materials ist dies ein weiterer Beleg dafür, daß sich auf ausgedehnten Festgesteinsarealen, d.h. bei fehlender präexistenter Lockermaterialdecke im Vorfeld, keine bedeutenden Moränenformen bilden können. Dadurch findet die Überlegung, daß Endmoränen an alpinen Hochgebirgsgletschern generell fast ausschließlich Stauchendmoränen (z.T. unter Beteiligung differenter Prozesse in Beziehung zu Scherungsflächen) entsprechen, weitere Bestätigung, selbst wenn bei passiver Ablagerung von Satzendmoränen ein Ferntransport von Material nicht a priori ausgeschlossen werden kann, sie also theoretisch auch auf Festgesteinsarealen entstehen könnten. Stauchendmoränen bzw. Moränen gebildet durch mit Scherungsflächen assoziierten Prozessen benötigen im Kontrast dazu aber stets lokale Lockermaterialquellen für die aufzubauende Moräne. Tatsächlich „neu" durch glaziale Erosion produziertes Lockermaterial an der Gletscherbasis wird dagegen häufig direkt vor Beteiligung an einer theoretischen Moränengenese durch das an temperierten Gletschern vorhandene Schmelzwasser abtransportiert (s.u.).

Das Festgesteinsareal zwischen innerem Seeufer und aktueller Gletscherfront (s. Abb. 134,139) zeigt wie entsprechende Areale am nördlichen und südwestlichen Seeufer bzw. im südwestlichen äußeren Vorfeld im Gletschervorfeld starke glazialerosive und glazifluviale Überformung mit resultierenden Mikro- und Mesoformen. Während als Mikroformen neben Gletscherschrammen auch Parabelrisse (s. Abb. 140), Sichelbrüche (normal und invers) bzw. komplexere glazialerosive Mikroformen zu nennen sind (s. Fig. 176); weist das Formenin-

Abb. 139: Gletscherzunge des Nigardsbre (Aufnahme: 18.08.1995)

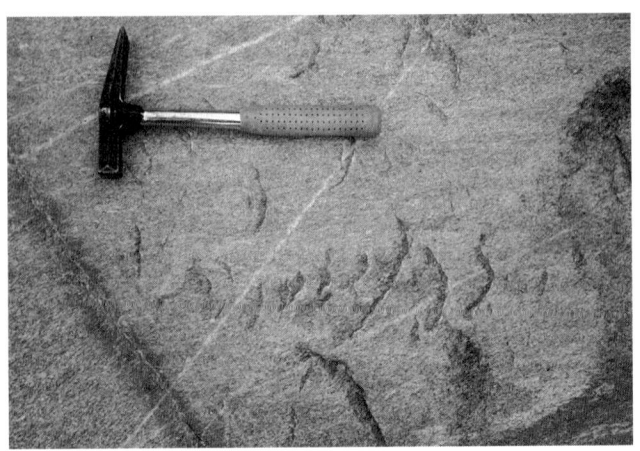

Abb. 140: Parabelrisse auf dem Festgesteinsareal vor der aktuellen Gletscherzunge; Eisabfluß parallel zum Hammerstiel nach rechts (Aufnahme: 03.08.1994)

ventar der Mesoformen neben Rundhöckern, Felsdrumlins (*rock drumlins*) auch glazifluvialgenetische Bildungen wie *plastic sculptured rock surfaces* bzw. Kolke auf (s.a. ANDERSEN & SOLLID 1971, SOLLID 1980 b; s. Abb. 21). Die glazialerosiven Mesoformen (Rundhöcker bzw. Felsdrumlins) werden dabei in ihrer Ausbildung durch die petrographischen/tektonischen Eigenschaften des anstehenden Gneises stark beeinflußt (s. Fig. 177), wie im übrigen auch eine geringfügige selektive glaziale Erosion im Festgesteinsareal vor der Zunge festzustellen ist, d.h. innerhalb der abgeschliffenen Rundhöcker-

bzw. Felsdrumlinbereiche trotz gemeinsamer glazialerosiv gestalteter glatter Gesteinsoberfläche Quarzadern bzw. Gänge feinkörnigerer bzw. gröbkörnigerer Mineralzusammensetzung geringfügig über die umgebenden Gesteinsflächen herauspräpariert bzw. verstärkt ausgeschürft sind (im mm - cm-Maßstab). Ob sich in einem Festgesteinsareal bei Überfahrung durch einen Gletscher Rundhöcker mit flacher, stromlinienförmiger Stoß- und steiler, fragmentierter (*plucked*) Leeseite oder komplementäre Felsdrumlins mit steiler (z.T. ebenfalls fragmentierter) Stoßseite und flacher, stromlinienförmiger Leeseite ausbilden, hängt maßgeblich von der Klüftung des Gesteins bzw. vorliegenden Verwerfungen zusammen, wofür das Festgesteinsareal vor der Gletscherzunge ein gutes Beispiel liefert. Anstelle der in anderen Gletschervorfeldern (z.B Brigsdalsbreen etc.) vorliegenden Rundhöcker bzw. rundhöckerähnlichen Mesoformen treten im angesprochenen Areal fast ausschließlich Felsdrumlins auf. Ursache hierfür ist die Gesteinsklüftung. Die schräg talabwärts einfallende Klüftung begünstigt insbesondere die Ausbildung der flachen, stromlinienförmigen Leeseiten, die in ihrer Orientierung in etwa die Kluftflächen repräsentieren, während die Ansatzpunkte der Felsdrumlins, steil und oft analog zu den Leeseiten von Rundhöckern durch *plucking*-Prozesse fragmentiert, an den Ausbissen kleinerer, klüftungsparalleler Verwerfungen orientiert sind (s. ähnliche Formen am Fåbergstølsbreen). Analog dazu muß man sich theoretisch die Genese von Rundhöckern durch eine schräg zum Gletscher einfallende Gesteinsklüftung begünstigt vorstellen, wobei auch hier die stromlinienförmige Seite (im Falle der Rundhöcker die Stoßseite), sich partiell an den Klüftungsflächen orientiert. Petrographischer Einfluß zeigt sich im übrigen auch bei der Ausbildung glazialerosiver Mikroformen, die an der Gesteinstextur, Faltungsstrukturen bzw. mineralogi-

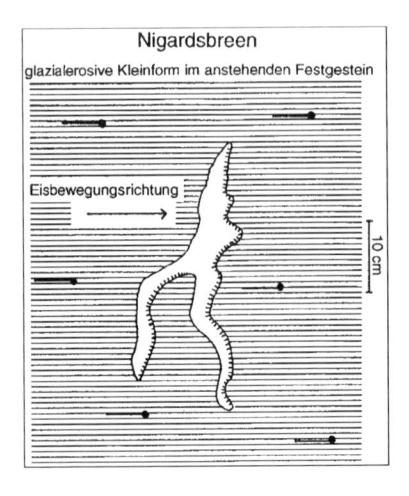

Fig. 176: Schematische Darstellung des Grundrisses einer glazialerosiven Kleinform auf der Festgesteinspartie vor der aktuellen Gletscherzunge des Nigardsbre

schen Inhomogenitätszonen orientiert sind. Einige dieser komplexen, 15 bis 300 cm langen, transversal zum Gletscherfluß orientierten Kleinformen mit talwärtiger, scharfer und bis zu 6 - 7 cm hoher Kante treten gehäuft in Abständen von 20 bis 50 cm auf (s. Fig. 176). Da ihre Anlage z.T. rhythmische Anordnung zeigt, scheiden einzelne Gesteinsblöcke als Ursachen für deren Genese aus. Der Grundriß legt eine Orientierung an petrographischen oder tektonischen Strukturen des granitoiden Gneises nahe, v.a. bei an Druckunterschiede der Gletscherbasis bzw. Friktionsprozesse geknüpften Erosionsprozessen.

Fig. 177: Schematische Darstellung der Beziehung zwischen Kluftmuster und bevorzugter Genese von Felsdrumlins respektive Rundhöckern

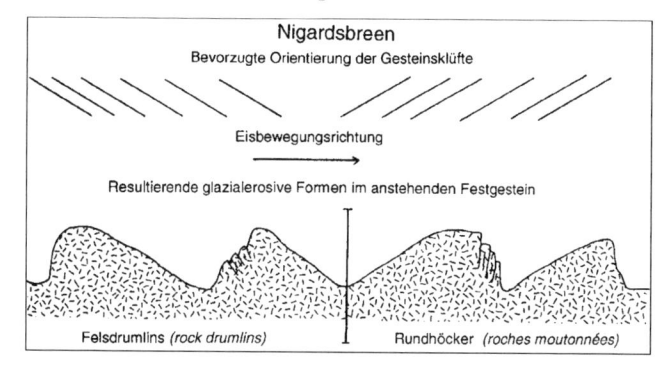

Ein brauner Überzug ist auf dem Festgesteinsareal nahe der aktuellen Gletscherzunge festzustellen, der in Leebereichen von Festgesteinshöckern auftritt, gegenüber Mikro-Geländestufen eine deutliche Grenze aufweist und sich talabwärts diffus auflöst (s. ANDERSEN & SOLLID 1971). Diese auch am Fåbergstølsbreen auftretenden Überzüge (s.o.) sind nach ANDERSEN & SOLLID subglazialer Genese, was u.a. das Abnehmen der Intensität bzw. sein Verschwinden talabwärts erklären würde. Der braune Überzug, der sich grundlegend von den chemischen Verwitterungsformen im Rofental unterscheidet, wird von ANDERSEN & SOLLID als aus Eisen- und Manganoxiden/-hydroxiden sich zusammensetzend beschrieben.

Aktuell befindet sich der Nigardsbre nach einer kurzen Stationärphase im Vorstoß, was nicht zuletzt der Versturz von Eisblöcken an der tief in Spalten zerlegten Gletscherzunge deutlich macht. Weitere Anzeichen für einen bevorstehenden größeren Vorstoß ist die deutliche Aufwölbung der unteren Gletscherzunge bzw. die starke Zunahme der Oberflächengeschwindigkeit im Zungenbereich (pers.Mittlg. Jostedalen Breførarlag,J.Lærum). Aufgrund der Lage der Gletscherzunge auf o.e. Festgesteinsareal beschränkt sich das Auftreten von Moränenmaterial bzw. glazifluvialem Sediment im marginalen Zungenbereich auf einige Abschnitte. Das Moränenmaterial an der Gletscherzunge (subglazial: N 85; frontal-marginal abgelagert: N 84; an der Gletscherfront als Wintermoräne aufgetaucht: N 83,86; lateral-marginal: N 87,88; supraglazial an Scherungsflächen austauend: N 209) zeigt zumeist glazifluviale Überprägung, d.h. ist an Feinmaterial verarmt (vgl. Ausführungen zum Sedimenttransport des Gletscherflusses). Das Moränenmaterial an der Gletscherzunge ist als *subglacial melt-out till* zu klassifizieren, wobei aus der Gletscherbasis ausschmelzender Debris nach der Ablagerung auf den glazialerosiv überformten Festgesteinspartien bereits subglazial einige Meter vor der eigentlichen Gletscherfront durch das Schmelzwasser erodiert wird (eigene Beobachtungen des Verfassers). So kann überhaupt nur in Depressionen des Festgesteins Moränenmaterial erwähnenswerter Mächtigkeit ablagert werden, ohne daß es sofort wieder erodiert wird. Daher fanden sich im Sommer 1992, 1993 und 1994 jeweils nur maximal 5 - 50 cm hohe Wintermoränen in bis zu 10 m Entfernung von der Gletscherzunge (N 86). An der nordöstlichen Zunge konnte der Verfasser im Sommer 1994 allerdings eine wenige Meter hohe Wintermoräne untersuchen, die in einem Bereich mit präexistenter Lockermaterialauflage aufgetaucht worden war (s. Abb. 141). Die distale Moränenflanke ist deutlich steiler und das Material des Moränenrückens, z.T. glazifluviales Sediment, ist äußerst inkompakt. Am Eisrand zeigt sich im übrigen kaum subglazialer Debris. Ein Block innerhalb der Wintermoräne zeigt an der Unterseite Flechten von bis zu 6 mm Thallidurchmesser, was die Theorie einer Aufstauchung während eines Wintervorstoßes eindeutig

Abb. 141: Aktuelle Winterstauchendmoräne an der nordöstlichen Gletscherzunge des Nigardsbre (Aufnahme: 03.08.1994)

belegt (da die Zunge in diesem Abschnitt völlig frei von supraglazialem Debris ist, der einzig möglichen genetischen Alternative). Einen aktuellen Vorstoß belegen u.a. unmittelbar distal von o.e. Wintermoräne teilweise überfahrene (maximal 50 cm hohe) vereinzelte Weiden- und Birkensträucher.

Eine 1992 an der südwestlichen Gletscherzunge aufgebaute kleine Laterofrontalmoräne (N 87 als vorwiegend subglaziales, an Scherungsflächen transportiertes Material; vgl.a. N 88 in unmittelbarer Nähe) wurde im Zuge des Vorstoßes 1993 bereits partiell wieder überfahren und entzog sich 1994 durch ein mächtiges lateral-marginales Schneefeld weiterer Beobachtung. Diese Moräne ist als Analogon zu den frontalen Wintermoränen aufzufassen, wobei ähnliches, an Scherungsflächen an der Gletscheroberfläche bzw. den Gletscherrand transportiertes, subglaziales Moränenmaterial auch an der Gletscherstirn auftritt (N 209). Es ist überflüssig zu erwähnen, daß in Depressionen auch Sedimentation glazifluvialen Sediments stattfindet (N 89).

Am Nigardsbreen werden seit fast 3 Dekaden Untersuchungen zum Sedimenttransport des Gletscherflusses unternommen (vgl. ØSTREM & KARLÉN 1963, HAAKENSEN 1975 ff., ØSTREM 1975, KJELDSEN 1977 ff., BOGEN 1983, 1989 etc.). 30 bis 50 % des glazifluvial transportierten Materials werden dabei als Grundfracht (*bedload*) transportiert und zumeist im Bereich des sich sukzessive in das Nigardsvatn vorschiebenden Deltas abgelagert (s.a. N 90). Im Nigardsvatnet wurden annuelle Warven festgestellt, bestehend als feineren Winterschichten höheren Glimmeranteils und mächtigeren Sommerschichten mit dominierenden Quarzbestandteilen. 70 % des als Suspensionsfracht transportierten Sediments wird im Becken des Nigardsvatn abgelagert, insgesamt 85 % der gesamten glazifluvialen Sedimentfracht von durchschnittlich 22810 t/a (Sedimentaustrag 225 - 675 t/km^2 Gletscherfläche pro Jahr in der Periode 1968 - 1978; KJELDSEN 1980). Bei durchschnittlich 16 mm Sedimentauffüllung des Sees im Jahr wird das Nigardsvatn in ca. 500 Jahren gänzlich aufgefüllt sein und dann, ähnlich Fåbergstølsgrandane (s.u.), einen großen aktiven Sander bilden.

Im Querschnitt des Schmelzwasserstroms wurde eine unregelmäßige Verteilung der Suspensions-Sedimentfracht festgestellt, wobei nahe des Gerrinebodens die Suspensionsfracht ansteigt. Durch den an Schmelzwasserbächen häufig auftretenden turbulenten Fließmodus ist aufgrund methodischer Probleme der Meßtechnik die Aussagekraft o.e. Messungen aber als partiell limitiert anzusehen. Gesichert kann man dagegen davon ausgehen, daß Sediment- bzw. Suspensionsfracht von Wasserführung und Abflußgeschwindigkeit generell abhängig sind und folglich entsprechend dem Abfluß tageszeitlichen und saisonalen Schwankungen unterliegen. Die Schwankungen verlaufen aber nicht parallel, da die Sedimenttransportraten von bestimmten Schwellenwerten abhängen, bei deren Überschreitung große Mengen Sediments transportiert werden und typische Spitzen des Sedimenttransports auftreten (vgl. LIESTØL 1989). Festzuhalten bleibt ferner, daß die Spitze des Abflusses stets etwas hinter der Spitze der Sedimentfracht auftritt. Die Quantität der Sedimentfracht ist von verschiedenen Prozessen abhängig, z.B. der Erosionsleistung des Gletschers, der Beschaffenheit des Gletscherbetts, des anstehenden Festgesteins (s.u. Beispiel Erdalsbreen etc.). Bei einer Messung der Grundfracht wurden am Nigardsbreen binnen drei

Wochen 400 t Grundfracht (> 20 mm Korndurchmesser) und 1200 t Suspensionsfracht registriert. Trotz nur bedingter Aussagekraft des Experiments (durch technisch bedingte Beeinflussungen der Abflußgeschwindigkeit etc.) kann nach ØSTREM (1975) davon ausgegangen werden, daß ca. 30 bis 50 % des Gesamttransports an Sediment des Gletscherflusses Korngrößen von über 1 mm aufweist, das Maximum der Grundfracht Korngrößen von 40 bis 100 mm besitzt. Insgesamt variierte der Gehalt an Sediment pro Liter Schmelzwasser zwischen wenigen mg und 12 g. Diese Messungen zeigen eindrucksvoll, daß die festgestellte Feinmaterialarmut vieler Moränenmaterialproben aus westnorwegischen Gletschervorfeldern nicht primär (d.h. petrographisch oder glazialdynamisch-erosiv) bedingt ist, sondern v.a. durch effektive syn- und postsedimentäre glazifluviale Auswaschung von Feinmaterial verursacht wurde. Der hohe Massenumsatz dieser Gletscher (erheblich größere Quantitäten anfallenden Schmelzwassers pro Gletscherflächeneinheit verglichen mit den Ostalpen) ist dabei neben sommerlichen Niederschlägen (vgl. FAUGLI 1987) entscheidend für die starken glazifluvialen Erosions- und Akkumulationsprozesse in den Gletschervorfeldern. Damit stellt der Nigardsbre ein gutes Beispiel für zwei typische Merkmale westnorwegischer Gletschervorfelder dar: ausgedehnte Sanderflächen und andere Zeugnisse glazifluvialer Aktivität neben zahlreichen subsequenten End-/Latrofrontal- und Lateralmoränen. Beide Merkmale lassen sich dabei zumindest teilweise ursächlich direkt auf die glaziologischen Eigenschaften (hohe Massenumsätze bzw. verstärktes Auftreten von Wintervorstößen) zurückführen.

7.4.6 Lodalsbreen

Der Lodalsbre ist einer der längsten Outletgletscher des Jostedalsbre, wobei die aktuelle Flächenangabe von 12,18 km^2 (ØSTREM, DALE SELVIG & TANDBERG 1988) seine Größeneinordnung unter den Outletgletschern (s. Tab. 2) verzerrt widerspiegelt, da er sich erst um 1960 von einem bedeutenden Gletscherarm als Zufluß getrennt hat, welcher allein eine Fläche von 11,56 km^2 aufweist. Somit besaß der Lodalsbre um 1960 noch rd. 25 km^2 Fläche, was bei Beurteilung seiner frührezenten und rezenten Gletscherstandsschwankungschronologie Berücksichtigung finden sollte. Daß sich o.e., von W in das Tal des Lodalsbre (Stordalen) abfließende Gletscherarm erst sehr spät vom eigentlichen Lodalsbreen getrennt hat und während der gesamten frührezenten Gletscherhochstandsphase eine Konfluenz ausgebildet hat, steht außer Frage (es existiert daher kein offizieller Name für den mit der Kennung Jostedalen No.22 versehenen Gletscherarm; REKSTAD (1904) bezeichnet dieser Zufluß als Snehættabreen; vgl. Abb. 142).

Der südöstlich des höchsten Nunataks des Jostedalsbre (Lodalskåpa mit 2083 m) von einem der schmalsten Plateaubereiche abfließende Lodalsbre verfügt trotz starken Rückzugs in diesem Jahrhundert immer noch über eine vergleichsweise lange und deutlich ausgeprägte Gletscherzunge, die aktuell auf ca. 880 m endet. Während des frührezenten Hochstands, dessen Datierung umstritten ist (vgl. 5.3.2), stieß er bis an den vorgelagerten Sander von Fåbergstølsgrandane vor, d.h. seine Gletscherzunge war um rd. 4,5 km länger als heute.

Kennzeichen des Lodalsbre und eine Besonderheit unter den Outletgletschern des Jostedalsbre ist seine bedeutende supraglaziale Medialmoräne (s. Abb. 142). Sie entsteht unterhalb der Konfluenz von Småttene und Strupebreen und muß trotz ihres Ansatzpunkts wenige hundert Meter unterhalb der eigentlichen Konfluenzstelle als *ice-stream interaction model* klassifiziert werden. Sie entsteht durch oberflächliches Austauen konfluierender englazialer lateraler Debrisbänder. Auch während der frührezenten Gletscherhochstandsphase waren supraglaziale Medialmoränen (u.a. auch eine supraglaziale Medialmoräne des *ice-stream interaction model* gebildet durch die Konfluenz mit o.e. westlichem Zufluß) prägend für den Lodalsbre (s.a. GROVE 1988). Historische Photographien von 1899 (REKSTAD 1904) zeigen nahezu die gesamte nördliche Gletscherzunge mit supraglazialem Debris bedeckt, wobei sich neben einer rd. ein Drittel der gesamten Zungenbreite bedeckenden supraglazialen Medialmoräne eine mächtige supraglaziale Lateralmoräne auf der nördlichen Gletscherzunge entdecken läßt. Die durch lateralen Versatz und Ausstreichen englazialer, an Scherungsflächen orientierter Debrisbänder sich zur Gletscher-

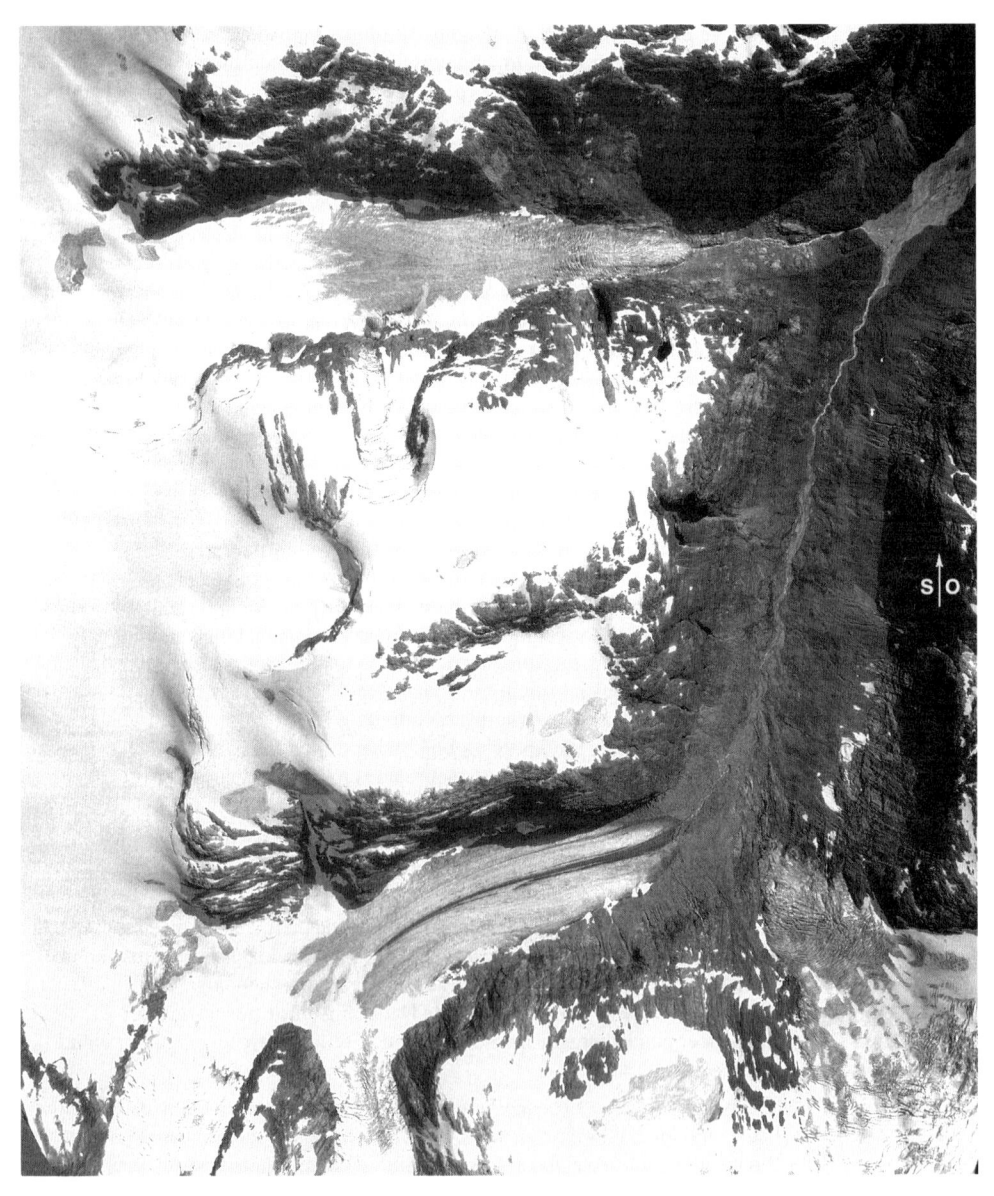

Abb. 142: Vertikalluftbild von Lodalsbreen (links unten), dessen westlichem Zufluß (rechts unten) und Stegholtbreen (oben); Bildoberkante zeigt nach E ! (Aufnahme: 11.08.1984 - © Fjellanger Widerøe AS [8390/18-5/44])

zunge hin verbreiternden Medialmoränen waren im oberen Abschnitt der Gletscherzunge, im Bereich o.e. Konfluenz, noch linear konzentriert und nur einige Meter bis maximal wenige Dekameter breit (s. historische Photographie bei REKSTAD 1904). Auf der südlichen Gletscherzunge war nur eine unbedeutende supraglaziale Lateralmoräne vorhanden.

Neben den supraglazialen Medialmoränen ist besonders das Relief des Stordal für eine untypische Ausprägung des Gletschervorfelds des Lodalsbre verantwortlich. Die steilen Talflanken sind intensiven geomorphologischen Prozessen ausgesetzt. Felsstürze, Schuttmuren und Eis-/Schneelawinen von den überhängenden flachen Gletscherteilen auf den Hochplateaus oberhalb der Talkanten (Raudskarvfjellet und Fåbergstølsnosi) haben ihre Spuren im frührezenten Gletschervorfeld hinterlassen, in dem außer den äußersten End- bzw. Laterofrontalmoränen kaum deutliche Moränenformen auftreten.

Fig. 178: Korngrößensummenkurven Lodalsbreen (N 76,78,81) und Fåbergstølsgrandane (N 38,39,40; vgl. Fig. 167)

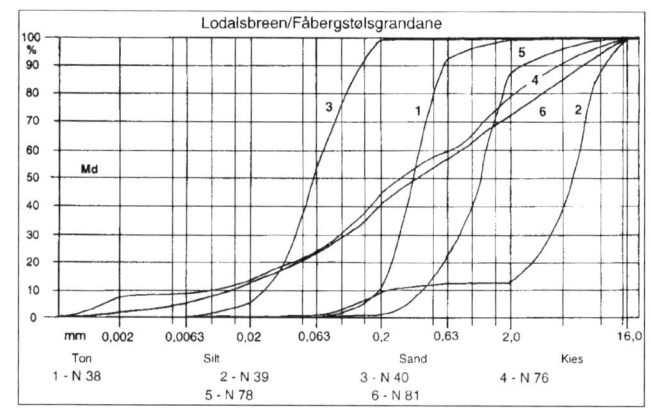

Im Sommer 1992 waren im südlichen Vorfeld Spuren eines größeren Lawinenabgangs, der nur wenige Jahre zurücklag, deutlich zu erkennen. Das Sediment (N 81) macht deutlich, daß es sich um eine Eislawine des die Talkante überhängenden Gletschers gehandelt haben kann, da es die Eigenschaften typischen, glazifluvial nicht überformten Moränenmaterials besitzt.

Die spezielle Hangdynamik in Kombination mit starken glazifluvialen Prozessen im zentralen Bereich des Stordal, spezieller Gletscherstandsschwankungsgeschichte und Auftreten mächtiger supraglazialer Medial- und Lateralmoränen bei nur geringem Gefälle (durchschnittlich 2 - 3°) führt dazu, daß sich weder typische End- oder Lateralmoränen ausbilden, noch evtl. entstandene Formen intensiver postsedimentärer Überformung entziehen konnten. Aufgrund dieser lokalen Besonderheit, die sich in etwa mit den Verhältnissen am Kjenndalsbreen vergleichen lassen, ist auch die lichenometrische Datierung (BICKERTON & MATTHEWS 1993) als nur bedingt aussagekräftig einzustufen. Beeinflussende Faktoren stellen z.B. die Lawinenabgänge (möglicher *snow kill* der Flechten bzw. Verlagerung von Blöcken mit bereits angesiedelten Flechten) und die supraglazialen Moränenformen dar (Möglichkeit der Ansiedlung noch während des Transports). Neben einem Fehlen älterer Fixpunkte und der durch die klimatischen Unterschiede zweifelhaften Anwendung der Datierungskurve des Nigardsbre lassen sich vielfach auch keine eindeutigen Endmoränen ansprechen (einige bei BICKERTON & MATTHEWS kartierte und datierte „Moränen" sind nach Felduntersuchungen des Verfassers nur unsicher, da manche „Endmoräne" nur durch *dumping* supraglazialen Moränen-materials entstanden und der

Abb. 143: Angedeutete „Lateralmoränen" auf einem dominanten Hangschuttkegel im nördlichen Vorfeld des Lodalsbre (Aufnahme: 14.08.1992)

Einfluß postsedimentärer Überformung zu beachten ist). Lediglich die äußerste End-/Laterofrontalmoräne (M-LOD 1/M-LOD L 1) ist als relativ zusammenhängender Moränenkranz ausgebildet. Die anderen Endmoränenrücken sind allesamt fragmentarisch und kaum auf beiden Seiten des Vorfelds korrespondierend ausgebildet. Dies unterstützt die Vermutung, daß manche Endmoräne nur eine Bergsturzmoräne (supraglazial transportierter und durch *dumping* abgelagerter Hangschutt) oder aufgestauchten supraglazialen Debris darstellt. An der Stimmigkeit der lichenometrischen Datierungen der Endmoränen des Lodalsbre und ihrer Interpretation (Hochstand um 1826) müssen daher Zweifel angebracht werden (pers.Mittlg. K.Fægri,L.Erikstad).

Spuren lateraler glazialer Formungsprozesse, angedeutete Lateralmoränen bzw. laterale Schmelzwasserkanäle, treten abschnittsweise auf. An der nördlichen Talseite wurde ein großer Schuttfächer glazial überformt und eine Serie angedeuteter Lateralmoränen (bestehend aus abgedrängtem bzw. aufgestauchtem Hangschutt und durch *dumping* abgelagerten supraglazialen Debris der supraglazialen Lateralmoräne; s. Abb. 143) gebildet. Auch auf der südlichen Talseite sind abschnittsweise Lateralmoränen und laterale Erosionskanten im Hangschutt ausgebildet. Durch die starken Hangerosionsprozesse fehlen generell alle lateralen Formenelemente unterhalb großer Hangrunsen. Im aktuell vom Lodalsbreen eingenommenen oberen Talabschnitt ist lateral am östlichen Gletscherrand Moränenmaterial in Wechsellagerung mit Hangschutt vorhanden, jedoch keine Lateralmoräne, sondern eine laterale Erosionskante. Das Lockermaterial ist durch Hangerosion stark zerrunst. Eine gut ausgebildete Lateralmoräne besitzt o.e. westlicher Zufluß an seiner nördlichen Flanke, an der südlichen Flanke eine laterofrontale Moräne (N 76). Die supraglaziale Medialmoräne des Lodalsbre ist besonders im Luftbild klar als Spur im Gletschervorfeld zu erkennen (s. Abb. 142), formt aber keine Eiskernmoräne im Vorfeld. Das Moränenmaterial des Gletschervorfelds zeigt z.T. starke glazifluviale Überformung (N 77,79,80), das Vorfeld selber wird von zahlreichen glazifluvialen Rinnen intensiv gegliedert (N 78).

Lodalsbreen und benachbartem Stegholtbreen (s.u.) vorgelagert ist der größte aktive Sander in Westnorwegen, Fåbergstølsgrandane. Dieser Sander ist ca. 4 km lang, maximal knapp 1 km breit und unterliegt permanenter Überformung durch die Schmelzwasserströme der Gletscher. Das typische Sedimentationsmilieu des Sanders führt zu einer wirkungsvollen Sortierung des abgelagerten glazifluvialen Materials in Abhängigkeit von Fließgeschwindigkeit, Sedimenttransportrate, Wasserführung, Gerinnemorphologie u.a. hydrodynamischer Faktoren (N 38,39,40; s. Fig. 220,252; vgl. FAUGLI 1987, FAUGLI,LUND & RYE 1991). Besonders auf N 40 sei hingewiesen, denn in weiten Bereichen des Sanders wird das Feinmaterial abgelagert, an dem das typische Moränenmaterial der Outletgletscher des Jostedalsbre verarmt ist.

7.4.7 Stegholtbreen

Der Stegholtbre ist in Datierung des frührezenten Hochstands umstritten (vgl. REKSTAD 1904, GROVE 1988, BICKERTON & MATTHEWS 1993). Lichenometrische Befunde für ein frührezentes Maximum in der 2.Hälfte des 19.Jahrunderts (BICKERTON & MATTHEWS 1993) stehen mit der auffälligen Parallelität der Gletscherstandsschwankungen mit dem Fåbergstølsbre während des 20.Jahrhunderts in krassem Widerspruch, denn in bezug auf das frührezente Maximum wäre die Gletscherreaktion dann erheblich different abgelaufen. Selbst wenn der vom nordöstlichen Gletscherplateau des Jostedalsbre direkt nach Süden ins Trangedalen abfließende Stegholtbre (s. Abb. 40,231) als glaziologische Besonderheit eine enorme Eismächtigkeit seiner Gletscherzunge aufzuweisen hat (pers.Mittlg. J.Bogen), muß gerade aus methodischen Gründen Zweifel an dieser lichenometrischen Datierung geübt werden (pers.Mittlg. K.Fægri,L.Erikstad). Ferner stehen historische Berichte (REKSTAD 1904) dieser Datierung entgegen. Andererseits ist die von BICKERTON & MATTHEWS (1993) angeführte auffällige Grenze des dichten Birkenwalds zum frührezenten Vorfeld in Gelände wie Luftbild signifikant und an kaum einem anderen Outletgletscher derart deutlich ausgeprägt. Dies spräche für ein relativ spätes frührezentes Maximum, ebenso die auch von REKSTAD betonte geringe Distanz zur äußersten Moräne (M-STE 1 (r)). Andererseits weist REKSTAD zurecht auf die Möglichkeit hin, daß frühere Beschreibungen des Gletschers (vgl. GROVE 1988) die Distanz von der äußersten Moräne zum Gletscher unterschätzten. In der Tat ist von Fåbergstølsgrandane aus die Distanz zwischen Gletscher und äußerster frührezenter Eisrandposition leicht zu unterschätzen, auch der (exakt vermessene) Rückzug von ca. 1,7 km seit 1900 kann im Gelände leicht unterschätzt werden. Zumindest erscheint ein starker Wiedervorstoß in der 2.Hälfte des 19.Jahrhunderts von den Geländeverhältnissen her durchaus plausibel, selbst wenn der Verfasser nicht glaubt, daß dieser Wiedervorstoß das Maximalstadium während der frührezenten Hochstandsphase repräsentiert.

Abb. 144: Nordöstlicher Teil von Fåbergstølsgrandane mit westlichem Gletschervorfeld des Stegholtbre im Hintergrund (Aufnahme: 11.08.1994)

Als besonderes Kennzeichen des Stegholtbre muß gelten, daß er fast ausschließlich auf der westlichen Vorfeldseite Moränenkränze aufgebaut hat, die jeweils aus in Laterofrontalmoränen übergehende Endmoränen bestehen. Die Laterofrontalmoränen setzen sich ihrerseits z.T. in Lateralmoränen talaufwärts fort. Die einseitige Ausbildung ist v.a. durch das Auftreten großer Festgesteinsareale im östlichen Gletschervorfeld zu begründen, so daß Stauchendmoränen nicht entstehen konnten und nur die äußerste Laterofrontalmoräne (M-STE L 1 (l)) abschnittsweise ausgebildet ist.

7.4.8 Tunsbergdalsbreen

Wie am Austdalsbreen entzieht sich auch am längsten Outletgletscher des Jostedalsbre, am Tunsbergdalsbreen, das frührezente Gletschervorfeld genaueren Untersuchungen im Zuge dieser Arbeit. An beiden Gletschern wurden die Vorfelder durch Einrichtung von Stauseen (Hydroenergiegewinnung; s.a. FAUGLI 1987, FAUGLI, LUND & RYE 1991) in jüngster Zeit geflutet. Am Austdalsbreen im oberen Sprongdalen wurden die bestehenden proglazialen Seen Austdalsvatnet und Styggevatnet zum Styggevassmagasinet aufgestaut (s. Fig. 3), wobei auch während der frührezenten Gletscherstandsschwankungen die Gletscherzunge fast permanent eine Kalbungsfront ausbildete (daher auch kein Höhenunterschied zwischen frührezenter Maximalposition und aktueller Position; vgl. Fig. 43). Am Tunsbergdalsbreen wurde dagegen das am Talknick des Tunsbergdal zum Leirdalen genannten unteren Talabschnitt (tributäres Seitental des Jostedal mit rd. 300 m hoher Talmündungsstufe) bestehende Tunsbergdalsvatn aufgestaut und flutete so einen weitläufigen proglazialen Sander und größere Teile des Gletschervorfelds (bis zu einer markanten Festgesteinsschwelle, an der die Gletscherfront um 1920/30 positioniert war).

Der weitläufige proglaziale Sander war in Morphologie, Dynamik und Genese mit Fåbergstølsgrandane vergleichbar (s. Abb. 145). Das frührezente Vorfeld war stark von glazifluvialer Aktivität geprägt (MOTTERSHEAD & COLLIN 1976). Die vorhandenen Endmoränenkomplexe waren an vielen Stellen durch Schmelzwasserbäche unterbrochen, was auch historische Photographien zeigen (vgl. REKSTAD 1904). Seeausbrüche des in einem westlichen Seitental des Tunsbergdalsbre aufgestauten Brimkjelen haben zu dieser starken glazifluvialen Überformung beigetragen (vgl. LIESTØL 1967, HAAKENSEN 1984 etc.).

MOTTERSHEAD & COLLIN (1976) zeigen u.a. durch Vergleich der Zurundungswerte glazifluvialen Sediments, Moränenmaterials des Vorfelds und aktuellem Moränenmaterial, daß es sich bei den Endmoränen des frührezenten Vorfelds um Stauchendmoränen handelte, was auch deren Mehrkämmigkeit (Wieder- oder Wintervorstöße) erklären würde. Da alle historischen Photographien keinen supraglazialen Debris zeigen (REKSTAD 1904), scheiden *dumping*-Prozesse aus. Die Endmoränen entstanden durch Aufstauchung v.a. glazifluvialen Sediments, womit sich das Gletschervorfeld des Tunsbergdalsbre nicht von denen anderer Outletgletscher unterschied.

Abb. 145: Blick von der Gletscherzunge des Tunsbergdalsbre auf Vorfeld und vorgelagerten Sander (Aufnahme: 1900 - J.REKSTAD, Fotoarkiv NGU Trondheim [C30.107])

7.4.9 Austerdalsbreen

Der Austerdalsbre bei Veitastrond ist ein Outletgletscher im zentralen südlichen Bereich des Jostedalsbre. Das Veitastronddal als Talfortsetzung des N-S-verlaufenden Veitastrondvatn gabelt sich 9 km nördlich des in den See einmündenden Deltas (s. BOGEN 1983) in zwei Seitentäler, das nordwestlich verlaufende Langedal und das nordöstlich verlaufende Austerdal. Veitastronddalen, Veitastrondvatnet und die Seitentäler sind durch ihre Gliederung in glazialgenetische Talschwellen und Becken gekennzeichnet (KING 1959). Im Austerdalen selbst treten zwei Talschwellen auf, deren Innere, unmittelbar der aktuellen Gletscherzunge vorgelagert, asymmetrisch ist. An dieser Talschwelle knickt das vom Austerdalsbreen eingenommene Tal talaufwärts um 45 ° nach Westen zum Plateau des Jostedalsbre hin ab. Eine zweite Talschwelle befindet sich am Talausgang bei Tungestølen. Das zwischen beiden Talschwellen lokalisierte Becken des unteren Austerdal, das vom frührezenten Gletschervorfeld des Gletschers fast vollständig eingenommen wird, ist extrem eben (durchschnittliches Gefälle > 1°) und

Abb. 146: Altschneereste bedeutender Schneelawinen im westlichen äußeren Vorfeld des Austerdalsbre (Aufnahme; 12.08.1993)

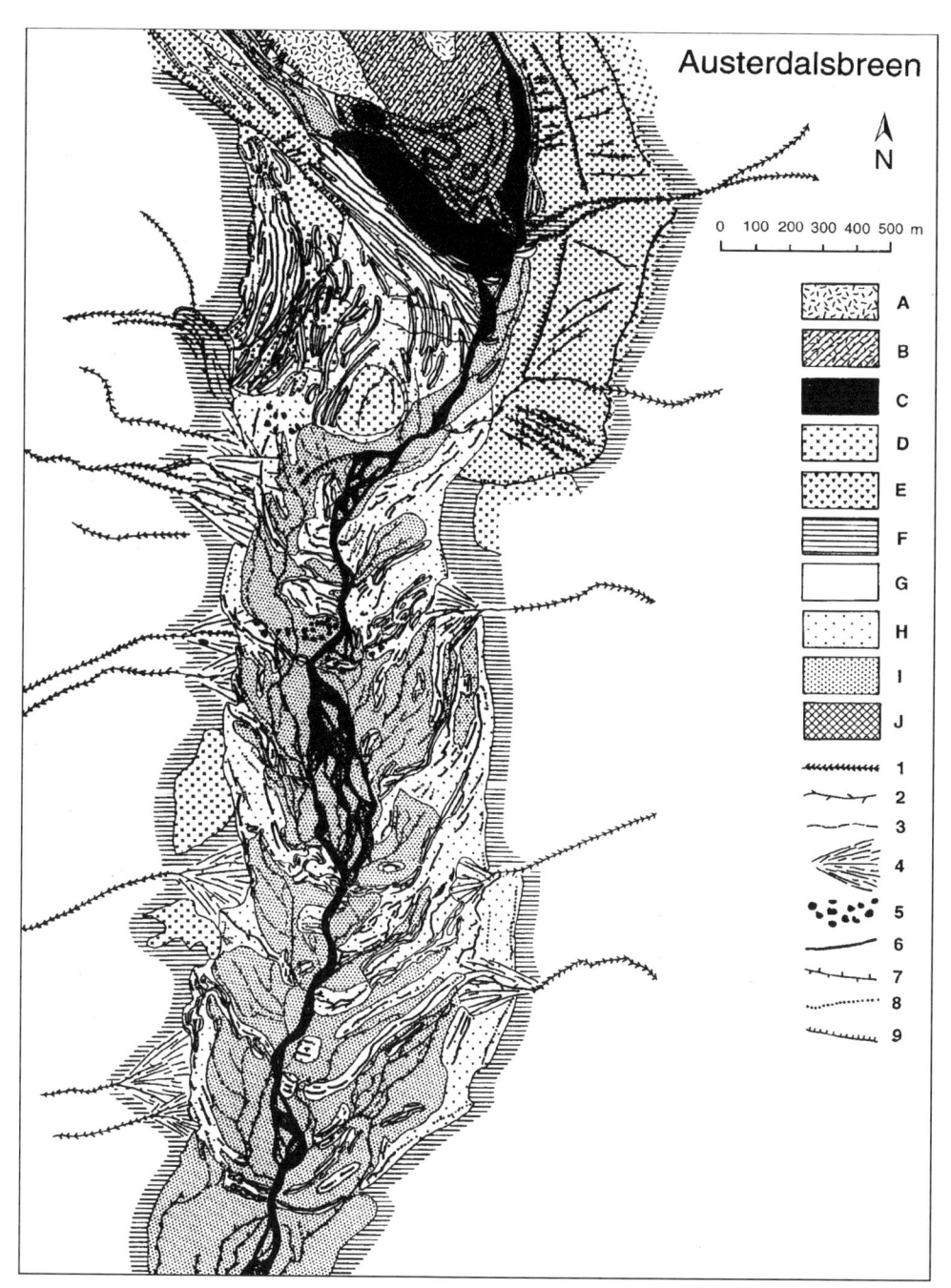

Fig. 179: Geomorphologische Übersichtskarte Gletschervorfeld Austerdalsbreen [A - Gletscherzunge; B - supraglaziale Moräne; C - perennierende Gewässer; D - Festgestein; E - Moränenmaterial; F - Hangschutt; G - Moränenrücken; H - Moränenmaterial (glazifluvial überprägt); I - Sanderfläche; J - Eiskern-Moränenkomplex; 1 - Erosionskerbe; 2 - Erosionsrinne/Gerinnebett (dominant); 3 - Gerinnebett; 4 - Schwemmkegel; 5 - große Felsblöcke; 6 - Moränenkamm; 7 - Lateralmoränenkamm; 8 - Blockrücken/Moränenkamm (undeutlich); 9 - Erosionskante]

vermutlich insbesondere im Verlauf der (präborealen) Deglaziation glazifluvial aufsedimentiert worden.

Im talabwärts der inneren Talschwelle ausgebildeten Teil des Gletschervorfelds finden sich zahlreiche End- und Laterofrontalmoränen, abschnittsweise auch als Blockrücken ausgebildete Lateralmoränen (s. Fig. 179). Große Teile des Vorfelds werden wie an anderen Outletgletschern (z.B. Bergsetbreen, Nigardsbreen, s.o.) von flachen Sanderflächen bzw. ungegliederten Arealen glazifluvial überformten Moränenmaterials eingenommen, die von einem dichten Geflecht ehemaliger Schmelzwasserrinnen durchzogen werden (s.a. MAIZELS & PETCH 1985). Die Moränenrücken wirken durch die extreme Flachheit des Vorfelds wie „aufgesetzt", ähnlich den Verhältnissen z.B. an Bergset- oder Nigardsbreen (s.o.).

Lateral-marginal schieben sich besonders im westlichen Vorfeld flache Schwemmfächer und Hangschuttkegel ins Gletschervorfeld. Diese sind unterhalb tiefer Erosionskerben der steilen Talhänge positioniert und unterliegen kontinuierlicher Weiterbildung durch eine Kombination unterschiedlicher geomorphologischer Formungsprozesse. Diese, auch im benachbarten Langedalen mustergültig ausgebildeten Formen sind in ihrer großen Mächtigkeit während des gesamten Holozän aufgebaut wurden, was angedeutete Erosionskanten an der Grenze frührezenter glazialer Überformung im Austerdalen zweifelsfrei belegen. Die Entwicklung der Vegetation läßt jedoch keinen Zweifel an ihrer permanenten Weiterbildung durch Steinschlagaktivität (durch Frostverwitterung losgesprengter Gesteinsfragmente), kleinere Felsstürze, Schuttmuren und Lawinen. Debrisreiche Schneelawinen können weit bis annähernd zur Talmitte bzw. über den Gletscherbach auf die andere Vorfeldseite auslaufen (s. Abb. 146). Im August 1993 und 1994 befanden sich unterhalb o.e. Erosionskerben großflächige und stellenweise mehrere Meter mächtige, teilweise stark debrisbedeckte Altschneereste vermutlich im Frühjahr oder Frühsommer abgegangener Lawinen (z.T. überlagerten 1994er Schneelawinen die Altschneereste von 1993). Diese mit Sicherheit auch in der frührezenten Vorstoßphase aufgetretenen Lawinen und Hangerosionsprozesse sind nach Ansicht des Verfassers in ihrer Beeinflussung der glazialmorphologischen Formung besonders im westlichen lateralen Gletschervorfeld zu berücksichtigen. Schneelawinen könnten zudem für Unstimmigkeiten bei der lichenometrischen Datierung der Moränen des Gletschervorfelds verantwortlich zeichnen (vgl. ERIKSTAD & SOLLID 1986, BICKERTON & MATTHEWS 1993).

Viele Endmoränen im Gletschervorfeld sind annähernd symmetrisch aufgebaut, was KING (1959) als Beleg für deren Charakter als Stauchendmoränen anführt. Während die distalen Moränenflanken zumeist den natürlichen statischen Ruhewinkel aufweisen, sind die als Eiskontaktflächen anzusehenden proximalen Flanken bisweilen etwas steiler, was KING als Zeichen für Eiskontakt während der Genese interpretiert. Aktuelle Formungsprozesse an der Gletscherfront zwingen allerdings gerade steilere proximale Moränenflanken, die der Verfasser im übrigen nur an wenigen subsequenten Endmoränen im Vorfeld feststellen konnte, nicht-Aufstauchungsprozessen zuzuordnen, was im Widerspruch zu obiger Aussage steht. Die proximalen Moränenflanken sind stattdessen teilweise glazifluvial unterschnitten und besonders im äußeren Vorfeldbereich haben Schmelzwasserbäche häufig die Moränenrücken fragmentiert (s.a. MAIZELS & PETCH 1985). Aufgrund ihrer Morphologie schreibt KING die Bildung der zahlreichen End- und Laterofrontalmoränen Stagnantphasen und Wiedervorstößen zu. Nimmt man keinen Aufstauchungsprozeß sensu stricto an, sondern komplexe Prozesse (vgl. Ausführungen zu M-NIG 15 (l)), stehen Aussage und Untersuchungsergebnisse von KING nicht zur vom Verfasser allgemein formulierten möglichen Bildung subsequenter kleinerer Endmoränen durch Wintervorstöße im Widerspruch, sondern wird sogar durch die aktuellen Verhältnisse an der Gletscherfront unterstützt.

Viele Endmoränen im Gletschervorfeld des Austerdalsbre sind komplex (d.h. mehrkämmig) aufgebaut (vgl. Fig. 179). Daher ist die von BICKERTON & MATTHEWS (1993) kartierte Anzahl von 15 Moränenrücken in der Realität höher, da zwischen den größeren Endmoränen bzw. -komplexen zahlreiche, maximal 1,5 bis 2 m hohe, i.d.R. durch glazifluviale Erosion fragmentierte End- und Laterofrontalmoränen auftreten, die nur bedingt auf beiden Talseiten korrespondieren. Auch die rd. 3- 4 m hohe äußerste Endmoräne des Austerdalsbre (M-AUS 1 (r)) steht mit ihrem komplexen Aufbau und stellenweise zwei Kämmen mit eingegliedertem Soll als Beispiel für zahlreiche andere Endmoränen. Die

Morphologie der Endmoränen und die mögliche Eingliederung von später abgeschmolzenem Toteis kann mit dem starken Auftreten supraglazialen Debris erklärt werden, der aktuell für komplizierte Sedimentationsverhältnisse an der Gletscherfront verantwortlich zeichnet. Das ähnliche komplizierte Sedimentationsverhältnisse auch bei der komplexen Ausbildung einzelner Moränenrücken im Vorfeld mitgewirkt haben, erscheint logisch, und könnte ferner die Unterschiede zwischen Moränen der beiden Talseiten, auch bezüglich deren lichenometrischer Datierung, erklären.

Zu beachten ist, daß sich M-AUS 1 und die ca. 20 m taleinwärts gelegene zweikämmige Endmoräne M-AUS 2 wie zahlreiche andere Endmoränenrücken im Vorfeld nicht als Laterofrontal- oder Lateralmoränen fortsetzen. V.a. starke glazifluviale Überformung kann neben o.e. komplexen Sedimentationsverhältnissen und starker Hangerosion dafür verantwortlich gemacht werden, das im äußeren Vorfeld Lateralmoränen nur in einigen Abschnitten ausgebildet sind, Laterofrontalmoränen zumeist nur fragmentiert vorliegen und im Bereich der großen Schwemmfächer praktisch jegliche Moränenformen fehlen (lediglich angedeutete Erosionskanten lassen partiell die äußerste frührezente laterale Eisrandposition eindeutig festlegen). Charakteristisch ist ein Unterschied im Moränenmaterial zwischen End- und Laterofrontal- bzw. Lateralmoränen, denn während die Lateralmoränen auf weite Strecken nur als Blockrücken ausgebildet sind (vgl. ähnliche Verhältnisse z.B. an Bergset- oder Bødalsbreen), unterscheidet sich das Moränenmaterial des Vorfelds bzw. der Endmoränen (N 57,58, 59,61) nicht wesentlich von dem anderer Gletschervorfelder.

Trotz z.T. nur fragmentarischer Ausbildung besitzen einzelne Lateralmoränen Kammhöhen von bis zu 5 m. Diese Mächtigkeitsunterschiede können u.a. auf unterschiedlichen Sedimentzutrag (supraglazialer Debris = Bergsturzmoränen) zurückgeführt werden. Die blockige Ausbildung der vorhandenen Lateralmoränen ist primär durch die bevorzugte Ablagerung von Hangschutt an der lateralen Gletscherfront zu begründen, sekundär durch Ausspülung des Feinmaterials durch lateral-marginale Schmelzwasserbäche. Es ist bei älteren frührezenten Lateralmoränen daher nicht klar zu entscheiden, ob sie durch reines *dumping* supraglazialen Debris entstanden sind (aufgrund der verglichen mit anderen Outletgletschern großen Mächtigkeit supraglazialen Debris auf der aktuellen Gletscherzunge am Austerdalsbreen durchaus möglich), oder ob Aufstauchungsprozesse (sensu lato) mitgewirkt haben, was ebenfalls bei Betrachtung der aktuellen Formungsprozesse möglich erscheint.

Auf der östlichen Talseite des unteren Austerdal lassen sich Blockreihen als Grenze frührezenter glazialer Überformung ausweisen. Trotz des starken Auftretens supraglazialen Debris speziell auf dem östlichen Teil der Gletscherzunge ist nur im Bereich der inneren Felsschwelle und talaufwärts abschnittsweise eine „alpinotype" Lateralmoräne vorhanden. Dies zeigt, daß neben dem Auftreten supraglazialen Debris auch langanhaltende stabile bzw. wiederholt auftretende laterale Gletscherpositionen für deren Bildung unverzichtbar sind.

Das Moränenmaterial der Endmoränenkämme des Vorfelds (z.B. M-AUS 15 (r): N 58,

Fig. 180: Dreiecksdiagramm Austerdalsbreen

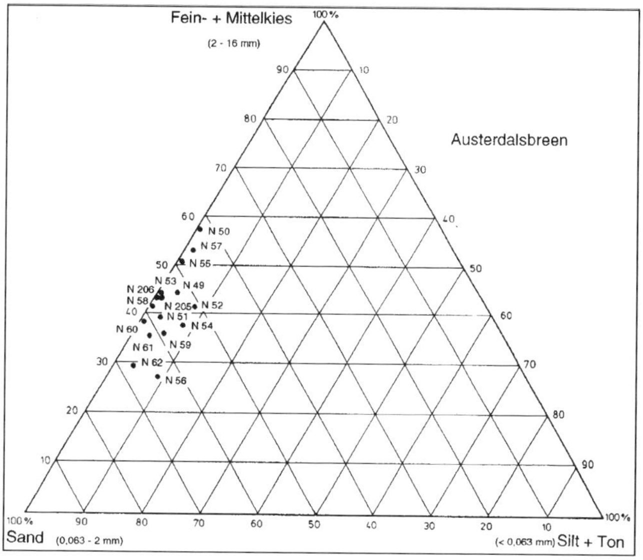

385

Fig. 181: Md/So-Diagramm Austerdalsbreen

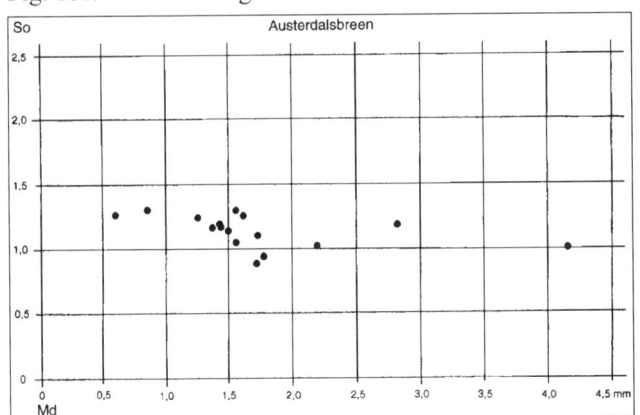

M-AUS 13 (r): N 59, M-AUS 1.1(r): N 61) unterscheidet sich nur unwesentlich von dem der dazwischenliegenden Areale (N 57,60). Diese sedimentologischen Befunde erhärten die Ansprache der Endmoränen als Stauchendmoränen, da die geringfügigen Unterschiede aus Anteilen supraglazialen Debris an der Moränenzusammensetzung bzw. stärkerer glazifluvialer Überprägung auf den flachen und ungegliederten Moränenmaterialflächen resultieren, welche sich in den weitläufigen Vorfeldarealen mit reinen Sanderflächen abwechseln. Die verhältnismäßig hohen Zurundungswerte der Endmoränen (NR 28: i = 247, Streuung der Einzelwerte 57 - 606; vgl. NR 27: i = 169, Streuung der Einzelwerte 17 - 419) deuten auf hohe Anteile subglazialen Moränenmaterials bzw. glazifluvialen Sediments an der Moränenmaterialzusammensetzung hin, wobei ebenfalls der glazifluviale Charakter der ursprünglichen prä-frührezenten Sedimente des Vorfelds (N 62) Einfluß zeigt. Abweichungen von der typischen Zusammensetzung des Moränenmaterials/glazifluvialen Sediments ist lediglich lateral im Bereich der flachen Schwemmfächer bzw. verstärkter Hangerosion zu konstatieren (verstärktes Auftreten großdimensionaler, angularer Blöcke).

Der Austerdalsbre besitzt aktuell mit Odins- und Thorsbreen zwei Gletscherarme, die in imposanten und steilen Eisfällen mit über 1000 m Höhenunterschied vom Plateau des Jostedalsbre ins obere Austerdalen abfließen (s. Abb. 147). In der frührezenten Hochstandsphase war mit dem Lokebre ein dritter Zufluß von Westen vorhanden, der rezent keine Verbindung zum Austerdalsbreen mehr besitzt. Gleichwohl erreichen von dessen Gletscherfront abgehende Eislawinen den Austerdalsbre. Die beiden Eisfälle von Odins- und Thorsbreen verursachen die als glaziologische Besonderheit am Austerdalsbreen auftretenden, z.T. doppelt ausgebildeten Ogiven als Druckstrukturen des Gletschereises (s. WILHELM 1975, PROSAMENTIER 1978 etc.; s. Abb. 147,148). Am Ende der Ablationssaison entsteht aus Farbunterschieden des Eises (Unterschiede in Luftblasengehalt und Kristallstruktur) resultierenden Albeounterschieden ein deutliches Oberflächenrelief mit kleinen Rippen und Depressionen.

Der Austerdalsbre ist neben dem Lodalsbre der einzige Jostedalsbreen-Outletgletscher mit einer mächtigen supraglazialen Medialmoräne. Sie hat ihren Ursprung unterhalb der Konfluenz von Odins- und Thorsbreen bzw. durch starken Hangschuttzutrag von der östlichen Talflanke. Die supraglaziale Medialmoräne ist dem AD-1-Typ zuzuordnen. Größere Materialmengen gelangen auch in Gletscherspalten (besonders im Bereich der beiden Eisbrüche) und werden englazial (*high-level*-Transportweg) transportiert. Durch sukzessives Austauen nimmt die supraglaziale Medialmoräne gletscherabwärts an Mächtigkeit zu, verbreitert sich gleichzeitig durch laterales Abgleiten von Debris. Sie bedeckt v.a. die östliche Gletscherzunge und führt zur Bildung eines Eis-Moränenmaterial-Komplexes an der aktuellen Gletscherfront.

Die Sedimentations-/Formungsprozesse an der zentralen Gletscherfront müssen wie resultierende Formenelemente als diffus bis chaotisch charakterisiert werden. Der mächtige, direkt in die stark debrisbedeckte aktive Gletscherzunge übergehende, Tot-/Stagnanteiskern-Moränenkomplex unterliegt v.a. durch Abtauen an seinen Flanken im Kontakt zum kleinen proglazialen See starker Überformung, wobei permanent Moränenmaterial seitlich von den übersteilten Flanken abrutscht. Im Komplex selbst haben sich Sölle durch Kollabieren des unterlagernden Eises gebildet. Sichtbare Scherungsflächen am

Abb. 147: Vertikalluftbild Austerdalsbreen; Odinsbreen (links oben) und Thorsbreen (rechts oben) als aktuelle Gletscherzuflüsse, Lokebreen (von rechts) als ehemaliger Zufluß; Luftbild eingenordet (Aufnahme: 11.08.1984 - © Fjellanger Widerøe AS [8390/18-2/41])

Komplex und Druckstrukturen am Kontakt aktiver Gletscher/Eiskern-Komplex erweckten 1992 und 1993 den Eindruck eines leichten Vorstoßes der aktiven Zunge in den o.e. Komplex hinein (vgl. 5.3). 1994 und 1995 verstärkte sich die Vorstoßtendenz und der o.e. Komplex war dadurch auf rd. 50 % seiner Länge von 1992 zusammengeschrumpft. Die Eiskern-Moräne, die ihre Existenz der isolierenden Wirkung der mächtigen supraglazialen Medialmoräne verdankt, ist in dieser Form im Bereich des Jostedalsbre einzigartig. Die komplexen Endmoränen im Vorfeld könnten gleichfalls mit dem Vorhandensein größerer Toteispartien während deren Genese erklärt werden (z.B. M-AUS 14/15 in ihrer scheinbar chaotischen Morphologie; s. Fig. 179).

Abb. 148: Ogiven und supraglazialer Debris auf der unteren Gletscherzunge des Austerdalsbre (Aufnahme: 11.08.1992)

Abb. 149: Frontaler Eiskern-Moränenkomplex an der unteren Gletscherzunge des Austerdalsbre (Aufnahme: 08.08.1994)

Aktuell muß am Austerdalsbreen zwischen zwei unterschiedlichen Sedimentations- und Formungsmilieus im marginalen Zungenbereich unterschieden werden, nämlich zwischen dem frontalen Niedertauen o.e. Eiskern-Moränenkomplexes und den komplexen Verhältnissen an der lateralen und laterofrontalen Gletscherzunge (s. Fig. 182). Dort findet eine Kombination von Versturz (*dumping*) und schlammstrom- (*flow till-*)ähnlichem Abgleiten an Scherungsflächen austauenden Debris statt (N 53, 206), kombiniert mit (saisonalen) lateralen Stauchungsprozessen, Einfluß der Hangerosion durch Einschwemmung bzw. Versturz von Hangschutt- und Verwitterungsmaterial (bzw. Debris des Lokebre; vgl. N 52) auf laterale residuale Schneeflächen und lateral-marginaler glazifluvialer Erosion durch Schmelzwasserbäche.

Ein erheblicher Anteil des lateral abgelagerten Moränenmaterials entstammt großen lateralen Scherungsflächen, an denen en- und subglazialer Debris an die Gletscheroberfläche transportiert wird (s. Abb. 150). Zusammen mit dem an der westlichen Seite des Gletschers nicht derart auftretendem supraglazialen Debris wird dieses Material größtenteils durch gravitatives Abgleiten lateral als *ice-contact scree/fan* (vgl. EYLES 1979), d.h. als Eiskontakt-Schuttkegel, abgelagert (s. Fig. 182). Stark wassergesättigtes, feinmaterialreiches Material gleitet an gleicher Stelle analog zu *flow till* schlammstromartig über die Gletscheroberfläche bzw. lateralmarginale Altschneereste ab (vgl. DOWDESWELL 1982). Insbesondere o.e. Eiskontakt-Schwemmfächer sind in ihrer genetisch-klassifizierenden Ansprache problematisch. Zweifelsfrei handelt es sich bei ihrem Material um (v.a. subglaziales) Moränenmaterial. Der Ablagerungsprozeß, gravitativer Versturz/ Abgleiten bzw. Abspülung durch Schmelzwasser, ist glazialdynamisch als passiv zu bezeichnen, durch den starken Einfluß von Schmelzwasser auch nur eingeschränkt als *dumping*. Morphologisch sind die Formen als Schwemmfächer bzw. bei stärkerer Neigung der Flanken als Schwemmkegel anzusprechen, nicht jedoch als Moränen (auch nicht als Kamemoränen, denn dafür ist der glazifluviale Einfluß wiederum zu schwach). Faktum ist, daß diese Eiskontakt-Schuttkegel Resultat längerer Stillstände der Gletscherfront sind, bei Abwesenheit von diese Formen wieder zerstörende Wintervorstößen (bzw. nur schwachen Vorstößen). Wollte man diese Formen als Moränen titulieren, entsprächen sie genetisch Satzend- oder Stillstandsmoränen, die sich in den Gletschervorfeldern von Hochgebirgsgletschern kaum finden, da vorhandene Endmoränen fast ausschließlich durch Aufstauchung bzw. verwandte Prozesse im Rahmen von Vorstoßtendenzen des Gletschers geformt werden.

Neben den in lateraler Position auftretenden Eiskontakt-Schuttkegeln existieren in laterofrontaler Position am aktuellen Gletscherrand, wie auch dem mit Festgesteinsausbissen durchsetzten Bereich der inneren westlichen Talschwelle, zahlreiche subsequente Moränenrücken. Das Moränenmaterial der aktuellen, unmittelbar am Gletscherrand entstandenen Laterofrontalmoräne (N 54) ist sehr instabil, Resultat des z.T. vorhandenen, sukzessive kollabierenden Eiskerns bzw. der Unterschneidung der proximalen Flanke durch einen lateral-marginalen Schmelzwasserbach. Das Moränenmaterial der im unteren Bereich der Felsschwelle gelegenen rezenten Laterofrontalmoränen zeichnet sich durch das weitgehende Fehlen von Steinen und Blöcken sowie hohe Anteile glazifluvialen Materials aus (N 51, 55, 56, 205). Die in den unteren Bereichen der

Abb. 150: Lateral-marginale Scherungsflächen (großflächiges Austauen englazialen Debris subglazialen Ursprungs) und Ansätze zur Bildung von Eiskontakt-Schuttkegeln an der südwestlichen Gletscherzunge des Austerdalsbre; vgl. Fig. 182 (Aufnahme: 12.08.1993)

Abb. 151: Eiskontakt-Schuttkegel an der südwestlichen Gletscherzunge des Austerdalsbre; vgl. Fig. 182 (Aufnahme: 08.08.1994)

Felsschwelle in dichter Staffelung auftretenden Laterofrontalmoränen zeigen steile distale Flanken, in Kontrast zu flachen proximalen Moränenhängen (s. Abb. 152). Position, Morphologie und Sedimentologie des Moränenmaterials machen eine Ansprache als Stauchungsformen unumgänglich, zumal KING (1959) deren annuelle Aufstauchung (im Zuge von Wintervorstößen) belegt. Erst bei den höher im Schwellenbereich gelegenen Laterofrontalmoränen treten Steine und Blöcke verstärkt auf. Dies zeigt eine Zunahme von *dumping* supraglazialen Moränenmaterials bzw. aufgestauchten gröberen Ausgangsmaterials (z.T. Hangschutt; s.a. N 49,50). Im Bereich der Felsschwelle zeigt die hohe Anzahl der Laterofron-

Fig. 182: Schematische Darstellung der Akkumulationsprozesse und des Eiskontakt-Schuttkegels an der südwestlichen Gletscherzunge des Austerdalsbre

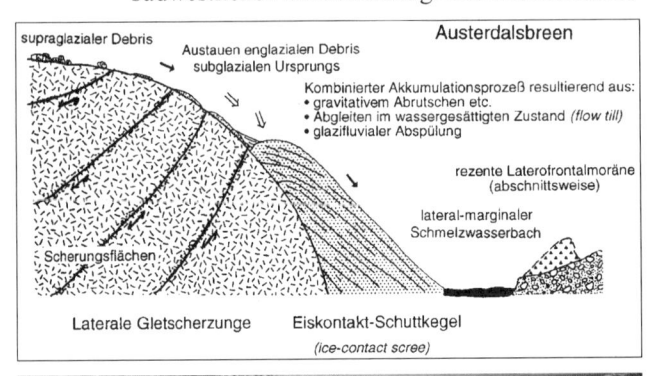

Abb. 152: Rezente Laterofrontalmoränen an der südwestlichen Gletscherzunge des Austerdalsbre (Aufnahme: 08.08.1994)

talmoränen durch dichte Staffelung (bei zumeist nur kurzem Kamm) die lateralen Gletscherfrontveränderungen der letzten rd. 250 Jahre seit dem frührezenten Maximalstand an.

An der östlichen Talseite sind oberhalb der Felsschwelle zwei laterale Erosionskanten und ein höher gelegener Blockrücken, der Züge einer „alpinotypen" Lateralmoräne trägt, durch den in diesem Bereich starken lateralen Hangschuttzutrag bzw. die vorhandene supraglaziale Lateralmoräne aufgebaut worden (vgl. Fig. 179). An dieser Stelle scheint der laterale Gletscherrand geringeren Fluktuationen unterworfen gewesen zu sein, was neben differentem Ausgangsrelief, Strömungsmuster des Gletschers und Debriszutrag die unterschiedliche Ausbildung auf beiden Talseiten erklären würde. Während dabei der oberste Blockrücken der maximalen frührezenten Gletscherposition entspricht, sind die beiden tiefer gelegenen lateralen Erosionskanten deutlich jünger, und die unterste eindeutig glazifluvialen Ursprungs.

Trotz gewisser lokaler Besonderheiten, u.a. durch das Auftreten einer supraglazialen Medialmoräne, muß das Gletschervorfeld des Austerdalsbre als typisch für westnorwegische Verhältnisse eingestuft werden. Trotz größerer Quantitäten supraglazialen Debris haben sich keine alpinotypen Lateralmoränen ausbilden können. Dies zeigt, daß neben Auftreten supraglazialen Debris v.a. glaziale Dynamik und Gletscherstandsschwankungsgeschichte für das Auftreten bzw. Nicht-Auftreten von alpinotypen Lateralmoränen entscheidend ist. Als Besonderheit ist das spezielle Formungsmilieu an der aktuellen Gletscherfront einzustufen, sowohl der große Eiskern-Moränenkomplex, als auch die Bildung von Eiskontakt-Schuttkegeln als typische, während einer stationären Gletscherposition aufgebaute Formen.

7.4.10 Bøyabreen

Der Bøyabre liegt im Talkopf des Bøyadal, der direkten S-N-verlaufenden nördlichen Talfortsetzung des Fjærlandsfjord (s. Fig. 3). Nachdem der aktive Gletscherteil seit Mitte dieses Jahrhunderts den Talboden nicht mehr erreichte und als Hängegletscher ausgebildet ist, befindet er sich seit 1994 nach einem sich spätestens seit 1989 (dem Beginn der Beobachtungen des Verfassers; Minimalstand Anfang der 1960er Jahre) verstärkenden aktuellen Vorstoß wieder mit dem an der Basis des Talkopfs unterhalb des Gletschers gebildeten inaktiven Akkumulationskomplex aus Eis, Schnee und Debris (Versturzmassen des oberhalb gelegenen aktiven Gletschers; s. Abb. 44,45) in Kontakt. Dieser inaktive Akkumulationskomplex ähnelt den Verhältnissen am benachbarten Supphellebreen, wobei als wichtiger Unterschied zu bemerken ist, daß der flache Bereich der Gletscherzunge im Talboden bis mindestens Ende der 1930er Jahre noch eine Verbindung zum aktiven, eisfallähnlichen oberen Teil der Gletscherzunge hatte (s. Abb. 41 - 43). Einschließlich der beiden Vorstöße zu Beginn des 20.Jahrhunderts ist im Gegensatz zum Supphellebreen nicht mit besonderer Beeinflussung des Gletscherstandsschwankungsverhaltens durch eine eventuelle Abspaltung eines regenerierten Gletschers (dem unteren Gletscherzungenteil) zu rechnen. Aktuell zeigt auch der beständig durch mächtige Eis-/Schneelawinen wachsende Akkumulationskomplex erste Anzeichen von interner Deformation bzw. Bewegung (oberflächliche Spalten - Abscherungsklüfte), nachdem er während der Beobachtungen des Verfassers 1989 bis 1991 eindeutig inaktiv war (s. Abb. 44). Zusätzlich sei erwähnt, daß die Abgliederung des unteren Akkumulationskomplexes Resultat des starken Rückzugs Mitte des 20.Jahrhunderts war, in dessen Verlauf ein proglazialer Moränenstausee (Brevatnet, durch das innerste Endmoränensystem M-BØY-5 abgedämmt) entstand. Während noch 1989 im zentralen Bereich des Akkumulationskomplexes eine schmale Sanderfläche vorgelagert war, endet der inzwischen auch frontal angewachsene Komplex jetzt direkt im proglazialen See. Bei einer Fortsetzung des aktuellen Vorstoßes wird in Kürze die nur partiell (an der östlichen Zungenhälfte) geschlossene Verbindung zwischen aktivem Gletscherkörper und Akkumulationskomplex auf die gesamte Zungenbreite ausgeweitet und der Akkumulationskomplex in den aktiven Gletscherkörper eingegliedert werden (zieht man die aktuell schon bestehende Verbindung in Betracht, endet der Gletscher nun nicht mehr auf 490 m (Stand 1981 - ØSTREM,DALE SELVIG & TANDBERG 1988), sondern auf 150 m).

Der steile Eisbruch des Bøyabre war während der frührezenten Hochstandsperiode Kennzeichen des Gletschers, wobei FÆGRI (1934a) diesen gletschermorphologischen/glazialdynamischen Faktor zur Erklärung der sich z.T. „verschneidenden" Moränen anführt, Konsequenz einer permanenten Änderung des Grundrisses der unteren Gletscherzunge, resultierend aus geringfügigen Änderungen des Eisnachschubs über den steilen Eisbruch. Die äußeren frührezenten Endmoränen des Vorfelds (z.B. M-BØY 1 bei Bøyastølen) sind teilweise nur undeutlich ausgebildet (abgeflachte Moränenflanken bei abgerundetem Moränenkamm und breitem Querschnitt) und durch glazifluviale Erosion fragmentiert. Vielfach sind im Vorfeld nur niedrige, kurze Endmoränenrücken von wenigen Metern Höhe entstanden. Aufgrund der niedrigen Lage des Gletschervorfelds und der starken Beweidung besonders des äußeren zentralen Gletschervorfelds ist eine erfolgversprechende lichenometrische Datierung der Endmoränen nicht durchführbar (pers.Mittlg. K.Fægri). Der zweitinnerste Endmoränenkomplex (M-BØY 4; vgl. FÆGRI 1934a) ist sehr komplex und mehrkämmig. FÆGRI schreibt seine Bildung verschiedenen Wieder- bzw. Wintervorstößen zwischen 1860 und 1875 zu. Diese Datierung steht allerdings mit der gesicherten Beobachtung im Widerspruch, daß der Gletscher während eines Vorstoßes um 1889 eine größere Ausdehnung als 1874 erreichte. Verschiedene historische Photographien belegen dies, denn auf Aufnahmen aus den Jahren 1884 und 1888 ist die Gletscherausdehnung größer als 1868 (s. Abb. 41) und 1872/73 (s. Abb. 42). Damit wäre ein während des (belegten Vorstoßes) um 1870 entstandener Moränenkomplex um 1888 überfahren bzw. zumindest stark modifiziert worden. Die komplexe Struktur von M-BØY 4 spräche dafür. Sowohl um 1868, als auch zu Beginn der 1870er Jahre ist auf den historischen Photographien kein dominanter Moränenkomplex vor der Gletscherfront zu erkennen, wohl aber auf Aufnahmen des Gletschers aus dem Jahr 1899 (s. Abb. 43). In der 2.Hälfte des 19.Jahrhunderts muß am Bøyabreen zumindest in bestimmten Abschnitten eine mehrere Meter hohe Endmoräne gebildet worden sein, evtl. durch einen kräftigen Wintervorstoß in einer Stillstandsphase während des belegten Rückzugs. Während an der 1899er Gletscherfront (historische Detailaufnahme von J.REKSTAD) bereits eine kleine Wintermoräne zu erkennen ist, zeigt eine andere Detailaufnahme (ebenfalls von J.REKSTAD) aus dem Jahr 1906, wie der vorstoßende Gletscher eine präexistente Endmoräne überfährt (Originalkommentar

J.REKSTAD auf der im Fotoarkiv NGU Trondheim sich befindenden Photographie: *„breen skiver sig fram over morene"*), die zu mächtig ist, als daß es sich um eine Wintermoräne des Jahres 1905/06 gehandelt haben könnte. Da die Gletscherposition von 1906 der von 1899 in etwa entsprach, deutet alles auf eine kurz vor oder um 1899 gebildete Endmoräne hin (aufgrund der Rückzugswerte handelt es sich jedoch nicht um o.e. Endmoräne des Vorstoßes um 1889).

Neben M-BØY 4 ist auch die innerste, den proglazialen See abdämmende Endmoräne (M-BØY 5) mehrkämmig. Sie wurde während der um 1909 bzw. 1931 kulminierenden Vorstöße gebildet. Beide Vorstöße erreichten annähernd gleiche Positionen. Auch FÆGRI berichtet vom „frischen Charakter" dieses Endmoränenkomplexes, wobei durch die nach den durchschnittlichen Meßwerten bestehende Distanz von 21 m zwischen den Positionen von 1909 und 1931 es logisch erscheint, daß der innere Moränenkamm (M-BØY 5.2 (r)) um 1931 gebildet wurde, der äußere Moränenkamm (M-BØY 5.1 (r)) dagegen schon um 1909. Im östlichen Vorfeld sind beide Moränenkämme als separate Endmoränenzüge ausgebildet, d.h. an der östlichen Gletscherzunge war die Distanz zwischen den beiden Wiedervorstößen des 20.Jahrhunderts größer, ein Indiz für o.e. Grundrißänderungen der Gletscherzunge auch während frührezenter Vorstöße.

Die vorliegenden historischen Photographien lassen auch einige Schlußfolgerungen bezüglich der Genese der Endmoränen zu, die in verschiedenen Punkten der aktuellen Endmoränengenese am Brigsdalsbreen (s.u.) entspricht. Während der Vorstoßperioden (z.B. auf Photographien aus den Jahren 1868 und 1906 gut zu erkennen), war insbesondere die zentrale Gletscherzunge intensiv durch Gletscherspalten zerlegt, so daß sich Sérac-ähnliche Eisklippen bildeten. In den an den Flanken der Gletscherspalten aufgeschlossenen Eispartien sind durch englaziale Debrisbänder markierte Scherungsflächen zu beobachten, die sich zum Gletscherrand hin konvex zur Eisoberfläche emporbiegen. Deutlich stärkere supraglaziale Debriskonzentration unterhalb der frontal ausstreichenden Scherungsflächen zeigt ein Austauen en- bzw. subglazialen Debris, der quantitativ jedoch nicht zu überschätzen ist (wie andere Photographien (1874,1899,1907) mit nur begrenztem Auftreten englazialen Debris an aufgeschlossenen (gletscherbettparallelen) Scherungsflächen zeigen). Die konvexe Aufbiegung der Scherungsflächen in Kombination mit der steilen Gletscherfront legt eine Aufstauchung (sensu stricto !) durch den Druck der vorstoßenden Gletscherfront nahe, wie sie aktuell durch den Verfasser am Brigsdalsbreen beobachtet werden konnte (auch die Aufnahme der überfahrenen Endmoräne aus dem Jahr 1906 (s.o.) legt diesen Schluß nahe). Der ausschmelzende en- bzw. subglaziale Debris, der quantitativ kaum ins Gewicht fallen dürfte, ebenso wie im übrigen auch Ablagerung von an der Gletscherbasis angefrorenem Lockermaterial (ANDERSON & SOLLID 1971; vgl. Ausführungen zu Nigards- bzw. Brigsdalsbreen), ist nach dem Studium historischer Photographien höchstens als zusätzlicher, untergeordneter Prozeß einzustufen.

Auf beiden Talseiten finden sich am Bøyabreen abschnittsweise (im inneren Vorfeld) Lateralmoränen „alpinotyper" Morphologie (s. Abb. 153). Sie sind differierend zu den alpinotypen Lateralmoränen der Ostalpen allerdings mehrkämmig ausgebildet und unterhalb größerer, sich lateral ins Gletschervorfeld vorschiebender Schwemmfächer/Schuttkegel fragmentiert. Am westlichen wie östlichen Talhang treten abschnittsweise bis zu drei parallele Lateralmoränenkämme auf, an der westlichen Lateralmoräne sind zwei weitere subsequente Lateralmoränenkämme auf kurzer Distanz angedeutet. Diese Lateralmoränen, deren abschnittsweise Ausbildung das Resultat starker Hangerosion bzw. häufiger Lawinenabgänge und Schuttmuren ist, sind zumindest teilweise genetisch auf *dumping* supraglazialen Debris zurückzuführen, der auf historischen Photographien lateral zu erkennen ist (s. Abb. 41 - 43). Die Menge dieses supraglazialen Debris reichte aber mit Sicherheit nicht aus, mächtige Lateralmoränen entstehen zu lassen, so daß das Auftreten lateraler Scherungsflächen wie Aufstauchungsprozesse zu fordern ist. Interessant ist die Tatsache, daß der gesamte proximale Lateralmoränenhang der (untersten) westlichen Lateralmoräne um die letzte Jahrhundertwende noch vegetationslos, der distale Moränenhang bzw. obere Lateralmoränenkamm dagegen derart stark mit Bäumen und Sträuchern bewachsen war, daß kein Unterschied zum außerhalb des frührezenten Vorfelds gelegenen Areals zu erkennen ist (historische Photographie von J.REKSTAD). Dies könnte in erster Überlegung zum Schluß führen, daß es sich evtl. um prä-frührezente (evtl. leicht modifizierte) Moränenformen handelt.

Die Vegetationsentwicklung auf den (unbeweideten !) Arealen des Vorfelds vollzieht sich aber derart rasch, daß ein dem frührezenten Maximalstand entsprechendes Alter selbst für den oberen Lateralmoränenkamm noch möglich erscheint (da z.B. die noch 1899 völlig vegetationslose proximale Flanke der unteren Lateralmoräne heute vollständig bewaldet ist, ebenso das Ufer des erst ab 1930 (!) eisfrei gewordenen proglazialen Sees). Der auf der Abb. von 1899 zu erkennende Farbunterschied innerhalb des proximalen Moränenhangs deutet darauf hin, daß der spätestens Mitte des 19.Jahrhunderts, evtl. sogar zu dessen Beginn (berichteter Vorstoß um 1825) gebildete untere Lateralmoränenkamm während mindestens eines Wiedervorstoßes vor 1899 noch einmal annähernd erreicht wurde (evtl. während des Vorstoßes um 1888), da um 1870 die Gletscheroberfläche deutlich unterhalb des Kamms lag (s. Abb. 41), 1899 aber nur rd. 5 m unterhalb des z.T. schon bewachsenen Moränenkamms o.e. Farbgrenze auszumachen ist.

Abb. 153: Lateralmoräne im östlichen inneren Vorfeld des Bøyabre; Teil des proglazialen Moränenstausees im Vordergrund; Blick von M-BØY 5.2 (r) (Aufnahme: 29.08.1992)

Abb. 154: Kontaktbereich zwischen (westlichem Teil) der Schnee-/Eisakkumulation und Basis der Lateralmoräne; man beachte die starke Vegetationsentwicklung (Aufnahme: 07.09.1992)

Aktuell wird durch die laterale Ausdehnung des Akkumulationskomplexes bzw. die starke Lawinentätigkeit die proximale Flanke der Lateralmoräne erneut überformt. Eine starke Lawine hat diesen Bereich z.B. im Winter bzw. Frühjahr 1989/90 überformt, wovon im Sommer 1990 noch frisch abgeknickte Birken, debrisbedeckte Altschneereste und ein charakteristischer dünner Überzug des Moränenmaterials und großer Blöcke mit v.a. Sand- und Kiespartikeln (N 6) als mit der Lawine transportiertem Debris zeugten (s. Abb. 154).

Der Akkumulationskomplex des Bøyabre besitzt aktuell durch den beständigen Versturz von Eis und Schnee vom überhängenden Gletscher eine verhältnismäßig starke Bedeckung mit supraglazialem Debris (durch Oberflächenablation besonders lateral konzentriert; auch auf historischen Photographien, neben Ogiven als Druckstrukturen erzeugt durch den steilen Eisfall, zu erkennen). Das Moränenmaterial des

Fig. 183: Md/So-Diagramm Bøyabreen [A - Moränenmaterial; B - glazifluviales/glazilimnisches Sediment]

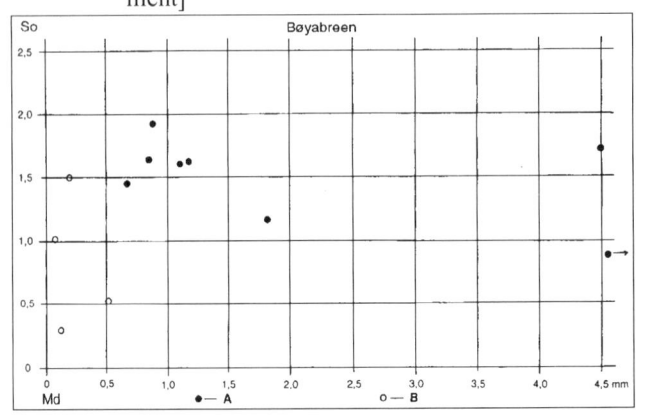

Fig. 184: Dreiecksdiagramm Bøyabreen

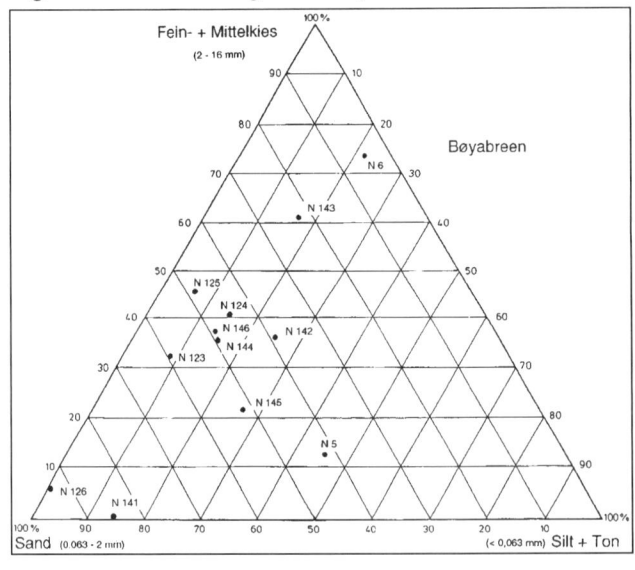

innersten Endmoränenkomplexes M-BØY 5 (N 123,124) zeigt für westnorwegische Verhältnisse hohe So-Werte mit stärkerem Feinmaterialgehalt, ebenso älteres Moränenmaterial im Vorfeld (N 144,145,146). Diese hohen So-Werte können nur mit einer geringeren glazifluvialen Auswaschung von Feinmaterial erklärt werden, d.h. geringer glazifluvialer Überprägung des Moränenmaterials (der Einfluß o.e. supraglazialen Debris ist zwar nicht zu vernachlässigen, aber v.a. quantitativ nicht zu überschätzen). Bei der Genese von M-BØY 5 können daher keine größeren Mengen glazifluvialen Sediments (s. N 5,125) mitaufgestaucht worden sein. Da sich auch glazilimnisches Sediment (N 126,141) deutlich vom Moränenmaterial unterscheidet, kann der proglaziale See aus sedimentologischen Gründen nicht vor 1931 und vermutlich auch nicht prä-frührezent bestanden haben.

Der glazifluviale Einfluß auf die Sedimentologie des Moränenmaterials ist geringer als an anderen Gletschern, wogegen Hangerosion bzw. präexistentes (präboreales) Moränenmaterial größere Bedeutung erlangt. Das Versturzmaterial des aktiven Gletschers zeigt typische Züge von glazifluvial nicht überprägtem Moränenmaterial mit So-Werten, die für Westnorwegen ungewöhnlich hoch sind (N 142,143). Neben dem die Konfiguration des Gletschervorfelds determinierenden Gletscherstandsschwankungsverhalten zeichnet v.a. die spezielle Gletschermorphologie mit daraus resultierender glazialer Dynamik für dessen spezielle Ausbildung verantwortlich.

7.4.11 Supphellebreen

Aktuell setzt sich der Supphellebre aus zwei Teilen zusammen, einem hochgelegenen, flachen Hauptteil des Gletschers (auch als Flatbreen bezeichnet), welcher im oberen Bereich des nordwestlichen Talhangs des Supphelledal auf ca. 720 m (Stand 1981) endet (s.a. Fig. 3), und einem unteren, aktuell wie am Bøyabreen lediglich aus einer glazialdynamisch inaktiven Akkummulation von Eis und Schnee (sowie Debris) bestehenden Gletscherteil (s. Abb. 46 - 48). Dieser untere, eigentlich als Supphellebreen bezeichnete „Gletscherteil" stellte während der frührezenten und rezenten Gletscherstandsschwankungen noch einen glazialdynamisch aktiven regenerierten Gletscher dar (beide Gletscherteile gemeinsam sollten korrekterweise als Store Supphellebreen bezeichnet werden - ORHEIM 1970, auch in Hinblick auf den im Talschluß des Supphelledal gelegenen Vesle Supphellebre; vgl. BEHRMANN 1929). Während der untere Gletscherteil erst Mitte dieses Jahrhunderts zu einer inaktiven Eis-/Schnee-Akkumulation degeneriert ist, sich aktuell aber im Wachstum befindet, war bereits 1851 (FORBES 1853) keine Verbindung zwischen oberem und unterem Gletscherteil vorhanden. Wenn es überhaupt eine Verbindung zwischen beiden Gletscherteilen gegeben hat, dann nur während des frührezenten Maximalstands (um 1750 vermutet). Aus morphologischer Sicht erscheint es auch möglich, daß ein solcher Kontakt gar nicht bestanden hat bzw. für den Haushalt des (später) regenerierten Gletschers unerheblich war, da aufgrund der Reliefsituation die aktuell den Gletscher prägenden Eis- und Schneelawinen auch während der frührezenten Vorstoßphase bedeutendste Eis-(Schnee-)zufuhr gewesen sein müssen. Die Hangfläche zwischen oberem und unterem Gletscherteil besteht ausnahmslos aus Festgestein, z.T. deutlicher glazialerosiver Überformung (hauptsächlich aus den pleistozänen Vereisungsphasen stammend), in das tiefe Erosionskerben durch glazifluviale Erosion der Schmelzwassermassen des oberen Gletscherteils (bzw. in eisfreien Perioden des Holozän nicht-glaziale Wasserläufe) eingeschnitten sind. Durch die spezielle Gletschermorphologie eines regenerierter Gletschers unterhalb eines steilen Eisbruchs erklären sich die auf zahlreichen historischen Photographien zu erkennenden Ogiven bzw. Scherungsflächen des unteren Gletscherteils (s.a. Abb. 46).

Vor dem Eis-/Schneeakkumulationskomplex des (unteren) Supphellebre befindet sich eine ständiger Überformung ausgesetzte Sanderfläche mit zeit- und abschnittsweise seeähnlichen Aufstauungserscheinungen, verursacht durch die Einfassung in einem mächtigen Endmoränenzug. Dieser innerste und abgesehen von Schmelzwasserdurchbrüchen auch in lateraler bzw. laterofrontaler Position konzentrisch um den an der Basis der nordwestlichen Talflanke gebildeten Gletscher aufgebaute Moränenkranz weist Höhen von bis zu 8 - 10 m auf und ist proximal/distal annähernd symmetrisch ausgebildet. Wegen der dichten Vegetation und der langen Verwendung des Vorfelds als Viehweide können wie am benachbarten Bøyabreen keine lichenometrischen Datierungen durchgeführt werden. Die zahlreichen Endmoränenzüge des Vorfelds, die z.T. nur als Blockrücken vorliegen, meistens aber konzentrisch und relativ feinmaterialreich ausgeprägt sind, wurden von ORHEIM (1970) datiert. Der Gletscher stieß dabei in Zeiten des frührezenten Maximalstands leicht nach Süden talabwärts im Supphelledalen vor, so daß beide Vorfeldseiten asymmetrisch ausgebildet sind. Eine kleine, von ORHEIM auf 1890 datierte Endmoräne, könnte einer entsprechenden Form auf einer historischen Photographie von 1888 (A.LINDAHL) entsprechen, so daß dieses Datum relativ gesichert ist. Die von ORHEIM selbst mit einem Fragezeichen versehene Endmoräne von „1910" dürfte dagegen nicht korrekt datiert worden sein, zieht man die bekannten Gletscherstandsschwankungsbeträge des Supphellebre in der ersten Hälfte des 20.Jahrhunderts heran (vgl. 5.3.3). Die ausgewiesene Endmoräne liegt 100 m außerhalb der auf 1930 datierten innersten Endmoräne, wobei nach gemessenen Gletscherfrontpositionsänderungen der um 1929 kulminierte Vorstoß eine 55 m weiter talabwärts als 1910 aufwies. Selbst bei Berücksichtigung möglicher Unterschiede zwischen unterschiedlichen Partien der Gletscherzunge, die bei den Durchschnittswerten darstellenden jährlichen Gletscherfrontpositionsänderungen nicht berücksichtigt werden können, erscheint eine Differenz von über 150 m dem Verfasser zu hoch, als daß sie der differenten Reaktion einzelner Partien der Gletscherzunge zugeschrieben werden könnte (zumal eine solche Reaktion in den sehr exakten Vermessungen zweifelsfrei erwähnt worden wäre; s. REKSTAD 1907 ff.). Die um 1910 entstandene Endmoräne muß folglich ab 1923/24 im Zuge des zweiten Vorstoßes im 20.Jahrhundert überfahren worden sein, womit vom Vorstoß um 1910 kein morphologisches Zeugnis mehr erhalten ist. Das während des Vorstoßes bis 1910 eine große Endmoräne aufgebaut wurde, steht im übrigen ohne Zweifel fest, da eine historische Aufnahme von 1906 (H.W.MONCKTON) eine große Moräne an laterofrontaler sowie z.T. frontaler Position der Gletscherzunge zeigt. Auf einer älteren Aufnahme von 1900 (s. Abb. 155) ist eine Endmoräne in gleicher Position nahe

Abb. 155: Westliche laterofrontale Partie des Supphellebre (unterer Gletscherteil) mit vorgelagertem Moränenrücken (Aufnahme: 23.08.1900 - J.REKSTAD, Fotoarkiv NGU Trondheim [C30.40])

des Gletschers zu sehen, die auf der Aufnahme von 1906 nicht zu erkennen ist, während dieses Vorstoßes folglich überfahren und in die Endmoräne des 1910er Vorstoßes eingearbeitet worden sein muß.

Legt man die Gletscherstandsschwankungschronologie des benachbarten Bøyabre zugrunde, könnte der auf o.e. Aufnahme von 1900 (Abb. 155) zu erkennende Endmoränenrücken einem Vorstoß in der zweiten Hälfte des 19.Jahrhunderts entstammen. Damit würde der innerste Endmoränenkomplex zwar während des Vorstoßes um 1930 entstanden sein, aber die Relikte früherer Endmoränenbildungen von 1910 bzw. 1890 enthalten. Konsequenterweise wären damit die von ORHEIM auf „1910 (?)" bzw. „1890" und in letzter Konsequenz auch die auf „1850/70" datierten Endmoränen älter. Zieht man die bekannten Vorstöße des 19.Jahrhunderts in Betracht, sollte die „1910er" Endmoräne von ORHEIM spätestens um 1870 entstanden sein. Die übrigen Endmoränen müßten dann vordatiert werden, auch der Distanz zwischen den Rücken folgend. Dies erscheint durchaus möglich, da nach der Datierung von ORHEIM zwischen dem frührezenten Maximum um 1750 und 1850/70 nur ein Moränenrücken um 1800 gebildet worden wäre, was stark von den Verhältnissen an den anderen Outletgletschern abweichen würde (selbst eingedenk der speziellen glaziologischen Situation eines regenerierten Gletschers). Leider kann durch das Fehlen historischer Dokumente bzw. der Nichtdurchführbarkeit lichenometrischer Datierungen dieser Widerspruch nicht ausreichend aufgelöst werden.

Aktuell wird der untere Gletscherteil ständig durch die v.a. im Winter und Frühjahr (aber auch im Sommer mit imposanter Geräuschkulisse) abgehenden Eis-/Schneelawinen des oberen Gletscherteils überformt. Die großen Schmelzwassermassen des oberen Gletscherteils werden subglazial drainiert. Auf der Oberfläche des Akkumulationskomplexes taut typisches Moränenmaterial, welches durch die Eislawinen mitverfrachtet wurde, aus (N 153). Auch teilweise glazifluvial überprägter Debris gelangt so auf den unteren Gletscherteil (N 155,157), wobei in bestimmter Position auch von

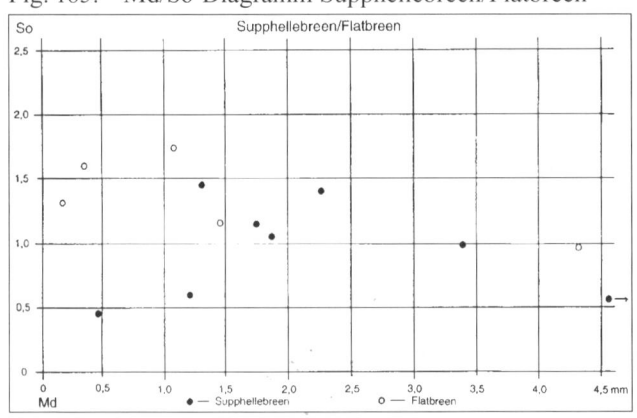

Fig. 185: Md/So-Diagramm Supphellebreen/Flatbreen

einer Einschwemmung von außerhalb des Vorfelds ausgegangen werden muß. Neben typischem glazifluvialen Sediment auf der dem Akkumulationskomplex vorgelagerten Sanderfläche (N 154,156,158) ist das Moränenmaterial der innersten Endmoräne (N 159) bzw. des benachbarten Vorfelds (N 160) z.T. ebenfalls glazifluvial geprägt, Zeichen der Aufstauchung frührezenten glazifluvialen Sediments im Zuge der Aufarbeitung der älteren Moränenvorläufer (s.o.) bei starker glazifluvialer Aktivität während der gesamten frührezenten Hochstandsperiode. Auch präexistentes, präboreales glazifluviales Sediment dürfte bei der sedimentologischen Zusammensetzung des Moränenmaterials eine Rolle gespielt haben.

Fig. 186: Dreiecksdiagramm Supphellebreen/Flatbreen

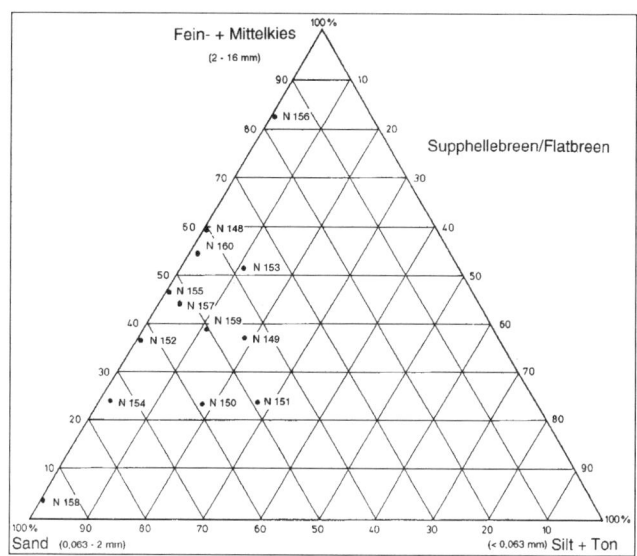

Am als Flatbreen bezeichneten oberen Teil des Supphellebre befindet sich als glazialmorphologische Besonderheit im Bereich des Jostedalsbre eine in Morphologie wie z.T. auch Sedimentologie mustergültig ausgebildete rezente alpinotype Lateralmoräne (s. Abb. 156). Dieser ist eine ältere Lateralmoräne (vermutlich den frührezenten Maximalstand um 1750 repäsentierend) vorgelagert (s. Abb. 157,Fig. 187). Die rezente Lateralmoräne verdankt ihre Entstehung den Besonderheiten des Reliefs bzw. der Gletschermorphologie. An dieser in ca. 1000 m Höhe gelegenen Stelle ändert der vom Gletscherplateau in einer flachen Mulde südlich abfließende Flatbreen seine Fließrichtung um rd. 120° nach SE und bildet nach kurzer Strecke o.e. Eisbruch am oberen Talhang des Supphelledal aus. Ein theoretisch möglicher Abfluß in das Tverrdal (Seitental des Supphelledal) bei unveränderter Fließrichtung (allerdings längerer Strecke bis zum Talboden des Supphelledal) wurde in kombinierter Wirkung einer Felsschwelle (an der die äußerste Lateralmoräne angelehnt ist) sowie einer (präexistenten) Scharte (Brefaltet) zwischen Vetle Supphellenipa (südlich) und Myrhaugsnipa (nördlich) verhindert. Durch diese spezielle Reliefsituation war der Gletscher in der Umbiegungszone während der frührezenten Hochstandsphase bis heute nur sehr begrenzten lateralen Gletscher-frontpositionsänderungen ausgesetzt.

Abb. 156: Rezente Lateralmoräne am Flatbreen (Aufnahme: 07.09.1993)

Abb. 157: Überblick über rezente und ältere frührezente Lateralmoränen am Flatbreen (Aufnahme: 06.09.1992)

Eine schon oberhalb der Umbiegungsstelle ansetzende Lateralmoräne an der westlichen Gletscherflanke folgte der Krümmung des Gletschers (s. Fig. 187), biegt nach SE in o.e. rezente Lateralmoräne um, nur von einem Schmelzwasserabfluß durchbrochen (s. Abb. 156), und setzt sich bis in den Bereich des Eisbruchs fort, wo sie sich sukzessive als morphologische Form hangabwärts auflöst. Die z.T. nur wenige Dekameter vor der rezenten Lateralmoräne sich befindende ältere Lateralmoräne ist abschnittsweise mehrkämmig und zumindest in ihrem nördlichen Abschnitt an o.e. Felsschwelle angelehnt. Im nördlichen Abschnitt ist die distale Moränenflanke nur wenige Meter hoch und deutlich steiler als die proximale Moränenflanke, ein Resultat des gegen die Felsschwelle hin ansteigenden Geländes. Der südliche, mehrkämmige ältere Lateralmoränenabschnitt ist dagegen annähernd symmetrisch ausgebildet und bis zu 10 - 12 m hoch. Zwischen rezenter und äußerer Lateralmoräne hat sich eine kleine Sanderfläche ausgebildet, wobei eine Ansprache des älteren Moränenrückens als Bildung des frührezenten Maximums (um 1750 ?) zwar logisch erscheint, jedoch nicht näher überprüft werden kann. Lediglich ein Alter jünger als Anfang des 19.Jahrhunderts bzw. prä-frührezente Genese können aufgrund der Vegetationssukzession im Vergleich zur rezenten Lateralmoräne bzw. dem Gelände außerhalb ausgeschlossen werden. Im übrigen folgt auch die ältere Lateralmoräne, deren südlicher Abschnitt nicht an eine Felsschwelle angelehnt ist, der vermutlichen Gletscherrandposition im Umbiegungsabschnitt und ist von o.e. Schmelzwasserstrom zerschnitten.

Die morphologisch dominierende, Höhen von 20 m und mehr erreichende rezente Lateralmoräne wird allgemein als „1900er Moräne" bezeichnet. Sie ist nach Ansicht des Verfassers aber zweifellos etwas älter, da sie nicht nur auf historischen Photographien von 1906 (s. Abb. 158), sondern auch auf älteren Aufnahmen von 1896 (Fotoarkiv NGU Trondheim) als gut ausgebildeter Moränenwall (mit Eisoberfläche mindestens einige Meter unter dem Moränenkamm !) zu erkennen ist. Die Genese dieser Lateralmoräne, zumindest deren Beginn, muß schon früher angesetzt haben, um 1870 oder evtl. noch früher Mitte des 19.Jahrhunderts.

Die rezente Lateralmoräne weist eine durchschnittlich 40/41° steile (abschnittsweise noch stärker geneigte) proximale Moränenflanke auf, während der distale Hang mit 32/33° deutlich flacher ausgebildet ist (annähernd im statischen Ruhewinkel). Trotz eines ständigen Versturzes an der proximalen Moränenflanke, zwischen der und der aktuellen Gletscherfront sich ein kleiner Moränenstausee aufgestaut hat, sind zahlreiche Blöcke subparallel zur distalen Moränenflanke eingeregelt (s. Abb. 159). Der permanente Versturz hat den Kamm der Lateralmoräne deutlich gegenüber dem auf den historischen Photographien erkennbaren breiteren und flacheren Kamm um 1896/1906 zugeschärft. Obwohl ein Grund für diesen Versturz der laterale Rückzug des als Widerlager dienenden Gletschers war, wurde der Versturz auch durch einen (inzwischen weitgehend abgetauten) Eiskern gefördert, der sukzessive (u.a. im Kontakt zum vorhandenen See), abgetaut ist (pers.Mittlg. A.R.Aa). Typische Risse am proximalen Lateralmoränenkamm bestätigen dies, obwohl er im Bereich des Lateralmoränenrückens in den Sommern 1992 - 1994 nicht exponiert und zu erkennen war (historische Photographien des Kontaktbereichs Gletscher-Moräne lassen die Existenz eines Eiskerns aus gletschermorphologischen Gründen möglich erscheinen).

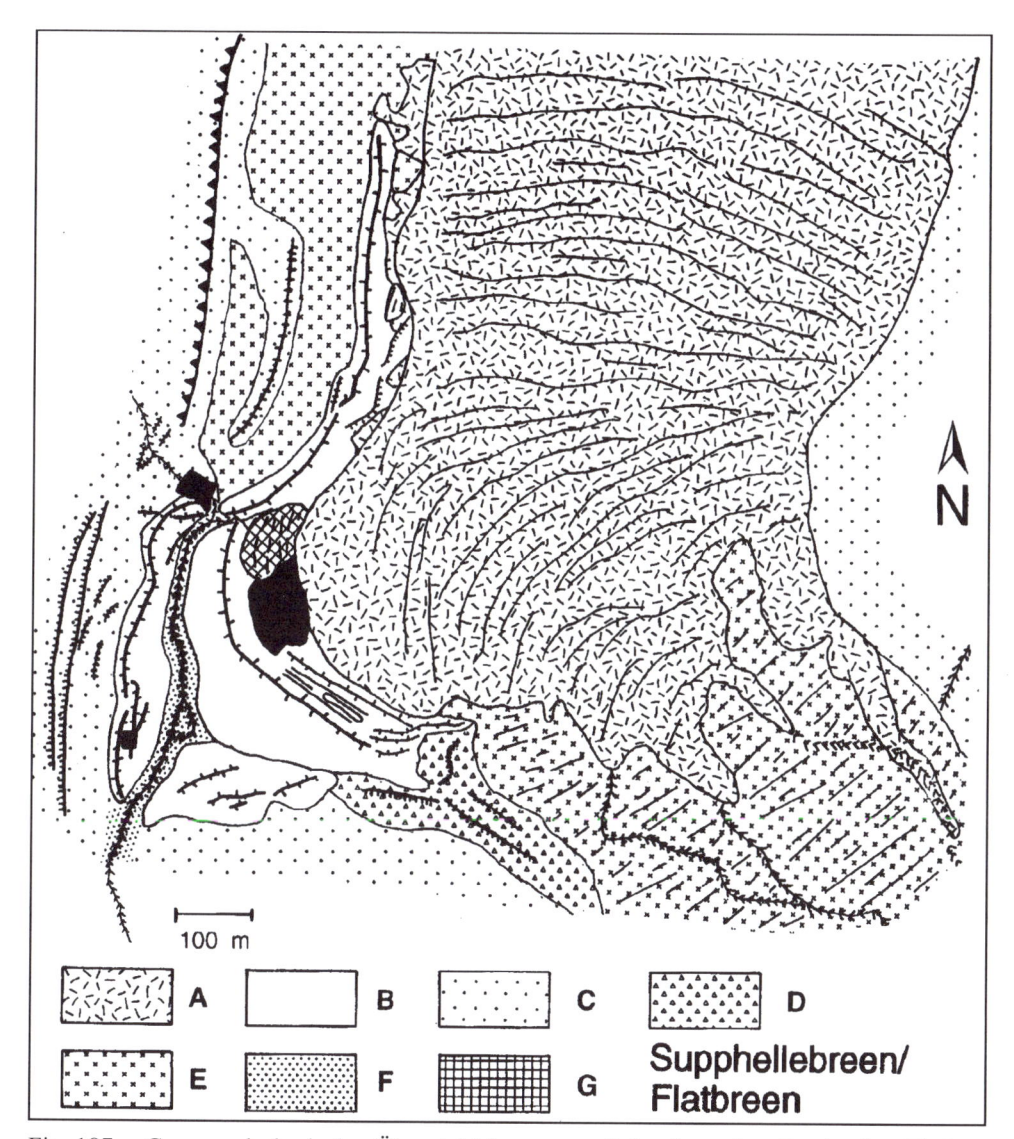

Fig. 187: Geomorphologische Übersichtskarte westliche lateralen Partie des Flatbre; Gletscherstand 1992 [A - Gletscher; B - Moränenrücken; C - Lockermaterial (außerhalb Gletschervorfeld); D - frührezentes Moränenmaterial (überformt); E - Festgestein; F - Sanderfläche; G - Eiskern-Moränenkomplex]

An einer Genese der Lateralmoräne mit erheblicher Beteiligung von *dumping*-Prozessen supraglazialen Moränenmaterials besteht aufgrund der morphologischen Sachverhalte kein Zweifel, wenngleich aufgrund des aktuell wie auf den historischen Photographien zu beobachtenden limitierten Auftretens supraglazialen Debris eine Modifikation des konventionellen Geneseprozesses alpinotyper Lateralmoränen zu fordern ist. Bei der speziellen glazialdynamischen Situation der Umbiegung sind zur Hauptbildungszeit der Lateralmoräne (von der leider keine historischen Photographien etc. vorliegen) vermutlich Scherungsflächen aufgetreten, an denen en- und subglazialer Debris an die laterale Gletscher-

Abb. 158: Rezente Lateralmoräne des Flatbre (Aufnahme: 1906 - H.W.MONCKTON, Fotoarkiv NGU Trondheim [C30.32])

Abb. 159: Eingeregelte Blöcke an der proximalen Flanke der rezenten Lateralmoräne des Flatbre; man beachte den starken postsedimentären Versturz (Aufnahme: 06.09.1992)

oberfläche gelangen konnte, der dann durch *dumping* an der lateralen Gletschergrenze abgelagert wurde (evtl. teilweise auf stagnanten Eispartien - Eiskern !). Aufstauchungsprozesse können aufgrund der (auch schon auf historischen Photographien erkennbaren) Asymmetrie des Moränenrückens und der Einregelung der groben Blöcke keine bedeutende Rolle gespielt haben. Die für westnorwegische Verhältnisse niedrigen Zurundungswerte (NR 6: 175, Streuung der Einzelwerte 32 - 714), das Auftreten angularer grober Blöcke (eindeutig supraglaziales Moränenmaterial) und die fehlende glazifluviale Überprägung des Moränenmaterials der rezenten (N 149) wie auch der älteren Lateralmoränen (N 151) sprechen zusätzlich für ein Überwiegen von lateralen *dumping*-Prozessen.

Aufgrund des Kontrasts der (aktuell wie auf den historischen Photographien zu erkennenden) flachen Eisoberfläche (daher der Name Flatbre) zum mächtigen Lateralmoränenrücken ist o.e. Auftreten von Scherungsflächen anzunehmen, wenn nicht zu Zeiten der Hauptbildungsphase der Lateralmoräne (die 1896/1906 schon erkennbar abgeschlossen war und die seitdem v.a. durch postsedimentäre Überformung weitergestaltet wurde) die laterale Gletscherfront gänzlich different ausgebildet war. Wenigstens muß die Fließrichtung gewissen Änderungen unterworfen gewesen sein, da aktuell die westliche laterale Partie des Gletschers im Gegensatz zur zerklüfteten Eisoberfläche in der Zone der Hauptfließrichtung flach und glazialdynamisch sehr inaktiv ist. Beleg für tatsächlich aufgetretene Fließrichtungsänderungen ist im übrigen ein debrisbedeckter Toteiskomplex proximal zum rezenten Lateralmoränenkamm (N 148). Dieser Toteis-Moränenkomplex war 1947 (Schrägluftbild abgebildet bei ØSTREM, DALE SELVIG & TANDBERG 1988) noch nicht vorhanden, auf einem Luftbild von 1981 aber bereits nur noch marginal mit dem Gletscher in Kontakt. Der direkt an die proximale Flanke im Bereich des Schmelzwasserausflusses angelagerte Komplex ist im Zeitraum zwischen 1950 und 1980 gebildet worden, also innerhalb der Rückzugsphase der Outletgletscher des Jostedalsbre. Der auch verglichen mit den lateralen Gletscherfrontänderungen von 1896/1906 bis heute sehr starke laterale Vorstoß fiel in eine Periode stark zurückgezogener Gletscherfront im Bereich des Eisbruchs (vgl. o.e. Aufnahme von 1947), womit spekuliert werden darf, ob nicht auch die große rezente Lateralmoräne eher durch Änderungen der Eisbewegungsrichtung (evtl. Reaktion auf eine zurückgezogene Gletscherfront im Bereich des Eisbruchs) als durch einen frontalen Vorstoß entstanden ist. Dies läßt sich leider aufgrund des Fehlens historischer Dokumente etc. nicht weiter überprüfen. Jedenfalls entspricht die Genese der morphologisch und (eingeschränkt) sedimentologisch als alpinotyp zu bezeichnenden rezenten Lateralmoräne nur teilweise der Genese der Mustertypen solcher Lateralmoränen und repräsentiert nicht mehrere Gletschervorstöße gleicher lateraler Ausdehnung, was nicht zuletzt auch die äußeren frührezenten Lateralmoränen zeigen. Gleichwohl haben die nachfolgenden lateralen Gletscherausdehnungsphasen nicht zu einer Zerstörung dieses Lateralmoränenrückens geführt, sondern lediglich zur Anlagerung subsequenter Lateralmoränenrücken in deren südlichen Abschnitt, deren innerste eine supraglaziale Lateralmoräne darstellt. Deren Existenz kann nur Scherungsflächen zugeschrieben werden, Aufstauchungsprozesse sind durch die flache Gletscheroberfläche unwahrscheinlich. Da dieser subsequente Moränenrücken auf o.e. Aufnahme von 1947 noch nicht vorhanden war, ist er evtl. als Verlängerung o.e. Toteis-Moränenkomplexes zu deuten, der durch die sukzessive Entstehung des Sees (der im Luftbild von 1981 nicht zu erkennen ist) getrennt wurde (1947 wies der See ungefähr die gleiche Ausdehnung wie 1994 auf). Das Moränenmaterial der subsequenten Lateralmoränenrücken weicht durch partielle Aufnahme (Scherungsflächen) bzw. (untergeordnet) Aufstauchung im Seebecken abgelagerten glazifluvialen Sediments sedimentologisch etwas ab (N 150; vgl.a. N 152 als glazifluviales Sediment des Sanders).

Besonderheiten des Reliefs und der Gletschermorphologie bzw. glazialen Dynamik haben am oberen Teil des Supphellebre eine Form entstehen lassen, die zwar morphologisch als alpinotype Lateralmoränen angesprochen werden kann, aber differenter Genese ist und somit auch zu anderen Interpretationen bezüglich des Gletscherstandsschwankungsverhaltens zwingt. Genetisch steht die Lateralmräne eher den (allerdings morphologisch differenten) Lateralmoränen des Jotunheimen-Typs (s.u.) näher, d.h. Lateralmoränen unter Mitwirkung von *dumping*-Prozessen gebildet, aber nicht Summen mehrerer (z.T. holozäner) Gletschervorstöße darstellend. Der Verfasser tendiert dazu, diese Lateralmoräne als Sonderform zu klassifizieren, da die speziellen, lokalen Rahmenbedingungen der Moränengenese zu stark von den anderen Lateralmoränen der Untersuchungsbiete abweichen.

Am im Talschluß des Supphelledal gelegenen Vesle Supphellebre (s. Abb. 160) sind trotz zumindest in der ersten Hälfte des 20.Jahrhunderts ausgewiesenen Gletschervorstößen keine deutlichen End- oder Laterofrontalmoränen vorhanden. Dies begründet sich in starker Hangdynamik (Überformung evtl. existenter Moränenformen) bzw. dem seit mindestens 1900 praktisch ausschließlich auf Festgestein endenden Gletscher.

7.4.12 Brigsdalsbreen

Der Brigsdalsbre liegt in einem kurzen W-E-verlaufenden Seitental (Brigsdalen) des inneren Oldedal (s. Abb. 161). Zwei dominante Felsschwellen glie-

Abb. 160: Talschluß des Supphelledal mit Vesle Supphellebreen (von links oben ins Tal abfließend) und dessen Gletschervorfeld (Aufnahme: 03.09.1994)

Abb. 161: Vertikalluftbild des inneren Oldedal (Melkevollbreen (unten links), Brigsdalsbreen (Mitte rechts), Brenndalsbreen (oben rechts); Luftbild eingenordet (Aufnahme: 11.08.1984 - © Fjellanger Widerøe AS [8390/18-3/40])

dern das Brigsdal, in dessen Talschluß der Brigsdalsbre über fast 1300 m steil vom Plateau des Jostedalsbre in einem Eisbruch nach Westen abfließt (s.a. Abb. 8). Die äußere Felsschwelle (Kleivane) ist ca. 80 m hoch und stellt die äußerste frührezente Gletscherposition dar. Die zweite, innere Felsschwelle ist rd. 25 m hoch und indirekt durch das talaufwärts gelegene Becken im anstehenden Festgestein für die Existenz eines proglazialen Sees (Brigsdalsvatnet) verantwortlich, zwischen dem und der Felsschwelle sich eine kleine Sanderfläche ausgebildet hat. Auch das durch die untere Talschwelle begrenzte Felsbecken wird größtenteils von einem frührezenten Sander eingenommen. Während das Brigsdalsvatn Ende der 1960er Jahre noch eine Länge von ca. 470 m besaß, ist es durch den aktuellen Gletschervorstoß (s. 5.3) auf ca. 50 m Anfang September 1995 geschrumpft und dürfte bei Anhalten der derzeitigen Vorstoßgeschwindigkeit in 1 oder 2 Jahren komplett verschwunden sein. Durch Ausbildung einer Kalbungsfront über dem Brigsdalsvatn endet der Brigsdalsbre seit Ende der 1930er Jahre nahezu unverändert auf ca. 350 m.

Die frührezenten Endmoränen im Vorfeld des Brigsdalsbre sind vergleichsweise schlecht ausgebildet und stehen in Kontrast zur aktuellen Laterofrontal- und Endmoränengenese an der vorstoßenden Gletscherfront (s.u.). Die frührezente Maximalposition an der unteren Talschwelle ist nur durch eine knapp 2 m hohe und durch breiten Kamm sehr undeutlich ausgeprägte Endmoräne im nördlichen Gletschervorfeld gekennzeichnet. Der Mangel an aufstauchbarem Lockermaterial bei gleichzeitiger Armut an supraglazialem Material dürfte dazu den Ausschlag gegeben haben. Auch die anderen Endmoränen des Vorfeldabschnitts zwischen unterer und oberer Talschwelle sind morphologisch undeutlich, wobei dichte Vegetation Kartierung der Endmoränen in Gelände wie Luftbild erschwert. Die dichte Vegetation im äußeren Vorfeld ist schon auf historischen Photographien (die seit 1870 in großer Anzahl vorliegen; s. 5.3.4) zu erkennen, d.h. von einer zügigen Entwicklung nach dem Rückzug von der maximalen frührezenten Gletscherfrontposition ist auszugehen. Das frührezente Maximum kann sich im übrigen nur um 1750 bei schon ab 1700 bedeutender Gletscherausdehnung ereignet haben, berücksichtigt man die auf historischen Dokumenten basierende Gletscherstandsschwankungschronologie des benachbarten und Brenndalsbre. Da lichenometrische Untersuchungen aufgrund der dichten Vegetation an Brigsdalsbreen wie den benachbarten Brenndals- und Melkevollbreen nicht möglich sind (pers.Mittlg. K.Fægri), lassen sich die Moränen im zentralen äußeren Vorfeld nicht datieren und somit keine Aussagen über den Verlauf der Rückzugsphase bis gegen 1870 treffen (s. PEDERSEN 1976). Im zentralen Vorfeld ist die breite und lange Zeit aktive Sanderfläche Hauptursache für die fehlende Ausbildung von Endmoränen, während in den lateralen Vorfeldbereichen der sehr grobblockige Hangschutt (zwischen ausgedehnten, glazialerosiv überformten, aber lockermaterialfreien Festgesteinsarealen) nur sehr bedingt Möglichkeiten zur Aufstauchung von Moränen liefert. Einzig im südlichen Vorfeld in laterofrontaler Position sind mehrere,

Abb. 162: Brigsdalsvatnet, Teile der frontalen Gletscherzunge des Brigsdalsbre, Schwemmfächer unterhalb der Felsschwelle des Kjøtabre (zentraler Bildhintergrund) und angedeutete Laterofrontalmoränen an der Basis des Kattanakken im rechten Hintergrund (Aufnahme: 07.09.1994)

wenige Meter hohe Moränenrücken (z.T. grobblockig) vorhanden, in einem Bereich mit vergleichsweise mächtiger Hangschuttdecke und (vermutlich) präborealem Moränenmaterial (s. Abb. 162; vgl. N 127). Eindeutig datierte morphologische Zeugnisse von prä-frührezenten holozänen Hochständen nach dem Erdalen *event* existieren am Brigsdalsbreen nicht. Außerhalb des südlichen Vorfelds am unteren Hang von Kattanakken befindet sich ein mit dem Erdalen *event* korrelierbarer, bis dato aber undatierter Laterofrontalmoränenrücken (s. NESJE & AA 1989).

Im Bereich der innerer Felsschwelle, in deren Areal die Gletscherfront zwischen 1870 und 1930 positioniert war (s. Abb. 51 - 54), fehlen Endmoränen. Nur in laterofrontaler Fortsetzung sind teilweise undeutliche Moränenrelikte in Form von abgedrängtem Hangschutt zu erkennen (vgl. PEDERSEN 1976). Obwohl ein Gletschervorstoß um 1870 belegt ist (REKSTAD 1904), entstand keine Endmoräne. Gleiches trifft auf die beiden Vorstößen in den ersten Dekaden des 20. Jahrhunderts zu. Da, wie es zumindest aktuelle Studien der Gletscherfront vermuten lassen (s.u.), auch während der frührezenten Hochstandsphase der Brigsdalsbre seine Endmoränen durch Aufstauchungsprozesse (sensu lato) aufgebaut hat, ist der Grund für die Abwesenheit von Endmoränen auf dieser Festgesteinspartie im fehlenden Lockermaterial zu suchen, zumal durch die große Ausdehnung auch mit einem an Scherungsflächen orientierten Aufstauchungsprozeß (wie z.B. am Nigardsbreen) keine Moräne hätte gebildet werden können. Selbst wenn es durch *dumping* „ferntransportierten" subglazialen Debris bzw. begrenztes Auftreten supraglazialen Debris kleine Moränenrücken gegeben hätte (kleine Wintermoränen, die sich auf einzelnen historischen Photographien v.a. in laterofrontaler Position im Randbereich der Festgesteinsschwelle erkennen lassen), wären diese durch glazifluviale Erosion schnell wieder abgetragen worden. Historische Photographien, Beobachtungen der aktuellen Gletscherzunge bzw. weite hangschuttfreie und glazialerosiv gestaltete Talhänge legen in Ergänzung oberer Argumentation nahe, daß supraglazialer Debris in keiner Phase der frührezenten, rezenten und aktuellen Moränenbildungsphasen eine Rolle gespielt hat.

Abb. 163: Gletscherzunge des Brigsdalsbre mit „Lateralmoränenkomplex" im Hintergrund (Aufnahme: 28.08.1993)

Am südlichen Ufer des Brigsdalsvatn (erstmals auf einer Photographie von 1888 sichtbar) ist ein „Lateralmoränenkomplex" ausgebildet, der allerdings nur durch seine Position unterhalb Dauramålet und die sedimentologische Zusammensetzung als solcher bezeichnet werden kann (s. Abb. 163). Seine hangwärtige Grenze (trotz starker postsedimentären Hangerosion mit tief eingeschnittenen Erosionsrinnen) repräsentiert ungefähr die Obergrenze glazialer Überformung während der frührezenten Vorstoßphase, doch kann aufgrund des erosiven Charakters nicht entschieden werden, ob es sich um eine stark überformte frührezente Lateralmoräne handelt, oder um anerodiertes älteres (präboreales) Moränenmaterial. Ein großflächiger Hangschuttkegel schiebt sich von Süden her in den oberen Abschnitt des Brigsdal vor, der für die fehlende Ausbildung von Moränenformen in diesem Vorfeldabschnitt verantwortlich ist. Permanenter Versturz von Schnee, Eis (v.a. während der frührezenten Vorstoßphase) und Debris des auf ca. 1100 m im oberen Talhangbereich endenden Kjøtabre hat diesen Hangschuttkegel aufgebaut, wobei der Gletscher allenfalls während des maximalen frührezenten Hochstands mit dem Brigsdalsbre eine Konfluenz ausgebildet haben dürfte (s. Abb. 161). Da auf historischen Photographien keine solche Konfluenz auszumachen ist (vgl. 5.3.4), lieferte der Kjøtabre, der selbst über eine gut ausgebildete Endmoräne bzw. eine Lateralmoräne im hochgelegenen Teil seiner aktuellen Gletscherzunge verfügt (s. Abb. 164), v.a. durch Versturz von Eismassen dem Brigsdalsbre zusätzlichen Eisnachschub.

Die Hangerosion an der nördlichen Talseite des inneren Brigsdal ist höher als an der südlichen. An der Nordseite haben sich große Schuttkegel grobblockigen Hangschutts ausgebildet. Selbst wenn einzelne markante große Felsblöcke im nördlichen Uferbereich zu finden sind, ist der Blockreichtum im unteren Vorfeld größer (PEDERSEN 1976). Einige dieser Blöcke, die keine Spuren glazialer Formung zeigen, könnten über kurze Distanzen als supraglazialer Debris transportiert worden sein. Im oberen Zungenbereich des Brigsdalsbre ist östlich des Gipfels des Brigs- und Brenndalen trennenden Felsriegels (Svartenibba) neben Moränen östlich des flachen Gipfelplateaus (autochthones *„blockfield"*; vgl. 1.4.2) an der Grenze zum Gletscherplateau abschnittsweise eine Lateralmoräne (andeutungsweise alpinen Typs) ausgebildet (s. Abb. 161).

Abb. 164: Gletscherzunge des Kjøtabre (Aufnahme: 03.09.1995)

Das proglaziale Brigsdalsvatn entstand erst im Zuge des starken Rückzugs der Gletscherzunge von der oberen Felsschwelle in den 1930er und 1940er Jahren dieses Jahrhunderts. DUCK & MCMANUS (1985) und MCMANUS & DUCK (1988) unternahmen Studien zur Sedimentation im Brigsdalsvatnet. Von der Gletscherfront abkalbende Eisberge, die Ende der 1970er Jahre als der Gletscher noch über den tieferen Bereichen des Sees seine Kalbungsfront hatte häufiger waren, werden von katabatischen Fallwinden und natürlicher Strömung auf das nordwestliche Seeufer und den Abfluß zugetrieben. Auf dem flachen Uferschelf stranden sie und tauen sukzessive ab. Der in den Eisbergen z.T. vorhandene englaziale Debris führt n. DUCK & MCMANUS (1985) zur Ausbildung eines subaquatischen Schelfbereichs mit assoziierten Strandablagerungen, welche sich z.gr.T. aus geschichteten Feinkies- und Grobsandablagerungen zusammensetzen. Diese Strandschichten, die die proximale Flanke der als Damm fungierenden Laterofrontalmoräne am südwestlichen Ufer in einer Mächtigkeit von rd. 25 cm bedecken, sind an Feinmaterial verarmt. Flache und plattige Gesteinskomponenten sind dabei, mit der Ausnahme der Umgebung größerer Blöcke, parallel zum Seeboden orientiert.

Das Brigsdalsvatn wies zur Zeit der Lotungen von DUCK & MCMANUS (1985) direkt an der Gletscherfront Tiefen bis zu 20 m auf, bei schneller Verflachung des Sees in nordwestlicher Richtung auf den Ausfluß zu. Die eigentlichen Seesedimente auf dem Seegrund sind im Kontrast zu den Eisbergverfrachteten Sedimenten sehr fein und bestehen aus seegrundparallel geschichteten Feinsand- und Siltablagerungen, die z.T. für den relativ hohen Feinmaterialgehalt der aktuell aufgestauchten Laterofrontalmoränen verantwortlich zeichnen (s.u.). Die Schichtung ist teilweise durch *dropstones* gestört, wobei zum nordwestlichen Ausfluß deren Häufigkeit zunimmt. Es sind zwei grundsätzlich verschiedene Sedimentfazies anzusprechen, nämlich die feinmaterialreichen Sedimente glazifluvialen/ glazilimnischen Ursprungs regulärer Sedimentation und die Eisberg-verfrachteten Ablagerungen (Strandablagerungen). Interessant ist der unterschiedliche Debrisgehalt der Eisberge, die im Zentrum der Gletscherzunge i.d.R. nur 0,01 bis 0,05 kg/m^2 Debris aufweisen, lateral dagegen 0,1 bis 20 kg/m^2.

Da mit Ausnahme des nördlichen Zungenendes seit Mitte der 1930er Jahre an der Gletscherfront ausschließlich subaquatische glaziale bzw. glazifluviale Sedimentationsprozesse aufgetreten sind und auf Luftbildern (aus den 1970er Jahren!) zu Beginn des Frühsommers eindrucksvolle Eisbergkonzentrationen fast die Hälfte des gesamten Sees bedecken, ist die Theorie von Eisberg-Sedimentation zwar plausibel, dürfte nach Ansicht des Verfassers aber quantitativ im Vergleich zur „normalen" glazilimnischen Sedimentation von Feinmaterial nicht ins Gewichts fallen (was z.T. in der Sedimentologie der aktuellen Moränen an der Gletscherfront sichtbar wird). Die von DUCK & MCMANUS (1985) aufgezeigten erheblichen bathymetrischen Veränderungen im Seebecken deuten auf hohe Sedimentationsraten hin, wobei die Autoren von 1979 bis 1982 von der Ablagerung ca. 12.000 m³ Sediments ausgehen. Auch die Existenz eisfrontparalleler subaquatischer Endmoränen ist belegt (bis zu 6 m Kammhöhe bei durch subglaziale Schmelzwasserströme unterbrochenem Grundriß), wobei diese Formen mit den von PEDERSEN (1976) kartierten Endmoränenfragmenten am nördlichen Seeufer korrelieren. Wichtig in glazialdynamischer Hinsicht ist die von DUCK & MCMANUS aufgezeigte Tatsache, daß der innere Teil des Brigsdalsvatn relativ tief ist, sich der See zum talwärtigen Ufer hin verflacht. Oszillierende Gletscherfronten in den 1960er und 1970er Jahren und der schnelle Vorstoß in den letzten Jahren könnten dadurch stark beeinflußt worden sein, daß über dem tiefen Teil des Sees der Gletscher komplett eine Kalbungsfront ausbildete, während er nun vermutlich in allen Bereichen der Gletscherfront gründig ist, wodurch in Konsequenz o.e. Eisberge seit 1993 nur vereinzelt beobachtet werden konnten.

Abb. 165: Aktuelle Laterofrontalmoräne an der vorstoßenden nördlichen Gletscherzunge des Brigsdalsbre; man beachte das Überfahren bereits mit dichter Vegetation bestandener Areale (Aufnahme: 31.08.1994)

An den laterofrontalen Partien des Brigsdalsbre, besonders am nördlichen Seeufer, konnte der Verfasser 1989 bis 1995 die morphologischen Konsequenzen des aktuellen Gletschervorstoßes im Detail studieren. Der sich in den letzten Jahren enorm beschleunigende Gletschervorstoß führte allein von 1987 bis 1995 zu einem frontalen Nettovorstoß von 329 m. Auch lateral ist der Gletscher in dieser Periode mit erheblichen morphologischen Konsequenzen vorgestoßen (s. Abb. 165), wobei allerdings diese lateralen Positionsänderungen durch die offiziellen Gletschermessungen nicht erfaßt werden. Alle Beobachtungsergebnisse des Verfassers lassen zusammen mit sedimentologischen Untersuchungen keinen Zweifel daran, daß es sich bei den aktuell gebildeten Moränen um Stauchmoränen handelt, wobei die Morphologie zwischen frontalen Moränen am Seeufer (bzw. im flachen Uferbereich) und laterofrontalen bzw. lateralen Moränenrücken im Bereich alten Moränenmaterials bzw. Hangschutts different gestaltet ist und auch geringfügige Unterschiede im genetischen Prozeß zu folgern sind. Die aufgebauten Moränenformen unterliegen dabei permanenter Überformung durch den vorrückenden Gletscher, so daß es sich stets um temporäre Formen handelt, die maximal 1 oder 2 Jahre alt sind. Nur 1989 konnte noch außerhalb der aktuell aufgebauten Moräne ein Laterofrontalmoränenrücken vorgefunden werden, der deutlich älter war, folglich noch aus der Rückzugsperiode über das Brigsdalsvatn (bei deren Unterbrechung während eines Wintervorstoßes) stammte (vgl. PEDERSEN 1976, NESJE & AA 1989). Ein im Spätsommer 1991 außerhalb der damaligen aktuellen Laterofrontalmoräne vorhandener Moränenrücken entstammte dem Wintervorstoß 1989/90 (1989/90 deutlich stärkerer frontaler Vorstoß als 1990/91; s. Abb. 166,167). Abgesehen von dieser Ausnahmesituation waren sonst lediglich in einzelnen Abschnitten an der nördlichen lateralen Partie der Gletscherzunge aufgrund beständiger Änderung des Grundrisses der lateral-marginalen Gletscherzungenflanke abschnittsweise in den Sommern 1990, 1992, 1993 und 1994 noch Relikte des im Vorjahr aufgebauten Moränenrückens vorhanden (1994 nur auf 10 m Distanz aufgrund einer Einbuchtung der aktuellen lateralen Gletscherzunge; s.a. Abb. 173).

Abb. 166: Aktuelle Laterofrontalmoränen an der nordwestlichen Gletscherzunge des Brigsdalsbre; vgl. Abb. 167 (Aufnahme: 09.09.1991)

Die in den letzten Jahren an der Gletscherzunge vorliegenden aktuellen Moränen werden v.a. durch starke saisonale Vorstoßtendenzen im Winter bzw. Frühjahr geformt, da durch den saisonalen Rückzug im Sommer bei den Felduntersuchungen im Zeitraum Ende August/Ende September sich die Gletscherfront oft wenige Meter von der aktuellen Moräne (s. Abb. 168) zurückgezogen hatte. Gerade am Brigsdalsbreen zeigt dies die große Bedeutung von Wintervorstößen an, deren Moränen nur deshalb nicht überdauern, weil der Gletscher sie im nächsten Jahr durch den schnellen Vorstoß wieder überfährt. In Zeiten des Gletscherstillstands bzw. leichten -rückzugs zeigt dies aber die generelle Möglichkeit der Bildung von Endmoränen während Wintervorstößen, wie sie durch die morphologischen Verhältnisse an den meisten westnorwegischen Gletschern vom Verfasser als eminent wichtig für die Genese von Moränen überhaupt angesehen werden.

Abb. 167: Aktuelle Laterofrontalmoräne an der nordwestlichen Gletscherzunge des Brigsdalsbre; vgl. Abb. 166 (Aufnahme: 27.08.1992)

Die frontalen Moränenrücken im Uferbereich, die im Kontakt zum proglazialen See stehen, besaßen in allen Jahren der Beobachtung einen Eiskern (s. Abb. 170). An einer konvex aufwärts gerichteten Scherungsfläche (vgl.a. Abb. 171) können sich kleinere Eiskomplexe vom aktiven Gletscher bei dessen saisonalen Rückzug abtrennen (Einfluß des Seewassers ist zu beachten) und von Moränenmaterial bedeckt werden, welches entweder von ehemaligen englazialen Debrisbändern an der Scherungsfläche

Abb. 168: Durch saisonalen (ablationsbedingten) Rückzug eisfreie proximale Flanke der aktuellen Laterofrontalmoräne an der nordwestlichen Gletscherzunge des Brigsdalsbre (Aufnahme: 09.09.1991)

stammt bzw. vom überlagernden Eis abgetaut ist oder zwischen abgegliedertem Eisblock und aktivem Eis in wassergesättigtem Status aufgepreßt wurde. Aufgrund der sedimentologischen Eigenschaften des überlagernden Sediments an der proximalen Flanke der 1994er Eiskern-Endmoräne (ausschließlich Grob- und Mittelsand) ist auch an glazifluviale Akkumulation zu denken, wobei die Mächtigkeit des Materials selten 10 cm überstieg (s. Abb. 170). Distal zeigt 1994 aufgestauchtes Moränenmaterial (feinmaterialreich mit einzelnen Kiesen und Steinen) einen scharfen Kontrast zum proximal den Eiskern überlagernden Sediment. Dieses Eis stand noch relativ kurze Zeit zuvor (nach Beobachtungen des Verfassers noch Anfang Juni 1994) mit dem aktiven Eis in Kontakt und konnte dieses Moränenmaterial aufstauchen (sensu stricto !; Setzungsrisse im ehemals stark wassergesättigten (glazilimnisch/glazifluvial beeinflußten) Moränenmaterial auf der distalen Moränenflanke).

Selbst wenn im Falle der frontalen Moränenformen Scherungsflächen durch Abgliederung von Eiskomplexen eine Rolle spielen, ist eine Entstehung von Endmoränen durch den Transport und die Ablagerung von subglazialem Moränenmaterial, wie von ANDERSEN & SOLLID (1971) u.a. am Nigardsbreen (s.o.) beschreiben, nach Ansicht des Verfassers am Brigsdalsbreen ein untergeordneter Prozeß. Zum einen ist an der gesamten marginalen Gletscherfront kaum subglazialer Debris erwähnenswerter Mächtigkeit vorhanden (allenfalls wenige cm-mächtig), zum anderen zeigen große Blöcke (von mehreren m^3) eine deutliche Überkippung bzw. Verlagerung, welche allein auf Druck des vorstoßenden Eises (im Winter und Frühjahr) zurückzuführen ist. Zu bedenken ist ferner, daß die Gletscherfront beinahe vertikal 20 m und höher aufragt (s. Abb. 165), also starken Druck auf das unterlagernde Lockermaterial, im konkreten Fall stark wassergesättigtes, feinmaterialreiches Moränenmaterial des Uferbereichs des Brigsdalsvatn, ausüben kann. Speziell im Frühjahr, aber auch im Sommer (eigene Beobachtungen

Abb. 169: Aktuelle Endmoräne (mit Eiskern) an der nordwestlichen Gletscherzunge des Brigsdalsbre; vgl. Abb. 170 (Aufnahme: 31.08.1994)

des Verfassers), kann dieses Material allein durch den Druck des vorstoßenden Gletschers aufgepreßt bzw. aufgestaucht werden (s. Abb. 23,171 - 173), ohne das Scherungsflächen am genetischen Prozeß beteiligt sind, welche im lateralen Gletscherbereich nur vereinzelt auftreten.

Die lateralen Abschnitte der kontinuierlich den gesamten Gletscherrand säumenden aktuellen Moränen weisen eine konvex zum Kamm hin steiler werdende proximale Flanke von bis zu 35 ° (und mehr) Neigung auf. Die distalen Flanken sind mit 45 - 50 ° deutlich steiler. Die konvex geformte proximale Flanke der eiskernfreien Lateral- bzw. Laterofrontalmoränen repräsentiert die ehemalige Gletscherbasis während des Aufstauchungsprozesses,

Abb. 170: Glazifluvial überprägtes Moränenmaterial an der proximalen Flanke der aktuellen Endmoräne an der nordwestlichen Gletscherzunge des Brigsdalsbre; Eiskern im Bildmittelpunkt exponiert (Aufnahme: 31.08.1994)

bei dem nicht nur große Blöcke disloziert wurden (Überkippung durch flechtenbewachsene bzw. verwitterte ehemalige Gesteinsoberflächen an seitlicher bzw. unterer Gesteinsblockfläche induziert), sondern auch junge Birken überfahren bzw. am distalen Moränenhang umgeknickt (s. Abb. 174). Der inkompakte Charakter des Moränenmaterials mit ständigem Versturz an distaler wie proximaler Flanke und auftretende Setzungsrisse stehen zu dieser Aufstauchungstheorie nicht im Widerspruch, ebenso der deutlich „überfahrene" Charakter Teile eines älteren Moränenrückens 1991. Scherungsflächen treten zwar frontal am Brigsdalsbreen auf (sonst wären die entsprechenden Eiskerne der frontalen Moränen nicht zu erklären), aber insbesondere an der lateralen Flanke können die Moränenrücken nicht mit dem von ANDERSEN & SOLLID (1971) beschriebenen Prozeß erklärt werden, zumal im Gegensatz zu den von den Autoren untersuchten Beispielen (Blåisen/Hardangerjøkulen und Nigardsbreen; s.o.) am Brigsdalsbreen differentes Moränenmaterial in stark wassergesättigtem Zustand vorliegt. Das lateral-marginal ansteigende Gelände ist als zusätzliches Widerlager für die Aufstauchung sensu stricto in Betracht zu ziehen (wie im übrigen auch (eingeschränkt) präexistente Eiskerne bzw. Moränenrücken; s. Abb. 173).

Abb. 171: Steile, die aktuell im Aufbau befindliche Laterofrontalmoräne überfahrende nordwestliche Gletscherzunge des Brigsdalsbre (Aufnahme: 05.06.1994)

Abb. 172: Aufgepreßtes Moränenmaterial an der nordwestlichen Gletscherzunge des Brigsdalsbre während des Überfahrens eines präexistenten Laterofrontalmoränenwalls (Aufnahme: 09.09.1991)

Abb. 173: An eine präexistente Laterofrontalmoräne (des vorangegangenen Jahres) durch Aufstauchung angelagerte aktuelle Laterofrontalmoräne (Aufnahme: 07.09.1994)

Abb. 174: In die aktuelle Laterofrontalmoräne an der nordwestlichen Gletscherzunge des Brigsdalsbre eingegliederte grobe Blöcke und Pflanzenrelikte (Aufnahme: 31.08.1994)

Aufgrund seines fehlenden Auftretens scheidet *dumping* supraglazialen Debris als genetischer Prozeß aus, ebenso glazifluviale Akkumulation, die sich auf Ausbildung eines kleinen Sanders an der frontalen Gletscherpartie (1994) bzw. erosive Überformung der entstandenen Moränen beschränkt.

Sedimentologisch fällt an den aktuellen Moränenrücken ins Auge, daß das aufgestauchte Moränenmaterial relativ feinmaterialreich und praktisch gänzlich frei von groben Blöcken ist. Die in den Moränenrücken vorhandenen Blöcke stammen beinahe ausschließlich aus der Dislozierung präexistenter Blöcke älteren Moränenmaterials bzw. Hangschutts. Preßeisstrukturen am lateralen Gletscherand sowie ein durch den Eisdruck zerlegter Block sind weitere Indizien für die Möglichkeit der Aufstauchung sensu stricto durch starken Druck des vorstoßenden Eises. Das Moränenmaterial der aktuellen Moränenrücken unterliegt stärkerer Variation, denn neben typisch subglazialem Moränenmaterial (N 2, 114, 115.2, 116, 214) tritt stellenweise auch glazifluvial (bzw. glazilimnisch) überprägtes Moränenmaterial (N 3, 115.1, 117) bzw. glazifluviales Sediment (N 119, 213) auf. Ein signifikanter Unterschied zum Moränenmaterial distal der aktuellen Moränen (N 118, 120, 121, 122) besteht nicht, sieht man von deren geringerem Feinmaterialgehalt ab, der weniger durch postsedimentärer Auswaschung, sondern durch bei den aktuellen Moränen höherem Anteil aufgestauchten glazifluvialen und glazilimnischen Sediments zu erklären ist.

Trotz nicht ganz zu vernachlässigendem Einfluß von Transport und Ablagerung an der Gletscherbasis angefrorenen Debris durch Scherungsflächen (Problem des Anfrierens bei steiler Gletscherfront und z.T. aquatischem Sedimentationsmilieu) zeigen die aktuellen Geneseprozesse an der Gletscherfront des vorstoßenden Brigsdalsbre, daß in diesem konkreten Fall eine Aufstauchung sensu stricto als Hauptträger der Moränengenese vorliegt. Auch die Verhältnisse des übrigen Vorfelds mit weitgehender Abwesenheit von Moränen aufgrund des Mangels an aufstauchbarem Material bestätigen diese Theorie. Aufgrund der besonderen sedimentologischen, glazialdynamischen und orographischen Verhältnisse darf diese Schlußfolgerung aber nicht unverifiziert auf andere Outletgletscher des Jostedalsbre übertragen werden.

Fig. 188: Md/So-Diagramm Brigsdalsbreen

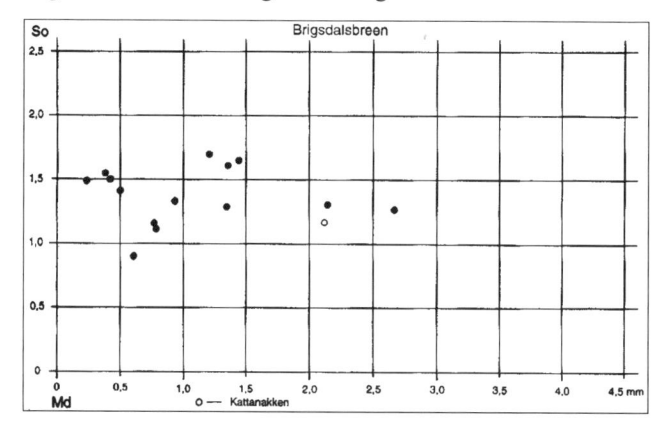

Fig. 189: Dreiecksdiagramm Brigsdalsbreen

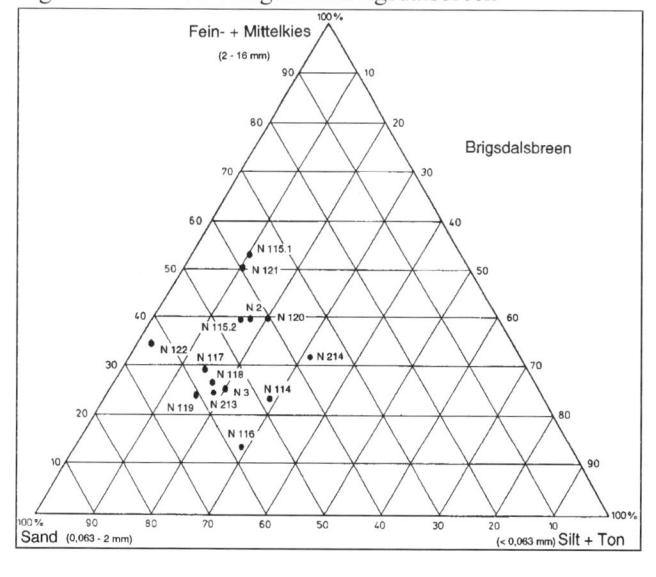

7.4.13 Brenndalsbreen

Der aktuell einen regenerierten Gletscher ohne direkte Verbindung zum Plateau des Jostedalsbre darstellende Brenndalsbre (früher Åbrekkebreen genannt) kann in seinem frührezenten Maximum genau datiert werden (vgl. 5.3.4). Seine Gletscherfront lag bereits um 1700 im Bereich der rd. 120 m hohen Talmündungsschwelle des Brenndal (s. Abb. 175), einem W-E-verlaufenden östlichen Seitental des Oldedal (s. Abb. 161). Während seines frührezenten Maximums um 1740/1750 stieß er durch die in diese Talmündungsschwelle eingeschnitte Klamm bis in den Bereich des Haupttals vor, wobei historische Dokumente (vgl. REKSTAD 1902, EIDE 1955, NESJE 1994) den Abgang von Eislawinen und starke glazifluviale Aktivität belegen. Unterhalb der Felsschwelle befindet sich daher keine ausgebildete Endmoräne, sondern eine undifferenzierte Lockermaterialablagerung aus Moränenmaterial (auch *supraglacial morainic till*) und glazifluvialem Sediment. Im Bereich der Talschwelle selbst befindet sich auf der südlichen Talseite eine mehrkämmige Endmoräne (M-BRE 2 bzw. 3; s. REKSTAD 1902, FÆGRI 1934a), welche neben groben (v.a. subgerundeten) Blöcken auch größere Mengen Feinmaterial enthält. Obwohl der Gletscher längere Zeit im Bereich dieser Talmündungsschwelle seine Eisfrontposition eingenommen hat (vgl. Datierungen von M-BRE 2 bzw. 3 durch FÆGRI 1934a) sind nur diese beiden z.T. mehrkämmigen Endmoränen aufgebaut worden, u.a. Folge der großen Flächen anstehenden Festgesteins im Bereich der talauswärts leicht ansteigenden

Abb. 175: Talmündungsschwelle des Brenndal; Blick vom Talboden des Oldedal (Aufnahme: 02.09.1994)

Abb. 176: Brenndalsbreen (Aufnahme: 01.09.1995)

Talmündungsschwelle.

Im sehr flachen Talboden des Brenndal sind mehrere Endmoränenzüge ausgebildet, die aber z.T. fragmentiert sind, Folge starker glazifluvialer Erosion im flachen Talboden, in dem verschiedene größere Sanderflächen vorliegen. Lateral finden sich an der Basis der extrem steilen, lockermaterialfreien und glazialerosiv umgestalteten Talflanken nur abschnittsweise angedeutete Moränenformen, vorwiegend aber Hangschuttkegel und -halden ohne erkennbare glaziale Überformung. Im Gegensatz zum unmittelbar benachbarten Brigsdalen weist das Brenndal keine Talschwellen in seinem Talboden auf und die Endmoränen sind vergleichsweise deutlich und zahlreich ausgebildet, u.a. eine Folge des Vorhandenseins zur Aufstauchung geeigneten Lockermaterials.

Sowohl 1869 als auch noch 1900 verfügte der Brenndalsbre über eine Verbindung zum Gletscherplateau über einen sehr steilen Eisfall, wobei zusätzlich von einem Eisfall im nördlichen Talschluß größere Eismassen durch Lawinen auf den Gletscher gelangt sein müssen (vgl. Abb. 49,50). 1900 zeigten sich ferner Ogiven als Druckstrukturen resultierend aus o.e. Eisfall, die auch in Luftbildern neueren Datums gut zu erkennen sind (vgl. Abb. 161). Während des starken Gletscherrückzugs Mitte des 20.Jahrunderts verlor der Brenndalsbre diese Verbindung zum Gletscherplateau, wobei aktuell die Verbindung beinahe wieder durch die Ausbildung eines mächtigen Eissturzfächers auf der südlichen oberen Gletscherzunge eingerichtet ist (s. Abb. 176). Wie der Brigsdalsbre stößt auch der Brenndalsbre aktuell stark vor, wobei seine Vorstoßwerte 1966 - 1995 schätzungsweise 250/300 m bzw. 1984 bis 1995 ca. 200 m betrugen.

An der nördlichen oberen Gletscherzunge befindet sich eine gut ausgebildete Lateralmoräne, Resultat des Debriszutrags von o.e. nordöstlich überhängenden Gletscherbereichen des Jostedalsbre. Ansonsten bedeckt nur an der südlichen äußeren Gletscherzunge feiner supraglazialer Debris die Gletscherzunge (Ursprung dieses Debris im südöstlichen Eisfall). Während im inneren Vorfeld des Brenndalsbre, im Bereich des starken Gletscherrückzugs Mitte des 20.Jahrhunderts, trotz z.T. mächtiger Lockermaterialdecke keine Endmoränen ausgebildet wurden, endet der Gletscher aktuell auf einer dominanten Felsschwelle im hinteren Brenndalen. Inzwischen endet die Gletscherzunge im übrigen nicht mehr auf 510 m

(ØSTREM,DALE SELVIG & TANDBERG 1988), sondern schiebt sich bis auf ca. 420 m hinunter. Die nördliche Gletscherzunge stößt dabei in eine in den nördlichen Bereich der Talschwelle eingeschnittene Klamm vor. Trotz aktuellen Vorstoßes hat sich auf der Felsgesteinsschwelle nur an einem kleinen Abschnitt der südlichen Gletscherzunge eine 30 - 40 cm hohe Wintermoräne ausgebildet, im Bereich stärkerer Bedeckung mit supraglazialem Debris. Diese Endmoräne wird beständig durch glazifluviale Erosion abgebaut und zeigt deutlich, daß im Kontrast zum benachbarten Brigsdalsbreen hier keine Endmoränen gebildet werden können. Ähnlich den Gegebenheiten am Nigardsbreen (s.o.) sind durch die Gesteinsklüftung bedingt Felsdrumlins im Bereich der Talschwelle entstanden, wogegen in einer anderen Partie der Talschwelle mit differenter Klüftung rundhöckerförmige Gesteinspartien ausgebildet wurden.

7.4.14 Melkevollbreen

Der Melkevollbre fließt vom Plateau des Jostedalsbre nördlich in die direkte Talfortsetzung des Oldedal über eine steile Felspartie ab (s. Abb. 161). Die praktisch lockermaterialfreie steile obere Partie dieses Talfortsatzes ist kerbtal- bzw. schluchtartig verengt. Aktuell liegt der Gletscher im Bereich dieser Festgesteinspartie und stößt ähnlich dem benachbarten Brenndals- und Brigsdalsbre deutlich vor, wobei die vorstoßende schmale Gletscherzunge in deren schluchtartigem unteren Teil fast wieder die untere, flache Partie des Gletschervorfelds erreicht (vgl. Abb. 177). Am Fuß dieser Felspartie hat sich seit dem starken Rückzug des Gletschers, u.a. begünstigt durch die schmale Gletscherzunge in diesem schluchtartigen Teil der Festgesteinspartie (vgl. Aufnahmen aus den 1930er Jahren von FÆGRI bei AHLMANN 1970), ab ca. 1930 ein Schwemmfächer aus glazifluvialem Material entwickelt (unter Beteiligung kleinerer Mengen von Hangschutt und durch Eislawinen verstürzten Debris des Gletschers). Die noch bei ØSTREM,DALE SELVIG & TANDBERG (1988) aufgeführte Lage der Gletscherzunge auf 710 m (Stand 1984) beträgt 1995 nur noch rd. 600 m. Auch der Kontaktbereich des Zuflusses nördlich Larsnibba auf der westlichen Gletscherseite hat sich seit 1966 bzw. 1984 deutlich verbreitert.

Im Vorfeld des aktuell wie auf allen historischen Photographien keinen supraglazialen Debris aufweisenden Melkevollbre haben sich nur abschnittsweise deutliche Moränenformen ausgebildet. Auf beiden Talseiten prägen sich ins Tal vorschiebende Schuttkegel der steilen Talflanken das Vorfeld, dessen zentraler Bereich von Sanderflächen eingenommen wird. Auch auf historischen Aufnahmen aus dem Zeitraum 1870 bis 1910 sind neben der äußersten frührezenten Endmoräne, die als feinmaterialfreier Blockrücken ausgebildet in der obersten Laterofrontalmoräne des östlichen Gletschervorfelds ihre Fortsetzung findet (s. Abb. 178), keine weiteren Endmoränen vorhanden. Neben starker Hangdynamik ist die schlechte Eignung des grobblockigen Lockermaterials zur Aufstauchung als mögliche Ursache anzusehen.

Im westlichen unteren Vorfeld haben sich lediglich talaufwärts des Wasserfalls Svadåna abschnittsweise 3 Laterofrontalmoränen ausgebildet. Weiter talabwärts treten am östlichen unteren Talhang außerhalb des frührezenten Gletschervorfelds im Bereich der Talmündung des Brigsdal 2 fragmentarisch ausgebildete Lateralmoränen aus groben Blöcken auf, welche n. PEDERSEN (1976) ins Präboreal zu stellen sind (Erdalen *event* - NESJE & AA 1989). Starke Hangerosion, große Steilheit der aktuell auf einem Festgesteinsareal ohne Moränenmaterialbedeckung liegenden Gletscherzunge und glazifluviale Aktivität sind die Hauptursachen für die besonders schlechte Ausprägung dieses Gletschervorfelds.

Interessanterweise finden sich an der hochgelegenen oberen Gletscherzunge Moränenrücken. So befindet sich z.B. am obersten Zungenabschnitt knapp unterhalb Slingsbyvarden und westlich Kattanakken eine mächtige, an einer Felsschwelle orientierte Moräne. Diese Moräne verfügt vermutlich über einen Eiskern. Am Ostrand der obersten Zungenpartie des Melkevollbre existiert knapp unterhalb o.e. Moräne eine mächtige Lateralmoräne, die teilweise erosiven Charakter aufweist. An der westlichen oberen Gletscherzunge hat sich eine Lateralmoräne nördlich des westlichen Zuflusses gebildet (s.o.), der gletscheraufwärts eine stark erosiv überprägte Lateralmoräne benachbart ist. Die Lateralmoränenformen sind aufgrund ihrer Position v.a. durch *dumping*-Prozesse (geknüpft an das Auftreten von Scherungs-

Abb. 177: Melkevollbreen (Aufnahme: 07.09.1994)

flächen) gebildet worden, wobei ihr erosiver Charakter die Möglichkeit präexistenter Vorformen offenläßt, da sich diese Moränen bergtechnisch einer detaillierteren Untersuchung durch den Verfasser entzogen.

Abb. 178: Äußerster frührezenter Moränenrücken an der westlichen Gletscherzunge des Melkevollbre; im Vordergrund sind die beiden präborealen Laterofrontalmoränen zu erkennen (Aufnahme: 07.09.1994)

7.4.15 Bødalsbreen

Das Bødal ist als östliches Seitental des Lodal in seinem unteren Talabschnitt mit durchschnittlich 6,5° Gefälle als mäßig steil zu bezeichnen. Im W-E-orientierten Talverlauf ist der Bødalselv tief, z.T. schluchtartig, eingeschnitten. An der Felsschwelle (des Huldrefoss) 500 m westlich Bødalssetra biegt das Tal in weitem Schwung um 90° nach Süden um. Gleichzeitig weitet es sich zu einem beinahe ebenen Beckenbereich auf. An dieses Becken schließt südlich ein steiler Talfortsatz (8 - 9° Gefälle) an, in dem aktuell der Bødalsbre liegt. Wie an anderen Outletgletschern des Jostedalsbre (z.B. Austerdalsbreen, Nigardsbreen, Tunsbergdalsbreen) ist dieses Talbecken v.a. im Zuge des Deglaziationsprozesses mit glazifluvialem Material aufsedimentiert worden (LIEN 1985). Der charakteristisch ebene Talboden des Beckens ist auch im Verlauf des Holozän durch fortgesetzte fluviale/glazifluviale Ablagerung aufsedimentiert worden, was u.a. die aktuelle starke glazifluviale Sedimentation am Sætrevatnet am Südende dieses Beckens zeigt (s. Abb. 179).

Das vorgegebene Relief des flachen Talbodens im Beckenbereich kombiniert mit talabwärtiger Aufweitung des südlichen Talfortsatzes des Bødalsbre beim Übergang in dieses Becken verleiht dem Gletschervorfeld des Bødalsbre eine besondere Charakteristik (s. Fig. 190). Außergewöhnlich ist die Morphologie und der „sägezahnartige" Grundriß eines Teils seiner zahlreichen Endmoränen (M-BØD

Fig. 190: Übersichtskarte Gletschervorfeld Bødalsbreen; Gletscherstand 1993 [A - Gletscherzunge; B - perennierende Gewässer; C - Festgestein; D - Moränenmaterial (frührezent); E - Hangschutt/altes Moränenmaterial; F - Moränenrücken; G - Moränenmaterial (glazifluvial überprägt); H - Sanderfläche; 1 - Erosionskerbe; 2 - Erosionsrinne/Gerinnebett; 3 - Hangschuttkegel; 4 - Erosionskante; 5 - glazialerosive Oberflächenformen; 6 - Moränenkamm (dominant); 7 - Moränenkamm; 8 - blockreicher Moränenrücken]

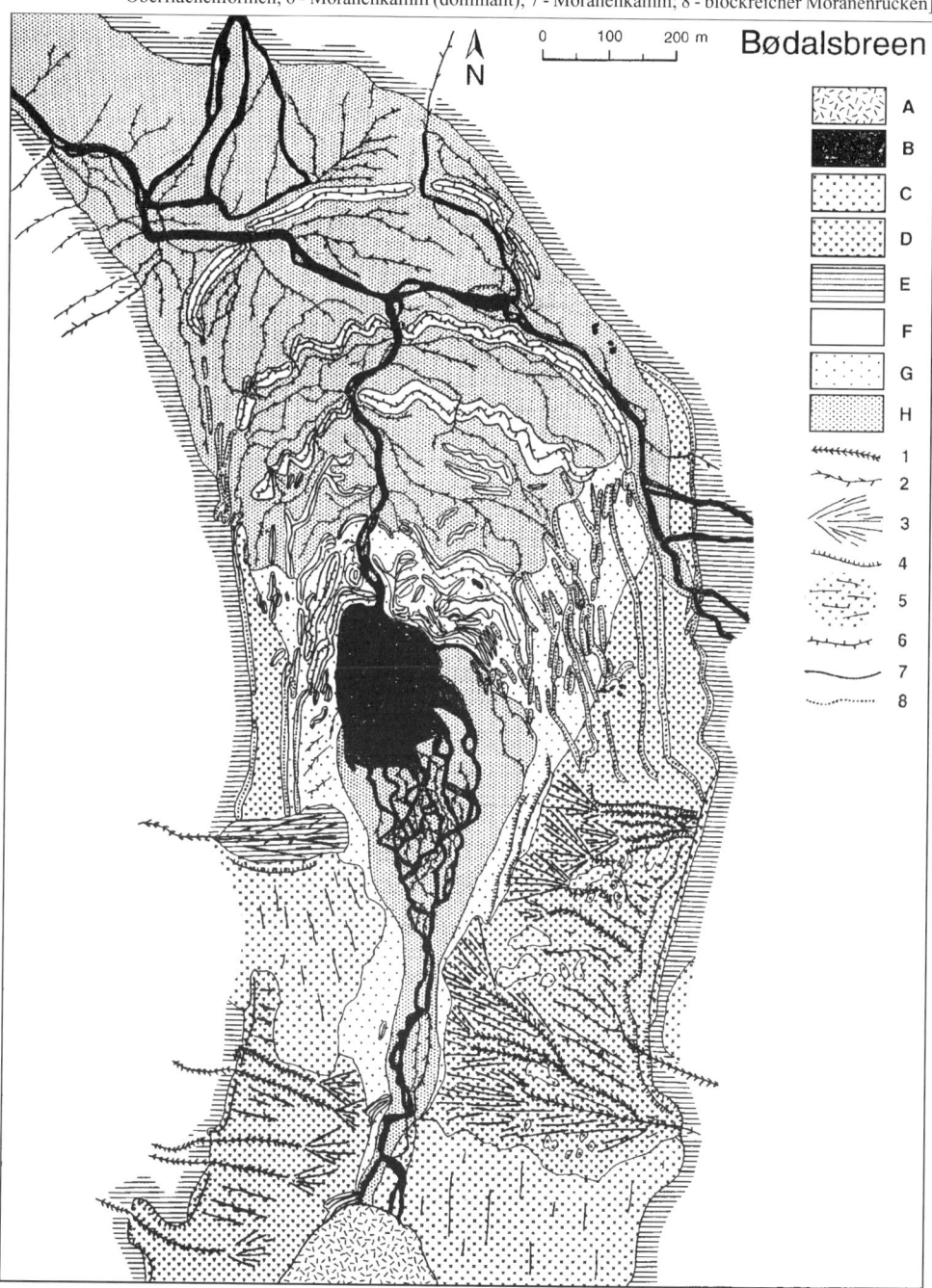

Abb. 179: Gletschervorfeld und Gletscherzunge des Bødalsbre; Blick von westlicher Lateralmoräne (Aufnahme: 26.08.1993)

Abb. 180: M-BØD 3 (r) (Aufnahme: 03.09.1993)

2,3 und Moränenkomplex M-BØD 6; vgl. MATTHEWS, CORNISH & SHAKESBY 1979, LIEN 1985, LIEN & RYE 1988; s. Abb. 180,Fig. 190). Der innerhalb der Endmoränen gelegene (evtl. durch zungenbeckenartige Übertiefung vorangelegte) proglaziale Moränenstausee Sætrevatnet ist erst nach Ende des Vorstoßes von 1930 durch den starken Gletscherrückzug Mitte des 20.Jahrhunderts entstanden. Durch hohe glazifluviale Sedimentationsraten und beständiges Wachstum eines Deltas in diesen See hinein, was zur Halbierung seiner Fläche von 1966 bis heute führte, wird er jedoch in wenigen Jahrzehnten (ähnliche Sedimentationsraten vorausgesetzt) gänzlich aufsedimentiert worden sein.

Die äußerste frührezente Endmoräne (M-BØD 1) ist im Kontrast zu den inneren Endmoränen als „typische" Endmoräne mit lobenförmigem Grundriß ausgebildet. Sie ist an mehreren Stellen durch Schmelzwasserströme durchbrochen worden, zu den laterofrontalen Partien hin 3 - 4 m hoch und verflacht zum zentralen Vorfeld hin auf 1,5 - 2 m Höhe bei insgesamt geringerer morphologischer Signifikanz als die inneren Endmoränen (s.a. LIEN & RYE 1988). M-BØD 1 zeigt ferner stärkere Spuren postsedimentärer Überformung und ist annähernd symmetrisch aufgebaut, abschnittsweise jedoch distal etwas steiler. Die großen inneren Endmoränenzüge M-BØD 2 und M-BØD 3 (s. Abb. 180) sowie das dem Sætrevatn vorgelagerte komplexe Endmoränensystem M-BØD 6 weisen o.e. sägezahnartigen Grundriß auf und sind mit bis zu 8 - 9 m Höhe dominierende Formen des Gletschervorfelds. Auch die subsequenten Endmoränenkämme proximal und distal der beiden äußeren Hauptkämme von M-BØD 6 (s. Fig. 190) zeigen trotz nur geringer Länge angedeutete sägezahnförmige Grundrisse.

Die talabwärts zeigenden Spitzen der beiden bedeutenden Endmoränen M-BØD 2 und M-BØD 3 sind mit durchschnittlich 4,5 m Höhe niedriger als die taleinwärts zeigenden Einbuchtungen mit 8 - 9 m Höhe. Während die Moränen in den Einbuchtungen symmetrisch aufgebaut sind, ist an den Spitzen die distale Flanke steiler als die deutlich flacher geneigte proximale Moränenflanke (vgl.a.

MATTHEWS,CORNISH & SHAKESBY 1979). Im Bereich der Spitzen können oft kleine Kanäle als ehemalige Schmelzwasserüberläufe ausgewiesen werden, welche die Spitzen als niedrigsten Punkt der Endmoränen als Drainagelinien nutzten. Auch diese Endmoränen werden im zentralen Vorfeld vom Gletscherfluß (rezent Ablauf des Sætrevatn) durchbrochen, sind aber sonst (insbesondere M-BØD 2 und M-BØD 3) auf beiden Talseiten kontinuierlich ausgebildet und gehen z.T. in blockige Lateralmoränen über. Endmoränen und Lateralmoränen sind i.d.R. durch die Durchbrüche ehemaliger lateral-marginaler Schmelzwasserbäche voneinander getrennt worden. Der Endmoränenkomplex M-BØD 6 mit seinen zahlreichen einzelnen Kämmen ist stark fragmentiert und weist speziell im östlichen Gletschervorfeld proximal zu den dominanten äußeren Kämmen subsequente kleine Moränenrücken auf.

Aufgrund der Morphologie der sägezahnartigen Endmoränenrücken gehen MATTHEWS,CORNISH & SHAKESBY (1979) von einem Stauchungsmechanismus bei deren Genese aus. Sie begründen die u.a. damit, daß

- die Kontinuität der Moränenrücken einen „irregulären" Prozeß ausschließt, d.h. ein vom Relief des Bødal beeinflußter, aber kontrollierter Ablagerungsmechanismus anzunehmen ist;
- die regelmäßige Abfolge der Vorsprünge und Einbuchtungen im Endmoränengrundriß mit Radialspalten (Längsspalten) der Gletscherzunge korreliert (s.u.), d.h. der Grundriß der Gletscherzunge sich im Grundriß der Endmoränen widerspiegelt;
- die größere Kammhöhe der Einbuchtungen durch Konzentration von akkumuliertem Moränenmaterial in Radialspalten mit der Hypothese eines Stauchungsprozesses in Einklang steht, da an den niedrigeren Spitzen das aufgestauchte Moränenmaterial die Möglichkeit zum Abgleiten etc. mit resultierender Erniedrigung des Kamms besaß;
- die asymmetrische Moränenquerprofile der Spitzen (s.o.) als Kennzeichen von Stauchendmoränen gelten können;
- die Präsenz subsequenter proximaler Moränenrücken (besonders an M-BØB 6) kaum anders als mit kleinen, sukzessiven Oszillationen während des Stauchungsprozesses erklärt werden kann;
- zwar tektonischen Stauchungsformen bzw. entsprechende Einregelungen in natürlichen Aufschlüssen der Endmoränen nicht auftreten, dieses jedoch mit dem fehlenden gefrorenen Zustand des Moränenmaterials bei dessen Aufstauchung und sedimentologischen Charakteristika des Moränenmaterials (s.u.) erklärt werden kann.

Auch LIEN (1985) bzw. LIEN & RYE (1988) schreiben die Genese der sägezahnartigen Endmoränen Stauchungsprozessen zu, wobei sie u.a. historische Photographien zur Beweisführung heranziehen. So zeigt eine bei LIEN & RYE reproduzierte Aufnahme von K.KNUDSEN aus dem Jahr 1872 die angesprochene Konzentration von Moränenmaterial in einer Radialspalte. Da zu diesem Zeitpunkt Vorstoßtendenzen an anderen Outletgletschern des Jostedalsbre verzeichnet wurden (vgl. 5.3), ist die Ausbildung der Gletscherfront als typisch für den vorstoßenden Gletscher anzusehen, was auch die Gesamtansicht des Gletschers 1871 zeigt (s. Abb. 63; vermutlich wurde M-BØD 4 im Zuge dieses Vorstoßes gebildet, selbst wenn die lichenometrische Datierung davon etwas abweicht). Neben den korrespondierenden Lateralmoränenrücken führen LIEN & RYE auch die Tatsache, daß man grobe Blöcke nur in die Endmoränen eingegliedert, nicht jedoch in den zwischengelegenen Flächen findet, als Beleg des Stauchungsprozesses an (vgl. ähnliches Phänomen am Styggedalsbreen). Eine Genese der Endmoränen durch *dumping*-Prozeße erscheint auch deshalb unwahrscheinlich, weil aktuell kaum supraglazialer Debris vorliegt und historische Photographien allenfalls an der westlichen Zunge etwas supraglazialen Debris zeigen.

Insbesondere der Moränenkomplex M-BØD 6 am Sætrevatnet, der in den ersten Dekaden des 20.Jahrhunderts durch Wieder- und Wintervorstöße gebildet wurde, kann als typische Stauchungsform angesprochen werden. Im Zuge eines ersten Vorstoßes (Kulmination 1912) wurde dabei ein präexistenter Moränenrücken überformt (Abb. 181 zeigt dessen Überfahrung durch die vorstoßende Gletscherzunge

Abb. 181: Gletscherzunge des Bødalsbre (Aufnahme: 26.08.1907 - J.REKSTAD, Fotoarkiv NGU Trondheim [C29.41))

Abb. 182: M-BØD 6 und unterer Teil des Sætrevatn (Aufnahme: 26.08.1993)

1907, wie im übrigen auch andere Photographien von J.REKSTAD aus dem Jahr 1907 einen deutlichen Moränenwall vor der Gletscherzunge ausweisen). Der Grundriß dieser präexistenten Moräne ist aber, soweit dies aus den historischen Photographien geschlossen werden kann, nicht übermäßig stark verändert worden, wie auch deren Mächtigkeit in etwa der aktuellen Mächtigkeit von M-BØD 6.1 entspricht.

Da auf beiden angesprochenen Photographien aus dem Jahr 1907 die präexistenten Endmoränen vor der Gletscherfront außerordentlich frisch wirken (d.h. vegetationslos), dürften sie auch unter Berücksichtigung der Vorstoßdistanz des Bødalsbre nicht vor der letzten Dekade des 19.Jahrhunderts gebildet worden sein. Evtl. korrespondiert diese überfahrene Endmoräne mit dem von BICKERTON & MATTHEWS (1993) auf 1900 datierten Lateralmoränenrücken M-BØD 5 (r), doch hält der Verfasser unter Berücksichtigung der Berichte von anderen Gletschern auch eine Entstehung um 1890 für möglich. Die anderen Moränenrücken des Moränenkomplexes M-BØD 6 sind dagegen zweifellos das Resultat des zweiten Vorstoßes dieses Jahrhunderts (Kulmination 1930) bzw. von Wintervorstößen unmittelbar nach dem letzten Maximalstand (im Falle der subsequenten Moränenrücken auf der Ostseite des Vorfelds). Zwischen den einzelnen Moränenrücken des Komplexes sind kleine Sanderflächen bzw. ehemalige Schmelzwasserrinnen eingeschaltet.

Die Kammhöhe der subsequenten Moränenrücken wird zum Sætrevatnet hin sukzessive niedriger. Ihre distale Flanke ist relativ steil, wogegen die proximale Flanke der maximal 1 m hohen Rücken deutlich flacher ist. Sie bestehen eindeutig aus aufgestauchtem glazifluvialen Sediment (N 212), welches proximal der Hauptwälle von M-BØD 6 abgelagert und später sukzessive während einzelner Wintervorstöße aufgetaucht wurde. Während der Bildung von M-BØD 1 muß im Kontrast zu obigen Ausführungen die beschriebene Expansion der Gletscherfront mit zahlreichen Radialspalten nicht aufgetreten sein, während bei den nachfolgenden kurzen Wiedervorstößen aufgrund der talabwärtigen Aufweitung des Bødal o.e. Gletscherspalten auftraten. Vermutlich ist dies beim großen frührezenten Hauptvorstoß (um 1750) wegen größerer Eismächtigkeit nicht der Fall gewesen.

Die Endmoränenzüge gehen marginal teilweise in kleinere, 1 - 1,5 m hohe Lateral- bzw. Laterofrontalmoränen über. Lediglich im westlichen Vorfeld sind die korrespondierenden Lateralmoränen zu M-BØD 2 und M-BØD 3 mit bis zu 5 m deutlich mächtiger (und auch vergleichsweise reich an Feinmaterial). Talaufwärts gehen diese Lateralmoränen ihrerseits im Bereich der rezenten Gletscherfrontposition beidseitig in verhältnismäßig gut ausgebildete, ansatzweise „alpinotype" Lateralmoränen über (vgl. Abb. 183). Im Gletschervorfeld treten die Lateralmoränen i.d.R. nur als feinmaterialarme oder feinmaterialfreie ausgebildete Blockrücken auf (s. Abb. 184), wobei sie im östlichen Vorfeld in größerer Anzahl auftreten (als Zeichen größerer lateraler Gletscherpositionsänderungen in diesem Bereich). Die blockigen Lateralmoränen treten in enger Staffelung auf, sind aber selten länger über mehr als 200 bis 300 m als einheitlicher Wall zu verfolgen, sondern oft durch glazifluviale Erosion fragmentiert worden, insbesondere in den laterofrontalen Partien bzw. im Kontaktbereich zu den Endmoränen.

Die Lateralmoränen des äußeren Vorfelds sind symmetrisch ausgebildet und können nicht durch *dumping*-Prozesse entstanden sein, u.a. wegen fehlenden supraglazialen Debris (s.o.). Außerdem deutet die Korrespondenz mit den als Stauchendmoränen klassifizierten Endmoränen und die deutliche Staffelung auf Aufstauchungsprozesse im Zuge von Wieder- oder Wintervorstößen hin. Der Blockreichtum der Lateralmoränen soll sich nach LIEN & RYE (1988) durch die Erosion lateraler Schmelzwasserkanäle erklären, als deren Erosionsresidua sie zu interpretieren wären. Auch an präexistentes grobblockigeres Moränenmaterial in den lateralen Vorfeldbereichen ist im Vergleich zum präexistenten feinmaterialreichen, v.a. glazifluvialem Sediment des zentralen Vorfelds zu denken.

Die alpinotypen Abschnitte der Lateralmoränen oberhalb der rezenten Gletscherzunge unterscheiden sich in Morphologie

Fig. 191: Dreiecksdiagramm Bødalsbreen

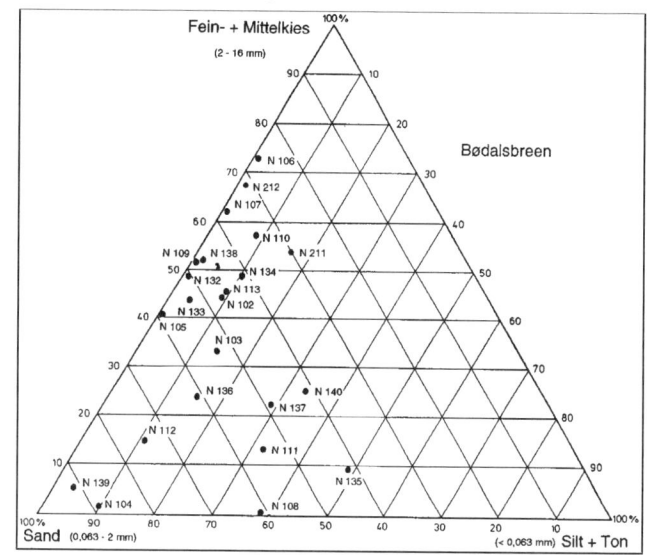

Fig. 192: Md/So-Diagramm [A - Moränenmaterial; B - glazifluviales Sediment]

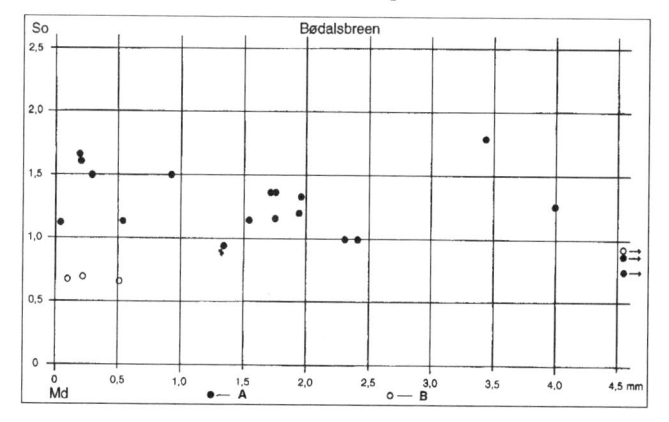

Abb. 183: Westliche Lateralmoräne des Bødalsbre (Aufnahme: 03.09.1993)

Abb. 184: Kamm eines blockigen Lateralmoränenrückens im östlichen Vorfeld des Bødalsbre (Aufnahme: 03.09.1993)

und sedimentologischen Charakteristika krass von o.e. Blockrücken. Die Neigungen der proximalen Moränenflanken übersteigen 35° z.T. bei weitem und sind stark durch Erosionsrinnen gegliedert, die teilweise an der westlichen Lateralmoräne sogar den Kammverlauf durchbrechen (s. Abb. 183). Die östliche Lateralmoräne wird abschnittsweise durch ein größeres Festgesteinsareal unterbrochen, setzt sich aber an der oberen Gletscherzunge wieder fort. Ein deutliches Ablationstal fehlt allerdings und speziell die westliche Lateralmoräne ist wie die untere östliche Lateralmoräne abschnittsweise nur als laterale Erosionskante in (vermutlich präborealem) Moränenmaterial ausgebildet (vgl. ähnliche Verhältnisse am Fåbergstølsbreen). Eine deutliche Einregelung grober Blöcke ist nur ansatzweise ausgebildet, so daß neben der begrenzten Ablagerung supraglazialen Debris v.a. Erosionsprozesse in präexistentem präborealen Moränenmaterial und (eingeschränkt) auch Aufstauchungsprozesse bei der Genese dieser Formen zusammengewirkt haben (die Aufstauchungsprozesse werden u.a. durch einen auf einen Luftbild von 1984 zu erkennenden, inzwischen überfahrenen subsequenten Moränenrücken an der Basis der westlichen Lateralmoräne bekräftigt). Das Moränenmaterial dieses Abschnitts der Lateralmoränen weist für Westnorwegen ungewohnt hohe So-Werte auf (N 211 mit So-Wert von 1,77). Stärkerer glazifluvialer Einfluß kann daher ausgeschlossen und eine Beteiligung von *dumping* supraglazialen Debris am Aufbau der Lateralmoränen u.a. durch Zurundungsmessungen (NR 35: i = 145, Streuung der Einzelwerte 36 - 476) eindeutig belegt werden. Allgemein ist in laterofrontaler Position der aktuellen Gletscherzunge das Moränenmaterial relativ gering glazifluvial überprägt (N 102,103). Diese Lateralmoränenabschnitte unterliegen starker aktueller Hangerosion.

Der aktuell vorstoßende Bødalsbre staucht eine Endmoräne auf, überfährt jedoch gleichzeitig ältere End-/Laterofrontalmoränen. Von den drei noch 1992 vor der vorstoßenden Gletscherfront zu kartierenden Moränenrücken waren 1993 neben der aktuellen Endmoräne nur noch 2 vorhanden (vgl. Fig. 190). 1994 und 1995 war nur noch die aktuelle Endmoräne vor der Gletscherfront zu finden, alle älteren Moränenrücken sind inzwischen überfahren worden. Der Vorstoß des Bødalsbre seit 1984 hat schätzungsweise 150 - 200 m (Stand 1995) betragen. Zwischen dem noch 1992 vorhandenen Moränenrücken, bestehend aus typischem Moränenmaterial (N 102,103), wurde glazifluviales Sediment akkumuliert (N 104), doch ist der glazifluviale Einfluß auf Erosions- bzw. Schmelzwasserrinnen beschränkt. Das aufgetauchte, als glazifluvial wenig überprägt zu charakterisierende Moränenmaterial steht dabei in deutlichem Kontrast zum Moränenmaterial der großen Endmoränen des äußeren Vorfelds.

Bei der detaillierten Untersuchung des aktuellen Endmoränenrückens, der 1994 eine Höhe von 1,0 - 2,5 m aufwies und nahtlos in eine Laterofrontalmoräne überging, konnte der Verfasser auf zahlreichen Blöcken größere Flechtenkolonien ausmachen, wobei Thallidurchmesser von bis zu 35 mm auftraten. Da diese Blöcke zweifelsohne keinen ehemaligen supraglazialen Debris darstellten und eine Hangerosion von der Lateralmoränenflanke zumindest für die Mehrzahl dieser Blöcke durch deren Position eindeutig ausgeschlossen werden konnte, zeigt dies den deutlichen Vorstoß des Bødalsbre in den letzten Jahrzehnten (?) an. Zwar wurden am Bødalsbreen seit den 1950er Jahren keine Gletscherfrontmessungen mehr durchgeführt. Thallidurchmesser der größten Flechten würden jedoch dafür sprechen, daß das heute überfahrene Areal um 1955 eisfrei wurde (s.a. BICKERTON & MATTHEWS 1993). Daß der Gletscher dann in den 1960er Jahren seinen Minimalstand aufwies und seitdem vorstieß, erscheint auch beim Studium der Gletscherstandsschwankungen des im benachbarten Oldedalen gelegenen, über eine ähnliche Reaktionszeit verfügenden Brigsdalsbre wahrscheinlich. Dieser Vorstoß führte u.a. auch zur Aufgabe des Projekts der Errichtung eines Stausees im oberen Bødalen (pers.Mittlg. J.Bogen).

Neben dislozierten (überkippten), mit Flechten bewachsenen Blöcken an deren distaler Flanke zeigten auch Relikte von Moospolstern die Genese dieser Ende August 1994 lediglich 2 m vor der saisonal zurückgeschmolzenen Gletscherfront gelegenen aktuellen Endmoräne durch Aufstauchungsprozesse (sensu stricto !) an. Da an der Gletscherzunge kein subglazialer Debris beobachtet werden konnte, Scherungsflächen nicht auftreten und die Gletscherfront auch in den äußeren Partien rd. 25 m (und mehr) mächtig und nahezu senkrecht ausgebildet ist, ist bei der augenblicklichen Morphologie der Gletscherzunge ein Aufstauchen von Moränenmaterial durch Druck der vorstoßenden Gletscherfront anzunehmen. Im übrigen ist die aktuelle Endmoräne bis auf wenige Abschnitte beinahe feinmaterialfrei und besteht aus zumeist als subgerundet zu klassifizierenden groben Blöcken. Theoretisch könnten ähnliche Prozesse auch an der frühzenten Gletscherfront aufgetreten sein, da einzelne historische Aufnahmen eine ähnlich steile Gletscherfront zeigen. Gleichzeitig sind aber mit großer Wahrscheinlichkeit speziell in den lateralen Partien des weitläufigen äußeren Vorfelds auch Scherungsflächen aufgetreten und haben die Moränengenese beeinflußt (entsprechende Photographien von J.REKSTAD aus den Jahren 1900 und 1907 belegen dies eindrucksvoll).

Die aktuellen Aufstauchungsprozesse an der Gletscherzunge bestätigen nicht zuletzt o.e. Theorien zur Genese der sägezahnartigen Endmoränen des Vorfelds. Die sedimentologische Zusammensetzung der sägezahnartigen Endmoränen variiert stark, je nach genetischem Ursprung des aufgestauchten Materials. Während abschnittsweise Moränenmaterial aufgestauchtwurde (z.B. N 111,113,134,137), welches stellenweise stärker glazifluvial überprägt erscheint (N 122,132,133), baut außerdem glazifluviales Sediment die Moränen auf (N 109,112,138; besonders N 139,212). Der durchschnittliche Zurundungsindex i = 169 für NR 34 (Streuung der Einzelwerte 25 - 375) erfaßt wiederum einen Bereich von typischem Moränenmaterial innerhalb der sedimentologisch inhomogenen Endmoränen. Dieser Wert darf aber nicht überinterpretiert werden, da MATTHEWS,CORNISH & SHAKESBY (1979) dem Material der Endmoränen ähnliche Zurundungswerte wie dem stark glazifluvial überprägten Material zwischen den Moränenrücken zusprechen. Im Vergleich zu anderen Outletgletschern weist das Moränenmaterial des Bødalsbre generell einen relativ hohen Feinmaterialgehalt auf, z.T. Folge petrographischer Faktoren, die auch für die hohe Suspensionsfracht am Gletscher verantwortlich zeichnen (BOGEN 1989 etc.). Eine mit dem Grundriß (Spitzen und Einbuchtungen) bestehende Beziehung der Variationen des aufgestauchten Materials besteht im übrigen nicht. Glazifluviales Material konzentriert sich besonders im proximalen Flankenbereich, dessen Basis z.T. von Schmelzwasserbächen anerodiert wurde (s.a. N 107,108 als glazifluviales Sediment des aktuellen Deltas). Im äußeren Vorfeld sind die zwischen den Endmoränen

Abb. 185: Skålbreen mit deutlichen Lateralmoränenrücken
(Aufnahme: 25.08.1992)

gelegenen Sanderflächen allerdings wie an anderen Outletgletschern (s.o.) durch das oberflächliche Fehlen von Feinmaterial gekennzeichnet (LIEN & RYE 1988), was auch auf glazifluvial stark überprägte flache Moränenmaterialareale eingeschränkt zutrifft. Dies wird nicht nur im Vergleich mit dem Moränenmaterial an der aktuellen Gletscherzunge (s.o.) deutlich, sondern auch im Vergleich zum spätglazialen bzw. präborealen Moränenmaterial außerhalb des Vorfelds (N 140).

Am ebenfalls im Bødalen gelegenen Skålbreen ist nur einseitig (an der nordwestlichen Flanke) ein Lateral-/Laterofrontalmoränenkomplex ausgebildet (s. Abb. 185). Korrespondierende Formen fehlen auf der anderen Gletscherseite. Diese einseitige Ausbildung kann mit unterschiedlichem Debriszutrag erklärt werden. Die gute Ausbildung dieser Lateralmoräne zeigt an, daß der Gletscher einen relativ stabilen lateralen Gletscherstand während der frührezenten Gletscherhochstandsperiode aufgewiesen haben muß, da die sonst typische Staffelung der Lateralmoränen fehlt. Das starke Gefälle im Gletschervorfeld, der alpinotype Charakter der Lateralmoränen und der weitgehend felsige Untergrund an und vor der Gletscherzunge lassen eine starke Beteiligung von Stauchungsprozessen an der Entstehung dieser Moränen unwahrscheinlich erscheinen. Außerdem weist der Hangbereich oberhalb der nordwestlichen Gletscherflanke starke Spuren von Hangerosionsprozessen auf, der Materialquelle für die Lateralmoräne. Aktuell zeigt der Skålbre durch starke Zerklüftung seiner Gletscherfront mit Séracs und Gletscherspalten sowie dem Versturz von Eismassen Vorstoßtendenzen an. Aufgrund seines im Vergleich zur Gletscherzunge großen Akkumulationsgebiets und des steilen Gletschervorfelds reagierte er stärker und sensitiver als andere Outletgletscher während der frührezenten Hochstandsperiode (TORSNES,RYE & NESJE 1993). Dennoch muß auf den starken Vorstoß eine Phase relativ konstanten Gletscherstands gefolgt sein, sonst hätte o.e. Lateralmoräne nicht gebildet werden können.

7.4.16 Kjenndalsbreen

Der Kjenndalsbre weist verschiedene Besonderheiten auf, die ihn als eine Art Sonderfall unter den Outletgletschern des Jostedalsbre erscheinen lassen. Glaziologisch ist dabei u.a. der steile Eisfall im Talkopf des N-S-verlaufenden Kjenndal zu nennen, da der Gletscher durch dessen Steilheit (rd. 1500 m Höhenunterschied vom Plateau zum Talboden auf weniger als 1000 m Horizontaldistanz) aktuell nur in Teilbereichen der Zunge eine zusammenhängende Verbindung zum Plateau aufweist. Historische Photographien (s. Abb. 59,60) zeigen, daß sich die Morphologie dieses Eisfalls zumindest in den letzten 120 Jahren nicht entscheidend geändert hat (vgl. Abb. 61,62). Eis- bzw. Schneelawinen sind für Erhaltung des Eises an der Zunge von großer Wichtigkeit, selbst wenn der Hauptnachschub des Eises vom Plateau herab über die verschiedenen Eisströme des Eisfalls zur Gletscherzunge gelangt. Während die Höhenlage der Gletscherzunge bei ØSTREM,DALE SELVIG & TANDBERG (1988) für 1984 noch mit 380 m angegeben wird, ist sie inzwischen bis 1995 auf rd. 200 m hinab vorgestoßen. Der deutliche Vorstoß der letzten Jahre sorgte von 1984 bis 1995 für einen horizontalen Gesamtvorstoß von ca. 300 m. Dadurch ist der Kjenndalsbre einer der tiefstgelegenen Gletscher des Jostedalsbre (vgl. Tab. 2).

Das Kjenndal selbst ist bei 1500 m hohen, beinahe vertikalen Talflanken durch einen ungemein ebenen Talboden geprägt, der v.a. durch weitläufige Sanderflächen eingenommen wird. Durch Morphologie und resultierende geomorphologische Prozesse ist das Vorfeld des Kjenndalsbre für westnorwegische Verhältnisse äußerst untypisch ausgestaltet. Starke Hangerosionsprozesse (Schneelawinen, Schuttmuren, Steinschlagtätigkeit, Felsstürze etc.) haben zusammen mit den durch den flachen Talboden begünstigten glazifluvialen Formungsprozessen dazu geführt, daß der Kjenndalsbre praktisch kein ausgeprägtes Gletschervorfeld besitzt. Moränen und andere glaziale Formen fehlen mit Ausnahme des innersten Vorfelds (des ab ca. 1900 sukzessive eisfrei gewordenen Areals) praktisch völlig. Selbst der frührezente Maximalstand, markiert durch einen undeutlichen Endmoränenrücken, ist in Gelände wie Luftbild kaum auszumachen. Eine Grenze in der Vegetation zwischen frührezentem Vorfeld und dem Talboden außerhalb existiert nicht. Der gesamte Talboden, der zentral aus präborealen, holozänen bzw. frührezenten glazifluvialen Sedimenten aufgebaut ist, lateral v.a. aus Hangschutt besteht, ist dicht bewachsen, in den Flußauenbereichen mit Erlen, lateral mit Birken. Einzelne Fichten sind anthropogenen Ursprungs, Zeugnisse begrenzter forstwirtschaflicher Nutzung des unteren Kjenndal, wobei jedoch das geschlagene Holz allenfalls als Brennholz zu verwenden

Abb. 186: Ablagerungen einer aktuellen Schuttmure im östlichen unteren Kjenndalen (Aufnahme: 27.08.1994)

ist, denn die im engen Tal stark kanalisierten katabatischen Fallwinde vom Plateau des Jostedalsbre (eigene Beobachtungen des Verfassers) und die frequenten Schneelawinen sorgen für ständige Beschädigung bzw. Zerstörung des Baumbestands (wie auch einzelne Schuttmuren; s.u.). Da aufgrund dieser Verhältnisse eine lichenometrische Datierung am Kjenndalsbreen nicht durchzuführen ist und keine verwertbaren historischen Dokumente vorliegen, sind vor den durch historische Photographien belegten Gletscherständen ab ca. 1870 keinerlei Informationen über die frührezenten Gletschervorstöße vorhanden.

Lateral schieben sich Schuttkegel ins Kjenndalen vor, die permanenter Weiterbildung unterliegen. Im Juni 1994 wurde zweimal der Fahrweg zum Gletscher durch eine von der östlichen Talflanke abgehenden Schuttmure verschüttet (pers.Mittlg. K.Tjugen; s. Abb. 186). Ein größeres Areal am Taleingang zeigte im August 1994 eine totale Zerstörung der Vegetation bzw. das Abknicken zahlloser Baumstämme, Zeugnis einer großen Schneelawine des westlich über dem Tal gelegenen Gipfels der Middagsnibba (s. Abb. 187). Diese Hangerosionsprozesse sind zusammen mit starken glazifluvialen Formungsprozessen für das Fehlen von Endmoränen im Vorfeld verantwortlich, v.a. durch deren postsedimentäre Zerstörung. Hangerosionsprozesse waren mit Sicherheit auch in der frührezenten Hochstandsperiode wirksam und erklären u.a. die fehlende Besiedlung und Beweidung in diesem Tal, die ihrerseits wiederum dessen dichte Bewaldung größtenteils erklärt und einen scharfen Kontrast zu den stark beweideten Gletschervorfeldern bei Fjærland (Bøyabreen, Supphellebreen) offenbart (s.o.).

Am verstoßenden Kjenndalsbreen war 1992 an der östlichen Zunge ein kleiner Stauchendmoränenwall zu beobachten, der sich 1993 der Beobachtung entzog, da eine (oder mehrere) Schneelawinen das unmittelbare Zungenende verschüttet hatten, wodurch der Gletscher scheinbar mehr als 100 m vorgesto-

Abb. 187: Durch einen Lawinenabgang umgeknickte Erlen im unteren zentralen Kjenndalen (Aufnahme: 27.08.1994)

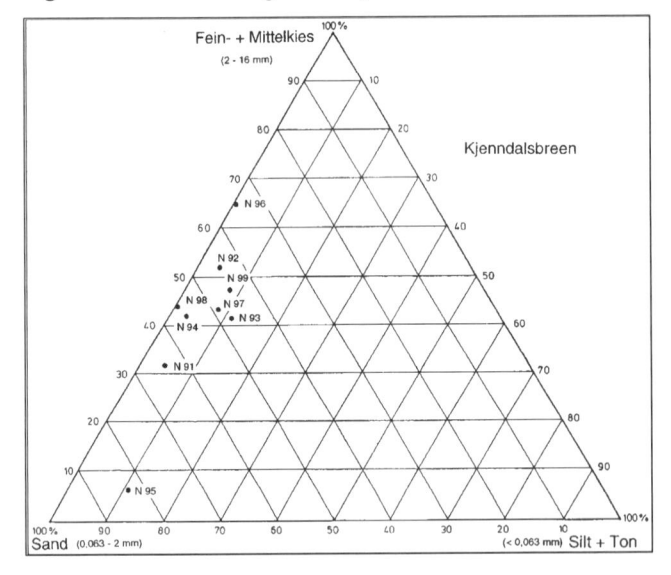

Fig. 193: Dreiecksdiagramm Kjenndalsbreen

ßen war (tatsächlicher Vorstoß des Eises nur rd. 20 m). 1994 war schließlich dieser Endmoränenrücken gänzlich überfahren worden. Unmittelbar an der Gletscherzunge auftretende Vegetation (Gräser und niedrige Weiden- und Birkensträucher) belegen die Beobachtungen über einen starken Vorstoß in den letzten Jahren, der auch zu einer lateralen Expansion der stark aufgewölbten, steilen Gletscherzunge führte. 1992 war an der westlichen Gletscherzunge eine kurze, wenige dm hohe Wintermoräne zu beobachten (N 92), 1994 ebenfalls lateral an der westlichen Gletscherzunge erneut eine diesmal 70 cm hohe Wintermoräne aus eindeutig aufgestauchtem Material (Pflanzenrelikte etc.).

Kennzeichen für den Kjenndalsbre ist der dispers über die gesamte untere Gletscherzunge verteilte supraglaziale Debris, der auch auf den historischen Photographien eindeutig zu erkennen ist (vgl. Abb. 59 - 62). Da der supraglaziale Debris nur z.T. aus großen Blöcken besteht, z.T. relativ feinkörnig ist (N 93), muß neben Einschwemmung bzw. Versturz von den Talflanken (belegt durch Pflanzenrelikte etc.) ein Teil des supraglazialen Debris an Scherungsflächen an die Oberfläche transportiert worden ein. Jene haben im steilen Eisbruch ihren Ursprung und sind auch auf den historischen Photographien teilweise zu erkennen. Zu einem kleineren Teil wird der supraglaziale Debris auch mit den Schnee- und Eislawinen aus den oberen Zungenbereichen auf die Gletscheroberfläche transportiert. Beim v.a. im lateralen inneren Vorfeld abgelagerten Moränenmaterial muß daher von einem vergleichsweise starken Anteil supraglazialen Moränenmaterials ausgegangen werden.

Der Kjenndalsbre drainiert einen für die aktuelle Dimension seiner Gletscherzunge verhältnismäßig großen Abschnitt des Jostedalsbre (s. Tab. 2), so daß sich u.a. ein hoher Abfluß von Schmelzwasser im engen Tal konzentriert. Zusätzlich strömen von den seitlichen Talflanken in z.T. spektakulären Wasserfällen große Mengen Schmelz- und Regenwassers auf die untere Gletscherzunge, an der auch diese externen Zuflüsse subglazial abfließen. Direkt vor der aktuellen Gletscherzunge hat sich eine Sanderfläche ausgebildet, die den gesamten flachen Talboden einnimmt (s. Abb. 188). Nur lateral sind im inneren Vorfeld einige Moränen erhalten, so z.B. ein mehrkämmiger Laterofrontalmoränenkomplex auf der westlichen Talseite, der beim Vergleich mit historischen Photographien bzw. den vorhandenen Gletscherstandsschwankungsdaten eine Bildung während der beiden Vorstöße des 20.Jahrhunderts um 1910 und 1930 vermuten läßt. Weiter talabwärts zeigt sich ebenfalls auf der westlichen Talseite an einem sich in den Talboden vorschiebenden Hangschuttkegel eine terrassenförmige Gliederung auf der dem Gletscher zugewandten Seite als Zeugnis (begrenzter) glazialer Überformung. Aufgrund des Dominierens der Hangerosionsprozesse kann aber nicht von Moränenformen gesprochen werden.

Fig. 194: Md-So-Diagramm Kjenndalsbreen [A - Moränenmaterial; B - glazifluviales Sediment]

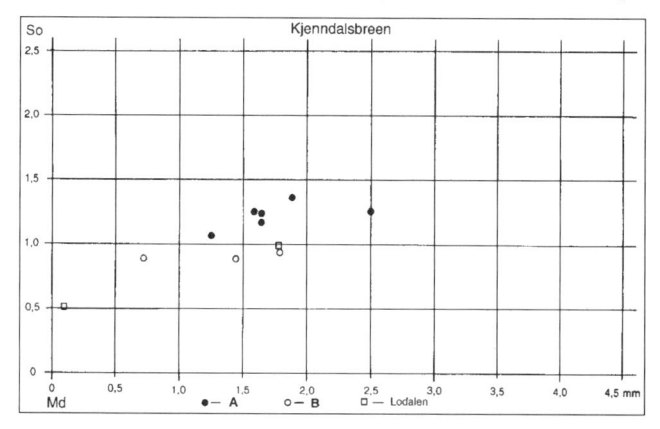

Abb. 188: Aktuelle Sanderfläche vor der Gletscherzunge des Kjenndalsbre (Aufnahme: 27.08.1994)

Aufgrund komplexer Formungsprozesse im Kjenndalen ist die genetische Interpretation der Sedimente nur eingeschränkt möglich. Der starke glazifluviale Einfluß im Gletschervorfeld wird z.B. an N 95 und N 98 deutlich. Auch Moränenmaterial zeigt teilweise glazifluviale Überformung (s. N 92, 94,96,99). Niedrige So-Werte können auf verstärktes Auftreten supraglazialen Debris zurückgeführt werden (vgl. N 93). Insgesamt sind anhand der sedimentologischen Parameter keine signifikanten genetischen Unterschiede abzulesen.

Das Beispiel Kjenndalsbre zeigt damit eindrucksvoll, daß unter bestimmten lokalen Einflußfaktoren die (z.T. erwiesenen) zahlreichen Wieder- und Wintervorstöße in Westnorwegen nicht zwingend zu zahlreichen Moränenformen im Vorfeld führen müssen. Gerade die i.d.R. weitläufigen und ebenen Vorfelder an den Outletgletschern des Jostedalsbre (z.B. Austerdalsbreen, Bergsetbreen oder Nigardsbreen) sind demnach zumindest eine unter mehreren Grundvoraussetzungen für die Ausbildung der typischen Konfiguration westnorwegischer Gletschervorfelder mit ihren zahlreichen End-, Laterofrontal- und Lateralmoränen. Wie teilweise auch am Lodalsbreen (s.o.) ist am Kjenndalsbreen das Relief mit seiner determinierten Geomorphodynamik für eine besondere Ausprägung des Gletschervorfelds verantwortlich.

7.4.17 Erdalsbreen

Der Erdalsbre liegt im nordwestlichen Sektor des Jostedalsbre. Sein Vorfeld wird durch eine zweiteilige Talmündungsstufe des Tals des Erdalsbre in das eigentliche Erdal gekennzeichnet. Bedeutend ist am Erdalsbreen die große, dem frührezenten Gletschervorfeld vorgelagerte Sanderfläche (Grandane), wobei auch innerhalb der äußersten Endmoräne im äußeren Gletschervorfeld eine kleinere Sanderfläche ausgebildet ist. Die präboreale Endmoräne 1 km vor der äußersten frührezenten Endmoräne ist namensgebend für das Erdalen *event* (vgl. 4.3), dessen Moränen auch am benachbarten Vetledalsbreen gefunden werden konnten.

Der äußere Teil des Gletschervorfelds hat sich unterhalb der unteren der beiden Stufen der Talmündungsschwelle ausgebildet und wird v.a. durch größere Sanderflächen dominiert. Hangerosionsprozesse der steilen Talflanken unterhalb Strynekåpa bzw. Tomefjellet sorgen in den lateralen Bereichen für eine starke Überformung des Vorfelds und in diesen Bereichen nur mäßig deutliche Ausbildung der End- bzw. Laterofrontalmoränen. Am stärksten ist die Überformung des Gletschervorfelds durch Hangerosionsprozesse allerdings im mittleren Bereich zwischen den beiden Stufen der Talschwelle, wo sich von Westen her ein mächtiger Schuttkegel unterhalb der Hangvergletscherung der steilen Talwände ausgebildet hat und keinerlei glaziale Formen, abgesehen von glazifluvialen Schmelzwasserinnen im Taltiefsten, ausgebildet wurden.

Abb. 189: Gletscherzunge des Erdalsbre (Aufnahme: 01.09.1992)

Am Erdalsbreen, über den keinerlei Gletscherpositionsvermessungen vorliegen, hatte sich von 1984 bis 1992 zwischen flacher Gletscherfront und erster Talschwelle ein proglazialer See ausgebildet (vgl. Abb. 189), so daß an der Gletscherfront aktuell glazilimnische Sedimentationsbedingungen vorliegen. An der westlichen Gletscherzunge hat sich eine mächtige Eiskern-Lateralmoräne entwickelt, Resultat sehr großen Hangschuttzutrags von den steilen Hängen von Teinosa. An den Ufern des proglazialen Sees wird aktuell glazifluviales Feinmaterial akkumuliert. Auf der gletscherzugewandten Seite der Felsschwelle befinden sich zahlreiche frontale bzw. laterofrontale Moränenrücken, die v.a. aus aufgestauchtem glazifluvialen Material bestehen, welches durch lateralmarginale Schmelzwasserbäche abgelagert wurde. Diese Genese belegen Sedimentproben (N 128,129,130), denn die So-Werte liegen deutlich unter denen des Moränenmaterials des äußeren Vorfelds (N 131). Einige glimmerreiche Gneispartien zeigen stärkere Spuren chemischer Verwitterung, ein Indiz für die Beantwortung der Frage nach den ungewöhnlich hohen Raten an Sedimentfracht, die am Erdalsbreen gemessen wurden (s.u.).

Am Erdalsbreen wurden Messungen der Sedimentfracht des abfließenden Schmelzwassers unternommen (HAAKENSEN 1975 ff., ØSTREM 1975, KJELDSEN 1977 ff., BOGEN 1983,1989). Die jährliche Sedimentfracht betrug dabei durchschnittlich 1545 t/km^2 (bezogen auf die Gletscherfläche), der weitaus höchste Wert aller untersuchten Gletscher (Nigardsbreen 444 t/km^2, Vetledalsbreen (unmittelbar benachbart) nur 166 t/km^2; ØSTREM 1975). Der große Unterschied zwischen Erdals- und Vetledalsbreen wird damit erklärt, daß der Erdalsbre über zahlreiche Eisfälle abfließt und zusätzlich zahlreiche Nunatakker aufweist, externer Sedimentzutrag sowie glaziale Erosion damit höher sind. Aber auch die petrographischen Faktoren können eine Rolle spielen, ebenso eventuell größere Mengen Lockermaterials, die im Gletscherbett vorhanden sind. Die innere Talschwelle könnte prä-frührezent zur Ausbildung einer größeren Sanderfläche bzw. eines Sees geführt haben, dessen Sedimente während der frührezenten Hochstandsphase bzw. aktuell leichter durch subglaziale glaziale/glazifluviale Erosion abgetragen werden können. Auch der externe Sedimentzutrag von den Talflanken scheint besonders im Fall von Teinosa höher als an vergleichbaren Outletgletschern zu sein. Insgesamt schätzt BOGEN (1983,1989) die Bedeutung der Faktoren Petrographie und Lockermaterial-Gletscherbett als entscheidend ein und sieht nur untergeordnete Unterschiede in der Wirkungsweise glazialer/glazifluvialer Erosionsprozesse, eine Ansicht, der sich auch der Verfasser anschließt.

7.4.18 Styggedalsbreen

Der Styggedalsbre, dessen Vorfeld das Beispiel eines Gletschers aus dem Jotunheim repräsentieren soll, unterscheidet sich neben Gletschermorphologie v.a. durch differentes Relief von den Outletgletschern des Jostedalsbre (neben anderen Rahmenfaktoren, z.B. Geologie/Petrographie). Auch sein Gletscherstandsschwankungsverhalten war different, insbesondere fehlen die beiden Vorstöße in der ersten Hälfte des 20.Jahrhunderts. Dagegen sind die Rückzugsbeträge in den mittleren Dekaden des 20.Jahrhunderts, auch aufgrund der vergleichsweise geringen Dimension des Gletschers, kleiner ausgefallen. Die Gletscherfront befindet sich aktuell in einem stationären Zustand, was Konsequenzen für eine spezielle Genese von Endmoränen hat (s.u.). Neben der im Vergleich zu den Outletgletschern des Jostedalsbre geringen Fläche von nur 1,81 km^2 (Höhenerstreckung 1270 - 2240 m) kennzeichnet den Styggedalsbre u.a. das Fehlen eines ausgedehnten Akkumulationsgebiets. Stattdessen haben die von den schroffen, das Akkumulationsgebiet umgebenden Felshängen von Skagastølstindane abgehenden Schneelawinen einen bedeutenden Anteil am Massenhaushalt des Gletschers (s.a. Abb. 71). An diesen Felshängen akkumuliert im Lee von Skagastølstindane Schnee der vorherrschenden schneebringenden Südwest-Winde, der in der Ablationssaison permanent auf den oberen Bereich des Gletschers stürzt (eigene Beobachtungen des Verfassers 1992 - 1995).

Die im Hurrungane-Massiv des westlichen Jotunheim gelegene Gletscherzunge des Styggedalsbre (s. Fig. 4, Abb. 190) fließt unterhalb Skagastølstindane in nördlicher Richtung ab, wobei sie seitlich von rund 1700/1800 m hohen Felsriegeln begrenzt wird. Nur während der frührezenten Hochstandsphase stieß der Gletscher aus dieser Umrahmung in das weite, hochtalähnliche Styggedal vor, wo sich ein typisches Gletschervorfeld mit annähernd konzentrischen Moränenkränzen bilden konnte (s. Fig. 195).

Östlich wird es von einer rd. 80 m hohen Felsschwelle zum oberen Styggedalen hin begrenzt, frontal durch eine ebenfalls mit Moränenmaterial bedeckte weitere Felsschwelle zum Helgedalen. Diese Felsschwelle ist für die Entstehung des kleinen proglazialen Stausees verantwortlich, der durch anthropogene Eingriffe aufgestaut wurde. Allerdings sind die heute stabilisierten Grundrisse des Sees im wesentlichen am Grundriß des natürlichen Sees/Sanders orientiert, wobei das westliche Vorfeld durch anthropogene Aufschüttungen einer Kieshalde von Material aus dem Seebecken stellenweise überformt wurde.

Das Gletschervorfeld des Styggedalsbre ist speziell in seinem zentralen Bereich ausgesprochen eben, stellenweise beträgt das Gefälle weniger als 1°. Es ist durch eine große Anzahl von Endmoränen geprägt, die z.T. in Lateralmoränen übergehen bzw. mit diesen korrespondieren, v.a. im östlichen Vorfeld (s. Fig. 195). Im westlichen Vorfeld sind unterhalb einer rd. 400 m hohen Felsstufe (mit einer mächtigen Schutthalde an deren Basis) korrespondierende Lateralmoränen nur fragmentarisch ausgebildet. Beiderseits der Gletscherzunge sind keine deutlichen Lateralmoränen alpinen Typs aufgebaut worden sind (v.a. aufgrund des Reliefs; s.u.). An der Gletscherzunge kann aktuell die Genese einer mächtigen Eiskern-Endmoräne beobachtet werden (s.u.). Die Flächen zwischen den Endmoränen sind durch zahllose Gerinne und Sanderflächen geprägt, begünstigt durch o.e. geringes Gefälle des Gletschervorfelds, dessen Substrat in weitläufigen Bereichen von Staunässe geprägt ist, was u.a. die Bildung von periglazialen

Abb. 190: Vertikalluftbild des westlichen Hurrungane-Massivs; Styggedalsbreen im oberen Bildmittelgrund; Bildoberkante zeigt nach E! (Aufnahme: 29.08.1981 - © Fjellanger Widerøe AS [7084/17-8/46])

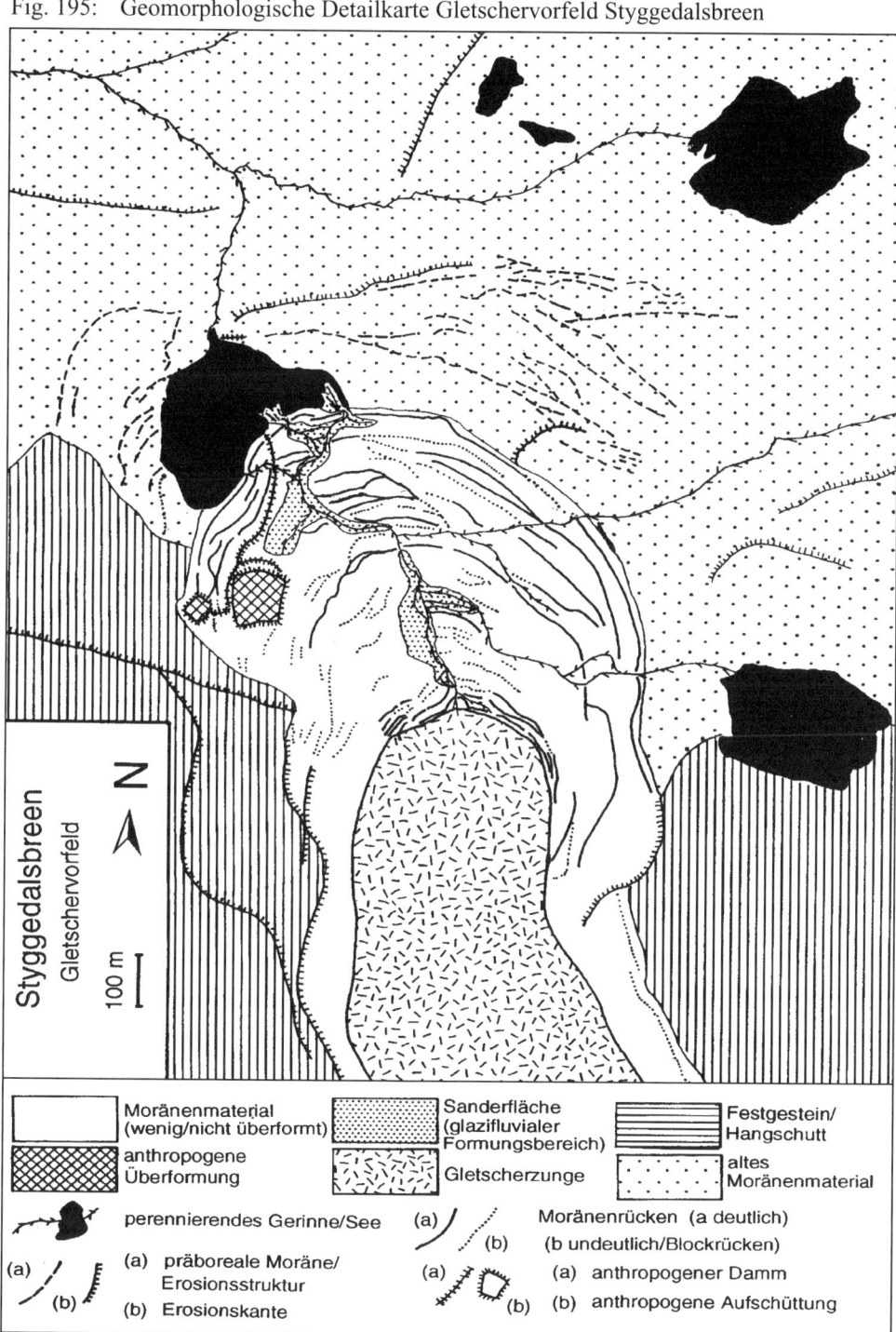

Fig. 195: Geomorphologische Detailkarte Gletschervorfeld Styggedalsbreen

Abb. 191: Gletschervorfeld des Styggedalsbre; man beachte die präborealen Moränen im Vordergrund; Blick vom Aufstieg zum Fannaråken (Aufnahme: 07.08.1994)

Kleinformen begünstigt. Ein Teil der Gerinne im Vorfeld stammt dabei vom Abfluß von außerhalb des eigentlichen Vorfelds, insbesondere aus dem oberen Styggedal. Das Gletschervorfeld muß aufgrund seiner Konfiguration als ausgesprochen einheitlich bezeichnet werden.

Außerhalb des frührezenten Gletschervorfelds befinden sich Relikte präborealer Endmoränen, die nach Ansicht des Verfassers dem Erdalen *event* zugeordnet werden müssen (s. Abb. 29; vgl. 4.3). Schon AHLMANN (1922) betonte, daß im Vorfeld des Styggedalsbre zwei deutliche Endmoränenserien voneinander zu trennen sind. Der Unterschied zwischen frührezenten und präborealen Moränen wird v.a. durch Vegetationsbedeckung und Bodenbildung deutlich. Ein weiterer Unterschied besteht in der Sedimentologie, denn neben einer prägnanten größeren Konzentration von groben Blöcken in der äußersten frührezenten Endmoräne (M-STY 1) zeigen sich Differenzen in Korngrößenanalysen von Sedimentproben des Moränenmaterials (N 195 verglichen mit frührezentem Moränenmaterial, z.B. N 69). Charakteristisch für das präboreale Moränenmaterial ist bei hohem So-Wert (höher als bei allen Sedimentproben frührezenten Moränenmaterials im frührezenten Vorfeld des Styggedalsbre) ein relativ niedriger Md. Dieser Unterschied in der Sedimentologie des Moränenmaterials darf in genetischer Hinsicht nicht überbewertet werden, denn neben anderen Sedimentationsverhältnissen während des Erdalen *event* ist zu beachten, daß die Endmoränen von einem Gletscher abgelagert wurden, der aus dem oberen Styggedal vorstieß und sich mit dem (präborealen) Styggedalsbre vereinigte. U.a. war damit das Einzugsgebiet des in das Gletschertransportsystem aufgenommenen Debris unterschiedlich. Andererseits könnte dies aber sehr wohl ein Hinweis darauf sein, daß während des frührezenten Vorstoßes des Styggedalsbre prä-frührezent im flachen Areal vor der Felsschwelle zum Helgedalen (als ehemaliger, v.a. durch glazifluviales Material aufgefüllter Beckenbereich im Festgestein zu interpretieren), dem späteren frührezenten Gletschervorfeld, größere Quantitäten glazifluvialen Sediments durch Lockermaterialerosion bzw. Aufstauchung in das Moränenmaterial der Moränen eingeliedert wurden,

Fig. 196: Md/So-Diagramm Styggedalsbreen [A - Moränenmaterial; B - glazifluviales Sediment]

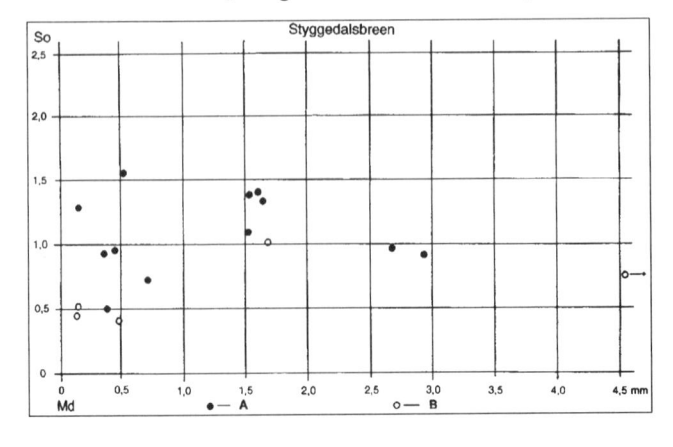

wogegen diese Sedimente während des Präboreal noch nicht vorhanden waren und aufgestaucht werden konnten. Die präborealen Moränen sind in ihrer Position nördlich und westlich des frührezenten Gletschervorfelds z.T. an der angesprochenen Felsschwelle orientiert und zumeist 3 bis 4 m hoch. Einige „Moränenrücken" sind nur sehr undeutlich ausgeprägt, ähneln flachen Rücken mit unsicherer genetischer Klassifikation. Die z.T. nicht parallele Ausrichtung der Moränenrelikte läßt an eine unterschiedliche Entstehungszeit innerhalb des Präboreal denken.

Die äußerste frührezente Endmoräne des Styggedalsbre (M-STY 1), deren Fragmente im Uferbereich des proglazialen Sees unsicher zu verfolgen bzw. korrelieren sind (u.a. existiert ein scheinbar vorgelagertes Endmoränenfragment), ist bei unsicherer lichenometrischer Datierung vermutlich Ende des 18.Jahrhunderts (nicht um 1750!) gebildet worden (ERIKSTAD & SOLLID 1986, pers.Mittlg. L.Erikstad; vgl. 5.3.5). M-STY 1 ist, besonders in der östlichen laterofrontalen Partie und im Übergangsbereich zu M-STY L 1 (r), reich an groben, z.T. angularen bzw. subangularen Gesteinsblöcken, was besonders im Kontrast zu den außerhalb liegenden präborealen Moränen, aber auch zu einigen Sektionen der inneren Endmoränen (z.B. M-STY 9), auffällt.

Trotz vorübergehender anderslautender Datierung (vgl. 4.3) sind sowohl frontale, als auch laterofrontale bzw. laterale Sektion von M-STY 1 eindeutig frührezenten Alters (s.a. MC-CARROLL 1991a). In der frontalen und laterofrontalen Sektion von M-STY 1 (r) ist der Moränenrücken scheinbar doppelkämmig ausgebildet, wobei M-STY 1 (r) verglichen mit den inneren Endmoränen (M-STY 6/7 bzw. M-STY 9) weniger komplex ist (s. Fig. 195). Interessantes Phänomen ist die Beschränkung des Auftretens grober Blöcke im zentralen östlichen Vorfeld fast ausschließlich auf die eigentlichen Moränenwälle.

Abb. 192: End- und Lateralmoränen im östlichen äußeren Gletschervorfeld des Styggedalsbre; M-STY 1 (r) im Vordergrund (Aufnahme: 18.08.1993)

Ihrem genetischen Ursprung nach handelt es sich bei den groben Blöcken um ehemaliges supraglaziales Moränenmaterial (Hang- bzw. Verwitterungsschutt der steilen Gletscherumrahmung). Es wurde supraglazial bzw. englazial (*high-level*) transportiert und zeigt keine Spuren glazialerosiver Oberflächenmodifikation (angulare bis subangulare Gesteinskomponenten mit deutlichen subaerischen Verwitterungsspuren ohne glazialerosive Mikroformen wie Gletscherschrammen etc.). Daneben treten aber auch gerundete bis subgerundete Blöcke auf, die unzweifelhaft das Resultat subglazialer Erosion darstellen, wobei speziell bei M-STY 1 und den Lateralmoränen des östlichen Vorfelds die angularen Blöcke deutlich überwiegen (s.a. Abb. 192). Da aufgrund des Transportwegs die Ablagerung der supra- bzw. englazial transportierten Blöcke sich primär im *dumping*-Prozeß vollzogen haben muß, kann ihre deutliche Konzentration nur auf einen langen Endmoränenentstehungsprozeß während des Maximalstands, verbunden mit Aufstauchungsprozessen bzw. genetisch different zu klassifizierenden Prozessen ähnlich der aktuellen Moränengenese von M-STY 10 an der Gletscherfront, hindeuten. Bei nur kurzen Verweilen der Gletscherzunge an der äußersten Maximalposition bzw. kontinuierlichem Rückzug von dieser müßten die Blöcke zumindest ansatzweise dispersere Verteilung im östlichen Vorfeld zeigen, da aufgrund des Debriszutrags von den steilen Talflanken im Akkumulationsgebiet wenigstens mit gleichen Zutragsraten wie rezent (oder höheren) gerechnet werden muß. Das Fehlen grober angularer Blöcke

Fig. 197: Dreiecksdiagramm Styggedalsbreen

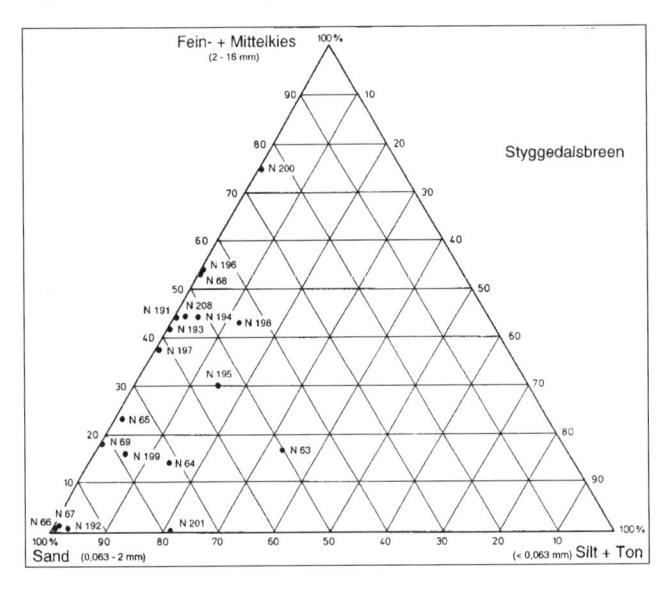

außerhalb von M-STY 1 zeigt ferner, daß es sich eindeutig um frührezentes Moränenmaterial handelt, nicht um aufgestauchte präexistente Blöcke. Wegen der Lage der Moränen des westlichen Vorfelds unterhalb o.e. Felsschwelle mit mächtigen Schutthalden ist aufgrund des differenten Debriszutrags bzw. des unterschiedlichen präexistenten Sediments im Vorfeld M-STY 1 (l), wie im übrigen sämtliche anderen Moränenrücken, blockreicher.

Das Moränenmaterial von M-STY 1 (r) zeigt wie das der anderen Endmoränen des zentralen Vorfelds (z.B. M-STY 6.1 (r): N 69) eine auffällige Konzentration von Grob- und Mittelsand, so daß bei deren Genese größere Quantitäten glazifluvialen Sediments (oder evtl. präborealen Moränenmaterials; vgl. N 195) aufgestaucht worden sein müssen. Dies zeigt auch MCCARROLL (1991a), wobei er als Besonderheit am Styggedalsbreen auf die vorhandenen Verwitterungsrinden hinweist, welche er an anderen Gletschern im Jotunheimen (Storbreen, Nautgardsbreane, Leirbreen, Hurrbreen, Vestre Memurubre) nicht finden konnte. Diese Verwitterungsrinden sollen subglazialen Ursprungs sein, wobei aufgrund der differenten Petrographie (am Styggedalsbreen v.a. Pyroxengranulit bzw. im äußeren Vorfeld retrograd zu Amphibolit umgewandelter Pyroxengranulit; s. KOESTLER 1989) die Frage nach Ursprung der Verwitterungsrinden offen ist. Begründet durch die Unterschiede in der Petrographie ist ein Vergleich der absoluten durchschnittlichen Zurundungsindizes der Messungen am Styggedalsbreen mit denen an den Outletgletschern des Jostedalsbre zu vermeiden. Auch bei Interpretation der Korngrößenanalysen müssen die petrographischen Unterschiede Berücksichtigung finden. Die Zurundungsmessung an M-STY 1 (r) (NR 25: i = 205, Streuung der Einzelwerte 43 - 588) läßt auf einen größeren Anteil subglazialen Moränenmaterials bzw. glazifluvialen Sediments am Aufbau des Moränenrückens schließen, wobei sich analog zur aktuellen Situation an der Gletscherzunge der Anteil supraglazialen Moränenmaterials weitgehend auf grobe Blöcke beschränkt, sich somit einer Zurundungsmessung entzieht. Innerhalb der Korngrößenfraktion der Blöcke überwiegt supraglaziales Moränenmaterial. Geringfügig höhere Zurundungswerte als z.B. bei M-STY 6.1 (r) (NR 5: i = 172, Streuung der Einzelwerte 43 - 494) ergeben sich aus der Lokalität der Messung im zentralen Vorfeld nahe des Gletscherbachs.

Innerhalb von M-STY 1 haben sich auf beiden Seiten des Vorfelds verschiedene subsequente Endmoränen ausgebildet, die dicht gestaffelt sind und nach der lichenometrischen Datierung auf einen nur sehr langsamen Rückzug von der frührezenten Maximalposition hindeuten (auch unter Berücksichtigung der Gletschergröße). Zwischen der Bildung von M-STY 1 und M-STY 6 (knapp 100 Jahre Zeitdifferenz) zog sich der Gletscher nur um rd. 200 m zurück (d.h. im Durchschnitt nur 2 m/a). Aktuelle Beobachtungen der Gletscherfront bzw. von AHLMANN (1935) zu Beginn des 20.Jahrhunderts legen den Schluß nahe, daß der Styggedalsbre einen schrittweisen Rückzug unternommen hat, indem er zwischen Phasen vergleichsweise schnellen Rückzugs über längere Perioden (eine Dekade oder länger) beinahe stationär blieb bzw. längere Wiedervorstöße eingeschaltet waren (wenn auch nur über kurze Distanz; s.u.). Im Zuge dieser Stillstandsphasen (der in ihnen aufgetretenen Wintervorstöße) und Wiedervorstöße wurden zahlreiche subsequente End-, Laterofrontal- und Lateralmoränen aufgebaut. Die Mächtigkeit dieser Endmoränen variiert stark, sie liegt zwischen knapp 1 m (abschnittsweise nur als Blockrücken zu identifizierender Moränen) und 10 m (höchste Abschnitte von M-STY 5/6 (r) bzw. M-STY 7 (l)). Die Moränen sind z.T. sehr komplex, d.h. mehrkämmig aufgebaut (M-STY 5/6 (r) entspricht z.B. einem Endmoränensystem mit jeweils 2 Kämmen; s. Fig. 195), z.T. durch glazifluviale Erosion fragmentiert (M-STY 7 (r)), z.T. auch einkämmig ausgebildet (M-STY 1 - 4 (l); Lateralmoränen des östlichen Vorfelds). Zumindest die komplexen Endmoränen deuten auf ähnliche genetische Prozesse wie aktuell bei M-STY 10 zu beobachten hin. Legt man die lichenometrischen Datierungen (z.B. bei M-STY 5/6 (r), welche der Verfasser als einheitliches Endmoränensystem ansieht) und Beobachtungen (AHLMANN 1935) zugrunde, hat sich die Genese speziell der komplexen Endmoränen in einem langen Zeitraum vollzogen, wobei die Endmoränen genetisch als Resultat der Wintervorstöße und damit verbundener morphologischer Prozesse angesprochen werden müssen (eine Ansprache als Stauchendmoränen (sensu stricto) ist im Falle des Styggedalsbre aufgrund der aktuellen Beobachtungen an der Gletscherfront nicht ganz zutreffend).

Die spezielle glaziologische Situation des Akkumulationsgebiets und die vergleichsweise westliche Lage im Jotunheimen erklären das Auftreten von Wintervorstößen während Stillstandsphasen hinlänglich, obwohl weiter östlich im Jotunheimen aufgrund der stärkeren klimatischen Kontinentalität und dadurch begründeter geringerer Winterakkumulation Wintervorstöße in ihrer morphologischen Bedeutung weit geringer als an den Outletgletschern des Jostedalsbre sind. Unterschiede in Ausbildung der Endmoränen in den beiden Vorfeldseiten können auf differenten Charakter des präexistenten Sediments (im östlichen Vorfeld höhere Anteile v.a. feinerer glazifluvialgenetischer Sedimente gegenüber größeren Hangschuttquantitäten im lateralen westlichen Vorfeld), unterschiedlichen Debriszutrag (supraglazial) und differenter Glazialdynamik beider Seiten der Gletscherzunge zurückgeführt werden. Im Kontaktbereich der frührezenten Endmoränen zu den Hangschutthalden an der Basis der Felsstufe im westlichen Vorfeld lösen sich die Moränenformen infolge Überformung durch Hangerosions- bzw. Nivationsprozesse auf (Auftreten von *protalus ramparts* !).

Während das Moränenmaterial von M-STY 6.1 (r) als repräsentativ für die anderen Endmoränen gelten darf (N 69; NR 5; NR 15: i = 206, Streuung der Einzelwerte 19 - 500), d.h. subglaziales Moränenmaterial in Verbund mit glazifluvialem Sediment und evtl. aufgestauchten präexistenten Sedimenten (glazialen wie glazifluvialen Ursprungs) die Sedimentologie bestimmt, zeigt speziell der laterofrontale Abschnitt von M-STY 9 (r) einen außergewöhnlichen Reichtum an Feinmaterial (N 199; s. Abb. 193). Dies deutet auf verstärkte Eingliederung glazifluvialen Sediments hin, was auch Zurundungsmessungen belegen (NR 17: i = 290, Streuung der Einzelwerte 24 - 615; NR 18: i = 287, Streuung der Einzelwerte 61 - 800), die deutlich über den durchschnittliche Zurundungsindizes der anderen Endmoränen des Vorfelds liegen.

Über die Genese von M-STY 9 liegen Beobachtungsergebnisse von AHLMANN (1935) vor, wobei die von ERIKSTAD & SOLLID (1986) auf 1906 (Fixpunkt) datierte Moräne M-STY

Abb. 193: Kamm der lateralen Partie von M-STY 9 (r); man beachte die Abwesenheit grober angularer Blöcke supraglazialen Debris (Aufnahme: 07.08.1993)

8 nur als niedriges Fragment einer Endmoräne vorliegt. Die Tatsache, daß sie auf der historischen Aufnahme von 1903 noch nicht zu sehen ist (s. Abb. 194), mag dieses Datum bestätigen. Nach den Angaben von AHLMANN (1922) setzte die Bildung von M-STY 9 um 1912 ein. AHLMANN (1935) resümiert später eine 20 bis 25 Jahre andauernde Bildungsphase dieser Endmoräne, verursacht durch annähernd stationäres Verhalten der Gletscherfront. Die sukzessive aufgebaute Endmoräne bezeichnet AHLMANN als „nicht imponierend" (*ikke imponerende*) mit einer damaligen Höhe von 1 bis 3 m. Das ursprünglich bedeutende Mengen an Silt und Sand enthaltende Moränenmaterial soll nach AHLMANN fortgesetzter Auswaschung unterworfen gewesen sein, wobei die aktuell genommene Sedimentprobe (N 199) sehr wohl noch jenen Reichtum an Feinmaterial zeigt. Die von AHLMANN angesprochene Auswaschung konzentrierte sich v.a. auf die frontalen Abschnitte, wo neben dem aktuellen Durchbruch des Gletscherbachs noch ein zusätzlicher ehemaliger Schmelzwasserdurchbruch von starker glazifluvialer Erosion zeugt. Den Grund für die geringe Mächtigkeit (trotz verhältnismäßig langer Bildungsphase) sieht er in geringer Aktivität des Gletschers, da die Gletscherfront weitgehend stagnant war und sich nur geringe Gletscherfrontvariationen ereigneten, auch keine starken Wintervorstöße. Allerdings zeigt eine Photographie vom Sommer 1919 (AHLMANN 1935) ähnliche morphologische Verhältnisse wie bei der aktuellen Genese von M-STY 10, so daß gewisse Wintervorstöße dennoch aufgetreten sein können, da an eine Genese durch konventionelles *dumping* supraglazialen Materials bei der nur sehr flach geneigten Gletscherfront nicht zu denken ist. Außerdem kann in jenem Fall die größere Menge an Feinmaterial kaum erklärt werden. Vermutlich hat der Gletscher sukzessive durch *dumping* in Kombination mit Stauchungsprozessen (sensu lato, vgl. Ausführungen zur Genese von M-STY 10) während kurzer Vorstoßperioden oder Wintervorstöße diese Endmoräne aufgebaut.

Abb. 194: Gletscherzunge des Styggedalsbre (Aufnahme: 27.08.1903 - O.L. (?), Fotoarkiv NGU Trondheim [D30.82])

Zwischen M-STY 9 und der aktuell an der Gletscherfront gebildeten Endmoräne M-STY 10 wird das Vorfeld nur durch einige, knapp einen Meter hohe, fragmentierte und stark (glazifluvial-)erosiv überprägte Kuppen mit Moränenmaterial, eingebettet in die dominierenden Sanderflächen, gegliedert. Diese Kuppen sind als Relikte kleiner Endmoränen als Zeugen von Wintervorstößen zu deuten. Daß sich keine größeren Endmoränen gebildet haben, kann auch am Styggedalsbreen mit den starken Rückzugswerten Mitte dieses Jahrhunderts bis in die 1970er Jahre hinein erklärt werden. Erst seit Mitte/Ende der 1970er Jahre verlangsamte sich der Rückzug erheblich und führte in Konsequenz zur Entstehung eines aktuellen End- bzw. Laterofrontalmoränensystems (M-STY 10 bzw. M-STY L 10, s.u.).

Am Styggedalsbreen sind beiderseits der aktuellen Gletscherzunge Formen ausgebildet, die nur sehr bedingt als Lateralmoränen alpinen Typs bezeichnet werden können, da sie als komplexe Formen gleichzeitig Schutthalden der die Gletscherzunge einrahmenden Felsriegel sind. Daher kann weder ein klarer morphologischer Lateralmoränenkamm, noch eine Einregelung der Gesteinskomponenten nach dem Schema von HUMLUM (1978) ausgewiesen werden. Gleichwohl ist die Beteiligung supraglazialen Moränenmaterials am Aufbau dieser Formen anzunehmen, da sie klar innerhalb der Grenzen früherrezenter glazialer Überformung liegen. Da das abgelagerte Moränenmaterial als supraglazialer Debris v.a. genetisch in Hang- bzw. Verwitterungsschutt seinen Ursprung hat, ist eine Unterscheidung glazial transportierter zu nicht-transportierten Blöcken nicht durchführbar, was auch an der vorhandenen aktuellen Hangerosion liegt. Im Kontrast zu diesen angedeuteten Lateralmoränen alpinen Typs stehen die im östlichen Vorfeld ausgebildeten Lateralmoränenzüge (s. Fig. 195). Sie sind grobblockig, 3 - 4 m hoch und verlaufen z.T. im Bereich der Talschwelle zum oberen Styggedalen (s. Abb. 192). Die Lateralmoränen sind eindeutig frührezenten Alters, selbst wenn GRIFFEY & MATTHEWS (1978) zunächst (!) ein prä-frührezentes, holozänes Alter angeben (vgl. 4.3). Sie sind teilweise durch *dumping* supraglazialen Debris entstanden, aber die relativ hohen Zurundungswerte (NR 26: i = 188, Streuung der Einzelwerte 19 - 542), die nur wenig unter denen der Endmoränen des Vorfelds liegen, können nur zum Schluß führen, daß auch subglaziales Material am Aufbau dieser Moränen beteiligt ist, durch Austauen von an Scherungsflächen an die Oberfläche transportierten Materials oder Stauchungsprozesse an denen z.T. in Endmoränen übergehenden Lateralmoränen. Gewisse Aufstauchungsprozesse belegt im übrigen die steile distale Flanke, denn die proximale Flanke ist deutlich flacher. Zwar treten diese Lateralmoränen in Staffelung auf, Sedimentologie und Morphologie unterscheidet sie jedoch stark von den Lateralmoränen westnorwegischen Typs. Durch ihre Genese sowohl durch *dumping* supraglazialen Debris, wie auch durch Aufstauchung (sensu lato) subglazialen Moränenmaterials stellen sie eine „Übergangsform" zwischen den Lateralmoränen westnorwegischen und denen alpinen Typs dar. Da ähnliche Lateralmoränen auch an anderen Gletschern im Jotunheimen auftreten (z.B. am Storbreen; s.u.), könnte man sie als Lateralmoränen des „Jotunheimen-Typs" bezeichnen und als vierte Untergruppe von lateralen Moränenformen (neben den Lateralmoränen alpinen Typs, westnorwegischen Typs bzw. lateralen Erosionskanten) klassifizieren. Gletscherschwankungsgeschichtlich deuten sie auf größere laterale Eisrandpositionsschwankungen hin und sind im Gegensatz zu Lateralmoränen alpinen Typs keine polygenetischen Formen, desweiteren weit weniger dominant. Von den Lateralmoränen westnorwegischen Typs unterscheidet sie ihre kontinuierliche Ausbildung bei verhältnismäßig begrenzter Anzahl, sowie ihre Sedimentologie, denn im Gegensatz zu den Outletgletschern des Jostedalsbre spielt *dumping* supraglazialen Debris eine größere Rolle.

Auf den flachen ebenen Arealen des Gletschervorfelds zwischen den Moränenrücken finden sich neben ausgedehnten Sanderflächen mit zahlreichen ehemaligen Gerinnebetten Bereiche, in denen typisches Moränenmaterial ohne größeren glazifluvialen Einfluß auftritt (z.B. N 194,208). Die permanente glazifluviale Sedimentation hat in relativ kurzer Zeit (rd. 10 Jahren) bereits größere Deltas in den proglazialen See aufgebaut, deren Sedimente gemäß Fließgeschwindigkeit, Transportkapazität und resultierendem Sedimentationsmilieu innerhalb des Deltas gut sortiert vorliegt, was N 200 und N 201 deutlich zeigen. In weiten Bereichen jener ebenen Flächen des Vorfelds mit relativ hohem Grundwasserstand existieren periglaziale Formen wie Frostbeulen (Erdknospen) und Frostmusterböden als Zeugnisse aktueller Frosthebungs- bzw. Frostsortierungsprozesse. Dies ist insofern bemerkenswert, da sich das Gletschervorfeld des Styggedalsbre mit einer durchschnittlichen Höhenlage von 1270 m unterhalb der Grenze diskontinuierlichen Permafrosts im Jotunheimen befindet (ØDEGÅRD 1993). Dies zwingt zusammen mit dem teilweise embryonalen Entwicklungsstadium der Formen und deren starker Veränderung der Oberflächenmorphologie von Jahr zu Jahr (Beobachtungen des Verfassers 1992 bis 1995) zum Schluß, daß es sich nicht um an Permafrost, sondern an saisonale Frostprozesse geknüpfte Formen handelt. Dabei spielt besonders die Wassersättigung der flachen Vorfeldbereiche eine entscheidende Rolle (s.a. Abb. 195), denn v.a. auf Arealen hohen Grundwasserstands in Nähe periodischer Wasserläufe bilden sich solche Formen aus, insbesondere zwischen M-STY 7 (r) und M-STY 9 (r) bzw. M-STY 9 (r) und M-STY 10 (r). Im äußeren Vorfeld, welches über deutlich weniger stark wassergesättigtes Substrat verfügt, und im westlichen Vorfeld mit seinem grobkörnigeren Moränenmaterial, fehlen diese Formen. Dies betont die Abhängigkeit vom Ausgangssubstrat. Daß das Klima zwar für saisonale Frosthebungs- und -sortierungsprozesse geeignet ist, Permafrost sich aber nicht ausbilden kann, zeigt die Existenz von Eiskernen in der aktuell gebildeten Endmoräne M-STY 10.2 in Verbindung mit dem Fehlen von Eiskernen in den anderen Endmoränen des Styggedalsbre trotz ähnlicher Genese (z.B. M-STY 9, s.o.).

Speziell in stark wassergesättigten Verebnungen des Gletschervorfelds treten Frostbeulen (Erdknospen) in unterschiedlichen Entwicklungsstadien auf (s. Abb. 195). Während einige der durchschnittlich 50 - 100 cm breiten und bis zu 50 cm hohen Formen noch eine geschlossene Vegetationsdecke über der Aufwölbung aufweisen, ist bei älteren Frostbeulen die Aufwölbung schon so weit fortgeschritten, daß die Vegetationsdecke zerrissen ist und das vegetationsfreie Lockermaterial an die Oberfläche tritt. Das Material der Frostbeulen (N 208) entspricht dem relativ fein-

Abb. 195: Frostbeulen (Erdknospen) im zentralen Gletschervorfeld des Styggedalsbre (Aufnahme: 05.08.1993)

materialreichen Moränenmaterial des Vorfelds (N 194), so daß bei diesen Formen keine Frostsortierung aufgetreten ist. Frostbeulen befinden sich auch an den etwas geneigteren unteren Moränenflanken, so z.B. distal zu M-STY 5/6. Eine Frostbeule im Vorfeld wurde aufgegraben, um zu prüfen, ob sie in ihrem Kern einen Block enthält, wie von HARRIS & MATTHEWS (1984) u.a. vom Storbreen beschrieben. Zwar war dies der Fall, der 25 - 30 cm große Block kann mit seiner saisonalen Frosthebung allein aber nicht für die Genese dieser Frostbeulen verantwortlich gemacht werden (die von HARRIS & MATTHEWS beschriebenen Blöcke waren größer). Ferner wurde vom Verfasser durch Sondierungen an anderen Frostbeulen festgestellt, das nur bei einem Teil von ihnen überhaupt Blöcke vorhanden waren. Bei diesen Sondierungen bzw. der Aufgrabung zeigte sich jedoch die Bedeutung des Wassers für den Geneseprozeß dieser Formen, denn der Grundwasserspiegel befand sich nur 15 cm unter der Oberfläche.

Neben in moosbewachsener Erde eingesunkenen Steinen als typische Zeichen für Frosthebung haben sich im Gletschervorfeld auch Frostmusterböden auf den o.e. flachen Moränenmaterialrücken zwischen M-STY 9 (r) und M-STY 10 (r) entwickelt (s. Abb. 196). Diese Formen sind noch sehr jung, evtl. nicht älter als rd. 10 Jahre (pers.Komm. J.L.Sollid). Manche der flachen Moränenrücken weisen zwar (noch) keine Frostmusterformen auf, doch zeigt sich auf den vegetationsfreien, feinmaterialreichen Oberflächen bereits ein embryonales Muster von Frostrissen. Diese flachen Kuppen stehen zum umgebenden, dicht mit Gräsern, Moosen und Flechten bewachsenen Areal in scharfem Kontrast, wobei bei diesen periglazialen Formen die zur Verfügung stehende Bodenfeuchtigkeit weniger Ge-

Abb. 196: Frostmusterboden im zentralen Gletschervorfeld des Styggedalsbre (Aufnahme: 12.08.1992)

wicht hat (aufgrund der erhöhten Lage gegenüber dem umgebenden Vorfeld), vielmehr das Ausgangsmaterial (feinmaterialhaltiges Moränenmaterial) eine Rolle spielen dürfte. Die Frostmusterformen finden sich selbst unmittelbar distal von M-STY 10, während sie im äußeren Vorfeld nicht auftreten, was ihren saisonalen Charakter unterstreicht (da bei Permafrost diese Formen mit zunehmendem Alter des Moränenmaterials deutlicher ausgebildet worden sein müßten).

Der durchschnittliche Durchmesser der Feinerdezirkel zwischen M-STY 9 und M-STY 10 liegt bei ca. 50 cm (50 Meßpunkte; Schwankungsbreite 30 -75 cm). Während die Feinerdezirkel vegetationslos sind, findet sich in den Rissen dichter Moosbewuchs. In den Rissen sind kleine Steine vertikal eingeregelt. Die Risse selbst waren im Sommer 1993 rd. 15 cm tief, im Sommer 1994 dagegen 20 bis 25 cm. Dies zeigt die schnelle Entwicklung dieser Formen, die ihr Aussehen von Jahr zu Jahr deutlich verändern. Initiale Frostrisse sind dagegen zumeist nur 5 bis 10 cm tief, zeigen sich aber z.B. auch bereits auf der anthropogenen Aufschüttung des westlichen Vorfelds. An den Rändern dieser flachen Erhebungen zeigt die Moosdecke im übrigen wie an der Basis der Frostbeulen bzw. den Basisbereichen verschiedener Endmoränen (z.B. M-STY 5/6 (r)) wulstförmige Verformungen, die als Mikro-Solifluktionloben bezeichnet werden können. Der Vergleich von Sedimentproben aus dem Kernbereich eines Feinerdezirkels (N 63) mit Material aus dem Bereich der Frostrisse (N 64) zeigt einen höheren Gehalt an Silt beim Erstgenannten, während die Anteile von Feinsand identisch waren. Da Mittel- und Grobsand in den Rißbereichen stärker vertreten war, zeigt dies die Wirkung der Frostsortierung deutlich an, wobei allerdings die Unterschiede aufgrund des jungen Alters der Formen noch gering sind. Ein sortierter Steinring als Endstadium der Frostsortierung trat nur als Einzelform auf (s. Abb. 197).

Abb. 197: Sortierter Steinring im zentralen Gletschervorfeld des Styggedalsbre (Aufnahme: 12.08.1992)

Markante und mächtige End- und Laterofrontalmoränen prägen das Bild der aktuellen Gletscherzunge (s. Abb. 198), wobei die Endmoränen einen Eiskern besitzen und als Eiskern-Endmoränen klassifiziert werden können. In den Sommern 1992 - 1995 konnte der Verfasser die sukzessive Weiterbildung dieser Moränenformen beobachten und eine Theorie zur Genese dieser Formen aufstellen. Im Sommer 1993 wurden diese aktuellen Endmoränen gleichzeitig (unabhängig voneinander) von MATTHEWS, MCCARROLL & SHAKESBY (1995) untersucht. Deren Beobachtungen decken sich nahezu vollständig mit denen des Verfassers, die Schlußfolgerungen weichen aber partiell ab (pers.Komm. J.Matthews & R.Shakesby). Die aktuelle Eiskern-Endmoräne M-STY 10.2 (r) ist 5 - 6 m hoch und setzt sich, fragmentiert durch die Schmelzwasserbäche der Gletscherfront, über eine Ausbuchtung im zentralen Bereich auch auf der westlichen Seite der Gletscherzunge fort, wo sie in diesen Bereichen geringfügig niedriger ist. An der östlichen Zunge ist diesem Moränenwall ein kleinerer Endmoränenwall (toteisfrei) vorgelagert (M-STY 10.1 (r)), während in laterofrontaler Position drei eng benachbarte Moränenkämme vorhanden sind (M-STY L 10.1 - 10.3 (r)), von denen der innerste (M-STY L 10.3 (r)) ebenfalls in Kontakt mit dem Eis der Gletscherfront steht. An der östlichen Zunge sind neben zwei undeutlichen Moränenwällen (M-STY 10.1 (l); M-STY L 10.2 (l)) drei kurze und ca. 1,5 bis 2 m hohe Laterofrontalmoränen entstanden (M-STY L 10.3 (l) - 10.5 (l)). Die innerste Moräne ist in ihrem gletscherwärtigen Teil noch als supraglaziale

Abb. 198: Aktueller Eiskern-Endmoränenkomplex M-STY 10.2 (r) (Aufnahme: 05.08.1993)

Abb. 199: Proximale Flanke der aktuellen Eiskern-Endmoräne M-STY 10.2 (r) (Aufnahme: 04.08.1994)

Medialmoräne ausgebildet.

Die Position der Gletscherfront wich 1992 nicht wesentlich vom Stand 1993 ab (stationäre Gletscherfront). 1994 war sie um 4 - 5 m vorgestoßen, so daß das Eis direkt mit der Eiskern-Endmoräne in Kontakt stand und nicht, wie in den beiden Jahren zuvor, durch eine ca. 5 m breite Zone glazifluvialer Feinmaterialakkumulation (z.T. eisunterlagert) getrennt war (s. Abb. 199). Während 1993 auf der östlichen Talseite ein Schmelzwasserbach noch proximal von M-STY 10.2 (r) verlief, wurde dieser Schmelzwasserbach durch den Vorstoß in die Tiefenlinie zwischen M-STY 10.2 (r) und M-STY 10.1 (r) abgedrängt (vgl.a. Fig. 198). Dies belegt u.a., daß der Gletscher in den Winter- und Frühjahrsmonaten weiter in Richtung Moräne vorgestoßen sein muß, als die Position Anfang August (dem Zeitpunkt der Geländearbeiten von 1992 bis 1995) nahelegt (dies stimmt gut mit der genetischen Theorie der Moränenbildung überein). Aus orographischen Gründen wäre nämlich im August 1994 ein Flußverlauf proximal der Moräne durchaus möglich gewesen, da die Zunge im Kontaktbereich zur Endmoräne sehr flach war.

Speziell die proximalen Moränenrücken (besonders M-STY 10.2 (r)) der als komplexes Endmoränensystem zu bezeichnenden aktuellen Endmoräne wiesen mächtige Eiskerne von Gletschereis auf, welches durch fortgesetztes Abgleiten bzw. Abspülen der durch die Ablation des Eiskerns wassergesättigten geringmächtigen Sedimentdecke (z.T. nur 10 cm) v.a. an der proximalen Flanke exponiert wurde (s. Abb. 199, Fig. 198). Die äußersten, extrem flachen Bereiche der Gletscherzunge sind von glazifluvialem Sediment bedeckt, dessen Mächtigkeit von mehreren Centimetern (im Sommer 1994 in weiten Bereichen der vorgestoßenen Zunge) bis zu mehreren Dekametern (im Sommer 1992 bzw. 1993) schwankt (s.a. Abb. 200). Im Sommer zeigt sich der stark wassergesättigte Status der glazifluvialen Sedimente (durch starkes Einsinken des Verfassers bei der Passage dieser Zone), die vermutlich im gesamten Abschnitt bis zur Eiskern-Endmoräne von Gletschereis unterlagert werden, was eine Mächtigkeit von bis zu einem Meter (oder evtl. etwas darüber) ermöglichen würde. Das dort sedimentierte glazifluviale Sediment (N

67,192) stammt vorwiegend von subglazialen Schmelzwasserströmen und entspricht bis auf einen geringfügig geringeren Anteil von Feinmaterial dem im Bereich des Deltas in den proglazialen See abgelagerten Sediments (vgl. N 201). Aufgrund von Unterschieden im Sedimentationsmilieu existieren auch grobkörnigere glazifluviale Sedimente in diesem Bereich (N 193), die ebenfalls den korrespondierenden Ablagerungen im Deltabereich entsprechen (N 200). Der glazifluviale Sedimentationsraum auf der flachen Gletscherzunge verdankt seine Entstehung der Blockade des Schmelzwasserabflusses durch die Eiskern-Endmoräne, wobei auch kurzzeitige Staueffekte auftreten (v.a. im Sommer 1992 zu beobachten).

Abb. 200: Toteisunterlagerte glazifluviale Feinmaterialakkumulation proximal zu M-STY 10.2 (r) (Aufnahme: 12.08.1992)

Das Material der Eiskern-Endmoräne (zumindest der proximalen Teilbereiche in zentraler Position) muß weitgehend als glazifluviales Sediment angesprochen werden (s. N 66,191), selbst wenn es sich z.T. um stark glazifluvial beeinflußtes Moränenmaterial handelt (N 65), wie es auch an den anderen Endmoränen im Vorfeld (z.B. M-STY 9) auftritt (vgl. N 198). Der Charakter des Sediments ändert sich innerhalb der Eiskern-Endmoräne sehr stark, analog zu unterschiedlichen Sedimentationsräumen und Sedimenten des proximalen glazifluvialen Akkumulationsbereichs, denn eine ähnliche Sortierung ist auch an den Sedimenten der Endmoräne zu erkennen (vgl. MATTHEWS, MCCARROLL & SHAKESBY 1995). Vereinzelte grobe Blöcke im Bereich der Endmoräne sind klar als supraglaziales Moränenmaterial anzusprechen, welches die Gletscherzunge in weiten Bereichen dispers bedeckt. An einem durch glazifluviale Erosion aufgeschlossenen Basisbereich des Eiskerns im zentralen Endmoränenabschnitt zeigte sich gefrorener Debris, der zweifelsfrei als subglaziales Moränenmaterial angesprochen werden kann (vgl. MATTHEWS, MCCARROLL & SHAKESBY 1995), so daß die Ansprache des Eiskerns als ehemaliges Gletschereis u.a. auch damit belegt ist. In den distalen Segmenten der Endmoränen konnten MATTHEWS, MCCARROLL & SHAKESBY glazifluvialgenetische Schichtung ausweisen, die eine ehemalige Fließrichtung parallel zum Eisrand belegt, was sich mit aktuellen Beobachtungen deckt. Das stellenweise an den Endmoränen auftretende Moränenmaterial ist eindeutig subglazialen Ursprungs, was anhand dessen sedimentologischer Charakteristik (vgl. N 65,191) auch MATTHEWS, MCCARROLL & SHAKESBY folgern. Beobachtungen des Verfassers unterstützen die Charakterisierung des Moränenmaterials dieser Endmoräne als sehr instabil, denn wie der Bereich der äußersten Gletscherzunge änderte sich auch die Morphologie der Endmoräne während der vier Jahre der Beobachtung, bedingt durch Niedertauen des Eiskerns bzw. fortgesetzte Weiterbildung während sukzessiver Wintervorstöße (vgl. Fig. 198).

Eiskern, Morphologie und Sedimentologie der Eiskern-Endmoräne verlangen nach deren Ansprache als Stauchendmoräne, obwohl n. MATTHEWS, MCCARROLL & SHAKESBY (1995) aufgrund deren Schlußfolgerungen zur Moränengenese eine solche Ansprache nicht ganz korrekt ist, v.a. im Vergleich zu anderen Untersuchungen. Nach Ansicht des Verfassers ist es jedoch z.T. eine Frage der Definition der Begriffe „Stauchendmoräne" bzw. „Aufstauchungsprozesse", wie diese Eiskern-Endmoräne anzuspre-

Fig. 198: Schematische Querschnitte durch den aktuellen Eiskern-Moränenkomplex [A - Gletscher/Toteis; B - glazifluviales Sediment; C - subglazialer Debris; D - Moränenmaterial (glazifluvial überprägt); E - Moränenmaterial]

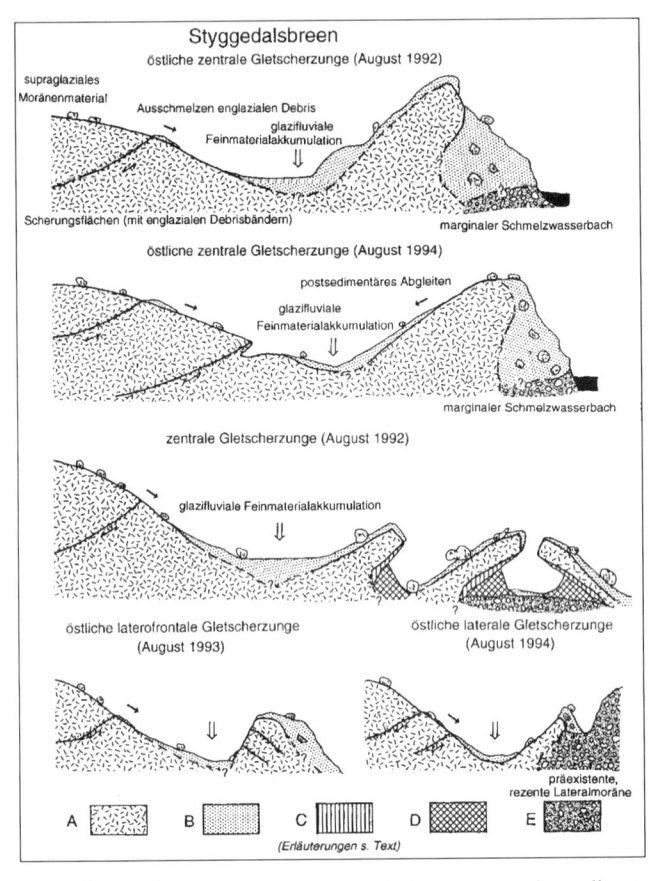

chen ist, zumal eine von den Schlußfolgerungen von MATTHEWS, MCCARROLL & SHAKESBY abweichende Theorie des Verfassers zur Moränengenese durchaus als Stauchungsprozeß bezeichnet werden muß (vgl. Fig. 199). Gemeinsam ist allen Theorien die Existenz von Wintervorstößen bei annähernd stationärer Gletscherfront vorauszusetzen. MATTHEWS, MCCARROLL & SHAKESBY schließen aus den (sich mit den Beobachtungen und Untersuchungen des Verfassers deckenden) Geländebefunden, daß die Eiskern-Endmoräne sukzessive während verschiedener Wintervorstöße aufgebaut wurde. Dabei setzen sie die Existenz einer Endmoräne bzw. eines anderen „Hindernisses" (Schneebank ?) voraus (was durch frühere Beobachtungen bzw. die Existenz eines mit spärlicher Vegetation bedeckten Abschnitts von M-STY 10.1 (r) gut möglich erscheint). O.e. Hindernis zwingt während sukzessiver Wintervorstöße in den nachfolgenden Jahren bis heute die sehr flache Gletscherzunge dazu, dieses zu überfahren, ohne es dabei zu zerstören (s. Fig. 199/E). Glazitektonische Strukturen im Vorfeld, die eine Aufscherung proglazialen Lockermaterials belegen könnten, fehlen im Vorfeld, wie auch die beginnende Entwicklung von Frostmusterböden (s.o.) zusammen mit der spärlichen Vegetation direkt distal des Eiskern-Endmoränensystems anzeigt, daß eine solche Aufscherung bzw. Aufstauchung (sensu stricto; *bulldozing*), wie sie von anderen Gletschern berichtet wird (u.a. PRICE 1970), am Styggedalsbreen mit Sicherheit nicht aufgetreten ist. Auch die Geringmächtigkeit und flache Neigung der Gletscherzunge spräche gegen solche Prozesse. Durch die o.e. Geringmächtigkeit der Gletscherzunge besteht die Möglichkeit des Anfrierens subglazialen Moränenmaterials in den marginalen Bereichen (o.e. Aufschluß subglazialen Debris an der Basis des Eiskerns; vgl. ANDERSEN & SOLLID 1971 und deren Theorie zur Genese von annuellen Moränen). Das glazifluviale Sediment, welches die Eiskerne der Endmoräne überlagert, ist lt. MATTHEWS, MCCARROLL & SHAKESBY vor der Überfahrung im Zuge der Wintervorstöße auf der flachen Gletscherzunge abgelagert worden, in gleicher Weise wie es z.B. 1992 und 1993 auch vom Verfasser beobachtet werden konnte, und wie es die nahezu identischen Sedimentproben belegen. Nicht zwingend annuell, aber sukzessive während verschiedener Wintervorstöße soll die Eiskern-Endmoräne durch erneutes Überfahren und Ablagerung weiterer Gletschereis-/Sedimentkeile weitergebildet und erhöht werden, wobei die Endmoräne selbst im Rückkopplungseffekt als Hindernis wirkt (vgl. Fig. 199).

In gewissen Punkten entspricht damit dieses Modell den Beobachtungen von KRÜGER (1993) am isländischen Myrdalsjökull, selbst wenn v.a. die Sedimentologie (Myrdalsjökull: gefrorener *lodgement till*; Styggedalsbreen: v.a. glazifluviales Material) unterschiedlich ist und KRÜGER kein Gletschereis in der aktuellen Endmoräne feststellen konnte. Der proximal aufgeschlossene Eiskern mit seiner 25 - 30° gegen den Gletscher einfallenden Orientierung bestätigt wie die allgemeine Morphologie die Schlüssigkeit dieser Theorie, selbst wenn der Verfasser die Existenz einer Schneebank als initialem Hindernis (vgl.a. BIRNIE 1977) anzweifelt.

Abb. 201: Dachgiebelartig aufgestauchte Toteiskomplexe mit angefrorenem subglazialen Debris (Aufnahme: 12.08.1992)

Einige Beobachtungen lassen den Verfasser aber eine zweite Theorie zur Moränengenese möglich erscheinen, wobei ihm eine Wechselwirkung zwischen dieser und der o.e. Theorie, in Abhängigkeit von der Stärke der Wintervorstöße bzw. des Abschnitts des Endmoränenrückens, durchaus logisch erscheint. Als problematisch sieht der Verfasser an o.e. Theorie insbesondere das mehrmalige „Überfahren" (*overriding*) eines präexistenten Moränenrückens an, für den es im übrigen nur im frontalen Abschnitt eindeutige Belege gibt. Ferner müßte bei geforderter mehrmaliger Überfahrung eine Sandwich-Struktur innerhalb der Eiskern-Endmoränen vorliegen, d.h. mehrere Eiskeile mit dazwischengelagerten Sedimentschichten v.a. glazifluvialen Materials. Weder der Verfasser, noch im übrigen MATTHEWS, MCCARROLL & SHAKESBY (1995) konnten jedoch diese Struktur im Aufschluß aufzeigen (spezielle Verhältnisse im Fall von M-STY L 10.3 - 10,5 (l) s.u.). Außerdem zeigen die Gletscherfrontmessungen (deren genaue Methodik, d.h. insbesondere die Meßpunkte, dem Verfasser unbekannt sind) von 1980 bis 1989 (dem letzten vorliegenden Meßwert), einen Nettorückzug von 40 m bei nur zwei Jahren mit Vostoßtendenzen (1983,1989). Selbst wenn durch die am Ende der Ablationssaison durchgeführten Messungen Wintervorstöße nicht erfaßt werden können, erscheinen die z.T. um 10 m Rückzug liegenden Werte zu groß, als daß dem Gletscher ein vollständiges Überfahren eines präexistenten Moränenrückens möglich gewesen wäre (zumindest in der Mehrzahl der Jahre). Interessant ist in diesem Zusammenhang die Tatsache, daß in laterofrontaler Position (M-STY 10.3 (r)) im Sommer 1994 (wie in den Jahren zuvor) eine Anlagerung von aufwärts orientiertem Gletschereis mit entsprechender Sedimentbedeckung an der proximalen Flanke festgestellt werden konnte (mit deutlicher Orientierung einfallend zum Gletscher), der Moränenrücken aber nicht überfahren wurde. Ferner konnte der Verfasser im Sommer 1992 beobachten, wie zwei mit glazifluvialem Sediment bedeckte kleine Toteiskomplexe spitzdachähnlich gegeneinander aufgerichtet waren (s. Abb. 201,Fig. 199/A+D), ebenso wie die Existenz von Scherungsflächen mit einem Einfallen von ca. 25° gegen das Vorfeld, d.h. genau entgegengesetzt dem (soweit aufgeschlossenen) Einfallen der Gletschereiskeile innerhalb dieser Moränen (s. Abb. 202,Fig. 199/C).

Nach Ansicht des Verfassers deuten obige Beobachtungen darauf hin, daß im komplexen Genese-

Fig. 199: Schematische Darstellung verschiedener genetischer Theorien zur Entstehung des aktuellen Eiskern-Endmoränenkomplexes [A - Scherungsflächen; B - glazifluviales Sediment; C - Moränenmaterial; D - Gletscher/Toteis; E - subglazialer Debris; F - Moränenmaterial (glazifluvial überprägt)]

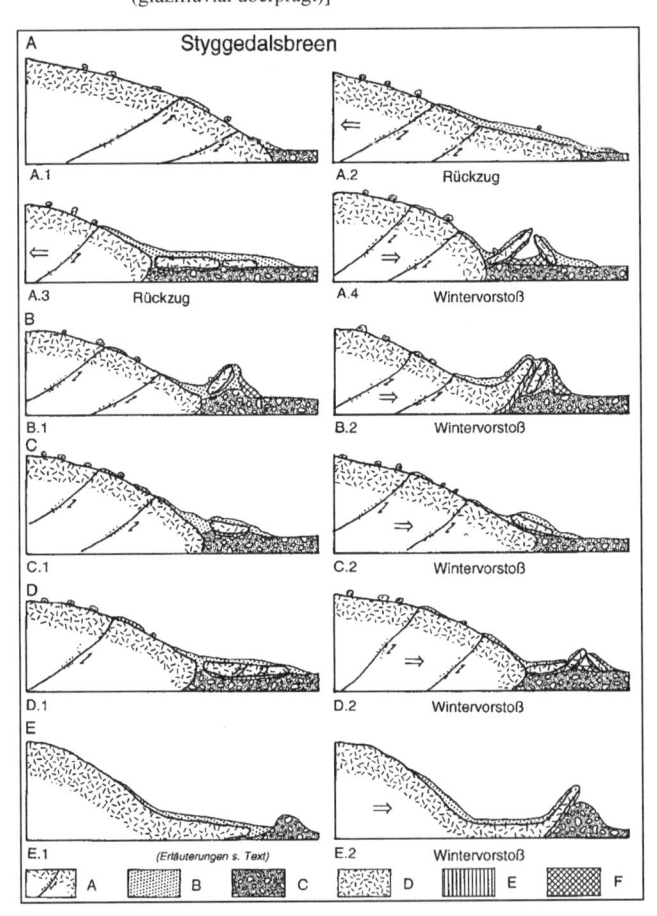

prozeß es zwar in einzelnen Jahren bzw. Abschnitten der Endmoräne zu einer Überfahrung gekommen sein mag, aber ebenso daran zu denken ist, daß der Gletscher lediglich proximal an eine präexistente Endmoräne durch die erzwungene (?) Aufwärtsbewegung der Zunge kleinere mit glazifluvialem Sediment bedeckte Gletschereiskeile angelagert hat, ohne jedoch den Moränenrücken vollständig zu überfahren (vgl. Fig. 199/A-D). Speziell durch die Existenz o.e. Scherungsflächen im Aufschluß bzw. in Verbindung mit der Genese von M-STY 10.3 (l) - M-STY 10.5 (l) erscheint es auch möglich, daß der Gletscher bei seinen Wintervorstößen lediglich während der vorhergehenden Ablationssaison vom aktiven Gletscher an Scherungsflächen abgetrenntes, mit glazifluvialem Material bedecktes Stagnanteis „aufgestaucht" (!) hat (s. Fig. 199/A+D). Dies würde eine Weiterbildung der Endmoräne auch in Jahren starken Rückzugs während der Ablationssaison möglich machen, da die geforderte Vorstoßdistanz deutlich geringer als bei einer Überfahrung bzw. direkten Anlagerung wäre. Speziell o.e. spitzdachähnliche Aufwölbung der Toteiskomplexe, die aufgrund des vorhandenen subglazialen Debris keine reine Erosionsform darstellt, lassen diesen Prozeß zumindest teilweise in die Genese der Eiskernmoräne involviert scheinen. Die erforderliche Eismächtigkeit zur Ausübung entsprechenden Drucks auf o.e. Stagnanteisbereiche ist an der Zunge durchaus vorhanden, denn die in marginalen Radialspalten (Expansionslängsspalten) aufgeschlossene Eismächtigkeit läßt die Vermutung zu, daß sich mehrere Meter unter dem Niveau der glazifluvialen Sedimentationszone der Gletscherzunge noch Gletschereis befindet. Scherungsflächen, wie sie auch bei der Genese zahlreichen Endmoränen an den Outlets des Jostedalsbre gefordert werden, sind in diesen Aufstauchungsprozeß (als welches das Aufstauchen o.e. Stagnanteisbereiche bezeichnet werden muß) eingebunden.

Zusammenfassend erscheint dem Verfasser folgende genetische Theorie auf Grundlage der vorliegenden Felduntersuchungen wahrscheinlich (vgl. Fig. 199):

- Durch fortgesetzten Rückzug des Gletschers verflacht sich die Gletscherzunge zusehends und flache frontale Bereiche werden zu Stagnanteis (Fig. 199/A.1-3).
- Im Zuge der Abgliederung wird auf den flachen Eispartien in größerem Maße glazifluviales Sediment abgelagert, z.T. durch kurzzeitige lokale Aufstauungen vor der Gletscherzunge (Fig. 199/A.2+3).
- Durch Stagnieren des Rückzugs kommt es zu stärkeren Wintervorstößen, in denen der Gletscher über einige Meter vorstößt. Dabei staucht er die zuvor an Scherungsflächen abgegliederten Stagnanteiskomplexe durch Druck auf und sorgt so für deren Aufschuppung. Dabei können präexistente Endmoränen als Widerlager gedient haben (Fig. 199/A,B,D).

Abb. 202: Gegen das Gletschervorfeld einfallende Scherungsflächen in einem Abschnitt von M-STY 10.2 (r) (Aufnahme: 05.08.1993)

- Bei stärkeren Wintervorstößen kommt es zur Angliederung von Gletschereiskeilen an eine präexistente Endmoräne, wobei es durch geringe Mächtigkeit der Gletscherzunge bzw. Fehlen entsprechender Scherungsflächen und Stagnanteisbereiche auch zur Überfahrung dieser präexistenten Moräne kommen kann (Fig. 199/B,E).

Die Endmoräne stellt somit das Resultat eines komplexen Formungsprozesses dar, in dem (theoretisch) verschiedene genetische Prozesse aufgetreten sein können. Aufgrund des kurzen Beobachtungszeitsraums des Verfassers (wie im übrigen auch bei MATTHEWS, MCCARROLL & SHAKESBY 1995), dem Fehlen konkreter Daten zu den Wintervorstößen und Unsicherheiten bezüglich der Existenz einer präexistenten Endmoräne lassen sich allerdings keine detaillierteren Schlußfolgerungen treffen. Unbestritten, und im Sinne dieser Arbeit als wichtig festzuhalten, ist jedoch, daß während einer Stillstands- bzw. leichten Rückzugsphase über einen langen Zeitraum durch Wintervorstöße eine Endmoräne aufgebaut worden ist bzw. aktuell weitergebildet wird. Durch die Möglichkeit der Existenz von Toteis-/Stagnanteis über mehrere Jahre (in Abhängigkeit von den klimatischen Bedingungen) kann dieses Modell der Endmoränengenese aber nicht ohne weiteres auf andere Gletscher übertragen werden, insbesondere nicht auf die Outlets des Jostedalsbre.

Während frontal am Styggedalsbreen o.e. Eiskern-Endmoräne aktuell weitergebildet wird, befinden sich auch in laterofrontaler Position Moränen an der Gletscherzunge, größtenteils mit differenter Sedimentologie (vgl. N 68 bzw. NR 32 im Falle von M-STY L 10.2 (r) bzw. M-STY L 10.3 (r)). Glazifluviales Sediment tritt selten auf, stattdessen dominiert Moränenmaterial (s. NR 32: i = 208, Streuung der Einzelwerte 17 - 614), z.T. allerdings glazifluvial überformt (s. N 68). An der westlichen Gletscherzunge befinden sich mehrere Laterofrontalmoränen (M-STY L 10.1 - M-STY L 10.5 (l)), deren sedimentologische Charkteristika den Endmoränen des äußeren Vorfelds bzw. den Laterofrontalmoränen der östlichen Gletscherzunge entsprechen (NR 16: i = 207, Streuung der Einzelwerte 11 - 667; vgl. N 198 als glazifluvial nicht überprägtes, typisches Moränenmaterial). Die innerste Laterofrontalmoräne setzt sich als supraglaziale Medialmoräne auf der unteren Gletscherzunge fort, wobei deren Genese an das Auftreten von Scherungsflächen (s.o.) geknüpft ist. Dies läßt sich u.a. aus deren Sedimentologie ableiten

(N 197), denn das Moränenmaterial englazialen und subglazialen Ursprungs ist deutlich feinkörniger als das supraglaziale Moränenmaterial der umgebenden Gletscheroberfläche (N 196).

Verglichen mit den Outletgletschern des Jostedalsbre (s.o.), ist anzumerken, daß auch am Styggedalsbreen zahlreiche End-, Laterofrontal- und Lateralmoränen auftreten. Die etwas geringere Anzahl, die verglichen mit den Ostalpen immer noch sehr groß ist, muß mit klimadeterminierten Unterschieden in der Gletscherstandsschwankungschronologie bzw. glazialen Dynamik erklärt werden. Die Genese von Endmoränen während langer Stillstandsphasen durch spezielle genetische Prozesse muß dabei als Besonderheit betrachtet werden. Die typische Staffelung der Moränen im Gletschervorfeld tritt nicht nur an den Outletgletschern des Jostedalsbre auf, sondern auch am Styggedalsbreen im westlichen Jotunheimen. Wie an den Outletgletschern des Jostedalsbre ist das Gletschervorfeld am Styggedalsbreen insgesamt relativ eben, was die Ausbildung „lehrbuchkonformer" Moränenkränze erleichtert. Am Styggedalsbreen sind Wintervorstöße von großer Bedeutung bei der Moränengenese, ebenso glazifluviale Prozesse in ihrer Beeinflussung der Sedimentologie der Moränen. Als Unterschied muß aufgeführt werden, daß größere Mengen supraglazialen Debris auftreten, weshalb *dumping* in den laterofrontalen und lateralen Moränenabschnitten größere Bedeutung als am Jostedalsbreen erlangt, selbst wenn keine alpinotype Lateralmoränen auftreten, sondern ein spezieller „Jotunheimen-Typ".

7.4.19 Gletschervorfelder im Jotunheimen - Vorbemerkung

Neben der detaillierten Untersuchung verschiedener Gletschervorfelder von Outletgletschern des Jostedalsbre bzw. des Styggedalsbre als Vertreter eines Gletschers im Jotunheimen wurden zusätzlich weitere Gletscher im Jotunheimen v.a. in bezug auf die Konfiguration des Gletschervorfelds bzw. besondere Formenelemente hin untersucht. Diese v.a. als Überblick konzipierte Untersuchung mittels Luftbildinterpretation und Geländebegehungen soll ergänzend verschiedene Rahmenfaktoren, v.a. des differenten „alpinen" Reliefs bzw. differenter Gletschermorphologie, glaziologischer Dynamik, Klima bzw. Gletscherstandsschwankungsverhaltens offenlegen helfen, gerade im Vergleich zu Jostedalsbreen bzw. Ostalpen. Da sich auch die Betrachtung der Gletscherstandsschwankungen bzw. glaziologischer Eigenschaften auf Gletscher im Jotunheimen erstreckt, bietet sich entsprechende Vorgehensweise an. Aus arbeitstechnischen Gründen beschränkt sich der Überblick auf ausgesuchte Gletscher bzw. wesentliche Merkmale der jeweiligen Gletschervorfelder.

7.4.20 Storbreen

Der Storbre im Leirdalen muß in seiner aktuellen Morphologie als großer Kargletscher bezeichnet werden, selbst wenn er in Zeiten des frührezenten Gletscherhochstands eine längere Gletscherzunge besaß und bis auf den Talboden des Leirdal vorstieß. Er besitzt ein Akkumulationsgebiet, welches in einem weitläufigen, nordostexponierten Kar gelegen ist, dessen Rückwand vom Kamm von Store Smørstabbtind und Storbreatind gebildet wird. Die während des frührezenten Hochstands nordöstlich über eine fla-

Abb. 203: Gletscherzunge und Vorfeld des Storbre (Aufnahme: 16.08.1994)

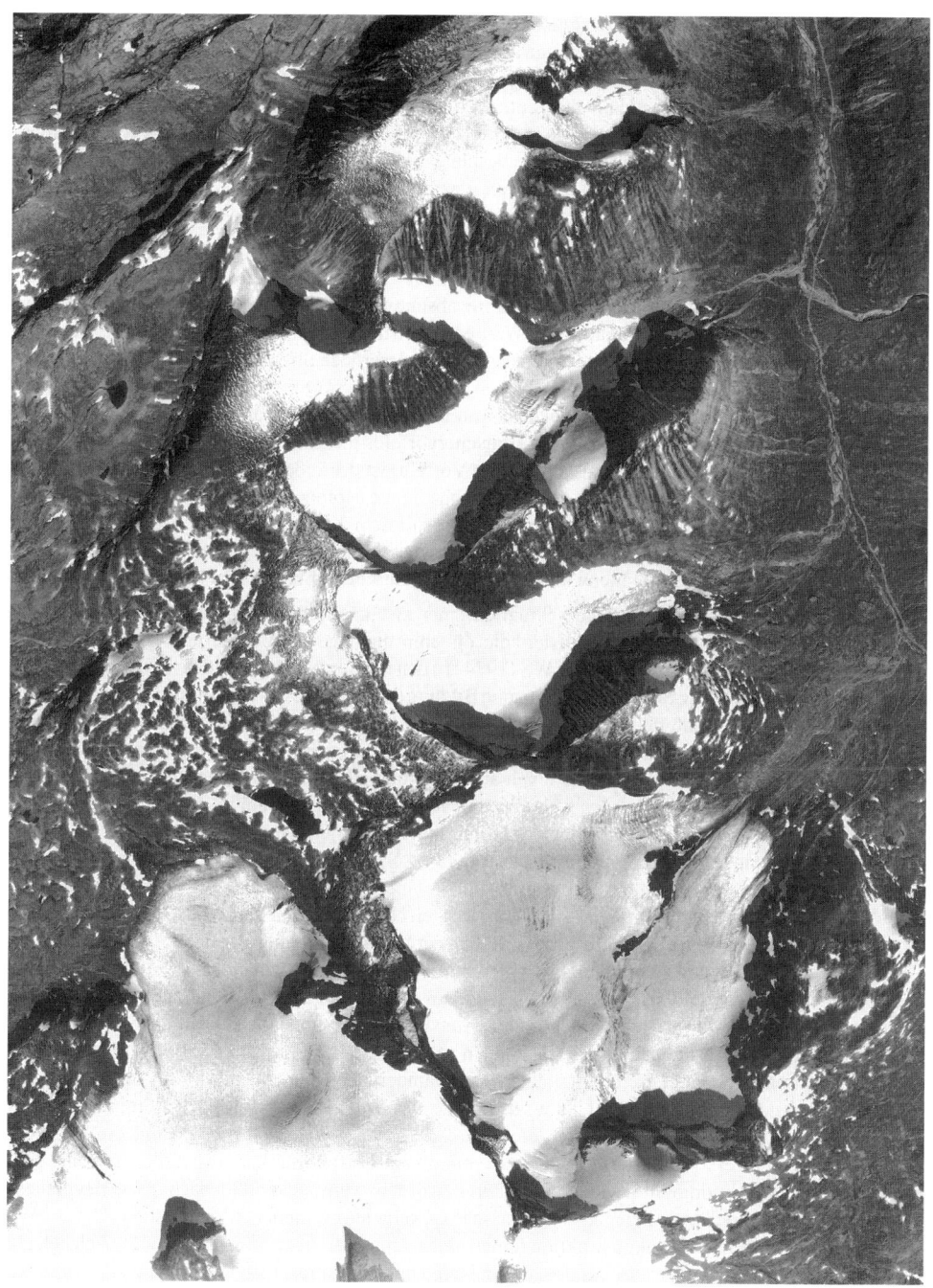

Abb. 204: Vertikalluftbild des westlichen äußeren Leirdal; von oben nach unten sind Høgskridubreen, Hurrbreen, Veslebreen und Storbreen zu erkennen, Leirbreen als Teil des Smørstabbre (s.u.) links unten; Luftbild eingenordet (Aufnahme:29.08.1981 - © Fjellanger Widerøe AS [7084/18-2/07])

che Karschwelle ins Leirdalen abgeflossene Gletscherzunge wird durch einen mächtigen Festgesteinsnunatak praktisch in zwei Hälften aufgegliedert, wobei die partiell schon an einem kleineren Felsnunatak gletscheraufwärts ansetzende supraglaziale Medialmoräne in jenem Nunatak ihren Ursprung hat und aktuell wie v.a. auch frührezent/rezent die untere Partie der Gletscherzunge des Storbre dominiert (s. Abb. 204; vgl. LIESTØL 1967). Aktuell endet die Gletscherzunge innerhalb des weitläufigen Kars auf ca. 1380 m. Der Storbre darf als bestuntersuchtester Gletscher im zentralen Jotunheimen gelten, so daß als Ergänzung auf die vielfältigen glaziologischen (HOEL & WERENSKIOLD 1962, LIESTØL 1967, ØSTREM ET AL. 1991 etc.), lichenometrisch/phytologischen (MATTHEWS 1973 ff., ERIKSTAD & SOLLID 1986) und glazialmorphologischen Untersuchungen (SHAKESBY 1989 etc.) verwiesen sei.

Das Gletschervorfeld des Storbre weist mehrere, abschnittsweise fragmentierte Moränenkränze aus Lateral-, Laterofrontal- und Endmoränen auf. Während des frührezenten Maximalstands verursachte der Gletscher die abschnittsweise Abdrängung des das Tal entwässernden Stroms (Leira) gegen den östlichen Talhang. Die äußerste Endmoräne im südlichen Vorfeld (M-STO 1 (r)) ist auf weiten Strecken doppelkämmig ausgebildet, ebenso die lückenlos mit ihr verbundene Laterofrontalmoräne (M-STO L 1 (r)), wogegen die Endmoräne des nördlichen Gletschervorfelds mehrkämmig und komplex ausgebildet ist. Im laterofrontalen Moränenabschnitt (südliches Vorfeld) ist der äußere Moränenwall (M-STO L 1.1 (r)) mit 1 - 2 m Höhe etwas niedriger als der 2 - 3 m hohe innere Moränenwall (M-STO L 1.2 (r)). Ferner existiert ein Unterschied bezüglich der Vegetation, die auf dem äußeren Moränenwall deutlich besser entwickelt ist. Die innere Endmoräne ist dafür etwas blockreicher. Der gletscherwärts einkämmig ausgebildete äußerste Lateralmoränenwall nimmt an Mächtigkeit auf bis zu 5 m Höhe zu.

Die im Jotunheimen nicht singuläre Situation einer zweikämmigen äußersten frührezenten Endmoräne (z.B. Visbreen, s.u.) problematisiert die ohnehin nur unsichere Datierung des frührezenten Gletscherhochstands. Während MATTHEWS (1974 ff.) den inneren Moränenwall als Fixpunkt auf 1750 datiert, sehen ERIKSTAD & SOLLID (1986) seine Bildung erst am Ende des 18.Jahrhunderts (vgl. 5.3.5). Gesichert ist allerdings, daß der äußere Endmoränenwall keinesfalls prä-frührezenten Alters ist, wie allgemein die Grenze zwischen frührezentem Gletschervorfeld und spätglazialem/präborealem Moränenmaterial (in dem Solifluktionsloben entwickelt sind) deutlich ausgebildet vorliegt. Betrachtet man die originale Quelle der Überlieferung des frührezenten Hochstands kritisch, müßte der überlieferte Hochstand nicht auf 1750, sondern auf das Ende des 18.Jahrhunderts datiert werden (pers.Mittlg. L.Erikstad), was mit der Datierung des inneren Endmoränenrückens (M-STO 1.2) gut übereinstimmen würde. Da aus glaziologisch-klimatologischen Gründen eine bloße Übertragung des belegten Hochstands vom Nigardsbreen auf den Storbre äußerst problematisch erscheint und die zeitliche Distanz zur zweitinnersten Endmoräne (M-STO 2) relativ groß ist, hält es der Verfasser für möglich, daß die doppelkämmige äußere Endmoräne während zweier, ungefähr gleichgroßer und dicht aufeinanderfolgender Hochstände aufgebaut wurde. Während der letzte Hochstand um 1780/90 erfolgt sein könnte, würde der an verschiedenen Gletschern in Relikten erhaltene (stets niedrigere und oftmals fragmentierte) äußere Moränenwall (M-STO 1.1) dann früher entstanden sein, möglicherweise um 1750. Da allgemein ein Hochstand der Jotunheimengletscher im späten 18.Jahrhundert als gesicherter als ein zum Jostedalsbreen paralleler Hochstand um 1750 erachtet wird, könnte das Auftreten von doppelkämmigen äußeren Endmoränen als Sonderfall gedeutet werden, während an den anderen Gletschern mit einkämmiger äußerer Endmoräne der zweite frührezente Hauptvorstoß um 1780/90 stärker ausgefallen und eine evtl. entstandene 1750er Endmoräne wieder überfahren worden wäre. Zwar läßt sich diese Hypothese methodisch bis dato noch nicht belegen, da historische Dokumente und andere Methoden zur Klima- bzw. Gletscherstandsschwankungsrekonstruktion fehlen, doch deutet der nicht zuletzt morphologisch belegte langsame Rückzug der Outletgletscher des Jostedalsbre von den frührezenten Maximalpositionen in der 2.Hälfte des 18.Jahrhunderts auf ein zumindest nicht gletscherungünstiges Klima hin (vermutete niedrige Sommertemperaturen hätten im Jotunheimen sogar positivere Auswirkungen auf die Massenbilanz als in Westnorwegen).

Lage und Datierung von M-STO 2 stehen diesen Überlegungen nicht entgegen. Die Genese von M-STO 1 im Zuge zweier separater Vorstöße und nicht durch geringere Oszillationen (Wintervorstöße) während eines Hochstands belegt nicht nur der deutliche Unterschied in der Vegetation, sondern auch der sedimentologische Unterschied zwischen dem Moränenmaterial. Während das Moränenmaterial von M-STO 1.1 (r) mit vergleichsweise niedrigem So- bei hohem Md-Wert (N 225) partiell Charakteristika supraglazialen Moränenmatertials aufweist (s.u.), entspricht das Moränenmaterial des inneren Walls (M-STO 1.2 (r)) mit höheren So- und niedrigeren Md-Werten (N 223,224) eher dem Moränenmaterial des äußeren zentralen Gletschervorfelds (N 222; vgl. a. N 220, 221). Neben einer stärkeren Beteiligung subglazialen Moränenmaterials am Aufbau der Moräne könnte der hohe Gehalt an Feinsand auch auf glazifluvialen Einfluß (Sedimentation von Feinmaterial) hindeuten. In diesem Fall wäre zu folgern, daß proximal des zunächst abgelagerten äußeren Walls glazifluviale Sedimentation stattgefunden hat, deren Sedimente dann im Zuge des erneuten Vorstoßes mitaufgestaucht und in den jüngeren inneren Wall miteingegliedert wurden.

Fig. 200: Dreiecksdiagramm Storbreen

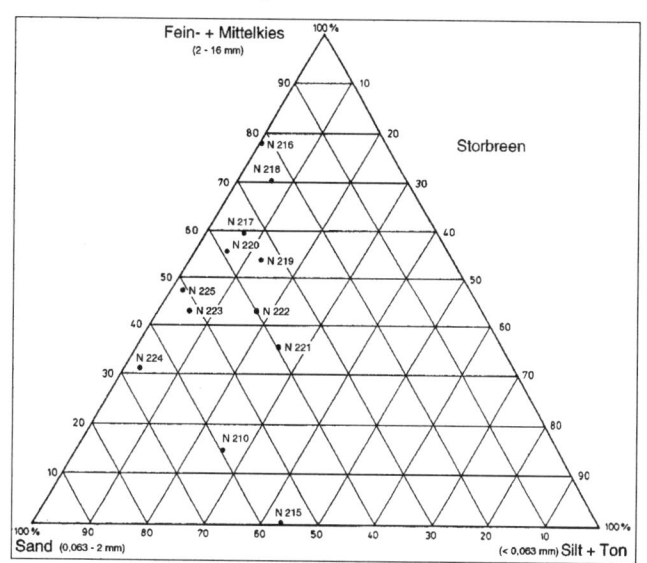

Fig. 201: Md/So-Diagramm Storbreen

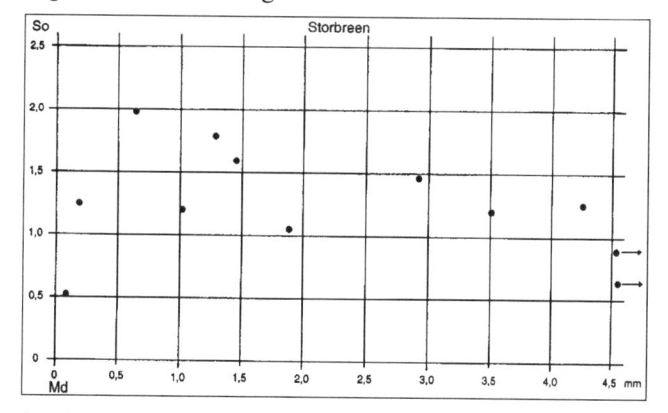

Das Querprofil der äußersten Lateral-/Laterofrontalmoräne zeigt wie die weitgehend parallelen jüngeren subsequenten Moränenformen eine deutliche Asymmetrie mit flacherem proximalen Hang (s. Abb. 205). Diese beim Umbiegen zu den frontalen Moränenrücken zurücktretende Asymmetrie (Endmoränenwälle weitgehend symmetrisch) deutet wie eine stärkere Variation der Sedimentologie des Moränenmaterials (sehr feinmaterialreiches in Abwechslung mit grobkörnigerem und partiell beinahe feinmaterialfreiem Moränenmaterial; vgl.a. Sedimentologie von M-STO 8) auf eine starke Beteiligung von Aufstauchungsprozessen (sensu lato) bei der Moränengenese hin, analoge Verhältnisse wie am Styggedalsbreen. Auch bei den groben Korngrößenfraktionen ist ein subglazialer Ursprung eines Teils des Materials durch subgerundete oder gerundete Blöcke und Steine belegt, die zu den angularen Blöcken supraglazialen Moränenmaterials in deutlichem Kontrast stehen.

Abb. 205: Südliches laterales Vorfeld des Storbre; M-STO L 1 (r) und M-STO L 3 (r) als dominierende Lateralmoränen zu erkennen (Aufnahme: 16.08.1994)

Ausführliche glazialmorphologische Untersuchungen von SHAKESBY (1989) unterstützen die genetische Theorie einer Mitwirkung sowohl von *dumping* supraglazialen Moränenmaterials als auch Aufstauchungsprozessen und Ablagerung subglazialen Moränenmaterials bei der Genese der Lateral-/Laterofrontalmoränen. SHAKESBY berichtet u.a. von aufgestauchten Moos- und Torfschichten im distalen Basisbereich von M-STO L 1 (r), die nur durch Aufstauchungsprozesse in die Moränenrücken eingegliedert worden sein können. Zurundungsmessungen an M-STO L 1 (r) zeigten ferner eine signifikante Zunahme der durchschnittlichen Zurundungsmessungen zum äußeren Gletschervorfeld, interpretierbar als Zunahme des Anteils gerundeteren subglazialen Moränenmaterials am Aufbau der Lateralmoräne (vgl. Verhältnisse an alpinotypen Lateralmoränen). Die gletscherwärtigen Lateralmoränenabschnitte enthalten dementsprechend mehr supraglaziales Moränenmaterial bzw. auch (eingeschränkt) aufgestauchten Hangschutt, denn bei der Beteiligung von Aufstauchungsprozessen kann zumindest bei der äußersten Lateralmoräne auch die präexistente Sedimentologie eine gewissen Rolle spielen. Als Ergebnis seiner Untersuchungen kommt auch SHAKESBY zur Schlußfolgerung einer Kombination von *dumping*- und Aufstauchungsprozessen (Aufstauchung von Hangschutt ebenso wie von präborealem Moränenmaterial bzw. organischen Schichten). Gegen eine alleinige Beteiligung von Aufstauchungsprozessen führt SHAKESBY u.a. die fehlende klare sedimentologische Korrespondenz von Lockermaterial außerhalb des Gletschervorfelds mit dem Moränenmaterial der äußersten Lateralmoräne an, auch die (seiner Ansicht nach) relativ geringen sedimentologischen Unterschiede zwischen den einzelnen Lateralmoränenrücken. Die Argumentation, daß die Mächtigkeit der Lateralmoränen in gewissem Kontrast zu (i.d.R. niedrigeren) frontalen Stauchendmoränen steht, ist für den Verfasser zwar ebenfalls nachvollziehbar, eine geforderte Symmetrie als typische Morphologie von Moränen bei alleiniger Beteiligung von Aufstauchungsprozessen widerspricht aber den Untersuchungsergebnissen des Verfassers an anderen Gletschern der Untersuchungsgebiete. Gerade bei *dumping*-Prozessen wären symmetrische Querprofile der entstandenen Moränenrücken bzw. sogar steilere proximale Moränenflanken (wie im Falle alpinotyper Lateralmoränen) zu fordern. Die auftretende Asymmetrie in Form von flacheren proximalen Moränenflanken spicht (speziell in lateraler Position) eher für, als gegen ein Auftreten von Aufstauchungsprozessen.

Mit dieser genetischen Charakterisierung stellen die Lateralmoränen des Storbre gute Beispiele für Lateralmoränen des „Jotunheimen-Typs" dar. Während die Beteiligung von *dumping*-Prozessen supraglazialen Moränenmaterials sie von den Lateralmoränen der Outletgletscher des Jostedalsbre unterscheidet, ist die Beteiligung von Aufstauchungsprozessen und v.a. die auftretende Staffelung zahlreicher Lateralmoränenrücken (abschnittsweise bis zu 9 einzelne, i.d.R. mit Endmoränen korrespondierende Moränenwälle) ein Hauptunterscheidungskriterium gegenüber alpinotypen Lateralmoränen. Eine signifikante Einregelung bzw. Orientierungspräferenz von Blöcken konnte (auch methodisch bedingt) nicht festgestellt werden.

Die angedeuteten Moränenkränze im Vorfeld des Storbre sind speziell im zentralen Bereich stark fragmentiert und auf den beiden Vorfeldseiten inäquivalent ausgebildet. Während die schlechtere Ausbildung von Moränen im nördlichen Vorfeld lt. SHAKESBY (1989) auch auf unterschiedlichen Debriszutrag zurückzuführen ist, zeichnen für die Fragmentierung glazifluviale Erosionsprozesse verantwortlich, ebenso die speziell im nördlichen Vorfeld verbreiteten Ausbisse von Festgestein, auf denen sich neben glazialerosiven Kleinformen wie Gletscherschrammen oder Sichelbrüchen (s.a. Abb. 19) auch Spuren von Frostverwitterung finden. Neben der Fragmentierung von Endmoränen zeigt sich die glazifluviale Überprägung durch die größeren Sanderflächen des ebenen äußeren Vorfelds. Speziell zwischen den drei äußersten Endmoränen (M-STO 1,2,3) bzw. im beinahe moränenwallfreien zentralen Vorfeld im Bereich der Bifurkation des aktuellen Schmelzwasserstroms haben sich solche Sanderflächen ausgebildet. Deren Oberflächensediment ist verglichen mit den Sandern der Outletgletscher des Jostedalsbre feinkörniger, wodurch wiederum die Unterschiede in der Vegetation zwischen Moränenmaterialflächen und Sanderflächen weniger krass sind. Neben differenter Hydrodynamik (Abflußgeschwindigkeit, Sedimenttransportrate, Wasserführung etc.) spielt dabei die differente Petrographie eine entscheidende Rolle, zusätzlich die klimadeterminierte Effektivität von Frostverwitterungsprozessen. Unterschiede in der Sedimentologie verglichen mit dem Styggedalsbre können in begrenztem Umfang mit dem differenten Relief in Verbindung gebracht werden, denn mit mehr als 350 m Reliefunterschied zwischen aktueller Gletscherzunge und den tiefstgelegenen Partien des Gletschervorfelds im Leirdalen ist das durchschnittliche Gefälle deutlich stärker als im beinahe komplett ebenen Vorfeld des Styggedalsbre. Durch die damit auf bestimmte Areale begrenzte glazifluviale Sedimentation ist das Moränenmaterial insgesamt betrachtet grobkörniger als am Styggedalsbreen, wo der Feinmaterialreichtum des Moränenmaterials der Moränen des zentralen Vorfelds durch glazifluviale Sedimente (mit-)verursacht wird (s.o.).

Abb. 206: M-STO 8 (r); Blick auf proximale Moränenflanke (Aufnahme: 16.08.1994)

Unter den Endmoränen des Gletschervorfelds besitzt die während des Wiedervorstoßes der 1920er Jahre entstandene M-STO 8 (s. Abb. 206) eine gewisse Sonderstellung, v.a. dank ihres geschwungenen Kammverlaufs und der verhältnismäßig großen Mächtigkeit. Während der geschwungene Verlauf eindeutig den ehemaligen Eisrand, wie er noch Anfang der 1950er Jahre kartiert werden konnte, nachzeichnet (s. LIESTØL 1967), ist die bedeutende Mächtigkeit teilweise drauf zurückzuführen, daß die Moräne an eine Felsschwelle angelehnt ist, welche durch ihr leichtes gegensätzliches Gefälle die Aufstauchung einer Endmoräne begünstigt haben dürfte. Die Morphologie der Endmoräne mit flacherer proximaler Moränenflanke bei ansatzweise mehrkämmigem Wall (dem mächtigsten, inneren Moränenkamm vorgelagerte, offensichtlich aufgeschuppte niedrige Moränenfragmente) zeigen den Charakter als Stauchendmoräne, ebenso die erheblichen Unterschiede des Moränenmaterials innerhalb des Rückens (vgl. N 220,221). Proximal der Endmoräne hat sich eine kleinflächige Sanderfläche ausgebildet, wogegen unterhalb der Felsschwelle auch starke postsedimentäre Erosion des Moränenmaterials verzeichnet werden muß (vgl. N 215,216).

Die Anzahl der Lateral- und Endmoränenrücken des Storbre ist deutlich geringer als bei den Outletgletschern des Jostedalsbre. Wie am Styggedalsbreen deutet dies darauf hin, daß Moränen eher im Zuge mehrjähriger Wiedervorstöße, als durch Wintervorstöße aufgebaut werden (s.u.). Glaziologisch würde die geringere Winterakkumulation bei insgesamt niedrigerem Massenumsatz einen solchen Schluß logisch erscheinen lassen. Innerhalb von M-STO 8 existieren mit Ausnahme einer orographisch determinierten rezenten Endmoräne am südlichen Gletscherzungenteil (s.u.) keine Moränen. Stattdessen hat sich im relativ ebenen inneren Vorfeld ein *glacial fluted moraine surface* ausgebildet (s. Abb. 27,204; vgl.a. LIESTØL 1967), welches während des kontinuierlichen Rückzugs des Gletschers nach ca. 1930 bis heute gebildet wurde und in seiner guten Erhaltung auch die Abwesenheit bedeutender Wintervorstöße beweist (vgl. ANDERSEN & SOLLID 1971, ERIKSTAD & SOLLID 1986). Die niedrigen *glacial flutes* entsprechen dem Modell sensu BOULTON (1976b). An einer weitgehenden Verknüpfung der Genese mit subglazialen Akkumulationsprozessen besteht kein Zweifel, selbst wenn die in diesem Areal ausstreichende mächtige supraglaziale Medialmoräne im Verbund mit glazifluvialerosiven Formungsprozessen wesentlich zur Oberflächengestaltung des Areals beigetragen hat. Glazifluvialen Einfluß zeigt im übrigen auch das Moränenmaterial (N 210).

Im erst rezent eisfrei gewordenen Areal treten Frosthebungsprozesse auf; Frostrisse und angedeutete Frostmusterböden können als Resultat beobachtet werden. Die im Gletschervorfeld des Storbre auftretenden periglazialen Formungsprozesse und resultierende Kleinformen, die denen im Vorfeld des Styggedalsbre (s.o.) im wesentlichen entsprechen, wurden von BALLENTYNE & MATTHEWS (1983) untersucht. Sie beschreiben eine kontinuierliche Entwicklung von kleinen Frostrissen nahe der aktuellen Gletscherfront zu gut entwickelten Polygonen im seit wenigen Dekaden eisfreien Gelände. Die ersten Rißmuster sollen dabei schon ca. 2 bis 6 Jahre nach dem Gletscherrückzug auftreten, d.h. ähnlich schnell wie am Styggedalsbreen. Die Länge der frischen Riß-Netzwerke variiert zwischen 0,2 und 1,5 m, wobei lineare Rißmuster gegenüber kompletten Polygonen überwiegen und die Kontraktions-/Schrumpfungsrisse selbst nicht tiefer als 20 mm sind, somit als oberflächliche Formen angesprochen werden müssen. Die Risse sind teilweise an das Auftreten von Kies an der Oberfläche des Moränenmaterials gebunden. Gut entwickelte Formen zeigen eine Tiefe von 30 bis 55 mm (bei variablen Breiten zwischen 20 und 60 mm, in Einzelfällen bis 150 mm und mehr). Gut ausgereifte Netzmuster erreichen Längen von 2,3 bis 5,2 m, bei einem Durchmesser der sortierten Polygone von 0,2 bis 0,4 m. Damit entsprechen diese Formen exakt den Formen am Styggedalsbreen. Genetisch interpretieren BALLENTYNE & MATTHEWS die Risse eher als Schrumpfungsrisse infolge Austrocknung als als saisonale Frostrisse. Als zusätzliches Argument führen sie das Fehlen solcher Formen in unmittelbarer Gletschernähe an, da dort durch das permanent einsickernde Schmelzwasser das Moränenmaterial zu feucht sein soll und daher erst 2 bis 6 Jahre nach Rückzug des Gletschers erste Trockenrisse auftreten. Es zeigt sich, daß mit zunehmendem Alter der Moränenmaterialfläche diese Rißmuster an Breite und Tiefe exponentiell zunehmen, was dann nur durch Einwirkung der Frostrißbildung auf die bereits bestehenden Trockenrisse erklärt werden kann. Die Ausweitung der Risse vollzieht sich durch die laterale Sortierung der gröberen Komponenten und des Feinmaterials.

Als zusätzlich am Storbreen auftretende periglaziale Formen beschreiben HARRIS & MATTHEWS (1984) Frostbeulen, die den vom Verfasser beschriebenen Formen vom Styggedalsbreen ähneln und von den Autoren zusätzlich am Bøverbreen (s.u.) untersucht wurden. Die untersuchten Frostbeulen besaßen zumeist einen Block als Kern, der teilweise die Oberfläche bereits durchbrach. Um die Blöcke herum lagen ringförmige Depressionen mit einer unterlagernden Konzentration von Kiesen und Steinen vor. Zwischen Block und der ringförmigen „Aureole" befand sich eine 5 cm breite Lücke. Frostdruck-Prozesse (*frost pull*) sollen die Blöcke in diese Position bringen. Der Untergrund dieser Formen ist stets schlecht drainiert und feucht, was den Verhältnissen am Styggedalsbreen entspricht, bei dem der Verfasser allerdings nur bei wenigen Frostbeulen einen Block als Kern finden konnte (s.o.). Die Formen am Storbreen befinden sich zwischen den beiden Moränensegmenten der äußersten frührezenten Moräne (M-STO 1) und an der proximalen Basis von M-STO 1.1. Die Bildung dieser Formen muß Frost-Tau-

Prozessen zugeschrieben werden, was zu unterschiedlichen Entwicklungsstadien führt (Näheres s. HARRIS & MATTHEWS 1984).

Die die untere Gletscherzunge prägende supraglaziale Medialmoräne (s. Abb. 204) hat ihren Ursprung in o.e. Nunatak auf 1550 m und liegt gänzlich im Ablationsgebiet des Storbre. Während der obere Teil der Medialmoräne noch z.T. auf dem Festgestein aufliegt, berichtet BALLENTYNE (1979) vom supraglazialen, sich in aktivem Transport befindenden Abschnitt von Frostsortierungsformen, speziell in dessen untersten Dekametern. Die Formen bestehen aus Feinerdeinseln aus Grobsand, Fein- bzw. Mittelkies und sind von gröberem Material, v.a. Steinen, umlagert. Unter den Feinerdezentren sind Eisaufwölbungen zu finden. Die angesprochenen Formen konzentrieren sich auf den Bereich hoher Ablationsraten bei Mächtigkeiten des Moränenmaterials von weniger als 20 cm. Da auf aktivem Gletschereis keine periglazialen Prozesse wirksam sein können, müssen differente Ablationsprozesse für die genetische Interpretation dieser Formen herangezogen werden. Zum einen verursachen Mächtigkeitsunterschiede des supraglazialen Debris unterschiedliche Ablationswerte (unter mächtiger Debrisdecke schmilzt Eis langsamer), so daß sich mächtigere Debrisschichten langsam durch Ablation der umgebenden Fläche aufzuwölben beginnen. Werden die Flanken der Aufwölbung zu steil, rutscht gröberes Material in die entstehenden Depressionen ab und es entstehen dadurch o.e. Zirkel. Als alternative genetische Theorie geht BALLENTYNE vom schrittweisen Kollabieren von Gletschertischen aus, von denen im finalen Stadium nach Abrutschen des großen Blocks nur noch die unterlagernde Aufwölbung (von Feinmaterial bedeckt) vorhanden ist. Auf dem mächtigen supraglazialen Moränenmaterial der Medialmoräne konnte MATTHEWS (1973) ferner Ansiedlung und Wachstum von Flechten beobachten, ein bei der Interpretation der lichenometrischen Datierungen zu berücksichtigendes Faktum. Im Vorfeld lassen sich keine Spuren des Verlaufs der ehemaligen supraglazialen Medialmoräne finden, da die Höhenlage der Gletscherzunge für die Ausbildung einer Eiskernmoräne zu tief gelegen ist (ØDEGÅRD 1993).

An der zentralen Gletscherzunge sind keine rezenten Endmoränen vorhanden, sondern nur als *streamlined moraines* zu deutende Oberflächenformen bzw., an der Nordseite des Schmelzwasserstroms, Kames und glazifluvialerosive Formenelemente. Ausnahme ist die südliche, auf einer Felsschwelle endende Gletscherzungenpartie, vor der eine rezente, niedrige Endmoräne, (orographisch begünstigt) vermutlich während eines Wintervorstoßes, aufgestaucht wurde. Das Auftreten von Wintervorstößen beweist auch eine aktuelle, 40 - 50 cm hohe Wintermoräne an dieser Zungenpartie, die in zwei jeweils 5 - 10 m langen Abschnitten ausgebildet auf vorgelagertem Winterschnee aufgestaucht wurde. Das Moränenmaterial dieser Wintermoräne zeigt den gleichen sedimentologischen Charakter wie das supraglaziale Moränenmaterial der Gletscherzunge (N 217,218). Das Auftreten begrenzter Wintervorstöße ist nur eine auffällige Gemeinsamkeit mit dem Styggedalsbre, so daß die Gletschervorfelder sich lediglich durch lokale Reliefverhältnisse unterscheiden, wogegen insbesondere die von Gletscherstandsschwankungsgeschichte und Glaziologie determinierten Formungsprozesse zu einer ähnlichen Grundstruktur der Konfiguration der Formenelemente des Gletschervorfelds und deren Morphologie führen.

7.4.21 Veslebreen, Hurrbreen und Høgskridubreen (Leirdalen)

Während beide talabwärts des Storbre am westlichen Talhang des Leirdal ihre frührezenten Gletschervorfelder ausdehnenden Gletscher Hurrbreen und Høgskridubreen asymmetrische Lateralmoränen (alpinen Typs) besitzen und jeweils die südliche Lateralmoräne aufgrund stärkeren Debriszutrags die mächtigere der beiden ist (s. Abb. 207), sind am nördlich dem Storbre benachbarten Veslebreen die Lateralmoränen größtenteils symmetrisch ausgebildet (s. Abb. 204). Am Veslebreen existieren keine wesentlichen Unterschiede im Debriszutrag zwischen den beiden Karflanken. Seine Lateralmoränen sind nicht als alpinotyp zu klassifizieren, da wie am benachbarten Storbreen abschnittsweise mehr als 6 subsequente, weitgehend symmetrische Lateralmoränen auftreten, d.h. niedrige Lateralmoränenwälle des Jotunheimen-Typs. Vor der aktuell auf ca. 1430 m endenden Gletscherzunge des Veslebre befinden sich 8 Endmoränen, die durch glazifluviale Erosion z.T. fragmentiert und dadurch undeutlicher als am Storbreen ausgebildet sind. Die innerste Endmoräne ist vermutlich wie M-STO 8 (s.o.) während des Gletschervorstoßes in den 1920er Jahren gebildet worden, da der Veslebre in seiner (allerdings nur kurzen) Reihe jährlicher Messungen während der Meßunterbrechung zwischen 1912 und 1933 nur einen sehr geringfügigen Rückzug aufgewiesen hat, was einen zwischengeschalteten Gletschervorstoß nahelegt.

Am Hurrbreen, dessen Lateralmoränenasymmetrie von MATTHEWS & PETCH (1984) untersucht wurde, geht die geringmächtigere nördliche Lateralmoräne abschnittsweise in eine laterale Erosionskante über, die erst im äußeren Vorfeld ihrerseits wieder in einen kleinen Lateralmoränenwall übergeht, von dem 4 Laterofrontalmoränen abzweigen. Auch von der im südlichen Vorfeld ausgebildeten mächtigen Lateralmoräne (s. Abb. 207) gehen Laterofrontalmoränen ab, wogegen die Endmoränenfortsetzungen dieser Laterofrontalmoränen durch starke glazifluviale Erosion im Gletschervorfeld nur fragmentarisch ausgeprägt sind.

Abb. 207: Südliche Lateralmoräne des Hurrbre (Aufnahme: 23.08.1993)

Am Hurrbreen ist der unterschiedliche Debriszutrag für die unterschiedliche Ausbildung der Lateralmoränen verantwortlich, wobei sich die effektivere Produktion von Hang-/Verwitterungsschutt an der südlichen Karflanke unterhalb Skagsnebb darin zeigt, daß der aktuell knapp oberhalb 1380 m endende Gletscher auf seiner südlichen Gletscherzunge über große Mengen supraglazialen Debris verfügt, der wesentlich zum Aufbau der Lateralmoräne alpinen Typs beigetragen hat. Wie an Vesle- und Storbreen zeigen die (zumindest fragmentarisch) vorhandenen zahlreichen Endmoränenfragmente an, daß die Gletscherstandsschwankungsgeschichte nicht grundlegend anders ausgefallen sein kann, zumal wie am Storbreen vor der aktuellen Gletscherfront *glacial flutings* als Zeugnis eines starken Gletscherrückzugs Mitte des 20.Jahrhunderts auftreten (s. Abb. 204).

Der Høgskridubre als typischer Kargletscher am Westhang des Leirdal unmittelbar an dessen Einmündung ins Bøverdalen unterhalb des 2170 m hohen Gipfels Loftet hat zwar an der nördlichen Gletscherzunge abschnittsweise eine mächtige Lateralmoräne alpinen Typs entwickelt, im äußeren Gletschervorfeld ist allerdings die südliche Lateralmoräne mächtiger, selbst wenn die Asymmetrie nicht derart stark wie am Hurrbreen ausgebildet ist. Die Asymmetrie in der Ausbildung der Lateralmoränen marginal zur aktuellen Gletscherzunge kann mit der Eisbewegungsrichtung im asymmetrischen Kar begründet werden. Dieses schwingt nach N aus, dort, wo im Bereich des südexponierten nördlichen Karhang eine durch zahlreiche Hangrunsen belegte große Produktion von Hangschutt stattfindet, so daß neben dem *dumping* supraglazialen Debris auch die Abdrängung des Hangschutts zur Bildung der Lateralmoräne beigetragen hat (s. Abb. 204). Allgemeine Unterschiede im Sedimentzutrag sind für die Unterschiede in der Ausbildung der Lateralmoränen im äußeren Gletschervorfeld verantwortlich, in dem sich wie an den anderen Gletschern auf dieser Talseite des Leirdal verschiedene Endmoränenrücken ausgebildet haben, ebenfalls z.T. fragmentiert, insbesondere im zentralen Vorfeld.

7.4.2.2 Heimre, Nordre und Søre Illåbre

Der nach NW abfließende, oberhalb des östlichen Mündungsbereichs des Leirdal ins Bøverdalen gelegene und aktuell auf ca. 1500 m (ØSTREM, DALE SELVIG & TANDBERG 1988) endende Heimre Illåbre besitzt als Besonderheit eine markante Asymmetrie der (supraglazialen wie abgelagerten) Lateralmoränen. Die südwestliche Gletscherumrahmung ist sehr steil, fast ausschließlich in Festgetein ausgebildet und aus Mangel an Debriszutrag finden sich an dieser Seite der Gletscherzunge weder bedeutende supraglaziale Moränenformen, noch deutliche Lateralmoränen, lediglich eine laterale Erosionskante und angedeutete laterale Moränenformen im Vorfeldabschnitt unterhalb Harahaugan, an dem die Gletscherzunge in der frührezenten Hochstandsphase eine Richtungsänderung vollzog, um nördlich durch die Scharte bis in die südlichen oberen Talhangbereiche des Bøverdal vorzustoßen. Auf der gesamten nordöstlichen Gletscherzunge hat sich in Kontrast dazu eine mächtige supraglaziale Lateralmoräne entwickelt, deren Übergang zur mit einem Eiskern versehenen abgelagerten Lateralmoräne, die die Gletscheroberfläche um einiges überragt, fließend ist, so daß eine klare Grenzziehung unmöglich wird. Die sich unterhalb der aktuellen Gletscherfrontposition fortsetzende Lateralmoräne ist deutlich mehrkämmig und repräsentiert damit unterschiedliche laterale Gletscherfrontpositionen vom frührezenten Maximalstand bis heute. Talabwärts geht die Lateralmoräne in eine laterale Erosionskante über, wobei nur die ersten Dekameter der Lateralmoräne unterhalb der Stelle, an der Gletscherzunge und Lateralmoräne aktuell ihren Kontakt verlieren, noch über einen Eiskern verfügen. Im Übergangsbereich zur lateralen Erosionskante besitzt sie bereits keinen Eiskern mehr, so daß es sich bei der Eiskern-Lateralmoräne zweifellos um eine frührezente Moränenform handeln muß, deren Eiskern sich nur aus dem Kontakt zur lateral-marginalen Gletscherzunge und dem fließenden Übergang zur supraglazialen Lateralmoräne erklärt (deutlicher genetischer Unterschied zu isoliert stehenden Eiskern-Lateralmoränen - s. EMBLETON & KING 1975A, SUGDEN & JOHN 1976, ACKERT 1984).

Die durch eine noch im Spätsommer häufig residuale Schneefelder enthaltende Ablationsrinne eines lateral-marginalen Schmelzwasserbachs distal begrenzte Eiskern-Lateralmoräne erklärt sich durch starke Hangerosionsprozesse im oberhalb gelegenen Hangbereich. Im von Hangschutt sowie von (spätglazialem/präborealem) Moränenmaterial (vgl. SOLLID & TROLLVIKA 1991) bedeckten Hangabschnitt unterhalb einer markanten, einen nordöstlich vergleichsweise ebenen Plateaubereich abgrenzenden Geländestufe sind zahlreiche Erosionsrinnen tief eingeschnitten.

Wie MATTHEWS & PETCH (1984) anhand dieses Beispiels betonen, sind asymmetrische Lateralmoränen in den Gletschervorfeldern des Jotunheim kein singuläres Phänomen, wobei die Ursachen ausschließlich in differentem Debriszutrag liegen, nicht in evtl. differenter glazialer Dynamik zwischen unterschiedlichen Seiten einer Gletscherzunge. Nicht zuletzt durch das Auftreten asymmetrischer Lateralmoränen und deren Bezug zu unterschiedlichem Debriszutrag bestätigt sich deren genetische Ansprache als v.a. durch *dumping* supraglazialen Debris entstandene Formen, die durchaus als Lateralmoränen alpinen Typs klassifiziert werden können. Das Auftreten mehrkämmiger Lateralmoränen (entstanden während subsequenter lateraler Eisrandpositionen während der frührezenten Hochstandsperiode) und Eiskern-Lateralmoränen (beide Phänomene in der nordöstlichen Lateralmoräne des Heimre Illåbre vereinigt) steht dazu nicht in Widerspruch. Als bedeutender Unterschied ist aber anzumerken, daß aufgrund des starken Debriszutrags solche Formen auch an anderen untersuchten Jotunheimengletschern (z.B. Bukkeholsbreen, Visbreen, s.u.) nach allen bisherigen Erkenntnissen allein während der frührezenten Hochstandsperiode gebildet wurden, sie also im Gegensatz zum Alpenraum nicht als „Summe holozäner Gletscherstandsschwankungen" aufzufassen sind. Das Auftreten mehrkämmiger alpinotyper Lateralmoränen zeigt also nicht in allen Regionen verschiedene holozäne Gletscherhochstandsphasen an.

Im äußeren Vorfeld des Heimre Illåbre haben sich einige Endmoränen ausgebildet. Ihr Auftreten auf beiden Vorfeldseiten muß dahingehend gedeutet werden, daß diese v.a. Aufstauchungsformen darstellen, bei weniger bedeutender Beteiligung des *dumping* supraglazialen Debris an deren Aufbau. Wie am im Charakter des äußeren Vorfelds und der Exposition teilweise ähnlichen Storjuvbreen (s.u.) sind die beiden äußersten Endmoränen dicht benachbart, der äußerste Moränenrücken weniger mächtig als der innere. Im flachen Areal vor der aktuellen Gletscherzunge zeugen *glacial fluting* vom starken und ununterbrochenen Rückzug Mitte des 20.Jahrhunderts bis heute, der trotz unterschiedlicher Exposition an Heimre, Nordre und Søre Illåbre parallel verlief, auch wenn der Heimre Illåbre einen deutlich geringeren absoluten Rückzug aufzuweisen hatte.

Der Nordre Illåbre besitzt einige supraglaziale Medialmoränen, allesamt dem AD-3-Typ zuzuordnen (s. Abb. 208). Die gesamte nördliche Gletscherzunge ist stark mit supraglazialem Debris bedeckt, Resultat starker Hangerosion des nördlich gelegenen, mit zahlreichen tiefen Erosionsrinnen versehenen Hangs. Außer einer angedeuteten lateralen Erosionskante gibt es in diesem Abschnitt des Gletschervorfelds weder eine deutliche supraglaziale Lateralmoräne (wie z.B. am Heimre Illåbre), noch eine deutliche alpinotype Lateralmoräne im äußeren Vorfeld. Die Hangerosionsprozesse waren vermutlich zu stark, denn im nördlichen lateralen Vorfeld finden sich neben einigen Laterofrontalmoränen nur kurz und diffus ausgebildete, stark überformte Fragmente von (ehemaligen) Lateralmoränen. Im südlichen Vorfeld existiert dagegen eine deutliche Lateralmoräne, die in ihrem oberen Abschnitt noch mit dem Gletscher in Kontakt steht, vermutlich aber keinen Eiskern aufweist. Während im inneren Vorfeld keine Endmoränen als Resultat des starken Rückzugs Mitte des 20.Jahrhunderts gebildet wurden, bilden zahlreiche Endmoränenrücken in dichter Staffelung mit geringen Abständen zueinander das äußere Vorfeld an der maximalen frührezenten Eisrandposition. Diese zeugen vom nur langsamen Rückzug nach dem (nicht sicher datierbaren) frührezenten Maximalstand.

Der Søre Illåbre weist zahlreiche supraglaziale Medialmoränen (des AD-3-Typs) auf, die sich z.T. noch über einige Distanz als deutliche Spur im Vorfeld verfolgen lassen (s. Abb. 204). Unterhalb des Talhangs an der nördlichen Gletscherzunge hat sich eine mehrkämmige (Eiskern ?)-Lateralmoräne ausgebildet, die im Gegensatz zur ähnlichen Form am Heimre Illåbre bereits einige Distanz zur marginalen Gletscherzunge aufweist und deren Abgrenzung zum Hangschutt nur sehr undeutlich ist. Einige Hangschuttkegel sind in diese Lateralmoräne eingegliedert worden, die große Teile abgedrängten Hangschutts enthält (ähnlich wie am Storjuvbreen, s.u.) und gletscheraufwärts sich als diffuse Form auflöst. An der südwestlichen Gletscherzunge, die aktuell in einen diffusen Endmoränenkomplex übergeht, der durch sukzessives Niedertauen stark mit supraglazialem Debris bedeckten, von der aktiven Gletscherzunge abgetrennten Stagnant- bzw. Toteises entstand, finden sich nur zwei undeutliche Abschnitte von Lateralmoränen, welche einen Eiskern besitzen könnten und ebenfalls direkt in Hangschuttbereiche übergehen. Mit Ausnahme der äußersten Endmoräne finden sich im Gegensatz zu Nordre und Heimre Illåbre keine Endmoränen im gesamten Vorfeld, nur einzelne diffuse Endmoränenfragmente, die schwerlich einer Eisrandposition zuzuordnen sind. Obwohl ein ungegliedertes inneres Vorfeld in Einklang mit dem beobachteten starken Rückzug Mitte des 20.Jahrhunderts steht, kann die auffällig differente Konfiguration des Gletschervorfelds nicht nur gletscherstandschronologisch erklärt werden. Starke supraglaziale Debrisbedeckung spielt zusammen mit glazifluvialer Erosion vermutlich die entscheidende Rolle für die spezielle Konfiguration des Vorfelds.

Zwei kleine, hochgelegene (namenlose) Kargletscher (Kennung Bøvri No.34 bzw. 35 - ØSTREM, DALE SELVIG & TANDBERG 1988) liegen in westlicher Exposition unterhalb Bukkehøi zwischen Nordre und Søre Illåbre (s. Abb. 208). Obwohl der nördliche der beiden Kargletscher (0,62 km^2 Fläche) eine geringfügig tiefer gelegene Zunge (1720 m) als sein südliches Gegenstück besitzt (1790 m), sind die beiden Gletschervorfelder grundverschieden ausgestaltet. Die äußerste frührezente (?) Eisrandposition wird von einer mächtigen Eiskern-Endmoräne (einkämmig) markiert, die entsprechenden Formen an Kargletschern im nordöstlichen Jotunheimen entspricht (s.u.) und klar oberhalb der Untergrenze diskontinuierlichen Permafrosts (s. ØDEGÅRD 1993) liegt. Proximal dieses gerade in bezug auf die Gletschergröße mächtigen Endmoränenrückens finden sich keine Moränenformen, nur eine ungegliederte Moränenmaterialfläche, die, was u.a. ein kleiner proglazialer See belegt, durch Niedertauen debrisbedeckten Eises geprägt ist.

Ganz im Gegensatz zum nördlichen Kargletscher dominieren am südlichen Kargletscher 2 mächtige

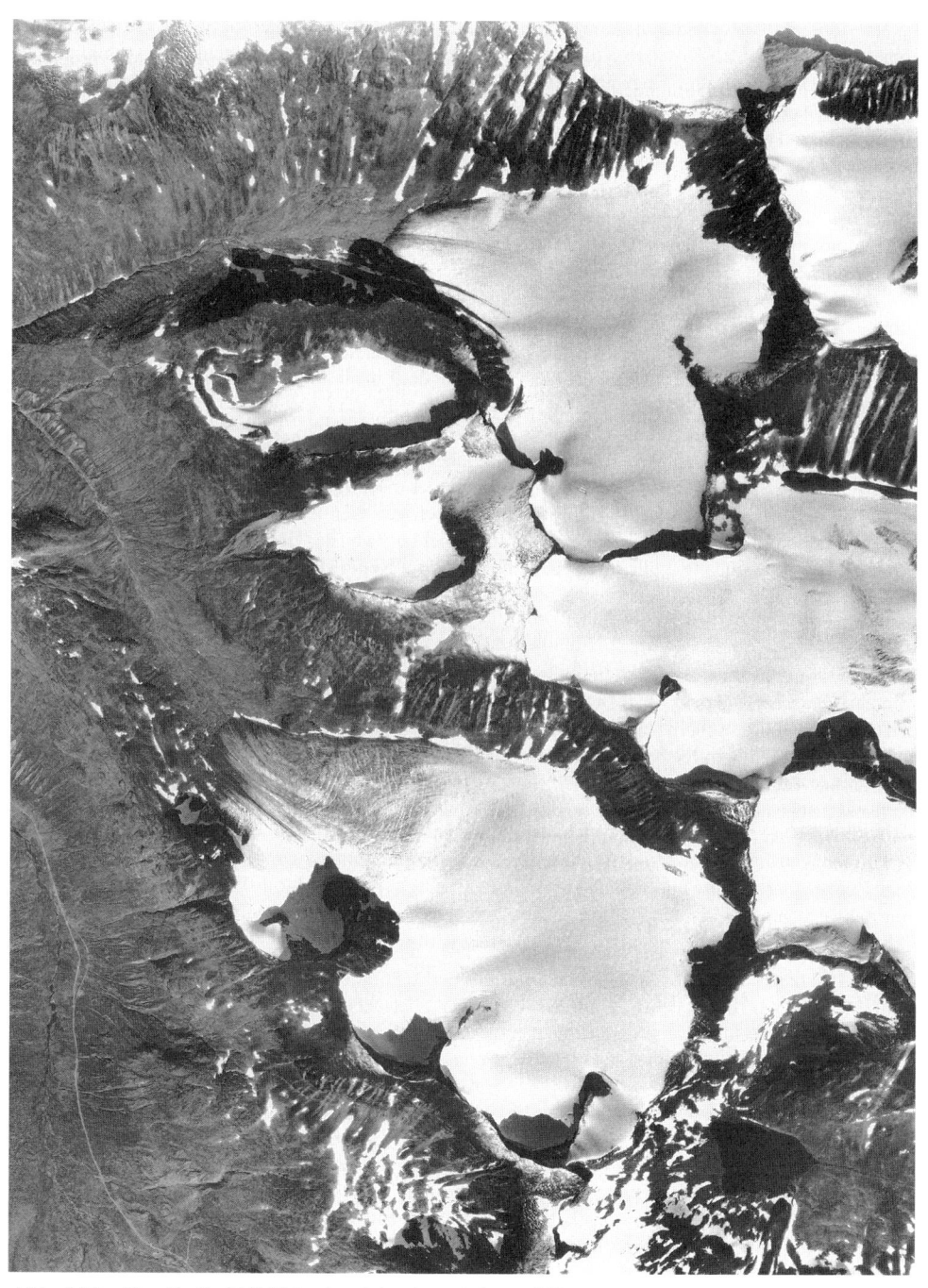

Abb. 208: Vertikalluftbild Nordre (oben) und Søre Illåbre (unten); man beachte die beiden dazwischenliegenden Kargletscher Bøvri No.34 (oben) bzw. 35 (unten); Luftbild eingenordet (Aufnahme: 29.08.1981 - © Fjellanger Widerøe AS [7084/18-2/09])

Lateralmoränen das Vorfeld, von deren Kamm im äußeren Vorfeld zwei Laterofrontal-/Endmoränenzüge abbiegen, die auf beiden Talseiten symmetrisch ausgebildet sind. Diese unterschiedliche Ausbildung der Gletschervorfelder ist zum einen im differenten Relief begründet (zur Karschwelle hin sich etwas verbreiterndes Kar am nördlichen Kargletscher; sich an der Karschwelle verengendes Kar am südlichen Gletscher), zum anderen in Wechselwirkung von Gletschergröße und Relief mit differenter glazialer Dynamik. Der mit 1,6 km² mehr als doppelt so große südliche Kargletscher stieß aufgrund größeren Volumens aus seinem Kar (annähernd gleicher Grundfläche) über die relativ schmale Karschwelle vor und bildete außerhalb des eigentlichen Kars ein typisches Gletschervorfeld mit Lateral-/Laterofrontal- und Endmoränen aus. Different dazu der nördliche Kargletscher bei kleinerer Gesamtmasse und sich zur Karschwelle eher verbreiterndem Kargrundriß, der nicht über die Karschwelle hinaus vorstoßen konnte und durch einen langanhaltenden Gletscherstand an dieser Karschwelle in Verbindung mit starkem supraglazialen Debriszutrag o.e. Eiskern-Endmoräne aufbaute, deren Eiskern sich aufgrund der Höhenlage (unter Mitwirkung der Exposition) bis heute erhalten konnte. Evtl. war auch eine prä-frührezente Vorform an der Karschwelle vorhanden, doch aufgrund der Einkämmigkeit der Endmoräne ist dies eher unwahrscheinlich (vgl. mehrkämmige Eiskern-Moränen z.B. am Gråsubreen (s.u.) als Zeichen polygenetischer Formung während mehrerer holozäner Gletschervorstöße). Wegen der stärkeren Dynamik der Gletscherzunge entstand trotz annähernd gleicher Höhenlage am südlichen Kargletscher keine Eiskernmoräne, obwohl zumindest aus dem Auftreten der mächtigen Lateralmoränen gefolgert werden kann, daß der supraglaziale Debriszutrag ebenfalls groß gewesen ist. Die Existenz von Eiskernen in Moränenformen an kleinen Kargletschern ist folglich nicht nur von der Höhenlage, sondern auch von der glazialen Dynamik abhängig, die ihrerseits wiederum vom Relief stark beeinflußt werden kann.

4.2.23 Storjuvbreen

Der Storjuvbre ist als nordexponierter, 4,5 km langer Talgletscher im zentralen Jotunheimen einer der wenigen Gletscher, die trotz des differenten Großreliefs in Gletschermorphologie und Vorfeldcharakter den ostalpinen Talgletschern ähnlich sind (s. Abb. 209). Expositions- und größenbedingt endet er aktuell auf rd. 1400 m, d.h. vergleichsweise niedrig. Während sein Akkumulationsgebiet im wesentlichen aus zwei großen Karen zusammengesetzt ist, fließt seine langgestreckte Gletscherzunge in ein mit steilen Talflanken versehenes, enges Tal ab, wodurch der Charakter seines Vorfelds sich von der Mehrzahl der anderen größeren Gletscher im Jotunheimen unterscheidet, deren Vorfelder i.d.R. weit und flach sind. Aufgrund der für das Jotunheim außergewöhnlichen Rahmenbedingungen des Reliefs erklärt sich o.e. Ähnlichkeit des Gletschervorfelds zu ostalpinen Talgletschern.

Auf der westlichen Gletscherzunge ist (wie abschnittsweise auch im Akkumulationsgebiet unterhalb der Heimre Illåbretind) eine bedeutende supraglaziale Lateralmoräne ausgebildet, im unteren Zungenbereich zusätzlich eine sich zur Gletscherfront hin verbreiternde supraglaziale Medialmoräne (AD-3-Typ). Mächtiger als ihr Gegenstück auf der westlichen Gletscherzunge ist die supraglaziale Lateralmoräne auf der östlichen Gletscherzunge, die die gesamte östliche Gletscherfront lateral-marginal bedeckt und die Grenzziehung zwischen supraglazialer und abgelagerter, eisfreier Lateralmoräne unmöglich macht.

Etwas oberhalb der Gletscherfront gabelt sich die supraglaziale Lateralmoräne von der abgelagerten Lateralmoräne ab, beide Resultat starken Debriszutrags von der östlichen Talflanke, die durch tiefe Erosionskerben zernarbt ist. Die sich an der Basis der Erosionskerben gebildeten Hangschuttkegel gehen lateral der aktuellen Gletscherzunge praktisch nahtlos in den (distalen) Lateralmoränenkamm über. Dies legt eine polygenetische Formung der Lateralmoränen durch *dumping* supraglazialen Debris in Verbindung mit der Abdrängung/Anlagerung von Hangschutt nahe (vgl. 7.3.2 - analoge Formen am Guslarferner). Die östliche Lateralmoräne weist proximal subsequente Lateralmoränenrücken auf, v.a. im Vorfeld talabwärts der aktuellen Gletscherfrontposition. Dort biegen die subsequenten Lateralmoränen von z.T. großer Mächtigkeit in laterofrontale Position um und korrespondieren mit frontalen

Endmoränen, die Wiedervorstöße nach dem Rückzug von der maximalen frührezenten Gletscherposition auf ca. 1150 m repräsentieren. Aufgrund des starken Auftretens supraglazialen Debris auf der aktuellen Gletscherzunge und dem angularen Charakter des Moränenmaterials ist im Fall der Lateralmoränen der Anteil eventueller Aufstauchung subglazialen Moränenmaterials als untergeordnet anzusehen, *dumping* supraglazialen Debris überwiegt, womit auch in genetischer Hinsicht die östliche Lateralmoräne als Lateralmoräne alpinen Typs angesprochen werden kann. Sie löst sich aber im unteren Vorfeld in eine laterale Erosionskante, ausgebildet in den mächtigen Hangschuttablagerungen der östlichen Talflanke, auf (s. Abb. 210). Unterhalb dieser lateralen Erosionskante sind tiefeingeschnittene Erosionsrinnen entstanden, wie allgemein aufgrund der großen Hangneigung in den lateralmarginalen Bereichen des Gletscher-

Abb. 209: Vertikalluftbild Storjuvbreen; Luftbild eingenordet (Aufnahme: 29.08.1981 - © Fjellanger Widerøe AS [7084/18-3/10])

vorfelds eine starke postsedimentäre Hangerosion durch Überprägung der Moränenmaterialflächen mit Erosion bzw. auch Sedimentation von Hangschutt (z.B. dicht mit Moos und Flechten bewachsene Blöcke innerhalb der sonst nur spärlich bewachsenen Blöcke des inneren Vorfelds) starke Wirkung zeigt. Trotz der postsedimentären Überformung sind an der proximalen Flanke der östlichen Lateralmoräne Blöcke in Einregelung subparallel zum distalen Moränenhang erhalten geblieben.

Im westlichen Vorfeld ist die Grenze zwischen frührezentem Gletschervorfeld und Hangschuttbereichen nur stellenweise durch angedeutete laterale Erosionskanten bzw. Lateralmoränenfragmente markiert, wobei auch die anderen Moränen weniger deutlich als im östlichen Vorfeld ausgebildet sind bzw. gänzlich fehlen. Der Grund ist zum einen in der Talasymmtrie zu vermuten, da der Debriszutrag von der mit mächtigen Hangschutthalden bedeckten östlichen Talflanke deutlich höher war, somit mehr Debris zum Aufbau der Lateralmoräne zur Verfügung stand als am steileren und z.T. in Festgestein ausgebildeten westlichen Talhang. Hauptursache ist aber Versturz von Eismassen (und Debris) des teilweise überhängenden Østre Storgrovbre, der v.a. bei größerer Ausdehnung während der frührezenten Gletscherhochstandsphase zu einer starken Überformung der lateralen westlichen Gletschervorfeldpartien des Storjuvbre beigetragen hat. Vor dem aktuell stationär wirkenden Gletscher, der seit 1966 seine Gletscherposition nur unwesentlich verändert hat (leichter Rückzug), finden sich bis ca. 800 m talabwärts keine deutlichen Endmoränen, morphologisches Indiz für den teilweise durch Messungen erfaßten starken Rückzug Mitte des 20.Jahrhunderts. Eine rd. 800 m vor der aktuellen Gletscherfront gelegene, mächtige und in eine o.e. subsequente Lateralmoräne übergehende Endmoräne könnte während des im Jotunheimen aufgetretenen Vorstoßes in den 1920er Jahren aufgebaut worden sein.

An der frührezenten Maximalposition des Storjuvbre sind zwei Endmoränen eng benachbart, wobei die zweitäußerste mächtiger als die äußerste Endmoräne ausgebildet ist. Letztgenannte zeichnet z.T. fragmentiert nicht die gesamte ehemalige Frontposition nach. Vermutlich korrespondieren diese beiden, eng benachbarten Endmoränen mit den doppelkämmigen Endmoränen an anderen Gletschern (z.B. Storbreen, Visbreen), wobei durch die stärkere Neigung des Geländes, die langgestreckte Gletscherzunge und andere lokale Unterschiede mit einer differenten glazialen Dynamik zu rechnen ist, so daß der zweite (vermutete) Maximalvorstoß die äußerste Endmoräne nicht erreichte, obwohl, zumindest bezüglich der Mächtigkeit der Endmoräne (deren Gleichsetzung mit der Stärke/Dauer eines Gletschervorstoßes selbst an Gletscherzungen mit starkem Auftreten von supraglazialen Debris und damit zugleich zu beachtendem Anteil von *dumping*-Prozessen auch bei der Endmoränengenese nur unter Vorbehalt erfolgen kann) der zweite Vorstoß ebenfalls relativ stark bzw. langanhaltend war.

Abb. 210: Östliche laterale Erosionskante im äußeren Vorfeld des Storjuvbre (Aufnahme: 19.08.1994)

7.4.24 Visbreen

Der Visbre (s. Abb. 211) weist die gletschermorphologische Besonderheit aus, daß er vom Grat zwischen Visbretind und Semelholstind sowohl nach S, als auch nach N abfließt, im letzten Fall in das obere Visdal etwas östlich der flachen Wasserscheide im Transfluenzpaß zwischen Leir- und Visdalen.

Die näher untersuchte, nördlich abfließende Zunge endet aktuell auf ca. 1500 m und hat während der frührezenten Gletschervorstöße ein Gletschervorfeld mit abschnittsweise bis zu 9 Endmoränen in dessen äußerem Bereich aufgebaut (s.a. Abb. 212). An beiden Seiten des Gletschers treten Lateralmoränen auf, wobei nach ØSTREM, DALE SELVIG & TANDBERG (1988) Eiskernmoränen am Gletscher vorhanden sein sollen. Bei der Geländebegehung konnte der Verfasser aber keine Anzeichen für Eiskerne in den Endmoränen bzw. der westlichen Lateralmoräne finden. Allenfalls in einem Teilabschnitt des östlichen Lateralmoränenkamms könnte (aus dem Luftbild) auf einen Eiskern geschlossen werden, was der Verfasser aber für unwahrscheinlich hält und wofür sich bei der Geländebegehung keine Belege finden ließen.

Wie am Storbreen und anderen Gletschern im Jotunheimen ist die äußerste Endmoräne am Visbreen doppelkämmig (s. Abb. 212), was auf zwei Maximalvorstöße während der frührezenten Hochstandsperiode bzw. einen zweigliedrigen Hauptvorstoß hindeutet (vgl. Ausführungen am Beispiel Storbreen). Proximal der äußersten Endmoräne wie zwischen den subsequenten Endmoränenrücken des äußeren, flachen Gletschervorfelds haben sich weitläufige Sanderflächen gebildet, Zeichen bedeutender glazifluvialer Formungsprozesse, die im relativ flachen äußeren Gletschervorfeld flächenhaft wirken, nicht etwa linear, wie am benachbarten Bukkeholsbreen (s.u.). Auch die inneren Endmoränen zeigen teilweise komplexe mehrkämmige Struktur, insbesondere die innerste Endmoräne des äußeren Vorfelds. Das innere und steilere Gletschervorfeld ist zentral von einem aktiven, schmalen Sander geprägt, die lateralen Abschnitte durch weitgehend ungegliedertes Moränenmaterial. Durch die zwischen den einzelnen Endmoränen des äußeren Vorfelds ausgebildeten flachen Sanderflächen entsteht eine Art Treppung des gesamten Gletschervorfelds, denn das Niveau des proximalen Sanders ist stets um einige Meter höher als das des distalen Sanders zur jeweiligen Endmoräne.

Abb. 211: Visbreen mit innerem Gletschervorfeld (Aufnahme: 23.08.1994)

Während die östliche Lateralmoräne über einen relativ breiten Kamm verfügt und z.T. abgedrängten Hangschutt der darübergelegenen Felsflanke enthält, zeigt die westliche Lateralmoräne deutliche Züge von Lateralmoränen alpinen Typs. Bis in die laterofrontale Position, in der die subsequenten Endmoränen vom Lateralmoränenkamm abzweigen, ist diese Lateralmoräne einkämmig und weist proximal tiefe Erosionsrinnen auf, bei an manchen Blöcken zu erkennender Einregelung subparallel zum distalen Lateralmoränenhang. Selbst wenn im Gegensatz zu Lateralmoränen alpinen Typs die Lateralmoränen mit größerer Sicherheit nur Formen des frührezenten Gletschervorstoßes sind, weisen sie doch morphologisch wie genetisch (*dumping* supraglazialen Debris) einige Gemeinsamkeiten auf, obwohl der Gletscher aktuell nur über verhältnismäßig geringe Mengen supraglazialen Debris verfügt, was in Kontrast zu den mächtigen Lateralmoränenformen steht (gleiches Phänomen wie am benachbarten Bukkeholsbreen, s.u.). Daraus muß gefolgert werden, daß auch subglazialer Debris lateral abgelagert worden sein muß, durch passives Ausschmelzen ebenso wie durch begrenzte Aufstauchungsprozesse. Dennoch bestehen morphologische Unterschiede zu den Lateralmoränen des Jotunheimen-Typs, insbesondere das Fehlen zahlreicher Lateralmoränenwälle geringerer Dimension bei dichter Staffelung. Das Vorliegen eines mächtigen Lateralmoränenwalls an beiden Seiten der Gletscherzunge muß Folge der limitierten lateralen

Ausdehnungsmöglichkeit des Gletschers gewesen sein, insbesonders im Fall der östlichen, teilweise an eine Festgesteinsrippe angelehnten Lateralmoräne. Daß Aufstauchungsprozesse für die Genese der Endmoränen verantwortlich zeichnen, ist ebenso unzweifelhaft wie die Begründung des ungegliederten inneren Vorfelds mit dem starken Gletscherrückzug in der Mitte dieses Jahrhunderts bis heute, wo der Gletscher auf Festgestein endet. Während das Moränenmaterial der lateralen Vorfeldpartien sedimentologisch gröber und angularer (aufgrund des Ursprungs in Hangschutt) ist, ist im Zuge der Genese der Endmoränen des äußeren Vorfelds präexistentes Lockermaterial eingearbeitet worden, v.a. spätglaziales/präboreales Moränenmaterial, das beinahe den gesamten Bereich des oberen Visdal mit seinem flachen Talboden und im Hangbasisbereich nur sanft ansteigenden Talhängen bedeckt (s.a. 7.2).

Abb. 212: Äußeres Gletschervorfeld des Visbre; man beachte die doppelkämmige äußerste frührezente Endmoräne am linken Bildrand (Aufnahme: 23.08.1994)

7.4.25 Bukkeholsbreen

Der Bukkeholsbre fließt aus einem ca. 3 km langen hochgelegenen Seitental, welches durchaus noch als langgestreckte Karform klassifiziert werden kann, aus NW über die sanft bis moderat geneigte Talflanke des oberen Visdal ab und endet aktuell auf ca. 1600 m, nachdem er während der frührezenten Hochstandsphase bis auf ca. 1400 m hinab vorgestoßen war, ohne allerdings den Talboden des Haupttals zu erreichen (s.a. Abb. 213). Während aktuell vor der Gletscherzunge ein ausgedehntes Festgesteinsareal liegt, verfügt der Gletscher über zahlreiche, gut ausgebildete Moränenkränze, die End-, Laterofrontal- und Lateralmoränen umfassen.

9 Endmoränen liegen dicht gestaffelt im inneren Vorfeld, welches von mehrkämmigen Lateralmoränen eingegrenzt wird. Die beiden äußeren Moränenkränze sind deutlich mächtiger als die subsequenten inneren Moränenkränze, was auf langanhaltende Gletschervorstöße hindeutet, da aufgrund der bis zu 2213 m hohen Gletscherumrahmung, die fast den gesamten Gletscher umspannt, von einer starken Beteiligung *dumping* supraglazialen Debris an deren Aufbau ausgegangen werden kann. Die Moränenmächtigkeit kann also (eingeschränkt) im Gegensatz zu reinen Stauchendmoränen mit dem Andauern der *dumping*-Prozesse und damit der Dauer des Verweilens des Gletschers an der äußersten Eisrandposition in Beziehung gesetzt werden. Es erscheint logisch, daß die inneren, geringmächtigeren Endmoränen subsequente Wiedervorstöße seit dem Rückzug des Gletschers von den äußeren frührezenten Gletscherpositionen repräsentieren, vermutlich während des 19. und Anfang des 20.Jahrhunderts gebildet wurden.

Zwei tiefeingeschnittene Erosionsrinnen im spätglazialen/präborealen Moränenmaterial des Talhangs des oberen Visdal haben sich im Gletschervorfeld und außerhalb eingetieft, von denen aktuell nur die östliche für den Abfluß des Schmelzwassers des Gletschers genutzt wird, die andere aufgrund ihrer

Position vermutlich während des frührezenten Maximalstands (zusätzlich?) als Entwässerungslinie diente. Im unteren Talhangbereich haben sich unterhalb der Erosionsrinnen Schwemmfächer entwickelt. Glazifluviale Formungsprozesse haben aufgrund der stärkeren Hangneigung des Vorfelds des Bukkeholbre verglichen mit anderen Gletschern linear auf o.e. Schmelzwasserabflüsse konzentriert, analog zu den meisten Gletschervorfeldern in den Ostalpen.

Ebenfalls den Verhältnissen an Ostalpengletschern entsprechen die äußersten Lateralmoränenrücken, die an ihrer proxi-

Abb. 213: Äußeres Vorfeld des Bukkeholsbre; man beachte die beiden mächtigen äußeren Moränenkränze (Aufnahme: 23.08.1994)

malen Flanke subsequente Lateralmoränenrücken aufweisen, die zumeist erst in laterofrontaler Position ansetzen und in o.e. subsequente Endmoränen übergehen. Deutlich sind an der proximalen Flanke der östlichen Lateralmoräne die für Lateralmoränen alpinen Typs typischen groben Blöcke in Einregelung subparallel zur distalen Moränenflanke zu erkennen, Belege für eine Genese der Lateralmoräne u.a. durch stärkeres *dumping* supraglazialen Debris. Aus dem talwärtigen Ende der östlichen Lateralmoräne hat sich ein Blockgletscher entwickelt, der von VERE & MATTHEWS (1985) eingehend untersucht wurde, wobei als leichte Asymmetrie die östliche Lateralmoräne mächtiger als ihr westliches Gegenstück ist. VERE & MATTHEWS betonen, daß bei Annahme eines frührezenten Gletscherhochstands um 1750 (der umstritten ist) das Zeitlimit zur Entwicklung des Blockgletschers aus der frührezenten Lateralmoräne nur rd. 240 Jahre beträgt. Die Genese dieser Form soll sich v.a. durch übermäßigen Sedimentzutrag an der laterofrontalen Partie der Lateralmoräne erklären, der zur Überdeckung und Konservierung (durch Isolation) des aus Gletschereis bestehenden Eiskerns beitrug. Orientierung und Einregelung der Komponenten des Blockgletschers zeigen n. VERE & MATTHEWS deutliche Unterschiede zur ursprünglichen Lateralmoräne, so daß es sich um einen neugebildeten Blockgletscher, nicht nur einen mächtigen, inaktiven Eiskern-Lateralmoränenabschnitt handelt. Der Blockgletscher ist bei 100 m Länge 130 m breit und besitzt eine Oberflächenneigung von 10°. Die Lateralmoräne oberhalb des Blockgletschers zeigt 25° Kammneigung, die sich talaufwärts auf 22° verringert. Die Hangneigung der Lateralmoräne beträgt proximal wie distal 30° mit übersteilten Abschnitten an der proximalen Flanke (verursacht durch postsedimentäre Überformung). Die Oberfläche des Blockgletschers besteht aus groben Blöcken mit bis zu 3 m Längsachse (durchschnittlich 1 bis 2 m), an dessen Front wird eine sandige Matrix sichtbar, wobei die Korngrößen des Blockgletschers etwas gröber als bei der Lateralmoräne sind, bei insgesamt jedoch geringen Unterschieden. Die bestehenden sedimentologischen Unterschiede begründen sich durch einen Verlust von Sandmatrix in den oberflächlichen Schichten während des Geneseprozesses bzw. aufgrund postsedimentärer Auswaschung. Von den sedimentologischen Parametern her zeigen Blockgletscher wie Lateralmoräne auch größere Anteile subglazialen Materialzutrags, womit ausgeschlossen werden kann, daß sich der Blockgletscher unabhängig von der Lateralmoräne aus Hangschutt entwickelt hat. Nach VERE & MATTHEWS wurde der Blockgletscher während der Ablagerung der äußersten Moräne gebildet, um anschließend während der Ablagerung der zweitäußersten Moräne weitergebildet bzw. reaktiviert zu werden. Der Blockgletscher liegt im übrigen im Bereich der Grenze diskontinuierlichen Permafrosts (ØDEGÅRD 1993), womit auch aus dieser Überlegung heraus ein prä-frührezentes Alter bei den z.T. höheren Lufttemperaturen während des Holozän ausgeschlossen werden kann. Daß verhältnismäßig zahlreiche Endmoränen am Bukkeholsbreen gebildet wurden und er keine zweikämmige äußere Endmoräne wie verschiedene andere Jotunheimengletscher besitzt, ist u.a. in der vergleichsweise starken Hangneigung seines Vorfelds begründet. Sein Blockgletscher unterscheidet sich genetisch wie morphologisch von Eiskernmoränen an anderen, v.a. im nordöstlichen Jotunheinen gelegenen Gletschern (s.u.).

7.4.26 Hellstugubreen

Selbst wenn der im Visdalen gelegene Hellstugubre als glaziologische Besonderheit ein zusammenhängendes Akkumulationsgebiet mit dem südöstlich abfließenden Vestre Memurubre ausbildet (Verbindung über den komplett vereisten Transfluenzpaß zwischen Store Hellstugutind und Vestre Memurutind), besitzt er eine als typischer Talgletscher zu klassifizierende Gletschermorphologic (s. Abb. 214). Der nordwestlich abfließende Hellstugubre hat in einem kurzen südöstlichen Seitental des Visdal ein Gletschervorfeld mit verschiedenen End-, Laterofrontal- und Lateralmoränen ausgebildet, wobei starke Hangerosionsprozesse (insbesondere an der östlichen Talflanke) und glazifluviale Formungsprozesse im relativ ebenen Vorfeld für eine starke Modifikation der glazialmorphologischen Formenelemente und ihrer Konfiguration führen.

10 m vor der deutlich ausgebildeten äußersten frührezenten Endmoräne im zentralen Vorfeldbereich sind Relikte eines niedrigen Rückens erhalten, der nach kurzer Distanz in laterofrontaler Position unter jener abtaucht. Zwar ist die äußerste frührezente Endmoräne einkämmig ausgebildet, o.e. Rücken könnte aber durchaus als Relikt eines älterer frührezenten Endmoränenrückens interpretiert werden, analog zu den zweikämmigen äußersten Endmoränen an anderen Gletschern (z.B. Vis- und Storbreen; s.o.). Aufgrund starker Überformung ist die eindeutige Ansprache dieses Rückens als Moräne problematisch, da es sich auch um eine in spätglazialem Moränenmaterial/Hangschutt angelegte Erosionsform handeln könnte. Auffällig ist der als eine *green zone* zu deutende dichte Flechtenbewuchs an der proximalen Flanke dieses alten „Moränenrückens", verursacht durch wachstumsfördernden Feuchtigkeitszutrag während der Eisrandpositionen bei Aufbau der engbenachbarten „äußersten" frührezenten Endmoräne. Eine unsystematische lichenometrische Untersuchung des alten Moränenrelikts (aufgrund der geringen Längserstreckung der Form war keine systematische Messung möglich) ergab einen Durchmesser der fünf größten Flechtenthalli in der Größenordnung 90/100 mm.

Setzt man diesen (provisorischen) Wert in die bekannte Flechtenwachstumskurve des Storbre (ERIKSTAD & SOLLID 1986) ein, ergäbe sich eine erstaunlich gute Korrelation mit dessen äußerster (doppelkämmiger) frührezenter Endmoräne, so daß das Moränenrelikt als älterer frührezenter Endmoränenwall gedeutet werden kann, der in wesentlichen Teilen während eines zweiten frührezenten Hauptvorstoßes (parallel zum Storbreen Ende des 18.Jahrhunderts ?) überfahren wurde und nur im zentralen Vorfeld als stark überformtes Relikt noch erhalten ist. Einer außergewöhnlich großen Flechte des alten Moränenrückens sollte aufgrund der starken aktuellen Hangerosion und dem Auftreten supraglazialer Medial-/Lateralmoränen speziell während des frührezenten Hochstands (s.a. ØSTREM,DALE SELVIG & TANDBERG 1988) keine allzu große Beachtung geschenkt werden.

Auf keinen Fall kann das Moränenrückenrelikt als Zeugnis eines Vorstoßes um 1600 (SCHRÖDER-LANZ 1983) interpretiert werden, da dafür o.e. einzelne große Flechte bei weitem zu alt, die anderen Flechten dagegen deutlich zu jung wären. Überhaupt meldet der Verfasser Kritik an der von SCHRÖDER-LANZ (1983) an Hellstugu-, Svellnos- und Tverråbreen (s.u.) verwendeten Methodik lichenometrischer Untersuchungen an, denn die Einbeziehung „toter Flechtenthalli" muß strikt abgelehnt werden (vgl. 5.1.2). Der Verfasser untersuchte speziell die äußeren Endmoränen des Hellstugubre in Hinblick auf das Auftreten „toter Flechtenthalli", konnte jedoch neben lebenden Thalli der Spezies Rhizocarpon geographicum nur eine andere, graue Flechtenspezies finden, die in den Thallidurchmessern interessanterweise bei Verwendung der Wachstumskurve für Rhizocarpon geographicum eine Datierung um 1600 ergeben würde, wie sie SCHRÖDER-LANZ für den ältesten frührezenten Vorstoß fordert (evtl. handelt

Abb. 214: Vertikalluftbild Gletscherzunge und Vorfeld Hellstugubreen; Luftbild eingenordet
(Aufnahme: 29.08.1981 - © Fjellanger Widerøe AS [7084/18-2/12])

es sich bei jenen „toten Flechtenthalli" um o.e. andere Flechtenspezies, deren Durchmesser nicht mit der Wachstumskurve von Rhizocarpon geographicum zur Datierung von Moränen verwendet werden darf). Interessanterweise deuten ferner die von SCHRÖDER-LANZ selbst angegebenen maximalen Flechtendurchmesser von Rhizocarpon geographicum um 70 mm (seine „Moräne C" am Svellnosbreen) auf eine Bildung in der ersten Hälfte des 19.Jahrhunderts hin, bei Berücksichtigung lokaler Wachstumsunterschiede bzw. methodischer Unsicherheiten also ein mit den äußersten Moränen des Storbre oder des Styggedalsbre korrelierbares Datum. Da SCHRÖDER-LANZ den von ihm ausgewiesenen 1600er Vorstoß einzig durch o.e. „tote Flechtenkörper" belegt und ein solcher Vorstoß in scharfem Kontrast zu allen anderen Datierungen der frührezenten Gletschervorstöße im Jotunheimen steht, muß dieser als zweifelhaft gelten. Gleiches gilt auch für einen von ihm postulierten frührezenten Maximalvorstoß des Hellstugubre um 1890, wogegen nicht nur die provisorischen lichenometrischen Untersuchungen des Verfassers sprechen, sondern auch die bekannten Gletscherstandsschwankungsdaten. Da sich der Hellstugubre seit 1901 um rd. 730 m zurückgezogen hat, müßte er sich (allein aus der offenen Distanz zwischen der äußersten Endmoräne und der Eisrandposition um 1900) in den rd. zehn Jahren nach dem postulierten Hochstand bei insgesamt nicht derart gletscherungünstigen Klimabedingungen (verglichen mit der Mitte des 20.Jahrhunderts) über 500 m zurückgezogen haben (50 m/a), was glaziologisch unglaubwürdig ist. Alles deutet daher am Hellstugubreen auf ein ähnliches Gletscherstandsschwankungsverhalten wie am Storbreen hin (s.o.), was nicht zuletzt auch die Gletscherfrontmessungen dieses Jahrhunderts bzw. aktuelle glaziologische Untersuchungsergebnisse nahelegen.

Mit Ausnahme der noch auf weite Strecken gut ausgebildeten äußersten östlichen Laterofrontal-/Lateralmoräne existieren auf beiden Seiten des Vorfelds nur einige Lateralmoränenfragmente. Der Grund hierfür liegt in starken Hangerosionsprozessen, die insbesondere die lateralen Vorfeldareale überprägen und evtl. gebildete Moränenformen erosiv überformt bzw. zerstört haben. Unterhalb der tiefen Erosionskerben der nordöstlichen Talflanke unterhalb Leirhøi schieben sich breite Schuttkegel ins frührezente Gletschervorfeld vor (s. Abb. 214), so daß auch die zentralen Vorfeldbereiche durch Akkumulation des am Hang bzw. im lateralen Vorfeld erodierten Materials betroffen werden. Sedimentologisch erklärt sich so das Auftreten frischer, angularer Blöcke im Vorfeld. Auch auf die Sedimentologie des Moränenmaterials haben diese Hangerosionsprozesse großen Einfluß, denn speziell in laterofrontaler Position setzen sich die Moränenrücken (bzw. deren Fragmente) vornehmlich aus angularen Blöcken zusammen, während subgerundete und gerundete Blöcke in ihrer Verteilung fast ausschließlich auf das zentrale Vorfeld beschränkt sind.

Die Existenz einer mächtigen supraglazialen Lateralmoräne auf der östlichen Gletscherzunge und die während der frührezenten Hochstandsphase vorhandene Konfluenz zu einem tributären Kargletscher (s.u.) lassen für die frührezente Hochstandsperiode auf eine große Debrisbedeckung der gesamten östlichen Gletscherzunge schließen (ØSTREM, DALE SELVIG & TANDBERG 1988). Dies erklärt den extrem angularen Charakter der groben Blöcke im östlichen lateralen Vorfeld, die als supraglaziales Moränenmaterial bzw. teilweise abgedrängter Hangschutt (möglicherweise postsedimentär nach Rückzug des Gletschers durch Hangerosionsprozesse abgelagert) interpretiert werden müssen und auf eine große Bedeutung des *dumping* supraglazialen Moränenmaterials hindeuten. Gleichzeitig zeigen die vorhandenen Endmoränen das Auftreten von Aufstauchungsprozessen an, wie auch glazifluviale Formungsprozesse (s.u.) mitberücksichtigt werden müssen.

Der aus einem kleinen Kar nordwestlich der Store Memurutind abfließende namenlose Kargletscher (Kennung Bøvri No.9; ØSTREM, DALE SELVIG & TANDBERG 1988) hat nach seiner vermutlich schon vor Ende des 19.Jahrhunderts erfolgten Trennung vom Hellstugubreen ein (speziell für

Abb. 215: Kargletscher (Kennung Bøvri No.9) östlich der Gletscherzunge des Hellstugubre (Aufnahme: 23.08.1994)

die geringe Gletschergröße von 0,23 km²) mächtiges System ineinandergeschachtelter Moränenkränze aufgebaut, welches wie die mächtige östliche supraglaziale Lateralmoräne teilweise auf die (petrographisch bedingte) enorme Produktion von Frostverwitterungsmaterial des Kamms von Vestre und Store Memurutind zurückgeführt werden muß, da aufgrund der während des frührezenten Hochstands erfolgten Konfluenz zumindest im gut ausgebildeten mächtigen frontalen Abschnitt nicht von der Existenz prä-frührezenter Vorformen ausgegangen werden kann (s. Abb. 215). Neben starkem Debriszutrag muß auch eine verhältnismäßig stabile Eisrandposition mit ausgeprägten Stillstandsphasen gefordert werden, wobei die Gletscherzunge aktuell auffällig gewölbt und spaltenreich ist, was auf (beginnende?) Vorstoßtendenzen hindeutet und im Kontrast zur flachen, sich immer noch im Rückzug befindenden Gletscherzunge des Hellstugubre steht.

Die o.e. östliche supraglaziale Lateralmoräne des Hellstugubre erhält ihren Debriszutrag durch die tiefen Erosionskerben unterhalb des Kamms von Store und Vestre Memurutind, wobei sich die an der Basis ausgebildeten Schuttkegel teilweise auf der Gletscheroberfläche befinden und durch den aktiven glazialen Transport zur o.e. supraglazialen Lateralmoräne umgebildet werden. Neben einem ausgeprägten (Eiskern-)Lateralmoränenwall sind auch große Flächen der Gletscherzunge dispers von supraglazialem Debris bedeckt (s. Abb. 214, 216). Auf der westlichen Gletscherzunge hat sich durch den starken Zutrag von Hangschutt ebenfalls eine supraglaziale Lateralmoräne ausgebildet, deren Spur im Vorfeld noch deutlich zu identifizieren ist. Neben direktem Einfluß der Hangerosion gehen die Oberflächenstrukturen im Gletschervorfeld u.a. auf ehemalige supraglaziale Lateral-/Medialmoränen zurück. Durch residuale bzw. perennierende Schneefelder ist ferner der fließende Übergang zwischen supraglazialen Lateralmoränen und abgelagerten Lateralmoränen nicht lokalisierbar.

Abb. 216: Hangschuttkegel an der östlichen Gletscherzunge des Hellstugubre (Aufnahme: 23.08.1994)

Während im zentralen äußeren Vorfeld einige Endmoränen (z.T. fragmentarisch) vorliegen (bei teilweise unterschiedlicher Ausbildung auf den beiden Seiten des Vorfelds), ist das innere zentrale Gletschervorfeld weitgehend ungegliedert. Einige der z.T. eisbewegungsparallelen Formen können aufgrund ihres sedimentologischen Charakters als Kames bzw. Kamemoränen angesprochen werden (N 230). Andere Oberflächenstrukturen stehen zu den ins Vorfeld hineingreifenden Schuttkegeln/Schwemmfächern in Beziehung (s.a. N 229). Allgemein ist das Moränenmaterial der als Endmoränenfragmente zu deutenden Wälle im inneren Vorfeld relativ grobkörnig und zeigt vergleichsweise niedrige So-Werte, was nicht nur durch glazifluviale Überprägung, sondern v.a. dem Ursprung in supraglazialem Moränenmaterial erklärt werden kann (N 226, 227, 228). Im äußeren Vorfeld ist das Moränenmaterial vergleichsweise grobkörnig (N 232). Das Fehlen von deutlichen Endmoränen im inneren Vorfeld kann nicht nur auf glazifluviale bzw. postsedimentäre Erosionsprozesse zurückgeführt werden, hauptursächlich ist zur Erklärung der kontinuierliche Rückzug seit Anfang des 20. Jahrunderts heranzuziehen, denn außer einem (vermuteten) Stillstand in den 1920er Jahren konnten keine Vorstoßtendenzen oder Stillstandsphasen am Gletscher festgestellt werden (was im Kontrast zum o.e. tributären Kargletscher steht).

7.4.27 Smørstabbreen

Der Smørstabbre ist mit 14,26 km² nicht nur der größte Gletscher im Jotunheimen, sondern weist eine spezielle Gletschermorphologie auf, die ihn schwierig auf konventionelle Weise zu klassifizieren erlaubt. Der Gletscher hat sich an den extrem flachen westlichen und südlichen Flanken des Massivs von Smørstabbtindane entwickelt, dessen Gipfel z.T. als Nunatakker über den Gletscher emporragen (z.B. der Grat von Kalven bis Veslebjørn, welcher die beiden größten Teile des Gletschers, Leirbreen und Bøverbreen, voneinander trennt; s. Abb. 72). Neben den beiden o.e. Gletscherzungen, die nördlich bzw. westlich abfließen, ist auch noch der Sandelvbre, der südlich abfließt, ein Teil des Gesamtgletschers. Die Gletschermorphologie in ihrer Abhängigkeit vom Relief ist somit vom präglazialen Relief beeinflußt, denn die sanft abfallenden Hänge des Gipfelmassivs sind Zeugnis der präglazialen Formungsperiode am Übergang von flächenhafter zu linearer Erosion. Während südwestlich der Sandelvbre mit (einer markanten Abflußrichtungsänderung von W nach S im Bereich einer hochgelegenen Verebnung unterworfener) relativ steiler Gletscherzunge in einem Seitental des Talwasserscheidenbereichs zwischen Storutladalen und Gravdalen ein relativ typisch ausgebildetes Vorfeld besitzt, sind die Gletschervorfelder von Leirbreen und Bøverbreen in weiten Bereichen extrem eben, ebenso die teilweise nur 3 - 4° steile Gletscheroberfläche. Als Besonderheit muß beachtet werden, daß der Bøverbre sein Vorfeld im Wasserscheidenbereich zwischen Bøverdalen und Vetle Utladalen am Ostrand der hochplateauähnlichen, präglazialen Verebnung des Sognefjell ausgebildet hat, sein Schmelzwasser sowohl nördlich wie südlich abfließt, resultierend seine Gletscherfläche z.T. dem Einzugsgebiet von Bøvri, z.T. von Utla zuzuordnen ist (ØSTREM, DALE SELVIG & TANDBERG 1988).

Abb. 217: Westliche untere Gletscherzunge und inneres Vorfeld des Leirbre (Aufnahme: 22.08.1994)

Der nach Norden abfließende, aktuell eine außergewöhnlich flache und breite Gletscherzunge besitzende Leirbre (s. Abb. 217; vgl. Abb. 204) hat in seinem Vorfeld verschiedene Endmoränenzüge aufgebaut, wobei evtl. auch prä-frührezente Moränenrelikte außerhalb des frührezenten Vorfelds auftreten. MCCARROLL (1989a) weist durch Schmidt-Hammer-Messungen nach, daß die in frontaler Position doppelkämmige Endmoräne nicht nur während der frührezenten Gletscherhochstandsphase entstanden ist, sondern der äußere Wall vermutlich eine prä-frührezente Moränenbildung darstellt. Ein bloßes Aufstauchen präborealen Moränenmaterials konnte jedenfalls ausgeschlossen werden. Auch HARRIS ET AL. (1987) gehen von einem prä-frührezenten Alter dieser Moräne aus, da sie teilweise von der äußersten frührezenten Endmoräne überfahren wurde und ihr rekonstruierter Grundriß vom Grundriß der frührezenten Endmoräne abweicht. Gleichwohl löst sich diese Moräne außerhalb des doppelkämmigen Endmoränenzugs in „diffuse" Formen (HARRIS ET AL. 1987) auf, so daß, auch aufgrund des zweifelsfrei frührezenten Alters beider Moränenwälle der verbreiteten doppelkämmigen Endmoränen im Jotunheimen (z.B. Storbreen, Visbreen), die genaue Datierung dieses Endmoränenzugs unsicher bleibt.

Im westlichen Gletschervorfeld, in laterofrontaler Position zur Gletschermorphologie (genetisch und glazialdynamisch aber noch im frontalen Formungsmilieu) im Bereich des Hauptschmelzwasserabflusses (Leira) ist die äußerste Endmoräne weder doppel-, noch mehrkämmig ausgebildet. Im Vergleich zu anderen Gletschern ist das Moränenmaterial extrem grobblockig, die groben angularen und subangularen Blöcke als ehemaliger supraglazialer Debris anzusprechen. Teilweise vorhandene subgerundete und gerundete Blöcke sind subglazialen Ursprungs bzw. stellen aufgestauchtes präboreales Moränenmaterial dar. Durch die Eisbewegungslinien und die an der westlichen äußeren Gletscherzunge vorhandene Gletscherumrahmung trat während des frührezenten Hochstands vermutlich mehr supraglazialer Debris als im zentralen Zungenabschnitt auf. Die äußere Endmoräne im lateralen Zungenabschnitt besitzt distal eine Höhe von 5 - 8 m, proximal erhebt sie sich dagegen nur 1 - 3 m über die Fläche des Gletschervorfelds. Grund für diese Asymmetrie im Querschnitt ist die proximale Sanderfläche, die sich durch Aufstauungsprozesse an der äußersten Endmoräne auf ein deutlich höheres Niveau als im distalen Areal außerhalb des Vorfelds aufgebaut hat (vgl. ähnliche Treppung am Visbreen). Aufgrund der vermutlich auch während des frührezenten Maximalstands erfolgten Drainage in diesem Abschnitt des Vorfelds sind die ebenen Moränenmaterialflächen zwischen den einzelnen Moränenrücken praktisch frei von Feinmaterial, während sich am aktuellen Schmelzwasserfluß verschiedene Kames bzw. schmale Sanderflächen ausgebildet haben. Den Einfluß glazifluvialer Erosion auf die Feinmaterialarmut der Moränenmaterialflächen zeigt nicht zuletzt die deutlich feinmaterialreichere, mit dem äußersten Endmoränenzug zu korrelierende Lateral- bzw. Laterofrontalmoräne unterhalb einer markanten, das Gletschervorfeld begrenzenden W-E-verlaufenden Geländestufe.

Das Lockermaterial unterhalb der Geländestufe ist genetisch in erster Linie als Hangschutt anzusprechen, selbst wenn eine gewisse glaziale Überformung bzw. Sedimentation auch hier stattgefunden hat. Der kleine proglaziale See an der westlichen Gletscherzunge ist aktuell auf 30 • 100 m Größe angewachsen, der Gletscher seit Beginn dieses Jahrhunderts kontinuierlich im Rückzug. Durch die Flachheit der Gletscherzunge, ihre enorme Breite und das ebene Relief erklären sich die z.T. vorhandenen Unterschiede zu den Vorfeldern anderer Gletscher im Jotunheimen, wobei jedoch die Grundkonfiguration identisch ist.

Im Luftbild wie im Gelände lassen sich am Bøverbreen kaum eindeutige Moränenformen ausweisen. Sogar die Grenze des frührezenten Gletschervorfelds

Abb. 218: Gletschervorfeld und Gletscherzunge des Bøverbre (Aufnahme: 25.08.1994)

ist weit weniger auffällig als an anderen Gletschern im Jotunheimen. ØSTREM, DALE SELVIG & TANDBERG (1988) vermuten eine Niedertaulandschaft vor der Gletscherzunge, wobei sich der Verfasser diesem Schluß nur bedingt anschließen mag, da trotz zahlreicher kleiner proglazialer Seen ein wichtiges Kriterium für die Genese von Niedertaulandschaften an Hochgebirgsgletschern fehlt, nämlich eine starke supraglaziale Debrisbedeckung, die aufgrund der Gletschermorphologie auch während der frührezenten Hochstandsperiode vermutlich nicht aufgetreten ist. Auch eine historische Photographie zeigt um 1900 den Gletscher frei von supraglazialem Debris. Zusätzlich sind in Luftbild wie Gelände sehr wohl einige Moränenfragmente zu entdecken, v.a. in laterofrontaler Position, wogegen im zentralen Vorfeld sich ein großer Sander ausgebreitet hat (s. Abb. 218). Ein Teil der proglazialen Seen hat im undulierenden Mesorelief des Festgesteins seinen Ursprung, wobei generell das präexistente Relief aufgrund der flachen Gletscherzunge große Auswirkungen auf die Ausgestaltung des Gletschervorfelds hat, erkennbar an der großen Häufigkeit von glazialerosiv überformten Festgesteinsarealen.

HARRIS & MATTHEWS (1984) beschreiben Frosthebungsstrukturen vom Bøverbreen (ähnlich dem Storbre). Wie ähnliche Formen am Styggedalsbreen treten an allen drei Gletschern diese Formen innerhalb der äußersten frührezenten Eisrandposition auf, sind also relativ junge Formen, vermutlich nur wenige Dekaden alt. Ebenfalls den Verhältnissen an Styggedals- und Storbreen entsprechend liegen diese Formen unterhalb der Untergrenze diskontinuierlichen Permafrosts (ØDEGÅRD 1993), sind also an saisonale Frostprozesse geknüpft, wie im übrigen auch die außerhalb der Vorfelder von Leirbreen und Bøverbreen auftretenden Erdknospen (s. Abb. 219). Die zumeist einen Block als Kern besitzenden Frostbeulen am Bøverbreen liegen nach HARRIS & MATTHEWS (1984) im Bereich eines komplexen frührezenten Moränenrückens nahe eines proglazialen Moränenstausees rd. 0,5 m (maximal) oberhalb des Seespiegels. Ausreichende Mengen von Bodenfeuchtigkeit sind wie am Styggedalsbreen (s.o.) Grundvoraussetzung für die Bildung dieser Frostbeulen (Erdknospen). Für die Höhenlagen des Gletschervorfelds (um 1375 m) kalkulieren HARRIS & MATTHEWS durchschnittliche Jahrestemperaturen von -2,0°C, was die Genese durch saisonale Frost-Tau-Ereignisse bei nicht auftretendem sporadischen Permafrost ermöglicht. Frostverwitterungsformen im Bereich ehemaliger Seen im Vorfeld des Bøverbre (z.B. dem während der frührezenten Hochstandsphase rd. 75 - 125 Jahre existierenden Bøverbrevatn) untersuchen MATTHEWS, DAWSON & SHAKESBY (1986) und zeigen dabei die bedeutende Wirkungskraft der Frostverwitterung für die Genese der beschriebenen Uferplattformen (SHAKESBY & MATTHEWS (1987) unterstützen diese Hypothese durch rezente Beobachtungen).

Abb. 219: Erdknospen außerhalb der frührezenten Gletschervorfelder von Leir- und Bøverbreen nahe Krossbu; Höhenlage ca. 1250 m (Aufnahme: 25.08.1994)

Das Gletschervorfeld des Sandelvbre, dessen gemessene Gletscherstandsschwankungen Mitte des 20.Jahrhunderts nicht wesentlich von denen der beiden anderen Gletscher abweichen, besitzt im Kontrast zu diesen ein relativ typisch ausgebildetes Vorfeld. An beiden Seiten hat sich eine mächtige Lateralmoräne ausgebildet, die teilweise mehrkämmig ist und morphologisch alpinotypen Formen ähnelt. Im zentralen Vorfeld finden sich sehr gut ausgebildete *glacial flutes* als Zeugnis ununterbrochenen Rückzugs Mitte des 20.Jahrhunderts. Es existieren zusätzlich zahlreiche Endmoränenkämme im äußeren Vorfeld.

7.4.28 Veobreen

Neben den eine komplexe Gletschermorphologie besitzenden Nordre und Søre Veobre befinden sich noch drei andere kleine Kargletscher im Bereich der südwestlich der ausgeprägten Hochebene Skautflya gelegenen Gipfelkette (s. Abb. 220), die sich östlich Søre Veobre bzw. Veotind bis Surtningssui fortsetzt und ihren „alpinen" Charakter v.a. den in NE-Exposition eingetieften, teilweise zusammengesetzten Karen verdankt. Das Akkumulationsgebiet des Veobre ist komplex aus mehreren ineinandergewachsenen Karen zusammengesetzt und wird von mehreren Nunatakkern durchbrochen. Die glaziologische Trennung in Nordre und Søre Veobre erfolgt entlang einer dominanten supraglazialen Medialmoräne, die sich von der Karrückwand etwas südwestlich bis Leirhøi bis zu einer ca. 200 m hohen, nordostexponierten

Abb. 220: Vertikalluftbild Nordre und Søre Veobre; oben Vestre und Østre Styggehøbre zu erkennen; Bildoberkante zeigt nach E ! (Aufnahme: 29.08.1981 - © Fjellanger Widerøe AS [7084/18-2/13])

eisfreien Stufe zwischen den beiden Gletscherteilen erstreckt. Unterhalb dieser Stufe hat sich ein größerer proglazialer See in einer Depression des Gletschervorfelds an der „Nahtstelle" zwischen den Vorfeldern der beiden Teilzungen ausgebildet.

Die supraglaziale Medialmoräne zeigt neben kleineren sich auf der unteren Gletscherzunge bildenden supraglazialen Medialmoränen (AD-2-Typ) den starken Debriszutrag von der Gletscherumrahmung bzw. auch den Nunatakkern an. Am Nordre Veobre ist vor der auf 1650 m endenden Gletscherzunge (Stand 1976 - ØSTREM, DALE SELVIG & TANDBERG 1988) eine größere Fläche mit *glacial flutes* ausgebildet. Die annähernd konzentrische und an einigen Stellen von Schmelzwasserbächen durchbrochene äußere Endmoräne besitzt einen Eiskern (vgl.a. ØSTREM 1961, 1964). Sie ist mehrkämmig ausgebildet, wobei die Anzahl der einzelnen Kämme aber weit geringer als z.B. am Gråsubreen ist (s.u.). Zwischen den den schnellen Rückzug in der Mitte des 20. Jahrhunderts repräsentierenden *glacial flutes* und dem äußeren Endmoränensystem befinden sich neben proglazialen (Moränenstau-)Seen nur einige undeutliche Relikte subsequenter Endmoränen. Aufgrund des ebenen bzw. sogar leicht ansteigenden präexistenten Reliefs und der verglichen zum Søre Veobre geringen Gletschergröße scheint dieses Endmoränensystem keine prä-frührezenten Moränenrelikte zu enthalten, sondern lediglich größere frührezente Vorstöße im 18. bzw. 19. Jahrhundert zu repräsentieren (vgl.a. MCCARROLL 1989a+b, 1991a). Wegen Exposition und Lage oberhalb der auf ca. 1450 - 1500 m gelegenen Untergrenze diskontinuierlichen Permafrosts (ØDEGÅRD 1993) sollte die Erhaltung eines Eiskerns über eine längere Zeit möglich sein.

Der deutlich größere Søre Veobre floß während der frührezenten Hochstandsphase ins obere Veodalen ab und bildete dort ein Gletschervorfeld aus, in dessen Zentrum eine weitläufige Sanderfläche frontal bzw. lateral von zahlreichen End- und Laterofrontalmoränen gesäumt wird, die sich auch in lateraler Position bis ins innere Gletschervorfeld verfolgen lassen (im südlichen Vorfeld bis zu 5 einzelne Lateralmoränenkämme des „Jotunheimen-Typs"). Die End- und Laterofrontalmoränen des äußeren Vorfelds des Søre Veobre besitzen keinen Eiskern. Das äußere Vorfeld ist ferner stark von glazifluvialen Formungsprozessen geprägt. Lediglich im westlichen inneren Vorfeld nahe des Kontakts zum Nordre Veobre-Gletschervorfeld ist ein äußeres Laterofrontalmoränensystem mit einem Eiskern versehen, der allerdings Anzeichen beginnenden Kollabierens zeigt. Während das äußere Vorfeld des Søre Veobre damit typische Züge der Gletschervorfelder des westlichen und zentralen Jotunheim zeigt, d.h. zahlreiche, die frührezenten Wiedervorstöße nach dem Maxialstand repräsentierende eiskernfreie Moränen in frontaler, laterofrontaler und lateraler Position, kann für das Auftreten eines Eiskern in den Endmoränen des Nordre Veobre und der drei westlich liegenden kleinen Kargletscher nicht allein dessen rd. 150 m höhere Lage des frührezenten Gletschervorfelds verantwortlich gemacht werden. V.a. die durch die Gletschergröße bedingten geringeren Vorstoßdistanzen haben großen Anteil an der Genese der zumeist mehrkämmigen Endmoränensysteme, bei denen ein einmal entstandener äußerer Endmoränenwall (speziell wenn er mit einem Eiskern versehen große Mächtigkeit aufweist) als Hindernis selbst geringfügig stärkere nachfolgende Vorstöße

Abb. 221. Eiskern-Moränensystem des Østre Skautbre (Aufnahme: 21.08.1994)

behindert (d.h. Überfahrung bzw. Zerstörung des präexistenten Endmoränenwalls wird kaum auftreten).
Zusätzlich spielt großer supraglazialer Debriszutrag eine Rolle, denn die Endmoränensysteme der beiden westlich gelegenen kleinen Kargletscher Vestre Skautbre bzw. (offiziell nur als Bøvri Nr.6 bezeichnetem) Østre Skautbre (s. Abb. 221) haben sich z.T. aus supraglazialen Medial- und Lateralmoränen entwickelt, ein auch an einigen anderen kleinen Kargletschern im Jotunheimen auftretendes Phänomen. Speziell der die beiden kleinen Kargletscher trennende Eiskern-Moränenrücken hat sich eindeutig aus einer supraglazialen Medialmoräne des *ice-stream interaction model* entwickelt, d.h. aus den supraglazialen Lateralmoränen beider Gletscher, die innerhalb des äußeren Moränensystems proglaziale Seen besitzen. Aufgrund großer Dimension und Kompaktheit der weite Teile des Gletschervorfelds einnehmenden Endmoränensysteme kann die Eingliederung präexistenter prä-frührezenter Moränen in die Eiskern-Endmoränensysteme nicht mit letzter Sicherheit ausgeschlossen werden. Gleiches trifft auch auf das große Endmoränensystem des unterhalb Skauthøi gelegenen, 1976 (ØSTREM, DALE SELVIG & TANDBERG 1988) nurmehr 0,08 km^2 großen Kargletschers der Kennung Bøvri No.4 zu (s. Abb. 220).

7.4.29 Vestre und Østre Grjotbre

Vestre und Østre Grjotbre (s. Fig. 4) sind in ihrer Gletschermorphologie wie der benachbarte Gråsubre durch das spezielle Relief des Massivs von Glittertind gekennzeichnet (s. Abb. 222). Beide Gletscher liegen in zwei langgestreckten, durch den Felsriegel von Trollsteinseggi/Trollstein-Rundhøi abgetrennten, sich nach NW bzw. NE öffnenden Karen, dessen Karrückwände die steile Klippe des langgestreckten Gipfelkamms der Glittertind darstellen. Der auf 1790 m endende Vestre Grjotbre (Stand 1984 - ØSTREM, DALE SELVIG & TANDBERG 1988) biegt unterhalb der Karrückwand nach NW um, während der Østre Grjotbre in seinem unteren Zungenteil durch einen über 2000 m hohen kleinen Gipfel zweigeteilt wird und auf 1710 m endet.

An beiden Gletschern haben sich wie am benachbarten Gråsubreen Eiskernmoränenrücken ausgebildet. Am Vestre Grjotbre befindet sich eine mächtige, mehrkämmige Eiskern-Laterofrontalmoräne an der nordwestlichen Zunge. Sie zeigt allerdings Auflösungserscheinungen, d.h. der Eiskern scheint partiell abzutauen und resultierend der Moränenrücken zu kollabieren. Aufgrund der Höhenlage der Gletscherzunge und den in der Umgebung auftretenden periglazialen Formen sollte die Existenz eines Eiskerns theoretisch allerdings möglich sein (ØDEGÅRD 1993). Außer dem sich in frontaler Position fortsetzenden mehrkämmigen Laterofrontalmoränenrücken existieren an diesem Gletscher keine ausgebildeten Endmoränen. Der v.a. an der unteren Gletscherzunge auftretende supraglaziale Debris wird durch die starke Hangerosion v.a. der nordwestlichen Gletscherumrahmung, die tiefeingeschnittene Erosionskerben zeigt, verursacht. Die einseitige Ausbildung o.e. Laterofrontalmoräne kann direkt mit unterschiedlichem Debriszutrag in Verbindung gebracht werden. Blockgletscherartige Hangschuttloben im nördlich des Vestre Grjotbre gelegenen, langgestreckten Kar (Smiugjelholet), die embryonalen Blockgletschern sensu BARSCH (1971, 1988, 1993) entsprechen, zeigen wie die Eiskernmoränen der benachbarten Gletscher und periglaziale Formen außerhalb der Gletschervorfelder die Existenz diskontinuierlichen Permafrosts in diesem Gipfelmassiv des nordöstlichen Jotunheim an. Das Klima ermöglicht in diesem Gebirgsteil den Erhalt von Eiskernen in frührezenten (oder holozänen; vgl. Gråsubreen) Endmoränen, wogegen sich Eiskerne in den (niedriger gelegenen) Endmoränen im westlichen und zentralen Jotunheimen (s.o.) i.d.R. nicht erhalten und auftretende periglaziale Kleinformen durch saisonale Frostprozesse ohne Auftreten diskontinuierlichen Permafrosts entstehen.

Die äußerste Endmoräne des Østre Grjotbre muß in zwei Teile aufgegliedert werden, verursacht durch o.e. Berggipfel, der in Gletscherhochstandsphasen ein Nunatak dargestellt hat. Im westlichen wie östlichen Abschnitt dieses äußeren Eiskern-Endmoränensystems sind verschiedene einzelne Moränenrücken ineinander verschachtelt (im westlichen Abschnitt bis zu 8 Einzelrücken). Innerhalb des Eiskern-Endmoränenkomplexes haben sich zahlreiche Sölle entwickelt, die ein mögliches allmähliches

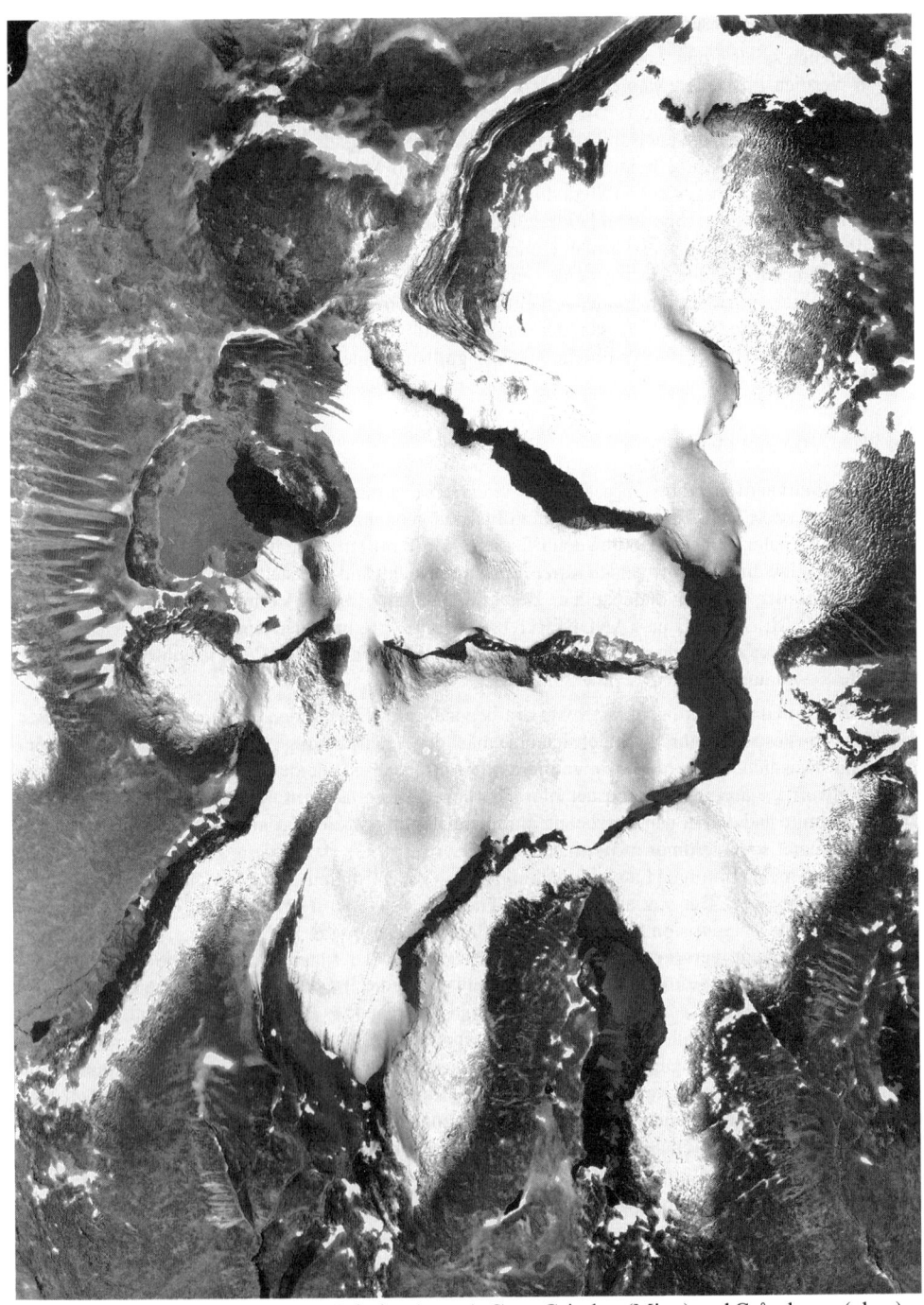

Abb. 222: Vertikalluftbild Vestre Grjotbre (unten), Østre Grjotbre (Mitte) und Gråsubreen (oben); Bildoberkante zeigt nach E ! (Aufnahme: 29.08.1981 - © Fjellanger Widerøe AS [7084/18-3/14])

Kollabieren durch Abtauen des Eiskerns indizieren, wobei der proximal des westlichen Endmoränenabschnitts gelegene proglaziale Moränenstausee, in den der Gletscher noch 1984 kalbte und der alle möglichen subsequenten Endmoränenbildungen mit Ausnahme eines Relikts am westlichen Ufer be-/verhinderte oder postsedimentär überflutete, als Faktor beim Kollabieren der Endmoräne mitberücksichtigt werden muß. Distal wird der westliche Moränenkomplex durch einen größeren Schmelzwasserabfluß (z.T. mit eingegliederten, langgestreckten kleinen Seen) bzw. starke Hangerosionstätigkeit des Südhangs des gegenüberliegenden Massivs von Gråhø und Steinhø überformt. Dieser, mehrere 100 m steile Hang bildete zugleich die reliefgegebene Grenze eines möglichen Gletschervorstoßes des Østre Grjotbre und ist damit z.T. mitverantwortlich für die verschachtelte Ausbildung des Endmoränensystems, welches der Anzahl der einzelnen Moränenrücken nach analog zu den Verhältnissen am benachbarten Gråsubreen vermutlich nicht nur während der frührezenten Gletscherhochstandsphase aufgebaut wurde, sondern zumindest in seiner Grundanlage älter ist (s.a. MATTHEWS & SHAKESBY 1984, MCCARROLL 1991a etc.).

Vor der östlichen unteren Gletscherzunge sind sehr gut entwickelte *glacial flutes* ausgebildet, Zeichen eines ununterbrochenen Rückzugs in weiten Teilen des 20.Jahrhunderts. Das Endmoränensystem vor diesem Zungenabschnitt ist ebenfalls durch partielles Niedertauen von Eiskernen gekennzeichnet. Das breite und komplexe Endmoränensystem mit seinen einzelnen Kämmen im zentralen Bereich zeichnet die Eisbewegungslinien (ehemalige supraglaziale Medialmoränen) ebenso nach wie die eigentliche Gletscherfront (in End- und Laterofrontalmoränenkämmen). Während der frührezenten Hochstandsphase wurde o.e. Nunatak im übrigen vom Gletscher umflossen, so daß sich in seinem dem Gletscher zugewandten Bereich eine Gabelmoräne mit 2 bis 3 einzelnen Kämmen entwickeln konnte. Die Moränen sind durch Ablagerung supraglazialen Moränenmaterials und abgedrängten bzw. über kurze Distanz transportierten Hangschutt des Nunataks selbst aufgebaut worden. Die auf dem Gipfelplateau des Nunataks entwickelten Frostmusterformen zeugen davon, daß es im Holozän nicht vom Gletscher überformt wurde.

Die an beiden Gletschern auftretenden Eiskernmoränensysteme sind jeweils während mehrerer Vorstöße aufgebaut worden, vermutlich auch im Verlauf prä-frührezenter Hochstandsphasen. Lediglich die Anzeichen des partiellen Kollabierens durch Abtauen des Eiskerns lassen an der Schlußfolgerung, daß es sich hier wie am Gråsubreen um während der letzten Jahrtausende des Holozän aufgebaute Formen handelt, Zweifel aufkommen. Unbestritten ist jedoch, u.a. aufgrund der auftretenden Gabelmoräne am Østre Grjotbre, daß *dumping* supraglazialen Moränenmaterials auch an der Genese der Eiskernmoränensysteme Anteil hat, in Kombination mit Aufstauchungsprozessen (sensu lato).

7.4.30 Gråsubreen

Der sich im glaziologischen Sinne aus zwei Teilen zusammensetzende Gråsubre (ØSTREM, DALE SELVIG & TANDBERG 1988) weist aufgrund etwas ungewöhnlicher Reliefsituation eine spezielle Gletschermorphologie auf, die glaziale Dynamik und Gletscherstandsschwankungsverhalten entscheidend mitbeeinflußt. Die Gletscherzunge fließt aus einem nur in der steilen Rückwand gut ausgebildeten Kar am östlichen Ende des langgestreckten Kamms von Glittertind über deren ca. 6 - 7° steile nordöstliche bzw. östliche Flanke von Glittertind ab, wobei die außergewöhnlich breit ausgebildete Gletscherzunge morphologisch kaum als solche bezeichnet werden kann (s. Abb. 222). Der Gråsubre ist v.a. durch einen mächtigen Eiskern-Endmoränenkomplex des größeren, westlichen Gletscherteils (Vestre Gåsubre) gekennzeichnet, der bereits von ØSTREM (1961, 1964) eingehend untersucht wurde.

Der im Jotunheim bzw. Südnorwegen unter den vereinzelt auftretenden Eiskernmoränen einzigartige Endmoränenkomplex verdankt seine Entstehung zwar z.T. dem ungewöhnlichen Relief des nur sanft abfallenden Flankenbereichs der Glittertind, ist aber zweifellos nicht allein das Resultat frührezenter Gletschervorstöße. Die vielkämmige Eiskern-Endmoräne ist während des (mittleren und jüngeren) Holozän sukzessive durch zahlreiche Gletschervorstöße aufgebaut worden, was ØSTREM (1964) durch entsprechende Datierungen eindeutig belegt und MATTHEWS & SHAKESBY (1984) bzw.

MCCARROLL (1991a) mit lichenometrischen und Schmidt-Hammer-Messungen bestätigen. Der Verfasser hält jedoch aufgrund gewisser methodischer Problematiken die ursprünglich von ØSTREM auf 6.600 BP angesetzte (erste) Bildungsphase des äußeren Einzelkamms für etwas zu alt, u.a. auch aufgrund der jüngsten Untersuchungsergebnisse über den generellen Klimaverlauf des Holozän in Südnorwegen, die eine Bildung ab ca. 5.500/5.000 BP logischer erscheinen lassen (vgl. 4.3).

Der Eiskern-Endmoränenkomplex verfügt über bis zu 12 einzelne Kammabschnitte, die schuppenartig im Zuge der einzelnen Vorstöße aufgetaucht wurden. Die präexistenten Endmoränen fungierten dabei jeweils als wirksame Hindernisse und verhinderten einen weiteren Vorstoß des Gletschers, da die flache Gletscherzunge nicht in der Lage war, die präexistenten mächtigen Endmoränen im Zuge dieser Vorstöße gänzlich zu überfahren oder zerstören. Die Tatsache, daß im westlichen Bereich des Endmoränenkomplexes eine größere Anzahl von Einzelkämmen als an deren östlichen Teil ausgebildet ist, deutet darauf hin, daß im östlichen Endmoränenabschnitt zumindest einzelne proximale, kleinere Endmoränenzüge überfahren worden sein könnten, was wiederum auf eine mögliche Verlagerung der Haupteisbewegungslinie während der holozänen und frührezenten Gletschervorstöße nach E schließen läßt (evtl. durch fortschreitende Modifikation des Gletscherbetts verursacht). Die einzelnen Kämme des Eiskern-Endmoränensystems sind an einigen Stellen im übrigen von Schmelzwasserflüssen durchbrochen worden.

ØSTREM (1964) stellte unzweifelhaft fest, daß es sich bei dem Eis der Endmoräne um Gletschereis, nicht etwa um neugebildetes „Permafrosteis" handelt. Die schuppenförmige Anlagerung subsequenter Endmoränenrücken an den bestehenden Moränenkomplex legt ferner eine Aufstauchung als genetischem Formungsprozeß nahe. Die asymmetrische Ausbildung des Endmoränenkomplexes wird neben differenter glazialer Dynamik auch durch unterschiedlichen Debriszutrag mitverursacht, denn während an der westlichen Gletscherflanke vom den Gråsubre vom westlich gelegenen Østre Grjotbreen trennenden Felsrücken Hang-/Verwitterungsschutt auf die Gletscheroberfläche gelangen kann und sich eine in das Endmoränensystem übergehende Lateralmoräne ausgebildet hat, fehlt die Möglichkeit eines solchen Debriszutrags im östlichen Gletscherteil. Durch die sehr hohe Lage der Gletscherzunge (1830 m beim Vestre Gråsubre - Stand 1984) konnte sich der Eiskern der Endmoräne unter der isolierenden Moränenmaterialdecke erhalten, wobei die Existenz von Frostmusterböden außerhalb des Gletschervorfelds die Existenz von diskontinuierlichem Permafrost in dieser Höhenlage zusätzlich bestätigt (vgl. ØDEGÅRD 1993).

Aufgrund der vergleichsweise geringen Größe des Gråsubre und der aus dem Eiskern resultierenden großen Mächtigkeit der präexistenten Endmoränen darf aus der Tatsache, daß der äußerste Endmoränenkamm aus dem mittleren Holozän stammt, nicht geschlossen werden, daß alle nachfolgenden Gletschervorstöße geringer ausgefallen sind. Wie an kleinen Karglestschern verbreitet zeigt sich am Gråsubreen lediglich das Phänomen, daß eine einmal existente Endmoräne kaum mehr überfahren werden kann, speziell nicht bei flacher Gletscherzunge und durch (in diesem Fall durch die Lage im nordöstlichen Jotunheimen) limitierter glazialer Dynamik durch limitierten Massenumsatz und begrenzter Gletschergröße. Gerade die Tatsache, daß im östlichen Teilabschnitt der Eiskern-Endmoräne einige proximale Endmoränenkämme in jüngerer Zeit (vermutlich während des frührezenten Maximalvorstoßes) überfahren worden sein könnten, deutet darauf hin. Aufgrund des flachen Reliefs im Areal der Eiskern-Endmoräne erscheint eine Ansprache als blockgletscherartige Form sensu BARSCH (1993) wenig plausibel und steht u.a., berücksichtigt man die Datierungen von ØSTREM (1964), auch in Widerspruch zur Gletscherstandsschwankungsgeschichte.

7.4.31 Vestre und Østre Nautgardsbre

Vestre und Østre Nautgardsbre sind typische Karglestscher im nordöstlichen Jotunheimen (östlich Glittertind bzw. Veodalen gelegen). Die beiden benachbarten, nordexponierten Kare sind in ein als Relikt der präglazialen Landoberfläche zu interpretierendes Gipfelmassiv hineinerodiert, das erst durch die

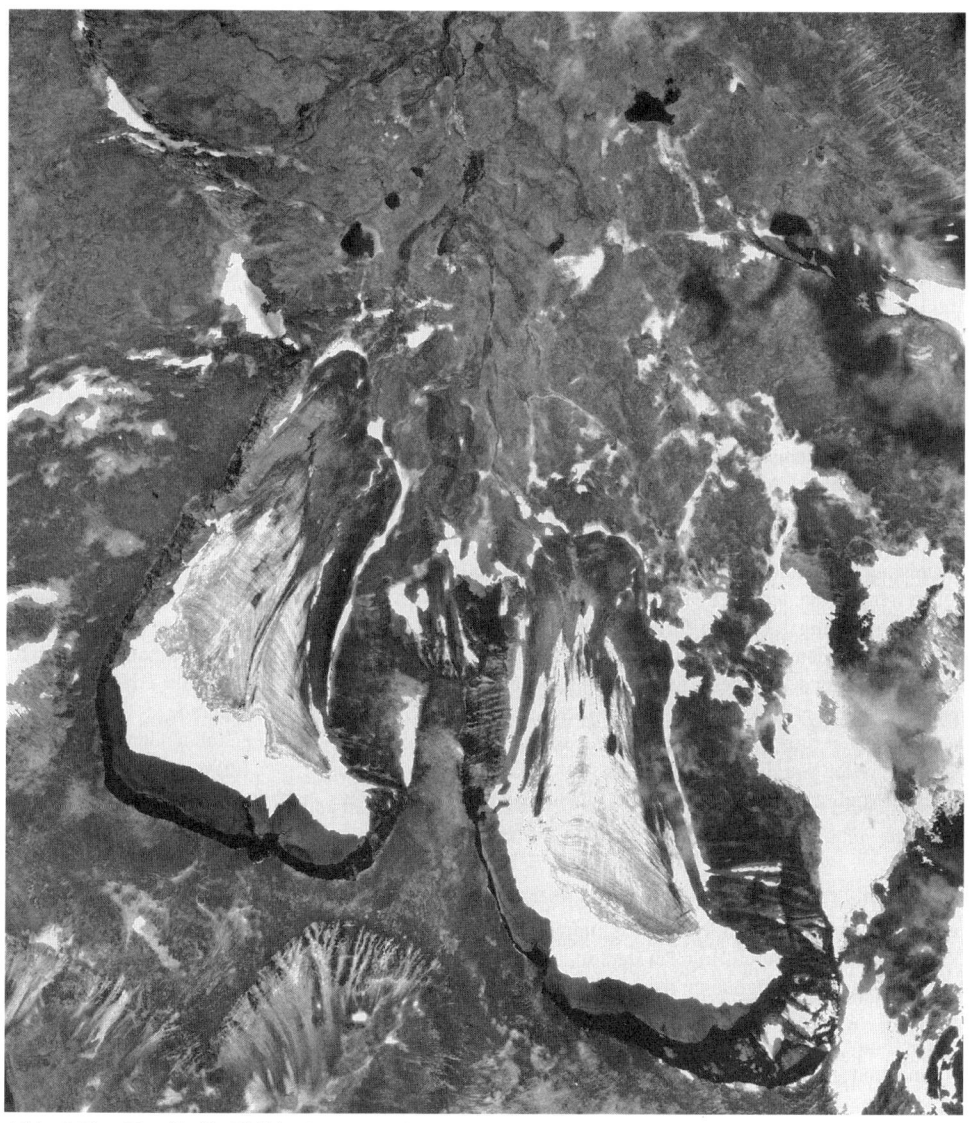

Abb. 223: Vertikalluftbild Vestre und Østre Nautgardsbre; Luftbild eingenordet (Aufnahme: 21.07.1966 - © Fjellanger Widerøe AS [1834/B21])

beiden o.e. Kare bzw. zwei zusammengewachsene Kare an der Südseite (Tjørnholet) im Zuge v.a. pleistozäner glazialer Erosion zu einem zugeschärften Grat (Nautgardsoksli) bzw. alpinen Gipfel gelangte (Naugtgardstind mit 2258 m; s. Abb. 223). Die beiden Kargletscher endeten 1976 auf 1670 bzw. 1730 m (ØSTREM, DALE SELVIG & TANDBERG 1988) und wiesen Flächen von 0,77 bzw. 0,65 km^2 auf.

Als Resultat der hohen Lage der Kargletscher, übersteilten Karrückwänden mit effektiven Frostverwitterungsprozessen und den aufgrund der Gletschergröße zu folgernden vergleichsweise geringen frührezenten Gletschervorstößen haben sich an beiden Gletschern mächtige Eiskern-Endmoränenkomplexe ausgebildet, jeder mit mehreren einzelnen Kämmen und Fortsetzung in laterofrontaler bzw. lateraler Position (s. Abb. 223). Der Übergang zwischen Endmoränenkomplex und Gletscher ist fließend, die Grenze zwischen (tot-)eisunterlagertem Gletschervorfeld (an beiden Gletschern durch *glacial flutes* geprägt) und den mit supraglazialem Debris bedeckten unteren Gletscherzungen ist zumindest im Luftbild nicht genau auszumachen. Frostmusterböden auf den flacheren Gipfelflächen bzw. Flanken des Gipfelmassivs (neben ausgedehnten Nivationsterrassen) deuten zusätzlich zur Höhenlage der Gletscherzungen darauf hin, daß das Klima den Erhalt der Eiskerne (deren Neubildung ?) in den Endmoränenkomplexen auch über eine längere Periode, d.h. zumindest seit dem frührezenten Maximum (über das im übrigen keinerlei Untersuchungsergebnisse vorliegen), ermöglicht (vgl. ØSTREM 1964, ØDEGÅRD 1993)

Beide Gletscher weisen neben dispersem supraglazialen Debris, der die äußeren Zungenbereiche gänzlich bedeckt, zahlreiche supraglaziale Medialmoränen auf. Neben subglazialen Felshindernissen werden diese Medialmoränen v.a. von Hang-/Verwitterungsschutt der Karrrückwände aufgebaut, der in die Gletscherrandklüfte gelangt und über kurze Distanz englazial (*high-level*) transportiert wird, bevor er unterhalb der Gleichgewichtslinie sukzessive wieder auftaut und o.e. Medialmoränen bildet (Supraglaziale Medialmoränen des AD-2- oder AD-3-Typs). Die Mächtigkeit der Eiskern-Endmoränensysteme steht zur aktuellen Gletschergröße in gewissem Kontrast, so daß eine Voranlage in prä-frührezenten Endmoränen dem Verfasser durchaus möglich erscheint, zumal gerade an kleineren Kargletschern im nordöstlichen Jotunheimen bedeutende prä-frührezente holozäne Gletschervorstöße aufgetreten sein sollen und z.T. belegt werden konnten (MATTHEWS & SHAKESBY 1984, MCCARROLL 1991a etc.; vgl. 4.3). Damit wären die mächtigen Eiskern-Endmoränen evtl. ein Produkt mehrerer Gletschervorstöße im (jüngeren ?) Holozän, auf jeden Fall in ihrer Genese aber durch Gletschermorphologie, Relief und Klima determiniert. Durch die bereits betonte Effektivität präexistenter Endmoränen als wirkungsvolle Hindernisse für nachfolgende Vorstöße erscheint der Erhalt prä-frührezenter Endmoränen gerade an kleinen und hochgelegenen Kargletschern des östlichen Jotunheimen möglich. In diesen Fällen tendieren Gletscher zur Ablagerung von Endmoränen an die proximale Flanke eines präexistenten Endmoränensystems bzw. deren (partieller) Aufstauchung (vgl. Gråsubreen; s. Beispiele aus Nordskandinavien bei ØSTREM 1964).

7.4.32 Andere Gletscher des Jotunheim im Überblick

Die an den o.e. Gletschern festgestellte unterschiedliche Konfiguration der glazialmorphologischen Formenelemente im frührezenten Gletschervorfeld läßt sich unter Berücksichtigung lokaler Einflußfaktoren (z.B. Relief, Gletschermorphologie) auch an anderen, hier nicht näher besprochenen Gletschern im Jotunheimen beobachten. Ein aufgrund weiter Verbreitung als typisch anzusprechender Unterschied zwischen Gletschern innerhalb des Jotunheim bezüglich ihrer Konfiguration der Gletschervorfelder ist unter Berücksichtigung differenter Gletschermorphologie, Gletschergröße und dem Relief weitgehend klimadeterminiert. Gletschervorfelder mit zahlreichen End-, Laterofrontal- und Lateralmoränen (z.T. fragmentierte Moränenkränze bildend) von jeweils begrenzter Mächtigkeit und selten mehr als einigen Metern Höhe sind v.a. an den größeren, vergleichsweise niedrig gelegenen Gletschern im westlichen und zentralen Jotunheimen zu finden (z.B. Styggedalsbreen, Storbreen, Visbreen). Mächtige komplexe Eiskernmoränensysteme prägen im Kontrast dazu die meist kleineren und stets hochgelegenen Gletscher im östlichen Jotunheimen (z.B. Nautgardsbreane, Gråsubreen). Grundvoraussetzung für die Ausbildung von Eiskernmoränensystemen ist selbstverständlich das Klima, welches die Erhaltung von Eiskernen (i.d.R. Gletschertoteis) in den Stauchendmoränen ermöglicht. Die damit entstandenen Eiskernmoränen sind für zukünftige Gletschervorstöße wirksame Hindernisse, speziell an kleineren Kargletschern mit limitierter glazialer Dynamik (bei zusätzlich zu berücksichtigendem geringen Massenumsatz) und hohem Debriszutrag durch starke Frostverwitterungsprozesse. Die daraus resultierenden mächtigen supraglazialen Medial- und Lateralmoränen bedeckten bisweilen die gesamte Gletscheroberfläche und können kontinuierlich in die (tot-)eisunterlagerten Moränenmaterialablagerungen des inneren Gletschervorfelds übergehen.

An einigen Gletschern südlich Surtningssua bzw. Blåbreen im östlichen Jotunheimen (am nordwestlichen Russvatnet; vgl. Fig. 4) zeigt sich der durch die Gletschermorphologie bedingte Kontrast besonders deutlich. Während ein 2,41 km^2 großer auf 1600 m endender kleiner Talgletscher (Kennung Sjoa 44; ØSTREM, DALE SELVIG & TANDBERG 1988) ein Gletschervorfeld mit typischen (alpinotypen) Lateral- und Endmoränen aufgebaut hat, zeigen die ihm benachbarten kleinen Kargletscher (Kennungsnummern Sjoa 39,41,42,43; Gletscherflächen zwischen 0,10 und 0,61 km^2 bei Höhenlagen der Gletscherzunge von 1840 - 1950 m) neben einer starken Bedeckung mit supraglazialem Debris typische Eiskern-Endmoränensysteme, Zeugnis begrenzter glazialer Dynamik mit aus der Gletschergröße resultierenden geringeren Vorstoßdistanzen während der frührezenten Gletscherhochstandsphase. Speziell an den kleinen Kargletschern des östlichen Jotunheim mit ihren Eiskernmoränensystemem besteht lt. MATTHEWS & SHAKESBY (1984) die theoretische Möglichkeit der Eingliederung prä-frührezenter Moränenrelikte in diese Endmoränensysteme. Während im westlichen und zentralen Jotunheimen selbst die doppelten äußersten Endmoränen als eindeutig frührezente Formen gelten müssen (s.o.; vgl.a. MCCARROLL 1991a etc.), gehen MATTHEWS & SHAKESBY an Gråsubreen, Østre Grjotbre, Nautgardsbreane (s.o.) und Besshøbreen von der Möglichkeit der Existenz prä-frührezenter Moränen aus, wobei der Verfasser diese Möglichkeit auch auf einige bis dato nicht untersuchte hochgelegene Kargletscher ausdehnen möchte. Nicht zuletzt aufgrund des starker Debriszutrags und des speziellen Sedimentationsmilieus ist aber eine Ausweisung solcher prä-frührezenter Moränen schwierig, da z.B. die Möglichkeit der Eingliederung von Blöcken mit überlebenden Flechten in die supraglazialen Medialmoränen ebenso wie eine Überformung der Endmoränen durch periglaziale Massenbewegung besteht, wobei der Verfasser jedoch die Mehrzahl der Eiskern-Endmoränen im Gegensatz zur Ansicht von BARSCH (1993; pers.Komm.) mehrkämmigen, keinen periglazialen Massenbewegungen unterworfenen Eiskernmoränenkomplexen entsprechen, also nicht etwa initialen Blockgletschern (s.a. ØSTREM 1961,1964,1971, BARSCH 1971 etc.). Der glazialdynamische Einfluß dieser Eiskern-Endmoränenkomplexe ist besonders bei einer Beurteilung des frührezenten Gletschervorstoßverhaltens zu beachten, da durch die Wirkung als Barriere an diesen Gletschern selbst geringfügig stärkere Gletschervorstöße nicht in der Lage sind, die präexistenten Moränen zu überfahren. Neben einem tatsächlich möglicherweise vorhandenen differenten Gletscherstandsschwankungsverhalten der Gletscher des östlichen Jotunheim während des (jüngeren) Holozän (induziert durch differente klimatische Rahmenbedingungen und differente Glaziologie) beeinflußt auch Permafrost (durch Erhaltung o.e. Eiskernmoränen) die Ausbildung frührezenter Gletschervorfelder (vgl. ØDEGÅRD 1993). U.a. aus diesem Grund unterscheiden MATTHEWS & SHAKESBY zwischen *low-altitude* und *high-altitude* Gletschervorfeldern im Jotunheimen.

Neben den bereits angesprochenen Lateralmoränen des Jotunheimen-Typs (an vergleichsweise niedrig gelegenen Gletschern mit verhälnismäßig weiten, flachgeneigten Gletschervorfeldern; z.B. Storbreen oder Styggedalsbreen), Lateralmoränen eines (eingeschränkt als solchen zu klassifizierenden) alpinen Typs (an Gletschern mit starkem Debriszutrag und steileren Talflanken; z.B. Bukkeholsbreen), lateralen Erosionskanten (an Gletschern mit steilen Talflanken in Lockermaterial bzw. starker Hangerosion; z.B. Storgjuvbreen oder Hellstugubreen) und Eiskern-Lateralmoränen (an Gletschern mit starkem Debriszutrag und einer die Erhaltung des Eiskerns garantierenden Höhenlage; z.B. Nordre Illåbre oder Styggehøbreen) treten in Abhängigkeit v.a. von besonderen Reliefverhältnissen zusätzlich einige Sonderformen von Lateralmoränen im Jotunheimen auf. So fächert sich z.B. die in ihrem oberen Abschnitt einkämmige östliche Lateralmoräne des Svellnosbre (südliches Gladhøpiggenmassiv; s. Abb. 224) im unteren Abschnitt in zahlreiche subsequente Laterofrontal-/Lateralmoränen auf, Ergebnis stärkerer lateraler Eisrandfluktuationen in diesem Abschnitt (vgl. interessante Analogie zum Rofenkarferner/Rofental). Am Svellnosbreen ist wie an anderen Gletschern des Jotunheim eine Asymmetrie in der Ausbildung der beiden Lateralmoränen vorhanden, wobei v.a. unterschiedlich starker Debriszutrag dafür verantwortlich gemacht werden muß. Damit in Beziehung steht u.a. auch das reliefdeterminierte häufige Auftreten von supraglazialen Medial- und Lateralmoränen an beinahe allen untersuchten Jotunheimenglet-

Abb. 224: Svellnosbreen; man beachte die aufgefächerte östliche Lateralmoräne (Aufnahme: 23.08.1994)

schern, die zu einer stärkerer Berücksichtigung des *dumping* supraglazialen Debris und damit verknüpften Formenelementen zwingen. Supraglaziale Lateralmoränen unterhalb Talhängen mit starker Hangerosion finden sich an verschiedenen Gletschern (z.B. Hellstugubreen, Storgjuvbreen; s.o.), wobei alle unterschiedlichen Typen supraglazialer Moränen vertreten sind.

Reliefeinfluß auf die Ausbildung frührezenter Gletschervorfelder zeigt sich u.a. am Styggebreen nördlich Galdhøpiggen, wo eine etwas untypische einkämmige (Eiskern(?)-)Lateralmoräne die Grenze frührezenter Eisausdehnung auf dem ebenen Hochplateau der Juvflya markiert und erst im Bereich des Talknicks/Übergangs zum Talhang des Visdal von einer lateralen Erosionskante abgelöst wird. Das äußere Gletschervorfeld auf dem westlichen Talhang des Visdal zeigt im übrigen starke Überformung durch glazialfluviale Erosionsprozesse mit resultierender Fragmentierung der Moränenkränze.

Eine unterschiedliche Ausprägung der Gletschervorfelder unmittelbar benachbarter, gleichgroßer und gleichexponierter Gletscher ist an Austre und Vestre Memurubre zu beobachten. Der Austre Memurubre verfügt über bedeutende supraglaziale Medialmoränen, die sich durch einen mächtigen Eiskern als hohe Moränenrücken über die Gletscheroberfläche erheben. Auch jenseits des Eisrands erhält sich der Eiskern über eine gewisse Zeit, bevor er niedertaut und eine durch zahllose kleine Kuppen mit zwischengelagerten Depressionen gestaltete kleinflächige Niedertaulandschaft entsteht (s. ERIKSTAD & SOLLID 1990; s.a. Abb. 225). Im gesamten östlichen Gletschervorfeld befinden sich als *streamlined moraines* zu bezeichnende, eisbewegungsparallele Strukturen, wogegen vor der zentralen Gletscherzunge sich ein großflächiges Areal mit *glacial flutes* entwickelt hat, Zeugnis des kontinuierlichen Gletscherrückzugs seit Beginn dieses Jahrhunderts. *Glacial flutes* sind im übrigen weitverbreitete Formenelemente im Jotunheimen (z.B. auch am Søre Høgvaglbre; s. ERIKSTAD & SOLLID 1986), in dem bis auf wenige Ausnahmen zuletzt in den 1920er Jahren Vorstoßtendenzen aufgetreten sind. Die Abwesenheit von Wiedervorstößen sowie das durch den geringen Massenumsatz erklärbare seltene Auftreten größerer Wintervorstöße steht mit der guten Entwicklung der *glacial fluted moraine surfaces* in Zusammenhang. Das Moränensystem des Vestre Memurubre ist von anderer Konfiguration als das des Austre Memurubre, wobei Letztgenannter auch keine derart ausgeprägten supraglazialen Medialmoränen besitzt. Ein vielkämmiges und lichenometrisch datiertes System von End- und Laterofrontalmoränen (mit durch die Morphologie der Gletscherzunge verursachtem W-förmigen Grundriß) zeigt den von verschiedenen Wiedervorstößen unterbrochenen Rückzug von der maximalen frührezenten Gletscherposition an, wobei die äußerste Endmoräne (auf Ende des 18.Jahrhunderts datiert) wie an verschiedenen anderen Gletschern mehrkämmig ausgebildet ist.

Auf die zahlreichen lokalen Besonderheiten bei der Ausbildung der Gletschervorfelder im Jotunheimen einzugehen, würde den Rahmen dieser Arbeit bei weitem sprengen. Es ist nach Ansicht des Verfassers auch nicht zwingend notwendig, da diese Besonderheiten, z.B. die 17 *jökullhlaups* am Mjølkedalsbreen, verursacht durch subglaziale Drainage vom eisgedämmten Øvre Mjølkedalsvatnet im

Zeitraum 1855 bis 1937 (SHAKESBY 1985), mit Hilfe der vorgestellten Einflußfaktoren Relief, Gletschermorphologie, Gletscherstandsschwankungsverhalten, Klimarahmenbedingungen etc. erklärt werden können und die an den anderen Gletschern auftretenden Formenelemente in lokaler Variation auch an jenen auf den ersten Blick „untypischen" Gletschern ausgewiesen werden können, wenn auch mit gewissen Modifikationen. Dies gilt im übrigen auch für die die frührezenten Gletschervorfelder überformenden Prozesse z.B. des periglazialen Formungsbereichs (vgl. BALLENTYNE & MATTHEWS 1982, ØDEGÅRD 1993).

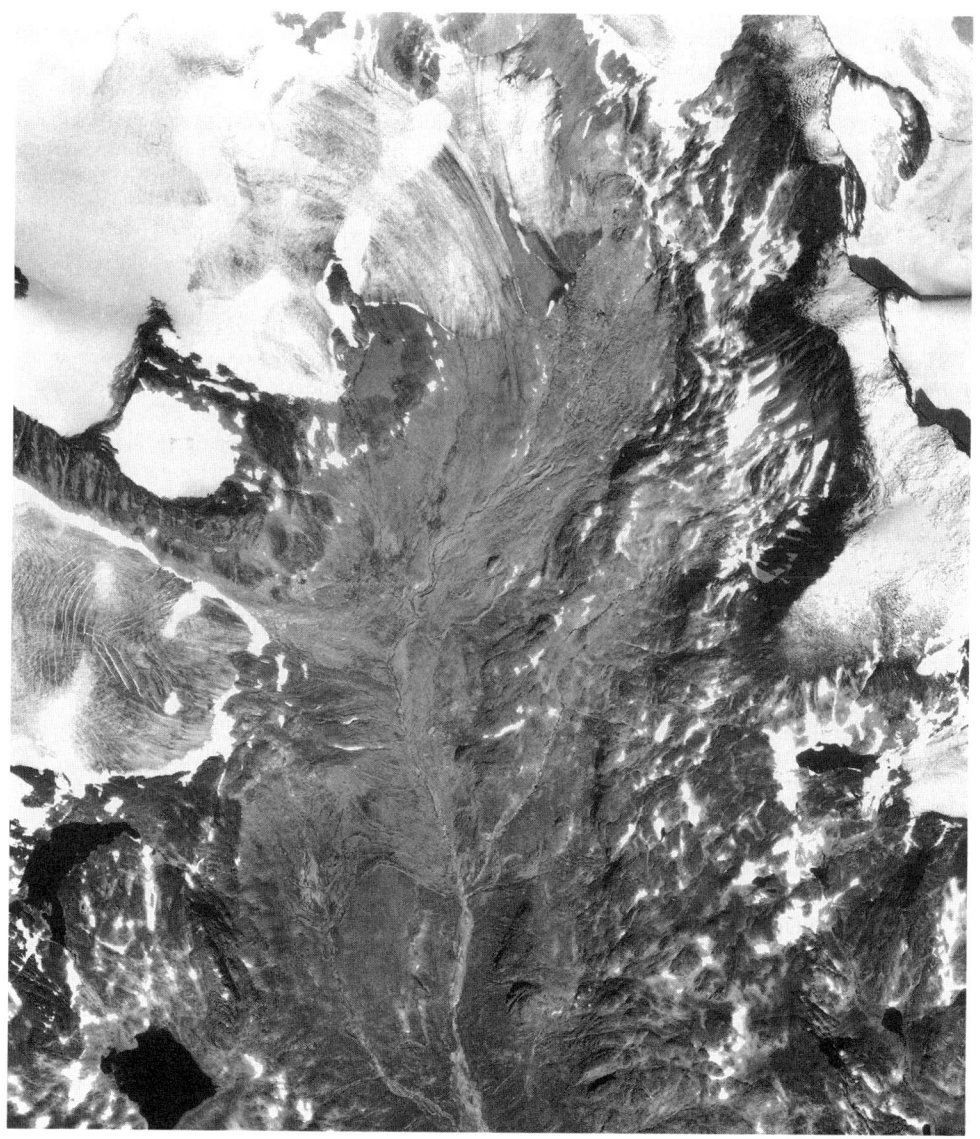

Abb. 225: Vertikalluftbild der Gletschervorfelder von Austre (oben) und Vestre Memurubre (links); Luftbild eingenordet (Aufnahme: 29.08.1981 - © Fjellanger Widerøe AS [7084/18-1/14])

8 ZUSAMMENFASSUNG UND SCHLUSSFOLGERUNGEN

8.1 VORBEMERKUNG

In den vorangegangenen Kapiteln wurden u.a. die Einflußfaktoren aufgezeigt, die bei Interpretation von Gletscherstandsschwankungsverhalten, Massenbilanzdaten bzw. des Formenschatzes der frührezenten Gletschervorfelder zu beachten sind. Zielsetzung war dabei, basierend auf regionalen detaillierten Untersuchungen verallgemeinerbare Schlußfolgerungen zu ziehen, um auf solider empirischer Grundlage voreilige Generalisierungen zu vermeiden und stattdessen dem Trend zur allgemeinen Globalisierung bzw. Simplifizierung komplexer Faktorengefüge bewußt entgegensteuern zu können. Trotz Beschränkung auf zwei Hauptuntersuchungsgebiete mit im Falle West-/Zentralnorwegens zusätzlicher Möglichkeit regionaler Differenzierung konnte diese Zielvorgabe nach Ansicht des Verfassers verwirklicht werden. Daß sich die Palette zu berücksichtigender Einflußfaktoren bzw. Anzahl verallgemeinerbarer Schlußfolgerungen bei Einbeziehung zusätzlicher Gletscherregionen (auch anderer Klimazonen) vergrößern würde, bedarf keiner Diskussion. Schon allein anhand der beiden hier untersuchten Gletscherregionen zeigt sich jedoch die Komplexität und Vielschichtigkeit der aufgeworfenen Fragestellungen. Eine Einbeziehung zusätzlicher Gletscherregionen muß daher weiterführenden Studien in der Zukunft vorbehalten bleiben.

Allein aus der Aufgabenstellung heraus ergibt sich, daß die nachfolgenden zusammenfassenden Schlußfolgerungen keinen Anspruch auf globale Vollständigkeit erheben. Dies ist nach Ansicht des Verfassers speziell im Fall der starken lokalen und regionalen Einflußfaktoren unterworfenen Hochgebirgsgletscher als Studienobjekte sowieso ein praktisch unmögliches und zumindest partiell zu den realen Verhältnissen erheblich kontrastierendes Unterfangen. Um die Lesbarkeit der Schlußfolgerungen nicht zu beeinträchtigen, werden Quer- bzw. Literaturverweise auf das notwendige Mindestmaß beschränkt. Die nachfolgenden zusammenfassenden Schlußfolgerungen sind ferner in thematische Abschnitte gegliedert. Ein kurzes Resümee der aufgeworfenen Frage nach einer Eignung von Gletschern als Klimazeugen erfolgt abschließend in 9.

Der Verfasser legt hohes Gewicht auf die Grundlagen der Interpretation von Gletscherstandsschwankungs- und Massenhaushaltsdaten bzw. der Morphologie frührezenter Gletschervorfelder. Weiterführende Simulationen würden nicht nur die Aufgabenstellung um ein akzeptables Maß überschreiten, es erscheint ferner notwendig, aufgrund der beinahe inflationär ansteigenden Anzahl vorliegender Modellkalkulationen bzw. Simulationen zu in dieser Arbeit behandelten Fragestellungen mit den hier vorliegenden Ergebnissen der regionalen Untersuchungen eine solide Basis für kritische Überprüfungen deren Ansätze und verwendeten Input-Daten zu ermöglichen, denn dies wird nicht selten zugunsten sorgfältiger statistischer Durchführung bzw. exakter Darstellung der Ergebnisse vernachlässigt. Die regionalen Untersuchungsergebnisse müssen ihrerseits als Hinweise für zukünftig durchzuführende Studien zur Beziehung Klima - Gletscher (- Gletschervorfeld) betrachtet werden.

8.2 FRÜHREZENTE GLETSCHERSTANDSSCHWANKUNGEN - MAGNITUDE UND CHRONOLOGIE

Selbst wenn die weitverbreitete Ansprache der frührezenten Gletscherhochstandsperiode als „Kleine Eiszeit" bzw. *„Little Ice Age"* einen dahingehenden Eindruck erweckt, die Vorstellung einer globalen, einheitlichen Phase kälterer Klimabedingungen mit resultierenden Gletschervorstößen ist zu revidieren. Bei Verlassen der Ebene grober temporärer und regionaler Auflösung in Kopplung mit generalisierender Charakterisierung von Gletscherhochständen zeigen sich erhebliche Unterschiede in Chronologie, Verhaltensmuster und Magnitude der frührezenten Gletscherhochstandsphase. Dies gilt sowohl für den Vergleich zwischen den Untersuchungsgebieten, als auch intraregional auf lokaler Ebene bei unmittelbar benachbarten Gletschern bzw. Outlets desselben Plateaugletschers. Es existieren bei detaillierter regionaler Interpretation konkret Unterschiede bezüglich:

- Andauer und Zeitrahmen (Ansatz/Endpunkt) der frührezenten Hochstandsphase;
- Deutlichkeit ihrer Abgrenzung zu prä-frührezenten bzw. rezenten Gletscherstandsschwankungen (bezüglich Gletscherstand, Schwankungsverhalten bzw. glazialer Dynamik);
- Größenordnung der frührezenten Hochstandsphase im Vergleich zu prä-frührezenten holozänen Hochständen (bezüglich Magnitude, Dauer und Anzahl der einzelnen Hochstände);
- Anzahl der Hochstände innerhalb der frührezenten Hochstandsphase;
- Zeitpunkt und Dauer des frührezenten Maximalstands (der frührezenten Hochstände);
- Charakter der Vorstoß- bzw. Rückzugsperioden innerhalb der frührezenten Hochstandsphase (glaziale Dynamik);
- detailliertem Ablauf der frührezenten Hochstandsphase (Datierung, Dauer bzw. Abfolge von Vorstoß- und Rückzugsperioden).

Während der Ansatz der frührezenten Hochstandsphase in den Ostalpen wie im Gesamtalpenraum auf die letzten beiden Dekaden des 16.Jahrhunderts datiert werden muß und um 1600 u.a. im Rofental zahlreiche Gletscher bereits absolute oder annähernde frührezente Maximalstände erreichten, befanden sich zeitgleich die Gletscher West-/Zentralnorwegens noch in weit zurückgezogenen Positionen und wiesen mit großer Sicherheit keine größere Dimension als zu Beginn des aktuellen Gletschervorstoßes auf. Während aus dem Gebiet des Jostedalsbre wie dem Jotunheim keine gesicherten Belege über prä-frührezente mittelalterliche Gletscherhochstände vorliegen, verdichten sich im Ostalpenraum Befunde über mittelalterliche Gletscherhochstände z.T. erheblicher Ausdehnung. Während so die frührezenten Hochstände in West-/Zentralnorwegen in scharfem Kontrast zu den unmittelbar vorausgegangenen Gletscherständen stehen, ist im Alpenraum aus der Kenntnis mittelalterlicher bzw. frühneuzeitlicher Gletscherhochstände abzuleiten, daß die frührezente Hochstandsphase nicht unvermittelt einsetzte und deren zeitliche Abgrenzung aufgrund jener, evtl. als Vorstadium der frührezenten Hochstandsphase zu interpretierender Hochstände, weitaus undeutlicher ist. Aus glaziologischen Gründen wäre eine derartige Schlußfolgerung nicht a priori zu negieren, da bei Berücksichtigung der (relativ gesicherten) gletscherungünstigen Klimaphase Mitte des 16.Jahrhunderts ein zumindest annähernd aktueller (oder leicht größerer) Gletscherstand zu fordern wäre, wollte man Maximalvorstöße bereits um 1600 am Beginn der frührezenten Hochstandsphase ohne unglaubwürdige positive Rekordmassenbilanzen logisch erklären.

Während nach einem ersten Hochstand um 1600 und dem v.a. in der Mont Blanc-Region ausgeprägten starken Vorstoß mit Kulmination um 1640 (vereinzelt frührezenter Maximalvorstoß) sich bereits um 1680 viele Alpengletscher (auch im Rofental) wieder in Hochstandsposition befanden, ist der Ansatz der frührezenten Hochstandsphase in West-/Zentralnorwegen frühestens auf die letzten Dekaden des 17.Jahrhunderts (evtl. 1670er oder 1680er Jahre) zu datieren. Die Outletgletscher des Jostedalsbre begannen mit durch die Reaktionszeit determinierter Verzögerung somit erst mit deutlichen Vorstoßtendenzen, als im Alpenraum zahlreiche Gletscher bereits ihre frührezente Maximalposition erreicht hatten und die Hochstandsphase bereits ca. 100 Jahre andauerte.

Die Magnitude der frührezenten verglichen mit den holozänen Gletscherhochständen differiert stark zwischen beiden Untersuchungsgebieten. Im Alpenraum sind, nicht zuletzt dank des Formenschatzes der Gletschervorfelder, zahlreiche holozäne Gletscherhochstände zwischen finaler präborealer Deglaziation und frührezenter Hochstandsphase eindeutig belegt. Auch im Rofental treten Relikte holozäner Moränen auf bzw. lassen sich holozäne Hochstände durch alpinotype Lateralmoränen morphologisch nachweisen. In West-/Zentralnorwegen war mit Ausnahme einzelner hochgelegener Kargletscher im östlichen Jotunheimen (Eiskern-Moränensysteme !) der frührezente Maximalstand eindeutig der bedeutendste Gletscherhochstand nach dem noch mit der finalen Deglaziation in Beziehung stehendem präborealen Erdalen *event*. Kontrastierend zum ausgeprägten permanenten Oszillierens der Alpengletscher ist die holozäne Gletscherstandsschwankungschronologie in Westnorwegen durch ein postglaziales holozänes Klimaoptimum geprägt, in dem viele Gletscher gänzlich abschmolzen. Die überragende Bedeutung des frührezenten Maximalstands zeigt sich auch in der Morphologie der Gletschervorfelder.

Im Untersuchungsgebiet Rofental (wie im Gesamtalpenraum) ereigneten sich mehrere frührezente Hochstände, deren Anzahl lokal ebenso stark varriiert wie deren Rangordnung untereinander, d.h. die Datierung des frührezenten Maximalvorstoßes. Im Rofental ist an den größeren Talgletschern relativ gesichert der Vorstoß um 1770/80 als frührezenter Maximalvorstoß anzusehen, wobei der letzte frührezente Vorstoß um 1850 diesem in seiner Dimension nur geringfügig nachstand. Anders sind die Verhältnisse an den Kargletschern des Rofentals, wo der Vorstoß um 1850 als frührezenter Maximalvorstoß bezeichnet werden muß (bzw. gleichwertig mit vorausgegangenen frührezenten Hochständen war). Lediglich partiell und nicht in der Größenordnung des nachfolgenden 1850er Vorstoßes ist im Rofental ein Vorstoß um 1820 aufgetreten, der in Westalpen und anderen Ostalpenregionen (Stubaier Alpen) bedeutender war. Auch um 1720 ist aus den Ötztaler Alpen ein Hochstand belegt. Aufgrund der determinierenden Wirkung speziell ausprägter lokaler Einflußfaktoren differieren etliche Alpengletscher im Zeitpunkt ihrer frührezenten Hoch- und Maximalstände von den i.d.R. alpenweit gut zu korrelierenden allgemeinen Hochständen. Die lange Reaktionszeit großer Gletscher ist dabei nur ein wirksamer Einflußfaktor. Die am Vernagtferner (Rofental) im Zuge der frührezenten Hochstände beobachteten hohen Vorstoßgeschwindigkeiten stellen zwar eine glaziologische Besonderheit dar, müssen basierend auf ihr Auftreten im Kontext alpenweiter Vorstoßtendenzen aber als eindeutig klimadeterminiert bezeichnet werden. Zusammenfassend entspricht die frührezente Hochstandsphase im Rofental wie im Gesamtalpenraum einer Periode permanenten Oszillierens der Gletscher auf hohem Niveau, mit verschiedenen, alpenweit weitgehend synchronen Hochständen. Nur die Dimension der einzelnen Hochstände bzw. die Teilnahme der Gletscher an den verschiedenen Vorstoß- bzw. Rückzugsperioden variiert determiniert durch lokale/regionale Einflußfaktoren.

Im Kontrast zum Alpenraum läßt sich an den Outletgletschern des Jostedalsbre ein klar definierter frührezenter Maximalvorstoß ausweisen, der, abhängig von der Reaktionszeit der Gletscher, um 1740/50 zum absoluten frührezenten Gletscherhochstand führte. Alle Berichte deuten dabei auf enorm starke und schnelle Vorstöße in der ersten Hälfte des 18.Jahrhunderts hin, sich die Gletscher aus weit zurückgezogenen Positionen in ihre Maximalposition bewegt haben (mit rekonstruierten Vorstoßwerten von durchschnittlich (!) 100 m/a und mehr). Einige reaktionsschnelle Outletgletscher mit kurzer steiler Gletscherzunge erreichten schon zu Beginn des 18.Jahrhunderts annähernd ihre Hochstandsposition, während längere Outlets erst deutlich nach 1700 mit ihrem Hauptvorstoß begannen. Die bis ins 20.Jahrhundert andauernde anschließende Rückzugsphase war zunächst in der zweiten Hälfte des 18.Jahrhunderts durch zahlreiche Wiedervorstöße/Stillstandphasen unterbrochen und hatte resultierend stark sukzessiven Charakter (mit erheblichen Auswirkungen auf den Formenschatz und die Konfiguration der Gletschervorfelder). Nach (aufgrund des Fehlens historischer Zeugnisse mit einem gewissen Unsicherheitsspielraum versehenen) kurzen Wiedervorstößen um 1810 bzw. in den 1820er oder 1830er Jahren beschleunigte sich zunächst Mitte des 19.Jahrhunderts der Gletscherrückzug, der sich nach nochmaligen Unterbrechungen durch kurze Wiedervorstöße bzw. Stillstandsphasen um die letzte Jahrhundertwende verlangsamte.

Auch in Westnorwegen weisen einige Gletscher ein vom generellen Muster abweichendes Vorstoßverhalten auf, z.B. die Outletgletscher des klimatisch extrem maritim geprägten Folgefonn, welche nach einem ersten Hochstand um 1750 erst Ende des 19.Jahrhunderts (bzw. einem Sonderfall erst im 20.Jahrhundert) ihre maximale frührezente Gletscherfrontposition einnahmen. Im Jotunheimen ist die Zeitstellung des maximalen frührezenten Vorstoßes aufgrund fehlender historischer Zeugnisse noch unsicher. Speziell morphologische Befunde (vereinzelte doppelkämmige äußere Endmoränen) sprechen nach Ansicht des Verfassers dafür, daß sich nach einem ersten Hochstand (evtl. parallel zum Jostedalsbreen um 1750) der eigentliche frührezente Maximalvorstoß erst Ende des 18.Jahrhunderts ereignete. Auf keinen Fall darf, wie bei manchen lichenometrischen Untersuchungen geschehen, der am Jostedalsbreen eindeutig belegte Maximalstand um 1750 ungeprüft auf das klimatisch/glaziologisch differente Jotunheim übertragen werden. Nicht zuletzt unter Berücksichtigung der glaziologischen Untersuchungen der letzten Jahrzehnte muß davon ausgegangen werden, daß sich der eigentliche frührezente Maximalvorstoß Ende des 18.Jahrhunderts ereignete, einer Phase, in der (belegte) niedrige Sommertemperaturen nicht nur o.e.

schleppenden Rückzug der Jostedalsbreen-Outletgletscher von ihrer frührezenten Maximalposition verursachten, sondern im kontinentaleren Jotunheimen gletschergünstige Klimabedingungen für einen Hochstand schufen. Beinahe allen Gletschern West-/Zentralnorwegens ist aber im Gegensatz zum Alpenraum gemein, daß ein klar definierter frührezenter Maximalstand ausgewiesen werden kann, der von einer sukzessiven, teilweise aktuell noch andauernden Rückzugsphase gefolgt wurde, die permanent durch (untergeordnete) Wiedervorstöße bzw. Stillstandphasen unterbrochen wurde.

In beiden Untersuchungsgebieten ist die Abgrenzung der frührezenten zu den rezenten Gletschervorstößen v.a. ein Problem der Definition. In den Alpen bietet sich sowohl der letzte eindeutige Hochstand um 1850, als auch das Ende eines letzten Wiedervorstoßes um 1920 an, in Westnorwegen das Ende des zweiten subsequenten Vorstoßes des 20.Jahrhunderts um 1930. Im Detail zeigt sich allein auf Grundlage der Ergebnisse aus zwei Untersuchungsgebieten die Heterogenität der frührezenten Hochstandsphase und verdeutlicht die Ablehnung des eine nicht bestehende Homogenität vortäuschenden Ausdrucks „*Little Ice Age*" durch den Verfasser. Diese Heterogenität verwundert allerdings nicht, zieht man die Ergebnisse der Untersuchung der rezenten Gletscherstands- und aktuellen Massenbilanzschwankungen hinzu und beachtet die Unterschiede im Gefüge der massenbilanzdeterminierenden Einflußfaktoren.

8.3 REZENTE GLETSCHERSTANDSSCHWANKUNGEN UND AKTUELLE MASSENBILANZEN

Nach Ende des letzten frührezenten Hochstands um 1850 zogen sich die Gletscher im Rofental zunächst schleppend, dann relativ stark zurück, unterbrochen von Wiedervorstößen (bzw. Stillständen) um 1890/1900 bzw. 1920. Die Ausprägung des ersten Wiedervorstoßes war in Kontrast zu anderen Alpenregionen im Rofental nur am Vernagtferner (1898/1902er Vorstoß) deutlich. Die Beteiligung der Gletscher des Rofentals am Vorstoß um 1920 war in Abhängigkeit von glaziologischen Eigenschaften (Reaktionszeit etc.) unterschiedlich, wobei allerdings kein klares Muster in bezug auf die Gletschergröße festzustellen ist. Im Anschluß an diesen Gletschervorstoß folgte Mitte des 20.Jahrhunderts eine starke, ununterbrochene Rückzugsphase, die sich erst mit häufigeren Auftreten positiver Massenbilanzen seit 1964/65 zuerst verlangsamte und schließlich an einigen Gletschern zu kurzzeitigen rezenten Vorstoßtendenzen führte. Die positiven Massenbilanzen traten v.a. in der zweiten Hälfte der 1960er und 1970er Jahre auf. Der aus den Massenbilanzschwankungen resultierende rezente Gletschervorstoß bzw. dessen Größenordnung zeigt die Unabhängigkeit der Reaktion von der Gletschergröße als alleinigem Einflußfaktor und die komplexe Verknüpfung von massenbilanzdeterminierenden meteorologischen und nichtmeteorologischen Einflußfaktoren. Als Folge der seit 1981/82 beinahe ausnahmslos negativen Massenbilanzen kulminierte der rezente Gletschervorstoß bis auf wenige Ausnahmen bereits zu Beginn der 1980er Jahre und wurde von bis heute anhaltenden Rückzugstendenzen abgelöst, die sich aufgrund extrem negativer Massenbilanzen in den letzten Jahren verstärkten.

Nachdem der sukzessive Rückzug der Gletscher Westnorwegens (und des Jotunheim) von der frührezenten Maximalposition während des 19.Jahrhunderts häufig von Wiedervorstößen bzw. Stillstandsphasen unterbrochen wurde, fanden in den ersten drei Dekaden des 20.Jahrhunderts zwei bedeutende Wiedervorstöße an den Outletgletschern des Jostedalsbre statt. Deren Dimension kann in direkte Beziehung zur Reaktionszeit gesetzt werden, da reaktionsschnelle kurze Outletgletscher an beiden Wiedervorstößen teilnahmen und beachtliche Vorstoßdistanzen aufzuweisen hatten, an mittleren und längeren Outletgletschern aufgrund längerer Reaktionszeit nur partiell bzw. keine Vorstoß verzeichnet wurden. Beide Wiedervorstöße besaßen vergleichbare Größenordnung. Zwischen erstem, um 1910/12 kulminierenden Vorstoß und zweiter Vorstoßphase (um 1930 kulminierend) zogen sich die Gletscher kurzzeitig zurück. Nur in einem Fall (Supphellebreen) erreichte der zweite Vorstoß eine weiter vorgeschobene Position als der erste, i.d.R. erreichten die Gletscher nur annähernd die Position des ersten.

Im Jotunheimen wurde ein differentes Schwankungsmuster verzeichnet, da dort komplementär zu den Verhältnissen am Jostedalsbreen in den frühen 1920er Jahren ein Gletschervorstoß (geringerer

Dimension) auftrat, dessen genaue Datierung bzw. Vorstoßdistanz durch Unterbrechung der jährlichen Positionsmessungen nicht detailliert bekannt ist. Im Jotunheimen und Jostedalsbreen-Gebiet folgte wie im Ostalpenraum diesen Vorstoßtendenzen Mitte des 20.Jahrhunderts eine starke Rückzugsphase, wobei deren Ausmaß alle vorausgegangenen Rückzugsphasen bei weitem übertraf. An einigen Gletschern wurde der Rückzug durch Ausbildung einer Kalbungsfront über proglazialen Seen glazialdynamisch forciert (z.B. Brigsdalsbreen, Nigardsbreen). Aber auch an anderen Gletschern wurden Rückzugswerte von z.T. über 100 m/a registriert. In den letzten Jahrzehnten offenbarte sich innerhalb des norwegischen Untersuchungsgebiets eine starke regionale Differenzierung der v.a. massenbilanzdeterminierten Gletscherstandsschwankungen. Während an den kurzen Outletgletschern des Jostedalsbre in den 1930er und 1940er Jahren maximale Rückzugswerte auftraten und bereits seit Beginn der 1960er Jahre sukzessive verstärkend Vorstoßtendenzen verzeichnet wurden, befanden sich aufgrund längerer Reaktionszeit die größeren Outletgletscher noch in den 1960er Jahren in der Hauptphase des Rückzugs und Vorstoßtendenzen prägen erst aktuell nach deutlicher Verlangsamung des Rückzugs in den 1980er Jahren deren Schwankungsverhalten. Parallel dazu steigerte sich die Vorstoßgeschwindigkeit an den reaktionsschnelleren Outletgletschern in jüngster Zeit enorm und erreicht lokal Dimensionen, die denen des Hauptvorstoßes zur frührezenten Maximalposition entsprechen, was in krassem Gegensatz zum Gletscherverhalten im Jotunheimen wie den Ostalpen steht. Die Entwicklung der nächsten Jahre bleibt abzuwarten, bevor der Charakter des aktuellen Vorstoßes abschließend interpretiert werden kann. Insbesondere an den reaktionsschnelleren Outletgletschern scheint es sich aber um mehr als einen subsequenten Wiedervorstoß zu handeln, da die praktisch ab 1750 großmaßstäblich dominierenden Rückzugstendenzen bis dato noch nicht derart lange und nachhaltig unterbrochen wurden.

Der aktuelle Gletschervorstoß am Jostedalsbreen kann zweifelsfrei auf die sich seit Anfang der 1960er Jahre häufenden positiven Massenbilanzen zurückgeführt werden. Der Unterschied zu den Gletschern im Jotunheimen mit ihrem beinahe ununterbrochenen Massenverlust in den letzten Jahrzehnten ist prägnant. Speziell in den letzten Jahren wurden enorm positive Massenbilanzen in ganz Westnorwegen verzeichnet (z.T. über 2 m w.e./a Massenzuwachs), die auch im Jotunheimen zu einer geringfügigen Verlangsamung des Gletscherrückzugs führten, der aber nicht von Vorstoßtendenzen abgelöst wurde, u.a. Folge differenter glaziologischer/klimatologischer Rahmenbedingungen.

Allein bei Betrachtung des Gletscherverhaltens in beiden Untersuchungsgebiete während des 20.Jahrhunderts zeigt sich, daß sowohl synchrone, als auch alternierende bzw. komplementäre Gletscherreaktionen zu verzeichnen sind (neben undifferenzierten Verhaltensmustern). Während in den ersten drei Dekaden des 20.Jahrhunderts das Vorstoßverhalten, beschränkt man den Vergleich auf den Jostedalsbre und die Ostalpen, beinahe alternierend war, trat der starke Gletscherrückzug Mitte des 20.Jahrhunderts in beiden Regionen auf. Während die ab den 1960er Jahren auftretenden positiven Massenbilanzen im Alpenraum zu einem kurzfristigen Vorstoß führten, ist der aus dem starken Massenzuwachs resultierende Vorstoß am Jostedalsbreen deutlich langfristiger und stärker, so daß sich aktuell das Gletscherverhalten extrem different darstellt. Betrachtet man die einzelnen jährlichen Massenbilanzwerte, traten in den letzten Jahrzehnten unter Beachtung regionaler bzw. lokaler Unterschiede alle vier theoretisch möglichen Situationen auf, d.h. sowohl parallel positive bzw. negative Massenbilanzen als auch positive Massenbilanzen in Skandinavien bei negativen im Alpenraum und umgekehrt. Lediglich in den letzten Jahren zeichnet sich (kurzfristig ?) ein Trend allgemein positiverer Massenbilanzen in Skandinavien verglichen mit dem Alpenraum ab, wobei bei Ausweitung der Betrachtung auf das Jotunheim das ohnehin komplexe Bild zusätzlich verkompliziert wird.

Zusammenfassend kann sowohl für frührezente wie rezente Gletscherstandsschwankungen in erweiterter Betrachtung auf aktuelle Massenbilanzschwankungen und (soweit gesichert) holozäne Gletscherstandsschwankungen weder von einem synchronen, noch von einem alternierenden Schwankungsverhalten zwischen West-/Zentralnorwegen und den Ostalpen ausgegangen werden. In Kombination mit festgestellten erheblichen Differenzen der Gletscherreaktion innerhalb der Untersuchungsgebiete zeigt dies eindrucksvoll, daß die Beziehung Klima - Gletscher sehr komplexer Natur ist und einfache Schlußfolgerungen ohne Berücksichtigung der stark differenzierten regionalen und lokalen Einflußfaktoren nicht gezogen werden dürfen. Empirisch kann resultierend konstatiert werden, daß ein „globales Gletscherverhalten" in der Realität weder aktuell vorhanden ist, noch für frühere Zeitabschnitte der Klimageschichte angenommen werden darf. Dies zwingt zur Revision konventioneller Erklärungsmuster klimatischer Fragestellungen bei Verwendung von Gletscherstandsschwankungsdaten und leitet zu regional differenzierten Betrachtungsweisen und Forschungsansätzen über.

8.4 MASSENBILANZDETERMINIERENDE KLIMAFAKTOREN

Ohne eingehende Analyse zahlreicher meteorologischer und nicht-meteorologischer Einflußfaktoren kann weder die Beziehung Klima - Gletscher hinreichend charakterisiert, noch können Gletscherstands- und Massenbilanzschwankungen mit Fluktuationen des Klimas in Beziehung gesetzt werden. Es sind daher, auch unter Berücksichtigung der aufgetretenen Differenzen im Gletscherverhalten der Untersuchungsgebiete, die sich im Rahmen der regionalen Studien offenbarenden Einflußfaktoren in ihrer Bedeutung für den Massenhaushalt (und damit in Konsequenz für Gletscherstandsschwankungen) aufzulisten und deren Wirkungskraft/-weise bewertend zu charakterisieren. Zwar sind kurz-, mittel- und langfristige Veränderungen von Masse, Fläche bzw. frontaler Position von Hochgebirgsgletschern primär dominierend klimadeterminiert, neben der Berücksichtigung auftretender nicht-meteorologischer Einflußgrößen zwingt diese Abhängigkeit aufgrund starker lokaler bzw. regionaler Differenzierung jener massenbilanzdeterminierenden klimatischen/meteorologischen Einflußfaktoren bei unterschiedlicher Gewichtung zu starker Regionalisierung. Verkomplizierend tritt hinzu, daß bestimmte Klimafaktoren in unterschiedlichen Regionen nicht nur differente Wirkungskraft, sondern bisweilen differente Wirkungsweise zeigen. Dadurch ist die Aufstellung eines allgemeingültigen Schemas dieser Klimafaktoren in Kombination mit einer gewichteten Klassifizierung nicht-meteorologischer Einflußfaktoren unmöglich. Für jede Gletscherregion bzw. in letzter Konsequenz für jeden Gletscher muß resultierend durch detaillierte Untersuchungen ein individuell gewichtetes Faktorengefügemuster unter Berücksichtigung aller vorhandenen Einzelfaktoren aufgestellt werden. Daher erschließt sich nachfolgende Auflistung (aus der Notwendigkeit regionaler Differenzierung folgernd nicht als allgemeingültige Bedeutungsabfolge zu verstehen) aus den regionalen Studien im Zuge der vorliegenden Arbeit. Selbst auf regionaler Betrachtungsebene existiert kein allgemeingültiges Handlungsschema zur Ausweisung der Beziehung Klima - Gletscher, wobei stets zu berücksichtigen ist, daß Fluktuationen des Klimas primär auf den Massenhaushalt eines Gletschers Einfluß ausüben, erst sekundär aus Änderungen des Massenhaushalts Gletscherstandsschwankungen folgern können.

Massenbilanzdeterminierende Einflußfaktoren müssen bezüglich Wirkung auf Ablation bzw. Akkumulation differenziert werden. Da sich die Akkumulation an temperierten Hochgebirgsgletschern überwiegend durch Niederschlag in fester Form (Schnee) vollzieht und andere Prozesse (z.B. Aufeisbildung) quantitativ untergeordnet sind, entfaltet sich die Einflußwirkung des individuellen Faktorengefüges besonders bei der sommerlichen Ablation. Insbesondere die Gewichtung der verschiedenen Ablationsfaktoren ist vorab zu klären, bevor eine Analyse einzelner meteorologischer bzw. nicht-meteorologischer Einflußfaktoren vorgenommen werden kann. Durch theoretische Überlegungen und empirische Korrelationen ist festzustellen, wie sich Sommer- und Winterbilanz (Gesamtakkumulation und -ablation) in ihrer Beeinflussung der Nettobilanz zueinander verhalten, d.h. ob Differenzen der Gewichtung von Fluktuationen der Ablation gegenüber denen der Akkumulation (bzw. von Sommer- gegenüber Winterbilanz) Auswirkungen auf resultierende Schwankungen der Nettobilanz zeigen.

Aufgrund aktueller glaziologischer Studien bzw. Betrachtung der frührezenten/rezenten Gletscherstandsschwankungschronologie ist im Rofental (wie dem gesamten Ostalpenraum) davon auszugehen, daß die Verhältnisse in der sommerlichen Ablationssaison vergleichsweise größerer Bedeutung als Schwankungen der Winterbilanz (unter- oder überdurchschnittliche winterliche Akkumulation) besitzen. V.a. in Westnorwegen, eingeschränkt aber auch im kontinentaleren Jotunheimen, sind kontrastierend (in erforderlicher regionaler/lokaler und temporärer Differenzierung !) Winter- und Sommerbilanz als annähernd gleichgewichtet anzusprechen. Während an den maritimeren Gletschern Westnorwegens generell und speziell im Fall der gehäuften positiven Nettobilanzten der letzten Jahrzehnte die Winterbilanz eine steuernde Funktion ausübt (signifikant höhere Korrelation der Fluktuationen der Winterbilanz mit denen der Nettobilanz als bei Korrelation von Sommer- und Nettobilanz), war noch Mitte des 20.Jahrhunderts (bzw. wie weitgehend aktuell im kontinentaleren Jotunheimen) die Sommerbilanz von ebenbürtiger Einflußgröße, dominierte mit dem Einfluß ihren Fluktuationen die Nettobilanz sogar temporär stärker als die Winterbilanz. Bei einer empirischen Korrelation der Teil- und Nettobilanzen verschiedener Gletscher eines W-E-Profils durch West-/Zentralnorwegen ist nicht nur auffällig, daß aktuell sogar an Gletschern im westlichen zentralen Jotunheimen analog zu den maritimen westnorwegischen Gletschern die Winterbilanz einen stärkeren steuernden Einfluß ausübt, sondern v.a., daß unter Ausklammerung extrem maritimer bzw. kontinentaler Gletscher (Ålfot- bzw. Gråsubreen) eine relativ signifikante Korrelation des Trends der Teil- und Nettobilanzen zwischen allen untersuchten Gletschern festzustellen ist. Nur im zentralen und östlichen Jotunheimen dominiert, in Übereinstimmung zu den Verhältnissen in den Ostalpen, die Sommerbilanz die Nettobilanz. Dabei liegen jedoch die Korrelationskoeffizienten von Winter- mit Nettobilanz nicht wesentlich unter denen der Sommerbilanz. Diese aktuellen/rezenten Verhältnisse können aber nicht ungeprüft auf weiter zurückliegende Zeitabschnitte differenter klimatischer Rahmenbedingungen projiziert werden.

Neben Kenntnis der relativen Gewichtung von Sommer- und Winterbilanz muß die Energiebilanz mit Bewertungsmöglichkeit des Anteils einzelner Ablationsfaktoren an der Gesamtablation vor einer Interpretation einzelner Einflußfaktoren Berücksichtigung finden. Bei Dominanz solarer Einstrahlung unter den Ablationsfaktoren (in Ostalpen oder kontinentalerem Jotunheimen) sind v.a. diejenigen Einflußfaktoren von großer massenbilanzdeterminierender Bedeutung, die Quantität der einkommenden Strahlungsenergie bzw. deren Absorption an der Gletscheroberfläche beeinflussen (dabei insbesondere die Albedo). Tritt dagegen die Strahlungsenergie in ihrer Bedeutung hinter latentem bzw. sensiblem Wärmefluß zurück, sind zusätzlich die diesen Energieaustausch steuernden Klimafaktoren (Lufttemperatur, Luftfeuchtigkeit, Windverhältnisse etc.) zu berücksichtigen. Bei Verwendung sämtlicher Energiebilanzuntersuchungen gilt die Einschränkung, daß die Zusammensetzung der Ablationsfaktoren nur für einen relativ kurzen, aktuellen Beobachtungszeitraum (oftmals nur als Durchschnittswerte) bekannt ist. Bei stark verändertem Gletscherstand (z.B. Gletscherzungen in frührezenter Maximalposition) bzw. veränderten klimatischen Rahmenbedingungen muß von zumindest geringfügig differenten Verhältnissen ausgegangen werden, wodurch die Aussagekraft im Zuge einer zeitlich weiter zurückreichenden Klimarekonstruktion limitiert wird. In den Ostalpen ist bei weit ins Tal vorgeschobenen Gletscherzungen aufgrund höherer Lufttemperaturen und ggf. stärkerer Beschattung an eine stärkere Bedeutung des sensiblen Wärmeflusses zu denken, der andererseits durch häufigere sommerliche Schneefälle partiell kompensiert worden sein könnte. Ähnliche Überlegungen sind auch für die Outletgletscher des Jostedalsbre zu treffen. Dies verdeutlicht, warum in Konsequenz auch die aufgezeigte Bedeutung meteorologischer und nicht-meteorologischer Einflußfaktoren primär für die aktuelle Situation des Massenhaushalts Geltung erlangt und eine ungeprüfte Übertragung auf frühere Zeiträume unterbleiben sollte.

An klimatisch maritim geprägten Gletschern mit hohen Massenumsätzen (hohe sommerliche Ablationsraten aufgrund aus niedrigerer Höhenlage resultierenden höheren Lufttemperaturen verknüpft mit kompensierenden hohen absoluten winterlichen Akkumulationswerten) sind Schwankungen des Winterniederschlags (winterliche Schneemenge) von entscheidender Bedeutung für die Massenbilanz. Da winterliche Schneeakkumulation exakt lediglich durch direkte glaziologische Messungen hinreichend detailliert zu erfassen ist, entzieht sich dieser eminent wichtige Einflußfaktor i.d.R. einer Berücksichtigung bei Klimarekonstruktionen bzw. Gletschersimulationen. In Konsequenz sind es v.a. unzureichend genaue Winterniederschlagsdaten, die die Rekonstruktion von Massenbilanzreihen erschweren. Durch ausgeprägte kleinräumige Variationen des Winterniederschlags oder mangelnde Repräsentativität substituierender Daten benachbarter Klimasationen erklären sich fehlerhafte Klima-

und Gletscherstandsschwankungsrekonstruktionen, die zusätzlich, durch verbreitete generelle Negierung dieses meßtechnisch schwer zu erfassenden Klimafaktors, nicht selten in scharfem Kontrast zu tatsächlich gemessenen Gletscherstands-/Massenbilanzschwankungen stehen. In diesem Zusammenhang ist beim Versuch einer Simulation der winterlichen Akkumulation im Jotunheimen zu beachten, daß auf Grundlage empirischer Korrelationskoeffizienten zwischen aktuellen Massenbilanz- und Winterniederschlagsdaten selbst für den bereits im zentralen Jotunheimen im Wasserscheidenbereich gelegenen Storbre westnorwegische Klimastationen repäsentativer als unmittelbar benachbarte Stationen im Jotunheimen sind. Im Gebiet des Jostedalsbre ist aufgrund der Tallage vieler Klimastationen die weiter entfernte Station Bergen repräsentativer für die winterlichen Akkumulationsverhältnisse auf dem Gletscherplateau als Stationen innerhalb der Region.

Durch die Abhängigkeit winterlicher Schneeakkumulation nicht nur von Windverhältnissen, sondern auch den Temperaturen in Übergangszeiten von Ablations- zu Akkumulationssaison bzw. umgekehrt, sind speziell in niedriger gelegenen Gletscherteilen schwer Aussagen über die Auswirkung zukünftiger (wie vorausgegangener) Klimaschwankungen auf die Menge der winterlichen Schneeakkumulation zu treffen. So kann z.B. das Abschmelzen zahlreicher westnorwegischer Gletscher im postglazialen Klimaoptimum weder allein durch Anstieg der Sommertemperatur (s.u.), noch durch eine Verringerung des Winterniederschlags erklärt werden, da z.B. zumindest für einige holozäne Zeitabschnitte die zu fordernde starke Winterniederschlagsverringerung mit großer Sicherheit ausgeschlossen werden kann. Als Lösung bietet sich ein signifikanter Lufttemperaturanstieg in der sensiblen und kritischen Übergangszeit Herbst/Winter (dem Maximum der Niederschläge im maritimen Westnorwegen) an. Gesetzt den Fall, die hohen Herbst-/Winterniederschläge fallen auf den ausgedehnten Gletscherplateaus nicht (wie aktuell) als Schnee, sondern in Form von Regen, resultiert daraus ein stark negativer Massenhaushalt, da nicht nur absolute Menge, sondern auch Form des Winterniederschlags bei entsprechenden Überlegungen Berücksichtigung finden muß. Obwohl durch diese komplexen Interaktionen der Einflußfaktor „Winterniederschlag" nur schlecht angewendet werden kann, sind Simulationen bzw. Rekonstruktionen ohne dessen Berücksichtigung in maritimen Gletscherregionen strenggenommen ohne Aussagekraft.

Da an Gletschern mit überwiegender Bedeutung der solaren Einstrahlung an den Ablationsfaktoren mit dominicrender Stellung der Sommerbilanz (sommerlichen Ablationsverhältnisse) im Gesamtmassenhaushalt der Albedo eine entscheidende Steuerungsfunktion zukommt, nehmen sommerliche Schneefälle an den Ostalpengletschern bzw. (eingeschränkt) den Gletschern im kontinentalen Jotunheimen eine überragende Rolle unter den massenbilanzsteuernden Einflußfaktoren ein. Simulationen auf Grundlage aktueller Energiebilanzmessungen wie Analysen der klimatischen Verhältnisse während der frührezenten Hochstände (s.u.) zeigen, daß Veränderungen der Albedo den bei weitem größten Effekt auf den Massenhaushalt aufweisen, somit auch weitaus bedeutender als Lufttemperaturänderungen bzw. Veränderungen der Bewölkungsverhältnisse sind. Sommerliche Neuschneefälle, die abrupte kurzzeitige Albedosteigerungen verursachen und deren enge Verknüpfung/Korrelation zu den Ablationsraten durch Abflußmessungen eindeutig nachzuvollziehen sind, besitzen einen verifizierten großen Einfluß auf Massenbilanz- bzw. Gletscherstandsschwankungen. Auch bei zeitlich weiter zurückreichenden Klimarekonstruktionen zeigt sich für den Gesamtalpenraum eine starke ursächliche Verknüpfung von Gletscherstandsschwankungen mit der Frequenz sommerlicher Schneefallereignisse. Der Frequenz sommerlicher Schneefallereignisse kommt eine größere Bedeutung als der absoluten Quantität zu, da eine beständige Abfolge von Neuschneefällen gletschergünstiger als singuläre starke Schneefälle großer Mächtigkeit sind. Während der quantitative Zutrag der sommerlichen Schneefälle zur Gesamtakkumulation in den Ostalpen gegenüber seiner ablationsbeeinflußenden Wirkung deutlich weniger bedeutend ist, muß in Einzelfällen in Westnorwegen (z.B. Nigardsbreen) aufgrund der für maritime Klimate vergleichsweise großen Höhenlage der Akkumulationsgebiete dieser quantitative Aspekt Berücksichtigung finden (gleichzeitig tritt der qualitative Aspekt durch differente Gewichtung der Ablationsfaktoren zurück).

Die Sommertemperatur hat an allen untersuchten Gletschern einen entscheidenden Einfluß auf Sommer- und damit (in regional differenzierter Stärke) auch Nettobilanz. An den Gletschern mit

Dominanz der solaren Einstrahlung unter den Ablationsfaktoren ist ihr Einfluß in Form sensiblen Wärmeflusses nur gering, doch entfaltet sich deren Wirkung durch Beeinflussung der Häufigkeit sommerlicher Neuschneefälle. Durch starke natürliche Korrelation sommerlicher Schneefälle mit Sommertemperatur (unter Beachtung der Gesamtniederschlagsmenge) erklärt sich die auffällig gute Korrelation mit Massenbilanz- bzw. Gletscherstandsschwankungen. Es ist hierbei jedoch zu beachten, daß es sich strenggenommen um eine Scheinkorrelation handelt, da der entscheidende Faktor die durch sommerliche Schneefälle gesteuerten Veränderungen der Albedo sind, die Sommertemperatur nur indirekt über die Frequenz sommerlicher Schneefälle bzw. Geschwindigkeit der Ablation des Winterschnees bzw. sommerlichen Neuschnees nicht zu unterschätzenden Einfluß auf die Länge der Ablationssaison ausübt. Aufgrund der methodischen Schwierigkeit sommerliche Neuschneefälle, insbesondere für weiter zurückliegende Zeitabschnitte, meßtechnisch zu erfassen bzw. zu rekonstruieren, kann die Sommertemperatur mit etwas eingeschränkter Exaktheit hilfsweise mit Massenhaushaltsschwankungen in Beziehung gesetzt werden (empirisch überzeugende Ergebnisse liegen vor).

An maritimeren Gletschern kann durch stärkeren Einfluß des sensiblen Wärmeflusses ein direkter Einfluß der Sommertemperatur auf die Sommerbilanz verzeichnet werden. Zusätzlich wirkt sie in maritimen Klimaregionen indirekt durch den temperaturabhängigen Sättigungsgrad der Luft bei Ablation durch latenten Wärmefluß. Daraus resultiert eine gewichtige Rolle für die Sommerbilanz. Daß die Sommertemperatur dennoch nicht überragender Einflußfaktor für die Massenbilanz an den Gletschern Westnorwegens ist, hängt damit zusammen, daß (zumindest in den letzten Dekaden) an jenen Gletschern den winterlichen Akkumulationsverhältnissen größere Bedeutung zukommt. Auch wenn in bestimmten Perioden, wie z.B. Mitte des 20.Jahrhunderts, die Sommerbilanz die dominierende Stellung für die Nettobilanz einnahm, war die Winterbilanz nicht unberücksichtigt zu lassen, eine auf die Sommertemperatur eingeschränkte Interpretation von Gletscherstandsschwankungen unzulässig.

Obwohl die zahlreichen vorliegenden Klimarekonstruktionen bzw. Korrelationen von Gletscherverhalten mit Klimaschwankungen eine andere Schlußfolgerung induzieren mögen, Schwankungen der Jahresdurchschnittstemperatur haben empirisch wie theoretisch einwandfrei nachgewiesen keinen Einfluß auf Schwankungen von Massenbilanz und Gletscherstand. Schon im Ansatz erscheint eine Verwendung von Jahresdurchschnittstemperaturen unlogisch, da z.B. in Westnorwegen ein milder, niederschlagsreicher Winter in Kombination mit einem ebenfalls niederschlagsreichen kühlen Sommer extrem gletschergünstig wirken kann, bei theoretisch durchaus möglicher gleicher Jahresdurchschnittstemperatur ein kalter, niederschlagsarmer Winter gefolgt von einem warmen, niederschlagsarmen Sommer sehr gletscherungünstige Auswirkungen zeigt. In den Ostalpen konnte ergänzend anhand des 1890er und 1920er Vorstoßes nachgewiesen werden, daß die Wintertemperaturen primär keinen entscheidenden Einfluß auf die Massenbilanz ausüben, da in den Ostalpen die sommerliche Ablationsperiode den Ausschlag für die Nettobilanz gibt. Folglich kann auch die Jahrestemperaturamplitude bzw. der Grad der relativen Maritimität keinen deutlichen Aufschluß über die Nettobilanz geben. Wenn bisweilen eine „signifikante" Korrelation von Jahres- bzw. Wintertemperatur mit Massenbilanzdaten betont wird, ist diese nicht ursächlich primärer Natur, sondern erklärt sich lediglich als deren Indexfunktion z.B. für starke winterliche zyklonale Aktivität (und deutet so z.B. in Westnorwegen auf starke Winterniederschläge hin). Frühjahrs- und Herbsttemperaturen kommt dagegen eine größere Bedeutung zu, da sie die Länge der Ablationssaison entscheidend mitbeeinflußen.

Andere meteorologische/klimatische Faktoren entfalten ihre massenbilanzsteuernde Wirkung nicht selten in Interaktion mit o.e. Haupteinflußgrößen, so z.B. der Wind. V.a. während der Akkumulationssaison ist in Abhängigkeit von Gletschermorphologie und Relief Winddrift ein nicht unerheblicher Faktor durch Einfluß auf die winterliche Schneeakkumulation, wobei sie positive oder negative Wirkung entfalten kann. Die windbeeinflußte Gleichgewichtslinie kann stärker von der klimatischen Gleichgewichtslinie abweichen, wobei generell der Einfluß von Wind quantitativ nur schwer abschätzbar ist. Gerade Unstimmigkeiten in der Modellierung hochgelegener windexponierter Partien des Akkumulationsgebiets zahlreicher Gletscher können Winddrift zugeschrieben werden. Auf die Ablationsverhältnisse im

Sommer kann Wind modifizierenden Einfluß zeigen, da die Ablation durch Konvektion von Windgeschindigkeit und Zufuhr frischer Luftmassen gesteuert wird. Einflüsse des Windes auf Bewölkungsverhältnisse etc. fallen quantitativ kaum ins Gewicht.

Veränderungen der Bewölkung können durch Beeinflußung der solaren Einstrahlung bzw. diffuse Reflexion ausgehender Strahlung Einfluß auf den Massenhaushalt zeigen. Empirische Untersuchungen wie Simulationen zeigen jedoch übereinstimmend, daß dieser Einfluß weit geringer als derjenige der Albedo ist. Ebenfalls quantitativ unbedeutend ist der Anteil von Regen an der Ablation, da dieser i.d.R. direkt vom Gletscher abfließt und seine Wärmeenergie nur unwesentlich zur Gesamtablation beiträgt. Zusätzliche Einflußmöglichkeiten bestehen allerdings in einer Beeinflussung der Schneeverhältnisse auf dem Gletscher. Schwankungen der solaren Einstrahlung selbst spielen für die untersuchten Gletscher (zumindest im Zeitrahmen dieser Untersuchung) keine Rolle, zu stark überwiegt die Wirkung der Albedo. Großräumig und über lange Zeitabschnitte können Änderungen der solaren Einstrahlung indirekt über Veränderungen des Gesamtklimasystems (Änderung der Höhenströmung, Verdunstungsraten im Bereich des Nordatlantiks, Zyklonengenese etc.) natürlich große Bedeutung für den Massenhaushalt der Gletscher erlangen. Kleinräumig können solche Veränderungen jedoch nicht ausgewiesen werden, denn dazu sind deren Fluktuationen verglichen mit denen anderer Einflußfaktoren viel zu gering.

Zu den nicht-meteorologischen Einflußfaktoren der Massenbilanz ist die Gletschermorphologie zu zählen, z.B. die Flächen-Höhen-Verteilung des Gletschers (ihrerseits Produkt der klimatischen Rahmenbedingungen bzw. des Makro-/Mesoreliefs). Aufgrund der Änderung verschiedener klimatischer Einflußfaktoren mit unterschiedlicher Höhenlage bildet sich an allen Gletschern ein charakteristischer Massenbilanzgradient aus, der u.a. zur klimatischen Charakterisierung herangezogen werden kann. Oftmals zeigt gerade bei begrenzten Klimaänderungen die Verteilung der Gletscherfläche auf die einzelnen Höhenstockwerke großen Einfluß auf den Massenhaushalt. Gleichmäßig in ihrer Fläche über zahlreiche Höhenstockwerke verteilte Gletscher reagieren i.d.R. weniger sensitiv auf kleinere Klimaschwankungen als Gletscher, deren Fläche sich in bestimmten Höhenstockwerken konzentriert. Zur Verdeutlichung dieser Tatsache braucht man lediglich die Gleichgewichtslinie heranzuziehen, um bei einer (theoretisch konstruierten) Lage in einem bestimmten Höhenniveau bei Vergleich mehrerer Gletscher Unterschiede im Anteil der Gletscherfläche unterhalb/oberhalb aufzuzeigen. Ferner kann die Auswirkung einer möglichen Veränderung der Lage der (temporären) Schneegrenze unter Berücksichtigung der Flächen-Höhen-Verteilung Aufschluß über differente Reaktionen benachbarter Gletscher liefern (s. Beispiel Hintereis-, Kesselwand- und Vernagtferner während des rezenten Gletschervorstoßes). Eng mit dem Faktor Gletschermorphologie verknüpft ist der vielgestaltige Einflußfaktor Relief, dessen Wirkungsweise in Abhängigkeit von den vorherrschenden klimatischen Rahmenbedingungen differenziert zu betrachten ist. In Gletscherregionen mit Überwiegen solarer Einstrahlung an den Ablationsfaktoren spielt die reliefabhängige Exposition der Gletscheroberfläche zusammen mit den Beschattungsverhältnissen eine gewichtige Rolle, in maritimen Klimaregionen die Exposition bezüglich der Windrichtung der niederschlagsbringenden Luftmassen bzw. Winddrift. Das Relief ist auch für Sonderfälle verantwortlich, z.B. die kompliziert zu formulierenden bzw. rekonstruierenden Massenbilanzen von regenerierten Gletschern bzw. Gletschern mit einem erheblichen Anteil von windverfrachtetem Winterschnee an der Gesamtakkumulation. Ob Lawinen als positive oder negative Punkte in der Massenbilanz auftauchen, ist ebenfalls reliefabhängig. Selbst wenn diese Sachverhalte nur lokal bzw. allenfalls regional größeres Gewicht erlangen, sind Lawinen als Einflußfaktoren nicht zu unterschätzen, zeichnen sie doch vereinzelt für Gletschervorstöße verantwortlich, die scheinbar in Widerspruch zu den klimatischen Rahmenbedingungen stehen (vereinzelte Vorstöße in den 1940er Jahren in den Schweizer Alpen).

Nicht unbedingt in den Untersuchungsgebieten, aber generell muß aufgrund der regional starken Bedeutung der Albedo die Möglichkeit nicht-meteorologischer Einflußnahme auf diese in Betracht gezogen werden. Supraglazialer Debris, permanent abgelagert bzw. durch spezielle *events* (Bergstürze etc.) auf die Gletscheroberfläche gelangt, kann bei entsprechender Mächtigkeit durch Isolationswirkung die oberflächliche Ablation wirkungsvoll herabsetzen und somit die klimatische Determinierung der

Massenbilanz verschleiern. In einigen Sonderfällen aus der spätweichselzeitlichen Deglaziationsperiode wird ferner diskutiert, ob dünne vulkanische Aschenlagen nicht eine enorm ablationsverstärkende Wirkung durch starke Herabsetzung der Albedo bei abwesender Isolationswirkung gehabt haben können. Eine für sich zurückziehende Gletscher typische Bedeckung der Gletscherzunge mit supraglazialem Debris kann bei geringer Mächtigkeit im Selbstverstärkungseffekt die klimainduzierte Ablation weiter erhöhen und so Einfluß auf die Nettobilanz ausüben. Treten proglaziale Seen auf, muß Kalbung als stets negativer Faktor der Massenbilanz Berücksichtigung finden.

Schon bei Beschränkung auf die Ergebnisse der regionalen Untersuchungen möglicher Einflußfaktoren auf die Massenbilanz zeigt sich deutlich, warum die Vorstellung einer leicht zu formulierenden Beziehung zwischen Klima und Massenhaushalt in der Realität nicht gegeben ist und stattdessen intensive regionale und lokale Untersuchungen als zwingend notwendige Voraussetzungen gelten müssen, will man diese Beziehung näher interpretieren.

8.5 BEZIEHUNG MASSENBILANZ - GLETSCHERSTANDSSCHWANKUNG

Auch bei Konzentration auf die Aussagekraft der Massenbilanz ist man nicht in der Lage, die Beziehung Klima - Gletscherstandsschwankung hinreichend zu charakterisieren und zu interpretieren, da die regional und lokal zu differenzierende Wirkungsweise von Massenbilanzschwankungen in Abhängigkeit zusätzlicher Einflußfaktoren beachtet werden muß. Änderungen der Massenbilanz über einen kurz-, mittel- oder langfristigen Zeitraum können Änderungen des Gletscherstands verursachen (wobei sich die Untersuchungen i.d.R. auf frontale Gletscherpositionsänderungen beziehen). Dadurch kann die Reaktion des Gletschers auf eine Klimaänderung verzögert auftreten, eine Gletscherstandsänderung sogar in mehr oder weniger starkem Kontrast zur aktuellen Klimaentwicklung stehen.

Für die Auswirkung einer Massenhaushaltsschwankung auf den Gletscherstand ist deren Charakter von entscheidender Bedeutung (d.h. positive oder negative Massenhaushaltsschwankung). Ebenso ist deren Dauer von eminenter Wichtigkeit, da jährlich alternierend positive bzw. negative Nettobilanzen sich in ihrer Wirkung gegenseitig aufheben (nur in Sonderfällen extrem kurzer Reaktionszeit des Gletschers sind Auswirkungen auf den Gletscherstand zu erwarten). Die erforderliche Länge bzw. Stärke einer Massenhaushaltsschwankung bezüglich feststellbarer Gletscherstandsänderungen ist von Gletscher zu Gletscher unterschiedlich und resultiert v.a. aus differenter Reaktionszeit bzw. durch Massenumsatz bestimmter klimatischer Sensibilität. Vom Gletscherstand bei Eintritt der Massenhaushaltsschwankung, d.h. der Position der Gletscherzunge, hängt es ab, ob und in welcher Stärke der Gletscher z.B. auf eine positive Massenhaushaltsschwankung durch einen Vorstoß reagiert. Zuerst ist hierbei die Wechselwirkung mit dem Massenhaushalt selbst zu beachten, d.h. die Beeinflussung des Massenhaushalts durch die Gletschermorphologie (Gletschergröße, Flächen-Höhen-Verteilung etc.). So fällt die Reaktion eines Gletscher in seiner frührezenten Maximalposition (d.h. große Flächenausdehnung mit bereits weit vorgeschobener Gletscherzunge) auf die gleiche positive Massenhaushaltsschwankung anders aus als wenn der gleiche Massenzuwachs bei weit zurückgezogenem Gletscherstand auftritt. Es konnte im Ostalpenraum gezeigt werden, daß der frührezente Maximalvorstoß um 1850 nur deshalb eine große Dimension aufwies, weil sich die Gletscher nach einem vorangegangenen Vorstoß um 1820 noch in relativ weit vorgeschobenen Positionen befanden. Isoliert betrachtet war die damalige klimatische Fluktuation (festgemacht an der Lage der Gleichgewichtslinie) durchaus mit der um 1920 vergleichbar, wobei um 1920 aufgrund zwischenzeitlich stattgefundenen starken Gletscherrückzugs und resultierenden geringeren Gletscherständen nur ein untergeordneter Wiedervorstoß verursacht wurde. Die Größenordnung der frührezenten Hochstände ist durch den Einflußfaktor Gletscherstand entscheidend mitgeprägt, da infolge (isoliert betrachtet) gletschergünstigerer klimatischer Rahmenbedingungen z.B. der Vorstoß um 1820 generell alpenweit größere Dimension als der um 1850 hätte besitzen müssen. Auch darf spekuliert werden, daß die Gletscher der Mont Blanc-Region den Gletscherhochstand um 1640 weitaus weniger deutlich aufgewiesen hätten, wäre diesem Vorstoß nicht unmittelbar zuvor ein erster Hochstand um 1600 vorausgegangen. Auf aktuelle Verhältnisse übertragen bedeutet dies, daß ähnliche Klima- bzw. Massenhaushaltsschwankungen, wie sie zum Zeitpunkt der frührezenten Hochstände aufgetreten sind, bei den aktuell stark geschrumpften und zurückgezogenen Gletschern nicht zwangsläufig kurzfristig einen erneuten Gletscherhochstand verursachen können. In Westnorwegen ist in diesem Zusammenhang die Überlegung interessant, wie die extrem positiven Massenbilanzen der letzten Jahre bei stärker vorgeschobenem Gletscherstand wirken würden.

Im reziproken Fall großer Gletscherrückzugsphasen, z.B. Mitte des 20.Jahrhunderts, muß kontrastierend die Wirkung eines noch unangepaßten Gletscherstands an die parallelen klimatischen Rahmenbedingungen (Gletscher aufgrund der Wiedervorstöße der ersten Dekaden des 20.Jahrhunderts noch weit vorgeschoben) bei deren Interpretation beachtet werden, d.h. die rekonstruierte Klimafluktuation muß evtl. als weniger extrem klassifiziert werden. So hat eine Abfolge negativer Nettobilanzen, verursacht durch hohe Sommertemperaturen und seltene sommerliche Schneefälle, an Ostalpengletschern bei tiefgelegenen Gletscherzungen als Resultat eines vorausgegangenen Hochstands differente (konkret negativere) Auswirkungen auf den Gletscherstand als bei deren Auftreten bei (wie aktuell) stark reduzierter Länge der Gletscherzungen und hochgelegener Gletscherfläche. Zu beachten ist, daß in unmittelbarem Anschluß an einen Hochstand durch enorm vergrößerte Eismasse ein Gletscherrückzug bei entsprechender Morphologie der Gletscherzunge sich zunächst v.a. durch vertikale Eismächtigkeitsabnahme bemerkbar macht, bevor auch ein frontaler Rückzug einsetzt (in Folge frührezenter Hochstände häufig beobachtet, da z.B. bei isolierter Betrachtung der klimatischen Rahmenbedingungen der Rückzug im unmittelbaren Anschluß an den 1850er Hochstand stärker hätte ausfallen müssen). Die aufgezeigte Bedeutung des Gletscherstands zeigt sich auch im Zusammenhang zahlreicher Simulationen der Gletscherreaktion auf vorgegebene Klimafluktuationen. Resultierend aus dem starken Gewicht des Einflußfaktors Gletscherstand erscheint auch die ungeprüfte Übertragung z.B. dendrochronologisch exakt ausgewiesener Klimaschwankungen auf Gletscherstandsschwankungen fragwürdig (im Alpenraum haben z.B. dendrochronologisch belegte klimaungünstige Perioden nicht zwangsläufig zu holozänen Maximalständen geführt).

Die u.a. von Gletschergröße, Gletschermorphologie und resultierender Eisgeschwindigkeit abhängende Reaktionszeit ist Zeitmaß für die Verzögerung, mit der Schwankungen der Massenbilanz sich auf die frontale Position des Gletschers auswirken. Jeder Gletscher besitzt eine individuelle Reaktionszeit, welche bei Korrelationsversuchen der Gletscherstandsschwankungen mit Klimafluktuationen beachtet werden muß. Unterschiede in der Reaktionszeit zählen zu den Hauptursachen für regionale bzw. lokale Unterschiede in der Reaktion der Gletscher auf Massenbilanzschwankungen. So nahmen sowohl im Fall des 1920er Vorstoßes in den Ostalpen wie im Fall der beiden Wiedervorstöße des 20.Jahrhunderts in Westnorwegen v.a. (wenn auch nicht ausschließlich) Gletscher mit längerer Reaktionszeit an diesen Vorstößen teil, wie analog dazu aktuell erst seit kurzem an den Gletschern mit längerer Reaktionszeit in Westnorwegen Vorstoßtendenzen verzeichnet werden, nachdem diese an reaktionsschnellen Gletschern bereits seit den 1960er Jahren (mit Unterbrechung) auftreten. Für die Beurteilung der Gletscherstandsschwankungen einer Region macht es Sinn, durch Korrelation Gletscher gleicher Reaktionszeit zu klassifizieren, wie sie hier im Fall der Outletgletscher des Jostedalsbre anhand deren Reaktion im 20.Jahrhundert durchgeführt wurde. Es ergibt sich dabei eine deutliche Klassifizierung in drei unterschiedliche Gruppen, einer Gruppe reaktionsschnellerer Gletscher mit Reaktionszeiten zwischen 2 und 4 Jahren gegenüber langen Outletgletschern mit 20 - 25 Jahren Reaktionszeit bzw. dem Tunsbergdalsbre mit dem maximalen Wert von 35 Jahren Reaktionszeit. Sind Massenbilanzschwankungen nur kurzfristig, können bei langen Reaktionszeiten diese Vorstöße nicht auftreten, wogegen andererseits Rückzugsphasen ihre Spitzenwerte reaktionszeitabhängig intraregional differenziert aufweisen. Speziell zur Untersuchung kurzfristiger Trends sind daher reaktionsschnelle Gletscher zu bevorzugen, selbst wenn als Resultat auf diese Sensibilität die Maximalwerte während Vorstoß- wie Rückzugsphasen extremer als an trägeren Gletschern längerer Reaktionszeit ausfallen. Der Zeitpunkt, zu dem ein Gletscher seinen frührezenten Maximalstand erreichte, ist folglich stark von seiner Reaktionszeit abhängig, was bei

Interpretation seines Schwankungsverhaltens Berücksichtigung finden sollte. Resultierend ergibt sich eine mehrere Jahre breite Streuung in der Datierung der frührezenten Hochstände, selbst wenn zeitgleiche Massenhaushaltsschwankungen dem Hochstand zugrundeliegen. Zahlreiche Beispiele über „anomale" Hochstände verschiedener Gletscher aus Alpenraum wie Skandinavien (z.B. Großer Aletschgletscher, Blomsterskardbreen) können zumindest anteilig auf differente Reaktionszeiten zurückgeführt werden.

Der Massenumsatz eines Gletschers, ein Maß für die durchschnittliche absolute Größe von Gesamtakkumulation wie -ablation, ist entscheidend für die „Sensibilität", mit der ein Gletscher auf Massenbilanzänderungen reagieren kann. Durch hohe absolute Werte von Sommer- bzw. Winterbilanz können selbst kurzfristige und prozentual geringe Änderungen erhebliche Konsequenzen für die Nettobilanz haben. So kann in Westnorwegen bei hohen Massenumsätzen beispielsweise durch überdurchschnittliche Winterakkumulation bei noch nicht einmal zwangläufig unterdurchschnittlicher Sommerablation in wenigen Jahren (wie z.B. aktuell zu beobachten) ein Massenzuwachs der Gletscher um mehrere Meter w.e. erfolgen, wozu selbst bei sehr positiven Massenbilanzen im Ostalpenraum aufgrund der geringeren absoluten Teilbilanzwerte ein deutlich längerer Zeitraum notwendig wäre. Im umgekehrten Fall kann bei Ausbleiben der hohen Winterakkumulation in Westnorwegen aufgrund der stets hohen sommerlichen Ablation schnell ein substantieller Massenverlust auftreten. Unabhängig von der Reaktionszeit kann die durch den Massenumsatz verursachte klimatische Sensibilität das Reaktionsverhalten des Gletschers erheblich beeinflussen.

Ebenfalls mit hohen Massenumsätzen bzw. starker Winterakkumulation sind die insbesonders glazialmorphologisch wichtigen Wintervorstöße verknüpft. Der saisonale Vorschub des Gletschers im Frühjahr vor Einsetzen der Ablationssaison ist speziell in maritimen Gebieten (wie z.B. Westnorwegen) weit verbreitet, u.a. als Reaktion auf die starken Winterniederschläge und die durch den hohen Massenumsatz mitbestimmten vergleichsweise höheren Geschwindigkeiten der Gletscher (in seinem Bestreben ein Gleichgewicht zwischen starker Akkumulation und hoher Ablation an der Gletscherzunge herzustellen). Wintervorstöße werden zwar durch die jährlich am Ende der Ablationssaison durchgeführten Gletscherfrontpositionsmessungen nicht erfaßt, ihr Auftreten ist morphologisch aber einwandfrei belegt.

Neben einer sekundären Beeinflussung des Gletscherstandsschwankungsverhaltens über die Einflußnahme auf Gletschermorphologie, Reaktionszeit, Massenhaushalt etc. zeigt das Relief auch primär durch die Gestaltung des Makro- und Mesoreliefs des präexistenten Gletschervorfelds Wirkung auf die Ausprägung von Gletschervorstößen bzw. -rückzugsphasen. Orographisch bedingt kann z.B. eine Gletscherzunge in einem steilen, engen Tal durch kompressiven Eisfluß leichter und schneller vorstoßen als auf einem weitläufigen ebenen Talboden mit Möglichkeit der Diffluenz der Eismassen (oder Transfluenz und Ausbildung verschiedener Gletscherzungen). Die schnellen frührezenten Vorstöße des Vernagtferners wurden z.B. durch das Relief entscheidend mitverursacht, wie im übrigen auch der Einfluß des Reliefs auf die Gletscherbasis einen nicht zu vernachlässigenden Einflußfaktor darstellt. Die Struktur des Gletscherbetts kann die Eisabflußrichtung determinieren und durch Wechselwirkung mit der Gletschermorphologie bzw. Gletschermasse scheinbare Gletscherstandsschwankungen induzieren (z.B. am Jostedalsbreen durch Veränderung der Größe der den einzelnen Outletgletschern zuzuordnenden Sektoren des Plateaugletschers). Zusätzlich dem Relief zuzurechnen ist die Modifikation des klimainduzierten Vorstoßverhaltens durch proglaziale Seen bei Verlust der Gründigkeit der Gletscher und Ausbildung einer Kalbungsfront, die nicht nur zu einer Verstärkung bzw. Beschleunigung von Gletscherrückzügen führt, sondern auch Vorstoßtendenzen beeinflussen kann.

Neben o.e. an allen Gletschern zu beachtenden Einflußfaktoren sind in Spezialfällen noch besondere glaziologische Phänomene, wie z.B. kinematische Wellen, bei einer Interpretation der Gletscherstandsschwankungsdaten zu berücksichtigen. So ergibt sich ein sehr komplexes Bild der Beziehung Klima - Gletscher und der diese Beziehung maßgeblich bestimmenden Einflußfaktoren, wobei die Schwierigkeit, insbesondere bei einer möglicher Verwendung von Gletschern als Klimazeugen, in der regionalen Differenzierung des Gefüges der Einflußfaktoren liegt. Eine verallgemeinerbare Ordnung o.e.

Faktoren existiert nicht und in anderen, in dieser Arbeit nicht näher behandelten Gletscherregionen, ist mit dem Hinzutreten zahlreicher zusätzlicher Einflußfaktoren zu rechnen.

8.6 KLIMAREKONSTRUKTION MIT HILFE VON GLETSCHERSTANDS-SCHWANKUNGSDATEN

Klimarekonstruktionen auf Basis von Gletscherstandsschwankungsdaten erleben seit einigen Jahren enorme Konjunktur, nicht zuletzt aufgrund ihrer Bedeutung für die aktuelle Fragestellung einer prognostizierten zukünftigen Klimaänderung, der Indikation bzw. Abschätzung eines postulierten anthropogenen Einflusses. Leider werden bei der Mehrzahl der vorliegenden Arbeiten die sich aus oben dargestellten komplexen Beziehungen zwischen einzelnen Klimafaktoren und dem Gletscherverhalten ableitenden Einschränkungen bzw. Vorbedingungen für die Verwendung von Gletscherstandsschwankungs- und Massenbilanzdaten i.d.R. mißachtet. Folgerichtig müssen neben den Ergebnissen solcher Rekonstuktionen/Simulationen sowie der statistisch/mathematischer Durchführung v.a. deren Ansätze und Input-Daten einer kritischen Überprüfungen unterzogen werden.

So kann z.B. bei einer aktuellen Untersuchung von OERLEMANS (1994) schon der Ansatz kritisiert werden, da Gletscherstandsschwankungsdaten bei Berücksichtigung o.e. Einflußfaktoren nicht dazu geeignet sind, eine Quantifizierung der (postulierten) „globalen Erwärmung" zu leisten. Zusätzlich ist zu fragen, ob eine ubiquitär ausprägende weltweite Erwärmung aus klimadynaimschen Gründen überhaupt auftreten kann. Es ist außerdem unwahrscheinlich, daß bei den vielfältigen regional bzw. großräumlich wirkenden klimatischen Interaktionsmustern (z.B. bei Einbeziehung der klimabeeinflussenden Wirkung der Ozeane etc.; s.a. ORHEIM & BREKKE 1989) selbst ein globale Wirkung zeigender Einflußfaktor identische Temperaturänderungen in allen Klimazonen der Nord- und Südhemisphäre verursachen kann. Ferner setzt der Ansatz von OERLEMANS ein „globales" Gletscherverhalten voraus, das (s.o.) als empirisch eindeutig widerlegt bezeichnet werden kann. Auch ist die vorausgesetzte dominierende Stellung der Lufttemperatur für das Gletscherverhalten in vielen Regionen nicht gegeben (s.o.) und Gletscherstandsschwankungen eignen sich nicht zur Rekonstruktion von Jahrestemperaturwerten, sondern (in bestimmten Regionen) lediglich zur Darstellung von Fluktuationen der Sommertemperatur.

Allein diese Kritik am Ansatz der Untersuchungen OERLEMANS läßt Zweifel an der Aussagekraft der Ergebnisse aufkommen, denn bei jeder Klimarekonstruktion auf Grundlage von Gletscherstandsschwankungsdaten kann nur mit den Erkenntnissen der Glaziologie bzw. empirischer klimatischer/ meteorologischer Untersuchungen in Einklang stehendem Ansatz davon ausgegangen werden, das Ergebnisse hoher Aussagekraft erzielt werden. Entsprechen dagegen die Ergebnisse lediglich den „Erwartungen" bzw. mit anderer Methodik erzielten Ergebnissen überein, muß dieses Faktum als Zufall oder subjektiv beeinflußtes Ergebnis bezeichnet werden, wobei auch andere Punkte der Durchführung der Berechnungen (z.B. Auswahl der Gletscher, statistische Aufbereitung etc.) im Detail einer strengen Kritik unterzogen werden müßten. Wegen dieser mangelnden Berücksichtigung o.e. Einschränkungen besitzen die erhaltenen Ergebnisse (im konkreten Fall ein durchschnittlicher Gletscherrückzug von 1,23 km in 94 Jahren bzw. eine abgeleitete globale (!) Jahres(!)temperaturerhöhung von 0,66 K; s. OERLEMANS 1994) nur begrenzte Aussagekraft. Zwar liegt dieses Ergebnis „im Trend" der v.a. populärwissenschaftlich und wissenschafts-/umweltpolitisch betonten „globalen Erwärmung", man muß sich aber im klaren darüber sein, daß sich Gletscherstandsschwankungsdaten bei solcher Vorgehensweise nicht zur Ausweisung globaler Temperaturänderungen eignen.

Leider gibt es zahlreiche Beispiele für die weitverbreitete Simplifizierung der Beziehung zwischen Gletschern und Klima sowie die Reduktion deren klimatischer Aussagekraft auf Lufttemperaturdaten (durch uneingeschränkt begrüßenswerte leichte Verfügbarkeit globaler Gletscherstandsschwankungs- und Massenhaushaltsdaten leider mitverursacht). Tatsache ist, daß ohne Kenntnis regionaler (in vielen Fällen sogar lokaler) Verhältnisse der Glaziologie Gletscherdaten nicht ohne weiteres als Input-Daten für Klimarekonstruktionen bzw. -simulationen verwendet werden dürfen. Sollen Gletscherstandsschwankungs-

daten (durch Kürze der Meßreihen werden Massenbilanzdaten kaum Verwendung finden) für Klimarekonstruktionen verwendet werden, müssen verschiedene Einschränkungen/Arbeitsschritte beachtet werden:
- Aufgrund unterschiedlicher Gewichtung einzelner Klimafaktoren in ihrem Einfluß auf die Massenbilanz eignen sich Gletscherstandsschwankungsdaten nur zur Rekonstruktion bestimmter Klimaelemente/-parameter in regionaler Differenzierung. Bestimmte Klimaparameter können nicht rekonstruiert werden, wozu z.B. die Jahresdurchschnittstemperatur zählt. Wenn in bestimmten Regionen zwei Klimafaktoren nahezu gleichgewichtig bzw. in temporärer Variation die Massenbilanz bestimmen, ist es nur eingeschränkt möglich, einzelne Klimafaktoren zu rekonstruieren.
- Ist das aktuelle Bedeutungsgefüge der Klimafaktoren bekannt, muß bei zeitlich weiter zurückgehenden Untersuchungen abgeschätzt werden, ob und in welcher Form dieses Bedeutungsgefüge bei differentem Gletscherstand bzw. veränderten klimatischen Rahmenbedingungen Veränderungen unterworfen war.
- Greift man auf Gletscherstandsschwankungsdaten zurück, ist die Reaktionszeit ebenso zu berücksichtigen wie evtl. nicht-meteorologische Einflußfaktoren.
- Die Exaktheit der Gletscherstandsschwankungsdaten muß je nach Anspruch an die Genauigkeit der Klimarekonstruktion in die Überlegungen miteinbezogen werden. Exakte jährliche Gletscherstandsschwankungsdaten lassen eine andere Genauigkeit als z.B. vereinzelte Positionsmessungen im Abstand von mehreren Jahren oder Jahrzehnten bzw. lichenometrisch ausweisbare Gletscherpositionen. Letztgenannte müssen auch unter Berücksichtigung der glazialmorphologischen Geneseprozesse für exakte Klimarekonstruktion als ungeeignet gelten, da der Unsicherheitsspielraum zu groß ist.
- Die unvermeidbare statistische Aufbereitung der Daten sollte sich in engen Grenzen halten, denn je größer die Zusammenfassung zu Mittelwerten ist, desto geringer ist die mögliche Aussagefähigkeit über klimatische Extrema, die speziell an klimatisch sensiblen Gletschern mit großen Massenumsätzen bei kurzer Reaktionszeit entscheidend für das Gletscherstandsschwankungsverhalten sein können.
- Bei Interpretation der erhaltenen Ergebnisse ist stets die Qualität der Input-Daten und mögliche Unsicherheit des Ansatzes zu berücksichtigen, ein angemessener Ungenauigkeitsspielraum einzuräumen.
- Bei allen Klimarekonstruktionen ist eine regionale Differenzierung unerläßlich. Ansätze, „globale" Änderungen von Klimafaktoren auszuweisen, sind durch regionale Unterschiede in Glaziologie der Hochgebirgsgletscher und massenbilanz- bzw. gletscherstandsschwankungsdeterminierender Einflußfaktoren a priori zur Erfolglosigkeit verdammt. Nur aufgrund regionaler Einzeluntersuchungen, die gleichsam als Bausteine eines großen Mosaiks anzusehen sind, kann auf globale bzw. überregionale Klimatrends geschlossen werden. Jede Generalisierung von der regionalen Untersuchungsebene auf ein globales oder hemisphärisches Niveau ist dagegen abzulehnen, selbst wenn eine solche Vorgehensweise, u.a. aufgrund ihrer einfachen Durchführbarkeit, weitverbreitet ist.

8.7 VORAUSSETZUNG ZUR URSACHENFORSCHUNG VON GLETSCHERSTANDSSCHWANKUNGEN

Ohne hinreichend genaue und differenzierte Chronologie und Ausweisung von abgesicherten Trends der Gletscherstandsschwankungen oder Massenbilanzschwankungen einer Gletscherregion in ihrer regionalen Differenzierung kann keine seriöse Erforschung der Ursachen für diese weitgehend, aber eben nicht ausschließlich, klimadeterminierten Veränderungen des Gletscherstands erfolgen. Speziell für weiter zurückliegende Zeiträume nur vereinzelt vorliegende, zusätzlich regional weit gestreute und methodisch mit großem Unsicherheitsspielraum versehene Belege für Gletscherstandsschwankungen (z.B. im älteren oder mittleren Holozän) ist es nach Ansicht des Verfassers nur schwer möglich, verläßliche Aussagen über Klimafluktuationen zu ziehen, da zudem der Möglichkeit subjektiver Einflußnahme in der statistischen Datenaufbereitung zu großer Spielraum eingeräumt wird. Greift man auf die originalen Geländebefunde sowie deren methodisch limitierten Exaktheitsgrad zurück und berücksichtigt zusätzlich die aufgezeigten möglichen Einflußfaktoren auf Gletscherstandsschwankungsverhalten bzw. resultierend zu fordernden Einschränkungen bei einer Interpretation bezüglich deren Aussagekraft über Klimaschwankungen, dürfte man für den prä-frührezenten Zeitraum Gletscher nicht als exakte Klimazeugen verwenden. Allenfalls in Kombination mit aus anderen Untersuchungsmethoden gewonnenen Ergebnissen können diese unter vorgegebenen Einschränkungen berücksichtigt werden, womit aber die Korrelationen von Gletscherstandsschwankungsdaten mit Klimaparametern ausscheidet. Lediglich die inzwischen aus einigen Regionen vorliegenden, relativ gesicherten Grundmuster des holozänen Gletscherstandsschwankungsverhaltens dürfen mit entsprechender Einschränkung in diesem Sinne verwendet werden.

Etwas different stellt sich die Situation im Fall der frührezenten Gletscherstandsschwankungen dar, wo zumindest auf regionaler Ebene eine Korrelation mit Klimaparametern möglich ist und empirisch bereits erfolgreich vollzogen wurde. Wie bereits betont, ist für einige durch historische Zeugnisse exakt datierte frührezente Hochstände im Alpenraum deren ursächliche Verknüpfung mit feuchten, niederschlagsreichen (d.h. im Alpenraum durch frequente sommerliche Schneefälle gekennzeichneten) Sommern inzwischen eindeutig belegbar geworden (s. z.B. PFISTER 1984a, RÖTHLISBERGER 1986). In West-/Zentralnorwegen scheitert ein ähnliches Unterfangen bis dato an fehlenden genauen Datierungsmöglichkeiten der Gletschervorstöße. Durch Anwendung der mit einem gewissen Unsicherheitsspielraum behafteten Lichenometrie und unsicherer klimatischer/glazialdynamischer Charakterisierung der Endmoränenbildungsphasen kann wegen nur begrenzter Anwendungsmöglichkeit der Methoden der historischen Klimatologie die Klimaentwicklung nicht derart detailliert dargestellt werden, wie es inzwischen für den Alpenraum bzw. Mitteleuropa der Fall ist.

Selbstverständlich ist bei Übertragung historischer Klimaaufzeichnungen aus Gebieten außerhalb der eigentlichen Gletscherregionen die Repräsentativität der vorliegenden Klimaindizes zu prüfen. Ist diese allerdings gewährleistet bzw. wird entsprechend als Unsicherheitsfaktor berücksichtigt, besteht durchaus die Möglichkeit eines noch weiter als den Beginn der frührezenten Gletschervorstöße zurückreichenden Versuchs der Rekonstruktion des Gletscherstandsschwankungsverhaltens im Alpenraum auf Grundlage vorliegender klimatischer Proxy-Daten. Bei deren Auswahl ist stets die Beziehung der durch Proxy-Daten repräsentierten klimatischen Einflußfaktoren auf den Massenhaushalt der Gletscher zu klären, d.h. im Fall der Ostalpen, daß nur Klimaindizes mit Aussagefähigkeit über kühle, niederschlagsreiche (aussagekräftig in bezug auf positiven Massenhaushalt) bzw. trockene, heiße Sommer (mögliche Korrelation mit negativen Massenhaushalten) Verwendung finden können. Andere Klimaindizes, die z.B. die „Strenge" von Wintern belegen, besitzen dagegen kaum Aussagekraft bezüglich des Gletscherstandsschwankungsverhaltens der Ostalpengletscher.

Bei den rezenten Gletscherstandsschwankungen ist man aufgrund parallel vorliegender erster instrumenteller Klimadaten aus der Gletscherregion in der Lage, weitreichendere Aussagen nicht nur über die Auswirkung der Fluktuationen einzelner Klimaparameter, sondern auch die Auswirkungen einzelner Großwetterlagen zu treffen. Neben einer Verifizierung der Kopplung positiver Massenbilanzen mit der Frequenz sommerlicher Schneefälle (FLIRI 1990 etc.) konnte weitergehend eine gute Übereinstimmung der Frequenz zyklonaler Wetterlagen im Sommer und Herbst mit Massenbilanzschwankungen nachgewiesen werden (KERSCHNER 1991 etc.). Nicht zuletzt aufgrund methodischer Probleme sind derart weitgehende Schlußfolgerungen für das west-/zentralnorwegische Untersuchungsgebiet bis dato nicht möglich. Fest steht allerdings, daß der aktuelle Gletschervorstoß eindeutig auf die in den letzten Jahren stark überdurchschnittlichen Winterschneemengen (bei relativ milden Wintertemperaturen) zurückzuführen ist, d.h. das Klima ist durch starke zyklonale Aktivität gekennzeichnet. Eine solche Aussage ist allerdings für die beiden Wiedervorstöße der ersten Dekaden des 20.Jahrhunderts nicht möglich, da überdurchschnittliche Winterniederschläge und unterdurchschnittliche Sommertemperaturen in gemeinsamer Wirkung für die Vorstöße verantwortlich zeichnen, ohne daß einem der beiden Klimafaktoren eine dominierende Position zugesprochen werden kann. Als möglicher Unterschied zu den starken Rückzugstendenzen Mitte des 20.Jahrhunderts ist aktuell im übrigen im Jotunheimen ein stärkerer Einfluß maritimer Klimabedingungen, zumindest in der Wintersaison, festzustellen. Unabhängig von den Klimafluktuationen im einzelnen ist aufgrund der Interaktion der beiden dominierenden Klimafaktoren Winterniederschlag und Sommertemperatur bei hohen Massenumsätzen die Massenbilanz der Gletscher sehr sensitiv bezüglich kurz-, mittel- und v.a. langfristiger Veränderungen der allgemeinen, die Zyklonengenese steuernden Zirkulationsmuster und Ozean-Atmosphäre-Kreisläufen. Bei einer Ursachenforschung der klimatischen Gründe für das holozäne und frührezente Gletscherstandsschwankungsverhalten muß daher den Verhältnissen im Nordatlantik besondere Aufmerksamkeit geschenkt werden, nicht nur bezüglich einer Interaktion zwischen Packeisgrenze bzw. Meeresströmung und Lufttemperatur, sondern besonders auch bezüglich der Möglichkeit zur Aufnahme von Luftfeuchtigkeit. Nicht umsonst besteht eine auffällige Korrelation zwischen der Periode des frührezenten Maximalvorstoßes in Westnorwegen zur innerhalb der frührezenten Hochstandsphase vergleichsweise nördlichen Lage der Packeisgrenze (JONES & BRADLEY 1992).

Möchte man Gletscherstandsschwankungen nicht nur mit Fluktuationen einzelner Klimafaktoren/-parameter bzw. Großwetterlagen/atmosphärischen Strömungsmustern in Beziehung setzen, sondern die Ursachenforschung auf terrestrische bzw. extraterrestrische Einflußfaktoren für kurz-, mittel- und langfristige Klimaänderungen ausweiten, muß berücksichtigt werden, daß jene eine andere Qualität als direkte meteorologische Meßergebnisse haben und aufgrund o.e. komplexer Beziehungsgefüge regional differenzierter Einflußfaktoren Defizite in der Qualität der Input-Daten und Untersuchungsansätze nicht durch statistisch hochentwickelte Modelle ausgeglichen werden können. Insbesondere die Auflösungsmöglichkeit unterliegt einer strengen Limitierung. So kann beispielsweise das in historischen meteorologischen Meßreihen als markanteste Kältephase innerhalb des *„Little Ice Age"* ausgewiesene MAUNDER-Minimum (ca. 1675 - 1715) in der Reaktion der Gletscher beider Untersuchungsgebiete nicht eindeutig abgelesen werden. Während der in diese Periode fallende ostalpine Hochstand um 1680 erst in der Anfangsphase des MAUNDER-Minimum liegt (d.h. die Grundlagen in Form positiver Massenbilanzen schon mehrer Jahre früher gelegt worden sein müssen), ist jener Hochstand zusätzlich auch nur einer unter mehreren, und i.d.R. nicht der frührezente Maximalvorstoß. Der frührezente Maximalvorstoß in Westnorwegen fällt dagegen in das klimatisch innerhalb des *„Little Ice Age"* relativ klimagünstige post-MAUNDER, so daß an eine einfache kausale Verkettung von MAUNDER-Minimum mit Gletscherstandsschwankungen nicht zu denken ist. Gleiches gilt für u.a. als Ursachen für Klimaschwankungen betrachteten vulkanischen Eruptionen. Eine ursächliche Verknüpfung von belegten (allerdings kurzfristigen) Klimaanomalien in Folge bedeutender Eruptionen mit Gletscherstandsschwankungen kann bis dato ebenfalls nicht eindeutig nachgewiesen werden. Nach Ansicht des Verfassers sollten aufgrund oben aufgezeigter Einschränkungen Gletscherstandsschwankungsdaten nicht isoliert zur Ausweisung bestimmter Ursachen von Klimaschwankungen herangezogen werden, da deren Auflösung wie Genauigkeit in solchen Verfahren streng limitiert ist.

8.8 GLAZIALMORPHOLOGIE DER FRÜHREZENTEN GLETSCHERVORFELDER UND IHR POTENTIAL BEZÜGLICH DER CHARAKTERISIERUNG VON GLETSCHERSTANDSSCHWANKUNGEN

In Verbund mit anderen Einflußfaktoren ist die Gletscherstandsschwankungsgeschichte ausschlaggebend für die Ausgestaltung der frührezenten Gletschervorfelder. Der Formenschatz des Gletschervorfelds besitzt ein erhebliches Potential, unter Berücksichtigung der glazialmorphologischen genetischen Formungsprozesse aus den Formenelementen bzw. der Konfiguration ihres Auftretens im Gletschervorfeld Rückschlüsse auf die glaziale Dynamik ziehen zu können, d.h. wann während einer Gletscherpositionsänderung betreffende Formen aufgebaut wurden bzw. welcher glazialdynamische

Zustand des Gletschers beim Aufbau der entsprechenden Formen anzunehmen ist. Die Berücksichtigung des Gletscherstandsschwankungsverhaltens ist auch bei morphologische Formen einbeziehenden Datierungsmethoden notwendig, z.b. durch Charakterisierung der glazialdynamischen Stellung ^{14}C-datierter fossiler Bodenhorizonte oder lichenometrischer Datierungen von Moränenwällen.

Bei einem solchen Verfahren sind jedoch vielfältige, klima- und gletscherstandsunabhängige Einflußfaktoren ebenso wie sich aus den glaziologischen Eigenschaften der Gletscher (Vorstoßverhalten, Gletschergeschwindigkeit, basales Regime an der Gletscherbasis, Menge anfallenden Schmelzwassers etc.) ergebende regionale und lokale Unterschiede zu beachten. Das Relief nimmt entscheidend Einfluß auf die Ausgestaltung der Gletschervorfelder, beispielsweise durch das Makrorelief bezüglich präexistenter Orographie der Gletschervorfelder oder Existenz hoher Gletscherumrahmungen bzw. Nunatakker im Gletscher mit Konsequenzen auf das Gletschertransportsystem infolge erhöhten supraglazialen Debriszutrags (resultierende Ausbildung supraglazialer Moränenformen kann Einfluß auf den Formenschatz des Vorfelds bzw. die Sedimentologie des Moränenmaterials nehmen). Die Quantität des Debriszutrags steht außerdem in direkter Abhängigkeit von den klimatischen Rahmenfaktoren infolge deren Einflußnahme auf auftretende Verwitterungsprozesse bzw. -raten und der Petrographie des anstehenden Festgesteins. Die Petrographie bestimmt die Wirkungskraft glazialer Erosionsprozesse an der Gletscherbasis, Unterschiede in absoluten Zurundungswerten der Komponenten des Moränenmaterials bzw. dessen Korngrößenverteilung. Auch vorliegende Gesteinsklüftung bzw. Faltungsstrukturen zeigen makro-, meso- und mikroskalar Auswirkung auf den Formenschatz des Gletschervorfelds. Art des Gletscherbetts, sein Relief und insbesondere seine Sedimentologie ist von großer Bedeutung für die Beurteilung der glazialmorphologischen Formungsprozesse in der frührezenten Hochstandsperiode, wie auch für die aktuellen Verhältnisse. Die bei Lockermaterial an der Gletscherbasis vorhandene Möglichkeit der Aufstauchung sensu lato im Zuge der Ausbildung von Moränen bzw. die Abwesenheit von Moränen beim Vorliegen von Festgestein an der Gletscherbasis prägt entscheidend die frührezenten Gletschervorfelder. Lockermaterial an der Gletscherbasis kommt große Bedeutung zu, da die Produktionsraten „neuen" Moränenmaterials an der Gletscherbasis limitiert sind und aktuell wie frührezent von einem hohen Anteil der Remobilisierung präexistenten Lockermaterials durch den Gletscher ausgegangen werden muß. Ob in Arealen oberflächlich anstehenden Festgesteins überhaupt Moränenmaterial abgelagert werden kann, hängt maßgeblich vom entsprechenden genetischen Akkumulationsprozeß ab und ist i.d.R. unabhängig vom jeweiligen Gletscherstandsschwankungsverhalten.

Noch stärker als bei Gletscherstandsschwankungen oder Massenbilanzen ist bei Interpretation der frührezenten Gletschervorfelder regionale Differenzierung bzw. detailliertes Eingehen auf lokale Verhältnisse an einzelnen Gletschern erforderlich, selbst wenn basierend auf diese Untersuchungen durch Ausweisung genereller Einflußfaktoren bzw. Klassifizierung auftretender Formenelemente verallgemeinerungsfähige Schlußfolgerungen möglich sind. Das Potential der frührezenten Gletschervorfelder zur Charakterisierung und Datierung des Gletscherstandsschwankungsverhalten ist so zwar limitiert, aber bei dessen Nichtberücksichtigung würde ein großes Potential an Aussagekraft verloren gehen, speziell in den Regionen, in denen die frührezente bzw. holozäne Gletscherstandsschwankungschronologie nicht derart gut bekannt ist.

8.9 AKTUELLE GLAZIALE SEDIMENTATIONSMILIEUS IN IHRER BEZIEHUNG ZUM GLETSCHERSTANDSSCHWANKUNGSVERHALTEN, GLAZIALER DYNAMIK BZW. GLAZIOLOGIE

Oftmals fehlen zeitgenössische Beobachtungen oder Untersuchungen, die eine genetische Charakterisierung frührezenter Moränen bzw. die Konfiguration der Formen im Gletschervorfeld erleichtern würden, so daß bei der genetischen Interpretation älterer frührezenter bzw. rezenten Formenelemente bisweilen aufgrund beschränkter Untersuchungsmethodik Unsicherheiten entstehen können. Hilfreiche Schlußfolgerungen bietet daher ein detailliertes Studium der aktualmorphologischen Prozesse an der

Gletscherfront, da man durch die klare Verknüpfung glazialer/glazifluvialer Formungsprozesse mit glazialer Dynamik bzw. Gletscherstandsschwankungsverhalten jene näher charakterisieren und damit bei der Genese frührezenter Moränen aufgetretene Formungsprozesse mit größerer Sicherheit ausweisen kann. Speziell wegen des derzeit unterschiedlichen Schwankungsverhaltens der Gletscher in Ostalpenraum, Jotunheimen bzw. dem Gebiet des Jostedalsbre bieten sich interessante Vergleichsmöglichkeiten.

Resultierend aus aktuellen Rückzugstendenzen und daraus folgernder glazialer Dynamik bzw. Morphologie der Gletscherzungen muß das aktualmorphologische Formungs- bzw. Sedimentationsmilieu im Rofental als äußerst komplex bezeichnet werden. Unterschiedliche Sedimentationsprozesse greifen ineinander bzw. beeinflussen sich interaktiv gegenseitig, wobei glazialdynamisch betrachtet die Mehrzahl der Prozesse als passiv bezeichnet werden muß und keine signifikanten morphologischen Formenelemente aufgebaut werden. Supraglazial treten neben inaktivem Niedertauen teilweise stagnanten Gletschereises an den Gletscherzungen (verknüpft mit der Ablagerung von *supraglacial melt-out till* bei nur geringer Modifikation des originalen Gefüges des dispersen oder in supraglazialen Medialmoränen konzentrierten, zumeist feinmaterialfreien angularen Debris bei nur partiellem englazialen *high-level Transport*) definitionsabhängig als Resedimentation zu bezeichnende Sedimentationsprozesse auf. Feinmaterialreicher supraglazialer Debris subglazialen Ursprungs, unweit der Gletscherfront durch an Scherungsflächen orientierten Debrisbändern zur Gletscheroberfläche transportiert und sukzessive ausgeschmolzen, wird im Gletschervorfeld durch rein gravitativen Versturz oder im stärker wassergesättigten Zustand durch schlammstromähnliches Abgleiten abgelagert. Durch Präsenz von Schmelzwasser unterliegt das grobe supraglaziale Moränenmaterial der supraglazialen Medialmoränen wie das an Scherungsflächen/Debrisbändern austauende feinkörnigere glaziale Sediment starker Feinmaterialauswaschung. Letztgenanntes weist starke Gemeinsamkeiten mit v.a. an subpolaren Gletschern verbreitetem *flow till* auf. Mit Ausnahme ehemalige supraglaziale Medialmoränen darstellender eisbewegungsparalleler Blockkonzentrationen im Vorfeld führt keiner dieser supraglazialen Sedimentationsprozesse im Rofental zur Bildung einer Moräne oder morphologischen Form.

Bei den auftretenden subglazialen Sedimentationsprozessen spielt die Präsenz von Schmelzwasser v.a. sedimentologisch eine bedeutende Rolle. Während aktive subglaziale *lodgement*-Prozesse an der Gletscherzunge in den verbreiteten subglazial-marginalen Hohlräumen bei fehlendem Kontakt zum Gletscherbett nicht beobachtet werden konnten, findet ein permanentes Ausschmelzen des subglazialen Debris aus der basalen Transportzone statt, verbunden mit starker syn- und postsedimentärer glazifluvialer Auswaschung von Feinmaterial. In Sonderfällen kann es bei Blockade der subglazialen bzw. marginalen Drainage zur Akkumulation glazifluvialen Feinmaterials unmittelbar an der Gletscherfront kommen, wobei das Moränenmaterial allgemein stark wassergesättigt ist.

In den letzten Jahren ist durch die Wechselwirkung dieser sub- und supraglazialen passiven Sedimentationsprozesse keine aktive Moränenbildung an den Gletscherzungen im Rofental zu verzeichnen. Lediglich während der rezenten Vorstoßphase bzw. in Einzelfällen in besonderer Situation während aufgetretener, verglichen mit Westnorwegen aber geringer Wintervorstöße, werden niedrige, fragmentierte und morphologisch unbedeutende Moränenformen aufgebaut. Einziger als glazialdynamisch aktiv zu bezeichnender Formungsprozeß ist die Aufpressung stark wassergesättigten Moränenmaterials im Zuge o.e. Wintervorstöße in Kombination mit konzentrierter Ablagerung supraglazialen Debris. Infolge starker supraglazialer Debrisbedeckung entstehen im Zuge des Gletscherrückzugs im Rofental lokal temporäre Eiskernmoränen teilweise großer Dimension (Hintereisferner: Eiskern-Lateralmoräne; Hochjochferner: aus supraglazialer Medialmoräne entwickelte Eiskernmoräne), die aber relativ schnell durch Kollabieren des Eiskerns niedertauen und an denen in Kombination starke glazifluviale Prozeßdynamik auftritt.

Anders ist die aktualmorphologische Situation an den vorstoßenden Outletgletschern des Jostedalsbre, wo wie im Rofental in Abhängigkeit von verschiedenen Einflußfaktoren eine lokale Differenzierung notwendig wird. Kennzeichen der stark vorstoßenden reaktionsschnellen Outletgletscher sind v.a. stark aufgewölbte, enorm steilen Gletscherzungen, die abschnittsweise durch tiefe Gletscherspalten zerlegt sind. Aufgrund der Reliefsituation tritt supraglazialer Debris nur in Sonderfällen auf, supraglaziale

Sedimentationsprozesse sind an der Mehrzahl der Gletscher abwesend. Tritt (z.B. am Austerdalsbreen) supraglazialer Debris in größerer Konzentration auf, ist neben rein gravitativem Versturz v.a. *flow till*-ähnliches Abgleiten stark wassergesättigten Moränenmaterials zu beobachten, im Fall des mächtigen frontalen Eiskern-Moränenkomplexes des Austerdalsbre bei dessen Niedertauen auch passive Ablagerungsprozesse. Beim feinkörnigen wassergesättigten resedimentierten Moränenmaterial handelt es sich um an Scherungsflächen an die Gletscheroberfläche transportierten, ausgeschmolzen und dort primär abgelagerten subglazialen Debris. In Kontrast zum Rofental entstehen durch Abgleiten bzw. graduell zu glazifluvialer Abspülung überleitender Sedimentationsprozesse Eiskontakt-Schuttkegel als bedeutende morphologische Formen, resultierend aus relativ stabiler lateraler Eisfrontposition. Bei vorauszusetzender mehrjährig stabiler Eisfrontposition entsprechen diese, allerdings nur in Einzelfällen auftretenden Eiskontakt-Schuttkegel, während Stillstandsphasen gebildeten morphologischen Formen, welche genetisch nicht zwingend als Moränen bezeichnet werden können (da glazifluviale bzw. resedimentäre Prozesse starken Anteil an der Morphogenese haben). Das vereinzelt an anderen Outletgletschern auftretende supraglaziale Moränenmaterial ist beinahe ausnahmslos an Scherungsflächen geknüpft, sedimentologisch wie für aktuelle Moränenbildung qualitativ wie quantitativ unbedeutend.

An der Mehrzahl der Outletgletscher des Jostedalsbre überwiegen subglaziale Sedimentationsprozesse, wobei in Fällen, in denen die Gletscherzunge auf Festgesteinspartien endet, diese Prozesse stark limitiert sind. Eine subglaziale Debrisschicht fehlt in solchen Fällen i.d.R. vollständig und vereinzelt ausschmelzende Gesteinsfragmente werden durch die starke Präsenz von Schmelzwasser umgehend erodiert, so daß lediglich in Depressionen Moränenmaterial bzw. glazifluviale Sedimente abgelagert werden. An einer Anzahl vorstoßender Outletgletscher findet eine aktuelle Moränengenese statt, wobei die Klassifizierung der aktiven Sedimentations- bzw. Formungsprozesse problematisch ist (v.a. aufgrund Unsicherheit der Termini „Aufstauchung", „Stauchendmoränen" bzw. *„pushing"*). In der Literatur werden unterschiedliche Einzelprozesse als Aufstauchung bzw. *pushing* bezeichnet, so daß der Verfasser manche Kontroverse über die Genese von Moränen in Unsicherheiten der Terminologie begründet sieht und selbst den Terminus „Aufstauchung" nur sensu lato (!) verwendet. Eine Aufstauchung sensu stricto, konventionell definiert als glazitektonische Dislozierung gefrorener Sedimentpakete durch Druckwirkung und assoziierte Einzelprozesse an vorstoßenden Gletschern, tritt aktuell am Jostedalsbre nicht auf und ist unter Beachtung der klimatischen Rahmenbedingungen und sedimentologischen Eigenschaften auch für die frührezente Vorstoßperiode als unwahrscheinlich einzustufen. Aufstauchung sensu stricto (dieser Definiton) ist im Untersuchungsgebiet auf die hochgelegenen Gletscherzungen im östlichen Jotunheimen oberhalb der Untergrenze diskontinuierlichen Permafrosts beschränkt. Eng verwandt ist jedoch ein verbreiteter Aufpressungsprozeß wassergesättigten Moränenmaterials (sowie glazilimnischer oder glazifluvialer Sedimente) an vorstoßenden Gletscherzungen, der ebenfalls im Druck der vorstoßenden Gletscherfronten seine Ursache hat und sogar zur Dislozierung großer Blöcke in der Lage ist. Durch den fortgesetzten Vorstoß werden einmal aufgebaute Moränenformen häufig schon im Verlauf des darauffolgenden Jahres wieder überfahren und ein neuer Endmoränenwall gebildet, wobei die mit dem Begriff *„bulldozing"* verknüpfte Vorstellung, der Gletscher schiebe einen Moränenwall „vor sich her", nicht ganz der Realität entspricht. Dieser Aufpressungsprozeß kann ferner an einer Gletscherzunge in seinem Auftreten räumlich beschränkt sein (verstärktes Auftreten in lateraler und laterofrontaler Position). Er ist an die in Westnorwegen auftretenden Wintervorstößen gekoppelt, denn außer in Phasen bzw. an Zungenpartien sehr hoher jährlicher Vorstoßwerte beträgt die Distanz zwischen Gletscherzunge und aufgepreßtem Moränenrücken am Ende der Ablationssaison einige Meter, so daß der effektivste Zeitpunkt des Auftretens des Aufpressungseffekts das Frühjahr ist. Während der temporären (!) sommerlichen Rückzugsphase treten ähnliche subglaziale Ablagerungsprozesse ausschmelzender subglazialer *melt-out tills* wie in den Ostalpen auf, wobei die glazifluviale Überprägung des Moränenmaterials in Westnorwegen stärker als im Ostalpenraum ist.

Als zusätzlicher Einflußfaktor wirken, was aktuelle Beobachtungen wie ältere Untersuchungen bzw. historische Photographien aufzeigen, Scherungsflächen auf das Sedimentations- und Formungsmilieu der Gletscherzungen. Im Zuge der Aufpressungsprozesse kann an Scherungsflächen Gletschereis abgespalten werden und als Eiskern in die aufgebauten Endmoränen eingegliedert werden (z.B. Brigsdalsbreen), die nach der raschen Ablation des Eiskern partiell einer Resedimentation unterworfen sind, mit resultierender Modifizierung originaler Einregelungsstrukturen. Wie die Aufpressungsprozesse sind die an Scherungsflächen gekoppelten Sedimentationsprozesse Zeugnisse einer aktiven Gletscherfront und führen dort, wo entsprechendes Lockermaterial an der Gletscherzunge vorliegt, zur Bildung von Moränenformen. Die von verschiedenen Autoren geforderte Beteiligung von an Scherungsflächen angefrorenen Sedimentpaketen am Aufbau frührezenter Endmoränen kann u.a. aufgrund der großen Steilheit der Gletscherfront (Mächtigkeit für großflächiges Anfrieren zu groß) aktuell zumindest für die Mehrzahl der Outletgletscher ausgeschlossen werden.

Scherungsflächen spielen in Kontrast dazu an der aktuell annähernd stationären Gletscherfront des Styggedalsbre eine wichtige Rolle, da durch die geringe Mächtigkeit der Gletscherzunge dort das Anfrieren größerer Sedimentpakete an der Gletscherbasis möglich ist. Durch eine komplexe Verknüpfung verschiedener Einzelprozesse wird am Styggedalsbreen ein mächtiges Eiskern-Endmoränensystem sukzessive aufgebaut, dessen Eiskern zwar ebenfalls niedertaut, durch die differenten klimatischen Rahmenbedingungen aber weitaus langsamer als z.B. an den Outlets des Jostedalsbre. Durch Aufpressung bereits abgegliederter, durch mächtige glazifluviale Sedimente überdeckte und mit subglazialer Debrisschicht versehener Stagnant- bzw. Toteiskomplexe im Zuge begrenzter Wintervorstöße entstehen eindrucksvolle morphologische Strukturen selbst unter Berücksichtigung des Eiskerns bedeutender Mächtigkeit. Auch die Anlagerung von Eis/Debriskomplexen bzw. eine partielle Überfahrung des präexistenten Moränenwalls tritt auf, wobei diese Endmoränengenese auf Wintervorstöße innerhalb einer stationären Phase der Gletscherposition zurückgeführt werden kann. Übertragen auf die postulierte Wirkung von Scherungsflächen und subglazial angefrorenem Sediment im Fall der Outletgletscher des Jostedalsbre (z.B. bei Genese der mächtigen Endmoräne während des Vorstoßes von 1873 am Nigardsbreen) muß sich deren Wirkung v.a. auf Wintervorstöße während stationärer Phasen konzentriert haben, wogegen während (analog zu den aktuellen Verhältnissen) starker Gletschervorstöße einem solchen genetischer Prozeß keine Hauptträgerrolle zukommt. Speziell für das geforderte Anfrieren größerer Sedimentpakete an die Gletscherbasis wäre eine relativ flachgeneigte Gletscherzunge nicht allzugroßer Mächtigkeit mit Möglichkeit des Eindringens von Winterfrost zu fordern (steile und mächtig aufgewölbte Gletscherzungen würden diesem Prozeß entgegenstehen). Die speziell während Rückzugsphasen mögliche proglazialen Ablagerung glazifluvialen Sediments könnte diese Genese begünstigt haben. Aus dieser Überlegung heraus wäre auch der in Westnorwegen „scheinbare " Widerspruch zu lösen, daß die während des starken frührezenten Maximalvorstoßes aufgebauten äußersten Endmoränen i.d.R. geringmächtiger als die subsequenten inneren Endmoränen sind, welche während kurzer Wiedervorstöße oder Wintervorstößen in Stillstandsphasen aufgebaut wurden, da ein Anfrieren größerer Sedimentpakete leicht zu großer Mächtigkeit der entstehenden Endmoräne führen kann, was bei reinem Aufpressungsmechanismus nicht automatisch möglich ist.

Modifizierend tritt an den Gletschern im Jotunheimen Ablagerung supraglazialen Debris hinzu, wobei aufgrund der verbreiteten Rückzugstendenzen bzw. stationärer Eisfrontposition die Sedimentationsverhältnisse in etwa denen an den Ostalpengletschern entsprechen. Unterschiede existieren lediglich an hochgelegenen Gletschern im östlichen Jotunheimen, wo die Lage oberhalb der Untergrenze diskontinuierlichen Permafrosts die Erhaltung von Eiskernen in den Moränen begünstigt und durch Abspaltung und Anlagerung von Eis/Debris-Komplexen im Aufstauchungsprozeß (sensu stricto) mehrkämmige Eiskern-Moränenkomplexe entstehen können. Die sukzessive Weiterbildung dieser Eiskern-Moränensysteme tritt aktuell aufgrund des verbreiteten Rückzugs aber nicht auf, passive Sedimentationsprozesse dominieren auch dort.

8.10 MORPHOLOGIE, GENESE, KLASSIFIZIERUNG UND GLETSCHERSTANDS-SCHWANKUNGSCHRONOLOGISCHES AUSSAGEPOTENTIAL VON FORMEN-ELEMENTEN UND DEREN KONFIGURATION IN FRÜHREZENTEN GLET-SCHERVORFELDERN

Aktuelle Beobachtungen der Verhältnisse an der Gletscherfront liefern in Verbund mit morphologischen und sedimentologischen Untersuchungen Hinweis auf den Geneseprozeß der verschiedenen Formenelemente in den frührezenten Gletschervorfeldern und lassen sich mit dem Gletscherstandsschwankungsverhalten in Beziehung setzen. Im Fall der Endmoränen fällt beim Vergleich zwischen West-/Zentralnorwegen und Ostalpen v.a. deren unterschiedliche Anzahl auf. Die Endmoränen im Rofental stehen mit ihren wenigen Metern Kammhöhe und häufig fragmentierter Ausbildung in krassem Gegensatz zu den dominierenden alpinotypen Lateralmoränen (s.u.). Die wenigen Endmoränen können eindeutig mit nachgewiesenen Wiedervorstößen in Beziehung gesetzt werden und entstanden v.a. durch Aufstauchungsprozesse (sensu lato) unter Beteiligung passiver Ablagerung (und ggf. zusätzlicher nachfolgender Aufstauchung) supraglazialen Debris. Die geringen Wintervorstöße reichen nicht aus, morphologisch bedeutende Endmoränen aufzubauen und die niedrigen, vereinzelten Wintermoränen sind durch postsedimentäre Überformung nach wenigen Jahren bereits wieder zerstört. Durch die Beobachtung, daß aktuell an den sich zurückziehenden Gletscherzungen keine Moränengenese stattfindet, kann die Abwesenheit einer großen Anzahl von Endmoränen im Rofental eindeutig mit der Gletscherstandsschwankungschronologie bzw. glaziologischen Eigenschaften (Massenumsätze für bedeutende Wintervorstöße zu gering) erklärt werden. Ungegliederte moränenwallose Moränenmaterialflächen in den Gletschervorfeldern repräsentieren folglich Areale (bzw. auf zeitlicher Ebene Zeitphasen), in denen sich der Gletscher ohne Unterbrechung durch Wiedervorstöße oder längere Stillstände zurückgezogen hat. Eine Relation zwischen Dimension der Endmoräne und Vorstoßdistanz bzw. -dauer besteht nicht, was z.B. die allein durch Abdrängung bzw. Überformung einseitig ausgebildete niedrige End-/Laterofrontalmoräne des 1898/1902er Vorstoßes des Vernagtferners anzeigt. Diese Tatsache spricht zusätzlich für ein Dominieren von Aufstauchungsprozessen während der Endmoränengenese, denn bei einem Überwiegen passiver *dumping*-Prozesse supraglazialen Debris (wie bei alpinotypen Lateralmoränen auftretend) existiert eingeschränkt eine Abhängigkeit von Vorstoß-/Hochstandsdauer und Dimension der Moräne. Bei Dominieren von Aufstauchungsprozessen (sensu lato) müssen dagegen verschiedene glazialdynamische/-mechanische Faktoren Berücksichtigung finden, ebenso der Charakter des aufgestauchten Sediments.

Bei der Endmoränengenese in Westnorwegen spielt *dumping* supraglazialen Debris infolge seines nur in Einzelfällen vorhandenen Auftretens keinerlei Rolle (selbst in Sonderfällen stärkerer supraglazialer Debrisbedeckung). Die Genese ist komplexen Aufstauchungsprozessen sensu lato (s.o.) zuzusprechen, wobei auch in Westnorwegen Vorstoßstärke und -dauer in keinem quantifizierbaren Verhältnis zueinander stehen. Die Endmoränen liegen in einer dichten Staffelung und hohen Anzahl von Einzelrücken vor und bilden nicht selten mehrkämmige, komplexe Endmoränensysteme aus. Die Sedimentologie der Moränenwälle variiert selbst innerhalb eines Moränenwalls sehr stark und infolge glazifluvialer Erosion sind diese abschnittsweise stark fragmentiert. Aktuelle Beobachtungen in Verbund mit morphologischen und sedimentologischen Studien bzw. zeitgenössischen Berichten/historischen Photographien weisen die Endmoränenbildung sowohl Wieder-, als auch Wintervorstößen zu. Es existiert keine andere logische Erklärung für die hohe Anzahl der Endmoränen, die bei weitem die Anzahl der ausgewiesenen Wiedervorstöße übersteigt. Die Mehrheit der subsequenten Endmoränen muß während Wintervorstößen aufgebaut worden sein, was auch die komplexen Endmoränensysteme gut erklären würde und in Einklang mit den glaziologischen Eigenschaften der Gletscher (v.a. hohe Massenumsätze) steht. Diese Beziehung zu Gletscherstandsschwankungsverhalten und glazialer Dynamik muß bei Interpretation lichenometrischer Datierungen beachtet werden, denn während im Ostalpenraum die verbreitete Gleichsetzung einer Moränengenese mit einem Wiedervorstoß legitim ist, ist aufgrund Morphologie und genetischer Prozesse in Westnorwegen i.d.R. nicht zu entscheiden, ob eine lichenometrisch datierte Endmoräne Zeugnis eines mehrjährigen Wiedervorstoßes ist oder durch Wintervorstöße während einer leichten Vorstoß- oder Stillstandsphase aufgebaut wurde. Da sogar in Jahren mit leichter Rückzugstendenz Wintervorstöße auftreten und Moränen gebildet werden können, darf aus dem lichenometrischen Alter einer Moränengenese nicht auf einen Gletschervorstoß geschlossen werden.

Auch im Jotunheimen sind eiskernfreie Endmoränen v.a. durch Aufstauchungsprozesse (sensu lato) entstanden und selbst bei verbreitetem Auftreten supraglazialen Debris tritt dessen *dumping* quantitativ als genetischer Prozeß stark zurück. Die durchweg geringere Anzahl der Endmoränen verglichen zum Jostedalsbreen, die zudem kontrastierend aufgrund geringerer glazifluvialer Erosion nicht selten komplette Moränenkränze mit korrespondierenden Lateralmoränen ausbilden), zeigt deutlich, daß aufgrund geringerer Massenumsätze Wintervorstöße nicht unbedingt seltener auftreten (siehe besondere Verhältnisse am Styggedalsbreen), aber von geringerer Dimension sind. Daher ist nur in Ausnahmefällen von einer wesentlichen Beteiligung an der Moränengenese auszugehen, vielmehr wurden die Endmoränen während mehrjähriger Wiedervorstöße aufgestaucht. Besondere Verhältnisse liegen an den i.d.R. kleinflächigen Kargletschern des östlichen Jotunheimen vor, wo aufgrund klimatischer Rahmenbedingungen (Lage oberhalb der Untergrenze diskontinuierlichen Permafrosts) und aus Gletschermorphologie/-größe resultierenden, glazialdynamisch determinierten geringeren Vorstoßdistanzen mehrkämmige Eiskern-Endmoränensysteme entstanden sind, die im Gegensatz zu den Endmoränen im übrigen West-/Zentralnorwegen (bzw. des Rofentals) nicht mit einer singulären Eisrandposition in Beziehung gesetzt werden dürfen, sondern zahlreiche, evtl. auch prä-frührezente, Vorstöße repräsentieren. Aufgrund glazialdynamisch/glaziologisch bedingter geringer Vorstoßdistanz können an o.e. Kargletschern analog zu den Verhältnissen im Rofental präexistente Moränenformen als wirksame Hindernisse für nachfolgende Gletschervorstöße wirken, wodurch sie gletscherstandsschwankungsgeschichtlich und resultierend klimatisch nur limitierte Aussagekraft besitzen. Sie zeugen zwar von mehreren Vorstößen, lassen jedoch keine sicheren Rückschlüsse auf deren Größenordnung zu.

Die Lateralmoränen der Gletscher der Untersuchungsgebiete unterscheiden sich bezüglich Morphologie, Genese und Beziehung zu Gletscherstandsschwankungen teilweise erheblich voneinander. Trotz Abhängigkeit von unterschiedlichen lokalen Einflußfaktoren lassen sich, zumindest im Zuge einer übergreifenden regionalen Interpretation, mehrere verschiedene Typen von Lateralmoränen voneinander differenzieren. Lateralmoränen alpinen Typs stellen dominierende Formen der Gletschervorfelder dar. Morphologische Kennzeichen sind neben speziell im Vergleich zu frührezenten und rezenten Endmoränen großer Dimension die große Steilheit der Moränenflanken, kombiniert mit einer verbreiteten Asymmetrie im Querschnitt (steile proximale Flanken bei zumeist im statischen Ruhewinkel ausgebildeten distalen Moränenflanken). Subparallel zur distalen Moränenflanke eingeregelte Blöcke zeigen wie eine sedimentologische markante Zunahme der Angularität der Gesteinspartikel zum Moränenkamm einen Anstieg des Anteils supraglazialen Moränenmaterials. An der Basis der Lateralmoränen können auch größere Mengen subglazialen Moränenmaterials abgelagert worden sein *(lodgement till)*, wogegen an der proximalen Moränenflanke subsequente Lateralmoränen bzw. Blockrücken auftreten können. Durch die große Steilheit der Moränenflanken und einer frequenten Inkompaktheit des Moränenmaterials sind die proximalen Moränenflanken starker postsedimentärer Hangerosion ausgesetzt. Morphologische und sedimentologische Befunde legen ein Überwiegen des *dumping* supraglazialen Moränenmaterials bei der Genese dieses Lateralmoränentyps nahe. Damit ergibt sich als Grundvoraussetzung neben dem Vorhandensein supraglazialen Debris bzw. einer entsprechend steilen Talflanke als Widerlager (in Festgestein !) eine über längere Zeiträume bzw. wiederholt stabile laterale Gletscherposition, die die Ablagerung der erforderlichen Mengen supraglazialen Debris ermöglicht. Im Falle der Gletscher des Rofentals scheidet daher ein alleiniger Aufbau der Lateralmoränen während des letzten frührezenten Hochstands (um 1850) aus. Vielmehr müssen die Lateralmoränen sukzessive während der gesamten frührezenten Hochstandsphase bzw. während vorangegangener Vorstöße im Verlauf des Holozän aufgebaut worden sein. Dies legen die trotz der im Alpenraum nachgewiesenen holozänen Gletschervorstöße vermutlich während des gesamten oder wenigstens mittleren und jüngeren Holozän nicht glazial überformten Areale distal der Ablationstäler der Lateralmoränen nahe (Boden- und Vegetationsentwicklung, Verwitterungsrinden etc.). Trotz Weiterbildung im Superpositions-Mechanismus konnten im Rofental keine fossilen Böden innerhalb der Lateralmoränen nachgewiesen werden. Distal der zuletzt frührezent überformten Lateralmoräne gelegene vereinzelte Fragmente holozäner Moränen datieren zweifelsfrei aus dem älteren Holozän, evtl. dem Präboreal, stehen zu einer solchen Schlußfolgerung nicht in Widerspruch. Subsequente Lateralmoränenrücken, zumeist nur als niedrige Blockrücken ausgebildet, repräsentieren zusammen mit auffälligen Konzentrationen eingeregelter Blöcke in der proximalen Moränenflanke *(layered structures)* Stillstandsphasen bzw. Wiedervorstöße nach dem letzten frührezenten Hochstand. Das weitverbreitete Auftreten alpinotyper Lateralmoränen im Rofental zeigt die Mehrphasigkeit der frührezenten Hochstandsphase wie ein permanentes Oszillieren der Gletscher während des Holozän an, womit die Lateralmoränen auch im Untersuchungsgebiet als Summe holozäner Gletschervorstöße aufgefaßt werden können. Alpinotype Lateralmoränen fehlen im Alpenraum allerdings in Bereichen mächtiger Lockermaterialablagerungen an den Talflanken der frührezenten Gletschervorfelder bzw. dort, wo der Gletscher durch glazialdynamische bzw. gletscherstandsschwankungschronologische Faktoren keine stabile laterale Eisfrontposition einnehmen konnte. Eine Auffächerung alpinotyper Lateralmoränen ist dort zu beobachten, wo entsprechende Talflanken als Widerlager fehlen (z.B. Rofenkarferner). Die vereinzelt im zentralen Jotunheimen auftretenden quasi-alpinotypen Lateralmoränen entsprechen zwar morphologisch und weitestgehend genetisch den Formen im Rofental, sind aber in Kontrast zu diesen einzig während der frührezenten Hochstandsphase als Resultat starken Zutrags an supraglazialem Debris an bestimmten Lokalitäten entstanden. Eine vorherrschende Genese durch *dumping* supraglazialen Debris ist u.a. dadurch belegt, daß sich als Resultat unterschiedlichen supraglazialen Debriszutrags die Lateralmoränen stark asymmetrisch auf beiden Vorfeldseiten entwickelt haben können (glaziale Dynamik spielt eine untergeordnete Rolle). Als Unterschied zu den alpinotypen Lateralmoränen im Rofental ist ein Aufbau während verschiedener holozäner Hochstandsphasen mit großer Sicherheit auszuschließen, u.a. aufgrund verbreiteten Abzweigens mehrerer Laterofrontalmoränensegmente bzw. Ausbildung mehrkämmiger Lateralmoränen. Die vereinzelt auftretenden Eiskern-Lateralmoränen müssen als Sondertyp angesprochen werden.

Die im Rofental nur singulär auftretenden mehrkämmigen alpinotypen Lateralmoränen (Guslarferner) widersprechen nicht o.e. genetischer Theorie, da es sich lediglich um einzelne Vorstöße bzw. Stillstände repräsentierende Kammsegmente eines einheitlichen Lateralmoränenwalls bzw. -systems handelt, nicht um getrennte Einzelwälle wie im Fall der Lateralmoränen westnorwegischen Typs (s.u.). Im Gebiet des Jostedalsbre sind dagegen selbst an Gletschern mit größeren Mengen supraglazialen Debris aus glazialdynamischen und gletscherstandsschwankungschronologischen Gründen alpinotype Lateralmoränen nicht vorhanden, vereinzelte morphologisch verwandte Formen müssen speziellen lokalen Verhältnissen zugeschrieben und als Sonderformen behandelt werden. Alpinotype Lateralmoränen besitzen bisweilen einen engen Kontakt zu Hangschuttkegeln, so daß z.B. der Ansatzpunkt mehrerer Lateralmoränen im Rofental in partiell glazial modifizierten Hangschuttkegeln liegt. Bei der „Abdrängung" eines solchen Hangschuttkegels wird zum einen Hangschutt allein durch den Druck des sich lateral ausdehnenden Eises disloziert, wie es auch durch Anfrieren an die Gletscherbasis über kurze Distanz transportiert und anschließend wieder abgelagert werden kann. In Sonderfällen können sich im Kontakt zu großen Hangschutthalden polygenetische Lateralmoränenformen ausbilden, die sowohl als Lateralmoränen durch *dumping* supraglazialen Debris aufgebaut, zum anderen durch nivale Prozesse auf ihrer distalen Flanke weiterentwickelt werden (z.B. Guslarferner).

Außer ihrer Position (lateral bezüglich der Gletscherzunge) besitzen Lateralmoränen westnorwegischen Typs, die an den Outletgletschern des Jostedalsbre weitverbreitet sind, keinerlei Gemeinsamkeiten mit alpinotypen Lateralmoränen, weder in morphologischer, noch genetischer bzw. gletscherstandsschwankungschronologischer Hinsicht. Die Lateralmoränenwälle westnorwegischen Typs sind i.d.R. nur wenige Meter hoch und annähernd symmetrisch ausgebildet (bei Tendenz zu geringfügig flacheren proximalen Moränenflanken, speziell in laterofrontaler Position). Sie treten in dichter Staffelung und großer Anzahl auf und bilden mit vorhandenen Endmoränen entweder nahezu komplette Moränenkränze (bestehend aus Lateral-, Laterofrontal- und Endmoränen) oder korrespondieren mit diesen. Die Fragmentierung dieser Moränenkränze bzw. der Lateralmoränen kann primären (synsedimentären glazialdynamischen) oder sekundären (postsedimentären glazifluvialerosiven) Ursprungs sein. Die Sedimentologie ist wie bei den Endmoränen der Gletschervorfelder sehr variabel. Während grobblockige, gerundete Gesteinsblöcke dominieren und beinahe feinmaterialfreie Wallsegmente auftreten, können die Lateralmoränen besonders in ihren laterofrontalen Abschnitten feinmaterialreich und nahezu blockfrei sein. Sedimentologisch (Korngrößenverteilung wie Zurundung der Komponenten) existieren nur minimale Unterschiede zu den korrespondierenden Endmoränen.

Morphologie (insbesondere Korrespondenz mit Endmoränen bzw. dichte Staffelung) und Sedimentologie lassen im Verbund mit der weitverbreiteten Abwesenheit supraglazialen Debris eine Genese der Lateralmoränen des westnorwegischen Typs durch *dumping* supraglazialen Debris ausscheiden. Vielmehr entsprechen die Lateralmoränen Aufstauchungsmoränen (sensu lato), vorwiegend sich aus subglazialen Moränenmaterial zusammensetzend. Die sedimentologischen Unterschiede innerhalb der Lateralmoränenrücken resultieren aus dem präexistenten aufgestauchten Lockermaterial, welches sowohl feinmaterialreiches glazifluviales Sediment als auch präboreales Moränenmaterial oder Hangschutt darstellen kann. Geringe Dimension und Korrespondenz mit den ebenfalls i.d.R. sehr zahlreichen Endmoränen verbietet eine Ansprache als polygenetische Formen, sondern verlangt nach einer Charakterisierung als Moränenformen, die jeweils eine spezifische laterale Gletscherfrontposition repräsentieren. Damit spricht alles für die Möglichkeit der Lateralmoränengenese während der verbreiteten Wintervorstöße analog zur Genese von Endmoränen und charakterisiert die klimatische Sensibilität dieser Gletscher. Die äußersten Lateralmoränen stellen gleichzeitig die äußersten holozänen Moränenformen nach der finalen präborealen Deglaziation bzw. dem Erdalen *event* dar, analog zu Endmoränen. Zwar existieren selbst an Gletschern größerer Quantitäten supraglazialen Debris keine alpinotypen Lateralmoränen (s.o.), jedoch treten vereinzelt laterale Erosionskanten, z.T. in Kombination mit präborealen Lateralmoränen, auf. Lateralmoränen westnorwegischen Typs treten auch an steileren Hangpartien auf, womit sie generell stärkere laterale Gletscherfrontpositionsvariationen anzeigen. In Kontrast zu alpinotypen Lateralmoränen, die allenfalls an kleinen Kargletschern Bestandteile eines den frührezenten Maximalstand repräsentierenden kompletten Moränenkranzes sein können, läßt sich die Korrespondenz von Lateral- und Endmoränen in Westnorwegen auch für die zahlreichen Wiedervorstöße nach dem frührezenten Maximum feststellen.

Sowohl zu Lateralmoränen alpinen, als auch zu Lateralmoränen westnorwegischen Typs weisen die hier als Lateralmoränen des Jotunheimen-Typs bezeichneten Lateralmoränen zahlreicher Gletscher im westlichen und zentralen Jotunheimen Unterschiede auf. Während bezüglich der Morphologie größere Gemeinsamkeiten zu den Lateralmoränen westnorwegischen Tys bestehen, z.B. die Staffelung (allerdings geringere Gesamtzahl) oder geringe Dimension bei stärkerer Ausprägung einer Kammasymmetrie mit flacherer proximaler Flanke, ist ein Hauptunterscheidungskriterium das Auftreten supraglazialen Moränenmaterials. Das supraglaziale Moränenmaterial beschränkt sich i.d.R. auf (angulare) Komponenten der Kies-, Stein- und Blockfraktion, das Moränenmaterial der Lateralmoränen selbst unterscheidet sich nur unsignifikant von dem der korrespondierenden Endmoränen, wobei daneben auch komplett ausgebildete Moränenkränze auftreten. Generell treten grobblockige Lateralmoränenabschnitte seltener als in Westnorwegen auf, Ergebnis der geringeren glazifluvialen Erosionsprozesse. Wie in Westnorwegen hängt die Sedimentologie der Lateralmoränen im wesentlichen von der Sedimentologie des präexistenten Lockermaterials ab, selbst wenn in Kontrast von einer gewissen Beteiligung *dumping* supraglazialen Debris an deren Aufbau ausgegangen werden muß. Diese Beteiligung am Geneseprozeß stellt gleichzeitig die größte Gemeinsamkeit mit Lateralmoränen alpinen Typs dar, selbst wenn an den Lateralmoränen des Jotunheimen-Typs Aufstauchungsprozesse überwiegen. Ferner ist das typische Charkteristikum alpiner Lateralmoränen, die Einregelung grober Blöcke subparallel zum distalen

Moränenkamm, ebensowenig auszumachen wie die signifikante Zunahme supraglazialen Moränenmaterials zum Moränenkamm hin. Different zu Lateralmoränen westnorwegischen Typs ist die Anzahl der Lateralmoränenrücken des Jotunheimen-Typs generell geringer (selten mehr als 8 einzelne Rücken). Ursache hierfür ist die geringere glaziologisch/klimatische Sensibilität als Folge geringerer Massenumsätze. Während in Westnorwegen allein aufgrund der hohen Anzahl der Lateralmoränenrücken ein Aufbau auch während Wintervorstößen möglich erscheint, ist im Fall der Lateralmoränen des Jotunheimen-Typs übereinstimmend zur Endmoränengenese davon auszugehen, daß sie jeweils mehrjährige Wiedervorstöße repräsentieren.

Laterale Erosionskanten, die sich in beiden Untersuchungsgebieten finden lassen, dürfen strenggenommen nicht als glaziale Akkumulationsformen oder Moränen bezeichnet werden, da glaziale Erosionsprozesse in präexistentem Lockermaterial (unterschiedlichen genetischen Ursprungs) vorhandene glaziale Akkumulationsprozesse zumindest in bezug auf die morphologische Wirksamkeit übertreffen. Bei lateralen Erosionskanten handelt es sich um in präexistentem Lockermaterial angelegte Formen, welche i.d.R. starker postsedimentärer Hangerosion ausgesetzt sind und deren Lage durch starke Hangrückverlagerung nicht mehr die laterale frührezente Eisrandposition nachzeichnet. In den meisten Fällen handelt es sich bei dem präexistenten Lockermaterial um spätglaziales oder präboreales Moränenmaterial, welches (spätestens) im Zuge der frührezenten Gletschervorstöße durch Zerstörung der stabilisierenden Vegetationsdecke glazialer (wie nachfolgender postsedimentärer) Erosion ausgesetzt gewesen ist. In Kontrast zur Genese alpinotyper Lateralmoränen wurde an den steilen Lockermaterialhängen mehr Lockermaterial durch Anfrieren an die Gletscherbasis erodiert, als gleichzeitig supra- oder subglazial abgelagert wurde. Die in diesen Arealen auftretenden sedimentologischen Charakteristika entsprechen im wesentlichen dem älteren Moränenmaterial, wobei durch starke postsedimentäre Hangerosion eine Differenzierung frührezenten von älteren Moränenmaterials und deren vergleichende Quantifizierung praktisch unmöglich ist.

Laterale Erosionskanten treten in Verbund mit unterschiedlichen anderen Lateralmoränentypen auf, so daß es sich eher um lokalen Besonderheiten als regionalspezifischen Einflußfaktoren unterworfene Fomenelemente handelt. Voraussetzung für ihre Bildung ist das Auftreten steiler, mit mächtiger Lockermaterialdecke versehener Talflanken, an denen glaziale Erosionsprozesse im Lockermaterial Oberhand über mögliche glaziale Akkumulationsprozesse gewinnen, welche sowohl an steilen Talflanken im Festgestein (im Falle alpinotyper Lateralmoränen) wie bei weniger stark geneigten Hängen mit Lockermaterialauflage (Lateralmoränen westnorwegischen Typs bzw. Jotunheimen-Typs) dominieren. In Spezialfällen treten an Gletschern mit schnellen Vorstoßbewegungen und kurzzeitigen Hochständen (bei inaktivem Rückzugsmechanismus) laterale Erosionskanten auf, an denen durch evtl. Eingliederung von Toteis postsedimentärer Hangerosion zusätzlich Vorschub geleistet wird.

Eiskern-Lateralmoränen existieren vereinzelt im zentralen und östlichen Jotunheimen und sind aufgrund ihrer starken Abhängigkeit von lokalen Einflußfaktoren individuell zu interpretieren. Zwei Hauptgruppen lassen sich dennoch klassifizierend ausweisen, zum einen mit supraglazialen Lateralmoränen in Kontakt stehende Eiskern-Lateralmoränen, deren Eiskern bei größerer Entfernung zum aktiven Gletscher sukzessive niedertaut, und zum anderen Lateralmoränen als Segmente komplexer Moränenkränze in Eiskern-Moränensystemen. Im ersten Fall ist der Hauptgrund für die Lateralmoränengenese ein starker Debriszutrag direkt auf die Gletscheroberfläche (Schuttkegel direkt auf der Gletscheroberfläche; z.B. Heimre Illåbre, Hellstugubreen). Aus glazialem Transport dieser Schuttkegel resultiert die Entstehung einer supraglazialen Lateralmoräne durch Zusammenwachsen des dislozierten Hangschutts, während sich Teile dieses Moränenrückens bei fließendem Übergang bereits abgelagert nicht mehr in Kontakt mit der aktiven Gletscherzunge befinden. Während der Eiskern dieser Lateralmoränen schon in kurzer Distanz zur aktuellen Gletscherzunge niederzutauen beginnt und diese Moränen wie die verwandten alpinotypen Lateralmoränen des Jotunheim frührezenten Ursprungs sind, könnten die als Segmente komplexer Eiskern-Moränensysteme im östlichen Jotunheimen ausgebildeten Formen partiell durchaus während prä-frührezenter Gletschervorstöße vorangelegt worden sein (evtl. Eingliederung prä-frührezenter Moränen). Die große Höhenlage der Gletscher des östlichen Jotunheim erlaubt eine Erhaltung des Eiskerns der Moränen (oberhalb der Grenze diskontinuierlichen Permafrosts). Starker Debriszutrag und fast gänzlich mit supraglazialem Debris bedeckte äußere Gletscherfrontpartien sind Kennzeichen der meist kleindimensionalen Kargletscher mit solchen Moränensystemen, bei denen (wie im Fall frontaler Endmoränen), eine einmal existente Lateralmoräne für nachfolgende Vorstöße ein effektives Hindernis darstellt, welches kaum mehr überfahren werden kann.

Das Fehlen von Moränen ist i.d.R. Kennzeichen für nicht aufgetretene Vorstoßtendenzen im Zuge des Rückzugs von den frührezenten Maximalpositionen. *Glacial fluted moraine surfaces* als subglaziale Bildung werden nur dann erhalten, wenn keine Wieder- oder Wintervorstöße die eisbewegungsparallelen Strukturen durch gletscherfrontparallele Moränenbildungen zerstören. In Gebieten frequenter Wintervorstöße zeigen sie ferner starke Rückzugstendenzen an, da selbst bei leichten Rückzugstendenzen Wintervorstöße auftreten und die *glacial flutes* zerstören können. In eingeschränktem Umfang gilt dies auch für die vom Verfasser in Ermangelung eingeführter Fachausdrücke als *streamlined moraines* bezeichneten Areale komplexen genetischen Ursprungs (subglaziale Moränenformen in Modifikation durch glazifluvialerosive Prozesse bzw. Einfluß ehemaliger supraglazialer Medialmoränen etc.) und fallweise stärkerer Orientierung an Festgesteinsstrukturen. Eher auf glaziologische Eigenschaften als auf das Gletscherstandsschwankungsverhalten lassen im Vorfeld vorliegende glazifluviale Akkumulations- bzw. Erosionsformen schließen. Determiniert vom i.d.R. moderaten bis steilen Gefälle der Gletschervorfelder konzentriert sich der Abfluß von Schmelzwasser und resultierend auch die glazifluviale Formungskraft in den Ostalpen linear auf die verschiedenen Schmelzwasserbäche. In Westnorwegen und seinen flachen Gletschervorfeldern kann dagegen das in größeren Quantitäten vorhandene Schmelzwasser flächenhaft durch die Ausbildung weitläufiger Sanderflächen morphologische Formungskraft entfalten, wobei präexistente Vorformen nicht zu vernachlässigen sind (aus der Deglaziationsphase stammende präboreale Sanderflächen). Zwar besteht kein Zweifel darüber, daß in Rückzugsphasen der Schmelzwasseranfall und damit die mögliche glazifluviale Formungskraft größer als in Vorstoßphasen ist, doch läßt sich dies quantitativ nur schlecht erfassen.

Die sedimentologische und genetische Ansprache des Moränenmaterials in den frührezenten Gletschervorfeldern erlaubt keine Schlußfolgerungen auf deren Beziehung zum Gletscherstandsschwankungsverhalten, da zu viele andere Faktoren (Petrographie, präexistente Lockersedimente etc.) Wirkung zeigen. Hinzu kommt, daß im Gegensatz zu den pleistozänen Inlandeisschilden nur selten eindeutig der genetische Typ eines Moränenmaterialvorkommens angesprochen werden kann, zu verzahnt sind die einzelnen Formungsbereiche und zu komplex die verschiedenen glazialen und glazifluvialen Sedimentationsprozesse. Zwar wird *lodgement till* nur unter aktiven Gletschern abgelagert und könnte so v.a. für Vorstoßphasen als typisch bezeichnet werden, doch in den nach dem frührezenten Maximalstand aufgetretenen Rückzugsphasen vollzog sich glaziale Akkumulation v.a. durch passives Ausschmelzen von sub- und supraglazialem *melt-out till*, der die größten Teile der Oberfläche der Gletschervorfelder (neben glazifluvialen Sedimenten im westnorwegischen Untersuchungsgebiet) einnimmt. Nur selten sind *lodgement till*-Areale aufgrund charakteristischer Kennzeichen eindeutig auszumachen, wobei sie andererseits wie Areale angularen *supraglacial morainic till* ehemaliger supraglazialer Medial- und Lateralmoränen noch relativ eindeutig anzusprechen sind. Für die Mehrzahl des Moränenmaterials muß jedoch von einer Wechsellagerung von *sub-/supraglacial melt-out till* ausgegangen werden, in Westnorwegen aufgrund des Fehlen starken supraglazialen Debris von starker Dominanz von *subglacial melt-out till*. Die Bedeutung der glazifluvialen Akkumulations- und Erosionsprozesse zeigt sich v.a. in Westnorwegen durch den glazifluvialen Charakter des in Moränenrücken aufgestauchten Sediments, wobei die typischen Sanderflächen oberflächlich typisch an feinmaterial verarmt sind, wie auch im Alpenraum die primär (petrographisch bedingt) feinmaterialreicheren Moränenmaterialvorkommen als Zeugnis syn- und postsedimentärer Auswaschungen an Feinmaterial verarmt sind.

Unter Berücksichtigung der Genese der einzelnen Formenelemente lassen sich aus den Grundzügen der Konfiguration der Gletschervorfelder unter Berücksichtigung regionaler bzw. lokaler Besonderheiten

Rückschlüsse auf das Gletscherstandsschwankungsverhalten während der frührezenten Hochstandsphase (fallweise des gesamten Holozän) sowie glaziologische Eigenschaften ziehen:
- Die Gletschervorfelder der größeren Talgletscher des Rofentals sind geprägt durch den Kontrast zwischen dominanten alpinotypen Lateralmoränen zu niedrigen Endmoränen geringer Anzahl und z.T. nur fragmentarischer Ausbildung. In den äußeren Vorfeldern werden die Lateralmoränen oft von lateralen Erosionskanten abgelöst, resultierend aus weniger stabilen bzw. selteneren lateralen Hochstandspositionen. Diese Konfiguration deutet auf ein permanentes Oszillieren mit sukzessivem Aufbau der Lateralmoränen während der frührezenten Hochstandsphase bzw. längerer Zeitabschnitte des Holozän hin. Während die vorhandenen Endmoränen die wenigen Wiedervorstöße nach dem letzten Hochstand um 1850 repräsentieren, prägen während der langen Rückzugsphasen entstandene ungegliederte Moränenmaterialflächen weite Teile der Vorfelder.
- Neben einer generell analogen Konfiguration zu den Gletschervorfeldern der großen Talgletscher ist im Unterschied zu diesen an den kleineren Kargletschern im Rofental die äußerste Lateralmoräne häufig in einen kompletten Moränenkranz eingebunden, der auch die äußerste frührezente Laterofrontal- bzw. Endmoräne umfaßt (meist des 1850er Hochstands). Neben durch differente glaziale Dynamik begründeten lokalen Unterschieden sind die gletscherstandsschwankungschronologischen Schlußfolgerungen aber mit denen der großen Talgletscher identisch, d.h. die alpinotypen Lateralmoränen repräsentieren mehrere Hochstände, wobei laterale Erosionskanten nur aufgrund der geringeren Vorstoßdistanzen und Rahmenbedingungen des Reliefs nicht auftreten.
- Die Gletschervorfelder der Outletgletscher des Jostedalsbre sind geprägt durch eine dichte Staffelung von End- und korrespondierenden Laterofrontal- bzw. Lateralmoränen. Diese zeigen ein glaziologisch begründetes starkes Oszillieren der Gletscher in der Rückzugsphase von den frührezenten Maximalpositionen mit Auftreten starker Wintervorstöße an. Das Fehlen von Endmoränen in den inneren Vorfeldern ist auf die starken Rückzugswerte Mitte des 20.Jahrhunderts zurückzuführen, wogegen bis 1930 die aufgetretenen Rückzugsphasen weniger kräftig und häufig unterbrochen waren, so daß sich zahlreiche subsequente Moränen bilden konnten. Wenn in Einzelfällen keine Endmoränen in großer Anzahl ausgebildet wurden, ist dies im Auftreten großer Festgesteinsareale im Vorfeld bei fehlender Aufstauchungsmöglichkeit bzw. starker syn- und postsedimentärer überformender Hangerosions- und glazifluvialerosiver Prozesse begründet. Formenelemente, welche prä-frührezente Gletscherhochstände belegen könnten, finden sich nicht.
- Die Gletschervorfelder zahlreicher Gletscher im westlichen und zentralen Jotunheimen sind bei entsprechenden Voraussetzungen des Reliefs (flaches bis moderat steiles, weitläufiges Vorfeld) durch mehrere annähernd komplette Moränenkränze mit Lateral-, Laterofrontal- und Endmoränen geprägt. Infolge geringerer Massenumsätze und verglichen mit den maritimeren Outlets des Jostedalsbre geringeren Auftretens von Wintervorstößen repräsentieren die Moränenkränze v.a. mehrjährige Wiedervorstöße im Zuge des sukzessiven Rückzugs von der frührezenten Maximalposition. Relikte holozäner Hochstände sind an diesen Gletschern i.d.R. nicht vorhanden, sie repräsentieren wie die Vorfelder der Outlets des Jostedalsbre lediglich den sukzessiven Rückzug vom singulären frührezenten Maximalvorstoß.
- In einem komplexen Faktorengefüge unter Mitwirkung der Reliefverhältnisse (Möglichkeit starken supraglazialen Debriszutrags) bzw. klimatischer Rahmenfaktoren (Lage oberhalb der Grenze diskontinuierlichen Permafrosts) können individuell gestaltete Gletschervorfelder mit dominierenden Eiskernmoränen besonders an kleinen Kargletschern im östlichen Jotunheimen entstehen. Durch die spezielle Gletscherdynamik können diese komplexen Eiskernmoränen in Sonderfällen durch prä-frührezente Hochstände mitaufgebaut worden sein, was im Einzelfall zu prüfen ist.

Durch die Vielzahl möglicher Einflußfaktoren verlangt die Verwendung der Konfiguration der Gletschervorfelder bzw. der in ihnen auftretenden Einzelformen eine sorgfältige Prüfung, bevor Schlußfolgerungen auf das Gletscherstandsschwankungsverhalten oder gar determinierende Klimaschwankungen möglich werden.

9   RESÜMEE

Einer der Ausgangspunkte der vorliegenden Arbeit war, die aufgeworfene Fragestellung, ob sich Hochgebirgsgletscher als Klimazeugen eignen und welche Schritte bei einer solchen Anwendung zu beachten sind, am Beispiel der frührezenten und rezenten Gletscherstandsschwankungen unter Berücksichtigung aktueller glaziologischer Untersuchungsergebnisse bzw. des Aussagepotentials der Morphologie der Gletschervorfelder mittels detaillierter regionaler Studien beantworten zu können. Diese detaillierte Betrachtung zeigt bereits trotz Beschränkung der Untersuchungen auf zwei Untersuchungsgebiete, daß entgegen weitverbreiteter, durch entsprechende Begriffswahl („*Little Ice Age*" etc.) induzierter Annahmen, die untersuchten Zeitabschnitte des jüngsten Holozän weder lokal, noch regional oder gar global ein einheitliches Gletscherstandsschwankungsverhalten aufgewiesen haben, noch für die Zukunft ein solches zu erwarten ist.

Die selbst an unmittelbar benachbarten Gletschern oder Outlets eines Plateaugletschers auftretenden Unterschiede in der Gletscherreaktion auf Fluktuationen des Klimas zwingen zur Berücksichtigung zahlreicher Einflußfaktoren in räumlicher wie temporärer Differenzierung. Ferner ist anstelle einer direkten kausalen Verkettung von Klima und Gletscherstandsschwankung der Massenhaushalt des Gletschers in das Schema möglicher Erklärungsansätze einzufügen. Verkomplizierend umfaßt die Palette möglicher Faktoren nicht nur klimatische/meteorologische Einflußgrößen, sondern auch nicht-klimatische/-meteorologische Einflußfaktoren. Die klimatischen Einflußfaktoren selbst müssen regional differenziert gewichtet werden, so daß keine allgemeingültige Rangfolge der Bedeutung einzelner Klimaeinflußfaktoren auf die Massenbilanz bzw. das Gletscherstandsschwankungsverhalten aufgestellt werden kann.

Dies hat weitreichende Konsequenzen für die Verwendung von Gletscherzustandsdaten bei der Klimarekonstruktion bzw. Simulationen von Gletscherverhalten auf Grundlage von Klimadaten. Vor deren Verwendung muß zunächst großer Wert auf eine kritische Überprüfung des formulierten Ansatzes der Untersuchung gelegt werden, da sich die Aussagefähigkeit von Gletscherstands- wie Massenbilanzschwankungen regional- bzw. sogar gletscherspezifisch determiniert einer generalisierenden Bewertung entzieht. Besteht keine Möglichkeit, auf die vergleichsweise weniger stark von nicht-klimatischen Einflußfaktoren geprägten Massenbilanzdaten zurückzugreifen, müssen Gletscherstandsschwankungsdaten zunächst in bezug auf deren Repräsentativität bewertet und analysiert werden. Reaktionszeit, Gletschermorphologie, Höhe des Massenumsatzes und Gletscherstand stellen dabei nur einige der zu beachtenden Faktoren dar, die eine Korrelation der Gletscherstandsschwankungsdaten zu Klimafluktuationen erschweren können, nachdem zuvor festgestellt werden muß, welches die steuernden Klimafaktoren für die Massenbilanz des ausgewählten Gletschers sind. Die weitverbreitete Ausrichtung entsprechender Untersuchungen auf die Sommertemperatur ist beispielsweise nur in bestimmten Gletscherregionen zulässig. Aussagen über Schwankungen der Jahresdurchschnittstemperatur aus dem Gletscherverhalten ist aus theoretischen glaziologischen Überlegungen heraus sowie empirisch nachvollzogen nicht möglich, was in scharfem Kontrast zur gängigen Praxis vieler Klimarekonstruktionen bzw. Simulationen des Gletscherverhaltens steht.

Die weitverbreitete Verfahrensweise einer nahezu undifferenzierten und unreflektierten Verwendung von Gletscherdaten in verbreitetem Widerspruch zur hohen Aufmerksamkeit, die statistischer Aufbereitung der Daten bzw. Exaktheitsgrad der Ergebnisse von Modellkalkulationen geschenkt wird, wird dem speziellen vielschichtigen Einflußfaktorengefüge der Gletscherreaktion auf Fluktuationen des Klimas nicht gerecht. Für bestimmte Zielvorgaben, beispielsweise die Ausweisung eines eventuellen anthropogenen Einflusses auf die gegenwärtigen Klimaänderungen, sind Gletscherstandsschwankungs- wie Massenhaushaltsdaten aufgrund begrenzter Exaktheit der Aussagefähigkeit und räumlich-zeitlicher Auflösung nur eingeschränkt geeignet. Auch bezüglich eines Nachweises genereller klimabeeinflussender terrestrischer und extraterrestrischer Faktoren, der ohnehin im Fall der Gletscher nur über einen Zwischenschritt der Veränderungen des großräumigen klimadynamischen Systems (der Interaktion von Luftströmung, Meeresströmung, Luftdruckverteilung etc.) erfolgen kann, ist deren Anwendbarkeit limitiert.

Der Schlüssel zur Nutzung des in Gletscherstandsschwankungs- und Massenhaushaltsdaten sowie dem Formenschatz des Gletschervorfelds enthaltenen Potentials liegt in einer zuerst zu erfolgenden Analyse und Interpretation auf lokaler Betrachtungsebene zwecks Ausweisung der dominierenden Einflußfaktoren und deren Wirkungsweise. Erst im zweiten Schritt kann auf Grundlage von Trendanalysen eine weiterführende Regionalisierung erfolgen. Überregionale Schlußfolgerungen können nur dann durchgeführt werden, wenn aus möglichst zahlreichen regionalen Ergebnissen ein Mosaik des Gletscherverhaltens und abgeleiteter Klimaentwicklung zusammengesetzt wird, um dieses mit dem allgemeinen Klimasystem und seinen Einzelelementen unter Beachtung dessen sich ebenfalls regional differenziert darstellenden Variationsspielraums in Beziehung zu setzen. Gletscher eignen sich definitiv nicht zur Ausweisung „globaler Klimaänderungen", was in Konsequenz auch zu differenter Betrachtung der Modellvorstellungen über den Mechanismus von Klimaänderungen zwingt, da das Konzept einer starken Regionalisierung bis dato analog zum Anwendungskonzept von Daten zum Gletscherverhalten auch in entsprechenden Simulationen und Modellrechnungen nicht immer Anwendung findet.

Die anhand verschiedener Auswirkungen aufgezeigte Komplexität der Beziehung Klima - Gletscher - Gletschervorfeld erfordert eine differenzierte Beantwortung der eingangs als Grundlage aufgeworfenen Frage nach einer Eignung von Gletschern als Klimazeugen. In der globalisierenden und komplexe Interaktionsmuster simplifizierenden Art, wie Daten bzw. Zeugnisse des Gletscherverhaltens (nicht zuletzt resultierend aus wissenschaftstendenzieller bzw. -politischer Zielvorgabe) viel zu häufig Anwendung finden, eignen sich Hochgebirgsgletscher definitiv nicht als Klimazeugen. Auch ausgeklügelte, statistisch sorgfältig abgesicherte komplexe Modellkonstruktionen und zwingende Beweiskraft vortäuschende exakte physikalische Ergebniswerte ändern nichts daran, daß Aussagefähigkeit und klimabezogener Informationsgehalt von Gletscherdaten limitiert sind und intensiver, v.a. regionaler und lokaler Analyse unterworfen werden müssen. Finden dagegen die aufgezeigten Einschränkungen Beachtung und basieren die Analysen auf Interpretation des individuellen Gletscherverhaltens bzw. gesicherter Ausweisung regionaler Trends, stellen Hochgebirgsgletscher wertvolle Klimazeugen dar. Bei solcher Vorgehensweise steigert sich deren Aussagepotential bezüglich der das Gletscherverhalten steuernden Klimaentwicklung, da kontrastierend zu einer (ohnehin häufig nicht den realen Gegebenheiten entsprechenden) Beschränkung der Analyse auf singuläre Klimafaktoren bei Berücksichtigung o.e. komplexer Gefügemuster regional differenziert unterschiedliche klimatische Einflußfaktoren durch das Gletscherverhalten repräsentiert werden können. Zur maximalen Ausschöpfung des Aussagepotentials sollte bei solcher Vorgehensweise anstelle einer Konzentration auf Gletscherstandsschwankungsdaten eine Einbeziehung glaziologischer Untersuchungsergebnisse (v.a. Massenhaushalts- und Energiebilanzstudien) sowie des Gletschervorfelds (Aussagefähigkeit der genetischen Prozesse der Formenelemente bzw. deren Konfiguration) in die Interpretation oberste Zielvorgabe sein. Es gilt allerdings, sich von der Vorstellung, Hochgebirgsgletscher stellten unkritisch operable und einfach quantifizierbarer Methodik zu unterwerfende Informationsträger für Fluktuationen des Klimas dar, zu verabschieden. Hochgebirgsgletscher müssen als äußerst komplexe Klimazeugen angesprochen werden, deren sinnvolle Verwendung intensive Studien voraussetzt.

LITERATUR

Aa, A.R. 1982a: Ice movements and deglaciation in the area between Sogndal and Jostedalsbreen, western Norway. Norsk Geol.Tidsskr., 62, pp. 179 - 190.

— 1982b: Solvorn - kvartærgeologisk kart 1417 IV M 1:50.000. Norges Geol.Unders.

— 1988: Brigsdalsbreen - kvartærgeologisk kart 1318 II M 1:50.000. Norges Geol.Unders.

AA, A.R. & E.SØNSTEGAARD 1987: Elvekrok - kvartærgeologisk kart BDE 080586-20 M 1:20.000. Norges Geol.Unders.

— 1995: Fjærland - kvartærgeologisk kart 1317 I M 1:50.000. Norges Geol.Unders.

AARSETH, I. 1980: Fjell og fjord - stein og jord. In: Sogn og Fjordane, utgitt av N.Schei. s. 97 - 121. Oslo.

AARSETH, I. & J.MANGERUD 1974: Younger Dryas end moraines between Hardangerfjorden and Sognefjorden, western Norway. Boreas, 3, pp. 3 - 22.

AAS, B. 1969: Climatically raised birch lines in southwestern Norway 1918 - 1968. Norsk Geogr.Tidsskr., 23, pp. 119 - 130.

AAS, B. & T.FAARLUND 1988: Postglasiale skoggrenser i sentrale sørnorske fjelltrakter - ^{14}C-datering av subfossile furu- og bjørkerester. Norsk Geogr.Tidsskr., 42, s. 25 - 61.

ABER, J.S. & I.AARSETH 1988: Glaciotectonic structure and genesis of the Herdla Moraines, western Norway. Norsk Geol.Tidsskr., 68, pp. 99 - 106.

ABER, J.S., D.G.CROOT & M.M.FENTON 1989: Glaciotectonic landforms and structures. Dordrecht.

ACKERT, R.P. 1984: Ice-cored lateral moraines in Tarfala Valley, Swedish Lapland. Geogr.Annlr., 66 A, pp. 79 - 88.

ADDISON, K. 1981: The contribution of discontinuous rock-mass failure to glacier erosion. Ann.Glaciol., 2, pp. 3 - 10.

AHLMANN, H.W. 1919: Geomorphological studies in Norway. Geogr.Annlr., 1, pp. 1 - 146 — 193 - 252.

— 1922: Glaciers in Jotunheim and their physiography. Geogr.Annlr., 4, pp. 1 - 57.

— 1927 ff.: Physico-geographical researches in the Horung massif, Jotunheimen. Geogr.Annlr., 9 ff.

— 1933: Scientific results of the Swedish-Norwegian Arctic expedition in the summer of 1931 - VIII glaciology. Geogr.Annlr., 15, pp. 161 - 216 — 262/263.

— 1935a: Contribution to the physics of glaciers. Geogr.J., 86 (2), pp. 97 - 113.

— 1935b: Dannelsen av den siste endmorene ved Styggedalsbreen. Norsk Geogr.Tidsskr., 5, s. 499 - 500.

— 1941: The Styggedal glacier in Jotunheim, Norway. Geogr.Annlr., 22, pp. 95 - 130.

— 1947: Den nutida klimatfluktuationen och dess utforskande. Norsk Geogr.Tidsskr., 11, s. 290 - 326.

— 1948: Glaciological research on the North Atlantic coasts. Royal Geogr.Soc.Res.Ser., 1. London.

— 1953a: Glacier variations and climatic fluctuations. New York.

— 1953b: Glaciärer och klimat i Norden under de senaste tusentalen år. Norsk Geogr.Tidsskr., 13, s. 56 - 75.

AHLMANN, H.W. ET AL. 1970: Klimatologiska förendringar omkring Nordatlanten under gammal och nyare tid. Ymer, 99, s. 219 - 242.

ALEXANDER, M.J. & P.WORSLEY 1973: Stratigraphy of a Neoglacial end moraine in Norway. Boreas, 2, pp. 117 - 142.

AMMAN, K. 1978: Der Oberaargletscher im 18.,19. und 20.Jahrhundert. Z.Gletscherk.Glazialgeol., 12, S. 253 - 291.

ANDERSEN, B.G. 1979: The deglaciation of Norway 15,000 - 10,000 B.P. Boreas, 8, pp. 79 - 87.

— 1980: The deglaciation of Norway after 10,000 B.P. Boreas, 9, pp. 211 - 216.

— 1981: Late Weichselian ice sheets in Eurasia and Greenland. In: The last great ice sheets, edited by G.H.DENTON & T.J.HUGHES. pp. 1 - 65. New York.

— 1987: Quaternary research in Norway 1960 - 1986. Boreas, 16, pp. 327 - 338.

ANDERSEN, B.G., H.P.SEJRUP & Ø.KIRKEHUS 1983: Eemian and Weichselian deposits at Bø on Karmøy, SW Norway: a preliminary report. Norges Geol.Unders., 380, pp. 189 - 201.

ANDERSEN, B.G. ET AL. 1981: Weichselian before 15,000 years B.P. at Jæren-Karmøy in southwestern Norway. Boreas, 10, pp. 297 - 314.

ANDERSEN, J.L. & J.L.SOLLID 1971: Glacial chronology and glacial geomorphology in the marinal zones of the glaciers Midtdalsbreen and Nigardsbreen, South Norway. Norsk Geogr.Tidsskr., 25, pp. 1 - 38.

ANDERSEN, P. 1973: The distribution of monthly precipitaion in southern Norway in relation to prevailing H.Johansen weather types. Årbok for Universitetet i Bergen Mat.-Naturv.Serie, 1972 (1). Bergen.

ANDERSON, R.S. ET AL. 1982: Observations in a cavity beneath Grinnel Glacier. Earth Surface Proc., 7, pp. 63 - 70.

ANDREASEN, J.O. & N.T.KNUDSEN 1985: Recent retreat and ice velocity at Austre Okstindbre, Norway. Z.Gletscherk.Glazialgeol., 21, pp. 329 - 340.

ANDREWS, J.T. 1971: Methods in the analysis of till fabrics. In: Till - a symposium, edited by R.P.Goldthwait. pp. 321 - 327. Columbus/Ohio.

— 1972: Glacier power, mass balance and erosion potential. Z.Geomorph.N.F.Suppl.Bd., 13, pp. 1 - 17.

— 1975: Glacial systems. North Scituate/Mass.

— 1982: Holocene glacier variations in the eastern Canadian Arctic: a review. Striae, 18, pp. 9 - 14.

ANDREWS, J.T. & M.BARNETT 1979: Holocene (Neoglacial) moraine and proglacial lake chronology, Barnes Ice Cap, Canada. Boreas, 8, pp. 341 - 358.

ANGERER, H. 1906: Alpes orientales 1905. Z.Gletscherkunde, 1, S. 162 - 165.

ANUNDSEN, K. 1972: Glacial chronology in parts of southwestern Norway. Norges Geol.Unders., 280, pp. 1 - 24.

— 1978: Marine transgression in Younger Dryas in Norway. Boreas, 7, pp. 49 - 60.

— 1985: Changes in shore-level and ice-front position in Late Weichsel and Holocene, southern Norway. Norsk Geogr.Tidsskr., 39, pp. 205 - 225.

— 1990: Evidence of ice movement over Southwest Norway indicating an ice dome over the coastal district of West Norway. Quat.Sci.Rev., 9, pp. 99 - 116.

ARDÖ, J. 1992: On the differences and the similarities between snowpatches and small glaciers. In: High alpine environmental fluctuations and slope processes in the Holocene. Lunds Universitets Naturgeografiska Institution - Rapporter och Notiser, 75, edited by H.J.ÅKERMAN. Lund.

ASHLEY, G.M. 1989: Classification of glaciolacustrine sediments. - In: Genetic classification of glacigenic deposits, edited by R.P.GOLDTHWAIT & C.L.MATSCH. pp. 243 - 260. Rotterdam.

AUNE, B. 1993: Temperaturnormaler, normalperiode 1961 - 1990. DNMI Rapp. Nr.02/93 Klima. Oslo.

BAHRENBURG, G., E.GIESE & J.NIPPER 1990: Statistische Methoden in der Geographie, Band 1. Stuttgart.

BALLANTYNE, C.K. 1979: Patterned ground on an active medial moraine, Jotunheimen, Norway. J.Glaciology, 22, pp. 396 - 401.

— 1982: Aggregate clast form characteristics of deposits near the margins of four glaciers in the Jotunheimen Massif, Norway. Norsk Geogr.Tidsskr., 36, pp. 103 - 113.

— 1989: The Loch Lomond readvance on the Isle of Skye, Scotland: glacier reconstruction and paleoclimatic implications. J.Quat.Sci., 4, pp. 95 - 108.

— 1990: The Holocene glacial history of Lyngshalvöya, northern Norway: chronology and climatic implications. Boreas, 19, pp. 93 - 117.

BALLANTYNE, C.K. & J.A.MATTHEWS 1982: The development of sorted circles on recently deglaciated terrain, Jotunheimen, Norway. Arctic.Alp.Res., 14, pp. 341 - 354.

— 1983: Dissaction cracking and sorted polygon development, Jotunheimen, Norway. Arctic.Alp.Res., 15, pp. 339 - 349.

BALLANTYNE, C.K., N.M.BLACK & D.P.FINLAY 1989: Enhanced boulder weathering under late lying snowpatches. Earth Surface Proc., 14, pp. 745 - 750.

BARANOWSKI, S. 1970: The origin of fluted moraine at the fronts of contemporary glaciers. Geogr.Annlr., 52 A, pp. 68 - 75.

BARRET, P.J. 1980: The shape of rock particles, a critical review. Sedimentology, 27, pp. 291 - 303.

BARRY, R.G. 1992: Mountain weather and climate, 2nd ed. London.

BARRY, R.G. & R.J.CHORLEY 1992: Atmosphere, weather & climate, 6th ed. London.

BARSCH, D. 1971: Rock glaciers and ice-cored moraines. Geogr.Annlr., 53 A, pp. 203- 206.

— 1977: Nature and importance of mass wasting by rock glaciers in alpine permafrost environments. Earth Surface Proc., 2, pp. 231 - 245.

— 1983: Blockgletscherstudien, Zusammenfassung und offene Probleme. Abh.Akad.Wiss.Göttingen Math.Phys.Kl., 3.Folge 35, S.133 - 150.

— 1988: Rock glaciers. In: Advances in periglacial geomorphology, edited by M.J.CLARK. pp. 69 - 90. Chichester.

— 1993: Schneehaldenmoränen (Protalus Ramparts) - Ein falsches Modell behindert die paläoklimatische Deutung. Würzburger Geogr.Arb., 87, S. 257 - 267.

BARSCH, H. & K.BILLWITZ (Hrsg.) 1990: Physisch-geograpische Arbeitsmethoden. Gotha.

BATTEY, M.H. & I.BRYHNI 1981: Berggrunnen og landskapet. - In: Norges nasjonalparker 10 - Jotunheimen, utgitt av T.T.GARMO ET AL. s. 21 - 33. Oslo.

BATTEY, M.H. & W.D.MCRITCHIE 1973: A geological traverse across the pyroxene-granulites of Jotunheimen in the Norwegian Caledonides. Norsk Geol.Tidsskr., 53, pp. 237 - 265.

— 1975: The petrology of the pyroxene-granulite facies rocks of Jotunheimen, Norway. Norsk Geol.Tidsskr., 55, pp. 1- 49.

BEHRMANN, M. 1927: Der Suphellenbræ (Jostedalsbræ) - ein Typus eines regenerierten Gletschers. Z.Gletscherkunde, 15, S. 136 - 140.

BENEDICT, J.B. 1976: Frost creep and gelifluction features: a review. Quat.Res., 6, pp. 55 - 76.

BERGER, H. 1967: Vorgänge und Formen der Nivation in den Alpen. Buchreihe des Landesmuseums für Kärnten, 17, Klagenfurt.

BERGER, W.H. 1990: The Younger Dryas cold spell - a quest for causes. Palaeogeogr.Palaeoclimat.Palaeoecol., 89, pp. 219 - 237.

BERGERSEN, O.F. 1970: Undersøkelser av steinfraksjoner rundingsgrad i glasigene jordarter. Norges Geol.Unders., 266, s. 252 - 260.

BERGERSEN, O.F. & K.GARNES 1981: Weichselian in central South Norway: the Gudbrandsdal Interstadial and the following glaciation. Boreas, 10, pp. 315 - 322.

— 1983: Glacial deposits in the culmination zone of the Scandinavian ice sheet. In: Glacial deposits in North-West Europe, edited by J.EHLERS. pp. 29 - 40. Rotterdam.

BERGLUND, B. & N.-A.MÖRNER 1984) Late Weichselian deglaciation and chronostratigraphy of southern Scandinavia: problems and present „state of art". In: Climatic changes on a yearly to millennial basis, edited by N.-A.MÖRNER & W.KARLÉN. pp. 17 - 24, Dordrecht.

BERGMANN, H. & O.REINWARTH 1976: Die Pegelstation Vernagtbach (Ötztaler Alpen). Planung, Bau und Meßergebnisse. Z.Gletscherk.Glazialgeol., 12, S. 157 - 180.

BERGSTRØM, B. 1975: Deglasiasjonsforløpet i Aurlandsdalen og områdene omkring, Vest-Norge. Norges Geol.Unders., 317, s. 33 - 69.

BESCHEL, R. 1950: Flechten als Altersmaßstab rezenter Moränen. Z.Gletscherk.Glazialgeol., 1, S. 152 - 161.

BICKERTON, R.W. & J.A.MATTHEWS 1992: On the accuracy of lichenometric dates: an assessment based on the „Little Ice Age" moraine sequence of Nirgardsbreen, southern Norway. Holocene, 2, pp. 227 - 237.

— 1993: „Little Ice Age" glacier variations of the Jostedalsbreen ice cap, southern Norway: a regional lichenometric-dating study of moraine-ridge sequences and their climatic significance. J.Quat.Sci., 8, pp. 45 - 66.

BIRCHER, W. 1982: Zur Gletscher- und Klimageschichte des Saastales. Physische Geographie, 9. Zürich.

BIRKELAND, B.J. 1925: Ältere meteorologische Beobachtungen in Oslo (Kristiania). Norske Videnskaps-Akademi i Oslo - Geofysiske Publ., Vol. III. (9). Oslo.

— 1928: Ältere meteorologische Beobachtungen in Bergen. Norske Videnskaps-Akademi i Oslo - Geofysiske Publ., Vol. V. (8). Oslo.

— 1932: Ältere meteorologische Beobachtungen in Ullensvang. Norske Videnskaps-Akademi i Oslo - Geofysike Publ., Vol. IX. (6). Oslo.

— 1949: Old meteorological observations at Trondheim. Norske Videnskaps-Akademi i Oslo - Geofysiske Publ., Vol. XV. (4), Oslo.

BIRKENHAUER, J. 1980: Die Alpen. Paderborn.

BIRKS, H.J.B. 1986: Late-Quaternary biotic changes in terrestrial and lacustrine environments, with particular reference to North-West Europe. - In: Handbook of Holocene palaeoecology and palaeohydrology, edited by B.E.BERGLUND. pp. 3 - 65. Chichester.

BIRNIE, R.V. 1977: A snow-bank push mechanism for the formation of some „annual" moraine ridges. J.Glaciology, 18, pp. 77 - 85.

BJÖRCK, S. & G.DIGERFELDT 1991: Allerød-Younger Dryas sea level changes in southwestern Sweden and their relation to the Baltic Ice Lake development. Boreas, 20, pp. 115 - 133.

BLESS, R. 1984: Beiträge zur spät- und postglazialen Geschichte der Gletscher im nordöstlichen Mont Blanc-Gebiet. Physische Geographie, 15. Zürich.

BLIKRA, L.H., P.A.HOLE & N.RYE 1989: Hurtig massebevegelse og avsetningstypes i alpine områder, Indre Nordfjord. Norges Geol.Unders. Skrifter, 92. Trondheim.

BLÜMCKE, A. 1906 ff.: Über die Geschwindigkeiten am Vernagt- und Guslar-Ferner im Jahre 1904-1905 ff. Z.Gletscherkunde, 1 ff.

BLÜMCKE, A. & H.HESS 1897: Nachmessungen am Vernagt- und Guslarferner. Wiss.Ergzhft.Z.DÖAV 1, 1, S. 99 - 112.

BÖGEL, H. & K.SCHMIDT 1976: Kleine Geologie der Ostalpen. Thun.

BOGEN, J. 1983: Morphology and sedimentation of deltas in fjord and fjord valley lakes. Sedimentary Geology, 36, pp. 245 - 267.

— 1989: Glacial sediment production and development of hydro-electric power in glacierized areas. NVE Hydrol.Avd.Meddel., 67. Oslo.

BOGEN, J., B.WOLD & G.ØSTREM 1989: Historic glacier variations in Scandinavia. In: Glacier fluctuations and climatic change, edited by J.Oerlemans. pp. 109 - 128. Dordrecht.

BORTENSCHLAGER, I. & S.BORTENSCHLAGER 1978: Pollenanalytische Untersuchungen am Bänderton von Baumkirchen (Inntal, Tirol). Z.Gletscherk.Glazialgeol., 14, S. 95 - 103.

BORTENSCHLAGER, S. 1972: Der pollenanalytische Nachweis von Gletscher- und Klimaschwankungen in Mooren der Ostalpen. Ber.Deut.Bot.Ges., 85, S. 113 - 122.

— 1977: Ursachen und Ausmaß postglazialer Waldgrenz-Schwankungen in den Ostalpen. In: Dendrochronologie und postglaziale Klimaschwankungen in Europa, herausgegeben von B.FRENZEL. S. 260 - 266. Wiesbaden.

BORTENSCHLAGER, S. & G.PATZELT 1969: Wärmezeitliche Klima- und Gletscherschwankungen im Pollenprofil eines hochgelegenen Moores (2.270 m) der Venedigergruppe. Eis.Gegenwart, 20, S. 116 - 122.

BOULTON, G.S. 1968: Flow tills and related deposits on some Vestspitsbergen glaciers. J.Glaciology, 7, pp. 391 - 412.

— 1970a: On the origin and transport of englacial debris in Svalbard glaciers. J.Glaciology, 9, pp. 213 - 230.

— 1970b: On the deposition of subglacial and melt-out tills at the margins of certain Svalbard glaciers. J.Glaciology, 9, pp. 231 - 246.

— 1971: Till genesis and fabric in Svalbard, Spitsbergen. - In: Till - a symposium, edited by R.P.GOLDTHWAIT. pp. 41 - 72. Columbus/Ohio.

— 1972: The role of thermal régime in glacial sedimentation. In: Polar geomorphology. Spec.Publ.Inst.Brit.Geogr., 4, edited by R.J.PRICE & D.E.SUGDEN. pp. 1 - 19. London.

— 1975: Processes and patterns of subglacial sedimentation: a theoretical approach. In: Ice ages: ancient and modern. Geological J.Spec.Issue, 6, edited by A.E.WRIGHT & F.MOSELY. pp. 7 - 42. London.

— 1976a: A genetic classification of tills and criteria for destinguishing tills of different origin. In: Till - its genesis and diagenesis. Symposium on the research methods of morainic deposits in Poland 1975, edited by W.STANKOWSKI. pp. 65 - 80. Poznan

— 1976b: The origin of glacially fluted surfaces - observations and theory. J.Glaciology, 17, pp. 287 - 309.

— 1978: Boulder shapes and grain-size distributions of debris as indicators of transport paths through a glacier and till genesis. Sedimentology, 25, pp. 773 - 799.

— 1979: Processes of glacier erosion on different substrata. J.Glaciology, 23, pp. 15 - 38.

— 1982: Processes and patterns of glacial erosion. In: Glacial geomorphology, 2nd ed., edited by D.R.COATES. pp. 41 - 87. London.

— 1983: Subglacial processes and the development of glacier bedforms. In: Research in glacial, glacio-fluvial and glacio-lacustrine systems. 6th Guelph Symposium on Geomorphology, edited by R.DAVIDSON-ARNOTT, W.NICKLING & B.D.FAHEY. pp. 1 - 31. Guelph,Ontario/Norwich.

— 1986: Push-moraines and glacier-contact fans in marine and terrestrial environments. Sedimentology, 33, pp. 677 - 698.

BOULTON, G.S. & N.EYLES 1979: Sedimentation by alpine valley glaciers: a modell and genetic classification. In: Moraines and varves, edited by C.SCHLÜCHTER. pp. 11 - 23. Rotterdam.

BOULTON, G.S., D.L.DENT & E.M.MORRIS 1974: Subglacial shear deformation and crushing in lodgement till from South-East Iceland. Geogr.Annlr., 56 A, pp. 135 - 145.

BOULTON, G.S. ET AL. 1979: Direct measurement of stress at the base of a glacier. J.Glaciology, 22, pp. 3 - 24.

BRADLEY, R.S. 1985: Quaternary palaeoclimatology. Boston.

BRADLEY, R.S. & P.D.JONES 1992: Records of explosive volcanic eruptions over the last 500 years. In: Climate since A.D. 1500, edited by R.S.BRADLEY & P.D.JONES. pp. 606 - 622. London.

BRANDAL, M.K. & E.HEDER 1991: Stratigraphy and sedimentation of a terminal moraine deposited in a marine environment - two examples from the Ra-ridge in Østfold, Southeast Norway. Norsk Geol.Tidsskr., 71, pp. 3 - 14.

BRAY, J.R. 1982: Alpine glacial advance in relation to a proxy summer temperatur index based mainly on wine harvest dates, A.D. 1453 - 1973. Boreas, 11, pp. 1 - 10.

BRIFFA, K.R. & F.H.SCHWEINGRUBER 1992: Recent dendrochronological evidence of northern and central European summer temperatures. In: Climate since A.D. 1500, edited by R.S.BRADLEY & P.D.JONES. pp. 366 - 392. London.

BRIFFA, K.R. ET AL. 1988: Reconstructiog summer temperatures in northern Fennoscandinavia back to A.D. 1700 using tree-ring data from Scots pine. Arctic.Alp.Res., 20, pp. 385 - 394.

BRÜCKNER, E. 1907 ff.: Alpes orientales 1906 ff. Z.Gletscherkunde 2 ff.

— 1921a: Vorstoß der Schweizer Gletscher. Z.Gletscherkunde, 12, S. 70 - 73.

— 1921b: Die meteorologischen Ursachen des Gletschervorstoßes in den Schweizer Alpen. Z.Gletscherkunde, 12, S. 73 - 74.

— 1921c: Über die bodengestaltende Wirkung des vorstoßenden Grindelwaldgletschers. Z.Gletscherkunde, 12, S. 74 - 77.

BRUECKNER, H.K. 1979: Precambrian ages from the Geiranger-Tafjord-Grotli area of the Basal Gneiss Region, West Norway. Norsk Geol.Tidsskr., 59, pp. 141 - 153.

BRUGGER, K.A. 1990: Non-synchronous response of Rabots Glaciär and Storglaciären to recent climatic change. Ann.Glaciol., 14, pp. 331 - 332.

BRUNNACKER, K. 1990: Gliederung und Dauer des Eiszeitalters im weltweiten Vergleich. In: Eiszeitforschung, herausgegeben von H.LIEDTKE. S. 55 - 68. Darmstadt.

BRUNNER, K. 1993: „Der Vernagtferner im Jahre 1889" als erste exakte Kartierung eines Gesamtgletschers. Z.Gletscherk.Glazialgeol., 29, S. 93 - 98.

BRUNNER, K. & H.RENTSCH 1972: Die Veränderungen von Fläche, Höhe und Volumen am Vernagt- und Guslarferner von 1889-1912-1938-1969. Z.Gletscherk.Glazialgeol., 8, S. 11 - 25.

BRUUN, I. 1967: Standard normals 1931-1960 of the air temperature in Norway. Oslo.

BÜDEL, J. 1969: Der Werdegang der Alpen, Europa und die Wissenschaft. Wiss.Alpenvereinshefte, 21, S. 13 - 45.

— 1981: Klima-Geomorphologie, 2.Aufl. Berlin/Stuttgart.

BURKE, R.M. & P.W.BIRKELAND 1984: Holocene glaciations in the mountain ranges in the western United States. In: Late-Quaternary environments in the United States. Vol.2 - The Holocene, edited by H.E.WRIGHT. pp. 2 - 11. London.

BURROWS, C.J. & A.F.GELLATLY 1982: Holocene glacier activity in New Zealand. Striae, 18, pp. 41 - 47.

BLYSTAD, P. & L.SELSING 1988: Deglaciation chronology in the mountain area between Suldal and Setesdal. Norges Geol.Unders., 413, pp. 67 - 92.

CAILLEUX, A. 1952: Morphoskopische Analyse der Geschiebe und Sandkörner und ihre Bedeutung für die Paläoklimatologie. Geol.Rdsch., 40, S. 11 - 19.

CAINE, N. 1969: A model for alpine talus slope development by slush avalanching. J.Geology, 77, pp. 92 - 100.

— 1974: The geomorphic processes of the alpine environment. In: Arctic and alpine environments, edited by J.D.IVES & R.G.BARRY. pp. 721 - 748. London.

CALKIN, P.E. & J.M.ELLIS 1982: Holocene glacial chronology of the Brooks Range, northern Alaska. Striae, 18, pp. 3 - 8.

CARLSON, A.B., H.RAASTAD & J.L.SOLLID 1979: Innlandsisens avsmelting i sørøstlige Jotunheimen og tilgrensense områder. Norsk Geogr.Tidsskr., 33, s. 173 - 186.

CAROL, H. 1947: The formation of roches moutonnées. J.Glaciology, 1, pp. 57 - 59.

CARSWELL, D.A. 1973: The age and status of the basal gneiss complex of north-west southern Norway. Norsk Geol.Tidsskr., 53, pp. 65 - 78.

CASELDINE, C.J. 1983: Pollen analysis and rates of pollen incorporation into a radiocarbon-dated palaeopodzolic soil at Haugabreen, southern Norway. Boreas, 12, pp. 233 - 246.

— 1984: Pollen analysis of a buried arctic-alpine brown soil from Vestre Memurubreen, Jotunheimen, Norway: evidenve for postglacial high-altitude vegetation change. Arctic.Alp.Res., 16, pp. 423 - 430.

— 1987: Neoglacial glacier variations in northern Iceland: examples from the Eyjafjördur area. Arctic.Alp.Res., 19, pp. 296 - 304.

CASELDINE, C.J. & J.A.MATTHEWS 1985: ^{14}C dating of palaesols, pollen analysis and landscape change: studies from low- and mid-alpine belts of southern Norway. In: Soils and Quaternary landscape evolution, edited by J.BROADMAN. pp. 87 - 116. Chichester.

— 1987: Podzol development, vegetation change and glacier variations at Haugabreen, southern Norway. Boreas, 16, pp. 215 - 230.

CATT, J.A. 1992: Angewandte Quartärgeologie. Stuttgart.

CATTO, N.R. 1990: Clast fabric of diamictons associated with some roches moutonnées. Boreas, 19, pp. 289 - 296.

CHENG, J. 1991: Changes of alpine climate and glacier water resources. Zürcher Geographische Schriften, 46, Zürich.

CHENG,J. & M.FUNK 1990: Mass balance of the Rhonegletscher during 1882/83-1986/87. J.Glaciology, 36, pp. 199 - 209.

CHERNOVA, L.P. 1981: Influence of mass balance and run-off on relief-forming activity of mountain glaciers. Ann.Glaciol., 2, pp. 69 - 70.

CLARK, M.J. 1987a: The glacio-fluvial sediment system: applications and implications. In: Glacio-fluvial sediment transfer, edited by A.M.GURNELL & M.J.CLARK. pp. 499 - 516. Chichester.

— 1987b: The alpine sediment system: a context for glacio-fluvial processes. In: Glacio-fluvial sediment transfer, edited by A.M.GURNELL & M.J.CLARK. pp. 9 - 13. Chichester.

CLARK, P.U. & A.K.HANSEL 1989: Clast ploughing, lodgement and glacier sliding over a soft glacier bed. Boreas, 18, pp. 201 - 207.

CLARK, W.A.V. & P.L.HOSKING 1986: Statistical methods for geographers. New York.

CLAYTON, K.M. 1974: Zones of glacial erosion. - In: Progress in geomorphology. Spec.Publ.Inst.Brit.Geogr., 7, edited by E.H.BROWN & R.S.WATERS. pp. 163 - 176. London.

COLLINS, D.N. 1981: Seasonal variation of solute concentration in meltwaters draining from an alpine glacier. Ann.Glaciol., 2, pp. 11 - 16.

— 1984a: Climatic variation and runoff from alpine glaciers. Z.Gletscherk.Glazialgeol., 20, pp. 127 - 145.

— 1984b: Water and mass balance measurements in glacierized drainage basins. Geogr.Annlr., 66 A, pp. 197 - 214.

— 1989: Hydrometeorological conditions, mass balance and runoff from alpine glaciers. In: Glacier fluctuation and climatic change, edited by J.OERLEMANS. pp. 235 - 260. Dordrecht.

— 1990: Climatic variables and mass balance of alpine glaciers during a period of climatic fluctuation. Ann.Glaciol., 14, pp. 333.

COLLINSON, J.D. & D.B.THOMPSON 1989: Sedimentary structures, 2nd ed. London.

DAHL,R. 1965: Plastically sculptured detail forms on rock surfaces in northern Nordland, Norway. Geogr.Annlr., 47 A, pp. 83 - 140.

DARMODY, R.G., C.E.THORN & J.M.RISSING 1987: Chemical weathering of fine debris from a series of Holocene moraines: Storbreen, Jotunheimen, southern Norway. Geogr.Annlr., 69 A, pp. 405 - 413.

DAVIES, D.A., M.S.BERRISFORD & J.A.MATTHEWS 1990: Boulder-paved river channels: a case study of a fluvio-periglacial landform. Z.Geomorph.N.F., 34, pp. 213 - 231.

DAWSON, A.G. 1992: Ice age earth. London.

DEL-NEGRO, W. 1977: Abriss der Geologie von Österreich. Wien.

DENTON, G.H. & W.KARLÉN 1973a: Holocene climatic variations - their pattern and possible cause. Quat.Res., 3, pp. 155 - 205.

— 1973b: Lichenometrie: its application to Holocene moraine studies in southern Alaska and Swedish Lappland. Arctic.Alp.Res., 5, pp. 347 - 372.

DET NORSKE METEOROLOGISKE INSTITUTT (Utg.) 1949a: Nedbøren i Norge 1895 - 1943 - I. Middelverdier og maksima. Oslo.

DET NORSKE METEOROLOGISKE INSTITUTT (Utg.) 1949b: Nedbøren i Norge 1895 - 1943 - I. Nedbørhøder for måneder, årstider od år. Oslo.

DIETLER, T.N., A.G.KOESTLER & A.G.MILNES 1985: A preliminary structural profile through the western Gneiss Complex, Sognefjord, southwestern Norway. Norsk Geol.Tidsskr., 65, pp. 233 - 235.

DIN 19.683 1973: Physikalische Laboruntersuchungen - Bestimmung der Korngrößenzusammensetzung nach Vorbehandlung mit Natriumpyrophosphat.

DINGWALL, P.R. 1972: Erosion by overland flow on an alpine debris slope. In: Mountain geomorphology, edited by O.SLAYMAKER & H.J.MCPHERSON. pp. 113 - 120. Vancouver.

DONGUS, H. 1984: Grundformen des Reliefs der Alpen. GR, 36, S. 388 - 394.

DOWDESWELL, J.A. 1982: Supraglacial resedimentation from melt-water streams on to snow overlying glacier ice, Sygjujökull, West Vatnajökull, Iceland. J.Glaciology, 28, pp. 365 - 375.

DOWDESWELL, J.A. & M.SHARP 1986: Characterization of pebble fabrics in modern terrestrial glacigenic sediments. Sedimentology, 33, pp. 699 - 710.

DRAXLER, I. 1980: Das Quartär. - In: Der geologische Aufbau Österreichs, herausgegeben vom GEOLOGISCHEN BUNDESAMT. S. 56 - 69. Wien/New York.

DREIMANIS, A. 1976: Tills: their origin and properties. In: Glacial till. Royal Soc.Canada Spec.Publ., 12, edited by R.F.LEGGET. pp. 11 - 48. Toronto.

— 1989: Tills: their genetic terminology and classification. In: Genetic classification of glacigenic deposits, edited by R.P.GOLDTHWAIT & C.L.MATSCH. pp. 17 - 83. Rotterdam.

DREIMANIS, A. & J.LUNDQVIST 1984: What should be called till? Striae, 20, pp. 5 - 10.

DREIMANIS, A. & U.J.VAGNERS 1971: Bimodal distribution od rock and mineral fragments in basal till. In: Till - a symposium, edited by R.P.GOLDTHWAIT. pp. 237 - 250. Columbus/Ohio.

DREWRY, D. 1986: Glacial geologic processes. London.

DRISCOLL, F.R. 1980: Formation of the Neoglacial surge moraines of the Klutlan Glacier, Yukon Territory, Canada. Quat.Res., 14, pp. 19 - 30.

DRYGALSKI, E.V. & F.MACHATSCHEK 1942: Gletscherkunde. Wien.

DUCK, R.W. & J.MCMANUS 1985: Short-term bathymetric changes in an ice-contact proglacial lake. Norsk Geogr.Tidsskr., 39, pp. 39 - 45.

EHLERS, J. 1990: Reconstructing the dynamics of the North-West European Pleistocene ice sheets. Quat.Sci.Rev., 9, pp. 71 - 83.

— 1994: Allgemeine und historische Quartärgeologie. Stuttgart.

EIDE, T.O. 1955: Breden og bygda. Norveg - Tidsskrift for folkelivsgransking, 5, s. 1 - 42.

ELLIS, S. 1979a: Radiocarbon dating evidence for the initiation of solifluction ca. 5500 years B.P. at Okstindan, North Norway. Geogr.Annlr., 61 A, pp. 29 - 33.

— 1979b: The identification of some Norwegian mountain soil types. Norsk Geogr.Tidsskr., 33, pp. 205 - 212.

ELLIS, S. & J.A.MATTHEWS 1984: Pedogenic implications of a ^{14}C-dated palaeopodzolic soil at Haugabreen, southern Norway. Arctic.Alp.Res., 16, pp. 17 - 91.

ELSON, J.A. 1989: Comment on glacitectonite, deformation till, and comminution till. In: Genetic classification of glacigenic deposits, edited by R.P.GOLDTHWAIT & C.L.MATSCH. pp. 85 - 88. Rotterdam.

ELVEHØY, H. & N.HAAKENSEN 1992: Glasiologiske undersøkelser i Norge 1990 og 1991. - NVE Publ., 3. Oslo.

ELVEN, R. 1978: Subglacial plant remains from the Omnsbreen glacier area, South Norway. Boreas, 7, pp. 83 - 89.

EMBLETON, C. 1979a: Glacial processes. In: Process in geomorphology, edited by C.EMBLETON & J.THORNES. pp. 272 - 306. London.

— 1979b: Nival processes. In: Process in geomorphology, edited by C.EMBLETON & J.THORNES. pp. 307 - 324. London.

EMBLETON, C. & C.A.M.KING 1975a: Glacial geomorphology, 2nd ed. London.

— 1975b: Periglacial geomorphology. London.

ERIKSTAD, L. & J.L.SOLLID 1986: Neoglaciation in South Norway using lichenometric methods. Norsk Geogr.Tidsskr., 40, pp. 85 - 105.

— 1988: Neoglaciation in South Norway using lichenometric methods: a reply to Matthews. Norsk Geogr.Tidsskr., 42, p. 62.

— 1990: Memurubreene, Jotunheimen - glasialgeomorfologi 1:6500. Norsk Institutt for naturforskning/ Avdeling for naturgeografi, Universitetet i Oslo.

ESCHER-VETTER, H. 1985: Energy balance correlations from five years' meteorological records at Vernagtferner, Oetztal Alps. Z.Gletscherk.Glazialgeol., 21, pp. 397 - 402.

EVERS, W. 1935: Gletscherkundliche Beobachtungen auf dem Austerdalsbrae (Südnorwegen). Z.Gletscherkunde, 23, S. 98 - 102.

— 1941: Grundzüge einer Oberflächengestaltung Südnorwegens. Deutsche Geographische Blätter, 44. Bremen.

EYBERGEN, F.A. 1987: Glacier snout dynamics and contemporary push moraine formation at the Trutmannglacier, Wallis, Switzerland. In: Tills and glaciotectonics, edited by J.J.M.VAN DER MEER. pp. 217 - 231. Rotterdam.

EYLES, N. 1979: Facies of supraglacial sedimentation on Icelandic and Alpine temperate glaciers. Canadian J.Earth Sci., 16, pp. 1341 - 1361.

— 1983: The glaciated valley landsystem. In: Glacial geology, edited by N.EYLES. pp. 91 - 110. Oxford.

EYLES, N. & J.MENZIES 1983: The subglacial landsystem. In: Glacial geology, edited by N.EYLES. pp. 19 - 70. Oxford.

EYLES, N. & R.J.ROGERSON 1978a: A framework for the investigation of medial moraines formation: Austerdalsbreen, Norway, and Berendon Glacier, British Columbia, Canada. J.Glaciology, 20, pp. 99 - 113.

— 1978b: Sedimentology of medial moraines on Berendon Glacier, British Columbia, Canada: implications for debris transport in a glacierized basin. Geol.Soc.America Bull., 89, pp. 1688 - 1693.

FÆGRI, K. 1934a: Über die Längenvariationen einiger Gletscher des Jostedalsbre und die dadurch bedingten Pflanzensukzessionen. Bergens Museums Årbok 1933 Naturvidenskapelig Rekke, No.7. Bergen.

— 1934b ff.: Forandringer ved norske breer 1932-33 ff. Bergens Museums Årbok 1933 ff. Naturvidenskapelig Rekke, Bergen.

— 1948: Brevariasjoner i Vestnorge i de siste 200 år. Naturen, 72, s. 230 - 243.

— 1950: On the variations of western Norwegian glaciers during the last 200 years. IAHS General Assembly 1948 Oslo, 2, pp. 293 - 303.

— 1979: Trekk av Jostedalsbreens geografi og historie. Naturen, 103, s. 104 - 110.

FAHNESTOCK, R.K. 1975: Morphology and hydrology of a glacial stream - White River, Mount Rainier, Washington. In: Glacial deposits, edited by R.P.GOLDTHWAIT. pp. 377 - 428. Stroudsburg.

FARETH, O.W. 1987: Glacial geology of Middle and Inner Nordfjord, western Norway. Norges Geol.Unders., 408, pp. 1 - 55.

FAUGLI, P.E. (Utg.) 1987: FoU i Jostedøla. NVE V-Publ., 6, Oslo.

FAUGLI, P.E., C.LUND & N.RYE 1991: Jostedalen natur - vannkraft. Oslo/Bergen.

FENN, C.R. & A.M.GURNELL 1987: Proglacial channel processes. In: Glacio-fluvial sediment transfer - an alpine perspective, edited by A.M.GURNELL & M.J.CLARK. pp. 87 - 107. Chichester.

FINSTERWALDER, R. 1953: Die zahlenmäßige Erfassung des Gletscherrückgangs an Ostalpengletschern. Z.Gletscherk.Glazialgeol., 2, S. 189 - 235.

FINSTERWALDER, RÜD. 1972: Begleitwort zur Karte des Vernagtferners 1:10.000 im Jahre 1969. Z.Gletscherk.Glazialgeol., 8, S. 5 - 10.

— 1978: Beiträge zur Gepatschfernervermessung. Z.Gletscherk.Glazialgeol., 14, S. 153 - 159.

FINSTERWALDER, RÜD. & H.RENTSCH 1976: Die Erfassung der Höhenveränderungen von Ostalpengletschern in den Zeiträumen 1950 - 1959 - 1969. Z.Gletscherk.Glazialgeol., 12, S. 29 - 35.

— 1980: Zur Höhenänderung von Ostalpengletschern im Zeitraum 1969 - 1979. Z.Gletscherk.Glazialgeol., 12, S. 29 - 35.

— 1991/92: Zur Höhenänderung von Ostalpengletschern im Zeitraum 1979 - 1989. Z.Gletscherk.Glazialgeol., 27/28, S. 165 - 172.

FINSTERWALDER, S. 1897: Der Vernagtferner. Wiss.Ergzhft.Z.DÖAV 1, 1, S. 1 - 98.

FINSTERWALDER, S. & H.HESS 1926: Über den Vernagtferner. Festschrift zum fünfzigjährigen Bestehen der Sektion Würzburg des DÖAV, S. 30 - 41. Würzburg.

FISCHER, K. 1966: Zur Anwendung der morphometrischen Schotteranalyse bei Untersuchungen in Alpentälern. Z.Geomorph.N.F., 10, S. 1 - 10.

FITZE, P. 1980: Zur Bodenentwicklung auf Moränen in den Alpen. Geogr.Helv., 35, S. 97 - 106.

— 1982: Zur Relativdatierung von Moränen aus der Sicht der Bodenentwicklung in den kristallinen Zentralalpen. Catena, 9, S. 265 - 306.

FLIRI, F. 1964: Zur Witterungsklimatologie sommerlicher Schneefälle in den Alpen. Wetter und Leben, 16, S. 1 - 11.

— 1973: Beiträge zur Geschichte der alpinen Würmvereisung: Forschungen am Bänderton von Baumkirchen (Inntal, Nordtirol). Z.Geomorph.N.F.Suppl.Bd., 16, S. 1 - 14.

— 1974: Niederschlag und Lufttemperatur im Alpenraum. Wiss.Alpenvereinshefte, 25. München.

— 1975: Das Klima der Alpen im Raume von Tirol. Innsbruck/München.

— 1980: Beitrag zur Kenntnis des Jahresganges der Schneehöhe im Alpenraum von Tirol. Z.Gletscherk.Glazialgeol., 16, S. 1 - 9.

— 1984: Synoptische Klimageographie der Alpen zwischen Mont Blanc und Hohen Tauern. Wiss.Alpenvereinshefte, 29. München.

— 1986: Beiträge zur Kenntnis der jüngeren Klimaänderungen in Tirol. Innsbrucker Geogr.Stud., 15. Innsbruck.

— 1990: Über Veränderungen der Schneedecke in Nord- und Osttirol in der Periode 1895 - 1991. Z.Gletscherk.Glazialgeol., 26, S. 145 - 154.

FLIRI, F., H.HILSCHER & V.MARKGRAF 1971: Weitere Untersuchungen zur Chronologie der alpinen Vereisungen (Bänderton von Baumkirchen, Inntal, Nordtirol). Z.Gletscherk.Glazialgeol., 7, S. 5 - 24.

FLIRI, F. ET AL. 1970: Der Bänderton von Baumkirchen (Inntal, Tirol). Eine neue Schlüsselstelle zur Kenntnis der Würm-Vereisungen in den Alpen. Z.Gletscherk.Glazialgeol., 6, S. 5 - 35.

FLOHN, H. 1979: On time scales and causes of abrupt paleoclimatic events. Quat.Res., 12, pp. 135 - 149.

— 1981: Short-time climatic fluctuations and their economic role. In: Climate and history: studies of past climates and their impact on man, edited by T.M.L.WIGLEY, M.J.INGRAM & G.FARMER. pp. 310 - 318. Cambridge.

— 1984: A possible mechanism of abrupt climatic changes. In: Climatic changes on a yearly to millennial basis, edited by N.-A.MÖRNER & W.KARLÉN. pp. 521 - 531. Dordrecht.

— 1988: Das Problem der Klimaänderungen in Vergangenheit und Zukunft. Darmstadt.

FØRLAND, E.J. 1993: Nedbørnormaler, normalperiode 1961 - 1990. DNMI Rapp,, 39/93 Klima, Oslo.

FØRLAND, E.J., I.HANSSEN-BAUER & P.Ø.NORDLI 1992: New Norwegian climate normals - but has the climate changed ? Norsk Geogr.Tidsskr., 46, pp. 83 - 94.

FØYN, N.J. 1910: Das Klima von Bergen - I.Theil Niederschläge. Bergens Museums Aarbok 1910 Avh., 2, Bergen.

— 1916: Das Klima von Bergen - II.Teil Mitteltemperaturen. Bergens Museums Aarbok 1915-16, 4, Bergen.

FOLK, R.L. 1955: Student operator error in determination of roundness, sphericity and grain sizes. J.Sediment.Petrol., 25, pp. 297 - 301.

FOLLESTAD, B.A. 1990: Blockflields, ice-flow directions and the Pleistocene ice-sheet in Nordmøre and Romsdal, West Norway. Norsk Geol.Tidsskr., 70, pp. 27 - 33.

FORBES, J.D. 1853: Norway and its glaciers - visited in 1851. Edinburgh.

FOSSUM, R., O.T.TANGEN & H.WØIEN 1980: Kvartærgeologiske undersøkelser i indre Krundalen, Jostedalen. Unpublished thesis Sogn og Fjordane Distriktshøgskule. Sogndal.

FRAEDRICH, R. 1979: Spät- und Postglaziale Gletscherschwankungen in der Ferwallgruppe (Tirol/Vorarlberg). Düsseldorfer Geogr.Schriften, 12. Düsseldorf.

FRANCIS, E.A. 1975: Glacial sediments: a selective review. In: Ice ages: ancient and modern. Geological J.Spec.Issue, 6, edited by A.E.WRIGHT & F.MOSELY. pp. 43 - 68. London.

FRANK, W. ET AL. 1987: The Austroalpine Unit west of the Hohe Tauern: The Ötztal-Stubai Complex as an example for the Eoalpine metamorphic evolution. In: Geodynamics of the eastern Alps, edited by H.W.FLÜGEL & P.FAUPL. pp. 179 - 182. Wien.

FRISCH, W. 1982: Entwicklung der Alpen. GR, 34, S. 418 - 421.

FRISCH, W. & J.LOESCHKE 1986: Plattentektonik. Darmstadt.

FUCHS, W. 1980a: Das inneralpine Tertiär. In: Der geologische Aufbau Österreichs, herausgegeben von der GEOLOGISCHEN BUNDESANSTALT. pp. 452 - 483. Wien/New York.

— 1980b: Das Werden der Landschaftsräume seit dem Oberpliozän. In: Der geologische Aufbau Österreichs, herausgegeben von der GEOLOGISCHEN BUNDESANSTALT. pp. 484 - 504. Wien/New York.

FURRER, G. 1990: 25.000 Jahre Gletschergeschichte - dargestellt an einigen Beispielen aus den Schweizer Alpen. Vierteljahrsschrift Naturforsch.Ges.Zürich, 135 (5). Zürich.

FURRER, G. & H.HOLZHAUSER 1984: Gletscher- und klimageschichtliche Auswertung fossiler Hölzer. Z.Geomorph.N.F.Suppl.Bd., 50, S. 117 - 136.

FURRER, G., B.GAMPER-SCHOLLENBERGER & J.SUTER 1980: Zur Geschichte unserer Gletscher in der Nacheiszeit - Methoden und Ergebnisse. In: Das Klima - Analyse und Modelle - Geschichte und Zukunft, herausgegeben von H.OESCHGER, B.MESSERLI & M.SILVAR. pp. 91 - 107. Berlin.

FURRER, G. ET AL. (Hrsg.) 1987: Exkursionsführer Teil A: Rhonegletscher. Physische Geographie, 24. Zürich.

GALE, S.J. & P.G.HOARE 1991: Petrographic methods for the study of unlithified rocks. New York.

GAMPER, M. 1981: Heutige Solifluktionsbeträge von Erdströmen und klimamorphologische Interpretation fossiler Böden. Physische Geographie, 4. Zürich.

— 1987: Postglaziale Schwankungen der geomorphologischen Aktivität in den Alpen. Geogr.Helv., 42, S. 77 - 80.

— 1991: Solifluktionsphasen im Holozän der Alpen. In: Klimageschichtliche Probleme der letzten 130.000 Jahre, herausgegeben von B.FRENZEL. S. 79 - 86. Stuttgart.

GAMPER, M. & J.SUTER 1978: Der Einfluss von Temperaturänderungen auf die Länge von Gletscherzungen. Geogr.Helv., 33, S. 183 - 189.

— 1982: Postglaziale Klimageschichte der Schweiz. Geogr.Helv., 37, S. 105 - 114.

GARDINER, V. & R.DACKOMBE 1983: Geomorphological field manual. London.

GARDNER, J.S. 1969: Snowpatches: their influence on mountain wall temperatures and the geomorphic implications. Geogr.Annlr., 51 A, pp. 114 - 120.

— 1987: Evidence for headwall weathering zones, Boundary Glacier, Canadian Rocky Mountains. J.Glaciology, 33, pp. 60 - 67.

— 1992: The zonation of freeze-thaw temperatures at a glacier headwall, Dome Glacier, Canadian Rockies. In: Periglacial geomorphology, edited by J.C.DIXON & A.D.ABRAHAMS. pp. 89 - 102. Chichester.

GAREIS, J. 1981: Reste des alpinen Eisstromnetzes in inneralpinen Becken. Eis.Gegenwart, 31, S. 53 - 64.

GARLEFF, K. 1970: Verbreitung und Vergesellschaftung rezenter Periglazialerscheinungen in Skandinavien. Göttinger Geogr.Abh., 51, S. 1 - 66.

— 1977: Formen und Pflanzengesellschaften der periglazialen Höhenstufe, Beispiele aus Sogn und Oppland (Norwegen). Abhdl.Akad.Wiss.Göttingen Math.-Phys.Kl., 3.Folge 31, S. 77 - 91.

GARNES, K. 1979: Weichselian till stratigraphy in Central South-Norway. In: Moraines and varves, edited by C.SCHLÜCHTER. 207 - 222. Rotterdam.

GARNES, K. & O.F.BERGERSEN 1980: Wastage features of the inland ice sheet in Central South Norway. Boreas, 9, pp. 251 - 269.

GELLATLY, A.F. 1985: Glacial fluctuations in the central southern Alps, New Zealand: documentation and implications for environmental change during the last 1000 years. Z.Gletscherk.Glazialgeol., 21, pp. 259 - 264.

GELLATLY, A.F., F.RÖTHLISBERGER & M.A.GEYH 1985: Holocene glacier variations in New Zealand (South Island). Z.Gletscherk.Glaziageol., 21, pp. 265 - 273.

GELLATLY, A.F. ET AL. 1989: Recent glacial history and climatic change, Bergsfjord, Troms-Finnmark, Norway. Norsk Geogr.Tidsskr., 43, pp. 19 - 30.

GJESSING, J. 1956: Om iserosjon, fjorddal- og dalendedannelse. Norsk Geogr.Tidsskr., 15, s. 243 - 269.

— 1966a: On „plastic scouring" and subglacial erosion. Norsk Geogr.Tidsskr., 20, pp. 1 - 37.

— 1966b: Some effects of ice erosion on the development of Norwegian valleys and fjords. Norsk Geogr.Tidsskr., 20, pp. 273 - 299.

— 1967: Norway's paleic surface. Norsk Geogr.Tidsskr., 21, pp. 69 - 132.

— 1978: Norges landformer. Oslo/Bergen/Tromsø.

— 1980: The Aker moraines in Southeast Norway. Norsk Geogr.Tidsskr., 34, pp. 9 - 34.

GLASER, R. 1991: Klimakonstruktion für Mainfranken, Bauland und Odenwald anhand direkter und indirekter Witterungsdaten seit 1500. Stuttgart/New York.

GLASER, R. & H.HAGEDORN 1994: Klimageschichte - Antworten auf die Veränderungen von Wetter, Witterung und Klima. Naturwissenschaften, 81, S. 97 - 107.

GLEN, J.W. & W.V.LEWIS 1960: Measurements of side-slip at Austerdalsbreen, 1959. J.Glaciology, 4, pp. 1109 - 1122.

GLEN, J.W., J.J.DONNER & R.G.WEST 1957: On the mechanism by which stones in till become orientated. Am.J.Science, 255, pp. 194 - 205.

GOLDTHWAIT, R.P. 1989: Classification of glacial morphologic features. - In: Genetic classification of glacigenic deposits, edited by R.P.GOLDTHWAIT & C.L.MATSCH. pp. 267 - 277. Rotterdam.

GOMEZ, B. & R.J.SMALL 1983: Genesis of englacial debris within the lower Glacier de Tsidjiore Nouve, Valais, Switzerland, as relevated by scanning microscopy. Geogr.Annlr., 65 A, pp. 45 - 51.

— 1985: Medial moraines of the Haut Glacier d'Arolla, Valais, Switzerland: debris supply and implications for moraine formation. J.Glaciology, 31, pp. 303 - 307.

GORDON, J.E. ET AL. 1987: Glaciers of the southern Lyngen peninsula, Norway. In: International geomorphology 1986 - part II, edited by V.GARDINER. pp. 743 - 758. Chichester.

GRABAU, J. 1987: Klimaschwankungen und Großwetterlagen in Mitteleuropa seit 1881. Geogr.Helv., 42, S. 35 - 40.

GREGORY, K.J. 1987: The hydrogeomorphology of alpine proglacial areas. - In: Glacio-fluvial sediment transfer - an alpine perspective, edited by A.M.GURNELL & M.J.CLARK. pp. 87 - 107. Chichester.

GREUELL, J.W. 1989: Glaciers and climate: energy balance studies and numerical modelling of the historical front variations of the Hintereisferner (Austria). Dissertation. Utrecht.

— 1992: Hintereisferner, Austria: mass-balance reconstruction and numerical modelling of the historical length variations. J.Glaciology, 38, pp. 233 - 244.

GREUELL, J.W. & J.OERLEMANS 1989: Energy balance calculations on and near Hintereisferner (Austria) and an estimate of the effect of greenhouse warming on ablation. In: Glacier fluctuations and climatic change, edited by J.OERLEMANS. pp. 235 - 260. Dordrecht.

GRIFFEY, N.J. 1976: Stratigraphical evidence for an early Neoglacial glacier maximum at Steikvasbreen, Okstindan, North Norway. Norsk Geol.Tidsskr., 56, pp. 187 - 194.

— 1977: A lichenometric study of the Neoglacial end moraines of the Okstindan glaciers, North Norway, and comparisons with similar recent Scandinavian studies. Norsk Geogr.Tidsskr., 31, pp. 163 - 172.

— 1978: Lichen growth on supraglacial debris and its implications for lichenometric study. J.Glaciology, 20, pp. 163 - 172.

GRIFFEY, N.J. & S.ELLIS 1979: Three in situ paleosols buried beneath Neoglacial moraine ridges, Okstindan and Jotunheimen, Norway. Arctic.Alp.Res., 11, pp. 203 - 214.

GRIFFEY, N.J. & J.A.MATTHEWS 1978: Major Neoglacial glacier expansion episodes in southern Norway: evidence from moraine ridge stratigraphy with ^{14}C dates on buried paleosols and moss layers. Geogr.Annlr., 60 A, pp. 73 - 90.

GRIFFEY, N.J. & W.B.WHALLEY 1979: A rock glacier and moraine ridge complex, Lyngen Peninsula, North Norway. Norsk Geogr.Tidsskr., 33, pp. 117 - 124.

GRIFFEY, N.J. & P.WORSLEY 1979: The pattern of Neoglacial glacier variation in the Okstindan region of northern Norway during the last three millennia. Boreas, 7, pp. 1 - 17.

GRIPP, K. 1979: Glazigene Press-Schuppen, frontal und lateral. In: Moraines and varves, edited by C.SCHLÜCHTER. pp. 157 - 166. Rotterdam.

— 1981: Nicht „flowtill" sondern „tilloides Glazifluvial" - flowtill not glacigen but glacifluvial. Eis.Gegenwart, 31, S. 211.

GROSS, G. 1987: Der Flächenverlust der Gletscher in Österreich 1850 - 1920 - 1969. Z.Gletscherk.Glazialgeol., 23, S. 131 - 141.

GROSS, G., H.KERSCHNER & G.PATZELT 1976: Methodische Untersuchungen über die Schneegrenze in alpinen Gletschergebieten. Z.Gletscherk.Glazialgeol., 12, S. 223 - 251.

GROVE, J.M. 1960: A study of Veslgjuvbreen. - In: Investigations on Norwegian cirque glaciers. Royal Geogr.Soc.Res.Ser., 4, edited by W.V.Lewis. pp. 69 - 82. London.

— 1966: The Little Ice Age in the Massif of Mont Blanc. Trans.Pap.Inst.Brit.Geogr., 40, pp. 129 - 143.

— 1972: The incidence of landslides, avalanches and floods in western Norway. Arctic Alp.Res., 4, pp. 131 - 138.

— 1979: The glacial history of the Holocene. Prog.Phys.Geogr., 3, pp. 1 - 54.

— 1985: The timing of the Little Ice Age in Scandinavia. In: The climatic scene, edited by M.J.TOOLEY & G.M.SHEAIL. pp. 132 - 153. London.

— 1988: The Little Ice Age. London/New York.

GROVE, J.M. & A.BATTAGEL 1983: Tax records from western Norway, as an index of Little Ice Age environmental and economic deterioration. Climatic Change, 5, pp. 265 - 282.

GRUDD, H. 1990: Small glaciers as sensitive indicators of climatic fluctuations. Geogr.Annlr., 72 A, pp. 119 - 123.

GÜNTHER, R. 1982: Möglichkeiten zur Berechnung des Massenhaushalts am Beispiel Mittel- und Nordeuropäischer Gletscher und deren Verhalten 1949/50 - 1978/79. Dissertation. Bonn.

GÜNTHER, R. & D.WIDLEWSKI 1986: Die Korrelation verschiedener Klimaelemente mit dem Massenhaushalt alpiner und skandinavischer Gletscher. Z.Gletscherk.Glazialgeol., 22, pp. 125 - 147.

HAAKENSEN, N (Utg.) 1975: Materialtransportundersøkelser i norske breelver 1974. NVE Hydrol. Avd. Rapp., 4-75. Oslo.

— (Utg.) 1982 ff.: Glasiologiske undersökelser i Norge 1980 ff. NVE Hydrol. Avd. Rapp., 1-82 ff.. Oslo.

— 1989: Akkumulasjon på breene i Norge vinteren 1988-89. Været, 13, s. 91 - 94.

HAEBERLI, W. 1985a: Fluctuations of glaciers 1975 - 1980 (Vol. IV). Paris.

— 1985b: Creep of mountain permafrost: internal structure and flow of alpine rock glaciers. Mitt.Versuchsanstalt Wasserbau, Hydrologie und Glaziologie ETH Zürich, 77. Zürich.

— 1990: Glacier and permafrost signals of 20th-century warming. Ann.Glaciol., 14, pp. 99 - 101.

HAEBERLI, W. & M.HOELZLE 1993: Fluctuations of glaciers 1985 - 1990 (Vol. VI). Zürich.

HAEBERLI, W. & P.MÜLLER 1988: Fluctuations of glaciers 1980 - 1985 (Vol. V). Zürich.

HAEBERLI, W. ET AL. 1989: Glacier changes following the Little Ice Age - a survey of the international data basis and its perspectives. In: Glacier fluctuations and climatic change, edited by J.OERLEMANS. pp. 77 - 101. Dordrecht.

HAEFELI, R. 1970: Changes in the behaviour of the Unteraargletscher in the last 125 years. J.Glaciology, 9, pp. 195 - 212.

HAFSTEN, U. 1981: An 8000 years old pine trunk from Dovre, South Norway. Norsk Geogr.Tidsskr., 35, pp. 161 - 165.

HAGEDORN, H. & R.GLASER 1994: Geschichte des Klimas seit der letzten Eiszeit. Rundgespräche der Kommission für Ökologie, 8, S. 35 - 48.

HAGEN, J.O. (Utg.) 1977: Glasiologiske undersökelser i Norge 1976. NVE Hydrol. Avd. Rapp., 7-77. Oslo.

— 1986: Glasiale prosesser ved utvalgte breer. Medd. fra Geografisk Institutt Universitetet i Oslo - Naturgeografisk serie rapp., 4. Oslo.

HAGEN, J.O. & O.LIESTØL 1990: Long-term glacier mass-balance investigations in Svalbard. Ann.Glaciol., 14, pp. 102 - 106.

HAGEN, J.O. ET AL. 1983: Subglacial processes at Bondhusbreen, Norway: prelimary results. Ann.Glaciol., 4, pp. 91 - 98.

— 1993: Subglacial investigations at Bondhusbreen, Folgefonni, Norway. Norsk Geogr.Tidsskr., 47, pp. 117 - 162.

HAINES-YOUNG, R.H. 1983: Size variation of rhizocarpon on moraine slopes in southern Norway. Arctic.Alp.Res., 15, pp. 295 - 305.

— 1985: Discussion of „size variation of rhizocarpon on moraine slopes in southern Norway": a reply. Arctic.Alp.Res., 17, pp. 212 - 216.

HALDORSEN, S. 1977: The petrography of tills - a study from Ringsaker, south-eastern Norway. Norges Geol.Unders.Bull., 336. Trondheim.

— 1981: Grain-size distribution of subglacial till and its relation to glacial crushing and abrasion. Boreas, 10, pp. 91 -105.

— 1982: The genesis of tills from Åstadalen, southeastern Norway. Norsk Geol.Tidsskr., 62, pp. 17 - 38.

— 1983: Mineralogy and geochemistry of basal till and their relationship to till-forming processes. Norsk Geol.Tidsskr., 63, pp. 15 - 25.

HALDORSEN, S. & J.SHAW 1982: The problem of recognizing melt-out till. Boreas, 11, pp. 261 - 277.

HALDORSEN, S. & SØRENSEN 1987: Distribution of tills in southeastern Norway. In: Tills and gaciotectonics, edited by J.J.M.VAN DER MEER. pp. 31 - 38. Rotterdam.

HALLET, B. 1981: Glacial abrasion and sliding: their dependence on the debris concentration in basal ice. Ann.Glaciol., 2, pp. 23 - 28.

HAMBREY, M. 1994: Glacial environments. London.

HAMBREY, M. & J.ALEAN 1992: Glaciers. Cambridge.

HANTKE, R. 1978: Eiszeitalter, Bd.1. Thun.

— 1983: Eiszeitalter, Bd.3. Thun.

— 1989: Mögliche Abläufe der alt- und präquartären Klima- und Landschaftsgeschichte in der NW-Schweiz und am Südalpen-Rand. In: Quaternary type sections: imagination or reality ?, edited by J.ROSE & C.SCHLÜCHTER. pp. 193 - 205. Rotterdam.

— 1991: Landschaftsgeschichte der Schweiz und ihrer Nachbargebiete. Thun.

HARBITZ, H. 1963: Oversikt over de offisielle meteorologiske stasjoner og observasjoner i Norge samt over rutinebearbeidelsen av dem i Årene 1866 -1956. DNMI Tech. Rep., 6. Oslo.

HARDING, R.J. ET AL. 1989: Energy and mass balance studies in the firn area of the Hintereisferner. In: Glacier fluctuations and climatic change, edited by J.OERLEMANS. pp. 325 - 341. Dordrecht.

HARRIS, C. 1973: Some factors affecting the rates and processes of periglacial mass movements. Geogr.Annlr., 55 A, pp. 24 - 28.

HARRIS, C. & K.BOTHAMLEY 1984: Englacial deltaic sediments as evidence for basal freezing and marginal shearing, Leirbreen, southern Norway. J.Glaciology, 30, pp. 30 - 34.

HARRIS, C. & J.D.COOK 1986: The detection of high altitude permafrost in Jotunheimen, Norway using seismic refraction techniques: an assessment. Arctic.Alp.Res., 18, pp. 19 - 26.

HARRIS, C. & J.A.MATTHEWS 1984: Some observations on boulder-cored frost boils. Geographical J., 150, pp. 63 - 73.

HARRIS, C., C.J.CASELDINE & W.J.CHAMBERS 1987: radiocarbon dating of a palaeosol buried by sediments of a former ice-dammed lake, Leirbreen, southern Norway. Norsk Geogr.Tidsskr., 41, pp. 81 - 90.

HARRIS, S.A. 1988: The alpine periglacial zone. - In: Advances in periglacial geomorphology, edited by M.J.CLARK. pp. 369 - 413. Chichester.

HARVEY, L.D.D. 1989: Modelling the Younger Dryas. Quat.Sci.Rev., 8, pp. 137 - 149.

HEIM, A. 1885: Handbuch der Gletscherkunde. Stuttgart.

HELLAND, A. 1901: Topografisk-statistisk beskrivelse over Nordre Bergenhus Amt. Kristiania.

HENRY, A. 1989: Solvorn - berggrunnsgeologiske kart 1417 IV, M 1:50.000, foreløpig utgave. Norges Geol.Unders.

HESS, H. 1904: Die Gletscher. Braunschweig.

HESS, H. 1906a: Über den Schuttinhalt der Innenmoränen einiger Ötztaler Gletscher. Z.Gletscherkunde, 1, S. 287 - 292.

— 1906b: Die Größe des jährlichen Abtrages durch Erosion im Firnbecken des Hintereisferners. Z.Gletscherkunde, 2, S. 355 - 356.

— 1916a ff.: Bericht über die Arbeiten am Hinter eis- und Vernagtgletscher im Ötztal im Sommer 1915 ff. Z.Gletscherkunde 10 ff.

— 1916b: Die Gletscher des Rofentales. Z.Gletscherkunde, 10, S. 144 - 166.

— 1918: Der Stausee des Vernagtferners im Jahre 1848. Z.Gletscherkunde, 11, S. 28 - 33.

HESS, H. & R.V.SRBIK 1929 ff.: Ostalpengletscher 1928 - Ötztal ff. Z.Gletscherkunde 17 ff.

HESSELBERG, T. & B.J.BIRKELAND 1940: Säkulare Schwankungen des Klimas von Norwegen - Die Lufttemperatur. Geofysiske Publikasjoner, XIV (4). Oslo.

— 1941: Säkulare Schwankungen des Klimas von Norwegen - Der Niederschlag. Geofysiske Publikasjoner, XIV (5). Oslo.

— 1943: Säkulare Schwankungen des Klimas von Norwegen - Luftdruck und Wind. Geofysiske Publikasjoner, XIV (6). Oslo.

— 1944: Säkulare Schwankungen des Klimas von Norwegen - Die Feuchtigkeit. Geofysiske Publikasjoner, XV (2). Oslo.

— 1956: The continuation of the variations of the climate of Norway 1940 - 50. Geofysiske Publikasjoner, XV (5). Oslo.

HEUBERGER, H. 1966: Gletschergeschichtliche Untersuchungen in den Zentralalpen zwischen Sellrain- und Ötztal. Wiss.Alpenvereinshefte, 20. Innsbruck.

— 1975: Das Ötztal. Innsbrucker Geogr.Stud., 2, S. 213 - 250.

HEUBERGER, H. & R.BESCHEL 1958: Beiträge zur Datierung alter Gletscherstände im Hochstubai (Tirol). Schlern-Schriften, 190, S. 73 - 100.

HOEL, A. & J.NORVIK 1962: Glaciological bibliography of Norway. Norsk Polarinstitutt Skrifter, 126. Oslo.

HOEL, A. & W.WERENSKIOLD 1962: Glaciers and snowfields in Norway. Norsk Polarinstitutt Skrifter, 114. Oslo.

HOERNES, S. ET AL. 1972: Vernagtferner - Gletscherbett und geologische Übersicht M 1:10.000. Kommission für Glaziologie der Bayerischen Akademie der Wissenschaften.

HOGG, S.E. 1982: Sheetfloods, sheetwash, sheetflow, or ... ? Earth Sci.Rev., 18, pp. 59 - 76.

HOINKES, H. 1955: Measurements of ablation and heat balance on alpine glaciers. J.Glaciology, 2, pp. 497 - 501.

— 1968: Glacier variation and weather. J.Glaciology, 7, pp. 3 - 19.

— 1969: Surges of the Vernagtferner in the Ötztal Alps since 1599. Canadian J.Earth Sci., 6, pp. 853 - 861.

— 1970: Methoden und Möglichkeiten von Massenhaushaltsstudien auf Gletschern. Z.Gletscherk.Glazialgeol., 6, S. 37 - 90.

HOINKES, H. & R.RUDOLPH 1962: Mass balance studies on the Hintereisferner (Oetztal Alps) 1952 - 1961. J.Glaciology, 4, pp. 266 - 280.

HOINKES, H. & N.UNTERSTEINER 1952: Wärmeumsatz und Ablation auf Alpengletschern 1. Vernagtferner (Ötztaler Alpen) August 1950. Geogr.Annlr., 33, S. 99 - 158.

HOLE, N. & J.L.SOLLID 1979: Neoglaciation in western Norway - prelimary results. Norsk Geogr.Tidsskr., 33, pp. 213 - 215.

HÖLLERMANN, P. 1959: Blockbewegungen bei Ostalpengletschern. Z.Geomorph.N.F., 3, S. 269 - 282.

— 1971: Zurundungsmessungen an Ablagerungen im Hochgebirge - Beispiele aus den Alpen und Pyrenäen. Z.Geomorph.N.F.Suppl.Bd., 12, S. 205 - 237.

HOLMLUND, P. 1987: Mass balance of Storglaciären during the 20th century. Geogr.Annlr., 69 A, pp. 439 - 447.

— 1993: Surveys of post-Little Ice age glacier fluctuations in northern Sweden. Z.Gletscherk.Glazialgeol., 29, pp. 1 - 13.

HOLMSEN, G. 1954: Oppland - beskrivelse til kvartærgeologisk Landgeneralkart. Norges Geolg.Unders., 187. Trondheim.

HOLMSEN, P. 1982: Jotunheimen - beskrivelse til kvartærgeologisk oversiktskart M 1:250.000. Norges Geol.Unders., 374. Trondheim.

HOLTEDAHL, H. 1967: Notes on the formation of fjord and fjord-valleys. Geogr.Annlr., 49 A, pp. 188 - 203.

— 1973: Hvordan ser våre fjorder ut, og hvordan ble de dannet ? Forsknings Nytt, 18 (4), s. 12 - 18.

— 1975: The geology of the Hardangerfjord, West Norway. Norges Geol.Unders., 325. Trondheim.

— 1980: Sognefjord. - In: Field guide to excursion - Symposium on processes of glacier erosion and sedimentation Geilo, Norway 1980 - Glaciation and deglaciation in central Norway, edited by O.ORHEIM. pp. 34 - 39. Oslo.

— 1993: Marine geology of the Norwegian continental margin. Norges Geol.Unders.Spec.Publ., 6. Trondheim.

HOLZHAUSER, H. 1982: Neuzeitliche Gletscherschwankungen. Geogr.Helv., 37, S. 115 - 126.

— 1984a: Zur Geschichte der Aletschgletscher und des Fieschergletschers. Dissertation. Zürich.

— 1984b: Rekonstruktion von Gletscherschwankungen mit Hilfe fossiler Hölzer. Geogr.Helv., 39, S. 3 - 15.

— 1987: Betrachtungen zur Gletschergeschichte des Postglazials. Geogr.Helv., 42, S. 80 - 88.

HOOKE, R.L., B.WOLD & J.O.HAGEN 1985: Subglacial hydrology and sediment transport at Bondhusbreen, Southwest Norway. Geological Society of America Bull., 96, pp. 388 - 397.

HOPPE, G.& V.SCHYTT 1953: Some observations on fluted moraine surfaces. Geogr.Annlr., 35, pp. 105 - 115.

HUBBARD, B. & M.SHARP 1989: Basal ice formation and deformation: a review. Prog.Phys.Geogr., 13, pp. 529 - 558.

HUMLUM, O. 1978: Genesis of layered lateral moraines: implications for palaeoclimatology and lichenometry. Geogr.Tidsskr., 77, pp. 65 - 72.

— 1981: Observations on debris in the basal transport zone of Myrdalsjökull, Iceland. Ann.Glaciol., 2, pp. 71 - 77.

HUYBRECHTS, P., P.DE NOOZE & H.DECLEIR 1989: Numerical modelling of Glacier d'Argentière and its historic front variations. In: Glacier fluctuations and climatic change, edited by J.OERLEMANS. pp. 373 - 390. Dordrecht.

INGRAM, M.J., G.FARMER & T.M.L.WIGLEY 1981: Past climates and their impact on man: a review. In: Climate and history: studies of past climates and their impact on man, edited by T.M.L.WIGLEY, M.J.INGRAM & G.FARMER. pp. 3 - 50. Cambridge.

INNES, J.L. 1982: Lichenometric use of an aggregated rhizocarpon „species". Boreas, 11, pp. 53 - 57.

— 1983a: Use of an aggregated rhizocarpon „species" in lichenometry: an evaluation. Boreas, 12, pp. 183 - 190.

— 1983b: Size frequency distributions as a lichenometric technique: an assessment. Arctic.Alp.Res., 15, pp. 285 - 294.

— 1984a: The optimal sample size in lichenometric studies. Arctic.Alp.Res., 16, pp. 233 - 244.

— 1984b: Lichenometric dating of moraine ridges in northern Norway: some problems of application. Geogr.Annlr., 66 A, pp. 341 - 352.

— 1985a: Lichenometry. Prog.Phys.Geogr., 9, pp. 187 - 254.

— 1985b: Moisture availability and lichen growth: the effects of snow cover and streams on lichenometric measurements. Arctic.Alp.Res., 17, pp. 417 - 424.

— 1986: Influence of sampling design on lichen size-frequency distributions and its effects on derived lichenometric indices. Arctic.Alp.Res., 18, pp. 201 - 208.

IVERSON, N.R. 1991: Potential effects of subglacial water-pressure fluctuations on quarrying. J.Glaciology, 37, pp. 27 - 36.

JANSEN, E. 1987: Rapid changes in the inflow of Atlantic water into the Norwegian sea at the end of the last glaciation. In: Abrupt climatic change, edited by W.H.BERGER & L.D.LABEYRIE. pp. 299 - 310. Dordrecht.

JANSEN, E. & J.SJØHOLM 1991: Reconstruction of glaciation over the past 6 M yr from ice-born deposits in the Norwegian Sea. Nature, 349, pp. 600 - 603.

JAWOROWSKI, Z., T.V.SEGALSTAD & V.HISDAL 1992: Atmospheric CO_2 and global warming: a critical review, 2nd ed. Norsk Polarinstitutt Medd., 119. Oslo.

JOCHIMSEN, M. 1966: Ist die Grösse des Flechtenthallus wirklich ein brauchbarer Maßstab zur Datierung von glazialmorphologischen Relikten? Geogr.Annlr., 48 A, S. 157 - 164.

JOHANESSON, T. ET AL. 1993: Degree-day glacier mass balance modelling with applications to glaciers in Iceland and Norway. Nordic Hydrological Programme-Report NHP, 33. Oslo.

JOHANNESSEN, W. 1970: The climate of Scandinavia. In: Climates of northern and western Europe. - World Survey of Climatology Vol.5, edited by C.C.WALLÉN. pp. 23 - 79. Amsterdam.

JOHNSON, P.G. 1972: Morphological effects of surges of the Donjek Glacier, St.Elias Mountains, Yukon Territory, Canada. J.Glaciology, 11, pp. 227 - 234.

JOHNSSON, O.H. 1937: The distribution of precipitation in Norway. Geogr.Annlr., 19, pp. 104 - 117.

JONES, P.D. & R.S.BRADLEY 1992: Climatic variations over the last 500 years. In: Climate since A.D. 1500, edited by R.S.BRADLEY & P.D.JONES. pp. 649 - 665. London.

JUNGNER, H., J.Y.LANDVIK & J.MANGERUD 1989: Thermoluminescence dates of Weichselian sediments in western Norway. Boreas, 18, pp. 23 - 29.

JURGAITIS, A. & G.JUOZAPAVICIUS 1989: Genetic classification of glaciofluvial deposits and criteria for their recognition. In: Genetic classification of glacigenic deposits, edited by R.P.GOLDTHWAIT & C.L.MATSCH. pp. 227 - 242. Rotterdam.

JUVIGNÉ, E. 1991: Vulkanismus und Klimaschwankungen. In: Klimageschichtliche Probleme der letzten 130.000 Jahre, herausgegeben von B.FRENZEL. S. 25 - 30. Stuttgart.

KAMB, B. ET AL. 1985: Glacier surge mechanism: 1982-1983 surge of Variegated Glacier, Alaska. Science, 227, pp. 469 - 479.

KARLÉN, W. 1973: Holocene glacier and climatic variations, Kebnekaise Mountains, Swedish Lappland. Geogr.Annlr., 55 A, pp. 29 - 63.

— 1976: Lacustrine sediment and tree-limit variations as indicators of Holocene climatic fluctuations in Lappland, northern Sweden. Geogr.Annlr., 58 A, pp. 1 - 34.

— 1979: Glacier variations in the Svartisen area, northern Norway. Geogr.Annlr., 61 A, pp. 11 - 38.

— 1981a: Lacustrine sediment studies. Geogr.Annlr., 63 A, pp. 273 - 281.

— 1981b: A comment on John A.Matthews's article regarding ^{14}C dates of glacial variations. Geogr.Annlr., 63 A, pp. 19 - 21.

— 1982: Holocene glacier fluctuations in Scandinavia. Striae, 18, pp. 26 - 34.

— 1984: Dendrochronology, mass balance and glacier front fluctuations in northern Sweden. In: Climatic changes on a yearly to millennial basis, edited by N.-A.MÖRNER & W.KARLÉN. pp. 263 - 271. Dordrecht.

— 1988: Scandinavian glacial and climatic fluctuations during the Holocene. Quat.Sci.Rev., 7, pp. 199 - 209.

— 1991: Glacier fluctuations in Scandinavia during the last 9000 years. In: Temperate palaeohydrology, edited by L.STARKEL, K.J.GREGORY & J.B.THORNES. pp. 395 - 412. Chichester.

KARLÉN, W. & G.H.DENTON 1975: Holocene glacier fluctuations in Sarek National Park, northern Sweden. Boreas, 5, pp. 25 - 56.

KARLÉN, W. & J.A.MATTHEWS 1992: Reconstructing Holocene glacier variations from glacial lake sediments: studies from Nordvestlandet and Jostedalsbreen-Jotunheimen, southern Norway. Geogr.Annlr., 74 A, pp. 327 - 348.

KASSER, P. 1967: Fluctuations of glaciers 1959 - 1965 (Vol. I). Paris.

— 1973: Fluctuations of glaciers 1965 - 1970 (Vol. II). Paris.

KEARNEY, M.S. & B.H.LUCKMAN 1981: Evidence for Late-Wisconsin - Early Holocene climatic/ vegetational change in Jasper National Park, Alberta. In: Quaternary paleoclimate, edited by W.C.MAHANEY. pp. 85 - 106. Norwich.

KERSCHNER, H. 1979: Spätglaziale Gletscherstände im inneren Kaunertal (Ötztaler Alpen). Innsbrucker Geogr.Stud., 6, pp. 235 - 248.

— 1980: Outlines of the climate during the Egesen advance (Younger Dryas, 11000 - 10000 BP) in the Central Alps of the western Tyrol, Austria. Z.Gletscherk.Glazialgeol., 16, pp. 229 - 240.

— 1985: Quantitative palaeoclimatic inferences from lateglacial snowline, timberline and rock glacier data, Tyrolean Alps. Z.Gletscherk.Glazialgeol., 21, pp. 363 - 369.

— 1986: Zum Sendersstadium im Spätglazial der nördlichen Stubaier Alpen, Tirol. Z.Geomorph.N.F.Suppl.Bd., 61, S. 65 - 76.

— 1990: Methoden der Schneegrenzbestimmung. - In: Eiszeitforschung, herausgegeben von H.LIEDTKE. S. 299 - 311. Darmstadt.

— 1991: Rückrekonstruktion von Wetterlagengruppen im Ostalpenraum mit Hilfe von Klimabeobachtungen am Sonnblick (3106 m), 1890 - 1988. Wetter und Leben, 43, S. 151 - 167.

KERSCHNER, H. & E.BERKTHOLD 1982: Spätglaziale Gletscherstände und Schuttformen im Senderstal, nördliche Stubaier Alpen, Tirol. Z.Gletscherk.Glazialgeol., 17, S. 125 - 134.

KICK, W. 1966: Long-term glacier variations measured by photogrammetry - a re-survey of Tunsbergdalsbreen after 24 years. J.Glaciology, 6, pp. 3 - 18.

KING, C.A.M. 1959: Geomorphology in Austerdalen, Norway. Geographical J., 125, S. 357 - 369.

KING, L. 1974: Studien zur postglazialen Gletscher- und Vegetationsgeschichte des Sustenpaßgebietes. Basler Beiträge zur Geographie, 18. Basel.

KINZL, H. 1928: Ostalpengletscher 1927 - Ötztal. Z.Gletscherkunde, 16, S. 128 - 131.

— 1949: Formenkundliche Betrachtungen im Vorfeld der Alpengletscher. Veröff.Mus.Ferdinandeum, 26, S. 61 - 82.

— 1968a ff.: Die Gletscher der österreichischen Alpen 1963/64 und 1964/65 ff. Z.Gletscherk.Glazialgeol., 5 ff.

— 1975b: Tirol im Eiszeitalter. GR, 27, S. 119 - 203.

KJELDSEN, O. (Utg.) 1977 ff.: Materialtransportundersökelser i norske breelver 1976 ff. NVE Hydrol.Avd.Rapp., 8-77 ff. Oslo.

— (Utg.) 1987: Glasiologiske undersøkelser i Norge 1984. NVE V-Publ., 7. Oslo.

KJENSTAD, K. & J.L.SOLLID 1982: Isavsmeltingskronologi i Trondheimsfjordområdet - glasialdynamiske prinsipper. Norsk Geogr.Tidsskr., 36, s. 153 - 162.

KLAKEGG, O. ET AL. 1989: Sogn og Fjordane fylke - kvartærgeologisk kart M 1:250.000. Norges Geol.Unders.

KLEBELSBERG, R. V. 1911 ff.: Gletschernachmessungen im Oetzthale im Jahre 1910 ff. Z.Gletscherkunde, 6 ff.

— 1912a: Totes Gletschereis als Bestandteil der Moränenlandschaft. Z.Gletscherkunde, 6, S. 338 - 343.

— 1943: Die Alpengletscher in den letzten dreißig Jahren (1911 - 1941). Pet.Geogr.Mitt., 89, S. 23 - 32.

— 1948/49: Handbuch der Gletscherkunde und Glazialgeologie. Wien.

— 1949 ff.: Die Gletscher der österreichischen Alpen 1942 - 1946 ff. Z.Gletscherk.Glazialgeol., 1 ff.

KLEMSDAL, T. 1970: A glacial-meteorological study of Gråsubreen, Jotunheimen. Norsk Polarinstitutt Årbok, 1968, pp. 58 - 74.

— 1982: Coastal classification and the coast of Norway. Norsk Geogr.Tidsskr., 36, pp. 129 - 152.

KLEMSDAL, T. & E.SJULSEN 1988: The Norwegian macro-landforms: definition, distribution and system of evolution. Norsk Geogr.Tidsskr., 42, pp. 133 - 147.

KNUDSEN, N.T. & W.H.THEAKSTONE 1980: Marginal changes and moraine formation at an advancing glacier, Corneliussens Bre, Okstindan, Norway. Z.Gletscherk.Glazialgeol., 16, pp. 185 - 201.

— 1981: Recent changes of the glacier Østerdalsisen, Svartisen, Norway. Geogr.Annlr., 63 A, pp. 23 - 30.

— 1984: Recent changes of some glaciers of East Svartisen, Norway. Geogr.Annlr., 66 A, pp. 367 - 380.

KOESTLER, A.G. 1989: Hurrungane - berggrunnsgeologisk kart 1517 IV, M 1:50.000. Norges Geol.Unders.

KOHL, H. 1986: Pleistocene glaciations in Austria. In: Quaternary glaciations in the northern hemisphere. IGCP Project 24, edited by V.SIBRAVA, D.Q.BOWEN & G.M.RICHMOND. pp. 421 - 427. Oxford.

KOLLMANN, H.A. ET AL. 1982: Österreichs Boden im Wandel der Zeit. Wien.

KRAL, F. 1972: Grundlagen zur Entstehung der Waldgesellschaften im Ostalpenraum. Ber.deut.Bot.Ges., 85, S. 173 - 186.

— 1979: Spät- und Postglaziale Waldgeschichte der Alpen aufgrund der bisherigen Pollenanalysen. Veröff.Inst.f.Waldbau Univ.f.Bodenkultur. Wien.

KRÜGER, J. 1979: Structures and textures in till indicating subglacial deposition. Boreas, 8, pp. 323 - 340.

— 1983: Glacial morphology and deposits in Denmark. In: Glacial deposits in North-West Europe, edited by J.EHLERS. pp. 181 - 191. Rotterdam.

— 1984: Clasts with stoss-lee forms in lodgement tills: a discussion. J.Glaciology, 30, pp. 241 - 243.

— 1985: Formation of a push moraine at the margin of Höfdabrekkujökull, South Iceland. Geogr.Annlr., 67 A, pp. 199 - 212.

— 1993: Moraine-ridge formation along a stationary ice front in Iceland. Boreas, 22, pp. 101 - 109.

KRUMBEIN, W.C. 1941: Measurement and geological significance of shape and roundness of sedimentary particles. J.Sediment.Petrol., 11, pp. 64 - 72.

KRUSS, P.D. & I.N.SMITH 1982: Numerical modelling of the Vernagtferner and its fluctuations. Z.Gletscherk.Glazialgeol., 18, pp. 93 - 106.

KUHLE, M. 1988: Topography as a fundamental element of glacial systems. GeoJournal, 17, pp. 545 - 568.

KUHN, M. 1980a: Begleitwort zur Karte des Hintereisferners 1979, 1:10.000. Z.Gletscherk.Glazialgeol., 16, S. 117 - 124.

— 1980b: Die Reaktion der Schneegrenze auf Klimaschwankungen. Z.Gletscherk.Glazialgeol., 16, S. 241 - 254.

— 1981: Climate and glaciers. IAHS Publ., 131, pp. 3 - 20.

— 1984: Mass balance imbalances as criterion for a climatic classification of glaciers. Geogr.Annlr., 66 A, pp. 229 - 238.

— 1986: Comparison of glacier maps - a source of climatological information ? Geogr.Annlr., 68 A, pp. 225 - 231.

— 1989: The response of the equilibrium line altitude to climate fluctuations: theory and observations. In: Glacier fluctuations and climatic change, edited by J.OERLEMANS. pp. 407 - 417. Dordrecht.

KUHN, M. ET AL. 1985: Fluctuation of climate and mass balance: different responses of two adjacent glaciers. Z.Gletscherk.Glazialgeol., 21, pp. 409 - 416.

KVALE, A. 1980: Fjellgrunnen. In: Sogn og Fjordane, utgitt av N.SCHEI. s. 76 - 96. Oslo.

LAGERLUND, E. 1983: The Pleistocene stratigraphy of Skåne, southern Sweden. In: Glacial deposits in North-West Europe, edited by J.EHLERS. pp. 155 - 159. Rotterdam.

LAMB, H.H. 1972: Climate: present, past and future. Vol.1 - Fundamentals and climate now. London.

— 1977: Climate: present, past and future. Vol.2 - Climate history and the future. London.

— 1979: Climatic variation and changes in the wind and ocean circulation: the Little Ice Age in the Northeast Atlantic. Quat.Res., 11, pp. 1 - 20.

— 1980: Weather and climate patterns of the Little Ice Age. In: Das Klima - Analyse und Modelle - Geschichte und Zukunft, herausgegeben von H.OESCHGER, B.MESSERLI & M.SILVAR. S. 149 - 160. Berlin.

— 1982: Reconstruction of the course of postglacial climate over the world. - In: Climatic changes in Late Prehistorian, edited by A.F.HARDING. pp. 11 - 32. Edinburgh.

— 1984: Climate and history in northern Europe and elsewhere. In: Climatic changes on a yearly to millennial basis, edited by N.-A.MÖRNER & W.KARLÉN. pp. 225 - 240. Dordrecht.

LAMB, H.H., & A.I.JOHNSON 1959: Climatic variations and observed changes in the general circulation. Geogr.Annlr., 41, pp. 94 - 134.

— 1961: Climatic variations and observed changes in the general circulation. Geogr.Annlr., 43, pp. 363 - 400.

LANDVIK, J.Y. & M.HAMBORG 1987: Weichselian glacial episodes in outer Sunnmøre, western Norway. Norsk Geol.Tidsskr., 67, pp. 107 - 123.

LANDVIK, J.Y. & J.MANGERUD 1985: A Pleistocene sandur in western Norway: facies relationships and sedimentological characteristics. Boreas, 14, pp. 161 - 174.

LARSEN, E. & H.HOLTEDAHL 1985: The Norwegian strandflat. a reconsideration of its age and origin. Norsk Geol.Tidsskr., 65, pp. 247 - 254.

LARSEN, E. & J.MANGERUD 1981: Erosion rate of a Younger Dryas cirque glacier at Kråkenes, western Norway. Ann.Glaciol., 2, pp. 153 - 158.

LARSEN, E. & H.P.SEJRUP 1990: Weichselian land-sea interactions: western Norway - Norwegian Sea. Quat.Sci.Rev., 9, pp. 85 - 97.

LARSEN, E. ET AL. 1984: Allerød-Younger Dryas climatic inferences from cirque glaciers and vegetational development in the Nordfjord area, western Norway. Arctic.Alp.Res., 16, pp. 137 - 160.

— 1987: Cave stratigraphy in western Norway: multiple Weichselian glaciations and interstadial vertebrate fauna. Boreas, 16, pp. 267 - 292.

LAUFFER, I. 1966: Das Klima von Vent. Dissertation. Innsbruck.

LAUMANN, T. 1992: Simulering av breers massebalanse. NVE Publ., 17. Oslo.

LAUMANN, T. & A.M.TVEDE 1989: Simulation of the effects of climate changes on a glacier in western Norway. NVE Medd. fra Hydrol.Avd., 72. Oslo.

LAUMANN, T., N.HAAKENSEN & B.WOLD 1988: Massebalansemålinger på norske breer 1985, 1986 og 1987. NVE Publ., V 13. Oslo.

LAUTRIDOU, J.P. 1988: Recent advances in cryogenic weathering. In: Advances in periglacial geomorphology, edited by M.J.CLARK. pp. 33 - 47. Chichester.

LAWSON, D.E. 1979: A comparison of pebble orientation in ice and deposits on the Matanuska Glacier, Alaska. J.Geol., 87, pp. 629 - 645.

— 1989: Glacigenic resedimentation: classification concepts and application to mass-movement processes and deposits. - In: Genetic classification of glacigenic deposits, edited by R.P.GOLDTHWAIT & C.L.MATSCH. pp. 147 - 169. Rotterdam.

LESER, H. 1977: Feld- und Labormethoden der Geomorphologie. Berlin/New York.

LESER, H. & G.STÄBLEIN (Hrsg.) 1975: Geomorphologische Kartierung - Richtlinien zur Herstellung der geomorphologischen Karte 1:25.000, 2.Aufl. Berlin.

— 1979: GMK-Schwerpunktprogramm der DFG - GMK 25-Legende / 4.Fassung. Geogr.Taschenbuch, 1979/80, S. 115 - 134.

— 1980: Legende der geomorphologischen Karte 1:25.000 (GMK 25) - 3.Fassung im GMK-Schwerpunktprogramm. Berliner Geogr.Abh., 31, S. 91 - 100.

— 1985: Legend of the geomorphological map 1:25.000 (GMK 25) - fifth version in the GMK priority program of the Deutsche Forschungsgemeinschaft. Berliner Geogr.Abh., 39, pp. 61 - 89.

LEUTELT, P. 1929: Die Gipfelflur der Alpen. Geol.Rdsch., 20, S. 330 - 337.

LEVY, F. 1921: Die Gipfelflur der westlichen Hochalpen. Pet.Geogr.Mitt., 67, S. 94.

LEWIS, W.V. 1947: The formation of roches moutonnées - some comments on Dr.Carol's article. J.Glaciology, 1, p. 60.

— 1960: The problem of cirque erosion. - In: Investigations on Norwegian cirque glaciers. Royal Geogr.Soc.Res.Ser., 4, edited by W.V.LEWIS. pp. 97 - 100. London.

LEWKOWICZ, A.G. 1988: Slope processes. - In: Advances in periglacial geomorphology, edited by M.J.Clark. pp. 325 - 369. Chichester.

LIDMAR-BERGSTRÖM, K. 1988a: Preglacial weathering and landform evolution in Fennoscandia. Geogr.Annlr., 70 A, pp. 273 - 276.

— 1988b: Denudation surfaces of a shield area in South Sweden. Geogr,Annlr., 70 A, pp. 337 - 350.

— 1989: Exhumed Cretaceous landforms in South Sweden. Z.Geomorphologie N.F. Suppl.Bd., 72, pp. 21 - 40.

LIEDTKE, H. 1981: Die Nordischen Vereisungen in Mitteleuropa. Forschungen zur Deutschen Landeskunde, 204, 2.Aufl. Trier.

— 1990: Stand und Aufgaben der Eiszeitforschung. In: Eiszeitforschung, herausgegeben von H.LIEDTKE. S. 40 - 54. Darmstadt.

LIEN, R. 1985: Kvartærgeologien i Bødalen, Indre Nordfjord. Hovedfagsoppgave. Bergen.

LIEN, R. & N.RYE 1988: Formation of saw-toothed moraines in front of the Bødalsbreen glacier, western Norway. Norsk Geol.Tidsskr., 68, pp. 21 - 30.

LIESTØL, O. 1956: Glacier dammed lakes in Norway. Norsk Geogr.Tidskr., 15, pp. 122 - 146.

— 1960: Glaciers of the present day. - In: Geology of Norway. Norges Geol.Unders., 208, edited by O.HOLTEDAHL. pp. 482 - 489. Trondheim.

— 1963 ff.: Noen resultater av bremåliger i Norge 1962 ff. Norsk Polarinstitutt Årbok, 1962 ff.

— 1967: Storbreen glacier in Jotunheimen, Norway. Norsk Polarinstitutt Skrifter, 141. Oslo.

— 1978b: Breer og klima. Været, 2(4), s. 22 - 27.

— 1989: Kompendium i Glasiologi. Medd. fra Geografisk Institutt Universitetet i Oslo - Naturgeografisk serie rapport, 15. Oslo.

LILLESAND, T.M. & R.W.KIEFER 1987: Remote sensing and image interpretation, 2nd ed. New York.

LINACRE, E. 1992: Climate data and resources. London.

LINDSTRÖM, E. 1988: Are roche moutonnées mainly preglacial forms? Geogr.Annlr., 70 A, pp. 323 - 331.

LINTON, D.L. 1963: The forms of glacial erosion. Trans.Pap.Inst.Brit.Geogr., 33, pp. 1 - 28.

LISTER, H. 1981: Particle size, shape, and load in a cold and a temperate valley glacier. Ann.Glaciol., 2, pp. 39 - 44.

LLIBOUTRY, L. (1964/65): Traité de Glaciologie. Paris.

LORRAIN, R. & W.HAEBERLI 1990: Climatic change in a high-altitude area suggested by the isotopic composition of cold basal glacier ice. Ann.Glaciol., 14, pp. 168 - 171.

LOUIS, H. 1952: Zur Theorie der Gletschererosion in Tälern. Eis.Gegenwart, 2, S. 12 - 24.

LOUIS, H. & K.FISCHER 1979: Allgemeine Geomorphologie, 4.Aufl. Berlin.

LUCKMAN, B.H. 1993: Glacier fluctuation and tree-ring records for the last millennium in the Canadian Rockies. Quat.Sci.Rev., 12, pp. 441 - 450.

LUCKMAN, B.H. & G.D.OSBORN 1979: Holocene glacier fluctuations in the middle Canadian Rocky Mountains. Quat.Res., 11, pp. 52 - 77.

LUNDQVIST, J. 1983: The glacial history of Sweden. In: Glacial deposits in North-West Europe, edited by J.EHLERS. pp. 77 - 82. Rotterdam.

— 1984: INQUA Commission on genesis and lithology of Quaternary deposits. Striae, 20, pp. 11 - 14.

— 1986: Stratigraphy of the central area of the Scandinavian glaciation. In: Quaternary glaciations in the northern Hemisphere. IGCP Project 24, edited by V.SIBRAVA, D.Q.BOWEN & G.M.RICHMOND. pp. 251 - 268. Oxford.

— 1989a: Glacigenic processes, deposits, and landforms. In: Genetic classification of glacigenic deposits, edited by R.P.GOLDTHWAIT & C.L.MATSCH. pp. 3 - 16. Rotterdam.

— 1989b: Late glacial ice lobes and glacial landforms in Scandinavia. In: Genetic classification of glacigenic deposits, edited by R.P.GOLDTHWAIT & C.L.MATSCH. pp. 217 - 225. Rotterdam.

— 1992: Moraines and late glacial activity in southern Värmland, Southwestern Sweden. Geogr.Annlr., 74 A, pp. 245 - 252.

LUTRO, O. 1988: Lustrafjorden - berggrunnsgeologiske kart 1417 I M 1:50.000 Beskrivelse. Norges Geol.Unders. Skrifter, 83. Trondheim.

— 1990: Mørkrisdalen - berggrunnsgeologiske kart 1418 II M 1:50.000 Beskrivelse. Norges Geol.Unders. Skrifter, 94. Trondheim.

LUTRO, O. & E.TVETEN 1985: Stryn - berggrunnsgeologiske kart 1318 I, M 1:50.000, foreløpig utgave. Norges Geol.Unders.

— 1988: Geologisk kart over Norge - berggrunnskart Årdal M 1:250.000. Norges Geol.Unders.

MAHANEY, W.C. 1991: Holocene glacial sequence and soils of stratigraphic importance, Mer de Glace, western Alps, France. Z.Geomorph.N.F., 35, pp. 225 - 237.

MAHANEY, W.C. & J.R.SPENCE 1985: Discussion of „size variations of rhizocarpon on moraine slopes in southern Norway" by R.H.Haines-Young. Arctic.Alp.Res., 17, pp. 211-212.

MAISCH, M. 1981: Glazialmorphologische und gletschergeschichtliche Untersuchungen im Gebiet zwischen Landwasser- und Albulatal (Kt. Graubünden, Schweiz). Physische Geographie, 3. Zürich.

— 1982: Zur Gletscher- und Klimageschichte des alpinen Spätglazials. Geogr.Helv., 37, S. 93 - 104.

— 1987: Zur Gletschergeschichte des alpinen Spätglazials - Analyse und Interpretation von Schneegrenzdaten. Geogr.Helv., 42, S. 63 - 70.

— 1988: Die Veränderungen der Gletscherflächen und Schneegrenzen seit dem Hochstand von 1850 im Kanton Graubünden (Schweiz). Z.Geomorph.N.F.Suppl.Bd., 70, S. 113 - 130.

MAIZELS, J.K. 1979: Proglacial aggradation and changes in braided channel patterns during a period of glacier advance: an alpine example. Geogr.Annlr., 61 A, pp. 87 - 101.

MAIZELS, J.K: & J.R.PETCH 1985: Age determination of intermoraine areas, Austerdalen, southern Norway. Boreas, 14, pp. 51 - 65.

MANGERUD, J. 1973: Isfrie refugier i Norge under istidene. Norges Geol.Unders., 297. Trondheim.

— 1980: Ice-front variations of different parts of the Scandinavian ice sheet, 13,000 - 10,000 years BP. In: Studies in the Lateglacial of North-West Europe, edited by J.J.LOWE, J.M.GRAY & J.E.ROBINSON. pp. 23 - 30. Oxford.

— 1981: The Early and Middle Weichselian in Norway: a review. Boreas, 10, pp. 381 - 393.

— 1983: The glacial history of Norway. In: Glacial deposits in North-West Europe, edited by J.EHLERS. pp. 3 - 9. Rotterdam.

— 1987: The Alleröd/Younger Dryas boundary. In: Abrupt climatic change, edited by W.H.BERGER & L.D.LABEYRIE. pp. 163 - 171. Dordrecht.

— 1991: The Scandinavian Ice Sheet through the last interglacial/glacial cycle. In: Klimageschichtliche Probleme der letzten 130.000 Jahre, herausgegeben von B.FRENZEL. pp. 307 - 330. Stuttgart.

MANGERUD, J. & B.E.BERGLUND 1978: The subdivision of the Quaternary of Norden: a discussion. Boreas, 7, pp. 179 - 181.

MANGERUD, J. ET AL. 1974: Quaternary stratigraphy of Norden, a proposal for terminology and classification. Boreas, 3, pp. 109 - 128.

— 1979: Glacial history of western Norway 15,000 - 10,000 B.P. Boreas, 8, pp. 179 - 187.

— 1981a: A continuous Eemian-Early Weichselian sequence containing pollen and marine fossils at Fjøsanger, western Norway. Boreas, 10, pp. 137 - 208.

— 1981b: A Middle Weichselian ice-free period in western Norway: the Ålesund Interstadial. Boreas, 10, pp. 447 - 462.

MANI, P. & H.KIENHOLZ 1988: Geomorphogenese im Gasterntal unter besonderer Berücksichtigung neuzeitlicher Gletscherschwankungen. Z.Geomorph.N.F.Suppl.Bd., 70, S. 95 - 112.

MANNERFELT, C.M. 1945: Några glacialmorfologiska formelement och deras vittnesbörd om inlandsisens avsmältningsmekanik i svensk och norsk fjällterräng. Geogr.Annlr., 27, s. 1 - 239.

MATTHEWS, J.A. 1973: Lichen growth on an active medial moraine, Jotunheimen, Norway. J.Glaciology, 12, pp. 305 - 313.

— 1974: Families of lichenometric dating curves from the Storbreen gletschervorfeld, Jotunheimen, Norway. Norsk Geogr.Tidsskr., 28, pp. 215 - 235.

— 1975: Experiments on the reproducibility and reliability of lichenometric data, Storbreen gletschervorfeld, Jotunheimen, Norway. Norsk Geogr.Tidsskr., 29, pp. 97 - 109.

— 1976: „Little Ice Age" palaeotemperatures from high altitude tree growth in S.Norway. Nature, 264, pp. 243 - 245.

— 1977a: A lichenometric test of the 1750 end-moraine hypothesis: Storbreen gletschervorfeld, southern Norway. Norsk Geogr.Tidsskr., 31, pp. 129 - 136.

— 1977b: Glacier and climatic fluctuations inferred from tree-growth variations over the last 250 years, central southern Norway. Boreas, 6, pp. 1 - 24.

— 1978: Plant colonisation patterns on a gletschervorfeld, southern Norway: a meso-scale geographical approach to vegetation change and phytometric dating. Boreas, 7, pp. 155 - 178.

— 1980: Some problems and implications of ^{14}C-dates from a podzol buried beneath an end moraine at Haugabreen, southern Norway. Geogr.Annlr., 62 A, pp. 185 - 208.

— 1982: Soil dating and glacier variations: a reply to Wibjörn Karlén. Geogr.Annlr., 64 A, pp. 15 - 20.

— 1984: Limitations of ^{14}C Dates from buried soils in reconstructing glacier variations and Holocene climate. In: Climatic change on a yearly to millennial basis, edited by N.-A.MÖRNER & W.KARLÉN. pp. 281 - 290. Dordrecht.

— 1985: Radiocarbon dating of surface and buried soils: principles, problems and prospects. In: Geomorphology and soils, edited by K.S.RICHARDS, R.R.ARNETT & S.ELLIS. pp. 269 - 288. Boston.

— 1991: The late Neoglacial („Little Ice Age") glacier maximum in southern Norway: new ^{14}C-dating evidence and climatic implications. Holocene, 1, pp. 219 - 233.

MATTHEWS, J.A. & W.KARLÉN 1992: Asynchronous neoglaciation and Holocene climatic change reconstructed from Norwegian glaciolacustrine sedimentary sequences. Geology, 20, pp. 991 - 994.

MATTHEWS, J.A., R.CORNISH & R.A.SHAKESBY 1979: „Saw-tooth" moraines in front of Bødalsbreen, southern Norway. J.Glaciology, 22, pp. 535 - 546.

MATTHEWS, J.A. & J.R.PETCH 1982: Within-valley asymmetry and related problems of Neoglacial lateral moraine development at certain Jotunheimen glaciers, southern Norway. Boreas, 11, pp. 225 - 245.

MATTHEWS, J.A. & R.A.SHAKESBY 1984: The status of the „Little Ice Age" in southern Norway: relative-age dating of Neoglacial moraines with Schmidt hammer and lichenometry. Boreas, 13, pp. 333 - 346.

MATTHEWS, J.A., A.G.DAWSON & R.A.SHAKESBY 1986: Lake shoreline development, frost weathering and rock platform erosion in an alpine periglacial environment, Jotunheimen, southern Norway. Boreas, 15, pp. 33 - 50.

MATTHEWS, J.A., C.HARRIS & C.K.BALLANTYNE 1986: Studies on a gelifluction lobe, Jotunheimen, Norway: ^{14}C chronology, stratigraphy, sedimentology and palæoenvironment. Geogr.Annlr., 68 A, pp. 345 - 360.

MATTHEWS, J.A., J.I.INNES & C.J.CASELDINE 1986: ^{14}C-Dating and palaeoenvironment of the historic „Little Ice Age" glacier advance of Nirgardsbreen, Southwest Norway. Earth Surface Proc., 11, pp. 369 - 375.

MATTHEWS, J.A., D.MCCARROLL & R.SHAKESBY 1995: Interaction of glacial and glacio-fluvial processes in contemporary terminal-moraine ridge formation at Styggedalsbreen, Jotunheimen, southern Norway. Boreas, 24, pp. 129 - 139.

MAYER, H. 1974: Wälder im Ostalpenraum. Stuttgart.

MAYR, F. 1964: Untersuchungen über Ausmaß und Folgen der Klima- und Gletscherschwankungen seit dem Beginn der postglazialen Wärmezeit. Z.Geomorph.N.F., 8, S. 257 - 285.

— 1968: Postglacial glacier fluctuations and correlative phenomena in the Stubai Mountains, eastern Alps. Univ.Colorado Stud.Ser.Earth Sci., 7, pp. 167 - 177.

— 1969: Die postglazialen Gletscherschwankungen des Mont Blanc-Gebietes. Z.Geomorph.N.F.Suppl.Bd., 8, S. 31 - 57.

MAYR, F. & H.HEUBERGER 1968: Type areas of Late-glacial und Post-glacial deposits in Tyrol, eastern Alps. - Univ.Colorado Stud.Ser.Earth Sci., 7, pp. 143 - 165.

MCCALL, J.G. 1960: The flow characteristics of a cirque glacier and their effect on glacial structure and cirque erosion. In: Investigations on Norwegian cirque glaciers. Royal Geogr.Soc.Res.Ser., 4, edited by W.V.LEWIS. pp. 39 - 62.

MCCARROLL, D. 1989a: Schmidt hammer relative-age evaluation of a possible pre-"Little Ice Age" Neoglacial moraine, Leirbreen, southern Norway. Norsk Geol.Tidsskr., 69, pp. 125 - 130.

— 1989b: Potential and limitations of the Schmidt hammer for relative-age dating: field tests on Neoglacial moraines, Jotunheimen, southern Norway. Arctic.Alp.Res., 21, pp. 268 - 275.

— 1990: A comment on „enhanced boulder weathering under late-lying snow patches" by Ballantyne, C.K., N.M.Black and D.P.Finlay. Earth Surface Proc., 15, pp. 467 - 469.

— 1991a: The age and origin of Neoglacial moraines in Jotunheimen, southern Norway: new evidence from weathering-based data. Boreas, 20, pp. 283 - 295.

— 1991b: The Schmidt hammer, weathering and rock surface roughness. Earth Surface Proc., 16, pp. 477 - 480.

MCCARROLL, D. & M.WARE 1989: The variability of soil development of Preboreal moraine ridge crests, Breiseterdalen, southern Norway. Norsk Geogr.Tidsskr., 43, pp. 31 - 36.

MCGREEVY, J.P. 1981: Some perspectives on frost shattering. Prog.Phys.Geogr., 5, pp. 56 - 75.

MCGREEVY, J.P. & W.B.WHALLEY 1982: The geomorphic significance of rock temperature variations in cold environments: a discussion. Arctic Alp.Res., 14, pp. 157 - 162.

MCMANUS, J. & R.W.DUCK 1988: Localised enhanced sedimentation from icebergs in a proglacial Lake in Briksdal, Norway. Geogr.Annlr., 70 A, pp. 215 - 223.

MEIERDING, T.C. 1982: Late Pleistocene glacial equilibrium-line altitudes in the Colorado Front Range: a comparison of methods. Quat.Res., 18, pp. 289 - 310.

MELLOR, A. 1985: Soil chronosequences on Neoglacial moraine ridges, Jostedalsbreen and Jotunheimen, southern Norway: a quantitative pedogenic approach. In: Geomorphology and soils, edited by K.S.RICHARDS, R.R.ARNETT & S.ELLIS. pp. 290 - 308. Boston.

MENSCHING, H. 1966: Vernagt- und Guslarferner in den Ötztaler Alpen/Tirol. Festschrift aus Anlaß des 90-jährigen Bestehens der Sektion Würzburg des DAV 1876 - 1966. Würzburg.

MENZIES, J. 1981: Freezing fronts and their possible influence upon processes of subglacial erosion and deposition. Ann.Glaciol., 2, pp. 52 - 56.

MERCER, J.H. 1969: The Allerød oscillation: a European climatic anomaly ? Arctic.Alp.Res., 1, pp. 227 - 234.

— 1975: Glaciers of the Alps. In: Glaciers of the northern hemisphere, 1, edited by W.O.FIELD. pp. 44 - 146. Hanover.

— 1982: Holocene glacier variations in southern South America. Striae, 18, pp. 35 - 40.

MESSEL, S. 1971: Mass and heat balance of Omnsbreen - a climatically dead glacier in southern Norway. Norsk Polarinstitutt Skrifter, 156. Oslo.

MESSER, A.C. 1988: Regional variations in rates of pedogenesis and the influence of climatic factors on moraine chronoseqences, southern Norway. Arctic.Alp.Res., 20, pp. 31 - 39.

— 1989: An alternative approach to the study of pedogenic chronosequences. Norsk Geogr.Tidsskr., 43, pp. 221 - 229.

MESSERLI, B. ET AL. 1975: Die Schwankungen des Unteren Grindelwaldgletschers seit dem Mittelalter. Z.Gletscherk.Glazialgeol., 11, pp. 3 - 110.

— 1978: Fluctuations of climate and glaciers in the Bernese Oberland, Switzerland, and their geoecological significance, 1600 to 1975. Arctic.Alp.Res., 10, pp. 247 - 260.

METZ, B. & H.NOLZEN 1973: Neue Ergebnisse aus dem Vorfeld des Grünauferners (Stubaier Alpen, Tirol). Ein Beitrag zur Datierung postglazialer Gletscherhochstände. Z.Geomorph.N.F.Suppl.Bd., 16, S. 73 - 89.

MEUSBURGER, K. 1916 ff.: Gletschermessungen im Gebiete der Ötztaler Alpen und der Riesenfernergruppe im Jahre 1916 ff. Z.Gletscherkunde 10 ff.

MILLER, H. 1972: Ergebnisse von Messungen mit der Methode der Refraktionsseismik auf dem Vernagt- und Guslarferner. Z.Gletscherk.Glazialgeol., 8, S. 27 - 41.

MORAWETZ, S. 1941: Zur Frage der letzten Gletscherschwankungen in den Ostalpen. Z.Gletscherkunde, 27, S. 36 - 49.

— 1949: Die postglaziale Wärmezeit und die Vergletscherung der zentralen Ostalpen. Z.Gletscherk.Glazialgeol., 1, S. 63 - 70.

— 1952: Klimabeziehungen des Gletscherverhaltens in den Ostalpen. Z.Gletscherk.Glazialgeol., 2, S. 100 - 105.

— 1954: Die Vergletscherung des inneren Kauner-, Pitz- und Rofentals (Ötztaler Alpen, Tirol). Z.Gletscherk.Glazialgeol., 3, S. 68 - 74.

MÖRNER, N.-A. 1980: A 10,700 years' paleotemperature record from Gotland and Pleistocene/Holocene boundary events in Sweden. Boreas, 9, pp. 283 - 287.

— 1981: Weichselian chronostratigraphy and correlations. Boreas, 10, pp. 463 - 470.

— 1984a: Climatic changes on a yearly to millennial basis - an introduction. In: Climatic changes on a yearly to millennial basis, edited by N.-A.MÖRNER & W.KARLÉN. pp. 1- 13. Dordrecht.

— 1984b: Planetary, solar, atmospheric, hydrospheric and endogene processes as origin of climatic changes on the earth. In: Climatic changes on a yearly to millennial basis, edited by N.-A.MÖRNER & W.KARLÉN. pp. 483 - 507. Dordrecht.

— 1984c: Climatic changes on a yearly to millenial basis - concluding remarks. In: Climatic changes on a yearly to millennial basis, edited by N.-A.MÖRNER & W.KARLÉN. pp. 637 - 651. Dordrecht.

MÖRNER, N.-A. & B.WALLIN 1977: A 10,000 year temperature record from Gotland, Sweden. Palaeogeogr.Palaeoclimat.Palaeoecol., 21, pp. 113 - 138.

MORRIS, E.M. & L.W. MORLAND 1976: A theoretical analysis of the formation of glacial flutes. J.Glaciology, 17, pp. 311 - 323.

MOSER, H., H.OERTER & O.REINWARTH 1983: 10 Jahre Pegelstation Vernagtbach 1973 - 1983. München.

MOSER, H. ET AL. (Hrsg.) 1986: Abfluß in und von Gletschern. GSF-Bericht, 41/86. Neuherberg.

MOTTERSHEAD, D.N. & R.L.COLLIN 1976: A study of Flandrian glacier fluctuations in Tunsbergdalen, southern Norway. Norsk Geol.Tidsskr., 56, pp. 413 - 436.

MOTTERSHEAD, D.N. & I.D.WHITE 1972: The lichenometric dating of glacier recession - Tunsbergdal, southern Norway. Geogr.Annlr., 54 A, pp. 47 - 52.

— 1973: Lichen growth in Tunsbergdal - a confirmation. Geogr.Annlr., 55 A, pp. 143 - 145.

MOTTERSHEAD, D.N., R.L.COLLIN & I.D.WHITE 1974: Two radiocarbon dates from Tunsbergdalen. Norsk Geol.Tidsskr., 54, pp. 131 - 134.

MULLER, E.H. 1983a: Dewatering during lodgement of till. In: Tills and related deposits, edited by E.B.EVENSON, C.SCHLÜCHTER & J.RABASSA. pp. 13 - 19. Rotterdam.

— 1983b: Till genesis and the glacier sole. In: Tills and related deposits, edited by E.B.EVENSON, C.SCHLÜCHTER & J.RABASSA. pp. 19 - 22. Rotterdam.

MÜLLER, F. 1977: Fluctuations of glaciers 1970 - 1975 (Vol. III). Paris.

MÜLLER, F., T.CAFLISCH & G.MÜLLER 1976: Firn und Eis der Schweizer Alpen. ETH Zürich Geographisches Institut Publ., 57. Zürich.

MÜLLER, H.-N. 1975: Untersuchungen ehemaliger Gletscherstände im Rossbodengebiet, Simplon VS. Diplomarbeit. Zürich.

NESDAL, S. 1990: Lodalen - fager og fårleg. Oslo.

NESJE, A. 1989a: Glacier-front variations ot the outlet glaciers from Jostedalsbreen and climate in the Jostedalsbre region of western Norway in the period 1901 - 1980. Norsk Geogr.Tidsskr., 43, pp. 3 - 17.

— 1989b: The geographical distribution and altitudinal distribution of block fields in southern Norway and its significance to the Pleistocene ice sheets. Z.Geomorph.N.F.Suppl.Bd., 72, pp. 41 - 53.

— 1992a: Younger Dryas and Holocene glacier fluctuations and equilibrium-line altitude variations in the Jostedalsbre region, western Norway. Climate Dynamics, 6, pp. 221 - 227.

— 1992b: Topographical effects on the equilibrium-line altitude on glaciers. GeoJournal, 27, pp. 383 - 391.

— 1994: Eit tragisk 250-års minne. Naturen, 118, s. 67 - 70.

NESJE, A. & A.R.AA 198): Isavsmelting og skred i Oldedalen. Sogn og Fjordane Distriktshøyskule Skrifter, 1989:1. Sogndal.

NESJE, A. & A.ALGERSMA 1979: Kvartærgeologiske undersøkelser i Fåbergstølsområdet. Unpublished thesis. Sogn og Fjordane Distriktshøgskule. Sogndal.

NESJE, A. & S.O.DAHL 1991a: Holocene glacier variations of Blåisen, Hardangerjøkulen, central southern Norway. Quat.Res., 35, pp. 25 - 40.

— 1991b: Late Holocene glacier fluctuations in Bevringsdalen, Jostedalsbreen region, western Norway (ca 3200 - 1400 BP). Holocene, 1, pp. 1 - 7.

— 1992: Equilibrium-line altitude depression of reconstructed Younger Dryas and Holocene glaciers in Fosdalen, Inner Nordfjord, western Norway. Norsk Geol.Tidsskr., 72, pp. 209 - 216.

NESJE, A. & T.JOHANNESSEN 1992: What are the primary forcing mechanisms of high-frequency Holocene climate and glacier variations ? Holocene, 2, pp. 79 - 84.

NESJE, A. & M.KVAMME 1991: Holocene glacier and climate variations in western Norway: evidence for early Holocene glacier demise and multiple Neoglacial events. Geology, 19, pp. 610 - 612.

NESJE, A. & D.MCCARROLL 1993: The vertical extent of ice sheets in Nordfjord, western Norway: measuring degree of rock surface weathering. Boreas, 22, pp. 255 - 265.

NESJE, A. & N.RYE 1990: Radiocarbon dates from the mountain area northeast of Årdal, southern Norway; evidence for a Preboreal deglaciation. Norges Geol.Unders.Bull., 418, pp. 1 - 7.

— 1993: Late Holocene glacier activity at Sandskardfonna, Jostedalsbreen area, western Norway. Norsk Geogr.Tidsskr., 47, pp. 21 - 28.

NESJE, A. & H.P.SEJRUP 1988: Late Weichselian/Devesian ice sheets in the North Sea and adjacent land areas. Boreas, 17, pp. 371 - 384.

NESJE, A. & M.WHILLIANS 1994: Erosion of Sognefjord, Norway. Geomorphology, 9, pp. 33 - 45.

NESJE, A., M.KVAMME & N.RYE 1989: Neoglacial gelifluction in the Jostedalsbreen region, western Norway: evidence from dated buried palaeopodsols. Earth Surface Proc., 14, pp. 259 - 270.

NESJE, A. ET AL. 1987: The vertical extent of the Late Weichselian ice sheet in the Nordfjord-Møre area, western Norway. Norsk Geol.Tidsskr., 67, pp. 125 - 141.

— 1988: Block fields in southern Norway: significance for the Late Weichselian ice sheet. Norsk Geol.Tidsskr., 68, pp. 149 - 169.

- 1991: Holocene glacial and climate history of the Jostedalsbreen region, western Norway; evidence from lake sediments and terrestrial deposits. Quat.Sci.Rev., 10, pp. 87 - 114.
- 1992: Quaternary erosion in the Sognefjord drainage basin, western Norway. Geomorphology, 5, pp. 511 - 520.

NICOLUSSI, K. 1990: Bilddokumente zur Geschichte des Vernagtferners im 17.Jahrhundert. Z.Gletscherk.Glazialgeol., 26, S. 97 - 119.

NILSSON, T. 1983: The Pleistocene. Dordrecht.

NORDSETH, K. 1987a: Climate and hydrology of Norden. In: Norden - Man and environment, edited by U.VARJO & W.TIETZE. pp. 120 - 128. Berlin/Stuttgart.

- 1987b: Climate, hydrology and biography of Norway. In: Norden - Man and environment, edited by U.VARJO & W.TIETZE. pp. 159 - 169. Berlin/Stuttgart.

NORGES GEOLOGISKE UNDERSØKELSE o.J.: Kvartærgeologisk kart 1:50.000 - Tegnforklaring. Trondheim.

NYBERG, R. 1989: Observations of slushflows and their geomorphological effects in the Swedish mountain area. Geogr.Annlr., 71 A, pp. 185 - 198.

- 1991: Geomorphic processes at snowpatch sites in the Abisko mountains, northern Sweden. Z.Geomorph.N.F., 35, pp. 321 - 343.

NYBERG, R. & L.LINDH 1990: Geomorphic features as indicators of climatic fluctuations in a periglacial environment, northern Sweden. Geogr.Annlr., 72 A, pp. 203 - 210.

NYE, J.F. 1959: The motion of ice sheets and glaciers. J.Glaciology, 3, pp. 493 - 507.

- 1965a: The frequency response of glaciers. J.Glaciology, 5, pp. 567 - 587.
- 1965b: A numerical method of inferring the budget history of a glacier from its advance and retreat. J.Glaciology, 5, pp. 589 - 607.

ØDEGÅRD, R.S. 1993: Ground and glacier thermal regimes related to periglacial and glacial processes: case studies from Svalbard and southern Norway. Rapportserie i naturgeografi, 2. Oslo.

OERLEMANS, J. 1986: An attempt to simulate historic front variations of Nigardsbreen. Theoretical and Applied Climatology, 37, pp. 126 - 135.

- 1989: On the response of valley glaciers to climatic change. In: Glacier fluctuations and climatic change, edited by J.OERLEMANS. pp. 353 - 371. Dordrecht.
- 1991/92: A model for the surface balance of ice masses: part I. alpine glaciers. Z.Gletscherk.Glazialgeol., 27/28, pp. 63 - 83.
- 1992: Climate sensibility of glaciers in southern Norway: application of an energy-balance model to Nigardsbreen, Hellstugubreen and Ålfotbreen. J.Glaciology, 38, pp. 233 - 244.
- 1994: Quantifying global warming from the retreat of glaciers. Science, 264, pp. 243 - 245.

OERLEMANS, J. & N.C.HOOGENDOORN 1989: Mass-balance gradients and climatic change. J.Glaciology, 35, pp. 399 - 405.

OERTER, H. & W.RAUERT 1982: Core drilling on Vernagtferner (Oetztal Alps, Austria) in 1979, tritium contents. Z.Gletscherk.Glazialgeol., 18, pp. 13 - 22.

OERTER, H., O.REINWARTH & H.RUFLI 1982: Core drilling through a temperate alpine glacier (Vernagtferner, Oetztal Alps) in 1979. Z.Gletscherk.Glazialgeol., 18, pp. 1 - 11.

ØSTREM, G. 1959: Ice melting under a thin layer of moraine, and the existence of ice cores in moraine ridges. Geogr.Annlr., 41, pp. 228 - 230.

— 1961: Breer of morener i Jotunheimen. Norsk Geogr.Tidsskr., 17, s. 210 - 243.

— 1962: Ice-cored moraines in the Kebnekajse area. Biul.Perygl., 11, pp. 271 - 278.

— 1963: Glasiologiske undersøkelser i Norge 1963. Norsk Geogr.Tidsskr., 18, pp. 281 - 340.

— 1964: Ice-cored moraines in Scandinavia. Geogr.Annlr., 46, pp. 282 - 337.

— 1971: Rock glaciers and ice cored moraines, a reply to D.Barsch. Geogr.Annlr., 53 A, pp. 207 - 213.

— 1974: Present alpine ice cover. In: Arctic and alpine environments, edited by J.D.IVES & R.G.BARRY. pp. 225 - 252. London.

— 1975: Sediment transport in glacial meltwater streams. In: Glaciofluvial and glaciolacustrine sedimentation. Society of economic paleontologists and mineralogists Spec.Publ., 23, edited by A.V.JOPLING & B.C.MCDONALD. pp. 101 - 122. Tulsa/Oklahoma.

— 1981: Breer. In: Norges nasjonalparker 10 - Jotunheimen, utgitt av T.T.GARMO. s. 34 - 39. Oslo.

ØSTREM, G. & W.KARLÉN 1963: Nigardsbreens hydrologie 1962. Norsk Geogr.Tidsskr., 18, pp. 156 - 202.

ØSTREM, G. & H.C.OLSEN 1987: Sedimentation in a glacier lake. Geogr.Annlr., 69 A, pp. 123 - 138.

ØSTREM, G. & R.PYTTE 1968: Glasiologiske Undersökelser i Norge 1967. NVE Hydrol.Avd.Rapp., 4/68. Oslo.

ØSTREM, G. & A.TVEDE 1986: Comparison of glacier maps - a source of climatological information ? Geogr.Annlr., 68 A, pp. 225 - 231.

ØSTREM, G., K. DALE SELVIG & K.TANDBERG 1988: Atlas over breer i Sør-Norge. NVE Medd. fra Hydrol.Avd., 61. Oslo.

ØSTREM, G., N.HAAKENSEN & O.MELANDER 1973: Atlas over breer i Nord-Skandinavia. NVE Hydrol.Avd.Medd., 22. Oslo.

ØSTREM, G. & O.LIESTØL & B.WOLD 1976: Glaciological investigations at Nigardsbreen, Norway. Norsk Geogr.Tidsskr., 30, pp. 187 - 209.

ØSTREM, G. ET AL. 1991: Massebalansemålinger på Norske breer 1988 og 1989. NVE Publ., 11. Oslo.

ØYEN. P.A. 1906: Klima und Gletscherschwankungen in Norwegen. Z.Gletscherkunde, 1, S. 46 - 61.

— 1908 ff.: Bidrag til vore bræegnes glacialgeologi. Nyt Magasin for Naturvidenskaberne, 46 ff.

— 1909 ff.: Oscillation of Norwegian glaciers. - Z.Gletscherkunde, 3 ff.

OFTEDAHL, C. 1980: Norway. In: Geology of the European countries - Part 2 - Denmark, Finland, Norway, Sweden, edited by CNFG/26TH GEOLOGICAL CONGRESS. pp. 348 - 456. Paris.

— 1981: Norges geologi, 2.utgave. Trondheim.

ORHEIM, O. 1970: Glaciological investigations of Store Supphellebre, West-Norway. Norsk Polarinstitutt Skrifter, 151. Oslo.

ORHEIM, O. & A.BREKKE (Utg.) 1989: Hva skjer med klimaet i polarområdene ? Norsk Polarinstitutt Rapp., 53. Oslo.

OSBORN, G. 1982: Holocene glacier and climate fluctuations in the southern Canadian Rocky Mountains: a review. Striae, 18, pp. 15 - 25.

PAGE, N.R. 1968: Atlantic/early Sub-Boreal glaciation in Norway. Nature, 219, pp. 694 - 697.

PASCHINGER, H. 1958: Morphometrische Schotteranalysen im Quartär des alpinen Inntals. Schlern-Schriften, 190, pp. 195 - 202.

— 1969: Die Pasterze in den Jahren 1924 bis 1968. Wiss.Alpenvereinshefte, 21, S. 201 - 217.

PATERSON, W.S.B. 1969: The physics of glaciers. Oxford.

PATZELT, G. 1969: Zur Geschichte der Pasterzenschwankungen. Wiss.Alpenvereinshefte, 21, S. 171 - 179.

— 1970: Die Längenmessungen an den Gletschern der österreichischen Ostalpen 1890 - 1969. Z.Gletscherk.Glazialgeol., 6, S. 151 - 159.

— 1972: Die spätglazialen Stadien und postglazialen Schwankungen von Ostalpengletschern. Ber.Deut.Bot.Ges., 85, S. 47 - 57.

— 1973: Die neuzeitlichen Gletscherschwankungen in der Venedigergruppe (Hohe Tauern, Ostalpen). Z.Gletscherk.Glazialgeol., 9, S. 5 - 57.

— 1976: Statistik der Längenmessungen an den österreichischen Gletschern 1960 - 1975. Z.Gletscherk.Glazialgeol., 12, S. 91 - 94.

— 1977: Der zeitliche Ablauf und das Ausmaß postglazialer Klimaschwankungen in den Alpen. In: Dendrochronologie und postglaziale Klimaschwankungen in Europa, herausgegeben von B.FRENZEL. S. 249 - 259. Wiesbaden.

— 1979 ff.: Die Gletscher der österreichischen Alpen 1978/79 ff. Z.Gletscherk.Glazialgeol., 15 ff.

— 1985: The period of glacier advances in the Alps 1965 - 1980. Z.Gletscherk.Glazialgeol., 21, pp. 403 - 407.

— 1990b: Gurgler Ferner. In: Neue Ergebnisse zur Holozänforschung in Tirol. Hektogr. Unterlagen zur Exkursionstagung vom 29.7. - 3.8.1990, herausgegeben von G.PATZELT ET AL. Innsbruck.

PAUL, M.A. 1983: The supraglacial landsystem. In: Glacial geology, edited by N.EYLES. pp. 71 - 90. Oxford.

PEDERSEN, K. 1976: Briksdalsbreen, Vest-Norge, glasiologiske og glasialgeologiske undersøkelser. Hovedfagsoppgave. Bergen.

PEDERSEN, K. & I.KANESTRØM 1991: Correlation between observed anomalies of sea surface temperature and the sea-level pressure above Scandinavia and the north-east Atlantic. Norsk Geol.Tidsskr., 71, pp. 203 - 205.

PEDERSEN, K. & S.A.SCHACK 1989: Glacitectonite: brecciated sediments and cataclastic sedimentary rocks fromed subglacially. In: Genetic classification of glacigenic deposits, edited by R.P.GOLDTHWAIT & C.L.MATSCH. pp. 89 - 91. Rotterdam.

PENCK, A. 1921: Die Höttinger Breccie. Abh.Preuß.Akad.Wiss., 20 Math.Phy.Kl. (2). Berlin.

PENCK, A. & E.BRÜCKNER 1909: Die Alpen im Eiszeitalter. Leipzig.

PFISTER, C. 1975: Die Schwankungen des Unteren Grindelwaldgletschers im Vergleich mit historischen Witterungsbeobachtungen und Messungen. Z.Gletscherk.Glazialgeol., 11, S. 74 - 90.

— 1981: An analysis of the Little Ice Age climate in Switzerland and its consequences for agricultural production. In: Climate and history: studies of past climates and their impact on man, edited by T.M.L.WIGLEY, M.J.INGRAM & G.FARMER. pp. 214 - 248. Cambridge.

— 1984a: Das Klima der Schweiz von 1525 - 1860 und seine Bedeutung in der Geschichte von Bevölkerung und Landwirtschaft. Academia Helvetica, 6. Bern.

— 1984b: The potential of documentary data for reconstruction of past climates; early 16tn to 19tn century; Switzerland as a case study. In: Climatic changes on a yearly to millennial basis, edited by N.-A.MÖRNER & W.KARLÉN. pp. 331 - 337. Dordrecht.

— 1985: Snow cover, snow line and glaciers in Central Europe since the 16th century. In: The climatic scene, edited by M.J.TOOLEY & G.M.SHEAIL. pp. 154 - 174. London.

PILLEWITZER, W. 1949: Zur Frage jahreszeitlicher Schwankungen der Gletscherbewegung. Z.Gletscherk.Glazialgeol., 1, S. 29 - 38.

— 1952: Bewegungsstudien an Gletschern des Jostedalsbre in Südnorwegen. Erdkunde, 4, S. 201 - 206.

PIPPAN, T. 1965: Gletschermorphologische Studien im norwegischen Gebirge unter besonderer Berücksichtigung des Problems der hochalpinen Formung. Erde, 92, S. 105 - 121.

PIRKL, R. 1980: Die westlichen Zentralalpen. In: Der geologische Aufbau Österreichs, herausgegeben vom GEOLOGISCHEN BUNDESANSTALT. S. 322 - 347. Wien/New York.

PORTER, S.C. 1977: Present and past glaciation thresholds in the Cascade Range, Washington, USA: topographic and climatic controls, and paleoclimatic implications. J.Glaciology, 18, pp. 101 - 116.

— 1981: Glaciological evidence of Holocene climatic change. In: Climate and history: studies of past climates and their impact on man, edited by T.M.L.WIGLEY, M.J.INGRAM & G.FARMER. pp. 82 - 110. Cambrigde.

— 1986: Pattern and forcing of northern Hemisphere glacier variations during the last millennium. Quat.Res., 26, pp. 27 - 48.

PORTER, S.C. & G.OROMBELLI 1982: Late-glacial ice advances in the western Italien Alps. Boreas, 11, pp. 125- 140.

POSAMENTIER, H.W. 1977: A new climatic model for glacier behaviour of the Austrian Alps. J.Glaciology, 18, pp. 57 - 65.

— 1978: Thoughts on ogive formation. J.Glaciology, 20, pp. 218 - 220.

POSER, H. & J.HÖVERMANN 1952: Beiträge zur morphometrischen und morphologischen Schotteranalyse. Abh.Braunschweig.Wiss.Ges., 4, S. 12 - 36.

POWERS, M.C. 1953: A new roundness scale for sedimentary particles. J.Sediment.Petrol., 23, pp. 117 - 119.

PRICE, R.J. 1970: Moraines at Fjallsjökull, Iceland. Arct.Alp.Res., 2, pp. 27 - 42.

— 1973: Glacial and fluvioglacial landforms. Edinburgh.

PURTSCHELLER, F. 1978: Ötztaler und Stubaier Alpen, 2.Aufl. Berlin/Stuttgart.

PYTTE, R. (Utg.) 1967 ff.: Glasiologiske Undersøkelser i Norge 1966 ff. NVE Hydrol.Avd.Rapp., 2/67 ff. Oslo

PYTTE, R. & O.LIESTØL (Utg.) 1966: Glasiohydrologiske undersøkelser i Norge 1965. NVE Hydrol.Avd. Årsrapp. Oslo.

PYTTE, R. & G.ØSTREM (Utg.) 1965: Glasiohydrologiske undersøkelser i Norge 1964. NVE Hydrol.Avd.Medd., 14. Oslo.

RAPP, A. 1960: Recent developments of mountain slopes in Kärkevagge and surroundings. Geogr.Annlr., 42, pp. 71 - 200.

— 1962: Kärkevagge - some recordings of mass-movements in the northern Scandinavian mountains. Biul.Perygl., 11, pp. 287 - 309.

RAPP, A. & L.STRÖMQUIST 1976: Slope erosion due to extreme rainfall in the Scandinavian mountains. Geogr.Annlr., 58 A, pp. 193 - 200.

RAUKAS, A., S.HALDORSEN & D.M.MICKELSON 1989: On the comparison and standardization of investigation methods for the identification of genetic varieties of glacigenic deposits. In: Genetic classification of glacigenic deposits, edited by R.P.GOLDTHWAIT & C.L.MATSCH. pp. 211 - 216. Rotterdam.

RAYMOND, C.F., E.D.WADDINGTON & T.JOHANNESSON 1990: Changes in glacier length induced by climate changes. Ann.Glaciol., 14, p. 355.

REINWARTH, O. 1972: Untersuchungen zum Massenhaushalt des Vernagtferners (Ötztaler Alpen) 1965 - 1968. Z.Gletscherk.Glazialgeol., 8, S. 43 - 63.

— 1976: Der Vernagtferner als Forschungsobjekt. In: 100 Jahre Sektion Würzburg des DAV 1876 - 1976, herausgegeben von der DEUTSCHEN ALPENVEREINS SEKTION WÜRZBURG. pp. 65 - 82. Würzburg.

— 1990: Ergänzungen zur Informationsschrift 10 Jahre Pegelstation Vernagtbach 1973 - 1983. München.

— 1993: Der Beitrag der Kommission für Glaziologie der Bayerischen Akademie der Wissenschaften zur Gletscherforschung in den Ostalpen. Würzburger Geogr.Arb., 87, S. 241 - 256.

REINWARTH, O. & H.OERTER 1988: Glaziologische und hydrologische Forschungen in den Ötztaler Alpen. GR, 40 (3), S. 32 - 39.

REINWARTH, O. & G.STÄBLEIN 1972: Die Kryosphäre - das Eis der Erde und seine Untersuchung. Würzburger Geogr.Arb., 36. Würzburg.

REITE, A.J. 1967: Lokalglaciasjon på Sunnmøre. Norges Geol.Unders., 247, s. 262 - 287.

REKSTAD, J. 1900: Om periodiske forandringer hos norske bræer. Norges Geol.Unders., 28. Kristiania.

— 1901: Iagttagelser fra bræer i Sogn og Nordfjord. Norges Geol.Unders., 34 (3). Kristiania.

— 1904: Fra Jostedalsbræen. Bergens Museums Aarbog 1904, (1). Bergen.

— 1905: Iagttagelser fra Folgefonnens bræer. - Norges Geol.Unders., 43. Kristiania.

— 1906: Einiges über Gletscherschwankungen im westlichen Norwegen. Z.Gletscherkunde, 1, S. 347 - 354.

— 1908: Über die starke Erosion der Gletscherbäche. Z.Gletscherkunde, 2, S. 303 - 307.

— 1910 ff.: Fra Vestlandets bræer 1907-08 ff. Bergens Museums Aarbog 1909 ff. Bergen.

— 1912b: Kurze Übersicht über die Gletschergebiete des südlichen Norwegens. Bergens Museums Aarbok 1911 Avhandlinger, 7. Bergen.

— 1914b: Fjeldstrøket mellem Lyster og Bøverdalen. Norges Geol.Unders., 69 (1). Kristiania.

— 1925a: Priodiske variationer av bræene. Bergens Museums Aarbok 1923-24 Naturvidenskapelig Række, 5. Bergen.

RELLING, O. & K.NORDSETH 1979: Sedimentation of a river suspension into a fjord basin - Gaupnefjord in western Norway. Norsk Geogr.Tidsskr., 33, pp. 187 - 203.

RENNER, F. 1982: Beiträge zur Gletschergeschichte des Gotthardgebietes und dendrochronologische Analysen an fossilen Hölzern. Physische Geographie, 8. Zürich.

RENTSCH, H. 1982: Die Orthophotokarte Vernagtferner 1979. Z.Gletscherk.Glazialgeol., 18, S. 85 - 91.

REUSCH, H. 1907: Skredet i Loen 15de januar 1905. Norges Geol.Unders., 45 (3). Kristiania.

REYNAUD, L. 1983: Recent fluctuations of alpine glaciers and their meteorological causes: 1880 - 1980. In: Variations in the global water budget, edited by A.STREET-PERROT, M.BERAN & R.RATCLIFF. pp. 197 - 205. Dordrecht.

REYNAUD, L. ET AL. 1984: Spatio temporal distribution of the glacial mass balance in the Alpine, Scandinavian and Tien Shan areas. Geogr.Annlr., 66 A, pp. 239 - 247.

RICHARDS, K. 1985: Some observations on suspended sediment dynamics in Storbregrova, Jotunheimen. Earth Surface Proc., 9, pp. 101 - 112.

RICHTER, E. 1885: Beobachtungen an den Gletschern der Ostalpen: II Die Gletscher der Oetzthaler Gruppe im Jahre 1883. Z.DÖAV, 16, S. 54 - 65.

— 1888: Die Gletscher der Ostalpen. Stuttgart.

— 1891: Geschichte der Schwankungen der Alpengletscher. Z.DÖAV, 22, S. 1 - 74.

— 1892: Urkunden über die Ausbrüche des Vernagt- und Gurglergletschers im 17. und 18.Jahrhundert. Forsch.Deut.Landes- und Volksk., 6, S. 345 - 440.

RICHTER, M. 1929: Zum Problem der alpinen Gipfelflur. Z.Geomorph., 4, S. 149 - 160.

RIEDL, H. 1977: Die Problematik der Altflächen am Ostsporn der Alpen. Würzburger Geogr.Arb., 45, S. 131 - 154.

ROALDSET, E. ET AL. 1982: Remnants of preglacial weathering in western Norway. Norsk Geol Tidsskr., 62, pp. 169 - 178.

ROBERTS, D. 1988: The terrane concept and the Scandinavian Caledonides: a synthesis. Norges Geol.Unders.Bull., 413, pp. 93 - 99.

ROBERTS, J.L. 1978: Basement gneisses mapped as valdres Sparagmite near Hermansverk, in Sogn, West Norway. Norsk Geol.Tidsskr., 58, pp. 267 - 272.

ROGSTAD, O. 1941: Jostedalsbreens tilbakegang - forsøk på beregning av bremassens minking fra 1900 til 1940. Norsk Geogr.Tidsskr., 8, s. 273 - 293.

— 1942: Våre breers tilbakegang. Norsk Geogr.Tidsskr., 9, s. 129 - 157.

— 1951: Variations in the glacier mass of Jostedalsbreen. J.Glaciology, 1, pp. 551 - 556.

— 1952: Avsmeltinger på Jostedalsbreen i forhold til lufttemperatur. Norsk Geogr.Tidsskr., 13, s. 10 - 16.

ROGERSON, R.J. & M.J.BATTERSON 1982: Contemporary push moraine formation in the Yoho Valley, B.C.. 8th Guelph Symposium on geomorphology, pp. 71 - 90.

ROKOENGEN, K. ET AL. 1991: A climatic record for the last 12,000 years from a sediment core on the Mid-Norwegian continental shelf. Norsk Geol.Tidsskr., 71, pp. 75 - 90.

ROLAND, E. & N.HAAKENSEN (Utg.) 1985 ff.: Glasiologiske undersøkelser i Norge 1982 ff. NVE Hydrol.Avd.Rapp., 1-85 ff. Oslo.

ROSE, J. 1991: Subaerial modification of glacier bedforms immediately following ice wastage. Norsk Geogr.Tidsskr., 45, pp. 143 - 153.

— 1992: Boulder clusters in glacial flutes. Geomorphology, 6, pp. 51 - 58.

ROSQVIST, G. & G.ØSTREM 1989: The sensitivity of a small icecap to climatic fluctuations. Geogr.Annlr., 71 A, pp. 99 - 103.

RÖTHLISBERGER, F. 1976: 8.000 Jahre Walliser Gletschergeschichte - 2.Teil: Gletscher- und Klimaschwankungen im Raum Zermatt, Ferpècle und Arolla. Die Alpen, 52 (3/4), S. 59 - 152.

— 1986: 10.000 Jahre Gletschergeschichte der Erde. Aargau/Frankfurt,Main/Salzburg.

RÖTHLISBERGER, F. & W.SCHNEEBELI 1979: Genesis of lateral moraine complexes, demonstrated by fossil soils and trunks: indicators of postglacial climatic fluctuations. In: Moraines and varves, edited by C.SCHLÜCHTER. pp. 387 - 419. Rotterdam.

RÖTHLISBERGER, F. ET AL. 1980: Holocene climatic fluctuations - radiocarbon dating of fossil soils (fAh) and woods from moraines and glaciers in the Alps. Arb.Geogr.Inst.Univ.Zürich Ser.A, 463, pp. 21 - 52.

RÖTHLISBERGER, H. & A.IKEN 1981: Plucking as an effect of water-pressure variations at the glacier bed. Ann.Glaciol., 2, pp. 57 - 62.

RÖTHLISBERGER, H. & H.LANG 1987: The hydrogeomorphology of alpine proglacial areas. In: Glacio-fluvial sediment transfer - an alpine perspective, edited by A.M.GURNELL & M.J.CLARK. pp. 207 - 284. Chichester.

RUDBERG, S. 1978: Der Einfluß der Vereisungen auf die Gestaltung des heutigen Reliefs von Skandinavien. Schriftenreihe Geologisches Wissen, 9, S. 257 - 289.

— 1983a: Fennoscandian shield - Finland, Sweden and Norway. In: Geomorphology of Europe, edited by C.EMBLETON. pp. 55 - 74. Weinheim.

— 1983b: Caledonian Highlands - Scandinavian Highlands. In: Geomorphology of Europe, edited by C.EMBLETON. pp. 92 - 104. Weinheim.

— 1987: Geology and geomorphology of Norden. In: Norden - Man and environment, edited by U.VARJO & W.TIETZE. pp. 54 - 119. Berlin/Stuttgart.

— 1988: Gross morphology of Fennoscandia - six complementary ways of explanation. Geogr.Annlr., 70 A, pp. 135 - 167.

— 1992: Multiple glaciation in Scandinavia - seen in gross morphology or not ? Geogr.Annlr., 74 A, pp. 231 - 243.

RUDDIMAN, W.F. & A.MCINTYRE 1981: The North Atlantic Ocean during the last deglaciation. Palaeogeor.Palaeoclim.Palaeoecol., 35, pp. 145 - 214.

RUTTER, N.W. 1969: Comparison of moraines formed by surging and normal glaciers. Canadian J.Earth Sci., 6, pp. 991 - 999.

RYE, N. ET AL. 1987: The Late Weichselian ice sheet in the Nordfjord-Sunnmøre area and deglaciation chronology for Nordfjord, western Norway. Norsk Geogr.Tidsskr., 41, pp. 23 - 43.

RYVARDEN, L. & B.WOLD 1991: Norges isbreer. Oslo.

SÆLTHUN, N.R. ET AL. 1990: Climate change impact on Norwegian water resources. NVE Publ., V 42. Oslo.

SÆTRANG, A.C. & B.WOLD 1986: Results from the radio echo-sounding on parts of the Jostedalsbreen ice cap, Norway. Ann.Glaciol., 8, pp. 156 - 158.

SAKAGUCHI, Y. 1972: Morphogenesis of the Japanese Islands and the eastern Alps. Japanese J.Geol.Geogr., 42, pp. 1 - 18.

— 1973: Über die geomorphologische Entwicklung der Ostalpen. Z.Geomorph.N.F.Suppl.Bd., 18, S. 144 - 155.

SCHATZ, H. 1937 ff.: Ostalpengletscher 1936 - Hintereis- und Vernagtferner (Ötztaler Alpen) ff. Z.Gletscherkunde 25 ff.

— 1952: Nachmessungen im Gebiet des Hintereis- und Vernagtferners in den Jahren 1939 - 1950. Z.Gletscherk.Glazialgeol., 2, S. 135 - 138.

SCHATZ, H. & R.V.SRBIK 1933 ff.: Ostalpengletscher 1932 - Ötztal ff. Z.Gletscherkunde 21 ff.

SCHENK, E. 1955: Die periglazialen Strukturbodenformen als Folgen der Hydrationsvorgänge im Boden. Eis.Gegenwart, 6, S. 170 - 184.

SCHLÜCHTER, C. 1980: Bemerkungen zu einigen Grundmoränenvorkommen in den Schweizer Alpen. Z.Gletscherk.Glazialgeol., 16, S. 203 - 212.

— 1983: The readvance of the Findelengletscher and its sedimentological implications. In: Tills and related deposits, edited by E.B.EVENSON, C.SCHLÜCHTER & J.RABASSA. pp. 95 - 104. Rotterdam.

SCHMID, J. 1958: Rezente und fossile Frostererscheinungen im Bereich der Gletscherlandschaft der Gurgler Ache (Ötztaler Alpen). Schlern-Schriften, 190, S. 255 - 264.

SCHNEEBELI, W. 1976: 8000 Jahre Walliser Gletschergeschichte - 1.Teil: Untersuchungen von Gletscherschwankungen im Val de Bagnes. Die Alpen, 52 (1/2), S. 1 - 57.

SCHOU, G. 1939: Mittel und Extreme des Luftdruckes in Norwegen. Geofysiske Publikasjoner, XIV (2). Oslo.

— 1941: Gletscherschwankungen in Westnorwegen. Z.Gletscherkunde, 27, S. 287 - 289.

SCHOVE, D.J. 1954: Summer temperatures and tree-rings in North-Scandinavia. Geogr.Annlr., 36, pp. 40 - 80.

SCHRÖDER-LANZ, H. 1983: Lateglacial moraines, gletschervorfelds and periglacial forms in the Visdalen, Jotunheimen, Central South Norway. - In: Late- and Postglacial oscillations of glaciers: glacial and periglacial forms, edited by H.SCHRÖDER-LANZ. pp. 187 - 202. Rotterdam.

SCHWEINGRUBER, F.H. 1983: Der Jahrring. Bern/Stuttgart.

SCHUNKE, E. & S.C.ZOLTAI 1988: Earth hummocks (thufur). - In: Advances in periglacial geomorphology, edited by M.J.CLARK. pp. 231 - 245. Chichester.

SCHYTT, V. 1959: The glaciers of the Kebnekajse-massif. Geogr.Annlr., 41, pp. 213 - 227.

— 1963: Fluted moraine surfaces. J.Glaciology, 4, pp. 825 - 827.

— 1967: A study of „ablation gradient". Geogr.Annlr., 49 A, pp. 327 - 332.

— 1981: The net balance of Storglaciären, Kebnekaise, Sweden, related to the height of the 500 mb surface. Geogr.Annlr., 63 A, pp. 219 - 223.

SEEFELDNER, E. 1973: Zur Frage der Korrelation der kalkalpinen Hochfluren mit den Altformenresten der Zentralalpen. Mitt.Öster.Geogr.Ges., 115, S. 106 - 123.

SELMER-OLSEN, R. 1954: Om norske jordarters variasjon i korngradering og plastisitet. Norges Geol.Unders., 186. Trondheim.

— 1977: Ingeniørgeologi - del II de løse jordlag. Trondheim.

SELSING, L. & E.WISHMAN 1984: Mean summer temperatures and circulation in a South-West Norwegian mountain area during the Atlantic period, based upon changes of the alpine pine-forest limit. Ann.Glaciol., 5, pp. 127 - 132.

SELSING, L. ET AL. 1991: A preliminary history of the Little Ice Age in a mountain area in SW Norway. Norsk Geol.Tiddskr., 71, pp. 223 - 228.

SEMMEL, A. 1984: Geomorphologie der Bundesrepublik Deutschland. Erdkundl.Wissen, 30. Wiesbaden.

SENARCLENS-GRANCY, W.V. 1953: Gletscherspuren des Venter und Gurgler Tales (Ötztaler Alpen, Nordtirol). Eis.Gegenwart, 3, S. 65 - 78.

— 1957: Zur Glazialgeologie des Ötztales und seiner Umgebung. Mitt.Geolog.Ges.Wien, 49, S. 257 - 313.

SHAKESBY, R.A. 1980: Field measurement of roundness: a review. Swansea Geogr., 18, pp. 27 - 36.

— 1989: Variability in neoglacial moraine morphology and composition, Storbreen, Jotunheimen, Norway: within-moraine patterns and their implications. Geogr.Annlr., 71 A, pp. 17 - 29.

SHAKESBY, R.A. & J.A.MATTHEWS 1987: Frost weathering and rock platform erosion on periglacial lake shorelines: a test of a hypothesis. Norsk Geol.Tidsskr., 67, pp. 197 - 203.

SHAKESBY, R.A., A.G.DAWSON & J.A.MATTHEWS 1987: Rock glaciers, protalus ramparts and related phenomena, Rondane, Norway: a continuum of large-scale talus-derived landforms. Boreas, 16, pp. 305 - 317.

SHAKESBY, R.A., D.MCCARROLL & C.J.CASELDINE 1990: New evidence for Preboreal deglaciation of South-Central Norway. Norsk Geogr.Tidsskr., 44, pp. 121 - 130.

SHARP, M. 1982: Modification of clasts in lodgement tills by glacial erosion. J.Glaciology, 28, pp. 475 - 481.

— 1985: Sedimentation and stratigraphy at Eyjabakkajökull - an Icelandic surging glacier. Quat.Res., 24, pp. 268 - 284.

— 1988a: Surging glaciers: behaviour and mechanisms. Prog.Phys.Geogr., 12, pp. 349 - 370.

— 1988b: Surging glaciers: geomorphic effects. Prog.Phys.Geogr., 12, pp. 533 - 559.

SHARP, M. & A.DUGMORE 1985: Holocene glacier fluctuation in eastern Iceland. Z.Gletscherk.Glazialgeol., 21, pp. 341 - 349.

SHARP, M. & B.GOMEZ 1986: Processes of debris comminution in the glacial environment and implications for quartz sand-grain micromorphology. Sed.Geol., 46, pp. 33 - 47.

SIGMOND, E.M.O., M.GUSTAVSON & D.ROBERTS 1984: Berggrunnskart over Norge - M 1:1 million. Norges Geol.Unders.

SJØRRING, S. 1983: The glacial history of Denmark. In: Glacial deposits in North-West Europe, edited by J.EHLERS. pp. 163 - 179. Rotterdam.

SLUPETZKY, H. 1988: Radiokarbon-Datierungen aus dem Vorfeld des Obersulzbachkees, Venediger Gruppe, Hohe Tauern. Z.Gletscherk.Glazialgeol., 24, S. 161 - 165.

— 1990: Holzfunde aus dem Vorfeld der Pasterze - erste Ergebnisse von ^{14}C-Datierungen. Z.Gletscherk.Glazialgeol., 26, S. 179 - 187.

SMALL, R.J. 1983: Lateral moraines of Glacier de Tsidjiore Nouve: forms, development and implications. J.Glaciology, 29, pp. 250 - 259.

— 1987a: Englacial and supraglacial sediment: transport and deposition. In: Glacio-fluvial sediment transfer, edited by A.M.GURNELL & M.J.CLARK. pp. 11 - 145. Chichester.

— 1987b: Moraine sediment budgets. In: Glacio-fluvial sediment transfer, edited by A.M.GURNELL & M.J.CLARK. pp. 165 - 197. Chichester.

— 1987c: The glacial sediment system: an alpine perspective. In: Glacio-fluvial sediment transfer, edited by A.M.GURNELL & M.J.CLARK. pp. 199 - 203. Chichester.

SMALL, R.J. & M.J.CLARK 1974: The medial moraines of the Lower Glacier de Tsidjiore Nouve, Valais, Switzerland. J.Glaciology, 13, pp. 255 - 263.

SMALL, R.J. & B.GOMEZ 1981: The nature and origin of debris layers within Glacier de Tsidjiore Nouve, Valais, Switzerland. Ann.Glaciol., 2, pp. 109 - 113.

SMALL, R.J., R.BEECROFT & D.M.STIRLING 1984: Rates of deposition on lateral moraine embankments, Glacier de Tsidjiore Nouve, Valais, Switzerland. J.Glaciology, 30, pp. 275 - 281.

SMALL, R.J., M.J.CLARK & T.J.P.CAWSE 1979: The formation of medial moraines on alpine glaciers. J.Glaciology, 22, pp. 43 - 52.

SMITH, D.E. & C.R.FIRTH 1987: The deglaciation of Vetlefjorddalen and Sværadalen, southern Norway. Norsk Geogr.Tidsskr., 41, pp. 11 - 21.

SØNSTEGAARD, E. & A.R.AA 1987: Jostedalen - kvartærgeologisk kart 1418 III - M 1:50.000. Norges Geol.Unders.

SØRENSEN, R. 1979: Late Weichselian deglaciation in the Oslofjord area, South Norway. Boreas, 8, pp. 241 - 246.

— 1983: Glacial deposits in the Oslofjord area. - In: Glacial deposits in North-West Europe, edited by J.EHLERS. pp. 19 - 28. Rotterdam.

SOLLID, J.L. 1980a: The glacier forefields of Midtdalsbreen and Blåisen (Hardangerjøkulen). In: Field guide to exkursion. Symposium on processes of glacier erosion and sedimentation Geilo, Norway 1980 - Glaciation and deglaciation in central Norway, edited by O.ORHEIM. pp. 10 - 22. Oslo.

— 1980b: Nigardsbreen: the glacier forefield. In: Field guide to exkursion. Symposium on processes of glacier erosion and sedimentation Geilo, Norway 1980 - Glaciation and deglaciation in central Norway, edited by O.ORHEIM. pp. 34 - 39. Oslo.

— 1980c: INQUA till Norway 1979. Norsk Geogr.Tidsskr., 34, pp.: 97 - 106.

SOLLID, J.L. & A.B.CARLSON 1980: Folldal - beskrivelse til kvartærgeologisk kart 1:50.000 (1514 II). Norske Geogr.Tidsskr., 34, s. 191 - 212.

SOLLID, J.L. & A.J.REITE 1983: The last glaciation and deglaciation of Central Norway. In: Glacial deposits in North-West Europe, edited by J.EHLERS. pp. 41 - 59. Rotterdam.

SOLLID, J.L. & L.SØRBEL 1979: Deglaciation of western central Norway. Boreas, 8, pp. 233 - 239.

— 1981: Kvartærgeologisk verneverdige områder i Midt-Norge. Miljøverndepartementet Rapport, T-524. Oslo.

— 1982: Kort beskrivelse til glasialgeologisk kart over Midt-Norge 1:500.000. Norsk Geogr.Tidsskr., 36, s. 225 - 232.

— 1984: Distribution and genesis of moraines in central Norway. Striae, 20, pp. 63 - 67.

— 1988: Influence of temperatur conditions in formation of end moraines in Fennoscandia and Svalbard. Boreas, 17, pp. 553 - 558.

— 1994: Distribution of glacial landforms in southern Norway in relation to the thermal regime of the last continental ice sheet. Geogr.Annlr., 76 A, pp. 25 - 35.

SOLLID, J.L. & J.A.TROLLVIKA 1991: Oppland fylke, kvartærgeologi og geomorfologi 1:250.000. Institutt for naturgeografi, Universitetet i Oslo. Oslo.

SOUCHEZ, R.A. & R.D.LORRAIN 1987: The subglacial sediment system. In: Glacio-fluvial sediment transfer, edited by A.M.GURNELL & M.J.CLARK. pp. 147 - 164. Chichester.

SOUCHEZ, R.A. & J.-L.TISON 1981: Basal freezing of squeezed water: its influence on glacier erosion. Ann.Glaciol., 2, pp. 63 - 66.

SPÄTH, H. 1969: Die Großformen im Glocknergebiet. Wiss.Alpenvereinshefte, 21, S. 117 - 141.

SRBIK, R.V. 1925 ff.: Gletschermessungen in den Ötztaler Alpen im Sommer 1925 ff. Z.Gletscherkunde 14 ff.

— 1937b: Vorfeldeinbrüche bei einigen Ötztaler Gletschern. Z.Gletscherkunde, 25, S. 224 - 227.

— 1939: Die Gletscher des Venter Tales. In: Das Venter Tal, herausgegeben vom DEUTSCHEN ALPENVEREIN ZWEIG MARK BRANDENBURG. S. 37 - 55. München.

— 1942d: Rückzug von Gletscherzungen in Felsschluchten. Z.Gletscherkunde, 28, S. 150 - 155.

STÄBLEIN, G. 1970: Grobsediment-Analyse als Arbeitsmethode der genetischen Geomorphologie. Würzburger Geogr.Arb., 27. Würzburg.

STEPHAN, H.-J. 1989: Glacitectonite: brecciated sediments and cataclastic sedimentary rocks fromed subglacially. In: Genetic classification of glacigenic deposits, edited by R.P.GOLDTHWAIT & C.L.MATSCH. 93 - 96. Rotterdam.

STRAND, T. 1972: The Norwegian Caledonides. In: Scandinavian Caledonides, edited by T.STRAND & O.KULLING 1972. pp. 3 - 145. London.

STRECKER, E. 1985: Zur Morphodynamik von „Plaiken", Erscheinungsformen beschleunigter Hangabtragung in den Alpen, ausgehend von Meßergebnissen aus der Kreuzeckgruppe, Kärnten. Mitt.Öster.Geogr.Ges., 127, S. 49 - 70.

STROEVEN, A.P. & R.S.W.VAN DE WAL 1990: A comparison of the mass balances and flows of Rabots glaciär and Storglaciären, Kebnekaise, northern Sweden. Geogr.Annlr., 72 A, pp. 113 - 118.

STROEVEN, A.P., R.S.W.VAN DE WAL & J.OERLEMANS 1989: Historic front variations of the Rhone glacier: simulation with an ice flow model. In: Glacier fluctuations and climatic change, edited by J.OERLEMANS. pp. 391 - 408. Dordrecht.

STRÖMQUIST, L. 1985: Geomorphic impact of snowmelt on slope erosion and sediment production. Z.Geomorph.N.F., 29, pp. 129 - 138.

SUGDEN, D.E. & B.S.JOHN 1976: Glaciers and landscape. London.

SUTER, J. 1981: Gletschergeschichte des Oberengadins: Untersuchungen von Gletscherschwankungen in der Err-Julier-Gruppe. Physische Geographie, 2. Zürich.

SUTHERLAND, D.G. 1984: Modern glacier characteristics as a basis for inferring former climates with particular reference to the Loch Lomond Stadial. Quat.Sci.Rev., 3, pp. 291 - 309.

SVENDSEN, J.I. & J.MANGERUD 1987: Late Weichselian and Holocene sea-level history for a cross-section of western Norway. J.Quat.Sci., 2, pp. 113 - 132.

— 1990: Sea-level changes and pollen stratigraphy on the outer coast of Sunnmøre, western Norway. Norsk Geol.Tidsskr., 70, pp. 111 - 134.

SWANTESSON, J.O.H. 1989: Weathering phenomena in a cold temperate climate. Univ. Göteborg Dept.Phys.Geogr. GUNI Rapp., 28. Göteborg.

SYVITSKI, J.P.M., D.C.BURREL & J.M.SKEI 1987: Fjords - processes and products. New York.

THEAKSTONE, W.H. 1965: Recent changes in the glaciers of Svartisen. J.Glaciology, 5, pp. 411 - 431.

— 1977: The 1977 drainage of the Austre Okstindbreen ice-dammed lake, its cause and consequences. Norsk Geogr.Tidsskr., 32, pp. 159 - 171.

— 1989: Further catastrophic break-up of a calving glacier: observations at Austerdalsisen, Svartisen, Norway 1983-87. Geogr.Annlr., 71 A, pp. 245 - 253.

— 1990: Twentieth-century glacier change at Svartisen, Norway: the influence of climate, glacier geometry and glacier dynamics. Ann.Glaciol., 14, pp. 283 - 287.

THORN, C.E. 1975: Influence of late lying snow on rock-weathering rinds. Arctic Alp.Res., 7, pp. 373 - 378.

— 1978: The geomorphic role of snow. Annals Ass.American Geogr., 68, pp. 414 - 425.

— 1980: Alpine bedrock temperatures: an empirical study. Arctic Alp.Res., 12, pp. 73 - 86.

— 1988: Nivation: a geomorphic chimera. In: Advances in periglacial geomorphology, edited by M.J.CLARK. pp. 3 - 31. Chichester.

— 1992: Periglacial geomorphology: what, where, when ? In: Periglacial geomorpholohy, edited by J.C.DIXON & A.D.ABRAHAMS. pp. 1 - 30. Chichester.

THUN, T. 1991: Tree-rings of Scots pine (Pinus sylvestris L.) as indicators of past climate in central Norway. Norsk Geol.Tidsskr., 71, pp. 229 - 230.

TISON, D.E., R.SOUCHEZ & R.LORRAIN 1989: On the incorporation of unconsolidated sediments in basal ice: present day examples. Z.Geomorph.N.F.Suppl.Bd., 72, pp. 173 - 183.

TOLLMANN, A. 1968: Die paläogeographische, paläomorphologische und morphologische Entwicklung der Ostalpen. Mitt.Öster.Geogr.Ges., 110, S. 224 - 244.

— 1977: Geologie von Österreich, Bd.1 - Die Zentralalpen. Wien.

— 1986a: Geologie von Österreich, Bd.3 - Gesamtübersicht. Wien.

— 1986b: Die Entwicklung des Reliefs der Ostalpen. Mitt.Öster.Geogr.Ges., 128, S. 62 - 72.

TOLLNER, H. 1969: Das Verhalten von Gletschern der Großglocknergruppe in den letzten Jahrzehnten. Wiss.Alpenvereinshefte, 21, S. 181 -197.

TORSNES, I. 1991: Jostedalsbreen under „den vesle istid" og i dag. Hovedfagsoppgave. Bergen.

TORSNES, I., N.RYE & A.NESJE 1993: Modern and Little Ice Age equilibrium-line altitudes on outlet glaciers from Jostedalsbreen, western Norway: an evaluation of different approaches to their calculation. Arctic.Alp.Res., 25, pp. 106 - 116.

TRETER, U. 1984: Die Baumgrenzen Skandinaviens. Wiesbaden.

TVEDE, A.M. (Utg.) 1971 ff.: Glasiologiske undersökelser i Norge 1970 ff. NVE Hydrol.Avd.Rapp., 2-71 ff. Oslo.

— 1975: Volumendringer på breer i Sør-Norge, 1962 - 1973. NVE Medd. fra Hydrol.Avd., 29. Oslo.

TVEDE, A.M. & O.LIESTØL 1977: Blomsterskardbreen, Folgefonni, mass balance and recent fluctuations. Norsk Polarinstitutt Årbok, 1976, pp. 225 - 234.

TVEDE, A.M. & B.WOLD 1983: Glasiologi. NVE Medd. fra Hydrol.Avd., 46. Oslo.

TVEDE, A.M., B.WOLD & G.ØSTREM (Utg.) 1975: Glasiologiske Undersökelser i Norge 1974. NVE Hydrol.Avd.Rapp., 5-75. Oslo.

TWIST, D. 1985: The structural history of the northwestern margin of the Jotunheimen massif. Norsk Geol.Tidsskr., 65, pp. 151 - 165.

UNTERSTEINER, N. 1984: The cryosphere. In: The global climate, edited by J.T.HOUGHTON. pp. 121 - 137. Cambridge.

VAN DE WAL, R.S.W., J.OERLEMANS & J.C.VAN DER HOOGE 1992: A study of ablation variations on the tongue of Hintereisferner, Austrian Alps. J.Glaciology, 38, pp. 319 - 314.

VERE, D.M. & D.I.BENN 1989: Structure and debris characteristics of medial moraines in Jotunheimen, Norway: implications for moraine classification. J.Glaciology, 35, pp. 276 - 280.

VERE, D.M. & J.A.MATTHEWS 1985: Rock glacier formation from a lateral moraine at Bukkeholsbreen, Jotunheimen, Norway: a sedimentological approach. Z.Geomorph.N.F., 29, pp. 397 - 415.

VIVIAN, R. 1975: Les Glaciers des Alpes Occidentales. Grenoble.

VORREN, K.-D. 1978: Late and Middle Weichselian stratigraphy of Andøya, North Norway. Boreas, 7, pp. 19 - 38.

VORREN, T.O. 1973: Glacial geology of the area between Jostedalsbreen and Jotunheimen, South Norway. Norges Geol.Unders., 291. Trondheim.

— 1977: Weichselian ice movement in South Norway and adjacent areas. Boreas, 6, pp. 247 - 257.

VORREN, T.O. & E.ROALDSET 1977: Stratigraphy and lithology of Late Pleistocene sediments at Møsvatn, Hardangervidda, South Norway. Boreas, 6, pp. 53 - 69.

VORREN, T.O. ET AL. 1983: Deglaciation of the continental shelf off Troms, North Norway. Norges Geol.Unders., 380, pp. 173 - 187.

— 1988: The last deglaciation (20,000 to 11,000 BP) on Andøya, northern Norway. Boreas, 17, pp. 41 - 77.

WALDER, J.S. & B.HALLET 1986: The physical basis of frost weathering: towards a more fundamental and unified perspective. Arctic Alp.Res., 18, pp. 27 - 32.

WAKONIGG, H. 1971: Gletscherverhalten und Witterung. Z.Gletscherk.Glazialgeol., 7, S. 103 - 123.

WALLÉN, C.C. 1959: The Kårsa glacier and its relation to the climate of the Torne Träsk region. Geogr.Annlr., 41, pp. 236 - 244.

— 1970: Introduction. In: Climates of northern and western Europe. World Survey of Climatology, 5, edited by C.C.WALLÉN. pp. 3 - 21. Amsterdam.

WARREN, W.P. 1989: Protalus till. - In: Genetic classification of glacigenic deposits, edited by R.P.GOLDTHWAIT & C.L.MATSCH. pp. 145 - 146. Rotterdam.

WASHBURN, A.L. 1979: Geocryology, 2nd ed. London.

WEERTMAN, J. 1964: The theory of glacier sliding. J.Glaciology, 5, pp. 287 - 303.

WEISCHET, W. 1988: Einführung in die Allgemeine Klimatologie, 4.Aufl. Stuttgart.

WEISE, O. 1983: Das Periglazial. Stuttgart.

WETTER, W. 1987: Spät- und postglaziale Gletscherschwankungen im Mont Blanc-Gebiet. Physische Geographie, 22. Zürich.

WHITE, S.E. 1976a: Rock glaciers and block fields, review and new data. Quat.Res., 6, pp. 77 - 97.

— 1976b: Is frost action really only hydration shattering? - a review. Arctic Alp.Res., 8, pp. 1 - 6.

— 1981: Alpine mass movement forms (noncatastrophic): classification, description and significance. Arctic Alp.Res., 13, pp. 127 - 137.

WIESNER, E. 1921 ff.: Gletschermessungen im Ötztal im Sommer 1920 ff. Z.Gletscherkunde 12 ff.

WILHELM, F. 1975: Schnee- und Gletscherkunde. Berlin.

WILLIAMS, L.D. & T.M.L.WIGHLEY 1983: A comparison of evidence for the Late Holocene summer temperature variations in the northern hemisphere. Quat.Res., 20, pp. 286 - 307.

WILLIAMS, P.J. & M.W.SMITH 1989: The Frozen Earth. Cambridge.

WINKLER, S. 1991: Glazialmorphologische Untersuchungen am Vernagtferner/Ötztaler Alpen. Diplomarbeit. Würzburg.

WINKLER, S. & H.HAGEDORN 1994: Frührezente und rezente Gletscherstandsschwankungen des Vernagtferners/Ötztaler Alpen und ihre Auswirkungen auf das Gletschervorfeld. Pet.Geogr.Mitt., 138, S. 19 - 34.

WINKLER, S. & R.A.SHAKESBY 1995: Anwendung von Lichenometrie und Schmidt-Hammer zur relativen Altersdatierung prä-frührezenter Moränen, am Beispiel der Vorfelder von Guslar-, Mitterkar-, Rofenkar- und Vernagtferner, Ötztaler Alpen, Österreich. Pet.Geogr.Mitt., 139, S. 283-304.

WOLD, B. & N.HAAKENSEN (Utg.) 1978: Glasiologiske undersökelser i Norge 1977. NVE Hydrol. Avd.Rapp., 3-78. Oslo.

WOLD, B. & G.ØSTREM 1979: Morphological activity of a diverted glacier stream in western Norway. GeoJournal, 3, pp. 345 - 349.

WOLD, B. & K.REPP (Utg.) 1979: Glasiologiske Undersøkelser i Norge 1978. NVE Hydrol.Avd.Rapp., 4-79. Oslo.

WOLF, H.V. 1924a ff.: Gletschermessungen im Ötztal im Sommer 1922 ff. - Z.Gletscherkunde 13 ff.

WOOD, F.B. 1988: Global alpine glacier trends, 1960s to 1980s. Arctic.Alp.Res., 20, pp. 404 - 413.

WOLDSTEDT, P. 1969: Das Quartär. Stuttgart.

WORSLEY, P. 1973: An evaluation of the attempt to date the recession of Tunsbergdalsbreen, southern Norway, by lichenometry. Geogr.Annlr., 54 A, pp. 137 - 141.

— 1974a: On the significance of the age of a buried tree stump by Engabreen, Svartisen. Norsk Polarinstitutt Årbok, 1972, pp. 111 - 117.

— 1974b: Recent annual moraine ridges at Austre Okstindbreen, Okstindan, North Norway. J.Glaciology, 13, pp. 265 - 277.

WORSLEY, P. & M.J.ALEXANDER 1975: Neoglacial palaeoenvironmental change at Engabrevatnet, Svartisen Holandsfjord, North Norway. Norges Geol.Unders., 321, pp. 37 - 66.

— 1976: Glacier and environmental changes - Neoglacial data from the outermost moraine ridge at Engabreen, northern Norway. Geogr.Annlr., 57 A, pp. 55 - 69.

ZIEGLER, T. (Utg.) 1972 ff.: Slamtransportundersökelser i norske bre-elver 1970 ff. NVE Hydrol.Avd.Rapp., 1-72 ff. Oslo.

ZUMBÜHL, H.J. 1980: Die Schwankungen der Grindelwaldgletscher in den historischen Bild- und Schriftquellen des 12. und 19.Jahrhunderts. Basel.

ZUMBÜHL, H.J. & H.HOLZHAUSER 1988: Alpengletscher in der Kleinen Eiszeit. Die Alpen 1988, 3, S. 128 - 322.

ZUMBÜHL, H.J. & P.MESSERLI 1980: Gletscherschwankungen und Temperaturverlauf - Beispiel einer Korrelationsanalyse von indirekten und direkten Klimazeugen am Beispiel der Grindelwaldgletscher und der 210jährigen Basler Temperaturreihe. In: Das Klima - Analyse und Modelle - Geschichte und Zukunft, herausgegeben von H.OESCHGER, B.MESSERLI & M.SILVAR. S. 161 - 174. Berlin.

ZUMBÜHL, H.J., B.MESSERLI & C.PFISTER 1983: Die Kleine Eiszeit - Gletschergeschichte im Spiegel der Kunst. Katalog Alpines Museum Bern/Gletschergarten-Museum Luzern. Luzern.

KARTEN

Im Kartenverzeichnis werden nachfolgend die im Zuge der geomorphologischen Kartierungen und Felduntersuchungen verwendeten topographischen und glaziologischen Karten aufgeführt. Andere im Zuge der Untersuchungen verwendete thematische (geologische, geomorphologische bzw. quartärgeologische) Karten werden im Literaturverzeichnis bibliographiert.

- Bundesamt für Eich- und Vermessungswesen (Hrsg.):
- Österreichische Karte 1:50000:
    Blatt ÖK 172 Weißkugel (Wien 1982)
    Blatt ÖK 173 Sölden (Wien 1982)

- Kommission für Glaziologie der Bayerischen Akademie der Wissenschaften (Hrsg.):
- Der Vernagt Ferner im Jahre 1889 - Maßstab 1:10000 (Reproduktion München 1988)
- Vernagtferner 1969 - Maßstab 1:10000 (München 1972)
- Orthophotokarte Vernagtferner 1979 - Maßstab 1:10000 (München 1982)
- Orthophotokarte Vernagtferner 1982 - Maßstab 1:10000 (München 1986)
- Orthophotokarte Vernagtferner 1990 - Maßstab 1:10000 (München 1992)
- Vernagtferner - Gletscherstände ab 1889 - Maßstab 1:10000:
    Blatt 1: 1889 - 1912 (München 1972)
    Blatt 2: 1912 - 1938 (München 1972)
    Blatt 3: 1938 - 1969 (München 1972)
- Vernagtferner - Höhenänderung 1979 - 1982 - Maßstab 1:10000 (München 1990)

- Österreichischer Alpenverein (Hrsg.):
- Alpenvereinskarte 1:25000:
    Blatt Nr.30/1 Ötztaler Alpen - Gurgl (8.Ausgabe Innsbruck 1988)
    Blatt Nr.30/2 Ötztaler Alpen - Weißkugel (6.Ausgabe Innsbruck 1986)

- Statens Kartverk [Norges Geografiske Oppmåling] (UTG.):
- Topografisk kart 1:50000 M 711:
    Kartblad 1317 I Fjærland (Hønefoss 1973)
    Kartblad 1317 IV Haukedalen (Hønefoss 1973)
    Kartblad 1318 I Stryn (Hønefoss 1973)
    Kartblad 1318 II Brigsdalsbreen (Hønefoss 1973)
    Kartblad 1318 III Breim (Hønefoss 1973)
    Kartblad 1417 IV Solvorn (Hønefoss 1973)
    Kartblad 1418 I Skridulaupen (Hønefoss 1973)
    Kartblad 1418 II Mørkrisdalen (Hønefoss 1973)
    Kartblad 1418 III Jostedalen (Hønefoss 1973)
    Kartblad 1418 IV Lodalskåpa (Hønefoss 1973)
    Kartblad 1517 IV Hurrungane (Hønefoss 1986)
    Kartblad 1518 II Galdhøpiggen (Hønefoss 1985)
    Kartblad 1518 III Sygnefjell (Hønefoss 1985)
    Kartblad 1618 III Glittertinden (Hønefoss 1981)

• Statens Kartverk (UTG.):
- Turkart 1:100.000 Jostedalsbreen (Hønefoss 1988)

• Statens Kartverk/Fylkeskartkontoret i Sogn og Fjordane (UTG.):
- Økonomisk kartverk 1:5000:
        Kartblad AT 081-5-2 Brevatnet (Hermansverk 1989)
        Kartblad AT 082-5-4 Almgrindgjelet (Hermansverk 1972)
        Kartblad AU 081-5-1 Fjellniba (Hermansverk 1972)
        Kartblad AU 081-5-2 Supphelledalen (Hermansverk 1972)
        Kartblad AU 081-5-3 Supphellen (Hermansverk 1989)
        Kartblad AU 085-5-1 Melkevolldalen (Hermansverk 1967)
        Kartblad AU 086-5-1 Myklöy (Hermansverk 1985)
        Kartblad AU 086-5-2 Brenndalen (Hermansverk 1967)
        Kartblad AU 086-5-3 Melkevoll (Hermansverk 1967)
        Kartblad AU 086-5-4 Briksdalsbreen (Hermansverk 1967)
        Kartblad AV 083-5-2 Austedalen (Hermansverk 1974)
        Kartblad AV 083-5-4 Tungestölen (Hermansverk 1974)
        Kartblad AV 084-5-2 Tretti (Hermansverk 1964)
        Kartblad AV 084-5-4 Austedalsbreen (Hermansverk 1974)
        Kartblad AW 085-5-2 Bergsetbre (Hermansverk 1974)
        Kartblad AW 087-5-1 Kjenndalsbreen (Hermansverk 1967)
        Kartblad AW 088-5-3 Kjenndalen (Hermansverk 1967)
        Kartblad AW 089-5-4 Bödalsetra (Hermansverk 1967)
        Kartblad AX 085-5-1 Bergset (Hermansverk 1986)
        Kartblad AX 086-5-1 Nigardsbreen Nord (Hermansverk 1964)
        Kartblad AX BD 086-5-2,1 Kråfjell (Hermansverk 1964)
        Kartblad AX BD 086-5-4,3 Nigardsbreen (Hermansverk 1964)
        Kartblad BD 085-5-2 Elvekrok (Hermansverk 1986)
        Kartblad BD 086-5-4 Mjelvær (Hermansverk 1986)
        Kartblad BD 088-5-4 Lodalsflatane (Hermansverk 1964)
        Kartblad BE 086-5-1 Björnstegane (Hermansverk 1974)
        Kartblad BE 087-5-3 Fåbergstölen (Hermansverk 1974)
        Kartblad BE 088-5-3 Trongedalen (Hermansverk 1964)

• Statens Kartverk/J.W.Cappelens Forlag AS (Utg.):
- Fjellkart Jotunheimen 1:100000 (3.utgave Hønefoss/Oslo 1989)

LUFTBILDER

Nachfolgend werden die zur geomorphologischen Kartierung bzw. Interpretation im Zuge der Untersuchungen der Gletschervorfelder verwendeten Luftbilder aufgelistet.

- AMS - Befliegung (Norwegen):
  10182, 10183, 10184, 10185, 10186, 10248, 10249 (29.07.1955)
  10426, 10427, 10428, 10429, 10430, 10510, 10511 (30.07.1955)

- Bundesamt für Eich- und Vermessungswesen (Wien):
- Befliegung Sommer 1954 (No. 103):
  2858, 2970, 2971, 4256, 4257
- Befliegung August 1990:
  3: 3499, 3500, 3501, 3502, 3503, 3504
  4: 3516, 3517, 3518, 3519, 3520, 3521, 3522, 3523, 3524
  5: 3555, 3556, 3557, 3558, 3559
  6: 3571, 3572, 3573
  8: 3590, 3591, 3592
  9: 3566, 3567, 3568

- Fjellanger Widerøe A/S (Oslo):
- Flug 1571 (02.09.1964):
  B 18, B 19
- Flug 1833 (21.07.1966):
  C 10, C 11
  F 15, F 16, F 17
- Flug 1834:
  A 12, A 13, A 14 (19.07.1966)
  A 15, A 16, A 17, A 18, A 19, A 20, A 21 (21.07.1966)
  B 11, B 12, B 13, B 14, B 15, B 16, B 17, B 18, B 19, B 20, B 21 (21.07.1966)
  B 22 (26.08.1966)
  C 10, C 11, C 12, C 13, C 14, C 15, C 16, C 17, C 18, C 19 (21.07.1966)
  D 17, D 18 (19.07.1966)
- Flug 3015 (09.08.1967):
  M 25, M 26
- Flug 7084
  17-8: 29, 30, 31, 44, 45, 46 (29.08.1981)
  18-1: 4, 5, 9, 12, 13, 14 (29.08.1981)
  18-2: 6, 7, 9, 10, 11, 12, 13 (19.08.1981)
  18-3: 7, 9, 10, 11, 13, 14 (19.08.1981)
- Flug 8223 (08.06.1984):
  C 1, C 2, C 3, C 4 , C 5
  F 1, F 2, F 3, F 4
- Flug 8390 (11.08.1984)
  18-2: 40, 41
  18-3: 39, 40, 41, 42, 43, 44, 45
  18-4: 36, 37, 38, 39, 40, 41, 42, 43, 44
  18-5: 39, 40, 41, 42, 43, 44
  18-6: 40, 41

- Nor-Fly A/S (Hønefoss):
- Flug 340 (20.07.1965)
  313, 314, 315

KORNGRÖSSENANALYSEN UND SEDIMENTOLOGISCHE PARAMETER

Erläuterung

Die Sedimentproben sind nach Lokalitäten (Gletschervorfeldern) alphabetisch geordnet. Die Kennung der Sedimentproben setzt sich zusammen aus:
- Kennbuchstabe für Proben mit „V" für Sedimentproben aus dem Rofental bei Vent bzw. „N" für Sedimentproben aus West-/Zentralnorwegen;
- fortlaufende Numerierung;
- vorläufige (!) sedimentologische Ansprache im Gelände (Verzicht auf eine detailliertere sedimentologische Klassifizierung auf Grundlage der Korngrößenanalysen);
- Kurzbeschreibung der Lokalität (vgl. Ausführungen in 7.3 und 7.4)

Die Tabellen umfassen die Darstellung der Prozentanteile der einzelnen Korngrößen unter Verwendung nachstehender Abkürzungen (vgl. 7.1.2):
- X = Kies (Fein- und Mittelkies bis 16 mm)
- gS = Grobsand
- mS = Mittelsand
- fS = Feinsand
- gU = Grobsilt
- mU = Mittelsilt
- fU = Feinsilt
- T = Ton

Ferner erfolgt die Auflistung der prozentualen Anteile der im Rahmen der Arbeit unterschiedenen Korngrößenfraktionen:
- X = Kiesfraktion (nur Fein- und Mittelkies bis 16 mm)
- S = Sandfraktion (Grob-, Mittel- und Feinsand)
- F = Feinmaterial (Grob-, Mittel- und Feinsilt, Ton)

Zuletzt werden die aus den Ergebnissen der Korngrößenanalysen kalkulierten sedimentologischen Parameter aufgelistet (vgl. 7.1.2 zur näheren Erläuterung):
- Md = Korngrößenmedian (Q_{50})
- So = Sortierungindex n. SELMER-OLSEN
- Sk = Kurtosis n. SELMER-OLSEN

Tabellen der Korngrößenanalysen

	X	gS	mS	fS	gU	mU	fU	T	X	S	F	Md	So	Sk

Austerdalsbreen (Jostedalsbreen):

N 49 - Moränenmaterial - Oberer Bereich westliche innere Talschwelle
  43,2 21,4 19,8 11,6 0,9 1,4 0,1 1,6 43,2 52,8 4,0 1,56 1,29 +0,06

N 50 - Moränenmaterial - Basis subsequente Lateralmoräne im oberen Bereich westlicher innerer Talschwelle
  58,9 21,8 15,4 3,9 0,0 0,0 0,0 0,0 58,9 41,1 0,0 4,16 1,01 -0,16

N 51 - Moränenmaterial - Aktuelle Laterofrontalmoräne an westlicher 1992er Gletscherzunge
  39,0 30,0 21,2 6,4 1,2 0,1 1,1 1,0 39,0 57,6 3,4 1,50 1,14 +0,10

N 52 - Supraglazialer Debris - Lateralmarginales Schneefeld an westlicher 1992er Gletscherzunge
  41,0 22,0 16,5 12,4 4,8 3,3 0,0 0,0 41,0 51,9 8,1 1,44 1,37 +0,03

	X	gS	mS	fS	gU	mU	fU	T	X	S	F	Md	So	Sk
N 53 - *supraglacial melt-out till* - Westliche 1992er Gletscherzunge														
	43,9	31,0	16,7	7,7	0,0	0,0	0,0	0,0	43,9	56,1	0,0	1,73	1,09	+0,12
N 54 - Moränenmaterial - Aktuelle Laterofrontalmoräne an westlicher 1992er Gletscherzunge (über Toteiskern)														
	37,7	29,3	18,5	7,7	4,1	0,7	2,0	0,0	37,7	44,5	6,8	1,42	1,18	+0,08
N 55 - Moränenmaterial - Rezente Laterofrontalmoräne, distal zu aktueller Laterofrontalmoräne an westlicher 1992er Gletscherzunge														
	50,7	28,9	18,6	1,8	0,0	0,0	0,0	0,0	50,7	49,3	0,0	2,19	1,03	+0,10
N 56 - Moränenmaterial - Rezente Laterofrontalmoräne im unteren Bereich der westlichen inneren Talschwelle														
	27,7	19,5	26,4	17,2	6,3	1,8	1,1	0,0	27,7	36,9	9,2	0,58	1,25	+0,13
N 57 - Moränenmaterial - Westliches Vorfeld distal zu M-AUS 15 (r)														
	53,1	22,0	11,9	11,2	1,6	0,2	0,0	0,0	53,1	45,1	1,8	2,82	1,17	-0,06
N 58 - Moränenmaterial - Kammbereich M-AUS 15 (r)														
	40,5	47,0	10,2	2,3	0,0	0,0	0,0	0,0	40,5	59,5	0,0	1,72	0,87	+0,20
N 59 - Moränenmaterial - Kammbereich M-AUS 13 (r)														
	36,8	24,4	21,7	12,8	2,8	0,1	1,4	0,0	36,8	58,9	4,3	1,25	1,26	+0,08
N 60 - Moränenmaterial - Vorfeld zwischen M-AUS 11 (r) und M-AUS 10 (r)														
	38,6	35,5	21,4	4,5	0,0	0,0	0,0	0,0	38,6	61,4	0,0	1,56	1,05	+0,12
N 61 - Moränenmaterial - Kammbereich M-AUS 1.1 (r)														
	36,2	30,2	20,6	10,4	1,6	1,0	0,0	0,0	36,2	61,2	2,6	1,37	1,15	+0,09
N 62 - Spätglaziales (präboreales ?) Moränenmaterial - Proximale Terrassenkante an westlicher äußerer Talschwelle außerhalb des frührezenten Vorfelds														
	29,9	24,1	31,7	10,8	3,5	0,0	0,0	0,0	29,9	66,6	3,5	0,86	1,31	+0,04
N 205 - Moränenmaterial - Aktuelle Laterofrontalmoräne an westlicher 1993er Gletscherzunge														
	44,2	20,6	24,4	9,5	1,3	0,0	0,0	0,0	44,2	54,5	1,3	1,61	1,25	+0,25
N 206 - *supraglacial melt-out till* - Westliche 1993er Gletscherzunge														
	43,4	41,0	14,3	1,3	0,0	0,0	0,0	0,0	43,4	56,7	0,0	1,78	0,93	+0,19

Bergsetbreen (Jostedalsbreen):

	X	gS	mS	fS	gU	mU	fU	T	X	S	F	Md	So	Sk
N 8 - Moränenmaterial - Zentrales nördliches Vorfeld 25 m vor der 1992er Gletscherfront														
	37,7	29,1	13,7	11,5	3,3	4,7	0,0	0,0	37,7	54,3	8,0	1,42	1,22	+0,06
N 9 - Moränenmaterial - Zentrales nördliches Vorfeld 40 m vor der 1992er Gletscherfront														
	8,6	52,5	27,9	7,3	1,4	0,8	0,9	0,6	8,6	87,7	3,7	0,92	0,58	-0,06
N 10 - Moränenmaterial - Kammbereich M-BER 10 (l)														
	74,2	17,3	4,2	4,3	0,0	0,0	0,0	0,0	74,2	25,8	0,0	6,57	0,76	-0,15
N 161 - Glazifluviales Sediment - Aktueller Akkumulationsbereich im zentralen nördlichen Vorfeld 100 m vor der 1993er Gletscherfront														
	16,9	18,7	50,0	14,4	0,0	0,0	0,0	0,0	16,9	83,1	0,0	0,51	0,69	+0,15
N 162 - Moränenmaterial - Basisbereich M-BER 6.1 (l) am Ufer der Krundøla														
	35,8	24,3	15,5	12,2	7,4	3,0	0,5	1,3	35,8	52,0	12,2	1,20	1,58	+0,05
N 164 - Moränenmaterial - Kammbereich M-BER 6.1 (l)														
	50,0	29,2	17,4	3,4	0,0	0,0	0,0	0,0	50,0	50,0	0,0	2,00	1,04	+0,13
N 165 - Moränenmaterial - Kammbereich M-BER 5 (l)														
	21,3	35,0	20,4	12,3	5,0	3,2	1,1	1,7	21,3	67,7	11,0	0,88	0,90	-0,12
N 166 - Moränenmaterial - Kammbereich M-BER L 5 (l)														
	34,0	28,1	28,3	8,4	1,2	0,0	0,0	0,0	34,0	64,8	1,2	1,22	1,12	+0,11

	X	gS	mS	fS	gU	mU	fU	T	X	S	F	Md	So	Sk
N 167 - Moränenmaterial - Kammbereich M-BER 4.1 (l)														
	22,9	38,0	21,7	9,7	3,0	3,3	1,4	0,0	22,9	69,4	7,7	1,02	0,74	-0,10
N 168 - Moränenmaterial - Kammbereich M-BER 4.1 (l)														
	25,1	34,5	19,7	11,5	7,6	1,6	0,0	0,0	25,1	65,7	9,2	1,01	0,84	-0,11
N 169 - Glazifluviales Sediment - Sanderfläche zwischen M-BER 4 (l) und M-BER 3 (l)														
	81,2	17,6	1,1	0,1	0,0	0,0	0,0	0,0	81,2	18,8	0,0	7,37	0,58	-0,09
N 179 - Moränenmaterial - Kammbereich M-BER L 4.1 (l)														
	33,8	41,9	17,3	6,3	0,7	0,0	0,0	0,0	33,8	65,5	0,7	1,47	0,94	+0,12
N 202 - Moränenmaterial - Unterste Lateralmoräne im nördlichen inneren Vorfeld (ca. 560 m)														
	50,3	17,0	12,1	10,5	5,9	2,7	1,5	0,0	50,3	45,5	4,2	2,08	1,40	-0,06

Blåisen (Hardangerjøkulen):

	X	gS	mS	fS	gU	mU	fU	T	X	S	F	Md	So	Sk
N 1 - Moränenmaterial - Zentrales Vorfeld unmittelbar an der Gletscherzunge														
	29,6	14,1	11,1	6,9	15,5	14,1	4,5	4,2	29,6	32,1	38,3	0,39	2,20	-0,07
N 4 - Moränenmaterial - Top annuelle Endmoräne des Wintervorstoßes 1989/90														
	20,6	21,2	19,0	14,6	12,5	6,5	3,1	2,5	20,6	54,8	24,6	0,44	1,41	-0,12
N 7 - Moränenmaterial - Zentrales Vorfeld unmittelbar an der Gletscherzunge														
	50,4	16,4	9,5	3,7	5,8	8,5	3,0	2,7	50,4	29,6	20,0	2,11	1,54	-0,14

Bødalsbreen (Jostedalsbreen):

	X	gS	mS	fS	gU	mU	fU	T	X	S	F	Md	So	Sk
N 102 - Moränenmaterial - Aktuelle Laterofrontalmoräne an westlicher 1992er Gletscherfront														
	45,5	20,8	14,0	11,5	5,6	2,5	0,0	0,0	45,5	46,4	8,1	1,71	1,36	+0,00
N 103 - Moränenmaterial - Innerste rezente Laterofrontalmoräne an westlicher 1992er Gletscherfront														
	32,8	21,9	16,7	14,2	1,8	8,4	4,2	0,0	32,8	52,8	14,4	0,92	1,51	+0,01
N 104 - Glazifluviales Sediment - Erosionsrinne zwischen aktueller und innerster Laterofrontalmoräne an westlicher 1992er Gletscherfront														
	1,2	22,3	27,5	39,0	8,9	1,1	0,0	0,0	1,2	88,8	10,0	0,22	0,72	+0,09
N 105 - Moränenmaterial - Laterofrontalmoränenkomplex im westlichen Vorfeld 150 m vor der 1992er Gletscherfront														
	0,2	29,1	23,9	6,8	0,0	0,0	0,0	0,0	40,2	59,8	0,0	1,54	1,14	+0,11
N 106 - Moränenmaterial - Westliches Vorfeld 150 m vor der 1992er Gletscherfront														
	73,3	25,4	1,1	0,2	0,0	0,0	0,0	0,0	73,3	26,7	0,0	6,45	0,77	-0,14
N 107 - Glazifluviales Sediment - Delta im Sætrevatnet														
	62,7	22,8	11,1	3,4	0,0	0,0	0,0	0,0	62,7	37,3	0,0	4,84	0,92	-0,13
N 108 - Glazifluviales Sediment - Delta im Sætrevatnet														
	0,0	6,4	9,4	45,0	34,6	4,3	0,3	0,0	0,0	39,2	60,8	0,10	0,58	-0,04
N 109 - Moränenmaterial - Proximale Moränenflanke M-BØD 6.2 (l)														
	51,1	31,0	13,5	4,4	0,0	0,0	0,0	0,0	51,1	48,9	0,0	2,30	0,99	+0,11
N 110 - Moränenmaterial - Kammbereich M-BØD L 6.1 (l)														
	58,3	15,5	9,8	7,8	4,3	2,3	0,2	1,8	58,3	33,1	8,6	3,99	1,24	-0,22
N 111 - Moränenmaterial - Kammbereich M-BØD 3 (l)														
	12,9	16,7	17,4	21,1	14,1	10,3	7,3	0,2	12,9	55,2	31,9	0,18	1,59	+0,16
N 112 - Moränenmaterial - Kammbereich M-BØD 2 (l)														
	14,8	15,6	28,7	29,8	6,8	2,7	1,6	0,0	14,8	74,1	11,1	1,34	0,94	+0,05
N 113 - Moränenmaterial - Kammbereich M-BØD 1 (l)														
	46,8	17,5	17,5	8,7	8,0	1,5	0,0	0,0	46,8	43,7	9,5	1,75	1,37	+0,00

	X	gS	mS	fS	gU	mU	fU	T	X	S	F	Md	So	Sk

N 132 - Moränenmaterial - Kammbereich M-BØD L 2.2 (l)
    49,2 23,2 15,6 12,0 0,0 0,0 0,0 0,0 49,2 50,8 0,0 1,95 1,20 +0,06

N 133 - Moränenmaterial - Kammbereich M-BØD L 2.1 (l)
    44,6 28,1 15,8 6,3 5,2 0,0 0,0 0,0 44,6 50,2 5,2 1,74 1,16 +0,09

N 134 - Moränenmaterial - Depression (Überlauf/Rinne) im Kammbereich eines Vorsprungs von M-BØD 3 (l)
    49,4 19,1 12,8 8,3 7,3 3,1 0,0 0,0 49,4 59,8 10,4 1,96 1,34 -0,01

N 135 - Moränenmaterial - Kammbereich eines Vorsprungs von M-BØD 3 (l)
    9,6 9,8 10,9 20,9 29,9 6,6 8,7 3,6 9,6 41,6 48,8 0,07 1,15 +0,18

N 136 - Moränenmaterial - Depression (Überlauf/Rinne) im Kammbereich eines Vorsprungs von M-BØD 3 (l)
    23,8 19,0 23,6 18,0 3,8 9,2 0,4 2,2 23,8 60,6 15,6 0,54 1,15 -0,03

N 137 - Moränenmaterial - Einbuchtung im Kammbereich von M-BØD 3 (l)
    21,7 15,1 16,7 17,4 14,6 8,0 5,1 1,4 21,7 49,2 29,1 0,29 1,49 +0,02

N 138 - Moränenmaterial - Proximale Moränenflanke M-BØD 2 (l)
    51,5 28,7 14,3 4,0 1,5 0,0 0,0 0,0 51,5 47,0 1,5 2,41 1,02 +0,07

N 139 - Moränenmaterial - Proximale Moränenflanke M-BØD 2 (l)
    5,3 34,1 44,1 13,0 2,3 1,2 0,0 0,0 5,3 91,2 3,5 0,53 0,63 +0,05

N 140 - Spätglaziales (präboreales ?) Moränenmaterial - Aufschluß im unteren BØdalen
    25,3 14,7 12,4 14,9 23,4 4,0 2,5 2,8 25,3 42,0 32,7 0,28 1,65 +0,06

N 211 - Moränenmaterial - Aufschluß in westlicher innerer (alpinotyper) Lateralmoräne
    55,7 8,3 7,9 12,7 10,0 3,6 1,5 0,3 55,7 28,9 15,4 3,43 1,77 -0,43

N 212 - Moränenmaterial - Proximale Moränenflanke M-BØD 6.8 (r)
    68,4 18,0 6,5 4,3 2,8 0,0 0,0 0,0 68,4 28,8 2,8 5,77 0,86 -0,15

Bøyabreen (Jostedalsbreen):

N 5 - Glazifluviales Sediment - Sanderfläche vor dem westlichen Akkumulationskomplex
    12,7 7,7 6,1 26,4 27,6 12,8 3,9 2,8 12,7 40,2 47,1 0,08 1,03 +0,08

N 6 - Supraglazialer Debris - Westlicher Akkumulationskomplex
    73,6 3,6 0,3 1,7 9,5 6,6 2,9 1,8 73,6 5,4 20,8 6,49 0,88 -0,20

N 123 - Moränenmaterial - Kammbereich M-BØY 5.2 (r)
    31,9 18,6 21,2 19,8 0,0 6,9 1,6 0,0 31,9 59,6 8,5 0,67 1,45 +0,15

N 124 - Moränenmaterial - Kammbereich M-BØY 5.1 (r)
    40,1 15,0 11,6 18,2 3,3 4,9 2,5 4,4 40,1 44,8 15,1 1,10 1,62 +0,02

N 125 - Glazifluviales Sediment - Uferbereich ehemalige Schmelzwasserrinne proximal zu M-BØY 5.2 (r) in lateraler Position
    46,1 27,5 16,5 3,7 4,0 1,2 0,1 0,8 46,1 47,8 6,1 1,81 1,15 +0,09

N 126 - Glazilimnisches Sediment - Uferbereich Westseite proglazialer See
    6,9 33,8 56,8 2,5 0,0 0,0 0,0 0,0 6,9 93,1 0,0 0,56 0,53 +0,09

N 141 - Glazilimnisches Sediment - Uferbereich Westseite proglazialer See
    0,0 0,3 7,0 79,4 13,1 0,0 0,2 0,0 0,0 86,7 13,3 0,13 0,31 -0,03

N 142 - Supraglazialer Debris - Westlicher Akkumulationskomplex
    36,7 16,3 12,4 10,7 16,8 4,3 1,4 1,4 36,7 39,4 23,9 0,88 1,92 -0,10

N 143 - Supraglazialer Debris - Westlicher Akkumulationskomplex
    60,8 8,8 5,1 7,9 14,1 0,8 1,0 1,5 60,8 21,8 17,4 4,49 1,72 -0,50

N 144 - Moränenmaterial - Westliches Vorfeld 50 m vor 1992er Front des Akkumulationskomplexes
    36,2 16,4 14,9 17,4 15,1 0,0 0,0 0,0 36,2 48,3 15,1 0,85 1,65 +0,05

	X	gS	mS	fS	gU	mU	fU	T	X	S	F	Md	So	Sk

N 145 - Moränenmaterial - Westliches Vorfeld proximal zu M-BØY 5.2 (r)
  20,8 14,1 14,6 22,8 10,6 6,9 5,5 4,7 20,8 51,5 27,7 0,20 1,49 +0,16

N 146 - Moränenmaterial - Kleiner subsequenter reliktischer Moränenrücken distal zu M-BØY 5.1 (r)
  38,2 19,8 13,2 14,1 0,2 0,4 11,9 2,2 38,2 47,1 14,7 1,18 1,62 -0,05

Brigsdalsbreen (Jostedalsbreen):

N 2 - *supraglacial melt-out till* (englazialen/subglazialen Ursprungs) - Nördliche Gletscherzunge
  39,9 21,3 12,9 8,5 9,8 5,6 2,0 0,0 39,9 42,7 17,4 1,35 1,59 -0,07

N 3 - Moränenmaterial - Kammbereich aktuelle 1990er Laterofrontalmoräne an der nördlichen Gletscherzunge
  25,0 27,9 18,7 8,4 10,4 6,1 2,3 1,2 25,0 55,0 20,0 0,77 1,14 -0,16

N 114 - Moränenmaterial - Kammbereich aktuelle 1992er Eiskern-Endmoräne an der nördlichen Gletscherzunge
  22,6 19,1 14,1 15,5 13,5 9,8 5,4 0,0 22,6 48,7 28,7 0,38 1,55 -0,09

N 115.1 - Moränenmaterial - Distale Flanke aktuelle 1992er Laterofrontalmoräne an der nördlichen Gletscherzunge
  53,3 20,1 8,8 7,5 8,4 1,9 0,0 0,0 53,3 36,4 10,3 2,87 1,23 -0,10

N 115.2 - Moränenmaterial - Distale Flanke aktuelle 1992er Laterofrontalmoräne an der nördlichen Gletscherzunge
  39,8 17,0 13,6 13,5 2,1 14,0 0,0 0,0 39,4 44,1 16,1 1,18 1,67 -0,10

N 116 - Moränenmaterial - Kammbereich aktuelle 1992er Laterofrontalmoräne an der nördlichen Gletscherzunge
  13,0 20,7 17,7 19,1 8,7 14,4 4,3 2,1 13,0 57,5 29,5 0,23 1,47 -0,02

N 117 - Moränenmaterial - Distale Flanke aktuelle 1992er Lateralmoräne an der nördlichen Gletscherzunge
  29,0 26,9 18,1 11,7 5,8 6,4 2,1 0,0 29,0 56,7 14,3 0,93 1,32 -0,03

N 118 - Moränenmaterial - Distal der aktuellen 1992er Laterofrontalmoräne an der nördlichen Gletscherzunge
  26,8 17,4 17,9 20,6 15,4 1,9 0,0 0,0 26,8 55,9 17,3 0,49 1,41 +0,03

N 119 - Moränenmaterial - Kernbereich der aktuellen 1992er Laterofrontalmoräne an der nördlichen Gletscherzunge
  23,3 30,0 17,9 12,5 8,1 0,8 4,4 3,4 23,3 60,0 16,7 0,78 1,10 -0,16

N 120 - Moränenmaterial - Nördliches Gletschervorfeld am Ufer des Brigsdalsvatnet 100 m vor der 1992er Gletscherfront
  40,4 23,5 9,8 5,5 5,0 3,9 4,2 7,7 40,4 38,8 20,8 1,44 1,64 -0,11

N 121 - Moränenmaterial - Rezente Laterofrontalmoräne distal der aktuellen 1992er Laterofrontalmoräne an der nördlichen Gletscherzunge
  50,5 19,9 12,0 7,1 5,3 2,2 0,9 2,1 50,5 39,0 10,5 2,14 1,29 -0,02

N 122 - Moränenmaterial - Nördliches Gletschervorfeld distal der rezenten Laterofrontalmoräne
  35,7 29,9 21,5 9,3 2,9 0,7 0,0 0,0 35,7 60,7 3,6 1,34 1,27 +0,15

N 213 - Moränenmaterial - Distale Flanke der aktuellen 1993er Laterofrontalmoräne an der nördlichen Gletscherzunge
  25,0 23,6 15,7 17,5 13,2 4,5 0,5 0,0 25,0 56,8 18,2 0,59 0,90 +0,08

N 214 - Moränenmaterial - Aufpressung zwischen der aktuellen 1993er Laterofrontalmoräne und aktivem Gletschereis an der nördlichen Gletscherzunge
  31,8 14,1 8,4 14,3 21,5 6,2 3,5 0,4 31,8 36,8 31,4 0,42 1,50 +0,33

	X	gS	mS	fS	gU	mU	fU	T	X	S	F	Md	So	Sk

Erdalsbreen (Jostedalsbreen):

N 128 - Moränenmaterial - Rezente Laterofrontalmoräne auf westlicher innerer Talschwelle
   29,8 48,9 20,3 1,0 0,0 0,0 0,0 0,0 29,8 70,2 0,0 1,43 0,76 +0,09

N 129 - Moränenmaterial - Rezente Laterofrontalmoräne auf westlicher innerer Talschwelle
   28,2 54,6 16,5 0,7 0,0 0,0 0,0 0,0 28,2 71,8 0,1 1,45 0,64 +0,07

N 130 - Glazifluviales Sediment - Westliche innere Talschwelle
   2,2 14,0 49,9 30,0 3,2 0,7 0,0 0,0 2,2 93,9 3,9 0,33 0,54 -0,05

N 131 - Moränenmaterial - Äußeres Gletschervorfeld im Bereich unterer Talschwelle
   25,7 16,3 16,3 17,7 12,0 4,0 6,5 1,5 25,7 50,3 24,0 0,42 1,53 -0,01

Fannaråken (westliches Jotunheimen):

N 82 - Verwitterungsmaterial - Gipfelplateau
   12,8 10,7 17,0 31,6 23,3 4,6 0,0 0,0 12,8 59,3 27,9 0,16 1,01 +0,07

Fåbergstølsbreen (Jostedalsbreen):

N 11 - Glazifluviales Sediment - Ehemaliges (bzw. episodisches) Gerinnebett im zentralen nördlichen Vorfeld 100 m vor der 1992er Gletscherfront
   0,3 0,6 26,1 50,2 20,5 2,3 0,0 0,0 0,3 76,9 22,8 0,14 0,53 -0,04

N 12 - Moränenmaterial - Aufschluß an Terrasse am ehemaligen Gerinnebett (s. N 11) im nördlichen zentralen Vorfeld 100 m vor der 1992er Gletscherfront
   64,7 30,6 4,6 0,1 0,0 0,0 0,0 0,0 64,7 35,3 0,1 5,18 0,84 -0,11

N 13 - Moränenmaterial - Schwemmfächerbereich an Basis des nördlichen Talhangs unterhalb der Erosionskante im inneren Vorfeld rd. 1000 m talabwärts der 1992er Gletscherfront
   37,5 33,3 18,4 7,8 2,2 0,8 0,0 0,0 37,5 59,5 3,0 1,52 1,10 +0,09

N 14 - Moränenmaterial - Rundhöckerbereich an der nördlichen Gletscherzunge
   8,2 8,8 31,4 41,0 6,3 3,1 1,2 0,0 8,2 81,2 10,6 0,19 0,67 +0,09

N 15 - Moränenmaterial - Aufschluß an Terrasse am aktuellen Gerinnebett im nördlichen zentralen Vorfeld 50 m vor der 1992er Gletscherfront
   37,3 34,2 15,9 7,3 5,3 0,0 0,0 0,0 37,3 57,4 5,3 1,49 1,09 +0,10

N 31 - Supraglaziales Moränenmaterial - Toteisbereich an der Gletscherzunge
   28,6 36,3 26,6 5,6 0,9 1,0 1,0 0,0 28,6 68,5 2,9 1,19 0,91 +0,05

N 32 - Moränenmaterial - Rundhöckerbereich an der zentralen Gletscherzunge
   25,1 35,6 21,4 9,8 6,9 1,2 0,0 0,0 25,1 66,8 8,1 1,04 0,78 -0,09

N 33 - Subglaziales Moränenmaterial - Zentrale Gletscherzunge
   68,7 29,4 1,8 0,1 0,0 0,0 0,0 0,0 68,7 31,3 0,0 5,81 0,81 -0,13

N 34 - Moränenmaterial - Erosionsrinne im nördlichen Talhang unterhalb der lateralen Erosionskante 200 m vor der 1992er Gletscherfront
   44,5 18,0 13,9 11,1 6,7 2,5 1,8 1,4 44,5 43,8 12,4 1,58 1,52 -0,05

N 35 - Moränenmaterial - Nördlicher Talhang unterhalb der lateralen Erosionskante in Höhe der 1992er Gletscherfront
   39,6 20,4 15,8 12,3 5,3 5,4 0,8 0,0 39,6 48,5 11,9 1,30 1,51 -0,10

N 36 - Moränenmaterial (schneeunterlagert) - Basis des nördlichen Talhangs unterhalb der lateralen Erosionskante 150 m vor der 1992er Gletscherfront
   59,0 16,4 9,1 7,4 3,6 2,5 0,7 1,3 59,0 32,9 8,1 4,14 1,06 -0,26

N 37 - Glazifluviales Sediment - Ehemaliges (bzw. episodisches Gerinnebett) im nördlichen zentralen Vorfeld 150 m vor der 1992er Gletscherfront

	X	gS	mS	fS	gU	mU	fU	T	X	S	F	Md	So	Sk
	0,0	0,3	17,2	56,7	16,6	9,2	0,0	0,0	0,0	74,2	25,8	0,12	0,47	-0,06

N 41 - Moränenmaterial - Kammbereich M-FÅB 5 (l)

64,2	18,5	7,6	3,5	3,8	1,4	0,3	0,7	64,2	29,6	6,2	5,10	0,94	-0,16

N 42 - Moränenmaterial - Kammbereich M-FÅB 4 (l)

34,9	35,6	27,2	1,7	0,6	0,0	0,0	0,0	34,9	64,5	0,6	1,42	1,03	+0,11

N 43 - Moränenmaterial - Kammbereich M-FÅB 1 (l)

57,3	18,6	17,2	0,2	1,4	4,3	0,8	0,2	57,3	36,0	6,7	3,78	1,15	-0,16

N 44 - Moränenmaterial - Kammbereich M-FÅB 2 (l)

40,3	49,4	8,3	2,0	0,0	0,0	0,0	0,0	40,3	59,7	0,0	1,73	0,85	+0,20

N 45 - Moränenmaterial - Kammbereich M-FÅB 3 (l)

44,5	23,3	18,0	9,3	1,2	3,7	0,0	0,0	44,5	50,6	4,9	1,08	1,28	+0,25

N 163 - Glazifluviales Sediment - Stillwasserbereich (ehemaliges Gerinnebett) im zentralen äußeren Vorfeld 10 m vor Ansatzpunkt des östlichen anthropogenen Damms

1,5	17,6	55,0	24,9	1,0	0,0	0,0	0,0	1,5	97,5	1,0	0,39	0,48	-0,06

N 170 - Moränenmaterial - Kammbereich M-FÅB 1 (l)

36,5	24,7	20,1	10,8	5,8	0,8	1,3	0,0	36,5	55,6	7,9	1,25	1,28	+0,07

N 171 - Moränenmaterial - Kammbereich M-FÅB L 5 (l)

24,0	21,5	19,6	16,6	6,5	7,1	2,9	1,8	24,0	57,7	18,3	0,53	1,21	-0,05

N 172 - Glazifluviales Material - Sanderfläche zwischen M-FÅB L 5 (l) und M-FÅB L 8 (l)

11,5	38,8	31,5	15,6	1,7	0,8	0,1	0,0	11,5	85,9	2,6	0,64	0,72	+0,02

N 173 - Moränenmaterial - Kammbereich M-FÅB L 8 (l)

67,1	18,1	6,8	4,7	3,2	0,1	0,0	0,0	67,1	29,6	3,3	5,57	0,89	-0,16

N 174 - Moränenmaterial - Kammbereich M-FÅB L 11.2 (l)

48,3	19,8	16,3	12,5	1,7	1,0	0,4	0,0	48,3	48,6	3,1	1,88	1,29	+0,02

N 175 - Moränenmaterial - Kammbereich M-FÅB L 12.2 (l)

51,4	29,9	11,3	3,3	1,9	1,3	0,4	0,5	51,4	44,5	4,1	2,38	1,00	+0,09

N 176 - Moränenmaterial - Kammbereich M-FÅB L 12.1 (l)

33,2	34,7	25,4	5,7	1,0	0,0	0,0	0,0	33,2	65,8	1,0	1,34	1,03	+0,10

N 177 - Moränenmaterial - Kammbereich M-FÅB L 13.1 (l)

19,2	29,2	34,5	12,3	3,5	1,3	0,0	0,0	19,2	76,0	4,8	0,61	0,76	+0,07

N 178 - Moränenmaterial - Rundhöckerbereich zwischen M-FÅB L 12 (l) und M-FÅB L 13 (l)

26,7	16,1	14,1	18,0	14,4	9,2	1,3	0,2	26,7	48,2	25,1	0,41	1,66	+0,02

N 180 - Moränenmaterial - Proximale Flanke M-FÅB 5 (l)

6,6	7,8	11,4	50,4	21,2	0,5	4,1	0,0	6,6	67,6	25,8	0,13	0,57	-0,03

N 181 - Moränenmaterial - Proximale Flanke M-FÅB 5 (l)

3,4	3,3	24,3	55,2	12,8	1,0	0,0	0,0	3,4	82,8	13,8	0,15	0,55	+0,05

N 182 - Moränenmaterial - Proximale Flanke M-FÅB 5 (l) 50 cm unterhalb Moränenkamm

69,9	13,9	6,3	7,4	2,0	0,5	0,0	0,0	69,9	27,6	2,5	5,99	0,87	-0,17

N 183 - Moränenmaterial - Subsequent angelagerter Moränenrücken an M-FÅB 5 (l)

43,0	42,0	13,2	0,9	0,9	0,0	0,0	0,0	43,0	56,1	0,9	1,77	0,91	+0,91

N 203 - Glazifluviales Material - Sanderfläche zwischen M-FÅB 5 (l) und M-FÅB 6 (l)

11,7	21,9	48,2	16,6	0,1	1,4	0,1	0,0	11,7	86,7	1,6	0,48	0,66	+0,06

N 204 - Glazifluviales Material - Sanderfläche westlich von M-FÅB 5 (l)

0,6	0,6	1,8	54,4	37,8	3,5	0,7	0,6	0,6	56,8	42,6	0,18	0,53	-0,36

N 207 - Moränenmaterial - Aufschluß in proximaler Flanke der Lateralmoräne des nördlichen inneren Vorfelds westlich der 1993er Gletscherfrontposition ca. 10 m unterhalb des Moränenkamms

	X	gS	mS	fS	gU	mU	fU	T	X	S	F	Md	So	Sk
	34,6	27,1	16,8	13,4	6,2	1,9	0,0	0,0	57,3	34,6	8,1	1,22	1,31	+0,03

Fåbergstølsgrandane (Stordalen/Jostedalen):

N 38 - Glazifluviales Sediment - Gerinneufer im unteren aktiven Teil des Sanders
   1,2   7,5 81,0 10,3   0,0   0,0   0,0   0,0   1,2 98,9   0,1 0,41 0,29 -0,02

N 39 - Glazifluviales Sediment - Kiesbank im unteren aktiven Teil des Sanders
  87,3   0,4   2,3   8,6   1,0   0,4   0,0   0,0 87,3 11,3   1,4 7,98 0,48 -0,06

N 40 - Glazifluviales Sediment - Aufschluß an aktivem Gerinnehang lateral im unteren aktiven Teil des Sanders, 20 cm unterhalb der Oberfläche
   0,0   0,1   0,5 45,5 48,5   5,4   0,0   0,0 0,0 46,1 53,9 0,06 0,53 +0,05

Guslarferner (Rofental):

V 37 - Moränenmaterial - Kamm einer *glacial flute* im südlichen Gletschervorfeld vor dem hanggletscherartigen Teil des Guslarferners
  53,1 17,5   7,4   6,6   5,7   4,9   1,0   3,8 53,1 31,5 15,4 2,82 1,46 -0,21

V 38 - Moränenmaterial - Subrezente Kamemoräne im zentralen Gletschervorfeld
  35,8 18,2 24,4 15,2   2,4   1,5   0,1   2,4 35,8 57,8   6,4 0,93 1,50 +0,20

V 39 - Moränenmaterial - Rundhöckerbereich an der Basis der nördlichen Lateralmoräne
  15,8 33,1 32,2 13,3   0,1   0,2   2,8   2,5 15,8 78,6   5,6 0,62 0,76 +0,04

Hellstugubreen (Visdalen/Jotunheimen):

N 226 - Moränenmaterial - Kammbereich der 1920er (?) Endmoräne im östlichen zentra-len Gletschervorfeld
  50,1 25,5 10,9   6,4   3,2   1,0   2,9   0,0 50,1 42,8   7,1 2,03 1,12 +0,08

N 227 - Moränenmaterial - Zentrales östliches Gletschervorfeld 10 m distal zur 1920er (?) Endmoräne
  50,8 22,5 14,8   9,8   1,7   0,4   0,0   0,0 50,8 47,1   2,1 2,22 1,20 +0,02

N 228 - Moränenmaterial - Zentrales östliches Gletschervorfeld 100 m distal zur 1920er (?) Endmoräne
  66,3 17,1 12,8   3,0   0,8   0,0   0,0   0,0 66,3 32,9   0,8 5,44 0,92 -0,16

N 229 - Moränenmaterial - Kamemoränenfragment 150 m distal zur 1920er (?) Endmoräne im östlichen zentralen Gletschervorfeld
  58,9 25,8 11,4   3,3   0,6   0,0   0,0   0,0 58,9 40,5   0,6 4,12 0,94 -0,08

N 230 - Glazifluviales Sediment - Erosionsrinne im zentralen östlichen Gletschervorfeld
   0,2   2,5 33,9 58,5   4,9   0,0   0,0   0,0   0,2 94,9   4,9 0,17 0,50 +0,06

N 231 - Moränenmaterial - Aufschluß an Erosionsrinne im zentralen östlichen Gletschervorfeld
  44,6 31,6 25,3   7,7   0,8   0,0   0,0   0,0 44,6 21,6   0,8 1,66 1,23 +0,08

N 232 - Moränenmateriaial - Kammbereich (innerer Wall) der äußersten frührezenten Endmoräne im östlichen zentralen Gletschervorfeld
  60,7 16,3   9,4   8,0   3,4   2,2   0,0   0,0 60,7 33,7   5,6 4,47 1,11 -0,19

Hintereisferner (Rofental):

V 49 - Moränenmaterial - Rezente Laterofrontalmoräne an der nördlichen Gletscherzunge
  39,1 25,5 24,7   9,0   0,4   0,4   0,9   0,0 39,1 59,2   1,7 1,41 1,20 +0,10

V 50 - Moränenmaterial - Kamemoräne auf dem Festgesteinskomplex 200 m vor der aktuellen nördlichen Gletscherzunge
  29,2 27,5 28,1 12,4   0,7   1,0   1,1   0,0 29,2 68,0   2,8 0,96 1,06 +0,09

V 51 - Moränenmaterial - Feinmaterialakkumulation (postsedimentär) an der Basis der nördlichen Lateralmoräne

	X	gS	mS	fS	gU	mU	fU	T	X	S	F	Md	So	Sk
	0,7	1,4	4,9	21,5	58,4	1,2	7,6	4,3	0,7	27,8	71,5	0,05	0,46	+0,02

V 52 - Moränenmaterial - Proximaler Hang der 1920er Laterofrontalmoräne im nördlichen Gletschervorfeld
    41,5 13,3 12,1 13,1 8,4 3,3 5,1 3,2 41,5 38,5 20,0 0,69 1,82 +0,13

Hochjochferner (Rofental):

V 54 - Moränenmaterial - Aufschluß an der Erosionskante des aktuellen Schmelzwasserbachs im nordwestlichen zentralen Vorfeld
    34,1 22,6 17,9 13,1 2,7 4,7 3,8 1,1 34,1 53,6 12,3 1,05 1,47 +0,00

Kattanakken (Oldedalen):

N 127 - Hangschutt mit präborealem Moränenmaterial - Südhang auf ca. 800 m
    50,4 24,5 10,5 8,1 3,2 3,3 0,0 0,0 50,4 43,1 6,5 2,11 1,16 +0,05

Kjenndalsbreen (Jostedalsbreen):

N 91 - Moränenmaterial und Hangschutt - Talflanke lateral zur westlichen Gletscherzunge
    31,3 33,3 21,9 8,1 1,9 2,5 0,2 0,8 31,3 63,3 5,4 1,23 1,05 +0,07

N 92 - Moränenmaterial - Laterale 1991/92er Wintermoräne an der westlichen Gletscherzunge
    51,9 20,5 13,9 9,7 2,5 1,5 0,0 0,0 51,9 44,1 4,0 2,51 1,23 -0,05

N 93 - Supraglazialer Debris - Westliche laterale Gletscherzunge
    41,1 29,3 10,1 8,0 5,5 6,0 0,0 0,0 41,1 47,5 11,5 1,58 1,24 +0,06

N 94 - Moränenmaterial - Westliches Vorfeld 5 m vor der 1992er Gletscherfront
    42,2 29,6 17,3 7,7 1,3 0,5 0,5 0,9 42,2 54,6 3,2 1,64 1,15 +0,10

N 95 - Glazifluviales Sediment - Sanderfläche 100 m vor der 1992er Gletscherfront
    7,2 22,2 28,9 31,5 8,9 1,3 1,0 1,0 7,2 80,6 12,2 0,72 0,88 -0,34

N 96 - Moränenmaterial - Westliches Vorfeld 300 m vor der 1992er Gletscherfront
    65,5 24,1 8,0 2,5 0,0 0,0 0,0 0,0 65,5 34,5 0,0 1,45 0,86 -0,13

N 97 - Moränenmaterial - Laterofrontalmoräne im westlichen Vorfeld 700 m vor der 1992er Gletscherfront
    43,2 26,2 15,6 6,7 5,1 2,7 0,3 0,2 43,2 48,5 8,3 1,64 1,22 +0,07

N 98 - Glazifluviales Sediment - Sanderfläche 700 m vor der 1992er Gletscherfront
    43,8 38,9 14,9 2,4 0,0 0,0 0,0 0,0 43,8 56,2 0,0 1,78 0,95 +0,18

N 99 - Moränenmaterial - Aufschluß im westlichen äußeren frührezenten Vorfeld in lateraler Position
    48,1 20,9 12,4 9,6 3,1 1,9 2,5 1,5 48,1 42,9 9,0 1,88 1,32 +0,01

Lodalsbreen (Jostedalsbreen):

N 76 - Moränenmaterial - M-LOD L 19 (r)
    21,9 18,3 16,1 19,2 11,3 4,0 1,9 7,3 21,9 53,6 24,5 0,37 1,42 -0,03

N 77 - Moränenmaterial - Rundhöckerareal distal zu M-LOD L 19 (r)
    30,6 32,0 29,0 7,4 1,0 0,0 0,0 0,0 30,6 68,4 1,0 1,17 1,01 +0,09

N 78 - Glazifluviales Sediment - Laterofrontale Position im südlichen Vorfeld im Einflußbereich des westlichen Gletscherzuflusses
    12,3 66,0 21,0 0,7 0,0 0,0 0,0 0,0 12,3 87,7 0,0 1,22 0,40 -0,04

N 79 - Moränenmaterial - Laterales mittleres südliches Vorfeld
    49,5 32,8 16,0 1,7 0,0 0,0 0,0 0,0 49,5 50,5 0,0 1,98 0,98 +0,16

N 80 - Moränenmaterial mit Lawinenversturzmaterial - Laterales mittleres südliches Vorfeld
    44,3 41,8 13,2 0,7 0,0 0,0 0,0 0,0 44,3 55,7 0,0 1,81 0,91 +0,19

	X	gS	mS	fS	gU	mU	fU	T	X	S	F	Md	So	Sk

N 81 - Lawinenversturzmaterial - Laterales mittleres südliches Vorfeld (unterhalb überhängendem Gletscher des Hochplateaus)

	28,5	15,2	16,0	16,0	12,0	7,1	3,3	1,9	28,5	47,2	24,3	0,45	1,73	+0,05

Lodalen:

N 100 - Spätglaziales Moränenmaterial - Aufschluß am westlichen Ufer des Lovatn 1,5 km vor dem talauswärtigen Ufer

	44,4	36,4	17,9	1,3	0,0	0,0	0,0	0,0	44,4	55,6	0,0	1,79	0,98	+0,17

N 101 - Spätglaziales glazifluviales Sediment - Aufschluß am westlichen Ufer des Lovatn 0,5 km vor dem talauswärtigen Ufer

	0,7	2,2	13,5	53,9	22,6	3,2	2,3	1,6	0,7	69,6	29,7	0,11	0,52	-0,07

Mitterkarferner (Rofental):

V 53 - Moränenmaterial - Kamm der östlichen Lateralmoräne

	38,4	18,4	11,6	10,3	12,7	0,4	4,8	3,4	38,4	40,3	21,3	1,14	1,79	-0,11

Nigardsbreen (Jostedalsbreen):

N 16 - Moränenmaterial - Kammbereich M-NIG 22 (l)

	48,4	42,3	8,9	0,3	0,1	0,0	0,0	0,0	48,4	51,5	0,1	1,95	1,12	+0,33

N 17 - Moränenmaterial - Kammbereich M-NIG 19 (l)

	23,7	21,3	19,3	16,4	8,7	4,0	3,4	3,2	23,7	57,0	19,3	0,52	1,24	-0,05

N 18 - Glazifluviales Sediment - Ehemaliges Gerinnebett in Sanderfläche zwischen M-NIG L 18 (l) und M-NIGL 16 (l)

	57,0	36,1	5,8	1,1	0,0	0,0	0,0	0,0	57,0	43,0	0,0	3,72	0,91	+0,00

N 19 - Glazifluviales Sediment - Aufschluß proximal an Basis M-NIG 15 (l)

	29,1	37,5	23,1	9,3	1,0	0,0	0,0	0,0	29,1	70,9	0,0	1,24	0,92	+0,04

N 20 - Moränenmaterial - Kammbereich M-NIG 15 (l)

	41,4	28,4	14,5	6,6	5,1	3,9	0,1	0,0	41,4	49,5	9,1	1,59	1,20	+0,08

N 21 - Moränenmaterial - Kammbereich M-NIG 10 (l)

	57,3	31,0	7,2	1,4	1,5	0,0	1,6	0,0	57,3	39,6	3,1	3,78	0,91	-0,04

N 22 - Moränenmaterial - Kammbereich M-NIG 8 (l)

	50,0	18,0	12,0	0,0	8,6	8,5	2,7	0,0	50,0	20,2	19,8	2,00	1,38	-0,03

N 23a - Moränenmaterial - Aufschluß in proximaler Flanke von M-NIG 2.1 (r), Ah-Horizont

	26,0	16,1	20,1	18,8	11,9	5,0	1,9	0,2	26,0	55,0	19,0	0,46	1,38	+0,05

N 23b - Moränenmaterial - Aufschluß in proximaler Flanke von M-NIG 2.1 (r), Bv/Cv-Horizont

	30,3	22,8	14,1	13,6	8,2	5,3	2,6	3,1	30,3	50,5	19,2	0,82	1,56	-0,05

N 23c - Moränenmaterial - Aufschluß in proximaler Flanke von M-NIG 2.1 (r), Cv/C-Horizont

	21,2	23,5	17,5	14,1	6,6	10,4	0,6	6,1	21,2	55,1	23,7	0,5	1,37	-0,13

N 24 - Moränenmaterial - Kammbereich M-NIG 1.1 (r)

	16,7	25,2	18,8	15,8	9,5	10,3	1,0	2,7	16,7	59,8	23,5	0,44	1,31	-0,11

N 25 - Glazifluviales Sediment - Sanderfläche distal zu M-NIG 1 (r)

	59,1	18,4	14,5	8,0	0,0	0,0	0,0	0,0	59,1	40,9	0,0	4,16	1,09	-0,16

N 26 - Glazifluviales Sediment - Sanderfläche zwischen M-NIG 1 (r) und M-NIG 2 (r)

	14,0	71,4	14,5	0,1	0,0	0,0	0,0	0,0	14,0	86,0	0,0	1,31	0,33	+0,05

N 27 - Moränenmaterial - Kammbereich M-NIG L 8.2 (l)

	55,0	21,2	10,9	6,3	0,0	3,9	0,5	1,7	55,0	38,9	6,1	3,27	1,13	-0,10

	X	gS	mS	fS	gU	mU	fU	T	X	S	F	Md	So	Sk

N 28 - Moränenmaterial - Kammbereich M-NIG L 9 (l)
44,0 16,5 15,5 13,5 2,5 2,8 3,1 2,1 44,0 45,5 10,5 1,50 1,55 -0,05

N 29 - Moränenmaterial - Kammbereich M-NIG L 10 (l)
60,9 25,5 10,9 2,7 0,0 0,0 0,0 0,0 60,9 39,1 0,0 4,51 0,92 -0,10

N 30 - Moränenmaterial - Distale Basis von M-NIG 10 (l)
71,9 24,5 3,0 0,5 0,0 0,0 0,0 0,0 71,9 28,1 0,0 6,28 0,78 -0,14

N 83 - Moränenmaterial - Wintermoräne 1991/92 vor 1992er Gletscherfront, rechtes Vorfeld
55,6 23,5 14,4 2,9 2,4 1,2 0,0 0,0 55,6 40,8 3,6 3,41 1,05 -0,07

N 84 - Moränenmaterial - Zentrales Vorfeld 10 m vor 1992er Gletscherfront
28,6 42,8 16,7 5,1 1,9 3,4 1,3 0,3 28,6 64,5 6,9 1,31 0,85 +0,03

N 85 - *subglacial melt-out till* - Zentrale 1992er Gletscherzunge
60,0 21,0 9,0 4,9 1,8 2,5 0,8 0,0 60,0 34,9 5,1 1,02 1,00 -0,13

N 86 - Moränenmaterial - Wintermoräne 1991/92 (?) in laterofrontaler Position vor zentraler 1992er Gletscherfront
50,9 22,2 11,4 8,6 3,4 2,0 0,4 1,1 50,9 42,2 6,9 2,25 1,21 +0,00

N 87 - Moränenmaterial - Aktuelle Laterofrontalmoräne vor rechter 1992er Gletscherfront
51,1 24,6 10,8 7,0 2,7 2,8 0,9 0,1 51,1 42,4 6,5 2,30 1,14 +0,03

N 88 - Moränenmaterial - Distale Basis von aktueller Lateralmoräne vor rechter 1992er Gletscherfront
47,5 20,9 12,7 10,9 4,9 1,1 2,0 0,0 47,5 44,5 8,0 1,84 1,33 +0,01

N 89 - Glazifluviales Sediment - Vorfelddepression 15 m vor zentraler 1992er Gletscherfront
1,4 27,2 56,1 13,5 0,8 0,0 0,0 0,0 1,4 97,8 0,8 0,47 0,46 +0,03

N 90 - Glazifluviales Sediment - Delta im Nigardsvatnet
2,7 6,2 42,1 41,7 2,4 1,4 0,1 3,4 2,7 90,0 7,3 0,21 0,58 +0,05

N 209 - *supraglacial melt-out till* - Rechte 1993er Gletscherzunge
52,6 22,7 10,9 8,8 5,0 0,0 0,0 0,0 52,6 42,4 5,0 2,69 1,16 -0,03

Rofenkarferner (Rofental):

V 55 - Moränenmaterial - Distale Flanke der rezenten Endmoräne an der östlichen Gletscherzunge
33,4 20,7 12,6 10,6 8,4 7,4 4,0 2,9 33,4 43,9 22,7 0,47 1,77 +0,18

V 56 - Glazifluviales Sediment - Distale Basis der rezenten Endmoräne an der östlichen Gletscherzunge
0,2 9,4 25,4 41,2 10,0 9,3 3,5 1,0 0,2 76,0 23,8 0,15 0,74 +0,02

V 57 - Moränenmaterial - Kamm der rezenten Endmoräne an der östlichen Gletscherzunge
54,0 14,5 13,0 10,9 2,7 1,2 1,3 2,4 54,0 38,4 7,6 3,04 1,33 -0,17

V 58 - Supraglaziales Moränenmaterial - Diffuse supraglaziale Moränenmaterialakkumulation auf der östlichen Gletscherzunge
59,7 17,8 12,4 6,6 1,0 2,5 0,0 0,0 59,7 36,8 3,5 4,27 1,09 -0,17

V 59 - Moränenmaterial - Zentrales östliches Vorfeld 20 m außerhalb der rezenten Endmoräne
39,6 16,8 14,6 10,4 6,2 6,0 3,1 3,3 39,6 41,8 18,6 1,15 1,69 -0,05

V 60 - Moränenmaterial - Kamm der unteren östlichen Lateralmoräne
35,5 13,4 11,8 13,1 7,8 9,8 4,6 4,0 35,5 38,3 26,2 0,58 2,04 -0,00

Storbreen (Leirdalen/Jotunheimen):

N 210 - Moränenmaterial - Aufschluß am Schmelzwasserstrom im *fluted moraine surface*
14,6 14,9 17,8 27,0 22,8 2,0 0,6 0,3 14,6 59,7 25,7 0,19 1,23 +0,13

N 215 - Glazifluviales Sediment - Zentrales Vorfeld nahe M-STO 8
0,0 0,0 2,2 54,1 39,8 3,7 0,2 0,0 0,0 56,3 43,7 0,08 0,52 -0,01

	X	gS	mS	fS	gU	mU	fU	T	X	S	F	Md	So	Sk

N 216 - Glazifluviales Sediment - Zentrales Vorfeld nahe M-STO 8
78,6　17,8　2,6　1,0　0,0　0,0　0,0　0,0　78,6　21,4　0,0　7,09　0,64　-0,11

N 217 - Moränenmaterial - Zentrales Gletschervorfeld 10 m vor der aktuellen Gletscherzunge (südlicher Teil)
59,6　14,0　7,6　11,0　6,2　1,6　0,0　0,0　59,6　32,6　7,8　4,26　1,26　-0,26

N 218 - Supraglaziales Moränenmaterial - Südliche Gletscherzunge
70,8　11,1　6,2　5,2　4,4　2,1　0,0　0,0　70,8　23,0　6,5　6,11　0,87　-0,18

N 219 - Moränenmaterial - Subsequente Laterofrontalmoräne proximal M-STO 8
53,5　15,0　9,1　10,1　7,9　3,0　1,2　0,2　53,5　34,2　12,3　2,92　1,47　-0,22

N 220 - Moränenmaterial - Südlicher laterofrontaler Kammbereich M-STO 8
56,2　18,4　11,1　9,2　4,5　0,1　0,3　0,2　56,2　38,7　5,1　3,54　1,20　-0,16

N 221 - Moränenmaterial - Zentraler Kammbereich M-STO 8
36,2　13,7　12,0　13,5　13,1　8,8　2,7　0,0　36,2　39,2　24,6　0,63　1,97　+0,02

N 222 - Moränenmaterial - Zentrales südliches Gletschervorfeld zwischen M-STO 3 (r) und M-STO 2 (r)
42,3　14,7　9,4　15,6　12,7　0,2　4,3　0,8　42,3　39,7　18,0　1,28　1,79　-0,12

N 223 - Moränenmaterial - Proximale Basis M-STO 1.2 (r)
42,3　19,3　13,4　18,5　3,2　0,1　3,0　0,2　42,3　51,2　6,5　1,45　1,59　-0,07

N 224 - Moränenmaterial - Kammbereich M-STO 1.2 (r)
31,0　26,8　22,2　17,4　2,5　0,1　0,0　0,0　31,0　66,4　2,6　1,03　1,20　+0,06

N 225 - Moränenmaterial - Kammbereich M-STO 1.1 (r)
47,2　30,7　14,2　5,5　2,4　0,0　0,0　0,0　47,2　50,4　2,4　1,88　1,05　+0,13

Styggedalsbreen (Hurrungane/westliches Jotunheimen):

N 63 - Moränenmaterial - Zentrum eines Feinerdezirkels, Vorfeld zwischen M-STY 7 (r) und M-STY 9 (r)
17,7　8,7　14,9　26,5　17,1　10,5　3,2　1,4　17,7　50,1　32,2　0,16　1,28　+0,10

N 64 - Moränenmaterial - Rißbereich zwischen Feinerdezirkeln, Vorfeld zwischen M-STY 7 (r) und M-STY 9 (r)
13,9　16,3　32,6　23,7　5,7　2,1　1,8　3,9　13,9　72,6　13,5　0,37　0,91　+0,00

N 65 - Moränenmaterial - Kammbereich M-STY 10.2 (r)
23,8　27,6　39,6　7,5　0,0　0,3　0,3　0,9　23,8　74,7　1,5　0,70　0,72　+0,36

N 66 - Resedimentiertes glazifluviales Sediment - Basisbereich M-STY 10.2 (r)
0,4　19,4　54,3　25,9　0,0　0,0　0,0　0,0　0,4　99,6　0,0　0,39　0,48　-0,06

N 67 - Glazifluviales Sediment - Glazifluvialer Akkumulationsbereich auf flacher äußerer Gletscherzunge proximal zu M-STY 10.2 (r)
1,2　26,5　62,1　10,0　0,1　0,1　0,0　0,0　1,2　98,6　0,2　0,48　0,41　+0,00

N 68 - Moränenmaterial - Kammbereich M-STY L 10.2 (r)
52,6　32,6　13,1　1,7　0,0　0,0　0,0　0,0　52,6　47,4　0,0　2,69　0,95　+0,07

N 69 - Moränenmaterial - Kammbereich M-STY 6.1 (r)
18,8　40,7　31,3　9,2　0,0　0,0　0,0　0,0　18,8　81,2　0,0　0,95　0,63　-0,04

N 191 - Moränenmaterial - Kammbereich M-STY 10.2 (r)
43,9　41,1　14,6　0,4　0,0　0,0　0,0　0,0　43,9　56,1　0,0　1,79　0,92　+0,19

N 192 - Glazifluviales Sediment - Glazifluvialer Akkumulationsbereich Feinmaterial an Gletscherzunge proximal zu M-STY 10.2 (r)
0,2　5,4　33,4　57,1　2,9　0,8　0,2　0,0　0,2　95,9　3,9　0,17　0,52　+0,08

N 193 - Glazifluviales Sediment - Glazifluvialer Akkumulationsbereich Feinmaterial an Gletscherzunge proximal zu M-STY 10.2 (r)
41,5　36,0　21,6　0,9　0,0　0,0　0,0　0,0　41,5　58,5　0,0　1,67　1,02　+0,14

	X	gS	mS	fS	gU	mU	fU	T	X	S	F	Md	So	Sk

N 194 - Moränenmaterial - Ebener Bereich im Vorfeld zwischen M-STY 7 (r) und M-STY 9 (r)
    43,9 17,6 19,7 13,6 5,2 0,0 0,0 0,0 43,9 50,9 5,2 1,53 1,37 +0,03

N 195 - Moränenmaterial - Kammbereich präboreale Endmoräne distal zu M-STY 1(r)
    30,1 16,6 16,0 22,1 9,9 5,3 0,0 0,0 30,1 54,7 15,2 0,54 1,55 +0,13

N 196 - Supraglaziales Moränenmaterial - Westliche äußere Gletscherzunge
    53,6 34,8 8,8 2,5 0,2 0,1 0,0 0,0 53,6 46,1 0,3 2,94 0,91 +0,05

N 197 - Moränenmaterial - Supraglazialer Medialmoränenabschnitt von M-STY L 10.5 (l)
    38,3 34,8 17,7 8,6 0,6 0,0 0,0 0,0 38,3 61,1 0,6 1,54 1,07 +0,11

N 198 - Moränenmaterial - Kammbereich M-STY L 10.4 (l)
    42,9 24,1 10,8 9,0 7,4 4,0 1,0 0,8 42,9 43,9 13,2 1,60 1,40 -0,01

N 199 - Moränenmaterial - Kammbereich M-STY 9 (r)
    15,7 20,2 32,0 26,0 5,1 0,1 0,9 0,0 15,7 78,2 6,1 0,44 0,93 +0,03

N 200 - Glazifluviales Sediment - Delta in proglazialem See
    75,0 13,0 7,7 4,3 0,0 0,0 0,0 0,0 75,0 25,0 0,0 6,65 0,76 -0,15

N 201 - Glazifluviales Sediment - Delta in proglazialem See
    0,0 1,0 23,6 53,8 11,0 4,6 4,1 1,9 0,0 78,4 21,6 0,14 0,44 -0,05

N 208 - Moränenmaterial - Kernbereich einer Frostbeule (Erdknospe) im Vorfeld zwischen M-STY 5/6 (r) und M-STY 7
    45,2 18,1 21,4 12,9 1,3 1,1 0,0 0,0 45,2 52,4 2,4 1,64 1,32 +0,04

Supphellebreen/Flatbreen (Jostedalsbreen)

N 148 - Moränenmaterial - Toteis-Moränenkomplex proximal zur rezenten Lateralmoräne im westlichen Bereich des Flatbre
    9,9 21,0 14,1 4,0 0,0 0,0 0,0 0,0 59,9 40,1 0,0 4,31 0,97 -0,11

N 149 - Moränenmaterial - Kammbereich rezente Lateralmoräne im westlichen Bereich des Flatbre
    8,2 17,5 12,1 13,7 11,4 3,1 3,2 0,8 38,2 43,3 18,5 1,08 1,73 -0,06

N 150 - Moränenmaterial - Kammbereich subsequente Lateralmoräne an der proximalen Flanke der rezenten Lateralmoräne im westlichen Bereich des Flatbre
    3,0 10,1 9,5 38,9 7,3 4,5 5,0 1,7 23,0 58,5 18,5 0,17 1,30 +0,35

N 151 - Moränenmaterial - Äußere frührezente Lateralmoräne im westlichen Bereich des Flatbre
    4,1 17,2 13,6 17,7 9,4 6,5 3,1 8,4 24,1 48,5 27,4 0,35 1,57 -0,05

N 152 - Glazifluviales Sediment - Sanderfläche zwischen rezenter und äußerer frührezenter Lateralmoräne im westlichen Bereich des Flatbre
    7,7 30,7 18,9 9,3 0,0 3,4 0,0 0,0 37,7 58,9 3,4 1,45 1,15 +0,09

N 153 - Supraglaziales Moränenmaterial - Westlicher Bereich des Supphellebre
    1,0 17,9 10,1 10,0 6,7 2,5 1,8 0,0 51,0 38,0 11,0 2,27 1,39 -0,09

N 154 - Glazifluviales Sediment - 5 m vor der 1992er Position des Supphellebre im westlichen Bereich
    4,3 43,2 25,8 5,5 1,2 0,0 0,0 0,0 24,3 74,5 1,2 1,18 0,59 -0,07

N 155 - Supraglazialer Debris - Westlicher Bereich des Supphellebre
    7,0 30,4 17,9 4,7 0,0 0,0 0,0 0,0 47,0 53,0 0,0 1,86 1,06 +0,13

N 156 - Glazifluviales Sediment - Sander vor der 1992er Position des Supphellebre
    2,1 17,1 0,7 0,1 0,0 0,0 0,0 0,0 82,1 17,9 0,0 7,47 0,56 -0,09

N 157 - Supraglazialer Debris - Westlicher Bereich des Supphellebre
    4,5 29,5 13,4 8,2 3,2 1,0 0,2 0,0 44,5 51,1 4,4 1,74 1,13 +0,10

N 158 - Glazifluviales Sediment - Sander vor der 1992er Position des Supphellebre
    3,2 24,3 59,9 12,6 0,0 0,0 0,0 0,0 3,2 96,8 0,0 0,47 0,43 +0,00

	X	gS	mS	fS	gU	mU	fU	T	X	S	F	Md	So	Sk
N 159 - Moränenmaterial - Kammbereich innerste (1930er) Endmoräne im westlichen Vorfeld														
	9,7	20,3	17,7	11,5	5,1	1,2	0,0	4,5	39,7	49,5	10,8	1,30	1,43	+0,02
N 160 - Moränenmaterial - 10 m distal zur innersten (1930er) Endmoräne im westlichen Vorfeld														
	55,5	26,5	13,7	3,3	1,0	0,0	0,0	0,0	55,5	43,5	1,0	3,39	0,98	-0,04

Tuftebreen (Jostedalsbreen):

	X	gS	mS	fS	gU	mU	fU	T	X	S	F	Md	So	Sk
N 46a - Glazifluviales Sediment - Aufschluß NA 1 an distaler Flanke M-TUF 2 (l)														
	0,0	0,8	9,9	52,1	26,1	5,3	2,3	3,2	0,0	63,1	36,9	0,10	0,57	-0,06
N 46b - Moränenmaterial - Aufschluß NA 1 an distaler Flanke M-TUF 2 (l)														
	32,0	44,7	16,7	2,4	1,1	0,0	0,0	3,1	32,0	63,8	4,2	1,45	0,87	+0,11
N 46c - Glazifluviales Sediment - Aufschluß NA 1 an distaler Flanke M-TUF 2 (l)														
	11,2	16,9	36,4	25,3	6,4	3,6	0,2	0,0	11,2	78,6	10,2	0,37	0,79	-0,02
N 47 - Moränenmaterial - Kammbereich M-TUF 2														
	46,4	14,6	21,4	17,7	0,0	0,0	0,0	0,0	46,4	53,6	0,0	1,65	1,39	+0,01
N 48 - Spätglazial/präboreales Moränenmaterial - Krundalen 200 m östlich des frührezenten Gletschervorfelds, 40 cm unterhalb der Oberfläche														
	43,2	22,3	12,2	10,1	3,7	3,8	4,7	0,0	43,2	44,6	12,2	1,58	1,43	-0,02
N 70 - Glazifluviales Sediment - Aufschluß NA 2 an distaler Flanke M-TUF 2 (l)														
	0,1	1,1	2,2	11,7	30,3	30,2	22,0	2,4	0,1	15,0	84,9	0,02	0,87	+0,00
N 71 - Moränenmaterial - Aufschluß NA 2 an distaler Flanke M-TUF 2 (l)														
	40,0	28,0	14,4	12,0	3,5	1,4	0,7	0,04	0,0	54,4	5,6	1,51	1,24	+0,06
N 72 - Glazifluviales Sediment - Aufschluß NA 2 an distaler Flanke M-TUF 2 (l)														
	0,6	1,2	3,2	53,2	33,0	7,6	0,0	1,2	0,6	57,6	41,8	0,08	0,56	-0,03
N 73 - Glazifluviales Sediment - Aufschluß NA 3 an distaler Flanke M-TUF 2 (l)														
	1,6	20,8	72,2	4,7	0,7	0,0	0,0	0,0	1,6	97,7	0,7	0,47	0,29	-0,02
N 74 - Moränenmaterial - Aufschluß NA 3 an distaler Flanke M-TUF 2 (l)														
	46,1	29,4	19,5	3,9	0,0	0,3	0,0	0,8	46,1	52,8	1,1	1,82	1,11	+0,11
N 75 - Moränenmaterial - Aufschluß NA 3 an distaler Flanke M-TUF 2 (l)														
	18,6	22,7	43,8	12,7	0,0	1,1	1,1	0,0	18,6	79,2	2,2	0,54	0,73	+0,11
N 184 - Moränenmaterial - Aufschluß NA 4 an distaler Flanke M-TUF 2 (l)														
	54,0	41,7	1,7	0,8	1,8	0,0	0,0	0,0	54,0	44,2	1,8	3,04	0,86	+0,07
N 185 - Glazifluviales Sediment - Aufschluß NA 4 an distaler Flanke M-TUF 2 (l)														
	0,0	0,3	7,4	59,0	23,3	8,7	0,9	0,5	0,0	66,6	33,4	0,10	0,53	-0,07
N 186 - Moränenmaterial - Aufschluß NA 4 an distaler Flanke M-TUF 2 (l)														
	55,4	33,1	8,1	2,4	0,3	0,7	0,0	0,0	55,4	43,6	1,0	3,36	0,91	+0,00
N 187 - Glazifluviales Sediment - Aufschluß NA 4 an distaler Flanke M-TUF 2 (l)														
	0,5	4,8	14,3	28,6	21,0	17,9	6,2	6,6	0,5	47,8	51,7	0,06	0,52	-0,06
N 188 - Glazifluviales Sediment - Aufschluß NA 4 an distaler Flanke M-TUF 2 (l)														
	0,0	7,2	11,6	44,4	23,2	9,0	2,9	1,7	0,0	63,2	36,8	0,10	0,64	-0,08
N 189 - Moränenmaterial - Aufschluß NA 4 an distaler Flanke M-TUF 2 (l)														
	0,2	37,2	30,4	11,8	11,2	7,3	1,7	0,2	0,2	79,4	20,4	0,45	0,97	-0,10
N 190 - Glazifluviales Sediment - Aufschluß NA 4 an distaler Flanke M/TUF 2 (l)														
	0,1	2,4	4,0	11,0	28,5	36,1	13,9	4,0	0,1	17,4	82,5	0,02	0,61	-0,01

Vernagtferner (Rofental):

	X	gS	mS	fS	gU	mU	fU	T	X	S	F	Md	So	Sk
V 1 -	Moränenmaterial - Basis östliche Lateralmoräne													
	48,0	8,1	12,9	9,1	8,8	3,7	4,7	4,7	48,0	30,1	21,9	1,66	1,90	-0,23
V 2 -	Moränenmaterial - Kammbereich der rezente Stauchendmoräne an der südlichen Schwarzkögelezunge													
	29,8	23,9	20,9	13,9	4,6	2,1	1,1	3,7	29,8	58,7	11,5	0,84	1,34	+0,04
V 3 -	Moränenmaterial - Rundhöckerbereich 100 m talabwärts der aktuellen Schwarzkögelezunge													
	44,5	29,4	18,8	4,8	0,2	0,7	0,3	1,3	44,5	53,0	2,5	1,74	1,13	+0,10
V 4 -	Moränenmaterial - Kontaktbereich zum Festgestein an der NW-Flanke des Schwarzkögele 250 m talabwärts der aktuellen Schwarzkögelezunge													
	18,9	29,3	22,9	15,9	5,7	2,5	1,1	3,2	18,9	68,6	12,5	0,61	1,00	-0,04
V 5 -	Moränenmaterial - Kammbereich des an Festgestein orientierten Moränenmaterialkomplexes an der Basis der östlichen Lateralmoräne													
	27,6	15,9	29,3	22,5	1,4	0,1	1,0	2,2	27,6	67,7	4,7	0,53	1,25	+0,17
V 6 -	Moränenmaterial - Mittlerer Hangbereichs des an Festgestein orientierten Moränenmaterialkomplexes an der Basis der östlichen Lateralmoräne													
	25,7	13,3	13,2	14,1	8,7	9,5	6,7	8,8	25,7	40,6	33,7	0,26	2,08	-0,08
V 7 -	Moränenmaterial - Basis des an Festgestein orientierten Moränenmaterialkomplexes an der Basis der östlichen Lateralmoräne													
	16,4	28,0	22,2	20,3	4,5	2,3	1,5	4,8	16,4	70,5	13,1	0,52	1,04	-0,03
V 8a -	Moränenmaterial - Aufschluß im zentralen westlichen Vorfeld nahe der Pegelstation Vernagtbach (10 - 20 cm unter Oberfläche)													
	31,8	21,4	17,5	17,1	1,9	0,9	4,9	4,5	31,8	56,0	12,2	0,83	1,48	+0,04
V 8b -	Moränenmaterial - Aufschluß im zentralen westlichen Vorfeld nahe der Pegelstation Vernagtbach (20 - 25 cm unter Oberfläche)													
	3,3	14,4	37,6	37,0	4,5	0,7	0,4	2,1	3,3	89,0	7,7	0,26	0,63	+0,00
V 8c -	Moränenmaterial - Aufschluß im zentralen westlichen Vorfeld nahe der Pegelstation Vernagtbach (35 cm unter Oberfläche = Basissedimentschicht)													
	8,1	12,5	13,3	35,9	11,7	7,7	4,6	6,2	8,1	61,7	30,2	0,14	1,05	+0,02
V 9.1 -	*supraglacial melt-out till* - Hintergraslzunge													
	29,7	15,0	14,4	14,7	7,4	5,6	5,1	8,1	29,7	44,1	26,2	0,47	1,88	+0,01
V 9.2 -	*supraglacial melt-out till* - Hintergraslzunge													
	36,4	11,6	11,3	12,5	9,3	4,0	6,2	8,7	36,4	35,4	28,2	0,55	2,12	+0,00
V 10 -	Moränenmaterial - Supraglaziale Wintermoräne an der Hintergraslzunge													
	35,0	14,3	11,8	11,9	7,6	6,5	4,3	8,6	35,0	38,0	27,0	0,60	2,06	-0,03
V 11 -	Glazifluviales Sediment - Subglazial-marginaler Hohlraum an der Hintergraslzunge													
	2,1	4,6	9,9	20,3	23,9	18,2	7,2	13,8	2,1	34,8	63,1	0,04	1,19	-0,03
V 12 -	Supraglaziales Moränenmaterial („*flow till*") - Hintergraslzunge													
	6,9	9,8	18,2	22,4	12,5	9,8	8,8	11,6	6,9	50,4	42,7	0,11	1,53	-0,16
V 13 -	Glazifluviales Sediment - Ufer eines Stillwasserbereichs des Vernagtbachs im zentralen Vorfeld nahe der Pegelstation Vernagtbach													
	0,0	0,1	2,0	58,8	27,8	8,2	1,9	1,2	0,0	60,9	39,1	0,09	0,55	-0,06
V 14 -	Moränenmaterial - Top einer kleinen Erosionskante im Marginalbereich einer Nivationsnische im zentralen östlichen Gletschervorfeld													
	30,7	19,7	17,3	13,7	10,3	2,7	1,4	4,2	30,7	50,7	18,6	0,66	1,56	+0,07
V 15 -	Moränenmaterial - Subnivaler, wassergesättigter Sedimentationsbereich einer Nivationsnische im zentralen östlichen Gletschervorfeld													
	34,3	11,1	14,3	20,4	12,0	3,9	2,2	1,8	34,3	45,8	19,9	0,49	1,78	+0,18

	X	gS	mS	fS	gU	mU	fU	T	X	S	F	Md	So	Sk

V 16 - Moränenmaterial - Subnivaler Moränenmaterial-Eis-Komplex einer Nivationsnische im östlichen zentralen Gletschervorfeld
  73,8 7,2 5,7 5,1 3,1 3,3 0,3 1,0 73,8 18,5 7,7 6,51 0,80 -0,16

V 17 - Hangschutt/Verwitterungsfeinmaterial - NW-Flanke Schwarzkögele
  88,6 6,1 1,4 1,2 0,5 0,5 0,7 1,0 88,6 8,7 2,7 8,10 0,46 -0,06

V 18 - Moränenmaterial - Kamm des Lateralmoränenwallsegments an der NW-Flanke des Schwarzkögeles
  44,4 17,3 13,1 11,5 5,5 2,0 3,9 2,3 44,4 41,9 13,7 1,56 1,61 -0,09

V 19 - Hangschutt/Verwitterungsfeinmaterial - NW-Flanke Schwarzkögele
  41,0 26,5 13,1 10,0 0,6 4,3 2,9 1,6 41,0 49,6 9,4 1,53 1,29 +0,04

V 20 - Moränenmaterial - Kamm des höchstgelegenen Lateralmoränenwalls östlich des Schwarzkögeles
  28,7 24,1 12,8 13,6 7,9 5,0 5,5 2,4 28,7 50,5 20,8 0,79 1,56 -0,10

V 21 - Hangschutt/Verwitterungsfeinmaterial - E-Flanke Schwarzkögele
  67,0 13,2 6,9 6,3 2,3 2,0 2,1 0,2 67,0 26,4 6,6 5,55 0,96 -0,19

V 22 - „Nivofluviales" Sediment - Proximale Flanke eines *protalus rampart* an der Basis der Hangschutthalden des Platteikamms
  28,4 10,7 13,4 29,9 7,3 6,9 3,2 0,2 28,4 54,0 17,6 0,28 1,58 +0,33

V 23 - Glazifluviales Sediment - Depression oberhalb der Felsschwelle distal der östlichen Lateralmoräne bzw. südöstlich des Schwarzkögeles
  81,3 6,6 6,6 1,7 0,9 0,1 1,2 1,6 81,3 14,9 3,8 7,39 0,58 -0,09

V 24 - Glazifluviales Sediment - Depression oberhalb der Felsschwelle distal der östlichen Lateralmoräne bzw. südöstlich des Schwarzkögeles
  1,2 0,1 1,1 35,2 27,5 17,5 7,3 10,1 1,2 36,4 62,4 0,04 0,96 -0,07

V 25 - Moränenmaterial - Lockermaterialakkumulation an der Basis der Felsschwelle des ehemaligen Eisbruchs des Vernagtferners
  33,2 42,2 18,3 2,8 0,1 0,4 0,9 2,1 33,2 63,3 3,5 1,45 0,93 +0,11

V 26 - Moränenmaterial - Rundhöckerbereich an der Basis der Felsschwelle des ehemaligen Eisbruchs des Vernagtferners
  12,2 31,7 23,9 11,3 11,4 4,5 3,3 2,7 12,2 65,9 21,9 0,51 1,15 -0,13

V 27 - Moränenmaterial - Lockermaterialakkumulation an der Basis der Felsschwelle des ehemaligen Eisbruchs des Vernagtferners
  4,5 36,0 35,2 12,4 5,2 2,1 1,3 3,3 4,5 83,6 11,9 0,51 0,77 -0,01

V 28 - *subglacial melt-out till* - Taschachzunge
  30,6 16,4 13,5 12,4 8,4 7,9 4,8 6,0 30,6 42,3 27,1 0,53 1,94 -0,04

V 29 - *supraglacial melt-out till* - Taschachzunge
  37,0 16,1 11,5 11,1 8,3 7,4 6,5 2,1 37,0 38,7 24,3 0,89 1,96 -0,12

V 30 - Supraglaziales Moränenmaterial (*„flow till"*) - Taschachzunge
  30,4 14,6 13,2 12,5 7,9 8,2 6,5 6,7 30,4 40,3 29,3 0,46 2,05 -0,04

V 31 - *supraglacial melt-out till* - Taschachzunge
  29,8 44,9 20,7 2,3 0,9 0,2 1,1 0,1 29,8 67,9 2,3 1,38 0,83 +0,07

V 32 - *subglacial melt-out till* - Taschachzunge
  9,3 17,4 17,1 16,4 11,5 8,6 10,4 9,3 9,3 50,9 39,8 0,15 1,71 -0,14

V 33 - *supraglacial morainic till* - Supraglaziale Medialmoräne (AD-Typ) auf der Schwarzwandzunge
  99,0 0,5 0,4 0,1 0,0 0,0 0,0 0,0 99,0 1,0 0,0 9,0 0,36 -0,04

V 34 - *supraglacial morainic till* - Supraglaziale Medialmoräne (AD-Typ) auf der Hintergraslzunge
  66,2 3,6 3,5 8,3 9,0 4,0 2,0 3,4 66,2 15,4 18,4 5,43 1,79 -0,60

	X	gS	mS	fS	gU	mU	fU	T	X	S	F	Md	So	Sk

V 35 - Moränenmaterial - Zentraler großer Rundhöckerbereich
        42,9   19,3   7,9   7,0   15,5   4,5   2,8   0,1   42,9   34,2   22,9   1,50   1,76   -0,16

V 36 - „Nivofluviales" Sediment - Proximale Flanke eines *protalus rampart* an der Basis der Hangschutthalden des Platteikamms
        42,9   21,1   13,3   12,5   3,6   3,3   1,4   1,9   42,9   46,9   10,2   1,54   1,46   -0,02

V 40 - Moränenmaterial - Moränenmaterial-Eis-Komplex an der östlichen Taschachzunge an der Basis der Felsschwelle des ehemaligen Eisbruchs des Vernagtferners
        65,6   16,2   6,7   4,4   3,9   1,5   1,1   0,6   65,6   27,3   7,1   5,33   0,95   -0,17

V 41 - *supraglacial morainic till* - Supraglaziale Medialmoräne (AD-Typ) auf der Hintergraslzunge
        64,0   21,0   7,2   3,8   0,6   1,1   0,5   1,8   64,0   32,0   4,0   5,06   0,91   -0,14

V 42a - Glazifluviales Sediment - Aufschluß im Ablationstal der östlichen Lateralmoräne (67 - 80 cm unter der Oberfläche)
        13,2   12,1   19,6   25,7   8,0   10,9   5,3   5,2   13,2   57,4   29,4   0,17   1,23   -0,03

V 42b - Glazifluviales Sediment - Aufschluß im Ablationstal der östlichen Lateralmoräne (76 - 80 cm unter der Oberfläche)
        23,7   29,1   24,6   12,7   3,2   3,8   0,9   2,0   23,7   66,4   9,9   0,76   0,90   -0,05

V 42c - Glazifluviales Sediment - Aufschluß im Ablationstal der östlichen Lateralmoräne (45 - 52 cm unter der Oberfläche)
        8,6   21,6   28,5   10,5   5,1   12,0   4,6   9,0   8,6   60,7   30,7   0,33   1,20   -0,14

V 42d - Glazifluviales Sediment - Aufschluß im Ablationstal der östlichen Lateralmoräne (0 - 45 cm unter der Oberfläche)
        3,9   3,5   4,1   17,0   17,0   32,1   14,4   8,0   3,9   24,6   71,5   0,02   1,09   +0,16

V 43 - Glazifluviales Sediment - Kammbereich eines Kames im westlichen zentralen Gletschervorfeld
        1,3   31,0   54,9   10,7   0,8   0,7   0,1   0,5   1,3   96,6   2,1   0,49   0,51   +0,03

V 44 - Hangschutt/Verwitterungsfeinmaterial - Felsschwelle im Bereich des „Kleinen Vernagtferners" an der Basis des Platteikamms
        39,0   14,6   13,5   15,6   4,9   10,4   0,0   2,0   39,0   43,7   17,3   0,97   1,73   -0,00

V 45 - Hangschutt/Verwitterungsfeinmaterial - Hangschutthalde des Platteikamms
        16,3   18,9   16,4   14,5   7,7   9,4   5,9   10,9   16,3   49,8   33,9   0,24   1,88   -0,18

V 46 - Hangschutt/Verwitterungsfeinmaterial - S-Flanke des Schwarzkögeles
        21,8   29,6   23,7   11,6   5,2   4,0   2,2   1,9   21,8   64,9   13,3   0,69   0,96   -0,06

V 47 - Moränenmaterial - *streamlined moraine*-Areal 200 m vor der 1992er Schwarzwandzunge
        61,1   20,0   8,6   3,5   2,4   1,3   0,5   2,6   61,1   31,6   6,8   4,54   0,99   -0,14

V 48 - Glazifluviales Sediment - Glazifluviale Erosionsrinne 30 m vor der 1993er Schwarzwandzunge
        33,9   21,5   38,3   6,3   0,0   0,0   0,0   0,0   33,9   66,1   0,0   0,97   1,14   +0,20

ZURUNDUNGSMESSUNGEN

	durchschnittlicher Zurundungsindex i	Minimalwert	Maximalwert

Austerdalsbreen (Jostedalsbreen):
NR 27 - Laterofrontalmoräne im oberen Bereich der westlichen inneren Talschwelle, Höhe 460 m
                         169   17   419
NR 28 - Kamm M-AUS 11 (r)
                         247   57   606

Bergsetbreen (Jostedalsbreen):
NR 1 - Zentrales nördliches Gletschervorfeld 200 m vor der 1992er Gletscherfrontposition
                         224   22   781
NR 19 - siehe Figur 160
NR 20 - siehe Figur 160
NR 21 - siehe Figur 160
NR 22 - siehe Figur 160
NR 23 - siehe Figur 160
NR 24 - siehe Figur 158
NR 29 - siehe Figur 159
NR 30 - Kamm der laterofrontalen Partie von M-BER 4.1
                         264   16   612
NR 31 - Kamm der frontalen Partie von M-BER 4.2
                         284   36   667

Bødalsbreen (Jostedalsbreen):
NR 34 - Kammbereich von M-BØD 3 (l)
                         169   25   375
NR 35 - Basis der westlichen Lateralmoräne
                         145   36   476

Fåbergstølsbreen (Jostedalsbreen):
NR 7 - Moränenmaterial der nördlichen Talflanke, inneres Vorfeld 100 m vor der Gletscherzunge, Höhe 715 m
                         193   49   690
NR 8 - Moränenmaterial der nördlichen Talflanke, inneres Vorfeld 100 m vor der Gletscherzunge, Höhe 720 m
                         160   37   283
NR 9 - Moränenmaterial der nördlichen Talflanke, inneres Vorfeld 150 m vor der Gletscherzunge, Höhe 720 m
                         178   74   390
NR 10 - Moränenmaterial der nördlichen Talflanke, inneres Vorfeld 200 m vor der Gletscherzunge, Höhe 710 m
                         183   63   407
NR 11 - siehe 170
NR 12 - Moränenmaterial im oberen Bereich des nördlichen Talknicks, 5 m über aktuellem Schmelzwasserfluß
                         219   19   536
NR 13 - Moränenmaterial im unteren Bereich des nördlichen Talknicks, Basis einer Erosionsrinne
                         221   64   387

	durchschnittlicher Zurundungsindex i	Minimalwert	Maximalwert
NR 14 - Ehemaliges Gerinnebett des östlichen Zweigs des Gletscherflusses	276	100	608
NR 33 - Kamm M-FÅB 12 (l)	240	71	464
NR 36 - siehe Figur 169			
NR 37 - M-FÅB L 14 (l)	186	27	515
NR 38 - siehe Figur 168			
NR 39 - Kamm M-FÅB L 12 (l)	206	49	508

Nigardsbreen (Jostedalsbreen):

NR 2 - Kamm M-NIG 14 (l)	458	154	804
NR 3 - Kamm M-NIG L 8.2 (l)	249	54	608
NR 4 - Kamm M-NIG L 9 (l)	281	90	879

Styggedalsbreen (Hurrungane/westliches Jotunheimen):

NR 5 - Kamm M-STY 6.1 (r)	172	43	494
NR 15 - Distale Flanke M-STY 6.1 (r)	206	19	500
NR 16 - Kammbereich M-STY L 10.3 (l)	207	11	667
NR 17 - Kammbereich laterofrontale Partie von M-STY 9 (r)	290	24	615
NR 18 - Kammbereich frontale Partie M-STY 9 (r)	287	61	800
NR 25 - Kamm von M-STY 1 (r)	205	43	586
NR 26 - Kammbereich M-STY L 1 (r)	188	19	542
NR 32 - Kammbereich M-STY L 10.2 (r)	208	17	614

Supphellebreen/Flatbreen (Jostedalsbreen):

NR 6 - Kamm der rezenten Lateralmoräne des Flatbre	175	32	714

Vernagtferner (Rofental):

VR 1 - Zentrales westliches Vorfeld, Höhenlage 2645 m	146	32	520
VR 2 - Laterofrontalmoränenkomplex Schwarzwandzunge, Höhenlage 2835 m	90	13	194

	durchschnittlicher Zurundungsindex i	Minimalwert	Maximalwert
VR 3 - Aktuelle Endmoräne Taschachzunge, Höhenlage 1835 m	85	17	197
VR 4 - siehe Figur 134			
VR 5 - siehe Figur 134			
VR 6 - siehe Figur 134			
VR 7 - siehe Figur 134			
VR 8 - siehe Figur 134			
VR 9 - siehe Figur 134			
VR 10 - siehe Figur 134			
VR 11 - siehe Figur 134			
VR 12 - siehe Figur 134			
VR 13 - siehe Figur 140			
VR 14 - siehe Figur 148			
VR 15 - siehe Figur 131			
VR 16 - siehe Figur 135			
VR 17 - siehe Figur 135			
VR 18 - siehe Figur 135			
VR 19 - siehe Figur 135			
VR 20 - siehe Figur 135			

TRIERER GEOGRAPHISCHE STUDIEN

Sonderheft 1   Hans-Josef Niederehe/Hellmut Schroeder-Lanz (Hrsg.)
Beiträge zur landeskundlich-linguistischen Kenntnis von Québec.- 1977. 225 Seiten, 52 Abbildungen, 23 Tabellen, 18 Bilder, 3 Karten und 1 Satellitenmosaik im Anhang.
vergriffen

Sonderheft 2   Ludger Müller-Wille/ Hellmut Schroeder-Lanz (Hrsg.)
Kanada und das Nordpolargebiet.- 1979. 258 Seiten, 56 Figuren, 20 Tabellen, 38 Bilder.
vergriffen

Sonderheft 3   Festkolloquium für Ernst Neef.
Veranstaltet am 27. April 1978 in der Universität Trier anläßlich der Verleihung der Goldenen Carl-Ritter-Medaille der Gesellschaft für Erdkunde zu Berlin an Professor Dr. Ernst Neef. - Herausgegeben von Ralph Jätzold. Aus dem Inhalt: Schmithüsen, Josef: Die säkulare Umwandlung der Landschaft durch den Menschen und ihre Folgen als Forschungsaufgabe.- 1979. 45 Seiten.
DM 14,80

Sonderheft 4/5 Hellmut Schroeder-Lanz (Hrsg.)
Stadtgestalt-Forschung. Deutsch-kanadisches Kolloquium. Trier, 14. bis 17. Juni 1979.- 1982/86. Teil I: S. 1-364, 94 Figuren, 6 Tabellen, 6 Karten; Teil II: S. 365-778, 99 Figuren, 37 Tabellen, 3 Karten.
DM 97,00

Sonderheft 6   Ralph Jätzold (Hrsg.)
Der Trierer Raum und seine Nachbargebiete. Exkursionsführer anläßlich des 19. Deutschen Schulgeographentages Trier 1984.- 1984. 360 Seiten.
vergriffen

Die Hefte sind zu beziehen von: Geographische Gesellschaft Trier, Universität Trier, D-54286 Trier